Falk Ruppel □ Mechanik Relativität Gravitation Dritte Auflage

G. Falk W. Ruppel

Die Physik des Naturwissenschaftlers

Mechanik Relativität Gravitation

Ein Lehrbuch

Dritte, verbesserte Auflage

Springer-Verlag
Berlin Heidelberg New York
1983

Professor Dr. Gottfried Falk
Institut für Didaktik der Physik der Universität Karlsruhe
Kaiserstraße 12, D-7500 Karlsruhe

Professor Dr. Wolfgang Ruppel
Institut für Angewandte Physik der Universität Karlsruhe
Kaiserstraße 12, D-7500 Karlsruhe

Mit 184 Abbildungen

ISBN 3-540-12086-6 3. Auflage Springer-Verlag Berlin Heidelberg New York
ISBN 0-387-12086-6 3rd edition Springer-Verlag New York Heidelberg Berlin

ISBN 3-540-07253-5 2. Auflage Springer-Verlag Berlin Heidelberg New York
ISBN 0-387-07253-5 2nd edition Springer-Verlag New York Heidelberg Berlin

CIP-Kurztitelaufnahme der Deutschen Bibliothek
Falk, Gottfried:
Mechanik, Relativität, Gravitation: d. Physik d. Naturwissenschaftlers; e. Lehrbuch/G. Falk; W. Ruppel. – 3., verb. Aufl.
– Berlin; Heidelberg; New York: Springer, 1983.
ISBN 3-540-12086-6 (Berlin, Heidelberg, New York)
ISBN 0-387-12086-6 (New York, Heidelberg, Berlin)
NE: Ruppel, Wolfgang

Gesamtherstellung: Universitätsdruckerei H. Stürtz AG, Würzburg
2153/3130-543210

Vorwort zur dritten Auflage

Bei gleich gebliebenem Umfang des Buches wurden zahlreiche Verbesserungen und Klarstellungen im Text vorgenommen. Der Abschnitt über Huygens' Untersuchungen zum elastischen Stoß sowie der über das Zwillingsparadoxon wurden vollständig neu gefaßt, nachdem uns die Herren R. Kröger aus Erlangen und B. Gut aus Arlesheim/Schweiz dankenswerterweise auf Mängel in der bisherigen Darstellung aufmerksam gemacht haben.

Der Hinweis „Die Physik des Naturwissenschaftlers" im Titel bedeutet nicht, daß das vorliegende Buch den Anspruch erhebt, die Physik als Ganzes zu überdecken. Es drückt aber den Anspruch aus, daß die hier präsentierte Aufbauweise der Mechanik sich auch auf die anderen Gebiete der Physik übertragen läßt. Die Grundlage dieser Aufbauweise bilden die mengenartigen Größen. Auf diesen beruht die im vorliegenden Buch *dynamisch* genannte Beschreibungsweise, die von der gewohnten kinematischen betont abgehoben wird. In der Mechanik sind Energie, Impuls und Drehimpuls die zentralen mengenartigen Größen, während Energie und Entropie — wie im Band „Energie und Entropie" dieser Reihe auseinandergesetzt wird — die entsprechende Rolle in der Thermodynamik spielen.

Gegenüber der Gewohnheit, die einzelnen Gebiete der Physik begrifflich ganz unterschiedlich zu fassen, bietet die Nutzung der mengenartigen Größen als Fundament der Physik zwei entscheidende Vorteile: Erstens resultiert eine *Vereinheitlichung* der ganzen Physik, insofern als die verschiedensten Naturphänomene in formal gleicher Weise beschrieben wurden. Zweitens ist sie besonders geeignet, die Physik ohne Verlust an wissenschaftlicher Strenge zu *elementarisieren.* Beide Vorteile beruhen wesentlich darauf, daß eine mengenartige Größe als eine im Raum verteilte und strömende Substanz angesehen werden darf. Diese Anschauung erlaubt es, auch ohne viel Mathematik sicher mit den mengenartigen Größen zu operieren.

Im vorliegenden Buch wird vor allem gezeigt, daß die vor-relativistische wie auch die relativistische Mechanik sich auf das Fundament der mengenartigen Größen Energie, Impuls und Drehimpuls gründen läßt, und daß diese Aufbauweise zu besonderer Durchsichtigkeit führt. Die Elementarisierung im Sinn einer mit den mengenartigen Größen und ihren Strömen operierenden Anschauung wird in einer von G. Falk und F. Herrmann herausgegebenen physikalisch-didaktischen Schriftenreihe „Konzepte eines zeitgenössischen Physikunterrichts" (Schroedel-Verlag, Hannover) entwickelt, in der Heft 5 insbesondere der Mechanik gewidmet ist. Eine Darstellung der Physik mit dem Konzept der mengenartigen Größe für 10—12jährige gibt das „Energiebuch" von G. Falk und F. Herrmann (Schroedel-Verlag, Hannover 1981).

September 1982 G. Falk · W. Ruppel

Aus dem **Vorwort zur zweiten Auflage**

Neben geringfügigen Änderungen im Text wurden neue Abschnitte am Ende von § 19 über „Integrale der Bewegung" und in § 31 über „Die dynamische Auffassung inertialer und nicht-inertialer Bezugssysteme" eingefügt. Die Darstellung des Kreisels in § 27 haben wir neu gefaßt, nachdem uns die Herren Dr. F. Herrmann und Dipl.-Phys. G. Bartholomäi auf Mängel der alten Darstellung hingewiesen hatten. Ferner wurden an mehreren Stellen kleine Unrichtigkeiten und Versehen korrigiert, auf die wir von Lesern aufmerksam gemacht wurden. Wir danken allen, die uns geholfen haben.

April 1975 G. Falk · W. Ruppel

Vorwort zur ersten Auflage

Dieses Buch gibt eine Einführung in die Physik, aber es ist kein Lehrbuch entweder nur der Experimentalphysik oder der theoretischen Physik im herkömmlichen Sinn. Die Physik wird hier als Einheit aufgefaßt. Das Buch bringt Begriffe, Fakten und Theorien, wobei von Anfang an die wichtigen, in der *ganzen* Physik tragfähigen Begriffe im Vordergrund stehen. Das in diesem Buch entwickelte Konzept ist dabei keineswegs auf die Mechanik, Relativitätstheorie und Gravitation beschränkt, sondern stellt ein systematisches Verfahren zur Beschreibung der Natur dar, das die gesamte Physik umfaßt.

Zum Gebrauch

Das Buch wendet sich in erster Linie an den angehenden Physiker, aber auch an jeden anderen Naturwissenschaftler, ob Lehrer oder Forscher, der Interesse hat am gedanklichen Aufbau der Physik. Wir haben die einzelnen Kapitel so gestaltet, daß sie weitgehend unabhängig voneinander gelesen werden können. Das gilt insbesondere für die Relativitätstheorie und die Gravitation. Deren Darstellung ist sogar elementarer als die mancher vorausgegangener Paragraphen über klassische Gegenstände.

Der Student kann das Buch vom ersten Semester an benutzen. Darüber hinaus will es ihn aber in seinem ganzen Studium begleiten und auch nach dem Studium Ratgeber und Orientierungshilfe sein. Das Buch ist also kein textbook, das der Student in einem Semester durcharbeitet, womit das Buch dann seine Funktion erfüllt hat. Es wird vorkommen, daß der Leser nicht jede Einzelheit gleich in vollem Umfang durchschaut. Er lasse sich dadurch aber nicht entmutigen, sondern lese erst einmal ruhig weiter; oftmals löst sich ein Knoten von selbst, wenn das Unverstandene noch einmal in anderem Zusammenhang erscheint. Wir haben deshalb wichtige Begriffe wiederholt und in verschiedenen Zusammenhängen erklärt. Außerdem ist das Buch so geschrieben, daß der Schwierigkeitsgrad nur innerhalb jedes Kapitels, nicht aber von einem Kapitel zum anderen zunimmt. Nach dem Studium der beiden ersten Kapitel (mit Ausnahme von § 2, der beim ersten Lesen ruhig übergangen werden kann), kann der Leser daher mit jedem anderen Kapitel fortfahren.

Obwohl die physikalischen Begriffsbildungen in voller Strenge entwickelt werden, wurden an keiner Stelle mehr mathematische Hilfsmittel benutzt als für das physikalische Verständnis nötig sind. Es ist zwar eine Illusion, Physik ohne Mathematik treiben zu wollen, es ist aber ebenso eine Illusion, ein tieferes Verständnis der Physik in den mathematischen Formalismen zu suchen. An mathematischen Vorkenntnissen wird demgemäß lediglich Vertrautheit im Umgang mit den Grundregeln des Differenzierens und Integrierens sowie der Vektorrechnung vorausgesetzt. Die Erläuterung weiterer für den Physiker wichtiger mathematischer Hilfsmittel ist in den Text eingeflochten, so am Anfang einiges über den Begriff der Wahrscheinlichkeit (§ 2), ferner eine Behandlung der Gradientenfelder (§ 17) und der Hauptachsentransformation (§ 23).

Was zum Verständnis des physikalischen Zusammenhangs nicht unbedingt erforderlich ist, ist in Kleindruck gesetzt. Dazu gehören Erläuterungen begrifflicher oder experimenteller Art, Veranschaulichungen allgemeiner Zusammenhänge an vertrauten Beispielen und vor allem mathematische Ergänzungen. Um es dem Leser leichter zu machen, sich in dem Buch zurechtzufinden, sind Stichworte überall dort in Fettdruck gesetzt worden, wo sie näher erläutert werden. Wir hoffen, daß dadurch die Gliederung des Textes deutlicher hervortritt und die Übersichtlichkeit erhöht wird.

Zum Inhalt

Nach einem historischen Überblick, in dem gezeigt wird, wie das in einem langen geschichtlichen Prozeß gewachsene Verständnis von Bewegungsvorgängen sich in der Konzipierung der Begriffe Energie und Impuls niederschlug, werden diese Größen unabhängig von ihrer Entstehungsgeschichte eingeführt. Sie verdrängen die gewohnten Begriffe wie Raum, Zeit, Geschwindigkeit und Beschleunigung aus ihrer Jahrhunderte alten Vormachtstellung. Physikalisch sinnvolle Bewegung wird als Transport von Energie und Impuls erklärt. Bewegung wird also *dynamisch* aufgefaßt, nämlich als Transport physikalischer Größen. Die *kinematischen* Aspekte der Bewegung, nämlich ihre Beschreibung in Raum und Zeit, werden im Zusammenhang mit der Einteilung der Transporte in geometrisch lokalisierbare (Körper) und nicht-lokalisierbare (Felder) erörtert.

Unter die Transportvorgänge fällt auch der Transport des Lichts, während die Newtonsche Mechanik als Grenzfall der Transporte mit kleinen Geschwindigkeiten erscheint. Das erlaubt einen unmittelbaren Zugang zur speziellen und allgemeinen Relativitätstheorie (und zwar nicht auf dem für den Lernenden begrifflich strapaziösen Weg über die Lorentz-Transformation, sondern unmittelbar über die Äquivalenz von Masse und Energie sowie die Gleichheit von schwerer und träger Masse).

Die großartigen Erfolge der Relativitätstheorie im Verständnis der Gravitation wie überhaupt in der modernen Astrophysik werden im letzten Kapitel erörtert. Trotzdem bleibt die Darstellung überall elementar; ja, der Leser, der sich nur über diesen im Augenblick vielleicht ergebnisreichsten und erregendsten Zweig physikalischer Forschung informieren möchte, kann die Kapitel Relativitätstheorie und Gravitation auch ohne vorherige Lektüre der vorausgegangenen Kapitel verstehen.

Trotz unseres beständigen Bestrebens, schwierige und komplizierte Probleme durchsichtig und verständlich zu machen, haben wir strikt jede Konzession an althergebrachte Darstellungsweisen, lieb gewordene und vertraute Anschauungen sowie scheinbar leichtere Verständlichkeit vermieden, wo sie zu Lasten der physikalischen Korrektheit gehen würde. Unser Ziel ist Einfachheit und Vereinfachung, um Klarheit zu erzeugen, niemals aber, um Problemlosigkeit vorzutäuschen.

Wir betrachten das Buch auch als einen Beitrag zur Didaktik der Physik. Hier ist Didaktik allerdings nicht verstanden als das Bemühen, einen vorgegebenen enzyklopädischen Kanon des Wissens möglichst effektiv zu vermitteln oder den Leser mit den heute gängigen Schlagworten der Wissenschaft auszustaffieren. Wir möchten vielmehr durch Betonung der begrifflichen Struktur der Physik dem Leser einen guten Durchblick geben und die Fähigkeit und den Mut zur Kritik an allzu leicht zur Erstarrung neigenden Lehrkatechismen wecken. Der Wert der Naturwissenschaften sollte gerade darin bestehen, die Form unseres Wissens, auch wenn sie von Autoritäten der Wissenschaft geschaffen wurde, nicht als endgültig zu akzeptieren und dogmatisch weiterzugeben, sondern sie beständig in Frage zu stellen und fortzuentwickeln.

Unser Dank gilt vor allem Herrn Dr. Mayer-Kaupp, Verlagsdirektor des Springer-Verlags, der den Anstoß zu dem Buch gegeben hat. Wir danken ferner Herrn Dipl.-Phys. W. Theiner für die graphische Ausgestaltung der Figuren und Fräulein G. Maisch und Frau G. Kollo für ihre unermüdliche Hilfe beim Schreiben des Manuskripts.

G. Falk · W. Ruppel

Inhaltsverzeichnis

II Impuls und Energie

III Stoßprozesse

VI Relativitätstheorie

VII Gravitation

I Einleitende Orientierung

§ 1 Physikalische Größen

Künstler und Wissenschaftler schaffen Abbilder der Welt. Das Abbild des Künstlers will den Eindruck der Welt auf das Gemüt des Künstlers zeigen und ihn dem Betrachter oder Zuhörer mitteilen; es gewinnt seinen Wert durch die Tiefe des Eindrucks und die Einmaligkeit seiner Wiedergabe. Das Abbild des Naturwissenschaftlers will eine jederzeit verifizierbare Beschreibung von Naturvorgängen liefern, die unabhängig ist vom Betrachter; es gewinnt seinen Wert durch den Umfang, mit dem Naturvorgänge vorausgesagt und damit beeinflußt werden können. Jede Naturwissenschaft bedient sich zur Naturbeschreibung ihrer eigenen Sprache. Die Begriffe jeder dieser Wissenschaften, die Wörter ihrer Sprache, spiegeln den besonderen Aspekt der Natur wider, den die einzelne Wissenschaft beschreibt. So gehören die Wörter *Zelle*, *Gen* und *Chromosom* zur Biologie, während *Element*, *Verbindung*, *Wertigkeit* zur Chemie gehören. Was sind nun die Begriffe, also die Wörter der Sprache der Physik?

Größen als Mittel des quantitativen Vergleichens

Die Wörter der Sprache der Physik sind die **physikalischen Größen.** Was sind physikalische Größen, wozu dienen sie, und was drücken sie aus? Um auf diese Fragen eine erste Antwort zu finden, betrachten wir als Beispiel die jedermann vertraute Größe *Länge* und versuchen, an ihr uns Klarheit zu verschaffen. Wenn man sagt, ein Stab habe eine Länge von drei Metern (3 m), so weiß jeder, was damit gemeint ist, nämlich daß ein anderer Stab, das in Paris liegende *Urmeter*, dreimal hintereinander gelegt, gerade vom Anfangs- zum Endpunkt des betrachteten Stabes reicht. Mit dem Wort Länge drücken wir also eine *Beziehung zwischen Körpern* aus. Genauer sollten wir sagen, wir drücken einen *Vergleich* aus, der auf einer bestimmten Operation beruht, nämlich dem Hintereinander-Anlegen, dem *Längenmessen.* Wenn wir also sagen, ein Gegenstand *habe* eine bestimmte Länge, so meinen wir, daß erstens die Operation des wiederholten Anlegens eines Maßstabs, des Längenmessens, an ihm überhaupt ausgeführt werden kann, und daß zweitens das Resultat dieser Operation sich durch eine *Zahl* ausdrücken läßt. Diese Zahl gibt an, in welcher quantitativen Beziehung der Gegenstand zu allen anderen Gegenständen steht, an denen dieselbe Operation ausgeführt werden kann oder, wie man stattdessen kurz sagt, an allen, die die *Größe* Länge *haben.* Die Redewendung zeigt deutlich, daß das Verfahren darauf hinausläuft, eine **Beziehung zwischen Objekten,** nämlich ihren Längenvergleich, in eine **Eigenschaft des Einzelobjekts,** nämlich in seine Länge, umzumünzen.

Die Fragen nach dem Wesen physikalischer Größen sind damit im Prinzip beantwortet: Jede physikalische Größe drückt eine quantitative Beziehung, einen **Vergleich** zwischen Gegenständen, allgemein zwischen „physikalischen Systemen" aus. Die Physik beschränkt sich dabei auf solche Beziehungen, die sich in Eigenschaften der Einzelsysteme übersetzen lassen, so wie wir es oben an der Länge gesehen haben.

Die Größe *Länge* vermittelt aber noch weitere Einblicke in die Struktur physikalischer Größen. Wenn dem Lernenden neue, ungewohnte Begriffe begegnen, wie z.B. der der Energie, ist er nur allzuleicht geneigt zu fragen, was denn Energie „eigentlich" sei. In dieser Frage drückt sich die stillschweigende Annahme aus, daß die Begriffe, über die er bereits verfügt, im Grunde schon ausreichen, um weitere, wie die Energie, dadurch zu erklären, daß man sie auf die ihm bekannten Begriffe zurückführt, daß man sie *definiert*. Daß das aber nicht geht, zeigt sich sofort, wenn man die entsprechende Frage bei der Länge stellt, nämlich was denn Länge „eigentlich" sei. Man wird sich unmittelbar fragen, worauf die Länge denn zurückgeführt werden soll. Diese Nicht-Ableitbarkeit oder Nicht-Definierbarkeit gilt nun nicht nur für die Länge, sondern genauso auch für die Energie, ja für alle fundamentalen physikalischen Größen (wenn eine allzu fest sitzende Gewöhnung es manchmal auch nicht so erscheinen läßt). Daher sollte der Anfänger nicht mit der Vorstellung an die Physik herangehen, die fundamentalen Größen seien nur besondere Kombinationen oder Folgerungen aus Begriffen, die ihm bereits vertraut sind. Und er sollte auch nicht dem weit verbreiteten Irrtum anheimfallen, eine physikalische Größe ließe sich aus Beobachtungen oder mathematischen Betrachtungen „ableiten", etwa so wie sich eine mathematische Beziehung aus anderen ableiten läßt.

Hier steht uns eine alte philosophische Tradition im Wege, die auf DESCARTES (RENÉ DESCARTES, 1596—1650) zurückgeht, der den Dingen „primäre" und „sekundäre Qualitäten" zuschrieb. In diesem Bestreben, die physikalischen Größen nicht alle als ebenbürtig anzusehen, sondern „Grundgrößen" von „abgeleiteten Größen" oder „Hilfsgrößen" zu unterscheiden, macht sich der Drang bemerkbar, doch wenigstens einige physikalische Größen auf vermeintlich festen philosophischen Grund zu bauen und dann entweder durch weiteres Schließen oder Experimentieren weitere Größen abzuleiten. Es hilft jedoch nichts; das Gebäude der Physik ist ein Gedankengebäude, das gebaut ist aus Begriffen, nämlich den Größen, die sich nur gegenseitig tragen. Natürlich gibt es in diesem Gebäude unwesentliche Bausteine wie auch tragende Stützpfeiler. Letztere sind Begriffe wie Energie, Impuls und Drehimpuls. Wenn dem Anfänger diese Begriffe vielleicht auch unanschaulich erscheinen, wollen wir uns doch schon früh um ihr Verständnis bemühen, und zwar einfach wegen ihrer zentralen Stellung in der gesamten Physik. Die Anschauung wird dann von der Gewöhnung im Umgang mit diesen Größen nachgeliefert.

Die Unterscheidung zwischen **„Grundgrößen"** und **„abgeleiteten Größen"** hat Sinn nur bei der Festsetzung von Einheiten. Man wird nämlich eine eigene Einheit für eine physikalische Größe nur dann schaffen, wenn diese Einheit experimentell erstens sehr genau darstellbar, zweitens leicht zugänglich und drittens an jedem Ort und zu jeder Zeit reproduzierbar ist. Dieses Privileg, das lediglich auf der experimentellen Zweckmäßigkeit beruht und sich daher mit den experimentellen Möglichkeiten ändern kann, genießen in der Physik die Länge (Einheit: m oder cm), die Zeit (Einheit: sec), die Masse (Einheit: kg oder g), die elektrische Stromstärke (Einheit: Amp) und die Temperatur (Einheit: K). Jedoch verdient eine Größe, die eine eigene Grundeinheit besitzt, nicht deshalb auch begrifflich eine höhere Bewertung als eine Größe mit „nur" einer abgeleiteten Einheit wie z.B. der Impuls (Einheit: kg · m/sec oder g · cm/sec).

Schließlich ist es irrtümlich anzunehmen, die Objektivität der Physik bestünde darin, daß ihre Begriffe nichts zu tun hätten mit der menschlichen Phantasie oder überhaupt mit dem Menschen. Tatsächlich sind die physikalischen Größen Erfindungen des menschlichen Geistes, die dazu dienen, die verwirrende Fülle der uns umgebenden

Erscheinungen durch einfache Regeln überschaubar zu machen. Zwar sind diese Erfindungen oft durch Naturerscheinungen induziert worden, die wir im Experiment noch besonders augenfällig machen, und durch den Wunsch, verschiedene Erscheinungen als etwas Zusammenhängendes zu begreifen, aber sie sind nichtsdestoweniger Erfindungen.

Nach welchen Gesichtspunkten bilden wir nun physikalische Größen? Welche Aspekte in all den unübersehbaren Vorgängen und Ereignissen um uns herum können wir so beschreiben, daß sie sich als quantitative Beziehungen zwischen physikalischen Größen ausdrücken und so eine mathematische Behandlung gefallen lassen? Eine allgemeine Regel dafür gibt es nicht. Wir hatten die physikalischen Größen die Wörter der Sprache „Physik" genannt. So wie das Kind neue Wörter lernt und dadurch in den Umgang mit der Welt hineinwächst, so wächst der Student durch die Bildung neuer physikalischer Größen in den Umgang mit der Natur hinein. Jeder Mensch erlernt seine Sprache, um das Leben, der Physiker dazu noch eine, um die Natur zu meistern. So wie es schwierige, oft dunkle und geheimnisvolle, aber mächtige Wörter in der Sprache gibt, so sind eben auch in der Physik nicht unmittelbar anschauliche, schwierig zu begreifende Größen oft die wichtigsten. Die Zahl der möglichen Größen ist dabei so unbegrenzt wie die Zahl der Wörter jeder Sprache. Neue Erkenntnisse, neue Sachverhalte und Situationen erfordern oft die Bildung neuer Begriffe. Aber wie ein treffendes Wort viele andere erübrigt, so macht eine geschickt gewählte physikalische Größe viele andere überflüssig.

Die Kunst, die Schwierigkeit, aber auch die Schönheit und gedankliche Leistung der Physik liegt oft in der Bildung der Größen. Die Geschichte der Physik zeigt die Wege und Umwege des menschlichen Geistes beim Finden der „richtigen" Begriffe und Größen. Jeder einzelne Student kann nicht den ganzen Weg wiederholen. Er muß sich sofort mit denjenigen Größen anfreunden, die heute für die wichtigsten gehalten werden. Aber er mag eine Hilfe und einen Trost dabei finden, die Großen in der Geschichte seiner Wissenschaft oft vor ähnlichen Verständnisschwierigkeiten zu sehen wie er sie selber empfindet.

Anwendung auf die Welt als ganze

Wir versuchen, unsere Einsicht, daß physikalische Größen stets auf Operationen des quantitativen Vergleichens beruhen, gleich auf die Welt als ganze anzuwenden. Dazu betrachten wir wieder die Größe *Länge* und fragen, ob auch das Weltall irgendeine charakteristische Länge besitzt. Vor 70 Jahren noch hätte man diese Frage als zu spekulativ abgetan, da man die Welt damals als in jeder Richtung unendlich ausgedehnt annahm. Seit Begründung der wissenschaftlichen Kosmologie durch Einstein (Albert Einstein, 1879—1955) betrachtet man die Frage jedoch nicht nur als sinnvoll, man nimmt sogar an, daß sie sich eines Tages durch Messung beantworten lassen wird. Nach heutiger Auffassung hat nämlich die Welt folgende Geschlossenheitseigenschaft: Geht man, von irgendeiner Stelle kommend, immer geradeaus, so kehrt man zu seinem Ausgangspunkt zurück, ebenso wie man auf einer Kugel, wenn man nur konsequent geradeaus geht, zu seinem Ausgangspunkt zurückkommt. Gemessen an der Schrittlänge oder an irgendeinem anderen Maßstab hat demnach das Weltall einen wohlbestimmten „Umfang". Man nimmt an, daß er einige 10 Milliarden Lichtjahre beträgt.

Nun denken wir uns die Welt einmal ähnlich verkleinert, so daß alle Dinge im gleichen Verhältnis schrumpfen. Würden wir von dieser Verkleinerung dann etwas spüren?

Offensichtlich nicht, denn da die Länge nichts ist als ein Ausdruck der operativen Relation, die mißt, wie oft sich ein Maßstab anlegen läßt, hat die verkleinerte Welt denselben Umfang wie die nicht verkleinerte. Da nun auch alle Maßstäbe kleiner geworden sind, braucht man nämlich dieselbe Anzahl von Schritten, um einmal herumzukommen. Die in Gedanken vollzogene Ähnlichkeitstransformation der Welt hat also keinen beobachtbaren Effekt und stellt daher eine nicht-physikalische Gedankenspielerei dar. Die Länge, wie jede physikalische Größe, ist eben nichts „Absolutes", und mit ihr ist auch der Raum nicht etwas Absolutes. Es hat keinen Sinn, von der Größe des Weltalls in einem anderen Sinn zu sprechen, als dem der Relation zu seinen Teilen. Jede Maßbestimmung der Welt ist eine Bezugnahme auf ihre Teile. Trotzdem spricht der Physiker heute von der *Expansion des Weltalls*, wenn es darum geht, die beobachtete Rotverschiebung der Spektrallinien ferner Galaxien zu erklären (s. Kap. VII, Gravitation). Nach dem, was wir gesagt haben, meint er damit eine innere Strukturänderung der Welt, die so beschaffen ist, daß die in der Welt vorhandene Materie nicht dieselbe Maßänderung zeigt wie der Raum. Da der Physiker gewohnt ist, die Materie in ihren Maßen als konstant zu betrachten, sagt er eben, daß der Raum expandiert. Was für die Länge und ihre Beziehung zur Welt als ganzer gilt, trifft auch für jede andere physikalische Größe zu. Wenn wir also von irgendeiner Eigenschaft der Welt als ganzer sprechen, so hat das stets nur Sinn als Beziehung zu ihren Teilen.

Theorie und Wirklichkeit

Die Anzahl der Größen, mit denen die Physik die Natur beschreibt, ist endlich, ja sogar nur überschaubar endlich. Nun ist aber durch wenige Größen die Wirklichkeit nie vollkommen beschreibbar, sondern immer nur ein Ausschnitt aus ihr. Der Ausschnitt ist nicht räumlich oder zeitlich zu verstehen, sondern in einem abstrakteren Sinn: Es werden Teilaspekte der beobachteten Phänomene herausgehoben und als wesentlich erklärt, während der Rest als nebensächlich, als *Störung* des Wesentlichen angesehen wird.

Aus verhältnismäßig wenigen Größen baut der Physiker Abbilder der Welt auf. Er nennt diese Abbilder **Theorien** oder **Modelle.** Ein Modell im Sinne der Physik braucht keineswegs etwas bildhaft Anschauliches zu sein, auch ein Schema mathematischer Anweisungen ist ein Modell. Auch Relativitätstheorie und Quantenmechanik sind Modelle, so hochentwickelt sie auch sind. Die Theorie- oder Modellbildung ist natürlich nur sinnvoll, wenn die mathematische Verknüpfung der Größen wieder auf die Natur zurück abbildbar ist. Es ist schon erstaunlich, daß die Beschreibung der Natur durch verhältnismäßig wenige Größen gelingt und damit Physik als quantitative Wissenschaft überhaupt möglich ist.

Ein wie gutes Abbild der Wirklichkeit eine Theorie oder ein Modell ist, hängt einmal davon ab, wie weit man den Einfluß aller im Modell nicht enthaltenen Größen aus den Beobachtungen heraushalten kann, zum anderen davon, wie gut die von dem Modell gelieferten Zusammenhänge zwischen den Größen, die es enthält, durch die Beobachtung bestätigt werden.

Eine Theorie darf nie zu bekannten empirischen Fakten im Widerspruch stehen. Die eigentliche Bewährung einer Theorie liegt aber darin, daß man von ihr **Voraussagen** neuer, bis dahin unbekannter Zusammenhänge und Erscheinungen erwartet, die dann der Beobachtung, dem Experiment, zur Entscheidung vorgelegt werden. Widerspricht die Beobachtung der Voraussage, so ist die Theorie unbrauchbar, oder zumindest ist die Grenze ihrer Brauchbarkeit überschritten.

Wir vergegenwärtigen uns die Wirkungsweise einer Theorie am Beispiel des freien Falls.

Die Theorie des **freien Falls** enthält nur die Größen Fallhöhe, Fallzeit, Geschwindigkeit und Beschleunigung. Die Theorie kennt also einmal keine Größen, die das Medium, durch das der Körper fällt, hinsichtlich seiner reibenden und bremsenden Wirkung auf den fallenden Körper charakterisierten. Sie kennt auch von dem fallenden Körper nichts, weder sein Gewicht, noch seine Abmessungen. Die Frage ist, ob sich denn ohne Kenntnis all dieser Einflüsse überhaupt etwas Allgemeines über den Fall eines Körpers aussagen läßt.

Diese wohl erste Theorie in der Geschichte der Physik geht auf GALILEI (GALILEO GALILEI, 1564—1642) zurück. Er hatte erkannt, daß sich tatsächlich Bedingungen schaffen lassen, unter denen weder die Eigenschaften des Mediums noch des Körpers Einfluß auf den Zusammenhang von Fallhöhe mit Fallzeit, Geschwindigkeit und Beschleunigung haben. GALILEI hatte im Gegensatz zu ARISTOTELES bemerkt, daß allgemeine Aussagen über einen beliebigen Körper beim Fall sich dann machen lassen, wenn man den Einfluß des Mediums beseitigt, in dem der Körper fällt. Zu Beginn des Fallens, solange die Geschwindigkeit des Körpers noch hinreichend klein ist, macht sich das Medium noch nicht bemerkbar. Die Bedingung „hinreichend klein" ist dabei um so einschränkender, je zäher das Medium ist. Atmosphärische Luft war das am wenigsten zähe Medium, das GALILEI zur Verfügung stand. Einmal, um auch den Einfluß der Luftreibung noch auszuschalten, und zum anderen, um trotz weit auseinander liegender Zeitmarken – GALILEIS Uhr war sein Pulsschlag – noch messen zu können, untersuchte GALILEI den freien Fall an der langsamen Fallbewegung auf einer schiefen Ebene. Dabei dürfen die Körper nur wenig mit der Unterlage reiben.

Die Bedeutung dieser Theorie des freien Falls liegt nun nicht darin, daß sie den Fall einiger Körper beschreibt, die vielleicht ähnliche Gestalt oder sonst irgendwelche Ähnlichkeiten haben, sondern darin, daß sie auf *alle* an der Erdoberfläche fallenden Körper zutrifft. Sie erfaßt eine Eigenschaft, die allen Körpern auf der Erde gemeinsam ist, wie sehr sie sich sonst auch unterscheiden mögen, nämlich die Art und Weise, wie sie sich im Schwerefeld der Erde bewegen, wenn kein reibendes Medium vorhanden ist. Aber nicht genug damit, die Theorie stieß die Tür auf zur Erkenntnis neuer, ungeahnter Zusammenhänge. Ihre begrifflichen Mittel, ihre Größen erlaubten es, auch die Himmelskörper in ihren Bewegungen zu erfassen. So verschiedene Dinge wie das Fallen von Körpern auf der Erde und die Bewegung des Mondes um die Erde, ja die Bewegung aller Sterne am Himmel erschienen plötzlich nur noch als verschiedene Fälle des allgemeinen Begriffs der Gravitationsbewegung. Eine riesige Mannigfaltigkeit beobachteter Bewegungsabläufe ließ sich als Äußerung eines einzigen Gesetzes begreifen und mit Hilfe weniger Größen bis in die quantitativen Details hinein beschreiben. Voraussagen waren plötzlich möglich geworden, von denen man vorher kaum zu träumen gewagt hatte.

Die Beschränkung auf wenige Größen in der Beschreibung der Natur ist also nicht gleichbedeutend mit einer Einengung der damit beschriebenen Objekte. Im Gegenteil, durch diese Beschränkung wird es erst möglich, allgemeine Gesetze zu formulieren, die ausnahmslos in der Natur zutreffen. Solche Gesetze beziehen sich gewöhnlich auf Größen, die wenig anschaulich sind. *Je allgemeiner verwendbar eine Größe ist und je allgemeiner die Gesetze sind, die sie befolgt, um so größer wird in der Regel auch die Abstraktion sein, die ihrer Bildung zugrunde liegt und um so unanschaulicher wird sie uns zunächst erscheinen.*

Eine Reihe von Größen hat in der Physik eine solche Wichtigkeit erlangt, daß sie die Rolle von **Standard-Größen** spielen. Nach der Verwendung derartiger Standard-

Größen teilt man die Physik in Teilgebiete ein. So ist die Elektrodynamik durch das Auftreten der Größe *elektrische Ladung* gekennzeichnet und die Thermodynamik durch die Größen *Entropie* und *Temperatur*.

Standard-Größen, die sich durch die ganze Physik hinziehen, sind *Energie*, *Impuls* und *Drehimpuls*. In diesem Buch werden wir uns hauptsächlich mit ihnen beschäftigen und ein Verständnis für ihre fundamentale Rolle zu gewinnen suchen. Wir werden die Begriffe Energie und Impuls aus der physikalischen Bewegung, dem Transport, gewinnen. Die Theorie, die Bewegungen oder vielmehr Transporte mit den Größen Energie und Impuls beschreibt, hat den Vorteil vor Theorien, die andere, gewohntere Begriffe, wie Länge, Zeit, Geschwindigkeit an den Anfang stellen, daß sich einmal *jede* physikalische Bewegung mit diesen Größen beschreiben läßt, daß sie, wie wir in § 3 sehen werden, es andererseits aber erlaubt, *unphysikalische* Bewegungen auszuscheiden. Nun gibt zwar die Beschreibung einer Bewegung mittels der Größen Energie und Impuls keine Auskunft über beliebige individuelle Besonderheiten des jeweiligen Transports, so nicht über die Form, die Farbe, die Gestalt oder die elektrische Ladung des sich bewegenden Körpers. Sie enthält aber andererseits mehr als die kinematische Auffassung der Bewegung, für die eine Bewegung nichts ist als die Bewegung eines geometrischen Punktes. Die Beschreibung mittels Energie und Impuls umfaßt ebenso den fallenden Apfel, den Himmelskörper wie auch das Atom und das Licht. Mit diesem großen Anwendungsbereich leistet die Beschreibung genau das, was man von einer allgemeinen physikalischen Theorie erwartet.

§ 2 Physik und Mathematik

Physikalische Größen dienen dazu, Beziehungen zwischen Objekten durch quantitativen, d.h. zahlenmäßigen Vergleich auszudrücken. Die Zahl spielt daher in der physikalischen Beschreibung der Welt eine ganz zentrale Rolle. Man kann sagen, daß eine physikalische Untersuchung letztlich immer auf die Gewinnung einer Zahl oder einer Reihe von Zahlen hinausläuft. Selbst dort, wo man von *qualitativen* Unterschieden spricht, handelt es sich oft nur um quantitative Unterschiede besonderen Ausmaßes, oder wie der Physiker sagt, um Unterschiede vieler Größenordnungen.

Da die physikalischen Größen ihrer Natur nach mit Zahlen verknüpft sind, werden sie mathematisch durch **Variablen** dargestellt. Einer physikalischen Größe Q entspricht so stets eine mathematische Variable q, wobei q stellvertretend steht für eine Menge von Zahlen, nämlich für die **Werte** der Variable. Der Wertevorrat einer Größe Q oder der Q darstellenden Variable q kann dabei kontinuierlich oder diskret sein. Er kann sich von $-\infty$ bis $+\infty$ erstrecken, also, wie man sagt, *zweiseitig unbeschränkt* sein; er kann auch *einseitig unbeschränkt* sein, d.h. von einem endlichen Wert bis $+\infty$ oder von einem endlichen Wert bis $-\infty$ reichen, und er kann schließlich *zweiseitig beschränkt* sein, d.h. nur ein endliches Intervall ausmachen.

Daß die grundlegenden Begriffe der Physik, nämlich die Größen, durch mathematische Variablen dargestellt werden, macht unmittelbar verständlich, warum mathematische Hilfsmittel und Methoden in der Physik eine so große Rolle spielen. Für den Anfänger stellt diese Seite der Physik oftmals sogar die eigentliche Schwierigkeit dar, da er gleichzeitig mit der Physik das mathematische Handwerkszeug lernen muß, das der Physiker braucht. Dabei kann es leicht passieren, daß er Handwerkszeug und zu bearbeitendes Objekt, d.h. Mathematik und Physik nicht immer klar auseinanderhält. Besonders leicht geschieht das, wenn zur Beschreibung physikalischer Sachverhalte komplizierte mathematische Methoden herangezogen werden.

Wenn wir von der Mathematik als unentbehrlichem Handwerkszeug des Physikers sprechen, so meinen wir in erster Linie die Analysis (Differential- und Integralrechnung) und die Vektorrechnung. Es ist hoffnungslos, Physik treiben zu wollen, ohne daß man diese beiden mathematischen Hilfsmittel beherrscht. Wir setzen daher in diesem Buch voraus, daß der Leser mit den Grundregeln der Analysis und der Vektorrechnung vertraut ist. Ausführlicher wollen wir dagegen auf die Frage nach der Beziehung eingehen, in der Physik und Mathematik zueinander stehen.

Die Physik handelt von Beobachtungen, die wir von Vorgängen in der Natur machen. Sie beschreibt diese Beobachtungen als **Zusammenhänge zwischen Größen,** oder mathematisch ausgedrückt, als **Zusammenhänge zwischen Variablen.** Wenn also auch die Größen und damit die sie darstellenden Variablen nicht von der Natur gegeben, sondern Mittel sind, die wir zum Zweck der Beschreibung erfinden, so sind wir doch in den Zusammenhängen zwischen den Größen keineswegs mehr frei. Wir haben sie so einzurichten, daß sie die Beobachtungen wiedergeben. Die Zusammenhänge zwischen den Größen sind also das, was wir als **objektive Naturbeschreibung** bezeichnen. Welcher Art sind diese Zusammenhänge, und wie werden sie mathematisch beschrieben?

Die physikalische Messung

Jede physikalische Messung besteht darin, einen Zusammenhang zwischen Größen festzustellen. Betrachten wir als Beispiel den vertrauten freien Fall eines Körpers. Was den Physiker an diesem Vorgang interessiert, ist z.B. wie die Geschwindigkeit des Körpers mit dem durchfallenen Höhenunterschied, der Fallstrecke, zusammenhängt, oder wie die Länge der Fallstrecke von der Zeit abhängt, die der Körper braucht, um die Strecke zu durchfallen. Weitere vertraute Beispiele sind der Zusammenhang zwischen Höhe und Luftdruck, zwischen dem Abstand eines Satelliten von der Erdoberfläche und seiner Umlaufszeit, zwischen der Lichtemission einer Glühlampe und ihrer elektrischen Leistungsaufnahme. Jedesmal geht es um den Zusammenhang zwischen den Werten bestimmter Größen. Wie sieht nun dieser Zusammenhang aus?

Gern wäre man mit der schnellen Antwort zur Hand, daß es sich dabei jedesmal um das handelt, was man in der Mathematik eine **Funktion** nennt, nämlich um eine Zuordnung der Werte einer (oder mehrerer) Variable zu den Werten einer anderen Variable, in unserem ersten Beispiel also um die Zuordnung der Werte der Variable *Geschwindigkeit* v zu den Werten der Variable *Fallstrecke* s, oder der Werte von s zu den Werten der Variable *Zeit* t. Diese Antwort, so einfach und überzeugend sie erscheint, ist allerdings viel mehr als die Messung unmittelbar liefert und je liefern kann. Wir wollen versuchen, das auseinanderzusetzen.

Jede physikalische Messung besteht in der Wiederholung von **Einzelmessungen.** Die Einzelmessung ist ein Vorgang, ein Prozeß, bei dem als Ergebnis eine einzige Zahl resultiert. So besteht z.B. die Einzelmessung der Geschwindigkeit v eines fallenden Körpers darin, daß im Augenblick, in dem der Körper die Strecke s durchfallen hat, ein Verfahren wirksam wird, das eine Zahl für v liefert. Das kann etwa so geschehen, daß der Körper aufschlägt und dabei einen Mechanismus in Bewegung setzt, mit dem wir diese Zahl erhalten. Ein wesentlicher Schritt der gesamten Messung besteht dann darin, daß diese Einzelmessung wiederholt wird, wobei der Körper jedesmal unter *denselben* Anfangsbedingungen *dieselbe* Strecke s durchfällt. Statt einen einzigen Körper wiederholt fallen zu lassen, kann man auch viele Körper dieselbe Strecke s durchfallen lassen und die Geschwindigkeit jedes einzelnen messen. Worauf es ankommt, ist, daß man eine große Anzahl von Zahlwerten $v^{(1)}, v^{(2)}, v^{(3)}, \ldots$ erhält, die alle mit demselben Einzelmeßverfahren gewonnen sind, nämlich der Bestimmung der Geschwindigkeit, die ein Körper erlangt hat, der unter bestimmten Anfangsbedingungen eine bestimmte Strecke s durchfallen hat. Diese Menge von Zahlen $v^{(1)}, v^{(2)}, v^{(3)}, \ldots$ sind das, was die Beobachtung als „Geschwindigkeit des Körpers nach Durchfallen der festen Strecke s" liefert. Man erhält also keineswegs eine einzige, bestimmte Zahl $v(s)$, wie man es gerne möchte, sondern eine **Statistik von Meßwerten der Einzelmessungen.**

Das ist bei jeder Messung so, auch wenn das nicht immer sofort und leicht erkennbar ist. So wird man beispielsweise die Messung des Luftdrucks im allgemeinen mit einem Meßgerät, einem Manometer, ausführen, das den Druck p kontinuierlich registriert. Die Einzelmessung bei fester Höhe z besteht dann in den einzelnen momentanen Zeigerablesungen, und die Statistik der Meßwerte $p^{(1)}, p^{(2)}, \ldots$ der Einzelmessungen erkennt man in der zeitlichen Schwankung des am Manometer abgelesenen Druckwertes.

Wir haben also das Resultat, daß jede physikalische Messung eines Zusammenhangs zwischen zwei Größen Q und R darin besteht, daß bei einem festen Wert r der Größe R für die Messung der Größe Q eine Statistik von Meßwerten $q^{(1)}, q^{(2)}, q^{(3)}, \ldots$ der Einzelmessungen resultiert. Alle weiteren Überlegungen müssen an diese Statistik anknüpfen.

Mittelwert und quadratische Streuung

Der Physiker gewinnt aus jeder Statistik von Einzelmessungen zunächst zwei Zahlen, nämlich einmal die Zahl

$$\langle q\rangle = \frac{1}{N}\,[q^{(1)} + q^{(2)} + \cdots + q^{(N)}], \tag{2.1}$$

den **Mittelwert** der Größe Q, und zum zweiten die Zahl

$$\sigma(\langle q\rangle) = \frac{1}{N}\,[(q^{(1)} - \langle q\rangle)^2 + (q^{(2)} - \langle q\rangle)^2 + \cdots + (q^{(N)} - \langle q\rangle)^2], \tag{2.2}$$

die **mittlere quadratische Streuung,** oft auch einfach die Streuung oder Varianz der Größe Q genannt. Die in den einzelnen Gliedern von (2.2) auftretende Zahl $\langle q\rangle$ ist der Mittelwert (2.1).

Die beiden Zahlen $\langle q\rangle$ und $\sigma(\langle q\rangle)$ sind so beschaffen, daß für eine *ideale* Statistik, d.h. eine Statistik, in der alle Zahlen $q^{(i)}$ gleich sind, d.h. $q^{(1)} = q^{(2)} = \cdots = q^{(N)}$, der Mittelwert $\langle q\rangle$ identisch ist mit diesen Zahlen und die Streuung $\sigma = 0$ ist. Die Streuung ist ein Maß dafür, wie die Meßwerte der Einzelmessungen vom Mittelwert $\langle q\rangle$ abweichen, oder wie man auch sagt, um den Mittelwert herum streuen. Daß man als Maß dafür die Summe der Quadrate $(q^{(i)} - \langle q\rangle)^2$ nimmt und nicht einfach die Summe der Differenzen $(q^{(i)} - \langle q\rangle)$, hat den Grund, daß sich im letzteren Fall die positiven und negativen Abweichungen wegheben, also eine Meßreihe die Streuung Null liefert, obwohl die Resultate der Einzelmessungen um den Mittelwert $\langle q\rangle$ herum streuen. Um das zu verhindern, d.h. um zu erreichen, daß $\sigma(\langle q\rangle)$ nur dann Null ist, wenn alle Einzelmessungen dieselbe Zahl liefern, muß sich σ aus lauter positiven Gliedern zusammensetzen. Das erreicht man zwar nicht nur durch die Summe der Quadrate $(q^{(i)}-\langle q\rangle)^2$, sondern auch durch die Summe der Absolutwerte $|q^{(i)}-\langle q\rangle|$; aber da der Absolutwert $|q^{(i)}-\langle q\rangle|$ als Funktion von $\langle q\rangle$ betrachtet bei $\langle q\rangle=q^{(i)}$ nicht differenzierbar ist, wäre diese Summe nicht differenzierbar, und das ist rechnerisch ein Nachteil.

Die Definition (2.2) für die Streuung hat den weiteren Vorteil, daß sich der Mittelwert selbst aus der Formel (2.2) berechnen läßt, nämlich als diejenige Zahl $\langle q\rangle$, für die bei gegebenen $q^{(1)}, q^{(2)}, \ldots$ der Ausdruck (2.2) seinen Minimalwert annimmt. Differenziert man nämlich (2.2) nach $\langle q\rangle$, und setzt man den dann erhaltenen Ausdruck Null (Extremum), so folgt

$$-2(q^{(1)}-\langle q\rangle)-2(q^{(2)}-\langle q\rangle)-\cdots-2(q^{(N)}-\langle q\rangle)=0,$$

oder, indem man durch den Faktor 2 dividiert und alle indizierten Größen auf die rechte Seite bringt,

$$N\langle q\rangle=q^{(1)}+q^{(2)}+\cdots+q^{(N)}.$$

Das ist aber identisch mit (2.1). Daß es sich bei dem Extremum um ein Minimum handelt, ist klar, denn ein positiver quadratischer Ausdruck kann als Extremum überhaupt nur ein Minimum haben. Wir merken uns somit als Resultat: *Der Mittelwert $\langle q\rangle$ einer Reihe von Zahlen $q^{(1)}, q^{(2)}, \ldots$ ist dadurch definiert, daß die quadratische Streuung in bezug auf die Zahl $\langle q\rangle$ ein Minimum ist.* Nach GAUSS (CARL-FRIEDRICH GAUSS, 1777—1855), der als erster derartige Betrachtungen systematisch angestellt hat, heißt deshalb die Bestimmung von Mittelwerten aus der Forderung der Minimalisierung der quadratischen Streuung auch die **Methode der kleinsten Quadrate.**

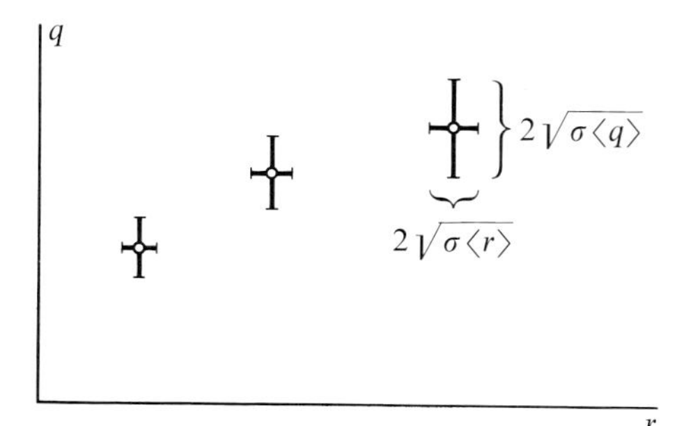

Abb. 2.1

Form eines experimentell gewonnenen Zusammenhangs zwischen den Werten q und r zweier physikalischer Größen Q und R. Die Mittelpunkte der Balkenkreuze geben den aus der Messung erhaltenen Mittelwert (= *Wert*) an, die Balkenlänge ist die doppelte Wurzel aus der quadratischen Streuung.

In der Experimentalphysik ist es üblich, den Mittelwert $\langle q\rangle$ einfach den **Wert** zu nennen, den die Größe Q hat unter den Bedingungen, unter denen die Einzelmessungen die Statistik $q^{(1)}, q^{(2)}, \ldots$ liefern. Als **Resultat einer Messung** gibt man die Zahl $\langle q\rangle \pm \sqrt{\sigma(\langle q\rangle)}$ an und trägt in einer graphischen Darstellung den Mittelwert $\langle q\rangle$ als Punkt ein und die Wurzel aus der mittleren quadratischen Streuung als Strecke, als *Streubalken* der Länge $2\sqrt{\sigma(\langle q\rangle)}$, wobei der Streubalken so gelegt wird, daß er den Punkt $\langle q\rangle$ in seiner Mitte enthält. In Abb. 2.1 ist das gezeigt. Sie gibt die graphische Darstellung eines Zusammenhangs zwischen den Werten einer Größe R und den Werten einer Größe Q wieder, wie er aus Messungen gewonnen wird. Wie zu jedem Wert r von R eine Statistik $q^{(1)}, q^{(2)}, \ldots$ von Q gehört, aus der der Mittelwert $\langle q\rangle$ und die Streuung $\sigma(\langle q\rangle)$ und damit die Länge des vertikalen Streubalkens gewonnen wird, so gehört natürlich auch zu jedem Wert q von Q eine Statistik $r^{(1)}, r^{(2)}, \ldots$ der R-Einzelmessung. Aus ihr wird ebenfalls ein Mittelwert $\langle r \rangle$ und eine Streuung $\sigma(\langle r \rangle)$ gewonnen, die als horizontaler Streubalken der Länge $2\sqrt{\sigma(\langle r \rangle)}$ eingezeichnet wird. Die vertikalen und horizontalen Streubalken definieren kleine Rechtecke, die den aus der Messung gewonnenen Zusammenhang zwischen den Größen Q und R angeben. Durch die Messung ist der Zusammenhang zwischen den Größen Q und R also nur soweit festgelegt, als Wertepaare miteinander *verträglich* sind, die innerhalb eines Rechtecks liegen.

Statistik der Einzelmessungen und Wahrscheinlichkeit

Jede Statistik von Zahlenangaben fordert zur Anwendung wahrscheinlichkeitstheoretischer Überlegungen und Formulierungen heraus. Das Resultat einer Reihe von Einzelmessungen einer Größe Q beschreibt man daher zweckmäßig mit dem Begriff der **Wahrscheinlichkeit.** Dazu führt man eine positiv reelle Funktion $w(q)$ der reellen Variable q ein, die so eingerichtet ist, daß

$$w(q) \cdot dq = \begin{cases} \text{Wahrscheinlichkeit, daß das Resultat einer Einzelmessung} \\ \text{zwischen den Werten } q \text{ und } q+dq \text{ liegt.} \end{cases} \tag{2.3}$$

Entsprechend ist dann

$$\int_{q_1}^{q_2} w(q')\, dq' = \begin{cases} \text{Wahrscheinlichkeit, daß das Resultat einer} \\ \text{Einzelmessung in einem Intervall liegt,} \\ \text{das von } q_1 \text{ bis } q_2 \text{ reicht.} \end{cases} \tag{2.4}$$

Die Integrationsvariable q', von der der Wert des Integrals ja nicht abhängt, haben wir mit einem Apostroph versehen, um sie von den Grenzen des Integrals (von denen der Wert des Integrals abhängt) zu unterscheiden. Erstrecken sich die möglichen Werte von q von $-\infty$ bis $+\infty$, so ist

$$\int_{-\infty}^{+\infty} w(q')\, dq' = 1, \tag{2.5}$$

denn die Wahrscheinlichkeit, daß eine Einzelmessung irgendeinen der möglichen Werte von q hat, ist gleich der Sicherheit, und die normieren wir auf Eins.

Die Wahrscheinlichkeit dafür, das Resultat einer Einzelmessung in einem bestimmten Intervall zu finden, sagt nichts aus über das Resultat jeder *einzelnen* Messung. Die Wahrscheinlichkeit ist ein zahlenmäßiger Ausdruck für das erwartete Verhalten *vieler* Einzelmessungen (Einzelereignisse). Sie ist ein quantitatives Urteil im Sinne einer persönlichen Urteilsfällung über ein zu erwartendes Resultat der Einzelmessung. Jede Einzelmessung kann dabei anders ausgehen als erwartet; nur bei vielen Wiederholungen kann der Begriff der Wahrscheinlichkeit seine Berechtigung erweisen. Der Begriff der Wahrscheinlichkeit wird also anwendbar durch die *Hypothese*, daß die *relative Häufigkeit*, mit der ein bestimmtes Resultat bei wiederholten Einzelmessungen auftritt, ein Maß ist für die Wahrscheinlichkeit des Resultats.

Die Funktion $w(q)$ heißt die **Verteilungsfunktion** für die Ergebnisse der Einzelmessung der Variable q bzw. der Größe Q. In Abb. 2.2 ist eine solche Funktion dargestellt. Die schraffiert gezeichneten Flächenstücke $w \cdot dq$ geben die Wahrscheinlichkeiten (2.3) an und ihre Summe von irgendeinem Wert q_1 bis zu einem anderen Wert q_2 entsprechend

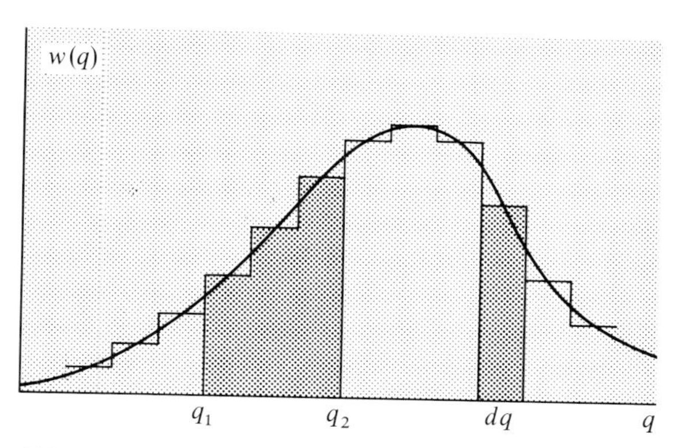

Abb. 2.2

Eine Verteilungsfunktion $w(q)$ und ihre Stufenapproximation. Die gesamte Fläche unter der Kurve $w(q)$ hat den Inhalt Eins. Die schraffierten Flächenstücke geben durch ihren Inhalt direkt die Wahrscheinlichkeit an, den Wert von q im Intervall $[q_1, q_2]$ oder im infinitesimalen Intervall dq zu finden.

die Wahrscheinlichkeit (2.4). Gl. (2.5) besagt, daß die ganze Fläche unter der Funktion $w(q)$ den Betrag Eins hat.

Kennen wir $w(q)$, so sind wir in der Lage, nach Gl. (2.4) die Wahrscheinlichkeit zu berechnen, daß das Ergebnis einer Einzelmessung innerhalb eines beliebig vorgegebenen Intervalles liegt. Wenn wir das aber können, so sind wir auch in der Lage, den Mittelwert und die mittlere quadratische Streuung zu berechnen, denn der Mittelwert $\langle q\rangle$, auch *Erwartungswert* von q genannt, ist dann gegeben durch

$$\langle q\rangle = \int_{-\infty}^{+\infty} q' \cdot w(q') \cdot dq' \tag{2.6}$$

und die quadratische Streuung durch

$$\sigma(\langle q\rangle) = \int_{-\infty}^{+\infty} (q' - \langle q\rangle)^2 \cdot w(q') \cdot dq'. \tag{2.7}$$

Um diese Behauptungen zu beweisen, denken wir uns nicht wie bisher die Resultate $q^{(1)}, q^{(2)}, \ldots$ der Einzelmessungen der Variable q beliebig, z.B. in der zeitlichen Reihenfolge ihres Anfallens geordnet, sondern auf eine neue Weise. Wir teilen den Wertebereich der Variable q in Intervalle ein, deren Längen Δq_i durch irgendwelche Genauigkeitsanforderungen festgesetzt seien. Für jedes Intervall Δq_i geben wir dann die Anzahl n_i der Einzelmessungen an, deren Resultat in das betreffende Intervall fällt. Die Summe aller Einzelmessungen ist natürlich gleich der Gesamtzahl N der Einzelmessungen, die wir überhaupt angestellt haben, in Formeln

$$\sum_i n_i = N \quad \text{oder} \quad \sum_i \frac{n_i}{N} = 1. \tag{2.8}$$

Die letzte Formel sagt, daß der Quotient n_i/N, d.h. die **relative Häufigkeit,** mit der das Resultat einer Einzelmessung im Intervall Δq_i liegt, sich deuten läßt als *Wahrscheinlichkeit* dafür, daß das Resultat im Intervall Δq_i liegt. Wir setzen demgemäß

$$\frac{n_i}{N} = \int_{\Delta q_i} w(q')\, dq'. \tag{2.9}$$

Mit unserer neuen Verabredung über die Ordnung der Resultate der Einzelmessungen schreibt sich die Formel (2.1) also

$$\langle q\rangle = \frac{1}{N} \sum_i q_i n_i = \sum_i q_i \frac{n_i}{N} = \sum_i q_i \int_{\Delta q_i} w(q') \cdot dq' = \int_{-\infty}^{+\infty} q' \cdot w(q') \cdot dq';$$

dabei haben wir alle q-Werte innerhalb eines Intervalls Δq_i durch einen einzigen Wert q_i ersetzt. (Dieses Verfahren ist identisch mit dem Mittelwertsatz der Integralrechnung). Die letzte Gleichung ist aber bereits mit der behaupteten Gl. (2.6) identisch. Entsprechend erhält man aus (2.2)

$$\begin{aligned}\sigma(\langle q\rangle) &= \frac{1}{N}\sum_i (q_i-\langle q\rangle)^2\, n_i = \sum_i (q_i-\langle q\rangle)^2 \frac{n_i}{N} \\ &= \sum_i (q_i-\langle q\rangle)^2 \int_{\Delta q_i} w(q')\cdot dq' = \int_{-\infty}^{+\infty} (q'-\langle q\rangle)^2\cdot w(q')\cdot dq',\end{aligned}$$

d.h. Gl. (2.7). Wir merken noch an, daß Gl. (2.7) sich in eine andere, manchmal vorteilhaftere Form bringen läßt. Beachtet man nämlich (2.6) und (2.5), so läßt sich schreiben

$$\begin{aligned}\sigma(\langle q\rangle) &= \int_{-\infty}^{+\infty} (q'-\langle q\rangle)^2\cdot w(q')\cdot dq' \\ &= \int_{-\infty}^{+\infty} q'^2\, w(q')\, dq' - 2\langle q\rangle \int_{-\infty}^{+\infty} q'\, w(q')\, dq' + \langle q\rangle^2 \int_{-\infty}^{+\infty} w(q')\, dq' \\ &= \int_{-\infty}^{+\infty} q'^2\, w(q')\, dq' - 2\langle q\rangle^2 + \langle q\rangle^2 \\ &= \int_{-\infty}^{+\infty} q'^2\, w(q')\, dq' - \langle q\rangle^2 .\end{aligned} \tag{2.10}$$

Die Einführung einer Verteilungsfunktion ist nichts als eine andere Beschreibung der aus der Reihe der Einzelmessungen resultierenden Statistik. Dennoch bringt diese Beschreibung Vorteile mit sich, einmal weil sie alles enthält, was eine Statistik überhaupt liefern kann, vor allem aber, weil die Verteilungsfunktion als Begriff der Wahrscheinlichkeitstheorie die Aufmerksamkeit richtet auf das, was sich aus dem experimentell gewonnenen Zahlenmaterial an statistischen Gesetzmäßigkeiten gewinnen läßt.

Das praktische Problem ist natürlich: Wie gelangt man in den Besitz einer solchen Verteilungsfunktion, woraus gewinnt man sie? Eine Antwort darauf gibt Gl. (2.9). Sie sagt, daß sich die Verteilungsfunktion $w(q)$ approximativ als Stufenfunktion (wie in Abb. 2.2 eingezeichnet) finden läßt, wenn man die relativen Häufigkeiten n_i/N bestimmt, mit denen die Einzelmessungen in die jeweiligen Intervalle Δq_i fallen. Hat man diese Werte und setzt sie in (2.9) ein, so läßt sich daraus eine Stufenapproximation von $w(q)$ gewinnen. Die Güte der Approximation ist allein dadurch bestimmt, in wie viele Intervalle Δq_i man die ganze q-Skala einteilt und wie breit man die einzelnen Intervalle macht. Ein wichtiges Problem ist dabei natürlich, wann die aus den Messungen resultierenden Quotienten n_i/N als für die Messung charakteristische Häufigkeiten und nicht als total zufällige Ergebnisse anzusprechen sind. Eine notwendige Bedingung dafür ist offensichtlich, daß die Zahl N, die Gesamtzahl einer Reihe von Einzelmessungen, sehr groß sein muß gegen die Anzahl der Intervalle Δq_i, in die man den Wertebereich von q einteilt. Ein weiteres notwendiges Kriterium ist, daß die Quotienten n_i/N bei verschiedenen Reihen von Einzelmessungen genügend gut übereinstimmen; sonst lieferten verschiedene Meßreihen ja nicht dieselbe Verteilungsfunktion. Diese Kriterien sind bereits einfache Beispiele für den Vorteil, den der Begriff der Verteilungsfunktion mit sich bringt. Alle diese Kriterien sind allerdings nur notwendig, nicht dagegen hinreichend. Sie müssen erfüllt sein, aber ihre Erfüllung allein garantiert nicht, daß die relativen Häufigkeiten n_i/N repräsentativ sind zur Gewinnung statistischer Gesetzmäßigkeiten. Aber in dieser Lage sind wir in der Physik immer, die Natur garantiert uns nie die Sinnvollheit unserer Begriffe und Schlüsse.

Eine andere Möglichkeit, an Verteilungsfunktionen zu kommen, ist die, Hypothesen zu machen, also zu raten, wenn man so will. Tatsächlich ist dieses Verfahren für die

Physik von besonderer, ja von grundlegender Bedeutung. Das wird in den folgenden Abschnitten klar werden.

Bessere und schlechtere Meßverfahren

Unsere bisherigen Betrachtungen lassen sich dahingehend zusammenfassen, daß eine Meßreihe, die dem Auffinden eines Zusammenhangs zwischen zwei (oder mehr) physikalischen Größen dient, zweckmäßig durch Angabe einer Verteilungsfunktion beschrieben wird. Wir wissen zwar, daß es ein Problem ist, diese Verteilungsfunktion wirklich in die Hand zu bekommen, aber wir schieben dieses Problem einmal beiseite, indem wir versuchsweise annehmen, es sei gelöst. Wir denken uns also im Besitz einer Verteilungsfunktion $w(q)$, die uns die Verteilung der Werte einer Größe Q angibt, die diese bei Einzelmessungen annimmt, wenn eine andere Größe R einen festen Wert r hat. R könnte übrigens auch für mehrere Größen stehen, entsprechend ist dann unter r ein ganzer Satz fester Werte aller dieser Größen zu verstehen. Um diese Nebenbedingung anzudeuten, bezeichnen wir die Verteilungsfunktion von nun ab mit dem Symbol $w(q|r)$, wo rechts vom senkrechten Strich die Bedingung steht, unter der die Verteilung resultiert, nämlich daß R den festen Wert r hat.

Nun wird die Funktion $w(q|r)$, von der wir ja annehmen, daß sie die Meßresultate beliebig gut beschreibt, nicht nur den Zusammenhang der Größen Q und R ausdrücken, sondern irgendwie auch das Meßverfahren enthalten, mit dem der Zusammenhang gefunden wurde. Denn benutzte man ein anderes Meßverfahren, so erhielte man im allgemeinen wohl eine andere, von $w(q|r)$ verschiedene Verteilungsfunktion $w'(q|r)$. Das andere Meßverfahren müßte dabei nicht notwendig völlig anders aussehen, d.h. auf anderen Vorgängen beruhen, es könnte sich auch einfach um eine grobere oder feinere Form des ersten Verfahrens handeln. In jedem Fall ist das Meßverfahren irgendwie in der Verteilungsfunktion enthalten, und es erhebt sich die Frage, wie man zwei Verteilungsfunktionen ansieht, welche von beiden zum besseren und welche zum schlechteren Meßverfahren gehört. Die Antwort lautet ganz einfach: *Von zwei Meßverfahren, die dieselbe Größe Q unter derselben Bedingung messen (nämlich, daß die Größe R den Wert r hat), ist dasjenige das bessere, das die Verteilungsfunktion mit der kleineren quadratischen Streuung liefert.* Diese Antwort hätte man auch ohne Verwendung des Begriffs der Verteilungsfunktion gegeben, denn da die Streuung ein Maß für die Abweichung der Einzelmeßresultate vom Mittelwert ist, würde man selbstverständlich die Messung für die bessere halten, bei der diese Abweichungen im Mittel kleiner sind. Von einer Reihe von Meßverfahren für denselben Zusammenhang physikalischer Größen ist demgemäß dasjenige das beste, das die kleinste Streuung liefert. Ein **ideales Meßverfahren** schließlich ist eines, dessen Streuung ein absolutes Minimum darstellt. Gern würde man hier natürlich sagen, daß ein ideales Meßverfahren die Streuung Null hat, denn das wäre sicher ein absolutes Minimum. Aber es könnte ebensogut sein, daß das absolute Minimum von Null verschieden ist. Logisch sind beide Möglichkeiten gleichwertig. Es ist eine Frage an die Natur, ob das absolute Minimum Null ist, oder von Null verschieden ist. Daß das absolute Minimum der Streuung einer Größe immer und in jedem Fall Null sein müßte, ist tatsächlich ein Vorurteil der klassischen Physik. Bis zur Entdeckung der Quantenmechanik hat man es nie in Frage gestellt und daher nicht als Vorurteil erkannt. Wir wissen jedoch heute, daß beide Fälle vorkommen, nämlich daß das absolute Minimum Null ist und größer als Null ist, je nachdem um welche Größen Q und R es sich handelt.

Der Fehler einer Messung

Wir wissen, daß jede Messung „Unvollkommenheiten" enthält; wir sagen, sie sei mit *Fehlern* behaftet. Diese Ausdrucksweise zeigt schon, daß wir unsere realen Messungen als unvollkommenes Abbild von etwas Idealem sehen. Wir möchten sie schöner und klarer haben als sie wirklich sind. Wir drücken das so aus, daß wir sie *von Fehlern frei* haben möchten. Wenn man aber von Fehlern spricht, so hat das nur Sinn, wenn man das richtige, das fehlerfreie Ergebnis kennt, oder wenn es zumindest ein richtiges Ergebnis gibt, das man sich auf irgendeine Weise beschaffen kann. Alle Abweichungen von diesem richtigen Ergebnis heißen dann Fehler. Wenn aber nun *jede* Messung mit Fehlern behaftet ist, wie findet man dann überhaupt ein richtiges, fehlerfreies Resultat und damit den Bezug, den man braucht, um einen Fehler überhaupt erklären zu können?

Um jedes Mißverständnis auszuschließen: Fehler werden nicht beobachtet. Die Frage, ob eine Messung mit einem Fehler behaftet und wie groß er ist, läßt sich erst mit Hypothesen beantworten, die mit der Messung nichts zu tun haben. Überdies ist der Begriff des Fehlers stets an eine Meß*reihe* gebunden. *Es ist sinnlos, vom Fehler, der Unschärfe oder der Streuung einer Einzelmessung zu sprechen.*

Die **Aufgabe eines Meßverfahrens** besteht darin, den Wert einer Größe Q zu bestimmen, den diese annimmt, wenn der Wert einer anderen Größe R fest vorgegeben ist. Man denke z.B. bei Q an die Geschwindigkeit eines fallenden Körpers und bei R an seine Fallstrecke, oder an den Luftdruck und die Höhe. Die Aufgabe der Messung können wir nun auch so fassen, daß die Messung nicht nur feststellen soll, welchen Wert die Größe Q hat, sondern auch noch der Größe R einen bestimmten Wert r geben und diesen (mindestens bis zur Messung) festhalten soll. Ein Meßverfahren hat in seinem ganzen Umfang danach *zwei* Aufgaben zu erfüllen, nämlich erstens den Wert einer Größe zu bestimmen und zweitens den Wert einer oder mehrerer anderer Größen festzulegen und festzuhalten. Diese beiden Aufgaben sind in ihrer Bedeutung völlig gleichrangig, denn wenn das Verfahren in einer der beiden Aufgaben versagt, so erfüllt es seinen Zweck nicht mehr, zumindest nicht mehr vollkommen, es ist *fehlerhaft*.

Nach dieser Auffassung läßt sich ein Fehler immer darauf zurückführen, daß die Meßanordnung in der Aufgabe des Festlegens und Festhaltens der Werte bestimmter Größen versagt, daß sie eben nicht allen Größen feste Werte erteilt, die auf die Messung von Einfluß sind. So liefert die Messung des Luftdrucks bei konstant gehaltener Höhe sicher dann kein fehlerfreies Resultat, wenn andere physikalische Größen, die den Druck beeinflussen, nicht auch konstant gehalten werden, wie z.B. die Temperatur, der Wassergehalt der Luft und die Luftbewegungen. Auch Unvollkommenheiten beim Ablesen der Meßinstrumente sind nichts anderes als mangelndes Festhalten von Werten physikalischer Größen. Als Beispiel denke man an die Forderung, den Parallaxenwinkel beim Ablesen eines Zeigerinstrumentes von Einzelmessung zu Einzelmessung konstant zu halten. Solange es also physikalische Größen gibt, deren Werte bei der Messung zwar festgehalten werden könnten, aber nicht tatsächlich festgehalten werden, so lange werden diese Größen bei den Einzelmessungen in unkontrollierter Weise von Mal zu Mal verschiedene Werte haben. Je nach ihrem Einfluß werden sie von Mal zu Mal mehr oder weniger unterschiedliche Werte der zu messenden Größe verursachen, was sich dann in einer Streuung der Meßwerte äußert. Diese, durch ungenügendes Festhalten der Werte physikalischer Größen verursachten Streuungen sind das, was wir **Fehler** nennen. Allgemein können wir also sagen: *Fehler haben ihre Ursache darin, daß das Meßverfahren nicht allen physikalischen Größen bestimmte Werte erteilt, die dabei überhaupt feste Werte haben können.* Damit sind wir nun in der Lage, zu sagen, was ein fehlerfreies Meßverfahren ist. Es ist ein Verfahren, das den Wert einer Größe Q bestimmt und dazu allen physikalischen Größen R, die dabei überhaupt einen festen Wert haben können, auch einen bestimmten Wert gibt und diesen mindestens bis zur Messung festhält.

Nach dieser Erklärung der Fehler ist es unmittelbar plausibel, daß ein Meßverfahren, das Fehler verursacht, eine größere Streuung in den Resultaten der Einzelmessung aufweisen wird als ein fehlerfreies Verfahren. Unsere Festsetzung der Qualitätsreihenfolge von Meßverfahren steht mit diesen Überlegungen zum Begriff des Fehlers durchaus in Einklang.

In der messenden Physik ist es üblich, zwei Arten von Fehlern zu unterscheiden, nämlich *zufällige* und *systematische* Fehler. Hier interessieren uns nur die zufälligen Fehler, denn nur diese sind wichtig für unser Problem, in welcher Beziehung die Beobachtung der Zusammenhänge physikalischer Größen mit ihrer mathematischen Beschreibung steht. Beim Problem des systematischen Fehlers hingegen geht es um die Frage, ob zwei Meßverfahren dieselbe physikalische Größe messen oder nicht. Für die Praxis des Messens ist das natürlich sehr wichtig, denn es ist nicht von vornherein klar, ob ein gegebenes Meßverfahren auch tatsächlich die Größe mißt, die man gemessen haben will. Hat man zwei Verfahren, die dieselbe physikalische Größe messen, so muß, wenn ursprünglich beide dieselbe Streubreite hatten, jede Verbesserung des einen notwendig in die Streubreite des anderen Verfahrens fallen. Ist das nicht so — und genau dann spricht man von einem systematischen Fehler — so messen sie eben nicht dieselbe Größe, sondern zwei verschiedene Größen, deren Werte oft nur nicht sehr weit auseinander liegen. Ein demonstratives Beispiel hierfür bietet die Messung der Temperatur mit verschiedenen Thermometersubstanzen. Man erhält dabei verschiedene (im allgemeinen nicht-lineare) Temperaturskalen, die man auch als *empirische Temperaturen* bezeichnet und von denen jede eine andere Funktion der absoluten Temperatur ist. Bei diesen empirischen Temperaturen handelt es sich aber in unserer Sprache um verschiedene Größen, auch wenn man sie alle als Temperaturen bezeichnet.

Streuung und Fehler in der klassischen Physik

Eine naive Anschauung vom Begriff des Fehlers würde ein ideales, fehlerfreies Meßverfahren dadurch erklären, daß es die Streuung Null liefert. Tatsächlich basiert die klassische Physik auf dieser Annahme. Ihre Konsequenz ist, daß ein *reiner* oder *unverfälschter* Zusammenhang zwischen physikalischen Größen ebenfalls die Streuung Null besitzt. Demgemäß ist ein reiner Zusammenhang dadurch gekennzeichnet, daß er nur Statistiken mit der Streuung Null liefert, und damit hat seine Verteilungsfunktion ebenfalls die Streuung Null. Die Verteilungsfunktion $w(q|r)$ eines nach klassischer Auffassung fehlerfreien Zusammenhangs hat daher die Eigenschaft, überall Null zu sein außer an einer Stelle $q = \langle q \rangle$.

Eine solche Verteilungsfunktion läßt sich auffassen als Grenzfall einer Folge von Funktionen, deren Bereiche, in denen sie von Null verschieden sind, immer kleiner werden und sich auf einen Punkt zusammenziehen, während ihr Maximalwert dabei unbegrenzt ansteigt, denn die Fläche unter ihnen ist gemäß Gl. (2.5) konstant und zwar gleich Eins. Abb. 2.3 zeigt Beispiele von Folgen von Funktionen, die gegen ein Grenzverhalten streben, wie es eine Verteilungsfunktion einer klassisch fehlerfreien Messung hat. Das Grenzgebilde, das also eine „Funktion" ist, die überall Null ist außer an einer einzigen Stelle und dort so stark unendlich ist, daß die Formel (2.5) gültig bleibt, trägt den Namen Diracsche **δ-Funktion** (P. A. M. Dirac, geb. 1902).

Die Annahme, daß ein fehlerfreier Zusammenhang stets die Streuung Null besitzt, ist natürlich gleichbedeutend mit der Annahme, daß ein fehlerfreier Zusammenhang zweier Größen Q und R mathematisch dadurch dargestellt wird, daß jedem Wert r von

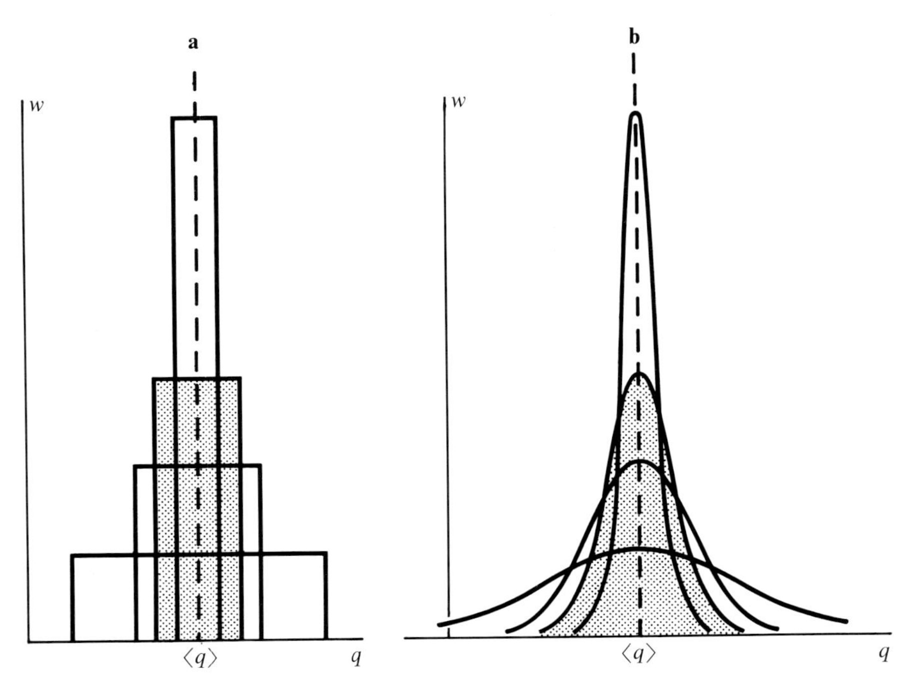

Abb. 2.3

Folgen von Verteilungsfunktionen, deren quadratische Streuung σ gegen Null geht. In ihrem Grenzverhalten für $\sigma = 0$ definieren sie die Diracsche δ-Funktion.
(a) zeigt eine Folge von Rechteckfunktionen,
(b) eine Folge von Gauß-Verteilungen. Der Inhalt jeder der Flächen, die von der Abszisse und einer Verteilungsfunktion begrenzt werden, ist Eins.

R genau ein Wert q von Q entspricht, daß also der Zusammenhang mathematisch durch eine *Funktion* beschrieben wird. Wir notieren somit als

Grundannahme der klassischen Physik: Jeder Zusammenhang zwischen einer physikalischen Größe Q und einer Größe R läßt sich mathematisch so darstellen, daß die Variable q eine eindeutige Funktion der Variable r ist, in Zeichen $q = q(r)$. Ebenso wie die Größe R für mehrere Größen $R_1, R_2, \ldots$ stehen kann, kann auch die Variable r als Abkürzung mehrerer Variablen $r_1, r_2 \ldots$ dienen; dann ist $q = q(r_1, r_2, \ldots)$.

Eine unmittelbare Folgerung der Grundannahme ist, daß in der klassischen Physik eine von Null verschiedene Streuung immer die Folge von Fehlern ist. Das ist der historische Ursprung der Bezeichnung **mittlerer Fehler** für die Quadratwurzel aus der Streuung. Sie ist in der klassischen Physik konsequent, und sie ist deshalb auch überall dort berechtigt, wo man mit den Beschreibungsmitteln der klassischen Physik auskommt.

Ebenso wie die Streuung ist nach Auffassung der klassischen Physik natürlich auch jede Verteilungsfunktion, die verschieden ist vom Grenzfall der δ-Funktion, eine Folge von Fehlern. Nun sind Fehler wiederum eine Folge unkontrollierter Variablen. Fehler sind, wie wir gesehen haben, dadurch bedingt, daß die Werte irgendwelcher Größen nicht festgelegt sind, die festgelegt werden könnten, und daß diese Werte unkontrolliert schwanken. Diese scheinbar ungünstige Situation hat nun einen großen wahrscheinlichkeitstheoretischen Vorteil, wenn zwei Bedingungen erfüllt sind: 1. Die Schwankungen der unkontrollierten Variablen erfolgen *zufällig*, sie zeigen keine erkennbare Gesetz-

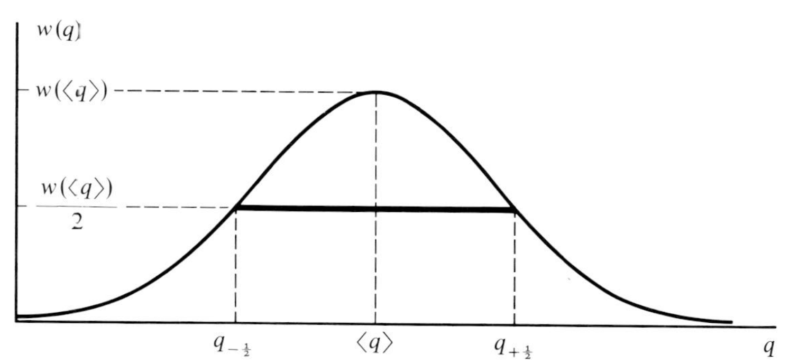

Abb. 2.4

Darstellung der *Gauß-Verteilung* oder *Normalverteilung* (2.11). Der Abstand der beiden Abszissenpunkte $q_{-\frac{1}{2}}$ und $q_{+\frac{1}{2}}$ definiert die *Halbwertsbreite* der Verteilung. Sie ist proportional zu σ und daher ein direktes Maß für die *quadratische Streuung* σ der Gauß-Verteilung.

mäßigkeit. 2. Hinreichend viele unabhängige Variablen sind in dem erklärten Sinn unkontrolliert. Dann, so sagt die Wahrscheinlichkeitstheorie, ist die Verteilungsfunktion $w(q)$ einer Variable q approximativ von der Form der **Normalverteilung** oder **Gauß-Verteilung**

$$w(q)=\frac{1}{\sqrt{2\pi\sigma}}\, e^{-\frac{(q-\langle q\rangle)^2}{2\sigma}}. \tag{2.11}$$

Der Faktor vor der Exponentialfunktion ist dabei so gewählt, daß Gl. (2.5) erfüllt ist. Die Gauß-Verteilung ist in Abb. 2.4 dargestellt. Sie ist durch die beiden Zahlen $\langle q\rangle$ und σ festgelegt. Diese Zahlen sind identisch mit dem Mittelwert und der quadratischen Streuung der Verteilung (2.11), denn setzt man (2.11) in (2.6) ein, so erhält man

$$\int_{-\infty}^{+\infty} q'\, w(q')\, dq' = \frac{1}{\sqrt{2\pi\sigma}} \int_{-\infty}^{+\infty} q'\, e^{-\frac{(q'-\langle q\rangle)^2}{2\sigma}}\, dq' = \langle q\rangle \tag{2.12}$$

und aus (2.7)

$$\int_{-\infty}^{+\infty} (q'-\langle q\rangle)^2\, w(q')\, dq' = \frac{1}{\sqrt{2\pi\sigma}} \int_{-\infty}^{+\infty} (q'-\langle q\rangle)^2\, e^{-\frac{(q'-\langle q\rangle)^2}{2\sigma}}\, d(q'-\langle q\rangle) = \sigma. \tag{2.13}$$

Der Leser möge die Gln. (2.12) und (2.13) selber nachrechnen unter Verwendung von

$$\int_{-\infty}^{+\infty} e^{-x^2}\, dx = \sqrt{\pi}. \tag{2.14}$$

In Abb. 2.4 ist ein weiteres, oft benutztes Charakteristikum der Gauß-Verteilung eingezeichnet, nämlich ihre **Halbwertsbreite.** Es ist der Abstand der beiden Punkte der Gauß-Kurve, deren Ordinate halb so groß ist wie das Maximum, das ja bei $q=\langle q\rangle$ liegt. Diese beiden Punkte haben die Abszissenwerte $q_{+\frac{1}{2}}$ und $q_{-\frac{1}{2}}$, die gegeben sind durch

$$\frac{1}{\sqrt{2\pi\sigma}}\, e^{-\frac{(q_{\pm\frac{1}{2}}-\langle q\rangle)^2}{2\sigma}} = \frac{1}{2}\, w_{\max} = \frac{1}{2}\, \frac{1}{\sqrt{2\pi\sigma}},$$

oder, wenn man diese Gleichung logarithmiert und nach $q_{\pm\frac{1}{2}}$ auflöst,

$$q_{\pm\frac{1}{2}} = \langle q \rangle \pm \sqrt{2\sigma \ln 2}. \tag{2.15}$$

Da die Halbwertsbreite die Differenz $q_{+\frac{1}{2}} - q_{-\frac{1}{2}}$ ist, erhalten wir

$$\textit{Halbwertsbreite} = 2\sqrt{2\sigma \ln 2}. \tag{2.16}$$

Die Halbwertsbreite ist also allein durch die quadratische Streuung bestimmt. Von dem Zahlfaktor $\sqrt{2 \ln 2}$ abgesehen, ist sie gleich der Länge des Streubalkens, der in der klassischen Physik also die Bedeutung eines *Fehlerbalkens* hat. Hätten wir statt der Halbwertsbreite die *e-tel-Wertsbreite* genommen, d.h. den Abstand zweier Punkte der Gauß-Kurve, deren Ordinate der e-te Teil des Maximums ist, so wäre in den Formeln (2.15) und (2.16) der Faktor ln 2 einfach durch 1 ersetzt worden. Wie Abb. 2.3 zeigt, geht die Gauß-Verteilung (2.11) bei $\sigma \to 0$ in die δ-Funktion über. Eine Gauß-Verteilung und hinreichend kleiner Streuung σ kann daher als Näherung der δ-Funktion dienen.

Streuung und Fehler in der Quantenmechanik

Seit den Erfolgen der Quantenmechanik in der Physik des Atombaus und der Elementarteilchen wissen wir, daß die Annahme der klassischen Physik über das, was eine fehlerfreie Messung ist, falsch ist, d.h. den Beobachtungstatsachen widerspricht. Es gibt Größenpaare Q und R, bei denen es *prinzipiell* unmöglich ist, die Messung von Q streuungsfrei zu machen, auch wenn R einen bestimmten Wert hat, d.h. wenn R in der Einzelmessung immer denselben festen Wert r bekommt. Umgekehrt ist es dann auch unmöglich, eine Messung von R streuungsfrei zu machen, wenn Q einen bestimmten Wert hat. Die Größen Q und R stehen in einer Beziehung zueinander, die dadurch gekennzeichnet ist, daß wenn R einen *scharfen*, d.h. streuungsfreien Wert hat, Q nie einen streuungsfreien Wert haben kann und umgekehrt. Man sagt auch, daß ein scharfer Wert von R einen *unscharfen* Wert von Q zur Folge hat und umgekehrt, daß also R und Q in einer **Unschärfebeziehung** oder **Unschärferelation** zueinander stehen. Wichtig ist natürlich, daß diese Beziehung von Natur aus gegeben ist, d.h. daß wir durch noch so viele Manipulationen daran nichts ändern können.

Es ist klar, daß die Quantenmechanik die Grundannahme der klassischen Physik durch eine neue Grundannahme ersetzt, die übrigens viel komplizierter ist und die wir hier nicht im einzelnen angeben. Nach ihr wird ein Zusammenhang zwischen physikalischen Größen Q und R mathematisch dadurch dargestellt, daß die Variable q nicht mehr wie in der klassischen Physik eine Funktion, sondern ein *Funktional* der Variable r ist. Die Quantenmechanik muß ja der Tatsache Rechnung tragen, daß es zwischen physikalischen Größen eine Beziehung gibt, die der klassischen Physik unbekannt war, nämlich die, daß Größen in einer Unschärferelation zueinander stehen können. Bis heute gibt es für diese Beziehung keinen eigenen sprachlichen Ausdruck. Man könnte sie den *Grad der Verträglichkeit zweier Größen* nennen. Sie drückt sich dadurch aus, daß wenn eine Größe R einen bestimmten, scharfen Wert hat, jeder zweiten Größe Q eine charakteristische Verteilungsfunktion zugeordnet ist, deren Streuung ein absolutes Minimum darstellt, das durch kein Meßverfahren, und sei es noch so gut, unterschritten werden kann.

Denken wir uns die Größe R (nicht ihren Wert) festgehalten und Q gegen andere Größen ausgewechselt, die wir der Einfachheit halber auch wieder Q nennen, so hat jede dieser Größen ihre charakteristische Verteilungsfunktion und mit ihr eine bestimmte Minimalstreuung. Gibt es unter diesen Größen Q eine, deren charakteristische Verteilungsfunktion eine δ-Funktion und deren Minimalstreuung daher Null ist, so heißt Q mit R *verträglich*. Diese Größe Q kann also gleichzeitig mit R scharfe Werte haben. Man nennt R und Q dann auch *gleichzeitig meßbar*. Gemeint ist natürlich, daß Q einen streuungsfreien Wert haben kann, wenn R einen streuungsfreien Wert hat.

Wie wir gesehen haben, ist das Auftreten von Streuung nach der Quantenmechanik nicht notwendig eine Folge von Fehlern (wie es in der klassischen Physik war). Von zwei Größen Q und R, die nicht verträglich sind, hat mindestens eine jeweils eine von Null verschiedene Minimalstreuung, und diese Minimalstreuung hat nichts mit Fehlern des Meßverfahrens zu tun. Abgesehen davon, daß es sinnlos ist, von Fehlern zu sprechen, wenn es prinzipiell unmöglich ist, sie zu vermeiden, hatten wir Fehler ja dadurch erklärt, daß sie eine Konsequenz unkontrolliert sich ändernder Größen sind, d.h. daß sie durch Größen verursacht sind, die sich von einer Einzelmessung zur nächsten unkontrolliert ändern und somit in einer Reihe von Einzelmessungen keine konstanten Werte haben. Bei den Feststellungen über die Streuung einer Größe Q haben wir aber stets vorausgesetzt, daß R einen scharfen Wert hat, und das Symbol R repräsentiert dabei *alle Größen, denen man überhaupt einen scharfen Wert geben kann.*

Es ist oft versucht worden, die von Null verschiedenen Minimalstreuungen, wie sie die Quantenmechanik fordert, als Folge unkontrollierter Variablen, die man nur nicht kennt, sogenannter **verborgener Parameter,** aufzufassen, aber es besteht kein Zweifel, daß diese Versuche heute als gescheitert anzusehen sind. Das Auftreten von Minimalstreuungen hat eben nichts mit unkontrollierten Variablen und damit auch nichts mit Fehlern zu tun. Es handelt sich um ein fundamentales Phänomen der Natur, das wir nicht zu erklären, sondern zu beschreiben haben.

Es ist klar, daß Meßverfahren, die Fehler verursachen — und das sind alle realen Meßverfahren — ihrerseits zur Streuung einer Größe beitragen. Infolgedessen sind die wirklich gemessenen Streuungen stets größer als die Minimalstreuung. Und wenn ein Meßverfahren sehr viele unabhängige Größen unkontrolliert läßt, so wird man im allgemeinen von der zur Minimalstreuung gehörenden Verteilung nichts mehr spüren und stattdessen wieder eine Verteilung beobachten, die durch die Gauß-Verteilung (2.11) gut approximiert wird. Ist deren Streuung σ, die ja die Gesamtstreuung darstellt, dann klein genug, so darf man sie für viele Fragen wieder wie eine δ-Funktion behandeln und so rechnen, als wäre die klassische Physik richtig. Das ist eine für die Praxis außerordentlich wichtige Folgerung, die immer anwendbar ist, wenn es um Vorgänge geht, bei denen sehr viele unkontrollierte Größen beteiligt sind, wie bei fast allen makrophysikalischen Vorgängen.

Das Instrument „Mathematik“

Rückblickend stellt man fest, daß die ganze Mühe der an die Messungen anknüpfenden Überlegungen dem Ziel galt, fehlerfreie, unverfälschte Zusammenhänge zwischen Größen zu gewinnen, sozusagen den Beobachter aus dem Naturgeschehen zu eliminieren. Und schließlich führen alle Überlegungen doch nur dahin, daß man irgendwelche grundsätzlichen Annahmen, Hypothesen machen muß. Der unbefangene Betrachter wird hier vielleicht fragen, was denn an dem Naturgeschehen ohne Beobachter so viel interessanter oder wichtiger sei als an dem Naturgeschehen mit Beobachter, und wenn man sowieso Hypothesen machen müsse, warum dann auf so komplizierte Weise.

Hypothesen werden in der Physik nicht zur persönlichen Befriedigung gemacht oder um ein paar Fakten zu erklären, sondern immer nur, um das Instrument *Mathematik* von seiner einfachsten Form des Zählens bis zum kompliziertesten Kalkül anzuwenden. Und das Ziel dieser Anwendung ist stets zweifach: Einmal sollen möglichst viele uns bekannte Phänomene aus relativ wenigen Grundannahmen hergeleitet und quantitativ beschrieben werden, d. h. so, daß alle beobachteten Abweichungen innerhalb der Streubreite der jeweiligen experimentellen Messungen liegen; zum anderen sollen unbekannte Phänomene quantitativ vorausgesagt werden, d. h. so, daß dem Experiment die Rolle des Schiedsrichters zufällt darüber, ob die Voraussage zutrifft oder nicht. Wichtig ist hierbei die Bedingung des *Quantitativen.* Nur sie erlaubt es, Hypothesen in gute und schlechte, in brauchbare und unbrauchbare zu scheiden. Sie ist auch der tiefere Grund dafür, daß es in der Physik einen Fortschritt gibt in dem Sinne, daß jede Generation die Arbeit der vorhergehenden fortsetzt und auf den gewonnenen Erkenntnissen weiterbaut.

Die Anwendung mathematischer Methoden erfordert stets Hypothesen, wie wir sie oben in Form der Grundannahmen kennengelernt haben. Der Grund hierfür liegt in der fundamentalen Rolle, die das **Unendliche** in der Mathematik spielt. Es gibt kaum einen wichtigen mathematischen Sachverhalt, in den das Unendliche nicht hineinspielte, meist als Voraussetzung über unbegrenzt wiederholbare Operationen. Schon beim Begriff der Zahl selbst ist das so. Bei der ganzen Zahl ist die fragliche Operation die des unbegrenzten Zählens oder, wie man in der Mathematik sagt, die Operation der unbegrenzten Bildung des *Nachfolgers einer Zahl.* Bei den gebrochenen Zahlen ist es die Operation des unbegrenzten Teilens und bei den reellen Zahlen die Operation der unbegrenzten Intervallschachtelung. Jeder mathematische Kalkül beruht in irgendeiner Form auf dem Unendlichen oder gewinnt zumindest erst dadurch seine volle Wirksamkeit.

Im Gegensatz dazu sind alle Feststellungen, die wir aus Beobachtungen von Naturvorgängen gewinnen, endlicher Natur, sie sind, wie man sagt, *finit.* Alle Beobachtungen, und seien sie noch so gut, bestehen immer nur aus endlich vielen Angaben. Wir können zwar die Anzahl N von Einzelmessungen unter Umständen sehr groß, aber nie unendlich groß machen. Wie gut wir also auch experimentieren und wie sorgfältig wir vorgehen mögen, es bleibt uns nichts übrig, als unsere experimentelle Erfahrung schließlich durch Hypothesen zu ergänzen, wenn wir das Instrument Mathematik wirksam werden lassen wollen. Die Hypothesen, wie die obigen Grundannahmen darüber, wie sich ein fehlerfreier Zusammenhang zwischen physikalischen Größen mathematisch darstellt, sind also notwendig. Wir kommen nie um sie herum, wenn wir die Mathematik überhaupt auf unsere Beobachtungen anwenden wollen.

Richtig und Falsch in der Physik

Die Tatsache, daß die Mathematik auf die Physik immer nur mit Hilfe von Hypothesen angewandt werden kann, die den Schritt von der Endlichkeit unseres Beobachtungsmaterials zur Unendlichkeit schaffen, die der mathematische Kalkül braucht, hat nun eine einfache, aber deswegen keineswegs triviale Konsequenz. Wir können nämlich durch unsere Beobachtungen eine Hypothese niemals als richtig nachweisen, denn dazu brauchten wir ja, wie gesagt, unendlich viele Angaben. Dagegen ist die Beobachtung imstande, sie als falsch nachzuweisen, denn dazu bedarf es nur einer einzigen Beobachtung, die den mit Hilfe der Hypothese gewonnenen mathematischen Resultaten widerspricht, d.h. für die das mathematische Resultat klar außerhalb der Streubreite der Beobachtung liegt. Das trifft für alle Naturgesetze zu, denn als Naturgesetz bezeichnen wir in der Physik immer einen mathematisch formulierten und damit generell behaupteten Tatbestand. So können wir z.B. niemals experimentell beweisen, daß der Satz von der Erhaltung der Energie richtig, d.h. ausnahmslos gültig ist, denn wie zahlreich auch unsere Erfahrungen sind, es sind niemals *alle möglichen.*

Wenn wir also sagen, Energie könne unter keinen Umständen erzeugt oder vernichtet werden, so ist das notwendigerweise eine Hypothese, denn von *allen möglichen* Vorgängen können wir auch bei größter Emsigkeit nur einen verschwindend kleinen Teil realisieren. Wir können den Energiesatz daher niemals endgültig beweisen, d.h. verifizieren. Aber wir können ihn sehr wohl als falsch nachweisen, d.h. falsifizieren. Dazu genügte die Beobachtung eines einzigen Prozesses, der ihm widerspricht.

Was die Erkenntnis der Welt angeht, befindet sich die Physik also, mit den Begriffen *richtig* und *falsch* gefaßt, in einer bemerkenswert unsymmetrischen Lage: Jede generelle Aussage über die Welt und das, was in ihr geschieht, kann zwar definitiv als falsch nachgewiesen werden, niemals aber als definitiv richtig. Jedem, der für die Ästhetik der reinen Mathematik empfänglich ist und für die Unbedingtheit ihrer Aussagen, wird das als ein hoffnungsloser Mangel an mathematischer Reinheit erscheinen. Dieser Mangel ist in der Tat hoffnungslos, denn es handelt sich bei der Physik keinesfalls um eine temporäre Lage, die lediglich auf einem Mangel an Information beruhte, der sich bei genügend langem Warten beheben ließe, sondern um eine Naturnotwendigkeit. Unsere Information ist im Sinne der Reinheit immer unvollständig und wird immer unvollständig bleiben. Wenn wir uns trotzdem ein Bild von der Welt machen wollen, müssen wir uns notwendig auf die Information stützen, die wir haben, und mit dieser ein Bild entwerfen und damit zu weiteren Informationen vorstoßen. Das ist ein Naturgesetz, das übrigens nicht auf die Physik beschränkt ist, sondern für jede Auseinandersetzung des Menschen mit der Wirklichkeit gilt, die Urteilsbildung verlangt und deren Wert daran gemessen wird, wie brauchbar und zuverlässig die Voraussagen sind, die sie macht.

Richtig und falsch sind in der Physik tatsächlich ein sehr unzweckmäßiges Begriffspaar. Man sollte statt von richtig und falsch besser von **brauchbar** und **nicht-brauchbar** sprechen. Damit haben wir gleichzeitig eine andere wichtige Eigenschaft der Physik sprachlich erfaßt, nämlich daß alle ihre theoretischen Erwägungen den einzigen Zweck haben, gebraucht, d.h. auf ein Stück Wirklichkeit angewendet zu werden. Das bringt auch klar zum Ausdruck, daß eine physikalische Aussage immer im Hinblick auf einen Zweck bewertet werden sollte.

Theorie und Mathematik

Da eine Theorie kein im absoluten Sinn richtiges Bild der Wirklichkeit ist, ist es einfach sinnlos, den Begriff der mathematischen Exaktheit auf die Relation zwischen Theorie und Wirklichkeit anzuwenden.

Auf eine Theorie oder ein Modell selbst läßt sich der Begriff der **mathematischen Exaktheit** dagegen durchaus anwenden, ja es ist oftmals sogar wünschenswert, eine

Theorie so zu formulieren, daß sie allen Ansprüchen mathematischer Exaktheit genügt. Denn eine Theorie oder ein Modell ist immer ein Stück Mathematik.

Bei Anwendung der Theorie auf die Wirklichkeit aber ist diese Exaktheit kein unbedingtes und in jedem Fall sinnvolles Kriterium. Solange ein rechnerisches Resultat innerhalb der Streubreite der experimentellen Nachprüfung liegt, ist es immer brauchbar. Dabei ist es oft auch ausreichend, in der Theorie selbst mathematische Approximationen zu verwenden, solange nur der *mathematische* Fehler klein ist gegen die experimentelle Streuung. Der mathematische Fehler ist im Gegensatz zum Meßfehler dabei ein wohldefinierter, hypothesenfreier Begriff. Er ist die Abweichung vom exakten Resultat, dessen Existenz die Mathematik ja gerade sichert. So ist z.B. die Funktion $y=\sqrt{1+x}$ mathematisch eine wohldefinierte Anweisung, die jedem Wert x exakt einen Wert y zuordnet. Jede reale Berechnung der Funktion aber wird, da sie streng genommen im allgemeinen unendlich viele Schritte erfordern würde, notwendig approximativ vorgenommen. Daß im allgemeinen unendlich viele Rechenschritte notwendig sind, um die Zuordnung $x \to y$ exakt auszurechnen, zeigt z.B. die Reihenentwicklung der Funktion

$$y=\sqrt{1+x}=1+\tfrac{1}{2}x-\tfrac{1}{8}x^2+\tfrac{1}{16}x^3-\tfrac{5}{128}x^4+\cdots, \qquad |x|<1. \tag{2.17}$$

Zur praktischen Berechnung muß man diese Entwicklung immer abbrechen. Wichtig ist allein die Stelle des Abbrechens; sie ist durch den Fehler bestimmt, der für den Zweck der Berechnung noch als duldbar erklärt ist.

Die Beziehung zwischen Theorie und Wirklichkeit bringt es also mit sich, daß der Physiker eine Theorie immer nur als **Approximation** gebraucht. Die Güte der Approximation ist nur für verschiedene Fragestellungen verschieden, und es macht den guten Physiker aus, zu wissen, welche Theorie oder welches Modell für eine bestimmte Fragestellung ausreicht und wie weit innerhalb der Theorie oder des Modells die mathematische Approximation zu treiben ist, um noch zuverlässige Resultate zu erzielen. Diese Seite der Physik ist erfahrungsgemäß eine der schwierigsten.

§ 3 Kinematik und Dynamik

Die kinematische Beschreibung der Bewegung

Wenn wir von einer Bewegung sprechen, so meinen wir die Bewegung eines Körpers, etwa eines Balls, eines Mediums, wie den Wind, oder einer Erscheinung, wie den Blitz, kurzum die Bewegung von irgend etwas. In der mathematischen Beschreibung wird dieses Irgendetwas durch einen **geometrischen Punkt** dargestellt. So wird der Körper zum *Massenpunkt*, Wind und Blitz werden zum *Punktkontinuum*. Ist der Körper zu groß, so denken wir ihn uns in so kleine Stücke zerlegt, daß wir jedes Stück approximativ als Punkt, eben als Massenpunkt ansehen dürfen.

Man beschreibt nun die Lage eines Punktes im Raum durch die drei Koordinatenwerte irgendeines zweckmäßig gewählten kartesischen Koordinatensystems. Die Richtung der drei Koordinatenachsen seien etwa durch drei zueinander senkrechte Kanten unseres Zimmers gegeben. In diesem Koordinatensystem hat dann zur Zeit t unser

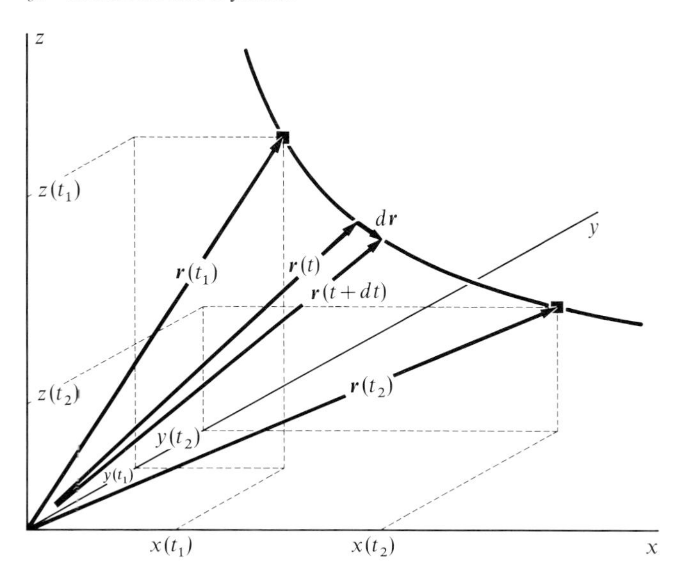

Abb. 3.1

Koordinaten $x(t)$, $y(t)$, $z(t)$ und Ortsvektor $\boldsymbol{r}(t)$ eines sich bewegenden Punktes. Der infinitesimale Vektor $d\boldsymbol{r}$, der definiert ist durch $d\boldsymbol{r} = \boldsymbol{r}(t+dt) - \boldsymbol{r}(t)$, d.h. der die Differenz des Ortsvektors zur Zeit $t+dt$ und des Ortsvektors zur Zeit t ist, hat in jedem Punkt der Bahnkurve die Richtung der Tangente.

Punkt die Koordinaten $x(t)$, $y(t)$, $z(t)$. Die Koordinaten x, y und z des Punktes sind Funktionen der Zeit t. Wenn sich nämlich der Punkt bewegt, werden sich seine Koordinaten als Funktion der Zeit ändern. Der Punkt beschreibt eine Kurve, die **Bahnkurve** der Bewegung.

Die Größen $x(t)$, $y(t)$, $z(t)$ lassen sich auch als die Komponenten eines Vektors $\boldsymbol{r}(t)$, des **Ortsvektors** auffassen, der die Lage des Punktes in dem gewählten Koordinatensystem zu jeder Zeit t beschreibt. $\boldsymbol{r}(t)$ geht immer vom (beliebig gewählten) Ursprung des Koordinatensystems aus und endet am jeweiligen Ort des bewegten Punktes. Entsprechend der Bewegung des Punktes ändert der Ortsvektor $\boldsymbol{r}(t)$ als Funktion der Zeit sowohl seine Richtung als auch seinen Betrag (Abb. 3.1). Die Bahnkurve erscheint dann als geometrischer Ort der Endpunkte des Ortsvektors.

Diese Beschreibung der Bewegung als eines sich ändernden Ortsvektors sagt natürlich nichts darüber aus, was sich eigentlich am Orte $\boldsymbol{r}$ befindet. Wir sprechen zwar gewohnheitsmäßig von einem Massenpunkt, den wir uns an die Spitze des Ortsvektors $\boldsymbol{r}$ angeheftet denken, aber die mathematische Beschreibung der Bewegung enthält nichts dergleichen. $\boldsymbol{r}(t)$ ist als Ortsvektor nur ein mathematisches Gebilde, dessen zeitlicher Verlauf unabhängig von jeder Körperbewegung hingeschrieben werden kann. Wir haben dann eben nur ein geometrisches Gebilde, nämlich einen Vektor bzw. seinen Endpunkt, der sich zeitlich verändert. Welche Bedeutung wir diesem Vektor beimessen, ist dabei eine andere Frage, auf die die Funktion $\boldsymbol{r}(t)$ keine Antwort gibt.

Die Beschreibung von **Bewegungen** durch sich *zeitlich verändernde geometrische* Gebilde, wie einen Ortsvektor $\boldsymbol{r}(t)$, nennen wir **Kinematik.** Die Kinematik beschreibt die Bewegungen in Raum und Zeit. Für die Frage, was sich eigentlich bewegt und warum sich etwas bewegt, ist in dieser Beschreibungsweise kein Platz.

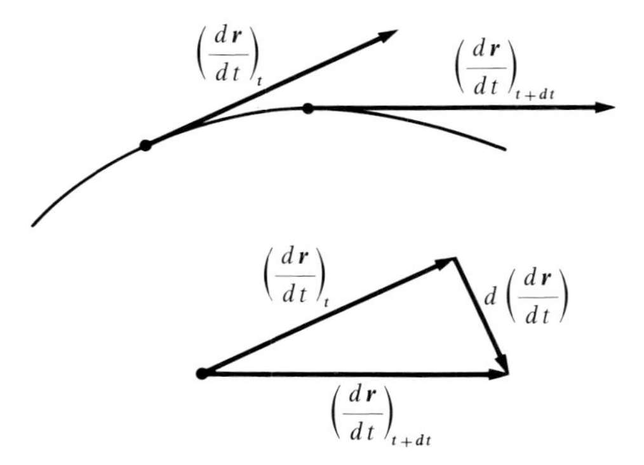

Abb. 3.2

Die zu infinitesimal benachbarten Punkten der Bahnkurve gehörigen Geschwindigkeitsvektoren $d\boldsymbol{r}/dt$ sind so herausgezeichnet, daß sie von einem Punkt ausgehen. Die Änderung der Geschwindigkeit

$$d\left(\frac{d\boldsymbol{r}}{dt}\right)=\left(\frac{d\boldsymbol{r}}{dt}\right)_{t+dt}-\left(\frac{d\boldsymbol{r}}{dt}\right)_t$$

im Zeitelement dt stellt sich dann als (infinitesimaler) Vektor dar, der die beiden Geschwindigkeitsvektoren zu einem geschlossenen Kurvenzug (Dreieck) ergänzt. Dort, wo die Bahnkurve nicht gekrümmt ist, haben $(d\boldsymbol{r}/dt)_{t+dt}$ und $(d\boldsymbol{r}/dt)_t$ dieselbe Richtung, und daher gilt dasselbe auch für $d(d\boldsymbol{r}/dt)$. Die Beschleunigung hat dann also dieselbe oder entgegengesetzte Richtung wie die Geschwindigkeit. Haben die Vektoren $(d\boldsymbol{r}/dt)_{t+dt}$ und $(d\boldsymbol{r}/dt)_t$ dieselbe Länge, so steht $d(d\boldsymbol{r}/dt)$ senkrecht auf $d\boldsymbol{r}/dt$; die Beschleunigung steht dann also senkrecht auf der Geschwindigkeit und ist nach derselben Seite gerichtet, nach der die Bahnkurve gekrümmt ist.

Eine Bewegung ist kinematisch gegeben, wenn man die drei Funktionen

$$\{x(t), y(t), z(t)\}=\boldsymbol{r}(t)$$

kennt. Dividiert man die im Zeitelement dt erfolgende Ortsänderung $d\boldsymbol{r}$ durch dt, so erhält man die **kinematische Geschwindigkeit,** nämlich den Vektor

$$\frac{d\boldsymbol{r}}{dt}=\left\{\frac{dx}{dt}, \frac{dy}{dt}, \frac{dz}{dt}\right\}. \tag{3.1}$$

Er hat, wie Abb. 3.1 zeigt, in jedem Punkt $\boldsymbol{r}$ die *Richtung der Tangente an die Bahnkurve.* Die kinematische Geschwindigkeit ist grundsätzlich mit dem Begriff der Bahn eines geometrischen Punktes verknüpft. Ihr Betrag wird dadurch gewonnen, daß man die Länge $|d\boldsymbol{r}|$ eines kleinen Stückes der Bahnkurve durch die Zeit dt dividiert, die der Punkt braucht, um das Stück zu durchlaufen. Ein Stück der Bahnkurve heißt dabei „klein“, wenn der Punkt in der halben (drittel, viertel, ...) Zeit ein Bahnstück der halben (drittel, viertel, ...) Länge durchläuft.

Neben der ersten Ableitung des Ortsvektors $\boldsymbol{r}(t)$ nach der Zeit t, nämlich der kinematischen Geschwindigkeit (3.1), ist oft auch die zweite von Nutzen, die **kinematische Beschleunigung**

$$\frac{d^2\boldsymbol{r}}{dt^2}=\left\{\frac{d^2x}{dt^2}, \frac{d^2y}{dt^2}, \frac{d^2z}{dt^2}\right\}. \tag{3.2}$$

Sie ist ein Vektor, der die Änderung $d(d\boldsymbol{r}/dt)$ der kinematischen Geschwindigkeit $d\boldsymbol{r}/dt$ im Zeitelement dt mißt. Da die Geschwindigkeit ein Vektor ist, läßt sich ihre Änderung in zwei Anteile zerlegen, in die Änderung ihres *Betrages* und die Änderung ihrer *Richtung*. An Stellen der Bahn, wo sich die Geschwindigkeit nur in ihrem Betrag ändert, nicht aber in ihrer Richtung, hat der Vektor der Beschleunigung (3.2) dieselbe Richtung wie die Geschwindigkeit, also die Richtung der Tangente an die Bahnkurve. Dort aber, wo sich die Geschwindigkeit nur in ihrer Richtung ändert, nicht aber in ihrem Betrag, steht der Beschleunigungsvektor (3.2), wie Abb. 3.2 veranschaulicht, senkrecht auf der Geschwindigkeit und damit auch senkrecht auf der Tangente der Bahnkurve. Er ist nach derselben Seite gerichtet, nach der die Bahn gekrümmt ist. Bei einer *gleichförmigen Kreisbewegung*, bei der sich nur die Richtung der Geschwindigkeit ändert, nicht aber der Betrag, ist die Beschleunigung immer zum Kreismittelpunkt hin gerichtet. Ändert die Geschwindigkeit sowohl ihren Betrag als auch ihre Richtung, so hat der Beschleunigungsvektor (3.2) sowohl eine Komponente in Richtung der Geschwindigkeit, also der Tangente an die Bahnkurve, als auch eine Komponente normal, d.h. senkrecht zur Bahntangente. Man sagt auch kurz, der Beschleunigungsvektor hat eine *tangentiale* und eine *normale Komponente*.

Unphysikalische Bewegungen

So brauchbar diese kinematischen Beschreibungsmittel einer Bewegung auch sind, muß man sich doch vor Augen halten, daß damit die Bewegung als physikalisches Phänomen keineswegs adäquat erfaßt ist. Da nämlich in die kinematische Beschreibungsweise der Bewegung überhaupt nicht eingeht, was sich eigentlich bewegt, umfaßt sie viel mehr Vorgänge als physikalisch sinnvoll erscheint. In dem mittelalterlichen Puppenspiel vom „Doktor Johannes Faust" ruft Mephisto, der letzte in der Reihe der acht schnellsten Geister der Hölle, auf Fausts Frage, wie geschwind jeder sei, triumphierend aus: „Schnell wie der Gedanke!" Tatsächlich läßt sich, wenn der Gedankenflug von Ort zu Ort geht, durchaus dem Gedanken zur Zeit t ein Ort $\boldsymbol{r}(t)$ zuordnen und dementsprechend eine kinematische Geschwindigkeit, die kaum zu überbieten sein dürfte. Es ist ja kein Problem, in Gedanken Entfernungen von Milliarden von Lichtjahren in Sekundenschnelle zu überbrücken. Trotzdem wird man den Gedankenflug kaum als eine physikalische Bewegung bezeichnen.

Wenn wir uns im Spiegel sehen, werden wir dann die Bewegung unseres Spiegelbildes als eine Bewegung im physikalischen Sinn bezeichnen? Wir wissen, besser als die Katze, daß hinter dem Spiegel am vermeintlichen Ort des Spiegelbildes „nichts" ist und legen das Spiegelbild als ein *virtuelles Bild* an den Ort der Schnittpunkte fiktiver Sehstrahlen. Was bewegt sich dann dort aber anderes als eben nur der geometrische Ort der Schnittpunkte dieser Linien?

In einem dritten Beispiel seien in Abb. 3.3 zwei gekreuzte Stangen an einem Ende fixiert. Ihre freien Enden mögen wie bei einer Schere aufeinander zu bewegt werden. Wir können nun dem Schnittpunkt der Stangen einen Ortsvektor $\boldsymbol{r}(t)$ zuordnen und nach

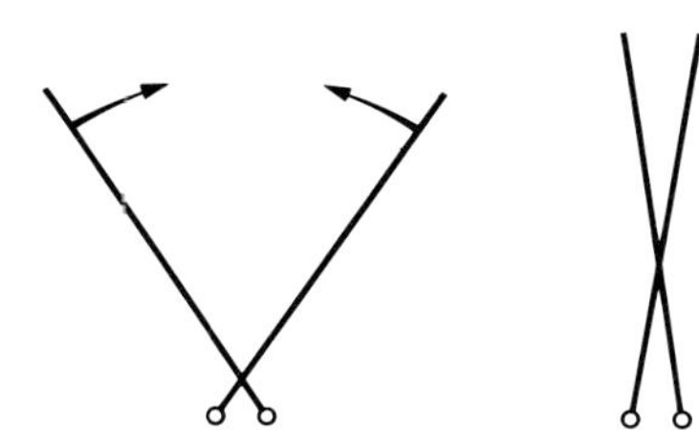

Abb. 3.3

Scherenartige Bewegung zweier am unteren Ende drehbar fixierter Stangen in Pfeilrichtung. Im rechten Bild Lage der Stangen zu einem späteren Zeitpunkt als im linken Bild.

dessen Bewegung fragen. Bewegt man die Stangen scherenartig, wie in Abb. 3.3 angedeutet, so läuft der Schnittpunkt nach oben, und zwar mit einer sich unbegrenzt steigernden Geschwindigkeit. Wieder haben wir es mit der Bewegung eines geometrischen Ortes, des Schnittpunktes, zu tun, wobei diesmal im Gegensatz zum vorigen Beispiel der geometrische Ort, dessen Bewegung interessiert, zwar durch wirkliche Körper festgelegt wird, selbst aber kein Körper ist.

Allen drei Beispielen ist gemeinsam, daß sie die Bewegung eines geometrischen Punktes, aber nicht eines Körpers, eines materiellen Objektes beschreiben. Im dritten Beispiel befindet sich zwar Materie am Ort des Schnittpunktes, aber der Schnittpunkt eilt ja an den Stangen entlang und beschreibt nicht den Weg eines individuellen Teils der Stangen. Keine der drei Bewegungen beschreibt also eine Bewegung in dem Sinne, daß dabei irgend etwas im Sinne der Physik von einem Ort zum anderen gebracht wird.

Bewegung als Transport

Wenn wir von *physikalischen Bewegungen* sprechen, meinen wir Bewegungen, bei denen sich mehr bewegt als ein geometrischer Punkt. Für die Physik interessant sind nur solche Bewegungen, bei denen wir physikalische Größen finden können, die durch den Raum transportiert werden. Derartige Bewegungen wollen wir schlechthin **Transporte** nennen. Der Transport kann dabei nicht mehr einfach durch kinematische Größen, also aus Raum und Zeit und ihren Verknüpfungen beschrieben werden, sondern er verlangt die Verwendung von Größen, die ihn von den erwähnten *unphysikalischen* Bewegungen abheben. Derartige Größen nun wollen wir im Gegensatz zu den kinematischen **dynamische Größen** nennen.

Welche physikalische Größe wird nun bei einem Transport durch den Raum bewegt? Auf den ersten Blick scheint es, als sei das die Masse. Bei jeder Bewegung makroskopischer Körper wird natürlich Masse transportiert, aber physikalischer Transport muß nicht unbedingt an Masse gebunden sein. Das zeigt das Licht, dessen Ausbreitung durchaus ein Transport ist. Wir bemerken ja die Ankunft des Lichtes mit unserem Auge, und wir messen quantitativ die chemischen Wirkungen des Lichtes mit der Photoplatte und die elektrischen Wirkungen mit der Photozelle.

Was haben aber dann, wenn schon nicht den Transport von Materie, alle Transportvorgänge gemeinsam? Die Antwort ist, daß bei dem Transportvorgang zwei physikalische Größen transportiert werden, nämlich **Impuls und Energie.** Hierbei ist zunächst merkwürdig, daß zwei Größen beteiligt sind. In der Tat sind bei jedem Transportvorgang beide Größen miteinander verkoppelt. Die Art ihrer Verkoppelung, d.h. der Zusammenhang von Energie und Impuls, bestimmt die Art des Transports. Der Transport ist vollständig dadurch charakterisiert, wie die transportierte Energie und der Impuls zusammenhängen. Ob wir einen Stein werfen, ob wir einen Strahl von Elektronen haben oder Licht aussenden, jedem dieser Transporte ist eine andere, für ihn charakteristische Funktion zugeordnet, die die Abhängigkeit der Energie vom Impuls angibt. Diese grundlegende Regel werden wir nicht „ableiten", denn sie läßt sich nicht ableiten, d.h. auf andere geläufige Fakten zurückführen. Wir werden sie dadurch bestätigen, daß wir sie immer wieder anwenden und ihren Erfolg demonstrieren.

Ehe wir uns nun mit dem Transport von Energie und Impuls im einzelnen beschäftigen werden, wollen wir uns im nächsten Paragraphen vergegenwärtigen, wie unsere heutige Erkenntnis über die zentrale Bedeutung der Größen Impuls und Energie entstanden ist.

§ 4 Die Begriffe Impuls und Energie in ihrer historischen Entwicklung

Philosophen, Mathematiker und Physiker bemühen sich seit dem Altertum, für die einfache und alltägliche Beobachtung von Bewegungen eine allgemeine Form zu finden. ARISTOTELES (384—322 v. Chr.) und in seiner Nachfolge die Philosophen bis ins Mittelalter hinein hatten Bewegung als einen Übergang von einer „Potenz des Seins" zu einer „Aktion des Seins" begriffen. Wir sehen heute den Beginn der modernen Physik in der ersten quantitativen Beschreibung von Bewegungen, nämlich vom freien Fall durch GALILEI und vom Planetenumlauf durch KEPLER (JOHANNES KEPLER, 1571—1630).

In beiden Fällen erfolgte die Beschreibung der Bewegung kinematisch, indem die Lage eines Körpers in Abhängigkeit von der Zeit angegeben wird. Im Gegensatz zu dieser Beschreibungsweise kam etwa gleichzeitig, also auch zu Beginn des 17. Jahrhunderts, die Idee auf, bei Bewegungsvorgängen nach Größen zu suchen, die im Verlauf des Vorgangs ihren Wert nicht ändern, d.h. also konstant oder *erhalten* bleiben. Nach heutigen Maßstäben wurde diese Idee indessen meist zu wenig an der Erfahrung geprüft, und so artete sie in vielen Fällen zu bloßen Spekulationen aus. Manche der damals ausgesprochenen Behauptungen kamen der Wahrheit aber schon relativ nahe, so die Behauptung DESCARTES', daß die Größe *Masse mal Geschwindigkeit* einem Erhaltungssatz genüge, d.h. bei einem Stoß zweier Körper eine Beziehung der Form

$$M_1 v_{1a} + M_2 v_{2a} = M_1 v_{1e} + M_2 v_{2e} \tag{4.1}$$

erfülle. Unter M_1, M_2 sind dabei die *Massen* und unter v_1, v_2 die Geschwindigkeiten der Körper zu verstehen. Der Index a bezeichnet den Anfangszustand vor dem Stoß, e den Endzustand nach dem Stoß. Der Begriff der Masse eines Körpers wurde als intuitive Selbstverständlichkeit angesehen, als Ausdruck der Menge oder Größe des Körpers. Gemessen wurde die Masse einfach durch das Gewicht, und da das Gewicht eines Körpers vor und nach dem Stoß dasselbe war, betrachtete man die so erklärte Masse als eine unveränderliche individuelle Eigenschaft des Körpers. In der Gl. (4.1) haben daher M_1 und M_2 auch keine Zustandsindizes, denn sie haben vor und nach dem Stoß denselben Wert. DESCARTES' Behauptung (4.1) wäre dann richtig gewesen, wenn er den **Vektorcharakter der Geschwindigkeit** erkannt hätte, der sich bei den damals ausschließlich betrachteten geradlinigen Bewegungen darin äußert, daß die Geschwindigkeit positives und negatives Vorzeichen haben kann. Für DESCARTES war die Geschwindigkeit jedoch eine ihrem Wesen nach positive Größe; er besaß, wie wir heute sagen, von der Vektorgröße Geschwindigkeit nur den Betrag, nicht dagegen die Richtung. Damit traf aber Gl. (4.1) nicht zu. Erst HUYGENS (CHRISTIAAN HUYGENS, 1629—1695) erkannte, daß die Gl. (4.1) den elastischen Stoß zweier Körper richtig beschreibt, wenn man die Geschwindigkeiten unter Berücksichtigung ihres Vorzeichens zählt. Da die Huygensschen Untersuchungen zum Stoß elastischer Körper mehrere für die Entwicklung der Physik fundamentale Entdeckungen enthalten, wollen wir näher auf sie eingehen.

Huygens' Untersuchungen zum elastischen Stoß

Die Idee, nach **Stoß-Invarianten** zu suchen, nämlich nach Größen, die vor und nach dem Stoß zweier Körper denselben Wert haben, oder, wie man auch sagt, die beim Stoß erhalten bleiben, kombinierte HUYGENS mit dem schon von GALILEI erkannten **Relativitätsprinzip.** Danach lauten in Bezugssystemen, die sich gleichförmig, nämlich mit konstanter Geschwindigkeit gegeneinander bewegen, die Gesetze für alle

Abb. 4.1

Huygens' Darstellung des elastischen Stoßes zweier Kugeln in zwei gegeneinander bewegten Bezugssystemen. Für den Mann im Boot bewegen sich die beiden Kugeln mit verschiedenen Geschwindigkeiten, für den Mann am Ufer dagegen (bei geeigneter Bewegung des Bootes) mit entgegengesetzt gleicher Geschwindigkeit. Die Lösung des speziellen Stoßproblems zweier mit entgegengesetzt gleicher Geschwindigkeit elastisch stoßender Kugeln liefert so die Lösung des allgemeineren Stoßproblems zweier Kugeln, die mit beliebiger Geschwindigkeit elastisch stoßen (aus CHRISTIAAN HUYGENS: „Tractatus de motu corporum ex percussione", Leiden 1703, deutsch „Über die Bewegung der Körper durch Stoß", Ostwalds Klassiker Nr. 138).

physikalischen Vorgänge gleich. HUYGENS hatte erkannt, daß es dementsprechend bei der Frage nach Größen mit Erhaltungseigenschaft nicht darum geht, Größen zu finden, die nur in einem einzigen Bezugssystem erhalten bleiben, sondern Größen, deren Erhaltung in *allen* Bezugssystemen gilt, die sich gleichförmig gegeneinander bewegen.

In moderner Version führt die HUYGENSsche Idee zu der folgenden mathematischen Überlegung. Man betrachtet denselben Stoßversuch einmal im Bezugssystem eines Beobachters, der in einem Boot fährt, und zum anderen im Bezugssystem eines Beobachters am Ufer (Abb. 4.1). $\boldsymbol{v}_1'$ und $\boldsymbol{v}_2'$ seien die Geschwindigkeiten der stoßenden Körper im Bezugssystem des Mannes im Boot, $\boldsymbol{v}_1$ und $\boldsymbol{v}_2$ entsprechend die Geschwindigkeiten derselben Körper in bezug auf das Ufer. Ist $\boldsymbol{u}$ die Geschwindigkeit des Bootes in bezug auf das Ufer, so ist

$$\boldsymbol{v}_1 = \boldsymbol{v}_1' + \boldsymbol{u}, \qquad \boldsymbol{v}_2 = \boldsymbol{v}_2' + \boldsymbol{u}. \tag{4.2}$$

Wir nehmen nun an, daß es eine quadratische Funktion der Geschwindigkeiten der beiden Körper gibt, die eine im Sinn von HUYGENS „richtige" Erhaltungsgröße ist. Im Bezugssystem des Beobachters am Ufer habe diese Größe die mathematische Gestalt

$$f = b_1 v_1^2 + b_2 v_2^2. \tag{4.3}$$

Setzt man $b_1 = M_1/2$ und $b_2 = M_2/2$, so ist f das, was wir heute die kinetische Energie der beiden Körper im Bezugssystem des ruhenden Ufers nennen.

Für den Mann im Boot behält nach unserer Annahme die Funktion

$$f' = \frac{M_1}{2} v_1'^2 + \frac{M_2}{2} v_2'^2$$

beim Stoß ihren Wert. Nun ist aber nach (4.3) und (4.2)

$$\begin{aligned} f &= \frac{M_1}{2} (\boldsymbol{v}_1' + \boldsymbol{u})^2 + \frac{M_2}{2} (\boldsymbol{v}_2' + \boldsymbol{u})^2 \\ &= \frac{M_1}{2} v_1'^2 + \frac{M_2}{2} v_2'^2 + \boldsymbol{u}(M_1 \boldsymbol{v}_1' + M_2 \boldsymbol{v}_2') + \frac{u^2}{2} (M_1 + M_2) \\ &= f' + \boldsymbol{u}(M_1 \boldsymbol{v}_1' + M_2 \boldsymbol{v}_2') + \frac{u^2}{2} (M_1 + M_2). \end{aligned}$$

Bezeichnen die Indizes a und e die Werte der Geschwindigkeit bzw. der Größe f vor und nach dem Stoß (a = Anfang, e = Ende), so ist

$$f_a = f'_a + \boldsymbol{u}(M_1\,\boldsymbol{v}'_{1a} + M_2\,\boldsymbol{v}'_{2a}) + \frac{u^2}{2}(M_1 + M_2),$$

$$f_e = f'_e + \boldsymbol{u}(M_1\,\boldsymbol{v}'_{1e} + M_2\,\boldsymbol{v}'_{2e}) + \frac{u^2}{2}(M_1 + M_2).$$

Da nach Voraussetzung $f_a = f_e$ und $f'_a = f'_e$, folgt

$$\boldsymbol{u}\,[(M_1\,\boldsymbol{v}'_{1a} + M_2\,\boldsymbol{v}'_{2a}) - (M_1\,\boldsymbol{v}'_{1e} + M_2\,\boldsymbol{v}'_{2e})] = 0.$$

Da das für beliebige Werte von $\boldsymbol{u}$ gilt, nämlich für Bezugssysteme (Boote), die sich mit beliebiger Geschwindigkeit $\boldsymbol{u}$ gegen das Ufer-System bewegen, muß gelten

$$M_1\,\boldsymbol{v}'_{1a} + M_2\,\boldsymbol{v}'_{2a} = M_1\,\boldsymbol{v}'_{1e} + M_2\,\boldsymbol{v}'_{2e}.$$

Wir haben damit den Satz:

Ist die in $\boldsymbol{v}_1$ und $\boldsymbol{v}_2$ quadratische Größe

$$\frac{M_1}{2}\,v_1^2 + \frac{M_2}{2}\,v_2^2 \tag{4.4}$$

eine Stoß-Invariante, so ist auch die in $\boldsymbol{v}_1$ und $\boldsymbol{v}_2$ lineare Größe

$$M_1\,\boldsymbol{v}_1 + M_2\,\boldsymbol{v}_2 \tag{4.5}$$

eine Stoß-Invariante.

Bleibt also in allen gleichförmig gegeneinander bewegten Bezugssystemen die kinetische Energie beim Stoß erhalten, so muß auch der Impuls erhalten bleiben. Diese Aussage ist, wie der Beweis zeigt, jedoch nicht umkehrbar; aus der Impulserhaltung folgt *nicht* die Erhaltung der kinetischen Energie. Es kann durchaus Stoßvorgänge geben — wir nennen sie heute inelastische Stöße —, bei denen zwar der Impuls erhalten bleibt, nicht aber die kinetische Energie.

Hat HUYGENS diese Konsequenzen seiner Idee durchschaut? Vermutlich nicht. Es kommt uns hier auch nicht darauf an, die HUYGENSschen Überlegungen im Detail getreu wiederzugeben, wir fragen vielmehr, was von seinen Überlegungen und Erkenntnissen für die heutige Physik von besonderem Interesse ist. Dazu zählt sicher die fundamentale Erkenntnis, daß die „richtigen" Erhaltungsgrößen von den „zufälligen" sich dadurch unterscheiden, daß ihre Erhaltungseigenschaft nicht nur in einem einzigen Bezugssystem gilt, sondern in allen, die sich gleichförmig gegeneinander bewegen.

Uns mag es heute verwundern, warum HUYGENS so großes Interesse an Größen wie der kinetischen Energie gehabt hat, die nur bei speziellen Stößen, nämlich den elastischen, erhalten bleiben, während er die allgemeinere Stoß-Invariante „Impuls", die bei jedem Stoßvorgang ungeändert bleibt, relativ wenig beachtet. Eine derartige, auf allgemeine Prinzipien zielende Fragestellung stand für HUYGENS jedoch wohl weniger im Vordergrund als die, erst einmal Bedingungen zu erkennen, unter denen ein Stoß *eindeutig* verläuft, unter denen also bei gegebenen Massen und gegebenen Anfangsgeschwindigkeiten der stoßenden Körper nach dem Stoß eindeutige Werte für ihre Endgeschwindigkeiten resultieren. Das geschieht gerade beim elastischen Stoß, wogegen beim inelastischen „alles passieren" kann. Da HUYGENS den Begriff der kinetischen Energie nicht hatte, mußte er die elastischen Stöße anders charakterisieren als dadurch, daß bei ihnen die Summe der kinetischen Energien der stoßenden Körper erhalten bleibt. Dazu sucht er zuerst ein Bezugssystem, in dem der Betrag der Geschwindigkeit eines der beiden stoßenden Körper beim Stoß konstant bleibt, also $|\boldsymbol{v}_{1e}| = |\boldsymbol{v}_{1a}|$. Ein derartiges Bezugssystem läßt sich immer finden, unabhängig davon, ob der Stoß elastisch ist oder nicht (Abb. 4.1). HUYGENS bezeichnet den Stoß als Stoß zwischen „harten" Körpern, wenn in diesem Bezugssystem auch der Betrag der Geschwindigkeit des *anderen* Körpers konstant bleibt, wenn also gilt,

$$|\boldsymbol{v}_{1e}| = |\boldsymbol{v}_{1a}| \quad \text{und} \quad |\boldsymbol{v}_{2e}| = |\boldsymbol{v}_{2a}|.$$

Beschränkt man sich, wie HUYGENS es tat, auf Zentralstöße, d.h. auf Stoßprozesse, die in einer geraden Linie verlaufen, so haben diese Bedingungen die Form (vom Trivialfall $\boldsymbol{v}_{1e} = \boldsymbol{v}_{1a}$, $\boldsymbol{v}_{2e} = \boldsymbol{v}_{2a}$ abgesehen)

$$\boldsymbol{v}_{1e} = -\boldsymbol{v}_{1a} \quad \text{und} \quad \boldsymbol{v}_{2e} = -\boldsymbol{v}_{2a}.$$

In einem Bezugssystem, das sich gegen das ausgezeichnete mit einer beliebigen Geschwindigkeit $\boldsymbol{u}$ bewegt, folgt nach (4.2)

$$\boldsymbol{v}'_{1e}+\boldsymbol{u}=-(\boldsymbol{v}'_{1a}+\boldsymbol{u}) \quad \text{und} \quad \boldsymbol{v}'_{2e}+\boldsymbol{u}=-(\boldsymbol{v}'_{2a}+\boldsymbol{u})$$

oder

$$\boldsymbol{v}'_{1e}-\boldsymbol{v}'_{2e}=-(\boldsymbol{v}'_{1a}-\boldsymbol{v}'_{2a}).$$

Diese Beziehung bedeutet, daß beim „harten", also elastischen Stoß die Relativgeschwindigkeit $(\boldsymbol{v}_1-\boldsymbol{v}_2)$ der beiden Körper das Vorzeichen umkehrt. Das Quadrat $(\boldsymbol{v}_1-\boldsymbol{v}_2)^2$ bleibt somit beim elastischen Stoß in jedem Bezugssystem erhalten. $(\boldsymbol{v}_1-\boldsymbol{v}_2)^2$ bleibt aber nicht nur erhalten, wie auch die kinetische Energie, sondern hat im Gegensatz zur kinetischen Energie in allen Bezugssystemen sogar *denselben* Wert.

Die Eigenschaft der Größe $(\boldsymbol{v}_1-\boldsymbol{v}_2)^2$, nicht nur Stoß-Invariante beim elastischen Stoß zu sein, sondern außerdem einen vom Bezugssystem unabhängigen Wert zu haben, verführt leicht dazu, in dieser Größe eine besonders wichtige Stoß-Invariante zu sehen. Vielleicht ist das der Grund, warum HUYGENS sehr ausführlich auf diese Stoß-Invariante des elastischen Stoßes eingeht. Das gibt ihr ein Gewicht, das wir ihr heute nicht mehr zubilligen. $(\boldsymbol{v}_1-\boldsymbol{v}_2)^2$ ist nämlich die einzige Größe vom zweiten Grad in den Geschwindigkeiten $\boldsymbol{v}_1$ und $\boldsymbol{v}_2$, deren Erhaltung nicht auch die Erhaltung einer Größe vom ersten Grad in $\boldsymbol{v}_1$ und $\boldsymbol{v}_2$ zur Folge hat. Das sieht man an dem Zusammenhang der Stoß-Invariante $(\boldsymbol{v}_1-\boldsymbol{v}_2)^2$ mit den beiden anderen Stoß-Invarianten (4.4) und (4.5), der Summe der kinetischen Energien und der Summe der Impulse der stoßenden Körper. Zwischen diesen drei Stoß-Invarianten besteht die Identität

$$\frac{M_1}{2}v_1^2+\frac{M_2}{2}v_2^2=\frac{M_1+M_2}{2}\left(\frac{M_1\boldsymbol{v}_1+M_2\boldsymbol{v}_2}{M_1+M_2}\right)^2+\frac{1}{2}\frac{M_1M_2}{M_1+M_2}(\boldsymbol{v}_1-\boldsymbol{v}_2)^2.$$

Diese Gleichung läßt die logischen Abhängigkeiten zwischen den drei Stoß-Invarianten erkennen: Man braucht zwei, um die dritte durch logisches Schließen „ableiten" zu können. Hat man auf irgendeine Weise gefunden, daß $(\boldsymbol{v}_1-\boldsymbol{v}_2)^2$ und $M_1\boldsymbol{v}_1+M_2\boldsymbol{v}_2$ Stoß-Invarianten sind, so läßt sich daraus durch mathematisches Schließen beweisen, daß auch die gesamte kinetische Energie eine Stoß-Invariante ist. Das war vermutlich HUYGENS' Schlußweise, denn daß $M_1\boldsymbol{v}_1+M_2\boldsymbol{v}_2$ eine Stoß-Invariante ist, formuliert er in der Feststellung, daß die Bewegung des Schwerpunkts der beiden stoßenden Körper durch den Stoß keine Änderung erfährt. $(M_1\boldsymbol{v}_1+M_2\boldsymbol{v}_2)/(M_1+M_2)$ ist nämlich gerade die Schwerpunktsgeschwindigkeit. Aus der Erhaltungseigenschaft von $(\boldsymbol{v}_1-\boldsymbol{v}_2)^2$ allein läßt sich dagegen mit noch so viel Schließen nicht folgern, daß auch die kinetische Energie und der Impuls beim Stoß ihren Wert behalten.

Newtons Bewegungsgleichungen

Den nächsten, für die ganze weitere Entwicklung entscheidenden Schritt tat NEWTON (ISAAC NEWTON, 1643—1727). Die Erhaltung des gesamten Impulses, d.h. der linken bzw. rechten Seite von Gl. (4.5), interpretiert er so, daß der Impuls eines Körpers oder eines Systems von Körpern nur durch Einwirkung von außen, d.h. durch äußere *Kräfte* geändert wird. Zwei miteinander stoßende, aber im übrigen von der Außenwelt isolierte Körper, wirken nur aufeinander ein. Sie *tauschen miteinander Impuls aus*, ihr Gesamtimpuls aber, die Summe ihrer einzelnen Impulse, bleibt unverändert. Diese Auffassung des Stoßprozesses hat, ist sie richtig, eine unmittelbare, weitreichende Konsequenz: Der Impuls sollte danach nicht nur bei einem „harten" Stoß nach HUYGENS' Formulierung, also einem elastischen Stoß, erhalten bleiben, sondern auch bei einem inelastischen Stoß, bei dem die Summe der kinetischen Energien der Stoßpartner nicht erhalten bleibt. Diese Behauptung nun läßt sich experimentell prüfen, und in der Tat bestätigen unelastische Stoßexperimente NEWTONS Behauptung von der Erhaltung des Impulses. NEWTONS Auffassung ist also mehr als nur eine besondere Interpretation der Gl. (4.5). Ihr Gewicht liegt vor allem in der Einsicht, daß die Größe $M\boldsymbol{v}$ für *alle* Stoßvorgänge, gleichgültig, ob die Körper dabei elastisch oder unelastisch miteinander stoßen, eine wesentliche Bedeutung hat. NEWTON verwendet dann auch die Größe $M\boldsymbol{v}$

zur Formulierung seines berühmten **Bewegungsgesetzes**

$$\frac{d(M\boldsymbol{v})}{dt}=\boldsymbol{F}, \tag{4.6}$$

oder in den Komponenten eines kartesischen Koordinatensystems geschrieben,

$$\frac{d(M v_x)}{dt}=F_x, \quad \frac{d(M v_y)}{dt}=F_y, \quad \frac{d(M v_z)}{dt}=F_z. \tag{4.7}$$

In Worten lautet Gl. (4.6): *Die zeitliche Änderung des Impulses $M\boldsymbol{v}$ eines Körpers (oder eines Systems von Körpern) ist gleich der auf den Körper (oder das System von Körpern) wirkenden Kraft $\boldsymbol{F}$.* Da M eine für den Körper charakteristische Konstante, und da die Geschwindigkeit $\boldsymbol{v}=d\boldsymbol{r}/dt$ ist, hat man

$$\frac{d(M\boldsymbol{v})}{dt}=M\frac{d}{dt}\left(\frac{d\boldsymbol{r}}{dt}\right)=M\frac{d^2\boldsymbol{r}}{dt^2},$$

so daß sich NEWTONS Gl. (4.6) auch in der Form schreiben läßt

$$M\frac{d^2\boldsymbol{r}}{dt^2}=\boldsymbol{F}, \tag{4.8}$$

oder in Komponenten geschrieben,

$$M\frac{d^2x}{dt^2}=F_x, \quad M\frac{d^2y}{dt^2}=F_y, \quad M\frac{d^2z}{dt^2}=F_z. \tag{4.9}$$

In dieser Form ist das Newtonsche Gesetz bekannt als die Regel: *Kraft $\boldsymbol{F}$ = Masse M mal Beschleunigung $d^2\boldsymbol{r}/dt^2$.*

In der Form (4.9) eröffneten die Newtonschen Bewegungsgleichungen nun ungeahnte Perspektiven. Gelingt es nämlich, die auf einen Körper wirkende Kraft $\boldsymbol{F}$ als Funktion des Ortes $\boldsymbol{r}$ und der Zeit t, d.h. $\boldsymbol{F}=\boldsymbol{F}(\boldsymbol{r},t)$, anzugeben, so stellen die Gln. (4.9) ein System von Differentialgleichungen dar, deren Lösungen alle möglichen Bewegungen eines Körpers liefern, der dem Einfluß der Kraft $\boldsymbol{F}(\boldsymbol{r},t)$ ausgesetzt ist. Bedenkt man, daß jede der Komponenten F_x, F_y und F_z der Kraft im allgemeinen Fall sich außer mit der Zeit auch von Punkt zu Punkt im Raum ändert, also von der Zeit und von allen drei Komponenten des Ortsvektors abhängt, so lauten die Gln. (4.9)

$$M\frac{d^2x}{dt^2}=F_x(x,y,z,t), \quad M\frac{d^2y}{dt^2}=F_y(x,y,z,t), \quad M\frac{d^2z}{dt^2}=F_z(x,y,z,t). \tag{4.10}$$

Diese Gleichungen sind Differentialgleichungen für die Funktionen $x=x(t)$, $y=y(t)$, $z=z(t)$ oder kurz für $\boldsymbol{r}=\boldsymbol{r}(t)$, d.h. für die Bahn eines sich unter dem Einfluß der Kraft $\boldsymbol{F}(\boldsymbol{r},t)$ bewegenden Körpers. Das Problem der Bewegung war damit zu einer mathematischen Aufgabe, nämlich der Lösung der Differentialgleichungen (4.9) geworden. Es war zum ersten Male dem Zugriff der menschlichen Ratio in ihrer schärfsten Form, der Mathematik, geöffnet.

Trotz ihrer Großartigkeit wären diese Einsichten allerdings nur Programm geblieben, wäre es NEWTON nicht gelungen, die Kraftfunktion $\boldsymbol{F}(\boldsymbol{r},t)$ für eine wichtige Klasse realer

Bewegungen wirklich anzugeben, nämlich für die Bewegungen der Himmelskörper. NEWTON zeigte, daß sich die Bewegungen der Planeten um die Sonne quantitativ richtig beschreiben lassen, wenn man annimmt, daß zwei beliebige Körper sich mit einer Kraft $\boldsymbol{F}$ anziehen, die dem Produkt ihrer Massen proportional und dem Quadrat ihres Abstands umgekehrt proportional ist.

Newtons Prinzip der Gleichheit von actio und reactio

NEWTONS Theorie brachte gleichzeitig aber den unangenehmen Zwang zu einer begrifflichen Neuerung mit sich. Sie nimmt nämlich dem bisher naiv gebrauchten Begriff der Masse seine Problemlosigkeit. Bis zu NEWTON war, wie wir schon sagten, der Begriff der Masse eines Körpers lediglich ein Synonym für sein Gewicht. Das ist nun in der Newtonschen Theorie nicht mehr möglich, denn das Gewicht eines Körpers ist ja nach NEWTONS Auffassung gerade die nach seinem universellen Gravitationsgesetz bestehende Anziehungskraft zwischen Körper und Erde, und diese Kraft wiederum ist durch die Masse des Körpers und die Masse der Erde bestimmt. Also muß die Masse etwas anderes sein als Gewicht. Das Gewicht eines Körpers hängt davon ab, welcher andere ihn gerade anzieht, seine Masse dagegen nicht. So ist das Gewicht eines Apfels auf der Erde ein anderes als auf dem Mond und dort wieder ein anderes als auf dem Jupiter. Die Masse des Apfels ist jedoch überall dieselbe, denn nach NEWTON ist die Masse ja eine Eigenschaft des einzelnen Körpers, die unabhängig davon ist, wo er sich befindet. NEWTON selbst drückt das so aus, daß die Masse ein Maß sei für die Menge des Körpers und bestimmt sei durch seine Dichte und sein Volumen. Nach dem, was wir in § 1 über die physikalischen Größen gesagt haben, wissen wir aber, daß es Eigenschaften in einem absoluten Sinn nicht gibt und daß jede Eigenschaft eines Objektes, so einleuchtend und selbstverständlich sie auch erscheinen mag, in Wirklichkeit stets eine Relation ist, in der dieses Objekt mit anderen steht. Wenn NEWTON also postuliert, daß es eine Eigenschaft jedes Körpers ist, eine bestimmte Masse zu haben, so muß er statt des Gewichtsvergleichs (auf dem bis zu ihm der Begriff der Masse beruhte) einen anderen Vergleich zwischen Körpern auffinden, um die durch das Wort Masse ausgedrückte Eigenschaft festzulegen. Diesen neuen Vergleich schaffte Newton mit Hilfe eines von ihm eingeführten Prinzips, das er die **Gleichheit von actio und reactio** nennt und das besagt, daß zwei Körper stets so aufeinander einwirken, daß die Kraft, die der zweite auf den ersten ausübt, genau entgegengesetzt ist der Kraft, die der erste auf den zweiten ausübt, in Zeichen

$$\boldsymbol{F}_{12} = -\boldsymbol{F}_{21}. \tag{4.11}$$

Dieses Prinzip ist in Wirklichkeit nichts anderes als die **Erhaltung des Impulses,** nunmehr allerdings zum Axiom erhoben. Denn da $\boldsymbol{F}_{12}(\boldsymbol{F}_{21})$ die auf den ersten (zweiten) Körper ausgeübte Kraft bezeichnet, besagt Gl. (4.11) unter Berücksichtigung des Bewegungsgesetzes (4.6), daß

$$\frac{d(M_1\,\boldsymbol{v}_1)}{dt} = -\frac{d(M_2\,\boldsymbol{v}_2)}{dt}, \tag{4.12}$$

oder anders geschrieben, daß

$$\frac{d}{dt}(M_1\,\boldsymbol{v}_1 + M_2\,\boldsymbol{v}_2) = 0, \tag{4.13}$$

oder endlich, daß

(4.14) $$M_1 \boldsymbol{v}_1 + M_2 \boldsymbol{v}_2 = \text{const}.$$

Tatsächlich läßt sich nun aus NEWTONS Axiom *actio = reactio*, das der Forderung äquivalent ist, daß eine der Gleichungen (4.12) bis (4.14) gelten soll, das **Massenverhältnis** M_1/M_2 bestimmen. Abb. 4.2 zeigt, wie das Massenverhältnis etwa zweier reibungsfrei laufender Wagen bestimmt werden kann. Wird die Geschwindigkeit bezüglich des Erdbodens gemessen, ist die Konstante in (4.14) vor dem Lösen der Feder Null (denn dann sind $\boldsymbol{v}_1$ und $\boldsymbol{v}_2$ Null). Sie muß daher auch nach Lösen der Feder Null bleiben, weil die Erde auf die reibungsfrei laufenden Wagen keinen Impuls überträgt. Dementsprechend läßt sich aus dem Geschwindigkeitsverhältnis der Wagen nach Lösen der Feder das Massenverhältnis M_1/M_2 der Wagen bestimmen und nach Festlegung einer Masseneinheit auf diese Weise eine Massenskala schaffen.

Um die Doppeldeutigkeit des Wortes Masse zu vermeiden, das einmal Gewicht und zum anderen die von NEWTON neu eingeführte physikalische Größe Masse bezeichnet, spricht man seit NEWTON von **schwerer** und von **träger Masse.** Bis zu NEWTON verstand man unter Masse stets schwere Masse; erst seit ihm unterschied man die träge Masse eines Körpers von seiner schweren, d.h. von einer Eigenschaft, die sich im Gewicht des Körpers manifestiert. Die Tatsache nun, daß HUYGENS die Erhaltung der Größe $M_{\text{schwer}} \cdot \boldsymbol{v}$ entdeckt hat bei eben demselben Vorgang, bei dem gemäß dem Newtonschen Axiom, das *actio = reactio* fordert, auch $M_{\text{träg}} \cdot \boldsymbol{v}$ erhalten bleibt, zeigt, daß schwere und träge Masse eines Körpers einander proportional sein müssen. Diese Feststellung, die, wenn sie zutrifft, ein allgemeines Naturgesetz sein muß, hat die Physiker immer wieder zu experimentellen Nachprüfungen herausgefordert. So sehr man aber auch die Messungen verfeinerte, immer wieder bestätigte sich die strenge Proportionalität zwischen träger und schwerer Masse. Man erhob daher diese Proportionalität zu einem allgemeinen Naturgesetz. Seine merkwürdige Aussage bestand darin, daß zwei als verschieden konzipierte Begriffe in Wirklichkeit identisch sind. Was es mit dieser Identität jedoch auf sich hatte, blieb zwei Jahrhunderte lang ein Rätsel, das erst durch EINSTEINS Theorie der Gravitation, der *Allgemeinen Relativitätstheorie*, eine Lösung erfuhr.

Kinetische und potentielle Energie

Neben dem Impuls führt die Newtonsche Mechanik zwei weitere neue Größen ein, den **Drehimpuls** und die **Energie**. Für den Drehimpuls gilt wie für den Impuls, daß er bei allen mechanischen Vorgängen nur ausgetauscht, aber nicht erzeugt oder vernichtet wird. Der Energie, mit der wir uns jetzt näher beschäftigen wollen, waren wir bei elastischen Stoßprozessen in Form von kinetischer Energie begegnet. Die gesamte kinetische Energie aller Stoßpartner blieb bei einem elastischen Stoß erhalten.

Die **kinetische Energie** bleibt nun nicht bei jedem mechanischen Vorgang erhalten. Die kinetische Energie der beiden Wagen in Abb. 4.2 ist vor dem Lösen der Feder Null, danach von Null verschieden. Ein ähnliches Beispiel ist ein Stein, den wir senkrecht hochwerfen. Seine Geschwindigkeit und damit seine kinetische Energie nehmen ab, bis sie Null werden. Der Stein kehrt dann um, die Geschwindigkeit kehrt ihr Vorzeichen um, die kinetische Energie steigt wieder an. NEWTON stellt bei diesem Vorgang die Erde mit in Rechnung, denn beim Werfen des Steins erfährt die Erde einen Rückstoß, der nach dem Impulssatz gerade so bemessen ist, daß Erde und Stein im Augenblick

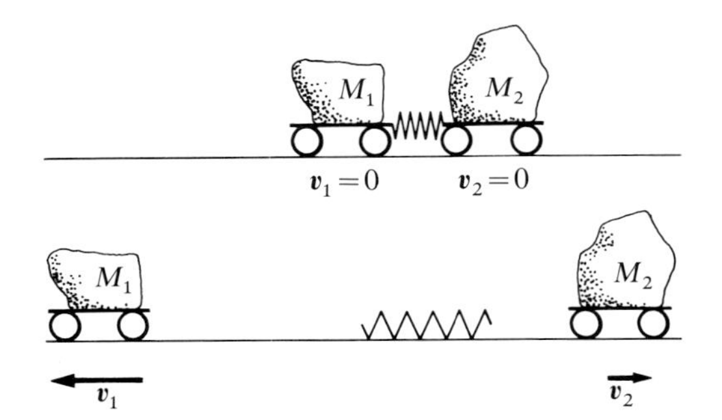

Abb. 4.2

Bestimmung des Massenverhältnisses M_1/M_2 zweier Wagen aus dem gemessenen Geschwindigkeitsverhältnis v_1/v_2 nach Lösen einer die Wagen verbindenden gespannten Feder.

des Abwerfens entgegengesetzt gleiche Impulse aufnehmen. In einem Bezugssystem, in dem die Erde und der Stein vor dem Abwurf des Steins ruhen, hat die Erde dann eine Geschwindigkeit $\boldsymbol{v}_2$ und der Stein $\boldsymbol{v}_1$. In diesem Bezugsystem hatten Erde und Stein vor dem Abwurf den Gesamtimpuls Null; somit bleibt der gesamte Impuls auch in *jedem Augenblick des Vorgangs* Null. Die Geschwindigkeit $\boldsymbol{v}_2$ der Erde nach Abwurf des Steins ist nur sehr klein, weil die Masse der Erde so groß ist verglichen mit der Masse des Steins.

Im Gegensatz zum Impuls, der in jedem Augenblick des Vorgangs Null ist, bleibt die kinetische Energie, d.h. der Ausdruck

$$E_{\text{kin}}=E_{1\,\text{kin}}+E_{2\,\text{kin}}=\frac{M_1}{2}\,v_1^2+\frac{M_2}{2}\,v_2^2 \tag{4.15}$$

bei dem Vorgang jedoch nicht erhalten, denn der Ausdruck (4.15), der im Anfangszustand, in dem $v_1=0$ und $v_2=0$ sind, verschwindet, ist beim Wurf selbst sicher ungleich Null. Die Geschwindigkeiten v_1 und v_2 treten in Gl. (4.15) nämlich *quadratisch* auf, und das hat zur Folge, daß die Summanden in (4.15) stets positiv oder Null sind, denn Quadrate reeller Zahlen sind stets positiv, gleichgültig, ob die Zahlen selbst positiv oder negativ sind. Die kinetische Energie (4.15) kann daher nur dann Null sein, wenn $v_1=v_2=0$ ist.

Die kinetische Energie kann also keinen allgemeinen Erhaltungssatz erfüllen. Tatsächlich sagt die Newtonsche Mechanik, daß die kinetische Energie allein auch gar keinen Erhaltungssatz befolgt. Denn aus der Bewegungsgleichung (4.8) läßt sich beweisen, daß es noch eine zweite Größe gibt, die **potentielle Energie** E_{pot}, die zur kinetischen Energie addiert werden muß, um eine bei der Bewegung konstante Größe zu erhalten. Bei dem Wurfvorgang auf der Erde bleibt daher nicht E_{kin} erhalten, sondern die Größe

$$E=E_{1\,\text{kin}}+E_{2\,\text{kin}}+E_{\text{pot}}=\frac{M_1}{2}\,v_1^2+\frac{M_2}{2}\,v_2^2-G\,\frac{M_1\,M_2}{r}. \tag{4.16}$$

In dieser Gleichung bezeichnen M_1 und M_2 die Massen des Steines und der Erde, v_1, v_2 ihre Geschwindigkeiten und r den Abstand des Steins vom Mittelpunkt der Erde. G ist eine Konstante, die *Gravitationskonstante*. Ist R_0 der Radius der Erde und z die (sich während des Wurfes ständig verändernde) Höhe des Steins über der Erdoberfläche, so ist, wie Abb. 4.3 zeigt,

$$r=R_0+z=R_0\left(1+\frac{z}{R_0}\right)$$

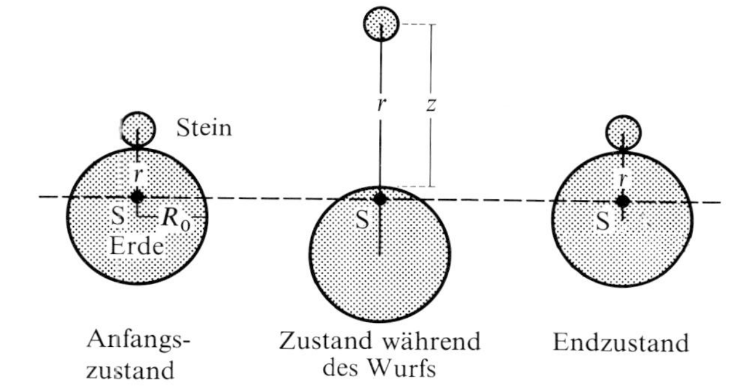

Abb. 4.3

Vertikaler Wurf eines Steins auf der Erde. Verdeutlichte Darstellung der Bewegung von Stein und Erde relativ zum gemeinsamen Schwerpunkt S des Systems „Erde + Stein", der während der Bewegung ruhen bleibt.

und somit

$$\frac{M_1 M_2}{r} = \frac{M_1 M_2}{R_0} \frac{1}{1+\frac{z}{R_0}} = \frac{M_1 M_2}{R_0}\left(1 - \frac{z}{R_0} + \left(\frac{z}{R_0}\right)^2 - \left(\frac{z}{R_0}\right)^3 \pm \cdots\right). \tag{4.17}$$

Da normale Wurfhöhen z stets sehr klein sind gegen den Erdradius R_0, in Zeichen $z \ll R_0$, so lassen sich in Gl. (4.17) alle höheren Potenzen von z/R_0 gegen die erste vernachlässigen. Gl. (4.16) reduziert sich damit auf

$$E = \frac{M_1}{2} v_1^2 + \frac{M_2}{2} v_2^2 + M_1 g z - G \frac{M_1 M_2}{R_0} \tag{4.18}$$

mit

$$g = \frac{G M_2}{R_0^2}. \tag{4.19}$$

Der letzte Summand $G M_1 M_2/R_0$ in Gl. (4.18) ist in jedem Fall konstant. Daher ist die Eigenschaft von E, während des Wurfvorgangs konstant zu bleiben, identisch damit, daß die Summe der ersten drei Glieder konstant bleibt. Schließlich ist auch noch das Glied $M_2 v_2^2/2$, die kinetische Energie der Erde, zu vernachlässigen. Der Impulssatz besagt nämlich, daß $M_1 \boldsymbol{v}_1 = -M_2 \boldsymbol{v}_2$; wegen $M_2 \gg M_1$ ist also $v_2 \ll v_1$ und damit wird $\frac{M_1}{2} v_1^2 \gg \frac{M_2}{2} v_2^2$. Die Erhaltungseigenschaft von Gl. (4.16) läuft also darauf hinaus, daß beim Wurf auf der Erde die Größe

$$E' = \frac{M_1}{2} v_1^2 + M_1 g z = \frac{M_1}{2} (v_{1x}^2 + v_{1y}^2 + v_{1z}^2) + M_1 g z \tag{4.20}$$

erhalten bleibt. Diese Größe E', die *Energie des Steins im Gravitationsfeld der Erde in der Nähe der Erdoberfläche*, hat also in jedem Augenblick der Bewegung denselben Wert.

Wird der Stein *senkrecht* in die Höhe geworfen, so hat er im höchsten Punkt $z_{\max}$ seiner Bahn die Geschwindigkeit $\boldsymbol{v}_1(z_{\max}) = 0$, und damit ist nach Gl. (4.20)

$$E' = M_1 g z_{\max}. \tag{4.21}$$

Bei senkrechtem Wurf läßt sich Gl. (4.20) daher auch in der Form schreiben

$$v_{1z}(z) = \pm\sqrt{2g(z_{max} - z)}. \tag{4.22}$$

Das Pluszeichen gilt dabei für die Aufwärts-, das Minuszeichen für die Abwärtsbewegung. Diese Formel gibt die Geschwindigkeit des Steins an jedem Punkt z seiner Bahn an. Beim Abwurf wie beim Aufschlag ($z=0$) hat der Stein also die Geschwindigkeit

$$v_{1z}(0) = \pm\sqrt{2g z_{max}}, \tag{4.23}$$

wobei das Pluszeichen wieder für den Abwurf, das Minuszeichen für den Aufschlag gilt. Durch Messung des Zusammenhangs von Wurfhöhe z_{max} und Abwurfs- oder Auftreffgeschwindigkeit $v_1(0)$ läßt sich sowohl die durch diese Formel behauptete Abhängigkeit prüfen als auch der Zahlwert der Konstante g, der **Erdbeschleunigung**, bestimmen. Man findet $g = 9{,}81\ \text{m/sec}^2$.

Nun ist g, wie Gl. (4.19) zeigt, allein durch die Masse M_2 und den Radius R_0 der Erde bestimmt. Bei bekannter Gravitationskonstante ($G = 6{,}7 \cdot 10^{-11}\ \text{m}^3/\text{kg sec}^2$) und bekanntem Erdradius ($R_0 = 6\,370$ km) läßt sich aus Gl. (4.19) somit die Masse M_2 der Erde bestimmen. Man erhält $M_2 = 6 \cdot 10^{24}$ kg.

Neben dem Erhaltungssatz des Impulses lieferte die Newtonsche Mechanik also noch einen zweiten, den **Erhaltungssatz der Energie:** *Bei allen mechanischen Bewegungen bleibt die Summe aus der kinetischen Energie der beteiligten Körper und der von den jeweiligen Relativlagen der Körper abhängigen potentiellen Energie konstant.* Man bemerkt, daß die Formulierung des Satzes etwas anders lautet als die des Impulssatzes. Das liegt daran, daß der Satz offensichtlich einen verwickelteren Tatbestand beschreibt. Die erhaltene Größe, die Gesamtenergie, ist nicht einfach die Summe von Beiträgen, die sich den einzelnen Körpern zuordnen lassen, sondern sie enthält einen Anteil, die *potentielle Energie*, die dem System *als ganzem* zugeordnet ist.

Auch bei den elastisch stoßenden „harten" Kugeln ist im Augenblick des Zusammenpralls der Kugeln die kinetische Energie nicht mehr die gleiche wie vor oder nach dem Aufprall. Die Differenz ist in der Verformung der Kugeln als potentielle Energie gespeichert. Sowie die Kugeln sich jedoch wieder trennen, findet sich der Betrag der potentiellen Energie als kinetische Energie der Kugeln wieder. Die potentielle Energie, die von der Lage der Kugeln zueinander abhängt, tritt also auch hier auf. Sobald die potentielle Energie einen Teil der Gesamtenergie ausmacht, läßt sich die Gesamtenergie nicht mehr auf die einzelnen Körper aufteilen. Infolgedessen läßt sich auch nicht einfach sagen, die Körper tauschten ihre Energie nur untereinander aus, so wie sie ihren Impuls untereinander austauschen. Damals empfand man den Unterschied zwischen der Formulierung des Impulssatzes und der des Energiesatzes der Newtonschen Mechanik allerdings nicht so stark, wie es in unserer Darstellung erscheint, denn die Erhaltungseigenschaft hinsichtlich des Austausches, d.h. die Unmöglichkeit der Erzeugung und Vernichtung einer Größe war noch nicht klar erkannt; vielmehr stand das Konstantbleiben einer Größe bei mechanischen Bewegungsabläufen im Vordergrund des Interesses.

Ausdehnung des Energiebegriffs auf nicht-mechanische Vorgänge und Systeme

Zwei Jahrhunderte lang galt die Newtonsche Mechanik als Krönung der Physik. Ihre Stellung rührte zum Teil einfach daher, daß in ihr Größen eine Rolle spielten, wie Impuls und Energie, die einerseits universelle Gesetze erfüllten und die andererseits als typisch mechanisch galten. Deshalb ist es auch nicht verwunderlich, daß die Mechanik als die eigentliche Grundlage der Physik angesehen wurde. In der Mitte des 19. Jahrhunderts aber begann die Physik sich in einer Richtung weiterzuentwickeln, die es immer schwerer machte, das Primat der Mechanik aufrecht zu erhalten. Den ersten Anstoß gaben die Erkenntnisse, die mit dem Phänomen der Wärme gewonnen wurden, insbesondere 1842 die Entdeckung (ROBERT MAYER, 1814—1878; JAMES PRESCOTT JOULE, 1818—1889), daß die in der Mechanik Energie genannte Größe auch dann noch einen Erhaltungssatz befolgt, wenn man Erwärmungs- und Abkühlungsvorgänge in die Energiebilanz mit einbezieht. Es mußte also eine allgemeine physikalische Größe geben, die weder erzeugt noch vernichtet werden kann und deren Erhaltung speziell bei mechanischen Bewegungsvorgängen sich als Konstanz der Summe aus kinetischer und potentieller Energie äußert, einfach deshalb, weil bei mechanischen Vorgängen die Energie nur in diesen beiden Formen auftreten kann. Der bisher mechanische Charakter der Energie entpuppte sich plötzlich als historischer Zufall, die Energie hatte sich lediglich in der Mechanik zuerst offenbart. Es dauerte auch nicht lange, bis der Energie eine zentrale Rolle in der ganzen Physik zuerkannt wurde (HERMANN V. HELMHOLTZ, 1821—1894). Allerdings hielt man diese Eigenschaft, bei allen physikalischen Vorgängen maßgebend mitzuwirken, zunächst für eine Auszeichnung der Energie. Man ging zeitweilig sogar so weit, die Physik als „Energetik" verstehen zu wollen.

Ausdehnung des Impulsbegriffs auf nicht-mechanische Systeme

Den Impuls betrachtete man dagegen weiter als eine typisch mechanische Größe. Heute wissen wir, daß auch das nicht wahr ist, ja daß jede Größe, die einem universellen Gesetz, wie einem Erhaltungssatz, genügt, alle physikalischen Vorgänge mitbestimmt und nicht nur solche, die einem bestimmten Teilgebiet der Physik angehören. Das gilt für den Impuls genauso wie für die Energie und für andere Größen, die wir noch kennenlernen werden. Die Einteilung der Physik in verschiedene Gebiete (nämlich nach den Größen, die darin vorkommen) ist daher im Grunde willkürlich und oft nur ein Resultat historischer Zufälligkeiten.

Die Entdeckung, daß der *Impuls keine rein mechanische, sondern eine allgemeine physikalische Größe* ist, war nicht, wie bei der Energie, das Werk weniger Männer. Das war schon deshalb nicht zu erwarten, weil gar kein praktischer Anlaß vorlag, dem Impuls in ähnlicher Weise nachzuspüren wie der Energie, mit der man sich beschäftigte, um mechanische Energie aus Wärme zu gewinnen, also um Wärmekraftmaschinen zu bauen. So kamen denn auch die Beiträge, die die allgemeine Natur des Impulses zeigten, über Jahrzehnte hinweg von vielen verschiedenen Seiten, oftmals gar nicht mit dem ausdrücklichen Ziel, die Universalität des Impulsbegriffs zu demonstrieren. Damit entwuchs der Impuls langsam und stetig dem zu engen Newtonschen Konzept, und seine Universalität wurde fast unbemerkt zur Selbstverständlichkeit. Die nachfolgend angeführten Schritte der Entwicklung geben daher auch kein vollständiges Bild, sie sind nur einige Marksteine auf dem Weg zur heutigen Einsicht.

Zunächst brachte das Studium der Erscheinungen der Elektrizität mit Maxwells Vorhersage 1865 (JAMES CLERC MAXWELL, 1831—1879) und dem experimentellen Nachweis durch HERTZ 1888 (HEINRICH HERTZ, 1857—1894) der elektromagnetischen Wellen die Einsicht, daß die elektrische und magnetische Wechselwirkung zwischen Körpern nicht momentan erfolgt, sondern sich mit einer endlichen Geschwindigkeit ausbreitet, die im leeren Raum mit der Lichtgeschwindigkeit $c = 3 \cdot 10^8$ m/sec identisch ist. Man sagt auch, daß die elektromagnetischen Wechselwirkungen retardiert, d.h. verzögert erfolgen, nämlich verzögert um die Laufzeit, die eine elektromagnetische Störung braucht, um von einem Ort zum anderen zu gelangen. Man bemerkte nun bald, daß eine **retardierte Wechselwirkung** notwendigerweise mit dem Newtonschen Axiom *actio = reactio* in Konflikt geraten muß. Um das einzusehen, betrachten wir zwei Körper, die einander anziehen und sich so aufeinander zu bewegen, daß $M_1 \boldsymbol{v}_1 + M_2 \boldsymbol{v}_2$ konstant ist. Dann erfahre der Körper 1 in einem Punkt seiner Bahn plötzlich eine äußere Einwirkung, die ihn in eine andere Bahn bringt als die, die er bei ungestörter Bewegung zurückgelegt hätte. Der Körper 2 merkt von diesem Vorgang eine Zeitspanne r/c gar nichts, wenn r den Abstand der Körper und c die Ausbreitungsgeschwindigkeit der Wechselwirkung bezeichnen. Während dieser Zeitspanne bewegt er sich so, als hätte der Körper 1 gar keine Änderung seines Impulses erfahren. Der Körper 1 aber läuft während dieser Zeit auf einer ganz anderen Bahn weiter als er ohne die Störung gelaufen wäre. Wenn aber ohne die Störung $M_1 \boldsymbol{v}_1 + M_2 \boldsymbol{v}_2 = \text{const.}$ gegolten hat, so wird die Summe der Impulse der einzelnen Körper unmittelbar nach der Störung nicht mehr den gleichen Wert haben wie vorher, und sie wird im nachfolgenden Zeitintervall im allgemeinen auch nicht mehr konstant sein. Mit der Erkenntnis der endlichen Ausbreitungsgeschwindigkeit der elektromagnetischen Wechselwirkung stand man also vor der Alternative, entweder das Newtonsche Axiom *actio = reactio* und damit den Impulssatz als strenge Aussage über die bewegten Körper aufzugeben und ihm nur noch in der Näherung Gültigkeit zu belassen, in der die Retardierung einer Wechselwirkung zu vernachlässigen ist, oder anzunehmen, daß der Impuls eine nicht rein mechanische Größe ist, sondern daß auch die Wechselwirkung, hier also das elektromagnetische Feld, Impuls aufnehmen und abgeben kann. Nach der zweiten Möglichkeit muß jede elektromagnetische Strahlung Impuls transportieren. Eine von Licht als von elektromagnetischer Strahlung bestrahlte Fläche erfährt also, gleichgültig ob sie reflektiert oder absorbiert, eine Kraft. LEBEDEW hat 1900 diese Kraft beim Sonnenlicht nachgewiesen (P. N. LEBEDEW, 1866—1912). Dieser **Strahlungsdruck** spielt eine besonders wichtige Rolle im Innern der Sterne, wo er entscheidend dazu beiträgt, der Gravitationskraft, die den Stern zu kontrahieren sucht, das Gleichgewicht zu halten.

Bewegung als Energie-Impuls-Transport

Der nächste große Schritt war EINSTEINS Erkenntnis im Jahre 1905, daß Energie und Impuls eine unzertrennliche Einheit bilden: *Jede mit einer Geschwindigkeit* $\boldsymbol{v}$ *durch den leeren Raum bewegte Energie* E *hat notwendig einen Impuls* $\boldsymbol{P}$. Er ist gegeben durch

$$\boldsymbol{P} = \frac{E}{c^2}\,\boldsymbol{v}; \tag{4.24}$$

c ist dabei die *Lichtgeschwindigkeit.*

Vergleichen wir (4.24) mit dem Impuls der Newtonschen Mechanik

$$\boldsymbol{P} = M_{\text{träg}} \cdot \boldsymbol{v}, \tag{4.25}$$

so sehen wir, daß träge Masse gleichbedeutend ist mit Energie (genauer mit E/c^2), oder anders ausgedrückt, daß jede Energie Trägheit zeigt und daß umgekehrt Trägheit stets ein Kennzeichen bewegter Energie ist. Da nun jede physikalische Bewegung mit Trägheit verbunden und Trägheit wiederum Kennzeichen bewegter Energie ist, bewegte

Energie aber schließlich einen Impuls besitzt, bildet EINSTEINS Erkenntnis die Krönung der jahrhundertelangen Bemühungen um das Verständnis von Bewegungen: *Jede physikalische Bewegung ist Transport von Energie und Impuls.*

In der Newtonschen Mechanik war $M_{\text{träg}}$ eine den Körper charakterisierende, von $\boldsymbol{v}$ unabhängige Größe. Allerdings beschreibt die Newtonsche Mechanik nur Bewegungen bei kleinen Geschwindigkeiten, nämlich bei $v \ll c$. Die Gl. (4.24) dagegen beschreibt ganz allgemein Energie-Impuls-Transporte bei beliebigen Geschwindigkeiten, einschließlich $v = c$. Besonders bei Geschwindigkeiten v, die an die Lichtgeschwindigkeit c heranreichen, hängt die Energie E und damit auch E/c^2 in (4.24) stark von v ab; man muß die Energie vermehren, wenn man sie bewegt. Will man nun den für $v \ll c$ konzipierten Begriff der trägen Masse aus der Newtonschen Mechanik für einen Energietransport beliebiger Geschwindigkeit beibehalten, d.h. will man (4.25) bei allen Geschwindigkeiten mit (4.24) identifizieren, muß man $M_{\text{träg}}$ als von der Geschwindigkeit abhängig betrachten. Beschränkt man sich dagegen auf die Identifizierung von (4.25) mit (4.24) bei $v \ll c$, wo die Newtonsche Mechanik voll gültig ist, muß sich das Newtonsche Resultat ergeben, daß $M_{\text{träg}}$ unabhängig von v ist. Es folgt dann aus (4.24) und (4.25), daß

$$E(v=0) = E_0 = M_{\text{träg}} \cdot c^2, \tag{4.26}$$

wobei $M_{\text{träg}}$ die aus der Newtonschen Mechanik bekannte geschwindigkeitsunabhängige träge Masse ist. Einsteins Gleichung (4.24) lehrt also, daß Newtons träge Masse $M_{\text{träg}}$ äquivalent ist einer Energie E_0, die wir die **innere Energie** eines Körpers nennen wollen. Man bezeichnet sie auch als die **Ruhenergie** des Körpers.

Im Gegensatz zu (4.25) gilt (4.24) auch noch für **Licht;** wir brauchen dazu nur $v = c$ zu setzen. Energie und Impuls des Lichtes sind somit verknüpft durch die Beziehung

$$\boldsymbol{P} = \frac{E}{c}\left(\frac{\boldsymbol{v}}{v}\right). \tag{4.27}$$

Der Faktor $\boldsymbol{v}/v$ gibt dabei als Einheitsvektor nur die Richtung des Energietransports an; der Betrag der Transportgeschwindigkeit ist ja stets c. Der Impuls des Lichtes kann also gar nicht von der stets gleichen Geschwindigkeit abhängen. Anders als bei den Körpern mit $E_0 > 0$ können wir also den Impuls des Lichtes nicht als eine aus träger Masse und Geschwindigkeit zusammengesetzte Größe ansehen. Nur im Grenzfall kleiner Geschwindigkeit des Energie-Impuls-Transports läßt sich der Impuls als Produkt aus einer geschwindigkeitsunabhängigen trägen Masse und der Geschwindigkeit des Transports schreiben und somit als „abgeleitete" Größe ansehen. Wenn wir im nächsten Paragraphen uns mit physikalischen Bewegungen, also Transporten, unabhängig von der historischen Entwicklung zu beschäftigen beginnen, werden wir die Größen Impuls und Energie als Ausgangspunkt wählen.

Die Tragweite der Begriffsbildungen Impuls und Energie ist so groß und die experimentelle Erfahrung der Erhaltung dieser Größen bei allen in der Natur beobachteten Prozessen so überwältigend, daß man heute den Spieß herumdreht und die Erhaltung von Impuls und Energie in der Physik auch dort als Hilfsmittel verwendet, wo sie sich nicht unmittelbar beobachten läßt. So sind viele der heute bekannten Elementarteilchen durch nichts anderes nachgewiesen, als durch die Tatsache, daß sie den Energie- und den Impulserhaltungssatz erfüllen. Stellt man nämlich fest, daß bei irgendeiner Reaktion zwischen Teilchen Impuls oder Energie „verloren" gehen, so schreibt man einfach diese verlorenen Beträge von Impuls und Energie einem oder mehreren unbeobachteten Teilchen zu. Für elektrisch ungeladene Teilchen, wie für das Neutron, die Neutrinos, das Λ-Teilchen und andere mehr, ist dieses Verfahren ein gängiges Nachweismittel. Wie zuverlässig es ist, zeigen die Sekundärwirkungen der so nachgewiesenen Teilchen, die sich mit derselben Sicherheit einstellen wie die der geladenen Teilchen, deren Bahnen auf Photoplatten oder in Nebel-, Blasen- oder Funkenkammern sichtbar gemacht werden können. Die auf dem Energie- und Impulssatz beruhende Nachweismethode steht nicht nur allen anderen in nichts nach, sie wird heute sogar als die zuverlässigste betrachtet.

Heisenbergs Unschärferelationen

Den deutlichsten Hinweis, daß Impuls und Energie nicht nur selbständige Größen sind, sondern sogar eine Vorzugsstellung gegenüber den kinematischen Größen wie Lage und kinematische Geschwindigkeit besitzen, lieferte der vorläufig letzte Schritt in der Entwicklung des Impuls- und Energiebegriffs, die **Quantenmechanik** (WERNER HEISENBERG, 1901—1976; ERWIN SCHRÖDINGER, 1887—1960; PAUL ADRIEN MAURICE DIRAC, geb. 1902; MAX BORN, 1882—1970; PASCUAL JORDAN, 1902—1980). Nach ihr stehen die dynamischen Variablen Impuls $\boldsymbol{P}$ und Energie E und die kinematischen Variablen Ort $\boldsymbol{r}$ und Zeit t sich gegenseitig in einer charakteristischen Weise im Wege: Je genauer in einem Zustand die dynamischen Variablen $\boldsymbol{P}$ und E festgelegt werden, um so weniger genau lassen sich die kinematischen Variablen $\boldsymbol{r}$ und t angeben und umgekehrt. Quantitativ wird dieses merkwürdige Verhalten durch die *Heisenbergschen Unschärferelationen*

$$\Delta P_x \cdot \Delta x \geqq \hbar, \quad \Delta P_y \cdot \Delta y \geqq \hbar, \quad \Delta P_z \cdot \Delta z \geqq \hbar, \quad \Delta E \cdot \Delta t \geqq \hbar, \qquad (4.28)$$
$$\hbar = 1{,}054 \cdot 10^{-34}\ \mathrm{kg\ m^2/sec}$$

beschrieben, die die *Unschärfen* ΔP_x, ΔP_y, ΔP_z der Komponenten des Impulses bzw. der Unschärfe ΔE der Energie mit den Unschärfen Δx, Δy, Δz der Lagekoordinaten bzw. der Zeit Δt, d.h. mit den Unschärfen der räumlichen und zeitlichen Lokalisierung verknüpfen. Die Quadrate dieser Unschärfen sind nichts anderes als die in § 2 betrachteten Streuungen der Größen. Je genauer der Impuls $\boldsymbol{P}$ und die Energie E in einem Zustand festgelegt sind, um so geringer sind die Streuungen $\Delta P_x, \ldots, \Delta E$, und um so weniger gelingt es nach der Behauptung der Ungleichungen (4.28), das betrachtete physikalische Objekt, z.B. ein Teilchen, räumlich und zeitlich zu lokalisieren. Natürlich sind wegen der Kleinheit der in den Relationen (4.28) auftretenden Planckschen Konstante $\hbar$ die durch die Ungleichungen (4.28) gesteckten Grenzen so eng, daß sie in der Makrowelt unserer täglichen Erfahrung nicht in Erscheinung treten; sonst hätte man sie bereits früher bemerkt. Tatsächlich sagen die Heisenbergschen Unschärferelationen, daß dynamische und kinematische Beschreibung streng genommen sich gegenseitig ausschließen. Was es mit dieser Behauptung auf sich hat, beantwortet die Quantenmechanik und ist in wenigen Worten nicht zu sagen.

II Impuls und Energie

§ 5 Der Transport von Energie und Impuls

Wenn wir vom kinematischen Aspekt einer Bewegung sprechen, oder auch kurz von einer **kinematischen Bewegung,** so handelt es sich, wie wir in § 3 gesehen haben, nur um die Ortsveränderungen eines geometrischen Punktes. Wir betrachten den sich bewegenden Punkt als Endpunkt eines Vektors $\boldsymbol{r}$, des Ortsvektors, der vom Koordinatenursprung zum betrachteten Punkt reicht. Die Bewegung erscheint dann als zeitliche Veränderung dieses Ortsvektors $\boldsymbol{r}=\boldsymbol{r}(t)$. Die Ableitung $d\boldsymbol{r}/dt$ des Ortsvektors $\boldsymbol{r}(t)$ ist die schon in (3.1) eingeführte *kinematische Geschwindigkeit.* Sie ist eine Größe, die grundsätzlich mit dem Begriff der *Bahn eines geometrischen Punktes* verknüpft ist.

Von der kinematischen unterscheiden wir die **dynamische Bewegung,** nämlich den Transport von Energie und Impuls. Eine kinematische Bewegung ist zwar oft auch eine dynamische, nämlich immer dann, wenn sich ein materieller Körper bewegt, aber es gibt, wie wir in § 3 gezeigt haben, einfache Beispiele kinematischer Bewegungen, die keine dynamischen sind. Einer dynamischen Bewegung ist nun ebenfalls eine Geschwindigkeit zugeordnet, nämlich die *Geschwindigkeit des Energie- und Impulstransportes.* Wir nennen sie die **dynamische Geschwindigkeit** und bezeichnen sie mit $\boldsymbol{v}$. Besteht der Energie-Impuls-Transport in der Bewegung eines geometrisch lokalisierten Körpers, d.h. eines Massenpunktes, so ist natürlich $\boldsymbol{v}=d\boldsymbol{r}/dt$, d.h. die dynamische Geschwindigkeit ist gleich der kinematischen. Im Licht kennen wir jedoch einen Vorgang, bei dem zwar die dynamische Geschwindigkeit, nämlich die Transportgeschwindigkeit von Energie und Impuls ein physikalisch eindeutiger Begriff ist, nicht aber die kinematische Geschwindigkeit $d\boldsymbol{r}/dt$, denn das Licht ist nicht als Bewegung eines geometrischen Punktes beschreibbar.

Transporte durch den leeren Raum

Wir betrachten hier die dynamische Geschwindigkeit $\boldsymbol{v}$, d.h. die Geschwindigkeit des Energie-Impuls-Transportes und zwar des **Energie-Impuls-Transportes durch den leeren Raum.** Dabei haben der Vektor $\boldsymbol{P}$, der den Impuls bezeichnet, und der Vektor $\boldsymbol{v}$ der Transportgeschwindigkeit stets dieselbe Richtung. Das hat zur Folge, daß die Vektoren $\boldsymbol{P}$ und $\boldsymbol{v}$ durch einen skalaren Faktor verbunden werden können, so daß $\boldsymbol{P}=$(skalarer Faktor)$\cdot\boldsymbol{v}$ ist. In der Newtonschen Mechanik ist der skalare Faktor die träge Masse M, eine Konstante, die dem einzelnen Körper und damit dem durch den Körper repräsentierten Energie-Impuls-Transport zugeordnet ist. Wie wir in unserer historischen Übersicht (§ 4) gesehen haben, ist die Newtonsche Mechanik aber nur für Transportgeschwindigkeiten v richtig, die klein sind gegen die Lichtgeschwindigkeit c. Tatsächlich ist, wie EINSTEIN gezeigt hat, der skalare Faktor, der $\boldsymbol{P}$ und $\boldsymbol{v}$ eines Energietransportes verbindet, bis auf eine Konstante, nämlich $1/c^2$, die Energie E selbst. Die Gleichung

$$\boldsymbol{P} = \frac{E}{c^2}\,\boldsymbol{v} \tag{5.1}$$

gilt daher allgemein für jeden Transport von Energie und Impuls durch den leeren Raum. Sie ist für jede Transportgeschwindigkeit $\boldsymbol{v}$ richtig und enthält, wie wir sehen werden, als Grenzfall für $\boldsymbol{v} \to 0$ NEWTONS Ausdruck, beschreibt aber auch Transporte, die sich mit der Geschwindigkeit c bewegen.

Gl. (5.1) ist der Ausgangspunkt unserer Betrachtungen über Impuls und Energie. Wir leiten Gl. (5.1) nicht her, weil sie sich aus einer oder wenigen experimentellen Erfahrungen gar nicht herleiten läßt. Entgegen einer weit verbreiteten Meinung lassen sich physikalische Gesetze nämlich niemals aus einzelnen Experimenten ablesen. Beobachtungen können ein formuliertes Gesetz nur bestätigen oder widerlegen, niemals aber die Formulierung eines Gesetzes liefern. Damit kann das einzelne Experiment nie mehr sein als ein, wenn auch didaktisch geschickt herausgegriffenes Beispiel für die Gültigkeit einer Relation zwischen physikalischen Größen. Physikalische Gesetze sind, streng genommen, immer Hypothesen. Das eine Experiment wird dabei deutlicher die Bildung einer bestimmten Hypothese suggerieren als das andere, aber beweisen tut das eine so wenig wie das andere, es sei denn es beweise, daß eine bereits gefaßte Hypothese falsch ist. Die Tragweite und damit die Bedeutung von Hypothesen können wir eben nur daran erkennen, wie die Folgerungen aus ihnen vor der Wirklichkeit bestehen.

Gl. (5.1) ist nun nach der geschichtlichen Betrachtung in §4 der Höhepunkt jahrhundertelanger Bemühungen um die Formulierung der Rolle von Impuls und Energie bei einem physikalischen Transport. Wir stellen daher jetzt Gl. (5.1) an den Anfang und erörtern in diesem Kapitel die Konsequenzen, die sich aus ihr ergeben. An ihren Früchten werden wir sie erkennen!

Innere Energie, Ruhenergie

Die in Gl. (5.1) auftretende Größe E ist, und das ist der entscheidende Punkt, die *gesamte* transportierte Energie. Sie selbst hängt wieder von der Transportgeschwindigkeit $\boldsymbol{v}$ ab, und zwar nimmt sie mit wachsender Geschwindigkeit zu. Für Transportgeschwindigkeiten $\boldsymbol{v} \to 0$ geht aber die Energie E nicht etwa gegen Null, sondern gegen einen endlichen Wert E_0, den wir die **innere Energie** oder die Ruhenergie nennen. Da für kleine Transportgeschwindigkeiten der Newtonsche Grenzfall resultieren muß, wonach $\boldsymbol{P} = M\boldsymbol{v}$ ist, folgt aus (5.1), da dann E gegen E_0 geht, die Beziehung

$$E_0 = M c^2. \tag{5.2}$$

Diese Energie-Masse-Relation besagt nichts weiter, als daß NEWTONS Begriff der trägen Masse die innere Energie eines Körpers mißt, nämlich die Energie, die der Körper auch dann noch hat, wenn er ruht. Das Ungewohnte an dieser Auffassung ist, daß ein Körper stets eine bestimmte Menge Energie repräsentiert, nicht nur, wenn er sich bewegt, sondern auch, wenn er ruht. Setzt er sich in Bewegung, wird seine Energie nur größer. Das ist grundsätzlich anders als in der alten Newtonschen Mechanik, nach der ein Körper überhaupt nur Energie hat, wenn er sich bewegt, so daß die Energie erst eine Folge der Bewegung ist. Nach EINSTEIN hat ein Körper immer Energie, auch wenn er ruht.

Da nach Gl. (5.2) Masse M und innere Energie E_0 durch den konstanten Faktor c^2 verknüpft sind, verhalten sich E_0 und M zueinander wie verschiedene Einheiten der gleichen physikalischen Größe, die ja auch nur durch konstante Faktoren miteinander verknüpft sind. Die Masse M ist also ein Maß für die innere Energie E_0 eines Körpers. Wenn wir von einem Körper der Masse M sprechen, so meinen wir einen Körper mit der inneren Energie $E_0 = Mc^2$, d.h. einen Körper, dessen Energie E im Zustand der Ruhe ($\boldsymbol{v}=0$ und $\boldsymbol{P}=0$) den Wert E_0 hat.

Mit (5.2) können wir verschiedene Energie-Impuls-Transporte unterscheiden oder einen bestimmten Transport charakterisieren. Verschiedene Körper unterscheiden sich durch den Wert ihrer inneren Energie E_0; wir können stattdessen auch sagen, wir charakterisieren einen Körper mittels seiner inneren Energie E_0 oder seiner Masse M. Für jeden *Körper* ist dabei $E_0 > 0$, also auch $M > 0$.

Kinetische Energie

Jetzt bewegen wir einen Körper, etwa einen Stein der Masse M. Damit transportieren wir Energie und Impuls durch den Raum. Die Energie, die jetzt transportiert wird, ist gleich der Summe der inneren Energie E_0 des Steins und einem erst durch die Bewegung hinzukommenden Anteil, den man die **kinetische Energie** E_{kin} des Steins nennt (Abb. 5.1).

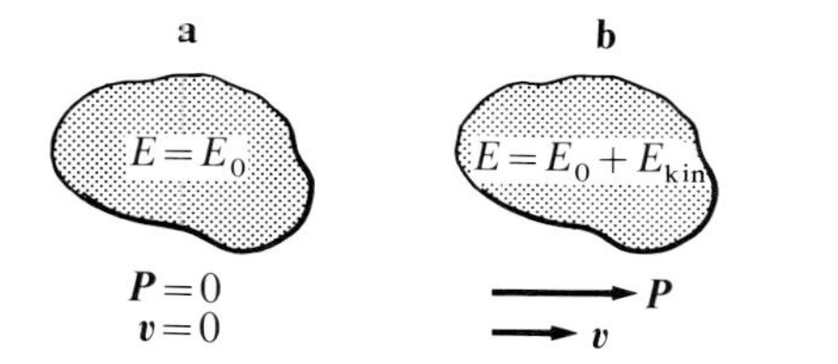

Abb. 5.1

Energie, Impuls und Geschwindigkeit eines Körpers (a) in Ruhe, (b) in Bewegung.

Somit ist die gesamte Energie

(5.3) $$E = E_0 + E_{\text{kin}}.$$

Die kinetische Energie hängt nun von der Geschwindigkeit $\boldsymbol{v}$ des Transports ab. Damit wird natürlich auch die Gesamtenergie E abhängig von der Geschwindigkeit. Außerdem hängt aber die kinetische Energie E_{kin} auch noch von der inneren Energie E_0 des Transports ab, so daß

(5.4) $$E = E(E_0, \boldsymbol{v}) = E_0 + E_{\text{kin}}(E_0, \boldsymbol{v}).$$

Wir fragen nach der genauen Form dieser Abhängigkeit der Gesamtenergie E von der inneren Energie E_0 und der Geschwindigkeit $\boldsymbol{v}$, also nach der Funktion $E = E(E_0, \boldsymbol{v})$. Mit dieser Funktion kennen wir wegen (5.4) dann natürlich auch $E_{\text{kin}} = E_{\text{kin}}(E_0, \boldsymbol{v})$ und umgekehrt. Damit können wir angeben, wie groß die Energie ist, die ein Körper der Masse M, also der inneren Energie E_0, bei der Geschwindigkeit $\boldsymbol{v}$ transportiert. Setzen wir diese Funktion $E = E(E_0, \boldsymbol{v})$ in (5.1) ein, erfahren wir auch, welchen Impuls $\boldsymbol{P}$ der Körper bei der Geschwindigkeit $\boldsymbol{v}$ transportiert.

Um die Form der Abhängigkeit $E = E(E_0, \boldsymbol{v})$ zu ermitteln, betrachten wir zunächst einen Energie-Impuls-Transport bei $v \ll c$, für den ja die Newtonsche Mechanik gelten muß. Da nach NEWTON $E_{kin} = \frac{M}{2} v^2$, wird mit (5.2)

$$E_{kin} = \frac{M}{2} v^2 = \frac{1}{2} E_0 \left(\frac{v^2}{c^2}\right) \tag{5.5}$$

und

$$E = E_0 + E_{kin} = E_0 \left(1 + \frac{1}{2} \frac{v^2}{c^2}\right) \quad \text{bei } v \ll c. \tag{5.6}$$

Die kinetische Energie ist bei $v \ll c$ also proportional E_0 und dem Quadrat der Geschwindigkeit, wobei, wenn man will, die Geschwindigkeit auch dimensionslos als Bruchteil der Geschwindigkeit c ausgedrückt werden kann. Ferner sind kinetische Energie E_{kin} und Gesamtenergie E proportional der inneren Energie E_0.

Es läßt sich nun sofort sagen, daß E und E_{kin} sicher nicht nur bei $v \ll c$ der inneren Energie E_0 proportional sind, sondern bei beliebigen Geschwindigkeiten. Betrachten wir nämlich zwei gleiche Körper, so hat bei der gleichen Geschwindigkeit $\boldsymbol{v}$ jeder die gleiche Gesamtenergie E. Fassen wir beide Körper dann als einen einzigen auf, so hat dieser Körper die Energie $2E$. Da seine innere Energie $2E_0$ ist, muß auch seine kinetische Energie gleich der doppelten kinetischen Energie jedes Einzelkörpers sein. Diese Überlegung gilt für jedes Vielfache und jeden Bruchteil des ursprünglichen Körpers, also müssen ganz allgemein E und E_{kin} proportional E_0 sein.

Nicht so einfach läßt sich auf die **Abhängigkeit der Gesamtenergie E von der Geschwindigkeit $\boldsymbol{v}$** schließen. Immerhin läßt sich sagen, daß die Energie E als eine skalare Größe sicher unabhängig sein muß von der *Richtung* der Geschwindigkeit $\boldsymbol{v}$; denn im leeren Raum ist keine Richtung vor der anderen ausgezeichnet, der Raum ist *isotrop*. Bei Einführung eines Koordinatensystems drückt sich die Isotropie des Raumes dadurch aus, daß die Funktion $E(E_0, \boldsymbol{v})$ unabhängig sein muß von der Orientierung des Koordinatensystems, in dem die Transportgeschwindigkeit $\boldsymbol{v}$ beobachtet wird. Messen wir nämlich die Geschwindigkeit $\boldsymbol{v}$ und den Impuls $\boldsymbol{P}$ in zwei Koordinatensystemen, die gegeneinander gedreht sind, so sind die Komponenten der Vektoren $\boldsymbol{v}$ und $\boldsymbol{P}$ nach den Achsen der beiden Koordinatensysteme natürlich verschieden. Die Energie muß aber von einer Eigenschaft des Vektors $\boldsymbol{v}$ abhängen, die in beiden Koordinatensystemen gleich ist. Das ist aber nur die Länge des Vektors, also sein Betrag $v = |\boldsymbol{v}|$. Da sich v aus $\boldsymbol{v}$ auf dem Wege über $\boldsymbol{v}^2 = v^2$ berechnet, ist also bei beliebiger Geschwindigkeit

$$E(E_0, \boldsymbol{v}) = E_0 \cdot f\left(\frac{v^2}{c^2}\right) \tag{5.7}$$

und nach (5.3)

$$E_{kin}(E_0, \boldsymbol{v}) = E_0 \cdot \left[f\left(\frac{v^2}{c^2}\right) - 1\right]. \tag{5.8}$$

Die Funktion $f(v^2/c^2)$ kennen wir noch nicht. Wir können bisher nur sagen, daß sie für Geschwindigkeiten $v \ll c$, d.h. $v/c \ll 1$, wegen (5.6) approximativ die Gestalt haben muß

$$f\left(\frac{v^2}{c^2}\right) \approx 1 + \frac{1}{2} \frac{v^2}{c^2}.$$

Wir geben hier bereits an, daß

(5.9)
$$f\left(\frac{v^2}{c^2}\right)=\frac{1}{\sqrt{1-\frac{v^2}{c^2}}}.$$

Wegen Gl. (2.17) ergeben sich aus (5.7) und (5.8) mit (5.9) sofort (5.6) und (5.5).

Die Funktion $f(v^2/c^2)$ gibt nach (5.7) das Verhältnis der Gesamtenergie E eines Transports zu seiner inneren Energie E_0 an. Somit ist

(5.10)
$$\frac{E}{E_0}=\frac{1}{\sqrt{1-\frac{v^2}{c^2}}},$$

und wegen (5.4) erhält man für das Verhältnis der kinetischen Energie E_{kin} zur inneren Energie E_0

(5.11)
$$\frac{E_{\text{kin}}}{E_0}=\frac{1}{\sqrt{1-\frac{v^2}{c^2}}}-1.$$

Diese Abhängigkeit ist in Abb. 5.2 aufgetragen, und in der Tabelle sind einige Werte angegeben.

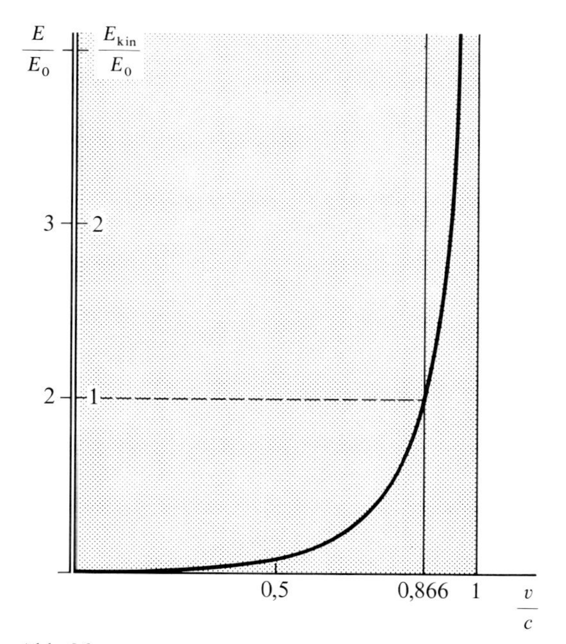

Abb. 5.2

Das Verhältnis von kinetischer Energie E_{kin} und Energie E zur inneren Energie E_0 in Abhängigkeit von der Geschwindigkeit.

v	$\frac{E}{E_0}$	$\frac{E_{\text{kin}}}{E_0}$
1 m/sec	1	10^{-17}
1 km/sec	1	10^{-11}
10^3 km/sec	1.00001	10^{-5}
$1{,}5 \cdot 10^5 \frac{\text{km}}{\text{sec}} = \frac{c}{2}$	1,16	0,16
$\frac{3}{4}c$	1,5	0,5
$0{,}866\,c$	2,0	1,0
$0{,}99\,c$	74	73

Wir entnehmen der Abb. 5.2 und der Tabelle folgende wichtige

Regel 5.1 Bei Geschwindigkeiten, die klein sind gegen die Lichtgeschwindigkeit c, ist die Energie praktisch nur innere Energie. Die kinetische Energie ist dagegen ein sehr kleiner Anteil, in Formeln

$$E_{\text{kin}} \ll E_0, \quad E \approx E_0 \qquad \text{bei } v \ll c. \tag{5.12}$$

Bei Annäherung der Geschwindigkeit v an die Geschwindigkeit c nimmt dagegen die kinetische Energie immer mehr zu und wird schließlich sehr viel größer als die innere Energie:

$$E_{\text{kin}} \gg E_0 \quad E \approx E_{\text{kin}} \qquad \text{bei } v \approx c. \tag{5.13}$$

Man merke sich, daß bei einer Geschwindigkeit von $0{,}866\,c$ die kinetische Energie immer genau so groß ist wie die innere Energie, die Gesamtenergie also doppelt so groß wie die innere Energie, unabhängig davon, um was für einen Transport es sich handelt (Abb. 5.3).

Grenzgeschwindigkeit von Transporten

Gl. (5.11) zeigt, daß, wenn $E_0 > 0$, die transportierte Energie bei $v = c$ unendlich groß würde. Somit müßte man einem Körper mit $E_0 > 0$ unendlich viel Energie zuführen, wenn er sich mit Lichtgeschwindigkeit bewegen sollte. Ein Körper mit von Null verschiedener Masse kann daher auch bei beliebig großer Impuls- und Energiezufuhr die Geschwindigkeit c, d.h. die Lichtgeschwindigkeit, als Transportgeschwindigkeit nur *asymptotisch* erreichen, d.h. er kann der Lichtgeschwindigkeit zwar beliebig nahe kommen, sie aber niemals exakt erreichen. Wir merken uns das als die

Regel 5.2 Die Geschwindigkeit c ist eine Grenzgeschwindigkeit für Energie-Impuls-Transporte durch den leeren Raum.

Um das noch klarer zu machen, betrachten wir einen Körper mit von Null verschiedener innerer Energie E_0, der den Impuls $\boldsymbol{P}$ und die Geschwindigkeit $\boldsymbol{v}$ habe. Dann ist nach den Gln. (5.1) und (5.10)

$$\boldsymbol{P} = \frac{E}{c^2}\,\boldsymbol{v} = \frac{E_0/c^2}{\sqrt{1-\left(\frac{v}{c}\right)^2}} \cdot \boldsymbol{v}. \tag{5.14}$$

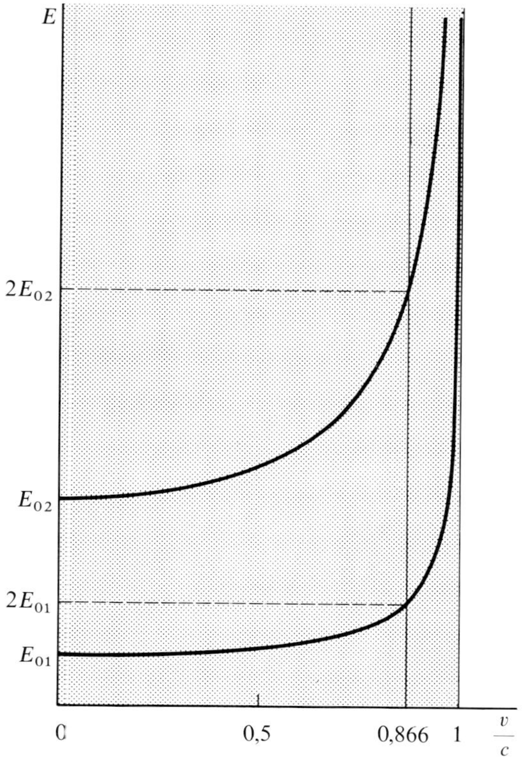

Abb. 5.3

Die Energie zweier Körper 1 und 2 als Funktion ihrer Geschwindigkeit. Körper 2 hat eine größere innere Energie als Körper 1, d.h. $E_{02} > E_{01}$. Bei $v = 0.866\,c$ hat sich für jeden Körper die Energie verdoppelt, seine kinetische Energie ist dann gleich seiner inneren Energie. Bei $v \to c$ wächst die Energie eines Körpers über alle Grenzen.

Jetzt möge durch Impulszufuhr der Impuls dieses Körpers verdoppelt werden. Beim Impuls $\boldsymbol{P}' = 2\boldsymbol{P}$ habe er dann die Energie E' und die Geschwindigkeit $\boldsymbol{v}'$. Zwischen $\boldsymbol{P}'$, E' und $\boldsymbol{v}'$ besteht nun dieselbe Beziehung (5.14), die vorher zwischen $\boldsymbol{P}$, E und $\boldsymbol{v}$ bestand, d.h. es ist

$$\boldsymbol{P}' = 2\boldsymbol{P} = \frac{E'}{c^2} \cdot \boldsymbol{v}' = \frac{E_0/c^2}{\sqrt{1-\left(\frac{v'}{c}\right)^2}} \cdot \boldsymbol{v}'. \tag{5.15}$$

Erweitern wir Gl. (5.14) mit dem Faktor 2 und vergleichen sie mit Gl. (5.15), so muß, da $\boldsymbol{P}' = 2\boldsymbol{P}$ ist, gelten

$$\frac{2\boldsymbol{v}}{\sqrt{1-\left(\frac{v}{c}\right)^2}} = \frac{\boldsymbol{v}'}{\sqrt{1-\left(\frac{v'}{c}\right)^2}}. \tag{5.16}$$

Nach $\boldsymbol{v}'$ aufgelöst liefert diese Gleichung

$$\boldsymbol{v}' = \frac{2\boldsymbol{v}}{\sqrt{1+3\left(\frac{v}{c}\right)^2}}. \tag{5.17}$$

Setzt man das in (5.15) ein und vergleicht mit (5.14), so folgt

$$E' = E \cdot \sqrt{1+3\left(\frac{v}{c}\right)^2}. \tag{5.18}$$

Mit der Verdopplung des Impulses $\boldsymbol{P}$ eines Transportes, d.h. mit einer Impuls*zufuhr* vom Betrag P muß dem Transport also gleichzeitig der Energiebetrag

$$\begin{aligned} E' - E = E'_{\text{kin}} - E_{\text{kin}} &= E\left(\sqrt{1+3\frac{v^2}{c^2}} - 1\right) \\ &= E_0 \frac{\sqrt{1+3\frac{v^2}{c^2}} - 1}{\sqrt{1-\frac{v^2}{c^2}}} \end{aligned} \tag{5.19}$$

zugeführt werden, wenn die innere Energie E_0 des Transportes dabei unverändert bleiben soll. Es ist eine wichtige Regel, daß eine Impulsänderung stets mit einer bestimmten Energieänderung verknüpft ist. Wir sagen stattdessen auch, daß jede Impulszufuhr (wobei eine negative Zufuhr ein Entzug ist) mit einer bestimmten Energiezufuhr gekoppelt sein muß. Wie (5.19) zeigt, ist die Energiezufuhr abhängig von der Energie E und von der Geschwindigkeit v *vor* der Zufuhr oder, was auf dasselbe hinauskommt, von der inneren Energie E_0 und der Geschwindigkeit v. Die Geschwindigkeit wird infolge der Energie-Impuls-Zufuhr so gesteigert, daß dabei der Wert (5.17) resultiert.

Betrachten wir zunächst den **Grenzfall $\boldsymbol{v} \ll \boldsymbol{c}$**. Dann ist $v/c \ll 1$, und (5.17) vereinfacht sich zu der vertrauten Beziehung $\boldsymbol{v}' = 2\boldsymbol{v}$. Bei Transportgeschwindigkeiten, die klein sind gegen die Grenzgeschwindigkeit, bedingt eine Impulsverdopplung also einfach eine Verdopplung der Geschwindigkeit. Nach (5.19) muß die Energie dabei gleichzeitig erhöht werden um den Betrag

$$E' - E = E'_{\text{kin}} - E_{\text{kin}} = \frac{3}{2}\frac{v^2}{c^2}E \approx \frac{3}{2}\frac{v^2}{c^2}E_0 = 3\frac{M}{2}v^2 = 3E_{\text{kin}}.$$

Die kinetische Energie nach der Impulsverdopplung beträgt also insgesamt das 4-fache der kinetischen Energie vor der Impulszufuhr.

Im anderen **Grenzfall $\boldsymbol{v} \approx \boldsymbol{c}$** erhalten wir ein wesentlich anderes Resultat. Wegen $v/c \approx 1$ liefert (5.17) nun $\boldsymbol{v}' \approx \boldsymbol{v}$, d.h. bei Transportgeschwindigkeiten nahe der Grenzgeschwindigkeit führt eine Impulsverdopplung kaum noch zu einer Änderung der Geschwindigkeit. Dagegen wird nun, wie (5.18) zeigt,

$$E' \approx E\sqrt{4} = 2E,$$

d.h. die Energie wird nun verdoppelt. Bei Geschwindigkeiten, die vergleichbar sind mit der Grenzgeschwindigkeit, erfordert eine Impulszufuhr also eine ihr proportionale Energiezufuhr.

Verdoppeln wir den Impuls eines Körpers mehrfach hintereinander, indem wir bei kleinen Geschwindigkeiten beginnen, so wird sich also zunächst jedesmal die Transportgeschwindigkeit verdoppeln, später aber, wenn v die Größenordnung von c erreicht, schwächer zunehmen, bis die Transportgeschwindigkeit asymptotisch der Grenzgeschwindigkeit c, d.h. der Lichtgeschwindigkeit zustrebt, also praktisch konstant wird. Von da ab ist dann mit weiterer Impulsverdopplung jedesmal auch die Energie zu verdoppeln. Wir fassen das zusammen zur

Regel 5.3 Bei Transportgeschwindigkeiten $v \ll c$ bewirken Impulsänderungen fast ausschließlich der Impulsänderung proportionale Geschwindigkeitsänderungen, während die Gesamtenergie praktisch unverändert gleich der inneren Energie bleibt. Bei Transportgeschwindigkeiten $v \approx c$ bewirken Impulsänderungen dagegen praktisch ausschließlich Änderungen der Gesamtenergie, während die Geschwindigkeit kaum noch zunimmt.

§ 6 Der Begriff des Teilchens

Eine *physikalische* Bewegung hatten wir als Transport von Energie E und Impuls $\boldsymbol{P}$ gekennzeichnet. Wir hatten ihr auch eine Geschwindigkeit $\boldsymbol{v}$ zugeschrieben, nämlich die Geschwindigkeit, mit der dieser Transport erfolgt. In § 5 haben wir danach gefragt, wie E und $\boldsymbol{P}$ von dieser Geschwindigkeit $\boldsymbol{v}$ abhängen. Bei den Erklärungen dazu verfielen wir jedoch wieder etwas in die nicht-dynamische Gewohnheit, die Geschwindigkeit $\boldsymbol{v}$ als „primäre", weil uns gewohntere und daher anschaulichere Größe zu betrachten als den Impuls $\boldsymbol{P}$ oder die Energie E. Diese Anschaulichkeit beruht darauf, daß wir uns (oft ohne es explizite zu sagen) auf materielle punktartige Körper beziehen, für die die dynamische Transportgeschwindigkeit $\boldsymbol{v}$ gleich der kinematischen Geschwindigkeit $d\boldsymbol{r}/dt$ ist und für die wir $\boldsymbol{v}$ durch $d\boldsymbol{r}/dt$ ersetzen. In Anbetracht der Mühe, die es kostet, mit neuen Begriffen fertig zu werden, ist dieses Vorgehen zwar durchaus akzeptabel, aber man sollte sich keinen Illusionen hingeben, daß der Bewegungsvorgang im Grunde damit doch wieder auf kinematische Größen zurückgeführt wäre. Es gibt nämlich wichtige Energie-Impuls-Transporte, die sich überhaupt nicht durch eine kinematische Geschwindigkeit der Form $d\boldsymbol{r}/dt$ fassen lassen, wie den Energie-Impuls-Transport durch das Licht, der unabhängig vom Impuls und von der Energie immer mit derselben Geschwindigkeit, nämlich mit der Grenzgeschwindigkeit c, erfolgt und bei dem E und $\boldsymbol{P}$ deshalb gar nicht von der Geschwindigkeit abhängen können.

Energie-Impuls-Zusammenhang eines Transports

Versuchen wir deshalb, mit der Auffassung der Bewegung als Energie-Impuls-Transport mehr Ernst zu machen. Wenn das Wesentliche einer Bewegung der Transport von

Energie und Impuls ist, so müßte ein Transport eigentlich voll gekennzeichnet sein, wenn man weiß, **wieviel Energie E mit einem gegebenen Impuls P verknüpft ist,** d.h. wenn man den Zusammenhang

$$E = E(\boldsymbol{P}) = E(P_x, P_y, P_z) \tag{6.1}$$

kennt. Ob es sich um einen Stein handelt, eine Rakete oder ein Lichtbündel, jeder dieser Energie-Impuls-Transporte muß durch *seine* Funktion (6.1), d.h. durch seinen speziellen Zusammenhang zwischen dem Impuls $\boldsymbol{P}$ und der mit ihm verbundenen Energie E gekennzeichnet sein. Unter dem Energie-Impuls-Transport „Stein" verstehen wir dabei den Stein bei allen möglichen Geschwindigkeiten und nicht nur bei einer bestimmten Geschwindigkeit. Das tun wir deshalb, weil der Transport „Stein" durch die Angabe festgelegt ist, welcher Impuls und welche Energie zu jeder Geschwindigkeit gehören. Gleichbedeutend damit ist aber die Angabe, welche Energie zu welchem Impuls gehört. Somit muß sich die Geschwindigkeit $\boldsymbol{v}$, mit der der Energietransport bei gegebenem Impuls $\boldsymbol{P}$ erfolgt, aus Gl. (6.1) bestimmen lassen. Wir wollen zeigen, daß diese Behauptung tatsächlich richtig ist.

Wir beginnen dazu mit dem **Newtonschen Grenzfall $\boldsymbol{v} \ll \boldsymbol{c}$,** für den Impuls $\boldsymbol{P}$ und Energie E nach (5.2) und (5.6) gegeben sind durch

$$\boldsymbol{P} = \frac{E_0}{c^2}\,\boldsymbol{v} = M\boldsymbol{v}, \qquad E = \frac{E_0}{2c^2}\,v^2 + E_0 = \frac{M}{2}\,v^2 + E_0. \tag{6.2}$$

Quadriert man die erste dieser Gleichungen und setzt sie in die zweite ein, so erhält man

$$E(\boldsymbol{P}) = \frac{c^2 P^2}{2E_0} + E_0 = \frac{P^2}{2M} + E_0. \tag{6.3}$$

Das ist die Funktion (6.1) für einen Newtonschen Körper. Die individuelle Eigenart des Körpers, soweit es den durch ihn repräsentierten Energietransport betrifft, wird durch die Größe E_0, die innere Energie E_0 des Körpers, charakterisiert. Körper mit gleichem E_0 liefern denselben Energie-Impuls-Transport. Man nennt sie deshalb *mechanisch gleich*, auch wenn sie sich in anderer Hinsicht, wie in ihren Abmessungen oder elektrischen und optischen Eigenschaften, unterscheiden.

Wie erhalten wir nun aus (6.3) die Geschwindigkeit $\boldsymbol{v}$, mit der ein Körper der inneren Energie E_0 einen bestimmten Impuls $\boldsymbol{P}$ und damit eine durch (6.3) festgelegte Energie E durch den Raum transportiert? Dazu betrachten wir der Einfachheit halber nur gradlinige Bewegungen, so daß die Vektoren nur eine Komponente haben, wir also auf den expliziten Gebrauch der Vektorschreibweise verzichten können. Wir fragen dann nach der Energie dE, die man einem Körper zuführen oder ihm entziehen muß, wenn man seinen Impuls P um den Betrag dP ändert. Die Antwort erhalten wir durch Differentiation von (6.3), nämlich

$$dE = \frac{c^2}{E_0}\,P\,dP.$$

Verwendet man hier nun die erste Gleichung von (6.2), so läßt sich die letzte Gleichung auch schreiben

$$dE = v\,dP. \tag{6.4}$$

Beschränkt man sich nicht auf gradlinige Bewegungen, erhält man allgemein

$$dE = \boldsymbol{v}\, d\boldsymbol{P} = v_x\, dP_x + v_y\, dP_y + v_z\, dP_z. \tag{6.5}$$

Das Interessante an dieser Gleichung ist, daß *die Energie dE, die man einem Körper zuführen muß, wenn man seinen Impuls $\boldsymbol{P}$ um $d\boldsymbol{P}$ ändert, allein von der Geschwindigkeit $\boldsymbol{v}$ des Körpers abhängt*, nicht dagegen davon, ob es sich um einen Körper mit großer oder kleiner innerer Energie E_0, d.h. großer oder kleiner Masse M, handelt. Die Unabhängigkeit der Gleichung (6.5) von der inneren Energie E_0 läßt vermuten, daß sie nicht auf die Newtonsche Näherung beschränkt ist, sondern eine allgemeine Beziehung darstellt, die drei fundamentale dynamische Begriffe miteinander verbindet, nämlich eine Impulsdifferenz $d\boldsymbol{P}$, die damit verknüpfte Energiedifferenz dE und die Transportgeschwindigkeit $\boldsymbol{v}$.

Tatsächlich ist Gl. (6.5) unter *allen* Umständen richtig, nicht nur für Energietransporte in Newtonscher Näherung, sondern auch für solche, die mit der Grenzgeschwindigkeit erfolgen. Ja, sie gilt sogar nicht nur für Energietransporte im leeren Raum, sondern auch für Transporte in Materie, wofür Gl. (5.1) nicht mehr richtig ist. Gl. (6.5) ist daher die allgemeinste physikalische Gleichung, der wir bisher begegnet sind. Sie sagt, daß man die Transportgeschwindigkeit $\boldsymbol{v}$ der Energie aus der Funktion (6.1) dadurch erhält, daß man diese nach dem Impuls $\boldsymbol{P}$ differenziert. Denn ist die Energie E als Funktion des Impulses $\boldsymbol{P}$ bekannt, so ist nach den Regeln der Differentialrechnung

$$dE(\boldsymbol{P}) = dE(P_x, P_y, P_z) = \frac{\partial E}{\partial P_x}\, dP_x + \frac{\partial E}{\partial P_y}\, dP_y + \frac{\partial E}{\partial P_z}\, dP_z. \tag{6.6}$$

Der Vergleich mit (6.5) liefert somit die Gleichungen

$$v_x = \frac{\partial E(P_x, P_y, P_z)}{\partial P_x}, \qquad v_y = \frac{\partial E(P_x, P_y, P_z)}{\partial P_y}, \qquad v_z = \frac{\partial E(P_x, P_y, P_z)}{\partial P_z}, \tag{6.7}$$

die man auch symbolisch zusammenfaßt zu

$$\boldsymbol{v} = \frac{\partial E(\boldsymbol{P})}{\partial \boldsymbol{P}}. \tag{6.8}$$

Die Gln. (6.7) geben an, wie sich bei bekannter Funktion $E = E(\boldsymbol{P})$ die Transportgeschwindigkeit $\boldsymbol{v}$ berechnet.

Die Funktion $E(\boldsymbol{P})$ für Transporte durch den leeren Raum bei beliebiger Geschwindigkeit

Daß die Gln. (6.7) und (6.5) in der Newtonschen Näherung richtig sind, bedarf keiner Nachprüfung, denn wir haben sie ja aus der Newtonschen Näherung gewonnen. Wenden wir sie deshalb gleich auf die Einsteinsche Mechanik an, bei der $|\boldsymbol{v}|$ jeden Wert zwischen Null und der Grenzgeschwindigkeit c annehmen kann. Um das zu tun, müssen wir uns zunächst die für die Einsteinsche Mechanik charakteristische Funktion $E(\boldsymbol{P})$ beschaffen. Dazu gehen wir aus von der Beziehung (5.1) für den Energie-Impuls-Transport durch den leeren Raum. Setzen wir die aus ihr berechnete Geschwindigkeit in (6.5) ein, so erhalten wir

$$E\,dE = c^2 \boldsymbol{P}\,d\boldsymbol{P} = c^2\,[P_x\,dP_x + P_y\,dP_y + P_z\,dP_z] \tag{6.9}$$

$$= c^2\left[d\left(\frac{P_x^2}{2}\right) + d\left(\frac{P_y^2}{2}\right) + d\left(\frac{P_z^2}{2}\right)\right]$$

$$= \frac{c^2}{2}\,d\,[P_x^2 + P_y^2 + P_z^2] = \frac{c^2}{2}\,dP^2,$$

oder anders geschrieben

$$d(E^2) = d(c^2\,P^2).$$

Integrieren wir diese Gleichung vom Impuls $\boldsymbol{P}=0$ bis zum Impuls $\boldsymbol{P}$, so erhalten wir

$$\int\limits_{E(\boldsymbol{P}=0)=E_0}^{E(\boldsymbol{P})} d(E^2) = \int\limits_0^{\boldsymbol{P}} d(c^2\,P^2),$$

nach Ausführung der Integration also

$$E^2(\boldsymbol{P}) - E_0^2 = c^2\,P^2,$$

oder anders geschrieben

$$E(\boldsymbol{P}) = \sqrt{c^2\,P^2 + E_0^2} = \sqrt{c^2\,(P_x^2 + P_y^2 + P_z^2) + E_0^2}\,. \tag{6.10}$$

Das ist die Funktion (6.1), sie sagt aus, welche Energie E mit dem Impuls $\boldsymbol{P}$ beim Transport durch den leeren Raum verknüpft ist. Wichtig an der Gl. (6.10) ist, daß sie dieselbe Allgemeingültigkeit beansprucht wie (6.1). Wir haben damit die

Regel 6.1 Der Energie-Impuls-Zusammenhang $E=E(\boldsymbol{P})$ jedes Transportes durch den leeren Raum ist von der Form (6.10).

Wie beim Newtonschen Fall tritt auch hier wieder als individuelles Kennzeichen des Transportes die innere Energie E_0 auf, d.h. die Energie E beim Impuls $\boldsymbol{P}=0$.

Berechnet man nach (6.7) die aus der Gl. (6.10) folgenden Komponenten von $\boldsymbol{v}$, so findet man für $\boldsymbol{v}$ selbst

$$\boldsymbol{v} = \frac{c^2\,\boldsymbol{P}}{\sqrt{c^2\,P^2 + E_0^2}} = \frac{c^2}{E}\,\boldsymbol{P}\,. \tag{6.11}$$

Dieses Resultat ist nicht überraschend, denn dieselbe Gleichung hatten wir in (6.9) benutzt, um mit Hilfe der allgemein-dynamischen Beziehung (6.5) den Energie-Impuls-Zusammenhang (6.10) für den Transport durch den leeren Raum zu finden. Eliminieren wir $\boldsymbol{P}$ aus den Gln. (6.10) und (6.11), indem wir (6.10) quadrieren und in die quadrierte Gl. (6.11) einsetzen, so resultiert

$$E^2 = E^2\,\frac{v^2}{c^2} + E_0^2,$$

oder anders geschrieben

$$E = \frac{E_0}{\sqrt{1 - \dfrac{v^2}{c^2}}}\,. \tag{6.12}$$

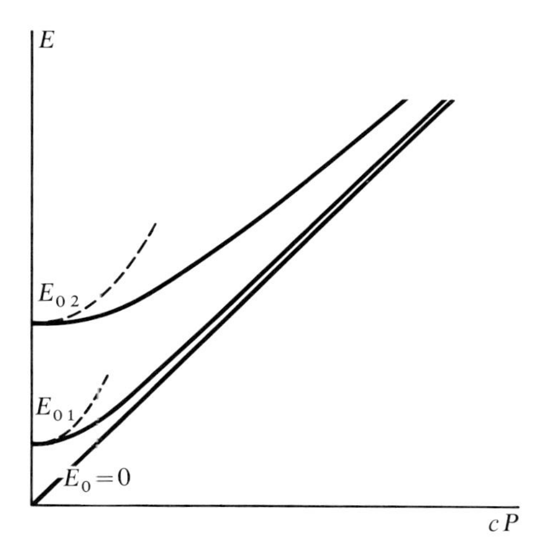

Abb. 6.1

Energie-Impuls-Abhängigkeit $E=\sqrt{E_0^2+c^2P^2}$ für Transporte im leeren Raum. Die 45°-Gerade ist die Gerade $E=cP$. Sie stellt Transporte mit $E_0=0$ dar (Photonen), die bei jedem Impuls die Grenzgeschwindigkeit c haben.

Ferner sind eingetragen die Transporte zweier Körper mit den inneren Energien E_{01} und E_{02}. Die gestrichelte Kurve gibt die Newtonsche Näherung an. Sie ist nur gültig bei $cP \ll E_0$. Bei $v \to c$ nähern sich die Energie-Impuls-Abhängigkeiten aller Transporte der Geraden $E=cP$.

Das ist die in (5.10) vorgreifend angegebene Abhängigkeit der Energie von der Transportgeschwindigkeit $\boldsymbol{v}$.

Es ist wichtig, sich klarzumachen, daß der Zusammenhang (6.10) zwischen Energie und Impuls nicht nur für die Bewegung von Körpern bestimmend ist, sondern für *jeden* Energie-Impuls-Transport durch den leeren Raum. Denn ein Körper ist zwar ein Energie-Impuls-Transport, aber nicht jeder Energie-Impuls-Transport ist, wie das Licht zeigt, umgekehrt auch ein Körper. Die verschiedenen Arten des Energietransports unterscheiden sich allein durch die innere Energie E_0, d.h. durch die Energie beim Impuls $\boldsymbol{P}=0$. Alle Energie-Impuls-Transporte durch den leeren Raum nennen wir **Teilchen.** Ein Teilchen ist also durch seine innere Energie E_0 bzw. durch seine Masse $M=E_0/c^2$ festgelegt (Abb. 6.1).

Newtonsche Teilchen

Wir machen uns am besten mit dem Begriff des Teilchens vertraut, indem wir einmal Energie-Impuls-Transporte betrachten, deren Transportgeschwindigkeit v sehr klein ist gegenüber der Lichtgeschwindigkeit c, also $v \ll c$, und zum anderen Transporte, für die $v=c$, die also mit Lichtgeschwindigkeit vor sich gehen. Die Lichtgeschwindigkeit hatten wir ja schon im vorigen Paragraphen als die Grenzgeschwindigkeit für den Transport von Impuls und Energie kennengelernt.

Damit, daß wir nun Transporte bei $v \ll c$ betrachten, bleiben wir im Bereich der Newtonschen Mechanik. Energie-Impuls-Zusammenhänge, für die $v \ll c$, nennen wir dementsprechend **Newtonsche Teilchen.** Alle Körper, die wir aus unserer täglichen Erfahrung kennen, sind Newtonsche Teilchen.

Wir schreiben Gl. (5.1) in den Beträgen und geben ihr die Form

$$\frac{v}{c}=\frac{cP}{E}.$$

Man erkennt in dieser Schreibweise der Gl (5.1), daß $v \ll c$ gleichbedeutend ist mit $cP \ll E$ und nach Gl. (6.10) auch mit $cP \ll E_0$. Für ein Newtonsches Teilchen gelten also die gleichbedeutenden Bedingungen

$$v \ll c, \quad cP \ll E, \quad cP \ll E_0. \tag{6.13}$$

Damit wird, wenn man Gl. (6.10) unter Beachtung von (2.17) nähert, der für ein Newtonsches Teilchen charakteristische $E(\boldsymbol{P})$-Zusammenhang

$$E(\boldsymbol{P}) = E_0 \sqrt{1 + \left(\frac{cP}{E_0}\right)^2} \approx E_0 \left[1 + \frac{1}{2}\left(\frac{cP}{E_0}\right)^2\right], \tag{6.14}$$

und das ist identisch mit Gl. (6.3), die einen Ausgangspunkt unserer Überlegungen bildete. Entsprechend ergibt sich für die kinetische Energie $E_{\text{kin}} = E - E_0$ eines Newtonschen Teilchens

$$E_{\text{kin}} = \frac{P^2}{2(E_0/c^2)} = \frac{P^2}{2M} = \frac{M}{2} v^2. \tag{6.15}$$

Extrem relativistische Teilchen

Nun zu dem anderen Grenzfall, in dem Impuls und Energie mit der Grenzgeschwindigkeit transportiert werden. Die Ausbreitung des Lichtes stellt ein Beispiel dafür dar. Aus Gl. (5.1) folgt

$$E(\boldsymbol{P}) = c|\boldsymbol{P}|, \quad \text{wenn } v = c \tag{6.16}$$

und damit aus Gl. (6.10)

$$E_0 = 0, \quad \text{wenn } v = c. \tag{6.17}$$

Teilchen, die einem Impuls- und Energietransport mit der Grenzgeschwindigkeit zugehören, haben also notwendig verschwindende innere Energie bzw. Masse. Wir sehen hier, daß der dynamische Teilchenbegriff viel allgemeiner und weitreichender ist als der des materiellen Körpers, dem eine innere Energie $E_0 > 0$ entspricht. Der Teilchenbegriff schließt, wie wir schon sagten, den des materiellen Körpers als Spezialfall ein. Er beschreibt aber auch noch Impuls- und Energietransporte, die gar nicht von materiellen Körpern getragen werden. Der dynamische Begriff des Teilchens basiert eben darauf, daß Bewegung im physikalischen Sinne stets Transport von Impuls und Energie ist. Impuls und Energie sind tatsächlich zur physikalischen Beschreibung der Vorgänge in der Natur sehr viel besser angepaßte, wenn auch zunächst unanschaulichere, weil ungewohntere Begriffe als etwa der der Masse. Am Beispiel des Lichts sehen wir die Mühelosigkeit, mit der der Teilchenbegriff „masselose" Transporte einschließt und damit auch ursprünglich so getrennte Teile der Physik wie Mechanik und Optik zusammenfügt.

Die Teilchen, die den Impuls- und Energietransport bei der Ausbreitung des Lichts besorgen, heißen **Lichtquanten** oder **Photonen.** Eine andere Teilchenart, deren Bewegung ebenfalls durch Gl. (6.16) beschrieben wird, sind die **Neutrinos.** Im übrigen bilden auch alle Transporte mit $E_0 \neq 0$, sobald sich die Transportgeschwindigkeit v der Grenzgeschwindigkeit c hinreichend nähert, Teilchen, deren $E(\boldsymbol{P})$-Zusammenhang beliebig genau durch Gl. (6.16) dargestellt wird. Sobald nämlich $cP \gg E_0$, kann man in (6.10) unter der Wurzel E_0^2 gegen $c^2 P^2$ vernachlässigen. Damit reduziert sich (6.10) auf (6.16).

So wie die Energie des Photons rein kinetischer Natur, d. h. allein durch den Impuls bedingt ist, so wird bei Annäherung von v an c auch bei Teilchen mit $E_0 > 0$ die kinetische Energie groß gegen E_0 und damit praktisch gleich der Energie E. (Vergleiche dazu die Tabelle in § 5 und die Abb. 5.2 und 5.3.) Die innere Energie spielt dann keine Rolle mehr. Wir merken uns das als die

Regel 6.2 Bei hinreichend großen Energien verhalten sich alle Teilchen in ihren Transporteigenschaften gleich; sie werden dann alle durch (6.16) beschrieben.

Diese Regel nennen wir auch die **Universalität des Hochenergieverhaltens.**

§ 7 Die Messung des Impulses

Wenn Bewegung der Transport von Impuls und Energie ist, erhebt sich die Frage, wie denn die Größen Impuls und Energie zu messen sind. Zunächst wird man fragen, ob Impuls und Energie nicht dadurch bestimmt werden können, daß sie auf andere Größen, etwa Masse und Geschwindigkeit, zurückgeführt und diese anderen Größen dann gemessen werden können. Hier dürfen wir uns nicht täuschen: Wir haben Transporte durch Impuls und Energie und nicht durch Masse und Geschwindigkeit charakterisiert. Die Größen Impuls und Energie sind damit nicht mehr allgemein auf andere Größen begrifflich zurückführbar. Sie stehen gewissermaßen am Anfang unseres Eintritts in die Physik. Wir können uns auf keine Zusammenhänge mit anderen, uns durch unsere bisherige Erziehung und unseren bisherigen Umgang mit der Physik vertrauteren und daher als anschaulicher empfundenen Größen berufen, um die Begriffe Impuls und Energie aufzulösen in schon bekannte und gewohnte Begriffe. Es hat keinen Sinn, darüber nachzugrübeln, was Impuls und Energie „eigentlich“ seien; hier läßt sich kein Anker in philosophischen Grund werfen.

Impulsmessung als Operation des Vergleichens

Damit müssen wir aber eine Vorschrift geben, wie man diese Größen messen kann, so daß wir den Größen Impuls und Energie bei einem bestimmten Transport schließlich Zahlwerte zuzuschreiben imstande sind. Wir haben auch schon von Impulsverdopplungen gesprochen, ohne jedoch anzugeben, wie denn eine derartige Verdopplung überhaupt festgestellt werden kann.

In § 1 haben wir uns klargemacht, daß Messen stets den Vergleich von Objekten in bezug auf die zu messende Größe erfordert. Die Messung jeder Größe erfordert dabei eine bestimmte Vergleichsoperation, wie es bei der Längenmessung das Anlegen eines Maßstabs war. Als Vergleichsoperation zur **Messung des Impulses benutzt man den total inelastischen Stoß.** Unter einem total inelastischen Stoß wollen wir einen Prozeß verstehen, bei dem zwei oder mehr Körper, unsere Vergleichsobjekte, so miteinander stoßen, daß sie nach dem Stoß alle die gleiche Geschwindigkeit haben, durch den Stoß also zusammenkleben und nach dem Stoß einen einzigen Körper bilden.

Entscheidend für die Möglichkeit der Impulsmessung ist nun, daß wir für den zur Impulsmessung benutzten inelastischen Stoßprozeß fordern, daß bei ihm die Summe der Impulse aller am Stoß beteiligten Körper nicht geändert wird, nach dem Stoß also die gleiche ist wie vor dem Stoß. Der Gesamtimpuls soll also bei diesen Meßstoßprozessen erhalten bleiben. Wir betonen, daß wir die Erhaltung des Gesamtimpulses für den Meßprozeß hier *postulieren.*

Unbeschadet dieses Postulats zeigt dann die *empirische Beobachtung*, daß auch bei *allen anderen* Stoßprozessen der mit Hilfe des Meßprozesses bestimmte Gesamtimpuls erhalten bleibt. Diese empirische Beobachtung nun, daß unsere Körper, nachdem wir einmal durch einen Meßprozeß ihren Gesamtimpuls bestimmt haben, durch weitere Stöße miteinander ihren Gesamtimpuls nicht ändern (was wir durch einen erneuten Meßprozeß nach weiteren Stößen nachweisen), nennen wir den **Satz von der Erhaltung des Impulses.** Er ist eine vom Meßprozeß völlig unabhängige Feststellung und folgt keineswegs daraus, daß wir für den Meßprozeß die Impulserhaltung postuliert haben.

Das Prinzip der Impulsmessung

Um das Prinzip der Impulsmessung zu verstehen, zerlegen wir sie in drei Schritte. Im ersten Schritt geht es darum, wann ein Körper den Impuls *Null* hat. Dazu vergegenwärtigen wir uns, daß zu einem ruhenden Körper der Impuls $\boldsymbol{P}=0$ gehört. Das folgt sofort aus Gl. (5.1) mit $\boldsymbol{v}=0$. Umgekehrt muß ein Körper mit einer inneren Energie $E_0>0$ ruhen, wenn er den Impuls $\boldsymbol{P}=0$ hat. Auch das folgt aus Gl. (5.1).

Im zweiten Schritt geht es um ein Kriterium, mit dem man feststellt, wann zwei Körper *entgegengesetzt gleichen* Impuls haben. Nehmen wir an, wir hätten zwei Körper mit entgegengesetzt gleichem Impuls, d.h. $\boldsymbol{P}_1$ und $\boldsymbol{P}_2=-\boldsymbol{P}_1$, dann verschwindet der Gesamtimpuls $\boldsymbol{P}$ der beiden Körper wegen $\boldsymbol{P}=\boldsymbol{P}_1+\boldsymbol{P}_2=0$. Läßt sich nun aus unseren beiden Körpern ein „ruhender Körper" gewinnen, der den Impuls $\boldsymbol{P}=0$ hat? Um das zu sehen, lassen wir die beiden Körper völlig inelastisch miteinander stoßen. Wir können uns diesen Prozeß etwa so realisiert denken, daß eine Feder, die zu einem der beiden Körper gehört, durch den Stoß gespannt und durch eine Klinke im Zustand größter Spannung am Zurückschnellen gehindert wird (Abb. 7.1). Inelastische Stoßmechanismen werden wir im einzelnen im § 12 kennenlernen. Fordern wir die Gültigkeit des Impuls-

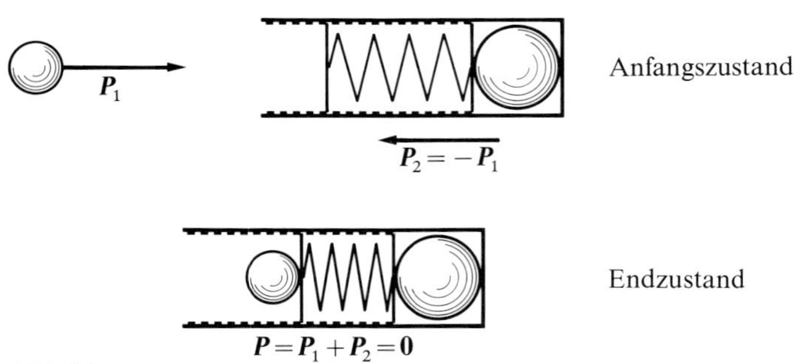

Abb. 7.1

Stoß zweier Körper entgegengesetzt gleichen Impulses. Die kinetische Energie der Körper wird voll umgesetzt in Spannungsenergie der Feder. Wird die Feder im Zustand größter Spannung durch eine Einrastvorrichtung am Entspannen gehindert, so ist der Endzustand der, daß beide Körper ruhend liegen bleiben.

satzes für diesen Prozeß, so hat das System der beiden Körper auch nach dem Stoß den Gesamtimpuls $\boldsymbol{P}=0$; da beide Körper nach dem Stoß einen einzigen zusammenklebenden Körper bilden, dessen Teile sich nicht mehr gegeneinander bewegen, muß der Gesamtkörper nach dem Stoß ruhen. Wir drehen nun diese Schlußweise um: Beobachten wir, daß nach dem Stoß zweier Körper beide Körper ruhen, so folgt aus dem Postulat der Impulserhaltung für diesen speziellen Prozeß, daß vor dem Stoß die Impulse beider Körper entgegengesetzt gleich waren. Durch Beobachtung eines inelastischen Stoßes zweier Körper können wir also feststellen, ob ihre Impulse entgegengesetzt gleich waren oder nicht. Schließlich läßt sich diese Betrachtung dahin umkehren, daß zwei Körper, die sich ohne Mitwirkung eines dritten aus dem Zustand der Ruhe in Bewegung setzen, entgegengesetzt gleichen Impuls haben. Ein Beispiel hierfür ist ein anfahrendes Auto: Wenn es sich in Bewegung setzt, erhält die Erde einen Rückstoß, d.h. einen Impuls, der entgegengesetzt gleich ist dem Impuls, den das Auto erhält (Abb. 7.2). Ein anderes, etwas komplizierteres Beispiel zeigt die Abb. 7.3. Wirft ein Kind zwei Bälle fort, so ist der Impuls beider Bälle zusammengenommen entgegengesetzt gleich dem Impuls, den Kind und Erde nach dem Abwurf haben. Stünde das werfende Kind nicht auf der Erde, sondern auf einem Wagen, so daß es keinen Impuls mit der Erde austauschen kann, würden sich Kind und Wagen nach dem Wurf mit dem Impuls $-(\boldsymbol{P}_1+\boldsymbol{P}_2)$ bewegen.

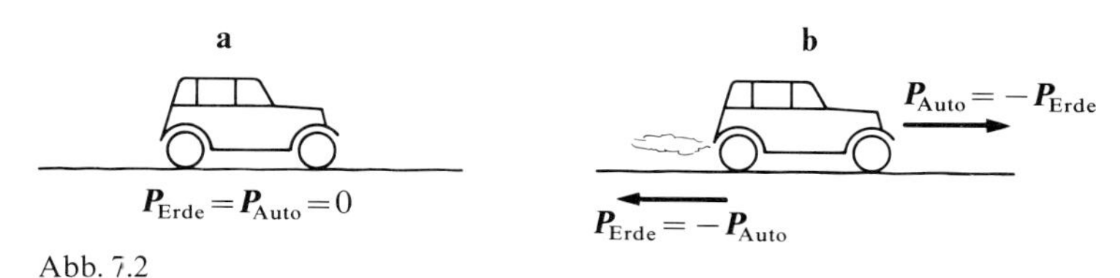

Abb. 7.2

Impuls eines (a) stehenden und (b) fahrenden Autos.

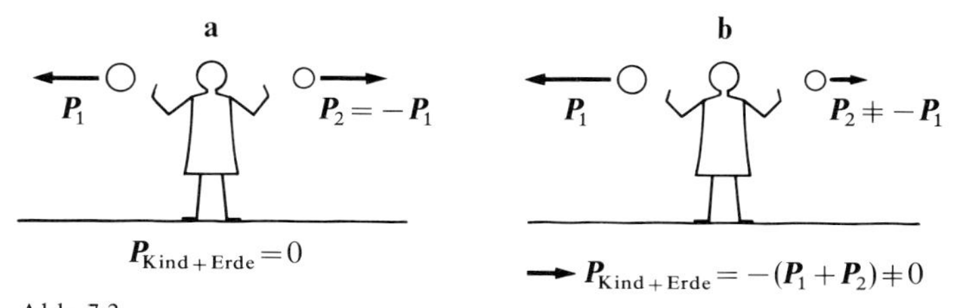

Abb. 7.3

Impulsbilanz beim Abwurf von zwei Bällen mit
(a) entgegengesetzt gleichem Impuls,
(b) verschiedenem Impulsbetrag horizontal in entgegengesetzter Richtung.

Im dritten Schritt der Impulsmessung fragen wir, wann Impulse *gleich* sind. Dazu erinnern wir daran, daß für jeden Körper mit $E_0>0$ der Impuls $\boldsymbol{P}$ eine eindeutige Funktion der Geschwindigkeit $\boldsymbol{v}$ ist, also $\boldsymbol{P}=\boldsymbol{P}(\boldsymbol{v})$. Man überträgt also auf einen Körper stets den gleichen Impuls, wenn man ihn aus der Ruhe immer wieder auf die gleiche Geschwindigkeit bringt. Die Gleichheit zweier Impulse $\boldsymbol{P}_1$ und $\boldsymbol{P}_2$ definiert man nun über einen inelastischen Stoß mit einem dritten Körper vom Impuls $\boldsymbol{P}_3$. $\boldsymbol{P}_3$ wird so eingerichtet, daß er $\boldsymbol{P}_1$ in einem inelastischen Stoß gerade kompensiert; dann ist $\boldsymbol{P}_3 = -\boldsymbol{P}_1$. Schließlich gibt man dem dritten Körper wieder dieselbe Geschwindigkeit und damit denselben Impuls $\boldsymbol{P}_3$, den er vor dem Stoß mit dem ersten Körper hatte. Bringt durch einen unelastischen Stoß der dritte Körper nun auch den zweiten Körper zur Ruhe, so war sicher $\boldsymbol{P}_1 = \boldsymbol{P}_2$.

Jede Impulsmessung besteht nun in kombinierten und wiederholten Anwendungen dieser drei Schritte. Zunächst ist klar, daß man mit ihnen die positiven und negativen Vielfachen eines beliebig gegebenen Impulses, eines Impuls-Normals, erhält. Denn mit zwei Körpern desselben gegebenen Impulses hat man auch das Doppelte dieses Impulses zur Verfügung, und durch Hinzufügen eines weiteren Körpers mit dem gegebenen Impuls das 3-fache des Impulses usw. Daß der Impuls dabei auf verschiedene Körper verteilt ist, spielt gar keine Rolle. Der dritte Schritt erlaubt überdies, einen gegebenen Impuls in beliebige Teile zu zerlegen. Damit ist es im Prinzip möglich, jeden Impuls als rationales Vielfaches eines gegebenen Impuls-Normals zu bestimmen. Die dabei benutzte Vergleichsoperation beruht, wie wir gesehen haben, auf dem total inelastischen Stoß. Im nächsten Kapitel werden wir uns noch ausführlich mit Stoßprozessen beschäftigen und dabei die Anwendung der Impulsmessung üben. Hier diskutieren wir noch die Impulsmessung für die Grenzfälle $v \ll c$ und $v = c$, also für Newtonsche Teilchen und solche, die sich mit der Grenzgeschwindigkeit bewegen.

Impulsmessung bei $\boldsymbol{v} \ll \boldsymbol{c}$

In § 5 haben wir gesehen, daß bei $v \ll c$ der Anteil der kinetischen Energie E_{kin} an der Gesamtenergie E gegenüber der Ruhenergie E_0 vernachlässigbar ist. Gl. (5.1) reduziert sich also auf

$$\boldsymbol{P} = \frac{E_0}{c^2}\,\boldsymbol{v} \tag{7.1}$$

und mit Gl. (5.2) auf

$$\boldsymbol{P} = M\,\boldsymbol{v}. \tag{7.2}$$

Ein Impulsvergleich durch Messung der Geschwindigkeiten läuft damit auf einen Vergleich der am Stoß beteiligten Massen, d.h. der inneren Energien der Stoßpartner hinaus.

Führen wir einen total inelastischen Stoß zweier Körper in umgekehrter Richtung aus dem Zustand der Ruhe aus, wie etwa durch Lösen der Sperrklinke in Abb. 7.1 b, so laufen wegen $\boldsymbol{P}_1 + \boldsymbol{P}_2 = 0$ die Körper mit Geschwindigkeiten $\boldsymbol{v}_1$ und $\boldsymbol{v}_2$ auseinander, für deren Beträge gilt

$$\frac{v_1}{v_2} = \frac{M_2}{M_1}. \tag{7.3}$$

Auf diese Weise können Massenverhältnisse und bei Festlegung einer Masseneinheit **Massen als Vielfache einer Einheitsmasse** gemessen werden, wie wir es schon im historischen Überblick bei der Besprechung der Newtonschen Mechanik gesehen haben.

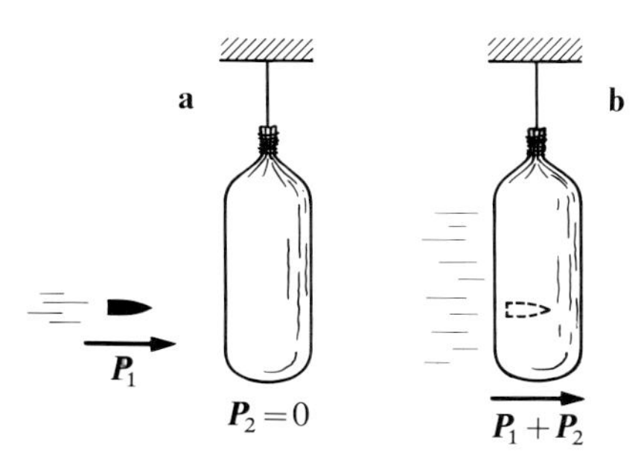

Abb. 7.4
Impuls eines Geschosses und eines Sandsacks
(a) vor dem Aufprall,
(b) nach dem Aufprall des Geschosses.

Weiter läßt sich aus der Messung des Impulses bei bekanntem Massenverhältnis die **Bestimmung einer unbekannten Geschwindigkeit** erreichen. Das ist in Abb. 7.4 illustriert. Ein Geschoß der Masse M_1 stoße mit dem Impuls $\boldsymbol{P}_1$ total inelastisch mit einem ruhenden Sandsack der Masse M_2. Ist $\boldsymbol{v}$ die gemeinsame Geschwindigkeit von Geschoß und Sandsack unmittelbar nach dem Stoß, so ist die Geschwindigkeit $\boldsymbol{v}_1$ des Geschosses vor dem Stoß

$$\boldsymbol{v}_1 = \frac{M_1 + M_2}{M_1}\,\boldsymbol{v}. \tag{7.4}$$

Eine einfache Methode, $\boldsymbol{v}$ aus der vertikalen Komponente der maximalen Auslenkung des aufgehängten Sandsacks zu messen, werden wir im nächsten Paragraphen kennenlernen.

Es sei noch einmal betont, daß $\boldsymbol{v}$ die Geschwindigkeit unmittelbar nach dem Aufprall des Geschosses ist. Der Sandsack schwingt nämlich auf Grund des vom Geschoß übertragenen Impulses um den Aufhängepunkt und überträgt dabei über die Aufhängevorrichtung und die Wände Impuls an die Erde. Er verliert Impuls und damit an Geschwindigkeit, bis bei maximaler Auslenkung Impuls und Geschwindigkeit Null werden und der Impuls dann über die Aufhängevorrichtung in den schwingenden Sandsack zurückströmt.

Impulsaustausch eines Pendels

Betrachten wir das Hinein- und Herausströmen des Impulses aus dem Sandsack genauer in seinen einzelnen Phasen. Anstelle des Sandsacks nehmen wir dabei irgendein Pendel. Teilbild (7.5a) zeigt das Pendel, sobald es angestoßen ist, wie der Sandsack vom absorbierten Geschoß. Das Pendel beginnt seine Schwingung mit dem Impuls $\boldsymbol{P}_P(a)$ nach rechts. Sobald es sich aber in horizontaler Richtung in Bewegung setzt, bewirkt die Aufhängung eine Impulskomponente nach oben. Außerdem verringert sich der Betrag der Impulskomponente nach rechts. Das Pendel hat also auf seinem Weg zur maximalen Auslenkung einen Impuls $\boldsymbol{P}_P(b)$, der in Richtung und Betrag von $\boldsymbol{P}_P(a)$ verschieden ist, wie es Teilbild (b) zeigt. Da der Impulserhaltungssatz besagt, daß Impuls weder erzeugt noch vernichtet werden kann, muß man fragen, wo denn die Differenz gegenüber dem Anfangsimpuls $\boldsymbol{P}_P(a)$ des Pendels geblieben ist. Das Pendel kann Impuls nur an jemanden abgeben oder von jemandem aufnehmen, mit dem es, wie man sagt, *wechselwirkt*. Erhaltung des Impulses besagt, daß bei dieser Abgabe oder Aufnahme vom Gesamtimpuls nichts verloren gehen darf. Das Pendel wechselwirkt über den Faden oder die Stange mit dem Gestell, an dem es aufgehängt ist. Wenn das Gestell fest montiert ist, wechselwirkt es mit der Erde als ganzer. (Wenn das Gestell allerdings reibungsfrei auf Rädern steht, wird von der Wechselwirkung mit der Erde nur die vertikale Komponente des Impulses betroffen). Die Differenz des Pendelimpulses von Teilbild (a) und (b) hat also die Aufhängung samt Erde übernommen. In Teilbild (b) hat demnach die Erde den Impuls $\boldsymbol{P}_E(b) = \boldsymbol{P}_P(a) - \boldsymbol{P}_P(b)$. Der Impuls $\boldsymbol{P}_E(b)$ ist beim Übergang von der Situation (a) zu (b) vom Pendel über die Aufhängung in die Erde geströmt.

Die Impulsänderung des Pendels beim Übergang von (*a*) zu (*b*) ist deutlich sichtbar; denn bei konstanter Pendelkörpermasse haben sich sowohl der Betrag wie auch die Richtung der Geschwindigkeit des Pendelkörpers geändert. Von einer Änderung des Impulses der Erde bemerkt man jedoch nichts. Das liegt einfach

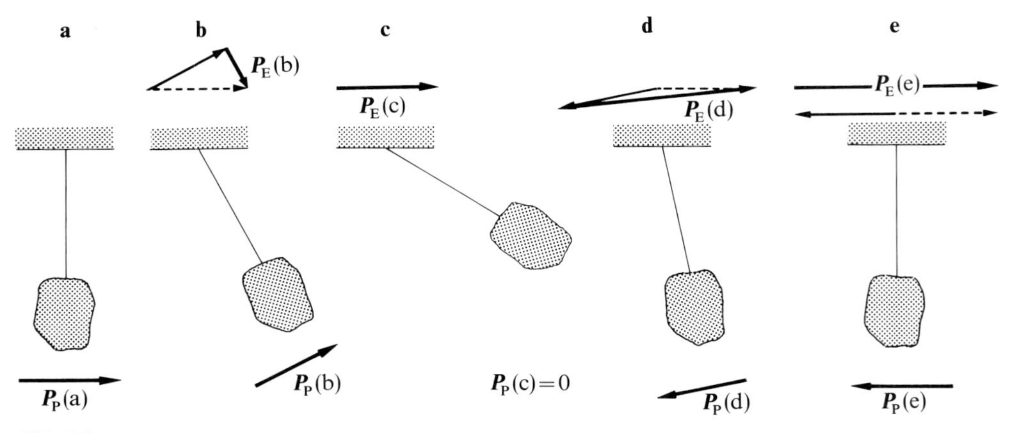

Abb. 7.5

Impuls eines schwingenden Pendels $\boldsymbol{P}_P$ und Impuls der Erde $\boldsymbol{P}_E$ in verschiedenen Phasen der Pendelbewegung. Die Summe der Impulse $\boldsymbol{P}_P$ und $\boldsymbol{P}_E$ ist wegen der Erhaltung des Gesamtimpulses in jeder Phase gleich $\boldsymbol{P}_P$(a).

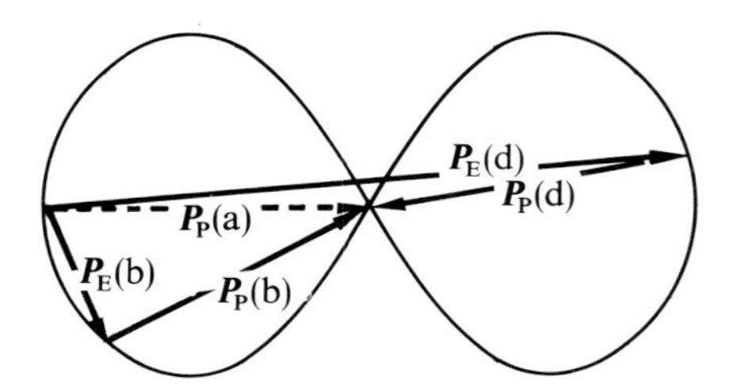

Abb. 7.6

Die Zusammensetzung des Gesamtimpulses in Abb. 7.5 aus $\boldsymbol{P}_P$ und $\boldsymbol{P}_E$. Der Übersichtlichkeit wegen sind die Beträge der Impulse gegenüber Abb. 7.5 verdoppelt.

daran, daß die Erde eine so ungeheuer viel größere Masse hat als der Pendelkörper. Die Geschwindigkeitsänderung $\boldsymbol{v}_E(a)-\boldsymbol{v}_E(b)$ der Erde als eines Newtonschen Teilchens bei der Aufnahme von Impuls aus dem Pendel ist ja

$$\boldsymbol{v}_E(a)-\boldsymbol{v}_E(b)=\frac{M_P}{M_E}(\boldsymbol{v}_P(a)-\boldsymbol{v}_P(b)).$$

Wegen $M_P \ll M_E$ ist $\boldsymbol{v}_E(a)-\boldsymbol{v}_E(b)$ praktisch Null, die Geschwindigkeit der Erde also ungeändert.

Hat das Pendel seine maximale Auslenkung (Teilbild (c)), hat die Erde gerade den vollen Impuls $\boldsymbol{P}_P(a)$ übernommen. Beim Zurückschwingen des Pendels (Teilbilder (d) und (e)), nimmt die Erde zunächst noch mehr Impuls auf. Erst wenn das Pendel auf seiner Schwingung nach links verzögert wird, gibt die Erde wieder Impuls an das Pendel ab. Wenn es nach rechts seine ursprüngliche Lage durchläuft, ist der Impuls ganz aus der Erde in das Pendel zurückgeflossen; das Spiel beginnt von Neuem. Abb. 7.6 faßt die Änderung der Aufteilung des Impulses $\boldsymbol{P}_P(a)$ auf Pendel und Erde während aller Phasen der Pendelbewegung in Abb. 7.5 zusammen.

Die hier für den Impulsaustausch mit der Erde eines hin- und herschwingenden Pendels angestellte Betrachtung gilt ganz entsprechend auch für andere Anordnungen, in denen ein Körper mit der Erde durch eine Aufhängung starr verbunden ist, wie ein an einer Feder aufgehängter Körper, der in vertikaler Richtung schwingt. Hierbei hat der ausgetauschte Impuls nur eine vertikale Komponente. Schließlich braucht die Wechselwirkung mit der Erde nicht einmal über eine Aufhängung zu erfolgen. Worauf es ankommt, ist alleine die Impuls austauschende Wechselwirkung. So haben wir auf den Impulsaustausch mit der Erde über das Gravitationsfeld schon in § 4 (s. besonders Abb. 4.3) hingewiesen.

Impulsmessung bei $v=c$

Unsere Vorschrift zur Impulsmessung muß natürlich auch für Energie-Impuls-Transporte gelten, die die innere Energie $E_0=0$ haben, insbesondere also auch für Licht. Da bei $E_0=0$ die Transportgeschwindigkeit $v=c$ wird, geht Gl. (5.1) bei Anwendung auf Transporte mit $v=c$ über in

$$\boldsymbol{P}=\frac{E}{c}\left(\frac{\boldsymbol{v}}{v}\right)$$

wobei der Vektor $(\boldsymbol{v}/v)$ ein Einheitsvektor in Ausbreitungsrichtung des Lichts ist.

Wir verschaffen uns nun eine bestimmte Menge Licht einfach dadurch, daß wir eine Blende für kurze Zeit öffnen. Den Impuls dieses *Lichtpakets* bestimmen wir wieder durch total inelastischen Stoß des Lichts. Ein **total inelastischer Stoß des Lichts** bedeutet nichts anderes als Absorption des Lichts durch einen Körper. Denn nach der Absorption laufen ja, ohne daß uns im einzelnen zu interessieren braucht, was aus dem absorbierten Licht geworden ist, der Körper und das absorbierte Licht mit gleicher Geschwindigkeit weiter. Lassen wir also das Licht auf einen Körper bekannter Masse fallen, der das Licht absorbiert, wie etwa eine Rußschicht, und messen wir die Geschwindigkeit des Körpers nach der Absorption, so erhalten wir daraus den Impuls des Lichts. Den Versuch können wir im Prinzip anlegen wie den Versuch mit Geschoß und Sandsack. Anstelle des Sandsacks tritt eine im Vakuum aufgehängte *Torsionswaage* (Abb. 7.7).

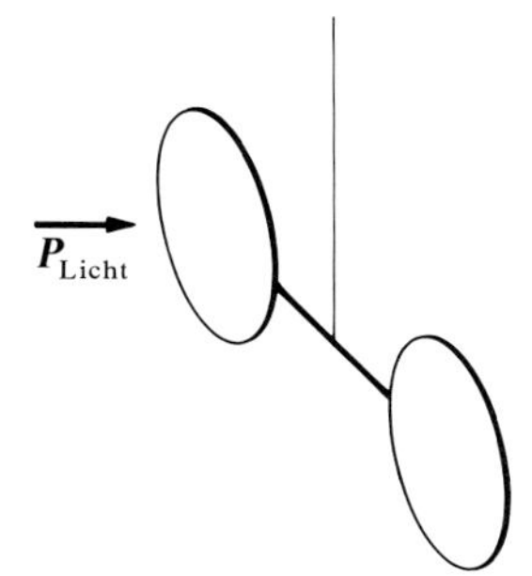

Abb. 7.7

Torsionswaage zum Nachweis des Impulses von Licht.

Wird eine der beiden Scheiben bestrahlt, so setzt sich die Waage in Bewegung. Absorbiert die Scheibe das Licht, stößt also das Licht total inelastisch mit der Scheibe, läßt sich aus der Geschwindigkeit der Scheibe unmittelbar nach dem Stoß und der Masse der Scheibe wie beim Experiment mit Geschoß und Sandsack der Impuls des auffallenden Lichts bestimmen. Hat die Scheibe den Impuls des Lichts übernommen, bewegt sie sich und verdrillt den Aufhängefaden. Der Impuls wird dadurch an die Aufhängung weitergegeben. Die Geschwindigkeit der Scheibe unmittelbar nach dem Stoß läßt sich wieder analog dem Sandsackversuch aus der maximalen Verdrillung des Torsionsfadens gewinnen.

Einheiten des Impulses

Da für $v \ll c$ der Impuls als das Produkt von Masse und Körpergeschwindigkeit auftritt, hat sich in der Geschichte der Physik keine eigene Einheit für den Impuls, sondern das

Produkt aus Masseneinheit und Geschwindigkeitseinheit eingebürgert, also z.B. g cm/sec oder kg m/sec $=10^5$ g cm/sec. Die Angabe des Impulses in diesen Einheiten ist dabei nicht an die Bedingung $v \ll c$ gebunden. Die Meßvorschrift des Impulsvergleichs mittels des total inelastischen Stoßes gilt ja ganz allgemein und erlaubt also die Messung und damit die Angabe des Impulses auch von Licht in diesen Einheiten. Die Messung des Lichtimpulses mit der Torsionswaage zeigt das anschaulich.

§ 8 Die Messung der Energie

Energiemessung als Operation des Vergleichens

Zur Messung der Energie gehen wir aus von Gl. (5.1). Messen heißt vergleichen, und daher vergleichen wir zwei Teilchen, für die $\boldsymbol{P}_1+\boldsymbol{P}_2=0$ ist. Für diese Teilchen folgt aus (5.1), daß sich ihre Energien wie die Beträge ihrer Geschwindigkeiten verhalten, also

$$\frac{E_2}{E_1}=\frac{v_1}{v_2} \quad \text{bei} \quad \boldsymbol{P}_1+\boldsymbol{P}_2=0. \tag{8.1}$$

Da diese Gleichung ohne Einschränkung gilt, fragen wir uns, was bei Teilchen, die sich mit der Grenzgeschwindigkeit c bewegen, die Bedingung $\boldsymbol{P}_1+\boldsymbol{P}_2=0$ bedeutet. Da für diese Teilchen $v_1=v_2=c$ ist, besagt (8.1), daß $E_1=E_2$ sein muß. Das ist in voller Übereinstimmung mit Gl. (6.10), die ebenfalls $E_1=E_2$ liefert. Gleiche Impulsbeträge bedeuten für Teilchen, deren Energie $E=cP$ ist, eben auch gleiche Energien. Die Messung der Energie stellt für derartige Teilchen gegenüber der Messung ihres Impulses kein neues und getrenntes Problem dar; denn für sie geht ja die Energie aus dem Impuls einfach durch Multiplikation mit der Konstante c hervor.

Im Bereich der Newtonschen Näherung, also bei $v \ll c$, hatten wir schon im vorigen Paragraphen, nämlich in (7.3), gesehen, daß (8.1) übergeht in

$$\frac{E_2}{E_1}\approx\frac{E_{20}}{E_{10}}=\frac{M_2}{M_1}=\frac{v_1}{v_2} \quad \text{bei } \boldsymbol{P}_1+\boldsymbol{P}_2=0 \quad \text{und} \quad v_1, v_2 \ll c,$$

denn der Anteil der kinetischen Energie E_{kin} ist gegenüber dem der inneren Energie E_0 an der Gesamtenergie E zu vernachlässigen. Im **Newtonschen Grenzfall** liefert das Verhältnis der Geschwindigkeiten zweier Körper mit entgegengesetzt gleichem Impuls also nur das Verhältnis ihrer inneren Energien oder ihrer Massen, d.h. der Werte einer bewegungsunabhängigen Größe. Der Grund hierfür ist natürlich der, daß der Anteil der kinetischen Energie an der Gesamtenergie gegenüber dem der inneren Energie so klein ist, daß er gar nicht ins Gewicht fällt. Die im Prinzip zwar immer richtige Gl. (8.1) ist im Newtonschen Grenzfall also nicht geeignet, die Abhängigkeit der Energie von der Geschwindigkeit zu bestimmen.

Verschiebungen

Die durch Bewegungen des Körpers verursachten *Änderungen* der Energie werden allein durch die Änderungen der *kinetischen* Energie bestritten, denn die innere Energie bleibt bei Änderung des Bewegungszustandes ja konstant. Um nun die Änderungen der kinetischen Energie zu bestimmen, mißt man direkt die Energie, die auf den Körper übertragen wird, wenn man ihn in Bewegung setzt. Dazu braucht man eine von der Bewegung des Körpers unabhängige Quelle der Energie. Da Messen von Größen stets einen Vergleich darstellt, benötigen wir wieder ein Vergleichsobjekt, so wie es bei der Längenmessung der Maßstab und bei der Impulsmessung der Stoßpartner war. Unser Vergleichsobjekt ist jetzt das Schwerefeld der Erde. Die Vergleichsoperation, die bei der Längenmessung das Anlegen des Maßstabes und bei der Impulsmessung der total inelastische Stoßprozeß waren, ist nun die *Verschiebung* im Schwerefeld an der Erdoberfläche. Wir wenden uns damit der Verschiebung eines Körpers in einem homogenen Schwere- oder Gravitationsfeld zu.

Mit der Erhaltung der Größe Energie halten wir es dabei wie mit der Erhaltung des Impulses bei der Messung der Größe Impuls. Wir *postulieren* die Erhaltung der Energie, wenn wir die Vergleichsoperation **Verschiebung im homogenen Gravitationsfeld** zur Messung der Energie anwenden. Darüber hinaus ist es aber eine empirische Beobachtung, nämlich das **Gesetz von der Erhaltung der Energie,** daß die so gemessene Größe Energie bei beliebigen Prozessen erhalten bleibt und nicht gewonnen oder verloren werden kann. Durch diesen Erfolg allein wird die Vergleichsoperation für die Messung der Energie gerechtfertigt.

Es ist wichtig, sich den Unterschied zwischen dem Begriff der **Verschiebung** und dem der **Bewegung** klar zu machen. Einen Körper verschieben soll heißen, ihn von einem Ort zu einem anderen zu bringen, *ohne dabei seinen Impuls zu ändern.* Die letzte Bedingung ist entscheidend, in praxi aber leider nicht oder höchstens näherungsweise erfüllbar, denn in praxi gelangt ein Körper von einem Ort zum andern nur durch Bewegung, nämlich so, daß sein Impuls in jedem Augenblick, d.h. in jeder Lage des Körpers einen bestimmten, im allgemeinen nicht-konstanten Wert hat. Machen wir uns das noch genauer klar am praktisch wichtigsten Fall der Verschiebung eines Körpers, der den Impuls Null hat, also ruht. Nach Definition der Verschiebung muß der Körper in seiner Endlage (nach der Verschiebung) wieder ruhen. Um von der Anfangs- in die Endlage zu kommen, muß der Körper in Bewegung versetzt werden. Das bedeutet aber, daß sein Impuls dabei nicht Null ist. Um den Körper von seiner Anfangslage in die Endlage zu bringen, muß man also Impuls auf ihn übertragen, den man ihm bei Ankunft in der Endlage dann wieder entzieht. Nun ist aber unmittelbar klar, daß das auf verschiedene Weise geschehen kann, denn man kann den Impulsübertrag verschieden groß machen, d.h. den Körper verschieden schnell von seiner Anfangs- in seine Endlage bringen. Dabei könnte es sein (und streng genommen ist es auch so, vgl. § 33), daß die Energie, die notwendig ist, um den Körper von einem Ort zum andern zu bringen, von diesem Impulsübertrag abhängt, d.h. abhängt davon, ob der Körper schnell oder langsam in seine Endlage gebracht wird. Nun sieht man aber sofort, daß, um einen ruhenden Körper in eine andere Lage zu bringen, zwar Impuls auf ihn übertragen werden muß, aber es genügt ein beliebig kleiner Impuls, um das zu erreichen. Die Lageänderung geht dann eben nur sehr langsam vor sich. Der durch die Impulsübertragung bewirkte Störeffekt hinsichtlich des mit der Verschiebung verknüpften Energieaufwandes wird damit beliebig klein. Wir können also sagen: Für einen ruhenden Körper (d.h. für einen Körper mit dem Impuls Null) ist eine Verschiebung einer unendlich langsamen Bewegung äquivalent, d.h. einer Bewegung, bei der die kinetische Energie stets vernachlässigbar klein ist gegen den mit der Verschiebung verknüpften Energieaufwand. Mit dieser Einsicht wollen wir uns zunächst begnügen und demgemäß Verschiebungen stets mit ruhenden Körpern ausgeführt denken.

Verschiebungsenergie im homogenen Gravitationsfeld

Um aus der Verschiebung eines Newtonschen Teilchens, also eines Körpers der inneren Energie E_0 bei $v \ll c$, eine zur Energiemessung geeignete Energiequelle zu machen, nutzen wir die Beobachtung, daß vertikale Lageänderungen von Körpern im Gravitationsfeld der Erde Energie kosten bzw. liefern. Das äußert sich einfach darin, daß die Geschwindigkeit und damit die kinetische Energie eines im Gravitationsfeld der Erde frei fallenden Körpers mit wachsender Fallstrecke zunimmt. Was werden wir nun von einer sinnvollen Definition für die Energieänderung bei Verschiebung eines Körpers in einem Gravitationsfeld fordern?

Erstens wird die Energie proportional zur Masse M des betrachteten Körpers sein. Das folgt daraus, daß das Anheben zweier Körper der Masse M um eine bestimmte Strecke die doppelte Energie kosten soll wie das Anheben eines Körpers der Masse M.

Zweitens soll das Gravitationsfeld, d.h. unsere Energiequelle so beschaffen sein, daß die Verschiebung eines Körpers in einer bestimmten Richtung um eine bestimmte vertikale Strecke immer mit dem gleichen Energiebetrag verbunden ist, unabhängig davon, an welchem Ort man die Verschiebung ausführt. Ist diese Forderung erfüllt, spricht man von einem **homogenen Gravitationsfeld.** Das Gravitationsfeld unserer Erde z.B. ist dann als homogen zu betrachten, wenn man sich auf kleine Raumabschnitte beschränkt. So erfordert es praktisch die gleiche Energie, einen Körper vom Erdboden um 1 m zu heben wie ihn von 10 m auf 11 m über dem Erdboden zu heben. Auf halber Entfernung zum Mond hin wäre dieser Betrag dagegen viel kleiner; diese Änderung des Gravitationsfeldes wird durch das Gravitationsgesetz (§ 44) beschrieben. Hier liegt uns, wie gesagt, daran, ein homogenes Feld zu haben, und dazu operieren wir in kleinen Raumbereichen. Im homogenen Gravitationsfeld hängt die Energie bei der Verschiebung eines Körpers dann nur von der *Differenz* der vertikalen Koordinaten des Anfangs- und Endzustands der Verschiebung ab, so daß die Lage des Nullpunkts des Koordinatensystems keine Rolle spielt. Wir postulieren nun, daß die Energie der Verschiebung eines Körpers im homogenen Gravitationsfeld einfach proportional der Differenz der vertikalen Koordinaten des Anfangs- und Endzustands ist.

Drittens müssen wir noch die **Stärke des Gravitationsfelds** kennzeichnen. So würde die Verschiebung eines bestimmten Körpers um eine bestimmte vertikale Strecke im Gravitationsfeld des Mondes auf der Mondoberfläche eine viel kleinere Energie erfordern als im Feld der Erde auf der Erdoberfläche. Wir charakterisieren daher die Stärke des *homogenen* Gravitationsfeldes durch einen Faktor g.

Damit wird die Verschiebungsenergie im homogenen Gravitationsfeld

$$E = M g (z_2 - z_1). \tag{8.2}$$

Hier bezeichnet $(z_2 - z_1)$ die Differenz der Höhen-Koordinaten des Körpers bei einer Verschiebung. Dabei wollen wir ein für allemal verabreden, daß die z-Achse des Koordinatensystems nach oben gerichtet ist, so daß das Anheben eines Körpers immer mit zunehmenden z-Werten verknüpft ist. Der Faktor g in (8.2) beträgt auf der Erdoberfläche

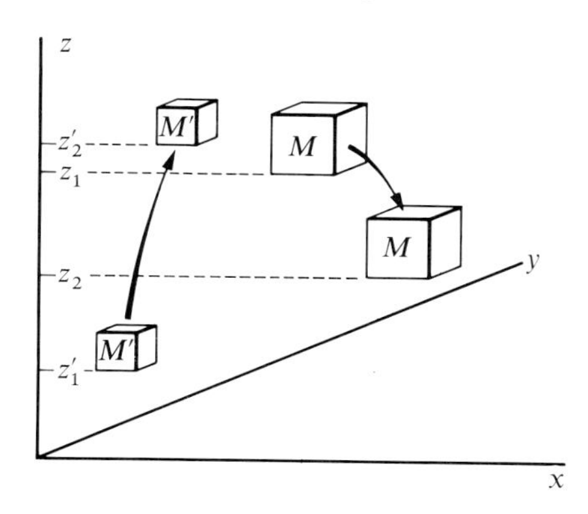

Abb. 8.1

Nach der Energieerhaltung mögliche Verschiebung zweier Körper der Massen M und M' im homogenen Gravitationsfeld. Die zum Anheben des einen Körpers notwendige Energie wird durch das Absenken des anderen geliefert.

$g = 9{,}81\ \mathrm{m/sec}^2$. Die Größe Mg, die das Verhalten eines Körpers der Masse M im Gravitationsfeld der Stärke g charakterisiert, nennt man auch das **Gewicht** des Körpers.

Wird ein Körper mit der Masse M im Schwerefeld der Erde aus einer Lage mit der z-Koordinate z_1 in eine Lage mit z_2 gebracht, so kostet das also die Energie $Mg(z_2 - z_1)$. Dabei ist es ganz gleichgültig, ob und wie die x- und y-Koordinaten geändert werden, denn die horizontalen Verschiebungen eines Körpers kosten, wenn man von Reibungseffekten absieht, keine Energie. Nach dem Erhaltungssatz der Energie muß nun die zum Heben notwendige Energie von einem anderen Körper oder von einem anderen „System" geliefert werden. Das kann auf vielerlei Weise geschehen. Hier betrachten wir den Fall, daß diese Energie von einem anderen Körper geliefert wird, der gleichzeitig im Schwerefeld der Erde sinkt und dabei Energie abgibt (Abb. 8.1). Ist M' die Masse dieses zweiten Körpers und sind z_1' und z_2' die z-Komponenten seiner Anfangs- und Endlage, so muß, damit abgegebene und aufgenommene Energien sich gerade die Waage halten, die Bilanz gelten

$$Mg(z_2 - z_1) + M'g(z_2' - z_1') = 0, \tag{8.3}$$

oder

$$\frac{M}{M'} = -\frac{z_2' - z_1'}{z_2 - z_1}. \tag{8.4}$$

Da M und M' positiv sind und das somit auch für die rechte Seite der Gl. (7.1) gilt, muß entweder der erste Körper gehoben und der zweite gesenkt werden oder umgekehrt. Gl. (8.3) sagt außerdem, daß die Strecken, um die die beiden Körper gehoben, bzw. gesenkt werden, sich umgekehrt verhalten wie ihre Massen. Die einfachsten Mechanismen oder Maschinen, die zur Verwirklichung von Verschiebungen der beschriebenen Art dienen, sind (zweiseitiger) Hebel, Rolle und schiefe Ebene sowie beliebige Kombinationen dieser drei. Beispiele sind in den Abb. 8.2a—d gezeigt.

Freier Fall im homogenen Gravitationsfeld

Die Forderung der Energieerhaltung bei der Vergleichsoperation der Verschiebung im Schwerefeld besagt, daß ein in der Höhe z_1 im homogenen Gravitationsfeld losgelassener frei fallender Körper die Verschiebungsenergie vollständig in kinetische Energie

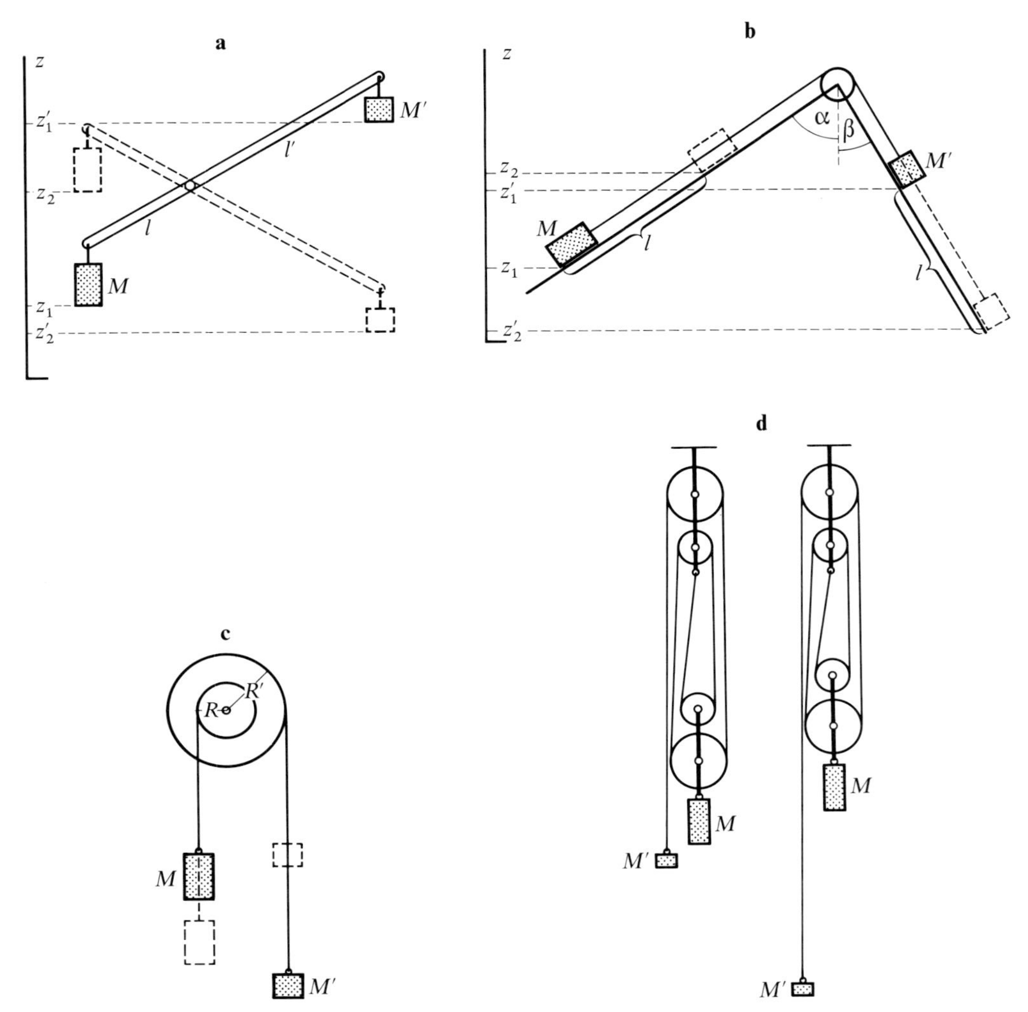

Abb. 8.2

Einfache Mechanismen, die die Erhaltung der Energie im Schwerefeld der Erde ausnutzen.
(a) Zweiseitiger Hebel. Wegen $M/M' = |z_2' - z_1'|/|z_2 - z_1| = l'/l$ ist $M\,l = M'\,l'$.
(b) Schiefe Ebene mit Rolle. Wegen $M/M' = |z_2' - z_1'|/|z_2 - z_1| = l\cos\alpha/l\cos\beta$ ist $M\cos\alpha = M'\cos\beta$. Ist insbesondere $\alpha = \beta = 0$ (gewöhnlich feste Rolle), folgt $M = M'$.
(c) Gekoppelte Rollen. Drehen sich die Rollen um den Winkel α, so hebt sich M um die Strecke $R\alpha$, während M' gleichzeitig um die Strecke $R'\alpha$ gesenkt wird. Es ist somit $MR\alpha = M'R'\alpha$ oder $MR = M'R'$.
(d) Flaschenzug. Wird M' um die Strecke l' gesenkt, erfährt M eine Anhebung um $l = l'/4$. Somit ist im Gleichgewicht $M'\,l' = M\,l'/4$ oder $M = 4M'$. Die Zahl 4 ist die Anzahl der Rollen des Flaschenzugs.

umsetzen muß, also

$$M\,g(z_1 - z) = E_{\mathrm{kin}}. \tag{8.5}$$

Aus (8.5) und (6.15) folgt für einen mit der Geschwindigkeit $v \ll c$ fallenden Körper also

$$M\,g(z_1 - z) = \tfrac{1}{2}\,M\,v^2. \tag{8.6}$$

Die **Fallgeschwindigkeit** $\boldsymbol{v}$ ist somit unabhängig von der Masse M des fallenden Körpers und hängt außer von der Stärke des Gravitationsfeldes nur von der durchfallenen Höhe $(z_1 - z)$ ab. Nach v aufgelöst ergibt (8.6), wenn man außerdem beachtet, daß für den vertikalen Fall $v^2 = v_z^2$ ist,

$$v_z = \frac{dz}{dt} = \pm\sqrt{2g(z_1 - z)}. \tag{8.7}$$

Das doppelte Vorzeichen in (8.7), das ja beim Wurzelziehen immer resultiert, entspricht hier der physikalischen Tatsache, daß (8.6) nicht nur die Energiebilanz beim Fall, sondern auch beim vertikalen Wurf beschreibt. Betrachten wir nämlich z als fest und z_1 als veränderlich, so beschreibt (8.6), wie die kinetische Energie eines bei z senkrecht in die Höhe geworfenen Körpers mit zunehmender Steighöhe z_1 abnimmt. Da wir hier den Fall behandeln wollen, beschränken wir uns in (8.7) auf das negative Vorzeichen. Schreibt man nun Gl. (8.7) in der Form

$$\frac{dz}{\sqrt{2g(z_1 - z)}} = -dt \tag{8.8}$$

und integriert man rechts von $t=0$ bis t und links entsprechend von z_1, dem Ort zur Zeit $t=0$, bis z, dem Ort zur Zeit t, so erhält man

$$\int_{z_1}^{z} \frac{dz'}{\sqrt{2g(z_1 - z')}} = -\int_0^t dt' \rightarrow \frac{2\sqrt{z_1 - z}}{\sqrt{2g}} = t. \tag{8.9}$$

Quadriert man die letzte Gleichung, so erhält man

$$z_1 - z = \frac{g}{2}t^2. \tag{8.10}$$

Diese Formel gibt die durchfallene Strecke $(z_1 - z)$ als Funktion der Fallzeit t an.

Aus Gl. (8.7) erhält man schließlich die Beschleunigung dv_z/dt während des freien Falles durch Differentiation nach der Kettenregel

$$\frac{dv_z}{dt} = \frac{dv_z}{dz}\frac{dz}{dt} = \frac{dv_z}{dz} \cdot v_z = g. \tag{8.11}$$

Die **Beschleunigung beim freien Fall** ist also konstant, und zwar gleich der Konstante, mit der wir in Gl. (8.1) die Stärke des Gravitationsfeldes der Erde charakterisiert hatten.

Bei unserer Herleitung des freien Falls sind wir von der Gl. (8.6) ausgegangen, also von der bekannten Abhängigkeit der kinetischen Energie von der Geschwindigkeit. Wollte man diese gewinnen, so sieht man sofort, daß, wenn die Weg-Zeit-Abhängigkeit (8.10) oder die Geschwindigkeit-Fallhöhen-Abhängigkeit (8.7) aus der Beobachtung des freien Falles gewonnen werden, man die Überlegungen nur rückwärts zu durchlaufen brauchte, um den Ausdruck (6.15) der kinetischen Energie eines Newtonschen Teilchens zu erhalten.

Gl. (8.6) gibt übrigens auch die Antwort auf das Problem (§ 7), die Anfangsgeschwindigkeit des zur Impulsmessung benutzten Sandsacks aus seiner Steighöhe zu bestimmen. Auf den ersten Blick wird man einwenden, daß es sich bei der Bewegung des Sandsacks ja gar nicht um einen vertikalen Fall oder Wurf handelt, sondern um eine **Pendelbewegung.** Und was hat die Bewegung eines Pendels mit dem freien Fall zu tun? Tatsächlich gilt Gl. (8.6) nicht nur für den freien Fall, sondern auch für das Pendel, denn sie stellt eine Energiebilanz dar für alle Vorgänge, bei denen kinetische Energie allein in Energie der Lage oder potentielle Energie in einem homogenen Gravitationsfeld umgesetzt wird und umgekehrt Lageenergie in kinetische Energie. Dieser Fall liegt auch beim Pendel vor, denn die ständige Umkehrung der Bewegung eines Pendels wird ja dadurch bewirkt, daß die kinetische Energie des schwingenden Körpers dazu verwendet wird, den Körper im Erdfeld anzuheben. Das geschieht so lange, bis keine kinetische Energie mehr zur Verfügung steht, der Körper also ruht. Dann setzt der umgekehrte Vorgang ein. Der Körper sinkt im Schwerefeld der Erde ab und setzt dabei die frei werdende potentielle Energie in kinetische Energie um. Die Schwingung besteht im ständigen Wiederholen dieses Austauschs zwischen kinetischer und potentieller Energie. Alle Gesetze des freien Falls, die sich aus (8.6) gewinnen lassen, gelten also auch für die Pendelbewegung. Dazu gehört z.B. das Gesetz, daß der Bewegungsvorgang unabhängig ist von der Masse des Körpers, solange der Körper als punktartig angesehen werden kann, denn in (8.6) kürzt sich die Masse M des Körpers heraus. Ebenso wie Fallgeschwindigkeit und Fallzeit eines Körpers unabhängig sind von seiner Masse, ist also auch die Pendelbewegung, insbesondere die Schwingungszeit eines Pendels, unabhängig von der Masse des schwingenden punktartigen Körpers. Die Beobachtung und Untersuchung dieser Unabhängigkeit der Schwingungszeit von der Masse des schwingenden Körpers hat GALILEI übrigens zur Aufklärung der Gesetze des freien Falls geführt.

Brachistochrone. Die Gl. (8.6) besagt, daß der Betrag $|\boldsymbol{v}|$ der Geschwindigkeit eines Körpers nur von der durchfallenen Höhe $(z_1 - z)$ abhängt und nicht von der Entfernung, die er beim Fall womöglich noch in horizontaler Richtung durchlaufen hat. Dementsprechend macht (8.6) auch keine Vorschrift darüber, welche Richtung $\boldsymbol{v}$ in der Höhe z hat. In Abb. 8.3 haben daher alle Körper in B, wenn sie von A aus die Höhe $(z_1 - z)$ längs verschiedener Wege bis zu B durchfallen haben, in B den gleichen Betrag $|\boldsymbol{v}|$, aber je nach Bewegungsrichtung in B verschiedene Richtung von $\boldsymbol{v}$. Wenn die Körper auf verschiedenen Wegen von A nach B laufen, brauchen sie im allgemeinen aber verschiedene Zeiten dazu. Die Gln. (8.7) bis (8.10) gelten ja nur für den vertikalen Fall.

Unter den verschiedenen Bahnen, längs derer ein Körper von A nach B fällt, wird nun eine sein, bei der der Körper die kürzeste Zeit für die Bewegung von A nach B braucht. Man bezeichnet sie als *Brachistochrone* (brachistos, griech. = kürzester; chronos, griech. = Zeit). Ihre Berechnung war ein berühmtes Problem der klassischen Mechanik, und zwar ist es mathematisch ein *Variationsproblem*, bei dem die durch ein Integral dargestellte Laufzeit des Körpers in Abhängigkeit von der Bahn zu einem Minimum zu machen ist. Eine anschauliche Anwendung des Problems gibt der Rücklauf einer Kegelbahn, der ja so geführt werden soll, daß die Kugel in möglichst kurzer Zeit zurückrollt. Allerdings müssen für das Problem der Brachistochrone die Kugeln so klein sein, daß die in ihre Rotation investierte kinetische Energie vernachlässigbar klein ist gegenüber ihrer translatorischen kinetischen Energie $\frac{1}{2} M v^2$. Außerdem wird bei der Brachistochrone natürlich von der Entwicklung von Reibungswärme abgesehen. Wir wollen hier das Problem der Brachistochrone nicht durchrechnen, sondern geben nur an, daß die Lösung eine Zykloide als Bahn ergibt (Abb. 8.3). Die Zykloide der Brachistochrone ist die Kurve, die ein bestimmter Punkt auf dem Umfang eines Rades bei Abrollen des Rades auf einer Ebene beschreibt. Überraschend ist, daß das Minimum der Brachistochrone sogar tiefer liegen kann als der Endpunkt der Bahn, und zwar nach Abb. 8.3 dann, wenn die horizontale Entfernung von Anfangs- und Endpunkt größer ist als der halbe Umfang des „erzeugenden Kreises" der Brachistochrone. Der Körper muß bei großer horizontaler Entfernung anfangs durch ein tiefes Fallen (die Zykloide in A hat eine senkrechte Tangente!) genügend Geschwindigkeit gewinnen, um trotz des Umwegs über das tiefe Minimum schneller zum Endpunkt zu gelangen als etwa längs der räumlich kürzesten, also geraden Verbindung zwischen Anfangs- und Endpunkt.

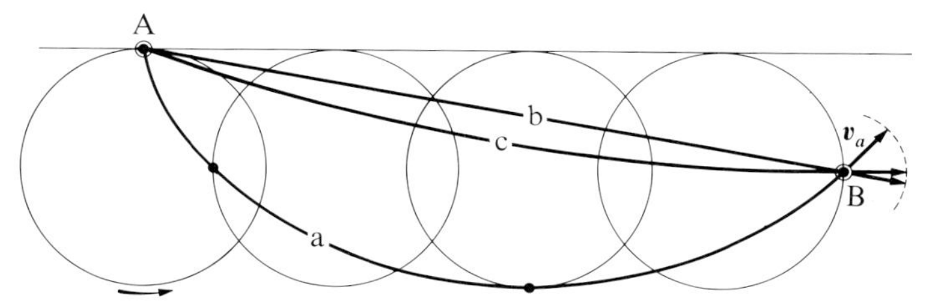

Abb. 8.3

Fällt ein Körper von A nach B, so ist der Betrag seiner Geschwindigkeit in B unabhängig von der Form der durchlaufenen Bahn. Die Laufzeit zwischen A und B hängt dagegen von der Bahn ab. Ein Minimum der Laufzeit ergibt sich für die Zykloide (a) als Bahn *(Brachistochrone)*. Diese Zykloide wird erzeugt durch den Weg eines festen Punkts auf einem abrollenden Kreis. Der erzeugende Kreis ist für 4 von links nach rechts aufeinanderfolgende Positionen gezeichnet.

Zahlenbeispiel: Beträgt der horizontale Abstand von A und B 10 m, der vertikale Abstand 1 m, ist die Laufzeit längs der Brachistochrone (a) im Schwerefeld an der Erdoberfläche 2,06 sec. Bewegt sich der Körper längs der Geraden (b) als räumlich kürzester Verbindung zwischen A und B, braucht er 4,52 sec. Längs (c), einem Kreisbogen mit horizontaler Tangente in B (Pendelbewegung), braucht er 3,57 sec.

Verschiebungsenergie beim Spannen einer elastischen Feder

Ein Körper im Gravitationsfeld stellt eine Energiequelle dar insofern, als durch Verschiebung des Körpers sich Energie gewinnen läßt. Der Betrag an Energie, der sich gewinnen läßt, hängt dabei im homogenen Gravitationsfeld nur von der Komponente der Verschiebung in z-Richtung ab, unabhängig davon, an welcher Stelle im Feld man die Verschiebung ausführt. Bei jeder Lage des Körpers hat man also die Möglichkeit, durch Verschieben von ihm Energie zu gewinnen; daher rührt der Ausdruck potentielle Energie des Körpers im Gravitationsfeld. Wir hatten die Verschiebungsenergie als proportional zur vertikalen Lageänderung im homogenen Gravitationsfeld definiert. Der Erfolg hat uns damit recht gegeben, wie wir daran gesehen haben, daß die empirisch beobachteten Gesetze des freien Falls sich aus dieser Definition und der Forderung der Energieerhaltung ableiten lassen.

Die Lageänderung eines Körpers kann nun auch Verschiebungsenergie kosten, die mit dem Gravitationsfeld nichts zu tun hat, und ganz andere Abhängigkeiten der Energie von der Verschiebung zeigen als im (homogenen) Gravitationsfeld. Als Beispiel eines Mechanismus, in dem durch Verschiebung Energie gespeichert werden kann, betrachten wir eine **elastische Feder,** an die der Körper gebunden sei. Die für das Spannen der Feder notwendige Energie denken wir uns aus Verschiebungen gewonnen, die der Körper in einem homogenen Gravitationsfeld ausführt. Die Verschiebung im Gravitationsfeld ist ja unser Vergleichsprozeß; mit ihm nehmen wir eine Kalibrierung der Verschiebungsenergie der elastischen Feder vor.

Ein Körper der Masse M hänge an einer Feder, die durch den angehängten Körper um die Strecke a gestreckt wird. Die Masse der Feder selbst sei gegenüber M vernachlässigbar klein. Durch Anhängen der Masse $2M$ werde die Feder in ihrer Ruhelage um die Strecke $2a$ gestreckt, entsprechend bei Anhängen von nM um na. Diese Proportionalität der Auslenkung zum angehängten Gewicht ist bei jeder Feder für hinreichend kleine Auslenkung erfüllt. Wir müssen darauf achten, daß wir uns bei unseren Überlegungen hier auf diesen *Linearitäts-Bereich* beschränken.

Wie groß ist nun die Energie, die notwendig ist, um die Feder um den Betrag x auszulenken? Dazu hängen wir an die nichtausgelenkte Feder (Abb. 8.4a) die Masse M

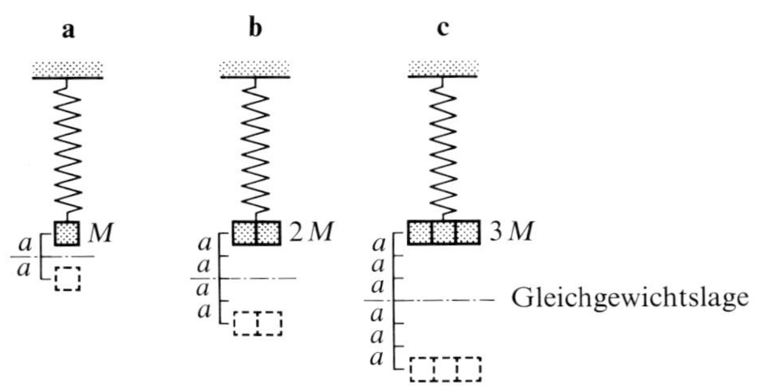

Abb. 8.4

Die Massen M (a), $2M$ (b) und $3M$ (c) an einer unausgelenkten Feder (dick ausgezogener Figurenteil) und im unteren Umkehrpunkt der Schwingung (gestrichelt) nach Loslassen der Massen im Gravitationsfeld. Die Gleichgewichtslagen der Massen an der Feder, wenn sie nicht schwingen, sind strichpunktiert gezeichnet.

und lassen sie plötzlich los. Die Ruhelage der Feder mit angehängtem Gewicht war, wenn wir das Gewicht langsam mit der Hand absenkten, um es am Schwingen zu hindern, bei $x=a$. Beim plötzlichen Loslassen wird M also um die Lage $x=a$ hin und her schwingen mit der Amplitude a. Maximal schwingt das Gewicht bis $x=2a$, wobei es an dieser Stelle einen Umkehrpunkt der Schwingung, also die Geschwindigkeit $v=0$ und die kinetische Energie $E_{\text{kin}}=0$ hat. Die mit der Verschiebung $2a$ verknüpfte Verschiebungsenergie im Gravitationsfeld, $M \cdot g \cdot 2a$, ist in diesem Moment völlig in Spannungsenergie der Feder $V(2a)$ umgewandelt:

$$Mg \cdot 2a = V(2a).$$

Wir führen jetzt den gleichen Versuch (Abb. 8.4b) mit der Masse $2M$ aus. Da sie um die Ruhelage $2a$ mit der Amplitude $2a$ schwingt, liegt ihr unterer Umkehrpunkt der Schwingung bei $x=4a$; also ist

$$2Mg \cdot 4a = V(4a).$$

Entsprechend gilt bei $3M$ (Abb. 8.3c)

$$3Mg \cdot 6a = V(6a)$$

und bei nM

$$nMg \cdot 2na = V(2na).$$

Mit $2na=x$ lautet diese letzte Gleichung

$$\frac{x}{2a} Mgx = V(x).$$

Die Verschiebungsenergie $V(x)$ eines Körpers, der an einer elastischen Feder hängt, ist also

(8.12) $$V(x) = \frac{Mg}{2a} x^2 = \frac{k}{2} x^2,$$

wenn wir

$$k = \frac{Mg}{a} = \frac{F}{a}$$

die **Federkonstante** der Feder nennen. k hängt nur von Eigenschaften der Feder ab, weil a proportional zur Masse M des angehängten Gewichts ist. k mißt die Steifheit der Feder; es ist groß für eine harte und klein für eine weiche Feder.

Gl. (8.12) gibt die Verschiebungsenergie oder, wie wir auch sagen, die **Spannungs- oder Deformationsenergie** der Feder an. Daß die Energie, die in der Feder gespeichert ist, quadratisch von der Auslenkung x der Feder aus ihrer Ruhelage abhängt, bedeutet, daß die Feder, wenn sie um eine bestimmte Länge $x > 0$ gedehnt wird, ebensoviel Energie speichert, wie wenn sie um die gleiche Strecke zusammengedrückt ($x < 0$) wird.

Wenn die Feder im homogenen Gravitationsfeld, dessen Stärke durch g gekennzeichnet ist, durch ein Gewicht $F = Mg$ ausgedehnt wird, ist die gesamte potentielle Energie der Anordnung durch die Auslenkung der Feder und durch die Größe des Gewichts bestimmt. Ist $x = 0$ wieder die Ruhelage der Feder ohne angehängtes Gewicht, und zählen wir x positiv in Richtung wachsender Auslenkung, so ist die gesamte potentielle Energie E_{pot} des Systems „Gewicht plus Feder" gleich der Summe der Verschiebungsenergie der Masse M im Gravitationsfeld, $-Mgx$, und der Spannungsenergie der Feder, $kx^2/2$. Formen wir E_{pot} noch um, indem wir beachten, daß $Mg = ka$ ist, so erhalten wir

$$E_{pot}(x) = \frac{k}{2} x^2 - Mgx = \frac{k}{2}(x-a)^2 + \frac{k}{2} a^2 - Mga. \tag{8.13}$$

Die rechte Seite der Gl. (8.13) zeigt einmal, daß das System **Feder mit angehängtem Körper im Gravitationsfeld** in der Ruhelage $x = a$ ein Minimum der potentiellen Energie hat, denn der x enthaltende Term auf der rechten Seite von (8.13) ist als Quadrat niemals negativ und nimmt demgemäß seinen kleinsten Wert an, wenn er Null (d.h. $x = a$) ist. Zum zweiten zeigt Gl. (8.13), daß die potentielle Energie des Systems bei Auslenkung aus der Ruhelage $x = a$ wieder quadratisch von der Auslenkung $x - a = y$ abhängt und dieselbe Federkonstante k hat wie die Feder allein ohne angehängtes Gewicht. Denn (8.13) können wir auch schreiben

$$E_{pot}(y) = \frac{k}{2} y^2 + \text{const.}; \tag{8.14}$$

dabei haben wir als Variable die Auslenkung $y = x - a$ aus der Ruhelage eingeführt; die Konstante ist $E_{pot}(y=0) = E_{pot}(x=a)$. Da die Konstante in (8.14) nur wie eine Verschiebung des Energienullpunkts wirkt, ist (8.14) und damit auch (8.13) genau von der Form der Verschiebungsenergie einer elastischen Feder mit der Federkonstante k.

Einheiten der Energie

Setzen wir die Dimension der Energie aus den Dimensionen von Masse, Länge und Zeit zusammen, so erhalten wir, gemäß Gl. (8.6), als Dimension der Energie: Masse · (Länge)^2/(Zeit)^2. Gebräuchliche Einheiten sind g cm^2/sec^2 = erg nach dem griechischen ergon = Arbeit, und kg m^2/sec^2 = Joule = Wattsec = 10^7 erg, wobei die Namen herrühren von dem englischen Physiker JOULE, einem der Entdecker des Energieerhaltungssatzes, und dem Schotten JAMES WATT (1736—1819), dem Erfinder der Dampfmaschine. Da Watt = Volt · Amp, wobei Volt die gebräuchliche Einheit der elektrischen Spannung und Amp die der elektrischen Stromstärke ist, läßt sich auch schreiben Wattsec = Volt · Amp · sec. Die Einheit Ampsec ist identisch mit der Einheit 1 Coulomb für die elektrische Ladung, so daß Wattsec = Volt · Coul.

In der Physik ist weiter eine Energieeinheit sehr gebräuchlich, die sich nicht auf die Verschiebung einer Ladung von einem Coulomb im elektrischen Feld bezieht, sondern auf die sogenannte *Elementarladung;* das ist die kleinste bisher überhaupt beobachtete elektrische Ladung. So hat das Elektron eine negative, das Proton eine positive Elementarladung. Da der Betrag der Elementarladung $e = 1{,}6 \cdot 10^{-19}$ Coul ist, bezeichnet man die Energie $1{,}6 \cdot 10^{-19}$ Wattsec als 1 eVolt, gesprochen „Elektron-Volt“; also

$$1 \text{ eVolt} = 1{,}6 \cdot 10^{-19} \text{ Wattsec} = 1{,}6 \cdot 10^{-12} \text{ erg}.$$

III Stoßprozesse

§ 9 Allgemeine Charakterisierung von Stoßprozessen

Wechselwirkung von Energie-Impuls-Transporten

Wenn wir von einem Stoß sprechen, so meinen wir einen Vorgang, bei dem ein Körper in seiner Bahn von einem anderen abgelenkt wird. Denken wir an Billardkugeln, so wird die Ablenkung verursacht durch die Berührung der Kugeln. Aber das ist durch die spezielle Eigenschaft der Billardkugeln verursacht, nur dann miteinander in Wechselwirkung zu treten, wenn sie sich berühren. Körper, die schon auf Distanzen miteinander wechselwirken, die größer sind als ihre Durchmesser, lenken sich aus ihren Bahnen ab, ohne miteinander in Berührung zu kommen. So wird ein aus dem Weltraum kommender Komet, der an der Sonne vorbeifliegt, infolge der Gravitationsanziehung durch die Sonne abgelenkt, er erleidet einen *Stoß*, ohne daß es zu einer Berührung mit der Sonne käme, und nach diesem Stoß, d.h. nach seiner Ablenkung, strebt er wieder in die Tiefen des Weltraums zurück. Schließlich müssen bei einem Stoß auch nicht Körper im anschaulichen Sinne des Wortes beteiligt sein, d.h. makroskopische Objekte, sondern wir können uns ebensogut Stöße zwischen Elektronen, Protonen und anderen Teilchen vorstellen, die meist durch ihre elektrische Wechselwirkung verursacht werden. Ja, wir werden sehen, daß auch Licht Stoßprozesse macht, d.h. aus seiner *Bahn*, genauer aus seiner *Richtung*, abgelenkt werden kann.

Wir sprechen daher allgemein von einem **Stoßprozeß,** wenn zwei (oder mehr) Energie-Impuls-Transporte sich gegenseitig beeinflussen und dabei Energie und Impuls austauschen. Natürlich ist dazu eine Wechselwirkung zwischen den Transporten erforderlich; sie bestimmt, in welchem Maße sich die Transporte „im Wege stehen“, wie stark sie sich beeinflussen, d.h. *wieviel* Energie und Impuls sie unter gegebenen Bedingungen miteinander austauschen. Unabhängig von der Wechselwirkung aber ist, daß jeder Energie- und Impulsaustausch den Erhaltungssätzen für Energie und Impuls genügen muß. Wenn wir die Wechselwirkung nicht kennen, können wir im Einzelfall nicht sagen, um welchen Winkel ein Teilchen unter bestimmten Bedingungen umgelenkt wird, aber wir können auf Grund von Energie- und Impulssatz sagen, wie Energie und Impuls auf die Teilchen verteilt sein müssen, wenn ein Teilchen um einen bestimmten Winkel abgelenkt werden soll.

Wir beschränken uns hier auf solche Aussagen über Stoßprozesse, die allein auf der Anwendung von Energie- und Impulssatz beruhen. Diese treffen unabhängig von der Wechselwirkung zu, und daher gelten sie ebenso für den Stoß von makroskopischen wie von mikroskopischen Teilchen, also von Atomen, Elektronen, Atomkernen und ihren Bausteinen, und schließlich auch für die Stöße, an denen Teilchen mit der inneren Energie Null, d.h. Photonen oder Neutrinos, beteiligt sind. Unsere Betrachtungen schließen dabei auch die Möglichkeit ein, daß sich die Anzahl der Teilchen beim Stoß

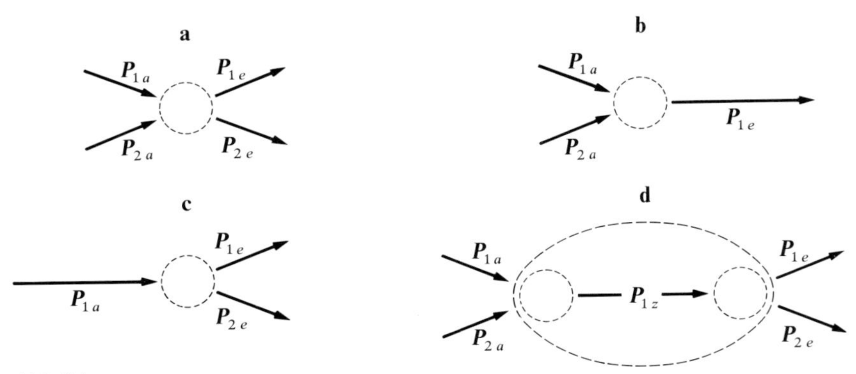

Abb. 9.1

Diagramm-Darstellung von Stoßprozessen. Die Pfeile repräsentieren Anfangs- (Index *a*) und Endimpulse (Index *e*) der Teilchen. Der Kreis symbolisiert die Wechselwirkung, die zum Stoß, d.h. zum Übergang zwischen Anfangs- und Endzustand führt.
(a) Zwei Teilchen stoßen, und aus dem Stoßvorgang gehen wieder zwei Teilchen hervor.
(b) Der Stoß zweier Teilchen resultiert in einem einzigen Teilchen.
(c) Umkehrung von (b), ein Teilchen zerfällt in zwei Teilchen.
(d) Zwei Teilchen bilden in einem Stoßvorgang zunächst ein Teilchen (z = Zwischenzustand), das dann wieder in zwei Teilchen zerfällt. Den Stoß erhält man auch durch Hintereinanderschalten der Fälle (b) und (c). In seiner Bruttobilanz (zwei Teilchen stoßen und zwei Teilchen gehen wieder aus dem Stoßvorgang hervor) ist er dem Fall (a) äquivalent.

ändert, Teilchen also erzeugt oder vernichtet werden. Das ist sehr wichtig, denn derartige Prozesse kommen in der Natur häufig vor. Man denke nur an eine so vertraute Erscheinung wie die Absorption von Licht, bei der Photonen durch Stoß mit den Atomen oder Molekülen der Materie vernichtet werden.

In den Abb. 9.1 sind die Stoßprozesse nach den dabei verschwindenden oder neu entstehenden Teilchen klassifiziert. So symbolisiert Abb. 9.1a einen Stoß, bei dem die Anzahl der Teilchen erhalten bleibt; $\boldsymbol{P}_{1a}$ und $\boldsymbol{P}_{2a}$ sind die Impulse der Teilchen vor dem Stoß, d.h. im *Anfangszustand* (Index *a*), $\boldsymbol{P}_{1e}$ und $\boldsymbol{P}_{2e}$ entsprechend die Impulse nach dem Stoß, im *Endzustand* (Index *e*). Dieses Diagramm schließt sowohl den Fall ein, daß die beiden Teilchen nach dem Stoß dieselben sind wie vor dem Stoß, wie z.B. beim Billard, als auch den Fall, daß zwei Teilchen im Stoß zwei andere Teilchen produzieren, wie es bei chemischen Reaktionen oder bei Kernreaktionen vorkommt.

Der Teil (b) der Abb. 9.1 stellt den Fall dar, daß durch den Stoß sich die Teilchenzahl vermindert. Ein Beispiel dafür ist die Absorption eines Photons durch Materie. Vor dem Stoß haben wir die Materie und das Photon als verschiedene Teilchen; nach dem Stoß bilden absorbiertes Photon und die absorbierende Materie ein einziges Teilchen. Jeden Stoß, bei dem alle Stoßpartner nachher mit gleicher Geschwindigkeit weiterlaufen, können wir auch so beschreiben, daß nach dem Stoß nur noch ein einziges Teilchen vorhanden ist, denn nichts hindert uns, alle mit gleicher Geschwindigkeit laufenden Teilchen als ein einziges Teilchen anzusehen.

Der Prozeß in Teil (c) der Abb. 9.1 stellt die Umkehrung des eben beschriebenen Stoßes dar. Er wird beispielsweise realisiert durch ein Atom, das ein Photon emittiert oder durch einen Atomkern, der in verschiedene Bausteine zerfällt, also durch den *radioaktiven Zerfall*. Da sich die Zahl der Teilchen vergrößert, weil anfänglich vorhandene Teilchen „zerfallen", spricht man von diesem Prozeß allgemein als von einem **Zerfall.** Wir zählen die Zerfallsprozesse auch unter die Stoßprozesse.

Läßt man die Prozesse in (b) und (c) hintereinander ablaufen, erhält man in Teil (d) wieder einen Stoß, bei dem die Zahl der Teilchen erhalten bleibt. Im Gegensatz zu Teil (a) läuft jetzt der Prozeß über einen Zwischenzustand, bei dem nur ein einziges Teilchen vorhanden ist. Einen Zwischenzustand haben wir immer dann, wenn die stoßenden Teilchen so wechselwirken, daß sie eine Zeitlang ein einziges Teilchen bilden. Ein Beispiel, in dem zwei Teilchen während des Stoßes zeitweilig ein einziges Teilchen bilden, sind die *Compound-Kerne.* Das sind angeregte instabile Atomkerne, die beim Stoß zweier Atomkerne für kurze Zeit bestehen und dann wieder zerfallen. Einen Compound-Kern bildet z.B. das ${}^{18}_{9}\mathrm{F}$ in der Kernreaktion

$$ {}^{14}_{7}\mathrm{N} + {}^{4}_{2}\mathrm{He} \rightarrow {}^{18}_{9}\mathrm{F} \rightarrow {}^{1}_{1}\mathrm{H} + {}^{17}_{8}\mathrm{O}. $$

Die Pfeile in dieser Gleichung entsprechen nicht etwa den Pfeilen in Abb. 9.1 d, sondern den die Wechselwirkung symbolisierenden Kreisen. Der Compound-Kern ${}^{18}_{9}\mathrm{F}$ entspricht dem durch den mittleren Pfeil in Abb. 9.1 d bezeichneten Zwischenzustand.

Impuls- und Energiebilanz zwischen Anfangs- und Endzustand

Wie sind nun die symbolisch gemeinten Abbildungen 9.1 zu lesen? Dazu braucht man sich nur zu vergegenwärtigen, daß sie als Darstellung dessen gemeint sind, was wir als Stoß bezeichnen, also der gegenseitigen Beeinflussung zweier oder mehrerer unabhängiger Energie-Impuls-Transporte. Wir unterscheiden deshalb bei einem Stoßprozeß drei Etappen: Erstens einen *Zustand,* in dem jedes Teilchen einen *definierten Impuls* und damit eine bestimmte Energie hat und keinen Austausch, d.h. *keine Wechselwirkung* mit den anderen Teilchen zeigt, zweitens den *Vorgang des Impuls- und Energieaustausches,* in dem die spezielle Wechselwirkung zwischen den Teilchen wirksam wird, und drittens wieder einen *Zustand,* in dem jedes Teilchen einen *definierten Impuls* und eine bestimmte Energie hat und *keine Wechselwirkung* mit den anderen Teilchen zeigt. Die beiden Zustände bezeichnen wir als **Anfangs- und Endzustand.** Sie werden in den Abbildungen 9.1 durch die linke bzw. rechte Gruppe von Pfeilen repräsentiert, wie denn ein Pfeil in den Abbildungen stets einen Zustand darstellt, in dem ein Teilchen einen bestimmten Impuls und eine bestimmte Energie hat. Man realisiert diese Zustände, in denen die Teilchen ja nicht miteinander wechselwirken sollen, gewöhnlich dadurch, daß man ihre gegenseitigen räumlichen Abstände groß genug macht oder groß genug werden läßt. Mathematisch behandelt man Anfangs- und Endzustand daher als *asymptotische* Zustände, d.h. als Zustände, in denen die Teilchen aus dem Unendlichen kommen oder ins Unendliche entweichen. Alles, was zwischen diesen beiden Zuständen passiert, ist der **Übergang** zwischen den Zuständen; in ihm bewirkt die Wechselwirkung Austausch von Energie und Impuls. Der Übergang wird in der Abb. 9.1 jeweils durch den Kreis symbolisiert. Solange wir die Wechselwirkung nicht kennen, wissen wir natürlich auch nichts über den Übergang, außer daß überhaupt etwas passiert, d.h. daß Energie und Impuls ausgetauscht werden; genau das soll der Kreis mit seinem leeren, unbekannten Inneren ausdrücken. Wir wissen nur, daß, wie immer der Übergang im einzelnen aussehen mag, Impuls- und Energiesatz erfüllt sein müssen, der gesamte Impuls und die gesamte Energie in Anfangs- und Endzustand also dieselben sind. Haben wir im Anfangszustand des Stoßes (Index a) N_a Teilchen und im Endzustand (Index e) N_e Teilchen, so bestehen die Gleichungen

$$ \sum_{i=1}^{N_a} \boldsymbol{P}_{i\,a} = \sum_{j=1}^{N_e} \boldsymbol{P}_{j\,e} \tag{9.1} $$

und

$$(9.2) \qquad \sum_{i=1}^{N_a} E_{i\,a} = \sum_{j=1}^{N_e} E_{j\,e}.$$

Teilen wir die Energie E_i jedes Teilchens in innere $E_{i\,0}$ und kinetische Energie $E_{i,\,\mathrm{kin}}$ auf, so läßt sich (9.2) auch schreiben

$$(9.3) \qquad \sum_{i=1}^{N_a} (E_{i\,0,\,a} + E_{i,\,\mathrm{kin}\,a}) = \sum_{j=1}^{N_e} (E_{j\,0,\,e} + E_{j,\,\mathrm{kin}\,e}).$$

Die Anzahlen N_a und N_e der Teilchen im Anfangs- und Endzustand können natürlich verschieden sein. Um diese Unabhängigkeit von Anfangs- und Endzustand deutlich zu machen, haben wir auch die laufenden (ganzzahligen) Indizes i und j im Anfangs- und Endzustand unterschieden. Wir wollen damit deutlich machen, daß die Teilchen im Anfangszustand im allgemeinen nicht dieselben sind wie die im Endzustand, so daß es nicht immer möglich ist, die im Anfangszustand vorhandenen Teilchen im Endzustand als dieselben Individuen wiederzufinden.

§ 10 Schwerpunktssystem

Zur Beschreibung von Stoßprozessen müssen wir uns mehr Gedanken machen über das **Bezugssystem,** in dem wir Impuls und Energie unserer Teilchen messen, als wir bisher getan haben. Bisher hatten wir als Koordinatensystem, in dem wir den Impuls- und Energietransport beschrieben haben, stillschweigend meist dasjenige benutzt, das durch drei aufeinander senkrechte Kanten unseres Zimmers festgelegt war, oder, wenn wir an die Beschreibung der Planeten um die Sonne denken, etwa ein im Fixsternsystem verankertes Koordinatensystem. Wichtig ist die Diskussion des Bezugssystems vor allem deshalb, weil die Zahlwerte der Energie und des Impulses eines Transportes von dem jeweiligen Koordinatensystem abhängen, in dem man ihn beschreibt. Zwei Beobachter an verschiedenen Orten, die sich nicht gegeneinander bewegen, messen für den Impuls und die Energie eines Transportes dieselben Werte. Hingegen messen Beobachter, die sich und damit ihre Koordinatensysteme, in denen sie messen, gegeneinander bewegen, unterschiedliche Werte für diese Größen. Anders als die *Werte*, die von Bezugssystem zu Bezugssystem verschieden ausfallen können, sind aber *die Bilanzen von Impuls und Energie irgendeines Prozesses in jedem beliebigen Koordinatensystem einzuhalten*, denn die Erhaltung von Impuls und Energie gilt in jedem Bezugssystem.

Schwerpunktssystem eines Teilchens

Hat man ein Teilchen der inneren Energie $E_0 > 0$, so kann man seinem Impuls und damit seiner kinetischen Energie immer dadurch den Wert Null geben, daß man in ein Bezugssystem geht, das sich mit dem Teilchen mitbewegt. So hat beispielsweise ein fahrendes Auto den Impuls Null in einem Bezugssystem, das sich mit dem Auto mitbewegt.

Natürlich sind in diesem Bezugssystem dann Impuls und kinetische Energie der Erde von Null verschieden. In einem Bezugssystem, das sich mit einem Teilchen mitbewegt, hat das Teilchen den Impuls $\boldsymbol{P}=0$. Nach Gl. (6.10) ist seine Energie in diesem Bezugssystem dann gleich der inneren Energie, also $E=E_0$ und $E_{\mathrm{kin}}=0$. Da E_{kin} nicht negativ sein kann, ist $E=E_0$ der kleinste Wert, den die Energie eines Teilchens durch Wahl des Bezugssystems erreichen kann. Wir nennen ein Bezugssystem, in dem $\boldsymbol{P}=0$ und damit $E=E_0$, ein **Schwerpunktssystem** oder **Ruhsystem** des Teilchens. Haben wir ein Bezugssystem gefunden, das Schwerpunktssystem ist, so ist auch jedes Koordinatensystem, das gegen dieses nur verschoben oder gedreht ist, sich aber nicht ihm gegenüber bewegt, Schwerpunktssystem.

Bei einem Teilchen mit $E_0=0$, wie einem Photon, wäre in einem mit diesem Teilchen mitbewegten Koordinatensystem mit $\boldsymbol{P}=0$ wegen Gl. (6.10) auch $E=0$. Das Photon existierte also überhaupt nicht in diesem Bezugssystem. Da man aber aus nichts auch durch Änderung des Bezugssystems nichts machen kann, gibt es für ein Teilchen mit $E_0=0$ kein Schwerpunktssystem. In dem Maße, in dem wir dem Photon mit unserem Koordinatensystem nachlaufen, streben sein Impuls und seine Energie gegen Null.

Schwerpunktssystem mehrerer Teilchen

Jetzt betrachten wir mehrere Teilchen, nämlich N Teilchen im Anfangszustand eines Stoßprozesses. Diese N Teilchen kann man sich als einen Teilchenschwarm vorstellen. Für den Beobachter in irgendeinem bestimmten Bezugssystem hat das i-te Teilchen den Impuls $\boldsymbol{P}_i$ und die Energie E_i. Der ganze Teilchenschwarm hat dann für diesen Beobachter den Impuls (Abb. 10.1 a)

$$\boldsymbol{P}=\sum_{i=1}^{N}\boldsymbol{P}_i \tag{10.1}$$

und die Gesamtenergie

$$E=\sum_{i=1}^{N}E_i\,. \tag{10.2}$$

Unser Beobachter kann nun auch den ganzen Schwarm der N Teilchen als ein einziges Teilchen auffassen. Dann müssen für den ganzen Schwarm als Teilchen natürlich (6.10) und (5.1) gelten, also

$$E=\sqrt{E_0^2+(c\,P)^2} \tag{10.3}$$

und

$$\boldsymbol{P}=\frac{E}{c^2}\,\boldsymbol{V}. \tag{10.4}$$

Hier ist E_0 die innere Energie des ganzen Schwarmes der N Teilchen, wenn also alle N Teilchen als ein einziges Teilchen aufgefaßt werden. Der ganze Schwarm transportiert in bezug auf den Beobachter den Impuls $\boldsymbol{P}$ und die Energie E, beides mit der Transportgeschwindigkeit $\boldsymbol{V}$. Die Gln. (10.1) bis (10.4) gelten natürlich für jeden beliebigen Beobachter, nur sind wieder die Werte, die Energie, Impuls und Geschwindigkeit haben, für die einzelnen Beobachter verschieden. Die Transportgeschwindigkeit $\boldsymbol{V}$ können wir

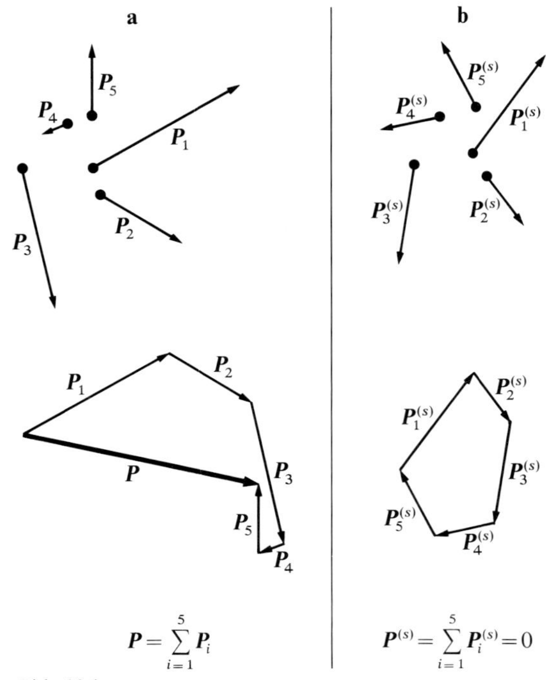

Abb. 10.1

Impulsdiagramm eines Systems von 5 Teilchen:
(a) nicht im Schwerpunktssystem, (b) im Schwerpunktssystem

nach (10.4), (10.2) und (10.1) auch in der Form schreiben

(10.5)
$$\boldsymbol{V} = \frac{c^2}{E} \boldsymbol{P} = \frac{c^2}{\sum_i E_i} \sum_i \boldsymbol{P}_i .$$

Wenden wir Gl. (5.1) auf jedes einzelne Teilchen des Schwarms an, so gilt für das i-te Teilchen des Schwarms

(10.6)
$$\boldsymbol{P}_i = \frac{E_i}{c^2} \boldsymbol{v}_i .$$

Damit läßt sich (10.5) schreiben als

(10.7)
$$\boldsymbol{V} = \frac{\sum_i E_i \boldsymbol{v}_i}{\sum_i E_i} .$$

Wir wiederholen, daß $\boldsymbol{v}_i$ die Geschwindigkeit ist, mit der das i-te Teilchen des Schwarmes für *irgendeinen* Beobachter Impuls und Energie transportiert, $\boldsymbol{V}$ dagegen die Geschwindigkeit, mit der der Schwarm als ganzes für *denselben* Beobachter Impuls und Energie transportiert. Man nennt $\boldsymbol{V}$ die **Schwerpunktsgeschwindigkeit.** Ihr Wert hängt ebenso wie der der Teilchengeschwindigkeiten $\boldsymbol{v}_i$ vom Bezugssystem des Beobachters ab. Entsprechend nennt man den Gesamtimpuls $\boldsymbol{P}$ oft auch den Schwerpunktsimpuls.

Die Schwerpunktsgeschwindigkeit $\boldsymbol{V}$ als Transportgeschwindigkeit von Impuls und Energie ist eine dynamische Größe. Läßt sich der Ort $\boldsymbol{r}_i$ der Teilchen des Schwarms in irgendeinem Bezugssystem angeben, so wird mit $\boldsymbol{v}_i = d\boldsymbol{r}_i/dt$

$$\boldsymbol{V} = \frac{\sum_i E_i \frac{d\boldsymbol{r}_i}{dt}}{\sum_i E_i} = \frac{d}{dt}\left\{\frac{\sum_i E_i \boldsymbol{r}_i}{\sum_i E_i}\right\}. \tag{10.8}$$

Im letzten Gleichungsschritt ist dabei ausgenutzt, daß bei nicht-wechselwirkenden Teilchen die Teilchenenergien E_i konstant sind. In (10.8) ist $\boldsymbol{V}$ eine kinematische Größe geworden dadurch, daß durch die Zuordnung eines Ortes $\boldsymbol{r}_i$ zu einem Teilchen der Transport „geometrisiert" worden ist. Der Teilchenschwarm ist jetzt eine in bestimmter Weise über den Raum verteilte Energie. Die rechts in der geschweiften Klammer von (10.8) stehende Größe nennt man den **Energieschwerpunkt** des Teilchenschwarms.

Ist $v_i \ll c$, hat man also die Newtonsche Näherung, so ist nach §5 $E_i \approx E_{i0}$. Mit (5.2) wird in diesem Fall

$$\boldsymbol{V} = \frac{\sum_i M_i \frac{d\boldsymbol{r}_i}{dt}}{\sum_i M_i} = \frac{d}{dt}\left\{\frac{\sum_i M_i \boldsymbol{r}_i}{\sum_i M_i}\right\}. \tag{10.9}$$

Die Größe rechts in der geschweiften Klammer nennt man den **Massenschwerpunkt** des Transports. In der Newtonschen Näherung fällt er mit dem Energieschwerpunkt zusammen.

Das Bezugssystem eines Beobachters, der sich mit dem Schwarm so mitbewegt, daß für ihn der Gesamtimpuls $\boldsymbol{P}$ des Schwarms Null ist, ist ein **Schwerpunktssystem.** Jedes Bezugssystem, das gegenüber dem Schwerpunktssystem nur verschoben oder gedreht ist, relativ zu ihm aber ruht, ist wieder ein Schwerpunktssystem. Lage und Ursprung des Schwerpunktssystems liegen also nicht fest. Das Schwerpunkts*system* als ausgezeichnetes Bezugssystem hat mit der Lokalisierung des Schwerpunkts nichts zu tun. Es ergibt sich allein aus der dynamischen Forderung, daß in ihm der Gesamtimpuls eines Transports Null ist. Der Begriff des Energie- und Massenschwer*punkts* hängt dagegen daran, daß sich die Teilchen des Schwarms lokalisieren oder geometrisieren lassen, d.h. sich ihre Lage zu jeder Zeit angeben läßt. Es ist oft zweckmäßig, den Ursprung des Schwerpunktssystems in den Schwerpunkt zu legen. Das kann man tun, aber man muß es nicht. Außerdem ist klar, daß sich ein Schwerpunkt nur angeben läßt, wenn die Teilchen lokalisierbar sind.

Bezeichnen wir die Werte aller Größen, die ein Beobachter im Schwerpunktssystem (*S-System*) mißt, mit einem oberen Index S, so lautet Gl. (10.1) im S-System

$$\boldsymbol{P}^{(S)} = \sum_{i=1}^{N} \boldsymbol{P}_i^{(S)} = 0. \tag{10.10}$$

Nach (10.4) bzw. (10.5) ist dann auch $\boldsymbol{V}^{(S)} = 0$. Für den Beobachter im S-System transportiert der Teilchenschwarm als Ganzes keinen Impuls und keine Energie. Die Gesamtenergie ist nach (10.2), (10.3) und (10.10) im S-System gegeben durch

$$E^{(S)} = \sum_{i=1}^{N} E_i^{(S)} = E_0. \tag{10.11}$$

Im S-System ist die Gesamtenergie des Teilchenschwarms also gleich seiner inneren Energie. Das ist nach (10.3) gleichzeitig der kleinste Wert, den die Energie des Schwarms durch Wechsel des Bezugssystems annehmen kann. Dabei ist zu beachten, daß für den Beobachter im S-System jedes der N Teilchen außer seiner inneren Energie E_{i0} auch kinetische Energie $E_{i,\text{kin}}^{(S)}$ hat. Die Teilchen bewegen sich ja für ihn durchaus, nur eben so, daß die Summe ihrer Impulse verschwindet. Die innere Energie E_0, die ja gleich $E^{(S)}$ ist, setzt sich damit zusammen aus der Summe der inneren Energien aller Einzelteilchen und ihren kinetischen Energien im S-System. Das folgt auch unmittelbar aus (10.11), denn setzt man darin $E_i = E_{i0} + E_{i,\text{kin}}$, so folgt

$$E^{(S)} = E_0 = \sum_{i=1}^{N} E_{i0} + \sum_{i=1}^{N} E_{i,\text{kin}}^{(S)}. \tag{10.12}$$

Stoßinvarianten

Für einen Beobachter, der nicht im S-System beobachtet, ist die Gesamtenergie E größer als $E^{(S)}$. Was er zusätzlich zu dem Beobachter im S-System sieht, nennt er die *kinetische Energie des Schwerpunkts* $E_{S,\text{kin}}$. Wie man nämlich die Energie jedes Teilchens als Summe von innerer Energie und kinetischer Energie darstellt, schreibt man auch die Energie des ganzen Schwarms als Summe seiner inneren Energie $E_0 = E^{(S)}$ und seiner kinetischen Energie $E_{S,\text{kin}}$, in Formeln

$$E = E_0 + E_{S,\text{kin}}. \tag{10.13}$$

Setzt man hierin (10.12) ein, so erhält man als Darstellung derselben Gleichung

$$E = \underbrace{\sum_{i=1}^{N} E_{i0} + \overbrace{\sum_{i=1}^{N} E_{i,\text{kin}}^{(S)}}_{E_0} + E_{S,\text{kin}}}^{\sum_{i=1}^{N} E_{i,\text{kin}}}. \tag{10.14}$$

Die Gesamtenergie in einem beliebigen Bezugssystem ist also darstellbar als die Summe der inneren Energien der Teilchen und zweier weiterer Anteile, die in verschiedenen Bezugssystemen gemessen sind. Der eine Anteil, $\sum_i E_{i,\text{kin}}^{(S)}$, ist die im Schwerpunktssystem gemessene Summe der kinetischen Energien aller Einzelteilchen. Der zweite Anteil, $E_{S,\text{kin}}$, die kinetische Energie des Schwerpunktes, ist von Null verschieden nur für einen Beobachter, der sich nicht im Schwerpunktssystem befindet. Die durch die obere Klammer in Gl. (10.14) zusammengefaßten Terme bilden die Summe der kinetischen Energien aller Teilchen. Diese Summe hat ihren kleinsten Wert für einen Beobachter im S-System; sie reduziert sich dann auf $\sum_i E_{i,\text{kin}}^{(S)}$, weil für ihn ja $E_{S,\text{kin}} = 0$. $\sum_i E_{i,\text{kin}}^{(S)}$ stellt das Minimum der gesamten kinetischen Energie aller Einzelteilchen dar, das sich durch Wahl des Bezugssystems, nämlich des Schwerpunktssystems, erreichen läßt.

Bei jedem Stoß bleiben Gesamtimpuls $\boldsymbol{P}$ und Gesamtenergie E aller stoßenden Teilchen in jedem beliebigen Bezugssystem erhalten. Nach Gl. (10.3) bleiben damit auch E_0 und nach (10.4) bzw. (10.5) auch $\boldsymbol{V}$ erhalten, und schließlich gilt wegen Gl. (10.13) dasselbe für die kinetische Energie des Schwerpunkts $E_{S,\text{kin}}$. In jedem Fall bleiben bei einem Stoß also die fünf Größen $\boldsymbol{P}$, E, E_0, $\boldsymbol{V}$ und $E_{S,\text{kin}}$ unverändert oder, wie man auch sagt, *invariant*. Sie heißen deshalb **Stoßinvarianten.** Die Werte der Größen $\boldsymbol{P}$, E, $\boldsymbol{V}$ und $E_{S,\text{kin}}$ hängen natürlich von der Wahl des Bezugssystems ab, während E_0 unabhängig davon ist. Im Schwerpunktssystem haben diese Größen die ausgezeichneten Werte

(10.15) $$\boldsymbol{P}^{(S)}=0, \qquad E^{(S)}=E_0, \qquad \boldsymbol{V}^{(S)}=0, \qquad E^{(S)}_{S,\,\mathrm{kin}}=0.$$

Die innere Energie E_0 des Gesamtsystems bleibt, wie wir gesehen haben, bei *jedem* Stoß erhalten. Nach (10.12) setzt sich diese Energie E_0 aus zwei Anteilen zusammen, nämlich der Summe der inneren Energien der Einzelteilchen $\sum_i E_{i\,0}$ und der kinetischen Energien der Einzelteilchen im Schwerpunktssystem $\sum_i E^{(S)}_{i,\,\mathrm{kin}}$. Keiner dieser beiden Anteile braucht beim Stoß für sich erhalten zu bleiben; nur ihre Summe muß es. Wenn $\sum_i E_{i\,0}$ und $\sum_i E^{(S)}_{i,\,\mathrm{kin}}$ aber doch für sich konstant bleiben, muß es sich um eine spezielle Klasse von Stößen handeln; wir nennen sie **elastische Stöße.** Beim elastischen Stoß bleibt also einmal, wie bei jedem Stoß, E_0 konstant. Außerdem bleibt, wie bei jedem Stoß, die kinetische Energie des Schwerpunkts $E_{S,\,\mathrm{kin}}$ konstant. Darüber hinaus bleibt aber speziell beim elastischen Stoß die kinetische Energie der Einzelteilchen im Schwerpunktssystem $\sum_i E^{(S)}_{i,\,\mathrm{kin}}$ erhalten. Damit muß dann aber auch die in Gl. (10.14) durch die obere Klammer zusammengefaßte Summe der kinetischen Energien aller Teilchen $\sum_i E_{i,\,\mathrm{kin}}$ erhalten bleiben. *Bei einem elastischen Stoß wird keine kinetische Energie der Einzelteilchen in innere Energie der Einzelteilchen umgewandelt.*

Nun brauchen bei einem Stoß nicht allgemein $\sum_i E_{i\,0}$ und $\sum_i E^{(S)}_{i,\,\mathrm{kin}}$ für sich erhalten zu bleiben. Haben nach dem Stoß diese Größen nicht mehr denselben Wert wie vor dem Stoß, ist insbesondere $\sum_i E_{i\,0}$ größer und $\sum_i E^{(S)}_{i,\,\mathrm{kin}}$ durch den Stoß kleiner geworden, spricht man von einem **inelastischen Stoß.** Nur die Summe beider Größen ist als eine allgemeine Stoßinvariante konstant geblieben. Wenn aber $\sum_i E^{(S)}_{i,\,\mathrm{kin}}$ nicht konstant bleibt, bleibt auch die kinetische Energie der Einzelteilchen $\sum_i E_{i,\,\mathrm{kin}}$ nicht konstant. *Beim inelastischen Stoß wird kinetische Energie der Einzelteilchen des Schwarms in innere Energie der Einzelteilchen umgewandelt.*

Läßt sich die *gesamte* kinetische Energie $\sum_i E_{i,\,\mathrm{kin}}$ der Einzelteilchen in innere Energie des Teilchenschwarms überführen? Sicher nicht, denn die kinetische Energie $E_{S,\,\mathrm{kin}}$ des Schwerpunkts ist eine allgemeine Stoßinvariante. Damit zeigt aber Gl. (10.14), daß sich höchstens der Anteil $\sum_i E^{(S)}_{i,\,\mathrm{kin}}$ in innere Energie der Teilchen umwandeln läßt. Geht dieser maximale Anteil $\sum_i E^{(S)}_{i,\,\mathrm{kin}}$ beim Stoß über in innere Energie der Teilchen, sprechen wir von einem **total inelastischen Stoß.** Bei ihm geht also der höchstmögliche Anteil an kinetischer Energie der Einzelteilchen verloren. Höchstmöglich, weil ja außer der Energie des Schwarms auch sein Impuls beim Stoß erhalten bleiben muß. Überleben als kinetische Energie wird den Stoß eben auch hier der Anteil $E_{S,\,\mathrm{kin}}$. Daß nach dem total inelastischen Stoß $\sum_i E^{(S)}_{i,\,\mathrm{kin}}=0$, heißt, daß im Schwerpunktssystem die kinetische Energie jedes Einzelteilchens Null geworden ist. Für einen Beobachter im S-System haben damit alle Teilchen dieselbe Geschwindigkeit, nämlich Null. Für einen Beobachter in einem anderen Bezugssystem haben alle Teilchen wieder dieselbe, diesmal von Null verschiedene Geschwindigkeit, nämlich die Schwerpunktsgeschwindigkeit $\boldsymbol{V}$. Das ist der Endzustand des total inelastischen Stoßes, den wir in § 7 zur Messung des Impulses verwendet haben.

Wir fassen die beim Stoß erhalten bleibenden, d. h. gegenüber einem Stoß invarianten Größen in der Tabelle zusammen.

Tabelle der Stoßinvarianten

Allgemeine Stoßinvarianten	$\boldsymbol{P}=\sum_i \boldsymbol{P}_i, \quad E=\sum_i E_i,$ $E_0=\sum_i E_{i0}+\sum_i E_{i,\mathrm{kin}}^{(S)},$ $E_{S,\mathrm{kin}}=E-E_0,$
Zusätzliche Stoßinvarianten beim inelastischen Stoß	keine
Zusätzliche Stoßinvarianten beim elastischen Stoß	$\sum_i E_{i0},$ $\sum_i E_{i,\mathrm{kin}}^{(S)}$, somit auch $\sum_i E_{i,\mathrm{kin}}$

§ 11 Der elastische Stoß

Wir betrachten den elastischen Stoß zweier Teilchen. Jedes Teilchen ist durch seinen Energie-Impuls-Zusammenhang $E_1=E_1(\boldsymbol{P})$ bzw. $E_2=E_2(\boldsymbol{P})$, nach Gl. (6.10) also durch die Angabe seiner inneren Energie E_0 gekennzeichnet. Wir geben die Impulse $\boldsymbol{P}_{1a}$ und $\boldsymbol{P}_{2a}$ der Teilchen *vor* dem Stoß, also den Bewegungszustand im Anfang, vor und fragen nach den Impulsen $\boldsymbol{P}_{1e}$ und $\boldsymbol{P}_{2e}$ *nach* dem Stoß, also im Endzustand der Teilchen.

Impuls- und Energiebilanz

Wir wissen, daß bei jedem Stoß, ob elastisch oder inelastisch, der Gesamtimpuls und die Gesamtenergie erhalten bleiben, also

$$\boldsymbol{P}_{1a}+\boldsymbol{P}_{2a}=\boldsymbol{P}_{1e}+\boldsymbol{P}_{2e} \tag{11.1}$$

und

$$E_{1a}(\boldsymbol{P}_{1a})+E_{2a}(\boldsymbol{P}_{2a})=E_{1e}(\boldsymbol{P}_{1e})+E_{2e}(\boldsymbol{P}_{2e}). \tag{11.2}$$

Im vorigen Paragraphen haben wir gesehen, daß die Erhaltung von Gesamtimpuls und Gesamtenergie bedingen, daß in jedem Fall auch die kinetische Energie des Schwerpunkts $E_{S,\mathrm{kin}}$ beim Stoß erhalten bleibt. Darüber hinaus bleibt beim elastischen Stoß nach Definition des elastischen Stoßes auch die Summe der kinetischen Energien $\sum_i E_{i,\mathrm{kin}}$ der Teilchen erhalten. Es wird also beim elastischen Stoß überhaupt keine kinetische Energie in innere Energie umgewandelt; somit gilt

$$E_{1\,\mathrm{kin},a}+E_{2\,\mathrm{kin},a}=E_{1\,\mathrm{kin},e}+E_{2\,\mathrm{kin},e}. \tag{11.3}$$

Können wir beim elastischen Stoß bei Vorgabe von $\boldsymbol{P}_{1a}$ und $\boldsymbol{P}_{2a}$ auch noch den Impuls eines der beiden Teilchen nach dem Stoß, also etwa $\boldsymbol{P}_{2e}$, nach Betrag und Richtung vorgeben? Nach (11.1) liegt dann auch $\boldsymbol{P}_{1e}$ fest, aber mit diesen Werten von $\boldsymbol{P}_{2e}$ und $\boldsymbol{P}_{1e}$ wird es im allgemeinen nicht möglich sein, die Gl. (11.2) zu erfüllen. Wie weit wir den Impuls *eines* Teilchens im Endzustand tatsächlich vorgeben können und was daraus für den Impuls des anderen folgt, werden wir uns im folgenden am elastischen Stoß zweier Newtonscher Teilchen klarmachen, bei dem die Beziehung der Impulse im Endzustand zu denen im Anfangszustand durch eine einfache geometrische Konstruktion anschaulich gemacht werden kann.

Elastischer Stoß zwischen Newtonschen Teilchen

Die Erhaltung der kinetischen Energie verlangt gemäß Gl. (11.3) und Gl. (6.15), daß

$$\frac{P_{1a}^2}{2M_1}+\frac{P_{2a}^2}{2M_2}=\frac{P_{1e}^2}{2M_1}+\frac{P_{2e}^2}{2M_2}. \tag{11.4}$$

Es ist zweckmäßig, das Bezugssystem, in dem wir den Stoß beschreiben, so zu wählen, daß das Teilchen 2 vor dem Stoß in ihm ruht, also $\boldsymbol{P}_{2a}=0$. Damit lauten in diesem Bezugssystem die Gln. (11.1) und (11.4)

$$\boldsymbol{P}_{1a}=\boldsymbol{P}_{1e}+\boldsymbol{P}_{2e} \tag{11.5}$$

und

$$\frac{P_{1a}^2}{2M_1}=\frac{P_{1e}^2}{2M_1}+\frac{P_{2e}^2}{2M_2}. \tag{11.6}$$

Eliminieren wir aus diesen beiden Gleichungen $\boldsymbol{P}_{1e}$, indem wir $\boldsymbol{P}_{1e}$ in (11.6) durch $\boldsymbol{P}_{1e}=\boldsymbol{P}_{1a}-\boldsymbol{P}_{2e}$ aus dem Impulssatz (11.5) ersetzen, so erhalten wir als Beziehung zwischen $\boldsymbol{P}_{1a}$ und $\boldsymbol{P}_{2e}$

$$\boldsymbol{P}_{1a}\cdot\boldsymbol{P}_{2e}=\frac{M_1+M_2}{2M_2}P_{2e}^2. \tag{11.7}$$

Bezeichnen wir weiter mit Θ_{2e} den Winkel zwischen $\boldsymbol{P}_{1a}$ und $\boldsymbol{P}_{2e}$, so können wir die linke Seite von (11.7), die ja das Skalarprodukt der beiden Vektoren $\boldsymbol{P}_{1a}$ und $\boldsymbol{P}_{2e}$ darstellt, schreiben

$$P_{1a}\cdot P_{2e}\cdot\cos\Theta_{2e}=\frac{M_1+M_2}{2M_2}P_{2e}^2$$

oder

$$P_{2e}=|\boldsymbol{P}_{2e}|=\frac{2M_2}{M_1+M_2}P_{1a}\cos\Theta_{2e}. \tag{11.8}$$

Die Definition des Kosinus im rechtwinkligen Dreieck legt eine einfache geometrische Konstruktion für alle möglichen Vektoren $\boldsymbol{P}_{2e}$ bei gegebenem Vektor $\boldsymbol{P}_{1a}$ nahe (Abb. 11.1). Die Endpunkte aller möglichen Vektoren $\boldsymbol{P}_{2e}$ müssen auf dem gezeichneten Kreis vom Durchmesser $\frac{2M_2}{M_1+M_2}P_{1a}$ liegen. Je größer Θ_{2e}, um so kleiner wird $\boldsymbol{P}_{2e}$. Der Impuls $\boldsymbol{P}_{1e}$

a

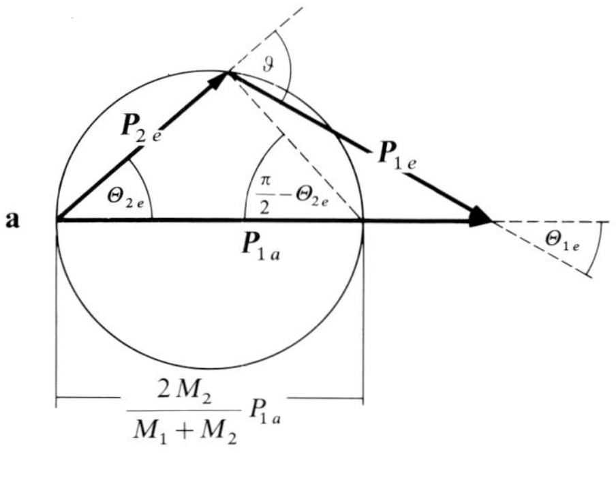

b

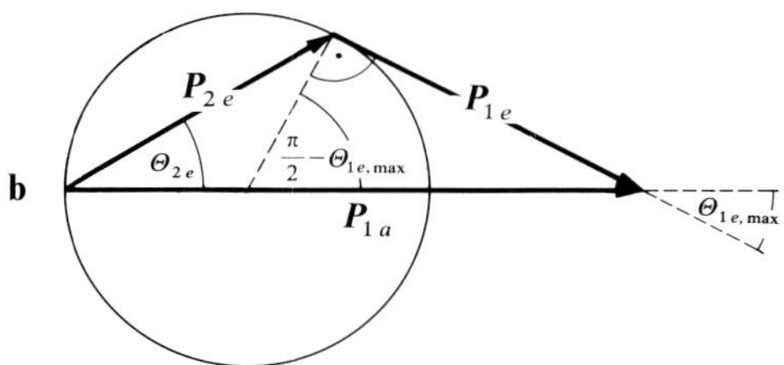

c

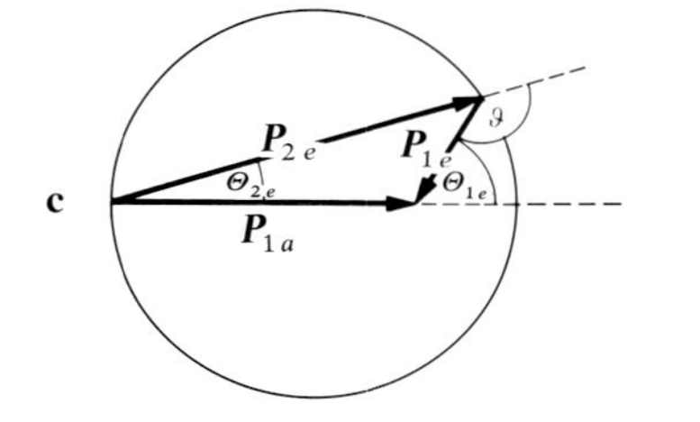

Abb. 11.1

Aus Impuls- und Energieerhaltung resultierende Konstruktion der Endimpulse $\boldsymbol{P}_{1e}$ und $\boldsymbol{P}_{2e}$ zweier elastisch stoßender Newtonscher Teilchen, wenn das Teilchen 2 vor dem Stoß ruht ($\boldsymbol{P}_{2a}=0$).
(a) Allgemeine Konstruktion. Das gestoßene Teilchen 2 fliegt nach dem Stoß im Winkelbereich $-\pi/2 \leqq \Theta_{2e} \leqq \pi/2$ fort. ϑ ist der Winkel zwischen den Richtungen der beiden Teilchenimpulse nach dem Stoß. Alle übrigen Stoßwinkel sind gegen die Einfallsrichtung gezählt.
(b) Ist die Masse des stoßenden Teilchens (1) größer als die des gestoßenen (2), d.h. $M_1 > M_2$, so gibt es für das stoßende Teilchen einen maximalen Umlenkwinkel $\Theta_{1e,\max}$.
(c) Im Fall $M_1 < M_2$ kann das stoßende Teilchen unter allen Winkeln wegfliegen.
Bei $M_1 = M_2$ ist der Durchmesser des Kreises gleich P_{1a}. $\boldsymbol{P}_{1e}$ und $\boldsymbol{P}_{2e}$ stehen dann senkrecht aufeinander (Thaleskreis); es ist $\vartheta = \dfrac{\pi}{2}$.

des ersten Teilchens nach dem Stoß ergibt sich gemäß Gl. (11.5) auch aus der Zeichnung. Ebenso lassen sich der Winkel zwischen der Impulsrichtung von Teilchen 1 nach dem Stoß und der Richtung vor dem Stoß wie auch der Winkel ϑ zwischen den Impulsrichtungen beider Teilchen nach dem Stoß ablesen. Teil (a) und (b) der Abb. 11.1 zeigen einen Stoß, bei dem $M_1 > M_2$, und Teil (c) zeigt einen, bei dem $M_1 < M_2$ ist. Man erkennt aus den Zeichnungen, daß aus $M_1 > M_2$ folgt $\vartheta < \dfrac{\pi}{2}$; aus $M_1 = M_2$ folgt $\vartheta = \dfrac{\pi}{2}$ und aus $M_1 < M_2$, daß $\dfrac{\pi}{2} < \vartheta < \pi$.

Abb. 11.2 zeigt die Spuren eines He-Kerns (α-Teilchen), der in (a) mit einem H-Kern, in (b) mit einem anderen He-Kern und in (c) mit einem F-Kern elastisch stößt. Da die Kernmassen $M_{\mathrm{H}} < M_{\mathrm{He}}$ und $M_{\mathrm{F}} > M_{\mathrm{He}}$, ist in (a) $\vartheta < \dfrac{\pi}{2}$, in (b) $\vartheta = \dfrac{\pi}{2}$ und in (c) $\vartheta > \dfrac{\pi}{2}$.

Zentral-elastischer Stoß

Der vom stoßenden Teilchen 1 auf das gestoßene Teilchen 2 beim Stoß übertragene Impuls ist maximal bei $\Theta_{2e} = 0$, beim *zentralen* Stoß. Dann wird nämlich nach Gl. (11.8)

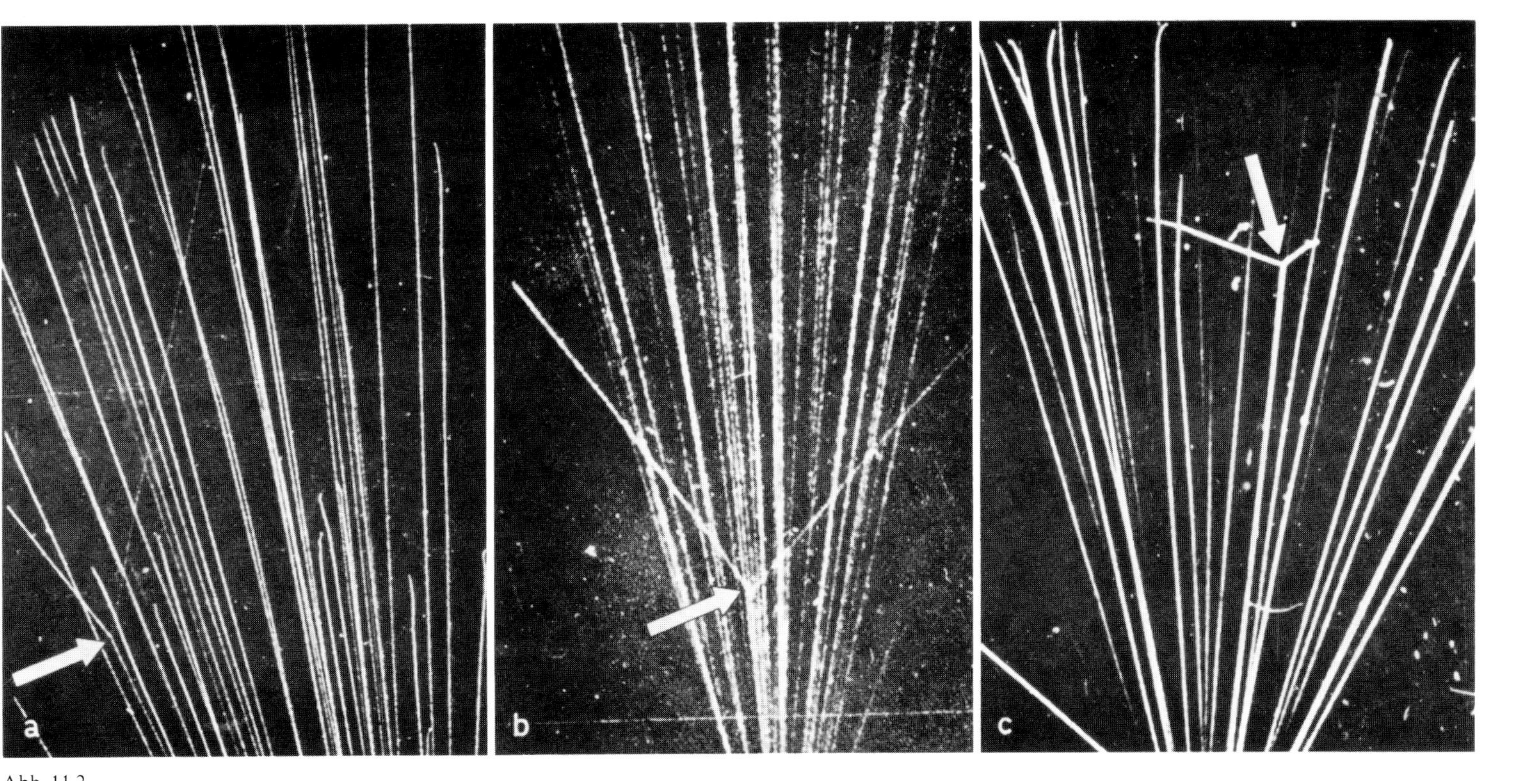

Abb. 11.2

In einer mit Wasserdampf übersättigten Atmosphäre (*Wilson*-Kammer) hinterlassen bewegte geladene Teilchen Kondensationsspuren.

(a) Stoß eines α-Teilchens mit einem Proton. Wegen $M_{\text{Proton}} < M_\alpha$ ist $\vartheta < \pi/2$. Das Proton hinterläßt eine schwächere Nebelspur als das α-Teilchen, weil es einmal wegen seiner kleineren Ladung und zum anderen wegen seiner größeren Geschwindigkeit die Atmosphäre der Nebelkammer schwächer ionisiert, also weniger Kondensationskeime pro Längeneinheit bildet als ein α-Teilchen.

(b) Stoß eines α-Teilchens mit einem anderen α-Teilchen. Es ist $\vartheta = \pi/2$. ϑ im Bild ist etwas kleiner als $\pi/2$, weil das Bild nicht genau senkrecht zur Ebene der Spuren der beiden α-Teilchen nach dem Stoß aufgenommen ist.

(c) Stoß eines α-Teilchens mit einem Fluor-Kern. Wegen $M_F > M_\alpha$ ist $\vartheta > \pi/2$.

[Aufnahmen aus W. Gentner, A. Maier-Leibnitz, W. Bothe: Atlas typischer Nebelkammerbilder. London: Pergamon-Press 1954. Bild (a) ist aufgenommen von P. M. S. Blackett und D. S. Lees (1932), Bild (b) von P. M. S. Blackett (1925) und Bild (c) von I. K. Bøggild] oder, wie Abb. 11.1 zeigt, der Betrag von $\boldsymbol{P}_{2e}$ gleich dem Kreisdurchmesser. Beim zentralen Stoß wird also

$$\boldsymbol{P}_{2e} = \frac{2M_2}{M_1 + M_2} \boldsymbol{P}_{1a}. \tag{11.9}$$

Die dabei übertragene kinetische Energie ist ebenfalls maximal, sie beträgt

$$E_{2,\,\mathrm{kin}\,e} = \frac{P_{2e}^2}{2M_2} = \frac{4M_1 M_2}{(M_1+M_2)^2} \frac{P_{1a}^2}{2M_1} = \frac{4M_1 M_2}{(M_1+M_2)^2} \cdot E_{1,\,\mathrm{kin}\,a}. \tag{11.10}$$

Sind die stoßenden Massen sehr unterschiedlich, so folgen aus (11.9) und (11.10) für die bei $\vartheta = 0$ übertragenen Impulse und Energien die Gleichungen

$$\boldsymbol{P}_{2e} = 2\frac{M_2}{M_1}\boldsymbol{P}_{1a} \quad \text{und} \quad E_{2,\,\mathrm{kin}\,e} = 4\frac{M_2}{M_1}E_{1,\,\mathrm{kin}\,a}, \quad \text{wenn } M_1 \gg M_2, \tag{11.11}$$

sowie

$$\boldsymbol{P}_{2e} = 2\boldsymbol{P}_{1a} \quad \text{und} \quad E_{2,\,\mathrm{kin}\,e} = 4\frac{M_1}{M_2}E_{1,\,\mathrm{kin}\,a}, \quad \text{wenn } M_1 \ll M_2. \tag{11.12}$$

Außerdem folgt

$$\boldsymbol{P}_{2e} = \boldsymbol{P}_{1a} \quad \text{und} \quad E_{2,\,\mathrm{kin}\,e} = E_{1,\,\mathrm{kin}\,a}, \quad \text{wenn } M_1 = M_2. \tag{11.13}$$

Stößt ein Körper zentral mit einem ruhenden gleicher Masse, übernimmt nach Gl. (11.13) der gestoßene Körper den vollen Impuls und die volle kinetische Energie vom stoßenden Körper.

Hinsichtlich des Transports von Energie und Impuls hat ein Stoß zweier gleicher Teilchen mit $\vartheta = 0$ den Effekt, als wäre gar nichts geschehen, denn der vor dem Stoß vom Teilchen 1 getragene Impuls wird nachher zwar vom Teilchen 2 getragen, aber es ist der gleiche Impuls, und dasselbe gilt auch für die Energie, denn beide Teilchen haben denselben $E(\boldsymbol{P})$-Zusammenhang. Wenn wir die Teilchen nicht an ihren Nummern erkennen können, sondern nur an ihrem Impuls und ihrer Energie, so ist der Stoß nicht zu unterscheiden von einem Vorgang, bei dem das Teilchen 1 unabgelenkt am Teilchen 2 vorbeiläuft oder durch das Teilchen 2 „hindurchtritt", ohne von ihm Notiz zu nehmen. Dynamisch, d.h. hinsichtlich des Energie- und Impulstransportes, ist also der zentrale elastische Stoß zweier gleicher Teilchen ebenso gut wie gar kein Stoß. Solange wir unsere Teilchen mit nichts als mit Energie und Impuls ausstatten, sind diese beiden Fälle tatsächlich nicht zu unterscheiden. Versehen wir die Teilchen jedoch mit weiteren Merkmalen, indem wir z.B. eines rot, das andere grün anmalen, werden wir sie natürlich auch bei gleichem Impuls und gleicher Energie unterscheiden können. Stößt jetzt das rote Teilchen zentral-elastisch auf das ruhende grüne, sehen wir, daß das rote liegen bleibt und das grüne fortläuft. Vor dem Stoß wird die Farbe rot, nach dem Stoß grün transportiert. Wie hier als Beispiel Farben, können Teilchen in der Physik natürlich noch andere, wesentlichere physikalische Größen tragen, wie z.B. inneren Drehimpuls oder elektrische Ladung. Vorläufig sind für uns jedoch Impuls und Energie die einzigen Charakteristika eines Teilchens. Wir beschränken uns damit auf die Beschreibung der Natur, soweit wir von allen anderen Eigenschaften absehen können und spüren nur den Gesetzmäßigkeiten nach, die alleine die Größen Impuls und Energie in die Naturbeschreibung hineinbringen.

Beispiele elastischer Stoßprozesse

Für den zentralen elastischen Stoß eines bewegten Körpers mit einem ruhenden Körper sehr großer Masse zeigt Gl. (11.12), daß wegen $M_2 \gg M_1$ beliebig wenig Energie beim Stoß übertragen wird. Dieser Fall tritt ein beim Wurf eines Balls gegen eine Wand oder auf die Erde. Der Ball behält nach dem Stoß seine kinetische Energie; die Wand hat wegen $\frac{M_{\text{Ball}}}{M_{\text{Erde}}} \ll 1$ keine kinetische Energie aufgenommen. Impuls dagegen hat die Wand durchaus aufgenommen, und zwar nach Gl. (11.12) $\boldsymbol{P}_{2e} = 2\boldsymbol{P}_{1a}$. Der Ball fliegt mit $\boldsymbol{P}_{1e} = -\boldsymbol{P}_{1a}$ nach dem Stoß wieder zurück. Ein Stoßpartner sehr großer Masse nimmt also beim elastischen Stoß zwar Impuls, aber kaum Energie auf. Impulsaufnahme bei beliebig wenig Energieaufnahme erscheint auf den ersten Blick vielleicht widersinnig, aber ein von Null verschiedener, jedoch endlicher Impuls $M\boldsymbol{v}$ eines Körpers verlangt bei $M \to \infty$, daß $\boldsymbol{v} \to 0$ geht. Dann wird $E_{\text{kin}} = (M\boldsymbol{v})\frac{\boldsymbol{v}}{2}$ verschwindend klein.

Den Austausch von kinetischer Energie beim elastischen Stoß nutzt man in Kernreaktoren zur **Abbremsung von Neutronen.** Neutronen, neutrale Elementarteilchen, werden mit großer kinetischer Energie aus Atomkernen bei der Kernspaltung freigesetzt. Sie werden jedoch vorzugsweise bei kleiner kinetischer Energie von Uran-Kernen im Reaktor eingefangen und führen dann zur Spaltung dieser Kerne. Um die Neutronen abzubremsen, läßt man sie zunächst mit Atomkernen elastisch stoßen. Ließe man sie mit Blei-Kernen stoßen, würde wegen des Massenverhältnisses $\frac{M_{\text{Pb}}}{M_{\text{Neutron}}} = 206$ das Neutron beim Stoß nach Gl. (11.10) oder (11.12) nur das 0,02-fache seiner kinetischen Energie abgeben, also kaum gebremst werden. Beim Stoß mit Kohlenstoff-Kernen (in Form von Graphit) erhält man wegen $\frac{M_{\text{C}}}{M_{\text{Neutron}}} = 12$ eine Energieabgabe vom 0,3-fachen der Anfangsenergie. Vollständige Energieabgabe erhält man dagegen wegen Gl. (11.13) bei einem elastischen Stoß mit einem Kern gleicher Masse, im Falle des Neutrons also beim Stoß mit einem Wasserstoff-Kern. Im Prinzip bremsen also stark wasserstoffhaltige Substanzen, wie Wasser, Neutronen am wirkungsvollsten. Allerdings stoßen Neutronen mit H-Kernen auch inelastisch, wobei sie von den H-Kernen eingefangen werden und Deuteriumkerne bilden. Für die Uran-Spaltung sind sie dann verloren.

Elementarteilchen können kinetische Energie auch in elastischen Stößen an Atome im Gitterverband eines Festkörpers abgeben. Oberhalb eines bestimmten Schwellwerts reicht die übertragene Energie aus, um ein Atom von seinem Gitterplatz loszuschlagen und auf einen *Zwischengitterplatz* zu bringen. Um ein Gitteratom auf einen derartigen Zwischengitterplatz zu stoßen, muß ihm eine Energie der Größenordnung 10 eV zugeführt werden. Ein Festkörper sei nun dem Beschuß von Elektronen ausgesetzt. Enthält ein Atomkern des Festkörpers 100 Nukleonen, d.h. 100 Neutronen und Protonen zusammengenommen, so läßt sich wegen des Massenverhältnisses $\frac{M_{\text{Nukleon}}}{M_{\text{Elektron}}} = 1840$ die zum Losschlagen eines Atoms von seinem Gitterplatz notwendige kinetische Energie des Elektrons aus (11.2) abschätzen zu

$$E_{\text{Elektron, kin}} = \tfrac{1}{4} \cdot 100 \cdot 1840 \cdot 10\ \text{eV} \approx 5 \cdot 10^5\ \text{eV}.$$

Elektronen, die also auf eine Energie mehrerer Hundert keV beschleunigt werden, verursachen beim Auftreffen auf Festkörper **Strahlenschäden** des Gitters durch elastischen Stoß mit den Gitteratomen.

Compton-Effekt

Nachdem wir bisher im einzelnen den Stoß zweier Newtonscher Teilchen betrachtet haben, wenden wir uns jetzt dem elastischen Stoß von Teilchen zu, die sich mit Lichtgeschwindigkeit bewegen. Als Beispiel werden wir ausführlich den **Stoß eines Photons mit einem Elektron** untersuchen, den *Compton-Effekt* (A. H. COMPTON, 1892—1962).

Das Photon als Teilchen 1 stoße mit einem im Laboratorium als Bezugssystem ruhenden Elektron, dem Teilchen 2. Die Impulsbilanz lautet für diesen Fall

(11.14) $$\boldsymbol{P}_{1a} = \boldsymbol{P}_{1e} + \boldsymbol{P}_{2e}$$

und die Energiebilanz

(11.15) $$E_{1a} + E_{2a} = E_{1e} + E_{2e}.$$

Die stoßenden Teilchen werden wieder durch ihren $E(\boldsymbol{P})$-Zusammenhang festgelegt. Für das Photon gilt also gemäß Gl. (6.16)

(11.16) $$E_{1a} = c\,P_{1a} \quad \text{und} \quad E_{1e} = c\,P_{1e}.$$

Für das Elektron folgt aus (6.10) und entsprechend unserer Voraussetzung, daß es zu Anfang ruht,

(11.17) $$E_{2a} = E_{20} \quad \text{und} \quad E_{2e} = \sqrt{E_{20}^2 + (c\,P_{2e})^2}.$$

Wir interessieren uns für den Impuls $\boldsymbol{P}_{1e}$ und die Energie E_{1e} des Photons nach dem Stoß. Aus (11.14) folgt durch Quadrieren, daß

(11.18) $$P_{2e}^2 = P_{1a}^2 + P_{1e}^2 - 2\,P_{1a} \cdot P_{1e} \cdot \cos\Theta.$$

Θ bezeichnet dabei den Winkel zwischen der Impulsrichtung des Photons vor und nach dem Stoß. Aus (11.15) und (11.17) folgt andererseits, daß

(11.19) $$E_{1a} + E_{20} = E_{1e} + \sqrt{E_{20}^2 + (c\,P_{2e})^2}$$

und, nach P_{2e}^2 aufgelöst, bei Berücksichtigung von (11.16),

(11.20) $$P_{2e}^2 = P_{1a}^2 + P_{1e}^2 + 2\,\frac{E_{20}}{c}\,(P_{1a} - P_{1e}) - 2\,P_{1a} \cdot P_{1e}.$$

Der Vergleich von (11.20) mit (11.18) zeigt, daß

(11.21) $$\frac{1}{P_{1e}} - \frac{1}{P_{1a}} = \frac{c}{E_{20}}\,(1 - \cos\Theta),$$

oder mit (11.16)

$$\frac{1}{E_{1e}} - \frac{1}{E_{1a}} = \frac{1}{E_{20}}(1 - \cos\Theta). \tag{11.22}$$

Das Photon gibt beim Stoß einen Teil seiner Energie an das Elektron ab. Photon und Elektron laufen nach dem Stoß in verschiedener Richtung weiter. Gl. (11.22) zeigt, daß die Richtung, in der das Photon nach dem Stoß weiterläuft und die durch den Winkel Θ gekennzeichnet ist, an die Höhe der Energieabgabe an das Elektron gekoppelt ist.

Bei $\Theta = 0$ gibt das Photon nach (11.22) überhaupt keine Energie an das Elektron ab; es ist $E_{1a} = E_{1e}$. Das ist auf den ersten Blick erstaunlich, wenn man zum Vergleich an den elastischen Stoß zweier Newtonscher Teilchen denkt. Stoßen zwei Newtonsche Teilchen beliebiger, aber fest vorgegebener Masse, zentral und elastisch, so tauschen diese Teilchen ja beim Stoß durchaus Impuls und Energie untereinander aus. Wenn dagegen ein Photon auf ein Newtonsches Teilchen trifft, ist Impuls- und Energieaustausch im „zentralen" elastischen Stoß nicht möglich. Das läßt sich so einsehen: Mit einer Impulsabgabe des Photons ist stets auch eine Energieabgabe $E = cP$ verbunden. Da das Elektron einen anderen $E(\boldsymbol{P})$-Zusammenhang hat als das Photon, kann es die vom Photon zur Verfügung gestellten Impuls- und Energiewerte aber nicht beide gleichzeitig aufnehmen. Wenn $\Theta \neq 0$, der Stoß also nicht mehr „zentral" ist, helfen Elektron und Photon sich beim Stoß so, daß sie jetzt einen Teil der Energie in einen Transport senkrecht zur Einfallsrichtung des Photons investieren. Die mit diesem Energietransport verbundenen Impulse von Elektron und Photon müssen sich natürlich gegenseitig aufheben, da der Impuls vor dem Stoß nur die Richtung des einfallenden Photons hatte. Auf diese Weise schiebt das System Energie ab, ohne daß es seinen Impulshaushalt in Richtung des einfallenden Photons belastet.

Das Wort „zentral" steht hier in Anführungsstrichen, weil damit der Stoßprozeß kinematisch gesehen wird, und zwar lokalisiert, so wie man sich das Photon nicht vorstellen darf (s. § 15). Tatsächlich handeln alle Formeln auch nur von den Energien und Impulsen der Stoßpartner sowie den Winkeln, die die Richtungen der Impulse miteinander bilden. Mit einem Zentralstoß zwischen Photon und Elektron kann also nichts weiter als ein Stoß mit $\Theta = 0$ gemeint sein. Ein solcher „Stoß" findet nun sicher auch dann statt, wenn das Photon das Elektron gar nicht bemerkt, wenn es weit genug am Elektron vorbeifliegt. Wieder haben wir hier zwar von der Lokalisation des Photons Gebrauch gemacht, aber doch nur in einem viel schwächeren Sinne als bei der Vorstellung des Zentralstoßes, denn auch bei noch so schlechter Lokalisierung des Photons können wir die Entfernung zwischen Photon und Elektron stets so groß wählen (nämlich größer als den Lokalisationsbereich des Photons), daß wir mit einiger Sicherheit davon sprechen können, daß das Photon weit genug am Elektron vorbeifliegt. Ein Stoß mit $\Theta = 0$ kann also geometrisch ein Zentralstoß sein, bei dem die beiden Teilchen räumlich aufeinander treffen, aber auch ein „Stoß", bei dem das eine Teilchen weit an dem anderen vorbeifliegt, so daß es gar nicht beeinflußt wird. Kein Wunder also, wenn unsere, allein auf dem Energie- und Impulssatz beruhende dynamische Behandlung diese beiden Fälle nicht unterscheidet.

Weiche und harte Photonen beim Compton-Effekt

Die relative Energieänderung des Photons bei dem durch (11.22) beschriebenen Stoß steigt mit der Photonenergie an, denn (11.22) lautet umgeschrieben

$$\frac{E_{1a} - E_{1e}}{E_{1e}} = \frac{E_{1a}}{E_{20}}(1 - \cos\Theta). \tag{11.23}$$

Bei einfallenden Photonen von kleiner Energie, sog. *weichen* Photonen, nämlich bei $E_{1a} \ll E_{20}$, wobei für ein Elektron $E_{20} = 5{,}1 \cdot 10^5$ eV ist, wird $E_{1e} \approx E_{1a}$. In (11.23) läßt sich dann das E_{1e} im Nenner auch durch E_{1a} ersetzen. Die kinetische Energie $E_{2,\text{kin}\,e}$, die das Elektron beim Stoß übernimmt, wird

$$E_{2,\text{kin}\,e} = E_{1a} - E_{1e} \approx \frac{E_{1a}^2}{E_{20}}(1 - \cos\Theta) \quad \text{bei } E_{1a} \ll E_{20}. \tag{11.24}$$

Für sehr energiereiche Photonen, auch *harte* Photonen genannt, für die $E_{1a} \gg E_{20}$, läßt sich in (11.22) der Term $1/E_{1a}$ vernachlässigen; man erhält

$$E_{1e} = \frac{E_{20}}{1 - \cos\Theta} \quad \text{bei } E_{1a} \gg E_{20}. \tag{11.25}$$

Interessant an dieser Formel ist, daß die Energie des Photons nach dem Stoß allein von E_{20} abhängt, d.h. von der inneren Energie des Elektrons, nicht dagegen von der Energie des Photons vor dem Stoß (solange diese nur groß ist gegen E_{20}). Stößt ein hartes Photon auf das ruhende Elektron, so ist nach (11.25) die Energie eines unter $\Theta = \pi/2$ gestreuten Photons $E_{1e} = E_{20}$ und die eines zurückgestreuten, d.h. unter dem Winkel $\Theta = \pi$ abgelenkten Photons, $E_{1e} = E_{20}/2$. Da $E_{20} \ll E_{1a}$, geht bei derartigen Stößen fast die gesamte Anfangsenergie des harten Photons in kinetische Energie des Elektrons über. Demgemäß ist die kinetische Energie des Elektrons nach dem Stoß groß gegen E_{20}, das Elektron also ein extrem relativistisches Teilchen.

Beobachtung der Compton-Streuung an gebundenen Elektronen

Den Stoß von Photonen mit Elektronen hat COMPTON im Jahre 1923 experimentell nachgewiesen. Als Photonenquelle verwendete COMPTON Röntgenstrahlen, um Photonen möglichst hoher Energie zu erhalten, denn die relative Impuls- und Energieänderung der Photonen ist nach Gl. (11.23) um so größer, je größer die Einfallsenergie E_{1a} der Photonen ist. Die Energie der Photonen in COMPTONs Experiment betrug $E_{1a} = 2 \cdot 10^4$ eV. In der heutigen Terminologie handelte es sich allerdings um weiche Photonen, auf die Gl. (11.24) anwendbar ist, so daß als kinetische Energie der gestreuten Elektronen $E_{2e,\text{kin}} = 10^3(1 - \cos\Theta)$ eV resultiert. COMPTON

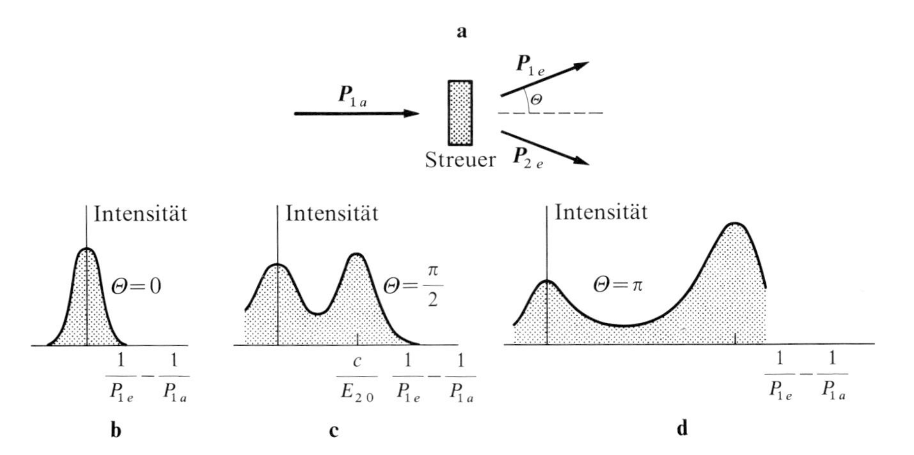

Abb. 11.3

(a) Schematische Darstellung der Compton-Streuung. Die einfallende Röntgenstrahlung, deren Photonen den Impuls $\boldsymbol{P}_{1a}$ haben, werden an den Elektronen der Atome des Streuers (Target) abgelenkt.
(b)—(d) Die unter drei Winkeln ($\Theta = 0, \pi/2, \pi$) gemessene Intensität der gestreuten Röntgenstrahlung als Funktion des reziproken Impulsverlustes. (Der reziproke Impuls gibt direkt die Wellenlänge λ des Röntgenlichtes: $1/P = \lambda/h$, wobei $h = 2\pi \cdot$ Plancksche Konstante). Nach Gl. (11.22) müßte, wenn die Elektronen ruhten, eine scharfe Linie auftreten, die für $\Theta = 0$ an der Stelle $1/P_{1e} - 1/P_{1a} = 0$, für $\Theta = \pi/2$ an der Stelle c/E_{20} und für $\Theta = \pi$ an der Stelle $2c/E_{20}$ liegt. Die Messungen zeigen an den fraglichen Stellen ein deutliches Maximum, dessen Breite davon herrührt, daß die streuenden Elektronen in den Atomen gebunden sind. Das Maximum bei $1/P_{1e} - 1/P_{1a} = 0$ rührt von den stark gebundenen Elektronen der tieferen Schalen her.

ließ die Photonen auf Graphit, d. h. auf Kohlenstoff auffallen. In der Materie stoßen Photonen mit Elektronen, die in den Atomen gebunden sind. In allen Atomen sind nun die äußeren Elektronen nur schwach gebunden. Es genügt eine Energiezufuhr der Größenordnung einiger eV, um sie aus ihrer Bindung, d. h. aus dem Atom loszulösen. Durch den Stoß mit einem Photon der Röntgenstrahlung wird ein schwach gebundenes Elektron befreit; außerdem wird ihm kinetische Energie gemäß (11.24) zugeführt. Die Bindungsenergie ist bei den schwach gebundenen Elektronen gegenüber der kinetischen Energie des Elektrons vernachlässigbar, wenn E_{1a} hinreichend groß ist. Der Stoß von Photonen mit diesen Elektronen läßt eine Abhängigkeit des Impulses bzw. der Energie der Photonen nach dem Stoß vom Winkel Θ nach Gl. (11.21) bzw. (11.22) erwarten.

Die Ergebnisse Comptons, die schematisch in Abb. 11.3 angedeutet sind, zeigen, daß das Experiment mit den Erwartungen übereinstimmt. Der Impuls der Photonen nach dem Stoß ändert sich charakteristisch und, wie in (11.21) beschrieben, mit der Richtung der Photonen nach dem Stoß. Außer den Photonen, deren Impuls sich beim Stoß geändert hat, beobachtet man jedoch, wie Abb. 11.3 zeigt, in jeder Richtung auch noch Photonen, deren Impulsbetrag und deren Energie sich nicht geändert haben. Diese Photonen haben mit Elektronen gestoßen, die im Atom stärker gebunden sind. Elektronen, bei denen nämlich die nach (11.24) berechnete kinetische Energie nicht mehr groß ist gegen die Bindungsenergie im Atom, können durch das einfallende Photon nicht aus ihrer Bindung befreit werden. Der Stoß mit dem Elektron wirkt dann wie der Stoß mit dem ganzen Atom, d. h. mit einem Teilchen großer Masse bzw. innerer Energie. Das hat zur Folge, daß dann keine Energie, sondern nur Impuls auf das gebundene Elektron und damit auf das Atom übertragen wird. Der Impuls des Photons ändert sich beim Stoß dann nur der Richtung nach, während sein Betrag und damit die Energie des Photons erhalten bleiben.

Compton-Effekt am bewegten Elektron

Bei unseren bisherigen Betrachtungen war das Elektron vor dem Stoß in Ruhe. Sehen wir uns noch kurz den Compton-Effekt am bewegten Elektron an, und zwar für den Fall, daß die Gesamtenergie des Elektrons E_{2a} sehr groß ist gegen seine innere Energie E_{20}, also $E_{2a} \gg E_{20}$. Das Elektron bewegt sich dann nahezu mit Lichtgeschwindigkeit; es laufe dem Photon entgegen. Elektron und Photon sind jetzt insofern gleiche Teilchen, als für beide $E(\boldsymbol{P}) = cP$ gilt (s. Regel 6.2, Universalität des Hochenergieverhaltens).

Impuls- und Energiesatz lauten unter diesen Voraussetzungen

$$P_{1a} - P_{2a} = -P_{1e} + P_{2e} \tag{11.26}$$

und

$$cP_{1a} + cP_{2a} = cP_{1e} + cP_{2e}. \tag{11.27}$$

Beim Impulssatz (11.26) wurden die Richtungen der Impulsvektoren durch die Vorzeichen vor den Impulsbeträgen berücksichtigt. Diese Gleichungen besagen, daß

$$P_{1a} = P_{2e}, \quad E_{1a} = E_{2e} \tag{11.28}$$

und

$$P_{2a} = P_{1e}, \quad E_{2a} = E_{1e}, \tag{11.29}$$

wie in Abb. 11.4 gezeichnet.

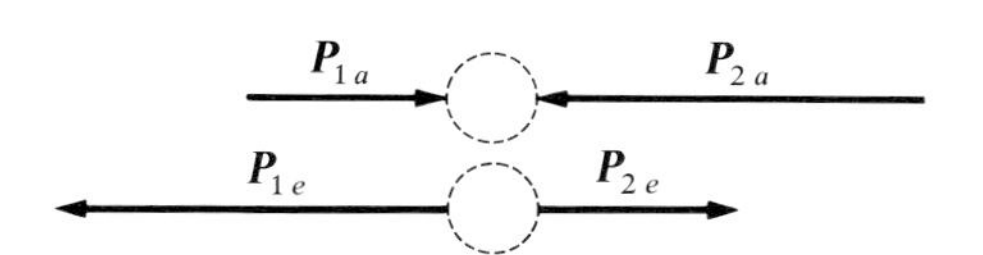

Abb. 11.4

Zentraler Stoß eines Photons ($\boldsymbol{P}_{1a}$) mit einem hochenergetischen Elektron ($\boldsymbol{P}_{2a}$), allgemein zweier hochenergetischen Teilchen. Der Stoß ist identisch mit dem Stoß zweier gleicher Teilchen, denn in ihrem Hochenergiebereich ($E \gg E_0$) sind hinsichtlich des Transports von Energie und Impuls alle Teilchen gleich (Universalität des Hochenergieverhaltens).

Für den Stoß dieser sich mit Lichtgeschwindigkeit oder nahezu mit Lichtgeschwindigkeit bewegenden Teilchen gilt also auch, was die Gl. (11.13) für Newtonsche Teilchen aussagt, nämlich daß beim zentralen elastischen Stoß zweier gleicher Teilchen das Teilchen 1 Impuls und Energie des Teilchens 2 aufnimmt und umgekehrt Teilchen 2 Impuls und Energie des Teilchens 1.

Der Compton-Effekt am bewegten Elektron stellt eine experimentelle Methode dar, um Photonen extrem hoher Energie zu erzeugen. Man läßt dazu einen Photonenstrahl, etwa das rote Licht eines Rubin-Lasers, das sind Photonen einer Energie von knapp 2 eV, auf einen Strahl von Elektronen mit $E_{2a} \gg E_{20} = 0{,}5$ MeV aufprallen und erhält nach (11.29) Photonen mit $E_{1e} = E_{2a}$.

Reflexion von Licht am ruhenden Spiegel

Stößt ein Photon *elastisch* mit einem Körper, dessen innere Energie E_{20} sehr groß ist gegenüber der Energie E_{1a} des auftreffenden Photons, so wird das Photon reflektiert. Für Newtonsche Teilchen haben wir im Anschluß an Gl. (11.12) die Reflexion bereits kennengelernt. Wir behandeln jetzt die *Reflexion von Photonen an einer spiegelnden Wand*. Spiegelnd ist eine Wand, wenn sie nur Impulskomponenten senkrecht zu ihrer Oberfläche aufnehmen kann, nicht dagegen zur Oberfläche tangentiale Komponenten des Impulses.

Zunächst ruhe die Wand. Hat das Photon wieder den Index 1 und die Wand den Index 2, so lautet der Impulssatz

$$\boldsymbol{P}_{1a,\,\text{senkr.}} = \boldsymbol{P}_{1e,\,\text{senkr.}} + \boldsymbol{P}_{2e,\,\text{senkr.}} \tag{11.30}$$

und

$$\boldsymbol{P}_{1a,\,\text{tang}} = \boldsymbol{P}_{1e,\,\text{tang}}. \tag{11.31}$$

Wegen (11.22) nimmt bei $E_{20} \gg E_{1a}$ die Wand wieder wie beim Stoß mit Newtonschen Teilchen keine Energie auf. Also bleibt nach (11.21) der Betrag des Photonenimpulses erhalten, d.h. $P_{1e} = P_{1a}$. Aus (11.31) und Abb. 11.5 folgt unmittelbar, daß der Einfallswinkel α gleich dem Ausfallswinkel β ist, also das Reflexionsgesetz der Optik gilt. Die Überlegung bleibt auch für Newtonsche Teilchen richtig.

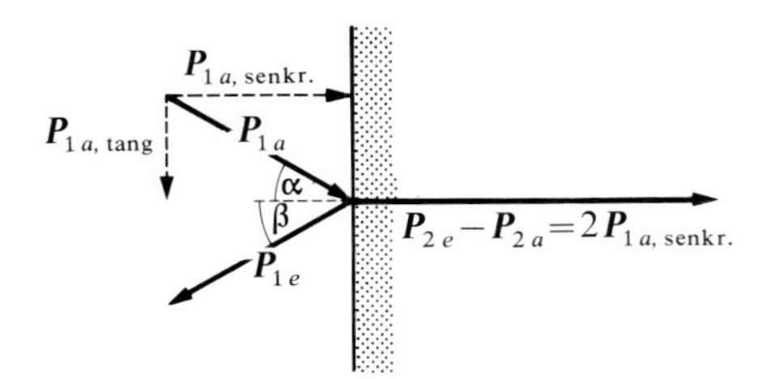

Abb. 11.5

Reflexion eines Teilchens an einer ruhenden, spiegelnden Wand. Die Wand nimmt keine Energie auf und vom Impuls nur die (doppelte) senkrechte Komponente, nicht aber die Tangentialkomponente. Hieraus folgt, daß der Einfallswinkel α gleich dem Ausfallswinkel β ist.

Reflexion von Licht am bewegten Spiegel

Wir betrachten jetzt quantitativ die *Reflexion an einer bewegten spiegelnden Wand*. Dabei beschränken wir uns auf senkrechten Aufprall auf die Wand (Abb. 11.6). Impuls-

und Energiesatz lauten

$$P_{1a} - P_{1e} = P_{2e} - P_{2a} \tag{11.32}$$

und

$$c P_{1a} - c P_{1e} = E_{2e} - E_{2a}. \tag{11.33}$$

Da die Wand als Newtonscher Körper behandelt werden darf, lautet die rechte Seite von Gl. (11.33)

$$\begin{aligned} E_{2e} - E_{2a} &= \frac{P_{2e}^2 - P_{2a}^2}{2M_2} = \frac{(P_{2e} + P_{2a})(P_{2e} - P_{2a})}{2M_2} \\ &= \frac{1}{2}\left(\frac{P_{2e}}{M_2} + \frac{P_{2a}}{M_2}\right) \cdot (P_{2e} - P_{2a}) = \frac{1}{2}(V_{2e} + V_{2a}) \cdot (P_{2e} - P_{2a}). \end{aligned} \tag{11.34}$$

Dabei haben wir benutzt, daß $P_{2a} = M_2 V_{2a}$ und $P_{2e} = M_2 V_{2e}$, wenn V_{2a} die Geschwindigkeit der Wand vor dem Stoß und V_{2e} ihre Geschwindigkeit nach dem Stoß ist.

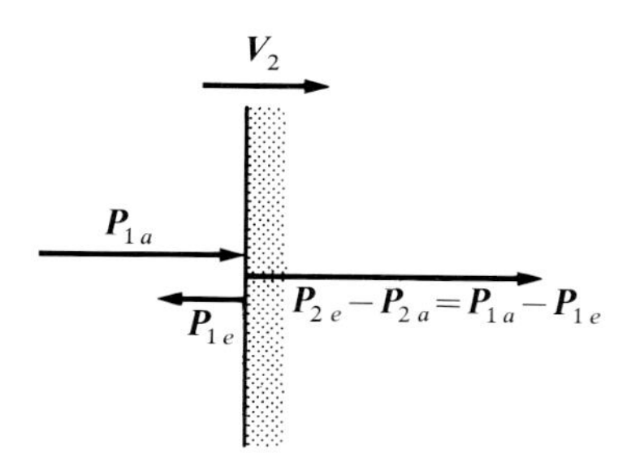

Abb. 11.6

Senkrechte Reflexion eines Teilchens an einer bewegten spiegelnden Wand. Die Wand nimmt Energie und Impuls auf. Beim nicht-senkrechten Einfall würde die Tangentialkomponente des Impulses keine Änderung erfahren.

Nun leuchtet unmittelbar ein, daß die Geschwindigkeiten V_{2a} und V_{2e} der Wand sich um so weniger unterscheiden, je größer die Masse M_2 der Wand ist; für $M_2 \to \infty$ würde die Wand also durch den Stoß gar keine Geschwindigkeitsänderung erfahren, d.h. es wäre $V_{2a} = V_{2e} = V_2$. Daß das richtig ist, sehen wir sofort ein, wenn wir uns in die Lage eines Beobachters versetzen, der sich ebenfalls mit der Geschwindigkeit V_{2a} der Wand bewegt, so daß die Wand relativ zu ihm ruht. Eine ruhende Wand unendlich großer Masse bleibt aber, wie wir wissen, beim Stoß ruhen. Für unseren Beobachter hat also die Wand vor und nach dem Stoß dieselbe Geschwindigkeit, nämlich die Geschwindigkeit Null. Also hat die Wand auch für einen beliebigen anderen Beobachter vor und nach dem Stoß dieselbe Geschwindigkeit. Setzen wir dementsprechend $V_{2a} = V_{2e} = V_2$ in (11.34) ein, so resultiert

$$E_{2e} - E_{2a} = V_2 (P_{2e} - P_{2a}). \tag{11.35}$$

Eine bewegte Wand nimmt also im Gegensatz zu einer ruhenden beim Stoß nicht nur Impuls, sondern auch Energie auf. Entsprechend haben, wenn die Wand sich in derselben Richtung bewegt wie die ankommenden Teilchen, die zurückgeworfenen Teilchen eine kleinere Energie als die ankommenden. Bewegt sich die Wand den ankommenden Teilchen entgegen, so haben die zurückgeworfenen Teilchen eine größere Energie als die ankommenden.

Kombiniert man Gl. (11.33) mit Gl. (11.35), so erhält man

$$c(P_{1a} - P_{1e}) = E_{1a} - E_{1e} = \boldsymbol{V}_2(\boldsymbol{P}_{2e} - \boldsymbol{P}_{2a}) = V_2(P_{2e} - P_{2a}). \tag{11.36}$$

Im letzten Schritt dieser Gleichungsreihe haben wir dabei benutzt, daß $\boldsymbol{P}_{2e}$, $\boldsymbol{P}_{2a}$ und $\boldsymbol{V}_2$ die gleiche Richtung haben. $\boldsymbol{P}_{1a}$ und $\boldsymbol{P}_{1e}$ haben dagegen entgegengesetzte Richtung, so daß $|\boldsymbol{P}_{1a} - \boldsymbol{P}_{1e}| = P_{1a} + P_{1e}$. Gl. (11.32) sagt also aus, daß

$$P_{1a} + P_{1e} = \pm(P_{2e} - P_{2a}), \tag{11.37}$$

wobei das Pluszeichen dann gilt, wenn $P_{2e} > P_{2a}$, d.h. wenn $\boldsymbol{P}_{1a}$ und $\boldsymbol{V}_2$ dieselbe Richtung haben und das Minuszeichen, wenn $P_{2e} < P_{2a}$, d.h. wenn $\boldsymbol{P}_{1a}$ und $\boldsymbol{V}_2$ entgegengerichtet sind. Setzen wir (11.37) in (11.36) ein, so erhalten wir

$$\frac{P_{1e}}{P_{1a}} = \frac{E_{1e}}{E_{1a}} = \frac{1 \mp \frac{V_2}{c}}{1 \pm \frac{V_2}{c}}; \tag{11.38}$$

hierin gilt das obere (untere) Vorzeichen, wenn $\boldsymbol{P}_{1a}$ und $\boldsymbol{V}_2$ dieselbe (entgegengesetzte) Richtung haben.

Die Formel (11.35) ist übrigens nichts anderes als eine unmittelbare Konsequenz von Gl. (6.5), d.h. der allgemeinen dynamischen Beziehung $dE = \boldsymbol{v}\, d\boldsymbol{P}$. Sie besagt, daß eine Impulsänderung $d\boldsymbol{P}$ stets mit einer Energieänderung dE verknüpft ist, die allein durch die Geschwindigkeit $\boldsymbol{v}$ des Energietransports bestimmt ist. Wendet man diese Beziehung auf die Wand an, so ist $\boldsymbol{v}$ durch $\boldsymbol{V}_2$ zu ersetzen, und da $\boldsymbol{V}_2$, wie wir gesehen haben, konstant ist, läßt sich $dE_2 = \boldsymbol{V}_2\, d\boldsymbol{P}_2$ integrieren und liefert

$$\Delta E_2 = \boldsymbol{V}_2 \cdot \Delta \boldsymbol{P}_2 \tag{11.39}$$

für beliebige endliche Impulsänderungen $\Delta \boldsymbol{P}_2$ und die damit verbundenen Energieänderungen ΔE_2 der Wand. Gl. (11.39) ist identisch mit Gl. (11.35). Ist $\boldsymbol{V}_2 = 0$, so ist auch $\Delta E_2 = 0$. Wir erhalten so das alte Resultat, daß eine ruhende Wand zwar Impuls, aber keine Energie aufnimmt.

Nach der Quantenmechanik ist der Energie E eines Teilchens eine *Frequenz* ω zugeordnet nach der einfachen Beziehung

$$E = \hbar\omega. \tag{11.40}$$

$\hbar$ ist eine Naturkonstante, die Plancksche Konstante $\hbar = h/2\pi = 1{,}054 \cdot 10^{-34}$ Joule · sec. Ebenso ist dem Impuls $\boldsymbol{P}$ ein *Wellenvektor* $\boldsymbol{k}$ zugeordnet gemäß

$$\boldsymbol{P} = \hbar \boldsymbol{k} = \frac{h}{\lambda}\left(\frac{\boldsymbol{k}}{k}\right). \tag{11.41}$$

Die Richtung des Wellenvektors $\boldsymbol{k}$ ist die des Impulses $\boldsymbol{P}$. Sein Betrag ist das 2π-fache einer reziproken Wellenlänge λ.

Beim Photon sind ω und λ Frequenz und Wellenlänge des Lichts. Die Relation $E = c|\boldsymbol{P}|$ für das Photon lautet also

$$\omega = c|\boldsymbol{k}| \tag{11.42}$$

oder

$$\frac{\omega}{2\pi} \cdot \lambda = c. \tag{11.43}$$

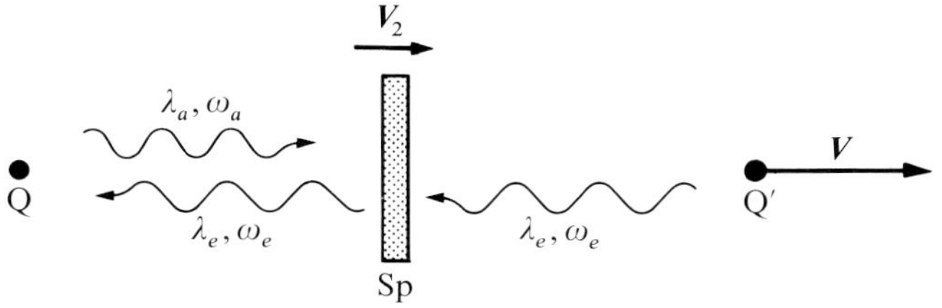

Abb. 11.7

Wellenlängen- und Frequenzänderung von Licht, das an einem mit der Geschwindigkeit $\boldsymbol{V}_2$ bewegten Spiegel Sp reflektiert wird. Das reflektierte Licht ist identisch mit Licht, das von einer Quelle Q′ kommt, die sich mit der Geschwindigkeit $\boldsymbol{V}$ des Spiegelbildes Q′ von Q bewegt. Für $V/c \ll 1$ ist $\boldsymbol{V} = 2\boldsymbol{V}_2$.

Die Gl. (11.38) lautet in Frequenzen und Wellenlängen des Lichts geschrieben

(11.44)
$$\frac{\lambda_a}{\lambda_e} = \frac{\omega_e}{\omega_a} = \frac{1 \mp \dfrac{V_2}{c}}{1 \pm \dfrac{V_2}{c}}.$$

λ_a und ω_a sind dabei Wellenlänge und Frequenz des ausgesandten Lichts, λ_e und ω_e Wellenlänge und Frequenz des Lichts, das vom Spiegel reflektiert wird.

Nun ist das Licht, das von einem Spiegel reflektiert wird, der sich mit der Geschwindigkeit V_2 bewegt, nicht zu unterscheiden von Licht, das von einer Quelle kommt, die sich mit der Geschwindigkeit V des Spiegelbildes der ursprünglichen Lichtquelle bewegt (Abb. 11.7). Bei Geschwindigkeiten $V_2 \ll c$ ist $V = 2V_2$, so daß Gl. (11.44) auch geschrieben werden kann

(11.45)
$$\frac{\lambda_a}{\lambda_e} = \frac{\omega_e}{\omega_a} \approx \frac{1 \mp \dfrac{1}{2}\dfrac{V}{c}}{1 \pm \dfrac{1}{2}\dfrac{V}{c}} \approx \left(1 \mp \frac{V}{2c}\right)\left(1 \mp \frac{V}{2c}\right) \approx 1 \mp \frac{V}{c}, \qquad \frac{V}{c} \ll 1.$$

In dieser Rechnung sind in V/c quadratische Glieder und Glieder höherer Ordnung fortgelassen. Gl. (11.45) ist der **Doppler-Effekt des Lichts für $V/c \ll 1$,** nämlich die Frequenzänderung bzw. Wellenlängenänderung, die Licht infolge der Relativbewegung von Quelle und Beobachter erfährt. Für Relativgeschwindigkeiten V, bei denen nicht $V/c \ll 1$ ist, werden wir die (11.45) entsprechende Formel in § 39 kennenlernen.

§ 12 Der inelastische Stoß

Energiebilanz

Beim elastischen Stoß bleibt die Summe der inneren Energien $\sum_i E_{i0}$ aller Stoßpartner ebenso erhalten wie die Summe aller ihrer kinetischen Energien $\sum_i E_{i,\mathrm{kin}}$, gemessen in einem beliebigen Bezugssystem. Beim inelastischen Stoß nun wird kinetische Energie der Stoßpartner in innere Energie umgesetzt oder umgekehrt. Das kann jedoch wegen der Erhaltung des Gesamtimpulses des Systems beim Stoß nur so weit gelten, als die im Schwerpunktssystem gemessene Summe der kinetischen Energien $\sum_i E_{i,\mathrm{kin}}^{(S)}$ aller am Stoß beteiligten Teilchen in innere Energie umgewandelt werden kann. Der in einem anderen Bezugssystem als dem Schwerpunktssystem darüber hinaus gemessene Betrag an kinetischer Energie der Einzelteilchen, die kinetische Energie des Schwerpunkts $E_{S,\mathrm{kin}}$, wie wir diesen Anteil der kinetischen Energie nannten, muß bei jedem Stoß, ob elastisch oder inelastisch, erhalten bleiben.

Da beim inelastischen Stoß kinetische Energie und innere Energie der Stoßpartner ineinander umgewandelt werden, wird dabei innere Energie erzeugt oder vernichtet. Wir haben es daher nach dem Stoß nicht mehr mit denselben Teilchen zu tun wie vor dem Stoß. Man sagt auch, das Leben derjenigen Teilchen, die vor dem Stoß Impuls und Energie transportiert haben, ist beendet. Im inelastischen Stoß werden neue Teilchen erzeugt, nämlich Transporte, bei denen Impuls und Energie anders zusammenhängen als vor dem Stoß. Auch die Anzahl der Teilchen kann sich durch einen inelastischen Stoß ändern. Wie wir in § 9 erörtert haben, ist die Anzahl dadurch gegeben, in wie viele einzelne Impuls- und Energietransporte der Form (6.10) der gesamte Impuls- und Energietransport, den alle Stoßpartner zusammen bilden, sich zerlegen läßt.

Das Schicksal der Teilchen beim inelastischen Stoß erinnert an das der Reaktionspartner bei einer chemischen Reaktion. Auch dort beendet die Reaktion das Leben derjenigen Moleküle, die vor der Reaktion existiert hatten. Dabei kann sich auch die Zahl der Moleküle ändern, sie kann kleiner oder größer werden und natürlich auch gleich bleiben. Wir können den inelastischen Stoß also auffassen als einen Fall einer allgemeinen **Teilchenreaktion.** Darunter kommen auch die chemischen Reaktionen vor, denn eine chemische Reaktion beruht auf den inelastischen Stößen der reagierenden Moleküle.

Modell eines inelastischen Stoßes

Das wesentliche Merkmal eines inelastischen Stoßes ist die Umwandlung von kinetischer in innere Energie. Diese Umwandlung wollen wir uns an einem Modell veranschaulichen, bei dem die Änderung der inneren Energie eines Stoßpartners deutlich sichtbar ist (Abb. 12.1). Das Modell der stoßenden Teilchen besteht aus zwei Körpern, von denen einer, nämlich der Körper 2, eine elastische Feder trägt, die beim Stoß zusammengedrückt wird und die sich mittels einer Sperrklinke nach Belieben in jeder Stellung einrasten läßt. Die Feder gehört zum Körper 2, und daher wird beim Spannen der Feder

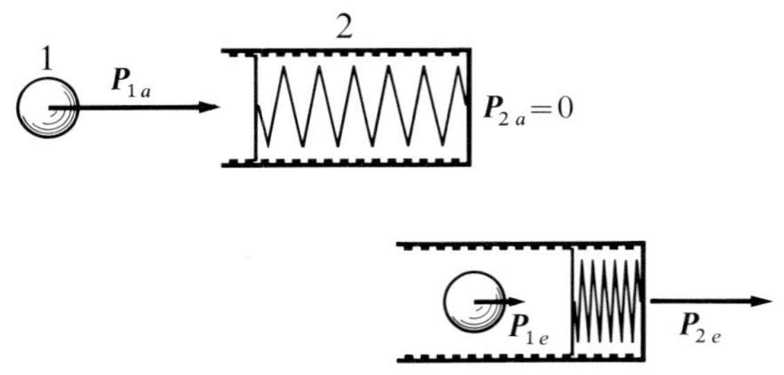

Abb. 12.1

Der Körper 1 stößt mit dem Impuls $\boldsymbol{P}_1$ inelastisch auf den ruhenden Körper 2. Die innere Energie des Körpers 2 erhöht sich beim Stoß durch Spannen der Feder. Der Impuls $\boldsymbol{P}_{1a}$ ist nach dem Stoß in $\boldsymbol{P}_{1e}$ und $\boldsymbol{P}_{2e}$ aufgeteilt.

dem Körper 2 Energie zugeführt, so daß sich seine innere Energie um den Betrag der Spannungsenergie der Feder erhöht. Diese Erhöhung der inneren Energie des Körpers 2 sieht man deutlich an der Verkürzung der Feder. Umgekehrt wird beim Entspannen der Feder die innere Energie des Körpers 2 vermindert. Natürlich sind die durch das Spannen und Entspannen der Feder verursachten Änderungen der inneren Energie des Körpers 2 ganz außerordentlich klein im Vergleich zu seiner inneren Energie $E_{2\,0} = M_2 c^2$; aber diese kleinen Änderungen sind gut sichtbar, und darauf kommt es uns hier an.

Durch die Feder mit der Sperrklinke am Körper 2 können wir dem Körper 1 jeden beliebigen Impuls entziehen. Dazu brauchen wir die Sperrklinke nur in einem geeigneten Augenblick einrasten zu lassen oder, wenn Impulsabgabe erfolgen soll, die Feder vor dem Stoß spannen und sie dann beim Entspannungsprozeß im richtigen Augenblick einrasten lassen. Wir können so außer den Anfangsimpulsen unserer Teilchen auch den Betrag des Endimpulses $\boldsymbol{P}_{1\,e}$ des Körpers 1 vorgeben. Im allgemeinen wäre auch die Vorgabe einer beliebigen Richtung von $\boldsymbol{P}_{1\,e}$ möglich, doch beschränken wir uns hier auf unsere Vorrichtung, die ja nur Zentralstöße erlaubt, d.h. Stöße, bei denen sich der ganze Stoßvorgang auf einer geraden Linie abspielt.

Wir erinnern zunächst daran, daß ein *elastischer* Stoß zwischen zwei Körpern vollkommen festgelegt ist, wenn außer den Anfangsimpulsen der beiden Körper auch noch die Richtung des Endimpulses eines der Körper vorgegeben wird. Dann ist auch der Betrag des Endimpulses dieses Körpers sowie der Endimpuls des anderen Körpers fixiert. Für unser Modell, das nur Zentralstöße erlaubt, besagt das, daß beim elastischen Stoß die Anfangsbedingungen auch den Endzustand, d.h. die Endimpulse der Körper 1 und 2 eindeutig festlegen. Einen elastischen Stoß können wir mit unserem Modell so realisieren, daß wir die Sperrklinke fest eingerastet lassen oder nur so Gebrauch von ihr machen, daß die Feder vor und nach dem Stoß gleiche Länge hat; denn beim elastischen Stoß darf sich ja die innere Energie keines der beiden Stoßpartner ändern.

Beim *inelastischen* Stoß haben wir demgegenüber eine neue Freiheit dadurch, daß ein mehr oder minder großer Betrag der kinetischen Energie in innere Energie umgewandelt werden kann, d.h. daß die Feder mehr oder weniger gespannt werden kann. Die Vorgabe der Anfangsimpulse der beiden Körper 1 und 2 legt also keineswegs, wie im Fall des elastischen Stoßes, die Endimpulse fest. Wir können vielmehr noch eine weitere Bedingung stellen, z.B. den Endimpuls eines der beiden Körper vorgeben. Natürlich muß dann die innere Energie um einen bestimmten Betrag geändert werden, die Feder also um ein bestimmtes Stück gespannt werden.

Unser Modell erlaubt so, durch Arretieren der Feder im geeigneten Moment alle Möglichkeiten des Zentralstoßes, vom elastischen bis zum total inelastischen Stoß, zu realisieren.

Der total inelastische Stoß

Den total inelastischen Stoß hatten wir in § 10 dadurch gekennzeichnet, daß die gesamte kinetische Energie im Schwerpunktssystem in innere Energie umgewandelt wird. Damit wird beim total inelastischen Stoß ein Maximum an kinetischer Energie in innere Energie umgesetzt. Die innere Energie unseres Modellkörpers 2 erhöhen wir nun maximal, wenn wir beim Aufprall des Körpers 1 die Feder bei maximaler Spannung arretieren. Dann sehen wir auch anschaulich, daß die Feder den Körper 1 nicht mehr vom Körper 2 fortdrückt. Die Körper 1 und 2 laufen nach dem Stoß beide mit gleicher Geschwindigkeit weiter, wie es auch sein muß, damit in ihrem Schwerpunktssystem, das sich ja so bewegt wie die Körper nach dem Stoß, die kinetische Energie verschwindet. Beim total inelastischen Stoß sind also nach dem Stoß die Impulse der Stoßpartner wieder eindeutig festgelegt. Das ist klar, denn der total inelastische Stoß stellt ja an den Stoßvorgang die Bedingung, daß die Geschwindigkeiten der beiden Körper im Endzustand gleich sind bzw. daß die Umwandlung von kinetischer Energie in innere Energie maximal ist.

Bei der Messung des Impulses (§ 7) hatten wir den total inelastischen Stoß benutzt und ihn durch den Aufprall eines Geschosses auf einen Sandsack veranschaulicht. Im Bild unseres Modells entspricht die Erhöhung der inneren Energie durch Spannen der Feder der Erhöhung der inneren Energie von Geschoß und Sandsack durch Erwärmung.

Wir fragen noch nach dem Betrag, um den die innere Energie beim total inelastischen Stoß zunimmt. Dazu nehmen wir an, daß der Körper 2 ruht, so daß $\boldsymbol{P}_{2\,a}=0$ ist. Bezeichnen dann $\boldsymbol{P}_e$ und E_e Impuls und Energie des Endzustands, in dem die beiden stoßenden Teilchen ja ein einziges Teilchen bilden, so lauten Impuls- und Energiebilanz des Prozesses

$$\boldsymbol{P}_{1\,a}=\boldsymbol{P}_e, \qquad E_{1\,a}+E_{2\,a}=E_e. \tag{12.1}$$

Sind die beiden stoßenden Teilchen Newtonsche Körper, so hat die Energiegleichung in (12.1) die Gestalt

$$\frac{P_{1\,a}^2}{2M_1}+E_{1\,0}+E_{2\,0}=\frac{P_{1\,a}^2}{2(M_1+M_2)}+E_{1\,0}+E_{2\,0}+\varepsilon. \tag{12.2}$$

Dabei bezeichnet ε die Erhöhung der inneren Energie infolge des Stoßes, im Fall unseres Modells also die Spannungsenergie der Feder, bei Geschoß und Sandsack die Wärmeenergie. Eliminiert man ε aus (12.2), so erhält man

$$\varepsilon=\frac{M_2}{M_1+M_2}\,\frac{P_{1\,a}^2}{2M_1}=\frac{M_2}{M_1+M_2}\,E_{1\,\mathrm{kin},\,a}. \tag{12.3}$$

Von der kinetischen Energie $P_{1a}^2/2M_1$ des Körpers 1 geht also der $M_2/(M_1+M_2)$-te Teil in Erhöhung der inneren Energie über. Der Rest, d.h. der $M_1/(M_1+M_2)$-te Teil, ist kinetische Energie des Schwerpunkts $E_{S,\,\mathrm{kin}}$, die ja gemäß Gl. (10.3) und (10.13) eine Stoßinvariante ist, also beim Stoß unangetastet bleibt. Bei $M_2 \gg M_1$ ruht der Körper 2 im Schwerpunktsystem, so daß praktisch die gesamte kinetische Energie des Körpers 1 in innere Energie umgewandelt wird. Ein Auto (M_1), das gegen einen Baum und damit gegen die mit dem Baum starr verbundene Erde (M_2) fährt, ist ein Beispiel hierfür.

Fällt ein Photon 1 auf einen makroskopischen Körper 2, dessen Geschwindigkeit $v \ll c$ ist, und wird es absorbiert, so ist das ein *total inelastischer Stoß eines sich mit der Grenzgeschwindigkeit bewegenden Teilchens* 1 mit einem Newtonschen Teilchen 2. Damit ergibt sich aus der Energiebilanz (12.1) in diesem Fall

$$E_{1\,a}+E_{2\,0}=\frac{P_{1\,a}^2}{2M_2}+\varepsilon+E_{2\,0} \tag{12.4}$$

und nach Erweitern des ersten Gliedes der rechten Seite mit c^2

$$\varepsilon=E_{1\,a}\left(1-\frac{E_{1\,a}}{2E_{2\,0}}\right). \tag{12.5}$$

Da $E_{1\,a} \ll E_{2\,0}$, geht praktisch die ganze Photonenenergie in Erwärmung des absorbierenden Körpers über. Mißt man also die Erwärmung eines bestrahlten, absorbierenden

Körpers, so läßt sich auf die Energie aller einfallenden Photonen schließen. Ein derartiges Instrument nennt man ein **Bolometer.**

Der absorbierende Körper 2 braucht übrigens nicht unbedingt makroskopisch zu sein, um die Gln. (12.1), (12.4) und (12.5) auf die **Absorption** anwenden zu können. Auch die innere Energie eines einzelnen Atoms oder Atomkerns ist groß gegen die Energie der Photonen, die von diesen Systemen absorbiert werden können. Die Atome absorbieren Photonen (von etwa 1 eV bis 10^5 eV) dadurch, daß die Elektronenhülle des Atoms in Zustände mit höherer Energie übergeht, während Atomkerne Photonen (von Energien bis zu einigen 10^6 eV = MeV) dadurch absorbieren, daß der aus Nukleonen (Protonen und Neutronen) bestehende ganze Kern in Zustände höherer Energie übergeht.

Zum Unterschied von makroskopischen Körpern, deren innere Energien sich um beliebige Beträge ändern lassen, können die inneren Energien von Atomen und Atomkernen nur ganz bestimmte, diskrete Werte annehmen. Infolgedessen können sie auch nicht jeden angebotenen Energiebetrag aufnehmen, sondern schlucken die Energie nur in bestimmten Portionen, in *Quanten.* Nach Aussage der Quantenmechanik trifft das streng genommen zwar für jedes System zu, aber bei makroskopischen Gebilden sind die Quanten so klein, daß sie nicht spürbar werden. Bei Atomen, wie überhaupt bei mikroskopischen Systemen, ist die **Quantenstruktur des Energieaustauschs** jedoch immer spürbar. Das ist experimentell zuerst deutlich von J. Franck (1882—1964) und G. Hertz (1887—1975) im Jahre 1914 gezeigt worden für den Stoß von Elektronen mit Hg-Atomen.

Franck-Hertz-Versuch

Beim Versuch von Franck und Hertz (Abb. 12.2) treten aus einer Glühkathode K Elektronen in einen mit Hg-Atomen gefüllten Raum ein und „fallen" auf die Anode A zu, nehmen also im elektrischen Feld kinetische Energie auf analog einem im Gravi-

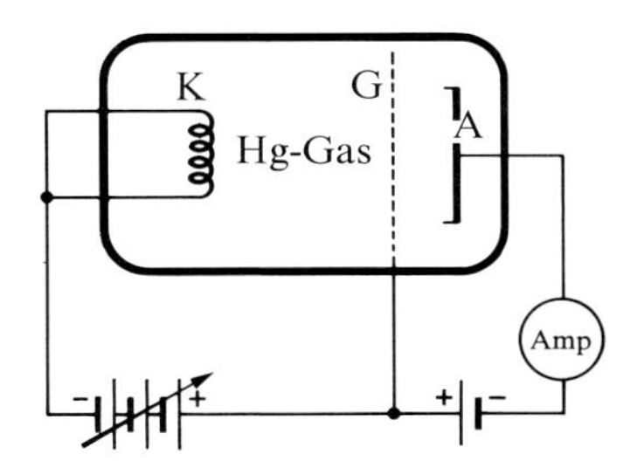

Abb. 12.2

Schematische Anordnung des Versuches von Franck und Hertz über den inelastischen Stoß von Elektronen mit Hg-Atomen. K = Kathode = Ort der Elektronenemission, G = Gitter, auf positiver Spannung gegenüber K, A = Anode, auf negativer Spannung gegenüber G, so daß zwischen G und A ein *Gegenfeld* herrscht. Bei der Ausführung des Versuchs ist darauf zu achten, daß der durch die Heizung bewirkte Potentialabfall längs der Kathode klein sein muß gegen die Spannungen zwischen K, G und A.

tationsfeld fallenden Körper. Bei dem netzförmigen Gitter G angelangt, treten die Elektronen aufgrund ihrer Trägheit durch das Gitter hindurch und laufen gegen ein *Gegenfeld* an, nämlich gegen ein elektrisches Feld, das entgegengesetzte Richtung hat wie das erste. Nur Elektronen, die im ersten Feld zwischen K und G keine kinetische Energie durch inelastischen Stoß mit den Hg-Atomen verloren haben, vermögen das Gegenfeld zu durchlaufen und tragen zum Strom durch das Amperemeter bei. Läßt man nun die Spannung zwischen Kathode und Gitter von Null Volt an wachsen, so wächst die kinetische Energie der Elektronen und mit ihr zunächst auch der vom Amperemeter angezeigte Strom der durch das Gegenfeld laufenden Elektronen (Abb. 12.3). Bei einer Spannung von 4.9 V sinkt der Strom jedoch plötzlich Die Energie 4,9 eV entspricht

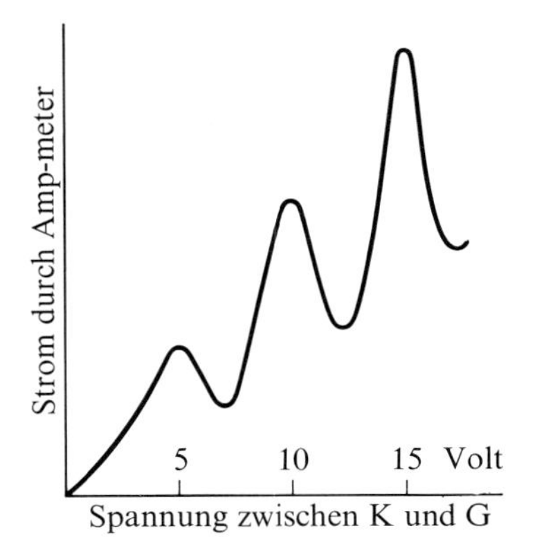

Abb. 12.3

Der beim Versuch von FRANCK und HERTZ im Gegenfeld fließende Strom in Abhängigkeit von der Spannung zwischen Kathode K und Gitter G. Die Bezeichnungen beziehen sich auf Abb. 12.2.

einer Anregungsstufe der Hg-Atome. Die Elektronen stoßen jetzt inelastisch mit den Hg-Atomen und geben ihre kinetische Energie an sie ab. Bei Steigerung der Spannung wächst der Strom wieder, aber bei ganzzahligen Mehrfachen der kinetischen Energie der Elektronen von 4,9 eV verlieren die Elektronen wieder durch mehrere inelastische Stöße ihre Energie und der beobachtete Strom sinkt. Die Anregung der Atome durch den Stoß mit den Elektronen wird auch dadurch deutlich, daß die angeregten Hg-Atome bei einer angelegten Spannung von 4,9 V unter Aussendung von 4.9 eV-Photonen, die als ultraviolettes Leuchten des Hg-Gases beobachtet werden, wieder in ihren *Grundzustand* zurückfallen.

Durch den Versuch von FRANCK und HERTZ wird die **diskrete Energiestruktur von Atomen** demonstriert. Der **makroskopische Körper** besitzt, da er aus Atomen zusammengesetzt ist, natürlich auch eine diskrete Struktur seiner Energieniveaus. Wenn sich diese nicht so deutlich wie die des Atoms offenbart, so liegt das daran, daß wegen der Wechselwirkung zwischen der großen Zahl von Atomen im makroskopischen Körper die Zahl der Energieniveaus so ungeheuer groß ist, daß die Niveaus über weite Energiebereiche hin kontinuierlich verschmiert erscheinen. Immerhin können große Bereiche der Energie auftreten, in denen auch ein makroskopischer Körper sich nicht von Photonen anregen läßt. Man denke nur an Glas; die Durchsichtigkeit bedeutet nichts weiter, als daß Photonen des sichtbaren Teils des Spektrums Glas durchdringen, ohne mit irgendwelchen Bestandteilen des Glases inelastisch zu stoßen.

Paarerzeugung und Paarzerstrahlung

Bei dem inelastischen Stoß eines Photons sehr hoher Energie mit einem Atom können sogar neue Teilchen entstehen. So erzeugen Photonen von über 1 MeV Energie ein Elektron-Positron-Paar. Elektron und Positron haben jedes eine innere Energie von 0,51 MeV. Das Elektron trägt eine negative, das Positron als sein *Antiteilchen* eine positive Elementarladung. Allerdings ist zur Erzeugung dieses Teilchen-Paares aus einem Photon die Beteiligung eines Atoms nötig; denn Energie- und Impulssatz können durch das Photon vor dem Stoß und das Elektron-Positron-Paar nach dem Stoß allein nicht erfüllt werden, sondern nur unter Hilfestellung eines weiteren Stoßpartners. Ein schweres Atom als elastischer Stoßpartner kann dabei viel Impuls bei wenig Energie aufnehmen.

Auch die Umkehrung dieses Prozesses der Paarerzeugung wird beobachtet, nämlich die **Paarzerstrahlung.** Das ist sogar ohne Beteiligung eines dritten Partners, wie des Atoms bei der Paarerzeugung, möglich, denn ein Elektron und ein Positron können in zwei oder mehrere Photonen *zerstrahlen.* In ihrem Schwerpunktssystem haben Elektron 1 und Positron 2 im Anfangszustand entgegengesetzte, aufeinander zu gerichtete Impulse, so daß der Gesamtimpuls

(12.6) $$\boldsymbol{P}=\boldsymbol{P}_{1a}+\boldsymbol{P}_{2a}=0.$$

Die Gesamtenergie E ist dann wegen der gleichen inneren Energien und der gleichen kinetischen Energien der beiden stoßenden Teilchen im Schwerpunktssystem

(12.7) $$E=2E_{10}+2E_{1\,\mathrm{kin},a}.$$

Beim Stoß verschwinden Elektron und Positron, sie werden *vernichtet.* Ihr Impuls und ihre Energie geht über in elektromagnetische Strahlung, sie zerstrahlen. Allerdings können sie nicht in ein einziges Photon übergehen, denn die Erhaltung des Impulses verlangt, daß im Schwerpunktssystem von Elektron und Positron der Gesamtimpuls verschwindet. Wir wissen aber (§ 10), daß es für ein einziges Photon gar kein Schwerpunktssystem, d.h. gar kein Bezugssystem gibt, in dem sein Impuls verschwindet. Dagegen gibt es ein Schwerpunktssystem für *zwei* oder mehr Photonen, nämlich dann, wenn die Photonen in entgegengesetzte oder allgemein in verschiedene Richtungen laufen und sich ihr Gesamtimpuls zu Null addiert.

Für den Endzustand des zerstrahlten Elektron-Positron-Paares setzen wir also an, daß wir zwei Photonen 1 und 2 vom Gesamtimpuls Null haben. Die beiden Photonen haben somit entgegengesetzt gleiche Impulse. Die Energie der Photonen muß gleich der Gesamtenergie E in Gl. (12.7) sein:

(12.8) $$\boldsymbol{P}=\boldsymbol{P}_{1e}+\boldsymbol{P}_{2e}=0,$$

(12.9) $$E=cP_{1e}+cP_{2e}=2cP_{1e}.$$

Da die kinetische Energie $E_{1\,\mathrm{kin},a}$ von Elektron und Positron in Gl. (12.7) im Prinzip beliebig klein gegenüber ihrer inneren Energie E_{10} sein kann, zeigt Gl. (12.9), daß die Mindestenergie eines Photons bei der Zerstrahlung eines Elektron-Positron-Paares in zwei Photonen $E_0=0{,}51$ MeV beträgt. Photonen dieser Energie beobachtet man tatsächlich, wenn von radioaktiven Atomkernen emittierte Positronen in Materie eindringen und dort mit Elektronen *rekombinieren,* d.h. zerstrahlen.

Absorptionsprozesse für hochenergetische Photonen

Unsere bisherigen Betrachtungen der elastischen und inelastischen Stoßprozesse erlauben eine Übersicht über die Wechselwirkung von hochenergetischen Photonen mit Materie; experimentell gesprochen, über die Absorption von Röntgenstrahlen.

Erstens erwarten wir Anregung der Atome durch inelastischen Stoß mit Photonen, so wie im Versuch von FRANCK und HERTZ das Atom durch inelastischen Stoß mit Elektronen angeregt wurde. Diese Anregung von Atomen durch Photonen, bei der Elektronen in Zustände schwächerer Bindung an das Atom angehoben, oder sogar ganz vom Atom losgelöst werden können, bezeichnet man allgemein als **Photoeffekt.** Diese Anregung erstreckt sich bis zu Energien, die den Bindungsenergien der im Atom am festesten gebundenen Elektronen entsprechen, (d.h. bis zu Energien der Größenordnung 10^5 eV).

Zweitens werden Photonen am Eindringen in Materie auch durch elastische Stöße mit Elektronen, d.h. durch *Compton-Streuung* (§ 11) gehindert. Da die Compton-Streuung ja auf Stößen mit Elektronen beruht, gleichgültig, ob diese gebunden oder frei sind, findet sie auch noch bei Energien statt, die weit über der Bindungsenergie der Elektronen liegen. Sie wird daher bei noch höheren Photonenenergien als der Photoeffekt beobachtet.

Drittens tritt bei Photonenenergien oberhalb 1 MeV *Paarbildung* auf. Dieser Prozeß wird bei Energien dieser Größenordnung zum dominierenden Absorptionsprozeß.

Alle drei Prozesse hängen stark von der Art des absorbierenden Materials ab, und zwar ist die Absorption für alle Prozesse bei schweren Atomen stärker als bei leichten. In schweren Atomen sind stärker gebundene Elektronen vorhanden als in leichten Atomen; daher erstreckt sich der Photoeffekt in ihnen zu höheren Energien hin. Da der Durchmesser der Atome keineswegs mit der Zahl ihrer Elektronen wächst, sondern ungefähr konstant ist, sind schwere Atome im allgemeinen nicht größer als leichte, und daher ist die Elektronendichte und damit auch die Zahl der sich für einen Compton-Effekt anbietenden Elektronen in schweren Atomen größer als in leichten. Schließlich ist auch die Paarbildung durch schwere Atome begünstigt, weil die Impulsübernahme des Kerns eine Wechselwirkung des negativ geladenen Elektrons und des positiv geladenen Positrons mit dem Kern erfordert, die bei großer Kernladung besonders stark ist.

Die Abb. 12.4 zeigt die **Eindringtiefe** x_0 von Photonen verschiedener Energie in Blei und die Anteile der drei genannten Stoßprozesse. Die Zahl der Photonen, d.h. die

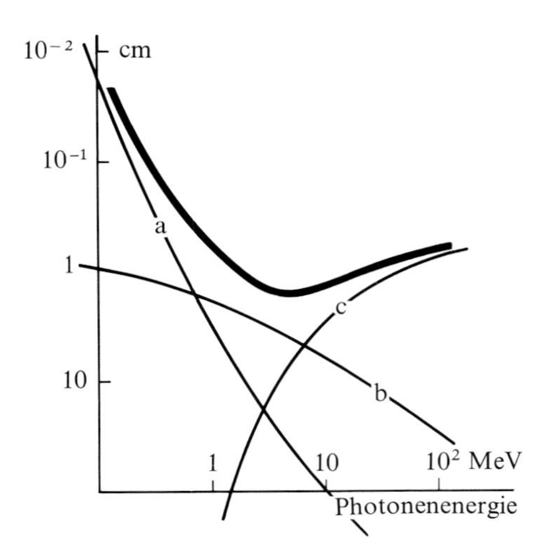

Abb. 12.4

Eindringtiefe (wachsende Werte nach unten aufgetragen!) von hochenergetischen Photonen in Blei. Die dick ausgezogene Kurve setzt sich zusammen aus den Anteilen a (Photoeffekt), b (Compton-Effekt), c (Paarbildung).

Intensität I der Röntgenstrahlen nimmt beim Eindringen exponentiell ab gemäß

$$I = I_0 \, e^{-\frac{x}{x_0}}. \tag{12.10}$$

Dabei ist I_0 die einfallende Intensität, also die pro Flächeneinheit und Zeiteinheit auf das Blei auftreffende Energie. Die Eindringtiefe x_0 gibt diejenige Entfernung an, bei der die Intensität I auf $1/e$-tel ihres Wertes I_0 an der Oberfläche $x=0$ abgesunken ist.

Emission eines Photons. Mößbauer-Effekt

Inelastische Stoßprozesse, bei denen wir es im Endzustand mit mehr Teilchen zu tun haben als im Anfangszustand (symbolisiert durch Abb. 9.1c) bezeichnen wir als **Zerfälle oder Emissionsprozesse.** Die Zerfälle sind, wenn man so will, die Umkehrung der total inelastischen Stöße. Impuls- und Energiesatz lauten für sie

$$\boldsymbol{P}_{1a} = \boldsymbol{P}_{1e} + \boldsymbol{P}_{2e} \quad \text{und} \quad E_{1a} = E_{1e} + E_{2e}. \tag{12.11}$$

Für die Abhängigkeit der Energie vom Impuls sind entweder die exakten Einsteinschen Formeln oder, wenn der Fall es erlaubt, die Newtonsche Näherung zu verwenden.

Als Beispiel für einen Zerfalls- oder Emissionsprozeß betrachten wir die **Emission eines Photons aus einem Atom.** Das Atom kann dabei als Newtonsches Teilchen aufgefaßt werden. Lassen wir das Atom im Anfangszustand ruhen, also $\boldsymbol{P}_a = 0$, so lautet der Energiesatz (12.11)

$$E_{10,a} = E_{10,e} + \frac{P_{1e}^2}{2M_1} + c\,P_{2e}. \tag{12.12}$$

Beachten wir, daß $\boldsymbol{P}_{1e} = -\boldsymbol{P}_{2e}$ ist und drücken wir P_{1e} und P_{2e} durch die Energie E_{2e} des emittierten Photons aus, so erhalten wir aus (12.12)

$$E_{2e}\left(1 + \frac{E_{2e}}{2M_1 c^2}\right) = E_{10,a} - E_{10,e} = \Delta E_{10}. \tag{12.13}$$

Weil $E_{2e} \ll M_1 c^2$, ist die Energie des emittierten Photons nahezu gleich der Minderung ΔE_{10} der inneren Energie des Atoms. Wegen $E_{2e} \ll M_1 c^2$ ist es auch gleichgültig, ob als Masse M_1 des Atoms die innere Energie $E_{10,a}$ vor der Emission oder $E_{10,e}$ nach der Emission eingesetzt wird. Ersetzen wir also E_{2e} in dem Korrekturglied in der Klammer von (12.13) durch ΔE_{10}, ergibt sich statt (12.13)

$$E_{2e} \approx \Delta E_{10} - \frac{(\Delta E_{10})^2}{2M_1 c^2}. \tag{12.14}$$

Der Vergleich von (12.14) mit (12.12) zeigt, daß die kinetische Energie $E_{1\,\mathrm{kin},e}$, die das Atom durch die Emission des Photons erhält — auch **Rückstoßenergie** genannt, weil der mit ihr verbundene Impuls dem des Photons entgegengerichtet ist — gegeben ist durch

$$E_{1\,\mathrm{kin},e} = \frac{P_{1e}^2}{2M_1} = \frac{\Delta E_{10}^2}{2M_1 c^2}. \tag{12.15}$$

Diese Rückstoßenergie hat zur Folge, daß Photonen, die von einem Atom, Molekül oder Atomkern *emittiert* werden, nicht die gleiche Energie haben wie Photonen, die von denselben Systemen *absorbiert* werden. Wird nämlich bei der Emission eines Photons die innere Energie des emittierenden Systems um ΔE_{10} vermindert, so besitzt das emittierte Photon nur die Energie

$$E_{\text{Photon emitt.}} = \Delta E_{10} \left(1 - \frac{\Delta E_{10}}{2 M_1 c^2}\right). \tag{12.16}$$

Der Anteil $\Delta E_{10}^2 / 2 M_1 c^2$ wird als kinetische Energie des emittierenden Systems benötigt, um dem Impulssatz Genüge zu tun. Umgekehrt muß ein Photon, das von *demselben* System absorbiert werden soll, eine Energie mitbringen, die außer ΔE_{10} auch

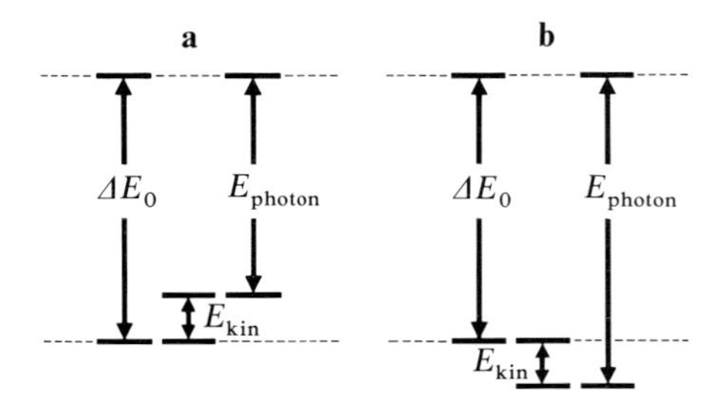

Abb. 12.5

(a) Emissions- und (b) Absorptionsenergie eines Photons bei Änderung der inneren Energie des emittierenden bzw. absorbierenden Systems um ΔE_0. E_{kin} ist die beim Emissionsrückstoß bzw. beim Absorptionsstoß auf das System übertragene kinetische Energie (Rückstoßenergie).

noch die kinetische Energie $\Delta E_{10}^2 / 2 M_1 c^2$ bestreiten kann, die das absorbierende System nach der Absorption wegen der Impulserhaltung hat (Abb. 12.5). Der *Unterschied der Energien von Photonen, die ein System emittieren und absorbieren kann, beträgt also*

$$E_{\text{Photon abs.}} - E_{\text{Photon emitt.}} = \frac{\Delta E_{10}^2}{M_1 c^2} = \frac{\Delta E_{10}^2}{E_{10}}. \tag{12.17}$$

Nimmt ein System bei einer Änderung seiner inneren Energie genau nur die Differenz ΔE_{10} auf, nicht dagegen auch etwas von ΔE_{10} abweichende Energiewerte, so könnte es also kein Photon absorbieren, das von seinesgleichen emittiert wird.

Die Frage ist nun, wie genau es das Atom oder überhaupt das betreffende System mit den Energiewerten $E_{10,a}$ und $E_{10,e}$ seiner Anfangs- und Endzustände und damit auch mit der Differenz ΔE_{10} nimmt, oder genauer gefragt, wie *scharf* diese Energiewerte sind. Auf wieviele Dezimalen genau ist der Wert festgelegt, und wie dick sollen wir die horizontalen Striche der Energieniveaus in Abb. 12.5 zeichnen? Eine Antwort auf diese Frage gibt erst die Quantenmechanik. Wir können jedoch auch ohne diese Antwort sicher sagen, daß wir den Einfluß der Rückstoßenergie bei Emission und Absorption nicht spüren werden, wenn die doppelte Rückstoßenergie (12.17) kleiner ist als die Unschärfe der Energieniveaus. Für die Emission eines Photons des sichtbaren Lichts (Energie ≈ 3 eV) liegt die Rückstoßenergie (12.15) eines Atoms mit der Nukleonenzahl 50 in der Größenordnung $(3\,\text{eV})^2/2(5 \cdot 10^{10}\,\text{eV}) \approx 10^{-10}$ eV. Die Unschärfe der Energieniveaus des emittierenden und absorbierenden Atoms liegt dagegen im allgemeinen um viele Größenordnungen über diesem Wert. Ein *Atom* absorbiert also Licht der gleichen Photonenenergie, das es auch emittiert.

Bei der Emission hochenergetischer Photonen durch Atom*kerne* kann es jedoch ganz anders aussehen. So sendet der Kern ${}^{57}_{26}\mathrm{Fe}$ Photonen von $14{,}4 \cdot 10^3$ eV aus; dabei erfährt er einen Rückstoß und erhält nach (12.15) die kinetische Energie

$$(1{,}4 \cdot 10^4\ \mathrm{eV})^2/2(57 \cdot 10^9\ \mathrm{eV}) \approx 2{,}0 \cdot 10^{-3}\ \mathrm{eV}.$$

Die Unschärfe der beteiligten Energieniveaus des ${}^{57}_{26}\mathrm{Fe}$-Kerns beträgt jedoch nur 10^{-8} eV. Die Absorption der von einem ${}^{57}_{26}\mathrm{Fe}$-Kern emittierten Photonen durch einen anderen ${}^{57}_{26}\mathrm{Fe}$-Kern scheint also nicht möglich zu sein. R. L. Mössbauer (geb. 1929) hat 1958 die Absorption dennoch ermöglicht, und zwar dadurch, daß er die Rückstoßenergie durch einen Trick verkleinerte: Er baute die emittierenden und absorbierenden Kerne in das Atomgitter eines Festkörpers ein. Wenn nämlich der Rückstoß des emittierenden Kerns vom Festkörper als ganzem aufgenommen wird, ist in Gl. (12.15) für M_1 anstelle der Masse eines einzelnen ${}^{57}_{26}\mathrm{Fe}$-Kerns die Masse des gesamten Festkörpers einzusetzen. Damit wird die Rückstoßenergie weit unter die Energieunschärfe des Übergangs gedrückt.

§ 13 Teilchenreaktionen

Der inelastische Stoß von Teilchen läßt sich als Teilchenreaktion auffassen. Nach dem Stoß, also nach der Reaktion, haben wir es dann mit anderen Teilchen und oft auch mit einer anderen Anzahl von Teilchen zu tun als vor dem Stoß. Symbolisieren wir die Teilchen vor dem Stoß durch A und B, nach dem Stoß durch C und D, so lautet der inelastische Stoß als Teilchenreaktion geschrieben

$$\mathrm{A} + \mathrm{B} \rightleftarrows \mathrm{C} + \mathrm{D}. \tag{13.1}$$

Jeder der Buchstaben A, B, C und D kann dabei auch mehr als ein Teilchen bezeichnen. Schließlich können auch B oder D wegfallen. Auf diese Weise beschreibt (13.1) alle in Abb. 9.1 schematisch gekennzeichneten Stoßprozesse, wozu auch Zerfallsprozesse zählen.

Mikroskopische Reversibilität

Bei jedem Stoßprozeß müssen der gesamte Impuls und die gesamte Energie der stoßenden Teilchen erhalten bleiben. Jede Teilchenreaktion (13.1) hat also als notwendige Bedingung die Erhaltung von Impuls und Energie zu erfüllen. Darüber hinaus können noch weitere Erhaltungssätze als notwendige Bedingung auftreten, wie die Erhaltung der Ladung, wenn geladene Teilchen im Spiel sind. Keiner der Erhaltungssätze sagt aber etwas darüber aus, welcher Zustand Anfangszustand und welcher Endzustand ist. Unterliegt die Teilchenreaktion nur Erhaltungssätzen, so läuft sie von links nach rechts ebenso ab wie von rechts nach links. Wir drücken das in (13.1) durch den Doppelpfeil aus. *Eine Reaktion, die nur Erhaltungssätzen unterliegt, ist symmetrisch gegen die Vertauschung von Anfangs- und Endzustand; sie ist reversibel.*

Stöße zwischen makroskopischen Körpern sind im allgemeinen nicht symmetrisch in Anfangs- und Endzustand. Wir brauchen nur an den total inelastischen Stoß zwischen makroskopischen Körpern zu denken, den wir als Vergleichsoperation zur Messung des Impulses herangezogen haben (§ 7). Als Modell eines derartigen Stoßes diente uns der Aufprall eines Geschosses auf einen Sandsack. Dieser Stoß stellt sicher keine reversible Teilchenreaktion dar, denn noch niemand hat je einen Sandsack mit einem Geschoß spontan das Geschoß emittieren sehen. Die Teilchenreaktion zwischen Geschoß und Sandsack muß also neben den Erhaltungssätzen mindestens noch einem anderen Gesetz unterliegen, das sich nicht als Erhaltungssatz formulieren läßt. Es handelt sich dabei um den *Zweiten Hauptsatz* der Thermodynamik.

Teilchenreaktionen im atomaren Bereich werden jedoch ausschließlich durch Erhaltungssätze geregelt. Dieses **Prinzip der mikroskopischen Reversibilität** ist heute als grundlegend in der ganzen Physik anerkannt. Jede makroskopische Reaktion entsteht danach erst durch das Zusammenspiel sehr vieler mikroskopischer Teilchenreaktionen. Es ist Aufgabe der *statistischen Thermodynamik* zu zeigen, wie die reversiblen mikroskopischen Teilchenreaktionen makroskopisch zu Prozessen führen, die außer den Erhaltungssätzen auch noch Sätzen unterliegen, die in bezug auf Anfangs- und Endzustand unsymmetrisch sind, also beim Ablauf des Prozesses eine Richtung vor der anderen bevorzugen.

Reaktionsenergie und Schwellenergie

Die Impuls- und Energiebilanzen für die durch (13.1) ausgedrückte Reaktion lauten

$$\boldsymbol{P}_A + \boldsymbol{P}_B = \boldsymbol{P}_C + \boldsymbol{P}_D \tag{13.2}$$

und

$$E_{A\,0} + E_{B\,0} + E_{A,\,\mathrm{kin}} + E_{B,\,\mathrm{kin}} = E_{C\,0} + E_{D\,0} + E_{C,\,\mathrm{kin}} + E_{D,\,\mathrm{kin}}. \tag{13.3}$$

Zweckmäßigerweise betrachten wir jeden Vorgang in seinem Schwerpunktssystem, beziehen also Impuls und Energie auf das Bezugssystem, in dem der Schwerpunkt ruht. In diesem Bezugssystem artet (13.2) zu der trivialen Identität $0=0$ aus, während (13.3) die Form annimmt

$$E_{A\,0} + E_{B\,0} - E_{C\,0} - E_{D\,0} = E_{C,\,\mathrm{kin}} + E_{D,\,\mathrm{kin}} - E_{A,\,\mathrm{kin}} - E_{B,\,\mathrm{kin}} = Q, \tag{13.4}$$

wofür man oft auch einfach schreibt

$$A + B = C + D + Q. \tag{13.5}$$

Hier stehen A, B, C, D für die inneren Energien der Teilchen. Q heißt die **Reaktionsenergie** für die nach rechts verlaufende Reaktion, bei der aus den Teilchen A und B die Teilchen C und D entstehen. Für die umgekehrt verlaufende Reaktion, bei der aus C und D die Teilchen A und B entstehen, erhält man entsprechend $-Q$ als Reaktionsenergie. Ein positiver Wert der Reaktionsenergie bedeutet, daß die Summe der inneren Energien der Teilchen im Anfangszustand größer ist als im Endzustand und daß die kinetischen Energien im Endzustand um den gleichen Betrag größer sind als am Anfang. Es ist also bei $Q>0$ innere Energie in kinetische Energie umgewandelt worden. Wenn $E_{A,\text{kin}}=E_{B,\text{kin}}=0$, stammt die kinetische Energie der Teilchen C und D überhaupt nur aus der inneren Energie von A und B.

Bei $Q>0$ kann die Reaktion (13.5) nach rechts auch dann noch ablaufen, wenn die kinetischen Energien der Teilchen A und B Null sind. Q zeigt sich dann als Summe der kinetischen Energien von C und D. Umgekehrt, d.h. von rechts nach links, kann die Reaktion aber nur ablaufen, wenn C und D zusammen vor dem Stoß so viel kinetische Energie haben, daß sie daraus mindestens die Differenz der inneren Energien (13.4) aufbringen. C und D müssen zusammen also mindestens die kinetische Energie Q haben. Soll die Reaktion (13.5) von rechts nach links laufen, so spielt Q die Rolle einer **Schwellenergie.** Die Schwellenergie ist diejenige kinetische Energie, die die Teilchen C und D mindestens haben müssen, damit sich die Teilchen A und B bilden können.

Aktivierungsenergie

Die Reaktion (13.5) sollte bei $Q>0$ von links nach rechts „von selbst" und von rechts nach links dann ablaufen, wenn C und D mindestens die kinetische Energie Q haben. In Wirklichkeit beobachtet man nun, daß für die Reaktion in beiden Richtungen die Teilchen erst noch eine zusätzliche kinetische Energie brauchen, ehe sie miteinander reagieren. Da diese kinetische Energie auch nach der Reaktion noch vorhanden ist, also nicht in innere Energie umgesetzt ist, tritt sie in der Energiebilanz (13.4) auf beiden Seiten auf. Sie ist also keine Reaktionsenergie, sondern **Aktivierungsenergie.** In die Energie*bilanz* geht dieser Teil der Energie nicht ein. Er ist jedoch nötig, um die Reaktion überhaupt in Gang zu bringen, zu *aktivieren.* Eine Aktivierungsenergie tritt z.B. auf, wenn zwei Teilchen nach (13.4) zwar gerne ($Q>0$) miteinander reagieren würden, aber durch Abstoßung voneinander an der Reaktion gehindert werden. Man braucht sich nur vorzustellen, daß die Teilchen gleichnamig elektrisch geladen sind. Dann stoßen sie einander ab. Ist nun ihre kinetische Energie gleich der Aktivierungsenergie, so können sie sich so weit einander nähern, daß sie miteinander reagieren. Die Kenntnis der Aktivierungsenergie ist also wichtig, wenn man beurteilen will, ob eine Reaktion überhaupt in Gang kommt. Die Aktivierungsenergie wird dabei für den von links nach rechts verlaufenden Prozeß im allgemeinen verschieden sein von der für den entgegengesetzt laufenden Prozeß, denn die Abstoßung von A und B braucht ja nicht gleich der von C und D zu sein.

Beispiel einer chemischen Reaktion

Als erstes Beispiel einer Teilchenreaktion betrachten wir eine *chemische Reaktion,* und zwar die Vereinigung von Wasserstoff und Brom zu Bromwasserstoff:

$$H_2 + Br_2 \rightarrow 2\,HBr. \tag{13.6}$$

In dieser Schreibweise, die sich an die Gl. (13.1) anschließt, haben wir eine **Bruttoreaktionsformel** vor uns. Wir sehen der Bruttoreaktionsformel nicht im einzelnen an, welche Partner inelastisch miteinander stoßen, d.h. in diesem Falle *chemisch reagieren,* sondern wir erhalten nur Auskunft über die Endprodukte aller Stoßprozesse.

Bringt man H_2 und Br_2 bei Zimmertemperatur und Normaldruck zusammen, beobachtet man zunächst gar nichts. Die H_2- und Br_2-Moleküle stoßen nur elastisch miteinander. Erst wenn Licht hinreichend großer Photonenenergie, ungefähr von 3 eV (blaues Licht) eingestrahlt wird, kommt die Reaktion in Gang. Bezeichnet γ ein derartiges Photon, so wird gemäß

$$Br_2 + \gamma \rightarrow Br + Br \tag{13.7}$$

das Brommolekül Br_2 in zwei Bromatome aufgebrochen. Die Reaktion (13.7) findet statt, wenn die Photonenenergie E_γ im Schwerpunktssystem vom Br_2-Molekül und Photon der Bedingung genügt

$$E_\gamma \geqq 2E_{0,\,\mathrm{Br}} - E_{0,\,\mathrm{Br}_2}. \tag{13.8}$$

Die rechts auftretende Differenz der inneren Energien der beiden Bromatome und des Brommoleküls ist die **Bindungsenergie** des Brommoleküls.

Allgemein spricht man von einem **Bindungszustand** eines aus zwei Teilchen bestehenden Gesamtgebildes, wenn $E_0 - E_{1\,0} - E_{2\,0}$ negativ ist, d.h. wenn die innere Energie E_0 des Gesamtsystems kleiner ist als die Summe der inneren Energien der Teilchen, aus denen das Gesamtsystem besteht. Entsprechend heißt

$$E_{1\,0} + E_{2\,0} - E_0 = \mathit{Bindungsenergie}.$$

Alle Gebilde, in denen Teilchen „von selbst" zusammenhalten — wie Nukleonen (Protonen und Neutronen) in Atomkernen, Kerne und Elektronen in Atomen, Atome in Molekülen oder Kristallen, Moleküle in Flüssigkeiten — sind Bindungszustände. Infolgedessen ist die innere Energie und damit die Masse solcher Gebilde stets kleiner als die Summe der inneren Energien, d.h. der Massen ihrer Teile.

Die Bindungsenergie (13.8) des Brommoleküls ist die Schwellenergie für die Reaktion (13.7). Außerdem ist sie Aktivierungsenergie für die Reaktion (13.6). Sind nämlich durch die Reaktion (13.7) Br-Atome geschaffen, stoßen sie mit den H_2-Molekülen, was wir nach (13.5) symbolisch in der Form schreiben

$$Br + H_2 \rightarrow HBr + H + Q_1. \tag{13.9}$$

Die hierbei frei werdenden H-Atome stoßen nun mit den Br_2-Molekülen:

$$H + Br_2 \rightarrow HBr + Br + Q_2. \tag{13.10}$$

Die Summe von (13.9) und (13.10) gibt die Reaktion (13.6) mit $Q_1 + Q_2$ als Reaktionsenergie. H + Br tritt dabei auf beiden Seiten der Summe von (13.9) und (13.10) auf. Man braucht die H und Br, um die Reaktion wirklich ablaufen zu lassen, aber sie fallen aus der Endbilanz wieder heraus. Damit wirken sie als *Katalysator* der Reaktion (13.6). Auch die Aktivierungsenergie E_γ wird bei der Reaktion (13.6) nicht verbraucht. Man erhält sie jedoch nicht zurück als Energie eines einzelnen Photons, sondern in der Erwärmung von Gas und Behälter.

Die Reaktionsenergien der chemischen Reaktionen lassen sich, wie Gl. (13.4) allgemein und die Gl. (13.8), (13.9) und (13.10) an Beispielen zeigen, im Prinzip stets als Differenzen von inneren Energien der Reaktionspartner auffassen. Für Stoffe mit Atomgewichten zwischen 10 und 100 liegen die inneren Energien der Atome im Bereich von 10 bis 100 GeV, denn die innere Energie eines Nukleons, also eines Protons oder Neutrons, beträgt ungefähr 10^9 eV = 1 GeV. Die Reaktionsenergien chemischer Reaktionen liegen dagegen in der Größenordnung der Bindungsenergien von schwach gebundenen Elektronen in Atomen oder Molekülen, also in der Größenordnung von nur 1 bis 10 eV. Wollte man also die Reaktionsenergie chemischer Reaktionen als Differenz der inneren Energien der Reaktionspartner bestimmen, so verlangte das eine Messung der inneren Energien auf 10 Stellen genau! Das ist ähnlich hoffnungslos, wie es die Bestimmung der kinetischen Energie eines Newtonschen Teilchens aus der Messung seiner Gesamtenergie nach Gl. (8.1) ist. Bei Kernreaktionen ist die Sachlage anders, da die Reaktionsenergien dabei etwa sechs Zehnerpotenzen größer sind als bei chemischen Reaktionen. Ihre Bestimmung durch Messung der inneren Energien, also der Massen der Reaktionspartner, ist daher durchaus möglich.

Kernfusionsreaktionen

Als ein Beispiel **kernphysikalischer Teilchenreaktionen** betrachten wir *Fusionsreaktionen* zwischen den leichtesten Kernen.

Bei der Erwähnung der Abbremsung von Neutronen durch elastische Stöße in § 11 hatten wir darauf hingewiesen, daß Wasserstoffkerne ${}^1_1\mathrm{H}$, also Protonen, dazu schlecht geeignet sind, weil sie mit Neutronen inelastisch stoßen. Beim Stoß bildet sich ein Kern aus Proton und Neutron, also der Nukleonenzahl 2, den man das Deuteron (deuteros, griechisch = der zweite) nennt, nach der Reaktion

$$ {}^1_1\mathrm{H} + \mathrm{n} \rightarrow {}^2_1\mathrm{H} + 2{,}2\,\mathrm{MeV}. \tag{13.11} $$

Zwei Protonen können inelastisch miteinander stoßen und dabei ein Deuteron, ein Positron e^+ und ein Neutrino ν bilden gemäß

$$ {}^1_1\mathrm{H} + {}^1_1\mathrm{H} \rightarrow {}^2_1\mathrm{H} + e^+ + \nu + 1{,}19\,\mathrm{MeV}. \tag{13.12} $$

Weiter kann ein Proton mit einem Deuteron reagieren und einen Kern bilden, das Triton, das aus einem Proton und zwei Neutronen, also aus 3 Nukleonen besteht:

$$ {}^1_1\mathrm{H} + {}^2_1\mathrm{H} \rightarrow {}^3_1\mathrm{H} + e^+ + \nu + 4{,}6\,\mathrm{MeV}. \tag{13.13} $$

Für den inelastischen Stoß zweier Deuteronen gibt es zwei Reaktionsmöglichkeiten:

$$ {}^2_1\mathrm{H} + {}^2_1\mathrm{H} \begin{cases} \rightarrow {}^3_2\mathrm{He} + \mathrm{n} + 3{,}2\,\mathrm{MeV} \\ \rightarrow {}^3_1\mathrm{H} + {}^1_1\mathrm{H} + 4{,}2\,\mathrm{MeV}. \end{cases} \tag{13.14} $$

Wir benutzen die Gelegenheit, um noch eine Reihe von Reaktionen anzugeben, die vermutlich im Innern der Sonne eine dominierende Rolle spielen und die Wärmeenergie freisetzen, die die Sonne abstrahlt. Es handelt sich dabei um die **Reaktionskette**

$$ \begin{aligned} {}^1_1\mathrm{H} + {}^1_1\mathrm{H} &\rightarrow {}^2_1\mathrm{H} + e^+ + \nu + 1{,}19\,\mathrm{MeV}, \\ {}^1_1\mathrm{H} + {}^2_1\mathrm{H} &\rightarrow {}^3_2\mathrm{He} + \gamma + 5{,}49\,\mathrm{MeV}, \\ {}^3_2\mathrm{He} + {}^3_2\mathrm{He} &\rightarrow {}^4_2\mathrm{He} + 2\,{}^1_1\mathrm{H} + 12{,}85\,\mathrm{MeV}. \end{aligned} \tag{13.15} $$

Multipliziert man die ersten beiden dieser Gleichungen mit 2 und addiert man alle Gleichungen, so resultiert

$$ 6\,{}^1_1\mathrm{H} + 2\,{}^2_1\mathrm{H} + 2\,{}^3_2\mathrm{He} \rightarrow 2\,{}^2_1\mathrm{H} + 2\,{}^3_2\mathrm{He} + {}^4_2\mathrm{He} + 2\,{}^1_1\mathrm{H} + 2\,e^+ + 2\nu + 2\gamma + 26{,}21\,\mathrm{MeV}. $$

Kürzt man hier die auf beiden Seiten erscheinenden Katalysatoren (2 Protonen, 2 Deuteronen und 2 He^3-Kerne) heraus, so bleibt als Bruttoreaktion übrig

$$4\,{}^1_1H \rightarrow {}^4_2He + 2e^+ + 2\nu + 2\gamma + 26{,}21\ \text{MeV}. \tag{13.16}$$

Die Reaktionskette (13.15) hat also den Endeffekt, vier Protonen zu einem Heliumkern ($=\alpha$-Teilchen) zu verschmelzen. Dabei entstehen zwei Positronen, zwei Neutrinos und zwei hochenergetische Photonen (γ-Quanten). Alle Endprodukte zusammen haben eine kinetische Energie von insgesamt 26,21 MeV, die bei der Verschmelzung als Wärmeenergie frei wird.

Bei allen Teilchenreaktionen (13.11) bis (13.16) werden leichte Kerne miteinander verschmolzen, wobei der neu gebildete Kern und die womöglich erzeugten weiteren Teilchen die Reaktionsenergie als kinetische Energie übernehmen. Bei jeder Fusion leichter Kerne tritt eine positive Reaktionsenergie auf, die die Explosionswirkung der Wasserstoffbombe ausmacht, die Sonne heizt und die man in Fusionsreaktoren nutzbar zu machen sucht. Die Reaktionsenergien bei Kernfusionsreaktionen sind, wie schon erwähnt, um etwa sechs Größenordnungen größer als bei chemischen Reaktionen.

Die Schwierigkeit, eine Fusionsreaktion in Gang zu setzen, liegt in der großen Aktivierungsenergie dieser Reaktionen. Die beim Stoß zweier Kerne wirksame Wechselwirkung, die **Kernkraft,** hat nur eine Reichweite von der Größenordnung des Durchmessers eines Atomkerns. Die Kerne müssen zur Fusion also auf diesen Abstand gebracht werden, was wiederum gegen die elektrische Abstoßung der gleichnamig geladenen Kerne geschehen muß. Um diese Abstoßung zu überwinden, brauchen die Kerne mindestens eine kinetische Energie der Größenordnung 0,1 MeV.

Das Problem der hohen Aktivierungsenergie stellt sich nicht bei der Reaktion (13.11), weil ein Neutron ungeladen ist. Dafür braucht man hier freie Neutronen, die nur eine mittlere Lebensdauer von etwa zwölf Minuten haben und dann in Proton, Elektron und Antineutrino zerfallen, und die deshalb in der Natur nicht als stabile Gebilde anzutreffen sind. Man muß sie also erzeugen, was in Kernreaktoren geschieht. Stöße freier Neutronen mit schweren Kernen führen im Kernreaktor zum Zerfall der schweren Kerne, was natürlich auch keine Aktivierungsenergie erfordert. Das Problem der hohen Aktivierungsenergie tritt daher nur bei der Kernfusion, nicht aber beim Kernzerfall oder bei der Kernspaltung auf.

Proton-Proton-Stoß

Schließlich wollen wir uns noch dem inelastischen Stoß von zwei Protonen bei sehr hohen Energien als einem Beispiel für eine **Reaktion zwischen Elementarteilchen** zuwenden.

Die Gln. (13.11) bis (13.16) stellen eigentlich auch schon Reaktionen zwischen Elementarteilchen dar, insofern als dort Elementarteilchen erzeugt oder vernichtet werden. Gleichzeitig werden aber durch Fusion der Elementarteilchen Proton und Neutron Kerne zusammengesetzt, weswegen man jene Reaktionen den Kernreaktionen zurechnet. Der Übergang von Kernreaktionen zu Reaktionen zwischen Elementarteilchen ist also fließend. Insbesondere zeigt Gl. (13.12), daß beim Stoß von Protonen neben einem Deuteron als zusammengesetzem Kern auch Elementarteilchen erzeugt werden, nämlich ein Positron und ein Neutrino. Wir werden uns im folgenden mit dem Stoß von Protonen bei sehr hohen Energien beschäftigen, bei denen kein zusammengesetzter Kern entsteht, sondern ausschließlich Elementarteilchen erzeugt werden. Bei höherer Energie der stoßenden Protonen werden bei dem inelastischen Stoß Elementarteilchen größerer Masse als in (13.12) erzeugt. Die dazu nötige Energie wird dem Proton als elektrisch geladenem Teilchen in einem Beschleuniger zugeführt. Das Proton hoher kinetischer Energie stößt dann auf das ruhende *target* (=Zielscheibe), ein Stück Materie, dessen Atomkerne ruhende Protonen enthalten. Da man zur Bildung neuer Teilchen maximal über die kinetische Energie im *Schwerpunktssystem* (S) verfügt, tritt die Frage auf, welche kinetische Energie man einem Proton im Bezugssystem, in dem der Beschleuniger ruht, im *Laborsystem* (L), geben muß, damit eine bestimmte Reaktionsenergie Q (im S-System) zur Verfügung steht.

Betrachten wir also ein Proton 1, das sich im L-System bewegt, und ein im L-System ruhendes Proton 2. Sehen wir die beiden Protonen als ein einziges Teilchen an, so ist dessen innere Energie $E^{(S)}$ gleich der Energie beider Protonen im Schwerpunktssystem. Wenn nun beim Stoß neue Teilchen entstehen sollen, so muß diese Energie $E^{(S)}$ mindestens gleich der Summe der inneren Energien aller nach dem Stoß vorhandenen Teilchen sein, d.h. es muß sein

$$E^{(S)} = E_{1\,0} + E_{2\,0} + Q \geqq \sum_i E_{i\,0,e}. \tag{13.17}$$

Nun ist im L-System

$$E^{(L)} = \sqrt{c^2 P_1^2 + (E^{(S)})^2}. \tag{13.18}$$

Andererseits lassen sich die beiden Protonen als zwei Teilchen auffassen. Dann ist ihre Energie im L-System

$$E^{(L)} = \sqrt{c^2 P_1^2 + E_{1\,0}^2} + E_{2\,0}. \tag{13.19}$$

Gleichsetzen von (13.18) und (13.19) ergibt bei Berücksichtigung von (13.17)

$$(E^{(S)})^2 = (E_{1\,0} + E_{2\,0} + Q)^2 = E_{1\,0}^2 + E_{2\,0}^2 + 2E_{2\,0}\sqrt{c^2 P_1^2 + E_{1\,0}^2}. \tag{13.20}$$

Bedenkt man, daß die kinetische Energie des Protons 1 im L-System

$$E_{1,\mathrm{kin}}^{(L)} = \sqrt{c^2 P_1^2 + E_{1\,0}^2} - E_{1\,0}, \tag{13.21}$$

erhält man aus (13.20)

$$E_{1,\mathrm{kin}}^{(L)} = \frac{(E^{(S)})^2 - E_{1\,0}^2 - E_{2\,0}^2}{2E_{2\,0}} - E_{1\,0} = \frac{(E^{(S)})^2 - (E_{1\,0} + E_{2\,0})^2}{2E_{2\,0}}. \tag{13.22}$$

Mit der Ungleichung in (13.17) folgt hieraus

$$E_{1,\mathrm{kin}}^{(L)} \geqq \frac{\left(\sum_i E_{i\,0,e}\right)^2 - (E_{1\,0} + E_{2\,0})^2}{2E_{2\,0}}. \tag{13.23}$$

Der auf der rechten Seite dieser Gleichung stehende Ausdruck gibt den Minimalwert der kinetischen Energie an, die das Proton 1 haben muß, um beim inelastischen Stoß mit dem Proton 2 die Teilchen mit den Massen $E_{i\,0}$ zu erzeugen. Für die Erzeugung eines elektrisch neutralen Pions mit der inneren Energie $E_{\pi^0,0} = 135$ MeV gemäß der Reaktion

(13.24) $$\mathrm{p}+\mathrm{p} \rightarrow \mathrm{p}+\mathrm{p}+\pi^0$$

(in der Elementarteilchenphysik ist für ein Proton das Symbol p, in der Kernphysik dagegen das Symbol $^1_1\mathrm{H}$ üblich als des Kerns des H-Atoms mit der Ordnungszahl 1 (unterer Index) und der Nukleonenzahl 1 (oberer Index)) findet man so

(13.25) $$E^{(L)}_{1,\,\mathrm{kin}} \geqq \frac{(2E_{p0}+E_{\pi 0})^2-(2E_{p0})^2}{2E_{p0}} = E_{\pi 0}\left(2+\frac{E_{\pi 0}}{2E_{p0}}\right) = 280 \text{ MeV}.$$

Eine wesentlich größere kinetische Energie des Protons 1 erlaubt es, beim Stoß mit dem ruhenden Proton ein Proton (p)-Antiproton ($\bar{\mathrm{p}}$)-Paar zu erzeugen. Ein Antiproton ist das Antiteilchen des Protons, es hat die gleiche innere Energie, aber entgegengesetzte Ladung wie das Proton. (Teilchen und Antiteilchen verhalten sich so zueinander, daß alle inneren Größen, die positive wie negative Werte annehmen können, entgegengesetzte Werte haben, während alle Größen, die nur positive Werte annehmen können, wie die Energie, gleiche Werte haben.)

Für die Reaktion

(13.26) $$\mathrm{p}+\mathrm{p} \rightarrow \mathrm{p}+\mathrm{p}+\mathrm{p}+\bar{\mathrm{p}}$$

muß nach (13.23) gelten

(13.27) $$E^{(L)}_{1,\,\mathrm{kin}} \geqq \frac{(4E_{p0})^2-(2E_{p0})^2}{2E_{p0}} = 6E_{p0} = 5{,}6 \text{ GeV}.$$

In diesem Zusammenhang sei bemerkt, daß im CERN-Synchrotron in Genf Protonen auf eine maximale kinetische Energie von 28 GeV $= 2{,}8 \cdot 10^{10}$ eV gebracht werden können.

§ 14 Dissipative Energie-Impuls-Transporte

Die bisher betrachteten Beispiele von Energie-Impuls-Transporten waren alle vom Teilchen-Typ. Entweder handelte es sich um Bewegungen direkt sichtbarer Körper oder um Vorgänge — wie den Impuls-Transport durch Atome, Photonen oder andere Elementarteilchen — in denen wir zwar keine bewegten Körper sehen und, wie die Quantenmechanik versichert, auch prinzipiell nicht sehen können, wo wir uns aber dennoch Körper im gewohnten Sinn, wenn auch nur sehr kleine, vorzustellen pflegen. Diese Vorstellung führt allerdings, wenn man sie wörtlich nimmt, zu Schwierigkeiten, und beim Photon funktioniert sie eigentlich nie. Der Begriff des Körpers als eines isolierten, sich im Raum bewegenden, in jedem Augenblick wohl lokalisierten Objektes ist uns aber so vertraut, daß wir uns nur schwer davon lösen können. Dennoch müssen wir uns von dem naiven Bild des fliegenden Objektes lösen, wenn wir die volle Kraft der allgemeinen dynamischen Begriffe Impuls und Energie ausnutzen wollen.

Energie-Impuls-Transport in Materie

Daß Impuls und Energie auch anders als durch fliegende Körper transportiert werden können, zeigt das folgende Beispiel. Eine Reihe gleicher Stahlkugeln sei an Fäden so aufgehängt, daß sie bei Bewegung nicht rotieren können (Abb. 14.1). Eine Kugel der-

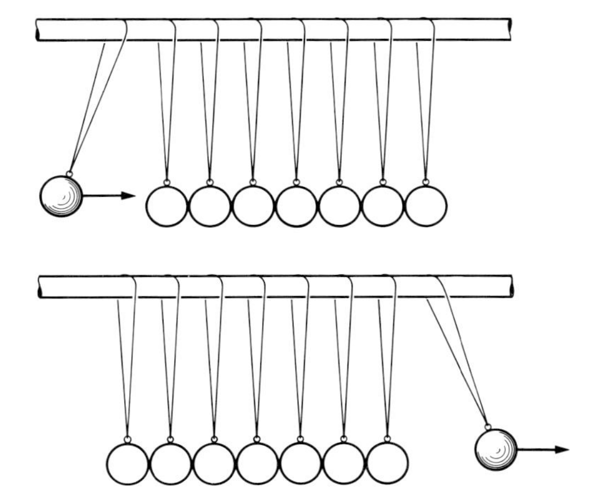

Abb. 14.1

Eine Reihe gleicher Stahlkugeln ist so aufgehängt, daß die Kugeln sich drehungsfrei bewegen können. Beim Auftreffen der ersten Kugel bleibt diese liegen, und die letzte bewegt sich mit dem gleichen Impuls und der gleichen Energie fort, mit denen die erste aufschlug. Die Transportgeschwindigkeit von Energie und Impuls im Stahl ist unabhängig von der Geschwindigkeit der auftreffenden Kugel.

selben Art stoße dann mit einem bestimmten Impuls $\boldsymbol{P}$ auf diese Reihe. Die auftreffende Kugel gibt ihren Impuls $\boldsymbol{P}$ und ihre ganze kinetische Energie $E_{\text{kin}} = P^2/2M$ durch elastischen Stoß (deshalb Stahlkugeln) an die erste Kugel ab; diese, ohne sich sichtbar zu bewegen, an die zweite, die wieder an die dritte, usw. Haben dann der Impuls $\boldsymbol{P}$ und die Energie E_{kin} die letzte Kugel erreicht, so setzt diese sich in Bewegung und läuft mit derselben Geschwindigkeit weiter, mit der die erste Kugel ankam, während die übrigen Kugeln ruhig liegen bleiben. Bei diesem Vorgang handelt es sich im Grunde um nichts anderes als um einen wiederholten elastischen Stoß zwischen zwei Kugeln gleicher Masse, von denen jeweils eine ruht. Wie wir in § 11 gesehen haben, werden dabei wegen der gleichen Masse der Stoßpartner Impuls und kinetische Energie voll von der bewegten auf die ruhende Kugel übertragen, so daß die ankommende Kugel liegen bleibt und die vorher ruhende weiterläuft. In Abb. 14.2 ist der elementare Stoßvorgang des in Abb. 14.1 dargestellten Experiments erläutert. Die Zerlegung des genannten Vorgangs in elementare elastische Stöße erweckt auf den ersten Blick den Eindruck, als handle es sich bei diesem Transport von Impuls und Energie nur wieder um den durch die Bewegung der einzelnen Kugeln bewirkten Transport. Das ist jedoch nicht so, denn wenn das zuträfe, müßten Impuls und Energie durch die Kugelreihe mit derselben Geschwindigkeit transportiert werden, mit der sich die anfänglich auftreffende (und ebenso die am Ende des Prozesses sich fortbewegende) Kugel bewegt. Die Beobachtung zeigt aber, daß das durchaus nicht der Fall ist, sondern daß sich Impuls und Energie durch die Kugelreihe mit erheblich größerer Geschwindigkeit fortpflanzen. Man kann das dadurch demonstrieren, daß man gleichzeitig mit der ersten Kugel, die auf die Kugelreihe auftrifft, eine zweite Kugel synchron neben der Kugelreihe vorbeilaufen läßt. Eine Messung würde sogar zeigen, daß, wenn die Kugeln sich berühren, die Transportgeschwindigkeit der Energie durch die Kugelreihe unabhängig ist von der Geschwindigkeit, mit der die an-

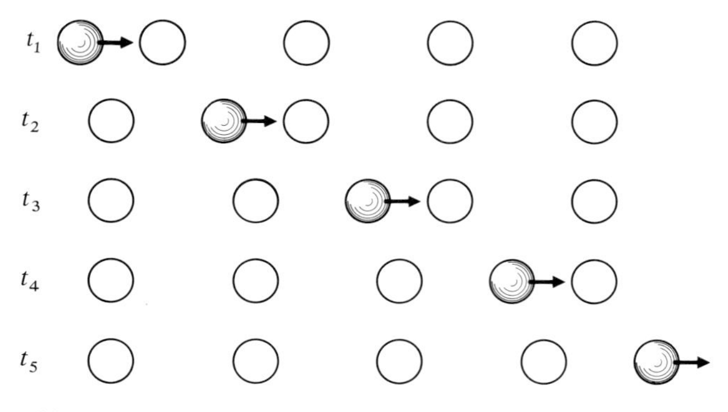

Abb. 14.2

Zerlegung des in Abb. 14.1 demonstrierten Transports in einzelne Stöße. Rücken die Kugeloberflächen aneinander, erfolgt im Grenzfall der Berührung der Transport nur noch im Innern der Stahlkugeln.

fänglich auftreffende Kugel ankam, d.h. unabhängig von der Geschwindigkeit, mit der Impuls und Energie *außerhalb* der Kugelreihe transportiert werden. Nun erfolgt der Transport in der Kugelreihe, wenn der Abstand a benachbarter Kugeln klein genug ist, praktisch völlig im Stahl, während er vorher und nachher im leeren Raum erfolgt, denn ein sich bewegender Körper, allgemein ein Teilchen, ist ja nichts anderes als ein Impuls- und Energietransport durch den leeren Raum.

Die Betrachtung zeigt, daß Impuls durch Materie hindurch transportiert werden kann, ohne daß dabei die Materie selbst sichtbar bewegt wird. Dieser **Impulstransport durch feste Körper,** allgemein durch Materie, spielt einmal in viele Fragen der Festkörperphysik hinein, zum anderen zeigt er, daß es neben dem Energie-Impuls-Transport durch den leeren Raum auch noch andere Transporte gibt, deren $E(\boldsymbol{P})$-Zusammenhang ganz anders aussehen kann als der Zusammenhang (6.10), den wir vom Teilchen her gewöhnt sind.

Daneben tritt aber bei den Energie-Impuls-Transporten in Materie ein wichtiges neues Phänomen auf, nämlich die **Dissipation von Energie** beim Impulstransport. Damit ist die Erscheinung gemeint, daß die mit dem Impuls transportierte Energie im Verlauf des Transportes abnimmt. Das bedeutet natürlich, daß sie in andere Energieformen transformiert wird. Einen derartigen Impulstransport nennen wir *dissipativ.*

Bei allen Phänomenen, die wir **Reibung** nennen, handelt es sich um dissipative Energie-Impuls-Transporte, denn Reibung bewirkt ja stets, daß Bewegungsenergie in andere Energieformen, insbesondere in Wärme, transformiert wird. Das bedeutet aber, daß dem Energie-Impuls-Transport Energie entzogen wird, die transportierte Energie also nicht an den Impuls, der ja erhalten bleiben muß, gekoppelt bleibt, sondern immer weniger wird.

Modell eines Stoßmechanismus mit Energiedissipation

Wir erläutern die Energiedissipation an einem einfachen mechanischen Modell. Dieses Modell ist keineswegs ein vollständiges Modell dafür, wie Bewegungsenergie in Wärme transformiert wird, sondern nur ein spezieller und, physikalisch gesehen, vielleicht sogar etwas pathologischer Vorgang eines Stoßmechanismus, der Energiedissipation zur Folge hat.

Ein Körper der Masse M bewege sich mit dem Impuls $\boldsymbol{P}$. Wir denken uns nun durch irgendein Verfahren den gesamten Impuls $\boldsymbol{P}$ auf zwei Körper der Masse M übertragen, so daß jeder den Impuls $\boldsymbol{P}/2$ bekommt. Dabei bleibt jedoch Energie übrig, denn der Körper mit dem Impuls $\boldsymbol{P}$ hatte die kinetische Energie $P^2/2M$, während die beiden Körper, von denen jeder den Impuls $\boldsymbol{P}/2$ hat, zusammen die kinetische Energie haben

$$\frac{1}{2M}\left(\frac{P}{2}\right)^2+\frac{1}{2M}\left(\frac{P}{2}\right)^2=\frac{1}{2}\,\frac{P^2}{2M}=\frac{1}{2}\,E_{\mathrm{kin}}.$$

Obwohl die beiden Körper zusammen zwar den ganzen Impuls $\boldsymbol{P}=\boldsymbol{P}/2+\boldsymbol{P}/2$ besitzen, haben sie doch nur die halbe kinetische Energie. Nun können wir jedoch die zweite Hälfte der Energie dadurch auf die beiden Körper übertragen, daß wir jedem noch eine zur Richtung des Impulses $\boldsymbol{P}$ senkrechte Impulskomponente $\boldsymbol{P}'$ vom Betrag $|\boldsymbol{P}|/2$ geben, die aber für die beiden Körper entgegengesetzte Richtung hat, insgesamt also zum Impuls nicht beiträgt. Dann sind Impuls- und Energiesatz offensichtlich erfüllt. Es ist

$$\boldsymbol{P}=\frac{\boldsymbol{P}}{2}+\boldsymbol{P}'+\frac{\boldsymbol{P}}{2}-\boldsymbol{P}' \tag{14.1}$$

$$E_{\mathrm{kin}}=\frac{1}{2M}\left(\frac{\boldsymbol{P}}{2}+\boldsymbol{P}'\right)^2+\frac{1}{2M}\left(\frac{\boldsymbol{P}}{2}-\boldsymbol{P}'\right)^2=\frac{P^2}{2M};$$

denn wir haben ja $\boldsymbol{P}'$ so gewählt, daß $P'^2=(P/2)^2$ ist. Die Gln. (14.1) zeigen, daß der in Abb. (14.3b) angegebene elastische Stoßprozeß möglich ist, bei dem ein Teilchen der Masse M seine kinetische Energie und seinen Impuls $\boldsymbol{P}$ voll an zwei Teilchen derselben Masse M abgibt. Nur geht die Hälfte der kinetischen Energie dabei in eine Bewegung über, die zur ursprünglichen Bewegung senkrecht ist. In Richtung des Impulses $\boldsymbol{P}$ wird nach dem Stoß also nur noch die Hälfte von der kinetischen Energie transportiert, die vor dem Stoß in dieser Richtung transportiert wurde.

Lassen wir nun jedes der beiden Teilchen wieder einen elastischen Stoßprozeß derselben Art ausführen, wobei nunmehr von jedem Teilchen nur die Komponente $\boldsymbol{P}/2$ übertragen wird, während es seine Komponente $\boldsymbol{P}'$ behält, so haben wir die in Abb. 14.3c dargestellte Situation: Das erste Teilchen ruht, die beiden Teilchen der zweiten Stoßgeneration bewegen sich mit den Impulsen $\boldsymbol{P}'$ und $-\boldsymbol{P}'$ fort, wobei sie zusammen die Energie $E_{\mathrm{kin}}/2$ tragen, die vier Teilchen der dritten Stoßgeneration haben zusammen ebenfalls die Energie $E_{\mathrm{kin}}/2$, wobei aber nur wieder die Hälfte hiervon, d.h. $E_{\mathrm{kin}}/4$, in die ursprüngliche Impulsrichtung transportiert wird. Nach n derartigen Stoßprozessen ist der Energieanteil

$$E_{\mathrm{kin}}\left[\frac{1}{2}+\frac{1}{4}+\frac{1}{8}+\cdots+\frac{1}{2^{n-1}}\right]=E_{\mathrm{kin}}\,\frac{\frac{1}{2}-(\frac{1}{2})^n}{1-\frac{1}{2}}=E_{\mathrm{kin}}\left[1-\frac{1}{2^{n-1}}\right] \tag{14.2}$$

in Teilchen enthalten, die keine Impulskomponente in Richtung des ursprünglichen Impulses $\boldsymbol{P}$ mehr haben und nur noch der Anteil $E_{\mathrm{kin}}/2^{n-1}$ in Teilchen, die noch eine Impulskomponente $(\boldsymbol{P}/2^n)$ in $\boldsymbol{P}$-Richtung besitzen. Macht man n hinreichend groß, so ist praktisch keine kinetische Energie mehr in den 2^n Teilchen enthalten, die zusammen noch den gesamten Impuls $\boldsymbol{P}$ tragen (nach 7 Stößen besäßen sie schon weniger als 1 Prozent der kinetischen Anfangsenergie). Bei Fortschreiten des Impulses wird die Energie also mehr und mehr in die Querkomponenten zur Impulsrichtung $\boldsymbol{P}$ transformiert,

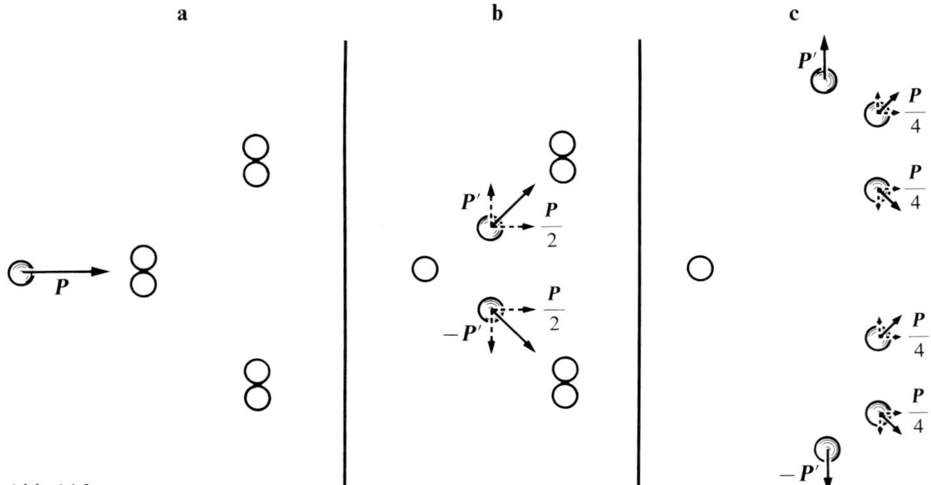

Abb. 14.3

Einfaches Modell eines Stoßmechanismus zwischen Körpern gleicher Masse, der einen dissipativen Energie-Impuls-Transport bewirkt.

(a) Zustand vor dem ersten Stoß. Der erste Körper hat den Impuls $\boldsymbol{P}$, die beiden Körper der nächsten Stoßgeneration ruhen.

(b) Zustand nach dem ersten Stoß. Der erste Körper hat seinen Impuls und seine Energie vollständig an die beiden vorher ruhenden Körper abgegeben. Um mit dem Impuls $\boldsymbol{P}$ auch die gesamte kinetische Energie des ersten Körpers aufzunehmen, müssen die beiden Körper zusätzlich die zu $\boldsymbol{P}/2$ senkrechten Impulskomponenten $\boldsymbol{P}'$ und $-\boldsymbol{P}'$ annehmen, deren Betrag gleich $|\boldsymbol{P}/2|$ ist. In Richtung des Anfangsimpulses $\boldsymbol{P}$ transportieren die beiden Körper zusammen nur noch die halbe kinetische Energie wie im Fall (a).

(c) Im zweiten Stoß stößt jeder der beiden Körper der ersten Stoßgeneration so, daß der Impuls $\boldsymbol{P}$ nach dem Stoß von vier Körpern der dritten Stoßgeneration übernommen wird. Die beiden Körper der zweiten Stoßgeneration bewegen sich nach dem Stoß so, daß sie den Gesamtimpuls Null und die Hälfte der gesamten kinetischen Energie haben. Entsprechend haben die vier Körper der dritten Stoßgeneration zusammen ebenfalls nur noch die Hälfte der ursprünglichen kinetischen Energie, so daß mit dem Impuls $\boldsymbol{P}$ jetzt nur noch die halbe kinetische Energie verknüpft ist wie vorher. Die Fortsetzung des Stoßverfahrens transformiert schließlich einen beliebig großen Teil der anfänglichen kinetischen Energie in innere Energie des Gesamtsystems aller Körper.

so daß, wenn die Teilchen der n-ten Stoßgeneration, die zusammen ja noch den vollen Impuls $\boldsymbol{P}$ haben, den Impuls auf einen anderen Körper übertragen sollen, für die Übertragung kaum noch Energie zur Verfügung steht. Soll der andere Körper bei dem Impuls $\boldsymbol{P}$ die verbliebene Energie $E_{\text{kin}}/2^n$ aufnehmen, müßte er die 2^n-fache Masse des einzelnen Teilchens haben.

Teilchen und Quasiteilchen

Trotz ihres idealisierten Charakters machen unsere Betrachtungen verständlich, daß der Transport von Energie und Impuls durch Materie hindurch im allgemeinen dissipativ sein wird. Anders als in unserem Beispiel, wo wir angenommen haben, daß die dissipierte Energie sehr geordnet in die Querkomponenten der ursprünglichen Transportrichtung übertragen wird, geschieht das in Wirklichkeit natürlich ungeordnet, so daß sie sich als Wärme offenbart. Wir entnehmen unseren Betrachtungen vor allem die Einsicht, daß es etwas Besonderes ist, wenn der Impuls bei seinem Transport stets mit derselben Energie verbunden bleibt, wie wir es von der Teilchenbewegung her kennen. Wir unterscheiden demgemäß **dissipationsfreie und dissipative Energie-Impuls-Transporte.** Ein Transport, der dissipationsfrei, d.h. so beschaffen ist, daß mit einem bestimmten Impuls $\boldsymbol{P}$ stets eine bestimmte Energie $E(\boldsymbol{P})$ verbunden ist und bleibt, nennen wir *teilchenartig*. Ja, man dreht den Spieß sogar herum und definiert: *Ein Zustand, in dem ein Impuls* $\boldsymbol{P}$ *mit einer bestimmten Energie* $E(\boldsymbol{P})$ *dissipationsfrei verknüpft ist, heißt ein Teilchen oder Quasiteilchen.* Ein *Teilchen* liegt dann vor, wenn die Funktion $E(\boldsymbol{P})$ die Gestalt (6.10) hat oder die der Newtonschen Näherung (6.14), und ein *Quasiteilchen* dann, wenn die Funktion $E(\boldsymbol{P})$ eine von (6.10) verschiedene Form hat. Da (6.10) den Energie-Impuls-Transport durch den leeren Raum charakterisiert, kann man auch sagen, dissipationsfreie Energie-Impuls-Transporte durch den leeren Raum sind Teilchen. Entsprechend sind Quasiteilchen dissipationsfreie Energie-Impuls-Transporte durch feste Körper, allgemein durch Materie hindurch. Der Begriff des Quasiteilchens spielt daher in der Festkörperphysik eine wichtige Rolle.

Natürlich ist der Begriff des Teilchens oder Quasiteilchens, allgemein des dissipationsfreien Energie-Impuls-Transportes, ein Grenzbegriff. Die Dissipation Null bedeutet in praxi nur, daß die Dissipation kleiner ist als eine bestimmte, durch die jeweilige Meßgenauigkeit festgelegte Grenze. Somit kann es passieren, daß Energie-Impuls-Transporte, die wir als Teilchen oder Quasiteilchen kennen, bei Verschärfung der Genauigkeitsgrenzen doch Dissipation offenbaren und damit genau genommen keine Teilchen oder Quasiteilchen sind. Man wird diese Korrektur zwar zunächst auf die Quasiteilchen beschränkt glauben, d.h. auf die Energie-Impuls-Transporte durch Materie, nicht aber auf Teilchen, d.h. auf die Transporte durch den leeren Raum, doch das trifft nicht ganz zu. Zwar zeigen die Quasiteilchen genannten Transporte viel leichter ihren unvollkommenen Charakter als die Teilchen, aber auch die meisten Teilchen sind nur recht unvollkommen. Diese Unvollkommenheit läßt sich allerdings nicht mit unserem Dissipationsmodell verstehen, sondern erst mit der Quantenmechanik. Danach hat nämlich ein Teilchen, das mit anderen wechselwirkt, fast immer eine endliche Lebensdauer und kann auf verschiedene Weise in andere Teilchen zerfallen. Diese verschiedenen Zerfallsmöglichkeiten sind einer Dissipation äquivalent, wie wir sie hier erörtert haben.

IV Felder

§ 15 Körper und Feld als Grenzfälle des Teilchenbegriffs

Das Problem der Lokalisierbarkeit eines Teilchens

Der dynamische Teilchenbegriff basiert, wie wir gesehen haben, darauf, daß Bewegung im physikalischen Sinn stets Transport von Impuls und Energie ist. Demgemäß nannten wir jeden Transport ein Teilchen oder Quasiteilchen, bei dem mit einem Impuls $\boldsymbol{P}$ eine bestimmte Energie $E=E(\boldsymbol{P})$ verknüpft ist. Die uns aus unserer Alltagserfahrung vertrauten Körper fallen natürlich unter diese Definition des Teilchens, denn ein Körper transportiert mit einem Impuls $\boldsymbol{P}$ stets eine wohlbestimmte Menge an Energie $E(\boldsymbol{P})$. Neben dieser Transporteigenschaft hat ein Körper aber auch noch die Eigenschaft der **Lokalisierbarkeit,** d.h. die Eigenschaft, in jedem Augenblick an einer bestimmten Stelle $\boldsymbol{r}$ des Raums zu sein oder, wenn er ausgedehnt ist, einen bestimmten Raumbereich auszufüllen. Diese Lokalisierbarkeit erlaubt es ja gerade, Dynamik und Kinematik der Körperbewegung in Verbindung zu bringen, denn für einen Körper ist die Transportgeschwindigkeit $\boldsymbol{v}$ des Energie-Impuls-Transportes, den er darstellt, gleich der kinematischen Geschwindigkeit $d\boldsymbol{r}/dt$.

Nun erhebt sich natürlich die Frage, ob die Lokalisierbarkeit, die wir als eine so selbstverständliche Eigenschaft des Körpers anzusehen gewohnt sind, *allen* Teilchen, d.h., allen Energie-Impuls-Transporten eigen ist. Diese Frage ist sicherlich zu verneinen, denn wir kennen im Licht einen Transportvorgang, dessen Teilchen sich nicht an einen bestimmten Ort fixieren lassen. Nach der Quantenmechanik kann zwar eine gewisse Lokalisierbarkeit der Teilchen des Lichts, der Photonen, erkauft werden, allerdings um den Preis, daß man dem Impuls eine *Unschärfe* einräumt. Diese wenigen Bemerkungen zeigen schon, daß die Frage nach der räumlichen Lokalisierbarkeit eines Energie-Impuls-Transportes, d.h. der Lokalisierbarkeit von Teilchen, keine triviale Antwort besitzt.

Da ein Energietransport durch den leeren Raum gekennzeichnet ist durch die innere Energie E_0 des den Transport darstellenden Teilchens, scheint die Frage der Lokalisierbarkeit irgendwie mit dem Wert von E_0 zusammenzuhängen. Je größer E_0 ist, mit um so größerer Berechtigung, so sieht es aus, ist der Begriff der Lokalisierbarkeit anwendbar, während er bei Teilchen mit $E_0=0$ besonders fragwürdig ist. Tatsächlich ist es jedoch nicht die Energie, auf die es bei der Frage der Lokalisierbarkeit ankommt, sondern der Impuls, genauer die **Impulsunschärfe.** Ein Energie-Impuls-Transport läßt sich nämlich, wie die Quantenmechanik lehrt, nur in einem Maß lokalisieren, das durch die Unschärfe seines Impulses bestimmt ist. Er ist um so besser lokalisierbar, je größer die Impulsunschärfe ist. Die Unschärfe des Impulses ist dabei, wie wir in § 2 ausgeführt haben, als Streuung zu verstehen. Ist der Mittelwert von $\boldsymbol{P}$ Null, so ist nach § 2 die Streuung des Impulses durch den Wert von P^2 gegeben. Diese von der Quantenmechanik

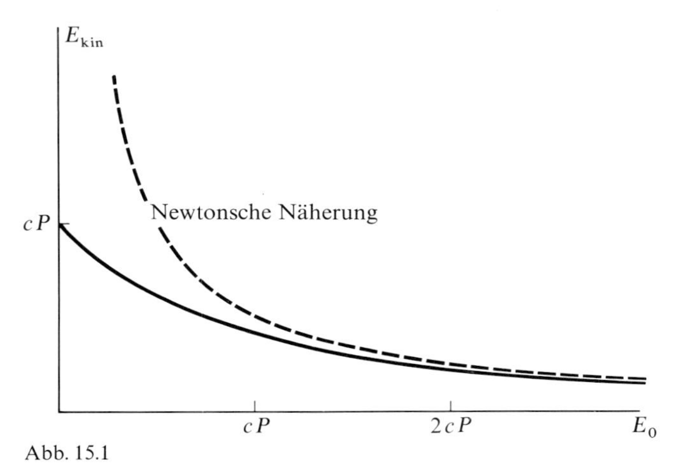

Abb. 15.1

Kinetische Energie eines Teilchens als Funktion der inneren Energie E_0 bei festem Wert von P^2. Ist der Mittelwert des Impulses $\boldsymbol{P}$ gleich Null, so ist die kinetische Energie des Teilchens identisch mit der von der Quantenmechanik geforderten Lokalisationsenergie.

geforderte Streuung hat nichts mit dem Fehler einer Messung zu tun, sondern ist notwendig mit jeder räumlichen Eingrenzung, mit jeder Lokalisierung des Teilchens verbunden. So gehört zu einer kleinen Ortsunschärfe, d.h. guter Lokalisierung, immer und unter allen Umständen eine große Impulsunschärfe, d.h. ein großer Wert von P^2. Umgekehrt bedingt eine kleine Impulsunschärfe, d.h. kleines P^2, eine große Ortsunschärfe und damit schlechte Lokalisierbarkeit des Teilchens.

Nun hängt aber P^2 mit der kinetischen Energie eines Teilchens gemäß

$$E_{\text{kin}} = E - E_0 = \sqrt{c^2 P^2 + E_0^2} - E_0 \approx \frac{P^2}{2 E_0/c^2} = \frac{P^2}{2M} \tag{15.1}$$

zusammen, und daher kostet die Lokalisierung eines Teilchens Energie. Diese **Lokalisationsenergie** ist um so größer, je größer P^2, je kleiner daher der räumliche Bereich ist, auf den das Teilchen beschränkt sein soll und je kleiner die innere Energie, d.h. die Masse des Teilchens ist. Abb. 15.1 zeigt die Abhängigkeit der Lokalisierungsenergie von der inneren Energie E_0 für $P^2 = \text{const.}$, d.h. für eine fest vorgegebene Ausdehnung des Lokalisierungsbereichs. Man sieht, daß die Lokalisationsenergie um so größer ist, je kleiner die innere Energie E_0 des Teilchens ist.

Ob und unter welchen Umständen ein Teilchen als lokalisierbar angesehen werden darf, ist allerdings nicht eine Frage der Geometrie, sondern eine Frage von Energien. Bei Vorgängen, bei denen die Energieumsetzungen groß sind gegen die Lokalisationsenergie des Teilchens, spielt die Lokalisationsenergie keine Rolle; das Teilchen darf dann als lokalisierbar, d.h. als **Körper** angesehen werden. Umgekehrt darf bei Vorgängen, deren Energieumsetzungen vergleichbar sind oder kleiner als die Lokalisationsenergie des Teilchens, dieses nicht als lokalisierbar, d.h. *nicht als Körper* behandelt werden. Ein Beispiel für den zweiten Fall bildet ein Elektron im Atom. Seine Lokalisationsenergie ist von derselben Größenordnung, nämlich 10 eV, wie die Energieumsetzungen bei Anregung des Atoms. Also darf das im Atom gebundene Elektron, im Gegensatz zum freien Elektron, nicht als Körper behandelt werden.

Etwas anders liegen die Dinge, wenn der Impuls direkt gemessen wird. Das ist z.B. bei Interferenzmessungen mit sichtbarem Licht der Fall. Die Quantenmechanik sagt nämlich, daß eine Messung der Wellenlänge oder vielmehr des Wellenvektors eine Messung des Impulses ist. In allen Experimenten, in denen Wellenvektoren des Lichtes sehr genau bestimmt werden, wie in Interferenzanordnungen, ist der Impuls so scharf festgelegt, seine Unschärfe also so klein, daß die Photonen nicht zu lokalisieren sind. Die Photonen des sichtbaren Lichts treten daher gewöhnlich als typische Repräsentanten nicht-lokalisierbarer Teilchen auf. Ähnliches gilt auch für die Photonen von Radiowellen, nur daß dort über die Frequenz eine sehr genaue Messung der Energie, die ja für Photonen stets kinetische Energie ist, möglich ist. Energiereiche Photonen dagegen, die γ-Quanten, haben einen so großen Impuls, daß selbst eine kleine relative Unschärfe des Impulses absolut so groß ist, daß man diese Photonen als lokalisierbare Teilchen ansehen kann.

Die klassische Einteilung der Transporte in korpuskulare und feldartige

Wie ist nun die klassische Physik mit dem Problem der Lokalisierung der Energie-Impuls-Transporte fertig geworden? Für sie stellte sich das Problem ursprünglich zwar nicht so, wie wir es hier formuliert haben, aber nachdem die Erkenntnis der Einsteinschen Mechanik vorlag, daß physikalische Bewegung stets Transport von Energie und Impuls ist, hätte es sich so stellen können. Die Antwort, die die klassische Physik darauf gegeben hätte, war allerdings nicht die eines graduellen Unterschieds in der Lokalisierbarkeit verschiedener Teilchen, sondern sie hat die Transporte einfach in zwei verschiedene Klassen eingeteilt, nämlich in die Klasse der lokalisierbaren und die Klasse der nicht-lokalisierbaren Energie-Impuls-Transporte. Allerdings hat sie sie anders benannt als wir es hier tun; die lokalisierbaren Transporte nannte sie **Teilchen, Körper oder Korpuskeln** (klassisch wurden diese Begriffe alle synonym gebraucht), die nicht-lokalisierbaren dagegen **Felder oder Wellen.** Demgemäß unterschied man in der klassischen Physik zwei ganz verschiedene Typen von Energie und Impuls transportierenden Systemen, nämlich die lokalisierbaren Teilchen oder, wie wir sagen wollen, die Körper auf der einen Seite und die Felder auf der anderen. Das in Wirlichkeit viel kompliziertere Problem der graduellen Lokalisierbarkeit der verschiedenen Energie-Impuls-Transporte löste die klassische Physik also durch Schwarz-Weiß-Malerei. Für sie gab es nur Korpuskeln und Felder, sie erhob die Grenzfälle des Teilchenbegriffs zum Normal. Das waren auf der einen Seite die Teilchen, bei denen man Bewegungen nur spürt, wenn der Impuls schon erhebliche Werte hat, und auf der anderen Seite die Teilchen, bei denen schon kleine Impulse gut spürbar sind.

Wir wissen heute, daß dieses Vorgehen eine Approximation ist, die nicht mehr ausreicht, wenn es darum geht, die Physik der Atome und Elementarteilchen zu beschreiben. Wir kommen daher mit der klassischen Einteilung der Energietransporte in korpuskulare oder körperartige einerseits und feldartige andererseits heute nicht mehr aus. Die Quantenmechanik enthält vielmehr die beiden klassischen Fälle nur als **Grenzfälle.** Die von der klassischen Physik her geprägte Begriffswelt macht es unserer Vorstellung allerdings sehr schwer, von diesen beiden Grenzfällen abzukommen. Überschätzt man die Kraft der Anschauung, wird man bei der Beschreibung der nicht klassisch zu verstehenden Teilchen irregeleitet, sobald man in ihnen immer nur entweder den klassischen Körper oder das klassische Energie transportierende Feld, die Welle, sieht. Hält man die klassischen Bilder gar noch für philosophisch untermauert, kommt man natürlich in der Quantenmechanik in die grundsätzliche Schwierigkeit des *Dualismus Welle-Korpuskel.* Besonders von philosophischer Seite ist darüber viel geschrieben worden, aber all das führt in nichts über die physikalische Erfahrung hinaus, daß die Kinematik der rein korpuskularen und wellenartigen Transporte eben nur Grenzfällen in der Natur gerecht wird und die Wirklichkeit immer irgendwo zwischen diesen beiden Extremen liegt.

Wenn wir uns trotz dieser Einschränkung der Gültigkeit der klassischen Begriffsbildungen hier ausführlich mit ihnen beschäftigen, hat das zwei Gründe. Einmal bilden sie eine natürliche Stufe in dem Bemühen, die in der Natur beobachteten Energie-Impuls-Transporte zu beschreiben, und zum anderen wurden mit dem Begriff des Feldes eine Reihe wichtiger mathematischer Hilfsmittel entwickelt, die in vielen Teilen der Physik Verwendung finden. Dieses Kapitel enthält deshalb auch etwas mehr Mathematik. Zunächst betrachten wir **statische Felder**; in ihnen verlaufen Transportvorgänge so schnell gegenüber körperartigen Transporten, daß die durch das Feld vermittelten Transporte in jedem Augenblick als schon abgelaufen betrachtet werden dürfen. Diese Felder verhalten sich daher so, als gäben sie jeden aufgenommenen Impuls momentan wieder ab, so daß sie selbst zwar Energie, aber keinen Impuls aufnehmen. Davon zu unterscheiden sind die Wellenfelder, die mit besonderer Deutlichkeit diejenigen kinematischen Eigenschaften der Energie-Impuls-Transporte hervorheben, die wir mit dem Begriff der Welle verbinden. Auf sie gehen wir hier nicht ein.

Wir werden in diesem Kapitel also von Körpern (= *lokalisierbare* Teilchen) und Feldern und ihren Wechselwirkungen sprechen. Körper und Feld sind zwei Arten physikalischer Systeme, die miteinander wechselwirken, also Energie und Impuls (und eventuell noch weitere Größen) austauschen. Diese Systeme haben die Besonderheit, daß sich zu ihrer Beschreibung ganz verschiedene mathematische Begriffsbildungen eignen. Der Körper wird als sich bewegender geometrischer Punkt, als Massenpunkt, behandelt, das Feld dagegen als ein Gebilde, das räumlich ausgedehnt ist und sich dadurch bemerkbar macht, daß in jedem Raumpunkt Kräfte auf Körper wirken, die Körper also wie von unsichtbarer Hand Energie- und Impulsänderungen erfahren.

§ 16 Verschiebungsenergie

Ein Körper, d.h. ein Teilchen, das sich lokalisieren läßt, hat neben seinem Impuls $\boldsymbol{P}$ als weitere unabhängige Variable noch seinen Ort $\boldsymbol{r}$, also seine drei Lagekoordinaten x, y, z, die zum Vektor $\boldsymbol{r}=\{x, y, z\}$ vereinigt werden. Daß $\boldsymbol{r}$ und $\boldsymbol{P}$ *unabhängige* Variablen sind, bedeutet, daß wir jeder von ihnen unabhängig von der anderen Werte geben und diese verändern können. Das ist unmittelbar klar, denn wir können den Körper an eine beliebige Stelle $\boldsymbol{r}$ des Raumes bringen und ihm dort irgendeinen gewünschten Impuls $\boldsymbol{P}$ geben, indem wir ihm einen geeigneten Stoß versetzen. Wir können ihn ebenso von einem Ort $\boldsymbol{r}$ an einen anderen Ort $\boldsymbol{r}'$ bringen und dabei außerdem noch willkürlich seinen Impuls $\boldsymbol{P}$ verändern. Allerdings werden Ortsveränderungen im allgemeinen Energie kosten, denn wir müssen damit rechnen, daß nicht nur Änderungen des Impulses Energie kosten, wie wir es von den Untersuchungen der Kap. II und III her schon kennen, sondern auch Änderungen der Lage des Körpers.

Bei Einführung der Energiemessung (§ 8) haben wir wesentlich von der Tatsache Gebrauch gemacht, daß die **Verschiebung** eines Körpers von einem Ort zum anderen im homogenen Gravitationsfeld der Erde (das in der Nähe ihrer Oberfläche herrscht) Energie kostet. Verschieben hieß dabei, den Körper so von einem Ort zum anderen zu bringen, daß er an beiden Orten den gleichen Impuls hatte, $\boldsymbol{P}$ sich also nicht änderte. War z.B. der Impuls des Körpers am Anfangspunkt Null, d.h. ruhte der Körper, so mußte sich der Körper auch im Endzustand wieder in Ruhe befinden. Um eine Verschiebung im Schwerefeld zu bewerkstelligen, muß man dem Körper Energie zuführen, wenn die Verschiebung mit einem Anheben des Körpers verbunden ist, oder im umgekehrten Fall ihm Energie entziehen. Diesen bei den Verschiebungen notwendigen Energieaufwand, d.h. das Auftreten von **Verschiebungsenergie,** betrachten wir geradezu als Nachweis der Existenz des Gravitationsfeldes. Dieser Zusammenhang zwischen Verschiebungsenergie und Existenz eines Feldes ist insofern generell, als wir allgemein dann, wenn Verschiebungen Energie kosten, sagen: Der Körper befindet sich in einem **Feld,** mit dem er wechselwirkt.

Energieänderungen und ihre mathematische Beschreibung. Kraft

Verschieben wir einen Körper von einem Ort $\boldsymbol{r}_1$ zu einem Ort $\boldsymbol{r}_2$, so kann das, wie Abb. 17.2 zeigt, auf so viele verschiedene Weisen geschehen, wie es Wege $\mathfrak{C}$, $\mathfrak{C}'$, ... gibt, die $\boldsymbol{r}_1$ und $\boldsymbol{r}_2$ miteinander verbinden. Um eine Verschiebung eindeutig zu machen, ist es also notwendig, den Weg $\mathfrak{C}$ anzugeben, auf dem der Körper von $\boldsymbol{r}_1$ nach $\boldsymbol{r}_2$ verschoben wird. Einen Weg $\mathfrak{C}$ können wir uns nun wieder dadurch beschrieben denken, daß wir angeben, wie er aus lauter aneinander gehefteten infinitesimalen, gradlinigen Verschiebungen $d\boldsymbol{r}$ aufgebaut ist. Wir können uns so jede Verschiebung als aus infinitesimalen, gradlinigen Verschiebungen aufgebaut denken. Wir beherrschen daher jede Verschiebung samt allen ihren Konsequenzen, wenn wir wissen, was bei allen **infinitesimalen Verschiebungen**

$$d\boldsymbol{r} = dx \cdot \boldsymbol{e}_x + dy \cdot \boldsymbol{e}_y + dz \cdot \boldsymbol{e}_z \tag{16.1}$$

im Raum passiert. Die Vektoren $\boldsymbol{e}_x$, $\boldsymbol{e}_y$, $\boldsymbol{e}_z$ sind die Einheitsvektoren in Richtung der x-, y- und z-Achse; entsprechend sind dx, dy, dz die Komponenten des infinitesimalen Verschiebungsvektors $d\boldsymbol{r}$.

Wir fragen nun nach dem mit einer Verschiebung $d\boldsymbol{r}$ verknüpften Energieaufwand. Um das Beschreibungsverfahren auseinanderzusetzen, erinnern wir uns der Formel (6.5), deren rechte Seite den Energieaufwand darstellt, der mit einer Änderung des Impulses $\boldsymbol{P}$ um $d\boldsymbol{P} = \{dP_x, dP_y, dP_z\}$ verbunden ist. Den mit einer Änderung $d\boldsymbol{P}$ des Impulses verknüpften Energieaufwand erhält man danach so, daß man die drei voneinander unabhängigen Komponenten dP_x, dP_y, dP_z der Impulsänderung mit drei Größen v_x, v_y, v_z multipliziert, die sich als die Komponenten der Transportgeschwindigkeit $\boldsymbol{v}$ der Energie herausstellten. Ganz entsprechend erhält man nun die bei einer Verschiebung, d.h. einer Änderung $d\boldsymbol{r}$ der Lage $\boldsymbol{r}$ aufzuwendende Energie dadurch, daß man die drei voneinander unabhängigen Komponenten dx, dy, dz der Verschiebung $d\boldsymbol{r}$ mit drei Größen $-F_x$, $-F_y$, $-F_z$ multipliziert. Die Vorzeichen sind dabei Konvention. Somit ist

$$\left\{\begin{matrix}\text{Energieaufwand bei der}\\ \text{Verschiebung } \boldsymbol{r} \to \boldsymbol{r} + d\boldsymbol{r}\end{matrix}\right\} = -F_x\,dx - F_y\,dy - F_z\,dz = -\boldsymbol{F}\,d\boldsymbol{r}. \tag{16.2}$$

Der letzte Schritt in dieser Formel, der aussagt, daß die drei Größen F_x, F_y, F_z die Komponenten eines Vektors $\boldsymbol{F}$ sind, folgt daraus, daß die Energie ein Skalar ist, sich bei

Translationen und Drehungen des Koordinatensystems also nicht mittransformiert. Deshalb müssen, ebenso wie v_x, v_y, v_z, die drei Größen F_x, F_y, F_z sich bei Transformationen wie die Komponenten eines Vektors verhalten. Sie bilden daher selbst einen Vektor $\boldsymbol{F}=\{F_x, F_y, F_z\}$. Dieser Vektor heißt die auf den Körper wirkende **Kraft.**

In (16.2) haben wir angenommen, daß der Körper eine reine Verschiebung $d\boldsymbol{r}$ erfährt, wobei sein Impuls $\boldsymbol{P}$ sich nicht ändert ($d\boldsymbol{P}=0$). Lassen wir gleichzeitig auch noch Änderungen des Impulses $\boldsymbol{P}$ um $d\boldsymbol{P}$ zu, so verallgemeinert sich (16.2) zu

$$(16.3) \quad \{\text{Energieaufwand bei den Änderungen } \boldsymbol{P}\to\boldsymbol{P}+d\boldsymbol{P} \quad \text{und} \quad \boldsymbol{r}\to\boldsymbol{r}+d\boldsymbol{r}\}$$
$$=v_x\,dP_x+v_y\,dP_y+v_z\,dP_z-F_x\,dx-F_y\,dy-F_z\,dz=\boldsymbol{v}\,d\boldsymbol{P}-\boldsymbol{F}\,d\boldsymbol{r}.$$

Man sieht sofort, daß (16.3) sich auf (16.2) reduziert, wenn $d\boldsymbol{P}=0$ ist, d.h. wenn der Impuls bei der Verschiebung $d\boldsymbol{r}$ konstant bleibt. Wie Gl. (16.3) eine Verallgemeinerung von (16.2) darstellt, ist sie auch eine Verallgemeinerung von (6.5), denn (6.5) geht offensichtlich aus (16.3) hervor, wenn $\boldsymbol{F}\,d\boldsymbol{r}=0$ ist. Tatsächlich haben wir in den Kapiteln II und III den Fall $\boldsymbol{F}=0$, nämlich die *kräftefreien* Bewegungen behandelt, und deshalb sind wir dort mit Gl. (6.5) ausgekommen.

Einheiten der Kraft: Gl. (16.2) zeigt, daß die Kraft $\boldsymbol{F}$ die Dimension Energie/Länge hat. Als Einheiten kommen alle Quotienten aus beliebigen Energie- und Längeneinheiten in Frage. Eigene Namen haben

$$\frac{\text{erg}}{\text{cm}}=\frac{\text{g}\cdot\text{cm}}{\text{sec}^2}=\text{dyn} \qquad (\text{griech. dynamis}=\text{Kraft})$$

und

$$\frac{\text{Joule}}{\text{m}}=\frac{\text{kg}\cdot\text{m}}{\text{sec}^2}=\text{N}=10^5\ \text{dyn}.$$

Die Einheit N ist nach Newton benannt.

Die Energieformen Bewegungs- und Verschiebungsenergie

Gl. (16.3) ist ein einfacher Fall einer Beziehung, die uns in der Physik immer wieder begegnen wird, wenn es sich um die Beschreibung von Energieänderungen handelt, die mit irgendwelchen Vorgängen oder Zustandsänderungen verknüpft sind. Die rechte Seite von Gl. (16.3) sagt nämlich, in welcher *Form* die Energie bei den hier betrachteten Zustandsänderungen auftritt. Die beiden dort erscheinenden Summanden nennen wir deshalb **Energieformen.** So ist $\boldsymbol{v}\,d\boldsymbol{P}$ die Energieform **Bewegungsenergie** und $-\boldsymbol{F}\,d\boldsymbol{r}$ die Energieform **Verschiebungsenergie.** Gl. (16.3) gibt somit die Energieänderungen des Systems „Körper + Feld" an, bei denen die Energie in Form von Bewegungsenergie und Verschiebungsenergie zugeführt oder entzogen werden kann.

Das Wort *Bewegungsenergie* wird gewohnheitsmäßig die Assoziation *kinetische Energie* hervorrufen, ebenso wie sich bei dem Wort *Verschiebungsenergie* Assoziationen mit dem noch einzuführenden Begriff der *potentiellen Energie* einstellen werden. Handelt es sich bei Bewegungsenergie und kinetischer Energie nur um verschiedene Wörter für dieselbe Sache, oder handelt es sich um verschiedene Begriffe? Tatsächlich ist letzteres der Fall. Wie der Ausdruck $\boldsymbol{v}\,d\boldsymbol{P}$ für die Bewegungsenergie schon zeigt, hängt der Begriff der Bewegungsenergie mit Impuls*änderungen* $d\boldsymbol{P}$ zusammen und nicht mit dem Impuls $\boldsymbol{P}$ selbst. Von Bewegungsenergie kann man daher nur sprechen, wenn einem System auf bestimmte Weise, nämlich durch Impulsänderung, Energie *zugeführt* oder *entzogen* wird. Ein System besitzt niemals Bewegungsenergie, sondern nimmt Bewegungsenergie nur auf oder gibt sie ab. Im Gegensatz hierzu ist die kinetische Energie mit dem Impuls $\boldsymbol{P}$ selbst verbunden und nicht mit der Impulsänderung $d\boldsymbol{P}$. Demgemäß ist die kinetische Energie nicht mit Zustandsänderungen verknüpft, sondern mit den Zuständen selbst. Das System besitzt in seinen Zuständen kinetische Energie, nämlich als Teil seiner Gesamtenergie.

Von Energie*formen* zu sprechen, hat allgemein nur Sinn, wenn es sich um die Aufnahme oder Abgabe von Energie handelt. Diese wichtige Tatsache merken wir uns als die

Regel 16.1 Energieformen sind nur Zustands*änderungen* zugeordnet. Die Energie eines Systems selbst läßt sich dagegen nicht in Formen zerlegen.

Der zweite Teil der Regel, nämlich daß die Energie E sich nicht in Formen zerlegen läßt, darf nicht dahingehend mißverstanden werden, daß sie sich nie in Summanden zerlegen ließe. Entscheidend ist, daß eine Zerlegung in Summanden nicht für jedes physikalische System so möglich ist, daß ein bestimmter Summand nur durch eine einzige Art von Vorgängen geändert werden könnte, die kinetische Energie also nur durch Änderung $d\boldsymbol{P}$ des Impulses $\boldsymbol{P}$. Die Newtonsche Mechanik ist leider gerade ein Beispiel, in dem eine solche Zerlegung gelingt, und daher ist sie nicht sehr geeignet zu demonstrieren, worauf es hier ankommt. Wegen

$$\boldsymbol{v}\, d\boldsymbol{P} = \frac{\boldsymbol{P}}{M}\, d\boldsymbol{P} = d\left(\frac{P^2}{2M}\right) = dE_{\text{kin}} \tag{16.4}$$

ist in ihr die Bewegungsenergie gleich der Änderung der kinetischen Energie. Es liegt auch der Ausnahmefall vor, daß sich der Summand E_{kin} der Gesamtenergie E als Folge der stillschweigenden Annahme, daß M nicht veränderbar sei, nur durch Änderung des Impulses ändern läßt. Außerdem gilt zufällig noch die verwirrende Beziehung $\boldsymbol{v}\, d\boldsymbol{P} = \boldsymbol{P}\, d\boldsymbol{v} = dE_{\text{kin}}$, die den falschen Eindruck erweckt, als wäre mit $\boldsymbol{v}\, d\boldsymbol{P}$ auch $\boldsymbol{P}\, d\boldsymbol{v}$ eine Energieform.

Die Sachlage wird besser, wenn man statt des Newtonschen Grenzfalles Energie-Impuls-Transporte durch den leeren Raum betrachtet, die mit beliebiger Geschwindigkeit erfolgen, also durch (5.1) beschrieben werden. Man findet zwar auch für diese die Beziehung

$$\begin{aligned} \boldsymbol{v}\, d\boldsymbol{P} &= \frac{c^2\, \boldsymbol{P}\, d\boldsymbol{P}}{\sqrt{c^2 P^2 + E_0^2}} = \frac{1}{2}\, \frac{d(c^2 P^2)}{\sqrt{c^2 P^2 + E_0^2}} \\ &= d\left(\sqrt{c^2 P^2 + E_0^2}\right) = d\left(\sqrt{c^2 P^2 + E_0^2} - E_0\right) = dE_{\text{kin}}, \end{aligned} \tag{16.5}$$

in den letzten beiden Schritten müssen wir dazu aber E_0 ausdrücklich als konstant annehmen. Das mag vielleicht selbstverständlich erscheinen, aber wir werden gleich sehen, daß es keineswegs selbstverständlich ist. Auf den ersten Blick sieht es auch hier wieder so aus, als handelte es sich bei dem Begriff der Bewegungsenergie $\boldsymbol{v}\, d\boldsymbol{P}$ doch um nichts weiter als um die Änderung der kinetischen Energie. Die Identität $\boldsymbol{v}\, d\boldsymbol{P} = \boldsymbol{P}\, d\boldsymbol{v}$ der Newtonschen Mechanik erweist sich allerdings nun als Zufallsidentität; denn man rechnet nach, daß $\boldsymbol{P}\, d\boldsymbol{v}$ jetzt keineswegs mit $\boldsymbol{v}\, d\boldsymbol{P}$ identisch ist. Der Ausdruck $\boldsymbol{P}\, d\boldsymbol{v}$ ist keine Energieform.

Im Newtonschen Grenzfall ist die Energie E eines Teilchens so in Summanden zerlegbar, $E = E_{\text{kin}} + E'$, daß E_{kin} *nur* von $\boldsymbol{P}$ abhängt, so daß die kinetische Energie nur dadurch geändert werden kann, daß der Impuls $\boldsymbol{P}$ geändert wird. Daher gilt in der

Newtonschen Mechanik (16.4) für *jede* Änderung der kinetischen Energie. Das ist nun bei (16.5) nicht mehr der Fall. Wir haben ja gesehen, daß wir zur Herleitung der Beziehung (16.5) die Bedingung brauchten, daß E_0 konstant ist. Gl. (16.5) gilt daher nicht für alle Änderungen der kinetischen Energie, sondern nur für solche, bei denen E_0 konstant bleibt, die Änderung der kinetischen Energie also gerade dadurch geschieht, daß der Impuls $\boldsymbol{P}$ geändert wird. Tatsächlich zeigt die Zerlegung der Energie

$$E=\left(\sqrt{c^2 P^2+E_0^2}-E_0\right)+E_0=E_{\text{kin}}+E_0,$$

in kinetische Energie E_{kin} und innere Energie E_0, daß der Summand E_{kin} nicht allein vom Impuls $\boldsymbol{P}$ abhängt, sondern auch von der inneren Energie E_0. Die kinetische Energie ändert sich also nicht nur dann, wenn der Impuls $\boldsymbol{P}$ zunimmt oder abnimmt, sondern auch, wenn die innere Energie E_0 eine Änderung erfährt. Wird der Körper z. B. erwärmt, seine innere Energie E_0 damit erhöht, so nimmt bei konstantem Impuls seine kinetische Energie E_{kin} ab; der Körper wird langsamer. Die innere Energie E_0 ist im selben Sinn eine unabhängige Variable wie der Impuls $\boldsymbol{P}$, so daß man statt $E=E(\boldsymbol{P})$ eigentlich stets schreiben müßte $E=E(\boldsymbol{P}, E_0)$. Wir haben das bisher nicht getan, weil die Mechanik vornehmlich Prozesse behandelt, bei denen E_0 konstant ist. Prozesse, bei denen die Änderung von E_0 von wesentlichem Interesse ist, werden in der Thermodynamik behandelt.

Das Beispiel des Energie-Impuls-Transports durch den leeren Raum zeigt also, daß Bewegungsenergie nicht einfach Änderung der kinetischen Energie schlechthin ist, sondern Änderung der kinetischen Energie dadurch, daß sich der Impuls ändert. Diese Feststellung ist aber fast identisch mit unserer Ausgangsbehauptung, wonach Bewegungsenergie Änderung der Energie infolge Änderung $d\boldsymbol{P}$ des Impulses ist. Wir brauchten nur das Wort kinetisch wegzulassen. Nun unterscheidet man zwischen der Energie E und der kinetischen Energie E_{kin} immer dann, wenn E sich darstellen läßt als Summe eines Anteils E_{kin}, der nur vom Impuls $\boldsymbol{P}$ abhängt, und von weiteren Anteilen, die von anderen Variablen abhängen, wie z. B. die noch zu behandelnde potentielle Energie E_{pot}, die nur von der Lage $\boldsymbol{r}$ abhängt. Ist eine solche Zerlegung immer möglich? Man macht sich klar, daß das nur dann der Fall ist, wenn die Geschwindigkeit $\boldsymbol{v}$ allein vom Impuls $\boldsymbol{P}$ abhängt, nicht aber auch von anderen Variablen des Systems, wie z. B. von $\boldsymbol{r}$, wenn also $\boldsymbol{v}=\boldsymbol{v}(\boldsymbol{P})$. Dann läßt sich nämlich $\boldsymbol{v}(\boldsymbol{P})\,d\boldsymbol{P}$ integrieren und in der Form $\boldsymbol{v}\,d\boldsymbol{P}=dE_{\text{kin}}(\boldsymbol{P})$, d. h. als Differential einer kinetischen Energie schreiben. Wir werden jedoch sehen, daß das nicht immer möglich ist. Bei Wechselwirkung eines Körpers mit bestimmten Feldern, die wir *Felder vom zweiten Typ* nennen werden, hängt nämlich seine Geschwindigkeit $\boldsymbol{v}$ nicht allein vom Impuls $\boldsymbol{P}$ ab, sondern auch von seiner Lage $\boldsymbol{r}$. Auch in der Newtonschen Näherung ist dann nicht mehr einfach $\boldsymbol{P}=M\boldsymbol{v}$, sondern es tritt noch eine zusätzliche Abhängigkeit von $\boldsymbol{r}$ hinzu. In diesen Fällen läßt sich die Energie nicht mehr wie gewohnt in kinetische und potentielle Energie zerlegen, wogegen Bewegungsenergie und Verschiebungsenergie ihre Bedeutung voll behalten.

Die Bewegungsenergie $\boldsymbol{v}\,d\boldsymbol{P}$ ist ausschließlich an Impulsänderungen $d\boldsymbol{P}$ gebunden, ebenso wie die Verschiebungsenergie $-\boldsymbol{F}\,d\boldsymbol{r}$ allein mit Lageänderungen $d\boldsymbol{r}$ verknüpft ist. *Die eindeutige Verknüpfung zwischen einer Energieform und der Änderung einer bestimmten Variable ist fundamental und gilt ausnahmslos für alle Energieformen.* Daß nicht die Energie E eines physikalischen Systems in Formen eingeteilt werden kann, sondern nur die *Änderungen* dE, die E bei Zustandsänderungen erfährt, wird besonders bei der Energieform Wärme deutlich. Hier wollen wir uns nur merken, daß es allgemein physikalischer Brauch ist, Energieänderungen in Standardformen einzuteilen. Bewegungsenergie $\boldsymbol{v}\,d\boldsymbol{P}$ und Verschiebungsenergie $-\boldsymbol{F}\,d\boldsymbol{r}$ gehören zu diesen **Standard-Energieformen.**

Wir merken noch an, daß die Energieform $\boldsymbol{v}\,d\boldsymbol{P}$ genau genommen die Summe von drei Energieformen ist, nämlich von $v_x\,dP_x$, $v_y\,dP_y$ und $v_z\,dP_z$. Die Bewegungsenergie tritt also in drei unabhängigen Formen auf, die den drei Komponenten dP_x, dP_y, dP_z der Impulsänderung $d\boldsymbol{P}$ zugeordnet sind. Ganz analog ist auch die Verschiebungsenergie $-\boldsymbol{F}\,d\boldsymbol{r}$ die Summe von drei Energieformen $-F_x\,dx$, $-F_y\,dy$ und $-F_z\,dz$, die den Komponenten dx, dy, dz des Verschiebungsvektors $d\boldsymbol{r}$ zugeordnet sind.

Vorgänge mit Austausch allein von Bewegungs- und Verschiebungsenergie

Für die weiteren Überlegungen stellt sich die Alternative: Entweder sind Bewegungs- und Verschiebungsenergie die *einzigen* Energieformen, die am Energieaustausch von Körper und Feld beteiligt sind, oder es gibt daneben noch weitere Energieformen, in denen das System „Körper + Feld" Energie austauschen kann. Im ersten Fall beschreibt die rechte Seite von (16.3) *alle* Energieformen, die bei den betrachteten Prozessen beteiligt sind. Im zweiten Fall gibt sie nur einen Teil der Energieformen an; es gibt dann noch weitere, die man eigentlich dazuschreiben müßte. So kommt bei der Bewegung eines ausgedehnten elastischen Körpers in einem Feld als eine weitere Energieform die Deformationsenergie ins Spiel. Sie kann unter Umständen nicht zu vernachlässigende Beträge erreichen. Ein Beispiel bilden Erde und Mond, die sich gegenseitig durch die Inhomogenität ihres Gravitationsfeldes deformieren. Bei der Erde spüren wir diese Deformation als Ebbe und Flut; beim Mond macht sie sich in einer erheblichen Abweichung von der Kugelgestalt bemerkbar. Die praktisch wichtigste unter den weiteren Energieformen ist jedoch die Wärmeenergie, die bei Bewegungen vor allem als Reibungswärme auftritt.

Obwohl der Fall, in dem Bewegungs- und Verschiebungsenergie die einzigen auftretenden Energieformen sind, sicher eine grobere Approximation darstellt, als wenn man noch mehr Energieformen berücksichtigt, wird er immer dann anwendbar sein, wenn andere Energieformen, in denen Körper und Feld untereinander oder mit der Umwelt noch Energie austauschen können, zu vernachlässigen sind. Eine besonders häufige Vernachlässigung dieser Art ist, die Reibungswärme bei Bewegungsvorgängen außer acht zu lassen. Der Fall, in dem Bewegungs- und Verschiebungsenergie die einzig auftretenden Energieformen sind, ist daher ein typisches *Modell;* er beschränkt sich auf Vorgänge, die sich durch zwei, genauer durch sechs Energieformen und daher mit Hilfe von nur sechs unabhängigen Variablen P_x, P_y, P_z, x, y, z beschreiben lassen. Ob dieses Modell genügend zahlreiche Anwendungen besitzt, um seine nähere Untersuchung zu rechtfertigen, ist allein eine Frage der experimentellen Erfahrung. Tatsächlich ist seine Bedeutung sehr erheblich. Es läuft auch unter der Bezeichnung **Bewegung in statischen Feldern.** Diese Bezeichnung ist insofern etwas irreführend, als der Fall, daß Bewegungs- und Verschiebungsenergie die einzigen auftretenden Energieformen sind, oft nicht allein eine Bedingung an das Feld ist, sondern ebenso an die Geschwindigkeiten, mit denen die Körper sich bewegen.

Wir beschränken uns auf Vorgänge oder, wie wir lieber sagen, auf Zustandsänderungen des Systems „Körper + Feld", bei denen die Änderungen dE der Energie E des Systems nur in Form von Bewegungs- und Verschiebungsenergie auftreten. Gl. (16.3) nimmt dann die Gestalt an

$$dE = \boldsymbol{v}\,d\boldsymbol{P} - \boldsymbol{F}\,d\boldsymbol{r} = v_x\,dP_x + v_y\,dP_y + v_z\,dP_z - F_x\,dx - F_y\,dy - F_z\,dz. \tag{16.6}$$

Auf den ersten Blick scheint es, als hätten wir beim Übergang von (16.3) zu (16.6) nichts getan als den verbalen Ausdruck auf der linken Seite von (16.3) durch das Symbol dE ersetzt. Das haben wir zwar getan, aber das dürfen wir nur dann, wenn auf der rechten Seite *alle* Energieformen vorkommen, in denen das System Energie austauschen kann. Ist diese Voraussetzung nämlich nicht erfüllt, gäbe es also noch weitere Energieformen, so ist (16.6) nicht richtig. Um das einzusehen, brauchen wir nur Prozesse zu betrachten, bei denen $\boldsymbol{v}\,d\boldsymbol{P}=0$ und $-\boldsymbol{F}\,d\boldsymbol{r}=0$ sind. Gäbe es noch eine weitere Energieform, die auf der rechten Seite von (16.3) nicht erscheint, so könnte man über sie dem System Energie zuführen oder entziehen, also $dE \neq 0$ machen. Damit wäre $dE \neq 0$, obwohl die rechte Seite von (16.3) verschwindet. Damit könnte aber (16.6) sicher nicht zutreffen.

Mathematisch drückt sich die Bedingung, daß die rechte Seite von (16.3) vollständig ist, d.h. alle Energieformen in ihr vorkommen, dadurch aus, daß sie „integrabel" ist. Dazu ist es notwendig, daß die vor den Differentialzeichen stehenden Größen $\boldsymbol{v}$ und $\boldsymbol{F}$, genauer v_x, v_y, v_z und F_x, F_y, F_z nur von den hinter den Differentialzeichen stehenden Größen $\boldsymbol{P}$ und $\boldsymbol{r}$, genauer von den Komponenten P_x, P_y, P_z, x, y, z abhängen, nicht aber von weiteren unabhängigen Variablen. Gleichung (16.6) verlangt nämlich, daß die Größen $\boldsymbol{v}$ und $\boldsymbol{F}$ sich als Ableitungen einer Funktion $E(P_x, P_y, P_z, x, y, z)$ darstellen lassen. Nach den Regeln der Analysis mehrerer Veränderlicher ist

$$(16.7)\quad dE(P_x, P_y, P_z, x, y, z) = \frac{\partial E}{\partial P_x}\,dP_x + \frac{\partial E}{\partial P_y}\,dP_y + \frac{\partial E}{\partial P_z}\,dP_z + \frac{\partial E}{\partial x}\,dx + \frac{\partial E}{\partial y}\,dy + \frac{\partial E}{\partial z}\,dz.$$

Da nun die Komponenten des Impulses und des Ortsvektors unabhängige Variablen sind, also unabhängig voneinander verändert werden können (was sich darin äußert, daß wir, ohne die Gültigkeit von (16.6) anzutasten, nach Belieben $dP_x=0$ oder $\neq 0$ setzen und dasselbe auch für die anderen Variablen tun dürfen), liefert ein Vergleich von (16.7) mit (16.6) die wichtigen Beziehungen

$$(16.8)\qquad v_x = \frac{\partial E(P_x, \ldots, z)}{\partial P_x}, \qquad v_y = \frac{\partial E(P_x, \ldots, z)}{\partial P_y}, \qquad v_z = \frac{\partial E(P_x, \ldots, z)}{\partial P_z},$$

$$(16.9)\qquad -F_x = \frac{\partial E(P_x, \ldots, z)}{\partial x}, \qquad -F_y = \frac{\partial E(P_x, \ldots, z)}{\partial y}, \qquad -F_z = \frac{\partial E(P_x, \ldots, z)}{\partial z}.$$

In den Gln. (16.8) erkennt man die Gln. (6.7) wieder, nur mit dem Unterschied, daß die Energie E jetzt nicht, wie beim freien Teilchen, allein vom Impuls $\boldsymbol{P}$, sondern auch von der Lage $\boldsymbol{r}$ des Körpers abhängt.

Für einen Körper im Feld tritt somit die **Funktion $\boldsymbol{E=E(P, r)}$** an die Stelle der Funktion $E=E(\boldsymbol{P})$. So wie nämlich die Funktion $E=E(\boldsymbol{P})$ den Körper hinsichtlich aller Vorgänge beschreibt, bei denen Energie nur in der Form von Bewegungsenergie ausgetauscht werden kann, so beschreibt die Funktion $E=E(\boldsymbol{P}, \boldsymbol{r})$ alle Vorgänge, bei denen die Energie in Form von Bewegungs- *und* Verschiebungsenergie ausgetauscht werden kann. Das ist ein Beispiel für die in der ganzen Physik wichtige

Regel 16.2 Ein physikalisches System ist hinsichtlich aller Vorgänge, bei denen die Energie in bestimmten Formen ausgetauscht werden kann, vollständig bekannt, wenn die Energie E des Systems als Funktion bestimmter Variablen gegeben ist, die den beteiligten Energieformen zugeordnet sind. Im Fall der Bewegungs- und Verschiebungsenergie sind das die Variablen $\boldsymbol{P}$ und $\boldsymbol{r}$.

Im Augenblick sind für uns vor allem die Formeln (16.9) wichtig. Sie besagen, daß die Kraft, genauer die negativen Komponenten der Kraft, sich aus der Funktion $E = E(\boldsymbol{P}, \boldsymbol{r})$ durch partielles Differenzieren nach den Koordinaten erhalten lassen. Aus der Funktion $E = E(\boldsymbol{P}, \boldsymbol{r})$, die die Gesamtenergie des Systems „Körper + Feld" darstellt, erhalten wir also nicht nur die Geschwindigkeit des Körpers an jeder Stelle $\boldsymbol{r}$ und bei jedem Impuls $\boldsymbol{P}$, sondern auch die Kraft, die er an der Stelle $\boldsymbol{r}$ und beim Impuls $\boldsymbol{P}$ durch das Feld erfährt.

Das Modell des statischen Feldes

Wir haben gesehen, daß wir von (16.3) zur Gl. (16.6), auf der unsere ganzen folgenden Schlüsse beruhen, nur dann übergehen dürfen, wenn auf der rechten Seite von (16.3) *alle* Energieformen vorkommen, in denen das System „Körper + Feld" Energie austauschen kann. Dementsprechend repräsentiert die Gl. (16.6) den Modellfall des *statischen Feldes*. Wir wollen hier Gründe für diese Bezeichnung angeben.

Die Bedingung, daß die Energie eines Systems nur in den beiden Formen Bewegungs- und Verschiebungsenergie ausgetauscht wird, ist keineswegs trivial oder selbstverständlich. Streng genommen ist sie sogar immer nur eine Näherung, wenn auch oft eine sehr gute. Das ist schon deshalb so, weil die Beschränkung auf sechs unabhängige Variablen natürlich einen kleineren Ausschnitt aus der Welt, hier also eine kleinere Klasse von Vorgängen zu beschreiben gestattet, als die Verwendung von mehr Variablen und damit die Einbeziehung weiterer Energieformen. Damit erhebt sich aber die Frage, welche weiteren Energieformen denn überhaupt in Betracht kommen. Prinzipiell natürlich alle, in denen Körper und Feld Energie aufnehmen können, und das sind beliebig viele. So können wir den Körper in Rotation versetzen, ihn abkühlen oder erwärmen, wir können ihn elastisch verspannen, verformen oder in innere Schwingungen versetzen, d.h. so anregen, daß sich elastische Wellen in ihm ausbreiten. Analoge Prozesse lassen sich auch mit dem Feld vornehmen, wenn das vielleicht auch nicht so augenscheinlich ist.

Von den weiteren Energieformen des Feldes ist die wichtigste die *Strahlungsenergie*. Tatsächlich sind zeitliche Änderungen des Zustands eines Feldes immer mit **Abstrahlung von Energie** verknüpft, nur ist diese Abstrahlung unmeßbar klein, wenn die Zustandsänderungen des Feldes hinreichend langsam verlaufen. So verursachen elektrisch geladene Teilchen, wenn sie beschleunigt werden, eine Änderung des Zustandes des elektrischen Feldes und damit eine Abstrahlung von Energie in Form elektromagnetischer Wellen. In Zirkularbeschleunigern, in denen die Teilchen bei konstantem Betrag ihrer Geschwindigkeit radial beschleunigt werden, kann diese Abstrahlung bei hohen Geschwindigkeiten so erheblich werden, daß dadurch der tangentiale Beschleunigungsvorgang sein natürliches Ende findet, weil die zugeführte Bewegungsenergie als Folge der Zirkularbeschleunigung praktisch voll abgestrahlt wird. Bei Bewegungen in Gravitationsfeldern gibt es eine ähnliche Erscheinung, nämlich die Abstrahlung von Gravitationswellen (§ 48). Allerdings ist dieses Phänomen nur von Bedeutung, wenn sich extrem starke Gravitationsfelder ändern.

Wir sprechen also immer dann von einem statischen Feld, wenn die Änderungen, die die Zustände des Feldes erfahren, langsam genug erfolgen, so daß keine Vorgänge stattfinden, die sich wie Wellen ausbreiten. Das darf in völliger Analogie zum elastischen Festkörper verstanden werden, der bei hinreichend langsamen Deformationen auch nicht zu Vorgängen angeregt wird, bei denen er in Schwingungen gerät, d.h. bei denen sich in seinem Inneren elastische Wellen ausbreiten. Wir sagen dann, beim Körper wie beim Feld, daß sie im **inneren Gleichgewicht** bleiben. Ein Feld darf also immer dann als statisch behandelt werden, wenn es bei seinen Zustandsänderungen im inneren Gleichgewicht bleibt. Das Wort statisch ist also *nicht gleichbedeutend mit zeitlich konstant*, sondern sagt etwas über den inneren Zustand des Feldes aus. Es leuchtet ein, daß ein Feld bei langsam verlaufenden Zustandsänderungen im allgemeinen als statisches Feld behandelt und daher Gl. (16.6) und ihre Folgerungen angewendet werden dürfen. Was heißt nun langsam, was ist hier der Vergleichsmaßstab? Die vorläufige Antwort hierauf lautet: Änderungen des Feldes sind langsam, wenn die Körper, deren räumliche Lage den Zustand des Feldes fixieren, sich mit Geschwindigkeiten bewegen, die sehr klein sind gegen die Geschwindigkeit, mit der das Feld Energie in Form von Strahlung transportiert.

Die für uns im Augenblick wichtigste Folgerung unserer Überlegungen ist, daß die Zustandsänderungen eines Systems „Körper + Feld" sich vollständig durch die Funktion $E = E(\boldsymbol{P}, \boldsymbol{r})$ beherrschen lassen, solange das Feld als statisches Feld behandelt werden darf.

§ 17 Die mathematische Beschreibung statischer Felder

Wir fragen nun nach den mathematischen Folgerungen der Voraussetzung, daß ein statisches Feld vorliegt, das Verhalten des Systems „Körper + Feld" sich also aus der Funktion $E = E(\boldsymbol{P}, \boldsymbol{r})$ gewinnen läßt.

Einteilung der statischen Felder in zwei Typen

Differenziert man die Gln. (16.8) nach den Koordinaten x, y, z, so folgt

$$(17.1)\qquad \begin{aligned} &\frac{\partial v_x}{\partial x} = \frac{\partial^2 E}{\partial x\,\partial P_x}, && \frac{\partial v_x}{\partial y} = \frac{\partial^2 E}{\partial y\,\partial P_x}, && \frac{\partial v_x}{\partial z} = \frac{\partial^2 E}{\partial z\,\partial P_x}, \\ &\frac{\partial v_y}{\partial x} = \frac{\partial^2 E}{\partial x\,\partial P_y}, && \frac{\partial v_y}{\partial y} = \frac{\partial^2 E}{\partial y\,\partial P_y}, && \frac{\partial v_y}{\partial z} = \frac{\partial^2 E}{\partial z\,\partial P_y}, \\ &\frac{\partial v_z}{\partial x} = \frac{\partial^2 E}{\partial x\,\partial P_z}, && \frac{\partial v_z}{\partial y} = \frac{\partial^2 E}{\partial y\,\partial P_z}, && \frac{\partial v_z}{\partial z} = \frac{\partial^2 E}{\partial z\,\partial P_z}. \end{aligned}$$

Ebenso folgt, wenn man die Gln. (16.9) nach P_x, P_y, P_z differenziert,

$$(17.2)\qquad \begin{aligned} &-\frac{\partial F_x}{\partial P_x} = \frac{\partial^2 E}{\partial P_x\,\partial x}, && -\frac{\partial F_x}{\partial P_y} = \frac{\partial^2 E}{\partial P_y\,\partial x}, && -\frac{\partial F_x}{\partial P_z} = \frac{\partial^2 E}{\partial P_z\,\partial x}, \\ &-\frac{\partial F_y}{\partial P_x} = \frac{\partial^2 E}{\partial P_x\,\partial y}, && -\frac{\partial F_y}{\partial P_y} = \frac{\partial^2 E}{\partial P_y\,\partial y}, && -\frac{\partial F_y}{\partial P_z} = \frac{\partial^2 E}{\partial P_z\,\partial y}, \\ &-\frac{\partial F_z}{\partial P_x} = \frac{\partial^2 E}{\partial P_x\,\partial z}, && -\frac{\partial F_z}{\partial P_y} = \frac{\partial^2 E}{\partial P_y\,\partial z}, && -\frac{\partial F_z}{\partial P_z} = \frac{\partial^2 E}{\partial P_z\,\partial z}. \end{aligned}$$

Nun ist aber die Reihenfolge der Differentiation in einer zweiten Ableitung bei stetig differenzierbaren Funktionen (und wir nehmen an, daß die hier vorkommenden Funktionen das immer sind) vertauschbar, und daher ergeben sich aus den Gln. (17.1) und (17.2) die Relationen

$$\begin{aligned} &\frac{\partial v_x}{\partial x} = -\frac{\partial F_x}{\partial P_x}, \quad \frac{\partial v_x}{\partial y} = -\frac{\partial F_y}{\partial P_x}, \quad \frac{\partial v_x}{\partial z} = -\frac{\partial F_z}{\partial P_x}, \\ &\frac{\partial v_y}{\partial x} = -\frac{\partial F_x}{\partial P_y}, \quad \frac{\partial v_y}{\partial y} = -\frac{\partial F_y}{\partial P_y}, \quad \frac{\partial v_y}{\partial z} = -\frac{\partial F_z}{\partial P_y}, \\ &\frac{\partial v_z}{\partial x} = -\frac{\partial F_x}{\partial P_z}, \quad \frac{\partial v_z}{\partial y} = -\frac{\partial F_y}{\partial P_z}, \quad \frac{\partial v_z}{\partial z} = -\frac{\partial F_z}{\partial P_z}. \end{aligned} \tag{17.3}$$

Diese Gleichungen verlangen, daß die Ortsabhängigkeit der Geschwindigkeit $\boldsymbol{v}$ und die Impulsabhängigkeit der Kraft $\boldsymbol{F}$ in bestimmter Weise miteinander gekoppelt sind.

Diese Kopplung gibt Anlaß zur Einteilung der Felder in zwei Klassen, die wir Felder vom ersten und vom zweiten Typ nennen.

Statische Felder vom ersten Typ

Hängt die Kraft $\boldsymbol{F}$, die der Körper vom Feld erfährt, nur vom Ort $\boldsymbol{r}$ ab, nicht hingegen vom Impuls $\boldsymbol{P}$, d.h. sind alle Ableitungen der Komponenten der Kraft nach den Komponenten des Impulses Null, in Formeln

$$\frac{\partial F_x}{\partial P_x} = \frac{\partial F_x}{\partial P_y} = \frac{\partial F_x}{\partial P_z} = \cdots = \frac{\partial F_z}{\partial P_y} = \frac{\partial F_z}{\partial P_z} = 0, \tag{17.4}$$

so müssen nach (17.3) auch alle Ableitungen der Geschwindigkeit $\boldsymbol{v}$ nach den Lagekoordinaten verschwinden:

$$\frac{\partial v_x}{\partial x} = \frac{\partial v_x}{\partial y} = \frac{\partial v_x}{\partial z} = \cdots = \frac{\partial v_z}{\partial y} = \frac{\partial v_z}{\partial z} = 0. \tag{17.5}$$

Natürlich gilt auch die Umkehrung dieser Feststellung, denn nach (17.3) bedingen sich die Gln. (17.4) und (17.5) gegenseitig. Wir merken uns dieses mathematische Resultat in Form von

Satz 17.1 Hängt die Kraft $\boldsymbol{F}$, die ein statisches Feld auf einen Körper ausübt, nur vom Ort $\boldsymbol{r}$ ab, an dem sich der Körper befindet, nicht aber vom Impuls $\boldsymbol{P}$, so ist die Geschwindigkeit $\boldsymbol{v}$ des Körpers allein eine Funktion des Impulses $\boldsymbol{P}$, und umgekehrt.

Dieser Satz sowie die praktische Bedeutung der Felder, die ihm genügen, geben Anlaß zu der

Definition Das Feld eines durch eine Funktion $E(\boldsymbol{P}, \boldsymbol{r})$ beschriebenen Systems „Körper + Feld" heißt vom ersten Typ, wenn die Kraft $\boldsymbol{F}$ allein von $\boldsymbol{r}$ abhängt und nicht auch noch von $\boldsymbol{P}$, d.h. wenn $\boldsymbol{F} = \boldsymbol{F}(\boldsymbol{r})$ oder, was dasselbe ist, wenn die Geschwindigkeit $\boldsymbol{v}$ nur von $\boldsymbol{P}$ abhängt und nicht auch von $\boldsymbol{r}$, d.h. $\boldsymbol{v} = \boldsymbol{v}(\boldsymbol{P})$ ist.

Wir erinnern uns, daß, wenn die Geschwindigkeit $\boldsymbol{v}$ allein von $\boldsymbol{P}$ abhängt, die Bewegungsenergie $\boldsymbol{v}\,d\boldsymbol{P}$ sich als Differential einer nur von $\boldsymbol{P}$ abhängigen Funktion $E_{\text{kin}}(\boldsymbol{P})$ schreiben läßt: $\boldsymbol{v}(\boldsymbol{P})\,d\boldsymbol{P} = dE_{\text{kin}}(\boldsymbol{P})$. Analog schließt man bei der Existenz einer Funktion $E(\boldsymbol{P}, \boldsymbol{r})$: Wenn die Kraft $\boldsymbol{F}$ allein von $\boldsymbol{r}$ abhängt, läßt sich die Verschiebungsenergie $-\boldsymbol{F}\,d\boldsymbol{r}$ als Differential einer nur von $\boldsymbol{r}$ abhängigen Funktion schreiben, die man die **potentielle Energie** $E_{\text{pot}}(\boldsymbol{r})$ nennt, so daß also $-\boldsymbol{F}(\boldsymbol{r})\,d\boldsymbol{r} = dE_{\text{pot}}(\boldsymbol{r})$. Für alle Systeme „Körper + Feld", für die Satz 17.1 zutrifft, deren Feld also vom ersten Typ ist, lautet (16.6) somit

$$dE = \boldsymbol{v}\,d\boldsymbol{P} - \boldsymbol{F}\,d\boldsymbol{r} = dE_{\text{kin}}(\boldsymbol{P}) + dE_{\text{pot}}(\boldsymbol{r}) = d\,[E_{\text{kin}}(\boldsymbol{P}) + E_{\text{pot}}(\boldsymbol{r})],$$

oder

$$E(\boldsymbol{P}, \boldsymbol{r}) = E_{\text{kin}}(\boldsymbol{P}) + E_{\text{pot}}(\boldsymbol{r}) + \mathfrak{E}_0. \tag{17.6}$$

Dabei ist die kinetische Energie die Funktion

$$E_{\text{kin}}(\boldsymbol{P}) = \sqrt{c^2 P^2 + E_0^2} - E_0 \approx \frac{P^2}{2M}, \qquad M = \frac{E_0}{c^2}. \tag{17.7}$$

Die Integrationskonstante $\mathfrak{E}_0$ ist die Energie des Systems „Körper + Feld" für $\boldsymbol{P}=0$ und für einen Wert $\boldsymbol{r}_0$ von $\boldsymbol{r}$, für den $E_{\text{pot}}(\boldsymbol{r}_0)=0$ ist. Der Punkt $\boldsymbol{r}_0$ kann im Prinzip beliebig gewählt werden, denn für $E_{\text{pot}}(\boldsymbol{r})$ bedeutet das nur eine Änderung um eine Konstante. Mathematische Zweckmäßigkeit hat aber für die in der Physik auftretenden Standardfelder bestimmte Konventionen geschaffen. $\mathfrak{E}_0$ spielt die Rolle der inneren Energie des Systems „Körper + Feld", sie enthält die innere Energie E_0 des Körpers. Außerdem trägt auch noch die innere Energie des Feldes zu $\mathfrak{E}_0$ bei.

Wenn $E(\boldsymbol{P}, \boldsymbol{r})$ die Gestalt (17.6) hat, hängen die Komponenten der Geschwindigkeit

$$v_x = \frac{\partial E(P_x, \ldots, z)}{\partial P_x} = \frac{\partial E_{\text{kin}}(P_x, P_y, P_z)}{\partial P_x} = \frac{c^2 P_x}{\sqrt{c^2 P^2 + E_0^2}}, \ldots \tag{17.8}$$

natürlich alle nur vom Impuls $\boldsymbol{P}$ ab. Entsprechend hängen die Komponenten der Kraft

$$-F_x = \frac{\partial E(P_x, \ldots, z)}{\partial x} = \frac{\partial E_{\text{pot}}(x, y, z)}{\partial x} = \text{Funktion von } x, y, z, \tag{17.9}$$

alle nur vom Ort $\boldsymbol{r}$ ab.

Für statische Felder vom ersten Typ ist die Energie $E = E(\boldsymbol{P}, \boldsymbol{r})$ des Systems „Körper + Feld" also von der Gestalt (17.6), d.h. eine Summe aus kinetischer Energie $E_{\text{kin}}(\boldsymbol{P})$, die nur von $\boldsymbol{P}$ abhängt, und potentieller Energie $E_{\text{pot}}(\boldsymbol{r})$, die nur von $\boldsymbol{r}$ abhängt, sowie einer Konstante $\mathfrak{E}_0$, die die Energie des Systems in einem bestimmten Bezugszustand $\boldsymbol{P}=0$, $\boldsymbol{r}=\boldsymbol{r}_0$ angibt, in dem E_{kin} und E_{pot} Null sind.

Diese Zerlegung der Energie hat zur Folge, daß das System „Körper + Feld" als aus den beiden voneinander unabhängigen Teilsystemen „Körper" und „Feld" zusammengesetzt vorgestellt werden darf. Demgemäß beschreibt $E_{\text{kin}}(\boldsymbol{P})$ das System „Körper" und $E_{\text{pot}}(\boldsymbol{r})$ das System „Feld", und ihre Summe kann als „Wechselwirkung" dieser beiden Systeme gedeutet werden, nämlich als Möglichkeit, daß diese beiden Systeme Energie und Impuls (sowie andere Größen) miteinander austauschen.

Statische Felder vom zweiten Typ

Ebenso wie aus den Formeln (17.3) der Satz 17.1 folgt, ergibt sich auch der

Satz 17.2 Hängt die Kraft $\boldsymbol{F}$, die ein statisches Feld auf einen Körper ausübt, nicht nur vom Ort $\boldsymbol{r}$ ab, sondern auch vom Impuls $\boldsymbol{P}$, so ist auch die Geschwindigkeit $\boldsymbol{v}$ eine Funktion, die außer von $\boldsymbol{P}$ auch von $\boldsymbol{r}$ abhängt. Ebenso ist, wenn $\boldsymbol{v}$ von $\boldsymbol{P}$ und $\boldsymbol{r}$ abhängt, auch $\boldsymbol{F}$ von beiden Variablen $\boldsymbol{P}$ und $\boldsymbol{r}$ abhängig.

Demgemäß treffen wir die

Definition Das Feld eines durch eine Funktion $E(\boldsymbol{P}, \boldsymbol{r})$ beschriebenen Systems „Körper + Feld" heißt vom zweiten Typ, wenn die Kraft $\boldsymbol{F}$ nicht nur von $\boldsymbol{r}$, sondern auch von $\boldsymbol{P}$ abhängt, d.h. $\boldsymbol{F}=\boldsymbol{F}(\boldsymbol{P}, \boldsymbol{r})$ ist. Äquivalent damit ist, daß $\boldsymbol{v}=\boldsymbol{v}(\boldsymbol{P}, \boldsymbol{r})$.

In einem statischen Feld vom zweiten Typ kann die Geschwindigkeit $\boldsymbol{v}$ eines Körpers also niemals allein vom Impuls $\boldsymbol{P}$ des Systems „Körper + Feld" abhängen, wie wir es nach (17.8) für Felder vom ersten Typ gewöhnt sind. Damit kann aber auch $\boldsymbol{P}$ nicht allein eine Funktion der Geschwindigkeit $\boldsymbol{v}$ sein, was zur Folge hat, daß auch in Newtonscher Näherung die vertraute Beziehung $\boldsymbol{P}=M\boldsymbol{v}$ nicht gelten kann. In statischen Feldern vom zweiten Typ sind also der Impuls $\boldsymbol{P}$ und die Größe $M\boldsymbol{v}$ auch in Newtonscher Näherung verschiedene physikalische Größen. Außerdem ist die Energie $E(\boldsymbol{P}, \boldsymbol{r})$ nicht als eine Summe aus einer nur von $\boldsymbol{P}$ abhängigen und einer nur von $\boldsymbol{r}$ abhängigen Funktion (sowie einer Konstante) darstellbar.

Die Tatsache, daß bei Feldern vom ersten Typ die Beziehung zwischen Impuls $\boldsymbol{P}$ und Geschwindigkeit $\boldsymbol{v}$ für ein Newtonsches Teilchen dieselbe Form hat wie für einen Transport durch den leeren, d.h. feldfreien Raum, nämlich $\boldsymbol{P}=M\boldsymbol{v}$, hat zu der weit verbreiteten Meinung geführt, der **Impuls $\boldsymbol{P}$ und die Größe** $M\boldsymbol{v}$ seien immer dieselbe Größe. Oftmals wird der Impuls direkt durch $M\boldsymbol{v}$ definiert. Die Tatsache, daß die meisten in der physikalischen Praxis auftretenden Felder vom ersten Typ sind, hat diese Auffassung nur noch gestärkt. Aber auch für ein Newtonsches Teilchen ist diese Identifizierung von Impuls $\boldsymbol{P}$ mit der Größe $M\boldsymbol{v}$ nicht generell möglich.

Daß die Energie $E(\boldsymbol{P}, \boldsymbol{r})$ eines Systems mit einem Feld vom zweiten Typ nicht als Summe von kinetischer und potentieller Energie (und einer Konstante) darstellbar ist, bedeutet natürlich nicht, daß es keine Funktion $E(\boldsymbol{P}, \boldsymbol{r})$ gäbe, aus der man die Kraft $\boldsymbol{F}$ und die Geschwindigkeit $\boldsymbol{v}$ durch Differentiation von $E(\boldsymbol{P}, \boldsymbol{r})$ nach $\boldsymbol{r}$ bzw. $\boldsymbol{P}$ erhält. Sie hat nur nicht die Gestalt (17.6).

Obwohl Felder vom zweiten Typ physikalisch nicht so häufig auftreten wie die vom ersten Typ, sind sie doch nicht unwichtig. Als bekanntestes Beispiel nennen wir das *Magnetfeld*, genauer das System „elektrisch geladener Körper + Magnetfeld". Ein anderes Beispiel ist ein Körper in einem gegenüber einem Inertialsystem rotierenden Bezugssystem (s. § 31).

Physikalische Felder

Das physikalische Feld ist ein **physikalisches System,** so wie auch der Körper ein physikalisches System ist. Genau wie der Körper kann auch das Feld physikalische Größen, wie Energie und Impuls, aufnehmen, abgeben und transportieren. Diese Fähigkeit zum Austausch physikalischer Größen macht sich darin bemerkbar, daß das Feld mit anderen Systemen, nämlich mit Körpern, wechselwirken kann. Im Gegensatz zum physikalischen System „Körper" läßt sich das System „Feld" aber nicht punktartig lokalisieren, es ist stets über den ganzen Raum oder wenigstens über ein größeres Stück des Raumes ausgebreitet. Ja, es ist eigentlich vom Raum gar nicht zu unterscheiden, denn was wir den leeren Raum nennen, ist eigentlich nur ein besonderes Feld, dessen Wechselwirkung mit den Körpern sich z.B. in den Effekten der Trägheit offenbart. Statt von verschiedenen Feldern im Raum zu sprechen, könnte man ebensogut von verschieden strukturierten Räumen oder von verschiedenen Zuständen des Raumes sprechen.

Hier interessiert uns vor allem die mathematische Beschreibung von Systemen „Körper + Feld". Man beachte sorgfältig, daß es um Körper und Feld geht und nicht um Teilchen und Feld. Denn *sowohl der Körper als auch das Feld sind, wenn sie trennbar sind, ja beide Teilchen*, nämlich physikalische Systeme, die Energie und Impuls (dissipationsfrei) transportieren. Daß diese beiden Teilchen verschiedene Namen haben, liegt im wesentlichen an der klassischen Doktrin, daß es zwei verschiedene Klassen von Energie-Impuls-Transporten gäbe, nämlich die Klasse der räumlich beliebig gut lokalisierbaren Körper und die der räumlich nicht lokalisierbaren Felder. Wenn wir also von der Wechselwirkung zwischen Körpern und Feld sprechen, so handelt es sich eigentlich um die Wechselwirkung von Teilchen mit Teilchen. Demgemäß trifft die klassische Beschreibung nur soweit und unter solchen Bedingungen zu, unter denen sich das eine Teilchen als punktartiges, korpuskulares und das andere als feldartiges Gebilde behandeln lassen.

Man verwechsle jedoch nicht das physikalische System „Feld" mit seiner mathematischen Beschreibung. So wenig wie das System „Körper" ein geometrischer Punkt ist, der nur mit einigen physikalischen Größen ausgestattet ist, so wenig ist das physikalische System „Feld" mit jenen Funktionen von Raum und Zeit identisch, die seine Wirkungen auf Körper beschreiben. Massenpunkt wie räumliche Funktion sind nur *mathematische Darstellungsmittel*, mit denen sich jene physikalischen Systeme in klassischer Approximation beschreiben lassen.

Mathematische Felder

Zur mathematischen Beschreibung der Wechselwirkungen zwischen Körper und Feld hat sich nun der Begriff des *mathematischen Feldes* eingebürgert. Wir haben gesehen, daß die Wechselwirkung zwischen Körper und Feld sich unter anderem darin zeigt, daß eine Verschiebungsenergie auftritt. In statischen Feldern vom ersten Typ läßt sich diese Verschiebungsenergie durch eine Funktion des Ortes $\boldsymbol{r}$ beschreiben, nämlich durch die potentielle Energie $E_{\text{pot}}(\boldsymbol{r})$. Sie ordnet jedem Punkt einen bestimmten Energiewert zu, und zwar gerade so, daß man die Verschiebungsenergie, die man aufbringen muß, um den Körper (bei konstantem Impuls) von einem Punkt $\boldsymbol{r}_1$ zu einem zweiten Punkt $\boldsymbol{r}_2$ zu bringen, einfach dadurch erhält, daß man den Unterschied der potentiellen Energie in den beiden Punkten feststellt, d.h. die Differenz $E_{\text{pot}}(\boldsymbol{r}_2) - E_{\text{pot}}(\boldsymbol{r}_1)$ bildet.

Durch die skalare Ortsfunktion $E_{\text{pot}}(\boldsymbol{r})$ wird jedem Raumpunkt ein skalarer Wert, d.h. eine Zahl, zugeordnet. Eine solche Zuordnung des Werts einer skalaren Größe zu jedem Punkt des Raumes bezeichnet man als ein **Skalarfeld.** Dieses mathematische Feld ist etwas ganz anderes als das physikalische System „Feld". Es beschreibt auch gar nicht das physikalische Feld, sondern die Energieaufnahme des Feldes bei bestimmten Prozessen, nämlich bei Verschiebungen des Körpers. Das mathematische Skalarfeld $E_{\text{pot}}(\boldsymbol{r})$ ist nur die quantitative *Darstellung* dieser Eigenschaft des Systems „Körper + Feld". Aussagen wie, ein Feld sei ein „Gradientenfeld" oder ein „Wirbelfeld" oder ein „Quellenfeld", beziehen sich also stets auf *mathematische* und nicht auf physikalische Felder. Nicht die physikalischen Felder haben die genannten Eigenschaften, sondern nur bestimmte mathematische Darstellungen von ihnen.

In der Kraft $\boldsymbol{F}$, die bei einem statischen Feld vom ersten Typ allein von $\boldsymbol{r}$ abhängt, haben wir wieder ein mathematisches Feld vor uns. Im Gegensatz zur potentiellen Energie ist aber die Kraft keine skalare, sondern eine vektorielle Größe. Ihr *Wert* in einem Raumpunkt ist erst durch die Angabe ihrer drei Komponenten, d.h. der drei Funktionen $F_x(\boldsymbol{r})$, $F_y(\boldsymbol{r})$, $F_z(\boldsymbol{r})$ festgelegt. Das mathematische Feld besteht also aus der Angabe dieser drei Raumfunktionen. Ein solches Feld bezeichnet man als **Vektorfeld.** Wieder ist das Vektorfeld der Kraft, das **Kraftfeld** $\boldsymbol{F}(\boldsymbol{r})$, nur die mathematische Darstellung einer Eigenschaft, einer Größe des Systems „Körper + Feld", nämlich der Kraft, die der Körper an jedem Punkt durch das Feld erfährt. Wir stellen uns das mathematische Kraftfeld so vor, daß wir an jedem Punkt des Raumes, gleichgültig, ob sich der Körper gerade dort befindet oder nicht, einen Vektor $\boldsymbol{F}(\boldsymbol{r})$ angeheftet denken, der die Kraft angibt, die der Körper erfährt, wenn er an den Punkt $\boldsymbol{r}$ kommt. Diese Ausstattung jedes Punktes des Raumes mit einem Vektor ist das anschauliche Bild eines Vektorfeldes.

Auch die Kraft $\boldsymbol{F}=\boldsymbol{F}(\boldsymbol{P}, \boldsymbol{r})$ eines Feldes vom zweiten Typ, die ja eine Funktion von $\boldsymbol{r}$ und von $\boldsymbol{P}$ ist, ist ein mathematisches Feld, allerdings in einem 6-dimensionalen Raum, in dem die Variablen x, y, z, P_x, P_y, P_z die Koordinaten sind. Dieser Raum heißt der **Phasenraum** des Systems. Das mathematische Feld $\boldsymbol{F}(\boldsymbol{P}, \boldsymbol{r})$ besteht darin, daß jedem Punkt des Phasenraumes ein 3-komponentiger Vektor $\boldsymbol{F}$, d.h. ein Zahlentripel (nämlich die Komponenten des Vektors $\boldsymbol{F}$) zugeordnet ist. Entsprechend ist natürlich auch $\boldsymbol{v}=\boldsymbol{v}(\boldsymbol{P}, \boldsymbol{r})$ ein mathematisches Feld im Phasenraum. Man sieht, daß der 6-dimensionale Phasenraum den Vorteil bietet, alle Größen des Systems „Körper + Feld" als mathematische Felder in ihm darzustellen; denn alle Größen sind ja Funktionen von $\boldsymbol{P}$ und $\boldsymbol{r}$. Der gewohnte 3-dimensionale **Ortsraum** mit den Variablen x, y, z als Koordinaten ist nur ein Teilraum des Phasenraums, und dasselbe gilt für den ebenfalls 3-dimensionalen **Impulsraum,** in dem P_x, P_y, P_z die Koordinaten bilden. Obwohl der Phasenraum für viele Probleme ein zweckmäßiges Darstellungsmittel ist, wollen wir uns hier auf Betrachtungen im Ortsraum beschränken, einmal, weil sie elementarer und anschaulicher sind, zum zweiten aber auch, weil die meisten physikalischen Anwendungen Felder vom ersten Typ betreffen, zu deren Beschreibung der Ortsraum ausreicht.

Ein physikalisches System gibt also Anlaß zu verschiedenen mathematischen Feldern. Die Größen des Systems „Körper + Feld" lassen sich nämlich durch mathematische Felder darstellen. Andererseits braucht aber keineswegs jedes mathematische Feld die Darstellung einer Größe eines physikalischen Systems zu sein, und wenn sie es ist, braucht sie im Hinblick auf die Anwendungen auch nicht zweckmäßig zu sein. Die Möglichkeit der Bildung mathematischer Felder durch Skalare oder vektorielle Ortsfunktionen ist viel größer, als es dem Verhalten der Natur entspricht und damit für die Physik sinnvoll ist. Die Situation ist hier ähnlich wie bei der Beziehung zwischen Dynamik und Kinematik, wo die Kinematik ja auch nur ein mathematisches Hilfsmittel zur Darstellung einer Seite der Bewegung, nämlich der geometrischen abgibt; gleichzeitig läßt sie aber auch die Formulierung ganz unphysikalischer Bewegungen zu.

Ist die Einteilung der statischen Felder in Felder vom ersten und zweiten Typ eine Einteilung der physikalischen oder der mathematischen Felder? Zunächst ist klar: Unterschiedliche physikalische Felder werden sich auch in Unterschieden der mathematischen Felder bemerkbar machen, zu denen sie Anlaß geben. Eine generelle Unterscheidung in der mathematischen Form wird daher im allgemeinen auf einer physikalischen Verschiedenheit beruhen. Insofern können Felder vom ersten Typ als physikalisch verschieden angesehen werden von Feldern vom zweiten Typ. Allerdings ist diese Unterscheidung nicht unabhängig vom **Bezugssystem.** Wir werden nämlich sehen (§ 31), daß ein Feld, das in einem bestimmten Bezugssystem vom ersten Typ ist, in einem dagegen rotierenden Bezugssystem vom zweiten Typ ist. Ebenso können bestimmte Felder vom zweiten Typ durch Übergang auf ein rotierendes Bezugssystem in Felder vom ersten Typ überführt werden (Larmor-Theorem, § 31). Solange wir jedoch Wechsel zwischen beliebig gegeneinander bewegten Bezugssystemen ausschließen, dürfen wir Felder vom ersten und Felder vom zweiten Typ als physikalisch verschiedene Felder ansehen.

Der Begriff des mathematischen Feldes läßt sich mit großem Nutzen in der Physik auch dort verwenden, wo es sich gar nicht um physikalische Felder, d.h. um Systeme handelt, die mit Körpern Impuls und Energie austauschen. So bildet z.B. die Verteilung der Masse eines festen, flüssigen oder gasförmigen Mediums ein mathematisches Skalarfeld, denn jedem Punkt $\boldsymbol{r}$ im Raum ist ein Wert der Größe *Massendichte* $\rho(\boldsymbol{r})$ zugeordnet. Außerhalb des Mediums ist $\rho(\boldsymbol{r})=0$, denn dort befindet sich keine Materie. Wie die Masse liefert so jede vom Ort $\boldsymbol{r}$ abhängige skalare Größe ein Skalarfeld. Entsprechend lassen sich auch leicht Beispiele für mathematische Vektorfelder angeben, wie das Feld der Geschwindigkeit eines strömenden Mediums, etwa einer Flüssigkeit. Jedem Punkt im Raum ist dann ein Vektor $\boldsymbol{v}(\boldsymbol{r})$ zugeordnet, nämlich die lokale Strömungsgeschwindigkeit des Mediums. Das Vektorfeld $\boldsymbol{v}(\boldsymbol{r})$ kann sich auch mit der Zeit ändern, nämlich dann, wenn die Strömung zeitlich nicht stationär ist. Zusammen mit dem Skalarfeld der Massendichte $\rho(\boldsymbol{r})$ der Flüssigkeit bietet sich die Möglichkeit, ein weiteres Vektorfeld zu bilden, nämlich das Feld der Vektorgröße $\boldsymbol{j}(\boldsymbol{r})=\rho(\boldsymbol{r})\cdot\boldsymbol{v}(\boldsymbol{r})$, der *Massenstromdichte.* Dort, wo keine Flüssigkeit ist, ist wieder einfach $\rho(\boldsymbol{r})=0$. Man erkennt an diesen wenigen Beispielen schon, wie wendig und geeignet der mathematische Feldbegriff ist, um Gebilde und Vorgänge zu beschreiben, die über den ganzen Raum oder über Teile des Raumes ausgedehnt sind.

Gradientenfelder

Wir gehen noch kurz auf einige wichtige Sätze über eine Klasse mathematischer Felder ein, die in der Physik besonders häufig Gebrauch finden, nämlich die Gradientenfelder. Die folgenden Darlegungen sind daher lediglich ein Stück Vektoranalysis.

Ein Vektorfeld $\boldsymbol{b}(\boldsymbol{r})$ heißt ein **Gradientenfeld** oder ein **konservatives Vektorfeld,** wenn es eine skalare Funktion $f(\boldsymbol{r})$ gibt derart, daß die Komponenten von $\boldsymbol{b}(\boldsymbol{r})$ durch die partiellen Ableitungen von $f(\boldsymbol{r})$ gegeben sind, d.h. wenn

$$(17.10)\qquad b_x(\boldsymbol{r})=\frac{\partial f(x,y,z)}{\partial x},\quad b_y(\boldsymbol{r})=\frac{\partial f(x,y,z)}{\partial y},\quad b_z(\boldsymbol{r})=\frac{\partial f(x,y,z)}{\partial z}.$$

Diese drei Gleichungen lassen sich auch in der Form einer Vektorgleichung zusammenfassen

$$(17.11)\qquad \boldsymbol{b}=b_x\,\boldsymbol{e}_x+b_y\,\boldsymbol{e}_y+b_z\,\boldsymbol{e}_z=\frac{\partial f}{\partial x}\,\boldsymbol{e}_x+\frac{\partial f}{\partial y}\,\boldsymbol{e}_y+\frac{\partial f}{\partial z}\,\boldsymbol{e}_z;$$

darin sind $\boldsymbol{e}_x$, $\boldsymbol{e}_y$ und $\boldsymbol{e}_z$ Einheitsvektoren in Richtung der x-, y- und z-Achsen eines kartesischen Koordinatensystems. In koordinatenfreier Schreibweise drückt man (17.11) in der Form aus

$$(17.12)\qquad \boldsymbol{b}(\boldsymbol{r})=\boldsymbol{\nabla} f(\boldsymbol{r})\quad\text{oder}\quad \boldsymbol{b}(\boldsymbol{r})=\operatorname{grad} f(\boldsymbol{r}).$$

Das Symbol $\boldsymbol{\nabla} f$, gesprochen „Gradient f“, „Nabla f“ oder „Del f“, ebenso wie das gleichbedeutende Symbol grad f, gesprochen „Gradient f“, bezeichnet somit ein Vektorfeld, genannt der *Gradient des Skalarfeldes* $f(\boldsymbol{r})$ oder auch *das zum Skalarfeld* $f(\boldsymbol{r})$ *gehörende Gradientenfeld.* Nach (17.11) und (17.12) ist

$$(17.13)\qquad \boldsymbol{\nabla} f(\boldsymbol{r})=\frac{\partial f(x,y,z)}{\partial x}\,\boldsymbol{e}_x+\frac{\partial f(x,y,z)}{\partial y}\,\boldsymbol{e}_y+\frac{\partial f(x,y,z)}{\partial z}\,\boldsymbol{e}_z.$$

Die Bedingung, daß ein Vektorfeld $\boldsymbol{b}(\boldsymbol{r})$ ein Gradientenfeld ist, hat eine erhebliche Vereinfachung in der Beschreibung zur Folge. Anstatt nämlich das Feld durch die drei Funktionen $b_x(\boldsymbol{r})$, $b_y(\boldsymbol{r})$ und $b_z(\boldsymbol{r})$ zu kennzeichnen, genügt es, eine einzige Funktion $f(\boldsymbol{r})$ anzugeben. Das Feld $\boldsymbol{b}(\boldsymbol{r})$, d.h. die drei Funktionen $b_x(\boldsymbol{r})$, $b_y(\boldsymbol{r})$, $b_z(\boldsymbol{r})$, erhält man nach (17.10) aus der einen Funktion $f(\boldsymbol{r})$ einfach durch partielles Differenzieren nach x, y, und z. Ein Gradientenfeld ist also eigentlich ein „verstecktes Skalarfeld", denn es gibt immer ein Skalarfeld, aus dem es sich durch Gradientenbildung, d.h. durch Differenzieren gewinnen läßt. Das ist keineswegs bei allen Vektorfeldern möglich. Die zu statischen physikalischen Feldern vom ersten Typ gehörenden Kraftfelder $\boldsymbol{F}(\boldsymbol{r})$ sind aber stets Vektorfelder, die sich als Gradient einer skalaren Funktion, nämlich einer potentiellen Energie $E_{\text{pot}}(\boldsymbol{r})$, darstellen lassen, denn (17.9) besagt ja, daß

(17.14) $$\boldsymbol{F}(\boldsymbol{r}) = -\nabla E_{\text{pot}}(\boldsymbol{r}).$$

Übrigens lassen sich auch die zu physikalischen Feldern vom zweiten Typ gehörenden Kraftfelder als (negativer) Gradient einer skalaren Funktion darstellen, nämlich der Funktion $E(\boldsymbol{P}, \boldsymbol{r})$. Nach (16.9) ist $F = -\nabla E(\boldsymbol{P}, \boldsymbol{r})$ unabhängig davon, ob $E(\boldsymbol{P}, \boldsymbol{r})$ eine Zerlegung wie (17.6) besitzt oder nicht. Bei der Differentiation nach $\boldsymbol{r}$ ist natürlich der Wert von $\boldsymbol{P}$ konstant zu halten.

Wie sieht man nun einem gegebenen Vektorfeld $\boldsymbol{b}(\boldsymbol{r})$ an, ob es ein Gradientenfeld ist, d.h. ob es ein Skalarfeld $f(\boldsymbol{r})$ gibt derart, daß Gl. (17.12) gilt? Darauf gibt es zwei ganz verschiedene Antworten, nämlich eine, die sich unmittelbar aus unseren Formeln ablesen läßt, und eine zweite, die eine Eigenschaft der Gradientenfelder deutlich macht, die für die Physik von besonderer Bedeutung ist.

Differenzieren wir die erste Gleichung in (17.10) nach y und die zweite nach x, so ergibt sich, da $\partial^2 f/\partial y\,\partial x = \partial^2 f/\partial x\,\partial y$, die Beziehung

$$\frac{\partial b_x}{\partial y} = \frac{\partial}{\partial y}\left(\frac{\partial f}{\partial x}\right) = \frac{\partial}{\partial x}\left(\frac{\partial f}{\partial y}\right) = \frac{\partial b_y}{\partial x}.$$

Entsprechende Relationen erhalten wir durch Kombination der ersten Gleichung (17.10) mit der dritten und der zweiten mit der dritten, insgesamt also

(17.15) $$\frac{\partial b_y}{\partial x} - \frac{\partial b_x}{\partial y} = 0, \quad \frac{\partial b_z}{\partial y} - \frac{\partial b_y}{\partial z} = 0, \quad \frac{\partial b_x}{\partial z} - \frac{\partial b_z}{\partial x} = 0,$$

oder in der Symbolik der Vektoranalysis geschrieben

(17.16) $$\nabla \times \boldsymbol{b}(\boldsymbol{r}) = 0 \quad \text{oder} \quad \operatorname{rot} \boldsymbol{b}(\boldsymbol{r}) = 0.$$

Diese Gleichung ist nun nicht nur notwendig, sondern, wie wir hier nicht zeigen wollen, auch hinreichend dafür, daß das Vektorfeld $\boldsymbol{b}(\boldsymbol{r})$ ein Gradientenfeld ist. Bestehen also die Gleichungen (17.15), so gibt es stets eine Funktion $f(\boldsymbol{r})$ derart, daß das Vektorfeld $\boldsymbol{b}(\boldsymbol{r})$ aus $f(\boldsymbol{r})$ gemäß (17.10) gewonnen werden kann.

Wir wenden uns nun der zweiten Antwort zu auf unsere Frage, wie man einem gegebenen Vektorfeld $\boldsymbol{b}(\boldsymbol{r})$ ansieht, ob es ein Gradientenfeld ist. Das Vektorfeld $\boldsymbol{b}(\boldsymbol{r})$ veranschaulichen wir uns wie in Abb. 17.1, indem wir jeden Punkt $\boldsymbol{r}$ des Raumes mit dem Vektor $\boldsymbol{b}(\boldsymbol{r})$ versehen denken. Jeder Verschiebung von einem

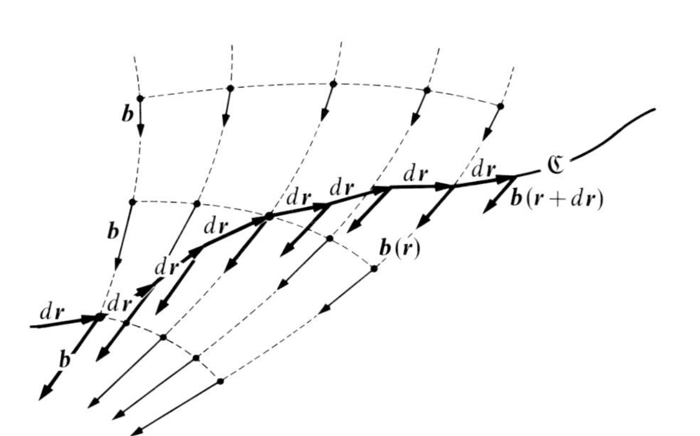

Abb. 17.1

Darstellung eines Vektorfeldes $\boldsymbol{b}(\boldsymbol{r})$. An jedem Punkt $\boldsymbol{r}$ des Raumes ist ein Vektor $\boldsymbol{b}(\boldsymbol{r})$ angeheftet. Jeder infinitesimalen Verschiebung $d\boldsymbol{r}$ von einem Punkt $\boldsymbol{r}$ zum Punkt $\boldsymbol{r}+d\boldsymbol{r}$ läßt sich das skalare Produkt $\boldsymbol{b}(\boldsymbol{r})\,d\boldsymbol{r}$ zuordnen, einem gerichteten Weg $\mathfrak{C}$ das Wegintegral $\int_{\mathfrak{C}} \boldsymbol{b}(\boldsymbol{r})\,d\boldsymbol{r}$.

Punkt $\boldsymbol{r}$ zu einem Punkt $\boldsymbol{r}+d\boldsymbol{r}$ läßt sich dann eine Zahl zuordnen, nämlich das skalare Produkt $\boldsymbol{b}(\boldsymbol{r})\,d\boldsymbol{r}$ des Vektors $\boldsymbol{b}$ am Ort $\boldsymbol{r}$ und der Verschiebung $d\boldsymbol{r}$. Ist das Vektorfeld $\boldsymbol{b}(\boldsymbol{r})$ ein Gradientenfeld, so ist

$$\boldsymbol{b}(\boldsymbol{r})\,d\boldsymbol{r}=\nabla f(\boldsymbol{r})\,d\boldsymbol{r}=\frac{\partial f}{\partial x}dx+\frac{\partial f}{\partial y}dy+\frac{\partial f}{\partial z}dz=df(\boldsymbol{r}). \tag{17.17}$$

Das Produkt $\boldsymbol{b}\,d\boldsymbol{r}$ ist im Fall, daß $\boldsymbol{b}(\boldsymbol{r})$ ein Gradientenfeld ist, also einfach das Differential der dem Feld $\boldsymbol{b}(\boldsymbol{r})$ zugeordneten Skalarfunktion $f(\boldsymbol{r})$. Ist $\boldsymbol{b}(\boldsymbol{r})$ kein Gradientenfeld, so läßt sich $\boldsymbol{b}(\boldsymbol{r})\,d\boldsymbol{r}$ nicht als Differential einer Funktion von $\boldsymbol{r}$ schreiben.

Nun betrachten wir ganze Folgen differentieller Verschiebungen, d.h. Wege $\mathfrak{C}$, die mit einem Durchlaufungssinn ausgestattet sind. Längs jedem derartigen Weg denken wir uns dann die Skalarprodukte $\boldsymbol{b}(\boldsymbol{r})\,d\boldsymbol{r}$ aufsummiert, d.h. das Integral gebildet

$$\int_{\mathfrak{C}}\boldsymbol{b}(\boldsymbol{r})\,d\boldsymbol{r}=\begin{cases}\text{Wegintegral des Vektorfeldes } \boldsymbol{b}(\boldsymbol{r})\\ \text{längs dem Weg } \mathfrak{C}.\end{cases} \tag{17.18}$$

Bei gegebenem Feld $\boldsymbol{b}(\boldsymbol{r})$ definiert jeder in einer bestimmten Richtung durchlaufene Weg $\mathfrak{C}$ so eine Zahl. Wird der Weg in umgekehrter Richtung durchlaufen, multipliziert sich diese Zahl mit minus Eins. Das gilt für beliebige Vektorfelder $\boldsymbol{b}(\boldsymbol{r})$. Ist $\boldsymbol{b}(\boldsymbol{r})$ jedoch ein Gradientenfeld, so läßt sich (17.18) nach (17.17) schreiben

$$\int_{\mathfrak{C}}\boldsymbol{b}(\boldsymbol{r})\,d\boldsymbol{r}=\int_{\mathfrak{C}}df(\boldsymbol{r})=f(\boldsymbol{r}_{\text{Endpunkt von }\mathfrak{C}})-f(\boldsymbol{r}_{\text{Anfangspunkt von }\mathfrak{C}}). \tag{17.19}$$

Das Wegintegral (17.18) hängt dann also nur vom Anfangs- und Endpunkt des Weges $\mathfrak{C}$ ab, nicht dagegen von seinem Verlauf zwischen diesen Punkten. In einem Gradientenfeld hat das Integral (17.18) also für alle Wege $\mathfrak{C}$, $\mathfrak{C}'$, $\mathfrak{C}''$, ..., die denselben Anfangs- und denselben Endpunkt haben, den gleichen Wert. Gleichbedeutend mit dieser Aussage ist, daß das Wegintegral (17.18) eines Gradientenfeldes $\boldsymbol{b}(\boldsymbol{r})$ längs *jedem geschlossenen Weg* Null ist. Das ist unmittelbar klar, denn das Integral (17.18) ist, wenn es nur von den Endpunkten abhängt, für einen vom Punkt $\boldsymbol{r}_1$ zum Punkt $\boldsymbol{r}_2$ führenden Weg umgekehrt gleich dem Integral längs dem von $\boldsymbol{r}_2$ nach $\boldsymbol{r}_1$ führenden Weg. Da ein geschlossener Weg aber stets aus einem Hin- und einem Rückweg zwischen zwei beliebigen seiner Punkte besteht (Abb. 17.2), ist das längs dem gesamten Weg erstreckte Integral Null.

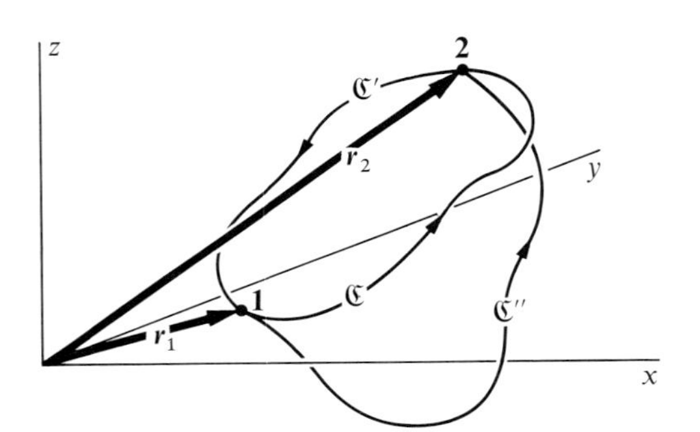

Abb. 17.2

Verschiedene gerichtete Wege $\mathfrak{C}, \mathfrak{C}', \mathfrak{C}''$, die zwei Punkte $\boldsymbol{r}_1$ und $\boldsymbol{r}_2$ verbinden. Ein Weg und ein entgegengesetzt durchlaufener Weg, z.B. $\mathfrak{C}$ und $\mathfrak{C}'$, bilden zusammen einen geschlossenen Weg. Umgekehrt läßt sich jeder geschlossene Weg in zwei derartige Teilwege zwischen zwei beliebigen seiner Punkte zerlegen.

Entscheidend ist nun, daß auch die Umkehrung gilt: Ist $\boldsymbol{b}(\boldsymbol{r})$ ein Feld, in dem das Wegintegral längs *jedem* geschlossenen Weg verschwindet, so ist $\boldsymbol{b}(\boldsymbol{r})$ ein Gradientenfeld. Das läßt sich wie folgt einsehen. Zunächst hängt, wenn $\boldsymbol{b}(\boldsymbol{r})$ ein Gradientenfeld ist, das von einem Ort $\boldsymbol{r}_1$ zu einem Ort $\boldsymbol{r}_2$ erstreckte Wegintegral nur von $\boldsymbol{r}_1$ und von $\boldsymbol{r}_2$ ab, nicht dagegen von der Auswahl des $\boldsymbol{r}_1$ mit $\boldsymbol{r}_2$ verbindenden Weges. Gäbe es nämlich zwei Wege $\mathfrak{C}$ und $\mathfrak{C}'$ von $\boldsymbol{r}_1$ nach $\boldsymbol{r}_2$, für die das Integral einen verschiedenen Wert hat, so hätte das Integral, das zu dem geschlossenen Weg gehört, der längs $\mathfrak{C}$ von $\boldsymbol{r}_1$ nach $\boldsymbol{r}_2$ und längs $-\mathfrak{C}'$ von $\boldsymbol{r}_2$ nach $\boldsymbol{r}_1$ zurückführt, einen von Null verschiedenen Wert. Halten wir nun $\boldsymbol{r}_1$ fest und verändern wir $\boldsymbol{r}_2$ frei im Raum, weshalb wir statt $\boldsymbol{r}_2$ auch einfach $\boldsymbol{r}$ schreiben, so können wir jedem Punkt $\boldsymbol{r}$ eindeutig eine Zahl $\varphi(\boldsymbol{r})$ zuordnen, nämlich den Wert des Wegintegrals längs irgendeinem von $\boldsymbol{r}_1$ nach $\boldsymbol{r}$ führenden Weg:

$$\varphi(\boldsymbol{r})=\int_{\boldsymbol{r}_1}^{\boldsymbol{r}}\boldsymbol{b}(\boldsymbol{r}')\,d\boldsymbol{r}'. \tag{17.20}$$

Mit der Zuordnung einer Zahl $\varphi(\boldsymbol{r})$ zu jedem Punkt $\boldsymbol{r}$ des Raumes ist aber eine skalare Funktion erklärt, nämlich die Funktion $\varphi(\boldsymbol{r})$. Sie hat die Eigenschaft, an dem willkürlich ausgewählten Anfangspunkt $\boldsymbol{r}_1$ zu verschwinden, denn es ist $\varphi(\boldsymbol{r}_1)=0$. Diese Eigenschaft ist jedoch unwesentlich, denn mit $\varphi(\boldsymbol{r})$ erfüllt auch jede Funktion $f(\boldsymbol{r})=\varphi(\boldsymbol{r})+f(\boldsymbol{r}_1)$, wo $f(\boldsymbol{r}_1)$ ein beliebiger Wert ist, nach (17.20) die Beziehung

(17.21)
$$f(\boldsymbol{r})=\int_{\boldsymbol{r}_1}^{\boldsymbol{r}} \boldsymbol{b}(\boldsymbol{r}')\,d\boldsymbol{r}'+f(\boldsymbol{r}_1).$$

Wir betonen noch einmal, daß die Stelle $\boldsymbol{r}_1$ und der Wert $f(\boldsymbol{r}_1)$ an dieser Stelle dabei beliebig vorgegeben werden können.

Um zu zeigen, daß jede Funktion $f(\boldsymbol{r})$, die der Gl. (17.21) genügt, ein Skalarfeld definiert, deren Gradient mit dem Vektorfeld $\boldsymbol{b}(\boldsymbol{r})$ identisch ist, schreiben wir einmal

(17.22)
$$f(\boldsymbol{r})-f(\boldsymbol{r}_1)=\int_{\boldsymbol{r}_1}^{\boldsymbol{r}} \boldsymbol{b}(\boldsymbol{r}')\,d\boldsymbol{r}'=\int_{\boldsymbol{r}_1}^{\boldsymbol{r}} \{b_x(\boldsymbol{r}')\,dx'+b_y(\boldsymbol{r}')\,dy'+b_z(\boldsymbol{r}')\,dz'\}$$

und zum anderen

(17.23)
$$f(\boldsymbol{r})-f(\boldsymbol{r}_1)=\int_{\boldsymbol{r}_1}^{\boldsymbol{r}} df(\boldsymbol{r})=\int_{\boldsymbol{r}_1}^{\boldsymbol{r}} \left\{\frac{\partial f}{\partial x'}\,dx'+\frac{\partial f}{\partial y'}\,dy'+\frac{\partial f}{\partial z'}\,dz'\right\}.$$

Da (17.22) und (17.23) für alle Punkte $\boldsymbol{r}$ gelten und für jeden Weg, der $\boldsymbol{r}_1$ mit $\boldsymbol{r}$ verbindet, müssen die Funktionen $b_x(\boldsymbol{r}')$, ... und die Ableitungen $\partial f/\partial x'$, ... identisch sein. Wir haben somit den

Satz 17.3 Notwendig und hinreichend dafür, daß ein Vektorfeld $\boldsymbol{b}(\boldsymbol{r})$ ein Gradientenfeld ist, ist die Bedingung, daß das Wegintegral $\oint \boldsymbol{b}(\boldsymbol{r})\,d\boldsymbol{r}$ längs jedem geschlossenen Weg verschwindet, d.h.

$$\oint \boldsymbol{b}(\boldsymbol{r})\,d\boldsymbol{r}=0.$$

für *jeden* geschlossenen Weg.

Wir machen ausdrücklich darauf aufmerksam, daß der Satz nur dann richtig ist, wenn er für *jeden* geschlossenen Weg gilt und nicht nur für einige ausgewählte Wege. Diese Bedingung ist wieder vom „Unendlichkeitstyp", denn ihr Erfülltsein erfordert das Nachprüfen unendlich vieler Wege, was physikalisch natürlich nicht möglich ist; aber das ist immer so, wenn mathematisch notwendige und hinreichende Bedingungen auf die physikalische Wirklichkeit angewendet werden.

Äquipotentialflächen

Ein zu einem Gradientenfeld $\boldsymbol{b}(\boldsymbol{r})$ gehörendes Skalarfeld $f(\boldsymbol{r})$ nennt man auch ein **Potential** des Vektorfeldes $\boldsymbol{b}(\boldsymbol{r})$. Wie wir gesehen haben, ist ein Potential $f(\boldsymbol{r})$ eines Gradientenfeldes $\boldsymbol{b}(\boldsymbol{r})=\nabla f(\boldsymbol{r})$ nur bis auf eine willkürliche Konstante definiert.

Alle Orte $\boldsymbol{r}$, in denen $f(\boldsymbol{r})$ denselben Wert hat, bilden eine **Äquipotentialfläche.** Äquipotentialflächen sind also definiert durch

(17.24)
$$f(\boldsymbol{r})=f(x,y,z)=\text{const.}$$

Für jeden Wert von const. erhält man eine Fläche, insgesamt also eine Schar von Flächen. Diese Flächen schneiden sich nicht, denn jede ist einem bestimmten Wert der Funktion $f(\boldsymbol{r})$ zugeordnet. Gäbe es einen Punkt, der zwei Äquipotentialflächen angehört, so müßten beide Flächen zum selben Wert von $f(\boldsymbol{r})$ gehören. Das geht aber nur, wenn die beiden Flächen identisch sind.

Jeder Raumpunkt $\boldsymbol{r}$ in einem Gradientenfeld liegt auf einer und nur einer Äquipotentialfläche. Welche Richtung hat dann der Vektor $\boldsymbol{b}(\boldsymbol{r})$ bezüglich der durch $\boldsymbol{r}$ gehenden Äquipotentialfläche? Bei der Verschiebung längs einem Wegstück $d\boldsymbol{r}$, das in einer Äquipotentialfläche liegt, ist, da $f(\boldsymbol{r})$ auf der Äquipotentialfläche konstant ist, $df=0$. Für eine derartige Verschiebung ist

(17.25)
$$df=\frac{\partial f}{\partial x}\,dx+\frac{\partial f}{\partial y}\,dy+\frac{\partial f}{\partial z}\,dz=\nabla f\,d\boldsymbol{r}=0.$$

Das Skalarprodukt aus dem Vektor $\nabla f=\boldsymbol{b}$ und dem Vektor der Verschiebung $d\boldsymbol{r}$ ist also Null, wenn die Verschiebung $d\boldsymbol{r}$ in einer Äquipotentialfläche liegt. Da aber $d\boldsymbol{r}\neq 0$, folgt daraus, daß der Vektor ∇f senkrecht steht auf $d\boldsymbol{r}$ und damit auch auf der Äquipotentialfläche. Die Richtung von ∇f ist dabei mit der Richtung steigender

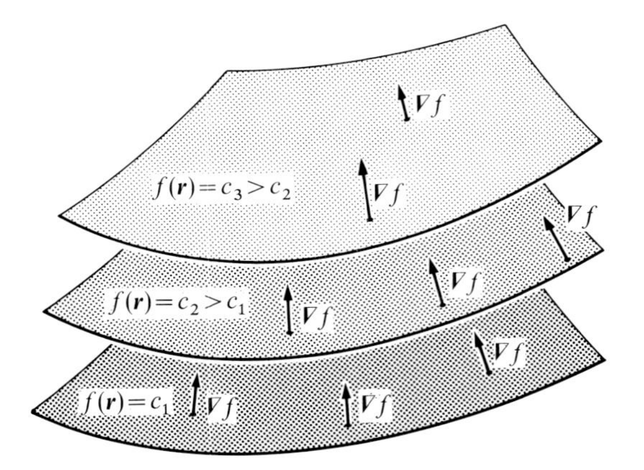

Abb. 17.3

Äquipotentialflächen $f(\boldsymbol{r})=\text{const.}$ eines Gradientenfeldes $\boldsymbol{b}(\boldsymbol{r})=\nabla f(\boldsymbol{r})$. Der Vektor ∇f steht in jedem Punkt $\boldsymbol{r}$ senkrecht auf der durch diesen Punkt gehenden Äquipotentialfläche und weist in Richtung steigender f-Werte.

Werte von $f(\boldsymbol{r})$ identisch (Abb. 17.3). Man kann das auch so ausdrücken, daß der Gradient einer Skalarfunktion $f(\boldsymbol{r})$ an jeder Stelle $\boldsymbol{r}$ in die Richtung zeigt, in der die Funktion $f(\boldsymbol{r})$ am stärksten zunimmt.

Das zu einem **statischen physikalischen Feld vom ersten Typ** gehörende negative Kraftfeld $-\boldsymbol{F}(\boldsymbol{r})$ ist ein Gradientenfeld, dessen zugeordnete Skalarfunktion, d.h. dessen Potential nach (17.14) die potentielle Energie $E_{\text{pot}}(\boldsymbol{r})$ ist. Kennzeichnend für ein derartiges Kraftfeld ist, daß es der Gl. (17.16) genügt, d.h. daß seine *Rotation* $\nabla \times \boldsymbol{F}=0$. Ein anderes Kennzeichen ist, daß das Wegintegral (17.18), d.h.

$$-\int_{\mathfrak{C}} \boldsymbol{F}(\boldsymbol{r})\,d\boldsymbol{r}=\begin{cases}\text{bei einer Verschiebung längs dem Weg } \mathfrak{C}\\ \text{aufzubringende Energie}\end{cases} \tag{17.26}$$

nur vom Anfangs- und Endpunkt des Wegs $\mathfrak{C}$ abhängt oder, was dasselbe ist, für jeden geschlossenen Weg verschwindet. Die Gl. (17.21) lautet nun

$$E_{\text{pot}}(\boldsymbol{r})=-\int_{\boldsymbol{r}_1}^{\boldsymbol{r}} \boldsymbol{F}(\boldsymbol{r}')\,d\boldsymbol{r}'+E_{\text{pot}}(\boldsymbol{r}_1). \tag{17.27}$$

Sie zeigt, daß die potentielle Energie durch das Kraftfeld $\boldsymbol{F}(\boldsymbol{r})$ nur bis auf eine willkürliche Konstante festgelegt ist, denn der Wert $E_{\text{pot}}(\boldsymbol{r}_1)$ ist ja willkürlich.

Die Äquipotentialflächen des Kraftfelds (17.14) sind Flächen, auf denen $E_{\text{pot}}(\boldsymbol{r})=\text{const.}$ Eine Verschiebung auf ihnen kostet daher keine Energie. Die Äquipotentialflächen des homogenen Gravitationsfeldes z.B. sind Ebenen senkrecht zur z-Richtung; denn eine Verschiebung senkrecht zur z-Achse kostet ja keine Energie. Die Schnittkurven der Äquipotentialflächen des Gravitationsfelds der Erde mit der bergigen Erdoberfläche bilden die Höhenlinien auf Landkarten. Das Kraftfeld $\boldsymbol{F}(\boldsymbol{r})$ weist in die negative z-Richtung, also nach unten auf die Erde zu. Allgemein weist der Kraftvektor eines Feldes immer in die Richtung, in der eine Verschiebung den größten Energiegewinn bringt.

Konservative und nicht-konservative Kraftfelder

In der historischen Entwicklung der Mechanik spielten konservative und nicht-konservative Kräfte, genauer konservative und nicht-konservative Kraftfelder, eine wichtige Rolle. Diese Einteilung der Kräfte hat jedoch nichts mit unserer Einteilung der statischen Felder in solche vom ersten und vom zweiten Typ zu tun. Das folgt schon daraus, daß z.B. ein Feld vom ersten in eins vom zweiten Typ transformiert wird beim Übergang von einem Bezugssystem in ein dagegen rotierendes. Das ist bei konservativen und nicht-konservativen Kraftfeldern dagegen nicht möglich.

Was aber sind konservative und nicht-konservative Kraftfelder? Da historisch die Energie — anders als in diesem Buch — nicht als eigenständige Größe betrachtet, sondern auf die als fundamentaler angesehene Kraft zurückgeführt wurde, stand die Kraft als primäre Größe im Vordergrund des Interesses. Man unterschied deshalb Kraftfelder $\boldsymbol{F}(\boldsymbol{r})$ danach, ob sie sich als Gradient eines skalaren „Potentials", d.h. einer potentiellen Energie darstellen lassen oder nicht, d.h. ob eine Funktion $E_{\text{pot}}(\boldsymbol{r})$ existiert derart, daß $\boldsymbol{F}(\boldsymbol{r})=-\nabla E_{\text{pot}}(\boldsymbol{r})$

ist oder nicht. Im ersten Fall nannte man sie konservativ, im zweiten nicht-konservativ. Daß ein Vektorfeld eine Darstellung als Gradient einer Skalarfunktion besitzt, bedeutet einen großen mathematischen Vorteil, denn damit werden drei Funktionen, nämlich die drei Komponenten des Vektorfeldes, auf eine einzige Funktion reduziert. Im Hinblick auf alle mathematisch denkbaren Vektorfelder stellen die konservativen, also die Gradientenfelder, jedoch eine kleine Minorität dar. Es mußte somit als ein Glücksfall erscheinen, daß die meisten der in der Physik vorkommenden Kraftfelder konservativ sind. Der Grund dafür wurde allerdings nie ganz klar, jedenfalls nicht, solange man die Kraft als den fundamentalen physikalischen Begriff betrachtete, mit dessen Hilfe erst die Energie als das Wegintegral $-\int \boldsymbol{F}(\boldsymbol{r})\,d\boldsymbol{r}$ gebildet wurde. Die physikalischen Kraftfelder sind nämlich nur dann konservativ, wenn man Reibungskräfte außer acht läßt bzw. sich auf Vorgänge beschränkt, bei denen die Reibungskräfte vernachlässigbar klein sind. Das wiederum scheint auszusagen, daß die Energie streng nur für den Idealfall der Reibungsfreiheit begründbar ist, denn $E_{\text{pot}}(\boldsymbol{r})$ läßt sich aus dem Kraftfeld $\boldsymbol{F}(\boldsymbol{r})$ nur dann eindeutig konstruieren, wenn $\boldsymbol{F}(\boldsymbol{r})$ konservativ ist.

Anbei ein Beispiel dafür, daß Reibungskräfte, als Feld aufgefaßt, nicht-konservativ sind. Wir betrachten ein Boot, das sich auf einem stationär strömenden Fluß bewegt. An jedem Ort $\boldsymbol{r}$ erfährt das Boot eine bestimmte Kraft, die durch die lokale Strömungsgeschwindigkeit des Wassers bestimmt ist. Für den Körper „Boot" stellt die Wasserfläche des Flusses ein Kraftfeld dar (Abb. 17.4). Die Länge der Pfeile, die an den einzelnen Punkten angebracht sind, gibt dabei die Kraft an, die das Boot erfährt, wenn es sich an diesem Punkt befindet. Die Tatsache, daß das Wasser am Ufer des Flusses langsamer strömt als in der Mitte, drückt sich dadurch aus, daß die Pfeile am Rand des Flusses kürzer sind als diejenigen, die zu den Punkten in der Mitte des Flusses gehören. Wir denken uns nun das Boot in einem geschlossenen Weg herumgeführt, von dem ein Teil (α) in der Mitte des Flusses verläuft und der Rückweg (γ) am Ufer entlang führt. Die Verschiebungen auf den Stücken β und δ senkrecht zur Strömung kosten keine Energie, denn auf diesen Stücken stehen $\boldsymbol{F}$ und $d\boldsymbol{r}$ senkrecht aufeinander, so daß $-\int_\beta \boldsymbol{F}\,d\boldsymbol{r} = -\int_\delta \boldsymbol{F}\,d\boldsymbol{r} = 0$. Somit sind für die gesamte Verschiebungsenergie nur die Stücke α und γ maßgeblich. Nun ist aber auf dem Weg α in jedem Punkt die Kraft viel größer als auf dem Weg γ, so daß sich die beiden Energien $-\int_\alpha \boldsymbol{F}\,d\boldsymbol{r}$ und $-\int_\gamma \boldsymbol{F}\,d\boldsymbol{r}$ unmöglich wegheben können. Der Umlauf des geschlossenen Weges $\alpha - \beta - \gamma - \delta$ liefert oder kostet also eine von Null verschiedene Verschiebungsenergie. Wegen Satz 17.2 ist das betrachtete Feld daher kein Gradientenfeld, es ist nicht-konservativ.

Daß die Einteilung der Kräfte in konservative und nicht-konservative mehr Ausdruck eines Vorurteils ist — nämlich des Vorurteils, daß der Kraftbegriff eines der Fundamente der ganzen Physik darstelle — als eine besonders wirkungsvolle Erfassung der physikalischen Wirklichkeit, zeigte sich darin, daß mit Erforschung der elektromagnetischen Erscheinungen zwar eine neue Art Kraft entdeckt wurde, aber nicht etwa eine nicht-konservative, sondern die geschwindigkeits-abhängige Lorentz-Kraft. Diese Kraft ließ sich überhaupt nicht als Funktion des Ortes allein darstellen, sondern nur als Funktion des Ortes und der Geschwindigkeit. Die mathematische Vervollkommnung der Newtonschen Mechanik durch Lagrange und Hamilton erlaubte es zwar, auch diese Art Kräfte in die Mechanik einzugliedern, aber nur um den Preis

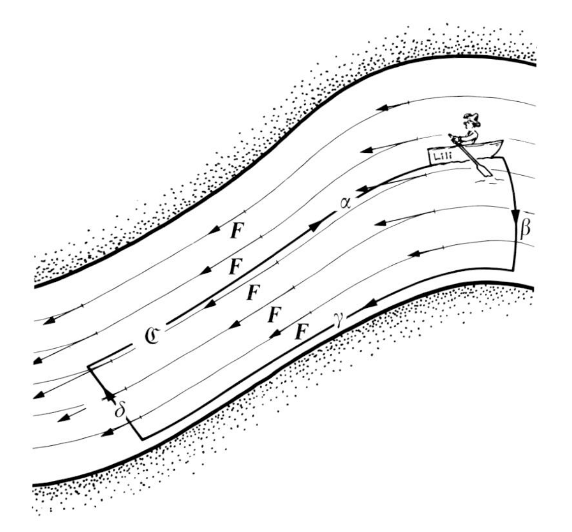

Abb. 17.4

Feld der Kraft $\boldsymbol{F}$, die ein Boot auf einem Fluß erfährt, als Beispiel eines nicht-konservativen Kraftfeldes. Wird das Boot längs einem geschlossenen Weg ℭ herumgeführt, der aus den Stücken $\alpha, \beta, \gamma, \delta$ besteht, so kostet das Energie. Da die Verschiebungsenergie auf einem geschlossenen Weg nicht Null ist, handelt es sich um ein nicht-konservatives Feld.

einer Aufwertung des Energiebegriffs, nämlich in Gestalt der „Lagrange-Funktion“ und der „Hamilton-Funktion“ (s. § 19), die in diesen Fassungen der Mechanik eine zentrale Rolle spielen.

Warum treten nun die nicht-konservativen Kraftfelder bei unserer Behandlung der Mechanik überhaupt nicht auf? Der Grund liegt darin, daß wenn man die Energie als eigenständige Fundamentalgröße einführt, die nicht auf der Kraft (oder anderen Größen) basiert, nur Kraftfelder auftreten, die konservativ sind, d.h. als (negative) Ableitungen der Energie nach den Koordinaten dargestellt werden können. Allerdings treten dabei neben den Ortskoordinaten noch weitere unabhängige physikalische Größen auf, zum Beispiel der Impuls. In unseren Überlegungen fand das seinen Ausdruck darin, daß die Änderungen dE der Energie E eines physikalischen Systems sich nur dann als Summe von Energieformen, wie etwa (16.6), schreiben lassen, wenn *alle* Energieformen auftreten, in denen das System unabhängig voneinander Energie austauschen kann. Für das in Abb. 17.4 dargestellte Beispiel ist (16.6) also nicht richtig; es müßte auf der rechten Seite mindestens noch eine weitere Energieform, nämlich die „Wärme“ und damit neben den Größen P_x, P_y, P_z, x, y, z eine weitere unabhängige Größe, die Entropie, auftreten. Tatsächlich bedeutet das Auftreten nicht-konservativer Kräfte in der Physik immer, daß man irgendwelche physikalischen Größen, die Anlaß zu unabhängigen Energieformen geben, außer Betracht gelassen hat.

§ 18 Beispiele statischer Felder

Wir betrachten einige Beispiele einfacher statischer Felder, die in vielen physikalischen Problemen auftauchen und dadurch Standardcharakter besitzen.

Das homogene Gravitationsfeld

Dieses Feld haben wir schon zur Festlegung der Energiemessung benutzt und uns im Zusammenhang mit Gradientenfeldern seine wichtigsten Eigenschaften verdeutlicht. Beim Überblick über die Newtonsche Mechanik (§ 4) haben wir gesehen, daß sich das Gravitationsfeld der Erde in kleinen Raumbereichen in der Nähe ihrer Oberfläche auf ein Feld der potentiellen Energie

$$E_{\text{pot}}(\boldsymbol{r}) = M\,g\,z + E_{\text{pot}}(\boldsymbol{r}_1) \tag{18.1}$$

reduziert. Auf der Erdoberfläche in den geographischen Breiten Mitteleuropas ist $g = 9{,}81\ \text{m/sec}^2$. $E_{\text{pot}}(\boldsymbol{r})$ hängt nur von der Höhe z über der Erdoberfläche ab. Die Zählung der potentiellen Energie legen wir so fest, daß wir als Bezugspunkt $\boldsymbol{r}_1$ einen Punkt an der Erdoberfläche, d.h. einen Punkt mit $z=0$ wählen und $E_{\text{pot}}(z=0)=0$ setzen. Die Äquipotentialflächen des homogenen Gravitationsfeldes sind die Ebenen $z = \text{const.}$, also zur Erdoberfläche parallele Ebenen.

Als Komponenten der auf einen Newtonschen Körper der Masse M im Feld der Gl. (18.1) wirkenden Kraft erhalten wir nach (17.9)

$$F_x = F_y = 0, \qquad F_z = -M\,g. \tag{18.2}$$

Die Kraft hat nur eine z-Komponente, man nennt sie die Gewichtskraft des Körpers der Masse M im Gravitationsfeld der Erde. Der Betrag dieser Kraft, d.h. das **Gewicht,** ist unabhängig von der Lage des Körpers im homogenen Gravitationsfeld.

Gravitationsfeld eines punktartigen Körpers

Das homogene Gravitationsfeld beschreibt nur die Wirkung der Gravitation in hinreichend kleinen Raumbereichen an der Erdoberfläche richtig. Es ist nur eine Näherung eines allgemeineren Gesetzes, das Newton aufstellte, um die Bewegung der Planeten um die Sonne quantitativ zu fassen, nämlich des Gesetzes der **allgemeinen Gravitation,** das wir in Kap. VII näher behandeln werden. Danach ziehen sich zwei Körper der Massen M_1 und M_2 mit einer Kraft an, die gegeben ist durch

$$\boldsymbol{F} = -G \frac{M_1 M_2}{r^2} \left(\frac{\boldsymbol{r}}{r} \right). \tag{18.3}$$

Die allgemeine Gravitationskonstante G ist eine Naturkonstante, ihr Wert ist in Gl. (44.10) angegeben. Der Vektor $\boldsymbol{r} = \boldsymbol{r}_2 - \boldsymbol{r}_1$ weist, wie Abb. 18.1 erläutert, vom Körper 1

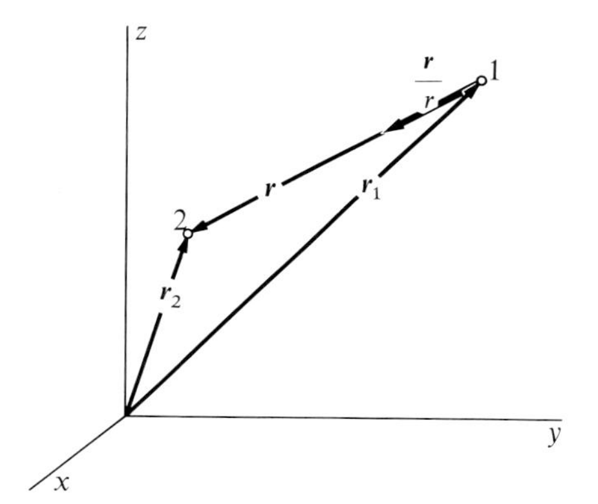

Abb. 18.1

Der Vektor $\boldsymbol{r} = \boldsymbol{r}_2 - \boldsymbol{r}_1$ weist vom Punkt 1 zum Punkt 2. $\boldsymbol{r}$ ist unabhängig von der Wahl des Koordinatenursprungs. Die Richtung von $\boldsymbol{r}$ wird durch den Einheitsvektor $\boldsymbol{r}/r$ festgelegt, der die Länge Eins hat.

zum Körper 2. Denken wir uns den Körper 1 festgehalten und den Ursprung des Koordinatensystems an den Körper 1 geheftet (d.h. $\boldsymbol{r}_1 = 0$), so ist $\boldsymbol{r} = \boldsymbol{r}_2$. Der Vektor $(\boldsymbol{r}/r)$ ist der Einheitsvektor in Richtung von $\boldsymbol{r}$. Seine Komponenten sind, da $r = \sqrt{x^2 + y^2 + z^2}$,

$$\begin{aligned} \frac{\boldsymbol{r}}{r} &= \left\{ \frac{x}{r}, \frac{y}{r}, \frac{z}{r} \right\} \\ &= \left\{ \frac{x}{\sqrt{x^2+y^2+z^2}}, \frac{y}{\sqrt{x^2+y^2+z^2}}, \frac{z}{\sqrt{x^2+y^2+z^2}} \right\}. \end{aligned} \tag{18.4}$$

Die durch (18.3) definierte, auf den Körper 2 wirkende Anziehungskraft (denn den Körper 1 betrachten wir ja als *fest*) hat somit die Komponenten

$$\begin{aligned} F_x &= -G M_1 M_2 \frac{x}{(x^2+y^2+z^2)^{\frac{3}{2}}} = -G M_1 M_2 \frac{x}{r^3}, \\ F_y &= -G M_1 M_2 \frac{y}{(x^2+y^2+z^2)^{\frac{3}{2}}} = -G M_1 M_2 \frac{y}{r^3}, \\ F_z &= -G M_1 M_2 \frac{z}{(x^2+y^2+z^2)^{\frac{3}{2}}} = -G M_1 M_2 \frac{z}{r^3}. \end{aligned} \tag{18.5}$$

Die Verschiebungen des Körpers 2 in bezug auf den als fest betrachteten Körper 1 sind, da Kräfte auftreten, mit Energieänderungen verknüpft. Der Körper 2 befindet sich, wie man sagt, im Gravitationsfeld des Körpers 1. Dieses Kraftfeld muß ein Gradientenfeld sein, da sich sonst dadurch Energie gewinnen ließe, daß man den Körper 2 geschlossene Bahnen durchlaufen läßt. Es muß also eine Funktion $E_{pot}(x, y, z)$ geben derart, daß die Kraftkomponenten (18.5) die negativen partiellen Ableitungen dieser Funktion nach x, y, z sind. Tatsächlich gibt es eine solche Funktion, nämlich

$$E_{pot}(\boldsymbol{r}) = -G\frac{M_1 M_2}{r} = -\frac{G M_1 M_2}{\sqrt{x^2+y^2+z^2}}. \tag{18.6}$$

Man überzeugt sich durch Differenzieren, daß diese Behauptung richtig ist. So ist

$$-\frac{\partial E_{pot}}{\partial x} = G M_1 M_2 \frac{\partial (x^2+y^2+z^2)^{-\frac{1}{2}}}{\partial x} = -G M_1 M_2 \frac{x}{(x^2+y^2+z^2)^{\frac{3}{2}}} = F_x. \tag{18.7}$$

F_y und F_z ergeben sich ganz entsprechend.

In (18.6) haben wir die Normierung der potentiellen Energie so gewählt, daß $E_{pot}=0$ bei $r=\infty$. $E_{pot}(r)$ gibt also, da es negativ ist, den Energiegewinn an, den man erzielt, wenn man einen Körper der Masse M_2 von unendlicher Entfernung, bei der keine Gravitationsanziehung mehr wirksam ist, bis auf den Abstand r an den Körper der Masse M_1 heranbringt.

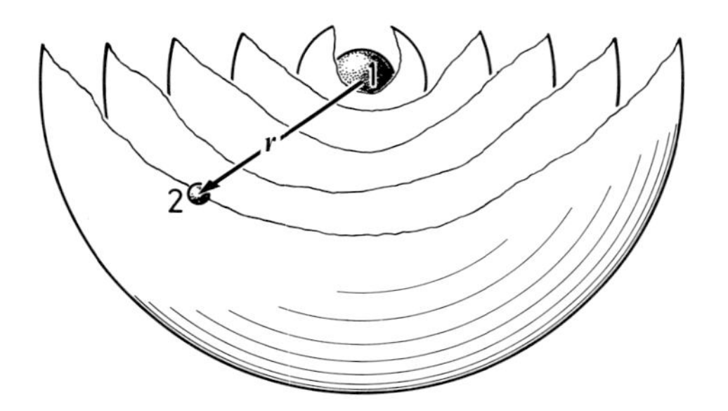

Abb. 18.2

Da die potentielle Energie E_{pot} des Körpers 2 im Gravitationsfeld des Körpers 1 nur vom Betrag $|\boldsymbol{r}|$ abhängt, hat der Körper 2 auf Kugelflächen um 1 konstante potentielle Energie. Die Kugelflächen um 1 sind *Äquipotentialflächen* für 2. Da ferner im Gravitationsfeld $E_{pot}(r)$ proportional zu $1/r$ ist, verhalten sich die potentiellen Energien auf den gezeichneten Äquipotentialflächen von innen nach außen gezählt wie $1:\frac{1}{2}:\frac{1}{3}:\frac{1}{4}:\frac{1}{5}$.

Die Äquipotentialflächen, die der Körper 2 spürt, sind, da $E_{pot}=$ const. zur Folge hat, daß $r=$ const., konzentrische Kugelflächen um den Körper 1 (Abb. 18.2). Die auf den Körper 2 wirkende Kraft, seine Gewichtskraft im Gravitationsfeld des Körpers 1, ist auf den Körper 1 hin, als den Mittelpunkt der Kugelflächen, gerichtet. Der Betrag dieser Kraft, sein Gewicht, ist umgekehrt proportional dem Quadrat des Abstands r.

Coulomb-Feld

Die gleiche Abstandsabhängigkeit wie die Gravitation zeigen die **Anziehung und Abstoßung elektrischer Ladungen.** Die Kraft, mit der sich zwei ungleichnamig geladene Körper anziehen und zwei gleichnamig geladene abstoßen, ist gegeben durch

$$\boldsymbol{F} = \frac{1}{4\pi\varepsilon_0}\frac{q_1 q_2}{r^2}\left(\frac{\boldsymbol{r}}{r}\right). \tag{18.8}$$

Sie ist als Coulombsches Gesetz bekannt (C. A. DE COULOMB, 1736—1806). Dabei sind q_1 und q_2 die elektrischen Ladungen der beiden Körper und $\boldsymbol{r} = \boldsymbol{r}_2 - \boldsymbol{r}_1$ wie im Beispiel des Gravitationsfeldes der vom Körper 1 zum Körper 2 reichende Verbindungsvektor. Der Faktor $1/4\pi\varepsilon_0$ transponiert die rechte Seite der Gl. (18.8), die Einheiten für elektrische Größen enthält, in Krafteinheiten. Es ist $\varepsilon_0 = 8{,}8544 \cdot 10^{-12}$ Coul^2 sec^2/kg m^3. Gibt man also in (18.8) die Ladungen in Einheiten Coulomb an, erhält man mit dem angegebenen Wert für ε_0 die Kraft in der Einheit N (= Newton = 1 kg m/sec^2).

Da die Gl. (18.8) dieselbe mathematische Gestalt hat wie (18.3), gelten auch alle Folgerungen, die sich aus (18.3) ergaben, mit dem einen Unterschied, daß elektrische Ladungen im Gegensatz zu Massen beiderlei Vorzeichen haben, also positiv und negativ sein können. In (18.8) führt das zur Anziehung, wenn die beiden Ladungen q_1 und q_2 verschiedene Vorzeichen haben, und zur Abstoßung, wenn sie gleiches Vorzeichen haben. Betrachten wir den Körper 1 wieder als fest, so befindet sich der Körper 2 in einem Feld, im elektrostatischen Feld oder **Coulomb-Feld** der Ladung q_1. Das Feld ist wieder ein Gradientenfeld, so daß dem Körper 2, genauer dem aus beiden Körpern bestehenden Gesamtsystem, eine potentielle Energie zugeordnet werden kann, nämlich

$$E_{\text{pot}}(r) = \frac{1}{4\pi\varepsilon_0} \frac{q_1 q_2}{r} = \frac{1}{4\pi\varepsilon_0} \frac{q_1 q_2}{\sqrt{x^2+y^2+z^2}}. \tag{18.9}$$

Die elastische Feder als Feld

Als letztes Beispiel eines Gradientenfeldes betrachten wir die *elastische Feder*. Die Vorstellung von der Feder als von einem Feld ist zwar ungewohnt, zumal eine Feder ein sichtbares, materielles Gebilde ist, aber warum muß ein Feld prinzipiell unsichtbar sein? Das **Federfeld** hat gewissermaßen ein materielles Gerüst und kann darum manche Eigenschaften von Feldern, wie ihre Fähigkeit zum Impuls- und Energietransport, die wir in § 22 beschreiben werden, sogar besonders gut anschaulich machen. Hier genügt es, uns darüber klar zu werden, daß das Federfeld alle bisher besprochenen Eigenschaften eines statischen Feldes zeigt.

Die Feder sei an einem Ende mit einer Wand verbunden; an ihrem anderen Ende sei ein Körper befestigt. Um den Einfluß des Gravitationsfelds auszuschalten, denken wir uns die Feder horizontal gelagert. Die potentielle Energie des Körpers am Federende ist gleich der Spannungsenergie der Feder (§ 8), also

$$E_{\text{pot}}(x) = \frac{k}{2} x^2. \tag{18.10}$$

Dabei ist x die Auslenkung der Feder aus ihrer Ruhelage, d.h. aus ihrer Lage im unverspannten Zustand. Die freie Konstante in der potentiellen Energie wählen wir so, daß $E_{\text{pot}}(x=0) = 0$ ist. Die potentielle Energie (18.10) hat in der Ruhelage der Feder $x=0$ ein Minimum: Sowohl beim Zusammendrücken als auch beim Auseinanderziehen der Feder erhöhen wir ihre Spannungsenergie, d.h. die potentielle Energie des am Federende befestigten Körpers.

Die Feder ordnet nicht wie die bisherigen Beispiele jedem Raumpunkt einen Wert der potentiellen Energie zu, sondern nur den x-Werten, die sich durch Ausdehnen oder Zusammendrücken der Feder erreichen lassen. Das Federfeld ist nur eindimensional, so daß sich die Äquipotentialflächen der bisherigen Beispiele auf Punkte reduzieren, nämlich auf die einer bestimmten potentiellen Energie nach (18.10) zugeordneten x-Werte.

Die von unserem Feld, d.h. der Feder auf den Körper ausgeübte Kraft erhalten wir wieder durch Differentiation nach x. Sie hat nur die eine Komponente

$$F_x = -\frac{\partial E_{\text{pot}}}{\partial x} = -k\,x. \tag{18.11}$$

Die Kraft ist stets zum Punkt $x=0$ hin gerichtet; denn für $x>0$ ist $F_x<0$ und für $x<0$ ist $F_x>0$. Der Betrag der Kraft ist dabei immer proportional zur Auslenkung x der Feder aus ihrer Ruhelage $x=0$.

§ 19 Die Bewegung von Körpern in statischen Feldern

Wir haben die Wechselwirkung von Körpern und Feldern betrachtet und dazu die *Verschiebungen* der Körper studiert. Diese Verschiebungen haben uns dazu gedient, Felder zu charakterisieren, nämlich durch die Energie, die die Verschiebung eines Körpers erfordert. Um einen Körper zu verschieben, muß ihm „von außen", d.h. von einem anderen System als dem Körper und dem Feld, Energie zugeführt oder ihm abgenommen werden. Wir verschieben einen Körper im Gravitationsfeld, wenn wir ihn hochheben oder absenken, etwa vom Boden auf einen Tisch stellen und umgekehrt. Um ihn hochzuheben, wird die Verschiebungsenergie von einem *äußeren System*, und zwar von uns selbst, aufgewandt. Senkt man den Körper wieder ab, fließt die Verschiebungsenergie wieder in das äußere System zurück. Wie schnell die Verschiebung vorgenommen wird, ist dabei gleichgültig; der verschobene Körper muß nur aus seiner Ruhelage im Anfangspunkt in seine Ruhelage im Endpunkt gebracht werden.

Bei der Verschiebung haben wir die potentielle Energie erhöht oder erniedrigt. Wem sollen wir nun die potentielle Energie zuschreiben, dem Körper oder dem Feld? Beides ist möglich; es ist eine Frage, wo man die Trennung zwischen Körper und Feld macht, eine Trennung, die nicht in der Natur liegt, sondern in der Beschreibung, die wir von ihr geben. Der Terminus potentielle Energie, den wir gewählt haben, um den Anschluß an die herkömmlichen Bezeichnungen zu wahren, zeigt bereits, daß man die potentielle Energie einst dem Körper zurechnete; man unterschied die kinetische und die potentielle Energie eines Körpers. In unserer Darstellung hier rechnen wir die potentielle Energie dagegen zum Feld. Wir sehen in ihr die Änderungen, die die Energie des Feldes bei Verschiebungen erfährt: Diese Verabredung macht den Energieaustausch zwischen Feld und Körper, der uns jetzt beschäftigen wird, besonders übersichtlich.

Bewegungen

Wohl zu unterscheiden von *Verschiebungen* der Körper sind ihre *Bewegungen*. Im Gegensatz zur Verschiebung, wo die notwendige Energie von außen aufgebracht oder abgenommen werden muß, wird bei einer Bewegung die mit der Lageänderung verknüpfte Energie von der kinetischen Energie des Körpers selbst bestritten. Der Körper regelt seine Energiebilanz mit dem Feld allein, ohne Mithilfe eines weiteren, äußeren Systems. Statt dessen können wir auch sagen, bei der Bewegung wird die Energie nur zwischen kinetischer und potentieller Energie ausgetauscht.

Aber nicht nur in der **Energiebilanz** unterscheidet sich die Bewegung von der Verschiebung, sondern auch dadurch, daß nun auch auf die **Impulsbilanz** Rücksicht zu nehmen ist. Wir haben, als wir den Energieaufwand bei Verschiebungen $d\boldsymbol{r}$ und Impulsänderungen $d\boldsymbol{P}$ in § 16 diskutierten, zwar auch die Möglichkeit zugelassen, daß der Impuls $\boldsymbol{P}$ des Körpers sich ändert, aber diese Änderung konnte durch *irgendwelche* Mittel, z.B. durch Stoß von außen verursacht sein. Es interessierte dort nicht, wie der Impuls geändert wurde, und daher kam auch nicht die Frage nach der Impulsbilanz auf. Bei der Bewegung aber sind Körper und Feld sich selbst überlassen, und ebenso wie der Energieaustausch dann allein zwischen Körper und Feld stattfindet, muß auch die Impulsbilanz zwischen Körper und Feld allein geregelt werden. Das Feld muß also Impuls vom Körper aufnehmen und an ihn abgeben. Was das Feld mit dem Impuls macht, den der Körper ihm abgegeben hat, ob es ihn behalten kann oder an ein anderes System weitergibt, ist dabei eine wichtige Frage.

Energiebilanz bei Bewegungen

Wir betrachten, wenn wir von Bewegungen sprechen, also solche Zustandsänderungen des Systems „Körper + Feld", für die (16.6) gilt mit der weiteren Einschränkung, daß $E = \text{const.}$, d.h. $dE = 0$ ist, die Energie also nur zwischen den beiden Formen Bewegungsenergie und Verschiebungsenergie ausgetauscht wird. Als grundlegende Beziehung haben wir somit für die Bewegung eines Körpers in einem statischen Feld

$$dE = \boldsymbol{v}\, d\boldsymbol{P} - \boldsymbol{F}\, d\boldsymbol{r} = 0. \tag{19.1}$$

Gleichbedeutend hiermit ist, daß bei der Bewegung

$$E(\boldsymbol{P}, \boldsymbol{r}) = \text{const}. \tag{19.2}$$

Ist die Kraft $\boldsymbol{F}$, die der Körper durch das statische Feld erfährt, nur vom Ort $\boldsymbol{r}$ abhängig, so tritt Satz 17.2 in Kraft, und damit nimmt Gl. (19.2) die Gestalt an

$$E(\boldsymbol{P}, \boldsymbol{r}) = \sqrt{c^2 P^2 + E_0^2} + E_{\text{pot}}(\boldsymbol{r}) + (\mathfrak{E}_0 - E_0) = \text{const}. \tag{19.3}$$

Die Konstante

$$\mathfrak{E}_0 = E(\boldsymbol{P} = 0, \boldsymbol{r} = \boldsymbol{r}_0) \tag{19.4}$$

ist dabei die Energie des Systems „Körper + Feld" in einem Zustand, in dem sich der Körper ruhend ($\boldsymbol{P} = 0$) an der Stelle $\boldsymbol{r} = \boldsymbol{r}_0$ befindet, an der $E_{\text{pot}}(\boldsymbol{r}_0) = 0$ ist. In Newtonscher Näherung lautet (19.3)

$$E(\boldsymbol{P}, \boldsymbol{r}) = \frac{P^2}{2M} + E_{\text{pot}}(\boldsymbol{r}) + \mathfrak{E}_0 = \text{const}. \tag{19.5}$$

Diese Gleichung, wie auch (19.3), können wir so lesen, daß bei der Bewegung die Summe aus kinetischer und potentieller Energie konstant bleibt. Gibt man einem Körper, der sich an einem Ort $\boldsymbol{r}$ des Raumes befindet, einen Stoß und damit einen Impuls $\boldsymbol{P}$, so hat nach (19.3) oder, wenn die Newtonsche Näherung zutrifft, nach (19.5) die Energie E des Systems „Körper + Feld" einen bestimmten Wert. Überläßt man den Körper dann sich selbst und seiner Wechselwirkung mit dem Feld, so kann er sich nur so bewegen, daß die Energie E den Wert, der ihr mit dem Stoß des Körpers an der Stelle $\boldsymbol{r}$ erteilt wurde, beibehält.

Nun besteht die **Bewegung eines Körpers** darin, daß er im Laufe der Zeit ständig seinen Ort und seinen Impuls $\boldsymbol{P}$ ändert. Der springende Punkt dabei ist, daß die Änderungen von Ort und Impuls miteinander gekoppelt sind, und zwar gerade so, daß Gl. (19.1) erfüllt ist. Legt nämlich der Körper im Zeitelement dt die Strecke $d\boldsymbol{r}$ zurück, so ändert sich dabei sein Impuls um $d\boldsymbol{P}$, und zwar so, daß $d\boldsymbol{r}$ und $d\boldsymbol{P}$ der Gl. (19.1) genügen. Dividieren wir (19.1) durch dt (mathematisch besser: Fassen wir $\boldsymbol{P}$ und $\boldsymbol{r}$ als Funktion des Kurvenparameters t, der Zeit, auf und differenzieren nach t), so lautet (19.1)

$$\boldsymbol{v}\frac{d\boldsymbol{P}}{dt}-\boldsymbol{F}\frac{d\boldsymbol{r}}{dt}=0. \tag{19.6}$$

Nun ist aber bei einem Körper die Transportgeschwindigkeit $\boldsymbol{v}$ gleich der kinematischen Geschwindigkeit $d\boldsymbol{r}/dt$, also

$$\boldsymbol{v}=\frac{d\boldsymbol{r}}{dt}. \tag{19.7}$$

Setzen wir das in (19.6) ein, so resultiert

$$\boldsymbol{v}\left(\frac{d\boldsymbol{P}}{dt}-\boldsymbol{F}\right)=0. \tag{19.8}$$

So weit führt uns die Energiebilanz. Aus (19.8) läßt sich nun nicht einfach schließen, daß $\boldsymbol{v}$ oder der in der Klammer stehende Vektor verschwinden muß, denn ein skalares Produkt, wie es die linke Seite von (19.8) darstellt, verschwindet auch dann, wenn beide Vektoren von Null verschieden sind und aufeinander senkrecht stehen.

Impulsbilanz bei Bewegungen

Weiter hilft nun der Impulssatz, den wir bisher noch nicht herangezogen haben. Wenn sich der Körper bewegt, muß ja auch sein Impulsaustausch mit dem Feld geregelt sein. Ändert sich der Impuls des Körpers um $d\boldsymbol{P}$, so muß das Feld diesen Impuls aufnehmen, also muß sein $d\boldsymbol{P}+d\boldsymbol{P}_{\text{Feld}}=0$ oder, wenn wir noch durch dt dividieren,

$$\frac{d\boldsymbol{P}}{dt}+\frac{d\boldsymbol{P}_{\text{Feld}}}{dt}=0. \tag{19.9}$$

In (19.8) eingesetzt, gibt das

$$\boldsymbol{v}\left(\frac{d\boldsymbol{P}_{\text{Feld}}}{dt}+\boldsymbol{F}\right)=0. \tag{19.10}$$

Hier haben wir einen Ausdruck vor uns, dessen erster Faktor, $\boldsymbol{v}$, sich auf den Körper bezieht, der zweite, die Klammer, dagegen aufs Feld, denn die Kraft $\boldsymbol{F}$ ist eine Äußerung des Felds. Nun können wir der Geschwindigkeit $\boldsymbol{v}$ des Körpers an jeder Stelle $\boldsymbol{r}$ einen beliebigen Wert erteilen, nämlich dadurch, daß wir den Körper an die Stelle $\boldsymbol{r}$ bringen und ihm dort einen solchen Stoß geben, daß er die gewünschte Geschwindigkeit $\boldsymbol{v}$ bekommt. Den in der Klammer stehenden Ausdruck haben wir bei gegebenem Feld dagegen nicht in der Hand, insbesondere dann nicht, wenn die Kraft $\boldsymbol{F}$ nur vom Ort $\boldsymbol{r}$ abhängt, nicht aber von $\boldsymbol{P}$. Dann ist an der Stelle $\boldsymbol{r}$ der durch die Klammer definierte Faktor als gegeben zu betrachten. Denken wir z.B. an einen im Gravitationsfeld geworfenen Ball, so können wir die Geschwindigkeit $\boldsymbol{v}$ des Balls an irgendeinem Ort $\boldsymbol{r}$ beliebig vorgeben. Die Impulsabgabe oder -aufnahme pro Zeiteinheit $d\boldsymbol{P}_{\text{Feld}}/dt$ durch das Feld und die auf den Ball wirkende Kraft $\boldsymbol{F}$ sind dagegen durch das Feld bestimmt, also für einen Ort $\boldsymbol{r}$ nicht beliebig vorgebbar. Da (19.10) aber an jedem Ort und unter beliebigen Anfangsbedingungen, d.h. für beliebige Geschwindigkeiten $\boldsymbol{v}$ gilt, muß die Klammer in (19.10) verschwinden:

$$\frac{d\boldsymbol{P}_{\text{Feld}}}{dt}+\boldsymbol{F}=0. \tag{19.11}$$

Mit (19.9) besagt das, daß die Impulsänderung pro Zeiteinheit des Körpers und die auf ihn wirkende Kraft $\boldsymbol{F}$ zusammenhängen gemäß

$$\frac{d\boldsymbol{P}}{dt}=\boldsymbol{F}. \tag{19.12}$$

Diese Gleichung drückt die Impulsbilanz zwischen Körper und Feld aus.

Unsere Begründung von (19.12) scheint sich wesentlich auf die Voraussetzung zu stützen, daß die Kraft $\boldsymbol{F}$ allein vom Ort $\boldsymbol{r}$ abhängt. Dadurch könnte der Eindruck aufkommen, als gelte (19.12) nur für den Fall, daß das Kraftfeld allein vom Ort abhängt. Eine etwas verwickeltere Überlegung, die wir hier übergehen wollen, zeigt aber, daß (19.12) in jedem Fall zutrifft, auch dann, wenn die Kraft $\boldsymbol{F}$ sowohl von $\boldsymbol{r}$ als auch von $\boldsymbol{P}$ abhängt.

Bewegungsgleichungen

Energie- und Impulsbilanz bei der Bewegung eines Körpers in einem statischen Feld führen, wie die vorstehenden Überlegungen zeigen, auf zwei fundamentale Gleichungen, in die die Zeit hineinspielt, nämlich auf die Gln. (19.7) und (19.12). Diese beiden Gleichungen, die wir ihrer Wichtigkeit wegen noch einmal notieren,

$$\frac{d\boldsymbol{P}}{dt}=\boldsymbol{F}, \qquad \frac{d\boldsymbol{r}}{dt}=\boldsymbol{v}, \tag{19.13}$$

nennt man die *Bewegungsgleichungen* des Körpers im Feld. Sie bestimmen, wie wir sehen werden, bei gegebenem Feld die Bewegungen, nämlich die Werte von Impuls $\boldsymbol{P}$ und Lage $\boldsymbol{r}$ in ihrer Abhängigkeit von der Zeit t.

Man ist gewohnt, die zweite der Gln. (19.13) als selbstverständlich anzusehen, weshalb man häufig nur die erste der beiden Gln. (19.13), d.h. also die Gl. (19.12), als Bewegungsgleichung bezeichnet findet. Daß aber die Beziehung (19.7) physikalisch nicht so trivial ist, wie es nach herkömmlicher Auffassung den Anschein hat, haben wir schon in Kap. II bemerkt, wo wir sie als eine Verbindungsrelation zwischen Kinematik und Dynamik kennengelernt haben, nämlich als die Aussage, daß bei einem Energie-Impuls-Transport „Körper" die kinematische Geschwindigkeit $d\boldsymbol{r}/dt$ gleich der Transportgeschwindigkeit $\boldsymbol{v}$ ist. Hier tritt sie nun gar als Partner der dynamischen Gleichung (19.12) auf. Ohne näher darüber zu spekulieren, sollte man, wenn von Bewegungsgleichungen die Rede ist, nicht nur (19.12), sondern besser beide Gleichungen (19.13) im Auge haben.

Die Bewegungsgleichungen (19.13) gelten immer, wenn es sich um die Bewegung eines Körpers handelt, der mit einem statischen Feld wechselwirkt. Dabei ist es gleichgültig, ob das Feld vom ersten oder zweiten Typ ist, d.h. gleichgültig, ob die Kraft $\boldsymbol{F}$ allein vom Ort $\boldsymbol{r}$ und dementsprechend die Geschwindigkeit $\boldsymbol{v}$ allein von $\boldsymbol{P}$ abhängen oder ob sowohl $\boldsymbol{F}$ als auch $\boldsymbol{v}$ Funktionen von $\boldsymbol{r}$ und $\boldsymbol{P}$ sind. Die Gln. (19.13) sind auch keineswegs auf den Newtonschen Grenzfall beschränkt. Sie gelten immer, wenn es sich um statische Felder handelt, wenn bei den betrachteten Bewegungsvorgängen also nur Bewegungs- und Verschiebungsenergie, dagegen keine anderen Energieformen im Spiel sind.

Liegt der **Newtonsche Grenzfall** vor, d.h. bewegt sich der Körper genügend langsam, und ist außerdem das Feld vom ersten Typ, so lassen sich die Gln. (19.13) in eine gewohntere Form bringen. Dann ist nämlich $\boldsymbol{F}=\boldsymbol{F}(\boldsymbol{r})$, und wegen Satz 17.1 hängt $\boldsymbol{v}$ dann nur von $\boldsymbol{P}$ ab. Diese Abhängigkeit ist im Newtonschen Grenzfall von der Form $\boldsymbol{v}=\boldsymbol{P}/M$ oder $\boldsymbol{P}=M\boldsymbol{v}$, wobei M die Masse des Körpers ist. Die Gln. (19.13) lauten dann

$$M\frac{d\boldsymbol{v}}{dt}=\boldsymbol{F}, \qquad \frac{d\boldsymbol{r}}{dt}=\boldsymbol{v}, \tag{19.14}$$

oder, wenn man die zweite Gleichung noch einmal nach t differenziert und in die erste einsetzt

$$M\frac{d^2\boldsymbol{r}}{dt^2}=\boldsymbol{F}. \tag{19.15}$$

Das ist, von rechts nach links gelesen, Newtons berühmtes Gesetz: **Kraft = Masse mal Beschleunigung.**

Wir machen ausdrücklich darauf aufmerksam, daß sich die Bewegungsgleichungen (19.13) nur im Newtonschen Grenzfall und nur bei Feldern vom ersten Typ in die Form (19.15) bringen lassen. Die Beziehung $\boldsymbol{P}=M\boldsymbol{v}$, die ja aussagt, daß $\boldsymbol{P}$ nur von $\boldsymbol{v}$ und damit umgekehrt auch $\boldsymbol{v}$ nur von $\boldsymbol{P}$ abhängt, erzwingt ja nach Satz 17.1, daß $\boldsymbol{F}$ allein eine Funktion von $\boldsymbol{r}$, das Feld also vom ersten Typ ist. Für Felder vom zweiten Typ kann daher (auch im Newtonschen Grenzfall) die Relation $\boldsymbol{P}=M\boldsymbol{v}$ nicht richtig sein. Infolgedessen folgt auch aus (19.13) nicht die Gleichung (19.15). Natürlich kann man immer die Größe „Masse mal Beschleunigung", d.h. $M\,d^2\boldsymbol{r}/dt^2$, bilden und sie als Funktion von $\boldsymbol{r}$ und $\boldsymbol{P}$ oder von $\boldsymbol{r}$ und $\boldsymbol{v}$ ausdrücken; denn für ein statisches Feld ist jede Größe des Systems „Körper + Feld" als Funktion von $\boldsymbol{r}$ und $\boldsymbol{P}$ ausdrückbar. Nennt man aber diese Größe, wie es allgemein geschieht, unabhängig von der Art des Feldes „die Kraft", so ist in Feldern vom zweiten Typ die so definierte Kraft nicht identisch mit dem über die Verschiebungsenergie eingeführten Kraftbegriff. Das wird in § 21 am Beispiel des magnetischen Feldes gezeigt. Wir definieren die Kraft nicht als Masse mal Beschleunigung, sondern über die Verschiebungsenergie. Daß diese Definition physikalisch angemessener ist, ließe sich allerdings nur durch Diskussion vieler Details, insbesondere bei der Impulserhaltung begründen.

Die Gln. (19.13) sind natürlich nur dann von praktischem Nutzen, wenn die Kraft $\boldsymbol{F}$ und die Geschwindigkeit $\boldsymbol{v}$ als Funktionen von $\boldsymbol{P}$ und $\boldsymbol{r}$ gegeben sind. In der Newtonschen Bewegungsgleichung (19.15) ist die Kraft $\boldsymbol{F}$ als Funktion von $\boldsymbol{r}$ anzugeben. Die Gln. (19.13) oder (19.15) werden damit zu einem System von Differentialgleichungen, deren Lösungen die möglichen Bewegungen des Körpers im Feld liefern. Im nächsten Paragraphen werden wir das für Bewegungen in den Standardfeldern des § 18 zeigen, im § 21 für die Bewegung eines elektrisch geladenen Körpers im Magnetfeld.

Die Aufgabe, die Bewegungen eines Körpers mathematisch zu fassen, der mit einem Feld wechselwirkt, besteht also aus zwei Teilaufgaben: Erstens gilt es, die Bewegungsgleichungen zu Differentialgleichungen für die Funktionen $\boldsymbol{r}(t)$ und $\boldsymbol{P}(t)$ zu machen. Dazu ist es notwendig, die Kraft $\boldsymbol{F}$ und die Geschwindigkeit $\boldsymbol{v}$ als Funktionen von $\boldsymbol{P}$ und $\boldsymbol{r}$ zu kennen. Wegen (16.8) und (16.9) ist das gleichbedeutend damit, die Funktion $E(\boldsymbol{P}, \boldsymbol{r})$, d.h. die Gesamtenergie des Systems „Körper + Feld" als Funktion von $\boldsymbol{P}$ und $\boldsymbol{r}$ zu kennen. Die Kraft $\boldsymbol{F}$ und die Geschwindigkeit $\boldsymbol{v}$ erhält man dann nach (16.8) und (16.9) aus $E(\boldsymbol{P}, \boldsymbol{r})$ durch partielle Differentiation. Zweitens gilt es, die so gewonnenen Differentialgleichungen zu lösen. Für beide Aufgaben gibt es keinen allgemeinen Kalkül. Jedes Bewegungsproblem erfordert eine eigene Behandlung.

Hamiltonsche Gleichungen

Die Bewegungsgleichungen (19.13) gelten, wie wir gesehen haben, im Fall statischer Felder. Genau dann lassen sich aber die rechten Seiten von (19.13) nach (16.9) und (16.8) als Ableitungen der Funktion $E(\boldsymbol{P}, \boldsymbol{r})$ ausdrücken. Somit lassen sich die Gln. (19.13) auch schreiben

(19.16)
$$\frac{dP_x}{dt} = -\frac{\partial E(P_x, \ldots, z)}{\partial x}, \qquad \frac{dx}{dt} = \frac{\partial E(P_x, \ldots, z)}{\partial P_x},$$
$$\frac{dP_y}{dt} = -\frac{\partial E(P_x, \ldots, z)}{\partial y}, \qquad \frac{dy}{dt} = \frac{\partial E(P_x, \ldots, z)}{\partial P_y},$$
$$\frac{dP_z}{dt} = -\frac{\partial E(P_x, \ldots, z)}{\partial z}, \qquad \frac{dz}{dt} = \frac{\partial E(P_x, \ldots, z)}{\partial P_z}.$$

In dieser Form sind die Bewegungsgleichungen unter dem Namen **Hamiltonsche** oder **kanonische Bewegungsgleichungen** bekannt (W. R. HAMILTON, 1805—1865). Die in (19.16) auftretende Funktion $E(\boldsymbol{P}, \boldsymbol{r})$, die ja die Energie als Funktion des Impulses $\boldsymbol{P}$ und des Ortsvektors $\boldsymbol{r}$ darstellt, nennt man auch die **Hamilton-Funktion** des Systems „Körper + Feld".

Statt der Energie E verwendet man herkömmlich die Größe $H = E - \mathfrak{E}_0$, die für Felder vom ersten Typ gleich der Summe von kinetischer und potentieller Energie ist. Da $\mathfrak{E}_0$ konstant ist, sind hinsichtlich der Differentiationen auf der rechten Seite von (19.16) die Funktionen $E(\boldsymbol{P}, \boldsymbol{r})$ und $H(\boldsymbol{P}, \boldsymbol{r})$ gleichberechtigt. Auffallend an den Gln. (19.16) ist ihre mathematische Symmetrie hinsichtlich der Variablen x, y, z auf der einen und P_x, P_y, P_z auf der anderen Seite. Wegen dieser Symmetrie eignen sich diese Gleichungen oft als Ausgangspunkt für mathematische Untersuchungen der Mechanik (*Hamiltonsche Theorie*).

Wir merken noch an, daß die Gln. (19.13) und damit auch (19.16) sich ohne Schwierigkeit auf beliebig viele Körper ausdehnen lassen. Obwohl wir bisher immer nur von *einem* Körper und seiner Wechselwirkung mit dem Feld gesprochen haben, steht nichts im Wege, gleichzeitig beliebig viele Körper zu betrachten, die mit dem Feld wechselwirken und nur über das Feld auch miteinander in Wechselwirkung stehen. Statt wie bisher sechs Variablen $P_x, \ldots, z$ hat man dann natürlich für jeden Körper (i) sechs Variablen P_{ix}, P_{iy}, P_{iz}, x_i, y_i, z_i, insgesamt also $6n$, wenn n die Anzahl der Körper ist. Entsprechend gibt es auch n Bewegungs- und Verschiebungsenergien $\boldsymbol{v}_i\, d\boldsymbol{P}_i$ und $-\boldsymbol{F}_i\, d\boldsymbol{r}_i$. Beschränkt man sich wieder auf das Modell des statischen Feldes, d.h. auf Vorgänge, bei denen das System „n Körper + Feld" Energie nur in Form von Bewegungs- und Verschiebungsenergie austauschen kann, nicht aber in anderen Energieformen, so gibt es wieder eine Hamilton-Funktion $E(P_{1x}, P_{1y}, \ldots, y_n, z_n)$, die die Energie E als Funktion aller $6n$ Impuls- und Lagekoordinaten darstellt. Aus der Hamilton-Funktion lassen sich die Kraft $\boldsymbol{F}_i$, die auf den i-ten Körper wirkt, und die Geschwindigkeit $\boldsymbol{v}_i$ des

i-ten Körpers berechnen gemäß

$$F_{ix}=-\frac{\partial E}{\partial x_i},\qquad F_{iy}=-\frac{\partial E}{\partial y_i},\qquad F_{iz}=-\frac{\partial E}{\partial z_i},$$
$$v_{ix}=\frac{\partial E}{\partial P_{ix}},\qquad v_{iy}=\frac{\partial E}{\partial P_{iy}},\qquad v_{iz}=\frac{\partial E}{\partial P_{iz}}. \tag{19.17}$$

Die Bewegungsgleichungen lauten dann natürlich

$$\begin{aligned}\frac{dP_{ix}}{dt}&=-\frac{\partial E}{\partial x_i}, & \frac{dx_i}{dt}&=\frac{\partial E}{\partial P_{ix}},\\ \frac{dP_{iy}}{dt}&=-\frac{\partial E}{\partial y_i}, & \frac{dy_i}{dt}&=\frac{\partial E}{\partial P_{iy}}, \qquad i=1,\ldots,n\\ \frac{dP_{iz}}{dt}&=-\frac{\partial E}{\partial z_i}, & \frac{dz_i}{dt}&=\frac{\partial E}{\partial P_{iz}}.\end{aligned} \tag{19.18}$$

Numeriert man schließlich die Impuls- und Lagekoordinaten einfach alle durch und bezeichnet sie mit $p_1, p_2, \ldots, p_{3n}$ und $q_1, q_2, \ldots, q_{3n}$, so lauten die Hamiltonschen Gleichungen

$$\frac{dp_i}{dt}=-\frac{\partial E}{\partial q_i},\qquad \frac{dq_i}{dt}=\frac{\partial E}{\partial p_i},\qquad i=1,\ldots,3n. \tag{19.19}$$

In dieser Schreibweise tritt die erwähnte Symmetrie der Hamilton-Gleichungen hinsichtlich de: Variablen p_i und q_i besonders deutlich zutage.

Integrale der Bewegung

Ist ein System und damit seine Hamilton-Funktion $E(\boldsymbol{P}_1, \boldsymbol{P}_2, \ldots, \boldsymbol{r}_1, \boldsymbol{r}_2, \ldots)$ gegeben, so sind nach (19.18) die Größen $\boldsymbol{P}_1, \boldsymbol{P}_2, \ldots, \boldsymbol{r}_1, \boldsymbol{r}_2, \ldots$ nach Wahl von Anfangswerten bestimmte Funktionen der Zeit. Sie beschreiben die möglichen Bewegungsabläufe des Systems. Jede Funktion $f(\boldsymbol{P}_1, \boldsymbol{P}_2, \ldots, \boldsymbol{r}_1, \boldsymbol{r}_2, \ldots)$, die so beschaffen ist, daß sie bei den Bewegungsabläufen des Systems konstant bleibt, d.h. bei Einsetzen der aus (19.18) folgenden Zeitabhängigkeiten $\boldsymbol{P}_1=\boldsymbol{P}_1(t), \ldots, \boldsymbol{r}_1=\boldsymbol{r}_1(t), \ldots$ selbst von t nicht abhängt, heißt ein *Integral der Bewegung* oder eine *Konstante der Bewegung*. Da jede Funktion der Variablen $\boldsymbol{P}_1, \ldots, \boldsymbol{r}_1, \ldots$ eine physikalische Größe des Systems darstellt, handelt es sich bei den Integralen der Bewegung um Größen, die die Eigenschaft haben, bei jedem Bewegungsablauf des Systems konstant zu bleiben. Die das System definierende Funktion $E=E(\boldsymbol{P}_1, \boldsymbol{P}_2, \ldots, \boldsymbol{r}_1, \boldsymbol{r}_2, \ldots)$ selbst ist ein Integral der Bewegung, denn aus (19.19) folgt

$$\begin{aligned}\frac{dE}{dt}&=\sum_{i=1}^{3n}\left(\frac{\partial E}{\partial q_i}\frac{dq_i}{dt}+\frac{\partial E}{\partial p_i}\frac{dp_i}{dt}\right)\\ &=\sum_{i=1}^{3n}\left(\frac{\partial E}{\partial q_i}\frac{\partial E}{\partial p_i}-\frac{\partial E}{\partial p_i}\frac{\partial E}{\partial q_i}\right)=0.\end{aligned} \tag{19.20}$$

Da die Größe E die Energie des Systems repräsentiert, drückt (19.20) aus, daß die Energie des Systems „Körper + Feld" zeitlich konstant bleibt, wenn Körper und Feld nur miteinander, nicht aber mit einem dritten System wechselwirken. Andere Beispiele von Integralen der Bewegung sind die drei Komponenten des Gesamtimpulses $\boldsymbol{P}=\sum_{i=1}^{n}\boldsymbol{P}_i$ eines n-Körper-Systems, wenn zur Beschreibung ein Inertialsystem benutzt wird. Das wird in § 23 näher begründet. In § 25 wird gezeigt, daß auch die Komponenten des Gesamtdrehimpulses eines n-Körper-Systems Integrale der Bewegung sind. Allgemein ist jede physikalische Größe, die einem Erhaltungssatz genügt, ein Integral der Bewegung, wenn das betrachtete System die Größe nicht mit einem anderen System austauscht.

Die Integrale der Bewegung spielen eine wichtige Rolle bei der Integration der Bewegungsgleichungen (19.18). Das leuchtet unmittelbar ein, denn jede Größe, die bei der Bewegung konstant bleibt, ist eben wegen dieser zeitlichen Konstanz eine besonders bequeme Variable des Systems.

§ 20 Spezielle Bewegungsgleichungen und ihre Lösungen

Für einige Beispiele von Systemen „Körper + Feld", die in der Physik häufig Anwendung finden, werden die Bewegungsgleichungen aufgestellt und die Lösungen angegeben.

Bewegungsgleichungen eines Newtonschen Körpers im homogenen Kraftfeld

Ein Kraftfeld $\boldsymbol{F}(\boldsymbol{r})$ heißt homogen, wenn die Kraft an jedem Ort $\boldsymbol{r}$ denselben Betrag und dieselbe Richtung hat, wenn also $\boldsymbol{F}(\boldsymbol{r}) = \boldsymbol{F}_0 =$ konstanter Vektor ($=$ unabhängig von $\boldsymbol{r}$ und $\boldsymbol{P}$). Die Bewegungsgleichungen (19.13) lauten dann

$$\frac{d\boldsymbol{P}}{dt} = \boldsymbol{F}_0, \qquad \frac{d\boldsymbol{r}}{dt} = \boldsymbol{v}, \tag{20.1}$$

oder in Komponenten

$$\begin{aligned} \frac{dP_x}{dt} &= F_{0x}, & \frac{dx}{dt} &= v_x, \\ \frac{dP_y}{dt} &= F_{0y}, & \frac{dy}{dt} &= v_y, \\ \frac{dP_z}{dt} &= F_{0z}, & \frac{dz}{dt} &= v_z. \end{aligned} \tag{20.2}$$

Die Gleichungen der linken Rubrik sind leicht zu lösen. Sie besagen, daß die Ableitungen der Impulskomponenten nach der Zeit t konstant sind. Also müssen die Impulskomponenten lineare Funktionen von t sein. Die Integration liefert somit

$$P_x(t) = F_{0x} \cdot t + P_x(0), \qquad P_y(t) = F_{0y} \cdot t + P_y(0), \qquad P_z(t) = F_{0z} \cdot t + P_z(0), \tag{20.3}$$

oder, wenn man diese drei Gleichungen wieder zum Vektor $\boldsymbol{P}$ zusammenfaßt,

$$\boldsymbol{P}(t) = \boldsymbol{F}_0 \cdot t + \boldsymbol{P}(0). \tag{20.4}$$

Der Vektor $\boldsymbol{P}(0)$ mit den Komponenten $P_x(0)$, $P_y(0)$, $P_z(0)$ stellt nach (20.4) den Impuls zur Zeit $t = 0$ dar. Man nennt $\boldsymbol{P}(0)$ den **Anfangswert** des Impulses oder kurz den Anfangsimpuls.

Bei der Integration der zweiten Gleichung (20.1) machen wir nun von der Voraussetzung Gebrauch, daß es sich bei dem Körper um ein Newtonsches Teilchen in einem Feld vom ersten Typ handelt. Dann ist $\boldsymbol{v} = \boldsymbol{P}/M$, und (20.1) lautet, wenn wir gleichzeitig (20.4) einsetzen,

$$\frac{d\boldsymbol{r}}{dt} = \frac{\boldsymbol{P}}{M} = \frac{\boldsymbol{F}_0}{M} t + \frac{\boldsymbol{P}(0)}{M} = \boldsymbol{a}_0 \cdot t + \boldsymbol{v}(0), \qquad \boldsymbol{a}_0 = \frac{\boldsymbol{F}_0}{M}. \tag{20.5}$$

Im letzten Schritt haben wir $\boldsymbol{P}(0)/M$ durch die **Anfangsgeschwindigkeit** $\boldsymbol{v}(0)$ ersetzt, denn wenn $\boldsymbol{P}(0)$ der Anfangsimpuls ist, muß $\boldsymbol{v}(0) = \boldsymbol{P}(0)/M$ die Anfangsgeschwindigkeit sein. $\boldsymbol{a}_0$ ist die Beschleunigung, die der Körper der Masse M durch die Kraft $\boldsymbol{F}_0$ erfährt. In Komponenten geschrieben lautet Gl. (20.5)

$$\frac{dx}{dt} = a_{0x} \cdot t + v_x(0), \qquad \frac{dy}{dt} = a_{0y} \cdot t + v_y(0), \qquad \frac{dz}{dt} = a_{0z} \cdot t + v_z(0). \tag{20.6}$$

Es genügt, die erste Gleichung weiterzubehandeln, da die übrigen von derselben Form sind. Integrieren wir die erste Gleichung, so erhalten wir

$$\int_0^t \frac{dx}{dt'} dt' = a_{0x} \cdot \int_0^t t' dt' + v_x(0) \cdot \int_0^t dt' = \frac{a_{0x}}{2} \cdot t^2 + v_x(0) \cdot t .$$

Die linke Seite liefert $x(t) - x(0)$, so daß insgesamt resultiert

(20.7) $$x(t) = \frac{a_{0x}}{2} \cdot t^2 + v_x(0) \cdot t + x(0) .$$

Entsprechende Gleichungen erhält man natürlich auch für $y(t)$ und $z(t)$, so daß, wenn man sie alle zum Vektor $\boldsymbol{r}(t)$ zusammenfaßt, resultiert

(20.8) $$\boldsymbol{r}(t) = \frac{\boldsymbol{a}_0}{2} \cdot t^2 + \boldsymbol{v}(0) \cdot t + \boldsymbol{r}(0) .$$

Diese Gleichung beschreibt die **Bahn,** d.h. den Ortsvektor $\boldsymbol{r}(t)$ des Körpers als Funktion der Zeit t.

$\boldsymbol{v}(0)$ und $\boldsymbol{r}(0)$, oder genauer deren drei Komponenten, stellen sechs frei verfügbare **Anfangsbedingungen** dar, die als Integrationskonstanten der sechs Differentialgleichungen erster Ordnung (20.2) auftreten. Statt $\boldsymbol{v}$ und $\boldsymbol{r}$ zur Zeit $t=0$ vorzugeben, kann man auch $\boldsymbol{v}$ und $\boldsymbol{r}$ zu einer beliebigen Zeit vorgeben. Schließlich kann man auch den Wert von $\boldsymbol{r}$ zu zwei verschiedenen Zeiten vorgeben oder dasselbe für $\boldsymbol{v}$ tun. Es sei dem Leser überlassen, die Gleichung der Bahn, d.h. den zu (20.8) analogen Ausdruck für diese zeitlichen Randbedingungen auszurechnen.

Natürlich hätten wir, da wir den Newtonschen Grenzfall in einem Feld vom ersten Typ im Auge haben, zur Gewinnung der Bahn $\boldsymbol{r}(t)$ des Körpers auch gleich von Gl. (19.15) ausgehen können, d.h. von der Gleichung

(20.9) $$\frac{d^2 \boldsymbol{r}}{dt^2} = \frac{\boldsymbol{F}_0}{M} = \boldsymbol{a}_0 .$$

Zweimalige Integration dieser Gleichung liefert ebenfalls (20.8).

Schließlich wollen wir noch die **Funktion $E(\boldsymbol{P}, \boldsymbol{r})$ des Newtonschen Körpers im homogenen Kraftfeld** angeben. Nach Gl. (19.5) läuft das auf die Frage hinaus, wie die zu einem homogenen Kraftfeld $\boldsymbol{F}(\boldsymbol{r}) = \boldsymbol{F}_0$ gehörende potentielle Energie $E_{\text{pot}}(\boldsymbol{r})$ aussieht. Da $\boldsymbol{F}$ durch Gradientenbildung, die Komponenten F_x, F_y, F_z also durch Differentiation aus $E_{\text{pot}}(\boldsymbol{r})$ hervorgehen und als Resultat der konstante Vektor $\boldsymbol{F}_0$ herauskommen muß, ist $E_{\text{pot}}(\boldsymbol{r})$ eine in x, y, z lineare Funktion. Somit ist

(20.10) $$\begin{aligned} E(\boldsymbol{P}, \boldsymbol{r}) &= \frac{P^2}{2M} - \boldsymbol{F}_0 \, \boldsymbol{r} + \mathfrak{E}_0 \\ &= \frac{1}{2M}(P_x^2 + P_y^2 + P_z^2) - F_{0x} x - F_{0y} y - F_{0z} z + \mathfrak{E}_0 . \end{aligned}$$

Man bestätigt durch Differentiation, daß $\boldsymbol{F} = -\nabla E_{\text{pot}}(\boldsymbol{r}) = \boldsymbol{F}_0$.

Bahnen eines Newtonschen Körpers im homogenen Kraftfeld

Der Ortsvektor $\boldsymbol{r}(t)$ in (20.8), dessen Spitze die Bahn des Körpers beschreibt, ist die Summe von drei Vektoren, nämlich der Vektoren

(20.11)
$$\boldsymbol{r}_1(t)=\frac{\boldsymbol{a}_0}{2}t^2, \qquad \boldsymbol{a}_0=\frac{\boldsymbol{F}_0}{M},$$
$$\boldsymbol{r}_2(t)=\boldsymbol{v}(0)\,t,$$
$$\boldsymbol{r}_3(t)=\boldsymbol{r}(0)=\text{const.}$$

Zunächst ist $\boldsymbol{r}_3$ der Anfangswert der Lage, nämlich der Ort des Körpers zur Zeit $t=0$. $\boldsymbol{r}_2$ ist ein Vektor in Richtung der Anfangsgeschwindigkeit $\boldsymbol{v}(0)$, dessen Länge proportional der Zeit t zunimmt. $\boldsymbol{r}_1$ schließlich weist in die Richtung von $\boldsymbol{a}_0$, d.h. in die Richtung der Kraft $\boldsymbol{F}_0$, und hat eine quadratisch mit t anwachsende Länge. Ist $\boldsymbol{F}_0=0$, so ist auch $\boldsymbol{r}_1=0$; $\boldsymbol{r}_1$ beschreibt den Anteil der Bewegung, der von dem Kraftfeld herrührt.

Da $\boldsymbol{r}_1(t)$ für alle Werte von t dieselbe Richtung hat, nämlich die von $\boldsymbol{F}_0$, und ebenso alle $\boldsymbol{r}_2(t)$ stets in die Richtung der Anfangsgeschwindigkeit $\boldsymbol{v}(0)$ zeigen, läuft die Bewegung ganz in der Ebene ab, die durch $\boldsymbol{F}_0$ und $\boldsymbol{v}(0)$ definiert wird und den Punkt $\boldsymbol{r}_3=\boldsymbol{r}(0)$ enthält (Abb. 20.1). Abb. 20.2 zeigt die Vektoren $\boldsymbol{r}_1(t)$ und $\boldsymbol{r}_2(t)$ für verschiedene Zeiten $t=\tau, 2\tau, 3\tau, 4\tau$ und ihre Summe (20.8) für den Fall, daß das homogene Kraftfeld $\boldsymbol{F}_0$ vertikal nach unten gerichtet ist: $\boldsymbol{F}_0=\{0, 0, -F_0\}$. Die Zeichenebene ist so gewählt, daß sie mit der Ebene der Bahn zusammenfällt. Gl. (20.8) wie auch Abb. 20.2 machen deutlich, daß die Bewegung eine Überlagerung einer **gleichförmig-gradlinigen Bewegung** in Richtung der Anfangsgeschwindigkeit $\boldsymbol{v}(0)$ und einer beschleunigten Bewegung in Richtung der Kraft $\boldsymbol{F}_0$ ist. Da die Beschleunigung $\boldsymbol{a}_0$ konstant ist, spricht man auch von einer **gleichförmig beschleunigten Bewegung.**

Schließlich wollen wir noch zeigen, daß die Bahnkurve eine Parabel **(Wurfparabel)** ist. Dazu wählen wir das Koordinatensystem so (Abb. 20.3), daß $\boldsymbol{F}_0$ in die negative z-Richtung weist, $\boldsymbol{r}(0)=0$ ist und $\boldsymbol{v}(0)$ nur eine x- und z-Komponente hat, dagegen keine y-Komponente:

(20.12)
$$\boldsymbol{F}_0=\{0, 0, -F_0\}, \qquad \boldsymbol{a}_0=\left\{0, 0, -\frac{F_0}{M}\right\},$$
$$\boldsymbol{v}(0)=\{v_x(0), 0, v_z(0)\}, \qquad \boldsymbol{r}(0)=\{0, 0, 0\}.$$

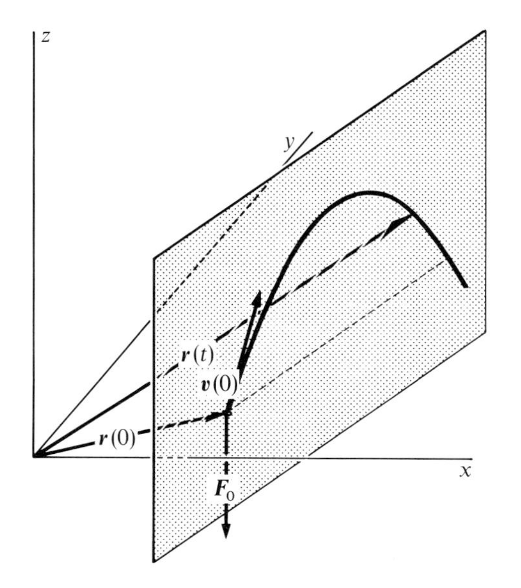

Abb. 20.1

Ein Newtonscher Körper in einem homogenen Kraftfeld beschreibt eine Bahn, die ganz in einer Ebene verläuft. Die Richtung der Ebene ist bestimmt durch die Richtung der Kraft $\boldsymbol{F}_0$ und die Richtung der Anfangsgeschwindigkeit $\boldsymbol{v}(0)$ des Körpers. Die Lage der Ebene ist dadurch bestimmt, daß die Ebene die Anfangslage $\boldsymbol{r}(0)$ des Körpers enthält.

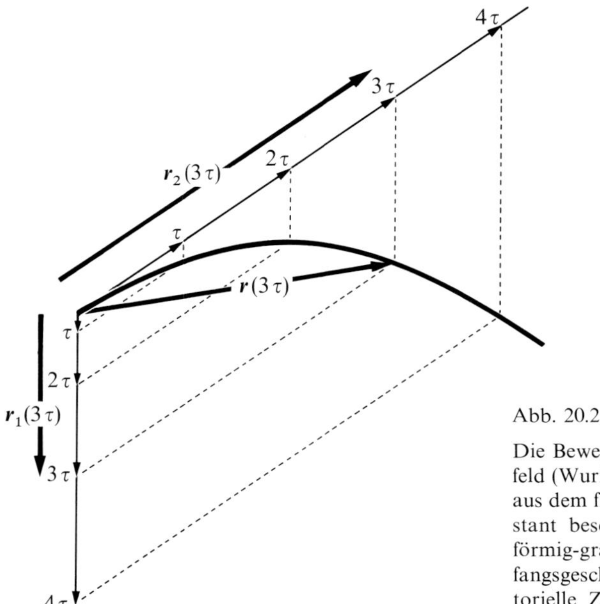

Abb. 20.2

Die Bewegung eines Körpers im homogenen Kraftfeld (Wurfbewegung) setzt sich vektoriell zusammen aus dem freien Fall, also einer in Kraftrichtung konstant beschleunigten Bewegung, und einer gleichförmig-gradlinigen Bewegung in Richtung der Anfangsgeschwindigkeit. Die Zeichnung zeigt die vektorielle Zusammensetzung in gleichen Zeitabständen τ.

Gl. (20.8) lautet dann, in Komponenten geschrieben,

$$x(t) = v_x(0) \cdot t, \qquad y(t) = 0, \qquad z(t) = -\frac{a_0}{2} \cdot t^2 + v_z(0) \cdot t. \tag{20.13}$$

Eliminiert man t aus der ersten und dritten dieser Gleichungen, so resultiert

$$z = -\frac{a_0}{2v_x^2(0)} x^2 + \frac{v_z(0)}{v_x(0)} x = -\frac{a_0}{2v_x^2(0)} \left(x - \frac{v_x(0)\, v_y(0)}{a_0}\right)^2 + \frac{v_z^2(0)}{2a_0}. \tag{20.14}$$

Das ist die Gleichung einer Parabel, deren Scheitelpunkt die Koordinaten

$$x_s = \frac{v_x(0) \cdot v_z(0)}{a_0}, \qquad z_s = \frac{v_z^2(0)}{2a_0}. \tag{20.15}$$

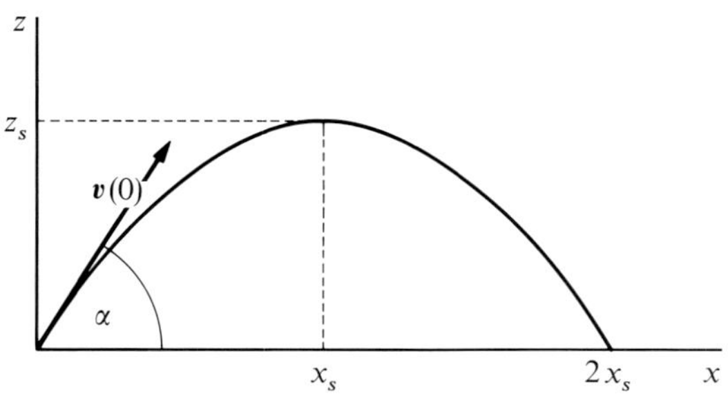

Abb. 20.3

Die Wurfbewegung ist eine Parabel. Die Koordinaten x_s, z_s des Scheitelpunkts hängen außer von der konstanten Beschleunigung des homogenen Kraftfelds ab von den Komponenten der Anfangsgeschwindigkeit. Maximale Wurfweite $2x_s$ bei vorgegebenem Betrag der Anfangsgeschwindigkeit, also vorgegebener kinetischer Energie des Körpers zu Anfang des Wurfs, wird bei $\alpha = 45°$ erreicht.

hat (Abb. 20.3). Da $2x_s$ die Wurfweite ist, folgt aus (20.15), daß die Wurfweite und die Wurfhöhe z_s durch die Beziehung verknüpft sind

$$\text{Wurfweite} = 4 \cdot \frac{v_x(0)}{v_z(0)} \cdot \text{Wurfhöhe} = 4 \cdot (\cot \alpha) \cdot \text{Wurfhöhe}. \tag{20.16}$$

Dabei ist α der Winkel, den die Anfangsgeschwindigkeit des Körpers mit der Horizontalen bildet. Da $v_z(0) = v(0) \cdot \sin \alpha$ und $v_x(0) = v(0) \cdot \cos \alpha$, ist

$$\text{Wurfweite} = \frac{v^2(0)}{a_0} \sin \alpha \cdot \cos \alpha = \frac{v^2(0)}{2a_0} \sin 2\alpha. \tag{20.17}$$

Die Wurfweite ist maximal, wenn $\alpha = \pi/4 = 45°$.

In der Newtonschen Mechanik ist das **homogene Gravitationsfeld** ein Spezialfall des homogenen Kraftfeldes. In ihm ist $\boldsymbol{F}_0 = M\boldsymbol{g}$ oder $\boldsymbol{a}_0 = \boldsymbol{g}$. Da die Erdbeschleunigung $\boldsymbol{g}$ für alle Körper dieselbe ist, hat das Gravitationsfeld die Eigenschaft, daß die auf einen Körper wirkende Kraft stets seiner Masse M proportional ist. Der Vektor $\boldsymbol{g}$ ist vertikal nach unten gerichtet und hat die Länge $|\boldsymbol{g}| = 9{,}81\ \text{m/sec}^2$.

Ein anderes Beispiel eines homogenen Kraftfeldes ist die durch ein **elektrisches Feld eines Plattenkondensators** auf einen elektrisch geladenen Körper ausgeübte Kraft. Diese Kraft ist nicht der Masse M, sondern der Ladung q des Teilchens proportional. Für Körper verschiedener Masse M, aber gleicher Ladung q ist die Beschleunigung $\boldsymbol{a}_0$ also dem Betrage nach verschieden. Je nach dem Vorzeichen der Ladung zeigt das Kraftfeld in Richtung des elektrischen Feldes oder in die entgegengesetzte Richtung.

Relativistische Bewegung im homogenen Kraftfeld

Wir betrachten wieder ein homogenes Kraftfeld $\boldsymbol{F}(\boldsymbol{r}) = \boldsymbol{F}_0$, setzen aber im Gegensatz zu vorher nicht voraus, daß es sich um ein Newtonsches Teilchen handelt. Die Gln. (20.1) bis (20.4) bleiben dabei wörtlich richtig. Auch im relativistischen Fall ist der Impuls $\boldsymbol{P}$, wie (20.4) zeigt, eine mit der Zeit t linear anwachsende Funktion, die schließlich über alle Grenzen strebt. Anders verhält sich dagegen die Geschwindigkeit $\boldsymbol{v}$. Statt des Newtonschen Zusammenhangs $\boldsymbol{v} = \boldsymbol{P}/M$ gilt jetzt

$$\boldsymbol{v} = \frac{c^2}{\sqrt{c^2 P^2 + E_0^2}} \boldsymbol{P} = c \frac{\boldsymbol{F}_0 \cdot t + \boldsymbol{P}(0)}{\sqrt{F_0^2 \cdot t^2 + 2\boldsymbol{F}_0 \cdot \boldsymbol{P}(0) \cdot t + P(0)^2 + \dfrac{E_0^2}{c^2}}}. \tag{20.18}$$

Im letzten Schritt haben wir dabei nach Division durch c Gl. (20.4) eingesetzt.

Zunächst zeigt (20.18) unmittelbar das erwartete Resultat: Für $t \to \infty$ (genauer für $F_0^2 \cdot t^2 \gg 2\boldsymbol{F}_0 \cdot \boldsymbol{P}(0) \cdot t + P(0)^2 + E_0^2/c^2$) geht die rechte Seite von (20.18) gegen $c(\boldsymbol{F}_0/F_0)$. Der Betrag der Geschwindigkeit $\boldsymbol{v}$ strebt also gegen die Grenzgeschwindigkeit c und die Richtung von $\boldsymbol{v}$ gegen die Richtung von $\boldsymbol{F}_0$.

Zur Vereinfachung der weiteren Rechnung setzen wir $\boldsymbol{P}(0) = 0$, nehmen also an, daß der Körper zur Zeit $t = 0$ aus dem Ruhezustand startet. Mit (20.18) lautet die zweite Bewegungsgleichung in (20.1) dann

$$\frac{d\boldsymbol{r}}{dt} = \boldsymbol{a}_0 \frac{t}{\sqrt{1 + \dfrac{a_0^2 t^2}{c^2}}} \tag{20.19}$$

mit

(20.20)
$$\boldsymbol{a}_0 = \frac{\boldsymbol{F}_0}{E_0/c^2} = \frac{\boldsymbol{F}_0}{M}.$$

Integriert man (20.19), was, wie die obigen Rechnungen in Komponenten gezeigt haben, auch direkt in Vektorschreibweise möglich ist, so resultiert

$$\boldsymbol{r}(t) - \boldsymbol{r}(0) = \boldsymbol{a}_0 \int_0^t \frac{t'\,dt'}{\sqrt{1 + \frac{a_0^2 t'^2}{c^2}}},$$

oder nach Ausführung der Integration

(20.21)
$$\boldsymbol{r}(t) = \frac{c^2}{a_0} \left(\sqrt{1 + \frac{a_0^2 t^2}{c^2}} - 1 \right) \left(\frac{\boldsymbol{a}_0}{a_0} \right) + \boldsymbol{r}(0).$$

Entwickelt man die Wurzel in (20.21) und setzt $\boldsymbol{r}(0) = 0$, so erhält man

$$\boldsymbol{r}(t) = \frac{c^2 \boldsymbol{a}_0}{a_0^2} \left(\frac{1}{2} \frac{a_0^2 t^2}{c^2} - + \cdots \right) \approx \frac{\boldsymbol{a}_0}{2} t^2 \qquad \text{für } a_0 t \ll c,$$

wie zu erwarten also den Anteil $\boldsymbol{r}_1(t)$ des Newtonschen Grenzfalls. Man beachte aber, daß die in (20.20) erklärte Größe $\boldsymbol{a}_0$ nun nicht die kinematische Beschleunigung ist. Denn differenziert man (20.19) nach t, so erhält man als Beschleunigung

$$\frac{d^2 \boldsymbol{r}}{dt^2} = \frac{\boldsymbol{a}_0}{\left(1 + \frac{a_0^2 t^2}{c^2}\right)^{\frac{3}{2}}}.$$

Die Beschleunigung ist also nicht konstant, sondern von der Zeit abhängig. Bei der relativistischen Bewegung bedeutet eben konstante Kraft nicht auch konstante Beschleunigung. Das kann schon deshalb nicht sein, weil die Existenz einer Grenzgeschwindigkeit eine Bewegung mit einer konstanten Beschleunigung überhaupt verbietet; denn aus $d\boldsymbol{v}/dt = \text{const.}$ folgte, daß die Geschwindigkeit linear mit t anwachsen und schließlich über alle Grenzen streben würde (Abb. 20.4).

Die **Funktion $E(\boldsymbol{P}, \boldsymbol{r})$ des relativistischen Körpers im homogenen Kraftfeld** schließlich hat nach (19.3) die Gestalt

(20.22)
$$E(\boldsymbol{P}, \boldsymbol{r}) = \sqrt{c^2 P^2 + E_0^2} - \boldsymbol{F}_0 \boldsymbol{r} + (\mathfrak{E}_0 - E_0),$$

denn die potentielle Energie ist dieselbe wie im Newtonschen Grenzfall.

Von den im Newtonschen Grenzfall angegebenen Beispielen homogener Kraftfelder bleibt hier nur das elektrische Feld eines Plattenkondensators. Im Fall relativistischer Bewegung ist nämlich das homogene Gravitationsfeld kein homogenes Kraftfeld mehr. Der Grund dafür ist, daß die in einem Gravitationsfeld auf einen Körper ausgeübte Kraft nicht konstant ist, denn sie ist nicht seiner Masse M, d.h. seiner inneren Energie E_0 proportional, sondern seiner Energie $\sqrt{c^2 P^2 + E_0^2}$. Die Kraft hängt daher vom Impuls $\boldsymbol{P}$ ab. Im Newtonschen Grenzfall tritt das deshalb nicht in Erscheinung, weil dort die innere Energie E_0 der überwiegende Anteil ist und so scheint es, als wäre E_0 oder die Masse die für die Gravitationswirkung entscheidende physikalische Größe, während in Wirklichkeit die Gravitationswirkungen von der Gesamtenergie der Körper abhängen. In Kap. VI, der Relativitätstheorie, werden wir auf diese Frage genauer eingehen. Im elektrischen Kondensatorfeld hingegen ist die auf einen Körper ausgeübte Kraft der elektrischen Ladung proportional, die der Körper trägt, und da diese Ladung durch die

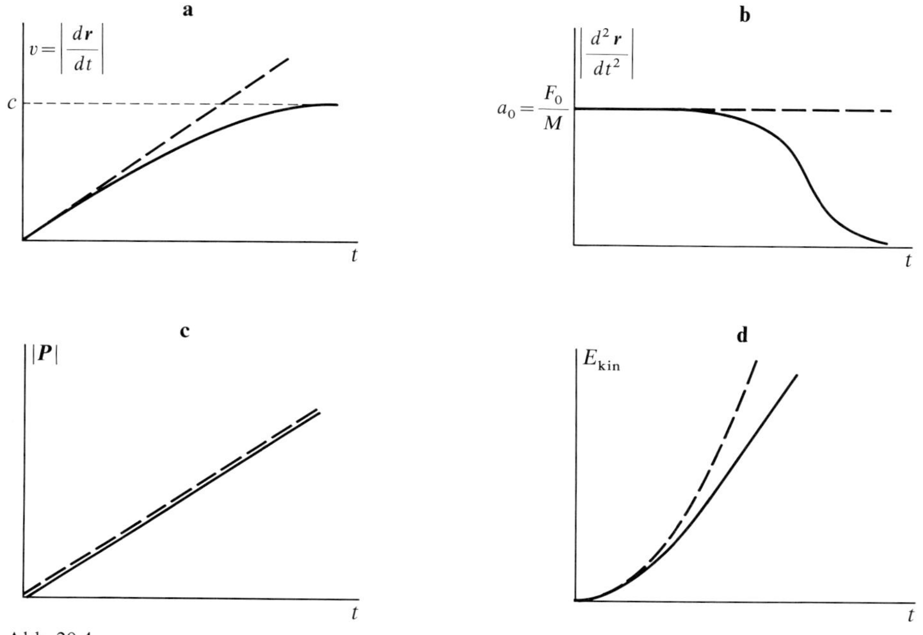

Abb. 20.4

Bewegung im homogenen Kraftfeld relativistisch (ausgezogene Kurven) und in Newtonscher Näherung (gestrichelte Kurven).
Teilbild (a) zeigt die Geschwindigkeit, für die die Newtonsche Näherung keine Begrenzung kennt, die aber höchstens den Wert c erreichen kann.
Teilbild (b) zeigt die Beschleunigung. In Newtonscher Näherung ist sie konstant. Tatsächlich sinkt bei konstanter Kraft die Beschleunigung aber auf Null ab, wenn v sich c nähert.
Überraschend ist, wie Teilbild (c) zeigt, daß der Impuls in Newtonscher Näherung ebenso anwächst wie im allgemeinen Fall, nämlich linear mit der Zeit t. Das folgt sofort aus $F_0 = dP/dt = \text{const}$. Für den relativistisch bewegten Körper wird die schwächer als lineare Zunahme seiner Geschwindigkeit durch eine Zunahme seiner Gesamtenergie kompensiert.
Teilbild (d) zeigt die kinetische Energie. In Newtonscher Näherung ist sie eine Parabel. Für große t ist sie wegen $E \to cP$ bei $v \to c$ jedoch eine Gerade, denn nach Teilbild (c) ist P proportional t.

Verwirklicht wird ein homogenes Kraftfeld durch ein homogenes elektrisches Feld, denn die Kraft auf ein geladenes Teilchen ist unabhängig von dessen Geschwindigkeit. Im Gegensatz dazu ist das homogene Gravitationsfeld kein homogenes Kraftfeld, weil die auf den Körper wirkende Kraft von dessen Gesamtenergie abhängt und diese im Gegensatz zur elektrischen Ladung von der Geschwindigkeit abhängig ist. Die Diagramme gelten daher nicht für die Bewegung im homogenen Gravitationsfeld.

Bewegung des Körpers nicht geändert wird, hat ein homogenes elektrisches Feld auch ein homogenes Kraftfeld zur Folge.

Kepler-Problem

Wir betrachten die Bewegung eines Körpers in einem **zentralsymmetrischen Kraftfeld,** das gegeben ist durch

(20.23)
$$\boldsymbol{F}(\boldsymbol{r}) = -\frac{A}{r^2}\left(\frac{\boldsymbol{r}}{r}\right).$$

Dabei ist A eine Konstante. Ist A positiv, so ist die durch das Feld (20.23) beschriebene Kraft in jedem Punkt $\boldsymbol{r}$ auf den Ursprung des Koordinatensystems hin gerichtet; ist A negativ, so ist sie vom Koordinatenursprung weg gerichtet.

Ein Beispiel für ein Kraftfeld der Gestalt (20.23) bildet die Kraft, die die **Planeten im Gravitationsfeld der Sonne** erfahren. $\boldsymbol{r}$ ist dann der Vektor, der von der Sonne zum Planeten gerichtet ist. Dieses Beispiel hat dem durch (20.23) definierten Bewegungsproblem den Namen Kepler-Problem gegeben, denn die Bahnen der Planeten um die Sonne sind zuerst von JOHANNES KEPLER (1571—1630) ohne Kenntnis des Newtonschen Gravitationsgesetzes nach den Beobachtungen des Astronomen TYCHO BRAHE (1546—1601) aufgezeichnet und mathematisch formuliert worden (s. Kap. VII, Gravitation). Gl. (20.23) gibt nach NEWTON allgemein die Kraft an, mit der ein Körper, der sich am Ort $\boldsymbol{r}$ befindet, von einem anderen Körper angezogen wird, der im Ursprung des Koordinatensystems liegt. Damit allerdings das Feld (20.23) als zeitunabhängiges Kraftfeld resultiert, muß der im Ursprung befindliche Körper liegen bleiben und das Feld „festhalten". Das tut er nur, wenn seine Masse sehr viel größer ist als die Masse des sich bewegenden Körpers. In § 22 gehen wir auf diese Frage näher ein. Ein Kraftfeld der Form (20.23) liegt immer dann vor, wenn ein Körper der Masse M sich im Gravitationsfeld eines anderen Körpers sehr viel größerer Masse M_1 bewegt und das Bezugssystem so gewählt wird, daß der Körper mit der großen Masse M_1 ruht. In diesem Fall hat die Konstante A den Wert

$$A = G M_1 M, \tag{20.24}$$

wobei G die allgemeine Gravitationskonstante ($G = 6{,}67 \cdot 10^{-11}\ \mathrm{m^3/kg\,sec^2}$) bezeichnet.

Ein anderes Beispiel eines Kepler-Problems bilden die **Elektronen im Coulomb-Feld eines Atomkerns.** Hier wird das Kraftfeld durch den sehr viel schwereren Kern ($M_{\text{Proton}} = 1836\, M_{\text{Elektron}}$) festgehalten. Auch ein Proton, das auf einen schweren Atomkern geschossen wird, sieht ein Kraftfeld der Form (20.23), für das allerdings die Konstante A negativ ist, da Proton und Kern als positiv geladene Teilchen sich gegenseitig abstoßen. Ein Feld der Form (20.23) liegt also auch immer dann vor, wenn ein Körper mit der elektrischen Ladung q von einem zweiten Körper sehr viel größerer Masse mit der elektrischen Ladung q_1 angezogen oder abgestoßen wird und dieser Körper im Ursprung des Koordinatensystems ruht. In diesem Fall hat die Konstante A den Wert

$$A = -\frac{1}{4\pi\varepsilon_0} q_1 q, \qquad \varepsilon_0 = 8{,}8544 \cdot 10^{-12}\, \frac{\mathrm{Coul^2\,sec^2}}{\mathrm{kg\,m^3}}. \tag{20.25}$$

Sie ist also negativ, wenn die Ladungen q_1 und q gleiches Vorzeichen haben, und positiv, wenn sie sich im Vorzeichen unterscheiden.

Wenn wir von der Bewegung eines geladenen Körpers im Coulomb-Feld eines anderen geladenen Körpers reden, ist natürlich im Prinzip auch die Gravitationswechselwirkung zwischen den beiden Körpern immer mit im Spiel. Nehmen wir das Beispiel der Bewegung eines Elektrons um ein Proton, so ergeben die Gln. (20.24) und (20.25), wenn man Ladungen und Massen von Elektron und Proton einsetzt, daß unabhängig vom Abstand beider Körper (denn die Anziehung hat nach (20.23) in beiden Fällen dieselbe Abhängigkeit vom Abstand) die elektrische Anziehung um den Faktor 10^{39} größer ist als die Gravitationsanziehung. Die elektrische Anziehung ist in diesem Fall also ungeheuer viel größer als die der Gravitation. Deswegen kann zwischen geladenen Körpern die Gravitation neben der elektrischen Wechselwirkung meist vernachlässigt werden.

Mit dem Kraftfeld (20.23) lauten die **Bewegungsgleichungen des Kepler-Problems** nach (19.13)

$$\frac{d\boldsymbol{P}}{dt} = -\frac{A}{r^2} \cdot \left(\frac{\boldsymbol{r}}{r}\right), \qquad \frac{d\boldsymbol{r}}{dt} = \boldsymbol{v}. \tag{20.26}$$

Da die rechte Seite der ersten Gleichung von $\boldsymbol{r}$ abhängt, läßt sie sich nicht, wie im Fall des homogenen Kraftfeldes, unabhängig von der zweiten behandeln. Die relativistische Bewegung und die Newtonsche Näherung liefern deshalb ganz verschiedene Differentialgleichungen für die Größen $\boldsymbol{P}(t)$ und $\boldsymbol{r}(t)$.

Fragen wir noch nach der **Funktion $\boldsymbol{E(P, r)}$ des Kepler-Problems.** Nach (19.3) läuft das auf die Frage nach der Funktion $E_{\text{pot}}(\boldsymbol{r})$ hinaus, aus der sich die Komponenten der Kraft durch partielle Differentiation nach x, y, z gewinnen lassen. Nun haben wir schon in § 18 gesehen, daß

$$E_{\text{pot}}(\boldsymbol{r}) = -\frac{A}{r} = -\frac{A}{\sqrt{x^2+y^2+z^2}}. \tag{20.27}$$

Somit ist

$$E(\boldsymbol{P}, \boldsymbol{r}) = \sqrt{c^2 P^2 + E_0^2} - \frac{A}{r} + (\mathfrak{E}_0 - E_0), \tag{20.28}$$

oder in Newtonscher Näherung

$$E(\boldsymbol{P}, \boldsymbol{r}) = \frac{P^2}{2M} - \frac{A}{r} + \mathfrak{E}_0. \tag{20.29}$$

Für ein Newtonsches Teilchen, das wir hier allein näher behandeln wollen, reduzieren sich die Bewegungsgleichungen (20.26) auf die Gleichung

$$M\frac{d^2\boldsymbol{r}}{dt^2} = -\frac{A}{r^2}\left(\frac{\boldsymbol{r}}{r}\right). \tag{20.30}$$

Das ist schon eine relativ komplizierte Differentialgleichung, was unmittelbar evident wird, wenn wir sie in den Komponenten eines kartesischen Koordinatensystems schreiben:

$$\begin{aligned}\frac{d^2x}{dt^2} &= -\frac{A}{M}\frac{x}{(x^2+y^2+z^2)^{\frac{3}{2}}},\\ \frac{d^2y}{dt^2} &= -\frac{A}{M}\frac{y}{(x^2+y^2+z^2)^{\frac{3}{2}}},\\ \frac{d^2z}{dt^2} &= -\frac{A}{M}\frac{z}{(x^2+y^2+z^2)^{\frac{3}{2}}}.\end{aligned} \tag{20.31}$$

Die Vektorgleichung (20.30) stellt also drei gekoppelte Differentialgleichungen für die drei Funktionen $x(t)$, $y(t)$, $z(t)$ dar. Eine nähere Betrachtung zeigt indessen, daß diese drei Funktionen sich auf zwei reduzieren lassen. Jede Lösung von (20.26) und (20.30) verläuft nämlich *ganz in einer Ebene*, die durch die Anfangsbedingungen festgelegt ist. Wählt man also ein Koordinatensystem so, daß die Bahnkurve in der x-y-Ebene liegt, so ist für die ganze Bewegung $z(t)=0$, und die Gln. (20.31) reduzieren sich auf nur zwei gekoppelte Differentialgleichungen für die Funktionen $x(t)$ und $y(t)$.

Daß jede Lösung von (20.26) ganz in einer Ebene verläuft, sieht man folgendermaßen ein. Wir betrachten den Körper in einem beliebigen Augenblick, in dem $\boldsymbol{r}$ und $\boldsymbol{P}$ nicht dieselbe Richtung haben. Dann definieren diese beiden Vektoren eine Ebene. Diese Ebene beschreiben wir durch den Vektor $\boldsymbol{r}\times\boldsymbol{P}$, der senkrecht auf ihr steht. Wenn nun jede Bahn ganz in einer Ebene verläuft, so muß die betrachtete Bahn in der durch $\boldsymbol{r}\times\boldsymbol{P}$

definierten Ebene liegen. Also muß die Richtung des Vektors $\boldsymbol{r}\times\boldsymbol{P}$ zeitlich konstant bleiben. Um das zu zeigen, multiplizieren wir die erste Gleichung in (20.26) vektoriell von links mit $\boldsymbol{r}$ und die zweite von rechts mit $\boldsymbol{P}$

$$\boldsymbol{r}\times\frac{d\boldsymbol{P}}{dt}=-\frac{A}{r^3}(\boldsymbol{r}\times\boldsymbol{r})=0, \qquad \frac{d\boldsymbol{r}}{dt}\times\boldsymbol{P}=\boldsymbol{v}\times\boldsymbol{P}.$$

Addiert man diese beiden Gleichungen, so resultiert

(20.32)
$$\boldsymbol{r}\times\frac{d\boldsymbol{P}}{dt}+\frac{d\boldsymbol{r}}{dt}\times\boldsymbol{P}=\frac{d}{dt}(\boldsymbol{r}\times\boldsymbol{P})=\boldsymbol{v}\times\boldsymbol{P}=0,$$

da $\boldsymbol{P}$ dieselbe Richtung hat wie $\boldsymbol{v}$. Wie (20.32) zeigt, bleibt der Vektor $\boldsymbol{r}\times\boldsymbol{P}$ bei der Bewegung konstant, und zwar nicht nur seine Richtung, worauf es uns hier allein ankommt, sondern auch sein Betrag. Damit ist bewiesen, daß jede Lösung der Bewegungsgleichungen (20.26) und damit auch jede Lösung von (20.30) in einer Ebene verläuft.

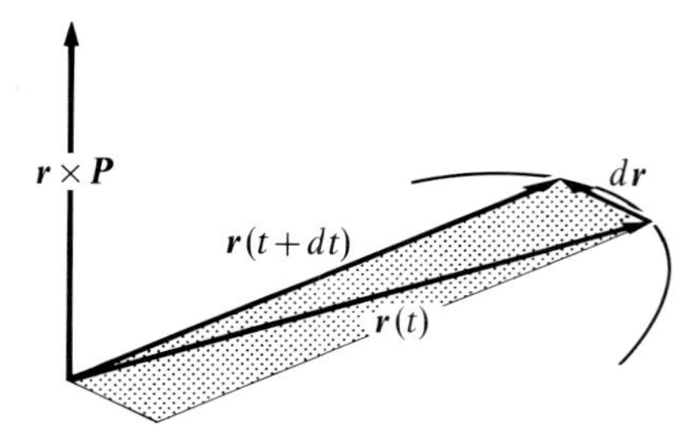

Abb. 20.5

Aus der zeitlichen Konstanz von $\boldsymbol{r}\times\boldsymbol{P}=M(\boldsymbol{r}\times d\boldsymbol{r}/dt)$ für einen Newtonschen Körper folgt, da $|\boldsymbol{r}\times d\boldsymbol{r}|$ den Flächeninhalt der getönten Fläche angibt, daß die vom Ortsvektor während der Zeit dt überstrichene Fläche $|\boldsymbol{r}\times d\boldsymbol{r}|/2$ in jedem Zeitelement die gleiche ist. Man spricht von der *Konstanz der Flächengeschwindigkeit*. Bei konstanter Flächengeschwindigkeit sind nicht nur die während kleiner Zeitabschnitte dt vom Ortsvektor überstrichene Flächenstücke einander gleich, sondern auch beliebig große Flächenstücke, die während großer, aber gleicher Zeitabschnitte überstrichen werden (vgl. Fig. 20.6).

Gl. (20.32) hat eine weitere, sehr anschauliche Konsequenz, die in Abb. 20.5 dargestellt ist. Es gilt danach der

Satz 20.1 Ist die Größe $\boldsymbol{r}\times\boldsymbol{P}$ bei der Bewegung eines Körpers zeitlich konstant, so sind die von $\boldsymbol{r}$ in gleichen Zeiten überstrichenen Flächen gleich groß **(Flächensatz).**

Kreisbahnen des Kepler-Problems

Die mathematisch detaillierten Lösungen der Bewegungsgleichungen des Kepler-Problems sind nur auf Umwegen und durch Kunstgriffe zu erhalten. Darauf wollen wir nicht eingehen. Ganz einfach ist es aber, eine spezielle Klasse von Lösungen zu bekommen, nämlich die *Kreisbahnen*. Es ist intuitiv einleuchtend, daß in einem anziehenden zentralsymmetrischen Kraftfeld ($A>0$) zeitlich gleichförmig durchlaufene

Kreise mögliche Bahnen sind. Wir suchen demgemäß nach ebenen Lösungen der Bewegungsgleichungen, die gleichförmige Kreisbewegungen darstellen, d.h. die Gleichungen erfüllen

$$|\boldsymbol{r}(t)| = \text{const.} \quad \text{und} \quad |\boldsymbol{v}(t)| = \left|\frac{d\boldsymbol{r}}{dt}\right| = \text{const.} \tag{20.33}$$

Da alle Vektoren $\boldsymbol{r}(t)$ und $\boldsymbol{v}(t)$ bei einer Bewegung in einer Ebene liegen, definieren die beiden Gln. (20.33) eine Kreisbahn, die gleichförmig, d.h. mit konstantem Geschwindigkeits*betrag* durchlaufen wird. Die Vektoren $\boldsymbol{r}(t)$ und $\boldsymbol{v}(t)$ sind natürlich nicht konstant, sondern drehen sich gleichförmig im Kreis herum.

Fragen wir zunächst nach einigen wichtigen Folgerungen der Tatsache, daß die Bahnkurve ein Kreis ist, d.h. nach Folgerungen der ersten Gleichung in (20.33). Aus $\boldsymbol{r}^2 = \text{const.}$ folgt

$$\frac{d(\boldsymbol{r}^2)}{dt} = 2\boldsymbol{r}\frac{d\boldsymbol{r}}{dt} = 2\boldsymbol{r}\,\boldsymbol{v} = 0. \tag{20.34}$$

Geschwindigkeit $\boldsymbol{v}$ und Ortsvektor $\boldsymbol{r}$ stehen also in jedem Augenblick senkrecht aufeinander. Das hätten wir auch der Anschauung entnehmen können, denn beim Kreis steht in jedem Punkt die Tangente senkrecht auf dem Radius. Differenziert man die zweite Teilgleichung in (20.34) noch einmal nach t, so erhält man

$$\frac{d}{dt}\left(\boldsymbol{r}\frac{d\boldsymbol{r}}{dt}\right) = \left(\frac{d\boldsymbol{r}}{dt}\right)^2 + \boldsymbol{r}\frac{d^2\boldsymbol{r}}{dt^2} = 0,$$

oder, wenn man noch durch r dividiert,

$$\left(\frac{\boldsymbol{r}}{r}\right)\frac{d^2\boldsymbol{r}}{dt^2} = -\frac{1}{r}\cdot\left(\frac{d\boldsymbol{r}}{dt}\right)^2 = -\frac{v^2}{r}. \tag{20.35}$$

Diese Gleichung sagt, daß die Radialkomponente der Beschleunigung (denn das ist das Skalarprodukt der Beschleunigung $d^2\boldsymbol{r}/dt^2$ mit dem Einheitsvektor in $\boldsymbol{r}$-Richtung) zum Kreismittelpunkt gerichtet ist (negatives Vorzeichen) und den Betrag v^2/r hat. Wir machen ausdrücklich darauf aufmerksam, daß zur Herleitung von (20.35) allein die Bedingung $|\boldsymbol{r}| = \text{const.}$ benutzt wurde, nicht dagegen die zeitliche Konstanz von $|\boldsymbol{v}|$. Gl. (20.35) gilt also für alle Kreisbewegungen, gleichgültig, ob sie gleichförmig oder ungleichförmig sind.

Wir merken noch an, daß die rechte Seite von (20.35) allgemein die **Normalkomponente der Beschleunigung** einer beliebigen Bewegung angibt; v ist der Betrag der lokalen Geschwindigkeit und r der lokale Krümmungsradius der Bahn. Das leuchtet sofort ein, wenn man bedenkt, daß die Normalkomponente der Beschleunigung allein auf der Richtungsänderung der Geschwindigkeit $\boldsymbol{v}$ beruht, nicht dagegen auf der Betragsänderung, die ja zur Tangentialkomponente führt. Zwei Bewegungen haben also an einem Ort dieselbe Normalbeschleunigung, wenn die *Richtungs*änderung der Geschwindigkeit für beide Bewegungen dieselbe ist; die Betragsänderungen von $\boldsymbol{v}$ dürfen für die Bewegungen durchaus verschieden sein. Nun ist aber bei gegebenem $|\boldsymbol{v}|$ die Richtungsänderung allein durch die lokale Krümmung der Bahnkurve gegeben. Somit haben alle Bewegungen, deren Bahnkurven an der betrachteten Stelle dieselbe Krümmung haben und deren Geschwindigkeit dort denselben Betrag hat, dieselbe Normalkomponente der Beschleunigung. Unter diesen Bahnkurven kommt auch die Kreisbewegung vor, deren Radius identisch ist mit dem lokalen Krümmungsradius der Bahn, und für diese ist die Normalbeschleunigung gleich der Radialbeschleunigung, d.h. der Beschleunigung in $\boldsymbol{r}$-Richtung. Das ist aber gerade (20.35). Die rechte Seite von (20.35) gibt also, wie behauptet, die Normalbeschleunigung für jede Bewegung an.

Nunmehr fragen wir nach den Konsequenzen der zweiten Gleichung von (20.33), d.h. der Konstanz des Betrages der Geschwindigkeit. Aus $\boldsymbol{v}^2 = \text{const.}$ folgt

$$\frac{d(\boldsymbol{v}^2)}{dt} = 2\boldsymbol{v}\frac{d\boldsymbol{v}}{dt} = 0,$$

woraus man entnimmt, daß $d\boldsymbol{v}/dt = d^2\boldsymbol{r}/dt^2$ senkrecht steht auf $\boldsymbol{v}$. Für eine Kreisbewegung hat dann aber $d^2\boldsymbol{r}/dt^2$ die Richtung von $\pm(\boldsymbol{r}/r)$, so daß (20.35) sich verschärft zu

$$\frac{d^2\boldsymbol{r}}{dt^2} = -\frac{v^2}{r}\left(\frac{\boldsymbol{r}}{r}\right). \tag{20.36}$$

Dieses Ergebnis wenden wir nun auf das Kepler-Problem eines Newtonschen Körpers an, indem wir (20.36) in (20.30) einsetzen. Dann folgt

$$M v^2 = \frac{A}{r}. \tag{20.37}$$

Bildet man nun die Summe H aus kinetischer Energie $E_{\text{kin}} = M v^2/2$ und potentieller Energie $E_{\text{pot}} = -A/r$ und setzt man (20.37) für die kinetische Energie ein, so folgt

$$H = E_{\text{kin}} + E_{\text{pot}} = -\frac{A}{2r} = \frac{1}{2} E_{\text{pot}}. \tag{20.38}$$

Da A positiv ist (sonst gibt es gar keine Kreisbewegung, denn bei negativem A stoßen sich die Körper ab), ist also die Summe H aus kinetischer Energie und potentieller Energie eine negative Konstante, und zwar ist sie gleich der halben potentiellen Energie, die bei Anziehung ja auch negativ ist.

Da der Kreis gleichförmig durchlaufen wird, läßt sich die Geschwindigkeit v durch die Umlaufzeit T ausdrücken: $v = 2\pi r/T$. Setzt man das in (20.37) ein, so folgt

$$\frac{r^3}{T^2} = \frac{A}{4\pi^2 M}. \tag{20.39}$$

Für die Gravitationsbewegung, für die A ja durch (20.24) gegeben ist, resultiert damit

$$\frac{r^3}{T^2} = \frac{G M_1}{4\pi^2}. \tag{20.40}$$

Wichtig an diesem Resultat ist, daß die rechte Seite überhaupt nicht von den Eigenschaften des bewegten Körpers abhängt, sondern nur von der Masse M_1 des im Ursprung ruhenden Zentralkörpers, im Fall der Planetenbewegung also der Sonne. Die rechte Seite von (20.40) hat für alle Planeten im Gravitationsfeld der Sonne denselben Wert, so daß für zwei Planeten i und k folgt

$$\frac{r_i^3}{T_i^2} = \frac{r_k^3}{T_k^2} \quad \text{oder} \quad \frac{T_i^2}{T_k^2} = \frac{r_i^3}{r_k^3}. \tag{20.41}$$

Die Quadrate der Umlaufszeiten verhalten sich also wie die Kuben (= dritte Potenzen) der Bahnradien. Das ist ein Spezialfall des *3. Keplerschen Gesetzes* (§ 44).

Im Fall eines **relativistischen Körpers** sind die Formeln komplizierter. Aus

$$\boldsymbol{P} = \frac{E_0}{c^2\sqrt{1-\frac{v^2}{c^2}}} \cdot \boldsymbol{v} \tag{20.42}$$

folgt nämlich

$$\frac{d\boldsymbol{P}}{dt} = \frac{E_0}{c^2\sqrt{1-\frac{v^2}{c^2}}} \left\{ \frac{d\boldsymbol{v}}{dt} + \frac{\boldsymbol{v}}{c^2\left(1-\frac{v^2}{c^2}\right)} \left(\boldsymbol{v}\,\frac{d\boldsymbol{v}}{dt}\right) \right\}. \tag{20.43}$$

Für eine Bewegung mit $\boldsymbol{v}^2 = \text{const.}$ fällt der letzte Term fort, so daß man aus (20.26) erhält

$$\frac{E_0}{c^2\sqrt{1-\frac{v^2}{c^2}}} \cdot \frac{d^2\boldsymbol{r}}{dt^2} = -\frac{A}{r^2} \cdot \left(\frac{\boldsymbol{r}}{r}\right). \tag{20.44}$$

Setzt man hierin die für die gleichförmige Kreisbewegung gültige Beziehung (20.36) ein, so folgt

$$\frac{\frac{v^2}{c^2}}{\sqrt{1-\frac{v^2}{c^2}}} = \frac{A}{E_0\, r}. \tag{20.45}$$

Diese Gleichung tritt jetzt anstelle von (20.37). Sie unterscheidet sich, wie man sieht, von (20.37) nur darin, daß die linke Seite noch durch die Wurzel $\sqrt{1-v^2/c^2}$ dividiert wird. Die Folgegleichungen werden dadurch allerdings erheblich komplizierter.

Allgemeine Bahnkurven eines Newtonschen Körpers beim Kepler-Problem

Die Kreisbahn ist nur ein Spezialfall unter den Lösungen des Kepler-Problems. Wie sehen nun die Lösungen allgemein aus? Dazu muß man sämtliche Lösungen der Differentialgleichung (20.30) finden. Diese Aufgabe wollen wir hier, wie schon gesagt, nicht in ihren Details auseinandersetzen, sondern einfach die wichtigsten Resultate anführen.

1. Die möglichen Bahnen des bewegten Körpers sind **Kegelschnitte,** die räumlich so liegen, daß der Körper 1, das Zentrum des Feldes, sich in einem ihrer Brennpunkte befindet. Kegelschnitte sind Ellipsen, Hyperbeln und Parabeln. Sie werden nach Satz 20.1 so durchlaufen, daß der vom Körper 1 zum bewegten Körper 2 zeigende Ortsvektor $\boldsymbol{r}$ in gleichen Zeiten gleiche Flächen überstreicht (*2. Keplersches Gesetz*, Abb. 20.6).

2. Welcher Kegelschnitt vorliegt, wird durch den Wert der Summe aus kinetischer und potentieller Energie des bewegten Körpers bestimmt:

$$H = E_{\text{kin}} + E_{\text{pot}} = \frac{P^2}{2M} - \frac{A}{r} \begin{cases} <0 & \textit{Ellipse}, \\ >0 & \textit{Hyperbel}, \\ =0 & \textit{Parabel}. \end{cases} \tag{20.46}$$

Als Spezialfall kommen unter den Ellipsen die schon behandelten Kreisbahnen vor.

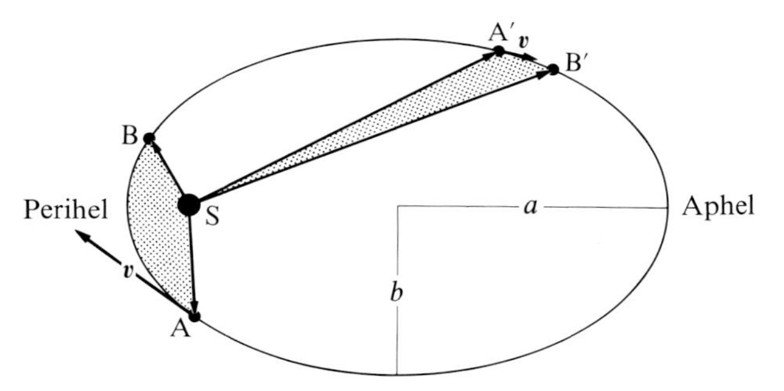

Abb. 20.6 a

Kepler-Ellipse einer Planetenbahn um die Sonne. Die Sonne steht in einem Brennpunkt der Ellipse. Der Planet durchläuft seine Bahn nach Satz 20.1 so, daß der von der Sonne zum Planeten gezogene Ortsvektor *in gleichen Zeiten gleiche Flächen* überstreicht (2. Keplersches Gesetz). Der Planet braucht gleiche Zeiten, um von A nach B wie von A′ nach B′ zu gelangen. Sein Geschwindigkeitsbetrag v ist also keineswegs konstant. Der Planet läuft im Perihel schnell, im Aphel langsam.

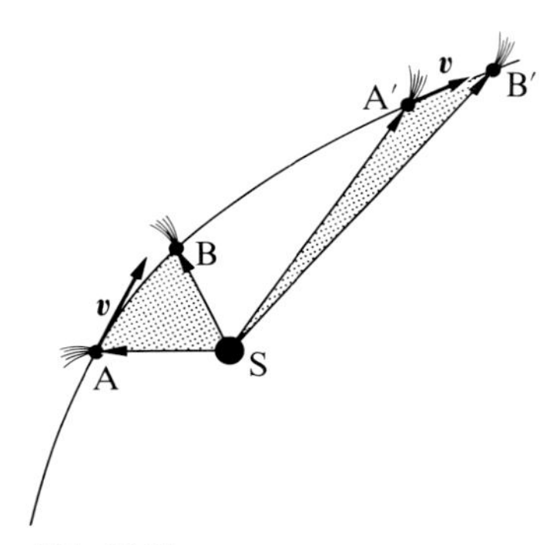

Abb. 20.6 b

Hyperbelbahn, wie sie etwa ein Komet in bezug auf die Sonne beschreibt. Die Sonne steht in einem Brennpunkt der Hyperbel. Wieder gilt das 2. Keplersche Gesetz der Konstanz der Flächengeschwindigkeit. Nahe der Sonne läuft der Komet schnell, weiter entfernt langsamer. (Der Schweif des Kometen ist von der Sonne weg gerichtet. Das ist kein Gravitationseffekt, sondern durch den Druck der von der Sonne ausgesandten Strahlung, hauptsächlich der Protonen, hervorgerufen.)

3. Ist H negativ (was nur sein kann, wenn $A>0$, die Körper sich also anziehen), so ist die Bahn eine **Ellipse.** *Ihre große Halbachse a ist allein durch H bestimmt:*

(20.47)
$$a=-\frac{A}{2H}.$$

Diese Gleichung ist offensichtlich eine Verallgemeinerung der ersten Teilgleichung von (20.38), denn für die Kreisbahn ist die große Halbachse a natürlich identisch mit dem Radius r. Auch die zweite Teilgleichung von (20.38) bleibt richtig, nur muß für die Ellipse die potentielle Energie $E_{\mathrm{pot}}(\boldsymbol{r})$, deren Wert sich längs der Bahnkurve ja ständig ändert, durch ihren zeitlichen *Mittelwert* $\overline{E_{\mathrm{pot}}}$ ersetzt werden.

Die *kleine Halbachse b* der Ellipse hingegen ist nicht allein durch $H = E_{\text{kin}} + E_{\text{pot}}$ bestimmt, sondern noch durch eine weitere Größe, nämlich den Betrag des *Drehimpulses L*, auf den wir im nächsten Kapitel zu sprechen kommen (Abb. 20.7).

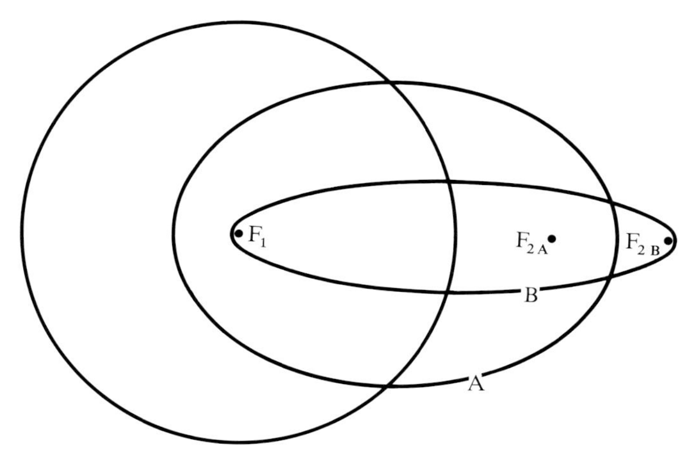

Abb. 20.7

Alle gezeichneten Ellipsen haben den einen Brennpunkt F_1 und die Länge a der großen Halbachse gemein. Steht in F_1 die Sonne, so stellen alle Ellipsen Planetenbahnen mit gleichem $H = E_{\text{kin}} + E_{\text{pot}}$ dar. Sie unterscheiden sich in der Länge der kleinen Halbachse und damit durch den Betrag des Drehimpulses L (Kap. V). Der Kreis hat unter allen Ellipsenbahnen mit gleicher Energie den größten Drehimpuls.

4. Die **Umlaufzeit *T*** des Körpers auf der Ellipsenbahn ist gegeben durch

(20.48)
$$T = 2\pi\sqrt{\frac{a^3 M}{A}}$$

oder

(20.49)
$$\frac{T^2}{a^3} = \frac{4\pi^2 M}{A}\,.$$

Man erkennt, daß (20.39) ein Spezialfall dieser Gleichung ist, denn für den Kreis ist $a = r$. Da a allein von der zeitlich konstanten Summe H der kinetischen und potentiellen Energie abhängt, gilt dasselbe für die Umlaufszeit T. Für die Bewegung im Gravitationsfeld hängt die rechte Seite der Gl. (20.49) wegen (20.24) wieder nicht von der Masse M des bewegten Körpers ab, sondern allein von der Masse M_1 des Körpers, der das Feld festhält. Gl. (20.49) drückt dann das 3. Keplersche Gesetz aus (§ 44).

5. Ist $H = E_{\text{kin}} + E_{\text{pot}}$ positiv, so ist die Bahn eine **Hyperbel.** Wie (20.46) zeigt, ist das immer der Fall, wenn $A < 0$ ist, die Körper sich also abstoßen, denn dann sind sowohl die kinetische Energie als auch die potentielle positiv. H kann aber auch bei $A > 0$ positiv sein, nämlich dann, wenn E_{kin} größer ist als $|E_{\text{pot}}|$.

Der Bahntyp der Hyperbel beschreibt einen **Stoßvorgang.** Bei ihm kommt der Körper aus dem Unendlichen, wird durch den Zentralkörper 1 umgelenkt und strebt danach wieder ins Unendliche. Der **Umlenkwinkel** Θ, das ist der Winkel zwischen den Asymptotenrichtungen der Anfangs- und Endgeschwindigkeit des Körpers, ist dabei gegeben durch die Formel

(20.50)
$$\operatorname{cotan}\frac{\Theta}{2} = \frac{2bH}{A} = \frac{2b}{A}\,E_{\text{kin},\infty}\,.$$

Dabei ist b der **Stoßparameter**; das ist der kürzeste Abstand der Asymptoten der Bahn von dem festen Zentralkörper 1 (Abb. 20.8). $E_{\text{kin},\infty}$ ist die kinetische Energie, die der Körper in unendlicher Entfernung vom Zentralkörper 1 hat, d.h. auf den asymptotischen Enden seiner Bahn, denn dort ist $r=\infty$ und daher $E_{\text{pot}}=0$. Der Umlenkwinkel Θ ist also bestimmt durch die kinetische Energie, mit der der Körper aus dem Unendlichen kommt, und durch den Stoßparameter b, d.h. den Abstand b, mit dem er am Zentralkörper 1 vorbeiflöge, wenn er keine Wechselwirkung mit ihm hätte und demgemäß eine gradlinige Bahn beschriebe (Abb. 20.9).

6. Die **Parabel** tritt als Bahn nur auf, wenn $H=0$. Dieser Fall ist insofern unphysikalisch, als jede noch so kleine Störung infolge der dadurch bewirkten Abweichung der Energie vom genauen Wert $H=0$ die Parabel entweder in eine Ellipse oder in eine Hyperbel überführt.

Die Parabel ist ein Beispiel für die allgemeine Regel, daß ein Vorgang immer unphysikalisch ist, wenn er nur bei einem einzigen Wert einer Variable eintritt, für die Werte der Variable aber ein ganzes kontinuierliches Intervall in Betracht kommt.

Der lineare harmonische Oszillator

Von einem linearen harmonischen Oszillator spricht man dann, wenn es sich um eine 1-dimensionale Bewegung handelt, die in einem Kraftfeld der Form (18.11) verläuft. Die Kraft auf den bewegten Körper ist also in jedem Augenblick proportional der momentanen Auslenkung x aus einer Null-Lage. Da sich alles in einer Dimension abspielt, bleibt vom Vektorcharakter der einzelnen Größen nur das Vorzeichen. Als Ortsvektor benutzen wir demgemäß die Koordinate x, als Impuls $P\,(=P_x)$. Die **Bewegungsgleichungen des linearen harmonischen Oszillators** lauten nach (19.13)

$$\frac{dP}{dt}=-kx, \qquad \frac{dx}{dt}=v. \tag{20.51}$$

Wir beschränken uns auf den Fall des Newtonschen Teilchens, da nur er physikalisch wichtig ist. Die Gln. (20.51) ergeben dann

$$\frac{d^2x}{dt^2}+\omega^2 x=0 \tag{20.52}$$

mit der Abkürzung

$$\omega=\sqrt{\frac{k}{M}}. \tag{20.53}$$

Die **Funktion $E(P,x)$ des linearen harmonischen Oszillators** lautet

$$E(P,x)=\frac{P^2}{2M}+\frac{k}{2}x^2+\mathfrak{E}_0. \tag{20.54}$$

Gl. (20.52) ist eine lineare Differentialgleichung zweiter Ordnung für die Funktion $x=x(t)$. Sie wird gelöst durch die Funktion

$$x(t)=x_0\cos(\omega t+\delta). \tag{20.55}$$

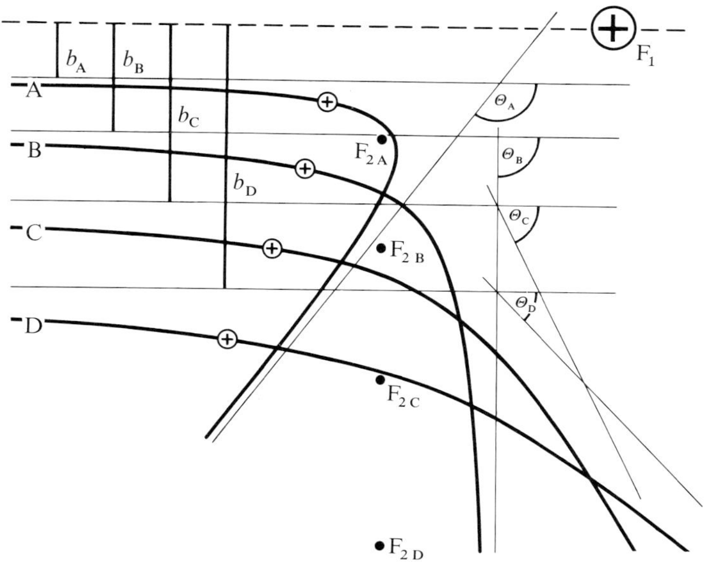

Abb. 20.8

Alle gezeichneten Hyperbeläste haben den einen Brennpunkt F_1 und die Länge a der großen Halbachse gemein. Gleiches a bedeutet, daß $H = E_{kin} + E_{pot}$ gleich ist für alle Hyperbelbahnen. Die Hyperbelbahnen gehören zu gleichem Anfangsimpuls und damit zur gleichen kinetischen Energie im Unendlichen, wo $E_{pot} = 0$ ist. Sie unterscheiden sich durch den Wert des *Stoßparameters* b, der gleich der kleinen Halbachse der Hyperbel ist und ein Maß ist für den Drehimpuls des Körpers in bezug auf F_1. Im Gegensatz zu Abb. 20.6 b stellen die gezeigten Hyperbeläste die Bahnen von Körpern dar, die von F_1 abgestoßen werden. Die dargestellten Kurven sind ein körperartiges, d.h. klassisches Modell für die Ablenkung von positiven He-Kernen (α-Teilchen) durch schwere Atomkerne *(Rutherford-Streuung)*.

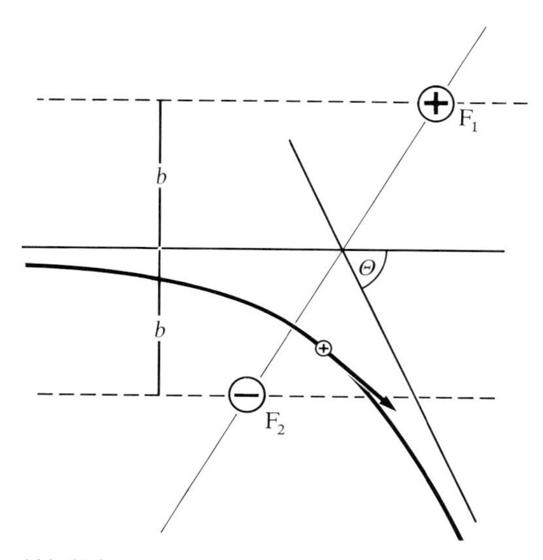

Abb. 20.9

Die Hyperbelbahn eines positiv geladenen Körpers kann ebenso durch Abstoßung von einem im Brennpunkt F_1 befindlichen positiv geladenen Körper verursacht sein wie durch Anziehung von einem negativ geladenen Körper im anderen Brennpunkt F_2. Der Stoßparameter b ist beide Male der gleiche.

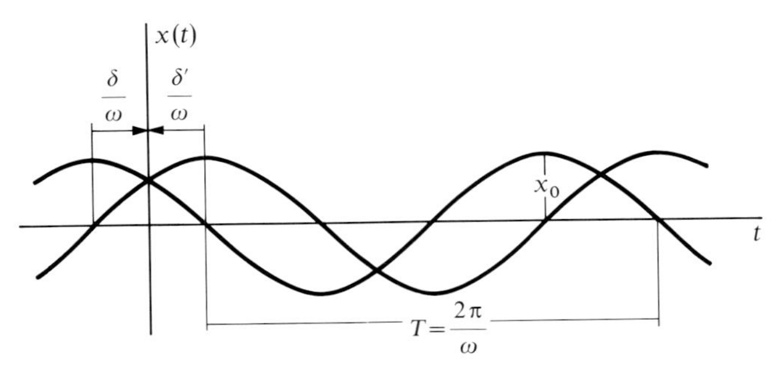

Abb. 20.10

Harmonische Schwingung der Frequenz $\omega=2\pi/T$. Die maximale Amplitude x_0 und die Phasenkonstante δ bzw. δ' treten auf als Integrationskonstanten bei der Integration von (20.52). Dargestellt sind zwei Lösungen von (20.52) mit unterschiedlichen Phasenkonstanten δ und δ'.

Daß (20.55) eine Lösung ist, läßt sich unmittelbar durch zweimaliges Differenzieren nachprüfen. Nun hat *jede* Lösung von (20.52) die Form (20.55), denn in (20.55) treten zwei Integrationskonstanten auf, nämlich x_0 und δ, die frei wählbar sind.

Die beiden Konstanten, die **maximale Amplitude** x_0 und die **Phasenkonstante** δ, bestimmen, wie Abb. 20.10 erkennen läßt, die maximale Schwingungsweite x_0 und die Lage der ganzen Schwingungskurve auf der t-Achse (δ). Gibt man nämlich δ einen anderen Wert δ', so bedeutet das, daß die ganze Kurve längs der t-Achse um das Stück $(\delta-\delta')/\omega$ verschoben wird. Auf diese Weise ergibt sich durch geeignete Wahl von δ aus (20.55) auch die Sinus-Funktion. Setzt man nämlich $\delta=\delta'-\frac{\pi}{2}$, so ist

$$x(t)=x_0\cos(\omega t+\delta)=x_0\cos\left(\omega t+\delta'-\frac{\pi}{2}\right)=x_0\sin(\omega t+\delta'). \tag{20.56}$$

Alle Funktionen, die in der Form (20.55) darstellbar sind, lassen sich also auch in der Form (20.56) schreiben, wo anstelle der Kosinus-Funktion eine Sinus-Funktion steht. Kosinus- und Sinus-Funktion unterscheiden sich eben nur durch eine Phasenkonstante $\pi/2$, und daher bilden diese beiden Funktionen ein unzertrennliches Paar.

Wendet man schließlich noch das Additionstheorem der Winkelfunktionen an, wonach

$$\cos(\omega t+\delta)=\cos\delta\cos\omega t-\sin\delta\sin\omega t,$$

so läßt sich (20.55) auch in der Form schreiben

$$x(t)=A\cos\omega t+B\sin\omega t \tag{20.57}$$

mit

$$A=x_0\cos\delta,\qquad B=-x_0\sin\delta. \tag{20.58}$$

Gl. (20.57) zeigt, daß sich jede Lösung der Oszillatorgleichung als Linearkombination der Lösungen $\cos\omega t$ und $\sin\omega t$ schreiben läßt. Die Konstanten A und B sind, ebenso wie x_0 und δ, durch die **Anfangsbedingungen** festgelegt, z. B. durch die Lage und die

Geschwindigkeit bzw. den Impuls zur Zeit $t=0$. Man findet nämlich aus (20.55) und (20.57), wenn man $t=0$ setzt,

$$A=x_0 \cos \delta = x(0). \tag{20.59}$$

Differenziert man (20.55) und (20.57) und setzt dann $t=0$, so findet man entsprechend

$$B=-x_0 \sin \delta = \frac{1}{\omega}\left(\frac{dx}{dt}\right)_{t=0} = \frac{1}{\omega} v(0). \tag{20.60}$$

Die Gl. (20.57) läßt sich also auch schreiben

$$x(t)=x(0)\cos \omega t + \frac{v(0)}{\omega} \sin \omega t. \tag{20.61}$$

Daher läßt sich jede Lösung der Oszillatorgleichung auch direkt durch ihre Anfangswerte $x(0)$ und $v(0)$ ausdrücken.

Die Lösungen der Oszillatorgleichung sind *Schwingungen*, d.h. zeitlich periodische Vorgänge, die die Form von Kosinus- und Sinus-Funktionen haben. Derartige cos- oder sin-förmige Schwingungen heißen **harmonische Schwingungen.** Die zeitliche Periode T der Schwingung ist festgelegt durch

$$\omega T = 2\pi \quad \text{oder} \quad \omega = \frac{2\pi}{T}. \tag{20.62}$$

Sie läßt sich also sehr einfach aus der Größe ω, der **Frequenz** der harmonischen Schwingung berechnen. Statt der Schwingungsdauer T gibt man meist die Größe $1/T$ an, nämlich die Anzahl der Schwingungen pro Zeiteinheit, normalerweise pro sec (Einheit: Hertz = Schwingung pro sec).

Die Formel (20.62) verführt nur allzu leicht dazu, die Größe $2\pi/T$ und die Größe ω einfach als zwei Namen derselben Sache anzusehen. Das führt jedoch leicht zur Verwirrung. Natürlich hat jeder zeitlich periodische Vorgang eine Periode und damit eine Schwingungsdauer T, auch wenn er keine Sinus- oder Kosinus-Form hat. *Eine einzige Frequenz ω aber hat ein Vorgang nur, wenn er zeitlich harmonisch verläuft*, d.h. in der Form (20.55) dargestellt werden kann. Ein nicht-harmonischer Vorgang der Periode T hat nicht nur eine, sondern *mehrere, im allgemeinen sogar unendlich viele Frequenzen*, nämlich die ganzzahligen Vielfachen einer Grundfrequenz ω_0, die durch $\omega_0 = 2\pi/T$ gegeben ist.

In manchen Darstellungen der Physik wird ω *Kreisfrequenz* genannt und die Bezeichnung Frequenz der Größe $\nu=\omega/2\pi$ vorbehalten. Für eine harmonische Schwingung ist dann $\nu = 1/T$. Da aber der Begriff der Frequenz (nicht $1/T$!) seine große Bedeutung allein durch die mathematische Rolle der harmonischen Funktionen in der Fourier-Analyse erhält und darin die Größe ω und nicht ν die wesentliche Rolle spielt, verwenden wir allein die Größe ω und bezeichnen sie als Frequenz.

Der 3-dimensionale harmonische Oszillator

Die wichtigsten Eigenschaften des Oszillators sind nicht an die Eindimensionalität gebunden. Man spricht deshalb von einem 3-dimensionalen Oszillator, wenn die **Bewe-**

gungsgleichungen die Form haben

(20.63) $$\frac{d\boldsymbol{P}}{dt} = -k\boldsymbol{r}, \qquad \frac{d\boldsymbol{r}}{dt} = \boldsymbol{v}.$$

Wieder ist nur der Newtonsche Grenzfall von Bedeutung, in dem (20.63) sich reduziert auf

(20.64) $$\frac{d^2\boldsymbol{r}}{dt^2} + \omega^2 \boldsymbol{r} = 0$$

mit

(20.65) $$\omega = \sqrt{\frac{k}{M}}.$$

Die **Funktion $E(P, r)$ des 3-dimensionalen harmonischen Oszillators** lautet entsprechend

(20.66) $$E(\boldsymbol{P}, \boldsymbol{r}) = \frac{P^2}{2M} + \frac{k}{2} r^2 + \mathfrak{E}_0$$
$$= \frac{P^2}{2M} + \frac{M\omega^2}{2} r^2 + \mathfrak{E}_0.$$

Die Lösungen sind nun vektoriell nicht als Analogon der Form (20.55) darstellbar, da die möglichen Bahnen, die (20.64) liefert, keineswegs gerade Linien sind. Sie sind aber wieder *ebene* Kurven, denn aus (20.63) läßt sich genau wie im Fall der Kepler-Bewegung zeigen, daß der Vektor $\boldsymbol{r} \times \boldsymbol{P}$ zeitlich konstant ist und daher jede Bahn ganz in einer Ebene liegt, die durch den Ortsvektor und die Tangente in einem Punkt der Bahnkurve aufgespannt wird. Jede Lösung von (20.64) läßt sich daher als Summe von zwei Vektoren darstellen, so daß die Form (20.57) unmittelbar in die Vektorschreibweise übertragen werden kann. Tatsächlich ist, wie man auch aus der Komponentendarstellung findet,

(20.67) $$\boldsymbol{r}(t) = \boldsymbol{A} \cos \omega t + \boldsymbol{B} \sin \omega t$$

die allgemeine Lösung von (20.64). $\boldsymbol{A}$ und $\boldsymbol{B}$ sind dabei konstante Vektoren, die auch jetzt wieder durch die Anfangsbedingungen, nämlich den Ort und die Geschwindigkeit bzw. den Impuls zur Zeit $t=0$ festgelegt werden. Wie man nachrechnet, gilt nämlich analog zu (20.61) die Beziehung

(20.68) $$\boldsymbol{r}(t) = \boldsymbol{r}(0) \cos \omega t + \frac{1}{\omega} \boldsymbol{v}(0) \sin \omega t,$$

die jede Lösung direkt durch ihre Anfangswerte $\boldsymbol{r}(0)$ und $\boldsymbol{v}(0)$ auszudrücken gestattet.

Wie sehen die **Bahnkurven** aus, die der Endpunkt des durch (20.68) definierten Vektors $\boldsymbol{r}(t)$ durchläuft? Die Antwort ist in Abb. 20.11 dargestellt: Die Bahnen sind allgemein Ellipsen, mit dem Kreis (Exzentrizität Null) und der Geraden (Exzentrizität Eins) als Spezialfällen, die bei bestimmten Anfangsbedingungen resultieren. Der Beweis bleibe dem Leser als Übung überlassen.

Auffallend ist, daß sowohl die Bewegungsgleichungen (20.30) des Kepler-Problems als auch die davon recht verschiedenen Bewegungsgleichungen (20.64) des 3-dimensio-

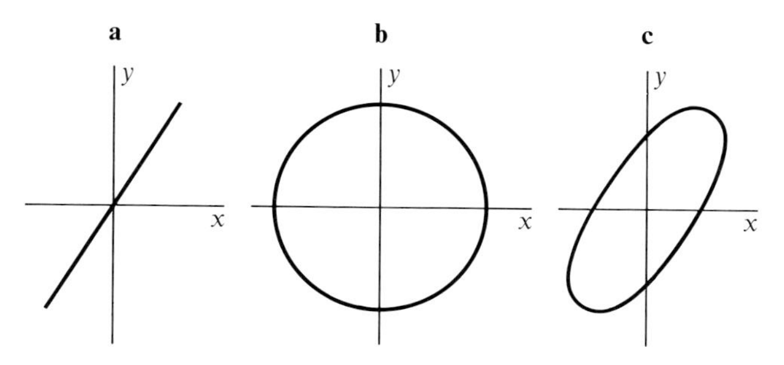

Abb. 20.11

Bahnen eines 3-dimensionalen harmonischen Oszillators, dargestellt in der Bewegungsebene bei verschiedenen Anfangsbedingungen.
(a) Spezialfall: $\boldsymbol{r}(0)$ und $\boldsymbol{v}(0)$ parallel, d.h. $\boldsymbol{r}(0) \times \boldsymbol{v}(0) = 0$.
(b) Spezialfall: $\boldsymbol{r}(0)$ und $\boldsymbol{v}(0)$ aufeinander senkrecht, d.h. $\boldsymbol{r}(0)\,\boldsymbol{v}(0) = 0$; außerdem $\boldsymbol{v}(0)/\omega = \boldsymbol{r}(0)$.
(c) $\boldsymbol{r}(0)$ und $\boldsymbol{v}(0)$ beliebig.

nalen Oszillators Ellipsen als Bahnkurven liefern. Worin unterscheiden sich die **Kepler-Ellipsen** von den **Oszillator-Ellipsen**? Sie tun das in der zeitlichen Art und Weise, wie sie durchlaufen werden, und in der relativen Lage zum Zentralkörper, der das Kraftfeld festhält. Bei der Kepler-Ellipse befindet sich der das Feld festhaltende Körper 1 in einem *Brennpunkt* der Ellipse (Abb. 20.6), bei der Oszillator-Ellipse dagegen im *Mittelpunkt* der Ellipse (Abb. 20.12). Infolgedessen gibt es bei der Kepler-Ellipse ein *Perihel* und ein *Aphel*, d.h. ein dem anziehenden Zentralkörper 1 nahes und ein fernes Bahnstück. Das hat zur Folge, daß die Kepler-Ellipse nicht bezüglich beider Halbachsen symmetrisch durchlaufen wird; im Perihel läuft der Körper schneller als im Aphel. Die Oszillator-Ellipse dagegen hat kein Perihel und Aphel, sie liegt symmetrisch zum anziehenden Zentralkörper und wird infolgedessen auch symmetrisch durchlaufen. Das Beispiel der Kepler-Ellipse auf der einen und der Oszillator-Ellipse auf der anderen Seite zeigt, daß eine Bahn oder eine Bewegung mehr ist als nur eine räumliche Kurve. Wie die räumliche Kurve zeitlich durchlaufen wird, ist ein ganz entscheidender Anteil des Bahnbegriffs.

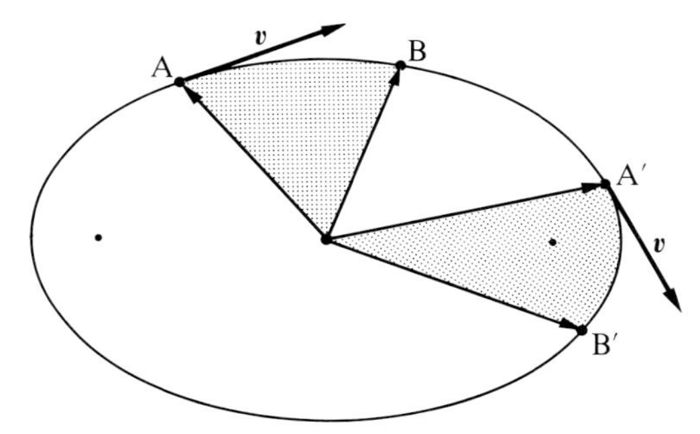

Abb. 20.12

Für die Durchlaufung der Oszillator-Ellipse gilt, wie für die Kepler-Ellipse (Abb. 20.6), der Flächensatz, weil $\boldsymbol{r} \times \boldsymbol{P}$ des Körpers konstant ist. Beim Oszillator ist $\boldsymbol{r}$ allerdings vom *Mittelpunkt* der Ellipse zu nehmen (bei der Kepler-Ellipse von einem ihrer *Brennpunkte*). Der Betrag der Geschwindigkeit des umlaufenden Körpers ist nur im Spezialfall der Kreisbahn konstant, sonst ist er nahe dem Mittelpunkt der Ellipse größer als weiter entfernt von ihm.

Anwendungen des harmonischen Oszillators

Es gibt kaum ein zweites Modell in der Physik, das so viele Anwendungen besitzt wie der harmonische Oszillator. Gleichungen von der Gestalt (20.52) treten nämlich überall auf, wo es sich um kleine Schwingungen um eine Gleichgewichtslage handelt.

Wir haben schon das Beispiel des **an eine elastische Feder gebundenen Körpers** kennengelernt (§ 8). Seine Bewegungen werden durch die Formeln (20.56) bis (20.61) beschrieben. Sieht man vom Schwerefeld ab und ist die Feder noch um ihren Aufhängepunkt drehbar, so lassen sich auch die durch die Formeln (20.67) und (20.68) dargestellten Lösungen realisieren. Äquivalent mit einer solchen Feder ist die in Abb. 20.13 dargestellte Anordnung. Dabei ist nur darauf zu achten, daß die Federn bei den Auslenkungen noch in ihrem *Linearitätsbereich* bleiben, d.h. daß ihre Spannungsenergie, die potentielle Energie des Problems, quadratisch von den Auslenkungen abhängt, die auf den Körper ausgeübte Kraft demnach der Auslenkung proportional ist. Diese Bedingung kann stets durch hinreichend kleine Schwingungsweiten eingehalten werden.

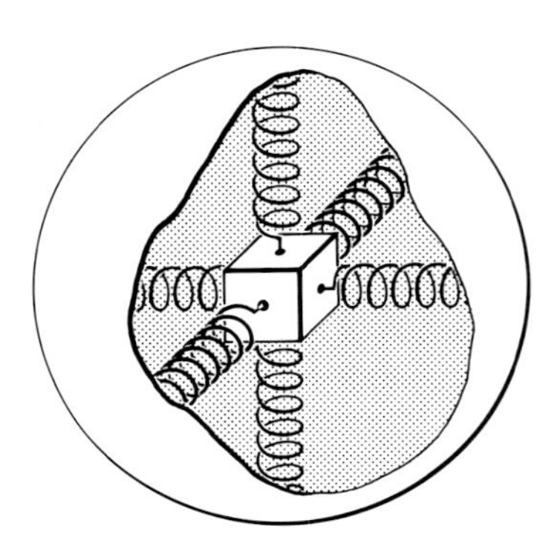

Abb. 20.13

Ein an sechs Federn von gleicher Federkonstante k elastisch gebundener Körper. Lenkt man den Körper aus der Ruhelage aus und läßt ihn los, schwingt er in einer Ebene und durchläuft eine der Bahnen der Fig. 20.11, wobei für seine Bewegung wieder der Flächensatz bezüglich der Ruhelage gilt.

Ob man sich das Gravitationsfeld „abgeschaltet" denkt oder nicht, spielt dabei keine Rolle. Das Gravitationsfeld bewirkt nur eine Verlagerung der Ruhelage.

Wie beim Kepler-Feld und überhaupt bei allen Feldern, deren zugehörige Kraftfelder zeitlich unverändert im Raum fixiert sind, ist auch beim Federfeld ein ruhender Körper erforderlich, der das Feld festhält und dessen Masse deshalb sehr viel größer sein muß als die Masse des bewegten Körpers. Ein im Raum festes Feld ist immer an einen Körper großer Masse gebunden, in praktischen Beispielen, wie dem in Abb. 20.13, meist an eine Anordnung, hier an die Wände, die starr mit der Erde verbunden sind, so daß als Masse des das Feld festhaltenden Körpers die Masse der ganzen Erde wirkt.

Ein anderes Beispiel eines harmonischen Oszillators bildet das **Pendel**, wenn sein Ausschlagswinkel φ gegen die Vertikale so klein gehalten wird, daß $\sin\varphi \approx \varphi$ gesetzt werden kann. Das liest man sofort aus Abb. 20.14 ab. Die zur Bewegung des Pendels führende Kraft ist durch $Mg \cdot \sin\varphi$ gegeben. Die andere Komponente des Gewichts in Richtung des Pendelfadens wird durch den Faden aufgenommen. Je kleiner der Winkel φ ist, um so genauer hat $\boldsymbol{F}$ die Richtung von $-\boldsymbol{r}$, wenn $\boldsymbol{r}$ den vom tiefsten Bahnpunkt ausgehenden Ortsvektor des Pendelkörpers bezeichnet. Also ist für kleine φ

$$\boldsymbol{F} \approx -Mg\,\varphi \cdot \left(\frac{\boldsymbol{r}}{-r}\right) = -\frac{Mg}{l} \cdot \boldsymbol{r}, \tag{20.69}$$

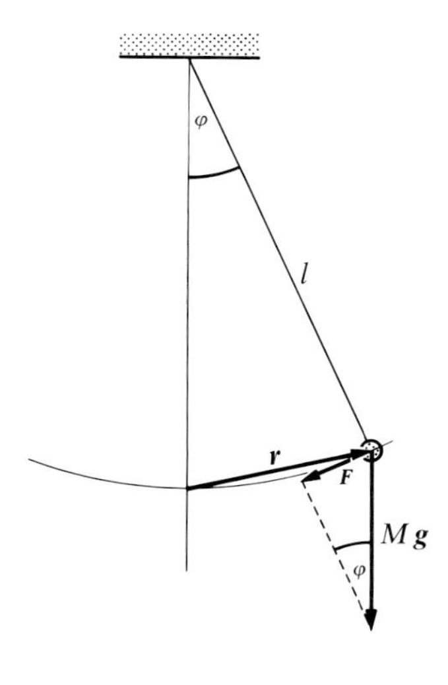

Abb. 20.14

Das Pendel als harmonischer Oszillator. Je kleiner der Pendelausschlag φ ist, umso genauer hat die senkrecht zum Faden wirkende Komponente $\boldsymbol{F}$ der Schwerkraft $M\boldsymbol{g}$ die entgegengesetzte Richtung wie $\boldsymbol{r}$. Zwischen den Richtungen von $-\boldsymbol{r}$ und $\boldsymbol{F}$ nicht zu unterscheiden, heißt $\sin\varphi=\varphi$ setzen.

denn $r=l\varphi$. Gl. (20.69) ist aber identisch mit dem Kraftfeld eines harmonischen Oszillators mit $k=Mg/l$. Also bewegt sich das Pendel bei kleinen Schwingungsweiten wie ein harmonischer Oszillator mit der aus (20.65) folgenden, *von der Masse M des Pendels unabhängigen* Frequenz

$$\omega=\sqrt{\frac{g}{l}} \quad \text{oder} \quad T=2\pi\sqrt{\frac{l}{g}}. \tag{20.70}$$

Wir sagten, daß eine Oszillatorbewegung in erster Näherung überall dort auftritt, wo es sich um **kleine Schwingungen um einen Gleichgewichtszustand** handelt. In den beiden Beispielen, die wir angeführt haben, sieht man das unmittelbar ein. Um unsere Behauptung jedoch allgemein einzusehen, denken wir uns eine beliebige potentielle Energie $E_{\text{pot}}(\boldsymbol{r})$ gegeben, die an irgendeiner Stelle $\boldsymbol{r}_0=\{x_0, y_0, z_0\}$ ein Minimum habe. Der Einfachheit halber zeichnen und operieren wir in einer Dimension. Die Überlegungen lassen sich ohne Schwierigkeit auf drei Dimensionen übertragen. Abb. 20.15 stellt den angenommenen Verlauf von $E_{\text{pot}}(x)$ dar. An der Stelle x_0 verschwindet die erste Ableitung der Funktion $E_{\text{pot}}(x)$, und daher hat die Taylor-Entwicklung von $E_{\text{pot}}(x)$ in der Umgebung von x_0 die Form

$$E_{\text{pot}}(x)=E_{\text{pot}}(x_0)+\frac{1}{2!}\left(\frac{\partial^2 E_{\text{pot}}}{\partial x^2}\right)_{x=x_0}\cdot(x-x_0)^2+\cdots. \tag{20.71}$$

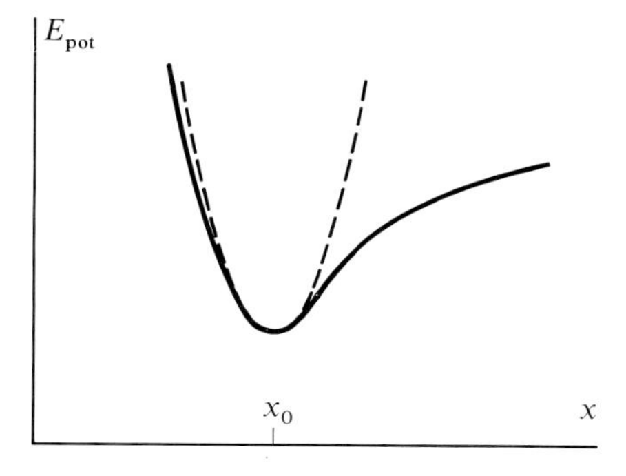

Abb. 20.15

Die Funktion $E_{\text{pot}}(x)$ möge an einer Stelle x_0 ein Minimum haben. Die nach dem zweiten Glied abgebrochene Taylor-Entwicklung nähert $E_{\text{pot}}(x)$ in der Umgebung von x_0 durch eine Parabel an. Die Parabel stellt die potentielle Energie eines harmonischen Oszillators dar. Für kleine Auslenkungen aus der Gleichgewichtslage x_0 verhält sich das System also wie ein harmonischer Oszillator.

Die zweite Ableitung von E_{pot} an der Stelle x_0 ist positiv, da E_{pot} dort ein Minimum hat. Da $E_{pot}(x_0)$ eine Konstante ist, erhält man aus (20.71) für die x-Komponente der Kraft

(20.72) $$F_x = -\frac{\partial E_{pot}}{\partial x} = -k(x-x_0) - \cdots,$$

wobei die Konstante k einfach die zweite Ableitung von E_{pot} an der Stelle $x = x_0$ ist:

(20.73) $$k = \left(\frac{\partial^2 E_{pot}}{\partial x^2}\right)_{x=x_0}.$$

In erster Näherung, d.h. für kleine Auslenkungen $(x-x_0)$ vom Minimum hat die Kraft, wie (20.72) zeigt, die vom harmonischen Oszillator her bekannte Auslenkungsabhängigkeit. Als Folge davon führt der Körper, solange seine Energie nicht ausreicht, um ihn weit von der Stelle x_0 wegzuführen, harmonische Schwingungen um die Lage x_0 aus. Die Stelle x_0 ist deshalb eine **Gleichgewichtslage** des Körpers.

Wie in Abb. 20.15 dargestellt, drückt sich die Näherung, die darin besteht, daß man die potentielle Energie (20.71) nach dem in der Auslenkung $(x-x_0)$ quadratischen und dementsprechend die Kraft (20.72) nach dem in der Auslenkung linearen Glied abbricht, so aus, daß man den Verlauf von $E_{pot}(x)$ in der Umgebung von x_0 durch eine nach oben geöffnete Parabel approximiert. Man spricht dann auch von der **harmonischen Näherung** der potentiellen Energie bzw. der Kraft.

Die aus diesen Überlegungen resultierende allgemeine Anwendbarkeit des Begriffs des harmonischen Oszillators drücken wir aus in der Form der

Regel 20.1 Jeder Körper, der sich in hinreichender Nähe einer Gleichgewichtslage bewegt, führt die Bewegungen eines harmonischen Oszillators aus. Anders formuliert: Der harmonische Oszillator ist ein Bewegungstyp, der in der Nähe jedes Gleichgewichts auftritt.

Allgemeine Bedeutung des harmonischen Oszillators

Der harmonische Oszillator spielt in alle Gebiete der Physik hinein, auch dort, wo es sich nicht um die Bewegung von Körpern handelt, und zwar immer dann, wenn ein zeitlich konstanter Anteil der Energie E eines Systems additiv zerlegbar ist in zwei Summanden (nicht Energie*formen!*), von denen der eine *quadratisch von einer Variable* X und der andere *quadratisch von einer anderen Variable* Y abhängt. Die Variablen X und Y müssen natürlich unabhängig voneinander sein. Die Energie läßt sich dann schreiben

(20.74) $$E = \alpha X^2 + \beta Y^2 + E'.$$

α und β sind Koeffizienten, die die jeweilig betrachtete Anordnung, das System, charakterisieren. Im Beispiel der an einer Feder schwingenden Masse ist X der Impuls P und Y die Ortskoordinate x der schwingenden Masse. (20.74) ist in diesem Fall identisch mit (20.54), nämlich

(20.75) $$E = \frac{1}{2M} P^2 + \frac{k}{2} x^2 + \mathfrak{E}_0.$$

Es ist also hier $\alpha=\frac{1}{2M}$, $\beta=\frac{k}{2}$ und $E'=\mathfrak{E}_0$, die innere Energie des Systems „Körper + Feder".

Wir interessieren uns für Vorgänge, bei denen $E-E'$ konstant ist, X und Y sich aber zeitlich verändern. Dann muß in jedem Moment der Bewegung gelten

$$\alpha X^2(t)+\beta Y^2(t)=E-E'=\text{const.} \tag{20.76}$$

Die Energie kann nur zwischen den beiden Anteilen $\alpha X^2(t)$ und $\beta Y^2(t)$ hin- und herströmen. Daß dieses Hin- und Herströmen periodisch und nicht etwa asymptotisch in einer Richtung erfolgt, liegt an der Gleichberechtigung der beiden Energieanteile, was die Substitution

$$\sqrt{\alpha}\,X=X' \quad \text{und} \quad \sqrt{\beta}\,Y=Y' \tag{20.77}$$

besonders deutlich macht. In den neuen Variablen, die sich von den alten lediglich durch einen Skalenfaktor unterscheiden, lautet Gl. (20.74)

$$E=X'^2+Y'^2+E'. \tag{20.78}$$

Die beiden Anteile X'^2 und Y'^2 zeichnen sich in nichts voreinander aus, weil die Energie in ihnen symmetrisch ist. Das bedeutet, daß E sich nicht ändert, wenn man X' und Y' miteinander vertauscht, also X' durch Y' und Y' durch X' ersetzt. Daraus folgt, daß alle Schlüsse, die sich aus der Funktion E in Abhängigkeit von ihren Variablen X' und Y' ziehen lassen, wozu, wie wir wissen, die Bewegungsgleichungen gehören, für X' und Y' in gleicher Weise gelten. Jede Aussage, die für die eine Variable zutrifft, muß auch für die andere gelten; was X' recht ist, ist Y' billig.

Beide Größen, $X'(t)$ und $Y'(t)$, müssen z. B. den gleichen Maximalwert und den gleichen Minimalwert haben. Maximal- und Minimalwert von $X'(t)$ und $Y'(t)$ gehören zum Maximalwert der Quadrate $X'^2(t)$ und $Y'^2(t)$. Da der Minimalwert von $X'^2(t)$ und $Y'^2(t)$ Null ist, folgt aus (20.78), daß, wenn $X'^2(t)$ seinen Minimalwert annimmt, $Y'^2(t)$ seinen Maximalwert hat und umgekehrt. Also ist nach (20.78)

$$X'^2_{\max}=Y'^2_{\max}=E-E'. \tag{20.79}$$

Hieraus folgt, daß

$$X'_{\max}=-X'_{\min}=Y'_{\max}=-Y'_{\min}=\sqrt{E-E'}. \tag{20.80}$$

Ebenso sind die zeitlichen Mittelwerte von $X'(t)$ und $Y'(t)$ gleich sowie auch die von $X'^2(t)$ und $Y'^2(t)$. Die Zeitmittelwerte von $X'(t)$ und $Y'(t)$ sind Null, (was sich daraus folgern läßt, daß E invariant ist gegenüber einer Substitution von X' durch $-X'$ und von Y' durch $-Y'$). Bildet man den zeitlichen Mittelwert von (20.78), so folgt

$$\overline{X'^2(t)}=\overline{Y'^2(t)}=\frac{E-E'}{2}, \tag{20.81}$$

oder wegen (20.77)

$$\alpha\overline{X^2}=\beta\overline{Y^2}=\frac{E-E'}{2}. \tag{20.82}$$

a

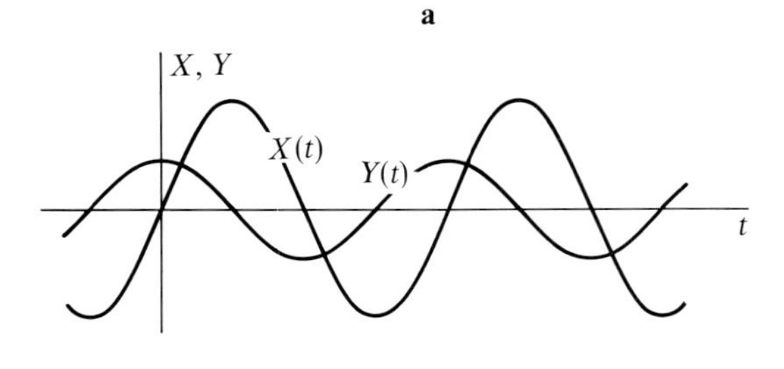

b

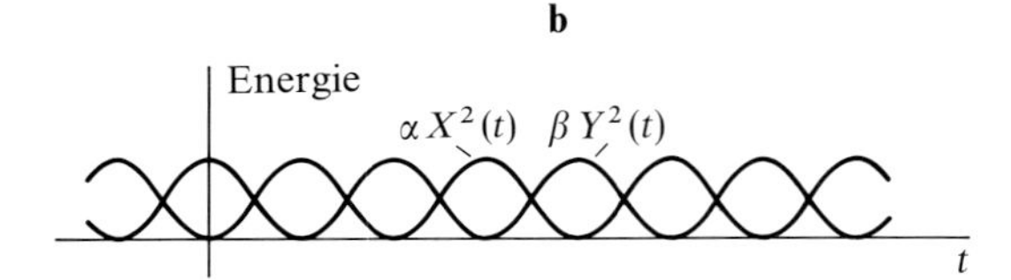

Abb. 20.16

(a) Zeitlicher Verlauf der Variablen $X(t)$ und $Y(t)$ eines harmonischen Oszillators.
(b) Zeitlicher Verlauf der Energieanteile $\alpha X^2(t)$ und $\beta Y^2(t)$ eines harmonischen Oszillators. αX^2 und βY^2 schwingen mit der doppelten Frequenz wie X bzw. Y. Das zeigen auch die Identitäten $\cos^2\alpha=(1+\cos 2\alpha)/2$ und $\sin^2\alpha=(1-\cos 2\alpha)/2$.

Die doppelte Frequenz der Energieanteile αX^2 und βY^2 gegenüber den Variablen X und Y mache man sich am Beispiel der Masse an der Feder klar, bei dem ein Maximum und Minimum der Auslenkung ein Maximum an potentieller Energie, und jeder Nulldurchgang, gleichgültig in welcher Richtung, ein Maximum der kinetischen Energie darstellt.

Schließlich läßt sich der zeitliche Verlauf $X'(t)$ und $Y'(t)$ aus der Forderung ablesen, daß wegen (20.78)

(20.83) $$X'^2(t)+Y'^2(t)=E-E'=\text{const}.$$

Das ist bei periodischen $X'(t)$ und $Y'(t)$ nur erfüllbar bei

(20.84) $$X'(t)=\sqrt{\alpha}\,X(t)=\sqrt{E-E'}\cos(\omega t+\delta),$$
$$Y'(t)=\sqrt{\beta}\,Y(t)=\sqrt{E-E'}\sin(\omega t+\delta).$$

Speziell bei der schwingenden Masse an der Feder war nach (20.53) und (20.55)

(20.85) $$x(t)=x_0\cos\left(\sqrt{\frac{k}{M}}\,t+\delta\right).$$

Mit $\alpha=1/2M$ und $\beta=k/2$ ergibt der Vergleich von (20.85) mit (20.84) für die Frequenz ω in (20.84)

(20.86) $$\omega=\sqrt{4\alpha\beta}.$$

Der zeitliche Verlauf der Energieanteile $\alpha X^2(t)$ und $\beta Y^2(t)$ ist also (Abb. 20.16)

(20.87) $$\alpha X^2(t)=(E-E')\cos^2(\sqrt{4a\beta}\,t+\delta),$$
$$\beta Y^2(t)=(E-E')\sin^2(\sqrt{4\alpha\beta}\,t+\delta).$$

Beispiele harmonischer Oszillatoren

Der harmonische Oszillator als physikalisches Modell ist nicht an eine bestimmte experimentelle Anordnung gebunden. Insbesondere ist es nicht wesentlich, daß die Energie in zwei räumlich getrennten Teilen der Anordnung gespeichert ist und zwischen ihnen hin und her strömt. Es läßt sich auch für den mechanischen harmonischen Oszillator eine Anordnung angeben, bei der potentielle und kinetische Energie nicht örtlich getrennt sind. Das ist der Fall im **akustischen Resonator** (Abb. 20.17). Auch hier haben

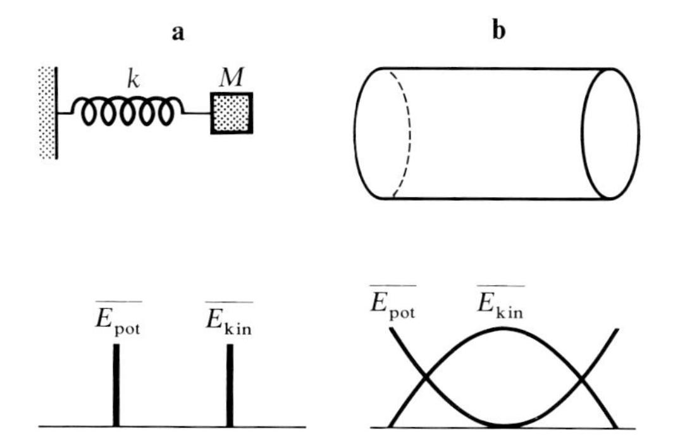

Abb. 20.17

Mechanische Beispiele von harmonischen Oszillatoren.
(a) Bei der an einer Feder schwingenden Masse sind potentieller und kinetischer Energieanteil in getrennten Teilen der Anordnung gespeichert.
(b) Akustischer zylindrischer Resonator. Potentieller und kinetischer Energieanteil des schwingenden Mediums sind beide im Resonator gespeichert. Das untere Diagramm zeigt die räumliche Verteilung der Energiedichten bei der tiefsten Eigenschwingung im zeitlichen Mittel.

wir wieder zwei Anteile der Energie, einmal die kinetische Energie des schwingenden Mediums und zum anderen seine Kompressionsenergie. Die kinetische Energie pro Volumen, also die Dichte der kinetischen Energie beträgt

$$\alpha X^2 = \frac{\rho}{2} v^2, \tag{20.88}$$

wobei ρ die mittlere Dichte des Gases und v seine Geschwindigkeit ist. Die Dichte der Kompressionsenergie ist

$$\beta Y^2 = \frac{K}{2} \left(\frac{\Delta \rho}{\rho} \right)^2. \tag{20.89}$$

K nennt man den *Kompressionsmodul* des Gases.

In Systemen, wie dem akustischen Resonator, in denen αX^2 und βY^2 Anteile der Energie*dichten* bezeichnen, legen α und β nicht die Frequenz, sondern die *Ausbreitungsgeschwindigkeit des Schwingungsvorgangs* fest. Das System hat nicht nur eine einzige *Eigenfrequenz* ω, sondern unendlich viele. Ein akustischer Resonator ist äquivalent unendlich vielen harmonischen Oszillatoren. Je nach Anregung des akustischen Resonators oszilliert er auch in höheren Eigenfrequenzen. Beim Oszillator mit der kleinsten Eigenfrequenz sind die Kompressionsenergie als potentielle Energie und die kinetische Energie des Mediums im zeitlichen Mittel so längs des Resonators verteilt wie in Abb. 20.17 gezeigt; und zwar ist dort die Energiedichte aufgetragen. Die Dichten der potentiellen und kinetischen Energie sind nicht auf getrennte Teile der Anordnung beschränkt, wenn auch ihre räumlichen Dichteverteilungen nicht übereinstimmen.

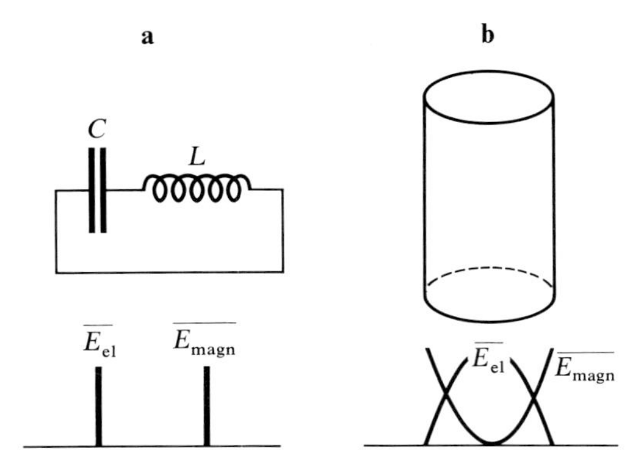

Abb. 20.18

Elektromagnetische Beispiele von harmonischen Oszillatoren.
(a) Elektromagnetischer Schwingkreis. Der elektrische Energieanteil hat seinen Sitz im aufgeladenen Kondensator der Kapazität C und der magnetische Energieanteil in der stromdurchflossenen Spule der Induktivität L. Wieder sind im zeitlichen Mittel elektrischer und magnetischer Energieanteil gleich.
(b) Zylindrischer Hohlraumresonator, in dem ein elektromagnetisches Feld schwingt. Elektrische und magnetische Feldenergie sind räumlich verteilt. Die Verteilung ihrer Dichten bei der Eigenschwingung mit der kleinsten Frequenz im zeitlichen Mittel zeigt das untere Diagramm.

Elektromagnetische Beispiele von harmonischen Oszillatoren zeigt Abb. 20.18. Abb. 20.18a stellt einen **elektromagnetischen Schwingkreis** dar, der aus einem Kondensator der Kapazität C und einer Spule als Selbstinduktion der Induktivität L besteht. Der eine Energieanteil, der elektrische, ist die Energie des aufgeladenen Kondensators. Er beträgt

(20.90) $$\alpha X^2 = \frac{1}{2C} Q^2.$$

Q ist die Ladung auf einer Kondensatorplatte, C die Kapazität des Kondensators. Der andere Energieanteil, der magnetische, ist

(20.91) $$\beta Y^2 = \frac{L}{2} I^2.$$

Er ist an die Selbstinduktion L der Spule gebunden, durch die der Strom I fließt. Elektrischer und magnetischer Energieanteil sind wie bei dem mechanischen Beispiel von Feder und Masse auf bestimmte Teile der gesamten Anordnung beschränkt, nämlich Kondensator bzw. Spule. Die Energie strömt zwischen Kondensator und Spule, der Selbstinduktion, hin und her. Im zeitlichen Mittel sind dabei elektrischer und magnetischer Energieanteil gleich groß.

Dem akustischen Resonator entspricht als Analogon der **elektromagnetische Hohlraumresonator** (Abb. 20.18b). Hier sind wieder die Teile der Anordnung, die die einzelnen Energieanteile beherbergen, räumlich nicht getrennt. Die Energieanteile sind jetzt die elektrische und magnetische Feldenergie. Deren Dichten betragen

(20.92) $$\alpha X^2 = \frac{\varepsilon_0}{2} E^2$$

für die elektrische Feldenergie mit E als elektrischer Feldstärke (ε_0 ist die elektrische Feldkonstante $\varepsilon_0 = 8{,}8544 \cdot 10^{-12}$ Amp · sec/Volt · m) und

(20.93) $$\beta Y^2 = \frac{1}{2\mu_0} B^2$$

für die magnetische Feldenergie mit B als magnetischer Feldstärke. (μ_0 ist die magnetische Feldkonstante $\mu_0 = 4\pi \cdot 10^{-7}$ Volt · sec/Amp · m).

Wieder legen, wie beim akustischen Resonator auch hier, da (20.92) und (20.93) Energie*dichten* angeben, α und β die Ausbreitungsgeschwindigkeit des Schwingungsvorgangs fest. Der elektromagnetische Hohlraumresonator ist wie der akustische Hohlraumresonator unendlich vielen harmonischen Oszillatoren mit diskreten Eigenfrequenzen äquivalent. Die Art der Anregung bestimmt, welche dieser Oszillatoren schwingen, d.h. welche dieser Eigenfrequenzen wirklich auftreten. Für die tiefste Eigenfrequenz sind die Dichten der elektrischen und magnetischen Feldenergie im zeitlichen Mittel wie in Abb. 20.18 b verteilt.

§ 21 Bewegung eines elektrisch geladenen Körpers im Magnetfeld

In einem statischen Feld muß die Geschwindigkeit nicht nur vom Impuls und die Kraft nicht nur vom Ort abhängen. Wir sprechen dann von einem Feld vom zweiten Typ. Das wichtigste physikalische Beispiel eines statischen Feldes vom zweiten Typ ist das Magnetfeld. Wir fragen deshalb nach den Bewegungsgleichungen eines geladenen Körpers, der mit einem Magnetfeld wechselwirkt.

Beschleunigung eines geladenen Körpers in einem Magnetfeld

Experimentell ist es sehr viel schwieriger, die Eigenschaften des Systems „geladener Körper + Magnetfeld" klar sichtbar zu machen als z.B. die des Systems „geladener Körper + elektrisches Feld". Die erste Schwierigkeit bringt die Beobachtung, daß die Verschiebung eines ruhenden Körpers in einem Magnetfeld keine Energie kostet. Ein ruhender geladener Körper spürt das Magnetfeld gar nicht. Die Existenz des Feldes offenbart sich erst, wenn sich der Körper bewegt, seine Geschwindigkeit also von Null verschieden ist. Folgt aus dieser experimentellen Information nun, daß bei $\boldsymbol{P} = 0$ die Verschiebungsenergie und damit die Kraft $\boldsymbol{F}$ verschwindet? Betrachten wir, bevor wir diese Frage beantworten, noch eine zweite experimentelle Information, nämlich daß die vom Feld bewirkte Änderung der Geschwindigkeit, also die *Beschleunigung* $d\boldsymbol{v}/dt$ *stets senkrecht steht auf* $\boldsymbol{v}$, d.h. daß

(21.1) $$\boldsymbol{v} \frac{d\boldsymbol{v}}{dt} = \frac{1}{2} \frac{d}{dt} (\boldsymbol{v}^2) = 0.$$

Hieraus folgt, daß $|\boldsymbol{v}|$ zeitlich konstant ist.

Gleichgültig wie das Magnetfeld aussieht, d.h. unabhängig davon, ob es von Permanentmagneten oder von irgendeiner Anordnung stromdurchflossener Spulen herrührt, seine Wechselwirkung mit einem sich bewegenden elektrisch geladenen Körper führt stets nur dazu, dessen Geschwindigkeits*richtung* zu ändern, niemals aber den Betrag und damit auch nicht das Quadrat der Geschwindigkeit. Die zuerst genannte Eigenschaft, daß ein ruhender Körper keine Beschleunigung durch das Magnetfeld erhält, ist nur ein Spezialfall der zweiten Information; denn wenn das Magnetfeld nur die Richtung der Geschwindigkeit ändert, nicht aber ihren Betrag, so kann es, wenn $\boldsymbol{v}=0$ ist, gar nichts bewirken. Wir merken uns, daß mit v^2 auch jede physikalische Größe, die nur vom Quadrat der Geschwindigkeit abhängt, bei der Bewegung im Magnetfeld konstant bleibt.

Die übliche Behandlung der Bewegung im Rahmen der Newtonschen Mechanik basiert nun auf der Annahme, daß der Impuls $\boldsymbol{P}$ immer durch $M\boldsymbol{v}$ gegeben sei. Dann wäre nach (21.1)

$$\boldsymbol{v}\frac{d\boldsymbol{P}}{dt}=M\boldsymbol{v}\frac{d\boldsymbol{v}}{dt}=0 \tag{21.2}$$

und unter Verwendung der Bewegungsgleichungen (19.13) ebenso

$$\boldsymbol{F}\frac{d\boldsymbol{r}}{dt}=\frac{d\boldsymbol{P}}{dt}\boldsymbol{v}=M\frac{d\boldsymbol{v}}{dt}\boldsymbol{v}=0. \tag{21.3}$$

Bei der Bewegung eines geladenen Körpers im Magnetfeld passiert also energetisch gar nichts, denn es wird, wie (21.2) zeigt, weder Bewegungsenergie noch, wie (21.3) versichert, Verschiebungsenergie ausgetauscht. Nun hat aber die Annahme $\boldsymbol{v}=\boldsymbol{P}/M$, die ja aussagt, daß die Geschwindigkeit $\boldsymbol{v}$ allein vom Impuls $\boldsymbol{P}$ abhängt, nach Satz 17.1 zur Folge, daß die Kraft $\boldsymbol{F}$ allein vom Ort $\boldsymbol{r}$ abhängt, nicht dagegen vom Impuls. Das aber widerspricht der Gl. (21.3), die ja verlangt, daß $\boldsymbol{F}$ stets senkrecht stehen muß auf $\boldsymbol{v}$, somit zumindest in ihrer Richtung durch $\boldsymbol{v}$ und wegen $\boldsymbol{v}=\boldsymbol{P}/M$ also durch $\boldsymbol{P}$ bestimmt sein muß. Die Annahme $\boldsymbol{P}=M\boldsymbol{v}$ führt also zu dem widersprüchlichen Ergebnis, daß die Kraft $\boldsymbol{F}$ auf der einen Seite nur vom Ort $\boldsymbol{r}$ abhängen darf, nicht dagegen von $\boldsymbol{P}$, auf der anderen Seite aber in ihrer Richtung durch $\boldsymbol{P}$ bestimmt sein muß. Dieser Widerspruch kann nur bedeuten, daß im Fall des Magnetfeldes die Annahme $\boldsymbol{P}=M\boldsymbol{v}$ nicht in unsere übrigen Überlegungen hineinpaßt, die den Anspruch erheben, für alle Bewegungsvorgänge verbindlich zu sein, bei denen Energie und Impuls zwischen Körper und Feld ausgetauscht werden und der Austausch nur in Form von Bewegungs- und Verschiebungsenergie erfolgt. Wir sehen uns also zu dem Schluß gezwungen, daß $\boldsymbol{v}$ nicht allein von $\boldsymbol{P}$ abhängen kann, daß das *Magnetfeld ein Feld vom zweiten Typ* ist.

Die Funktion $E(\boldsymbol{P}, \boldsymbol{r})$ eines geladenen Körpers im Magnetfeld

Wie kommen wir nun zu der richtigen Abhängigkeit der Geschwindigkeit von $\boldsymbol{P}$ und $\boldsymbol{r}$? Versuchen wir uns klarzumachen, daß das ohne eine Annahme nicht gelingt. Zunächst legt die zweite Bewegungsgleichung (19.13) fest, wie Geschwindigkeit $\boldsymbol{v}$ und Lage $\boldsymbol{r}$ miteinander verbunden sind. Die erste Gleichung in (19.13) macht zwar dasselbe zwischen $\boldsymbol{P}$ und $\boldsymbol{F}$, aber solange wir nicht wissen, wie $\boldsymbol{P}$ oder $\boldsymbol{F}$ bestimmt werden, hilft das nicht viel. Nach Newtonscher Gewohnheit wird man vielleicht versucht sein, $\boldsymbol{F}$ durch

$M d^2 \boldsymbol{r}/dt^2 = M d\boldsymbol{v}/dt$ zu erklären, aber das führt wieder auf den oben vorgeführten Widerspruch; denn wegen der ersten Bewegungsgleichung (19.13) hätte das $d\boldsymbol{P}/dt = M d\boldsymbol{v}/dt$ und damit $\boldsymbol{P} = M\boldsymbol{v}$ zur Folge. *Ebenso wenig wie die Größen* $\boldsymbol{P}$ *und* $M\boldsymbol{v}$ *in jedem Feld identisch sind, was ja die Bewegung im Magnetfeld zeigt, so wenig ist auch die Kraft* $\boldsymbol{F}$ *mit der Größe „Masse mal Beschleunigung" in jedem Feld identisch.* Um überhaupt weiterzukommen, müssen wir also eine Annahme machen und deren Konsequenzen an der Erfahrung prüfen.

Weil bei jeder Bewegung eines Körpers in einem Feld die Energie E konstant sein muß, man andererseits aber im Magnetfeld beobachtet, daß $v^2 = \text{const.}$ ist, machen wir die Annahme

$$H = E - \mathfrak{E}_0 = \frac{M}{2} v^2. \tag{21.4}$$

Nun sind aber die Komponenten der Geschwindigkeit nach (16.8) die partiellen Ableitungen von E nach den Komponenten von $\boldsymbol{P}$, und da E und H sich nur um eine Konstante unterscheiden, läßt sich (21.4), von rechts nach links gelesen, schreiben

$$\begin{aligned} v^2 &= v_x^2 + v_y^2 + v_z^2 \\ &= \left(\frac{\partial H}{\partial P_x}\right)^2 + \left(\frac{\partial H}{\partial P_y}\right)^2 + \left(\frac{\partial H}{\partial P_z}\right)^2 = \frac{2}{M} H. \end{aligned} \tag{21.5}$$

Die untere Zeile dieser Gleichung ist eine nicht-lineare partielle Differentialgleichung für die Funktion H. Lösung dieser Differentialgleichung ist nicht nur

$$H = \frac{1}{2M} (P_x^2 + P_y^2 + P_z^2),$$

sondern es können auch drei willkürliche Ortsfunktionen $a_x(\boldsymbol{r})$, $a_y(\boldsymbol{r})$, $a_z(\boldsymbol{r})$ auftreten, so daß, wie man durch Differenzieren und Einsetzen bestätigt, auch ein Ausdruck der Gestalt

$$H = \frac{1}{2M} \{[P_x + a_x(\boldsymbol{r})]^2 + [P_y + a_y(\boldsymbol{r})]^2 + [P_z + a_z(\boldsymbol{r})]^2\} \tag{21.6}$$

die Differentialgleichung (21.5) löst. Die Freiheit, die in der Wahl der Funktionen a_x, a_y und a_z liegt, nutzen wir aus, um das Magnetfeld und seinen Einfluß auf die Bewegung des geladenen Körpers zu beschreiben. Fassen wir die drei Funktionen zu einem Vektorfeld $\boldsymbol{a}(\boldsymbol{r})$ zusammen, so läßt sich (21.6) auch schreiben

$$E(\boldsymbol{P}, \boldsymbol{r}) = \frac{1}{2M} [\boldsymbol{P} + \boldsymbol{a}(\boldsymbol{r})]^2 + \mathfrak{E}_0. \tag{21.7}$$

Diese Gleichung stellt die gesuchte *Funktion* $E(\boldsymbol{P}, \boldsymbol{r})$ *eines geladenen Körpers im Magnetfeld* dar.

Gemäß Regel 16.1 wird durch $E(\boldsymbol{P}, \boldsymbol{r})$ der gesamte Austausch von Bewegungsenergie und Verschiebungsenergie des Systems „geladener Körper + Magnetfeld" geregelt. Insbesondere erhält man nach (16.8) und (16.9) die Geschwindigkeit des Körpers und die auf ihn wirkende Kraft. Es ist danach

(21.8)
$$\left.\begin{aligned} v_x &= \frac{\partial E}{\partial P_x} = \frac{1}{M}\,[P_x + a_x(\boldsymbol{r})],\\ v_y &= \frac{\partial E}{\partial P_y} = \frac{1}{M}\,[P_y + a_y(\boldsymbol{r})],\\ v_z &= \frac{\partial E}{\partial P_z} = \frac{1}{M}\,[P_z + a_z(\boldsymbol{r})], \end{aligned}\right\} \quad \boldsymbol{v} = \frac{1}{M}\,[\boldsymbol{P} + \boldsymbol{a}(\boldsymbol{r})].$$

und

(21.9)
$$\begin{aligned} F_x &= -\frac{\partial E}{\partial x} = -\frac{1}{M}\left\{(P_x + a_x)\frac{\partial a_x}{\partial x} + (P_y + a_y)\frac{\partial a_y}{\partial x} + (P_z + a_z)\frac{\partial a_z}{\partial x}\right\}\\ &= -\left\{v_x\frac{\partial a_x}{\partial x} + v_y\frac{\partial a_y}{\partial x} + v_z\frac{\partial a_z}{\partial x}\right\},\\ F_y &= -\frac{\partial E}{\partial y} = -\left\{v_x\frac{\partial a_x}{\partial y} + v_y\frac{\partial a_y}{\partial y} + v_z\frac{\partial a_z}{\partial y}\right\},\\ F_z &= -\frac{\partial E}{\partial z} = -\left\{v_x\frac{\partial a_x}{\partial z} + v_y\frac{\partial a_y}{\partial z} + v_z\frac{\partial a_z}{\partial z}\right\}. \end{aligned}$$

Bewegungsgleichungen

Mit (21.8) lautet die erste der Bewegungsgleichungen (19.13)

(21.10)
$$\boldsymbol{F} = \frac{d\boldsymbol{P}}{dt} = \frac{d}{dt}\,[M\boldsymbol{v} - \boldsymbol{a}(\boldsymbol{r})]$$

oder

(21.11)
$$M\frac{d\boldsymbol{v}}{dt} = \boldsymbol{F} + \frac{d\boldsymbol{a}(\boldsymbol{r})}{dt}.$$

Diese Gleichung gibt den *Unterschied an zwischen der Kraft* $\boldsymbol{F}$ *und der Größe „Masse mal Beschleunigung"*.

Gehen wir zu Komponenten über und verwenden wir (21.9) so erhalten wir aus (21.11)

(21.12)
$$\begin{aligned} M\frac{dv_x}{dt} &= F_x + \frac{da_x(r)}{dt}\\ &= -\left\{v_x\frac{\partial a_x}{\partial x} + v_y\frac{\partial a_y}{\partial x} + v_z\frac{\partial a_z}{\partial x}\right\} + \frac{da_x}{dt}\\ &= -\left\{v_x\frac{\partial a_x}{\partial x} + v_y\frac{\partial a_y}{\partial x} + v_z\frac{\partial a_z}{\partial x}\right\} + \frac{\partial a_x}{\partial x}\frac{dx}{dt} + \frac{\partial a_x}{\partial y}\frac{dy}{dt} + \frac{\partial a_x}{\partial z}\frac{dz}{dt}\\ &= -\left\{v_x\frac{\partial a_x}{\partial x} + v_y\frac{\partial a_y}{\partial x} + v_z\frac{\partial a_z}{\partial x}\right\} + v_x\frac{\partial a_x}{\partial x} + v_y\frac{\partial a_x}{\partial y} + v_z\frac{\partial a_x}{\partial z}\\ &= -v_y\left(\frac{\partial a_y}{\partial x} - \frac{\partial a_x}{\partial y}\right) - v_z\left(\frac{\partial a_z}{\partial x} - \frac{\partial a_x}{\partial z}\right)\\ &= -(\boldsymbol{v} \times (\boldsymbol{\nabla} \times \boldsymbol{a}))_x. \end{aligned}$$

Führt man dieselbe Rechnung auch für die anderen Komponenten von $M\,d\boldsymbol{v}/dt$ durch und faßt man alles wieder zur Vektorschreibweise zusammen, so sieht man, daß die erste Bewegungsgleichung (19.13) sich auch schreiben läßt

$$M\frac{d^2\boldsymbol{r}}{dt^2} = -\boldsymbol{v}\times(\nabla\times\boldsymbol{a}(\boldsymbol{r})). \tag{21.13}$$

Diese Gleichung ist genau von der gewünschten Gestalt. Sie besagt, daß die Beschleunigung $d^2\boldsymbol{r}/dt^2$ in jedem Augenblick senkrecht steht auf der Geschwindigkeit, denn aus (21.13) folgt sofort (21.1).

Das Vektorpotential als Beschreibung des Magnetfeldes

Das Vektorfeld $\boldsymbol{a}(\boldsymbol{r})$ ist ein mathematisches Feld, das die Wechselwirkung zwischen geladenem Körper und dem physikalischen Magnetfeld beschreibt. Auffallend ist, daß das Feld $\boldsymbol{a}(\boldsymbol{r})$ die Dimension eines Impulses hat; denn, wie (21.8) zeigt, gibt es gerade den *Unterschied an zwischen dem Impuls $\boldsymbol{P}$ und der Größe $M\boldsymbol{v}$.*

In der Beschleunigung $d^2\boldsymbol{r}/dt^2$ ist dagegen, wie (21.13) zeigt, nicht das Vektorfeld $\boldsymbol{a}(\boldsymbol{r})$ spürbar, sondern nur seine Rotation, d.h. das Vektorfeld $\nabla\times\boldsymbol{a}$ (also der quellenfreie Anteil des Vektorfeldes $\boldsymbol{a}$). *Aus der Beschleunigung eines Körpers kann also niemals das Feld $\boldsymbol{a}(\boldsymbol{r})$ bestimmt werden, sondern nur das Feld $\nabla\times\boldsymbol{a}$.*

Ist q die elektrische Ladung des bewegten Körpers, so ist es zweckmäßig zu schreiben

$$\boldsymbol{a}(\boldsymbol{r}) = -q\boldsymbol{A}(\boldsymbol{r}), \tag{21.14}$$

denn die Beschleunigung eines geladenen Körpers im Magnetfeld ist unter sonst gleichen Bedingungen der Ladung q des Körpers proportional. Das mathematische Feld $\boldsymbol{A}(\boldsymbol{r})$ kennzeichnet die Wechselwirkung eines beliebig geladenen Körpers mit dem Magnetfeld. Es heißt das **Vektorpotential** des Magnetfeldes. Das in (21.13) auftretende Vektorfeld

$$\nabla\times\boldsymbol{A}(\boldsymbol{r}) = \boldsymbol{B}(\boldsymbol{r}) \tag{21.15}$$

nennen wir die **magnetische Feldstärke** oder einfach nur das **$\boldsymbol{B}$-Feld** (in der Literatur auch: Magnetische Induktion oder magnetische Flußdichte). Die so erklärte magnetische Feldstärke $\boldsymbol{B}$ ist ein mathematisches Feld, sie gibt die Wechselwirkung des physikalischen Magnetfeldes mit einem geladenen Körper wieder, soweit sie in den Beschleunigungen des Körpers sichtbar wird. Die mathematischen Felder $\boldsymbol{A}(\boldsymbol{r})$ wie auch $\boldsymbol{B}(\boldsymbol{r})$ sind nur verschiedene mathematische Darstellungen ein und desselben physikalischen Systems „Magnetfeld". *$\boldsymbol{A}(\boldsymbol{r})$ beschreibt den Einfluß des Magnetfelds auf den Impuls eines geladenen Körpers und $\boldsymbol{B}(\boldsymbol{r})$ auf seine Beschleunigung.*

Mit den Definitionen (21.14) und (21.15) lautet die Gl. (21.13)

$$M\frac{d^2\boldsymbol{r}}{dt^2} = q(\boldsymbol{v}\times\boldsymbol{B}). \tag{21.16}$$

Die rechte Seite dieser Gleichung heißt die **Lorentz-Kraft** (H.A. LORENTZ, 1853—1928). Wir weisen aber ausdrücklich darauf hin, daß es sich bei (21.16) in unserer Terminologie nicht um die Kraft $\boldsymbol{F}$ handelt, sondern um die Größe „Masse mal Beschleunigung", die bei der Wechselwirkung mit einem magnetischen Feld sorgfältig von der Größe $\boldsymbol{F}$ zu unterscheiden ist.

Besonders überraschend sind die aus Gl. (21.8) folgenden Aussagen über **Verschiebungen im Magnetfeld.** (21.8) besagt, daß für einen geladenen Körper, der mit einem magnetischen Feld wechselwirkt, Impuls $\boldsymbol{P}$ und Geschwindigkeit $\boldsymbol{v}$ zusammenhängen gemäß

$$\boldsymbol{P}=M\,\boldsymbol{v}+q\,\boldsymbol{A}(\boldsymbol{r}). \tag{21.17}$$

Wenn die Geschwindigkeit $\boldsymbol{v}=0$ ist, ist im allgemeinen keineswegs auch $\boldsymbol{P}=0$. Ebenso bedeutet konstanter Impuls, also $d\boldsymbol{P}=0$, nicht auch konstante Geschwindigkeit. Aus der Differentiation der einzelnen Komponenten von (21.17) folgt vielmehr, daß

$$d\boldsymbol{P}=0 \;\rightarrow\; d\boldsymbol{v}=-\frac{q}{M}\left(d\boldsymbol{r}\,\frac{\partial}{\partial \boldsymbol{r}}\right)\boldsymbol{A}(\boldsymbol{r}). \tag{21.18}$$

Die Bedingung konstanten Impulses ($d\boldsymbol{P}=0$) bei einer Verschiebung — und das sind nach (16.6) die *reinen* Verschiebungen — haben also zur Folge, daß die Geschwindigkeit $\boldsymbol{v}$ nach Betrag und Richtung bei der Verschiebung $d\boldsymbol{r}$ gemäß der Vorschrift (21.18) geändert werden muß. Das erfordert natürlich Energie, so daß *auch im Magnetfeld die Verschiebungen bei konstantem Impuls $\boldsymbol{P}$ Energie kosten.* Nur die Verschiebungen mit *konstanter Geschwindigkeit* ($d\boldsymbol{v}=0$) kosten keine Energie. Nach (21.17) ist nämlich für diese $d\boldsymbol{P}=q\,d\boldsymbol{A}$ und damit nach (16.6)

$$\begin{aligned}
dE&=\boldsymbol{v}\,d\boldsymbol{P}-\boldsymbol{F}\,d\boldsymbol{r}=q\,\boldsymbol{v}\,d\boldsymbol{A}-\boldsymbol{F}\,d\boldsymbol{r}\\
&=q\left\{\boldsymbol{v}\,\frac{\partial \boldsymbol{A}}{\partial x}\,dx+\boldsymbol{v}\,\frac{\partial \boldsymbol{A}}{\partial y}\,dy+\boldsymbol{v}\,\frac{\partial \boldsymbol{A}}{\partial z}\,dz\right\}-F_x\,dx-F_y\,dy-F_z\,dz\\
&=\left(q\,\boldsymbol{v}\,\frac{\partial \boldsymbol{A}}{\partial x}-F_x\right)dx+\left(q\,\boldsymbol{v}\,\frac{\partial \boldsymbol{A}}{\partial y}-F_y\right)dy+\left(q\,\boldsymbol{v}\,\frac{\partial \boldsymbol{A}}{\partial z}-F_z\right)dz.
\end{aligned} \tag{21.19}$$

Dieser Ausdruck verschwindet aber nach (21.9).

Bahnen eines geladenen Körpers im homogenen Magnetfeld

Wir betrachten als Spezialfall noch das homogene Magnetfeld. Es ist dadurch definiert, daß das Vektorfeld $\boldsymbol{B}(\boldsymbol{r})$ unabhängig von $\boldsymbol{r}$ überall dieselbe Richtung und denselben Betrag, oder wie wir kurz sagen, denselben Wert $\boldsymbol{B}=\text{const.}$ hat. Ein solches Feld resultiert, wie man mit (21.15) nachrechnet, aus einem Vektorpotential $\boldsymbol{A}(\boldsymbol{r})$ der Form

$$\boldsymbol{A}(\boldsymbol{r})=\tfrac{1}{2}(\boldsymbol{B}\times\boldsymbol{r}). \tag{21.20}$$

Weist $\boldsymbol{B}$ in z-Richtung, d.h. ist $\boldsymbol{B}=\{0,0,B\}$, so ist

$$\begin{aligned}
A_x&=-\frac{B}{2}\,y,\\
A_y&=\frac{B}{2}\,x,\\
A_z&=0.
\end{aligned} \tag{21.21}$$

Der Zusammenhang (21.17) zwischen Impuls $\boldsymbol{P}$ und $M\boldsymbol{v}$ lautet in einem homogenen Magnetfeld

$$\boldsymbol{P} = M\boldsymbol{v} + \frac{q}{2}(\boldsymbol{B} \times \boldsymbol{r}). \tag{21.22}$$

Berechnet man die Kraft $\boldsymbol{F}$ nach (21.9), oder einfacher durch Differentiation von (21.22) nach t und Verwendung von (21.16), so erhält man

$$\boldsymbol{F} = \frac{q}{2}(\boldsymbol{v} \times \boldsymbol{B}), \tag{21.23}$$

also die halbe Lorentz-Kraft. Im Falle des homogenen Magnetfelds unterscheiden sich die Kraft $\boldsymbol{F}$ und die Größe „Masse mal Beschleunigung" um den Faktor 1/2, denn nach (21.23) und (21.16) ist

$$\boldsymbol{F} = \frac{1}{2} M \frac{d^2\boldsymbol{r}}{dt^2}. \tag{21.24}$$

Schreibt man die Bewegungsgleichung (21.16) in der Form

$$\frac{d\boldsymbol{v}}{dt} = \frac{q}{M}(\boldsymbol{v} \times \boldsymbol{B}), \tag{21.25}$$

so erhalten wir dank der Konstanz von $\boldsymbol{B}$ aus ihr

$$\boldsymbol{v} = \frac{q}{M}(\boldsymbol{r} \times \boldsymbol{B}) + \boldsymbol{v}^*, \tag{21.26}$$

wobei $\boldsymbol{v}^*$ ein beliebiger, zeitlich konstanter Vektor ist. Setzen wir (21.26) wieder in (21.22) ein, so folgt für den Zusammenhang von Impuls $\boldsymbol{P}$, Lage $\boldsymbol{r}$ und Geschwindigkeit $\boldsymbol{v}$ längs der Bahn

$$\boldsymbol{P} = \frac{q}{2}(\boldsymbol{r} \times \boldsymbol{B}) + M\boldsymbol{v}^* = \frac{M}{2}(\boldsymbol{v} + \boldsymbol{v}^*). \tag{21.27}$$

Diese Beziehung hätten wir auch aus (21.24) erschließen können, denn (21.27) ist nichts anderes als die integrierte Form von (21.24). Ersetzen wir schließlich die linke Seite von (21.26) durch $d\boldsymbol{r}/dt$, so erhalten wir

$$\frac{d\boldsymbol{r}}{dt} = \frac{q}{M}(\boldsymbol{r} \times \boldsymbol{B}) + \boldsymbol{v}^*. \tag{21.28}$$

Das ist eine Differentialgleichung, die die Zeitabhängigkeit des Ortsvektors $\boldsymbol{r}(t)$ festlegt.

Um (21.28) zu lösen, legen wir das Koordinatensystem so, daß die positive z-Achse in die Richtung des homogenen Feldes $\boldsymbol{B}$ weist, so daß $\boldsymbol{B} = \{0, 0, B\}$. Außerdem betrachten wir zunächst den Fall $\boldsymbol{v}^* = 0$. Dann hat (21.28), in Komponenten geschrieben, die Gestalt

$$\frac{dx}{dt} = \frac{qB}{M}y, \qquad \frac{dy}{dt} = -\frac{qB}{M}x, \qquad \frac{dz}{dt} = 0. \tag{21.29}$$

Die letzte Gleichung sagt aus, daß die Bewegung ganz in einer Ebene $z=\text{const.}$ verläuft. Es genügt also, sich auf die x-y-Ebene zu beschränken. Differenziert man die erste Gleichung in (21.29) noch einmal nach t und setzt auf der rechten Seite dann die zweite Gleichung (21.29) ein, so resultiert

$$\frac{d^2x}{dt^2} = -\left(\frac{qB}{M}\right)^2 \cdot x. \tag{21.30}$$

Auf dieselbe Weise folgt aus der zweiten Gleichung von (21.29)

$$\frac{d^2y}{dt^2} = -\left(\frac{qB}{M}\right)^2 \cdot y. \tag{21.31}$$

Beide Gleichungen sind *Bewegungsgleichungen eines harmonischen Oszillators mit der Frequenz* $\omega = qB/M$. Ihre Lösungen lauten also

$$x = x_0 \cos\left(\frac{qB}{M}t + \delta_1\right), \qquad y = y_0 \cos\left(\frac{qB}{M}t + \delta_2\right).$$

Allerdings sind die Konstanten x_0, y_0, δ_1 und δ_2 nicht ganz beliebig, denn es müssen ja auch die Gln. (21.29) erfüllt sein. So verlangt die erste

$$\frac{dx}{dt} = -\frac{qB}{M}x_0 \sin\left(\frac{qB}{M}t + \delta_1\right) = \frac{qB}{M}y = \frac{qB}{M}y_0 \cos\left(\frac{qB}{M}t + \delta_2\right).$$

Hieraus folgt $x_0 = y_0$ und $\delta_2 = \delta_1 + \pi/2$. Die zweite Gleichung (21.29) liefert demgegenüber nichts Neues, so daß

$$x(t) = x_0 \cos\left(\frac{qB}{M}t + \delta_1\right), \qquad y(t) = -x_0 \sin\left(\frac{qB}{M}t + \delta_1\right). \tag{21.32}$$

Hieraus erkennt man, daß die *Bahnkurve ein Kreis* ist, denn quadriert man die beiden Gln. (21.32) und addiert sie, so folgt

$$x^2(t) + y^2(t) = x_0^2 = \text{const.}, \tag{21.33}$$

d.h. die Gleichung eines Kreises. Da v^2 in jedem Magnetfeld konstant ist, wird der Kreis gleichförmig durchlaufen mit der Umlaufsfrequenz

$$\omega_c = \frac{qB}{M}. \tag{21.34}$$

Bemerkenswert an diesem Resultat ist, daß die Umlaufsfrequenz nur von der Masse M des Körpers und vom Betrag der Feldstärke B abhängt, nicht dagegen von der Geschwindigkeit v oder der kinetischen Energie, die der Körper hat. Diese Tatsache wird beim *Zyklotron* ausgenutzt, wo geladene Teilchen, die in einem homogenen Magnetfeld umlaufen, durch Anlegen eines elektrischen Wechselfeldes tangential beschleunigt werden, weswegen die Frequenz (21.34) auch als **Zyklotronfrequenz** bezeichnet wird. Da die Zyklotronfrequenz der Teilchen nur von ihrer Masse abhängt und von der Stärke des Magnetfeldes, nicht dagegen davon, wieviel kinetische Energie sie schon haben, kann die Beschleunigung durch ein elektrisches Wechselfeld bewerkstelligt werden, das mit der konstanten Zyklotronfrequenz (21.34) schwingt. Die Zyklotronfrequenz ist übrigens nur so lange konstant wie $v \ll c$ ist.

Um den Radius x_0 der kreisförmigen Bahn zu erhalten, differenzieren wir Gl. (21.32) nach t

$$v_x = \frac{dx}{dt} = -\frac{qB}{M} x_0 \sin\left(\frac{qB}{M} t + \delta_1\right), \tag{21.35}$$

$$v_y = \frac{dy}{dt} = -\frac{qB}{M} x_0 \cos\left(\frac{qB}{M} t + \delta_1\right).$$

Quadriert man diese beiden Ausdrücke und addiert sie, so erhält man $v^2 = q^2 B^2 x_0^2 / M^2$ oder

$$x_0 = \frac{Mv}{qB}. \tag{21.36}$$

Der Kreisradius ist also dem Betrag der Größe Mv proportional und der Ladung q und dem Betrag des Magnetfeldes B umgekehrt proportional.

Wir fragen schließlich noch, was $\boldsymbol{v}^* \neq 0$ bedeutet. Dazu zerlegen wir $\boldsymbol{v}^*$ in zwei Vektoren, in einen $\boldsymbol{v}_\parallel^*$, der parallel zu $\boldsymbol{B}$, und einen zweiten $\boldsymbol{v}_\perp^*$, der senkrecht zu $\boldsymbol{B}$ ist. Den Einfluß von $\boldsymbol{v}_\perp^*$ auf die Bahn erklärt Abb. 21.1. Danach bestimmt $\boldsymbol{v}_\perp^*$ lediglich die Lage des Mittelpunktes der kreisförmigen Bahn.

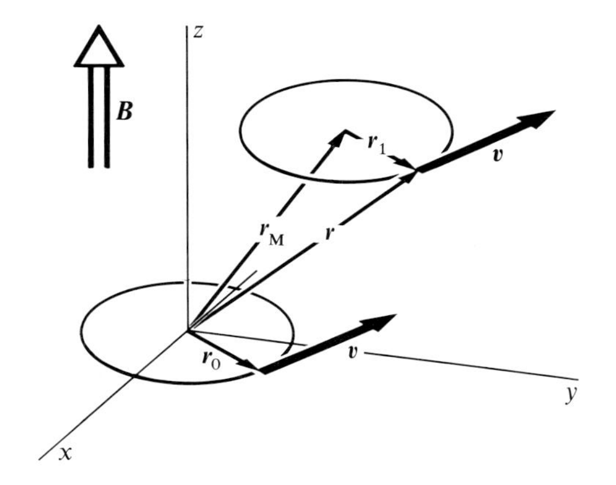

Abb. 21.1

Kreisbewegung eines geladenen Körpers im homogenen Magnetfeld. Es sind zwei verschiedene Lagen des Kreises gezeichnet. In der ersten fällt der Kreismittelpunkt mit dem Koordinatenursprung zusammen; dann ist $\boldsymbol{v} = q(\boldsymbol{r}_0 \times \boldsymbol{B})/M$. In der zweiten hat der Kreismittelpunkt den Ortsvektor $\boldsymbol{r}_M$; dann ist $\boldsymbol{v} = \frac{q}{M}(\boldsymbol{r}_1 \times \boldsymbol{B}) = \frac{q}{M}(\boldsymbol{r} \times \boldsymbol{B}) - \frac{q}{M}(\boldsymbol{r}_M \times \boldsymbol{B}) = \frac{q}{M}(\boldsymbol{r} \times \boldsymbol{B}) + \boldsymbol{v}^*$. $\boldsymbol{v}^*$ bestimmt somit die Projektion des Ortsvektors $\boldsymbol{r}_M$ des Kreismittelpunktes auf die x-y-Ebene.

Der zu $\boldsymbol{B}$ parallele Anteil $\boldsymbol{v}_\parallel^*$ wirkt sich, da er nur eine z-Komponente hat, allein in der dritten Gleichung in (21.29) aus. Er ändert sie ab zu

$$\frac{dz}{dt} = v_\parallel^*. \tag{21.37}$$

Da die rechte Seite konstant ist, hat sie die Lösung

$$z(t) = v_\parallel^* t + z_0. \tag{21.38}$$

In z-Richtung führt der Körper also eine gleichförmige Bewegung aus.

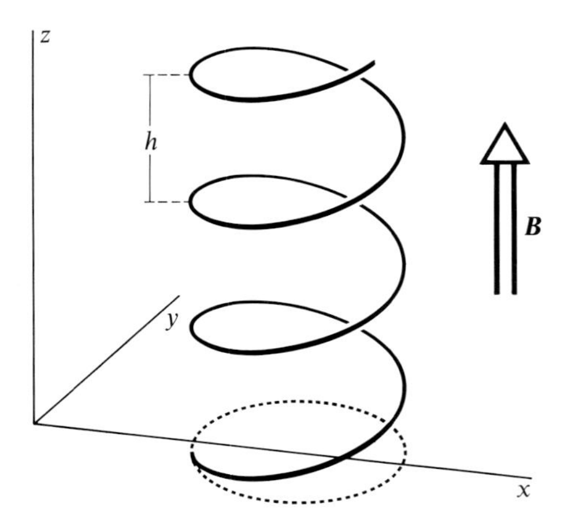

Abb. 21.2

Bewegung eines elektrisch geladenen Körpers im homogenen Magnetfeld. Die Ganghöhe h der Spirale (Helix) beträgt $h = v_{\|}^* 2\pi/\omega_c$, wobei ω_c die Zyklotronfrequenz (21.34) ist.

Die Bahnen eines geladenen Körpers in einem homogenen $\boldsymbol{B}$-Feld setzen sich damit zusammen aus einer gleichförmigen Kreisbewegung senkrecht zu $\boldsymbol{B}$, deren Umlaufsfrequenz durch die Zyklotronfrequenz (21.34) und deren Radius durch (21.35) gegeben sind, ferner einer gradlinig-gleichförmigen Bewegung in $\boldsymbol{B}$-Richtung, deren Geschwindigkeit allein durch die zu $\boldsymbol{B}$ parallele Komponente $v_{\|}^*$ von $\boldsymbol{v}^*$ bestimmt ist. Die Bahnen sind *gleichförmig durchlaufene Spiralen*, deren Ganghöhe durch $v_{\|}^*$ bestimmt ist (Abb. 21.2). Für $v_{\|}^* = 0$ entarten die Spiralen zu ebenen Kreisbahnen.

Relativistische Bewegung im Magnetfeld

Um auch Bewegungen geladener Körper in einem Magnetfeld einzuschließen, bei denen die Geschwindigkeit nicht klein ist gegen die Lichtgeschwindigkeit, ist (21.7) zu ersetzen durch

$$E(\boldsymbol{P}, \boldsymbol{r}) = \sqrt{c^2 [\boldsymbol{P} + \boldsymbol{a}(\boldsymbol{r})]^2 + E_0^2} + (\mathfrak{E}_0 - E_0). \tag{21.39}$$

Für die Komponenten der Geschwindigkeit folgt hieraus

$$v_x = \frac{\partial E(\boldsymbol{P}, \boldsymbol{r})}{\partial P_x} = \frac{c^2 (P_x + a_x)}{\sqrt{c^2 (\boldsymbol{P} + \boldsymbol{a})^2 + E_0^2}}, \ldots \tag{21.40}$$

in Vektorschreibweise also

$$\boldsymbol{v} = \frac{c^2}{\sqrt{c^2 (\boldsymbol{P} + \boldsymbol{a})^2 + E_0^2}} [\boldsymbol{P} + \boldsymbol{a}(\boldsymbol{r})] = \frac{c^2}{H} [\boldsymbol{P} + \boldsymbol{a}(\boldsymbol{r})]. \tag{21.41}$$

Dabei haben wir

$$H = E - (\mathfrak{E}_0 - E_0) = \sqrt{c^2 (\boldsymbol{P} + \boldsymbol{a}(\boldsymbol{r}))^2 + E_0^2} \tag{21.42}$$

gesetzt. Die Kraft berechnet sich wie in (21.9):

$$-F_x = \frac{\partial E}{\partial x} = \frac{\partial H}{\partial x} = \frac{c^2}{H} (\boldsymbol{P} + \boldsymbol{a}) \frac{\partial}{\partial x} \boldsymbol{a} = \boldsymbol{v} \frac{\partial}{\partial x} \boldsymbol{a}, \ldots. \tag{21.43}$$

Die Bewegungsgleichungen lauten entsprechend

$$\frac{d\boldsymbol{r}}{dt} = \boldsymbol{v}, \quad \frac{dP_x}{dt} = -\left(\boldsymbol{v} \frac{\partial}{\partial x} \boldsymbol{a}\right), \ldots. \tag{21.44}$$

Beachtet man, daß $dH/dt=0$, so folgt aus (21.40)

$$\frac{dv_x}{dt}=\frac{d}{dt}\frac{c^2}{H}(P_x+a_x)=\frac{c^2}{H}\left(\frac{dP_x}{dt}+\frac{da_x}{dt}\right)$$

$$=\frac{c^2}{H}\left(\frac{da_x}{dt}-\boldsymbol{v}\frac{\partial}{\partial x}\boldsymbol{a}\right)$$

$$=\frac{c^2}{H}\left\{\frac{\partial a_x}{\partial x}v_x+\frac{\partial a_x}{\partial y}v_y+\frac{\partial a_x}{\partial z}v_z-v_x\frac{\partial a_x}{\partial x}-v_y\frac{\partial a_y}{\partial x}-v_z\frac{\partial a_z}{\partial x}\right\}$$

$$=\frac{c^2}{H}\left\{v_y\left(\frac{\partial a_x}{\partial y}-\frac{\partial a_y}{\partial x}\right)+v_z\left(\frac{\partial a_x}{\partial z}-\frac{\partial a_z}{\partial x}\right)\right\}=-\frac{c^2}{H}(\boldsymbol{v}\times(\boldsymbol{\nabla}\boldsymbol{a}))_x$$

oder in Vektorform

(21.45)
$$\frac{H}{c^2}\frac{d\boldsymbol{v}}{dt}=-\boldsymbol{v}\times(\boldsymbol{\nabla}\times\boldsymbol{a}).$$

Die Gleichung ist genau von der Gestalt (21.13) mit dem einzigen Unterschied, daß der Faktor M jetzt durch H/c^2 ersetzt wird. Dieser Faktor ist zwar bei jedem einzelnen Bewegungvorgang, bei dem der Körper nur mit dem Magnetfeld wechselwirkt, konstant, sein Wert wird aber durch die Anfangsbedingungen festgelegt. In einem homogenen Magnetfeld sind also die Bahnen eines geladenen Körpers auch im Fall relativistischer Geschwindigkeiten durch die Formeln (21.29) bis (21.33) beschrieben, nur ist darin M durch H/c^2 zu ersetzen. Das hat zur Folge, daß die Zyklotronfrequenz ω_c, mit der die Kreisbahn durchlaufen wird, wegen $\omega_c=qBc^2/H$ nun nicht nur von der Ladung q und dem Magnetfeld B, sondern auch von der kinetischen Energie des umlaufenden Körpers abhängt. Bei Steigerung der kinetischen Energie im Zyklotron (infolge des angelegten *elektrischen* Wechselfeldes) bleibt also die Umlaufsfrequenz ω_c nur so lange konstant, wie die kinetische Energie der Teilchen klein ist gegen ihre innere Energie. Wird die kinetische Energie mit der inneren Energie vergleichbar, so nimmt die Zyklotronfrequenz ω_c mit zunehmender Energie ab.

§ 22 Austausch und Transport von Energie und Impuls durch Felder

Bei unseren bisherigen Betrachtungen über die Wechselwirkung zwischen Körper und Feld hatten wir stets vorausgesetzt, daß das Feld von einem zweiten Körper sehr viel größerer Masse „festgehalten“ wird. Was bedeutet nun dieses Festhalten physikalisch, um welche Bedingung an die Größen Energie und Impuls handelt es sich dabei?

Energie- und Impulsbilanz eines statischen Feldes

Wir denken uns dazu ein bestimmtes System „Körper + Feld“ vorgegeben, das durch die als bekannt angenommene Funktion $E(\boldsymbol{P},\boldsymbol{r})$ beschrieben wird. Der Körper durchlaufe eine Bahnkurve, von der wir ein beliebiges Stück näher ins Auge fassen, das von einer Stelle $\boldsymbol{r}_1$ bis zu einer Stelle $\boldsymbol{r}_2$ reiche (Abb. 22.1). Da bei einer Bewegung Energie und Impuls zwischen Körper und Feld ausgetauscht werden, wird das auch auf der von $\boldsymbol{r}_1$ nach $\boldsymbol{r}_2$ führenden Strecke geschehen. Der Impuls des Körpers wird sich also vom Wert $\boldsymbol{P}_1$, den er an der Stelle $\boldsymbol{r}_1$ hat, ändern und an der Stelle $\boldsymbol{r}_2$ den Wert $\boldsymbol{P}_2$ haben. Die Energie E des Gesamtsystems „Körper + Feld“ erfährt natürlich keine Änderung; es ist ja $E(\boldsymbol{P}_1,\boldsymbol{r}_1)=E(\boldsymbol{P}_2,\boldsymbol{r}_2)$. Ist das Feld vom ersten Typ, die Energie E also als Summe

a

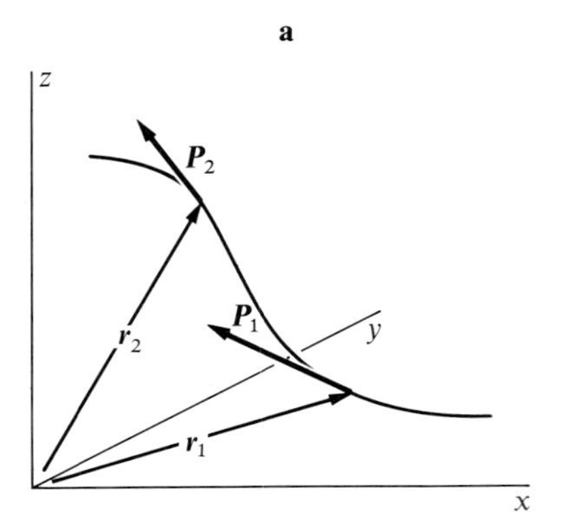

b

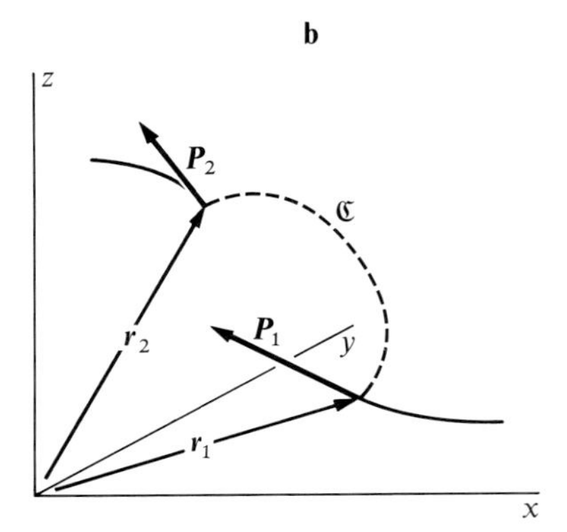

Abb. 22.1

(a) Bahnkurve eines Körpers. Der Impuls ändert sich kontinuierlich bei Bewegung von $\boldsymbol{r}_1$ nach $\boldsymbol{r}_2$.
(b) Der Körper bewege sich nicht von $\boldsymbol{r}_1$ nach $\boldsymbol{r}_2$, sondern werde durch *Verschiebung* bei $\boldsymbol{P}=0$ längs irgendeinem Weg ℭ von $\boldsymbol{r}_1$ nach $\boldsymbol{r}_2$ gebracht. Dazu wird ihm in $\boldsymbol{r}_1$ der Impuls $\boldsymbol{P}_1$ entzogen, bei $\boldsymbol{r}_2$ der Impuls $\boldsymbol{P}_2$ wieder zugeführt.

von kinetischer und potentieller Energie darstellbar, so läßt sich die Energiebilanz schreiben

(22.1)
$$\frac{P_1^2}{2M}+E_{\text{pot}}(\boldsymbol{r}_1)=\frac{P_2^2}{2M}+E_{\text{pot}}(\boldsymbol{r}_2),$$

oder anders

(22.2)
$$\frac{P_1^2}{2M}=E_{\text{pot}}(\boldsymbol{r}_2)-E_{\text{pot}}(\boldsymbol{r}_1)+\frac{P_2^2}{2M}.$$

Wir lesen diese Gleichung so, daß die kinetische Energie $P_1^2/2M$, die der Körper im Punkt $\boldsymbol{r}_1$ besitzt, dazu verwendet wird, um einmal die für die Verschiebung von $\boldsymbol{r}_1$ nach $\boldsymbol{r}_2$ erforderliche Energie $E_{\text{pot}}(\boldsymbol{r}_2)-E_{\text{pot}}(\boldsymbol{r}_1)$ aufzubringen und zum anderen die kinetische Energie $P_2^2/2M$, die der Körper im Punkt $\boldsymbol{r}_2$ haben muß, weil er dort ja den Impuls $\boldsymbol{P}_2$ hat.

Wir denken uns nun einen zweiten Prozeß mit dem Körper ausgeführt, der auf den ersten Blick zwar etwas künstlich wirkt, der aber durch die Schreibweise (22.2) der Bilanz zwischen kinetischer und potentieller Energie nahegelegt wird. Sobald nämlich der Körper die Stelle $\boldsymbol{r}_1$ erreicht hat, denken wir uns ihm durch einen äußeren Eingriff, d.h. durch ein drittes System, plötzlich seinen ganzen Impuls $\boldsymbol{P}_1$ und die ganze damit verknüpfte kinetische Energie $P_1^2/2M$ entzogen. Dann werde der Körper durch eine *Verschiebung* (keine Bewegung!) bei konstantem Impuls $\boldsymbol{P}=0$ von $\boldsymbol{r}_1$ nach $\boldsymbol{r}_2$ gebracht. Dazu ist die Energie $E_{\text{pot}}(\boldsymbol{r}_2)-E_{\text{pot}}(\boldsymbol{r}_1)$ erforderlich, die von dem dritten, äußeren System geliefert oder aufgenommen werden muß. Am Punkt $\boldsymbol{r}_2$ werde dem Körper dann durch plötzlichen Stoß der Impuls $\boldsymbol{P}_2$ erteilt, wobei gleichzeitig der Energiebetrag $P_2^2/2M$ auf ihn übertragen wird. Da der Körper im Punkt $\boldsymbol{r}_2$ denselben Impuls $\boldsymbol{P}_2$ hat, wie er ihn auch hatte, als er sich längs der Bahn von $\boldsymbol{r}_1$ nach $\boldsymbol{r}_2$ bewegt hat, setzt er seine Bahn über $\boldsymbol{r}_2$ hinaus genau wie bei der ungestörten Bewegung fort.

Die **Energiebilanz** des eben beschriebenen zweiten Prozesses, bei dem wir statt der Bewegung von $\boldsymbol{r}_1$ nach $\boldsymbol{r}_2$ eine Verschiebung bei konstantem Impuls Null eingeschaltet haben, sieht nun genau so aus wie die Bilanz (22.2). Die linke Seite von (22.2) ist nämlich die dem Körper insgesamt entzogene Energie, nämlich die kinetische Energie, die er in $\boldsymbol{r}_1$ hatte. Die rechte Seite stellt die insgesamt aufgewendete Energie dar, nämlich die Energie, die zur Verschiebung notwendig ist, und die Energie, die mit dem Impuls $\boldsymbol{P}_2$ zwangsläufig mitübertragen werden muß und die dann die kinetische Energie des Körpers im Punkt $\boldsymbol{r}_2$ ist.

Worin besteht nun der Unterschied zwischen der ungestörten Bewegung von $\boldsymbol{r}_1$ nach $\boldsymbol{r}_2$ und dem Prozeß, in dem die Bewegung durch eine Verschiebung mit zusätzlichen plötzlichen Impuls- und Energieänderungen ersetzt wird? Die Energiebilanz ist, wie wir gesehen haben, in beiden Fällen dieselbe. Der Unterschied kann also nur in der **Impulsbilanz** liegen. Bei der Bewegung wird die Impulsbilanz allein zwischen Körper und Feld geregelt. Eine Impulsänderung, die der Körper erfährt, wird in jedem Augenblick voll vom Feld aufgenommen. Also muß auch die Impulsänderung $\boldsymbol{P}_2-\boldsymbol{P}_1$, die der Körper auf seiner Bahn von $\boldsymbol{r}_1$ nach $\boldsymbol{r}_2$ insgesamt erfährt, vom Feld aufgenommen werden. Bei der Verschiebung von $\boldsymbol{r}_1$ nach $\boldsymbol{r}_2$ hingegen nimmt das Feld nur Energie, aber keinen Impuls auf, denn die Verschiebung erfolgt ja bei konstantem Impuls $\boldsymbol{P}=0$. Die Impulsdifferenz $\boldsymbol{P}_2-\boldsymbol{P}_1$ wird hier ganz von dem dritten an dem Austausch beteiligten System aufgenommen oder geliefert.

Nun ist aber in der physikalischen Beschreibung einer Bewegung jeder Moment unabhängig von der Vorgeschichte der Bewegung. Allein wichtig sind die *momentanen* Werte der Lage $\boldsymbol{r}$ und des Impulses $\boldsymbol{P}$. Weiß man, welchen Impuls $\boldsymbol{P}$ der Körper hat, wenn er sich am Ort $\boldsymbol{r}$ befindet, so legen die Bewegungsgleichungen fest, wie sich Impuls und Ort im nächsten Zeitelement dt ändern werden. Dabei ist es völlig gleichgültig, wie der Körper an den Ort $\boldsymbol{r}$ gekommen ist und wie er dort den Impuls $\boldsymbol{P}$ bekommen hat, ob als Folge einer voraufgegangenen Bewegung oder durch einen äußeren Eingriff, wie es z.B. bei Anfangsbedingungen geschieht. Für die physikalischen Bilanzen in den obigen Betrachtungen ist es demnach völlig gleichgültig, wie der Körper von $\boldsymbol{r}_1$ nach $\boldsymbol{r}_2$ gekommen ist. Ausschlaggebend ist allein, daß er in $\boldsymbol{r}_1$ den Impuls $\boldsymbol{P}_1$ und in $\boldsymbol{r}_2$ den Impuls $\boldsymbol{P}_2$ hat. Beschränkt man die Frage also auf die beiden Zustände $\{\boldsymbol{r}_1, \boldsymbol{P}_1\}$ und $\{\boldsymbol{r}_2, \boldsymbol{P}_2\}$, so sind die Bewegung von $\boldsymbol{r}_1$ nach $\boldsymbol{r}_2$ und der oben diskutierte Prozeß in nichts unterschieden; denn dem Zustand $\{\boldsymbol{r}_2, \boldsymbol{P}_2\}$ des Systems „Körper + Feld“ ist in keiner Weise anzusehen, ob er auf dem Weg der kontinuierlichen Bewegung oder durch eine Verschiebung mit zusätzlicher diskontinuierlicher Impuls- und Energieübertragung erreicht worden ist.

Nun hat aber im letzten Fall der Impuls des Feldes im Zustand $\{\boldsymbol{r}_1, \boldsymbol{P}_1\}$ denselben Wert wie im Zustand $\{\boldsymbol{r}_2, \boldsymbol{P}_2\}$, denn aller Impuls ist ja von dem beteiligten dritten System aufgenommen und geliefert worden. Hat bei dem diskontinuierlichen Prozeß der Körper im Zustand 1 und 2 den Impuls $\boldsymbol{P}_1$ bzw. $\boldsymbol{P}_2$, das Feld aber den Impuls Null, so muß auch beim kontinuierlichen Prozeß das Feld in beiden Zuständen den Impuls Null haben. Demnach darf auch bei der kontinuierlichen Bewegung der Impuls des Feldes keine Änderung erfahren haben. Andererseits muß aber das Feld bei einer Bewegung jede Impulsänderung $d\boldsymbol{P}$ des Körpers voll aufnehmen. Dieser Widerspruch kann seine Lösung nur darin finden, daß das Feld eine Impulsänderung $d\boldsymbol{P}$ des bewegten Körpers zwar in jedem Augenblick voll aufnimmt, daß es diesen Impuls $d\boldsymbol{P}$ aber so schnell wieder an ein anderes System abgibt, daß es selbst keinen Impuls behält, sein Impuls also Null bleibt, wenn er irgendwann einmal Null war. Beim Energie-Impuls-Austausch zwischen einem Körper und einem Feld muß also stets (mindestens) ein weiteres System beteiligt sein, das dem Feld jeden Impuls, den es aufgenommen hat, sofort wieder abnimmt. Diese Funktion hat in den bisherigen Beispielen der das Feld festhaltende Körper großer Masse. An ihn wird der vom Körper aufgenommene Impuls gleich wieder abgegeben. Die große Masse hat den Zweck, die mit dem Impuls gleichzeitig an den Körper abzugebende Energie klein zu halten.

Nun haben wir in unseren Betrachtungen und unseren Schlüssen wesentlich davon Gebrauch gemacht, daß das Feld statisch ist, ja daß es sogar statisch vom ersten Typ ist. Die Energiebilanz ließe sich sonst nicht in der Form (22.1) schreiben. Es läßt sich jedoch zeigen, daß entsprechende Überlegungen auch für Felder vom zweiten Typ zutreffen, so daß die einzig wichtige Voraussetzung die ist, daß sich das Feld in seiner statischen Näherung beschreiben läßt. Wir fassen somit das Resultat unserer Betrachtungen zusammen zur

Regel 22.1 Ein Feld hat in seiner statischen Näherung stets den Impuls Null; seine Energie ist daher innere Energie. In dieser Näherung vermittelt es zwar den Impuls- und Energieaustausch zwischen Körpern, behält aber von dem dabei von ihm aufgenommenen und transportierten *Impuls* nichts, wogegen es von der *Energie* einen (unter Umständen beliebig großen) Teil behalten und zur Änderung seiner eigenen inneren Energie verwenden kann. Die potentielle Energie eines statischen Feldes vom ersten Typ ist bis auf eine additive Konstante ein direktes Maß für die innere Energie des Feldes.

Die Regel 22.1 macht unmittelbar verständlich, daß das statische Feld ein approximativer Begriff ist. Ein Feld kann danach nämlich nur dann als statisch behandelt werden, wenn der Impulsaustausch, den es vermittelt, so schnell vor sich geht, daß dabei die Lage der Körper nur unmerklich geändert wird. Ob ein Feld als statisch angesehen werden darf, hängt also von der Zeit ab, die der von ihm bewirkte Impulstransport von einem Körper zum anderen braucht. Diese Zeit wiederum ist einerseits durch die Geschwindigkeit bestimmt, mit der sich der Impuls im Feld ausbreitet, zum anderen aber vom Abstand der Körper, denn selbst bei großer Ausbreitungsgeschwindigkeit des Impulses im Feld kann die Zeit doch groß werden, wenn der Abstand groß ist.

Die elastische Feder als Modell für den Impulsaustausch und Impulstransport eines Feldes

Die elastische Feder eignet sich vorzüglich dazu, die mit der Energie- und Impulsaufnahme eines Feldes verbundenen Probleme sichtbar zu machen. Wir betrachten dazu eine Feder, an deren Enden je ein Körper befestigt ist (Abb. 22.2a). Dem einen dieser Körper, hier 1 genannt, geben wir eine sehr große Masse und bezeichnen ihn als *Wand*. Bei genügend großer Masse kann man seine Bewegung vernachlässigen und ihn als ruhend ansehen. Er hält das Feld, d.h. hier die Feder, fest. Seine große Masse bewirkt, daß er beliebig großen Impuls bei beliebig kleiner Energie aufnimmt.

Der Körper 2 befinde sich in Ruhe an der unverspannten Feder und erhalte zur Zeit $t=0$ einen Stoß, der ihn momentan auf die Geschwindigkeit v bringt, die auf die Wand gerichtet sei. Der Körper bewegt sich auf die Wand zu, wobei die Feder ihn langsam abbremst. Dabei gibt er Energie und Impuls an das Ende der Feder ab, an dem er befestigt ist. Diese Energie- und Impulsbeträge transportiert die Feder nun ihrerseits weiter. Wir fragen, wie das im einzelnen geschieht.

Der Körper bewegt sich nach rechts mit der Geschwindigkeit v (Abb. 22.2b). Dadurch verkürzt sich die Feder. Zwischen der Situation der Abb. 22.2a, in der die Feder noch entspannt ist, und der der Abb. 22.2b sei die Zeit dt verstrichen, in der der Körper sich um x nach rechts bewegt habe. Wir machen uns nun von der verkürzten

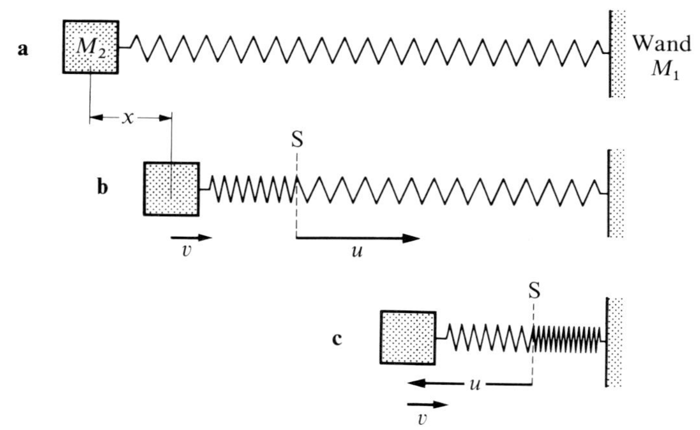

Abb. 22.2

(a) Am linken Ende einer Feder sei ein Körper der Masse M_2, am anderen Ende ein Körper der Masse M_1 angebracht. Bei $M_1 \gg M_2$ wirkt der Körper mit M_1 als *Wand*. Die Feder befinde sich in ihrer Ruhelage. Zur Zeit $t=0$ erhalte der Körper der Masse M_2 einen Stoß nach rechts. Seine Geschwindigkeit, vorher $v=0$, ist dann v.
(b) Zur Zeit dt nach Erhalt des Stoßes hat der Körper die Geschwindigkeit v. Er hat die Strecke x auf die Wand zu zurückgelegt. Die Feder teilt sich auf in einen komprimierten Teil nahe dem bewegten Körper und einen nicht-komprimierten Teil, der an die Wand grenzt. Die Grenze beider Federteile bildet der *Verdichtungsstoß S*. Er bewegt sich mit der Geschwindigkeit u auf die Wand zu. Es sei $u \gg v$.
(c) Der Verdichtungsstoß S hat inzwischen die Wand erreicht und läuft infolge eines „Rückstaus", der sich vor der Wand bildet, nun nach links auf den Körper zu.

Linker und rechter Federteil bewegen sich in jedem Fall mit der Geschwindigkeit der an sie angrenzenden Körper. Der linke Federteil bewegt sich also wie M_2 mit v, der rechte wie die Wand mit der Geschwindigkeit Null.

Feder das etwas vereinfachte Bild, daß sie aus zwei unterschiedlichen, aber in sich homogenen Abschnitten besteht. Links sei ein Abschnitt der Feder homogen komprimiert und bewege sich, wie der Körper, mit der Geschwindigkeit v nach rechts, rechts ist die Feder nach wie vor entspannt und bewegt sich nicht. Die Bewegung des Körpers nach rechts wirkt sich so auf die Feder aus, daß das homogen komprimierte Stück nicht stärker komprimiert wird, sondern sich ausdehnt auf Kosten des entspannten Abschnitts. Die Grenze zwischen dem komprimierten und dem entspannten Abschnitt bezeichnen wir als **Verdichtungsstoß.** Während der Körper sich mit v nach rechts bewegt, läuft der Verdichtungsstoß mit der Geschwindigkeit u nach rechts. u muß sicher größer sein als v, damit der Verdichtungsstoß sich vom Körper lösen kann. Wir wollen im Einklang mit der Wirklichkeit voraussetzen, daß $u \gg v$.

Wenn der Körper sich nach rechts bewegt, wird er durch die Feder gebremst. Er verliert an Impuls, den er an die Feder abgibt. Der Impuls steckt in dem komprimierten Federabschnitt, der sich wie der Körper mit v nach rechts bewegt. Der vom Körper in die Feder investierte Impuls wächst in dem Maße an, in dem sich der komprimierte Federabschnitt ausdehnt auf Kosten des entspannten Abschnitts.

Wir fragen zuerst, wie groß der vom Körper während dt in die Feder gesteckte Impuls dP ist. Als Zeit dt wollten wir die zwischen den Situationen in den Abb. 22.2a und b wählen. Ist der Körper während dt um die Strecke x nach rechts gelaufen und beträgt die Federkonstante des komprimierten Federabschnitts κ, so ist

$$dP = \kappa \, x \, dt. \tag{22.3}$$

Die Federkonstante κ des komprimierten Abschnitts gewinnen wir aus der Federkonstante k der gesamten Feder der Länge L dadurch, daß wir das komprimierte und das entspannte Federstück als zwei *hintereinandergeschaltete Federn* ansehen. Ist der Verdichtungsstoß noch so wenig fortgeschritten, daß die Länge $u\,dt$ des komprimierten Abschnitts klein ist gegen die Gesamtlänge der Feder, so gilt im Kräftegleichgewicht am Ort des Verdichtungsstoßes, daß

$$kL = \kappa\, u\, dt. \tag{22.4}$$

Berücksichtigt man, daß während der Zeit dt der Körper sich um die Strecke $x = v\,dt$ nach rechts bewegt hat, ergeben (22.3) und (22.4)

$$dP = kL \frac{v}{u} dt. \tag{22.5}$$

Da die Länge des komprimierten Abschnitts $u\,dt$ ist, beträgt bei einer Gesamtmasse M der Feder und der Geschwindigkeit v des komprimierten Abschnitts sein Impuls andererseits

$$dP = M \frac{u\,dt}{L} v. \tag{22.6}$$

Die kinetische Energie dE_{kin} des komprimierten Abschnitts ist

$$dE_{\text{kin}} = \frac{1}{2}\left(M \frac{u\,dt}{L}\right) v^2 = \frac{1}{2} v\, dP = \frac{1}{2} dE. \tag{22.7}$$

Dabei bezeichnet dE die in der Zeit dt vom Körper an die Feder als Feld abgegebene Energie. Nur die Hälfte dieser Energie dE steckt also in der kinetischen Energie des komprimierten sich bewegenden Federabschnitts. Die andere Hälfte findet sich als Spannungsenergie des komprimierten Federstücks, d.h. in der Erhöhung seiner inneren Energie wieder.

Aus (22.5) und (22.6) ergibt sich

$$u = \sqrt{\frac{kL}{M/L}}. \tag{22.8}$$

kL bezeichnet man als den *Elastizitätsmodul* $\mathscr{E}$ der Feder. Da ferner M/L die lineare Massendichte $M/L = \rho$ der Feder darstellt, schreibt man (22.8) auch als

$$u = \sqrt{\frac{\mathscr{E}}{\rho}}. \tag{22.9}$$

Nun war u die Geschwindigkeit, mit der der Verdichtungsstoß nach rechts läuft, sich also das komprimierte Gebiet ausdehnt. Das komprimierte Gebiet enthält aber den Impuls, der sich daher mit der Geschwindigkeit u nach rechts ausbreitet. Infolgedessen muß der Impuls auch mit der Geschwindigkeit u vom Körper als dem Lieferanten des Impulses durch das komprimierte Gebiet zum Verdichtungsstoß transportiert werden. *u ist also die* **Transportgeschwindigkeit des Impulses.**

Im weiteren Verlauf des Vorgangs dehnt sich das komprimierte Stück der Feder aus, bis es die Wand erreicht. Die Feder, deren sämtliche Windungen sich in diesem Augenblick mit der Geschwindigkeit v auf die Wand zu bewegen, drückt auf die Wand und überträgt Impuls auf sie. Die Wand nimmt den Impuls auf, aber wegen ihrer großen Masse keine Energie. Da die Federwindungen weiter mit der Geschwindigkeit v gegen

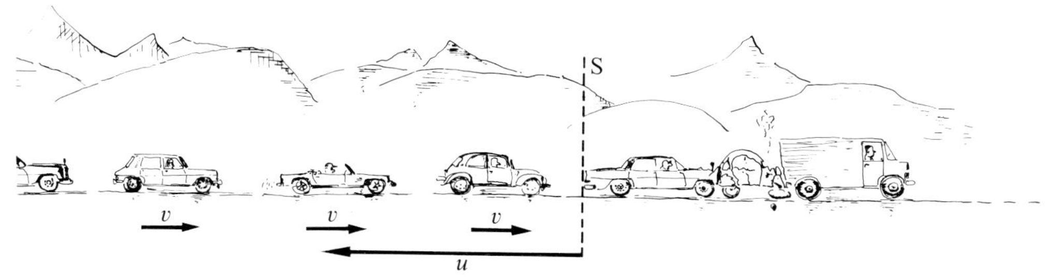

Abb. 22.3

Auffahrunfall einer Autokolonne. Die einzelnen Autos fahren mit der Geschwindigkeit v. Der Verdichtungsstoß, der die schon aufgefahrenen Autos von den noch nicht aufgefahrenen trennt, läuft mit der Geschwindigkeit u den Autos entgegen. Es ist $u \gg v$, wenn nur die Autos dicht genug hintereinander herfahren. Die Autos vermeiden also eine Massenkarambolage, d.h. großes u, nicht so sehr durch kleines v, sondern vielmehr durch genügenden Abstand voneinander.

die Wand anlaufen, bildet sich vor der Wand ein „Rückstau", das heißt eine weitere Kompression, die sich nach links ausbreitet (Abb. 22.2c).

In dieser Phase ist der Vorgang einem **Auffahrunfall** vergleichbar (Abb. 22.3). Die mit der Geschwindigkeit v sich bewegenden Windungen der Feder entsprechen Autos, die mit der Geschwindigkeit v von links kommen. Der weiter verdichtete, an die Wand angrenzende und daher unbewegte Teil der Feder entspricht den schon zur Ruhe gekommenen, weil auf ihre Vorgänger aufgefahrenen Autos. Als Folge bildet sich ein Verdichtungsstoß aus, der den weiter verdichteten, ruhenden Teil der Feder bzw. den verdichteten, ruhenden und demolierten Teil der Autokolonne von dem weniger verdichteten, noch in Bewegung befindlichen Teil der Feder bzw. der Autokolonne trennt. Dieser Verdichtungsstoß bewegt sich mit dem Geschwindigkeitsbetrag u nach links. Selbst bei beliebig langsam fahrenden Autos, d.h. bei kleiner Geschwindigkeit v, kann die Ausbreitungsgeschwindigkeit u des Verdichtungsstoßes sehr erhebliche Werte ($u \gg v$) annehmen, wenn die Autos nur genügend dicht aufeinanderfolgen. Im Grenzfall, in dem sich die Autos berühren, ist u allein durch die Geschwindigkeit bestimmt, mit der der Impuls durch die Karosserien transportiert wird. Das Beispiel des Auffahrunfalls zeigt auch, daß die kinetische Energie der bewegten Autokolonne durch den Verdichtungsstoß vollständig in innere Energie der verdichteten Kolonne transformiert wird.

Die Feder besteht in jedem Augenblick aus einem stärker und einem weniger verdichteten Teil, deren Trennfläche der Verdichtungsstoß ist. Dieser Verdichtungsstoß bewegt sich mit dem Geschwindigkeitsbetrag u in Richtung vom höher verdichteten zum weniger verdichteten Gebiet. Außerdem bewegen sich die Windungen des links vom Verdichtungsstoß befindlichen Stücks der Feder stets mit der Geschwindigkeit ihrer linksseitigen Begrenzung, d.h. des am Federende befestigten Körpers, während die rechtsseitige Randbedingung, nämlich die feststehende Wand, die Windungen des rechts vom Verdichtungsstoß befindlichen Federteils in Ruhe hält. Der Verdichtungsstoß läuft zwischen Körper und Wand hin und her. Auf dem Weg vom Körper zur Wand stellt er sichtbar die Front des Federteils dar, der vom Körper in Bewegung gesetzt wird, auf dem Weg von der Wand zum Körper bremst er umgekehrt den bewegten Federteil ab, bis dieser wieder zur Ruhe kommt. Dabei transformiert er ständig kinetische Energie in innere Energie der Feder. Auf den ersten Blick sieht es so aus, als erfolge die Transformation der vom Körper als Bewegungsenergie übertragenen Energie in innere Energie der Feder stoßweise, nämlich nur in der Phase, in der der Verdichtungsstoß von der Wand zum Körper läuft. Das trifft aber nicht zu, denn in Gl. (22.7) haben wir gesehen, daß auch in der Phase, in der der Verdichtungsstoß vom Körper zur Wand läuft, die Hälfte der übertragenen Energie bereits in innere Energie der Feder übergeht. Tatsächlich erfolgt der gesamte Impulstransport durch die Feder wie auch die **Transformation von kinetischer Energie in innere Energie** ganz gleichmäßig und keineswegs im Rhythmus des hin- und herlaufenden Verdichtungsstoßes.

Die statische Näherung eines Feldes

Unsere Betrachtungen zeigen, daß die Impulsausbreitung in einer Feder durch Verdichtungsstöße erfolgt, die mit der Geschwindigkeit u durch die Feder hindurchlaufen, die im allgemeinen sehr viel größer ist als die Geschwindigkeit, mit der sich die angehängten Körper oder die einzelnen Windungen der Feder bewegen. Die Geschwindigkeit u bestimmt, wie sehr die **Retardierung** (= Verzögerung) der Impulsübertragung durch das Feld spürbar wird, nämlich die Zeitdifferenz, die zwischen der Impulsabgabe auf der Seite des bewegten Körpers und der Ankunft des Impulses auf der Seite der Wand besteht.

Wie die Regel 22.1 sagt, hat ein Feld in seiner statischen Näherung den Impuls Null; seine Energie ist demnach nur innere Energie. Unsere Betrachtungen an der Feder zeigen aber, daß das streng genommen gar nicht möglich ist. Das Feld transportiert bei Bewegungsvorgängen immer Impuls. Nur ist der Betrag des Impulses, der beim Transport im Feld steckt, unter Umständen sehr klein gegenüber dem bei einer bestimmten Ortsänderung des bewegten Körpers abgegebenen Impuls, und er ist um so kleiner, je größer die Geschwindigkeit u ist, mit der sich der Impuls im Feld ausbreitet. Das ist aus Abb. 22.2 unmittelbar abzulesen. Es ist nämlich der in einem bestimmten Augenblick in der Feder enthaltene Impulsbetrag, vor allem, wenn die Feder den Impuls schnell transportiert, klein gegenüber demjenigen Impuls, der entweder noch im Körper enthalten oder bereits auf die Wand übergegangen ist.

Steckt bei dem Impulsaustausch eines Systems, das aus zwei Körpern und einem Feld besteht, immer nur ein verschwindend kleiner Anteil des Impulses im Feld, so läßt sich das Feld so behandeln, als hätte es keinen Impuls. Wir beschreiben das Feld dann in seiner statischen Näherung. Für die *Impulsbilanz* ist seine Existenz dann ganz außer acht zu lassen. Nur in der *Energiebilanz* erscheint es in der potentiellen Energie oder allgemeiner in der Ortsabhängigkeit der Funktion $E(\boldsymbol{P}, \boldsymbol{r})$.

Was wir an dem Feder-Feld gezeigt und von ihm gesagt haben, gilt mutatis mutandis für alle Felder. Energie-Impuls-Übertragungen führen generell zu Vorgängen, in denen Impuls und Energie in Form von sich ausbreitenden **Wellen** transportiert werden. Diese Wellenvorgänge sind zwar im allgemeinen keine Verdichtungsstöße, denn anders als die Feder sind die meisten physikalischen Felder nicht materiell, und daher gibt es in ihnen nicht das Analogon der Geschwindigkeit v der Materie. Dagegen gibt es die Geschwindigkeit u der Ausbreitung des Impulses. Generell lösen Veränderungen des Feldes, wie sie von bewegten Körpern verursacht werden, Vorgänge aus, die sich als Wellen beschreiben lassen und die den Transport von Energie und Impuls im Feld besorgen. Enthalten diese Vorgänge selbst vernachlässigbar wenig Impuls, d.h. gibt das Feld allen Impuls, den es von Körpern aufnimmt, gleich wieder an Körper ab, so läßt es sich in statischer Näherung behandeln. Das hat zur Folge, daß das Feld allein in der Energiebilanz erscheint, nicht aber in der Impulsbilanz, in der nur die beteiligten Körper auftreten. Wie die Feder läßt sich ein Feld immer dann als statisch behandeln, wenn sein Zustand nicht sehr von den Zuständen seines inneren Gleichgewichts abweicht, wenn in ihm also keine Wellen laufen oder nur Wellen von so kleiner Amplitude, daß man sich auf die **Zustände inneren Gleichgewichts** beschränken kann.

Die Tatsache, daß ein Feld in seiner statischen Näherung nur in der Energiebilanz eines Systems aus Körpern und Feld erscheint, nicht aber in der Impulsbilanz, in die allein die Körper eingehen, hat wesentlich zu der historisch vorherrschenden Auffassung beigetragen, daß ein Feld kein eigenes physikalisches Gebilde sei, sondern von den Körpern, mit denen es wechselwirkt, „erzeugt“ wird. So findet man nur zu häufig die Formulierung, daß die Planeten sich in dem „von der Sonne erzeugten Gravitationsfeld“ bewegen, oder das Elektron im Atom sich im Coulomb-Feld bewegt, das „vom Kern erzeugt wird“. Diese Sprechweise wäre nicht schlimm, wenn sie wirklich nur eine Sprechweise wäre und nicht zu einem Bild vom Feld führte, das nur zu leicht den Weg zu klaren Einsichten versperrt. Felder werden durch die Körper, mit denen sie wechselwirken, nicht erzeugt, sondern nur *in ihren Zuständen verändert*. Ein Feld ist ein eigenes Gebilde, ein selbständiges physikalisches System, das sich vor allem in seiner statischen Näherung erst über die Körper, genauer über deren Energie- und Impulsänderungen bemerkbar macht. Die elastische Feder ist auch hierfür wieder ein anschauliches und klärendes Modell. Niemand käme auf die Idee, die Feder als von dem Körper 1, der Wand, „erzeugt“ anzusehen. Sie ist ein eigenes physikalisches Gebilde, das mit dem Körper 2 und dem Körper 1, der Wand, wechselwirkt. Erst über sie wechselwirken dann die beiden Körper auch miteinander. Alles was die Körper durch ihre Energie- und Impulsabgaben bewirken, sind Änderungen im Spannungszustand der Feder, d.h. in den Zuständen des Feder-Feldes.

Der leere Raum als Zustand eines Feldes. Trägheitsfeld

Wenn wir die Auffassung akzeptieren, daß Felder eigene physikalische Gebilde sind, die nicht von Körpern erzeugt, sondern nur in ihren Zuständen verändert werden, so bleiben als unabhängige Objekte, an denen physikalische Operationen vorgenommen werden können, nur die Körper und die Felder. Daneben gebraucht man aber noch einen weiteren fundamentalen Begriff, nämlich den **Raum.** Zu seiner Beschreibung verwendet man die gleiche Variable $\boldsymbol{r}$, die man auch braucht, um die Wechselwirkung zwischen Körper und Feld zu beschreiben. Aber dennoch sind wir gewohnt, den Raum als etwas Besonderes zu betrachten, nämlich als das Substrat, in das alle physikalischen Dinge, wie Körper und Felder, eingebettet sind. Der Raum ist sozusagen das Haus, das die physikalischen Objekte aufnimmt; er bildet die Bühne, auf der sich die Vorgänge abspielen. Es scheint jedermann klar zu sein, was er meint, wenn er vom leeren, d.h. vom von Körpern und Feldern entblößten Raum spricht. Aber ist das wirklich so klar? Es ist immer wieder erstaunlich, wie leicht uns manche Vorstellungen eingehen und für wie selbstverständlich und zwangsläufig wir sie halten. Unsere Vorstellung vom leeren Raum gehört sicher dazu.

Wenn wir zugeben, daß Felder sich nur verändern, nicht aber erzeugen lassen, so ist der Begriff des feldfreien Raumes eigentlich sinnwidrig. Wenn wir sagen, es sei „kein Feld vorhanden“, so meinen wir doch nur, daß ein Körper, den wir beobachten, kein Feld spürt. Nach unserer Auffassung heißt das aber nicht notwendig, daß kein Feld vorhanden ist, sondern nur daß der Körper bei seiner Bewegung oder Verschiebung den *Zustand des Feldes nicht verändert*. Das kann entweder daran liegen, daß der Körper gar nicht mit dem Feld wechselwirkt, d.h. daß ihm die Größe fehlt, die ihn an das Feld koppelt — wie er z.B. mit dem elektrischen Feld nicht wechselwirkt, wenn er keine elektrische

Ladung hat — oder aber, daß das Feld sich in einem Zustand befindet, der sich nicht oder nicht leicht ändern läßt. In jedem Fall aber ist ein Feld vorhanden und nicht nur eines, sondern alle, mit denen Körper überhaupt unter irgendwelchen Umständen wechselwirken können. Der **leere Raum** ist also eine ganze Ansammlung von Feldern. Diese befinden sich in ihren Grundzuständen, d.h. in Zuständen, in denen sie minimale Energie haben. Welche Rolle spielt aber dann der Raum überhaupt noch? Die Antwort heißt, daß auch er ein Feld ist, und zwar dasjenige, dessen Wechselwirkung mit dem Körper die **Trägheitseffekte** bewirkt.

Um zu verstehen, daß auch der Raum ein Feld ist, betrachten wir einen Körper, der sich „frei im Raum" bewegt, d.h. der keine Einflüsse irgendwelcher anderer Felder, wie z.B. des elektrischen oder magnetischen Felds, zeigt. Der Impuls $\boldsymbol{P}$ des Körpers bleibt dann, wie wir zu schließen gewohnt sind, konstant, denn es gibt ja nach unserer Annahme kein System, an das der Körper Impuls abgeben könnte. Der Körper bewegt sich demnach gradlinig-gleichförmig, er führt, wie wir sagen, eine *Trägheitsbewegung* aus. Betrachten wir nun denselben Körper bei derselben Bewegung vom Standpunkt eines zweiten Beobachters aus, der sich gegen den ersten Beobachter beschleunigt, also nicht gradlinig-gleichförmig bewegt. Für diesen zweiten Beobachter behält der Körper seinen Impuls keineswegs bei. Der Impuls ändert sich, der Körper führt infolgedessen in bezug auf dieses zweite Bezugssystem keine gradlinig-gleichförmige Bewegung aus. Also muß der Körper nun mit einem Feld wechselwirken. Um welches Feld handelt es sich da? In alter Sprechweise würde man sagen, man habe durch die ungleichförmige Bewegung des Beobachters ein Feld „erzeugt". Für uns aber wird durch physikalische Manipulationen ein Feld niemals erzeugt, sondern nur in seinem Zustand geändert. Durch die Bewegung des Beobachters ist also nichts weiter geschehen, als daß der Zustand des fraglichen Feldes geändert wurde. *Vom Beobachter hängt es also ab, welchen Zustand ein Feld hat.* Dagegen hängt es nicht vom Beobachter ab, ob ein Feld da ist oder nicht. Ein Feld ist vielmehr immer da; für den einen Beobachter ändert es aber seinen Zustand nicht, weshalb dieser Beobachter von dem Feld nichts merkt, während es für den anderen Beobachter seinen Zustand ändert, und das bedeutet, daß er das Feld bemerkt. Das Feld ist also auch für den ersten Beobachter vorhanden. Er spürt es nur nicht, weil der Körper mit dem Feld in dem Zustand, in dem es sich ihm darbietet, keinen Impuls austauscht. Wir nennen dieses Feld das **Trägheitsfeld.** Der *leere Raum*, von dem der erste Beobachter spricht, ist nichts anderes als ein besonderer Zustand dieses Feldes.

Das Trägheitsfeld hat die Eigenschaft, mit jedem Körper Wechselwirkung zu zeigen, ja nicht nur mit jedem Körper, sondern mit jedem Gebilde, das Energie und Impuls besitzt. Anders als z.B. das elektrische Feld, das nur an Körper oder Teilchen gekoppelt ist, die elektrische Ladung haben, ist das Trägheitsfeld insofern von universalem Charakter, als es mit allen physikalischen Objekten wechselwirkt, denn *es ist an alles gekoppelt, was Energie und Impuls hat.* In Kap. VI, Relativitätstheorie, in dem wir das Problem des Trägheitsfeldes ausführlicher behandeln, werden wir sehen, daß das Trägheitsfeld aufs engste mit dem Gravitationsfeld zusammenhängt.

Die für uns im Augenblick wichtige Erkenntnis ist, daß das Trägheitsfeld in der Impulsbilanz irgendwelcher Vorgänge immer zu berücksichtigen ist. Durch Wahl geeigneter Bezugssysteme kann es allerdings in einen Zustand gebracht werden, in dem es am Impulsaustausch nicht teilnimmt. Derartige Bezugssysteme heißen **Inertialsysteme.** Bei unseren bisherigen Betrachtungen, bei denen wir immer angenommen haben, daß der Energie- und Impulsaustausch allein zwischen Körper und einem Feld stattfindet, haben wir als Bezugssystem daher stillschweigend immer ein Inertialsystem vorausgesetzt. Dementsprechend spielte das Trägheitsfeld bei dem Austausch nicht mit, und wir konnten es außer acht lassen.

Wie findet man nun heraus, welches Bezugssystem inertial ist? Nach unseren Betrachtungen ist die Antwort hierauf ganz einfach: In einem Inertialsystem ist bei irgendwelchen Prozessen, bei denen Energie und Impuls zwischen Körpern und Feldern ausgetauscht wird, die Anzahl der Felder, die am Energie- und Impulsaustausch beteiligt sind, um eines kleiner als in einem Nicht-Inertialsystem. In diesem tritt nämlich zu den übrigen Feldern auch noch das Trägheitsfeld beim Austausch von Impuls und Energie hinzu.

Diese Bemerkungen hier sollen nur als vorläufige Orientierung dienen. Wir werden auf die Frage nach Bezugssystemen und ihrer Rolle in der Beschreibung physikalischer Vorgänge im Kap. VI ausführlich zu sprechen kommen.

§ 23 Zwei- und Mehrkörper-Probleme in statischer Näherung

Um die Wechselwirkung eines Körpers mit einem Feld zu spüren, braucht man einen zweiten Körper. Bisher hatte dieser zweite Körper die Aufgabe, das Feld festzuhalten. Das wurde dadurch erreicht, daß man ihn mit einer hinreichend großen Masse ausstattete. Dann kann er nämlich alle anfallenden Impulsbeträge aufnehmen, ohne selbst dabei in Bewegung zu geraten. Diese vereinfachende Voraussetzung wollen wir nun fallenlassen. Wir betrachten also zwei oder mehr Körper endlicher Masse, die alle mit ein und demselben Feld Energie und Impuls austauschen und über dieses Feld miteinander wechselwirken. Das Feld behandeln wir dabei in seiner statischen Näherung.

Zwei- und Mehrkörperprobleme spielen eine große Rolle in der Gravitationstheorie. Das Kap. VII, Gravitation, enthält deswegen in § 44 eine auf die *Himmelsmechanik* zugeschnittene Darstellung des 2-Körper-Problems, die elementarer gehalten ist als die hier gegebene.

Bewegungsgleichungen

In mathematischer Formulierung bedeutet die Voraussetzung der statischen Näherung, daß die Energie des Systems „n Körper + Feld“ nur in Form von Bewegungs- und Verschiebungsenergie auftritt. Der einzige Unterschied gegenüber den Überlegungen des § 16 ist dabei, daß die möglichen Verschiebungen nun nicht durch einen einzigen, sondern durch die n unabhängigen Ortsvektoren $\boldsymbol{r}_1, \ldots, \boldsymbol{r}_n$, nämlich die Lagevektoren der n Körper beschrieben werden. Ebenso wird der eine Impuls $\boldsymbol{P}$ der früheren Betrachtungen durch n unabhängige Impulse $\boldsymbol{P}_1, \ldots, \boldsymbol{P}_n$ ersetzt. Dementsprechend lautet das Analogon von Gl. (16.6)

$$dE = \boldsymbol{v}_1\, d\boldsymbol{P}_1 + \boldsymbol{v}_2\, d\boldsymbol{P}_2 + \cdots + \boldsymbol{v}_n\, d\boldsymbol{P}_n - \boldsymbol{F}_1\, d\boldsymbol{r}_1 - \boldsymbol{F}_2\, d\boldsymbol{r}_2 - \cdots - \boldsymbol{F}_n\, d\boldsymbol{r}_n. \tag{23.1}$$

Dabei ist jeder der rechts auftretenden Summanden noch einmal ein skalares Produkt, d.h. seinerseits eine Summe von drei Termen,

$$\boldsymbol{v}_i\, d\boldsymbol{P}_i = v_{ix}\, dP_{ix} + v_{iy}\, dP_{iy} + v_{iz}\, dP_{iz}, \tag{23.2}$$

$$i=1, \ldots, n$$

$$\boldsymbol{F}_i\, d\boldsymbol{r}_i = F_{ix}\, dx_i + F_{iy}\, dy_i + F_{iz}\, dz_i. \tag{23.3}$$

Der Index i numeriert dabei die Körper.

Da wir uns mit der Voraussetzung des statischen Feldes wieder auf Vorgänge beschränken, für die die in (23.1) rechter Hand auftretenden Energieformen vollständig sind, d.h. alle Energieformen darstellen, die auftreten können, beschreibt die Funktion

$$\begin{aligned} E &= E(P_{1x}, P_{1y}, P_{1z}, \ldots, P_{nx}, P_{ny}, P_{nz}, x_1, y_1, z_1, \ldots, x_n, y_n, z_n) \\ &= E(\boldsymbol{P}_1, \boldsymbol{P}_2, \ldots, \boldsymbol{P}_n, \boldsymbol{r}_1, \boldsymbol{r}_2, \ldots, \boldsymbol{r}_n) \end{aligned} \tag{23.4}$$

das System „n Körper + Feld" vollständig hinsichtlich aller Vorgänge, bei denen Energie nur in Form von Bewegungs- und Verschiebungsenergie der einzelnen Körper ausgetauscht werden kann. Analog zu (16.8) und (16.9) sind die Komponenten der Geschwindigkeit $\boldsymbol{v}_i$ des i-ten Körpers und der auf ihn wirkenden Kraft $\boldsymbol{F}_i$ gegeben durch

$$v_{ix} = \frac{\partial E}{\partial P_{ix}}, \qquad v_{iy} = \frac{\partial E}{\partial P_{iy}}, \qquad v_{iz} = \frac{\partial E}{\partial P_{iz}}, \tag{23.5}$$

$$-F_{ix} = \frac{\partial E}{\partial x_i}, \qquad -F_{iy} = \frac{\partial E}{\partial y_i}, \qquad -F_{iz} = \frac{\partial E}{\partial z_i}. \tag{23.6}$$

Für E ist in diesen Gleichungen stets die Funktion (23.4) einzusetzen.

Da die Überlegungen des § 17 sich ohne Schwierigkeit auf mehr als sechs unabhängige Variablen ausdehnen lassen, können wir auch die Folgerungen dieses Paragraphen übernehmen. Die **statischen Felder von Mehrkörper-Problemen** lassen sich also wieder in zwei Typen einteilen. Für die Felder vom ersten Typ läßt sich die Funktion (23.4), wie auch im Fall des 1-Körper-Problems, als Summe der kinetischen Energien der Körper und der potentiellen Energie, die die innere Energie des Feldes repräsentiert, schreiben

$$E(\boldsymbol{P}_1, \ldots, \boldsymbol{r}_n) = E_{1\,\mathrm{kin}}(\boldsymbol{P}_1) + \cdots + E_{n\,\mathrm{kin}}(\boldsymbol{P}_n) + E_{\mathrm{pot}}(\boldsymbol{r}_1, \ldots, \boldsymbol{r}_n) + \mathfrak{E}_0. \tag{23.7}$$

Für Felder vom zweiten Typ ist das nicht möglich. Zu beachten ist nur, daß ein Feld auch dann schon vom zweiten Typ ist, wenn auch nur für einen einzigen der beteiligten Körper die Kraft $\boldsymbol{F}_i$ nicht allein vom Ort $\boldsymbol{r}_i$, sondern auch vom Impuls $\boldsymbol{P}_i$ dieses Körpers oder vom Impuls irgendeines der übrigen Körper abhängt.

Bewegungen sind wieder dadurch gekennzeichnet, daß die Körper ihre Energie-Impuls-Bilanzen allein mit dem Feld und über das Feld miteinander regeln. Die **Bewegungsgleichungen** haben dann analog zu (19.13) die Form

$$\frac{d\boldsymbol{P}_i}{dt} = \boldsymbol{F}_i, \qquad \frac{d\boldsymbol{r}_i}{dt} = \boldsymbol{v}_i, \qquad i=1, \ldots, n. \tag{23.8}$$

Für Felder vom ersten Typ lauten diese Gleichungen im Newtonschen Grenzfall

$$M_i \frac{d\boldsymbol{v}_i}{dt} = \boldsymbol{F}_i, \qquad \frac{d\boldsymbol{r}_i}{dt} = \boldsymbol{v}_i,$$

oder, wenn man die zweite Gleichung in die erste einsetzt,

$$M_i \frac{d^2 \boldsymbol{r}_i}{dt^2} = \boldsymbol{F}_i. \tag{23.9}$$

In diesem Fall hat die Funktion (23.7) die Gestalt

$$E(\boldsymbol{P}_1, \ldots, \boldsymbol{r}_n) = \frac{P_1^2}{2M_1} + \cdots + \frac{P_n^2}{2M_n} + E_{\text{pot}}(\boldsymbol{r}_1, \ldots, \boldsymbol{r}_n) + \mathfrak{E}_0. \tag{23.10}$$

Ein n-Körper-System, dessen Feld vom ersten Typ ist, ist also durch Angabe der potentiellen Energie als Funktion der Lagen der n Körper eindeutig festgelegt, denn die kinetische Energie hat für jedes System mit einem Feld vom ersten Typ die Form $\sum_i P_i^2/2M_i$.

Schreibt man die Gl. (23.9) für alle i von 1 bis n hin, und addiert alle diese Gleichungen, so erhält man, wenn man außerdem noch (23.8) berücksichtigt,

$$\frac{d^2}{dt^2}\left(\sum_{i=1}^{n} M_i \boldsymbol{r}_i\right) = \sum_{i=1}^{n} \boldsymbol{F}_i = \frac{d}{dt}\left(\sum_{i=1}^{n} \boldsymbol{P}_i\right). \tag{23.11}$$

Auf der rechten Seite steht hier die Zeitableitung des Gesamtimpulses aller Körper. Da das Feld in statischer Näherung behandelt, sein Impuls also vernachlässigt wird, ist $\sum_i \boldsymbol{P}_i$ gleichzeitig der **Gesamtimpuls** des Systems „n Körper + Feld“. Da ein Gesamtsystem aber stets einem einzigen Teilchen äquivalent ist, das sich im leeren Raum bewegt, ist sein Gesamtimpuls, wie wir in § 22 gesehen haben, zeitlich unveränderlich, wenn als Bezugssystem ein *Inertialsystem* gewählt wird, wenn also das allgegenwärtige Trägheitsfeld am Energie- und Impulsaustausch nicht beteiligt ist. Es gilt also

$$\frac{d}{dt}\left(\sum_{i=1}^{n} M_i \boldsymbol{r}_i\right) = \sum_{i=1}^{n} \boldsymbol{P}_i = \boldsymbol{P} = \text{const.} \quad \text{im Inertialsystem.} \tag{23.12}$$

Die auf der linken Seite in der Klammer stehende Größe ist nach (10.9) bis auf einen Faktor der **Ortsvektor $\boldsymbol{R}$ des Schwerpunkts**

$$\boldsymbol{R} = \frac{\sum_{i=1}^{n} M_i \boldsymbol{r}_i}{\sum_{i=1}^{n} M_i}. \tag{23.13}$$

Gl. (23.12) sagt aus, daß für einen Beobachter, dessen Bezugssystem inertial ist, der Schwerpunkt des n-Körper-Systems sich gradlinig-gleichförmig bewegt. Ist für den Beobachter insbesondere $\sum_{i=1}^{n} \boldsymbol{P}_i = 0$, so ruht für ihn der Schwerpunkt. Sein Bezugssystem ist dann ein Schwerpunktssystem. Das Schwerpunktssystem ist also ein spezielles Inertialsystem.

Reduktion eines 2-Körper-Problems auf ein 1-Körper-Problem. Schwerpunkts- und Relativvariablen

Systeme, die aus zwei Körpern und einem statischen Feld bestehen, mit dem die Körper wechselwirken, sind methodisch von besonderer Bedeutung. In ihrer mathematischen Behandlung lassen sie sich nämlich auf 1-Körper-Probleme reduzieren, d.h. auf Systeme, die aus einem einzigen Körper in einem gegebenen Feld bestehen. Das bedeutet natürlich eine erhebliche Vereinfachung. Bei Systemen, die drei oder mehr Körper enthalten, ist eine ähnliche Vereinfachung nicht mehr möglich. Die mit ihnen verbundenen mathematischen Schwierigkeiten sind im allgemeinen so erheblich, daß mathematisch geschlossene, generelle Aussagen kaum mehr möglich sind. In praktischen Fällen behandelt man derartige Probleme, die z.B. in der Himmelsmechanik auftreten, mit Hilfe von Computern.

Ein 2-Körper-Problem wird durch eine Funktion $E(\boldsymbol{P}_1, \boldsymbol{P}_2, \boldsymbol{r}_1, \boldsymbol{r}_2)$ beschrieben, die insgesamt von zwölf Variablen abhängt, nämlich von den Komponenten der Impuls- und Ortsvektoren beider Körper. Beschreibt man das System in einem inertialen Bezugssystem, so wird die Abhängigkeit von diesen Variablen vereinfacht. Dann hängt E nicht von den Ortsvektoren $\boldsymbol{r}_1$ und $\boldsymbol{r}_2$ einzeln ab, sondern nur von der Differenz $\boldsymbol{r}_2 - \boldsymbol{r}_1$. Es ist

(23.14) $$E = E(\boldsymbol{P}_1, \boldsymbol{P}_2, \boldsymbol{r}_2 - \boldsymbol{r}_1) \quad \text{im Inertialsystem.}$$

Um das zu beweisen, addieren wir die ersten Bewegungsgleichungen (23.8) für die beiden Körper. Man erhält so

$$\frac{d}{dt}(\boldsymbol{P}_1 + \boldsymbol{P}_2) = \boldsymbol{F}_1 + \boldsymbol{F}_2 .$$

Nun ist in einem inertialen Bezugssystem $\boldsymbol{P}_1 + \boldsymbol{P}_2 = \boldsymbol{P} = \text{const.}$, so daß

(23.15) $$\frac{d}{dt}(\boldsymbol{P}_1 + \boldsymbol{P}_2) = \boldsymbol{F}_1 + \boldsymbol{F}_2 = 0 \quad \text{im Inertialsystem.}$$

Die Kräfte $\boldsymbol{F}_1$ und $\boldsymbol{F}_2$ sind aber gemäß (23.6) als Ableitungen der Funktion $E(\boldsymbol{P}_1, \boldsymbol{P}_2, \boldsymbol{r}_1, \boldsymbol{r}_2)$ nach den Koordinaten der beiden Körper darstellbar, so daß für jede Komponente eine Beziehung der Form resultiert

(23.16) $$-F_{1x} = \frac{\partial E}{\partial x_1} = F_{2x} = -\frac{\partial E}{\partial x_2}, \ldots .$$

Diese Gleichungsfolge besagt, daß die Funktion E so von x_1 und x_2 abhängt, daß die partielle Differentiation nach x_1, vom Vorzeichen abgesehen, dasselbe Resultat liefert wie die partielle Differentiation nach x_2. Die Funktion E kann daher nur von der Kombination $x_2 - x_1$ der Variablen x_1 und x_2 abhängen. In derselben Weise zeigt man, daß E nur von den Kombinationen $y_2 - y_1$ und $z_2 - z_1$ abhängt. Das ist aber gerade die Aussage von Gl. (23.14).

Die Tatsache, daß die Ortsabhängigkeit der Funktion (23.14) allein von $\boldsymbol{r}_2 - \boldsymbol{r}_1$ geregelt wird, legt es nahe, statt der Komponenten der Ortsvektoren $\boldsymbol{r}_1$ und $\boldsymbol{r}_2$ als neue Variablen die Komponenten des Vektors $\boldsymbol{r} = \boldsymbol{r}_2 - \boldsymbol{r}_1$ einzuführen. Sie heißen die **Relativkoordinaten** der beiden Körper.

Es ist zweckmäßig, statt der Variablen $\boldsymbol{P}_1, \boldsymbol{P}_2, \boldsymbol{r}_1$ und $\boldsymbol{r}_2$ beim 2-Körper-Problem die folgenden neuen Variablen einzuführen:

$$\boldsymbol{R}=\frac{M_1\,\boldsymbol{r}_1+M_2\,\boldsymbol{r}_2}{M_1+M_2}, \qquad \boldsymbol{P}=\boldsymbol{P}_1+\boldsymbol{P}_2 \tag{23.17}$$

$$\boldsymbol{r}=\boldsymbol{r}_2-\boldsymbol{r}_1, \qquad \boldsymbol{p}=\frac{M_1\,\boldsymbol{P}_2-M_2\,\boldsymbol{P}_1}{M_1+M_2}. \tag{23.18}$$

Die Variablen (23.17) beziehen sich auf den Schwerpunkt. $\boldsymbol{R}$ ist der Ortsvektor des Schwerpunkts und $\boldsymbol{P}$ der Gesamtimpuls, den man manchmal auch den Schwerpunktsimpuls nennt. Die Variablen (23.18) sind **innere Variablen** des Gesamtsystems. Diese Bezeichnung rührt daher, daß sie gegen Änderungen des Bezugssystems invariant sind. Für $\boldsymbol{r}$ sieht man das sofort; für $\boldsymbol{p}$ läßt es sich wie folgt einsehen.

Wir betrachten zwei inertiale Bezugssysteme $\mathfrak{B}$ und $\mathfrak{B}^*$, von denen sich das zweite mit der konstanten Geschwindigkeit $\boldsymbol{w}$ gegen das erste bewegen möge. In Newtonscher Näherung sind dann $\boldsymbol{v}_1$ und $\boldsymbol{v}_2$ die Geschwindigkeiten der beiden Körper in bezug auf $\mathfrak{B}$, und $\boldsymbol{v}_1^*, \boldsymbol{v}_2^*$ ihre Geschwindigkeiten in bezug auf $\mathfrak{B}^*$, verknüpft durch

$$\boldsymbol{v}_1=\boldsymbol{v}_1^*+\boldsymbol{w}, \qquad \boldsymbol{v}_2=\boldsymbol{v}_2^*+\boldsymbol{w}. \tag{23.19}$$

Die Relativgeschwindigkeit der beiden Körper ist in beiden Bezugssystemen die gleiche, denn aus (23.19) folgt durch Subtraktion

$$\boldsymbol{v}_2-\boldsymbol{v}_1=\boldsymbol{v}_2^*-\boldsymbol{v}_1^*.$$

Die Impulse der beiden Körper in den Bezugssystemen $\mathfrak{B}$ und $\mathfrak{B}^*$ sind verknüpft durch

$$\boldsymbol{P}_1=\boldsymbol{P}_1^*+M_1\,\boldsymbol{w}, \qquad \boldsymbol{P}_2=\boldsymbol{P}_2^*+M_2\,\boldsymbol{w}. \tag{23.20}$$

Um auch aus diesen beiden Gleichungen wieder eine Größe zu erhalten, die sich beim Übergang von $\mathfrak{B}$ nach $\mathfrak{B}^*$ nicht ändert, multiplizieren wir die erste der beiden Gln. (23.20) mit M_2 und die zweite mit M_1. Subtraktion der ersten von der zweiten Gleichung liefert

$$M_1\,\boldsymbol{P}_2-M_2\,\boldsymbol{P}_1=M_1\,\boldsymbol{P}_2^*-M_2\,\boldsymbol{P}_1^*. \tag{23.21}$$

Abgesehen von dem konstanten Faktor $1/(M_1+M_2)$ ist das aber bereits der *innere Impuls* $\boldsymbol{p}$.

Da sich die beiden Körper als ein einziges Teilchen auffassen lassen, hat in einem inertialen Bezugssystem die **Funktion $E(\boldsymbol{P}_1, \boldsymbol{P}_2, \boldsymbol{r}_1, \boldsymbol{r}_2)$ eines 2-Körper-Problems** in Newtonscher Näherung die Form

$$E(\boldsymbol{P}, \boldsymbol{p}, \boldsymbol{r})=\frac{P^2}{2(M_1+M_2)}+E_0(\boldsymbol{p}, \boldsymbol{r}). \tag{23.22}$$

Dabei sind $\boldsymbol{P}, \boldsymbol{p}, \boldsymbol{r}$ die in (23.17) und (23.18) erklärten Variablen, die nunmehr als die *unabhängigen* Variablen des Problems anzusehen sind. Die innere Energie E_0 hängt dabei nur von den inneren Variablen $\boldsymbol{p}$ und $\boldsymbol{r}$ des 2-Körper-Problems ab.

Gl. (23.22) ist die Energie eines frei bewegten Teilchens, nämlich des Gesamtsystems, das sich mit konstantem Gesamtimpuls $\boldsymbol{P}$ bewegt und dessen Schwerpunkt demgemäß eine gradlinig-gleichförmige Bewegung ausführt. Die innere Energie $E_0(\boldsymbol{p}, \boldsymbol{r})$ dieses

Teilchens ist natürlich auch konstant, aber $\boldsymbol{p}$ und $\boldsymbol{r}$ ändern sich mit der Zeit und beschreiben so die Relativbewegung der beiden Körper. Die Funktion $E_0(\boldsymbol{p}, \boldsymbol{r})$ beschreibt mathematisch ein 1-Körper-Problem, dessen Bewegungsgleichungen nach (19.13) lauten

$$\frac{d\boldsymbol{p}}{dt}=\boldsymbol{F}=-\frac{\partial E_0}{\partial \boldsymbol{r}}, \quad \frac{d\boldsymbol{r}}{dt}=\boldsymbol{v}=\frac{\partial E_0}{\partial \boldsymbol{p}}. \tag{23.23}$$

In dieser Form sind jeweils drei Gleichungen für die Komponenten eines Vektors symbolisch zu einer einzigen Gleichung zusammengefaßt. In kartesischen Koordinaten lautet z. B. die erste Gleichung

$$\frac{dp_x}{dt}=-\frac{\partial E_0}{\partial x}, \quad \frac{dp_y}{dt}=-\frac{\partial E_0}{\partial y}, \quad \frac{dp_z}{dt}=-\frac{\partial E_0}{\partial z}. \tag{23.24}$$

2-Körper-Probleme mit Feldern vom ersten Typ

Ist das Feld, mit dem die beiden Körper wechselwirken, vom ersten Typ, so hat die Funktion (23.10) die Gestalt

$$E(\boldsymbol{P}_1, \boldsymbol{P}_2, \boldsymbol{r})=\frac{P_1^2}{2M_1}+\frac{P_2^2}{2M_2}+E_{\text{pot}}(\boldsymbol{r})+\mathfrak{E}_0. \tag{23.25}$$

Andererseits muß diese Funktion sich auch in die Gestalt (23.22) bringen lassen, wobei $E_0(\boldsymbol{p}, \boldsymbol{r})$ einem 1-Körper-Problem äquivalent ist, dessen Feld natürlich vom ersten Typ sein muß. Für ein 1-Körper-Problem ist aber die Energie als Funktion des Impulses und des Ortsvektors von der Gestalt

$$E_0(\boldsymbol{p}, \boldsymbol{r})=\frac{p^2}{2\mu}+E_{\text{pot}}(\boldsymbol{r})+\mathfrak{E}_0. \tag{23.26}$$

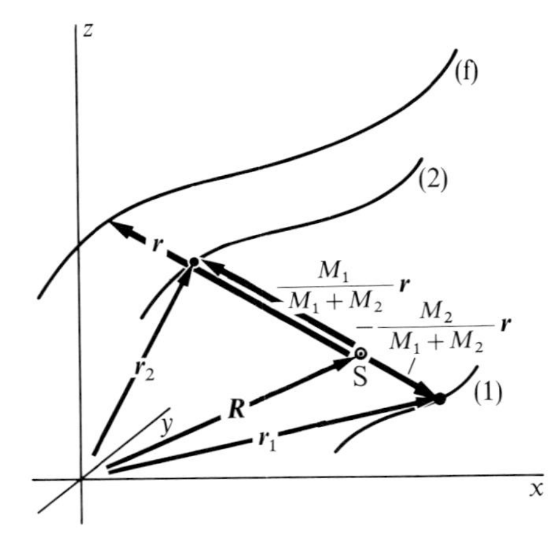

Abb. 23.1
Durch Gl. (23.29) werden die Bewegungsgleichungen eines 2-Körper-Problems auf die eines 1-Körper-Problems reduziert. $\boldsymbol{r}(t)$, die Lösung von (23.29), ist ein vom Schwerpunkt aus zu zählender Ortsvektor. Die von $\boldsymbol{r}(t)$ angegebene Bahn (f) im Schwerpunktssystem ist allerdings nicht die eines Körpers, sondern nur fiktiv. Ist $\boldsymbol{r}(t)$ bekannt, sind die Bahnen der Körper 1 und 2 durch (23.31) festgelegt. Diese Bahnen sind geometrisch ähnlich. In der Zeichnung ist $M_1/M_2=2$ gewählt.

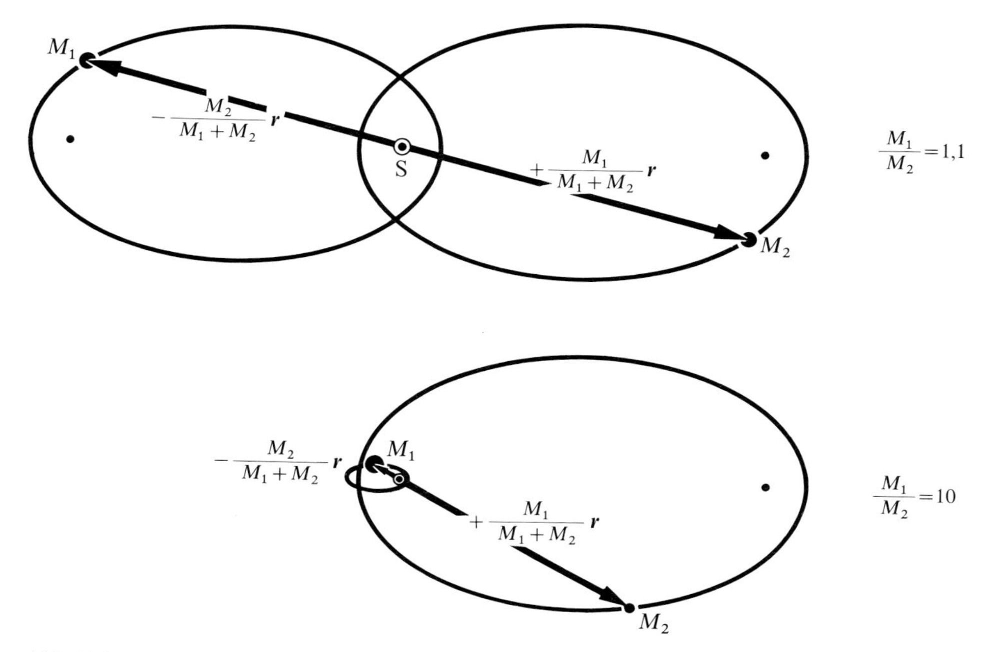

Abb. 23.2a

Gravitationsbewegungen zweier Körper im Schwerpunktssystem bei $H<0$. Die beiden Körper laufen auf Ellipsen um den gemeinsamen Schwerpunkt S, wobei S den einen Brennpunkt beider Ellipsen bildet. Im oberen Bild ist $M_1/M_2=1{,}1$, im unteren $M_1/M_2=10$. Bei $M_1/M_2 \gg 1$ bleibt der Körper 1 immer in der Nähe von S, so daß der Körper 2 eine Ellipse um den Körper 1 als Brennpunkt beschreibt (1. Keplersches Gesetz der Planetenbewegung).

Setzt man (23.25) auf der linken Seite von (23.22) ein und (23.26) auf der rechten, so erhält man nach einiger Rechnung tatsächlich eine Identität, wobei

(23.27)
$$\mu=\frac{M_1 M_2}{M_1+M_2} \quad \text{oder} \quad \frac{1}{\mu}=\frac{1}{M_1}+\frac{1}{M_2}.$$

Die Größe μ heißt die **reduzierte Masse** des 2-Körper-Systems. Tatsächlich ist

(23.28)
$$\begin{aligned} \boldsymbol{p} &= \frac{M_1}{M_1+M_2}\boldsymbol{P}_2-\frac{M_2}{M_1+M_2}\boldsymbol{P}_1=\frac{M_1 M_2}{M_1+M_2}\boldsymbol{v}_2-\frac{M_1 M_2}{M_1+M_2}\boldsymbol{v}_1 \\ &= \frac{M_1 M_2}{M_1+M_2}(\boldsymbol{v}_2-\boldsymbol{v}_1)=\mu\,\boldsymbol{v}. \end{aligned}$$

Die Bewegungsgleichungen (23.23) lassen sich daher auch schreiben

(23.29)
$$\mu\frac{d^2\boldsymbol{r}}{dt^2}=\boldsymbol{F}(\boldsymbol{r}).$$

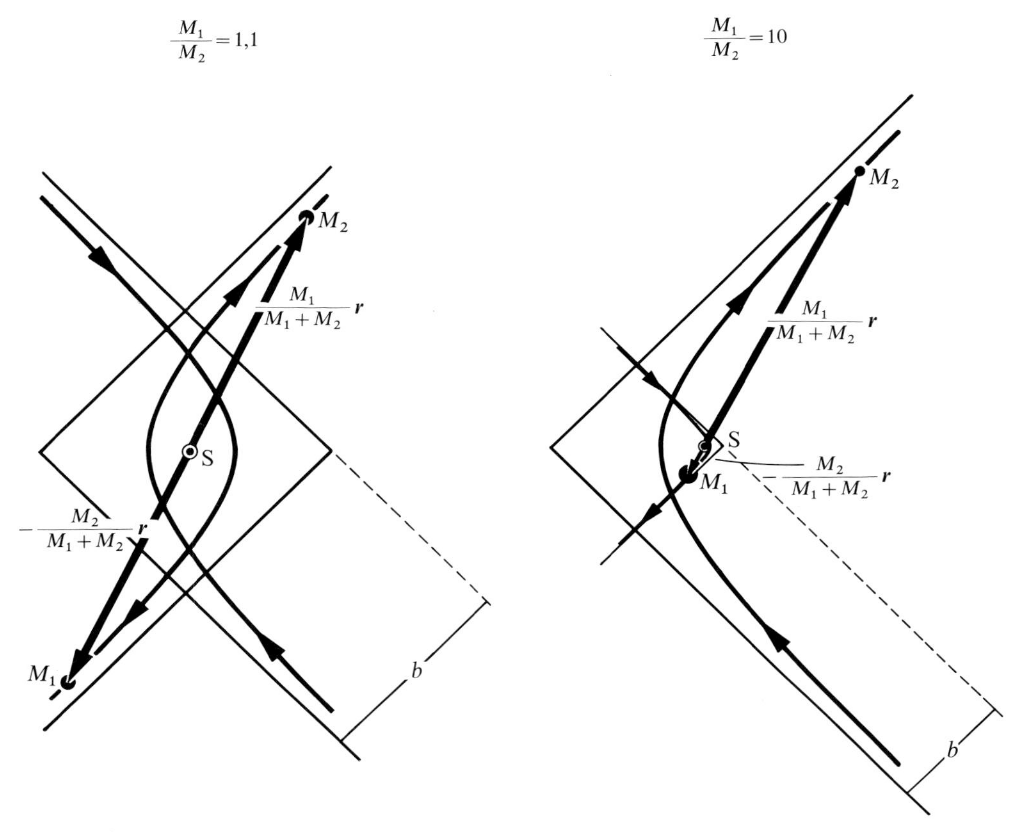

Abb. 23.2b

Gravitationsbewegung zweier Körper im Schwerpunktssystem bei $H>0$ (Stoß gravitierender Körper). Die Körper laufen auf Hyperbelästen um den gemeinsamen Schwerpunkt S, der wieder den einen Brennpunkt beider Hyperbeläste bildet. Im linken Bild ist $M_1/M_2=1{,}1$, im rechten $M_1/M_2=10$.

Hierin ist

$$\text{(23.30)}\qquad \boldsymbol{F}(\boldsymbol{r})=-\frac{\partial E_0}{\partial \boldsymbol{r}}=-\frac{\partial E_{\text{pot}}}{\partial \boldsymbol{r}}=\left\{-\frac{\partial E_{\text{pot}}}{\partial x},\ -\frac{\partial E_{\text{pot}}}{\partial y},\ -\frac{\partial E_{\text{pot}}}{\partial z}\right\}.$$

Ist das Kraftfeld $\boldsymbol{F}(\boldsymbol{r})$ gegeben, so stellt (23.29) eine Differentialgleichung für die Funktion $\boldsymbol{r}(t)$ dar. Denken wir uns die Gleichung gelöst und $\boldsymbol{r}(t)$ gewonnen, so lassen sich die Bahnen sehr einfach berechnen, die die beiden Körper des 2-Körper-Systems beschreiben. Aus den Gln. (23.17) und (23.18) lassen sich nämlich $\boldsymbol{r}_1$ und $\boldsymbol{r}_2$ als Funktionen von $\boldsymbol{r}$ und $\boldsymbol{R}$ ausdrücken. Man erhält so

$$\text{(23.31)}\qquad \boldsymbol{r}_1=\boldsymbol{R}-\frac{M_2}{M_1+M_2}\,\boldsymbol{r},$$

$$\boldsymbol{r}_2=\boldsymbol{R}+\frac{M_1}{M_1+M_2}\,\boldsymbol{r}.$$

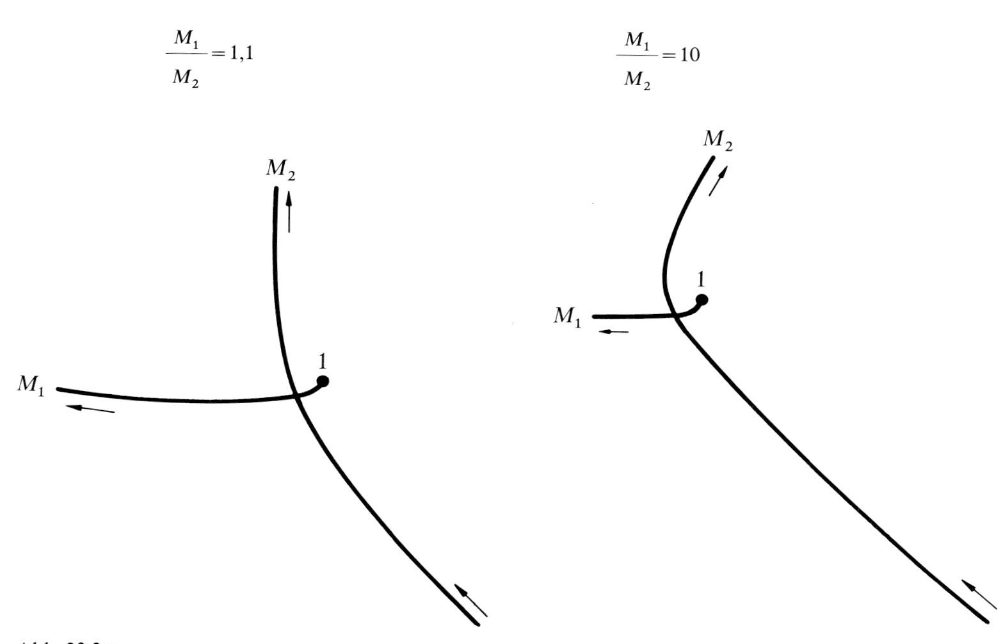

Abb. 23.2c

Das Stoßproblem der Abb. 23.2b nicht im Schwerpunktssystem dargestellt, sondern in einem Bezugssystem, in dem am Anfang des Stoßes der Körper 1 ruht (Laborsystem).

Nun bewegt sich der Ortsvektor $\boldsymbol{R}$ des Schwerpunkts auf einer geraden Linie. Wählt man als inertiales Bezugssystem ein Schwerpunktssystem, so ruht der Schwerpunkt und $\boldsymbol{R}$ ist zeitlich konstant. Denken wir uns dann den Vektor $\boldsymbol{r} = \boldsymbol{r}(t)$ vom Schwerpunkt aus aufgetragen, so sind $\boldsymbol{r}_1$ und $\boldsymbol{r}_2$, wie (23.31) zeigt, durch die in Abb. 23.1 dargestellte Konstruktion gegeben.

Die Lösung des 1-Körper-Problems (23.29), d.h. die Bestimmung der Funktion $\boldsymbol{r}(t)$, liefert auf diese Weise **die Bewegung der Körper eines 2-Körper-Problems.** Wie Abb. 23.1 zeigt, beschreiben die Körper geometrisch ähnliche Bahnen um den gemeinsamen Schwerpunkt. Der Betrag $|\boldsymbol{r}(t)|$ gibt dabei in jedem Augenblick den Abstand der beiden Körper an.

In den Abb. 23.2 sind die **Gravitations-Bewegungen eines 2-Körper-Problems** in einem Bezugssystem dargestellt, in dem der Schwerpunkt ruht. Abb. 23.2a zeigt, wie die beiden Körper sich im Fall, daß $H = E_{\text{kin}} + E_{\text{pot}} < 0$, in geometrisch ähnlichen Ellipsen um ihren gemeinsamen Schwerpunkt bewegen. Abb. 23.2b stellt den Stoß zweier Körper dar, d.h. den Fall $H > 0$. Die beiden Körper bewegen sich auf ähnlichen Hyperbeln um ihren Schwerpunkt; der Abstand paralleler Asymptoten definiert den Stoßparameter. Beide Figuren sind einmal für den Fall gezeichnet, daß die Massen ungefähr gleich sind, d.h. $M_1 \approx M_2$ oder $\mu \approx M_2/2$, zum anderen für den Fall, daß $M_1 \gg M_2$, d.h. $\mu \approx M_2$. Der Körper 1 macht dann nur minimale, oftmals vernachlässigbare Bewegungen. Gl. (23.31) zeigt, daß bei Überwiegen einer Masse, etwa von M_1, der Ortsvektor $\boldsymbol{r}_1$ sich praktisch auf $\boldsymbol{R}$ reduziert, denn der Faktor $M_2/(M_1 + M_2)$, der vor $\boldsymbol{r}(t)$ steht, wird dann so klein, daß der von $\boldsymbol{r}(t)$ herrührende Anteil vernachlässigbar ist. Der Ortsvektor des Körpers 2 wird dagegen $\boldsymbol{r}_2 \approx \boldsymbol{R} + \boldsymbol{r}(t)$.

Modell eines 2-atomigen Moleküls

Für zwei Atome, die ein Molekül bilden, gibt es einen Gleichgewichtsabstand a. In ihm hat ihre potentielle Energie ein Minimum. Nach der Regel 20.1 hat für kleine Abweichungen des Abstands r der beiden Atome von ihrem Gleichgewichtsabstand $r=a$ die potentielle Energie die Form der potentiellen Energie eines harmonischen Oszillators. In dieser Näherung lautet Gl. (23.25) für ein 2-atomiges Molekül also

$$E(\boldsymbol{P}_1, \boldsymbol{P}_2, \boldsymbol{r}) = \frac{P_1^2}{2M_1} + \frac{P_2^2}{2M_2} + \frac{k}{2}(r-a)^2 + \mathfrak{E}_0, \tag{23.32}$$

wobei die Konstante k die Festigkeit mißt, mit der die beiden Atome infolge ihrer chemischen Bindung in ihrem Gleichgewichtsabstand gehalten werden. Die Gl. (23.32) beschreibt nun auch Körper der Masse M_1 und M_2, die durch eine Feder verbunden sind, die im unverspannten Zustand die Länge a hat. Zwei Körper, die durch eine Feder verbunden sind, bilden also ein Modell für ein 2-atomiges Molekül.

Die **innere Energie** des durch (23.32) beschriebenen 2-Körper-Problems ist nach (23.26) gegeben durch

$$E_0(\boldsymbol{p}, \boldsymbol{r}) = \frac{p^2}{2\mu} + \frac{k}{2}(r-a)^2 + \mathfrak{E}_0. \tag{23.33}$$

Dabei enthält $\mathfrak{E}_0$ die inneren Energien der beiden Körper und die innere Energie der Feder im unverspannten Zustand. μ ist die reduzierte Masse. (23.33) wäre mit der Funktion (20.66) identisch, wenn die potentielle Energie nicht $k(r-a)^2/2$ lautete, sondern einfach $kr^2/2$. Nun läßt sich die gewünschte Form tatsächlich erreichen, wenn man statt des Vektors $\boldsymbol{r}$ als neue Variable den Vektor

$$\boldsymbol{r}' = \boldsymbol{r} - a\left(\frac{\boldsymbol{r}}{r}\right) \tag{23.34}$$

einführt, der dieselbe Richtung hat wie $\boldsymbol{r}$, aber die Länge $r-a$. Die Geschwindigkeit $\boldsymbol{v}$ wird von diesem Variablenwechsel gar nicht berührt, denn es ist $d\boldsymbol{r}'/dt = d\boldsymbol{r}/dt$. Da es sich um ein Feld vom ersten Typ handelt, wird auch der Impuls $\boldsymbol{p}$ von der Transformation (23.34) nicht betroffen. Statt (23.33) können wir also auch schreiben

$$E_0(\boldsymbol{p}, \boldsymbol{r}') = \frac{p^2}{2\mu} + \frac{k}{2}r'^2 + \mathfrak{E}_0. \tag{23.35}$$

Als **Bewegungsgleichung** erhält man hiermit nach (23.23)

$$\mu \frac{d^2 \boldsymbol{r}'}{dt^2} = -k\boldsymbol{r}', \tag{23.36}$$

d.h. die Bewegungsgleichung eines 3-dimensionalen harmonischen Oszillators. Die Lösungen sind von der Form (20.68) mit der Frequenz

$$\omega = \sqrt{\frac{k}{\mu}}. \tag{23.37}$$

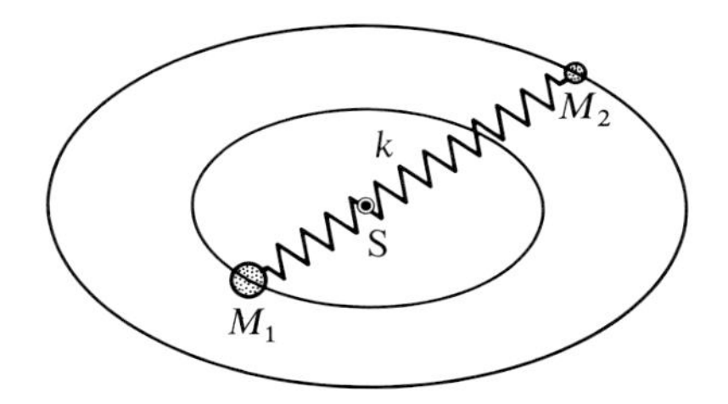

Abb. 23.3

2-Körper-Problem mit harmonischer Wechselwirkung. Zwei Körper der Massen M_1 und M_2 sind durch eine Feder der Federkonstante k verbunden. Sie bewegen sich auf ähnlichen Ellipsen um den gemeinsamen Schwerpunkt, der in den Mittelpunkt (nicht Brennpunkt!) der beiden Ellipsen fällt.

In bezug auf den als ruhend betrachteten Schwerpunkt bewegen sich die beiden Körper in Ellipsenbahnen in einer Ebene, wobei der Schwerpunkt den Mittelpunkt der Ellipsen bildet (Abb. 23.3). Stattdessen sagt man auch, daß die Körper um den Schwerpunkt rotieren und gleichzeitig ihren Abstand mit der Frequenz ω harmonisch ändern.

Die Bewegung eines 2-atomigen Moleküls läßt sich also zerlegen in eine gleichförmige Translation des Schwerpunkts, eine Rotation der Atome um den Schwerpunkt und eine Schwingung, d.h. eine periodische Änderung ihres Abstands, die für kleine Abweichungen vom Gleichgewichtsabstand harmonisch mit der Frequenz (23.37) verläuft. Die Federkonstante k ist ein Maß für die Festigkeit der chemischen Bindung, die die Atome im Gleichgewichtsabstand zu halten sucht.

Modell eines gestreckten 3-atomigen Moleküls

Bilden drei Atome ein Molekül, so gibt es eine Gleichgewichtskonfiguration, in der sich die Atome in einer bestimmten geometrischen Lage zueinander befinden. Man unterscheidet die in Abb. 23.4 schematisch dargestellten Fälle eines gestreckten und eines gewinkelten Moleküls. Für das gestreckte Molekül ist CO_2 ein typisches Beispiel, für das gewinkelte H_2O. Wieder läßt sich für Anregungen des Moleküls, die keine großen Abweichungen der Gleichgewichtsabstände der Atome zur Folge haben, nach der Regel 20.1 das Molekül beschreiben durch ein Modell, in dem die Bindungen zwischen den Atomen durch Federn ersetzt sind. Das ist in Abb. 23.4 dargestellt; dabei haben wir angenommen, daß das Molekül symmetrisch ist gegen Vertauschung von 1 und 3, so daß die Federn zwischen 1—2 und 2—3 die gleiche Federkonstante haben.

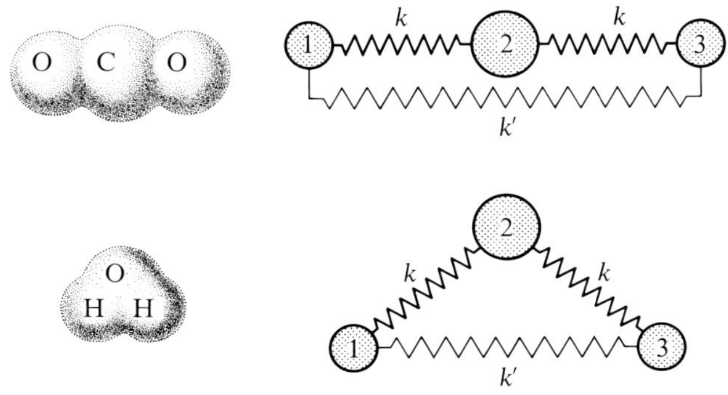

Abb. 23.4

CO_2-Molekül (gestreckt) und H_2O-Molekül (geknickt). Als Modell für beide Moleküle dienen drei Körper mit den Massen $M_1 = M_3$ und M_2, die durch Federn der Federkonstanten k bzw. k' verbunden sind.

Wir untersuchen hier nur die **Bewegungen des gestreckten Moleküls,** da an diesem Fall bereits alles Wesentliche zu erkennen ist. Zunächst sind wegen der angenommenen Symmetrie des Moleküls die Massen M_1 und M_3 gleich. Somit ist die Summe von kinetischer und potentieller Energie

$$\begin{aligned}(23.38)\qquad H(\boldsymbol{P}_1, \boldsymbol{P}_2, \boldsymbol{P}_3, x_1, x_2, x_3) &= E - E_{1\,0} - E_{2\,0} - E_{3\,0} - E_{\text{Feder},\,0}\\ &= \frac{1}{2M_1}(P_1^2 + P_3^2) + \frac{1}{2M_2}P_2^2\\ &\quad + \frac{k}{2}[(x_2 - x_1 - a)^2 + (x_3 - x_2 - a)^2] + \frac{k'}{2}(x_3 - x_1 - 2a)^2.\end{aligned}$$

k und a sind Federkonstante und Ruhelänge der Federn zwischen 1—2 und 2—3, während k' und $2a$ Federkonstante und Ruhelänge der Feder zwischen 1—3 bezeichnen.

Zunächst bringen wir die Ruheabstände a bzw. $2a$ wieder dadurch fort, daß wir statt x_1 und x_3 neue Variablen einführen, nämlich

$$(23.39)\qquad x_1' = x_1 + a, \qquad x_3' = x_3 - a.$$

Dann lautet (23.38)

$$\begin{aligned}(23.40)\qquad H &= \frac{1}{2M_1}(P_1^2 + P_3^2) + \frac{1}{2M_2}P_2^2\\ &\quad + \frac{k}{2}[(x_2 - x_1')^2 + (x_3' - x_2)^2] + \frac{k'}{2}(x_3' - x_1')^2.\end{aligned}$$

Nun ist die Funktion (23.40) ein mathematischer Ausdruck vom zweiten Grad in den Variablen, oder wie man in der Mathematik sagt, eine *quadratische Form.* Nach einem allgemeinen mathematischen Satz läßt sich eine solche Form durch lineare Transformation der Variablen in eine Summe von Quadraten transformieren. Die Behauptung läuft darauf hinaus, daß die Funktion (23.40) in die Gestalt gebracht werden kann

$$(23.41)\qquad H = \frac{p_1^2}{2m_1} + \frac{\kappa_1}{2}y_1^2 + \frac{p_2^2}{2m_2} + \frac{\kappa_2}{2}y_2^2 + \frac{p_3^2}{2m_3} + \frac{\kappa_3}{2}y_3^2.$$

Dabei sind die Variablen y_1, y_2, y_3 lineare Funktionen von x_1', x_2, x_3', und p_1, p_2, p_3 lineare Funktionen von P_1, P_2, P_3. Die Transformation von (23.40) in die Gestalt (23.41) läuft unter dem Namen *Hauptachsentransformation quadratischer Formen.*

Der Vorteil der Funktion (23.41) ist evident, denn danach erscheint das System, wenn alle drei Konstanten $\kappa_1, \kappa_2, \kappa_3$ von Null verschieden sind, als Summe von drei unabhängigen linearen Oszillatoren. Ist eine der Konstanten Null, was tatsächlich hier der Fall ist, erscheint es als Summe von zwei unabhängigen Oszillatoren und einem kräftefrei bewegten Teilchen. Diese Zerlegung des Moleküls ist allerdings keineswegs trivial, denn die beiden Oszillatoren, von denen hier die Rede ist, sind nicht mit den Körpern 1 und 3 und ihren Federn identisch. Jeder dieser Körper mit seiner Feder kann zwar auch als Oszillator angesehen werden, aber diese Oszillatoren sind nicht unabhängig, sondern, wie (23.38) zeigt, miteinander gekoppelt. Die in (23.41) erscheinenden Oszillatoren sind jedoch unabhängig voneinander. Dementsprechend sind sie keine räumlich separaten Teile des Moleküls, sie sind dem Molekül nicht „anzusehen".

Hauptachsentransformation

Die mit der Transformation der Form (23.40) der Energie H in die Form (23.41) gestellte Aufgabe läßt sich auch anders formulieren. Dazu betrachten wir statt des Energieausdrucks die **Bewegungsgleichungen**, die, da E und H sich nur um Konstanten unterscheiden, nach (23.8), (23.6) und (23.5) die Form haben

$$\frac{dP_i}{dt} = -\frac{\partial H(P_1, \ldots, x'_3)}{\partial x_i}, \quad \frac{dx_i}{dt} = \frac{\partial H(P_1, \ldots, x'_3)}{\partial P_i} \quad (i=1,2,3). \tag{23.42}$$

In den Variablen $p_1, p_2, p_3, y_1, y_2, y_3$ lauten sie entsprechend

$$\frac{dp_i}{dt} = -\frac{\partial H(p_1, \ldots, y_3)}{\partial y_i}, \quad \frac{dy_i}{dt} = \frac{\partial H(p_1, \ldots, y_3)}{\partial p_i} \quad (i=1,2,3). \tag{23.43}$$

Setzt man auf der rechten Seite von (23.42) die Funktion (23.40) ein, so erhält man die Bewegungsgleichungen

$$\begin{aligned} \frac{dP_1}{dt} &= M_1 \frac{d^2 x'_1}{dt^2} = k(x_2 - x'_1) + k'(x'_3 - x'_1), \\ \frac{dP_2}{dt} &= M_2 \frac{d^2 x_2}{dt^2} = k(x'_1 + x'_3 - 2x_2), \\ \frac{dP_3}{dt} &= M_1 \frac{d^2 x'_3}{dt^2} = -k(x'_3 - x_2) - k'(x'_3 - x'_1). \end{aligned} \tag{23.44}$$

Entsprechend erhält man aus (23.43) und (23.41) die Bewegungsgleichungen in der Form

$$\begin{aligned} \frac{dp_1}{dt} &= m_1 \frac{d^2 y_1}{dt^2} = -\kappa_1 y_1, \\ \frac{dp_2}{dt} &= m_2 \frac{d^2 y_2}{dt^2} = -\kappa_2 y_2, \\ \frac{dp_3}{dt} &= m_3 \frac{d^2 y_3}{dt^2} = -\kappa_3 y_3. \end{aligned} \tag{23.45}$$

Man sieht, daß (23.44) ein gekoppeltes Gleichungssystem ist, denn die Variablen x'_1, x_2, x'_3 kommen in allen drei Gleichungen vor. Das Differentialgleichungssystem (23.45) ist hingegen entkoppelt, denn es besteht aus drei unabhängigen Gleichungen, von denen die erste nur y_1, die zweite nur y_2 und die dritte nur y_3 enthält. Die Aufgabe, (23.40) in die Form (23.41), d.h. in eine Summe von Quadraten zu transformieren, läßt sich also auch als die Aufgabe formulieren, neue Variablen y_1, y_2, y_3, die lineare Funktionen von x'_1, x_2, x'_3 sind, so einzuführen, daß das gekoppelte Gleichungssystem (23.44) in den neuen Variablen entkoppelt wird, d.h. die Gestalt (23.45) annimmt.

Ordnet man die rechte Seite des Gleichungssystems (23.44) nach x'_1, x_2, x'_3, so nimmt es die Form an

$$\begin{aligned} \frac{d^2 x'_1}{dt^2} &= -\frac{k+k'}{M_1} x'_1 + \frac{k}{M_1} x_2 + \frac{k'}{M_1} x'_3, \\ \frac{d^2 x_2}{dt^2} &= \frac{k}{M_2} x'_1 - \frac{2k}{M_2} x_2 + \frac{k}{M_2} x'_3, \\ \frac{d^2 x'_3}{dt^2} &= \frac{k'}{M_1} x'_1 + \frac{k}{M_1} x_2 - \frac{k+k'}{M_1} x'_3. \end{aligned} \tag{23.46}$$

In Matrix-Schreibweise lautet dieses Gleichungssystem

$$\frac{d^2}{dt^2}\begin{pmatrix} x_1' \\ x_2 \\ x_3' \end{pmatrix} = \begin{pmatrix} -\frac{k+k'}{M_1} & \frac{k}{M_1} & \frac{k'}{M_1} \\ \frac{k}{M_2} & -\frac{2k}{M_2} & \frac{k}{M_2} \\ \frac{k'}{M_1} & \frac{k}{M_1} & -\frac{k+k'}{M_1} \end{pmatrix} \begin{pmatrix} x_1' \\ x_2 \\ x_3' \end{pmatrix}. \tag{23.47}$$

Andererseits lautet (23.45) in Matrix-Schreibweise

$$\frac{d^2}{dt^2}\begin{pmatrix} y_1 \\ y_2 \\ y_3 \end{pmatrix} = \begin{pmatrix} -\frac{\kappa_1}{m_1} & 0 & 0 \\ 0 & -\frac{\kappa_2}{m_2} & 0 \\ 0 & 0 & -\frac{\kappa_3}{m_3} \end{pmatrix} \begin{pmatrix} y_1 \\ y_2 \\ y_3 \end{pmatrix}. \tag{23.48}$$

Die Aufgabe der Hauptachsentransformation läßt sich schließlich also auch so formulieren, daß die in (23.47) auftretende Matrix durch Wahl neuer Variablen in die Gestalt der in (23.48) auftretenden Matrix, d.h. in *Diagonalgestalt* gebracht werden soll. *Transformation einer quadratischen Form in eine Summe von Quadraten, Entkoppeln eines Systems linearer Differentialgleichungen mit konstanten Koeffizienten und Diagonalisieren einer Matrix sind also mathematisch äquivalente Aufgaben.* Mit der Lösung einer von ihnen sind jeweils auch die anderen gelöst.

Der Name Hauptachsentransformation hat seinen Ursprung in der geometrischen Veranschaulichung der Aufgabe. Eine quadratische Form in drei Variablen läßt sich geometrisch nämlich als Fläche zweiten Grades im Raum auffassen, d.h. als Ellipsoid, Hyperboloid oder Paraboloid. Die Aufgabe der Hauptachsentransformation besteht darin, die Koordinaten so zu wählen, daß sie mit den Hauptachsen der Fläche zusammenfallen.

Lösung des Hauptachsenproblems

Zur Lösung des Hauptachsenproblems bedienen wir uns jeweils derjenigen Form der Aufgabe, die am schnellsten zum Ziel führt. Das ist hier die Entkopplung des Differentialgleichungssystems (23.44).

Zunächst muß nach (23.12) der Gesamtimpuls des Systems konstant sein. Das ist auch der Fall, denn addiert man alle drei Gleichungen (23.44), so folgt

$$\begin{aligned} \frac{d}{dt}(P_1+P_2+P_3) &= \frac{d^2}{dt^2}(M_1\, x_1' + M_2\, x_2 + M_1\, x_3') \\ &= \frac{d^2}{dt^2}[M_1(x_1+x_3) + M_2\, x_2] = 0. \end{aligned} \tag{23.49}$$

Die mittleren Gleichungen drücken beide die gleichförmige Bewegung des Schwerpunkts aus. Setzen wir also

$$\begin{aligned} p_3 &= P_1 + P_2 + P_3, \\ y_3 &= \frac{M_1(x_1'+x_3') + M_2\, x_2}{2M_1+M_2} = \frac{M_1(x_1+x_3)+M_2\, x_2}{2M_1+M_2}, \\ m_3 &= 2M_1 + M_2, \end{aligned} \tag{23.50}$$

so hat (23.49) bereits die Gestalt der letzten Gleichung in (23.45) mit

$$\kappa_3 = 0. \tag{23.51}$$

Im nächsten Schritt subtrahieren wir die dritte von der ersten Gleichung in (23.44). Damit ergibt sich

$$\frac{d}{dt}(P_1 - P_3) = M_1 \frac{d^2}{dt^2}(x_1' - x_3') = -(k + 2k')(x_1' - x_3'). \tag{23.52}$$

Das ist zwar bereits eine Gleichung der gewünschten Form (23.45), aber wir können aus ihr noch nicht auf die einzelnen Größen p_1, y_1, m_1 und κ_1 schließen, da in ihr nur die Produkte $m_1 y_1$ und $\kappa_1 y_1$ vorkommen und außerdem die ganze Gleichung noch mit einem Faktor multipliziert werden kann. Doch hilft hier ein einfacher Trick. Setzen wir nämlich für den Augenblick $k = 0$, so reduziert sich das vorliegende 3-Körper-Problem auf das 2-Körper-Problem der beiden durch eine Feder verbundenen Körper 1 und 3 und auf das 1-Körper-Problem des kräftefreien Körpers 2. Für das 2-Körper-Problem kennen wir aber die Größen p_1 und y_1 aus Gl. (23.18). Somit muß sein

$$\begin{aligned} p_1 &= \tfrac{1}{2}(P_1 - P_3), \\ y_1 &= x_1' - x_3' = x_1 - x_3 + 2a, \\ m_1 &= \frac{M_1}{2}, \qquad \kappa_1 = \frac{k + 2k'}{2}. \end{aligned} \tag{23.53}$$

Die dritte Gleichung (23.45) erhält man schließlich auf folgende Weise. Multipliziert man die erste und letzte Gleichung in (23.44) mit M_2 und die mittlere mit $-2M_1$ und addiert alle so erhaltenen Gleichungen, so resultiert

$$\frac{d}{dt}[M_2(P_1 + P_3) - 2M_1 P_2] = M_1 M_2 \frac{d^2}{dt^2}(x_1' + x_3' - 2x_2) = -k(2M_1 + M_2)(x_1' + x_3' - 2x_2). \tag{23.54}$$

Diese Gleichung ist zwar schon vom gewünschten Typ, aber wieder stehen wir vor dem Problem, daß aus ihr allein die Größen p_2, y_2, m_2 und κ_2 nicht eindeutig bestimmt werden können. Dividiert man (23.54) aber durch die Gesamtmasse $(2M_1 + M_2)$ und schreibt man sie in der Form

$$\frac{d}{dt}\left\{\frac{1}{2M_1 + M_2}[M_2(P_1 + P_3) - 2M_1 P_2]\right\} = \frac{2M_1 M_2}{2M_1 + M_2} \frac{d^2}{dt^2}\left(\frac{x_1' + x_3'}{2} - x_2\right) = -2k\left(\frac{x_1' + x_3'}{2} - x_2\right), \tag{23.55}$$

so erkennt man, daß die Größen

$$\begin{aligned} p_2 &= \frac{M_2(P_1 + P_3) - 2M_1 P_2}{2M_1 + M_2}, \\ y_2 &= \frac{x_1' + x_3'}{2} - x_2 = \frac{x_1 + x_3}{2} - x_2, \end{aligned} \tag{23.56}$$

genau die Struktur der Größen (23.18) eines 2-Körper-Systems haben, dessen einer „Körper" der Schwerpunkt $(x_1' + x_3')/2$ der beiden Körper 1 und 3 ist und der andere der Körper 2. Entsprechend ist

$$m_2 = \frac{2M_1 M_2}{2M_1 + M_2}, \qquad \kappa_2 = 2k. \tag{23.57}$$

Wie man sieht, ist m_2 die reduzierte Masse der aus dem Schwerpunkt von $(1+3)$ und dem Körper 2 gebildeten 2-Körper-Systems. Daß die angegebenen Formeln wirklich zutreffen, prüft man schließlich dadurch, daß man alle Größen (23.50), (23.53) und (23.56, 57) in die rechte Seite von (23.41) einsetzt und zeigt, daß dann die rechte Seite von (23.40) resultiert. Das sei dem Leser als Rechenübung überlassen.

Eigenschwingungen

Der Vorteil der Bewegungsgleichungen in der *Diagonalform* (23.45) ist, daß jede dieser Gleichungen unabhängig von den anderen gelöst werden kann. Setzt man nämlich die

Werte von m_i und κ_i ein, so erhält man als allgemeine Lösungen

(23.58)
$$y_1(t)=y_{10}\cos(\omega_1 t+\delta_1) \quad \text{mit} \quad \omega_1=\sqrt{\frac{k}{M_1}\left(1+\frac{2k'}{k}\right)},$$
$$y_2(t)=y_{20}\cos(\omega_2 t+\delta_2) \quad \text{mit} \quad \omega_2=\sqrt{\frac{k}{M_1}\,\frac{2M_1+M_2}{M_2}},$$
$$y_3(t)=V_0\,t+y_{30}.$$

Die letzte dieser Gleichungen sagt, daß der Schwerpunkt des Moleküls sich gradlinig-gleichförmig mit der Geschwindigkeit V_0 bewegt. Da uns diese Bewegung hier nicht interessiert, setzen wir für die folgenden Betrachtungen einfach $V_0=0$ und $y_{30}=0$ und damit $y_3=0$, denken uns also den Schwerpunkt S des Moleküls in den Koordinatenursprung gelegt. Wegen (23.50) hat das zur Folge, daß in jedem Augenblick gilt

(23.59)
$$x_2=-\frac{M_1}{M_2}(x_1'+x_3')=-\frac{M_1}{M_2}(x_1+x_3).$$

Setzt man das in (23.56) ein, so folgt aus der dann resultierenden Gleichung und (23.53)

(23.60)
$$x_1(t)=x_1'-a=\frac{1}{2}\,y_1(t)+\frac{M_2}{2M_1+M_2}\,y_2(t)-a,$$
$$x_3(t)=x_3'+a=-\frac{1}{2}\,y_1(t)+\frac{M_2}{2M_1+M_2}\,y_2(t)+a.$$

Setzt man hierin noch (23.58) ein, so erhält man zusammen mit (23.59) schließlich als allgemeine Lösung

(23.61)
$$x_1(t)=A\cos(\omega_1 t+\delta_1)+B\cos(\omega_2 t+\delta_2)-a,$$
$$x_3(t)=-A\cos(\omega_1 t+\delta_1)+B\cos(\omega_2 t+\delta_2)+a,$$
$$x_2(t)=-\frac{2M_1}{M_2}\,B\cos(\omega_2 t+\delta_2),$$

wobei

(23.62)
$$\omega_1=\sqrt{\frac{k}{M_1}\left(1+2\frac{k'}{k}\right)}, \qquad \omega_2=\sqrt{\frac{k}{M_1}\,\frac{2M_1+M_2}{M_2}}.$$

A und B sind beliebige Konstanten, die durch die Anfangsbedingungen festgelegt werden, d.h. durch die Art und Weise, wie das Molekül zu Schwingungen angeregt wird.

Die Gln. (23.61) zeigen, daß die Lage des Körpers 1 wie auch die des Körpers 2 sich zeitlich im allgemeinen so ändert, daß sie als Überlagerung von zwei harmonischen Schwingungen mit den Frequenzen ω_1 und ω_2 erscheint. Man sagt stattdessen auch, die zeitliche Änderung der Lagekoordinaten x_1 und x_3 *enthält* die beiden Frequenzen ω_1 und ω_2. Erfolgt die Anregung zur Schwingung so, daß $B=0$ oder $A=0$ ist, d.h. daß nur eine der beiden Frequenzen ω_1 oder ω_2 auftritt, so spricht man von einer **Eigenschwingung** des Moleküls oder auch von einer *Normalschwingung*. Entsprechend heißen ω_1 und ω_2 die **Eigenfrequenzen** des Moleküls.

Das 3-atomige lineare Molekül besitzt also zwei Eigenschwingungen und zwei Eigenfrequenzen. Wie sehen nun diese Eigenschwingungen aus? Die zur Frequenz ω_1 gehörige Eigenschwingung ist dadurch definiert, daß man in (23.61) $B=0$ setzt. Gleichbedeutend damit ist, daß $y_2=0$ ist. Wie man aus (23.61) abliest, schwingen bei ihr die Körper 1 und 3 gegenphasig, während der Körper 2 im Koordinatenursprung, d.h. im Schwerpunkt des Moleküls liegenbleibt (Abb. 23.5).

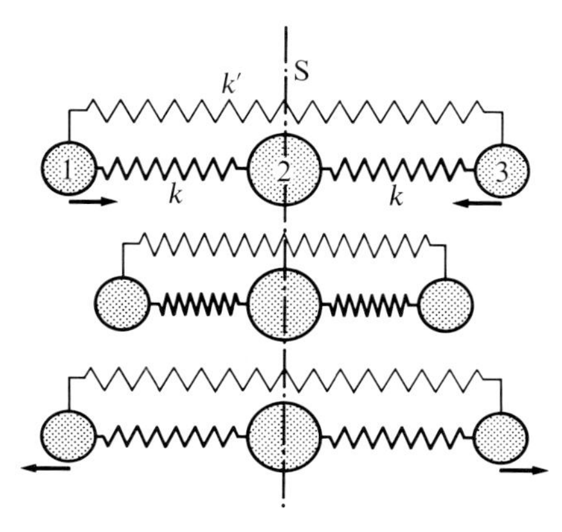

Abb. 23.5

Eigenschwingung des gestreckten Moleküls der Abb. 23.4 mit der Frequenz ω_1. Der Körper 2 bleibt im Schwerpunkt (Linie S) liegen. Die beiden anderen Körper schwingen symmetrisch zum Schwerpunkt gegeneinander.

Die andere Eigenschwingung, die zur Frequenz ω_2 gehört, erhält man aus (23.61) dadurch, daß man $A=0$ setzt. Bei ihr schwingen der Körper 1 und 3 in Phase und behalten beim Schwingen ihren konstanten Ruheabstand $2a$ bei, denn es ist $x_3-x_1=2a$. Der Körper 2 schwingt gegenphasig zu 1 und 3 und zwar mit einer Amplitude, die um den Faktor $2M_1/M_2$ reduziert ist (Abb. 23.6). Man kann diese zweite Eigenschwingung auch auffassen als Schwingung des Körpers 2 und des Schwerpunkts S_{13} des aus den Körpern 1 und 3 gebildeten Teilsystems gegeneinander.

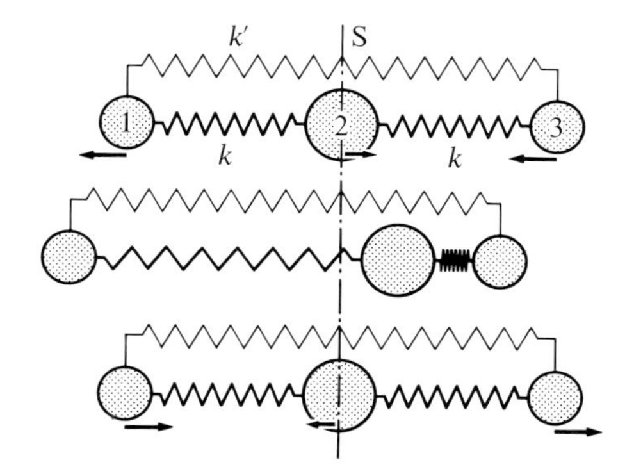

Abb. 23.6

Eigenschwingung des gestreckten Moleküls der Abb. 23.4 mit der Frequenz ω_2. Die Lage des Schwerpunkts ist durch die Linie S markiert. Der Körper 2 einerseits und die Körper 1 und 3 andererseits schwingen um den Schwerpunkt, wobei der Abstand der Körper 1 und 3 voneinander konstant bleibt.

Das Modell enthält schließlich auch den Fall zweier **gekoppelter Oszillatoren.** Setzt man nämlich $M_2=\infty$, so ist nach (23.61) $x_2=0$; der Körper 2 bleibt also liegen. Bei $M_2=\infty$ beschreiben die Funktion (23.38) und die aus ihr folgenden Bewegungsgleichungen also nicht nur die lineare 3-Körper-Anordnung, die wir bisher betrachtet haben,

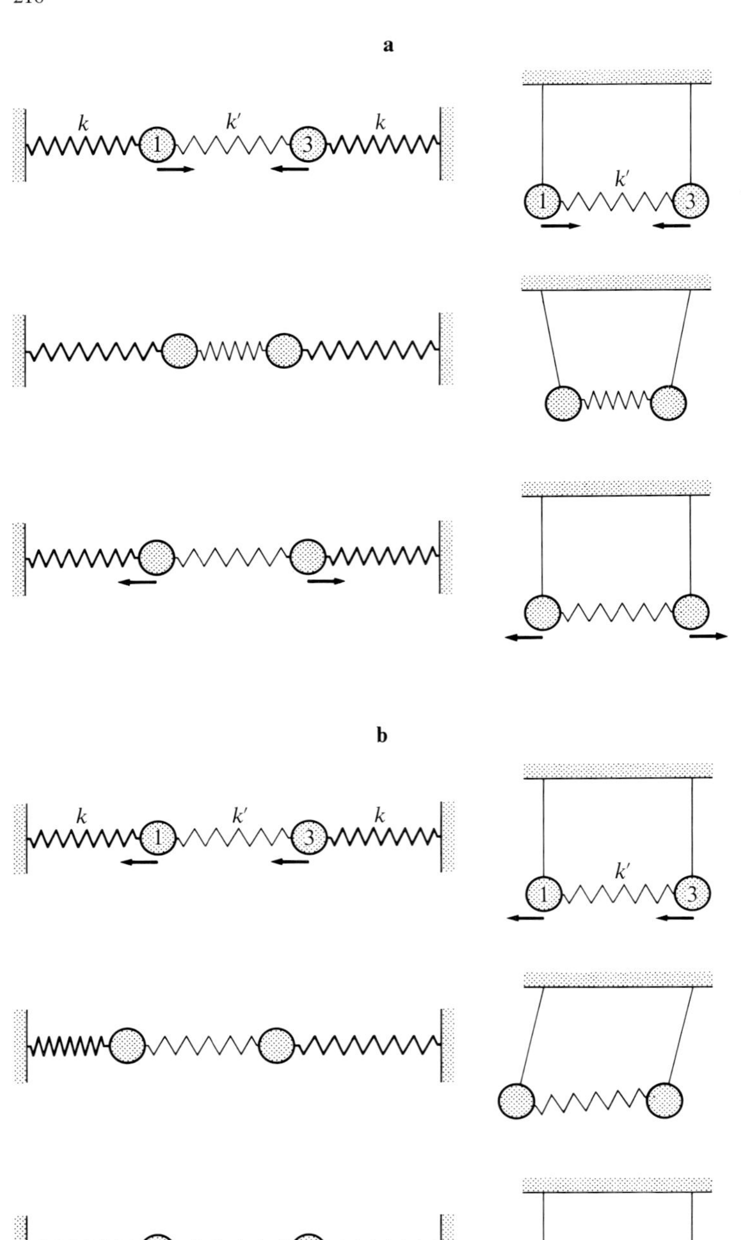

Abb. 23.7

Zwei gekoppelte Oszillatoren. Sie bilden ein 3-Körper-Problem mit $M_2 = \infty$. Die Figur zeigt zwei äquivalente Anordnungen. Der Feder mit der Federkonstante k in der linken Anordnung entspricht das homogene Schwerefeld bei der rechten Anordnung.
(a) Eigenschwingung mit der höheren Eigenfrequenz ω_1,
(b) Eigenschwingung mit der tieferen Eigenfrequenz ω_2.

sondern auch die in Abb. 23.7 dargestellten gekoppelten Oszillatoren oder gekoppelten Pendel. Abb. 23.7 zeigt dabei gerade wieder die beiden Eigenschwingungen des Systems. Die zugehörigen Eigenfrequenzen sind nach (23.62) gegeben durch

$$\omega_2 = \sqrt{\frac{k}{M_1}}, \qquad \omega_1 = \omega_2 \sqrt{1 + 2\frac{k'}{k}}. \tag{23.63}$$

Jede Schwingung des Systems läßt sich als **Linearkombination** oder **Überlagerung** seiner beiden Eigenschwingungen darstellen. Betrachten wir als Beispiel die Bewegung der gekoppelten Oszillatoren oder Pendel, die resultiert, wenn zur Zeit $t=0$ der ruhende Körper 1 angestoßen wird, während der Körper 3 nicht angetastet wird. Wir suchen also die Lösung, die den Anfangsbedingungen genügt

$$x_1(0) = A\cos\delta_1 + B\cos\delta_2 - a = -a = \text{Ruhelage von 1},$$

$$x_3(0) = -A\cos\delta_1 + B\cos\delta_2 + a = +a = \text{Ruhelage von 3},$$

$$v_1(0) = \left(\frac{dx_1}{dt}\right)_{t=0} = -\omega_1 A\sin\delta_1 - \omega_2 B\sin\delta_2 = v_0 = \text{Anfangsgeschwindigkeit von 1},$$

$$v_3(0) = \left(\frac{dx_3}{dt}\right)_{t=0} = \omega_1 A\sin\delta_1 - \omega_2 B\sin\delta_2 = 0 = \text{Anfangsgeschwindigkeit von 3}.$$

Das sind vier Gleichungen für die vier unbekannten Konstanten A, B, δ_1, δ_2. Die Rechnung ergibt

$$A = \frac{v_0}{2\omega_1}, \qquad B = \frac{v_0}{2\omega_2}, \qquad \delta_1 = \delta_2 = -\frac{\pi}{2}.$$

Die gesuchte Lösung des Problems hat also die Gestalt

$$\begin{aligned}
x_1(t) &= \frac{v_0}{2}\left(\frac{1}{\omega_1}\sin\omega_1 t + \frac{1}{\omega_2}\sin\omega_2 t\right) - a,\\
x_3(t) &= \frac{v_0}{2}\left(-\frac{1}{\omega_1}\sin\omega_1 t + \frac{1}{\omega_2}\sin\omega_2 t\right) + a,\\
v_1(t) &= \frac{dx_1(t)}{dt} = \frac{v_0}{2}(\cos\omega_1 t + \cos\omega_2 t) = v_0\cos\left(\frac{\omega_1+\omega_2}{2}t\right)\cos\left(\frac{\omega_1-\omega_2}{2}t\right),\\
v_3(t) &= \frac{dx_3(t)}{dt} = \frac{v_0}{2}(-\cos\omega_1 t + \cos\omega_2 t) = v_0\sin\left(\frac{\omega_1+\omega_2}{2}t\right)\sin\left(\frac{\omega_1-\omega_2}{2}t\right).
\end{aligned} \tag{23.64}$$

Abb. 23.8 zeigt die Geschwindigkeit der beiden Körper als Funktion der Zeit. Man erkennt deutlich, daß die Amplitude des angestoßenen Körpers 1 abnimmt, während der Körper 3 dabei langsam ins Schwingen gerät, bis zur Zeit $t_1 = \pi/(\omega_1 - \omega_2)$ die Sachlage sich genau herumgedreht hat; nun schwingt der Körper 3 mit maximaler Amplitude, während der Körper 1 ruht. Danach beginnt das Spiel in umgekehrter Richtung von neuem. Dank der Kopplung durch die Feder mit der Federkonstante k' strömt die Energie also zwischen den beiden schwingenden Körpern 1 und 3 hin und her mit der **Austauschfrequenz** oder **Schwebungsfrequenz**

$$\omega_{\text{Austausch}} = \omega_1 - \omega_2 = \omega_2\left(\sqrt{1 + \frac{2k'}{k}} - 1\right) \approx \omega_2\frac{k'}{k} \quad \text{für } \frac{k'}{k} \ll 1. \tag{23.65}$$

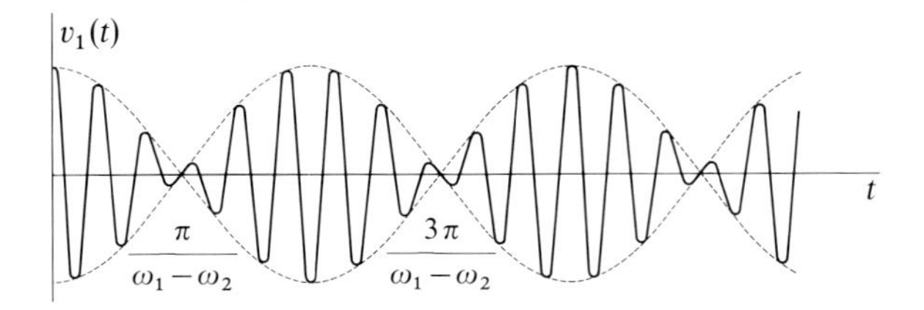

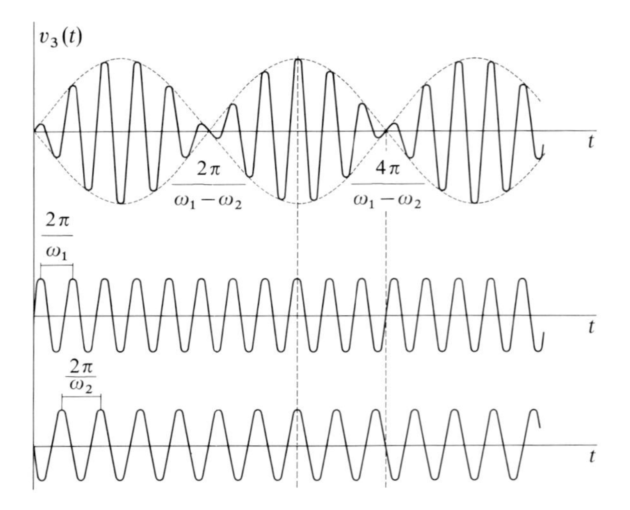

Abb. 23.8

Geschwindigkeit der gekoppelten Oszillatoren als Funktion der Zeit, wenn bei $t=0$ nur der Körper 1 angestoßen wird. Die Schwingung ist keine Eigenschwingung, sondern eine *Linearkombination* der Eigenschwingungen (Abb. 23.7) mit den Frequenzen ω_1 und ω_2. Die Zusammensetzung aus den Eigenschwingungen ist für die Funktion $v_3(t)$ dargestellt. Die Energie strömt zwischen den schwingenden Körpern hin und her, und zwar mit der Frequenz $\omega_1-\omega_2$.

Diese Frequenz ist um so größer, je größer die *Kopplungskonstante* k', d.h. die Federkonstante der koppelnden Feder ist im Vergleich zur Federkonstante k der Oszillatoren. In erster Näherung ist die Austauschfrequenz der Kopplungskonstante k' proportional.

Zum Schluß noch ein paar Bemerkungen zur Verallgemeinerung der Resultate. Jede *lineare* Anordnung von n Körpern, die harmonisch gebunden sind, deren Wechselwirkung also durch einen in den Koordinaten quadratischen Ausdruck beschrieben wird, besitzt $n-1$ Eigenschwingungen und $n-1$ Eigenfrequenzen. Eine beliebige Bewegung der Anordnung kann dann wieder als Linearkombination ihrer $n-1$ Eigenschwingungen dargestellt werden. Läßt man schließlich noch die Beschränkung auf die Eindimensionalität fallen, so besitzt das System zwar wieder Eigenschwingungen und Eigenfrequenzen, aber es tritt nun die Erscheinung der **Entartung** auf, nämlich daß mehrere Eigenschwingungen dieselbe Eigenfrequenz haben, so daß die Anzahl der unabhängigen Eigenschwingungen des Systems größer ist als die Zahl seiner Eigenfrequenzen. Schon beim linearen 3-Körper-System ist das so, wie die in Abb. 23.9 dargestellte Knickschwingung des gestreckten 3-atomigen Moleküls zeigt; in beiden zur Verbindungslinie der Körper 1 und 3 senkrechten Richtungen haben diese Knickschwingungen dieselbe Frequenz $\omega_3=\sqrt{\omega_2^2+k/M_1}$.

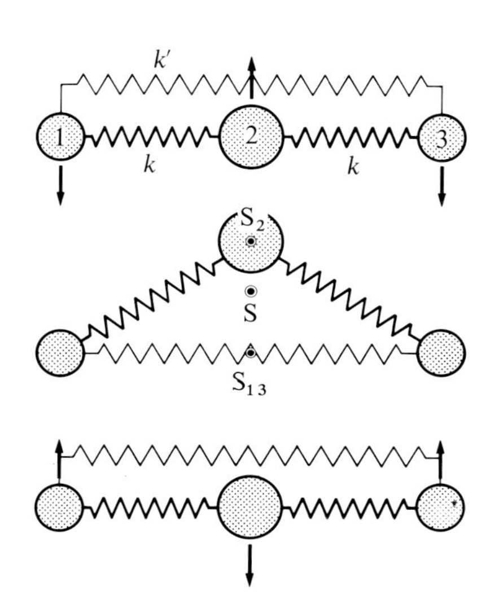

Abb. 23.9

Eigenschwingung (Knickschwingung) der gestreckten 3-Körper-Anordnung der Abb. 23.4 in einer zu der Schwingungsrichtung der Abb. 23.6 senkrechten Richtung. Der Schwerpunkt S_{13} der Körper 1 und 3 schwingt gegen den Schwerpunkt S_2 des Körpers 2. Die Schwingungen in beiden zur Verbindungslinie senkrechten Richtungen sind voneinander unabhängig, erfolgen aber mit derselben Frequenz

$$\omega_3 = \sqrt{\frac{k}{M_1} \frac{2(M_1+M_2)}{M_2}}.$$

Alle Schwingungen des CO_2-Moleküls lassen sich somit aus 4 unabhängigen Eigenschwingungen zusammensetzen, von denen 2 „entartet" sind, d.h. die gleiche Frequenz ω_3 haben. Mit den Rotationen des Moleküls, die sich aus 2 unabhängigen Rotationen, und den Translationen, die sich aus 3 unabhängigen Translationen zusammensetzen lassen, hat das Molekül also 9 „Freiheitsgrade", d.h. ebenso viele wie seine 3 Atome zusammengenommen.

Virial-Theorem

Über Mehrkörper-Systeme gibt es nur wenige allgemeine mathematische Sätze, die physikalisch anwendbar sind. Ein wichtiger Satz dieser Art ist das *Virial-Theorem*. Es handelt von Mehrkörper-Systemen, deren Feld vom ersten Typ ist, deren Energie sich also als Summe aus einer kinetischen und einer potentiellen Energie darstellen läßt. Zur Formulierung des Virial-Theorems bedarf es allerdings noch einiger mathematischer Vorbemerkungen.

In der Newtonschen Näherung hat die kinetische Energie eines n-Körper-Problems die Form

$$E_{\text{kin}} = \frac{1}{2M_1}(P_{1x}^2+P_{1y}^2+P_{1z}^2) + \cdots + \frac{1}{2M_n}(P_{nx}^2+P_{ny}^2+P_{nz}^2). \tag{23.66}$$

Sie ist, wie man sagt, eine homogene Funktion 2-ten Grades in den $3n$ Variablen P_{ix}, P_{iy}, P_{iz}, wobei $i=1, \dots, n$. Für eine derartige Funktion gilt die Beziehung

$$\sum_{i=1}^{n} \left(P_{ix} \frac{\partial E_{\text{kin}}}{\partial P_{ix}} + P_{iy} \frac{\partial E_{\text{kin}}}{\partial P_{iy}} + P_{iz} \frac{\partial E_{\text{kin}}}{\partial P_{iz}} \right) = 2E_{\text{kin}}. \tag{23.67}$$

Daß diese Formel richtig ist, bestätigt man sofort, wenn man in den einzelnen Gliedern der linken Seite für E_{kin} überall die rechte Seite von (23.66) einsetzt. Dann geht (23.67) nämlich über in

$$\sum_{i=1}^{n} \frac{1}{M_i}(P_{ix}^2+P_{iy}^2+P_{iz}^2) = \frac{1}{M_1}(P_{1x}^2+P_{1y}^2+P_{1z}^2) + \cdots + \frac{1}{M_n}(P_{nx}^2+P_{ny}^2+P_{nz}^2),$$

und das ist offensichtlich das Doppelte der kinetischen Energie (23.66). Eine ähnliche Feststellung wie für die kinetische Energie gilt auch für die potentielle Energie, wenn sie eine homogene Funktion der $3n$ Lagekoordinaten x_i, y_i, z_i $(i=1, \dots, n)$ ist. Die Homogenität äußert sich darin, daß $E_{\text{pot}}(x_1, y_1, z_1, \dots, x_n, y_n, z_n)$ bei einer ähnlichen Vergrößerung oder Verkleinerung aller Raumdimensionen, d.h. bei einer Transformation, bei der alle Koordinaten x_i, y_i, z_i mit demselben Zahlfaktor α multipliziert werden, die Beziehung erfüllt

$$E_{\text{pot}}(\alpha x_1, \alpha y_1, \alpha z_1, \dots, \alpha x_n, \alpha y_n, \alpha z_n) = \alpha^m E_{\text{pot}}(x_1, y_1, z_1, \dots, x_n, y_n, z_n), \tag{23.68}$$

wenn E_{pot} sich also einfach mit dem Faktor α^m multipliziert. Die Zahl m wird der *Grad* der homogenen Funktion genannt. Eine Funktion, die der Beziehung (23.68) genügt, erfüllt stets die nach L. EULER (1707—1783) benannte Relation

$$\sum_{i=1}^{n} \left(x_i \frac{\partial E_{\text{pot}}}{\partial x_i} + y_i \frac{\partial E_{\text{pot}}}{\partial y_i} + z_i \frac{\partial E_{\text{pot}}}{\partial z_i} \right) = m E_{\text{pot}}. \tag{23.69}$$

Der Beweis dieser Formel ist einfach. Differenziert man (23.68) nach α, so erhält man

$$\sum_{i=1}^{n}\left(\frac{\partial E_{\text{pot}}}{\partial(\alpha x_i)}\frac{\partial(\alpha x_i)}{\partial\alpha}+\frac{\partial E_{\text{pot}}}{\partial(\alpha y_i)}\frac{\partial(\alpha y_i)}{\partial\alpha}+\frac{\partial E_{\text{pot}}}{\partial(\alpha z_i)}\frac{\partial(\alpha z_i)}{\partial\alpha}\right)$$

$$=\sum_{i=1}^{n}\left(x_i\frac{\partial E_{\text{pot}}}{\partial(\alpha x_i)}+y_i\frac{\partial E_{\text{pot}}}{\partial(\alpha y_i)}+z_i\frac{\partial E_{\text{pot}}}{\partial(\alpha z_i)}\right)=m\,\alpha^{m-1}\cdot E_{\text{pot}}.$$

Da diese Gleichung aber für jeden Wert von α gilt, trifft sie auch für $\alpha=1$ zu. Dann hat sie aber gerade die Gestalt der behaupteten Beziehung (23.69).

Im Fall, daß die Körper über ein **Gravitationsfeld** oder ein **Coulomb-Feld** miteinander wechselwirken, ist $m=-1$. Dann ist E_{pot} eine Summe von Gliedern, in deren Nennern die Abstände der Körperpaare stehen. Die Summe enthält so viele Glieder, wie sich n Körper in Paare anordnen lassen, nämlich $n(n-1)/2$. Im Fall der Gravitationswechselwirkung ist

$$\text{(23.70)}\qquad E_{\text{pot}}=G\left\{\frac{M_1 M_2}{\sqrt{(x_1-x_2)^2+(y_1-y_2)^2+(z_1-z_2)^2}}+\frac{M_1 M_3}{\sqrt{(x_1-x_3)^2+(y_1-y_3)^2+(z_1-z_3)^2}}+\cdots+\frac{M_{n-1} M_n}{\sqrt{(x_{n-1}-x_n)^2+(y_{n-1}-y_n)^2+(z_{n-1}-z_n)^2}}\right\}.$$

Ersetzt man hierin alle Variablen x_i, y_i, z_i durch $\alpha x_i, \alpha y_i, \alpha z_i$, so sieht man, daß das darauf hinausläuft, die Wurzel im Nenner jedes Gliedes mit dem Faktor α, die ganze Funktion also mit α^{-1} zu multiplizieren. Somit ist $m=-1$. Man kann das auch so bestätigen, daß man den Ausdruck (23.70) in (23.69) einsetzt und alle Differentiationen ausführt. Das Resultat $m=-1$ gilt natürlich auch für die Coulomb-Wechselwirkung elektrisch geladener Körper, wobei die Körper sich je nach der Vorzeichenkombination anziehen oder abstoßen.

Für die **Oszillator-Wechselwirkung** ist $m=2$. Denn denken wir uns die Körperpaare durch Federn miteinander verbunden, so hat, wenn die Koordinaten so gewählt werden, daß die Ruhelängen der Federn herausfallen, die potentielle Energie die Form

$$\text{(23.71)}\qquad \begin{aligned} E_{\text{pot}}&=\frac{k_{12}}{2}\left[(x_1-x_2)^2+(y_1-y_2)^2+(z_1-z_2)^2\right]\\ &+\frac{k_{13}}{2}\left[(x_1-x_3)^2+(y_1-y_3)^2+(z_1-z_3)^2\right]+\cdots\\ &+\frac{k_{n-1,n}}{2}\left[(x_{n-1}-x_n)^2+(y_{n-1}-y_n)^2+(z_{n-1}-z_n)^2\right].\end{aligned}$$

Dabei ist k_{ij} die Federkonstante der Feder, die den i-ten mit dem j-ten Körper verbindet. Die Ersetzung von x_i, y_i, z_i durch $\alpha x_i, \alpha y_i, \alpha z_i$ ist der Multiplikation der ganzen Funktion E_{pot} mit α^2 äquivalent, woraus $m=2$ als Grad der homogenen Funktion E_{pot} folgt.

Das Virial-Theorem stellt nun eine allgemeine Relation zwischen den **zeitlichen Mittelwerten** der kinetischen und der potentiellen Energie einer *endlichen* Bewegung fest. Eine Bewegung heißt dabei endlich, wenn für alle Zeiten t die Produkte $\boldsymbol{r}_i(t)\,\boldsymbol{P}_i(t)$ endlich bleiben, in Formeln

$$\text{(23.72)}\qquad |\boldsymbol{r}_i(t)\,\boldsymbol{P}_i(t)|<N, \qquad i=1,\ldots,n.$$

Dabei ist N eine feste Konstante. Nun lautet der

Virial-Satz: Für endliche Bewegungen sind der zeitliche Mittelwert $\overline{E_{\text{kin}}}$ der gesamten kinetischen Energie und der Zeitmittelwert $\overline{E_{\text{pot}}}$ der potentiellen Energie eines n-Körper-Problems verknüpft durch

$$\text{(23.73)}\qquad \overline{E_{\text{kin}}}=\frac{m}{2}\,\overline{E_{\text{pot}}};$$

dabei ist m der Homogenitätsgrad der Funktion $E_{\text{pot}}(x_1, y_1, z_1, \ldots, x_n, y_n, z_n)$.

Beweis. Es sei $\boldsymbol{r}_i(t), \boldsymbol{P}_i(t)$ eine beliebige Lösung der Bewegungsgleichungen, die die Bedingung (23.72) der Endlichkeit erfüllt. Dann integrieren wir einmal (23.67) und zum anderen (23.69) über diese Lösung. Dabei berücksichtigen wir noch, daß

$$\frac{\partial E_{\mathrm{kin}}}{\partial P_{ix}} = \frac{\partial E}{\partial P_{ix}} = v_{ix}, \ldots$$

und

$$\frac{\partial E_{\mathrm{pot}}}{\partial x_i} = \frac{\partial E}{\partial x_i} = -F_{ix}, \ldots .$$

Dann erhalten wir aus (23.67)

(23.74)
$$\int_{t_1}^{t_2} \left(\sum_{i=1}^{n} \boldsymbol{P}_i \boldsymbol{v}_i \right) dt = 2 \int_{t_1}^{t_2} E_{\mathrm{kin}}\, dt,$$

und aus (23.69)

(23.75)
$$-\int_{t_1}^{t_2} \left(\sum_{i=1}^{n} \boldsymbol{r}_i \boldsymbol{F}_i \right) dt = m \int_{t_1}^{t_2} E_{\mathrm{pot}}\, dt .$$

Setzt man in (23.74) die Bewegungsgleichungen $\boldsymbol{v}_i = d\boldsymbol{r}_i/dt$ und in (23.75) die Bewegungsgleichungen $\boldsymbol{F}_i = d\boldsymbol{P}_i/dt$ ein, und subtrahiert man (23.75) von (23.74), so resultiert

$$\int_{t_1}^{t_2} \sum_{i=1}^{n} (\boldsymbol{P}_i\, d\boldsymbol{r}_i + \boldsymbol{r}_i\, d\boldsymbol{P}_i) = \int_{t_1}^{t_2} \sum_{i=1}^{n} d(\boldsymbol{P}_i \boldsymbol{r}_i) = \left[\sum_{i=1}^{n} (\boldsymbol{P}_i \boldsymbol{r}_i) \right]_{t_1}^{t_2} = 2 \int_{t_1}^{t_2} E_{\mathrm{kin}}\, dt - m \int_{t_1}^{t_2} E_{\mathrm{pot}}\, dt .$$

Dividiert man diese Gleichung durch $t_2 - t_1$ und läßt man $t_2 - t_1$ über alle Grenzen wachsen, so liefert, da die Summanden $(\boldsymbol{P}_i \boldsymbol{r}_i)$ nach Voraussetzung alle endlich bleiben, die letzte Teilgleichung

(23.76)
$$\lim_{t_2 - t_1 \to \infty} \left\{ \frac{2}{t_2 - t_1} \int_{t_1}^{t_2} E_{\mathrm{kin}}\, dt - \frac{m}{t_2 - t_1} \int_{t_1}^{t_2} E_{\mathrm{pot}}\, dt \right\} = 0 .$$

Das ist aber bereits die Behauptung (23.73), denn abgesehen vom Faktor 2 ist der erste Summand der zeitliche Mittelwert der kinetischen Energie und der zweite, abgesehen vom Faktor m, der Mittelwert der potentiellen Energie.

Einige Folgerungen aus dem Virial-Theorem

Für den **harmonischen Oszillator** ist $m = 2$, und daher ist für ihn nach (23.73) der Mittelwert der kinetischen Energie gleich dem der potentiellen Energie, d.h.

(23.77)
$$\overline{E_{\mathrm{kin}}} = \overline{E_{\mathrm{pot}}} .$$

Nun ist aber

(23.78)
$$E_{\mathrm{kin}} + E_{\mathrm{pot}} = E - \mathfrak{E}_0 = H .$$

Da E und damit auch H bei der Bewegung konstant und infolgedessen gleich ihrem Mittelwert sind, folgt durch Mittelwertbildung, d.h. durch Integration über t von t_1 bis t_2 und Division des Resultats durch $t_2 - t_1$, sowie $(t_2 - t_1) \to \infty$, aus (23.78)

(23.79)
$$\overline{E_{\mathrm{kin}}} + \overline{E_{\mathrm{pot}}} = \overline{H} = H .$$

Aus (23.79) und (23.77) folgt somit

(23.80)
$$\overline{E_{\mathrm{kin}}} = \overline{E_{\mathrm{pot}}} = \tfrac{1}{2} H .$$

Die Mittelwerte der kinetischen Energie und potentiellen Energie des harmonischen Oszillators sind also gleich und zwar gleich der Hälfte der Energie H, d.h. der Gesamtenergie minus innerer Energie.

Diese Schlußfolgerung gilt nun nicht nur für den einzelnen Oszillator, sondern für jede Gesamtheit von Oszillatoren. So läßt sich ein **Kristall** in guter Näherung als eine Gesamtheit harmonischer Oszillatoren beschreiben, woraus folgt, daß im zeitlichen Mittel die Hälfte der inneren Energie eines Kristalls in der kinetischen und die Hälfte in der potentiellen Energie dieser Oszillatoren steckt.

Für das **Kepler-Problem** ist $m = -1$ und daher nach (23.73)

(23.81)
$$\overline{E_{\mathrm{kin}}} = -\tfrac{1}{2} \overline{E_{\mathrm{pot}}} = -H .$$

Im letzten Schritt haben wir wieder Gl. (23.79) verwendet, die ja nicht nur für den Oszillator, sondern generell für Systeme gilt, deren Felder vom ersten Typ sind. Wie Gl. (23.81) zeigt, verlangt das Virial-Theorem, daß $H<0$ ist, denn E_{kin} ist nie negativ. Das trifft nur für die *Bindungszustände* des Kepler-Problems zu. Für *Stoßzustände*, in denen ja $H>0$ ist, gilt (23.81) nicht; sie verletzen die Voraussetzung (23.72) der Endlichkeit der Bewegung.

Wieder gilt (23.81) nicht nur für ein 2-Körper-Problem, das eine Kepler-Bewegung ausführt, sondern für eine beliebige Gesamtheit von Körpern, die gegenseitige Gravitationsanziehung zeigen. Eine solche Gesamtheit bilden z. B. die Teile eines **Sterns** oder die Sterne eines Sternhaufens oder einer ganzen Galaxie. Auch auf diese Objekte ist daher die Gl. (23.81) anwendbar. Aus ihr läßt sich, wenn man die räumliche Massenverteilung und daher $\overline{E_{\mathrm{pot}}}$ näherungsweise kennt, eine Abschätzung der mittleren kinetischen Energie und der Energie H gewinnen. Aus der mittleren kinetischen Energie der Teilchen eines Sterns läßt sich wiederum der ungefähre Wert seiner Temperatur berechnen. Diese Betrachtungen erlauben es, durch Messung von Massen und Abständen bzw. Durchmessern von Sternen auf die Temperatur in ihrem Inneren zu schließen.

Das Virial-Theorem zeigt weiter, daß potentielle Energien mit Homogenitätsgraden $m \leqq -2$ nicht zu stabilen, gebundenen Zuständen führen können und daher bei allen Gebilden, die durch gegenseitige Bindung zustandekommen, nicht allein auftreten können. Zunächst folgt für $m=-2$

$$\overline{E_{\mathrm{kin}}} = -\overline{E_{\mathrm{pot}}}, \qquad H=0. \tag{23.82}$$

Für eine endliche Bewegung muß die Summe H aus kinetischer und potentieller Energie also stets verschwinden. Da aber eine beliebig kleine Störung $H \neq 0$ macht, hat das zur Folge, daß die Bewegung bei beliebig kleinen Störungen nicht endlich bleibt. Entweder wachsen die Ortsvektoren $\boldsymbol{r}_i$ oder die Impulse $\boldsymbol{P}_i$ über alle Grenzen. Ein System, dessen potentielle Energie den Homogenitätsgrad $m=-2$ hat, besitzt also keine gebundenen, stabilen Zustände. Für $m<-2$ ist $H>0$, und daher gibt es dann gar keinen gebundenen Zustand mehr.

In unserer Feststellung über das Nichtauftreten potentieller Energien mit Homogenitätsgraden $m \leqq -2$ ist das Wort *allein* von entscheidender Wichtigkeit. Es kann durchaus passieren, daß eine Wechselwirkung sich so beschreiben läßt, daß ihre potentielle Energie Anteile enthält mit Homogenitätsgraden, die kleiner sind als -2. Ein physikalisch wichtiges Beispiel dafür ist die mit r^{-6} gehende, stets anziehende **van der Waals-Wechselwirkung** zwischen elektrisch neutralen Atomen und Molekülen. Entscheidend ist, daß diese allein nicht die ganze Wechselwirkung zwischen Atomen und Molekülen darstellt, sondern nur für große Abstände der Teilchen zutrifft. Bei kleineren Abständen überwiegt eine Abstoßung, die keineswegs mit r^{-6} geht, sondern in anderer Weise von r abhängt (Abb. 23.10). Die gesamte Wechselwirkung besitzt daher gar keine potentielle Energie, die sich über den ganzen Bereich der Abstände als homogene Funktion darstellen läßt.

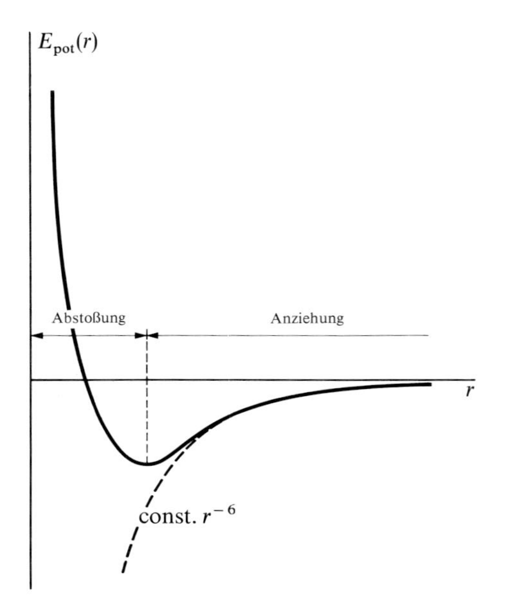

Abb. 23.10

Potentielle Energie zwischen zwei elektrisch neutralen Atomen (oder Molekülen) als Funktion des Abstands r. Wegen des Aufbaus aller Atome und Moleküle aus Kernen und Elektronenhülle, die gegeneinander verschieblich sind und dadurch elektrische Dipole bilden können, ist diese Wechselwirkung auf größere Abstände immer anziehend und von der Form const. r^{-6} (van der Waals-Wechselwirkung). Bei kleinen Abständen geht die Anziehung in eine Abstoßung über. Das muß deshalb so sein, weil die aus Atomen zusammengesetzte Materie keine beliebig große Dichte hat. Im Gegensatz zur van der Waals-Anziehung gibt es für die Abstoßung jedoch kein Abstandsgesetz, das für alle Atome dieselbe r-Abhängigkeit hat.

V Drehimpuls

§ 24 „Natürliche“ Bewegungen. Translation und Rotation

Fragt man jemand, der sich auch nur ein wenig mit Physik beschäftigt hat, welches die „natürliche“ oder, wie man heute sagt, die „ungestörte“ oder „kräftefreie“ Bewegung eines Körpers ist, so erhält man mit Sicherheit die Antwort: Die gradlinig-gleichförmige Bewegung. Diese Antwort scheint uns so selbstverständlich, daß es uns schwerfällt zu glauben, es gäbe überhaupt eine andere vernünftige Antwort auf diese Frage. Und doch ist die Antwort, die wir geben und die uns so selbstverständlich erscheint, noch recht jung. Erst vor knapp 300 Jahren wurde sie zum ersten Male klar gegeben und zwar von NEWTON in seinem Werk „Philosophiae naturalis principia mathematica“ (1687). Über 2000 Jahre lang hätten und haben die Gelehrten die Frage anders beantwortet, nämlich daß die gleichförmige Kreisbewegung die natürliche, ungestörte Bewegung eines Körpers, zumindest eines Himmelskörpers sei. Noch GALILEI nahm an, daß die Bahn eines Körpers in ihrem ganzen Verlauf eine Kreisbahn sei, obwohl er das *Trägheitsprinzip* erkannt hatte. Vergegenwärtigen wir uns noch einmal GALILEIS Schlußweise und urteilen wir dann selbst, ob sie unvernünftig ist.

Am Beispiel der Bewegung eines Körpers auf einer schiefen Ebene demonstrierte GALILEI, daß ein Körper, dessen Bewegung eine Komponente in Richtung zur Erde besitzt, *beschleunigt* wird. So ist die Beschleunigung auf der schiefen Ebene gegeben durch $a = g \sin \alpha$, wo die Konstante g die Erdbeschleunigung bezeichnet (Abb. 24.1).

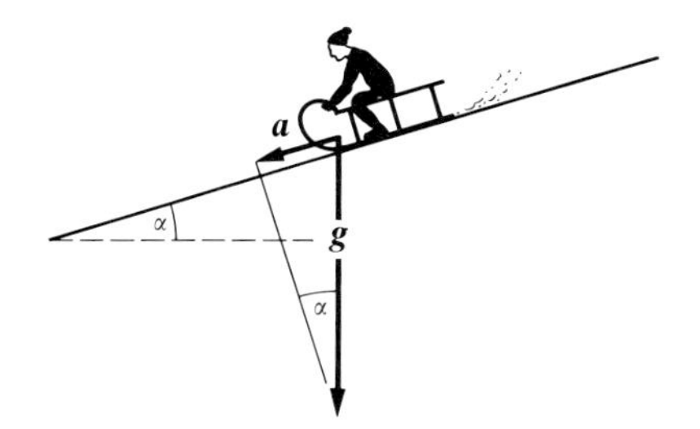

Abb. 24.1

Der Betrag der Beschleunigung auf einer schiefen Ebene der Neigung ist $a = g \sin \alpha$. Bei $\alpha = 0$ wird $a = 0$, also $v = \text{const}$. Der Schlitten deutet an, daß, wenn g die Erdbeschleunigung bezeichnet, die Bewegung keine rollende sein darf (vgl. dazu § 27).

Mit $\alpha \to 0$ geht auch $a \to 0$, und da a die *Änderung* der Geschwindigkeit ist, geht auch die Änderung der Geschwindigkeit gegen Null. Das heißt aber keineswegs, daß auch die Geschwindigkeit gegen Null geht, denn wenn sich die Geschwindigkeit nicht mehr ändert, bleibt sie konstant. Das war GALILEIS Schluß, und demgemäß lautet sein **Trägheitsgesetz:** Bei einer Bewegung parallel zur Erdoberfläche behält ein Körper, der durch keinen anderen Einfluß in seiner Bewegung gestört wird, seine Geschwindigkeit unverändert bei. Ein Körper, der sich parallel zur Erdoberfläche bewegt, beschreibt aber einen Kreis um die Erde, und daher scheint es keineswegs verwunderlich oder gar unvernünftig, die Kreisbahn um die Erde als die ungestörte und damit natürliche Bewegung eines Körpers zu bezeichnen. Ob nun diese Kreisbahn deshalb zustandekommt, weil die Kreisbewegung generell eine „natürliche“ und damit ausgezeichnete Bewegung ist oder ob die Bahn nur deshalb kreisförmig ist, weil die Erde den Körper aus seiner „eigentlichen natürlichen“ Bewegung herausreißt und ihn eben nicht ungestört läßt, ist eine Frage, die weder eine selbstverständliche noch eine zwingende Antwort besitzt. GALILEI hielt hierin noch an der Auffassung der Alten fest, daß die natürliche Bewegung die der Kreisbahn sei. Ob das mehr als Äußerung des Verhaftetseins in den Anschauungen der Väter anzusehen ist, oder ob GALILEIS Sinn für Konkretheit ihn bewog, zunächst einmal die Erde als etwas primär Gegebenes zu betrachten, ist für uns nicht mehr zu entscheiden. Jedenfalls brach erst NEWTON radikal mit dieser Denkgewohnheit der Alten und zeigte, daß eine andere Auffassung zu neuen Einsichten führt, nämlich die, eine Bewegung als die „natürliche“ anzusehen und für sie das Trägheitsprinzip zu postulieren, die weder etwas mit unserer Erde, noch überhaupt mit den Bewegungen der Planeten oder der Sterne zu tun hat, die nur ein Spezialfall der Kreisbewegung ist und dazu noch ein recht unwirklicher, nämlich für Kreise mit unendlich großem Radius, und die wir schließlich nirgendwo in der Welt unmittelbar beobachten, die aber unserem naiv-idealisierenden Denken sehr einleuchtet und mathematisch besonders einfach zu beschreiben ist: Die unendliche *gradlinig-gleichförmige Bewegung*. Jede Abweichung davon war nach NEWTON durch *Kräfte* verursacht. Tatsächlich erzielte die Newtonsche Auffassung so große Erfolge, daß man nicht nur vergaß, daß im Grunde in jedem Beschreibungsverfahren eine Menge Willkür liegt, sondern sogar versuchte, die in den Adjektiven *gradlinig* und *gleichförmig* zum Ausdruck kommende Struktur von Raum und Zeit als dem Menschen von Natur aus eingeprägte „Anschauungsformen a priori“ nachzuweisen (IMMANUEL KANT, 1724—1804).

Wir wissen heute, daß es vergebliche Mühe war, hinter einem Begriff wie dem der natürlichen Bewegung mehr zu suchen als Zweckmäßigkeit. Weder die kreisförmige noch die gradlinige Bewegung sind in einem absoluten Sinn ausgezeichnet. Tatsächlich ist es manchmal vorteilhafter, beide Bewegungen als fundamental und in gewissem Sinn als unabhängig zu betrachten. Das geht schon daraus hervor, daß die Gesetze, die die *gradlinige* oder *translative* Bewegung beherrschen, meist ein Analogon haben für die *drehende* oder *rotative* Bewegung. So gilt das Trägheitsgesetz sowohl für die translative als auch für die rotative Bewegung. Der elementaren Anschauung ist es sogar einleuchtender, daß ein in Rotation versetzter Körper seinen Bewegungszustand beizubehalten trachtet als ein translativ bewegter. Bei einem perpetuum mobile denkt man wegen der Periodizität stets an eine Rotationsbewegung.

Nun wird eine *physikalische* Bewegung dadurch beschrieben, daß man dem Objekt *dynamische* Größen zuschreibt. Bei der translativen Bewegung ist das der Impuls $\boldsymbol{P}$, bei der rotativen eine andere Größe, der Drehimpuls $\boldsymbol{L}$. Und wie man den einzelnen **translativen Transport** dadurch beschreibt, daß man die dem Impuls $\boldsymbol{P}$ zugeordnete Energie $E(\boldsymbol{P})$ angibt, beschreibt man den **rotativen Transport** dadurch, daß man die dem Drehimpuls $\boldsymbol{L}$ zugeordnete Energie $E(\boldsymbol{L})$ angibt. Tatsächlich wird durch die Funktion $E=E(\boldsymbol{L})$ die Rotationsbewegung physikalisch ebenso beschrieben wie die Translationsbewegung durch $E=E(\boldsymbol{P})$. Daher leuchtet auch unmittelbar ein, daß sich vielen Aussagen über die translative Bewegung analoge Aussagen über die rotative Bewegung an die Seite stellen lassen. Allerdings gibt es auch wichtige Ausnahmen. Während die Funktionen $E=E(\boldsymbol{P})$ für die Energie-Impuls-Transporte durch den leeren Raum alle von derselben Gestalt sind, nämlich von der Form (6.10) mit der inneren Energie E_0 als einzigem freien Parameter, gibt es für die Funktionen $E=E(\boldsymbol{L})$ keine Festlegung auf eine so einfache, nämlich einparametrige Klasse von Funktionen. Als Folge davon haben eine Anzahl Relationen, die für die Translationen fundamental sind, wie z.B. Gl. (5.1), die Energie, Impuls und Geschwindigkeit miteinander verbindet, kein unmittelbares Analogon in der Rotationsbewegung. Wir werden sehen, daß sich rotierende Körper im allgemeinen nicht durch einen einzigen Parameter, sondern nur durch eine ganze Reihe von Parametern kennzeichnen lassen. Das macht die mathematische Beschreibung der Rotationsbewegung viel komplizierter als die Beschreibung der Translation.

Kinematik der Translation und Rotation

Die kinematische translatorische Geschwindigkeit wird durch den Vektor $d\boldsymbol{r}/dt$ dargestellt. Während die ideale translatorische Bewegung eine gleichförmig durchlaufene Gerade ist, ist die ideale Rotationsbewegung ein gleichförmig durchlaufener Kreis. Hierbei durchläuft der Körper in gleichen Zeitabschnitten gleiche Winkel. Allgemein trägt man bei der Auffassung einer Bewegung als Rotationsbewegung um einen Punkt nur der Frage Rechnung, welchen *Winkel* der Körper während einer bestimmten Zeit durchmessen hat. Welche Wegstrecke er dabei zurückgelegt hat, in welcher Entfernung er also von dem Punkt, auf den die Rotationsbewegung bezogen wird, einen bestimmten Winkel überstrichen hat, interessiert im Zusammenhang mit der Rotationsbewegung nicht und bleibt dabei unberücksichtigt. Wir definieren also analog zur kinematischen Translationsgeschwindigkeit $d\boldsymbol{r}/dt$ eine kinematische Rotationsgeschwindigkeit $d\boldsymbol{\varphi}/dt$, die wir als **kinematische Winkelgeschwindigkeit** bezeichnen. Alle Körper, die sich auf den in Abb. 24.2 gezeichneten Bahnen bewegen, haben demnach, wenn sie nur alle den Winkel $d\varphi$ während der gleichen Zeit dt durchmessen, die gleiche Winkelgeschwindigkeit. Ist insbesondere eine Winkelgeschwindigkeit konstant und findet ein voller Umlauf in der Zeit T statt, so ist die Winkelgeschwindigkeit gleich der Umlaufsfrequenz $2\pi/T$.

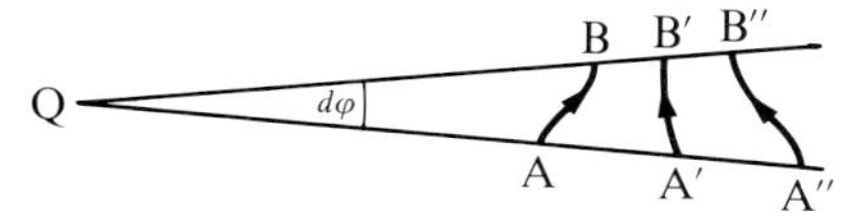

Abb. 24.2

Drei Körper, die die Bahnstücke AB, A′B′ bzw. A″B″ in gleichen Zeiten dt durchlaufen, haben die gleiche kinematische Winkelgeschwindigkeit $\frac{d\boldsymbol{\varphi}}{dt}$ bezüglich Q.

Bei der Schreibweise $d\boldsymbol{\varphi}/dt$ fällt auf, daß wir nicht den Winkel φ, sondern das Winkeldifferential $d\varphi$ als Vektor herausgehoben haben. Ein Winkel φ als mathematische Größe stellt tatsächlich keinen Vektor dar. Die Zusammensetzung (Addition) zweier Winkel bei räumlichen Drehungen hängt nämlich von der Reihenfolge ab. Die „Summenbildung“ von Winkeln erfüllt also nicht die Forderung der Kommutativität. Das ist in Abb. 24.3 anschaulich gemacht, ebenso wie die Tatsache, daß beim Grenzübergang zu sehr kleinen Winkeln Kommutativität erzielt wird. Daß das Differential einer Größe nicht die gleichen Eigenschaften hat wie die Größe selber, ist übrigens nicht so erstaunlich, wenn man bedenkt, daß z.B. die Energie E, die die innere Energie einschließt, nie negative Werte haben kann, wohl aber ihre Änderungen dE. Die Energieänderung dE kann also als 1-dimensionaler Vektor aufgefaßt werden, nicht aber die Energie E selber.

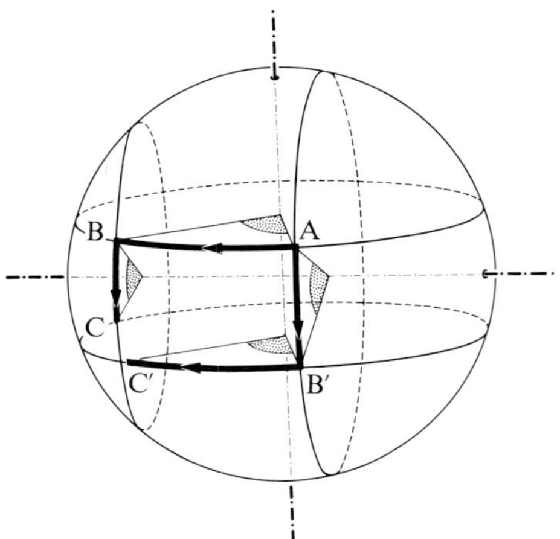

Abb. 24.3

Um zu klären, ob die Zusammensetzung zweier Winkel kommutativ ist, bewegen sich zwei Beobachter auf einer Kugel vom Punkt A aus. Der erste Beobachter durchlaufe erst von A nach B einen Winkel um eine vertikale Achse, dann, von B nach C, den gleichen Winkel um eine horizontale Achse, die durch den Mittelpunkt der Kugel läuft. Der zweite Beobachter durchläuft erst den gleichen Winkel um die horizontale Achse von A bis B′, anschließend den gleichen Winkel um die vertikale Achse und kommt in C′ an. C und C′ fallen im allgemeinen keineswegs zusammen. Die Zusammensetzung zweier Winkel ist also nicht kommutativ.

Sind die Winkel allerdings sehr klein, reduziert sich der durchlaufene Teil der Kugeloberfläche auf eine Ebene, in der die Zusammensetzung kommutativ ist. Die Verschiebungen werden dann wie in der translativen Kinematik durch Vektoren beschrieben.

Faßt man Bewegungen in einer Ebene ins Auge, hat die Translationsgeschwindigkeit $d\boldsymbol{r}/dt$ *zwei* Komponenten, die Winkelgeschwindigkeit dagegen nur *eine*. Für Bewegungen in der Ebene sind daher $d\boldsymbol{r}/dt$ und $d\varphi/dt$ nicht Größen derselben mathematischen Art. Geht man zu Bewegungen im Raum über, erhält $d\boldsymbol{r}/dt$ eine dritte Vektorkomponente. Für die Winkelgeschwindigkeit bedeutet der Übergang zur Bewegung im Raum, daß nun die Lage der Ebene, die durch $d\varphi$ bestimmt ist, festzulegen ist. Das erfordert zwei Zahlenangaben, nämlich die Angabe ihrer Normalenrichtung. Wir sehen also, daß ebenso wie $d\boldsymbol{r}/dt$ auch $d\boldsymbol{\varphi}/dt$ *drei* Zahlenangaben zur Festlegung im Raume benötigt, daß aber diese drei Zahlenangaben in beiden Fällen ganz anders zustandekommen. Bei der Bewegung in einer vorgegebenen Ebene enthält ja $d\boldsymbol{r}/dt$ zwei, $d\varphi/dt$ dagegen nur eine Zahlenangabe. Man kann es daher als „Zufall" ansehen, daß in drei Dimensionen $d\boldsymbol{r}/dt$ und $d\boldsymbol{\varphi}/dt$ beide drei Angaben benötigen.

Ein heikles Problem ist das des *Richtungssinns* von $d\boldsymbol{\varphi}/dt$. Durch den Richtungssinn wird man ausdrücken wollen, in welchem Sinne der Winkel $d\varphi$ durchlaufen wird. Das Problem ist also das der *Orientierung* der Ebene, in der $d\varphi$ liegt. Orientierung der Ebene heißt, daß sich angeben lassen muß, welche Seite der Ebene ihre *Oberseite* und welche ihre *Unterseite* ist. Bedient man sich eines rechtshändigen Koordinatensystems, so löst man dieses Problem etwa dadurch, daß man die x-y-Ebene so in die Ebene von $d\varphi$ legt, daß $d\varphi$ als positiv durchlaufen zählt, wenn der Körper von der positiven x- zur positiven y-Achse läuft (Abb. 24.4). Dann sei die der positiven z-Richtung zugewandte Seite der Ebene von $d\varphi$ „oben" und der Vektor $d\boldsymbol{\varphi}$ möge in die positive z-Richtung weisen.

Wir betonen, daß wir ein rechtshändiges Koordinatensystem verwendet haben. Auf die damit verbundene Problematik gehen wir im folgenden ein.

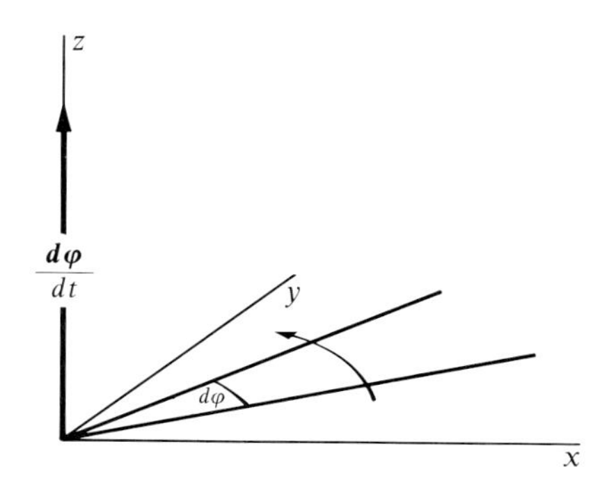

Abb. 24.4

Bei vorgegebener Bewegung eines Körpers ergibt sich der Richtungssinn von $\frac{d\boldsymbol{\varphi}}{dt}$ daraus, daß man die Ebene, in der $d\varphi$ liegt, in der gezeigten Weise als x-y-Ebene eines Koordinatensystems auffaßt und dann $\frac{d\boldsymbol{\varphi}}{dt}$ so orientiert, daß es in die positive z-Richtung weist.

Polare und axiale Vektoren

Wenn $d\boldsymbol{\varphi}/dt$ auch zu seiner Festlegung drei Zahlen benötigt, ist damit noch nicht bewiesen, daß es tatsächlich einen Vektor darstellt. Als Vektoren sieht der Physiker Größen an, die sich gegenüber Koordinatentransformationen genau so verhalten wie der differentielle Ortsvektor oder Verschiebungsvektor $d\boldsymbol{r}$ oder die Geschwindigkeit $d\boldsymbol{r}/dt$, was auf dasselbe hinausläuft. Bei *räumlichen Drehungen* transformiert sich, wie wir hier nicht beweisen wollen, $d\boldsymbol{\varphi}/dt$ tatsächlich genauso wie ein Verschiebungsvektor bzw. wie $d\boldsymbol{r}/dt$. Drehungen machen aber nicht alle Koordinatentransformationen aus, ja nicht einmal alle, bei denen die Länge der Vektoren ungeändert bleibt. Es fehlen dazu noch die *Spiegelungen.* Wenn man $d\boldsymbol{\varphi}/dt$ als einen Vektor bezeichnet, nur weil es bei Drehungen sich so wie $d\boldsymbol{r}/dt$ transformiert, ist das eigentlich etwas voreilig.

Gegenüber Spiegelungen verhält sich $d\boldsymbol{\varphi}/dt$ tatsächlich anders als $d\boldsymbol{r}/dt$. In Abb. 24.5 ist links ein translatorischer Geschwindigkeitsvektor $d\boldsymbol{r}/dt$ gezeichnet. Jetzt führen wir mit dem Koordinatensystem eine **Raumspiegelung** aus, d. h. wir transformieren x in $-x$, y in $-y$, z in $-z$ und erhalten das rechte Bild der Abb. 24.5. Wir haben nur das Koordinatensystem gespiegelt, den Bewegungsvorgang, also auch $d\boldsymbol{r}/dt$, dagegen nicht angetastet. Man mache sich anhand der Abb. 24.5 klar, daß die Spiegelung eines Koordinatensystems

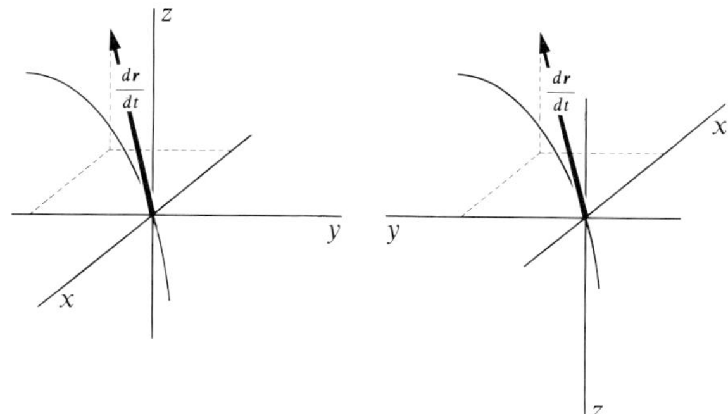

Abb. 24.5

Der translatorische Geschwindigkeitsvektor $\frac{d\boldsymbol{r}}{dt}$ an eine Bahnkurve ist links in einem rechtshändigen, rechts in einem linkshändigen Koordinatensystem dargestellt. Die beiden Koordinatensysteme sind nicht durch Drehung ineinander überführbar, sondern werden durch eine Raumspiegelung $\{x \to -x, y \to -y, z \to -z\}$ ineinander transformiert. Der gezeigte Vektor $\frac{d\boldsymbol{r}}{dt}$ hat im rechtshändigen Koordinatensystem die Komponenten $\frac{dx}{dt} < 0$, $\frac{dy}{dt} < 0$, $\frac{dz}{dt} > 0$. Im linkshändigen Koordinatensystem hat *derselbe* Vektor die Komponenten $\frac{dx}{dt} > 0$, $\frac{dy}{dt} > 0$, $\frac{dz}{dt} < 0$. Der Vektor $\frac{d\boldsymbol{r}}{dt}$ wechselt also bei einer Raumspiegelung sein Vorzeichen. Man nennt ihn einen *polaren* Vektor.

nicht einer Drehung irgendwelcher Art äquivalent ist. Hatte der Vektor $d\boldsymbol{r}/dt$ *vor* der Spiegelung, also links in Abb. 24.5, die Komponenten dx/dt, dy/dt, dz/dt, hat er, wie Abb. 24.5 zeigt, *nach* der Raumspiegelung die Komponenten $-dx/dt$, $-dy/dt$, $-dz/dt$. Man drückt das aus in der

Definition Größen, die sich bei Raumdrehungen wie Verschiebungsvektoren transformieren und bei einer Raumspiegelung des Koordinatensystems, d.h. bei der Transformation

$$\{x \to -x,\ y \to -y,\ z \to -z\}$$

ihr Vorzeichen ändern, heißen **polare Vektoren.**

Beispiele für polare Vektoren sind außer der Geschwindigkeit $d\boldsymbol{r}/dt$ natürlich der Verschiebungsvektor $d\boldsymbol{r}$, Beschleunigung $\boldsymbol{a}$, Impuls $\boldsymbol{P}$, Kraft $\boldsymbol{F}$ und elektrische Feldstärke $\boldsymbol{E}$. Polare Vektoren sind also „richtige Vektoren" in dem Sinne, daß sie sich auch bei Raumspiegelungen wie Verschiebungsvektoren $d\boldsymbol{r}$ transformieren.

Wir wenden die gleiche Raumspiegelung auf eine *Kreisbewegung* an (Abb. 24.6). Suchen wir den Vektor $d\boldsymbol{\varphi}/dt$ nach der Vorschrift zu orientieren, er weise in die positive z-Richtung, wenn die in die x-y-Ebene gelegte Bewegung von der positiven x- zur positiven y-Achse verläuft, dann wird unter der Voraussetzung, daß die Bewegung nicht geändert wird, die Orientierung von $d\boldsymbol{\varphi}/dt$ durch die Raumspiegelung herumgedreht. Da bei der Raumspiegelung aber auch alle Koordinatenrichtungen herumgedreht werden, heißt das, daß $d\boldsymbol{\varphi}/dt$ bei der Raumspiegelung sein Vorzeichen im Gegensatz zu $d\boldsymbol{r}/dt$ nicht wechselt. Wir drücken das aus in der

Definition Größen, die sich bei Raumdrehungen wie Verschiebungsvektoren transformieren, bei einer Raumspiegelung des Koordinatensystems ihr Vorzeichen aber *nicht* ändern, heißen **axiale Vektoren.**

Beispiele für axiale Vektoren sind außer der Winkelgeschwindigkeit $d\boldsymbol{\varphi}/dt$ die Winkelbeschleunigung $\boldsymbol{d}^2\boldsymbol{\varphi}/dt^2$, der Drehimpuls $\boldsymbol{L}$, Drehmoment $\mathscr{M}$ und magnetische Feldstärke $\boldsymbol{B}$. Axiale Vektoren sind keine „richtigen Vektoren" in dem Sinne nämlich, daß sie sich bei Raumspiegelungen wie Verschiebungsvektoren transformierten.

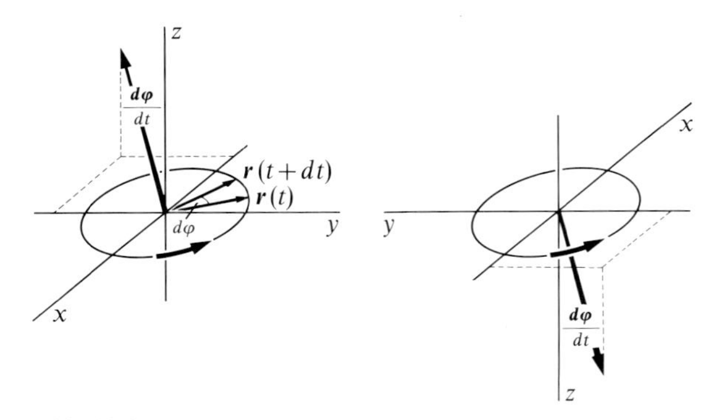

Abb. 24.6

Einer Drehbewegung werde in einem rechtshändigen Koordinatensystem ein Vektor $\dfrac{d\boldsymbol{\varphi}}{dt}$ so zugeordnet, daß $\boldsymbol{r}(t)$, $\boldsymbol{r}(t+dt)$ und $\dfrac{d\boldsymbol{\varphi}}{dt}$ rechtshändig aufeinander folgen (linkes Bild). In einem linkshändigen Koordinatensystem geschieht die Zuordnung von $\boldsymbol{r}(t)$, $\boldsymbol{r}(t+dt)$ und $\dfrac{d\boldsymbol{\varphi}}{dt}$ bei derselben Bewegung entsprechend linkshändig. Das hat zur Folge, daß $\dfrac{d\boldsymbol{\varphi}}{dt}$ bei der Raumspiegelung des Koordinatensystems zur Beschreibung *desselben* Bewegungsvorgangs sein Vorzeichen nicht ändert. Im Bild links und im Bild rechts sind nämlich $\left(\dfrac{d\varphi}{dt}\right)_x < 0$, $\left(\dfrac{d\varphi}{dt}\right)_y < 0$, $\left(\dfrac{d\varphi}{dt}\right)_z > 0$. Einen Vektor, der bei einer Raumspiegelung sein Vorzeichen nicht ändert, nennt man einen *axialen* Vektor.

Das Vektorprodukt zweier polarer Vektoren liefert einen axialen Vektor, weil beide polare Vektoren ihr Vorzeichen bei einer Raumspiegelung ändern. Als Beispiel dafür werden wir im nächsten Paragraphen den axialen Vektor $\boldsymbol{r} \times \boldsymbol{P}$ kennenlernen. Das Vektorprodukt aus einem polaren und einem axialen Vektor ist, wie nach der Spiegelungseigenschaft zu erwarten, ein polarer Vektor. Ein Beispiel dafür bildet der allgemeine Zusammenhang von $\boldsymbol{r}$, $d\boldsymbol{r}/dt$ und $d\boldsymbol{\varphi}/dt$, den wir in Gl. (26.16) kennenlernen werden.

Außer dem Vektorprodukt betrachten wir in diesem Zusammenhang noch das Skalarprodukt eines polaren und eines axialen Vektors. Während das Skalarprodukt aus zwei polaren oder zwei axialen Vektoren einen Skalar liefert, ergibt das Skalarprodukt aus einem polaren und einem axialen Vektor einen „Skalar", der bei Raumspiegelung sein Vorzeichen wechselt. Man bezeichnet ihn deshalb als **Pseudoskalar.** Als Beispiel für einen Pseudoskalar betrachten wir eine Schraubenbewegung, d.h. eine Kombination aus translatorischer und rotatorischer Bewegung. Das Skalarprodukt aus translatorischer und rotatorischer Geschwindigkeit zeigt deutlich den Vorzeichenwechsel bei Raumspiegelung des Koordinatensystems (Abb. 24.7).

Als Pseudoskalar hat in der Physik heute die **Helizität** große Bedeutung erlangt, nämlich das Skalarprodukt der dynamischen Größen translatorischer Impuls $\boldsymbol{P}$ (polarer Vektor) und innerer Drehimpuls $\boldsymbol{S}$ (Spin, axialer Vektor). Normiert man die Helizität auf den Betrag Eins, ergibt sich

$$\text{Helizität} = \frac{\boldsymbol{P}\boldsymbol{S}}{|\boldsymbol{P}|\,|\boldsymbol{S}|}.$$

Neutrinos, das sind Elementarteilchen, die wie das Photon die innere Energie $E_0 = 0$ haben und die sich darum mit der Grenzgeschwindigkeit c bewegen, unterscheiden sich von ihren Antiteilchen, den Antineutrinos, durch die Helizität. Neutrinos haben stets die Helizität -1, Antineutrinos also stets $+1$. Neutrinos können damit nur in Zuständen existieren, in denen ihr Spinvektor und ihr Impulsvektor entgegengesetzte Richtung haben. Antineutrinos existieren entsprechend nur in Zuständen, in denen Spinvektor und Impulsvektor dieselbe Richtung haben. Man sagt auch kurz, das Neutrino sei ein *linkshändiges*, das Antineutrino ein *rechtshändiges* Teilchen. Die Situation ist wie die der Abb. 24.7; nur darf man bei Elementarteilchen den dynamischen Größen $\boldsymbol{P}$ und $\boldsymbol{S}$ keinerlei kinematische Größen wie $d\boldsymbol{r}/dt$ oder $d\boldsymbol{\varphi}/dt$ zuordnen.

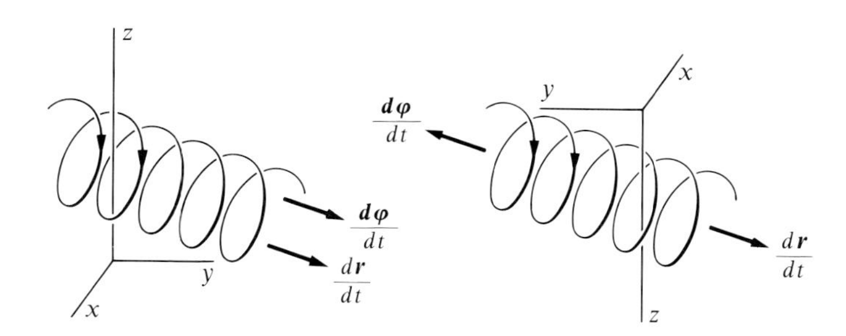

Abb. 24.7

Schraubenförmige Bewegung als Kombination von translatorischer und rotatorischer Bewegung. Im rechtshändigen Koordinatensystem (links) sind bei dem gezeichneten Durchlaufungssinn $\frac{d\boldsymbol{r}}{dt}$ und $\frac{d\boldsymbol{\varphi}}{dt}$ parallel, im raumgespiegelten linkshändigen Koordinatensystem antiparallel.

Der Durchlaufungssinn der Spirale wird durch das Vorzeichen des Pseudoskalars $\left(\frac{d\boldsymbol{r}}{dt}\,\frac{d\boldsymbol{\varphi}}{dt}\right)$ beschrieben; entgegengesetzte Durchlaufungen derselben Spirale *in demselben Koordinatensystem* haben verschiedenes Vorzeichen.

Die Zeichnung zeigt ferner, daß $\left(\frac{d\boldsymbol{r}}{dt}\,\frac{d\boldsymbol{\varphi}}{dt}\right)$ sein Vorzeichen ändert, wenn es sich um *dieselbe Bewegung* handelt, das Koordinatensystem aber gespiegelt wird.

§ 25 Der Drehimpuls

Drehimpuls und drehende Bewegung gehören in ähnlicher Weise zusammen wie Impuls und gradlinige, translative Bewegung. Beide Größen sind Mittel, um an Bewegungsvorgängen das zu erfassen, was sie zu physikalischen Transporten macht. Wie der Impuls eine eigenständige dynamische Größe ist, die sich nicht immer durch kinematische Merkmale, wie die kinematische Geschwindigkeit ausdrücken läßt, so ist auch der Drehimpuls eine eigene dynamische Größe und nicht kinematisch erklärbar. Man wundere sich also nicht, daß Drehimpuls manchmal auch dort auftritt, wo von einer rotierenden Bewegung im geometrisch-kinematischen Sinn nichts zu spüren ist.

Allgemeine Eigenschaften des Drehimpulses

Da sich der Drehimpuls nicht definieren, d.h. auf andere Größen zurückführen läßt, beginnen wir damit, seine wichtigsten allgemeinen Eigenschaften aufzuzählen:

1. Der Drehimpuls ist ein *axialer Vektor* $\boldsymbol{L}=\{L_x, L_y, L_z\}$.

2. Der Drehimpuls erfüllt einen **Erhaltungssatz:** *Drehimpuls kann nur ausgetauscht, also weder erzeugt noch vernichtet werden.* Wenn ein System seinen Drehimpuls ändert, muß es Drehimpuls an ein anderes System abgeben oder von ihm aufnehmen.

3. Wie eine Impulsänderung $d\boldsymbol{P}$ die Energieform Bewegungsenergie $\boldsymbol{v}\,d\boldsymbol{P}$ bestimmt, die den Energiebetrag angibt, der mit dem Impuls $d\boldsymbol{P}$ ausgetauscht wird, so definiert eine Drehimpulsänderung $d\boldsymbol{L}$ eine Energieform **Rotationsenergie**

$$\boldsymbol{\Omega}\,d\boldsymbol{L}=\Omega_x\,dL_x+\Omega_y\,dL_y+\Omega_z\,dL_z, \tag{25.1}$$

die den mit der Änderung $d\boldsymbol{L}$ ausgetauschten Energiebetrag angibt. Der Vektor $\boldsymbol{\Omega}=\{\Omega_x, \Omega_y, \Omega_z\}$ heißt die *dynamische Winkelgeschwindigkeit.* $\boldsymbol{\Omega}$ ist ebenso wie $\boldsymbol{L}$ ein axialer Vektor, denn das Skalarprodukt $\boldsymbol{\Omega}\,d\boldsymbol{L}$ ist ja als Energiebetrag ein Skalar, der gegen eine Raumspiegelung invariant ist.

Bahndrehimpuls eines Körpers

Wir sind gewohnt, jede Bewegung so anzusehen, als sei sie aus translativen, nämlich gradlinigen Stücken zusammengesetzt. Geometrisch läuft das darauf hinaus, daß man die Bahnkurve als Grenzfall eines Sehnenpolygons betrachtet (Abb. 25.1). Natürlich müssen die gradlinigen Stücke, die Sehnen an die Kurve, dabei meist infinitesimal klein gemacht werden, aber es bleiben doch gradlinige Stücke. Mit derselben Berechtigung könnte man eine Bewegung aber auch aus anderen Stücken zusammensetzen, z.B. so, wie es in Abb. 25.2 geschieht. Die Bahnkurve erscheint dort als aus **infinitesimalen Rotationen um einen beliebigen, jedoch fest gewählten Bezugspunkt** Q und aus Änderungen des Abstands des bewegten Punktes von Q zusammengesetzt. Die erste Beschreibungsweise, die die Bewegung als Folge von Translationen ansieht, ist mathematisch zwar meist vorteilhafter als die zweite, aber sie ist nicht die einzig mögliche, und darauf kommt es uns hier an.

Die Möglichkeit der beiden in den Abb. 25.1 und 25.2 dargestellten Beschreibungen einer Bewegung zeigt nämlich, daß ebenso wie in jeder Bewegung Translationen „ent-

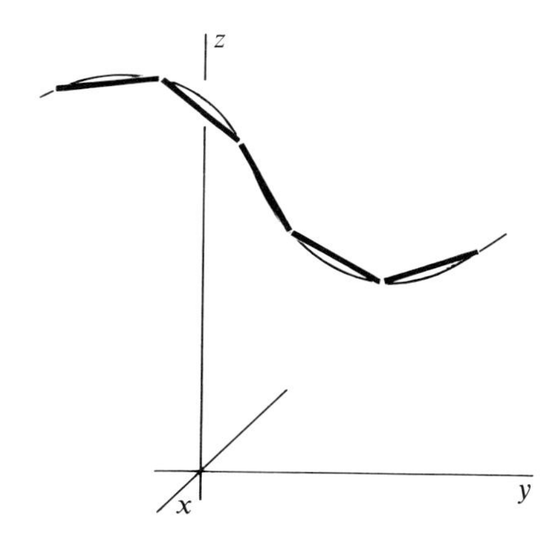

Abb. 25.1

Approximation der Bahnkurve eines Körpers durch ein Sehnenpolygon. Die Bewegung des Körpers wird approximiert durch eine Aufeinanderfolge gradliniger Bewegungen.

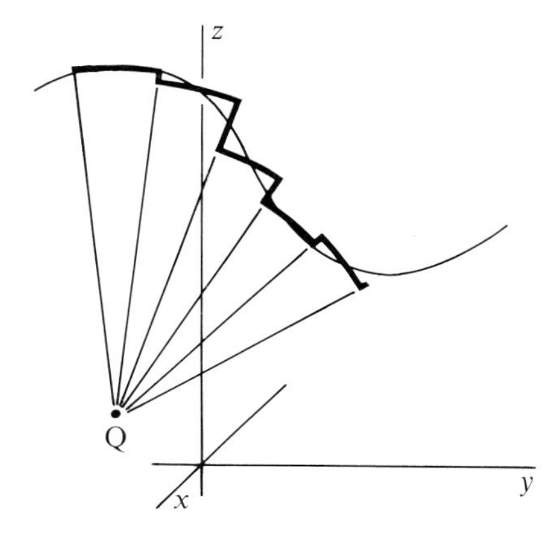

Abb. 25.2

Approximation der gleichen Bahnkurve wie in Abb. 25.1 durch Rotation um gleiche Winkel in bezug auf den Punkt Q. Die Bewegung des Körpers ist approximiert durch eine Aufeinanderfolge von Kreisbewegungen um Q in verschiedenen Abständen.

halten" sind, eine Bewegung auch Rotationen um einen beliebigen festen Punkt Q enthält. Da nun die translativen Bewegungen materieller Körper mit Hilfe des Impulses $\boldsymbol{P}$ beschrieben werden, die Rotationsbewegung aber mit Hilfe des Drehimpulses $\boldsymbol{L}$, wird man erwarten, daß es für jeden bewegten Körper einen Zusammenhang zwischen $\boldsymbol{P}$ und $\boldsymbol{L}$ gibt, wenn ein geeigneter Bezugspunkt Q fest gewählt wird. Man wird vermuten, daß das Problem in der *Wahl eines geeigneten Bezugspunktes Q* liegt.

Beginnen wir versuchweise damit, daß wir eine Größe

$$\boldsymbol{L}_Q = (\boldsymbol{r} - \boldsymbol{r}_Q) \times \boldsymbol{P} \tag{25.2}$$

definieren. Ob und unter welchen Umständen $\boldsymbol{L}_Q$ die vorhin genannten Eigenschaften des Drehimpulses hat, werden wir im Verlauf der weiteren Betrachtungen zu klären suchen. Wie man sieht, ist die Definition (25.2) so getroffen, daß nur die zum Vektor $\boldsymbol{r} - \boldsymbol{r}_Q$ senkrechte Komponente von $\boldsymbol{P}$ zu $\boldsymbol{L}_Q$ beiträgt (Abb. 25.3). Für den Fall, daß $\boldsymbol{P} = M\boldsymbol{v}$, ist damit gerade die in Fig. 25.2 dargestellte, in jeder Bewegung enthaltene kinematische Rotation um den Punkt Q erfaßt. Der Vektor $\boldsymbol{L}_Q$ steht senkrecht auf der Ebene, die von $\boldsymbol{P}$ und dem von Q zum sich bewegenden Punkt weisenden Vektor $\boldsymbol{r} - \boldsymbol{r}_Q$ definiert wird.

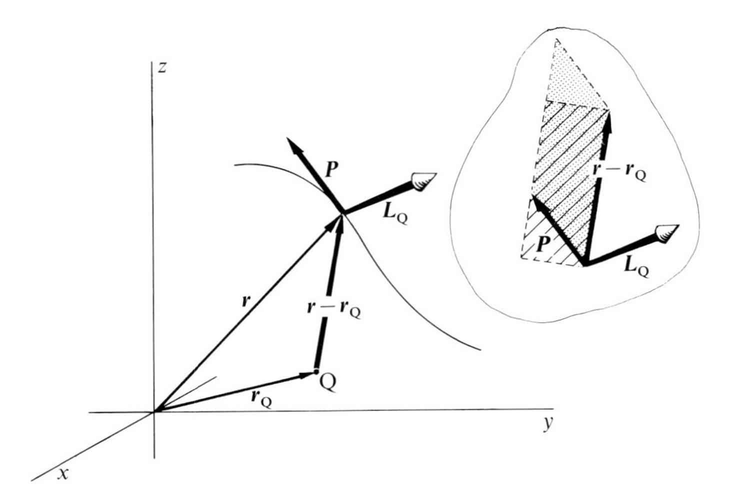

Abb. 25.3

Der Bahndrehimpuls $\boldsymbol{L}_Q$ in bezug auf den Punkt Q steht senkrecht auf der durch $\boldsymbol{r}-\boldsymbol{r}_Q$ und $\boldsymbol{P}$ gebildeten, in der Zeichnung getönten, Ebene. Sein Betrag $|\boldsymbol{L}_Q|$ ist durch den Flächeninhalt der getönten Fläche gegeben. Dieser Flächeninhalt ist wiederum gleich dem der schraffierten Fläche, die durch $\boldsymbol{r}-\boldsymbol{r}_Q$ und die zu $\boldsymbol{r}-\boldsymbol{r}_Q$ senkrechte Komponente von $\boldsymbol{P}$ gebildet wird.

Die Festsetzung (25.2) nimmt keine Rücksicht darauf, ob der Körper mit einem anderen System wechselwirkt oder nicht. Ob das sinnvoll ist, kann nur der Erfolg zeigen. Bei einem Prozeß, bei dem $d\boldsymbol{P}=0$ ist, der Körper also seinen Impuls nicht ändert, erfährt auch $\boldsymbol{L}_Q$ keine Änderung, wenn der Körper parallel zu $\boldsymbol{P}$ verschoben wird. Nach (25.2) ist ja

$$d\boldsymbol{L}_Q = d\boldsymbol{r} \times \boldsymbol{P} + (\boldsymbol{r} - \boldsymbol{r}_Q) \times d\boldsymbol{P}, \tag{25.3}$$

und das reduziert sich bei $d\boldsymbol{P}=0$ auf $d\boldsymbol{L}_Q = d\boldsymbol{r} \times \boldsymbol{P}$, was wiederum Null ist, wenn $d\boldsymbol{r}$ die Richtung von $\boldsymbol{P}$ hat oder entgegengerichtet ist (was bei Bewegung in Feldern vom ersten Typ immer der Fall ist). Wenn bei einer Bewegung $\boldsymbol{P}=\text{const.}$, ist also auch $\boldsymbol{L}_Q=\text{const.}$

Es ist wichtig, im Auge zu behalten, daß die durch (25.2) erklärte Größe $\boldsymbol{L}_Q$ keine von $\boldsymbol{r}$ und $\boldsymbol{P}$ unabhängige Variable eines Körpers ist; nach (25.2) läßt sie sich ja auf $\boldsymbol{r}$ und $\boldsymbol{P}$ zurückführen.

Verläuft die Bahn eines Körpers ganz in einer Ebene, so liegen die beiden Vektoren $\boldsymbol{r}-\boldsymbol{r}_Q$ und $\boldsymbol{P}$ stets in dieser Ebene, und demgemäß steht $\boldsymbol{L}_Q$ senkrecht auf ihr. Da die Ebene zeitlich fest bleibt, ist auch die Richtung von $\boldsymbol{L}_Q$ zeitlich konstant. Für eine Bewegung, die in einer Ebene verläuft, kann sich $\boldsymbol{L}_Q$ also nur seinem Betrage und seinem Vorzeichen nach ändern, nicht aber in seiner Richtung.

Als einfachstes Beispiel betrachten wir eine **Kreisbewegung** (Abb. 25.4). Wir wählen dabei als Bezugspunkt Q zunächst den Kreismittelpunkt K. Das Koordinatensystem denken wir uns weiter so eingerichtet, daß die x-y-Ebene mit der Ebene zusammenfällt, in der der Kreis liegt; und der Bezugspunkt Q = K sei mit dem Koordinatenursprung identisch. Dann ist $\boldsymbol{r}_Q=0$, und die Komponenten von $\boldsymbol{L}_Q=\boldsymbol{L}_K$ sind gegeben durch

$$L_{K,x}=0 \qquad L_{K,y}=0, \qquad L_{K,z}=|\boldsymbol{r}|\cdot|\boldsymbol{P}|=r\,P. \tag{25.4}$$

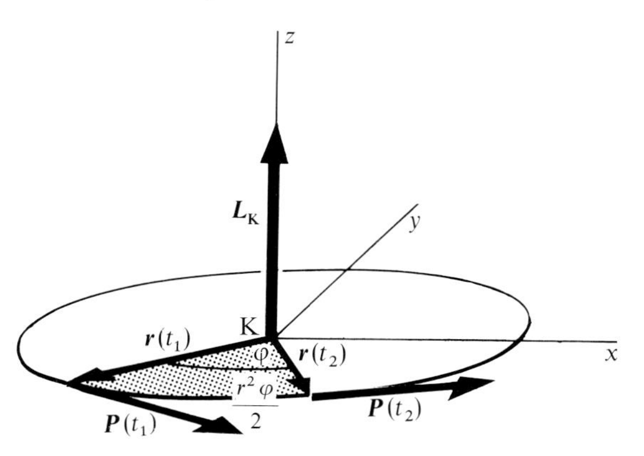

Abb. 25.4

Ein Körper bewege sich mit konstantem Impulsbetrag auf einer Kreisbahn in der x-y-Ebene um den Koordinatenursprung K. Sein Bahndrehimpuls in bezug auf den Kreismittelpunkt K ist konstant und weist bei der gezeigten Bewegungsrichtung ($t_2 > t_1$) des Körpers in die positive z-Richtung. Der Drehimpuls ist mit der Flächengeschwindigkeit $\boldsymbol{f}$ verknüpft durch $\boldsymbol{L} = 2M\boldsymbol{f}$.

Ist $|\boldsymbol{P}| = \text{const.}$, d.h. bewegt sich der Körper so, daß sein Impulsbetrag konstant bleibt, so ist auch die z-Komponente von $\boldsymbol{L}_K$ konstant, denn $|\boldsymbol{r}|$ ist ja, da die Bahn ein Kreis sein soll, nach Voraussetzung konstant. Damit ist aber der ganze Vektor $\boldsymbol{L}_K = \text{const.}$

Ist $\boldsymbol{P} = M\boldsymbol{v}$, d.h. handelt es sich um einen Newtonschen Körper, der außerdem mit einem Feld vom ersten Typ wechselwirkt, so können wir schreiben,

$$L_{K,z} = rP = Mrv = Mr^2 \frac{d\varphi}{dt} = M \frac{d}{dt}(r^2\varphi). \tag{25.5}$$

Dabei haben wir $v = r\,d\varphi/dt$ gesetzt, die Geschwindigkeit v also durch r und den Drehwinkel φ ausgedrückt. Nun ist $r^2\varphi/2$ der Flächeninhalt des durch den Winkel φ bestimmten Kreissektors (Abb. 25.4), $d(r^2\varphi)/dt$ also das Doppelte der vom Ortsvektor $\boldsymbol{r}$

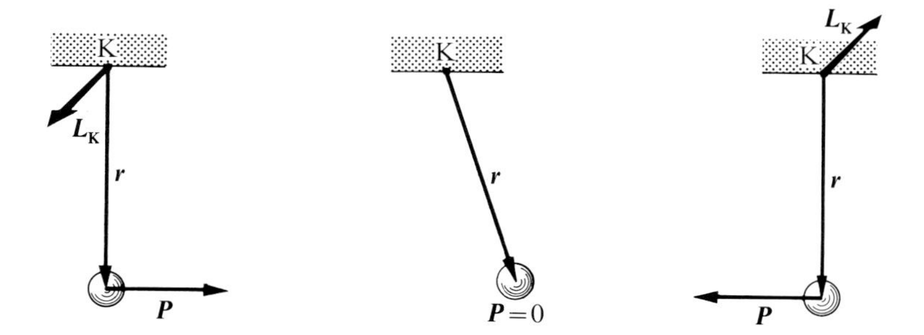

Abb. 25.5

Für das Pendel ist die Größe $\boldsymbol{L}_K$ nicht konstant. Die Figur zeigt Lage, Impuls und die Größe $\boldsymbol{L}_K$ in drei Bewegungsphasen des Pendels.

in der Zeit dt überstrichenen Fläche, der *Flächengeschwindigkeit*. Ist v und damit auch $d\varphi/dt$ konstant, φ also eine lineare Funktion von t, so ist auch $\boldsymbol{L}_K$ konstant. Hängt φ jedoch nicht linear von t ab, d.h. erfolgt die Drehbewegung nicht gleichförmig, so ist $L_{K,z}$ zeitlich nicht konstant.

Bemerkenswert ist der Fall, in dem φ eine periodische Funktion von t ist. Er liegt z.B. beim **Pendel** vor, wo der Körper sich zwar auch auf einem Kreis bewegt, aber nur auf einem Stück des Kreises. In unseren Formeln macht sich das darin bemerkbar, daß φ mit wachsendem t nicht beliebig anwächst, sondern beschränkt bleibt, genauer, sich periodisch mit t ändert. Die Folge davon ist, daß $L_{K,z}$ periodisch mit t das Vorzeichen ändert (Abb. 25.5). Die Größe $\boldsymbol{L}_Q$ ist bei der Pendelbewegung also nicht konstant, sondern wechselt periodisch ihr Vorzeichen. Wählt man bei einer Kreisbewegung als Bezugspunkt Q nicht den Kreismittelpunkt K, sondern irgendeinen anderen Punkt innerhalb oder außerhalb des Kreises (Abb. 25.6), so ist $\boldsymbol{L}_Q$ gegeben durch

$$\boldsymbol{L}_Q=(\boldsymbol{r}-\boldsymbol{r}_Q)\times\boldsymbol{P}=\boldsymbol{r}\times\boldsymbol{P}-\boldsymbol{r}_Q\times\boldsymbol{P}=\boldsymbol{L}_K-\boldsymbol{r}_Q\times\boldsymbol{P}.$$

Setzen wir hierin wieder $\boldsymbol{P}=M\boldsymbol{v}$, so ist, wenn $\boldsymbol{e}_z$ den Einheitsvektor in z-Richtung bezeichnet,

$$\boldsymbol{L}_Q=\boldsymbol{L}_K-[|\boldsymbol{r}_Q||\boldsymbol{P}|\cos\varphi]\,\boldsymbol{e}_z=\boldsymbol{L}_K-M\left[|\boldsymbol{r}_Q|\,|\boldsymbol{r}|\cos\varphi\,\frac{d\varphi}{dt}\right]\boldsymbol{e}_z.$$

$\boldsymbol{L}_Q$ ist also selbst für eine gleichförmige Kreisbewegung nicht konstant, wenn Q nicht mit dem Kreismittelpunkt K zusammenfällt; denn wie die letzte Gleichung zeigt, ändert bei $\varphi=\Omega t$ die Größe $\boldsymbol{L}_Q$ mit $\cos\Omega t$ periodisch ihre Länge.

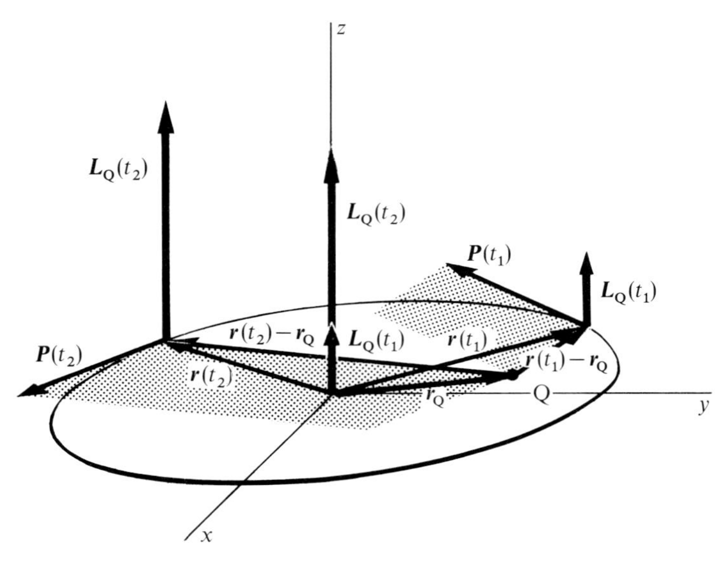

Abb. 25.6

Ein Körper laufe, wie in Abb. 25.4, mit konstantem Impulsbetrag auf einer Kreisbahn in der x-y-Ebene um den Koordinatenursprung. Der Vektor $\boldsymbol{L}_Q$ ist zeitlich nicht konstant, wenn er in bezug auf einen Punkt Q gebildet wird, der nicht der Kreismittelpunkt ist. Liegt Q in der x-y-Ebene, wie in der Zeichnung, zeigt $\boldsymbol{L}_Q$ in die z-Richtung. Der Betrag $|\boldsymbol{L}_Q|$ ist durch das von $\boldsymbol{P}$ und $\boldsymbol{r}-\boldsymbol{r}_Q$ aufgespannte Parallelogramm gegeben. Es ist für zwei Zeiten t_1 und t_2 gezeichnet.

Was besagen unsere bisherigen Resultate? Zunächst ist zu erwarten, daß gleichförmige Kreisbewegung und Drehimpuls miteinander in einer Beziehung stehen, die vergleichbar ist mit der zwischen geradliniger Bewegung und Impuls. Die Größe $\boldsymbol{L}_Q$ kann daher nur dann etwas mit dem Drehimpuls zu tun haben, wenn sie für die gleichförmige Kreisbewegung einen zeitlich konstanten Wert hat. Das ist aber, wie wir gesehen haben, nur der Fall, wenn Q mit dem Kreismittelpunkt zusammenfällt. Es ist also damit zu rechnen, daß $\boldsymbol{L}_Q$ nur dann etwas mit dem Drehimpuls zu tun haben kann, wenn Q ein *bestimmter* Punkt ist.

Erinnern wir uns dazu der Situation beim Impuls. Auch dort gibt es eine Größe, nämlich $M\boldsymbol{v}$, die mit dem Impuls $\boldsymbol{P}$ zusammenhängt. Zwar sagt man gern, $M\boldsymbol{v}$ sei mit dem Impuls identisch, es gibt jedoch Fälle, in denen das nicht so ist. Da für einen bewegten Körper die Größe $M\boldsymbol{v}$ aber immer gebildet werden kann, es sich also durchaus um eine eigene physikalische Größe handelt, wäre es besser zu sagen, daß in manchen Fällen, d.h. in manchen Zuständen eines Systems „Körper + Feld" die Größe $M\boldsymbol{v}$ dieselben Werte hat wie die Größe $\boldsymbol{P}$, in anderen — wie z.B. denen eines elektrisch geladenen, bewegten Körpers im Magnetfeld — aber nicht. Unter Umständen gilt sogar noch etwas weniger, nämlich daß die Größe $M\boldsymbol{v}$ nur dieselben Wert*änderungen* $d(M\boldsymbol{v})$ zeigt wie der Impuls $\boldsymbol{P}$. Strenggenommen ist der Impuls eine eigene Größe $\boldsymbol{P}$, die zu unterscheiden ist von der Größe $M\boldsymbol{v}$. Ähnlich liegen die Dinge beim Drehimpuls: Die Größe $\boldsymbol{L}_Q$ hat manchmal, d.h. unter bestimmten Bedingungen, dieselben Werte oder Wertänderungen wie der Drehimpuls, d.h. wie die Größe $\boldsymbol{L}$, aber im Grunde ist $\boldsymbol{L}_Q$ immer eine vom Drehimpuls verschiedene Größe. Im Fall der Kreisbewegung eines Körpers sind die Änderungen $d\boldsymbol{L}_Q$ der Größe $\boldsymbol{L}_Q$ zum Beispiel gleich den Änderungen $d\boldsymbol{L}$ des Drehimpulses $\boldsymbol{L}$, wenn der Bezugspunkt Q mit dem Kreismittelpunkt zusammenfällt. Gibt es immer, also auch dann, wenn der Körper sich beliebig bewegt, einen Punkt Q, der dadurch ausgezeichnet ist, daß $d\boldsymbol{L}_Q$ gleich der Änderung des Drehimpulses ist? Der Vergleich mit dem Impuls liefert auch Anhaltspunkte für die Antwort auf diese Frage. Damit die Werte oder die Wertänderungen der Größe $M\boldsymbol{v}$ mit denen des Impulses $\boldsymbol{P}$ übereinstimmen, ist es notwendig, daß die Größe $M\boldsymbol{v}$ unter gewissen Bedingungen einen Erhaltungssatz erfüllt. Der läßt sich aber nie an einem 1-Körper-System feststellen, sondern immer erst an Mehrkörper-Systemen. Ebenso ließen sich auch die mit Hilfe des Impulses ausgezeichneten Bezugssysteme, nämlich die Inertialsysteme, nur dadurch fassen, daß in ihnen die Körper eines beliebigen Mehrkörper-Systems, von dem wir annehmen, daß es als Ganzes nach „außen" keine Wechselwirkung hat, ihre Größen $M_i\,\boldsymbol{v}_i$ nur untereinander austauschen, während $\sum_i M_i\,\boldsymbol{v}_i$ konstant bleibt. Auf den Drehimpuls übertragen, werden wir also erwarten, daß ausgezeichnete Bezugspunkte sich nur dadurch fixieren lassen, daß man Mehrkörper-Systeme betrachtet, von denen man annimmt, daß sie keine Wechselwirkung nach „außen" haben. Die einzelnen Körper müssen dann die ihnen zugeordneten Größen $\boldsymbol{L}_{iQ}$ nur untereinander austauschen, während die Gesamtgröße $\sum_i \boldsymbol{L}_{iQ}$ des Systems konstant bleibt.

Wir gehen hier jedoch schrittweise vor. Bevor wir uns den Mehrkörper-Systemen zuwenden, zeigen wir, daß schon ein System „Körper + gegebenes Feld", d.h. eigentlich das einfachste 2-Körper-System, bei dem der eine Körper eine so große Masse hat, daß seine Funktion nur darin besteht, liegen zu bleiben und das Feld festzuhalten, während sich der andere bewegt, zur Auszeichnung eines Bezugspunktes führt.

Dynamische Auszeichnung eines Bezugspunkts. Rotationssymmetrische Felder

Um die Frage nach der Auszeichnung eines Bezugspunkts zu klären, bilden wir

$$\frac{d\boldsymbol{L}_Q}{dt}=\frac{d(\boldsymbol{r}-\boldsymbol{r}_Q)}{dt}\times\boldsymbol{P}+(\boldsymbol{r}-\boldsymbol{r}_Q)\times\frac{d\boldsymbol{P}}{dt}.$$

Verwenden wir nun hierin die Bewegungsgleichungen (19.13), so folgt

$$\frac{d\boldsymbol{L}_Q}{dt}=\boldsymbol{v}\times\boldsymbol{P}+(\boldsymbol{r}-\boldsymbol{r}_Q)\times\boldsymbol{F}=-\left[\boldsymbol{P}\times\frac{\partial E}{\partial\boldsymbol{P}}+(\boldsymbol{r}-\boldsymbol{r}_Q)\times\frac{\partial E}{\partial\boldsymbol{r}}\right]. \tag{25.6}$$

Denken wir uns nun den Bezugspunkt Q, der ja ein fester Punkt sein soll, als Koordinatenursprung gewählt, so ist $\boldsymbol{r}_Q=0$, und wir können Gl. (25.6) auch schreiben

$$-\frac{d\boldsymbol{L}}{dt}=\left[\boldsymbol{P}\times\frac{\partial}{\partial\boldsymbol{P}}+\boldsymbol{r}\times\frac{\partial}{\partial\boldsymbol{r}}\right]E(\boldsymbol{P},\boldsymbol{r}). \tag{25.7}$$

Dabei ist der in den eckigen Klammern stehende Ausdruck als Differentialoperator anzusehen, der auf die Funktion $E(\boldsymbol{P},\boldsymbol{r})$ des betrachteten Systems „Körper + Feld" anzuwenden ist. Gl. (25.7) ist eine symbolische Vektorgleichung. In Komponenten geschrieben lautet sie

$$\begin{aligned}
-\frac{dL_x}{dt}&=\left[\left(P_y\frac{\partial}{\partial P_z}-P_z\frac{\partial}{\partial P_y}\right)+\left(y\frac{\partial}{\partial z}-z\frac{\partial}{\partial y}\right)\right]E(\boldsymbol{P},\boldsymbol{r}),\\
-\frac{dL_y}{dt}&=\left[\left(P_z\frac{\partial}{\partial P_x}-P_x\frac{\partial}{\partial P_z}\right)+\left(z\frac{\partial}{\partial x}-x\frac{\partial}{\partial z}\right)\right]E(\boldsymbol{P},\boldsymbol{r}),\\
-\frac{dL_z}{dt}&=\left[\left(P_x\frac{\partial}{\partial P_y}-P_y\frac{\partial}{\partial P_x}\right)+\left(x\frac{\partial}{\partial y}-y\frac{\partial}{\partial x}\right)\right]E(\boldsymbol{P},\boldsymbol{r}).
\end{aligned} \tag{25.8}$$

Handelt es sich um ein Feld vom ersten Typ, für das $E(\boldsymbol{P},\boldsymbol{r})$ eine Summe aus kinetischer und potentieller Energie ist, so ist, da allein die kinetische Energie von den Komponenten des Impulses abhängt,

$$\left(P_y\frac{\partial}{\partial P_z}-P_z\frac{\partial}{\partial P_y}\right)E(\boldsymbol{P},\boldsymbol{r})=\left(P_y\frac{\partial}{\partial P_z}-P_z\frac{\partial}{\partial P_y}\right)E_{\text{kin}}(\boldsymbol{P})=0. \tag{25.9}$$

Auf die spezielle Gestalt der Funktion $E_{\text{kin}}(\boldsymbol{P})$ kommt es dabei nicht einmal an, sondern nur darauf, daß E_{kin} vom Absolutbetrag des Impulses oder, was mathematisch dasselbe ist, von P^2 abhängt. Denn für jede Funktion $f(P^2)$ ist

$$\left(P_y\frac{\partial}{\partial P_z}-P_z\frac{\partial}{\partial P_y}\right)f(P^2)=\frac{df}{dP^2}\left(P_y\frac{\partial P^2}{\partial P_z}-P_z\frac{\partial P^2}{\partial P_y}\right)=2\frac{df}{dP^2}(P_yP_z-P_zP_y)=0. \tag{25.10}$$

Für ein Feld vom ersten Typ lautet (25.8) somit

(25.11)
$$-\frac{dL_x}{dt}=\left(y\frac{\partial}{\partial z}-z\frac{\partial}{\partial y}\right)E_{\text{pot}}(\boldsymbol{r}),$$
$$-\frac{dL_y}{dt}=\left(z\frac{\partial}{\partial x}-x\frac{\partial}{\partial z}\right)E_{\text{pot}}(\boldsymbol{r}),$$
$$-\frac{dL_z}{dt}=\left(x\frac{\partial}{\partial y}-y\frac{\partial}{\partial x}\right)E_{\text{pot}}(\boldsymbol{r})$$

oder in Vektorform

(25.12)
$$-\frac{d\boldsymbol{L}}{dt}=\boldsymbol{r}\times\nabla E_{\text{pot}}.$$

Die Gln. (25.11) erlauben nun, unter allen möglichen Bezugspunkten einen (oder eventuell auch mehrere) dadurch auszuzeichnen, daß bei Wahl dieses Punktes als Koordinatenursprung die rechten Seiten der Gln. (25.11) verschwinden. Zunächst verschwinden die rechten Seiten von (25.11) trivialerweise dann, wenn $E_{\text{pot}}(\boldsymbol{r})\equiv\text{const.}$, die potentielle Energie also überall denselben Wert hat und Verschiebungen keine Energie kosten. In diesem Fall, in dem der Körper also keine Kräfte erfährt, kann der Koordinatenursprung beliebig gewählt werden, ein Punkt ist so gut wie jeder andere. *Für die kräftefreie Bewegung ist die Größe $\boldsymbol{L}_Q$ also immer zeitlich konstant, gleichgültig wie der Bezugspunkt* Q *gewählt wird.*

Von dieser trivialen Lösung abgesehen, verschwinden die rechten Seiten von (25.11), wie wir in Analogie zu (25.9) schließen, dann, wenn der Koordinatenursprung so gewählt werden kann, daß E_{pot} nur vom Betrag des Ortsvektors oder, was mathematisch dasselbe ist, nur von r^2 abhängt. In bezug auf den als Ursprung gewählten Punkt ist dann die **potentielle Energie rotationsinvariant,** oder anders gesagt, die Äquipotentialflächen $E_{\text{pot}}(\boldsymbol{r})=\text{const.}$ bilden eine konzentrische Kugelschar mit dem ausgezeichneten Punkt als Mittelpunkt.

Wie sich zeigen läßt, folgt aus dem Verschwinden der rechten Seiten der Gln. (25.11) auch umgekehrt, daß E_{pot} nur von r^2 abhängt, also rotationssymmetrisch um den als Koordinatenursprung gewählten Punkt ist. Wir haben somit den

Satz 25.1 Hat ein statisches Feld vom ersten Typ die Eigenschaft, daß es einen festen Punkt gibt, um den die potentielle Energie rotationssymmetrisch ist, so ist mit diesem Punkt als Bezugspunkt Q die Größe $\boldsymbol{L}_Q$ eines Körpers, der mit dem Feld wechselwirkt, bei jeder Bewegung zeitlich konstant.

Im trivialen Fall $E_{\text{pot}}(\boldsymbol{r})\equiv\text{const.}$, d.h. bei der kräftefreien Bewegung, ist $\boldsymbol{L}_Q$ für jede Wahl des Bezugspunktes Q zeitlich konstant.

Ein einfaches Analogon zu obigen Überlegungen, wo nur der Impuls $\boldsymbol{P}$ die Rolle der Größe $\boldsymbol{L}_Q$ spielt, stellt die Bewegungsgleichung (19.13) eines Körpers in einem Feld dar:

$$\frac{d\boldsymbol{P}}{dt}=\boldsymbol{F}=-\nabla E(\boldsymbol{P},\boldsymbol{r}).$$

Ist das Feld vom ersten Typ, so hat man

$$\frac{d\boldsymbol{P}}{dt}=-\nabla E_{\text{pot}}(\boldsymbol{r}).$$

Diese Gleichung ist das Analogon zu (25.12). Sie sagt, daß die zeitliche Konstanz des Impulses gleichbedeutend ist mit $\nabla E_{\text{pot}}=0$, d.h. damit, daß die Funktion $E_{\text{pot}}(\boldsymbol{r})$ *invariant ist gegen räumliche Verschiebungen.* Ebenso sagt das Verschwinden von (25.12), daß $E_{\text{pot}}(\boldsymbol{r})$ *invariant ist gegen räumliche Drehungen um den Koordinatenursprung.* Die Komponenten $\partial/\partial x$, $\partial/\partial y$, $\partial/\partial z$ des Differentialoperators ∇ sind mit den infinitesimalen Verschiebungen analog verknüpft wie die in (25.11) auftretenden Komponenten $\left(y\frac{\partial}{\partial z}-z\frac{\partial}{\partial y}\right)$, ... des Differentialoperators $(\boldsymbol{r}\times\nabla)$ mit den infinitesimalen Drehungen. Man drückt diesen Tatbestand auch gern so aus, daß die Erhaltung des Impulses $\boldsymbol{P}$ der **Translationsinvarianz des Raumes,** genauer der Invarianz des Raumes gegen Verschiebungen äquivalent ist und daß die Erhaltung des Drehimpulses der **Invarianz des Raumes gegen Drehungen** äquivalent ist. In diesen Formulierungen wird das Wort *Raum* ersichtlich im gleichen Sinn gebraucht wie das Wort *Feld.*

In einem um den Punkt Q rotationssymmetrischen Feld sind natürlich gleichförmig durchlaufene Kreisbahnen des sich bewegenden Körpers möglich. Aber es ist keineswegs so, daß alle Bahnen kreisförmig wären. So ist das Gravitationsfeld der Sonne, in dem die Planeten Ellipsenbahnen beschreiben, rotationssymmetrisch um die Sonne. Daher ist für einen Planeten $\boldsymbol{L}_Q=\text{const.}$, wenn als Bezugspunkt Q die Sonne gewählt wird. Dabei ist es ganz gleichgültig, ob er sich auf einem Kreis oder auf einer Ellipse bewegt. Ja, auch wenn er sich wie ein Komet auf einer Hyperbelbahn bewegt, ist $\boldsymbol{L}_Q$ konstant.

Drückt man $\boldsymbol{P}$ durch $M\boldsymbol{v}$ aus, so ist

$$\boldsymbol{L}_Q=M(\boldsymbol{r}-\boldsymbol{r}_Q)\times\boldsymbol{v}. \tag{25.13}$$

Die Konstanz des Vektors $\boldsymbol{L}_Q$ sagt also aus, daß die Bewegung in einer Ebene verläuft, die von den Vektoren $\boldsymbol{r}-\boldsymbol{r}_Q$ und $\boldsymbol{v}$ bestimmt wird, und daß der Vektor $\boldsymbol{r}-\boldsymbol{r}_Q$ in gleichen Zeiten gleiche Flächen überstreicht *(2. Keplersches Gesetz = Flächensatz).* Die erste Feststellung folgt einfach aus der Konstanz der Richtung von $\boldsymbol{L}_Q$, die zweite aus der Konstanz des Betrages, denn es ist (Abb. 20.5)

$$|(\boldsymbol{r}-\boldsymbol{r}_Q)\times\boldsymbol{v}|=\frac{|(\boldsymbol{r}-\boldsymbol{r}_Q)\times d\boldsymbol{r}|}{dt}$$

$$=\frac{2\times\text{Flächeninhalt des von }(\boldsymbol{r}-\boldsymbol{r}_Q)\text{ und }d\boldsymbol{r}\text{ gebildeten Dreiecks}}{dt}.$$

Die Konstanz der Flächengeschwindigkeit in rotationssymmetrischen Feldern ist für die elliptische Kepler- und für die Oszillator-Bewegung in den Abbildungen 20.6a und 20.12 dargestellt. Abb. 20.6b zeigt sie für die hyperbolische Kepler-Bewegung. Es sei aber ausdrücklich betont, daß der Flächensatz, d.h. die Konstanz der Flächengeschwindigkeit, nicht nur im Gravitations- oder Coulomb-Feld gilt, sondern in jedem Feld, dessen potentielle Energie rotationssymmetrisch um einen Punkt Q ist; die Flächengeschwindigkeit oder die Größe $\boldsymbol{L}_Q$ sind dann natürlich in bezug auf das Symmetriezentrum Q zu bilden.

Die durch (25.2) definierte Größe $\boldsymbol{L}_Q$, für die der Bezugspunkt Q identisch ist mit dem Symmetriezentrum der potentiellen Energie, wird traditionell der **Bahndrehimpuls** des Körpers genannt. Diese Bezeichnung ist leider nicht sehr glücklich, da $\boldsymbol{L}_Q$ eigentlich nie der Drehimpuls ist, sondern eine aus den Größen $\boldsymbol{r}$ und $\boldsymbol{P}$ eines Körpers gebildete Größe, deren Wertänderungen bei manchen Prozessen mit den Wertänderungen des

Drehimpulses übereinstimmen. Da sich die Bezeichnung Bahndrehimpuls für $\boldsymbol{L}_Q$ in der Physik aber eingebürgert hat, wollen auch wir sie hier verwenden. Unsere Betrachtungen lassen sich damit auch so formulieren, daß ein rotationssymmetrisches Feld keinen Bahndrehimpuls aufnehmen oder abgeben kann. Da die Wertänderungen des Bahndrehimpulses aber identisch sind mit den Wertänderungen des Drehimpulses, gilt dieselbe Aussage auch für den Drehimpuls. Ein rotationssymmetrisches Feld, d.h. ein Feld, dessen potentielle Energie rotationssymmetrisch um einen festen Punkt Q ist, kann keinen Drehimpuls aufnehmen oder abgeben. Für einen Körper, der mit diesem Feld wechselwirkt, ist der Drehimpuls daher für alle Bewegungen konstant.

Bei Feldern vom zweiten Typ sind die Verhältnisse wesentlich komplizierter. Da $E(\boldsymbol{P}, \boldsymbol{r})$ dann nicht die Summe von zwei Funktionen ist, von denen die eine nur von $\boldsymbol{P}$ und die andere nur von $\boldsymbol{r}$ abhängt, lassen sich die Gln. (25.8) nicht mehr auf die einfache Form (25.11) reduzieren, in der rechts nur noch die Ortskoordinaten vorkommen. Wir wollen hier nicht näher darauf eingehen.

Bahndrehimpuls eines n-Körper-Systems

Bei einem System von n Körpern wird der Bahndrehimpuls in Analogie zu (25.2) definiert durch

$$\boldsymbol{L}_Q = \sum_{i=1}^{n} \boldsymbol{L}_{iQ} = \sum_{i=1}^{n} (\boldsymbol{r}_i - \boldsymbol{r}_Q) \times \boldsymbol{P}_i, \tag{25.14}$$

d.h. durch die Summe der Bahndrehimpulse aller n Körper. Der Bezugspunkt $\boldsymbol{r}_Q$ ist für alle Körper derselbe. Wieder erhebt sich hier das Problem, den ausgezeichneten Punkt Q zu finden. Wir gehen dabei vor wie im Fall eines einzigen Körpers, bilden also

$$\begin{aligned} \frac{d\boldsymbol{L}_Q}{dt} &= \sum_{i=1}^{n} \left\{ \frac{d(\boldsymbol{r}_i - \boldsymbol{r}_Q)}{dt} \times \boldsymbol{P}_i + (\boldsymbol{r}_i - \boldsymbol{r}_Q) \times \frac{d\boldsymbol{P}_i}{dt} \right\} \\ &= \sum_{i=1}^{n} \{ \boldsymbol{v}_i \times \boldsymbol{P}_i + (\boldsymbol{r}_i - \boldsymbol{r}_Q) \times \boldsymbol{F}_i \} \\ &= -\sum_{i=1}^{n} \left\{ \boldsymbol{P}_i \times \frac{\partial E}{\partial \boldsymbol{P}_i} + (\boldsymbol{r}_i - \boldsymbol{r}_Q) \times \frac{\partial E}{\partial \boldsymbol{r}_i} \right\}. \end{aligned} \tag{25.15}$$

Wählen wir der Einfachheit halber den Punkt Q wieder als Ursprung des Koordinatensystems, so ist $\boldsymbol{r}_Q = 0$, und Gl. (25.15) lautet

$$-\frac{d\boldsymbol{L}}{dt} = \sum_{i=1}^{n} \left[\boldsymbol{P}_i \times \frac{\partial}{\partial \boldsymbol{P}_i} + \boldsymbol{r}_i \times \frac{\partial}{\partial \boldsymbol{r}_i} \right] E(\boldsymbol{P}_1, \ldots, \boldsymbol{P}_n, \boldsymbol{r}_1, \ldots, \boldsymbol{r}_n). \tag{25.16}$$

Diese Gleichung ist völlig analog zu (25.7) gebaut, nur daß jetzt die Impulse $\boldsymbol{P}_i$ und Ortsvektoren $\boldsymbol{r}_i$ aller n Körper auftreten. In Komponenten geschrieben hat (25.16) daher dieselbe Gestalt wie (25.8), nur daß jede Impulskomponente und jede Ortskoordinate noch einen Index i erhält, über den dann summiert wird.

Für den Fall, daß das Feld, mit dem die Körper wechselwirken, vom ersten Typ ist, $E(\boldsymbol{P}_1, \ldots, \boldsymbol{r}_n)$ also die Form hat

$$E(\boldsymbol{P}_1, \ldots, \boldsymbol{P}_n, \boldsymbol{r}_1, \ldots, \boldsymbol{r}_n) = \sum_{i=1}^{n} E_{i,\,\mathrm{kin}}(\boldsymbol{P}_i) + E_{\mathrm{pot}}(\boldsymbol{r}_1, \ldots, \boldsymbol{r}_n), \tag{25.17}$$

vereinfacht sich (25.16) wieder zu einer Gleichung, in der nur noch die Ortskoordinaten auftreten. Da nämlich die kinetische Energie $E_{i,\,\mathrm{kin}}(\boldsymbol{P}_i)$ jedes Körpers nur von P_i^2 abhängt, resultiert für jeden Summanden in (25.17) wieder eine Gleichung von der Gestalt (25.9). Somit reduziert sich (25.16) auf

$$-\frac{d\boldsymbol{L}}{dt} = \sum_{i=1}^{n} \left(\boldsymbol{r}_i \times \frac{\partial}{\partial \boldsymbol{r}_i}\right) E_{\mathrm{pot}}(\boldsymbol{r}_1, \ldots, \boldsymbol{r}_n). \tag{25.18}$$

Die Auswahl eines ausgezeichneten Punktes Q hängt also wieder davon ab, ob es einen Punkt gibt, für den, als Koordinatenursprung genommen, die rechte Seite von (25.18), allgemein von (25.16), verschwindet.

Natürlich würde nach dem Vorbild des Resultats von Satz 25.1 die rechte Seite von (25.18) verschwinden, wenn E_{pot} eine Summe von Gliedern wäre, von denen jedes einzelne nur von r_i^2 abhängt. Solche Funktionen kommen indessen als potentielle Energien nicht in Betracht. Wie (23.14) oder (23.25) für ein 2-Körper-System zeigt, hängen nämlich die potentiellen Energien von Mehrkörper-Systemen immer von den gegenseitigen Lagen der Körper, d.h. von den Vektoren $\boldsymbol{r}_i - \boldsymbol{r}_j$ ab. Das ist wörtlich zwar nur in Inertialsystemen richtig, aber es ist nicht zu erwarten, daß (25.18) in einem nicht-inertialen Bezugssystem überhaupt verschwindet.

Bahndrehimpuls eines 2-Körper-Systems

Der Einfachheit halber analysieren wir (25.18) zunächst für ein 2-Körper-System. Für dieses lautet (25.18)

$$-\frac{d\boldsymbol{L}}{dt} = \left[\boldsymbol{r}_1 \times \frac{\partial}{\partial \boldsymbol{r}_1} + \boldsymbol{r}_2 \times \frac{\partial}{\partial \boldsymbol{r}_2}\right] E_{\mathrm{pot}}(\boldsymbol{r}_1, \boldsymbol{r}_2). \tag{25.19}$$

Nun hängt in einem Inertialsystem die potentielle Energie nur von $\boldsymbol{r} = \boldsymbol{r}_2 - \boldsymbol{r}_1$ ab und daher ist in diesem

$$\frac{\partial E_{\mathrm{pot}}}{\partial \boldsymbol{r}_1} = -\frac{\partial E_{\mathrm{pot}}}{\partial \boldsymbol{r}_2}. \tag{25.20}$$

Gl. (25.19) geht damit über in

$$-\frac{d\boldsymbol{L}}{dt} = (\boldsymbol{r}_2 - \boldsymbol{r}_1) \times \frac{\partial E_{\mathrm{pot}}}{\partial \boldsymbol{r}_2} = \boldsymbol{r} \times \frac{\partial E_{\mathrm{pot}}(\boldsymbol{r})}{\partial \boldsymbol{r}}, \tag{25.21}$$

wobei jetzt $\boldsymbol{r}$ den vom Körper 1 zum Körper 2 weisenden Vektor bezeichnet. Die Gl. (25.21) ist aber identisch mit Gl. (25.12), und daher gilt auch hier der dortige Schluß, daß die rechte Seite dieser Gleichung nur dann generell verschwindet, wenn die potentielle Energie allein von $|\boldsymbol{r}|$ abhängt. Wir haben also das Resultat, daß der durch Gl. (25.14) definierte Bahndrehimpuls für ein 2-Körper-Problem zeitlich konstant ist,

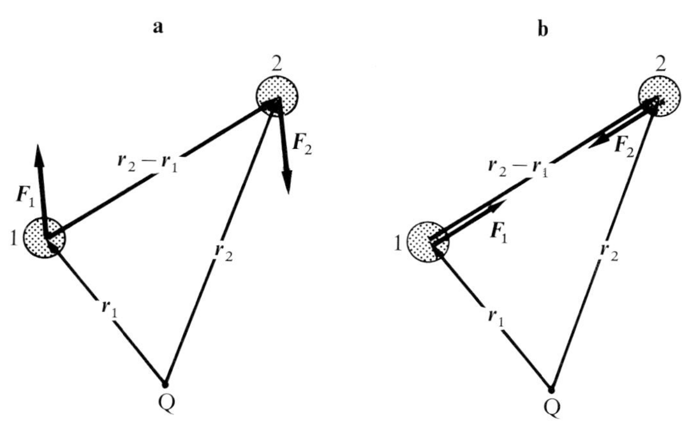

Abb. 25.7

(a) Eine 2-Körper-Wechselwirkung, bei der die Kräfte $\boldsymbol{F}_1$ und $\boldsymbol{F}_2$ nicht in der Richtung von $\boldsymbol{r}_2 - \boldsymbol{r}_1$ liegen. Die Gl. (25.22) zeigt, daß in diesem Fall ein Drehmoment $\mathcal{M} \neq 0$ auftritt; demgemäß ist $\boldsymbol{L}_Q$ nicht konstant. (b) 2-Körper-Wechselwirkung, bei der die Kräfte $\boldsymbol{F}_1$ und $\boldsymbol{F}_2$ in Richtung von $\boldsymbol{r}_2 - \boldsymbol{r}_1$ liegen. Die potentielle Energie hängt dann nur vom Betrag des Abstands $|\boldsymbol{r}_2 - \boldsymbol{r}_1|$ ab. Der Vektor $\boldsymbol{L}_Q$ ist zeitlich konstant, und zwar in bezug auf jeden beliebigen Punkt Q.

wenn E_{pot} nur vom *Betrag* $|\boldsymbol{r}_2 - \boldsymbol{r}_1|$ des Vektors $\boldsymbol{r}_2 - \boldsymbol{r}_1$ abhängt. Dazu ist allerdings notwendig, daß als Bezugssystem ein *Inertialsystem* gewählt wird, denn nur in diesem hängt die potentielle Energie allein von der Differenz $\boldsymbol{r}_2 - \boldsymbol{r}_1$ ab und nicht von $\boldsymbol{r}_2$ und $\boldsymbol{r}_1$ einzeln.

Die aus $E_{\text{pot}}(\boldsymbol{r}_2 - \boldsymbol{r}_1)$ folgende Beziehung (25.20) bedeutet natürlich, daß die auf den Körper 1 wirkende Kraft $\boldsymbol{F}_1 = -\partial E_{\text{pot}}/\partial \boldsymbol{r}_1$ entgegengesetzt gleich ist der auf den Körper 2 wirkenden Kraft $\boldsymbol{F}_2 = -\partial E_{\text{pot}}/\partial \boldsymbol{r}_2$. $\boldsymbol{F}_1$ und $\boldsymbol{F}_2$ müssen jedoch nicht notwendig in die Richtung der Verbindungslinie der beiden Körper zeigen (Abb. 25.7). Die rechte Seite von (25.21) würde dann aber nicht verschwinden, sondern Anlaß geben zu einem **Drehmoment**

$$\mathcal{M} = (\boldsymbol{r}_2 - \boldsymbol{r}_1) \times \boldsymbol{F}_2 = -(\boldsymbol{r}_2 - \boldsymbol{r}_1) \times \boldsymbol{F}_1, \tag{25.22}$$

das eine zeitliche Änderung des Bahndrehimpulses $\boldsymbol{L}$ bewirkt; denn Gl. (25.21) besagt ja, daß

$$\frac{d\boldsymbol{L}}{dt} = \mathcal{M}. \tag{25.23}$$

Hängt die potentielle Energie aber nur vom Betrag $|\boldsymbol{r}_2 - \boldsymbol{r}_1|$ ab, so weisen die Kräfte $\boldsymbol{F}_1 = -\boldsymbol{F}_2$ in die Verbindungsrichtung der beiden Körper, sie haben also die Richtung von $\boldsymbol{r} = \boldsymbol{r}_2 - \boldsymbol{r}_1$. Dann verschwindet natürlich die rechte Seite von (25.21). Umgekehrt verlangt das Verschwinden von (25.21), daß die Kräfte in die Richtung von $\boldsymbol{r}$ zeigen.

Die Wahl des Bezugspunktes Q ist gegenstandslos, wenn Q in bezug auf ein Inertialsystem ruht. Denn in den obigen Überlegungen, in denen wir Q ja als Koordinatenursprung angenommen haben, mußten wir keine andere Voraussetzung machen als die, daß das verwendete Bezugssystem ein Inertialsystem ist. Also muß auch Q lediglich ein Punkt eines Inertialsystems sein. $\boldsymbol{L}_Q$ ist dann zeitlich konstant. Das bedeutet allerdings nicht, daß die Größe $\boldsymbol{L}_Q$ für jeden inertialen Bezugspunkt Q *denselben Wert* hätte. Sind nämlich Q und Q′ zwei verschiedene Bezugspunkte, so ist

$$L_Q=(r_1-r_Q)\times P_1+(r_2-r_Q)\times P_2 \\ =(r_1-r_{Q'})\times P_1+(r_2-r_{Q'})\times P_2+(r_{Q'}-r_Q)\times(P_1+P_2) \\ =L_{Q'}+(r_{Q'}-r_Q)\times P. \tag{25.24}$$

Hierin ist $\boldsymbol{P}$ der Gesamtimpuls des 2-Körper-Systems, der in einem inertialen Bezugssystem ja konstant ist. $\boldsymbol{L}_Q$ und $\boldsymbol{L}_{Q'}$ haben, wie (25.24) zeigt, unabhängig von Q und Q′ nur dann *denselben Wert*, wenn $\boldsymbol{P}=0$, das Inertialsystem also ein *Schwerpunktssystem* ist.

Das Ergebnis unserer Analyse fassen wir zusammen zu

Satz 25.2 Für ein 2-Körper-System ist die Größe

$$L_Q=(r_1-r_Q)\times P_1+(r_2-r_Q)\times P_2$$

zeitlich konstant, wenn als Bezugspunkt Q ein Punkt eines Inertialsystems gewählt wird und wenn in diesem inertialen Bezugssystem die potentielle Energie allein vom Abstand der beiden Körper abhängt, d.h. wenn $E_{\text{pot}}(r_2-r_1)=E_{\text{pot}}(|r_2-r_1|)$. Die auf die beiden Körper wirkenden Kräfte sind dann entgegengesetzt gleich und weisen in die Verbindungslinie der Körper. Überdies hängt der *Wert* der Größe $\boldsymbol{L}_Q$ nicht von der Wahl des Bezugspunktes Q ab, wenn das Inertialsystem ein Schwerpunktssystem ist.

Bahndrehimpuls eines n-Körper-Systems mit 2-Körper-Wechselwirkungen

Dieses Resultat über 2-Körper-Systeme hilft nun weiter bei n-Körper-Systemen, deren **potentielle Energie die Summe von 2-Körper-Wechselwirkungen** ist, die allein vom Abstand der Körper abhängen. Die potentielle Energie hat dann die Gestalt

$$E_{\text{pot}}(r_1,\dots,r_n)=E_{12}(|r_1-r_2|)+E_{13}(|r_1-r_3|)+\cdots+E_{n-1,n}(|r_{n-1}-r_n|) \\ =\sum_{j<k}\sum E_{jk}(|r_j-r_k|). \tag{25.25}$$

In der Doppelsumme läuft der Index j von 1 bis $n-1$ und der Index k von 2 bis n, wobei aber darauf zu achten ist, daß in jedem Summanden $j<k$ ist, weil sonst jedes Körperpaar doppelt gezählt würde. Setzt man (25.25) in (25.18) ein, so erhält man

$$-\frac{dL}{dt}=\sum_{j<k}\sum\sum_{i=1}^{n}\left(r_i\times\frac{\partial}{\partial r_i}\right)E_{jk}(|r_j-r_k|)=\sum_{j<k}\sum\left\{r_j\times\frac{\partial E_{jk}}{\partial r_j}+r_k\times\frac{\partial E_{jk}}{\partial r_k}\right\}; \tag{25.26}$$

denn von der Summe über i bleiben bei Anwendung auf E_{jk} jeweils nur die Glieder übrig, in denen $i=j$ oder $i=k$. In allen anderen Summanden kommt nämlich die Variable, nach der differenziert wird, in E_{jk} gar nicht vor. Die geschweiften Klammern (25.26) verschwinden also aus dem gleichen Grund, aus dem die rechte Seite von (25.19) verschwindet, nämlich daß die hinter dem Differentialzeichen stehende Funktion (dort E_{pot}, hier E_{jk}) nur vom Betrag des Argument-Vektors abhängt. Da nämlich

$$\frac{\partial E_{jk}}{\partial r_j}=-\frac{\partial E_{jk}}{\partial r_k}, \tag{25.27}$$

erhält man

$$\boldsymbol{r}_j \times \frac{\partial E_{jk}}{\partial \boldsymbol{r}_j} + \boldsymbol{r}_k \times \frac{\partial E_{jk}}{\partial \boldsymbol{r}_k} = (\boldsymbol{r}_j - \boldsymbol{r}_k) \times \frac{\partial E_{jk}(|\boldsymbol{r}_j - \boldsymbol{r}_k|)}{\partial \boldsymbol{r}_j} = (\boldsymbol{r}_j - \boldsymbol{r}_k) \times \frac{\partial E_{jk}(|\boldsymbol{r}_j - \boldsymbol{r}_k|)}{\partial (\boldsymbol{r}_j - \boldsymbol{r}_k)} = 0.$$

Die Größe (25.14) ist also zeitlich konstant, wenn Q ein beliebiger Punkt eines Bezugssystems ist, in dem die potentielle Energie des Systems die Gestalt (25.25) hat. Nun ist ein Bezugssystem, in dem die potentielle Energie eines n-Körper-Systems diese Gestalt hat, aber sicher ein Inertialsystem. Die Zeitableitung des Gesamtimpulses des Systems ist nämlich gegeben durch

$$\text{(25.28)} \quad \frac{d\boldsymbol{P}}{dt} = \sum_{i=1}^{n} \frac{d\boldsymbol{P}_i}{dt} = \sum_{i=1}^{n} \boldsymbol{F}_i = -\sum_{i=1}^{n} \frac{\partial E}{\partial \boldsymbol{r}_i} = \sum_{i=1}^{n} \frac{\partial E_{\text{pot}}}{\partial \boldsymbol{r}_i} = -\sum\sum_{j<k}\sum_{i=1}^{n} \frac{\partial E_{jk}}{\partial \boldsymbol{r}_i}$$
$$= -\sum\sum_{j<k} \left(\frac{\partial E_{jk}}{\partial \boldsymbol{r}_j} + \frac{\partial E_{jk}}{\partial \boldsymbol{r}_k} \right) = 0.$$

Der letzte Ausdruck verschwindet wegen (25.27). Der Gesamtimpuls ist also konstant, und daher ist das Bezugssystem ein Inertialsystem. *Ist Q also ein beliebiger Punkt eines Inertialsystems, so ist die Größe $\boldsymbol{L}_Q$ konstant.* Allerdings bedeutet das nicht, daß sie für verschiedene Wahl des Bezugspunktes Q denselben konstanten Wert hätte. Ähnlich wie in (25.24) zeigt man aber, daß $\boldsymbol{L}_Q$ unabhängig von der Wahl des Bezugspunktes Q den gleichen Wert hat, wenn Q ein beliebiger Punkt eines Schwerpunktssystems ist, d.h. eines Inertialsystems, in dem $\sum_{i=1}^{n} \boldsymbol{P}_i = 0$. Wir haben somit

Satz 25.3 Für ein n-Körper-System hat die Größe (25.14) unabhängig von der Wahl des Bezugspunktes Q denselben, zeitlich konstanten Wert, wenn Q ein Punkt eines Schwerpunktssystems ist und wenn die potentielle Energie in diesem Bezugssystem die Form (25.25) hat.

Aus der zeitlichen Konstanz der Größe (25.14) in einem Inertialsystem läßt sich allerdings nicht umgekehrt schließen, daß die potentielle Energie eines n-Körper-Systems immer die Gestalt (25.25) haben müßte. Potentielle Energien der Form (25.25) sind nämlich nicht universell, sondern kennzeichnen eine besondere Art der Wechselwirkung der Körper. Man spricht dann auch von *2-Körper-Wechselwirkungen* oder von 2-Körper-Kräften. Viele physikalische Wechselwirkungen lassen sich durch eine potentielle Energie der Form (25.25) beschreiben. Die **Gravitations-** und die **Coulomb-Wechselwirkung** fallen darunter, und dasselbe gilt auch für die **Wechselwirkung zwischen Nukleonen,** soweit sie überhaupt durch eine potentielle Energie, d.h. durch ein statisches Feld vom ersten Typ beschreibbar ist. Ein Beispiel, wo (25.25) *nicht* gilt, bildet die **van der Waals-Wechselwirkung** zwischen Atomen und Molekülen. Gl. (25.25) verlangt nämlich, daß die Wechselwirkung zwischen zwei Körpern, z.B. die Wechselwirkungsenergie E_{12} zwischen den Körpern 1 und 2, unabhängig davon ist, ob die übrigen Körper 3, ..., n relativ zu den als festgehalten betrachteten Körpern 1 und 2 ihre Position ändern oder nicht. Das ist bei der auf der elektrischen Ladung beruhenden Coulomb-Wechselwirkung der Fall. Bei der van der Waals-Wechselwirkung aber, die auf induzierten Dipolmomenten der Atome beruht, die ein Atom im anderen hervorruft, ist das nicht so, denn die Dipolmomente der Körper 1 und 2 hängen ab von den Lagen der übrigen Körper. In der Literatur spricht man in diesem Fall von *dispersiven Kräften,* die die Körper aufeinander ausüben. Auch die zu chemischen Bindungen führende Wechselwirkung genügt, wenn man sie als Wechselwirkung zwischen den ganzen Atomen auffaßt, nicht der Bedingung (25.25). Die Existenz dieser Beispiele beweist, daß es, anders als beim 2-Körper-Problem, beim n-Körper-Problem mit $n > 2$ unmöglich ist, aus dem Verschwinden der rechten Seite von (25.18) zu schließen, daß die potentielle Energie die Form (25.25) haben müsse.

Der gesamte Drehimpuls eines n-Körper-Systems

Die bisherigen Betrachtungen legen die Vermutung nahe, daß der durch (25.14) definierte Bahndrehimpuls $\boldsymbol{L}_Q$ eines n-Körper-Systems eine brauchbare physikalische Größe ist, wenn der Bezugspunkt Q relativ zu einem Inertialsystem ruht. Jedenfalls ist sie konstant, wenn das System insgesamt keinen Impuls und keine Energie abgibt oder aufnimmt. Noch günstiger ist es, wenn der Bezugspunkt Q zu einem Schwerpunktssystem gehört, denn dann hat $\boldsymbol{L}_Q$ sogar unabhängig von der Lage des Punktes Q denselben Wert. Wir wollen den Bezugspunkt von nun ab immer so wählen und demgemäß den Index Q an der Größe $\boldsymbol{L}$ von nun ab fortlassen.

Nun besteht ein n-Körper-System nicht nur aus den n Körpern, sondern auch noch aus dem **Feld,** mit dem die Körper wechselwirken. Damit erhebt sich die Frage, ob denn das Feld seinerseits nicht auch noch Drehimpuls haben kann, so wie es Impuls und Energie haben kann. Das ist durchaus der Fall, aber in der statischen Näherung verhält sich ein Feld hinsichtlich des Drehimpulses ebenso wie hinsichtlich des Impulses. Es kann Drehimpuls zwar aufnehmen, transportieren und abgeben, aber es kann ihn nicht selbst behalten. Ja es kann ihn nicht einmal, wie wir gesehen haben, aufnehmen und abgeben, wenn es einen festen Punkt gibt, um den die potentielle Energie rotationssymmetrisch ist.

In der Näherung des **statischen Feldes** brauchen wir uns also um den Drehimpuls des Feldes selbst nicht zu kümmern. Das Feld vermittelt nur den Drehimpulsaustausch zwischen den Körpern. Daher dürfen wir in der statischen Näherung die Werte des durch (25.14) erklärten Bahndrehimpulses mit den Werten des Drehimpulses des n-Körper-Systems gleichsetzen. Das ist allerdings nur unter der Einschränkung richtig, daß die Körper selbst keinen **Eigendrehimpuls** oder **inneren Drehimpuls** besitzen.

Unser Sonnensystem gibt uns dafür ein schönes Beispiel; denn jeder Planet, jeder Satellit und auch die Sonne selbst rotieren, von ihren sonstigen Bewegungen abgesehen, um eine eigene Achse. Sie alle stellen selbst noch Kreisel dar. Sie sind Gebilde, die nicht nur durch ihre Masse M, sondern auch noch durch einen ihnen eigentümlichen Vektor $\boldsymbol{S}_i$, ihren Eigendrehimpuls, charakterisiert werden. Der **Gesamtdrehimpuls $\boldsymbol{J}$** eines solchen Systems ist dann gegeben durch

$$\boldsymbol{J} = \sum_{i=1}^{n} (\boldsymbol{L}_i + \boldsymbol{S}_i) = \sum_{i=1}^{n} \boldsymbol{L}_i + \sum_{i=1}^{n} \boldsymbol{S}_i = \boldsymbol{L} + \boldsymbol{S}. \tag{25.29}$$

Die Summanden des Gesamtdrehimpulses $\boldsymbol{J}$ können dabei beliebig zu Teilsummen zusammengefaßt werden. So sagt der erste Gleichungsschritt in (25.29) aus, daß $\boldsymbol{J}$ die Summe aller Gesamtdrehimpulse $\boldsymbol{L}_i + \boldsymbol{S}_i$ der einzelnen Körper ist, während der letzte Gleichungsschritt $\boldsymbol{J}$ als Summe des gesamten Bahndrehimpulses $\boldsymbol{L} = \sum_i \boldsymbol{L}_i$ und des gesamten Eigendrehimpulses $\boldsymbol{S} = \sum_i \boldsymbol{S}_i$ des n-Körper-Systems darstellt. Nicht beliebig ist dagegen die Zusammenfassung von $\boldsymbol{J}$ zu Teilsummen, wenn man danach fragt, wie stark die einzelnen Drehimpulse $\boldsymbol{L}_i$ und $\boldsymbol{S}_i$ miteinander austauschen, wie stark sie **Kopplung** zeigen. So kann es z.B. sein, daß die Bahndrehimpulse $\boldsymbol{L}_i$ der einzelnen Körper untereinander stark austauschen, die Eigendrehimpulse $\boldsymbol{S}_i$ dagegen am Austausch unbeteiligt sind. Es kann aber auch vorkommen, daß Bahndrehimpulse $\boldsymbol{L}_i$ und Eigendrehimpulse $\boldsymbol{S}_i$ einzelner Körper oder Körpergruppen stark austauschen oder, wie man sagt, stark koppeln, während andere das nicht tun. Die Art des Austausches von Bahndrehimpulsen und Eigendrehimpulsen hängt von der Wechselwirkung ab, die die Körper mit dem Feld und über das Feld miteinander haben.

Die **Erhaltung des Drehimpulses** äußert sich so, daß in bezug auf ein Schwerpunktssystem, allgemein auf ein Inertialsystem, der gesamte Drehimpuls $\boldsymbol{J}$ des n-Körper-Systems konstant ist. Ein Inertialsystem ist ja, wie wir in § 22 gesehen haben, ein Bezugssystem, in dem das Trägheitsfeld sich als *leerer Raum* offenbart, d.h. in dem das Trägheitsfeld weder am Impuls- noch am Energieaustausch zwischen Systemen beteiligt ist. Wir erweitern nun dieses Nichtbeteiligtsein auch auf den Drehimpuls, nehmen also an, daß in einem Inertialsystem das Trägheitsfeld auch beim Drehimpulsaustausch nicht beteiligt ist. Für einen Spezialfall, nämlich den, daß die Wechselwirkung durch eine potentielle Energie der Form (25.25) beschrieben wird und die Körper keinen oder, was dasselbe ist, einen konstanten Eigendrehimpuls besitzen, haben wir das bewiesen. Das Resultat dieses Beweises sehen wir jetzt allerdings umgekehrt als Folge der Eigenschaft des Trägheitsfeldes an, in inertialen Bezugssystemen am Drehimpulsaustausch nicht beteiligt zu sein. Auch wenn die Eigendrehimpulse $\boldsymbol{S}_i$ untereinander und mit den Bahndrehimpulsen $\boldsymbol{L}_i$ austauschen, bleibt $\boldsymbol{J}$ in einem Inertialsystem konstant. Diese Behauptung läßt sich ebensowenig beweisen, wie sich die Erhaltung von Impuls und Energie bei beliebigen physikalischen Vorgängen beweisen läßt. Sie ist ein Erfahrungssatz, der seine Rechtfertigung nur darin findet, daß er sich immer wieder bewährt.

Austausch von Drehimpuls zwischen den Partnern eines 2-Körper-Systems

Nach (25.29) ist der **gesamte Drehimpuls** eines 2-Körper-Systems in statischer Näherung gegeben durch

$$\boldsymbol{J}=\boldsymbol{L}_1+\boldsymbol{L}_2+\boldsymbol{S}_1+\boldsymbol{S}_2=(\boldsymbol{r}_1\times\boldsymbol{P}_1)+(\boldsymbol{r}_2\times\boldsymbol{P}_2)+\boldsymbol{S}_1+\boldsymbol{S}_2. \tag{25.30}$$

$\boldsymbol{L}_1$ und $\boldsymbol{L}_2$ sind dabei die Bahndrehimpulse der Körper 1 und 2, und $\boldsymbol{S}_1$ und $\boldsymbol{S}_2$ ihre Eigendrehimpulse. Der **gesamte Bahndrehimpuls** läßt sich auch schreiben

$$\boldsymbol{L}=\boldsymbol{L}_1+\boldsymbol{L}_2=(\boldsymbol{r}_1\times\boldsymbol{P}_1)+(\boldsymbol{r}_2\times\boldsymbol{P}_2)=\boldsymbol{L}_S+\boldsymbol{L}_{in}, \tag{25.31}$$

wobei

$$\boldsymbol{L}_S=\boldsymbol{R}\times\boldsymbol{P}, \qquad \boldsymbol{L}_{in}=\boldsymbol{r}\times\boldsymbol{p}. \tag{25.32}$$

Die Vektoren $\boldsymbol{R}, \boldsymbol{P}, \boldsymbol{r}, \boldsymbol{p}$, also der Ortsvektor des Schwerpunkts $\boldsymbol{R}$, der Gesamtimpuls $\boldsymbol{P}$, der Relativvektor $\boldsymbol{r}$ und der innere Impuls $\boldsymbol{p}$ sind dabei durch die Gln. (23.17) und (23.18) gegeben. Setzt man nämlich die Ausdrücke (23.17) und (23.18) in die rechten Seiten von (25.32) ein und addiert $\boldsymbol{L}_S$ und $\boldsymbol{L}_{in}$, so erhält man (25.31). Den Anteil $\boldsymbol{L}_S$ bezeichnet man auch als den **Bahndrehimpuls des Schwerpunkts.** Da der Schwerpunkt eine kräftefreie Bewegung ausführt, hat $\boldsymbol{L}_S$ bei verschiedener Wahl des Bezugspunkts zwar verschiedene Werte, ist aber in jedem Fall zeitlich konstant. Der zweite Anteil $\boldsymbol{L}_{in}$, der **innere Bahndrehimpuls,** hängt von der Wahl des Bezugspunktes nicht ab, sogar dann nicht, wenn man das Inertialsystem wechselt; denn $\boldsymbol{r}=\boldsymbol{r}_2-\boldsymbol{r}_1$ und, wie (23.21) zeigt, auch $\boldsymbol{p}$ sind invariant gegen Übergänge von einem Inertialsystem zu einem beliebigen anderen. Der Bahndrehimpuls $\boldsymbol{L}_{in}$ ist also invariant gegen beliebige Wechsel zwischen Inertialsystemen, weshalb wir ihn eben als *inneren* Bahndrehimpuls bezeichnen.

Wir betrachten als Beispiel das **2-Körper-System Erde-Mond.** Wir stellen an die Körper zunächst die Bedingung, daß beide starre, d.h. undeformierbare Kugeln sind. Dann bleibt der Eigendrehimpuls jedes der beiden Körper bei seiner Bewegung konstant. Beide Körper bewegen sich wie Massenpunkte, beschreiben also Kepler-Ellipsen um den gemeinsamen Schwerpunkt S. Wählen wir als Koordinatenursprung den Schwerpunkt, so bleiben bei der Bewegung nicht nur $\boldsymbol{S}_1$ und $\boldsymbol{S}_2$ konstant, sondern auch $\boldsymbol{L}_1$ und $\boldsymbol{L}_2$. Bei Wahl eines anderen, gegenüber dem Schwerpunkt ruhenden Bezugspunkts Q sind zwar $\boldsymbol{L}_1$ und $\boldsymbol{L}_2$ einzeln zeitlich nicht konstant, wohl aber ihre Summe, so daß $\boldsymbol{L}_1$ in jedem Augenblick um so viel zunimmt wie $\boldsymbol{L}_2$ abnimmt und umgekehrt. Da dieser Austausch zwischen $\boldsymbol{L}_1$ und $\boldsymbol{L}_2$ allein schon durch die Wahl des Schwerpunkts als Bezugspunkt verhindert werden kann, ist er unwesentlich. Wir halten deshalb von nun ab am Schwerpunkt als Bezugspunkt fest.

Im nächsten Schritt lassen wir die Starrheitsbedingungen für die beiden Körper unseres Modellsystems fallen. Die beiden Körper seien also deformierbar, wie Erde und Mond es wirklich sind. Wie wir in Kap. VII, Gravitation, zeigen werden, erfahren sie infolge der Inhomogenität des Gravitationsfeldes eine Deformation in Richtung ihrer Verbindungslinie (genauer mit leichter Neigung gegen die Verbindungslinie). Da nun die beiden deformierten Körper einen Eigendrehimpuls haben, d.h. sich um ihre Achsen drehen, ihre Deformation aber durch ihre relative räumliche Lage bestimmt ist, drehen sich die Körper gewissermaßen unter ihrer deformierten Gestalt hinweg. In einem Bezugssystem, das sich mit einem der Körper dreht, läuft die Deformation dieses Körpers umgekehrt mit der Umlaufsgeschwindigkeit der Eigendrehung um. Die Deformation erscheint dann als **Gezeitenphänomen,** wie wir es auf der Erde als Ebbe und Flut kennen. Bei diesem Umlauf wird infolge von Reibungseffekten ständig Energie, die mit der Eigenrotation der Körper verbunden ist, in Wärme transformiert. Das hat zur Folge, daß die Eigendrehung der deformierten Kugeln gebremst wird. Die Verminderung der mit der Eigendrehung verbundenen Energie der Rotation ist nun mit einer Verminderung der Eigendrehimpulse $\boldsymbol{S}_1$ und $\boldsymbol{S}_2$ verbunden. Da aber der Gesamtdrehimpuls $\boldsymbol{J}$ des Systems konstant ist, muß eine Verminderung der Eigendrehimpulse $\boldsymbol{S}_1$ und $\boldsymbol{S}_2$ eine Vergrößerung der Bahndrehimpulse $\boldsymbol{L}_1$ und $\boldsymbol{L}_2$ bewirken. Als Folge des Anwachsens der Bahndrehimpulse können die beiden Körper keine Kepler-Ellipsen um den Schwerpunkt mehr beschreiben, denn für diese sind ja $\boldsymbol{L}_1$ und $\boldsymbol{L}_2$ konstant. Die Körper bewegen sich vielmehr so, daß $\boldsymbol{L}_1$ und $\boldsymbol{L}_2$ sich vergrößern und so der Abstand der Körper mit der Zeit zunimmt (Abb. 25.8). Dieser Vorgang hält so lange an, bis die beiden Körper sich nicht mehr unter ihrer Deformation hinwegdrehen. Sie wandeln dann keinen Eigendrehimpuls mehr in Bahndrehimpuls um, wir sagen, sie befinden sich im **Rotationsgleichgewicht.** In ihm drehen sie sich mit derselben Winkelgeschwindigkeit um ihre Achse wie umeinander, so daß sie sich immer dieselbe Seite zuwenden.

Der Mond, dessen Deformation viel größer und dessen Rotationsenergie um viele Größenordnungen kleiner ist als die der Erde, hat längst den Zustand des Rotationsgleichgewichts erreicht. Er zeigt deshalb der Erde immer dieselbe Seite. Andererseits wird auch die Erde infolge der Gezeitenreibung in ihrer Eigenrotation gebremst. Ihr Eigendrehimpuls wird in inneren Bahndrehimpuls des Systems Erde-Mond transformiert, wodurch sich der Abstand Erde-Mond vergrößert. Der Vorgang verläuft allerdings so langsam (etwa 3 cm/Jahr), daß davon nichts zu spüren ist.

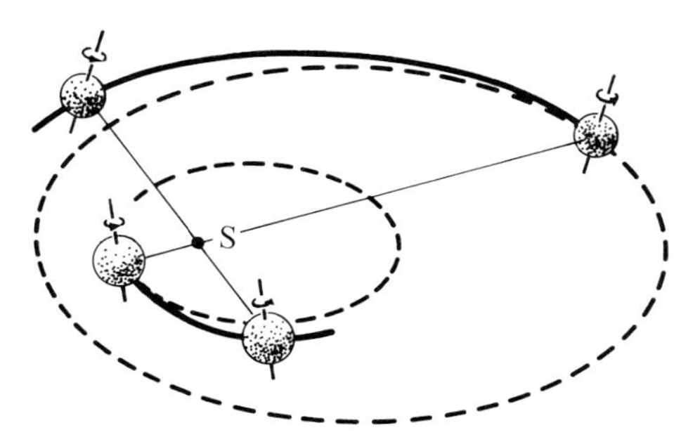

Abb. 25.8

Zwei Körper bewegen sich um ihren gemeinsamen Schwerpunkt S auf Kepler-Ellipsen. Nun möge jeder der Körper einen Eigendrehimpuls (inneren Drehimpuls) haben. Die Eigenrotation werde durch Reibungseffekte gebremst, so daß auch die Eigendrehimpulse abnehmen. Da der Gesamtdrehimpuls erhalten bleibt, vergrößert sich der Bahndrehimpuls der beiden Körper. Sie laufen nicht mehr auf Kepler-Ellipsen (gestrichelte Linien) um den Schwerpunkt S, sondern auf Bahnen mit wachsendem Abstand (ausgezogene Linien).

Um einen Eindruck von der Größenordnung der maximalen **Abstandsvergrößerung von Erde und Mond** zu bekommen, die durch Transformation des Eigendrehimpulses der Erde in Bahndrehimpuls des Systems Erde-Mond bewirkt werden kann, fragen wir nach den Werten der beiden Drehimpulse, d.h. einerseits des Eigendrehimpulses der Erde und andererseits des Bahndrehimpulses des Systems Erde-Mond. Da die Erde eine mit der Winkelgeschwindigkeit $\Omega_{\text{Erde}} = 2\pi/\text{Tag}$ rotierende starre Kugel ungefähr konstanter Massendichte ist, hat ihr Drehimpuls nach § 26 den Wert

$$|\boldsymbol{S}_{\text{Erde}}| \approx \tfrac{2}{5} M_{\text{Erde}} \cdot R_{\text{Erde}}^2 \cdot \Omega_{\text{Erde}}.$$

Der Bahndrehimpuls des Systems Erde-Mond ist wegen des großen Massenverhältnisses von Erde und Mond praktisch identisch mit dem Bahndrehimpuls des Mondes in bezug auf die Erde. Er ist also

$$|\boldsymbol{L}_{\text{Mond}}| \approx M_{\text{Mond}} \cdot r_{\text{Erde-Mond}}^2 \cdot \Omega_{\text{Mond}} = \frac{M_{\text{Erde}}}{83} (60 \cdot R_{\text{Erde}})^2 \frac{\Omega_{\text{Erde}}}{28} \approx 4\,|\boldsymbol{S}_{\text{Erde}}|.$$

Durch Übertragung des gesamten Eigendrehimpulses der Erde auf den Bahndrehimpuls des Systems Erde-Mond kann dieser also höchstens um den Faktor $\frac{5}{4}$ zunehmen. Der Abstand Erde-Mond kann sich daher höchstens um den Faktor 1,25 vergrößern.

Der Zustand, in dem auch die Erde das Rotationsgleichgewicht erreicht hat, ist für das System Erde-Mond jedoch noch nicht der Endzustand. Da beide sich nämlich um die Sonne bewegen, wirken sie, wenn man das System Erde-Mond als einen einzigen Körper auffaßt, wie ein Körper, der einen Eigendrehimpuls besitzt, der im wesentlichen durch den inneren Bahndrehimpuls des Systems Erde-Mond gegeben ist. Dieser Eigendrehimpuls wird wieder in Bahndrehimpuls des Systems transformiert, das einerseits aus der Sonne und andererseits aus dem „Körper" Erde + Mond besteht. Die Folge davon ist, daß der innere Bahndrehimpuls des Systems Erde-Mond abnimmt, Erde und Mond sich also wieder einander nähern. Bei dieser Annäherung erfährt der Mond schließlich eine so starke Deformation, daß er dabei in viele Teile zerrissen wird. Der Zeitraum, in dem der geschilderte Vorgang abläuft, ist allerdings so groß, daß dabei die Sonne längst ihren gegenwärtigen Zustand (des Wasserstoff-Brennens) hinter sich hat und mehrere weitere Sternstadien durchlaufen hat, während derer sie sich so stark ausdehnen wird, daß sie Erde und Mond einschließt.

Der Spin

Im Beispiel von Erde und Mond war der Eigendrehimpuls in einer rotierenden Bewegung um eine Achse sichtbar. Das ist nur möglich, wenn es sich um makroskopische Körper handelt, die ihrerseits aus Teilen bestehen, deren Bewegungen sich geometrischkinematisch beschreiben lassen. Das ist nicht mehr so bei Elementarteilchen oder Atomen, denn für sie sind die kinematischen Bilder nicht mehr zulässig. Dennoch haben auch diese Teilchen einen inneren Drehimpuls, einen Eigendrehimpuls $\boldsymbol{S}$. Man nennt ihn ihren **Spin.** Der Spin ist in der Drehimpulsbilanz eines Systems stets in Rechnung zu stellen. Er darf nur nicht als kinematische Rotation, d.h. als *Drehung* des Teilchens verstanden werden.

Gl. (25.29) beschreibt auch den Gesamtdrehimpuls eines Systems von **Elementarteilchen**; unter $\boldsymbol{S}_i$ ist dann der Spin des i-ten Teilchens zu verstehen, unter $\boldsymbol{L}_i$ sein Bahndrehimpuls. Die Wechselwirkung kann auch jetzt sehr verschieden starke Kopplungen zwischen Bahndrehimpulsen $\boldsymbol{L}_i$ und Spins $\boldsymbol{S}_i$ zur Folge haben. So liegt bei den zwei Elektronen eines He-Atoms der Fall vor, daß die Bahndrehimpulse $\boldsymbol{L}_1$ und $\boldsymbol{L}_2$ der beiden Elektronen sehr stark miteinander koppeln und ebenso ihre Spins $\boldsymbol{S}_1$ und $\boldsymbol{S}_2$, während zwischen Bahndrehimpulsen und Spins kaum Austausch stattfindet. Demgemäß sind der gesamte Bahndrehimpuls $\boldsymbol{L}=\boldsymbol{L}_1+\boldsymbol{L}_2$ und der gesamte Elektronenspin $\boldsymbol{S}=\boldsymbol{S}_1+\boldsymbol{S}_2$ nahezu *Konstanten der Bewegung*. Die in den Kernkräften wirksam werdende Wechselwirkung zwischen Nukleonen, d.h. zwischen Protonen und Neutronen, hat dagegen die merkwürdige Eigenschaft, eine starke **Spin-Bahn-Kopplung,** d.h. einen starken Austausch zwischen dem Bahndrehimpuls $\boldsymbol{L}_i$ und dem Spin $\boldsymbol{S}_i$ *desselben* Nukleons zu bewirken.

Der Spin $\boldsymbol{S}$ eines Teilchens ist als innere Größe ebenso kennzeichnend für das Teilchen wie seine innere Energie (Masse) und seine Ladung, die ebenfalls eine innere Größe ist. Die inneren Größen der Elementarteilchen haben nur ganz bestimmte Werte. Die elektrische Ladung ist stets ein positives oder negatives ganzzahliges Vielfaches der Elementarladung $e=1{,}602\cdot 10^{-19}$ Coul. Die Werte der inneren Energie folgen keiner so einfachen Regel, aber sie haben ebenfalls für jedes Teilchen einen wohlbestimmten Wert, und entsprechendes gilt für jede innere Größe. Es nimmt daher nicht Wunder, daß der Spin eines Teilchens nicht beliebige, sondern nur ganz bestimmte Werte haben kann. Was heißt aber nun bei einem Vektor $\boldsymbol{S}$, er habe einen bestimmten Wert? Zunächst ist klar, daß der Betrag $|\boldsymbol{S}|$ oder, was auf dasselbe hinausläuft, mathematisch aber einfacher ist, das Quadrat S^2 einen bestimmten Wert haben muß. Schwieriger ist jedoch die Frage, ob und wie die Richtung von $\boldsymbol{S}$ von der Forderung betroffen wird, daß $\boldsymbol{S}$ nur bestimmte Werte haben kann. Diese Frage erfährt erst durch die Quantenmechanik eine befriedigende Antwort. Wir wollen uns hier einfach mit dem Resultat begnügen, das die Quantenmechanik liefert. Sie sagt, daß unabhängig davon, um welches Teilchen, ja um welches physikalische System es sich handelt, für das Quadrat *jedes* Drehimpulses $\boldsymbol{J}$, gleichgültig wie $\boldsymbol{J}$ aus den $\boldsymbol{L}_i$ und $\boldsymbol{S}_i$ zusammengesetzt ist, als *scharfe, d.h. streuungsfreie Werte* (s. § 2) nur die Werte in Betracht kommen

(25.33) streuungsfreie Werte von $J^2=\hbar^2 j(j+1), \qquad j=0, \frac{1}{2}, 1, \frac{3}{2}, 2, \frac{5}{2}, \ldots$.

Dabei ist $\hbar$ die Plancksche Konstante. Die Zahl j heißt die **Quantenzahl des Drehimpulsbetrags.**

Was die *Richtung* von $\boldsymbol{J}$ betrifft, so macht die Quantenmechanik die folgende Aussage: Hat die Größe J^2 einen der scharfen Werte (25.33) mit der Quantenzahl j, so kann die Komponente von $\boldsymbol{J}$ in einer beliebigen, aber fest vorgegebenen Richtung, die durch den Einheitsvektor $\boldsymbol{a}$ gekennzeichnet sei, als *streuungsfreien* Wert nur einen der $(2j+1)$ Werte haben

(25.34) streuungsfreie Werte von $J_a=(\boldsymbol{J}\,\boldsymbol{a})=\hbar\, m, \qquad m=-j, -j+1, \ldots, j-1, j$.

Die Zahl m ist die **Quantenzahl für die Komponente des Drehimpulses** in Richtung von $\boldsymbol{a}$. Fundamental ist nun die weitere Aussage der Quantenmechanik, daß alle anderen Komponenten des Drehimpulses dann keine scharfen, also streuungsfreien Werte mehr haben können. Gäbe man der Komponente von $\boldsymbol{J}$ in einer anderen Richtung $\boldsymbol{a}'$ einen scharfen Wert, so ginge die Streuungsfreiheit des Wertes der Komponente in Richtung von $\boldsymbol{a}$ verloren.

Wie für jeden Drehimpuls gelten die Gln. (25.33) und (25.34) auch für den Spinvektor $\boldsymbol{S}$. Jedem Elementarteilchen ist aus dem Wertevorrat der Quantenzahlen j des Drehimpulsbetrags in (25.33) genau eine Quantenzahl seines Spinbetrags zugeordnet. Elektron, Positron, Proton, Neutron, Neutrino und Myon haben die **Spinquantenzahl** $\frac{1}{2}$. Man sagt auch einfach, diese Teilchen *haben den Spin* $\frac{1}{2}$. Nach (25.33) heißt das, daß das Betragsquadrat S^2 ihres Spins den scharfen Wert hat

$$S^2 = \tfrac{3}{4}\hbar^2. \tag{25.35}$$

Das heißt ferner nach (25.34), daß die Komponente des Spins in irgendeiner *fest* vorgegebenen Richtung nur die scharfen Werte $\pm\hbar/2$ haben kann.

Das Photon hat die Spinquantenzahl 1 oder, wie man kurz sagt, *den Spin 1*. Das positiv geladene, das negativ geladene und das neutrale Pion haben die Spinquantenzahl 0.

§ 26 Energie und Drehimpuls

Zerlegung einer Bewegung in Rotation und 1-dimensionale Bewegung (Schwingung)

Wie Abb. 25.2 deutlich macht, läßt sich jede Bewegung eines Körpers auffassen als Rotation um einen Punkt Q und Änderung des Abstands von Q. Man wird daher erwarten, daß sich bei Existenz und Wahl eines ausgezeichneten Bezugspunkts Q als Koordinatenursprung die Bewegung eines Körpers statt in den Variablen $\boldsymbol{r}$, $\boldsymbol{P}$ auch in Variablen beschreiben läßt, unter denen der Drehimpuls vorkommt.

Um das zu zeigen, stützen wir uns auf die Formel

$$L^2 = (\boldsymbol{r} \times \boldsymbol{P})^2 = r^2 P^2 - (\boldsymbol{r}\boldsymbol{P})^2. \tag{26.1}$$

Schreiben wir diese in der Form

$$P^2 = \frac{1}{r^2} L^2 + \left(\frac{\boldsymbol{r}}{r}\boldsymbol{P}\right)^2 = \frac{1}{r^2} L^2 + P_r^2, \tag{26.2}$$

so erkennt man, daß sich das Quadrat des Impulses durch L^2, r und die Radialkomponente P_r des Impulsvektors $\boldsymbol{P}$ ausdrücken läßt; denn $(\boldsymbol{P}\boldsymbol{r}/r)$ ist ja die Komponente von $\boldsymbol{P}$ in Richtung des Vektors $\boldsymbol{r}$.

Setzt man (26.2) in den Energieausdruck eines Körpers ein, der mit einem statischen Feld vom ersten Typ wechselwirkt, so erhält man

$$E = E_{\text{kin}}(\boldsymbol{P}) + E_{\text{pot}}(\boldsymbol{r}) + \mathfrak{E}_0 = \frac{P^2}{2M} + E_{\text{pot}}(\boldsymbol{r}) + \mathfrak{E}_0 = \frac{P_r^2}{2M} + \frac{L^2}{2Mr^2} + E_{\text{pot}}(\boldsymbol{r}) + \mathfrak{E}_0 . \tag{26.3}$$

Diese Darstellung der Energie bietet einen erheblichen Vorteil, wenn die potentielle Energie nur von $|\boldsymbol{r}| = r$ abhängt. Dann ist nämlich nach Satz 25.1 der Bahndrehimpuls $\boldsymbol{L}$ bei jeder Bewegung konstant, und daher ist L^2 in (26.3) einfach eine Zahl. Die Energie (26.3) hängt dann nur noch von den beiden Variablen r und P_r ab, so daß man ein 1-dimensionales Bewegungsproblem vor sich hat mit

$$E(P_r, r) = \frac{P_r^2}{2M} + V(r) + \mathfrak{E}_0 . \tag{26.4}$$

Für $E - \mathfrak{E}_0 < 0$ liefert das ein Schwingungsproblem. Zur Abkürzung ist gesetzt

$$V(r) = \frac{L^2}{2Mr^2} + E_{\text{pot}}(r). \tag{26.5}$$

Gl. (26.4) beschreibt das Verhalten des Abstands r des bewegten Körpers vom Koordinatenursprung, der gleichzeitig das Symmetriezentrum des Feldes darstellt. Die Tatsache, daß eine Bewegung, die in einer (zu $\boldsymbol{L}$ senkrechten) Ebene stattfindet, hier als 1-dimensionaler Bewegungsvorgang erscheint, macht sich darin bemerkbar, daß eine neue scheinbare „potentielle Energie" $V(r)$ auftritt, die neben der wirklichen potentiellen Energie $E_{\text{pot}}(r)$ des Problems noch einen zweiten Term $L^2/2Mr^2$ enthält, der häufig als „Zentrifugalpotential" bezeichnet wird. (Diese Bezeichnung hat sich leider eingebürgert. Sie ist insofern irreführend, als Zentrifugalbeschleunigungen und Zentrifugalkräfte nur in rotierenden Bezugssystemen auftreten (§ 31). Der Ausdruck Zentrifugalpotential, wie er hier verwendet wird, hat nichts mit rotierenden Bezugssystemen zu tun. Vor allem verwechsle man ihn nicht mit dem Potential eines Zentrifugalfeldes, das in Kap. VI, Relativitätstheorie, eine wichtige Rolle spielt.) Der Term $L^2/2Mr^2$ wächst für abnehmenden Abstand r mit $1/r^2$ an und wirkt wie eine mit kleiner werdendem r ständig zunehmende Abstoßung. In Abb. 26.1 ist für das Kepler-Problem, d.h. für eine potentielle Energie der Form $E_{\text{pot}}(r) = -A/r$, die Funktion $V(r)$ für drei verschiedene Werte von L^2 dargestellt. Die Bewegung läuft so ab, daß r zwischen den Werten r_{min} und r_{max} oszilliert. r_{min} ist dabei der Abstand des Perihels und r_{max} der des Aphels vom Brennpunkt der Kepler-Ellipse. Mit steigenden Werten von L^2, d.h. mit größerem Drehimpuls wird bei konstanter Energie E das Intervall zwischen r_{min} und r_{max} immer kleiner, die Ellipsen werden also immer kreisähnlicher. In dem in Abb. 26.1 (c) gezeichneten Fall ist L^2 gerade so groß, daß $r_{\text{min}} = r_{\text{max}}$ ist, die Ellipse also zum Kreis ausartet. Für noch größere Werte von L^2 gibt es dann keine Bahnen mit der vorgegebenen Energie E mehr.

Da ein 2-Körper-Problem sich durch Einführung von Schwerpunkts- und Relativkoordinaten formal auf ein 1-Körper-Problem reduziert, gelten die für die Bewegung

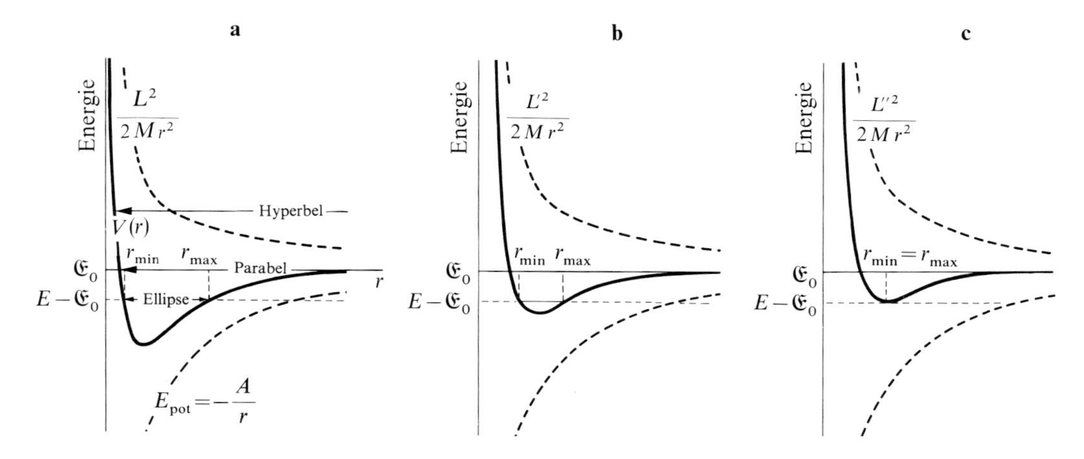

Abb. 26.1

(a) Kepler-Bewegung mit dem Drehimpuls $\boldsymbol{L}$, also einem „Zentrifugalpotential" $L^2/2Mr^2$. Bei $V(r)=E-\mathfrak{E}_0$ ist nach Gl. (26.14) $P_r=0$; der Körper befindet sich dann im Perihel r_{min} oder Aphel r_{max} seiner Bahn.
(b) Der Drehimpulsbetrag L' ist gegenüber L in (a) vergrößert worden ($L'>L$). Bei gleicher Energie wie in (a) rücken r_{min} und r_{max} zusammen; die Bahn wird kreisähnlicher.
(c) Der Drehimpulsbetrag L'' ist noch einmal vergrößert worden ($L''>L'$) bei gleicher Energie E wie in (a) und (b). Die Kepler-Bewegung ist ein Kreis geworden.

Die in § 20 diskutierten Bahntypen Ellipse, Parabel und Hyperbel gehören zu Werten der Energie $E<\mathfrak{E}_0$, $E=\mathfrak{E}_0$ bzw. $E>\mathfrak{E}_0$. Sie sind der Übersichtlichkeit wegen nur in Teilbild (a) eingetragen. Für Energiewerte $E<\mathfrak{E}_0+V_{\text{min}}$ gibt es keine Lösungen des Kepler-Problems, weil bei vorgegebenem Drehimpulsbetrag die Energie nicht beliebig klein sein kann.

eines Körpers angegebenen Formeln auch für das 2-Körper-Problem. Die Variable r ist dann nur der Abstand der beiden Körper, d.h. $r=|\boldsymbol{r}_2-\boldsymbol{r}_1|$, und P_r die r-Komponente des durch (23.18) definierten inneren Impulses $\boldsymbol{p}$.

Energie als Funktion des Drehimpulses

Die Formeln (26.4) und (26.5) zeigen, daß die Energie eines Systems „Körper + Feld" sich nicht nur als Funktion des Impulses $\boldsymbol{P}$ und der Lage $\boldsymbol{r}$, bei einem rotationssymmetrischen Feld also des Abstands r vom Zentrum des Felds, sondern auch als Funktion des Drehimpulses $\boldsymbol{L}$, der Impulskomponente P_r und von r auffassen läßt. Die beiden Funktionen

(26.6)
$$E(\boldsymbol{P},\boldsymbol{r})=\frac{P^2}{2M}+E_{\text{pot}}(r)+\mathfrak{E}_0,$$

(26.7)
$$E(\boldsymbol{L},P_r,r)=\frac{P_r^2}{2M}+\frac{L^2}{2Mr^2}+E_{\text{pot}}(r)+\mathfrak{E}_0$$

sind zwei gleichberechtigte Beschreibungen des Systems. Die erste eignet sich besonders, wenn die Energieänderungen des Systems in Bewegungs- und Verschiebungsenergie zerlegt werden, die zweite, wenn sie in Rotationsenergie und Bewegungs- und Verschiebungsenergie in Radialrichtung eingeteilt werden. Die erste Einteilung wird beschrieben durch die Gleichung

$$(26.8)\qquad dE(\boldsymbol{P},\boldsymbol{r})=\frac{\partial E}{\partial \boldsymbol{P}}\,d\boldsymbol{P}+\frac{\partial E}{\partial \boldsymbol{r}}\,d\boldsymbol{r}=\boldsymbol{v}\,d\boldsymbol{P}-\boldsymbol{F}\,d\boldsymbol{r},$$

die zweite durch die Beziehung

$$(26.9)\qquad dE(\boldsymbol{L},P_r,r)=\frac{\partial E}{\partial \boldsymbol{L}}\,d\boldsymbol{L}+\frac{\partial E}{\partial P_r}\,dP_r+\frac{\partial E}{\partial r}\,dr=\boldsymbol{\Omega}\,d\boldsymbol{L}+v_r\,dP_r-F_r\,dr.$$

Man erkennt, daß die zweite Einteilung der Energieänderungen in die Formen $\boldsymbol{\Omega}\,d\boldsymbol{L}$, $v_r\,dP_r$ und $-F_r\,dr$ bei allen Prozessen von Vorteil ist, bei denen $d\boldsymbol{L}=0$, der Bahndrehimpuls also konstant bleibt. Das gilt nicht nur für Bewegungen, sondern für beliebige, auch von außen beeinflußte Vorgänge. Das ist im übrigen auch der Grund, warum die Darstellung (26.7) der Energie bei der Bewegung von Körpern in zentralsymmetrischen Feldern verwendet wird, denn in ihnen ist ja bei jeder Bewegung $\boldsymbol{L}$ konstant. Aus (26.9) und (26.7) erhält man unter Beachtung von $L^2=L_x^2+L_y^2+L_z^2$ für die Winkelgeschwindigkeit eines Körpers

$$(26.10)\qquad \Omega_x=\frac{\partial E(\boldsymbol{L},P_r,r)}{\partial L_x}=\frac{1}{M r^2}\,L_x,\ \ldots,$$

in Vektorschreibweise also

$$(26.11)\qquad \boldsymbol{\Omega}=\frac{1}{M r^2}\,\boldsymbol{L}.$$

Für einen punktartigen Körper hat die Winkelgeschwindigkeit $\boldsymbol{\Omega}$ also dieselbe Richtung wie $\boldsymbol{L}$. Ihr Betrag hängt aber nicht nur von $|\boldsymbol{L}|$ ab, sondern auch von r; wenn $\boldsymbol{L}$ konstant ist, ist $\boldsymbol{\Omega}$ nur dann konstant, wenn auch $r=\text{const}$, d.h. wenn der Körper eine Kreisbahn beschreibt. Bei der Kepler-Bewegung, bei der ja $\boldsymbol{L}=\text{const}$, ist $\boldsymbol{\Omega}$ nicht konstant, sondern wird um so kleiner, je weiter der Körper sich vom Brennpunkt entfernt (Abb. 20.6).

Wir merken noch an, daß man unter Verwendung der Winkelgeschwindigkeit $\boldsymbol{\Omega}$ den mit L^2 verbundenen Anteil der Energie in (26.7) auch schreiben kann

$$(26.12)\qquad \frac{L^2}{2M r^2}=\frac{1}{2}\,\boldsymbol{\Omega}\boldsymbol{L}.$$

Die durch (26.10) definierte **dynamische Winkelgeschwindigkeit** $\boldsymbol{\Omega}$ ist, da sie aus der Energie durch Differentiation nach dem Drehimpuls $\boldsymbol{L}$ gewonnen wird, von der *kinematischen* Winkelgeschwindigkeit $d\boldsymbol{\varphi}/dt$ zu unterscheiden. Sie steht in Analogie zur dynamischen Geschwindigkeit $\boldsymbol{v}$. Ebenso wie bei lokalisierbaren Teilchen, also Körpern, die dynamische Geschwindigkeit $\boldsymbol{v}$ gleich der kinematischen Geschwindigkeit $d\boldsymbol{r}/dt$ ist, ist bei Körpern die dynamische Winkelgeschwindigkeit $\boldsymbol{\Omega}$ gleich der kinematischen Winkelgeschwindigkeit $d\boldsymbol{\varphi}/dt$, also

$$(26.13)\qquad \boldsymbol{\Omega}=\frac{d\boldsymbol{\varphi}}{dt}.$$

Multipliziert man diese Gleichung mit $M r^2$, so folgt mit (26.11)

(26.14)
$$|\boldsymbol{L}| = M r^2 \frac{d\varphi}{dt} = M \frac{|\boldsymbol{r} \times d\boldsymbol{r}|}{dt}.$$

Der letzte Gleichungsschritt ist in Abb. 20.5 erläutert. Die *Bewegungsgleichung* (26.13) steht also im Einklang mit (25.23) und daher mit den ganzen Betrachtungen zum Drehimpuls.

Energie eines rotierenden starren n-Körper-Systems

Wenn man von einem starren Körper spricht, so meint man ein System von Massenpunkten, die starr miteinander verbunden sind. Wir betrachten als Modell des starren Körpers daher ein n-Körper-System, dessen einzelne Körper sich relativ zueinander nicht bewegen (Abb. 26.2). Die potentielle Energie ist dann konstant. Hält man einen Punkt, d.h. einen der Körper eines solchen Gebildes fest, so bleiben als Bewegungsmöglichkeiten nur noch Rotationen um diesen Punkt. Bei diesen Rotationen haben alle Körper des Systems dieselbe Winkelgeschwindigkeit, d.h. es ist

(26.15)
$$\boldsymbol{\Omega}_1 = \boldsymbol{\Omega}_2 = \cdots = \boldsymbol{\Omega}_n = \boldsymbol{\Omega}.$$

Wie Abb. 26.2 zeigt, beschreiben, wenn $\boldsymbol{\Omega}$ zeitlich konstant ist, alle Körper Kreise, die in Ebenen senkrecht zu $\boldsymbol{\Omega}$ liegen und deren Mittelpunkt auf einer zu $\boldsymbol{\Omega}$ parallelen Achse, der **Drehachse,** liegen. Wählen wir als Koordinatenursprung einen beliebigen Punkt auf der Drehachse, so ist die Geschwindigkeit $\boldsymbol{v}_i$ des i-ten Körpers gegeben durch (Abb. 26.2)

(26.16)
$$\boldsymbol{v}_i = \boldsymbol{\Omega} \times \boldsymbol{r}_i.$$

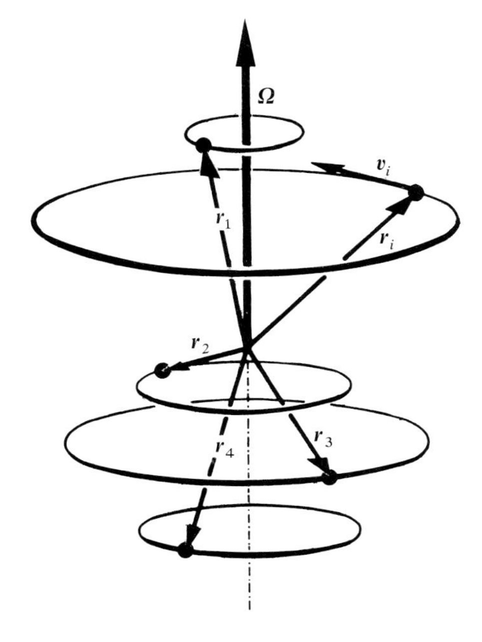

Abb. 26.2

Bei einem rotierenden starren Körper haben alle Massenpunkte gleiche Winkelgeschwindigkeit $\boldsymbol{\Omega}$. Der Vektor $\boldsymbol{v}_i$ des i-ten Massenpunktes steht senkrecht auf der durch $\boldsymbol{r}_i$ und $\boldsymbol{\Omega}$ bestimmten Ebene. v_i ist proportional zum Abstand des i-ten Massenpunktes von der Drehachse und proportional zu Ω.

Die gesamte mit der Rotation verknüpfte Energie des n-Körper-Systems ist gleich der gesamten kinetischen Energie. Bezeichnet E_0 die innere Energie des Systems, so ist die Gesamtenergie gegeben durch

$$(26.17)\quad E=\sum_{i=1}^{n}\frac{M_i}{2}v_i^2+E_0=\frac{1}{2}\sum_{i=1}^{n}M_i(\boldsymbol{\Omega}\times\boldsymbol{r}_i)^2+E_0=\frac{1}{2}\sum_{i=1}^{n}M_i[\Omega^2 r_i^2-(\boldsymbol{\Omega}\,\boldsymbol{r}_i)^2]+E_0$$

Ziehen wir die Größe Ω^2 aus der Summe heraus, so läßt sich die Energie schreiben

$$(26.18)\qquad E=\frac{\Theta}{2}\,\Omega^2+E_0,$$

wobei der Faktor Θ gegeben ist durch

$$(26.19)\qquad \Theta=\sum_{i=1}^{n}M_i\left[r_i^2-\left(\frac{\boldsymbol{\Omega}}{\Omega}\,\boldsymbol{r}_i\right)^2\right].$$

Dieser Faktor Θ heißt das **Trägheitsmoment** *des starren* n-*Körper-Systems in bezug auf die gewählte Drehachse*. Er hängt nur von der Lage der Drehachse ab; denn da in (26.19) über die einzelnen Körper i des gesamten Systems summiert wird, liefert (26.19) einen Wert, der nur noch von der Wahl des Koordinatenursprungs und von $\boldsymbol{\Omega}/\Omega$, d.h. der Richtung von $\boldsymbol{\Omega}$ abhängen kann. Koordinatenursprung und $\boldsymbol{\Omega}$-Richtung zusammen geben aber gerade die Drehachse an.

Die Komponenten des Trägheitstensors

Nach Gl. (26.12) läßt sich die Energie des rotierenden starren n-Körper-Systems nun auch in der Form schreiben

$$(26.20)\qquad E=\frac{1}{2}\sum_{i=1}^{n}\boldsymbol{\Omega}_i\,\boldsymbol{L}_i+E_0=\frac{\boldsymbol{\Omega}}{2}\sum_{i=1}^{n}\boldsymbol{L}_i+E_0=\frac{1}{2}\,\boldsymbol{\Omega}\boldsymbol{L}+E_0.$$

Diese Form der Energie legt es nahe, Gl. (26.17) so umzuschreiben, daß sie sich als skalares Produkt von $\boldsymbol{\Omega}$ und einem anderen Vektor darstellt, der dann identisch sein muß mit dem gesamten Drehimpuls $\boldsymbol{L}$ des n-Körper-Systems. Wir schreiben (26.17) demgemäß

$$(26.21)\qquad E=\frac{1}{2}\,\boldsymbol{\Omega}\left\{\sum_{i=1}^{n}M_i[r_i^2\,\boldsymbol{\Omega}-(\boldsymbol{r}_i\,\boldsymbol{\Omega})\,\boldsymbol{r}_i]\right\}+E_0,$$

woraus durch Vergleich mit (26.20) sofort folgt

$$(26.22)\qquad \boldsymbol{L}=\sum_{i=1}^{n}M_i[r_i^2\,\boldsymbol{\Omega}-(\boldsymbol{r}_i\,\boldsymbol{\Omega})\,\boldsymbol{r}_i].$$

Hier fällt auf, daß $\boldsymbol{L}$ nicht immer die Richtung von $\boldsymbol{\Omega}$ haben muß. Schreiben wir (26.22) in Komponenten, so lautet die x-Komponente

$$(26.23)\qquad L_x=\left[\sum_{i=1}^{n}M_i(y_i^2+z_i^2)\right]\Omega_x+\left[-\sum_{i=1}^{n}M_i\,x_i\,y_i\right]\Omega_y+\left[-\sum_{i=1}^{n}M_i\,x_i\,z_i\right]\Omega_z.$$

Entsprechende Gleichungen resultieren für die y- und z-Komponenten. Für die Komponenten des gesamten Drehimpulses $\boldsymbol{L}$ und der Winkelgeschwindigkeit $\boldsymbol{\Omega}$ erhalten wir also Beziehungen der Form

$$(26.24)\qquad \begin{aligned} L_x &= \Theta_{xx}\,\Omega_x + \Theta_{xy}\,\Omega_y + \Theta_{xz}\,\Omega_z, \\ L_y &= \Theta_{yx}\,\Omega_x + \Theta_{yy}\,\Omega_y + \Theta_{yz}\,\Omega_z, \\ L_z &= \Theta_{zx}\,\Omega_x + \Theta_{zy}\,\Omega_y + \Theta_{zz}\Omega_z. \end{aligned}$$

Die neun Koeffizienten $\Theta_{xx}, \Theta_{xy}, \ldots, \Theta_{zz}$ sind dabei gegeben durch

$$(26.25)\qquad \Theta_{xx} = \sum_{i=1}^{n} M_i(y_i^2 + z_i^2), \qquad \Theta_{yy} = \sum_{i=1}^{n} M_i(x_i^2 + z_i^2), \qquad \Theta_{zz} = \sum_{i=1}^{n} M_i(x_i^2 + y_i^2),$$

$$\Theta_{xy} = \Theta_{yx} = -\sum_{i=1}^{n} M_i\, x_i\, y_i,$$

$$\Theta_{xz} = \Theta_{zx} = -\sum_{i=1}^{n} M_i\, x_i\, z_i,$$

$$\Theta_{yz} = \Theta_{zy} = -\sum_{i=1}^{n} M_i\, y_i\, z_i.$$

Die durch (26.25) definierten Größen heißen die **Komponenten des Trägheitstensors** des n-Körper-Systems. Ihre Werte hängen nicht mehr von der Richtung von $\boldsymbol{\Omega}$ ab, sondern nur von der Wahl des mit dem Körper fest verbundenen Koordinatensystems.

Die Gln. (26.24) zeigen noch einmal, daß der gesamte Drehimpuls $\boldsymbol{L}$ eines starren n-Körper-Systems und die Winkelgeschwindigkeit $\boldsymbol{\Omega}$ im allgemeinen keineswegs dieselbe Richtung haben. Trotzdem hängen sie *linear* miteinander zusammen; wird nämlich $\boldsymbol{\Omega}$ verdoppelt, so wird auch $\boldsymbol{L}$ verdoppelt, und entsprechendes gilt für jede Vervielfachung. Man sagt, daß $\boldsymbol{L}$ eine **lineare Vektorfunktion** von $\boldsymbol{\Omega}$ ist. Natürlich ist dann auch $\boldsymbol{\Omega}$ eine lineare Vektorfunktion von $\boldsymbol{L}$, d.h. es gilt

$$(26.26)\qquad \begin{aligned} \Omega_x &= \eta_{xx}\, L_x + \eta_{xy}\, L_y + \eta_{xz}\, L_z, \\ \Omega_y &= \eta_{yx}\, L_x + \eta_{yy}\, L_y + \eta_{yz}\, L_z, \\ \Omega_z &= \eta_{zx}\, L_x + \eta_{zy}\, L_y + \eta_{zz}\, L_z. \end{aligned}$$

Die Koeffizienten $\eta_{xx}, \eta_{xy}, \ldots, \eta_{zz}$ lassen sich dabei nach den Regeln der Matrix-Invertierung berechnen, denn die von den $\eta_{xx}, \eta_{xy}, \ldots$ gebildete Matrix ist gerade die Inverse der aus den $\Theta_{xx}, \Theta_{xy}, \ldots$ gebildeten Matrix. Wir gehen hier nicht darauf ein.

Setzt man (26.26) in (26.20) ein, so erhält man die Energie allein als Funktion der Komponenten des Drehimpulses $\boldsymbol{L}$, d.h.

$$(26.27)\qquad \begin{aligned} E(\boldsymbol{L}) &= \tfrac{1}{2}(\Omega_x L_x + \Omega_y L_y + \Omega_z L_z) + E_0 \\ &= \tfrac{1}{2}\{\eta_{xx} L_x^2 + \eta_{yy} L_y^2 + \eta_{zz} L_z^2 \\ &\quad + 2\eta_{xy} L_x L_y + 2\eta_{xz} L_x L_z + 2\eta_{yz} L_y L_z\} + E_0. \end{aligned}$$

Die Energie oder vielmehr $E-E_0$ ist eine quadratische Form in den drei Variablen L_x, L_y, L_z. Man bestätigt, daß man durch Differentiation von (26.27) nach den Komponenten von $\boldsymbol{L}$ wieder die Komponenten der Winkelgeschwindigkeit $\boldsymbol{\Omega}$ erhält.

Es ist klar, daß man in (26.20) auch $\boldsymbol{L}$ durch $\boldsymbol{\Omega}$ ausdrücken, d.h. (26.24) einsetzen kann. Man erhält so

$$E(\boldsymbol{\Omega})=\tfrac{1}{2}\{\Theta_{xx}\Omega_x^2+\Theta_{yy}\Omega_y^2+\Theta_{zz}\Omega_z^2 +2\Theta_{xy}\Omega_x\Omega_y+2\Theta_{xz}\Omega_x\Omega_z+2\Theta_{yz}\Omega_y\Omega_z\}+E_0. \tag{26.28}$$

Die Energie ist also auch eine quadratische Form in den Komponenten der Winkelgeschwindigkeit $\boldsymbol{\Omega}$. Ebenso wie in der Teilchendynamik die Energie eines Teilchens als Funktion des Impulses $\boldsymbol{P}$, d.h. $E(\boldsymbol{P})$, wichtiger ist als $E(\boldsymbol{v})$, ist auch die Funktion (26.27), d.h. die Energie als Funktion des Drehimpulses vom dynamischen Standpunkt wichtiger als (26.28), d.h. die Energie als Funktion der Winkelgeschwindigkeit.

Ein Vergleich von Gl. (26.28) mit (26.18) zeigt, wie sich das **Trägheitsmoment eines Körpers in bezug auf eine Drehachse** D, die durch die Richtung von $\boldsymbol{\Omega}$ und den Koordinatenursprung bestimmt ist, aus den Komponenten des Trägheitstensors berechnen läßt. Bezeichnen wir das Trägheitsmoment mit Θ_D, so liefert der Vergleich

$$\Theta_D=\Theta_{xx}\left(\frac{\Omega_x}{\Omega}\right)^2+\Theta_{yy}\left(\frac{\Omega_y}{\Omega}\right)^2+\Theta_{zz}\left(\frac{\Omega_z}{\Omega}\right)^2+2\Theta_{xy}\left(\frac{\Omega_x}{\Omega}\right)\left(\frac{\Omega_y}{\Omega}\right) +2\Theta_{xz}\left(\frac{\Omega_x}{\Omega}\right)\left(\frac{\Omega_z}{\Omega}\right)+2\Theta_{yz}\left(\frac{\Omega_y}{\Omega}\right)\left(\frac{\Omega_z}{\Omega}\right). \tag{26.29}$$

Da das Trägheitsmoment Θ_D, wie wir schon oben gezeigt haben, der Drehachse D zugeordnet ist, muß der rechtsseitige Ausdruck in (26.29) unverändert bleiben, wenn der Ursprung des Koordinatensystems auf der Achse verschoben wird (Abb. 26.3). Analytisch läßt sich das auch mit Hilfe des weiter unten bewiesenen Steinerschen Satzes zeigen, was dem Leser als Übung empfohlen sei.

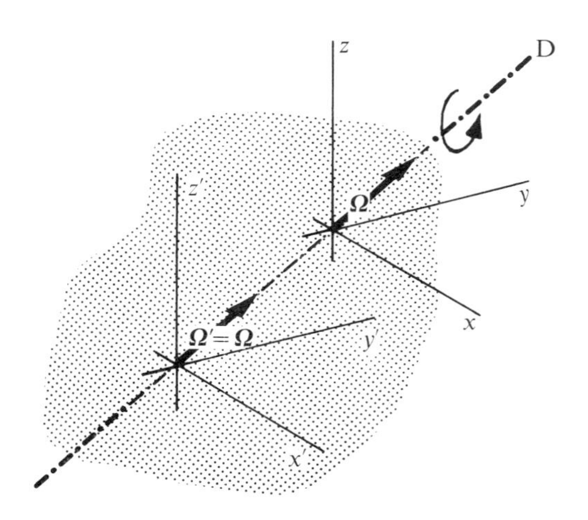

Abb. 26.3

Das Trägheitsmoment Θ_D eines Körpers ist der Drehachse D zugeordnet. In körperfesten Koordinatensystemen, deren Achsen parallel sind und deren Ursprünge auf D liegen, haben zwar die Komponenten des Trägheitstensors verschiedene Werte, nicht aber die Kombination (26.29) der Komponenten, die das Trägheitsmoment Θ_D liefert.

Schließlich genügt wohl ein bloßer Hinweis darauf, daß alle Formeln auch für kontinuierliche starre Körper zutreffen. Man braucht dazu nur die Summen durch Integrale zu ersetzen. Bezeichnet $\rho(\boldsymbol{r})$ die Massendichte, so lauten z.B. die Gln. (26.25)

$$\begin{aligned}
\Theta_{xx} &= \iiint \rho(x, y, z)(y^2+z^2)\,dx\,dy\,dz, \\
\Theta_{yy} &= \iiint \rho(x, y, z)(x^2+z^2)\,dx\,dy\,dz, \\
\Theta_{zz} &= \iiint \rho(x, y, z)(x^2+y^2)\,dx\,dy\,dz, \\
\Theta_{xy} &= \Theta_{yx} = -\iiint \rho(x, y, z)\,x\,y\,dx\,dy\,dz, \\
\Theta_{xz} &= \Theta_{zx} = -\iiint \rho(x, y, z)\,x\,z\,dx\,dy\,dz, \\
\Theta_{yz} &= \Theta_{zy} = -\iiint \rho(x, y, z)\,y\,z\,dx\,dy\,dz.
\end{aligned} \tag{26.30}$$

Diese Formeln eignen sich oft dazu, die **Trägheitsmomente gegebener Massenverteilungen** auszurechnen. Für die in den Abb. 26.4 bis 26.6 dargestellten starren Körper sind in den Bildunterschriften die Komponenten des Trägheitstensors angegeben in bezug auf Koordinatensysteme, die so gewählt sind, daß die *gemischten Komponenten* Θ_{xy}, Θ_{xz}, Θ_{yz} verschwinden.

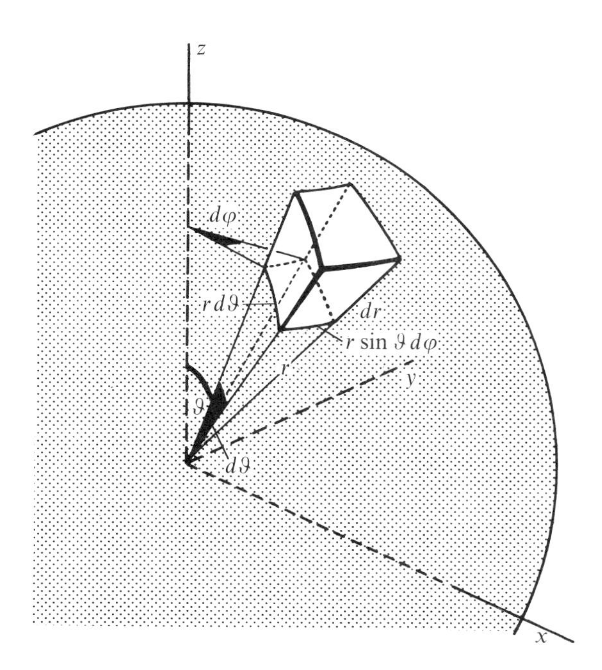

Abb. 26.4

Volumenelement einer Kugel in Polarkoordinaten zur Berechnung der Komponenten des Trägheitstensors einer Vollkugel der konstanten Dichte ρ vom Radius R. Gl. (26.30) ergibt

$$\Theta_{zz} = \rho \int_{r=0}^{R} \int_{\vartheta=0}^{\pi} \int_{\varphi=0}^{2\pi} (r^2 \sin^2 \vartheta)(dr \cdot r\,d\vartheta \cdot r \sin\vartheta\,d\varphi) = \tfrac{2}{5} M R^2.$$

Wegen der Kugelsymmetrie ist $\Theta_{xx} = \Theta_{yy} = \Theta_{zz}$.

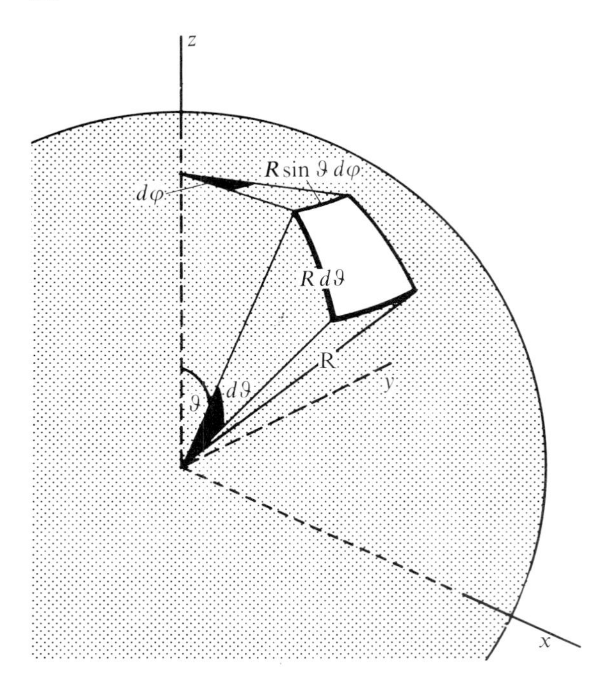

Abb. 26.5

Flächenelement einer Kugel in Polarkoordinaten zur Berechnung der Komponenten des Trägheitstensors einer Hohlkugel der konstanten Flächendichte σ (Masse/Fläche) vom Radius R. Gl. (26.30) ergibt

$$\Theta_{zz} = \sigma \int_{\vartheta=0}^{\pi} \int_{\varphi=0}^{2\pi} (R^2 \sin^2 \vartheta)(R\,d\vartheta \cdot R \sin \vartheta \, d\varphi) = \tfrac{2}{3} M R^2 .$$

Wegen der Kugelsymmetrie ist $\Theta_{xx} = \Theta_{yy} = \Theta_{zz}$.

Steinerscher Satz

Es ist oft vorteilhaft, den Ursprung des mit dem Körper fest verbundenen Koordinatensystems in den Schwerpunkt des Körpers zu legen. Damit erhebt sich natürlich die Frage, wie diese Verabredung zu handhaben ist, wenn die Drehachse den Schwerpunkt gar nicht enthält. Zunächst bleibt dann natürlich nichts übrig, als einen Punkt der Achse als Bezugspunkt zu wählen, d.h. einen Punkt $\mathfrak{O}$, der vom Schwerpunkt S verschieden ist (Abb. 26.7). Der Punkt $\mathfrak{O}$ habe vom Schwerpunkt aus betrachtet den Ortsvektor $-\boldsymbol{a}$. Dann hat der Schwerpunkt S von dem Punkt $\mathfrak{O}$ aus gerechnet den Ortsvektor $\boldsymbol{a}$, und zwischen den in $\mathfrak{O}$ entspringenden Ortsvektoren $\boldsymbol{r}'_i$ und den von S aus gerechneten $\boldsymbol{r}_i$ besteht die Beziehung

$$\boldsymbol{r}'_i = \boldsymbol{r}_i + \boldsymbol{a} . \tag{26.31}$$

Bildet man nun den Energieausdruck (26.17) in bezug auf $\mathfrak{O}$, d.h. mit den Ortsvektoren $\boldsymbol{r}'_i$, so erhält man für die Energie

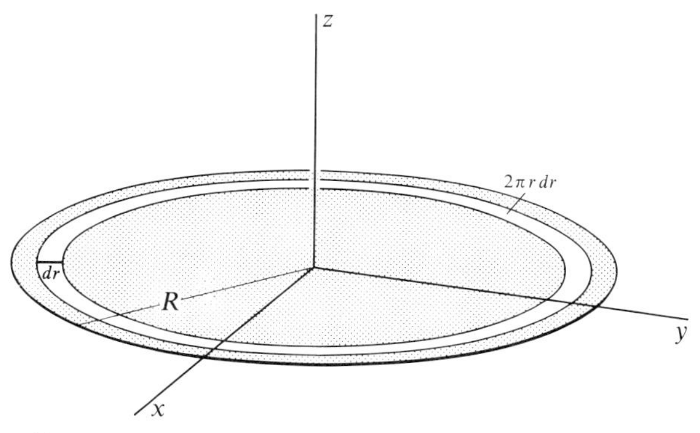

Abb. 26.6

Ringförmiges Flächenelement einer Kreisscheibe zur Berechnung der Komponenten des Trägheitstensors einer Kreisscheibe der konstanten Flächendichte σ vom Radius R. Gl. (26.30) ergibt

$$\Theta_{zz}=\sigma\int_0^R r^2(2\pi r\,dr)=\frac{M}{2}R^2.$$

Allgemein folgt für flächenhafte Körper aus Gl. (26.30)

$$\Theta_{xx}+\Theta_{yy}=\Theta_{zz};$$

dabei ist der Körper in die x-y-Ebene gelegt. Ist er außerdem rotationssymmetrisch um die z-Achse, ist

$$\Theta_{xx}=\Theta_{yy}=\tfrac{1}{2}\Theta_{zz}.$$

Für die Kreisscheibe ist also

$$\Theta_{xx}=\Theta_{yy}=\frac{M}{4}R^2.$$

Da die gemischten Komponenten $\Theta_{xy},\ldots$ verschwinden, sind Θ_{xx}, Θ_{yy} und Θ_{zz} die Trägheitsmomente der Kreisscheibe um die x-, y- und z-Achse.

$$\begin{aligned}
(26.32)\quad E_{\mathfrak{D}}-E_0&=\frac{\Omega^2}{2}\sum_{i=1}^n M_i\left[r_i'^{\,2}-\left(\frac{\boldsymbol{\Omega}}{\Omega}\boldsymbol{r}_i'\right)^2\right]\\
&=\frac{\Omega^2}{2}\sum_{i=1}^n M_i\left[(\boldsymbol{r}_i+\boldsymbol{a})^2-\left(\frac{\boldsymbol{\Omega}}{\Omega}(\boldsymbol{r}_i+\boldsymbol{a})\right)^2\right]\\
&=\frac{\Omega^2}{2}\sum_{i=1}^n M_i\left[r_i^2-\left(\frac{\boldsymbol{\Omega}}{\Omega}\boldsymbol{r}_i\right)^2+a^2-\left(\frac{\boldsymbol{\Omega}}{\Omega}\boldsymbol{a}\right)^2+2\boldsymbol{a}\,\boldsymbol{r}_i-2\left(\frac{\boldsymbol{\Omega}}{\Omega}\boldsymbol{a}\right)\left(\frac{\boldsymbol{\Omega}}{\Omega}\boldsymbol{r}_i\right)\right]\\
&=\frac{\Omega^2}{2}\sum_{i=1}^n M_i\left[r_i^2-\left(\frac{\boldsymbol{\Omega}}{\Omega}\boldsymbol{r}_i\right)^2\right]+\frac{\Omega^2}{2}\left(\sum_{i=1}^n M_i\right)\left[a^2-\left(\frac{\boldsymbol{\Omega}}{\Omega}\boldsymbol{a}\right)^2\right]\\
&\quad+\Omega^2\left\{\boldsymbol{a}\left(\sum_{i=1}^n M_i\boldsymbol{r}_i\right)-\left(\frac{\boldsymbol{\Omega}}{\Omega}\boldsymbol{a}\right)\left[\frac{\boldsymbol{\Omega}}{\Omega}\left(\sum_{i=1}^n M_i\boldsymbol{r}_i\right)\right]\right\}.
\end{aligned}$$

Nun verschwinden aber die beiden letzten Glieder; denn der Faktor $\sum_{i=1}^n M_i\boldsymbol{r}_i$ ist dem Ortsvektor des Schwerpunkts S proportional, bei Wahl von S als Koordinatenursprung also Null. Somit ist

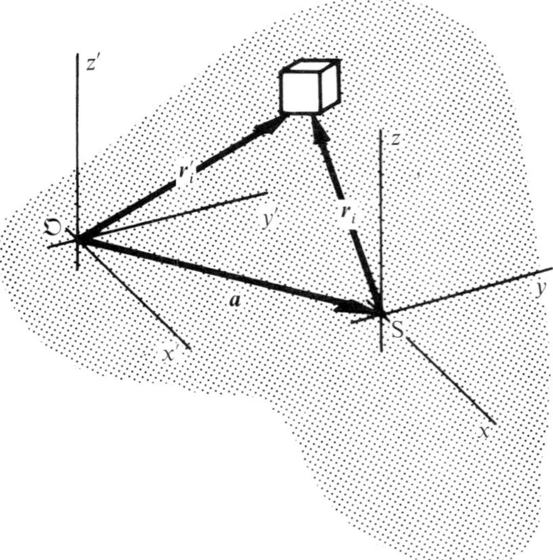

Abb. 26.7

Der *Steinersche Satz* führt die Komponenten des Trägheitstensors in bezug auf ein körperfestes Koordinatensystem mit dem Ursprung in $\mathfrak{O}$ im Abstand $|\boldsymbol{a}|$ vom Schwerpunkt S zurück auf die Komponenten des Trägheitstensors in bezug auf ein dazu paralleles Koordinatensystem mit dem Ursprung im Schwerpunkt S.

$$E_{\mathfrak{O}} = E + \frac{\Omega^2}{2}\left(\boldsymbol{a} \times \frac{\boldsymbol{\Omega}}{\Omega}\right)^2 \left(\sum_{i=1}^{n} M_i\right) = E + \tfrac{1}{2} M (\boldsymbol{a} \times \boldsymbol{\Omega})^2. \tag{26.33}$$

Dabei bezeichnen E die Energie in bezug auf den Schwerpunkt als Koordinatenursprung und $M = \sum_{i=1}^{n} M_i$ die Gesamtmasse des n-Körper-Systems. Schreibt man die rechte Seite von (26.33) so, daß die Komponenten von $\boldsymbol{\Omega}$ explizit erscheinen, so erhält man

$$\begin{aligned} E_{\mathfrak{O}} = E + \frac{M}{2} \{ & (a_y^2 + a_z^2)\,\Omega_x^2 + (a_x^2 + a_z^2)\,\Omega_y^2 + (a_x^2 + a_y^2)\,\Omega_z^2 \\ & - 2 a_x a_y \Omega_x \Omega_y - 2 a_x a_z \Omega_x \Omega_z - 2 a_y a_z \Omega_y \Omega_z \}; \end{aligned} \tag{26.34}$$

für E ist dabei der Ausdruck (26.28) einzusetzen.

Das aus (26.34) abzulesende Resultat ist der

Steinersche Satz (J. STEINER, 1796—1863): Die Komponenten des Trägheitstensors $\Theta'_{xx}, \Theta'_{xy}, \ldots$ eines starren n-Körper-Systems in bezug auf ein körperfestes Koordinatensystem, dessen Ursprung vom Schwerpunkt aus gesehen den Ortsvektor $-\boldsymbol{a}$ hat, lassen sich aus den Komponenten $\Theta_{xx}, \Theta_{xy}, \ldots$ in bezug auf ein dazu paralleles Koordinatensystem, dessen Ursprung im Schwerpunkt liegt, wie folgt berechnen:

$$\begin{aligned} \Theta'_{xx} &= \Theta_{xx} + M(a_y^2 + a_z^2), & \Theta'_{xy} &= \Theta'_{yx} = \Theta_{xy} - M\, a_x a_y, \\ \Theta'_{yy} &= \Theta_{yy} + M(a_x^2 + a_z^2), & \Theta'_{xz} &= \Theta'_{zx} = \Theta_{xz} - M\, a_x a_z, \\ \Theta'_{zz} &= \Theta_{zz} + M(a_x^2 + a_y^2), & \Theta'_{yz} &= \Theta'_{zy} = \Theta_{yz} - M\, a_y a_z. \end{aligned} \tag{26.35}$$

Hauptträgheitsachsen

Die angegebenen Formeln beschreiben den Zusammenhang zwischen Drehimpuls $\boldsymbol{L}$, Winkelgeschwindigkeit $\boldsymbol{\Omega}$ und Energie bei der Rotation eines starren n-Körper-Systems und damit allgemein eines ausgedehnten starren Körpers. Der Körper selbst wird, soweit es seine für die Rotation wichtigen Eigenschaften angeht, durch die Werte der sechs Größen Θ_{xx}, Θ_{yy}, Θ_{zz}, $\Theta_{xy}=\Theta_{yx}$, $\Theta_{xz}=\Theta_{zx}$, $\Theta_{yz}=\Theta_{zy}$, die *Komponenten des Trägheitstensors*, gekennzeichnet. Nun sind die Formeln „kovariant", d.h. so geschrieben, daß wir die Richtungen der Koordinatenachsen beliebig wählen können. Erst nach dieser Wahl haben die Komponenten des Trägheitstensors $\Theta_{xx}, \ldots$ für jeden vorgegebenen starren Körper bestimmte Werte. Es ist nun oft zweckmäßig, die Koordinatenachsen so zu wählen, daß die gemischten Komponenten Θ_{xy}, Θ_{xz}, Θ_{yz} Null werden und nur die Komponenten Θ_{xx}, Θ_{yy} und Θ_{zz} übrig bleiben. In der Mathematik (Hauptachsentransformation quadratischer Formen, § 23) wird gezeigt, daß das dank der Symmetrie $\Theta_{xy}=\Theta_{yx}, \ldots$ des Trägheitstensors immer möglich ist. Die Richtungen der x-, y-, und z-Achse eines solchen Koordinatensystems definieren dann wohlbestimmte, durch den Schwerpunkt gehende Achsen, die **Hauptträgheitsachsen** des Körpers. Wir betonen, daß *jeder* starre Körper, wie unsymmetrisch er auch sei, *drei aufeinander senkrechte Hauptträgheitsachsen* besitzt (Abb. 26.8).

Als ausgezeichnetes körperfestes Koordinatensystem benutzen wir von nun ab das von den drei aufeinander senkrechten Hauptträgheitsachsen gebildete Koordinatensystem. In ihm lauten die Gln. (26.24)

$$L_x=\Theta_{xx}\Omega_x, \qquad L_y=\Theta_{yy}\Omega_y, \qquad L_z=\Theta_{zz}\Omega_z, \tag{26.36}$$

und die Gln. (26.26) vereinfachen sich zu

$$\Omega_x=\frac{1}{\Theta_{xx}}L_x, \qquad \Omega_y=\frac{1}{\Theta_{yy}}L_y, \qquad \Omega_z=\frac{1}{\Theta_{zz}}L_z. \tag{26.37}$$

Wie (26.29) zeigt, sind in diesem Koordinatensystem die Komponenten Θ_{xx}, Θ_{yy}, Θ_{zz} des Trägheitstensors die Trägheitsmomente um die Hauptträgheitsachsen als Drehachsen. Deshalb bezeichnet man die Werte von Θ_{xx}, Θ_{yy}, Θ_{zz} in diesem Koordinatensystem auch als die **Hauptträgheitsmomente** des Körpers.

Nach (26.37) sind die Koeffizienten $\eta_{xx}, \eta_{yy}, \eta_{zz}$ in dem durch die Hauptträgheitsachsen definierten Koordinatensystem einfach die reziproken Hauptträgheitsmomente. Die Energie (26.27) nimmt dann die einfache Form an

$$E(\boldsymbol{L})=\tfrac{1}{2}\left\{\frac{L_x^2}{\Theta_{xx}}+\frac{L_y^2}{\Theta_{yy}}+\frac{L_z^2}{\Theta_{zz}}\right\}. \tag{26.38}$$

Bei gegebenem Drehimpuls $\boldsymbol{L}$ hat also die Energie E um so kleinere Werte, je größer die Hauptträgheitsmomente Θ_{xx}, Θ_{yy}, Θ_{zz} sind. Die Beziehung (26.38) zwischen Energie und Drehimpuls ist formal der Beziehung zwischen Energie und dem Impuls $\boldsymbol{P}$ sehr ähnlich. Die Hauptträgheitsmomente entsprechen dabei der Masse. Ein wesentlicher Unterschied liegt nur darin, daß die Hauptträgheitsmomente, die zu den einzelnen Komponenten des Drehimpulses gehören, verschiedene Werte haben können, während das bei der Masse nicht der Fall ist. Das Trägheitsmoment ist kein Skalar, sondern ein *Tensor*.

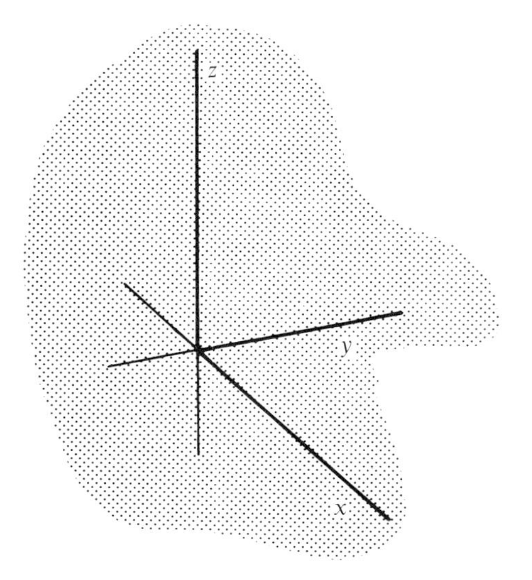

Abb. 26.8

Für jeden Körper, so unsymmetrisch seine Massenverteilung sei, gibt es stets ein körperfestes rechtwinkliges Koordinatensystem, in bezug auf das alle gemischten Komponenten des Trägheitstensors verschwinden. Die Achsen dieses Koordinatensystems nennt man *Hauptträgheitsachsen* des Körpers.

Der Gl. (26.28) schließlich entspricht die Gleichung

$$E(\boldsymbol{\Omega})=\tfrac{1}{2}\{\Theta_{xx}\Omega_x^2+\Theta_{yy}\Omega_y^2+\Theta_{zz}\Omega_z^2\}. \tag{26.39}$$

Was seine Rotationseigenschaften betrifft, wird ein Körper also durch seine drei Hauptträgheitsmomente $\Theta_{xx}, \Theta_{yy}, \Theta_{zz}$ vollständig beschrieben. Man unterscheidet demgemäß drei Fälle:

1. Die Hauptträgheitsmomente $\Theta_{xx}, \Theta_{yy}, \Theta_{zz}$ sind alle drei verschieden. Der Körper ist dann *unsymmetrisch*, was nicht notwendig eine Aussage über seine Gestalt, sondern über seine Massenverteilung darstellt. Er besitzt *keine Figurenachse* und hat drei wohlbestimmte Hauptträgheitsachsen (Abb. 26.8).

2. Von den Hauptträgheitsmomenten sind zwei gleich, das dritte ist dagegen verschieden. Der Körper hat dann eine *Figurenachse* wie wir es vom Kreisel kennen. Er besitzt eine ausgezeichnete Hauptträgheitsachse und alle zu dieser senkrechten, durch den Schwerpunkt gehenden Achsen sind ebenfalls Hauptträgheitsachsen (Abb. 26.9).

3. Alle Hauptträgheitsmomente sind gleich: $\Theta_{xx}=\Theta_{yy}=\Theta_{zz}=\Theta$. Der Körper ist kugelsymmetrisch. Jede Achse durch den Schwerpunkt ist Hauptträgheitsachse.

In den drei Fällen ist der Zusammenhang zwischen den Vektoren $\boldsymbol{L}$ und $\boldsymbol{\Omega}$, wenn man ihre Lage in bezug auf die Hauptträgheitsachsen verändert, charakteristisch verschieden. So liest man aus (26.36) oder (26.37) ab:

1. Bei vorgegebener Winkelgeschwindigkeit $\boldsymbol{\Omega}$ (Drehimpuls $\boldsymbol{L}$) hängen Länge und Richtung des Drehimpulses $\boldsymbol{L}$ (der Winkelgeschwindigkeit $\boldsymbol{\Omega}$) ab von allen Winkeln, die die Winkelgeschwindigkeit $\boldsymbol{\Omega}$ (der Drehimpuls $\boldsymbol{L}$) mit den drei Hauptträgheitsachsen bildet.

2. Bei vorgegebener Winkelgeschwindigkeit $\boldsymbol{\Omega}$ (Drehimpuls $\boldsymbol{L}$) hängen Länge und Richtung des Drehimpulses $\boldsymbol{L}$ (der Winkelgeschwindigkeit $\boldsymbol{\Omega}$) nur ab von dem Winkel, den die Winkelgeschwindigkeit $\boldsymbol{\Omega}$ (der Drehimpuls $\boldsymbol{L}$) mit der Figurenachse bildet. $\boldsymbol{L}$, $\boldsymbol{\Omega}$ und die Figurenachse liegen in einer Ebene.

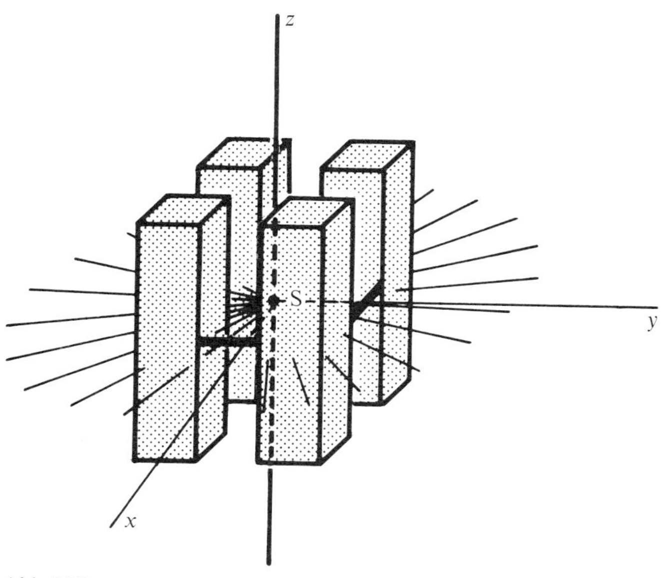

Abb. 26.9

Körper mit Figurenachse in z-Richtung. Die z-Achse ist Figurenachse, obwohl die Gestalt der vier starr miteinander verbundenen Balken nicht rotationssymmetrisch um die z-Achse ist. Man sieht jedoch, daß $\Theta_{xx} = \Theta_{yy}$. Damit sind die Trägheitsmomente in bezug auf irgend zwei zueinander senkrechte Achsen in der x-y-Ebene gleich. Außer der Figurenachse sind somit auch alle in der x-y-Ebene durch den Schwerpunkt laufenden Achsen Hauptträgheitsachsen. Als rotationssymmetrischen Körper mit Figurenachse siehe auch Abb. 26.6.

3. Drehimpuls $\boldsymbol{L}$ und Winkelgeschwindigkeit $\boldsymbol{\Omega}$ haben stets die gleiche Richtung: $\boldsymbol{L} = \Theta \boldsymbol{\Omega}$.

Natürlich haben nach (26.36) oder (26.37) $\boldsymbol{L}$ und $\boldsymbol{\Omega}$ immer dann dieselbe Richtung, wenn $\boldsymbol{\Omega}$ (oder $\boldsymbol{L}$) in Richtung einer Hauptträgheitsachse zeigt. Umgekehrt definiert jede Richtung, für die $\boldsymbol{L}$ und $\boldsymbol{\Omega}$ zusammenfallen, eine Hauptträgheitsachse.

Die in den obigen Regeln gegebene Klassifikation erlaubt eine einfache Orientierung über das Verhalten starrer Körper bei Rotationsbewegungen. Im Fall des unsymmetrischen Körpers bilden die Vektoren $\boldsymbol{\Omega}$ und $\boldsymbol{L}$ sowie die drei Hauptträgheitsachsen ein bei der Rotation fest verbundenes Gerüst. Im Fall des Kreisels, d.h. eines Körpers mit einer Figurenachse, gilt dasselbe für das „Dreibein", das aus den Vektoren $\boldsymbol{\Omega}$, $\boldsymbol{L}$ und der ausgezeichneten Hauptträgheitsachse, der Figurenachse, gebildet wird. Im dritten Fall schließlich des kugelsymmetrischen Körpers spielt in der Relation zwischen $\boldsymbol{\Omega}$ und $\boldsymbol{L}$ keine Achse des Körpers mehr eine Rolle.

Die in den Abb. 26.4 bis 26.6 gezeichneten Koordinatenachsen sind Hauptträgheitsachsen. Entsprechend sind die in den Bildunterschriften angegebenen Komponenten des Trägheitstensors Hauptträgheitsmomente der Körper.

Fragt man nach anderen Koordinatensystemen, in denen der Trägheitstensor *diagonal* ist, d.h. in denen seine gemischten Komponenten $\Theta_{xy}, \ldots$ verschwinden, so sagt der Steinersche Satz, daß das in jedem Koordinatensystem der Fall ist, sobald seine Achsen zu den Hauptträgheitsachsen des Körpers parallel sind und sein Ursprung vom Schwerpunkt aus einen Ortsvektor $-\boldsymbol{a}$ hat, dessen Komponenten a_x, a_y, a_z nach (26.35) in dem durch die Hauptträgheitsachsen gebildeten körperfesten Koordinatensystem die Beziehungen erfüllen

$$\Theta'_{xy} = -M a_x a_y = 0, \qquad \Theta'_{xz} = -M a_x a_z = 0, \qquad \Theta'_{yz} = -M a_y a_z = 0.$$

Das erfordert aber, daß zwei der Komponenten des Vektors $\boldsymbol{a}$ gleich Null sein müssen. Wir haben somit das Resultat: Außer in dem von den Hauptträgheitsachsen eines Körpers gebildeten Koordinatensystem verschwinden die gemischten Komponenten des Trägheitstensors auch in jedem Koordinatensystem, dessen Achsen zu den Hauptträgheitsachsen parallel sind und dessen Ursprung auf einer Hauptträgheitsachse liegt.

Mehr als die Komponenten des Trägheitstensors interessiert bei Anwendungen, in denen eine Drehachse vorgegeben ist, das Trägheitsmoment um diese Achse. Wir betrachten insbesondere den Fall, daß die vorgegebene Drehachse D einer Hauptträgheitsachse des Körpers, die wir willkürlich die x-Achse nennen, parallel ist, daß sie aber nicht durch den Schwerpunkt des Körpers geht (Abb. 26.10). Dann ist $\Omega_y = \Omega_z = 0$ und ebenso $\Omega'_y = \Omega'_z = 0$ in jedem Koordinatensystem mit parallelen Achsen. Wir wählen ein Koordinatensystem, dessen Ursprung auf der Drehachse D und in der y-z-Ebene liegt. Seine y'- und z'-Achsen seien der y- und der z-Hauptträgheitsachse parallel. Dann ist $a_x = 0$. Das Trägheitsmoment Θ_D in bezug auf diese Achse ist dann nach (26.29) und (26.35) gegeben durch

$$\Theta_D = \Theta'_{xx} \left(\frac{\Omega'_x}{\Omega} \right)^2 = \Theta_{xx} + M a^2, \tag{26.40}$$

denn es ist $\Omega'_x = \Omega_x = \Omega$ und $a^2 = a_y^2 + a_z^2$. Außerdem ist nach Gl. (26.24), die ja auch im gestrichenen Koordinatensystem gilt, und wegen $\Omega'_x = \Omega_x$, $\Omega'_y = \Omega_y = 0$, $\Omega'_z = \Omega_z = 0$

$$L'_x = \Theta'_{xx} \Omega_x, \qquad L'_y = \Theta'_{yx} \Omega_x = 0, \qquad L'_z = \Theta'_{zx} \Omega_x = 0. \tag{26.41}$$

Aus (26.35) folgt nämlich $\Theta'_{yx} = \Theta'_{zx} = 0$. Wir haben somit den

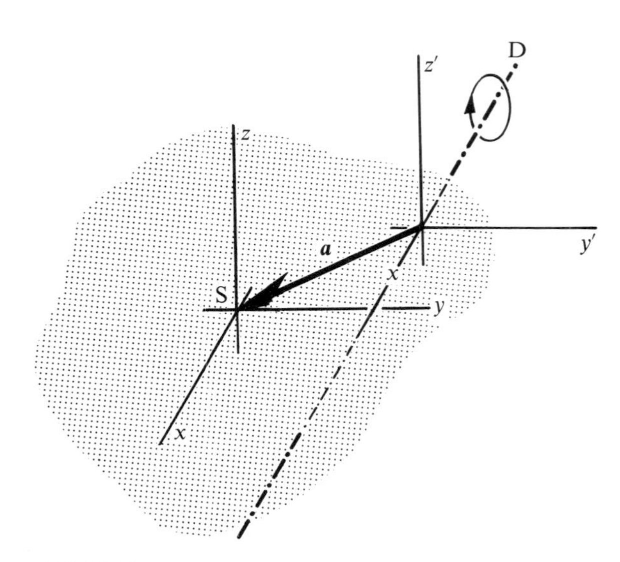

Abb. 26.10

Zur Drehung eines Körpers um eine Achse D, die zu einer Hauptträgheitsachse parallel ist. Das System der x-, y-, z-Achsen sei das von den Hauptträgheitsachsen gebildete Koordinatensystem. Sein Ursprung fällt mit dem Schwerpunkt S des Körpers zusammen. Der vom Ursprung des von den x'-, y'-, z'-Achsen gebildeten Koordinatensystems nach S weisende Vektor $\boldsymbol{a}$ liege in der y-z-Ebene, so daß $|\boldsymbol{a}|$ der Abstand des Schwerpunkts von der Drehachse ist. Ist Θ_{xx} das Hauptträgheitsmoment des Körpers um die x-Achse, so ist $\Theta_D = \Theta'_{xx} = \Theta_{xx} + M a^2$, wobei M die Gesamtmasse des Körpers ist.

Satz 26.1 Für die Drehung eines Körpers um eine beliebige zu einer Hauptträgheitsachse (x-Achse) parallele Achse ist das Trägheitsmoment durch $\Theta_{xx} + M a^2$ gegeben. Dabei ist Θ_{xx} das Hauptträgheitsmoment des Körpers in bezug auf die zur Drehachse parallele Hauptträgheitsachse, M seine Masse und a der Abstand des Schwerpunktes von der Drehachse. Außerdem hat bei der Drehung um diese Achse der Drehimpuls $\boldsymbol{L}$ dieselbe Richtung wie die in Achsrichtung weisende Winkelgeschwindigkeit $\boldsymbol{\Omega}$.

Eine Anwendung dieses Satzes auf die Rotationsschwingungen eines Körpers (Reversionspendel) findet sich in §27.

§ 27 Rotationsbewegungen eines starren Körpers

Rotation um eine vorgegebene Achse

Ein Körper werde um eine vorgegebene, von außen **festgehaltene Achse** gedreht. Das ist gleichbedeutend damit, die Winkelgeschwindigkeit $\boldsymbol{\Omega}$ vorzugeben. Im allgemeinen werden dann weder der Drehimpuls $\boldsymbol{L}$ noch der Impuls $\boldsymbol{P}$ des Körpers konstant sein. Wenn nämlich die Achse nicht durch den Schwerpunkt läuft, führt der Schwerpunkt selbst eine Rotationsbewegung um die Achse, d.h. eine nicht gradlinig-gleichförmige Bewegung aus. Das ist gleichbedeutend damit, daß der Impuls $\boldsymbol{P}$ des Körpers nicht konstant ist. Der um die Achse rotierende Körper tauscht also Impuls mit der Anordnung aus, die die Achse festhält, was sich darin äußert, daß die Achslager auf Rütteln (Parallelverschieben) der Achse beansprucht werden. Geht die Drehachse durch den Schwerpunkt, so bleibt der Schwerpunkt fest, und der Impuls des Körpers erfährt durch die Rotation keine Änderung. Der rotierende Körper tauscht dann keinen Impuls mehr aus, die Achslager werden nicht mehr auf Rütteln beansprucht.

Der Drehimpuls $\boldsymbol{L}$ wird dagegen im allgemeinen selbst dann nicht konstant sein, wenn die Drehachse durch den Schwerpunkt läuft und außerdem $\boldsymbol{\Omega}$ konstant ist, die Drehung also gleichförmig erfolgt. Infolgedessen werden die Achslager auch weiterhin auf Kippen der Achse beansprucht, und zwar immer, wenn $\boldsymbol{L}$ nicht dieselbe Richtung hat wie $\boldsymbol{\Omega}$, d.h. wenn die von außen vorgegebene Drehachse nicht mit einer Hauptträgheitsachse des Körpers zusammenfällt.

Wie bewegt sich nun der **Drehimpuls $\boldsymbol{L}$ bei konstanter Winkelgeschwindigkeit $\boldsymbol{\Omega}$**? Da bei Fehlen von Reibung die gleichförmige Rotation eines Körpers um eine Achse keine ständige Energiezufuhr kostet, ist die Energie E bei der Drehung konstant, d.h. es ist $dE = 0$. Andererseits kann der Körper Energie nur in Form von Rotationsenergie $\boldsymbol{\Omega}\, d\boldsymbol{L}$ aufnehmen. Somit ist bei einer Rotation mit konstanter Winkelgeschwindigkeit

$$dE = \boldsymbol{\Omega}\, d\boldsymbol{L} = 0. \tag{27.1}$$

Diese Gleichung fordert nicht notwendig $d\boldsymbol{L} = 0$, sondern ist auch dadurch zu befriedigen, daß $d\boldsymbol{L}$ senkrecht auf $\boldsymbol{\Omega}$ steht. Die Änderung $d\boldsymbol{L}$ des Drehimpulses steht somit, wenn sie von Null verschieden ist, in jedem Augenblick senkrecht auf $\boldsymbol{\Omega}$. Sie liegt daher in einer zu $\boldsymbol{\Omega}$ senkrechten Ebene. Die Spitze des Vektors $\boldsymbol{L}$ bewegt sich daher ebenfalls

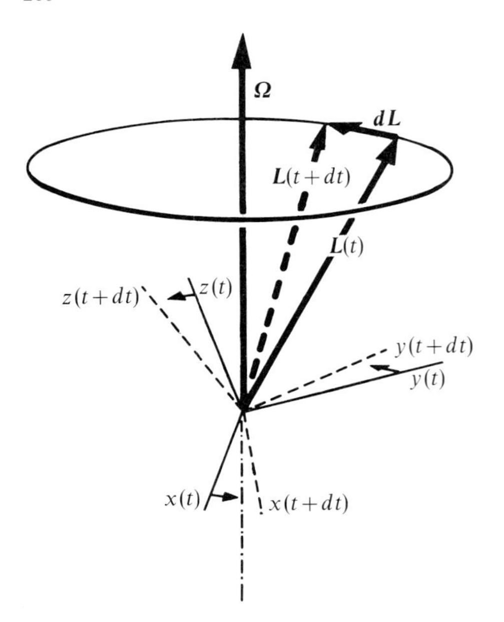

Abb. 27.1

Rotationsbewegung eines Körpers mit konstanter Winkelgeschwindigkeit $\boldsymbol{\Omega}$ um eine raumfeste Achse. Mit dem Körper ist starr das System seiner Hauptträgheitsachsen verbunden, relativ zu dem wiederum der Drehimpuls $\boldsymbol{L}$ des Körpers nach (26.36) eine feste Lage hat. Also präzediert $\boldsymbol{L}$ mit der Winkelgeschwindigkeit $|\boldsymbol{\Omega}|$ um die Achse. Die Figur zeigt die Situation zu zwei aufeinanderfolgenden Zeiten t und $t+dt$.

in dieser Ebene. Nun folgt aus (26.36), daß bei gegebenem $\boldsymbol{\Omega}$ der Drehimpuls eine bestimmte Richtung in bezug auf die Hauptträgheitsachsen des Körpers hat. Da, wie Abb. 27.1 zeigt, bei der Rotation des Körpers um die Richtung $\boldsymbol{\Omega}$ die Winkel zwischen $\boldsymbol{\Omega}$ und den körperfesten Hauptträgheitsachsen konstant bleiben, gilt das auch für den Winkel zwischen $\boldsymbol{\Omega}$ und $\boldsymbol{L}$. Somit bewegt sich die Spitze des Vektors $\boldsymbol{L}$ auf einem Kreis um $\boldsymbol{\Omega}$ in der zu $\boldsymbol{\Omega}$ senkrechten Ebene. Man sagt, der Drehimpuls $\boldsymbol{L}$ präzediert um $\boldsymbol{\Omega}$. Der Betrag $|\boldsymbol{\Omega}|$ gibt dabei die Umlaufsfrequenz der **Präzession** von $\boldsymbol{L}$ um $\boldsymbol{\Omega}$ an.

Rollende Bewegung

Das Rollen eines Rades oder einer Kugel auf einer Ebene ist ein Beispiel für eine Rotation um eine vorgegebene Achse. Die Achse ist dabei nicht raumfest, und ihre Lage sticht nicht unmittelbar ins Auge. Die **momentane Drehachse** geht durch den Auflagepunkt, dessen Geschwindigkeit im Bezugssystem der Ebene ja Null ist. Die Geschwindigkeit einiger Punkte des Rades im Bezugssystem der Ebene, auf der das Rad rollt, zeigt Abb. 27.2a. Dreht das Rad sich um die momentane Drehachse mit $\boldsymbol{\Omega}$, so ist bei einem Radradius R die Geschwindigkeit v des Mittelpunktes des Rades gegeben durch ΩR und die des obersten Punkt des Rades durch $2\,\Omega R$.

Das Rollen des Rades läßt sich aber auch auffassen als eine Kombination von Translation und Rotation, nämlich der Translation mit der Schwerpunktsgeschwindigkeit $\boldsymbol{v}$ und der Rotation um den Schwerpunkt. Diese (innere) Rotation erfolgt mit *derselben* Winkelgeschwindigkeit Ω wie bei der ersten Beschreibungsweise. Das Schwerpunktssystem bewegt sich nämlich gegenüber dem Bezugssystem der Ebene rein translativ, und in translativ gegeneinander bewegten Bezugssystemen ist im Gegensatz zur Geschwindigkeit $\boldsymbol{v}$ die Winkelgeschwindigkeit $\boldsymbol{\Omega}$ dieselbe.

Wir wenden die Betrachtungen an auf die Frage nach der **Beschleunigung einer Kugel,** die eine schiefe Ebene im homogenen Schwerefeld herabrollt. Die Kugel habe die vertikale Distanz $(z_{\max}-z)$ durchlaufen. Ist M die Masse der Kugel und Θ_D das Trägheitsmoment um ihre momentane Drehachse, so lautet die Energiebilanz

$$\frac{\Theta_D}{2}\,\Omega^2 = M\,g\,(z_{\max}-z)\,. \tag{27.2}$$

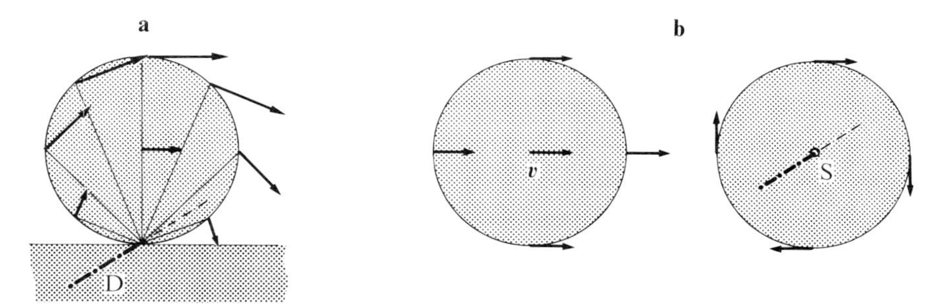

Abb. 27.2

(a) Rollen eines Rades im mit der Ebene verbundenen Bezugssystem. Die momentane Drehachse D geht durch den jeweiligen Auflagepunkt des Rades und ist senkrecht auf der Zeichenebene. Es sind die Geschwindigkeiten für einige Punkte des Rades gezeichnet. Ihre Größe und Richtung wird handgreiflich durch den vom Fahrrad oder Auto wegspritzenden Schmutz demonstriert.
(b) Dasselbe Rollen eines Rades als Überlagerung von Translation (links) und einer Rotation um den Mittelpunkt des Rades als Schwerpunkt S (rechts). Die Überlagerung der eingezeichneten Geschwindigkeiten liefert wieder das Ergebnis der Abb. 27.2a.

Θ_D ergibt sich nach dem Steinerschen Satz (§ 26) für eine Vollkugel (Abb. 26.4) zu

(27.3) $$\Theta_{D,\text{Vollkugel}} = \Theta_S + MR^2 = \tfrac{2}{5}MR^2 + MR^2 = \tfrac{7}{5}MR^2.$$

Für eine Hohlkugel (Abb. 26.5) ist entsprechend

(27.4) $$\Theta_{D,\text{Hohlkugel}} = \tfrac{2}{3}MR^2 + MR^2 = \tfrac{5}{3}MR^2.$$

Für die Geschwindigkeit $v = \Omega R$ des Mittelpunkts der Kugel ergibt Einsetzen von (27.3) bzw. (27.4) in (27.2)

(27.5) $$v_{\text{Vollkugel}} = \sqrt{\tfrac{10}{7}\,g(z_{\max} - z)}$$

und

(27.6) $$v_{\text{Hohlkugel}} = \sqrt{\tfrac{6}{5}\,g(z_{\max} - z)}.$$

Das gleiche Ergebnis erhält man, wenn man die Energiebilanz aufstellt gemäß Abb. 27.2 aus der kinetischen Energie $\frac{1}{2}Mv^2$ des rein translativ bewegten Rades und der kinetischen Rotationsenergie $\frac{1}{2}\Theta_S\Omega^2$, wobei Θ_S sich auf die zur momentanen Drehachse D parallele Achse durch den Schwerpunkt des Rades bezieht. Aus der Energiebilanz

(27.7) $$\frac{M}{2}v^2 + \frac{\Theta_S}{2}\Omega^2 = Mg(z_{\max} - z)$$

ergeben sich mit Θ_S für Vollkugel und Hohlkugel aus Abb. 26.4 bzw. 26.5 wieder (27.5) und (27.6).

Vergleicht man das Ergebnis (27.5) und (27.6) mit (4.22) für das Herab*gleiten* auf der schiefen Ebene (freier Fall), ergibt sich, daß die Beschleunigung der rollenden Vollkugel um den Faktor $\frac{5}{7}$ kleiner ist als die der gleitenden Kugel. Bei der Hohlkugel beträgt der entsprechende Faktor $\frac{3}{5}$. Dieses Ergebnis ist unabhängig von der Masse M und dem Radius R der Kugeln; es ist auch unabhängig vom Neigungswinkel der Ebene.

Gehemmte Rotation. Rotationsschwingungen

Ein Körper rotiere mit konstantem Ω um eine horizontale Achse, zunächst ohne Gravitationsfeld. Bei „eingeschaltetem" Gravitationsfeld wird die Rotation gehemmt, wenn die Achse nicht durch den Schwerpunkt geht. Wenn das Gravitationsfeld nicht zu stark ist, läuft der Körper zwar noch um die Achse ganz herum, aber ungleichförmig. Bei starkem Gravitationsfeld führt der Körper keinen vollen Umlauf mehr aus, sondern schwingt nur noch hin und her. Die eben diskutierten Fälle bezeichnen wir als **schwach bzw. stark gehemmte Rotation.**

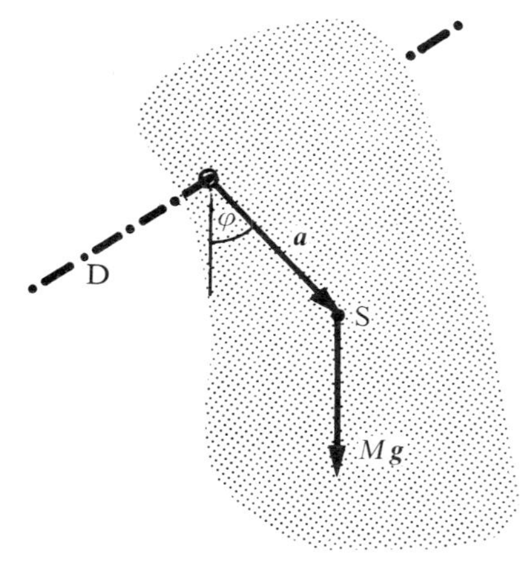

Abb. 27.3

Im homogenen Gravitationsfeld führt ein Körper vom Gewicht $M g$ Rotationsschwingungen aus um eine Achse D im Abstand a vom Schwerpunkt, die parallel zu einer der Hauptträgheitsachsen des Körpers verläuft. Bei kleinen Winkeln φ ist die Schwingung harmonisch.

Ein anschauliches Beispiel für eine gehemmte Rotation bildet die Schiffsschaukel auf dem Jahrmarkt. Auch im atomaren Bereich gibt es Beispiele für gehemmte Rotationen. In Festkörper können Moleküle so eingebaut werden, daß ihnen oft noch Platz genug zu einer Rotationsbewegung bleibt. Da sie jedoch dem elektrischen Feld der anderen Gitterbausteine ausgesetzt sind, wird ihre Rotation gehemmt. Ein weiteres Beispiel ist die Rotation der Elektronen im Atom, soweit diese dem klassischen kinematischen Bild genügt, was bei genügend hohen Anregungen des Atoms der Fall ist. Die Rotation der Elektronen wird gehemmt, wenn man das Atom in ein elektrisches Feld bringt. Die ungleichförmige Winkelgeschwindigkeit der Elektronen bedingt, daß der Rotationsbewegung nicht nur eine einzige Umlaufsfrequenz zugeordnet ist, sondern ein ganzes Frequenz*spektrum*. Dem Auftreten der zusätzlichen Frequenzen entspricht quantenmechanisch die Aufspaltung von Energieniveaus. Diese Aufspaltung der Energieniveaus eines Atoms im elektrischen Feld bezeichnet man als Stark-Effekt (J. STARK, 1874—1957).

Wir betrachten nun Rotationen, die durch ein homogenes Feld stark gehemmt sind, d.h. **Rotationsschwingungen.** Als Feld wählen wir das Gravitationsfeld. Da das Gravitationsfeld ein Feld vom ersten Typ ist, lautet (25.12), wenn $M\boldsymbol{g}$ das Gewicht des Körpers und $|\boldsymbol{a}|$ den Abstand der Drehachse vom Schwerpunkt S bezeichnet (Abb. 27.3),

$$\frac{d\boldsymbol{L}}{dt} = -\boldsymbol{a} \times M\boldsymbol{g}. \tag{27.8}$$

Beschränkt man sich auf Drehachsen, die parallel sind zu einer der Hauptträgheitsachsen, so fallen nach Satz 26.1 bei Drehungen um diese Achse die Richtungen von $\boldsymbol{\Omega}$ und $\boldsymbol{L}$ zusammen. Gl. (26.34) lautet dann

$$\boldsymbol{L} = \Theta_D \boldsymbol{\Omega} = \Theta_D \frac{d\boldsymbol{\varphi}}{dt}. \tag{27.9}$$

Setzt man diese Gleichung in (27.8) ein, erhält man als Bewegungsgleichung des Körpers bei einer Rotationsschwingung im homogenen Gravitationsfeld, d.h. des **physikalischen Pendels**

$$\Theta_D \frac{d^2\boldsymbol{\varphi}}{dt^2} + \boldsymbol{a} \times M\boldsymbol{g} = 0. \tag{27.10}$$

Ist φ so klein, daß $\varphi \approx \sin\varphi$, reduziert sich (27.10) auf

$$\Theta_D \frac{d^2\varphi}{dt^2} + a M g \varphi = 0. \tag{27.11}$$

Das ist die Differentialgleichung eines harmonischen Oszillators mit der Frequenz

$$\Omega_0 = \sqrt{\frac{a M g}{\Theta_D}}. \tag{27.12}$$

Diese Formel zeigt, daß die Frequenz der harmonischen Rotationsschwingung unabhängig ist von den Anfangsbedingungen, insbesondere von der beim Anstoßen übertragenen Energie. Im Gegensatz zur Rotationsschwingung hängt bei freier Rotation die Umlaufsfrequenz von der Energie ab, die beim Anstoß auf den Körper übertragen wurde.

Harmonische Rotationsschwingungen beobachtet man nicht nur bei stark gehemmter Rotation in einem homogenen Gravitationsfeld oder elektrischen Feld, sondern auch in einem *Federfeld*, und zwar bei Torsions- und Schneckenfedern. Ein Beispiel ist die Unruhe einer Uhr. Harmonisch ist die Rotationsschwingung eines Körpers an einer Feder analog (27.11) so lange, wie das von der Feder ausgeübte Drehmoment proportional zur Winkelauslenkung der Feder aus ihrer Ruhelage ist.

Wir kehren zur Gl. (27.12) zurück. Aus ihr folgt, daß ein ausgedehnter starrer Körper mit der gleichen Frequenz um eine Achse D schwingt wie ein einzelner Massenpunkt im Abstand

(27.13) $$l=\frac{\Theta_D}{a M}$$

von der Drehachse; denn Θ_D für einen Massenpunkt der Masse M im Abstand l von D ist einfach $\Theta_D = M l^2$. l bezeichnet man als die **reduzierte Pendellänge** des Körpers mit vorgegebener Drehachse. Gl. (27.12) liefert also für die Frequenz, mit der ein Massenpunkt der Masse M im homogenen Gravitationsfeld im Abstand l um eine feste Drehachse schwingt, die uns schon bekannte Gl. (20.70), nämlich

(27.14) $$\Omega_0=\sqrt{\frac{g}{l}}.$$

Man nennt diese harmonische Rotationsschwingung eines Massenpunktes herkömmlich das *mathematische Pendel.*

Nach (26.40) bzw. Satz 26.1 ist das Trägheitsmoment Θ_D um eine Drehachse D, die parallel ist zu einer Hauptträgheitsachse, aber den Abstand a vom Schwerpunkt hat, gegeben durch

(27.15) $$\Theta_D=\Theta_{xx}+M a^2.$$

Θ_{xx} ist dabei das Trägheitsmoment um die zur Drehachse parallele Hauptträgheitsachse, die wir hier die x-Achse nennen. Setzt man (27.15) in (27.13) ein, so erhält man

(27.16) $$l=\frac{\Theta_{xx}+M a^2}{M a}.$$

Bei gegebenem l gibt es, da a quadratisch auftritt, im allgemeinen zwei Werte von a, nämlich a_1 und a_2, die (27.16) erfüllen. a_1 und a_2 genügen als Wurzeln der quadratischen Gleichung (27.16) der Beziehung

(27.17) $$a_1+a_2=l$$

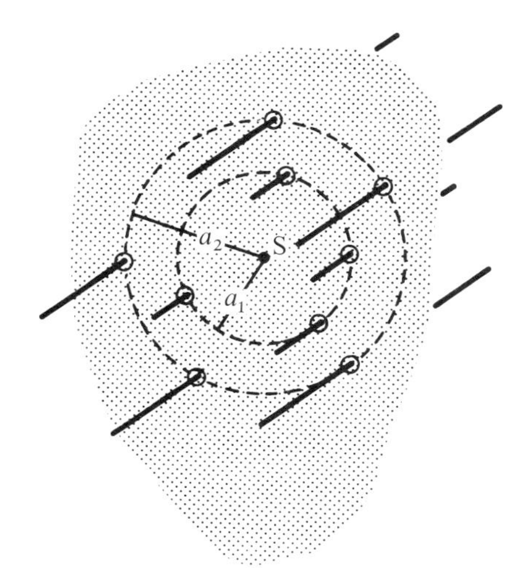

Abb. 27.4

Mannigfaltigkeit von Drehachsen, die zu einer Hauptträgheitsachse des Körpers parallel sind. Der Körper schwingt um alle diese Drehachsen mit der gleichen Frequenz, wenn die Radien a_1 und a_2 der Zylinder, die von den beiden Achsenscharen gebildet werden, nach Gl. (27.18) in der Beziehung stehen $M a_1 a_2 = \Theta_{xx}$. M ist die Masse des Körpers, Θ_{xx} das Trägheitsmoment um die zu den gezeichneten Achsen parallele Hauptträgheitsachse.

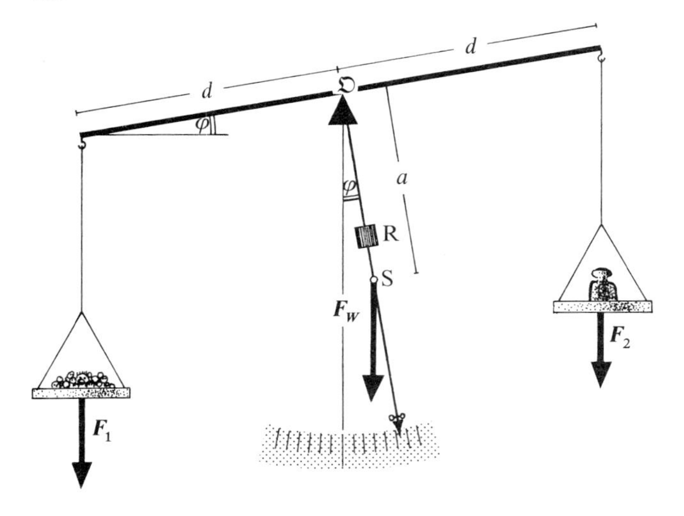

Abb. 27.5

Die Waage ist ein System, das um den Aufhängepunkt $\mathfrak{D}$ Rotationsschwingungen ausführt. S bezeichnet den Schwerpunkt der Waage ohne aufgelegte Gewichte. Ohne aufgelegte Gewichte läge im Gleichgewicht S selbstverständlich genau unterhalb $\mathfrak{D}$. $\boldsymbol{F}_W$ ist das Gewicht der Waage, $\boldsymbol{F}_1$ und $\boldsymbol{F}_2$ das der aufgelegten Körper. Die Lage von S und damit der Abstand a von S und $\mathfrak{D}$ läßt sich durch einen Reiter R auf dem Zeiger verschieben. Rückt S näher an $\mathfrak{D}$, wird die Waage empfindlicher, braucht aber eine längere Einstellzeit.

Nun sei eine Drehachse im Abstand a_1 vom Schwerpunkt eines Körpers gegeben. Dann wird dadurch gemäß Gl. (27.16) die Länge l und nach (27.14) die Schwingungsdauer Ω_0 des Körpers um diese Achse bestimmt. Nach (27.17) hat dann der Körper um jede zur ersten Achse parallele Achse mit dem Abstand

$$a_2 = l - a_1 = \frac{\Theta_{xx} + M a_1^2}{M a_1} - a_1 = \frac{\Theta_{xx}}{M a_1} \tag{27.18}$$

vom Schwerpunkt dieselbe Schwingungsdauer. Und schließlich hat der Körper die gleiche Schwingungsdauer auch für jede zur ersten parallelen Achse, die ebenfalls den Abstand a_1 vom Schwerpunkt hat. Abb. 27.4 zeigt diese Achsen, um die der Körper mit gleicher Frequenz Ω_0 schwingt.

Ein Pendel, das zwei Drehachsen hat mit den Abständen a_1 und $a_2 = l - a_1$ vom Schwerpunkt, bezeichnet man als **Reversionspendel.** Ein Reversionspendel stellt eine elegante einfache Methode zur Messung von g dar, die genauer ist als der Versuch, den schwingenden Massenpunkt, das mathematische Pendel, direkt zu realisieren. Damit beim schwingenden Massenpunkt die Masse des Fadens vernachlässigbar ist, muß die Masse des Massenpunktes so groß sein, daß seine Ausdehnung nicht mehr vernachlässigbar ist. Dann wird aber die Bestimmung von l problematisch, weil selbst bei einer schwingenden Kugel l nicht gleich dem Abstand des Aufhängepunktes vom Mittelpunkt der Kugel ist. Der Beweis dieser Behauptung sei dem Leser als Übung zur Anwendung des Steinerschen Satzes auf Rotationsschwingungen überlassen. Beim Reversionspendel handelt es sich dagegen bei der Messung von l und damit von g um die Bestimmung des Abstandes zweier Drehachsen, die so beschaffen sind, daß der Körper um sie mit derselben Frequenz schwingt und ihre Verbindungslinie durch den Schwerpunkt läuft.

Als weitere Anwendung der Rotationsschwingungen betrachten wir noch die *Waage* (Abb. 27.5). Wir definieren die **Empfindlichkeit der Waage** als das Verhältnis des stationären Winkelausschlags zum Gewichtsunterschied auf den beiden Waagschalen. Beim stationären Ausschlag verschwindet die Rotationsbeschleunigung und damit nach (27.8) das resultierende Drehmoment:

$$F_1 d \cos\varphi - F_2 d \cos\varphi - F_w a \sin\varphi = 0. \tag{27.19}$$

Bei kleinem φ liefert (27.19) für die Empfindlichkeit

$$\frac{\varphi}{F_1 - F_2} = \frac{d}{F_w \cdot a}. \tag{27.20}$$

Um die Empfindlichkeit zu steigern, wird man also zunächst die Länge des Waagebalkens $2d$ groß machen wollen. Damit würde jedoch auch das Gewicht F_w des schwingenden Teils der Waage wachsen. Wirksamer ist es, den Abstand a des Schwerpunkts S von der Achse, also dem Aufhängepunkt des Waagebalkens, klein zu machen. Mit $a \to 0$ wird aber nach (27.12) die Schwingungsfrequenz Ω_0 der Waage beliebig klein. Kleine Schwingungsfrequenz bedeutet wiederum eine lange Einstellzeit der Waage. Eine empfindliche Waage muß daher gedämpft werden, und zwar durch einen Mechanismus, der Reibung nur bewirkt, solange die Waage sich bewegt, da sonst die Schärfe der Einstellung der Waage im Gleichgewicht leiden würde. Geeignete Dämpfungsmechanismen sind die Strömungsdämpfung durch Luftreibung oder die Erzeugung von Wirbelströmen durch elektromagnetische Induktion bei Bewegung des Waagebalkens.

Freie Rotation eines starren Körpers. Kreisel

Bei der freien Rotation wird keine Achse von außen festgehalten. Der rotierende Körper bleibt nach dem Anstoß völlig sich selbst überlassen. Der Drehimpuls $\boldsymbol{L}$ ist

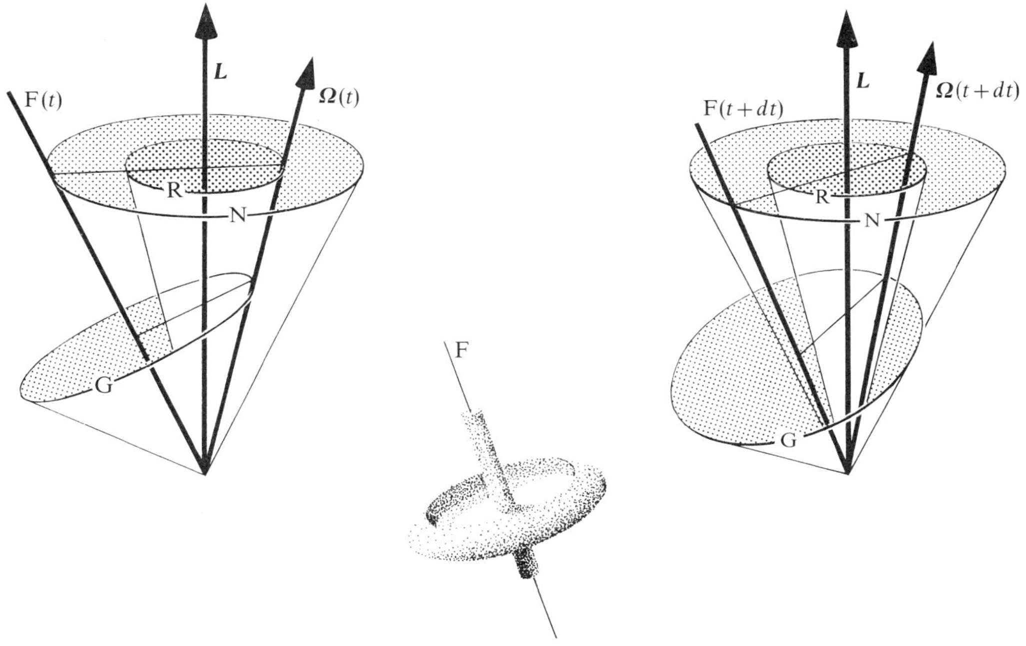

Abb. 27.6

Freie Rotation eines Kreisels. $\boldsymbol{L}$ ist raumfest und liegt mit der Figurenachse F und $\boldsymbol{\Omega}$ in einer Ebene. $\boldsymbol{\Omega}$ dreht sich daher gleichzeitig mit F um $\boldsymbol{L}$. $\boldsymbol{\Omega}$ und F laufen also auf Kegelmänteln um $\boldsymbol{L}$. Den von $\boldsymbol{\Omega}$ gebildeten Kegel nennt man den „Rastpolkegel" R, den von der Figurenachse F gebildeten Kegel den *Nutationskegel* N. Um die Umlaufsgeschwindigkeit der Nutationsbewegung von $\boldsymbol{\Omega}$ und F um $\boldsymbol{L}$ zu veranschaulichen, kann man sich das Zustandekommen der Bewegung von F so vorstellen, daß $\boldsymbol{\Omega}$ in jedem Augenblick die gemeinsame Mantellinie des Rastpolkegels mit einem weiteren Kegel, dem „Gangpolkegel" G, bildet, dessen Achse F darstellt. Die Bewegung von F und $\boldsymbol{\Omega}$ stellt sich dann dar als Abwälzen des Gangpolkegels auf dem raumfesten Rastpolkegel. In dieser Abbildung ist dabei angenommen, daß das Trägheitsmoment des Kreisels in bezug auf seine Figurenachse größer ist als das in bezug auf eine zur Figurenachse senkrechte Achse („abgeplatteter" Kreisel). Der Kreisel hat also bei homogener Massenverteilung eine Gestalt wie etwa der gezeichnete Körper. In diesem Falle wälzt sich der Gangpolkegel so auf dem Rastpolkegel ab, daß er den Rastpolkegel einschließt. $\boldsymbol{L}$ liegt zwischen F und $\boldsymbol{\Omega}$. Das linke Bild zeigt die Situation zur Zeit t, das rechte Bild zu einer ein wenig späteren Zeit $t+dt$. Man beachte, daß keiner der gezeichneten Kegel den Kreisel selbst darstellt. Von Gestalt und Lage des Kreisels ist nichts erhalten als die Richtung seiner Figurenachse.

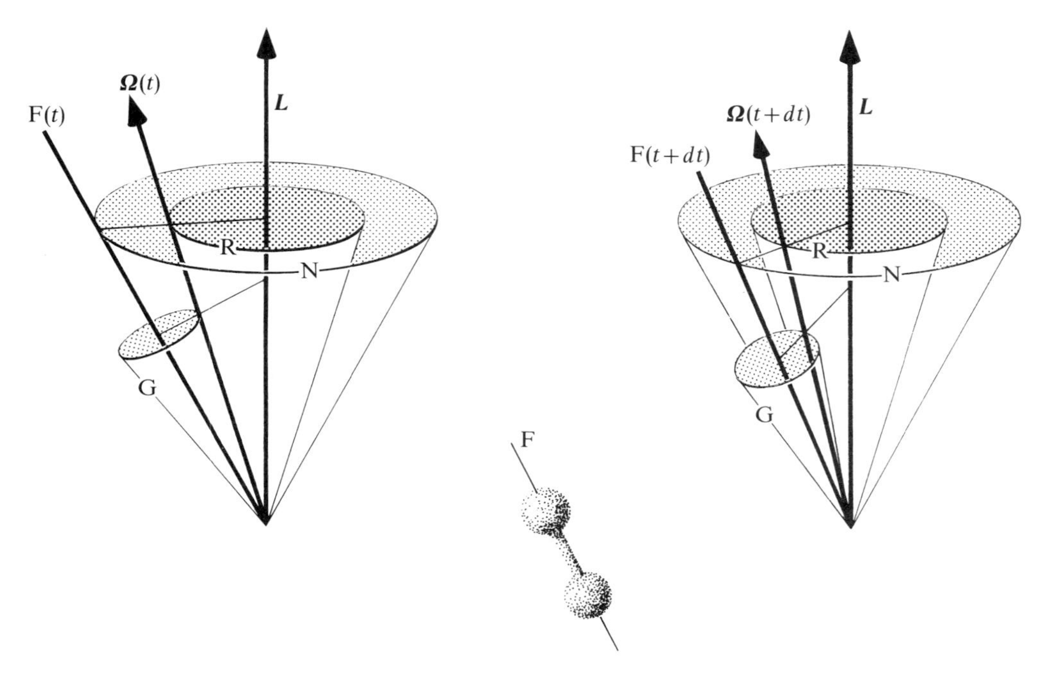

Abb. 27.7

Freie Rotation eines Kreisels wie in Abb. 27.6, jedoch für einen Kreisel, dessen Trägheitsmoment in bezug auf seine Figurenachse kleiner ist als das in bezug auf eine zur Figurenachse senkrechte Achse („verlängerter" Kreisel). Wie im Fall der Abb. 27.6 liegen $\boldsymbol{L}$, $\boldsymbol{\Omega}$ und F in einer Ebene. Auch kommt die Bewegung von F wieder so zustande, daß sich der Gangpolkegel um F auf dem Rastpolkegel um $\boldsymbol{L}$ abwälzt, wobei $\boldsymbol{\Omega}$ die gemeinsame Mantellinie beider Kegel bildet. Im Gegensatz zur Abb. 27.6 schließt jedoch der Gangpolkegel den Rastpolkegel nicht ein, sondern rollt außen um ihn herum ab. Dabei liegt stets $\boldsymbol{\Omega}$ zwischen $\boldsymbol{L}$ und F. Wie in Abb. 27.6 ist die Situation zur besseren Veranschaulichung zu zwei Zeiten t und $t+dt$ gezeichnet.

dann nach Richtung und Betrag konstant. Es bleibt die Frage, wie sich das aus $\boldsymbol{\Omega}$ und den Hauptträgheitsachsen bestehende Gerüst um $\boldsymbol{L}$ bewegt. Im Gegensatz zum vorher betrachteten Fall fester Winkelgeschwindigkeit $\boldsymbol{\Omega}$, wo sich selbstverständlich alles mit dieser Winkelgeschwindigkeit um die Achse dreht, die die Richtung von $\boldsymbol{\Omega}$ definiert, ist die Situation jetzt komplizierter, denn $\boldsymbol{L}$ definiert keine Drehachse, d.h. keine Achse, um die sich alle Punkte des Körpers mit derselben Winkelgeschwindigkeit drehen. Die Drehung des Körpers erfolgt zwar auch jetzt um die momentane Richtung von $\boldsymbol{\Omega}$, aber diese Richtung ändert sich von Augenblick zu Augenblick, es sei denn, $\boldsymbol{L}$ fiele zufällig in die Richtung einer Hauptträgheitsachse; dann, aber auch nur dann fallen $\boldsymbol{L}$ und $\boldsymbol{\Omega}$ zusammen.

Wir beschränken uns auf den praktisch interessanten Fall, in dem zwei Hauptträgheitsmomente des Körpers gleich sind, der Körper also eine Figurenachse besitzt. Dann handelt es sich um einen **Kreisel.** $\boldsymbol{L}$, $\boldsymbol{\Omega}$ und die Figurenachse bilden nach § 26 ein festes Dreibein, das sich nur als Ganzes bewegen kann. Wenn $\boldsymbol{L}$ im Raum konstant ist, müssen $\boldsymbol{\Omega}$ und die Figurenachse um $\boldsymbol{L}$ umlaufen (Abb. 27.6 und 27.7). Die Frage nach der Winkelgeschwindigkeit dieses Umlaufs auf dem Rastpolkegel um $\boldsymbol{L}$ und die Frage nach der Umlaufgeschwindigkeit von $\boldsymbol{\Omega}$ um die Figurenachse auf dem Gangpolkegel werden wir anhand der Abb. 27.8 beantworten.

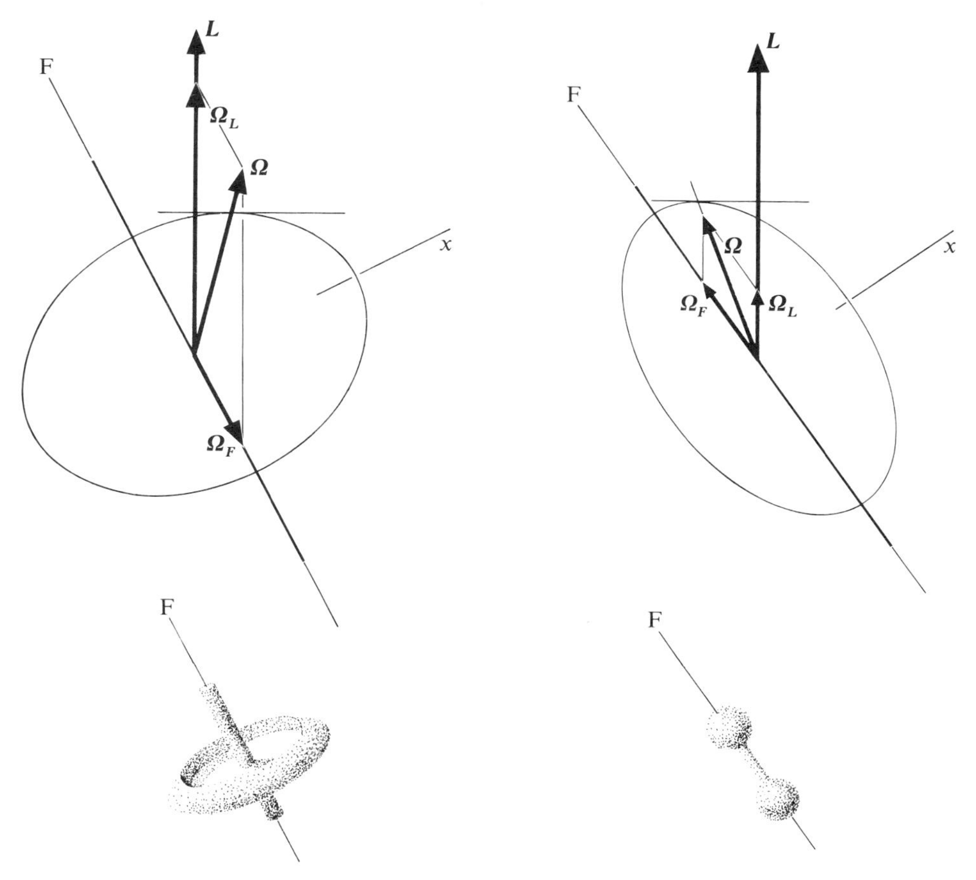

Abb. 27.8

Durch sein Trägheitsellipsoid dargestellter Kreisel und dessen freie Rotation bei vorgegebenem konstantem Drehimpuls $\boldsymbol{L}$. Der linke Kreisel ist abgeplattet, also von einer Gestalt wie darunter skizziert. Rechts ein „verlängerter" Kreisel, etwa von einer Gestalt, wie darunter angedeutet. Die Lage der Figurenachse und die Richtung des Drehimpulses sind so gewählt, wie es für den abgeplatteten Kreisel links der Situation der Abb. 27.6 und für den verlängerten Kreisel rechts der Abb. 27.7 entspricht. Die Abbildung zeigt die Konstruktion für die Richtung der momentanen Drehachse $\boldsymbol{\Omega}$, ferner die Zerlegung von $\boldsymbol{\Omega}$ in eine Komponente $\boldsymbol{\Omega}_L$ in Richtung von $\boldsymbol{L}$ und eine Komponente $\boldsymbol{\Omega}_F$ in Richtung der Figurenachse. $\boldsymbol{\Omega}_L$ beschreibt die Rotation von $\boldsymbol{\Omega}$ um $\boldsymbol{L}$ auf dem Rastpolkegel in den Abb. 27.6 und 27.7, $\boldsymbol{\Omega}_F$ die Rotation von $\boldsymbol{\Omega}$ um die Figurenachse F auf dem Gangpolkegel.

In Abb. 27.8 ist der Kreisel durch sein *Trägheitsellipsoid* dargestellt. Das Trägheitsellipsoid eines beliebigen Körpers zeigt sein Trägheitsmoment in bezug auf eine beliebig gerichtete Achse durch seinen Schwerpunkt. Liegt nämlich in Gl. (26.29) das rechtwinklige Koordinatenkreuz in Richtung der Hauptträgheitsachsen ($\Theta_{xy} = \Theta_{yz} = \Theta_{zx} = 0$), so zeigt (26.29), daß die Trägheitsmomente eines beliebigen Körpers in bezug auf eine durch $\boldsymbol{\Omega}$ festgelegte Drehachse D angegeben werden können durch ein Ellipsoid mit den Hauptachsenlängen $1/\sqrt{\Theta_{xx}}$, $1/\sqrt{\Theta_{yy}}$ und $1/\sqrt{\Theta_{zz}}$. Die Entfernung vom Mittelpunkt des Ellipsoids bis zum Ellipsoid beträgt dann in Richtung einer beliebigen Drehachse D gerade $1/\sqrt{\Theta_D}$. Für einen Kreisel mit zwei gleichen Hauptträgheitsmomenten $\Theta_{xx} = \Theta_{yy}$ reduziert sich das Trägheitsellipsoid auf ein Rotationsellipsoid. Die Ellipsen in

Abb. 27.8 stellen die Schnittfläche der Rotationsellipsoide eines abgeplatteten und eines verlängerten Kreisels dar mit der Ebene, die die Figurenachse F enthält. Zu einem abgeplatteten Kreisel (links im Bild) gehört ein bezüglich F abgeplattetes Trägheitsellipsoid, zu einem verlängerten Kreisel (rechts im Bild) ein längsgestrecktes Trägheitsellipsoid. Man beachte, daß zwar beliebig lang gestreckte Trägheitsellipsoide eines verlängerten Kreisels möglich sind, nicht aber beliebig flache Trägheitsellipsoide eines abgeplatteten Kreisels. Das Verhältnis der Trägheitsmomente in bezug auf die Figurenachse zu dem in bezug auf eine dazu senkrechte Hauptträgheitsachse, also Θ_{zz}/Θ_{xx}, kann für einen rotationssymmetrischen Körper nicht beliebig groß sein. Aus Gl. (26.30) folgt nämlich, daß für einen rotationssymmetrischen Körper ($\Theta_{xx}=\Theta_{yy}$), also einen Kreisel mit Figurenachse in z-Richtung

$$\begin{aligned}\Theta_{zz}&=\iiint \rho(x,y,z)(x^2+y^2)\,dx\,dy\,dz\\&=\Theta_{xx}+\Theta_{yy}-2\iiint \rho(x,y,z)\,z^2\,dx\,dy\,dz<\Theta_{xx}+\Theta_{yy}=2\Theta_{xx},\end{aligned}$$

also

$$0<\frac{\Theta_{zz}}{\Theta_{xx}}<2. \tag{27.21}$$

Das Trägheitsellipsoid bestimmt alle Drehbewegungen des Körpers um beliebige Achsen durch seinen Schwerpunkt, wenn der Drehimpuls $\boldsymbol{L}$ vorgegeben ist. Bei der hier behandelten freien Rotation liegt $\boldsymbol{L}$ im Raum fest, während der Körper sich bewegt und mit ihm in Abb. 27.8 sein Trägheitsellipsoid, dessen Hauptachsen x und z starr an den Körper gebunden sind. Der Körper bewegt sich in jedem Augenblick um eine momentane Drehachse in Richtung von $\boldsymbol{\Omega}$. Der Betrag $|\boldsymbol{\Omega}|$ gibt die Größe der Winkelgeschwindigkeit an, mit der sich der Kreisel um die Richtung von $\boldsymbol{\Omega}$ dreht. $\boldsymbol{\Omega}$ ist bei vorgegebenem $\boldsymbol{L}$ und $\Theta_{xx}=\Theta_{yy}$, Θ_{zz} festgelegt durch (26.37). Zeichnerisch in Abb. 27.8 läßt sich die Richtung von $\boldsymbol{\Omega}$ finden, indem man diejenige Tangente an die Ellipse zeichnet, die senkrecht steht auf $\boldsymbol{L}$. Die Richtung vom Mittelpunkt der Ellipse zum Berührungspunkt der Tangente an der Ellipse ist die Richtung von $\boldsymbol{\Omega}$. Die Gültigkeit dieser Konstruktion erkennt man daran, daß die Senkrechte auf $\boldsymbol{L}$ im x-z-Koordinatensystem die Steigung $-L_x/L_z=-\Theta_{xx}\,\Omega_x/\Theta_{zz}\,\Omega_z$ hat. Nach (26.29) ist das aber auch die Steigung des Trägheitsellipsoids in seinem Schnittpunkt mit $\boldsymbol{\Omega}$. Während die Tangentenkonstruktion an das Trägheitsellipsoid von $\boldsymbol{L}$ aus die *Richtung* von $\boldsymbol{\Omega}$ liefert, ergibt sie jedoch nicht den Betrag $|\boldsymbol{\Omega}|$. Die Wahl der Länge von $\boldsymbol{\Omega}$ in den Abb. 27.6 bis 27.8 ist ebenso willkürlich, wie auch die Länge der Hauptachsen des Trägheitsellipsoids in bezug auf $\boldsymbol{L}$ willkürlich ist. Nur das Verhältnis der Längen der Hauptachsen des Trägheitsellipsoids liegt fest. Das heißt natürlich nicht, daß $\boldsymbol{\Omega}$ nicht auch dem Betrage nach festläge; die Festlegung von $|\boldsymbol{\Omega}|$ steht in (26.37).

Die momentane Drehachse des Kreisels, also die Richtung von $\boldsymbol{\Omega}$, läuft um $\boldsymbol{L}$ um. Mit dem gleichen Betrag der Winkelgeschwindigkeit, mit dem $\boldsymbol{\Omega}$ um $\boldsymbol{L}$ umläuft, dreht sich nach Abb. 27.6 und 27.7 auch die Figurenachse F um $\boldsymbol{L}$. Die Frage nach der Winkelgeschwindigkeit, mit der $\boldsymbol{\Omega}$ um $\boldsymbol{L}$ umläuft, ist die nach der Komponente von $\boldsymbol{\Omega}$ in Richtung von $\boldsymbol{L}$. Diese Frage nach der Komponente eines Vektors in einer vorgegebenen Richtung hat allerdings nur dann Sinn, wenn man ein ganzes Basissystem vorgibt, nach dem der Vektor zerlegt werden soll. Da das Basissystem meist von den Einheitsvektoren eines rechtwinkligen Koordinatensystems gebildet wird, pflegt man sich die Notwendigkeit der Vorgabe eines Basissystems bei der Komponentenzerlegung eines

Vektors nicht immer genügend deutlich zu machen. Hier hat man ein Beispiel, bei dem die Komponenten von $\boldsymbol{\Omega}$ in Richtungen interessieren, die nicht aufeinander senkrecht stehen, nämlich in Richtungen von $\boldsymbol{L}$ und F. Die Abb. 27.8 zeigt die Zerlegung

$$\boldsymbol{\Omega} = \boldsymbol{\Omega}_L + \boldsymbol{\Omega}_F. \tag{27.22}$$

$\boldsymbol{\Omega}_L$ gibt die Umlaufgeschwindigkeit von $\boldsymbol{\Omega}$ und F um $\boldsymbol{L}$ an. Zerlegt man andererseits $\boldsymbol{L}$ und $\boldsymbol{\Omega}$ in Komponenten L_x, L_y bzw. Ω_x, Ω_z in Richtung der Hauptträgheitsachsen (in Abb. 27.8 nicht eingezeichnet), so folgt wegen $|\boldsymbol{\Omega}_L|/|\boldsymbol{L}| = \Omega_x/L_x$ aus (26.37), daß

$$\boldsymbol{\Omega}_L = \frac{\boldsymbol{L}}{\Theta_{xx}}. \tag{27.23}$$

Die Umlaufsfrequenz $\boldsymbol{\Omega}_L$ hängt bei gegebenem festem $\boldsymbol{L}$ also nur ab von Θ_{xx}, dem Trägheitsmoment in bezug auf eine Achse senkrecht zur Figurenachse, und nicht von der Neigung der Figurenachse F gegen $\boldsymbol{L}$. Das trifft für den abgeplatteten wie für den verlängerten Kreisel zu. Bei gleicher örtlich konstanter Massendichte und gleicher Gesamtmasse des Kreisels läuft der abgeplattete Kreisel links in Abb. 27.8 langsamer um $\boldsymbol{L}$ um als der verlängerte Kreisel rechts. Nutations- und Rastpolkegel werden in Abb. 27.6 langsamer als in Abb. 27.7 von F bzw. $\boldsymbol{\Omega}$ durchlaufen.

Für die Komponente $\boldsymbol{\Omega}_F$ von $\boldsymbol{\Omega}$ in Richtung der Figurenachse folgt, wenn man wieder $\boldsymbol{\Omega}$ außer in $\boldsymbol{\Omega}_L$ und $\boldsymbol{\Omega}_F$ auch in die zueinander rechtwinkligen Komponenten Ω_x und Ω_z in Richtung der Hauptträgheitsachsen zerlegt, aus den geometrischen Beziehungen dieser Vektorkomponenten bei Beachtung von (26.37), daß

$$\boldsymbol{\Omega}_F = \left(\frac{1}{\Theta_{zz}} - \frac{1}{\Theta_{xx}}\right) \boldsymbol{L}_F. \tag{27.24}$$

$|\boldsymbol{\Omega}_F|$ gibt die Frequenz an, mit der $\boldsymbol{\Omega}$ um die Figurenachse umläuft. Beim Abwälzen des Gangpolkegels auf dem Rastpolkegel läuft ja $\boldsymbol{\Omega}$ um F oder, mit der gleichen Frequenz, F um $\boldsymbol{\Omega}$ herum. Um die bei diesem Umlauf durch $|\boldsymbol{\Omega}_F|$ beschriebene Frequenz richtig zu verstehen, darf man nicht einfach den Umlauf von F und $\boldsymbol{\Omega}$ umeinander im Raum betrachten, sondern nur die Bewegung von $\boldsymbol{\Omega}$ relativ zu F auf dem Gangpolkegel. Dazu stellt man sich am besten den Gangpolkegel als materielles Gebilde vor, etwa aus Pappe, und markiert die Lage von $\boldsymbol{\Omega}$ zur Zeit t. Die Zeit $\left(t + \frac{2\pi}{|\boldsymbol{\Omega}_F|}\right)$ ist verstrichen, wenn beim Abwälzen des Gangpolkegels auf dem Rastpolkegel $\boldsymbol{\Omega}$ wieder mit der markierten Mantellinie des Gangpolkegels zusammenfällt. Bei der Abb. 27.6 ist dazu mehr als ein Umlauf von F und $\boldsymbol{\Omega}$ um $\boldsymbol{L}$ notwendig, bei der Abb. 27.7 weniger als ein einzelner Umlauf von F und $\boldsymbol{\Omega}$ um $\boldsymbol{L}$.

Zu dem Umlauf von $\boldsymbol{\Omega}$ um F sagt Gl. (27.24) zunächst aus, daß das Vorzeichen der Winkelgeschwindigkeit $\boldsymbol{\Omega}_F$ bei abgeplattetem und verlängertem Kreisel entgegengesetzt ist, da beim abgeplatteten Kreisel $\Theta_{zz} > \Theta_{xx}$ und beim verlängerten Kreisel $\Theta_{zz} < \Theta_{xx}$. Die Vektorkomponente $\boldsymbol{L}_F$ ist nämlich in den beiden Fällen links und rechts in Abb. 27.8 die gleiche, wenn $\boldsymbol{L}$ gleich ist. $\boldsymbol{L}_F$ ist die Komponente von $\boldsymbol{L}$ in Richtung der Figurenachse, wenn $\boldsymbol{L}$ zerlegt wird nach den Richtungen der Figurenachse und einer zur Figurenachse senkrechten, mit $\boldsymbol{L}$ komplanaren Hauptträgheitsachse des Kreisels. Daß $\boldsymbol{\Omega}_F$ in den beiden genannten Fällen verschiedenes Vorzeichen hat, sieht man sofort aus den Abb. 27.6 und 27.7, wenn man den Gangpolkegel in beiden Fällen so auf dem Rastpolkegel abwälzt, daß $\boldsymbol{\Omega}$ sich um $\boldsymbol{L}$ jedesmal im gleichen Sinne dreht. Dann dreht sich $\boldsymbol{\Omega}$ auf dem Gangpolkegel um F in beiden Fällen mit entgegengesetztem Drehsinn.

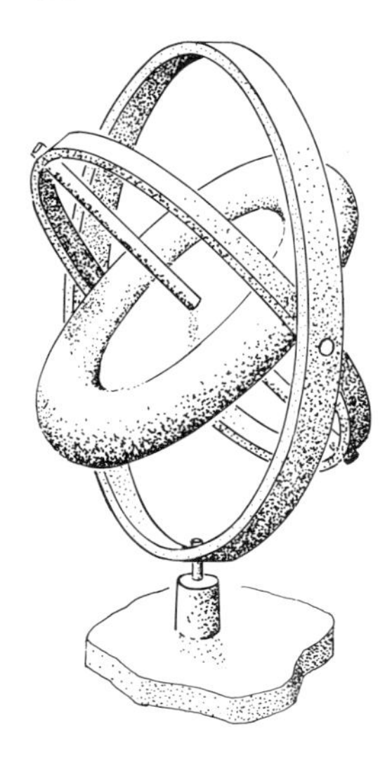

Abb. 27.9

Drehmomentfreie Aufhängung eines Kreisels. GIERONIMO CARDANO (1501–1576) erdachte diese Aufhängung für Lampen etc. auf Schiffen. Vgl. zur kardanischen Aufhängung auch das Kardangelenk und die Kardanwelle.

Für einen extrem langgestreckten Kreisel, für den $\Theta_{zz} \to 0$, reduziert sich (27.24) auf $\boldsymbol{\Omega}_F = \boldsymbol{L}_F/\Theta_{zz}$. Für den extrem abgeplatteten Kreisel, für den nach (27.21) das Verhältnis der Trägheitsmomente $\Theta_{zz}/\Theta_{xx} \to 2$ strebt, wird $\boldsymbol{\Omega}_F = -\boldsymbol{L}_F/\Theta_{zz}$.

$\boldsymbol{\Omega}_F$ verschwindet bei $\Theta_{zz} = \Theta_{xx}$, also für einen Kreisel, dessen Trägheitsellipsoid in eine Kugel entartet. Ein derartiger *Kugelkreisel* muß nicht unbedingt Kugelgestalt haben; er kann vielmehr durchaus eine Figurenachse haben. Ein Beispiel dafür zeigt die Abb. 26.9. Durch geeignete Länge der Balken in dieser Abbildung läßt sich $\Theta_{zz} = \Theta_{xx} = \Theta_{yy}$ erreichen. Die Figurenachse ist dann nur noch in der Gestalt des Kreisels ausgezeichnet, aber nicht mehr bei der Rotationsbewegung des Körpers. Es tritt also bei der hier interessierenden Zerlegung auch keine Komponente mehr von $\boldsymbol{\Omega}$ in Richtung der Figurenachse auf, da $\boldsymbol{L}$ die einzige ausgezeichnete Richtung bleibt. $\boldsymbol{\Omega}$ und $\boldsymbol{L}$ fallen zusammen. Jeder Punkt des Kreisels, und ebenso auch seine Figurenachse, drehen sich mit der Frequenz $|\boldsymbol{\Omega}|$ um $\boldsymbol{L}$. In den Abb. 27.6 und 27.7 schrumpft der Rastpolkegel, aber nicht der Gangpolkegel, auf eine Linie zusammen. Bei dem Umlauf des Gangpolkegels um diese Linie fällt stets dieselbe Mantellinie des Gangpolkegels mit $\boldsymbol{L}$ und damit mit $\boldsymbol{\Omega}$ zusammen. Das bedeutet nichts anderes, als daß $\boldsymbol{\Omega}_F = 0$.

Bei einem Kreisel, der um seine Figurenachse, d.h. um seine ausgezeichnete Hauptträgheitsachse in Rotation versetzt wird, zeigen $\boldsymbol{\Omega}$ und $\boldsymbol{L}$ in Richtung der Figurenachse. Der Kreisel behält also seine Lage im Raum bei, solange kein Drehmoment auf ihn ausgeübt und damit $\boldsymbol{L}$ verändert wird. Ein Beispiel einer Lagerung der Figurenachse des Kreisels, bei der kein Drehmoment auf den Kreisel ausgeübt und deswegen kein Drehimpuls auf ihn übertragen wird, ist die *kardanische Aufhängung* (Abb. 27.9). An einem kardanisch aufgehängten Kreisel lassen sich die oben auseinandergesetzten Relationen zwischen Drehimpuls $\boldsymbol{L}$, Winkelgeschwindigkeit $\boldsymbol{\Omega}$ und Figurenachse demonstrieren. Ein vertrautes Beispiel dafür, daß Figurenachse und momentane Drehachse nicht zusammenfallen, bildet das *rollende Rad*. Während die Figurenachse durch die Radnabe bestimmt ist, läuft die momentane Drehachse durch den Auflagepunkt des Rades auf der Erde.

Die in Richtung der Figurenachse weisende Hauptträgheitsachse eines Kreisels ist praktisch allerdings nur dann ausgezeichnet, wenn das ihr zugeordnete Hauptträgheitsmoment (hier Θ_{zz}) größer ist als die anderen Trägheitsmomente $\Theta_{xx} = \Theta_{yy}$.

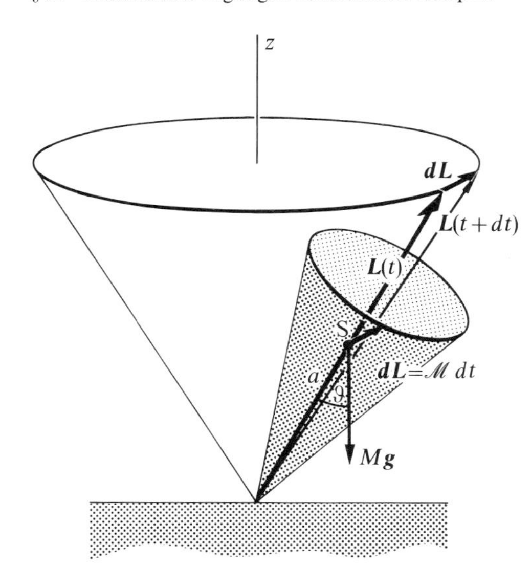

Abb. 27.10

Im homogenen Schwerefeld erfährt der Kinderkreisel (gerastert) ein Drehmoment

$$\mathcal{M} = \frac{dL}{dt} = a M g \sin\vartheta .$$

Mg ist dabei das Gewicht des Kreisels, a der Abstand des Schwerpunkts vom Auflagepunkt und ϑ die Neigung des Kreisels gegen die Richtung des Schwerefeldes. $\mathcal{M} = \frac{d\boldsymbol{L}}{dt}$ steht senkrecht auf $\boldsymbol{L}$. Da $|\boldsymbol{L}|$ konstant ist, präzediert $\boldsymbol{L}$ auf einem Kegelmantel um die Richtung des Schwerefeldes.

Kann nämlich der Körper bei konstantem Drehimpuls Energie, etwa in Form von Reibung, abgeben, so ist nur diejenige Rotation stabil, die bei gegebenem Drehimpuls $\boldsymbol{L}$ die kleinste Energie hat. Gl. (26.38) zeigt, daß bei konstantem Drehimpuls die Energie dann am kleinsten ist, wenn die Hauptträgheitsachse mit dem größten Hauptträgheitsmoment in die Richtung von $\boldsymbol{L}$ fällt. Dann tritt in (26.38) nur eine einzige Komponente von $\boldsymbol{L}$ auf, und zwar diejenige, deren Koeffizient, das reziproke Hauptträgheitsmoment, den kleinsten Wert hat. Solche Hauptträgheitsachsen sind stabile Achsen bei freier Rotation eines Körpers; man nennt sie deshalb auch **freie Achsen.**

Der Kreisel unter dem Einfluß eines Drehmomentes

Ein bekanntes Beispiel für die Bewegung eines Kreisels unter Einwirkung eines Drehmoments $\mathcal{M}$ ist der *Kinderkreisel* (Abb. 27.10). Ein anderes Beispiel bilden Teilchen, die ein *magnetisches Moment* besitzen, das parallel oder antiparallel zu ihrem inneren Drehimpuls ist, und die sich in einem *Magnetfeld* befinden (Abb. 27.11).

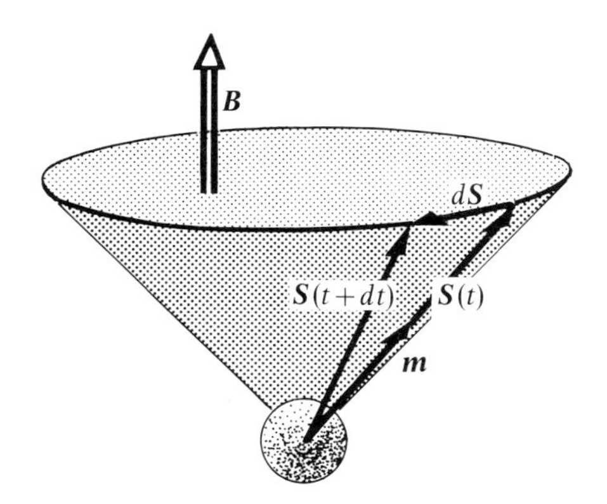

Abb. 27.11

Auf ein Teilchen mit dem magnetischen Moment $\boldsymbol{m}$ im Magnetfeld $\boldsymbol{B} = \mu_0 \boldsymbol{H}$ wirkt ein Drehmoment $\mathcal{M} = \boldsymbol{m} \times \boldsymbol{H}$. Die Änderung $d\boldsymbol{S} = \mathcal{M} dt$ des inneren Drehimpulses $\boldsymbol{S}$ des Teilchens bewirkt eine Präzession von $\boldsymbol{m}$ und $\boldsymbol{S}$ um die Richtung von $\boldsymbol{B}$ mit der in Gl. (27.35) gegebenen Frequenz.

In beiden Beispielen steht das Drehmoment $\mathcal{M}$ in jedem Augenblick senkrecht auf dem Drehimpuls $\boldsymbol{L}$. Somit ist $\boldsymbol{L}\mathcal{M}=0$, nach (25.23) also

$$\boldsymbol{L}\frac{d\boldsymbol{L}}{dt}=\frac{1}{2}\frac{dL^2}{dt}=0 \curvearrowright L^2=\text{const.} \tag{27.25}$$

Der Betrag des Drehimpulses ist also bei der Bewegung konstant, nicht jedoch seine Richtung. Da das Drehmoment außerdem in einer Ebene senkrecht zum angreifenden Feld bleibt, wählen wir ein Koordinatensystem, dessen z-Achse senkrecht auf dieser Ebene steht, so daß das Drehmoment nur eine x- und eine y-Komponente hat. Nach Gl. (25.23) ist dann

$$\frac{dL_x}{dt}=\mathcal{M}_x, \qquad \frac{dL_y}{dt}=\mathcal{M}_y, \qquad \frac{dL_z}{dt}=0. \tag{27.26}$$

Neben L^2 ist also auch L_z, die Drehimpulskomponente senkrecht zur Ebene, in dem das Drehmoment $\mathcal{M}$ liegt, konstant. Die Komponenten L_x und L_y sind dagegen nicht konstant, wohl aber die Summe

$$L_x^2+L_y^2=L^2-L_z^2; \tag{27.27}$$

denn die rechte Seite dieser Gleichung ist als Differenz zweier Konstanten ebenfalls konstant. Gl. (27.27) sagt, daß die Projektion des Vektors $\boldsymbol{L}$ in die x-y-Ebene, d.h. in die Ebene, in der das Drehmoment liegt, einen Kreis beschreibt. Der Vektor $\boldsymbol{L}$ des Drehimpulses präzediert daher um die z-Achse, d.h. um die Richtung senkrecht zu dieser Ebene.

Ist schließlich der Betrag $|\mathcal{M}|$ des Drehmoments konstant, so ist, da $\mathcal{M}$ senkrecht auf $\boldsymbol{L}$ steht,

$$\mathcal{M}_x=\omega L_y, \qquad \mathcal{M}_y=-\omega L_x. \tag{27.28}$$

Hierin ist ω ein Proportionalitätsfaktor der Dimension $(\text{Zeit})^{-1}$. Aus (27.26) folgt damit

$$\frac{dL_x}{dt}=\omega L_y, \qquad \frac{dL_y}{dt}=-\omega L_x, \tag{27.29}$$

oder, wenn man die erste Gleichung noch einmal nach t differenziert und die zweite einsetzt,

$$\frac{d^2L_x}{dt^2}=\omega\frac{dL_y}{dt}=-\omega^2 L_x. \tag{27.30}$$

Entsprechend erhält man

$$\frac{d^2L_y}{dt^2}=-\omega\frac{dL_x}{dt}=-\omega^2 L_y. \tag{27.31}$$

Das sind die Bewegungsgleichungen eines harmonischen Oszillators. Ihre Lösungen lauten bei Berücksichtigung ihrer Kopplung (27.29)

$$L_x=L_\perp\cos(\omega t+\delta), \qquad L_y=L_\perp\sin(\omega t+\delta). \tag{27.32}$$

Die Integrationskonstante $L_\perp$ ist nach (27.27)

(27.33) $$L_\perp = \sqrt{L^2 - L_z^2}.$$

Die Größe ω ist die Umlaufsfrequenz der **Präzession des Drehimpulses** $\boldsymbol{L}$ um die z-Achse. Die Zusammenfassung der beiden Gln. (27.28) ergibt für ω

(27.34) $$\omega = \frac{|\boldsymbol{M}|}{|\boldsymbol{L}| \sin \vartheta},$$

wobei ϑ der Winkel zwischen der Richtung von $\boldsymbol{L}$ und der z-Achse ist.

Für das Beispiel des Kinderkreisels folgt aus (27.34) mit der Abb. 27.10 die Präzessionsfrequenz

(27.35) $$\omega = \frac{M g a}{|\boldsymbol{L}|}.$$

Für ein Teilchen mit dem inneren Drehimpuls $\boldsymbol{S}$ und einem dazu parallelen oder antiparallelen magnetischen Moment $\boldsymbol{m}$ gilt im Magnetfeld $\boldsymbol{B} = \mu_0 \boldsymbol{H}$ nach (27.34), da, wie hier ohne Herleitung angegeben sei, $\boldsymbol{M} = \boldsymbol{m} \times \boldsymbol{H}$,

(27.36) $$\omega = \frac{|\boldsymbol{m}|}{|\boldsymbol{S}|} |\boldsymbol{H}|.$$

Diese Gleichung wird unabhängig von den Überlegungen dieses Paragraphen in § 31 bewiesen, wo sie als Gl. (31.27) erscheint.

Beim magnetischen Dipol weisen $\boldsymbol{m}$ und $\boldsymbol{S}$ in gleiche oder entgegengesetzte Richtung. Das Verhältnis der Beträge hat einen festen Wert. Die Präzessionsfrequenz (27.36) ist also unabhängig von $|\boldsymbol{m}|$ oder $|\boldsymbol{S}|$. Sie ist nur abhängig von $|\boldsymbol{H}|$.

Das ist anders beim Kinderkreisel. Während beim magnetischen Dipol das Drehmoment wegen seiner Proportionalität zu $\boldsymbol{m}$ auch zum Drehimpuls proportional ist, hat beim Kinderkreisel im Schwerefeld das auf den Kreisel wirkende Drehmoment nichts mit dem Rotieren des Kreisels, also auch nichts mit seinem Drehimpuls zu tun. In Gl. (27.35) drückt sich das so aus, daß die Präzessionsfrequenz ω des Kinderkreisels umgekehrt proportional ist zu $|\boldsymbol{L}|$. Rotiert der Kreisel sehr langsam, also bei $\boldsymbol{L} \to 0$, wird ω sehr groß. Die Richtung des Drehimpulsvektors $\boldsymbol{L}$ weicht dann spürbar von der Richtung der Figurenachse ab, weil die Präzession einen erheblichen Beitrag zum Drehimpuls liefert. In Abb. 27.10 wirkt sich das so aus, daß zu $\boldsymbol{L}$ ein zur z-Achse paralleler Vektor hinzuaddiert wird. Wenn aber Drehimpulsvektor und Figurenachse nicht in die gleiche Richtung weisen, haben wir die Situation der Abb. 27.6. Die Figurenachse führt eine Nutationsbewegung um den Drehimpuls aus, der seinerseits um die z-Achse der Abb. 27.10 präzediert.

Beim Kinderkreisel und allgemein jedem Kreisel, bei dem das wirkende Drehmoment unabhängig ist vom Drehimpuls, tritt also zusätzlich zur Präzessionsbewegung noch eine Nutationsbewegung auf, die um so stärker hervortritt, je kleiner der Betrag des Drehimpulses ist. Beim magnetischen Dipol als Kreisel im magnetischen Feld dagegen wird mit abnehmendem Drehimpuls auch das Drehmoment im Feld kleiner. Die Komplikation der Nutation tritt daher bei allen Kreiseln nicht auf, bei denen magnetisches Moment und Drehimpuls parallel oder antiparallel und proportional zueinander sind. Zu diesen Kreiseln gehören alle Elementarteilchen, die einen Spin und ein magnetisches Moment besitzen. Bei zusammengesetzten Gebilden wie Atomkern und Atomen sind dagegen Drehimpuls und magnetisches Moment nicht notwendig parallel oder antiparallel [vgl. Gl. (31.29)].

VI Relativitätstheorie

§ 28 Bezugssysteme und Geometrie

Geschwindigkeit ist ein *relativer* Begriff. Es hat nur Sinn, von der Geschwindigkeit relativ zu einem als ruhend betrachteten **Bezugssystem** zu sprechen. Damit erhebt sich das Problem, welche Gebilde, Körper oder Anordnungen von Körpern als Bezugssysteme dienen können. Daß die Auswahl eines Bezugssystems überhaupt ein Problem ist, wird uns normalerweise kaum bewußt, da wir gewohnt sind, die Erde als „das" Bezugssystem zu benutzen. Wenn wir von einem Auto sagen, es fahre 60 km/h, so meinen wir selbstverständlich, daß es diese Geschwindigkeit in bezug auf die Erde als Bezugssystem hat. Was wir nun an diesem Bezugssystem gelernt haben, oder woran wir gewöhnt sind, verallgemeinern wir nur allzu leicht und kritiklos auf andere Bezugssysteme, die nicht auf einem materiellen Körper beruhen, wie ihn unsere Erde darstellt.

In die Frage nach Bezugssystemen spielt unweigerlich die Frage nach der **Geometrie** hinein. Wie das griechische Wort „Geo-Metrie" schon sagt, ist der Ursprung der Geometrie die „Erd-Meßkunde". Tatsächlich waren die wichtigsten Regeln über die Messung von Abständen und Winkeln lange vor den Griechen bei Landvermessern, Steuereintreibern und Bauhandwerkern bekannt. So wurde z.B. der Lehrsatz des Pythagoras in versteckter Form bei der Konstruktion rechter Winkel benutzt, nämlich in der Anweisung, eine durch 13 Knoten in 12 gleich lange Stücke geteilte Schnur so zu einem Dreieck zu legen, daß die drei Seiten im Längenverhältnis 5:4:3 stehen. Dieser Anweisung bedienten sich die Landmesser und Baumeister des alten Ägypten, um rechte Winkel zu konstruieren.

Die Griechen machten aus den praxisbezogenen Regeln eine wissenschaftliche Theorie, indem sie bemerkten, daß sich mit der Konzeption bestimmter Grundbegriffe, wie Punkt, Gerade, Winkel, Abstand zweier Punkte, die in der Erd-Meßkunde gefundenen Regeln allein durch logisches Schließen gewinnen lassen.

Diese Behandlung eines Gegenstands- oder Erfahrungsbereiches nennen wir heute *wissenschaftlich*. Die starke Faszination, die die Entdeckung des logischen Zwangs in der Geometrie ausübte und noch heute ausübt, führt aber leicht zu einem Fehlschluß, der jahrhundertelang die Geister verwirrte. Nimmt man nämlich das logische Denken und Schließen als etwas jenseits unserer Erfahrung Gegebenes, als etwas *Apriorisches* hin, so wird der Raum, wenn man nur seine Objekte, wie Punkte, Geraden, Ebenen idealisiert, etwas Zwangsläufiges, was nichts mit unserer Erfahrung zu tun hat. Er wird, wie KANT es ausdrückte, zu einer „Anschauungsform a priori". Die mit dem Namen Punkt, Geraden, Ebene verknüpften realen Gebilde erscheinen dann nur noch als mit vielen Unvollkommenheiten behaftete Bilder, als bloße Schatten der reinen, nur der „erkennenden Vernunft" zugänglichen Urbilder, der Ideale. Diese Auffassung macht den Raum zu einer Denknotwendigkeit, vielleicht noch zum Objekt des reinen Denkens. Die Struktur des Raumes hat danach kaum noch etwas mit unserer Erfahrung, mit dem Experiment zu tun. Von da ist es nur noch ein kleiner Schritt, obwohl fast zwei Jahrtausende vergingen, bevor er getan wurde, bis zum Konzept des **absoluten Raumes,** nämlich eines dreidimensionalen starren geometrischen Gebildes, dessen Elemente Punkte, Geraden und Ebenen sind und in dem je zwei Punkte eindeutig eine positive Zahl, nämlich ihren Abstand, bestimmen. Und was scheint da näher zu liegen als die Annahme, daß dieser Raum das eigentliche und als absolut ausgezeichnete Bezugssystem für alle Vorgänge in der Welt bildet?

Wie sehr diese Vorstellung das wissenschaftliche Denken einst beherrschte und wie stark ihr Einfluß war, zeigt sich noch heute auch in der Physik. Denn wo anders hätte die immer noch anzutreffende Auffassung ihre Wurzeln, daß Länge als Maß des Raumes und Zeit „primäre" physikalische Größen darstellen, während Begriffe wie Energie, Impuls und Drehimpuls nur „abgeleitete" Größen oder „Hilfsbegriffe" seien?

§ 29 Der absolute Raum und die absolute Zeit Newtons

NEWTON gründete seine Mechanik auf drei Gesetze, die als die **Newtonschen Axiome** in die Geschichte eingegangen sind:

1. Ein Körper, auf den keine Kräfte einwirken, bleibt in Ruhe ($\boldsymbol{v}=0$), oder er bewegt sich gradlinig mit konstanter Geschwindigkeit $\boldsymbol{v}$ (Trägheitsgesetz).

2. Die Beschleunigung $\boldsymbol{a}$, die ein Körper erfährt, erfolgt in Richtung der angreifenden Kraft $\boldsymbol{F}$ und ist proportional zu ihr, in Zeichen $\boldsymbol{F}=M\,\boldsymbol{a}$. Der Verbindungsfaktor M ist die Masse des Körpers.

3. Übt ein Körper auf einen zweiten eine Kraft aus, so übt auch der zweite auf den ersten eine Kraft aus, die denselben Betrag, aber entgegengesetzte Richtung hat (actio = reactio).

Statt die Gesetze in dieser von NEWTON eingeführten Weise zu formulieren, können wir sie natürlich auch in die Sprache der Dynamik übertragen. Sie lauten dann:

1'. Ein Körper, auf den keine Kräfte einwirken, behält seinen Impuls $\boldsymbol{P}$ in Richtung und Betrag unverändert bei.

2'. Die Impulsänderung $d\boldsymbol{P}/dt$, die ein Körper im Zeitelement dt erfährt, erfolgt in Richtung der angreifenden Kraft $\boldsymbol{F}$ und ist gleich ihr, in Zeichen $d\boldsymbol{P}/dt=\boldsymbol{F}$.

3'. Erfährt ein Körper durch Einwirkung eines zweiten eine Impulsänderung $d\boldsymbol{P}$, so erfährt der zweite die Impulsänderung $-d\boldsymbol{P}$.

Für die weiteren Überlegungen können wir die Newtonschen Gesetze ebensogut in der ersten wie in der zweiten Fassung verwenden.

Zunächst stellt man fest, daß die Gesetze nicht sagen, was eine Kraft eigentlich ist. Aus dem dritten ist aber zu schließen, daß Körper aufeinander Kräfte ausüben und daß dabei die Ursache einer auf einen Körper wirkenden Kraft in anderen Körpern zu suchen ist. Nehmen wir für den Augenblick einmal an, daß der Ursprung von Kräften stets in anderen Körpern liegt, so würden wir schließen, daß, wenn keine anderen Körper vorhanden sind, ein betrachteter Körper auch keine Kraft erfährt und damit das erste Newtonsche Gesetz befolgt. Das führt nun sofort zu folgendem Dilemma. Für zwei Bezugssysteme $\mathfrak{R}$ und $\mathfrak{R}'$, die sich gegeneinander *beschleunigt* bewegen, kann die Feststellung des ersten Newtonschen Gesetzes höchstens in einem der beiden Bezugssysteme richtig sein. Nehmen wir an, der Körper ruhe in bezug auf $\mathfrak{R}$, dann bewegt er sich in bezug auf $\mathfrak{R}'$ beschleunigt, und daher kann in $\mathfrak{R}'$ entweder das erste Newtonsche Gesetz nicht richtig sein, oder es wirken Kräfte auf den Körper. Diese in $\mathfrak{R}'$ auftretenden Kräfte kommen aber nicht durch andere Körper zustande, denn wir hatten ja angenommen, daß keine anderen Körper vorhanden sind. Im Bezugssystem $\mathfrak{R}'$ wissen wir daher nichts mit dem dritten Newtonschen Gesetz anzufangen, da die reactio der auf den Körper wirkenden actio nicht zu finden ist.

Die Newtonschen Gesetze setzen offensichtlich die Vorgabe eines „richtigen" Bezugssystems voraus. In ihm gelten die Gesetze dann so wie sie dastehen. Newton sah sich deshalb zur Begründung seiner Mechanik zu der folgenden fundamentalen Annahme gezwungen:

(i) Es gibt ein ausgezeichnetes räumliches Bezugssystem, genannt der *absolute Raum*. Jede Bewegung ist letztlich Bewegung in bezug auf den absoluten Raum.

Hat man den absoluten Raum als Bezugssystem, so gelten die Newtonschen Gesetze nicht nur in ihm, sondern auch in jedem Bezugssystem, das sich gegen ihn *gradlinig-gleichförmig* bewegt. Dadurch werden nämlich nur die Geschwindigkeiten geändert, nicht aber die Beschleunigungen und damit auch nicht die Kräfte.

Da schließlich eine Bewegung auch nur dann als zeitlich gleichförmig erkannt werden kann, wenn ein gleichförmiger Zeitablauf erklärt ist, sieht sich Newton zu einer zweiten fundamentalen Annahme gezwungen:

(ii) Es gibt eine *absolute Zeit* t, die unbeeinflußt und unbeeinflußbar durch die Geschehnisse der Welt gleichförmig und unveränderlich dahinfließt.

Zu ergänzen ist (i) noch um die als selbstverständlich betrachtete Forderung, daß der absolute Raum *euklidisch* ist. Das bedeutet, daß man in ihm ein rechtwinkliges, kartesisches Koordinatensystem so wählen kann, daß jeder Punkt durch die Angabe von drei Zahlen x, y, z charakterisiert wird. Der Abstand zweier Punkte x_1, y_1, z_1 und x_2, y_2, z_2 ist nach Pythagoras gegeben durch

$$s=\sqrt{(x_1-x_2)^2+(y_1-y_2)^2+(z_1-z_2)^2}\,. \tag{29.1}$$

§ 30 Inertialsysteme und Relativitätsprinzip

Inertialsysteme

Den Versuch, den absoluten Raum, d.h. das ausgezeichnete Bezugssystem in der Welt auch zu finden, erklärt nun NEWTON gleich für unmöglich. Denn da in die drei Gesetze nur Kräfte und Beschleunigungen als wesentliche Größen eingehen, während Ruhe und gleichförmige Geschwindigkeit gleichberechtigt sind, gelten die Newtonschen Grundgesetze, wie wir schon sagten, nicht nur in einem Bezugssystem, das relativ zum absoluten Raum ruht, sondern auch in allen, die sich gradlinig-gleichförmig dagegen bewegen. Derartige Bezugssysteme heißen nach NEWTON *Inertialsysteme*. Sie sind nur dadurch unterschieden, daß die Geschwindigkeit desselben Körpers verschieden ist;

seine Beschleunigung und die auf ihn wirkende Kraft hingegen sind in allen dieselben. Daher sind auch die Gesetze, die die Bewegungen des Körpers beschreiben, d.h. die Kräfte und Beschleunigungen verbinden, in allen Inertialsystemen dieselben. Mit Hilfe der mechanischen Gesetze, in die ja nur Kräfte und Beschleunigungen eingehen, lassen sich Inertialsysteme daher nicht unterscheiden.

Wir haben in § 22 inertiale Bezugssysteme nicht mit Hilfe des absoluten Raumes erklärt, sondern mit Hilfe des Impuls- und Energieaustauschs. Ob ein Bezugssystem nämlich inertial oder nicht-inertial ist, spürt man daran, ob der Gesamtimpuls und die Gesamtenergie eines beliebigen n-Körper-Systems konstant sind oder nicht konstant sind. Wir sagten stattdessen auch, daß in einem nicht-inertialen Bezugssystem ein n-Körper-System mit dem Trägheitsfeld wechselwirkt, d.h. mit ihm Impuls und Energie austauscht, in einem inertialen dagegen nicht.

Diese Erklärung der Inertialsysteme ist der Newtonschen physikalisch äquivalent. Der absolute Raum NEWTONS ist nämlich nichts anderes als ein Bezugssystem, in dem die Körper eines beliebigen n-Körper-Systems Impuls nur untereinander austauschen können. Daß der Raum etwa selbst Impuls aufnehmen oder abgeben könnte, ist nach NEWTONS Auffassung völlig absurd. Der Raum gibt nur den Schauplatz ab für die physikalischen Vorgänge, während er selbst keineswegs ein physikalisches Objekt ist, das irgendwie an den Vorgängen teilnähme. Der Unterschied zwischen der Newtonschen Erklärung der Inertialsysteme und der von uns bevorzugten dynamischen liegt im wesentlichen darin, daß NEWTON behauptet, unter den Inertialsystemen gäbe es ein ausgezeichnetes, nämlich den absoluten Raum. Nach der dynamischen Erklärung hingegen ist ein Inertialsystem so gut wie jedes andere, denn jede Feststellung, die sich über eines machen läßt, läßt sich auch über jedes andere machen.

Relativitätsprinzip

Daß die Gesetze der Mechanik in allen Inertialsystemen dieselben sind, drückt man auch so aus, daß die durch sie beschriebenen Vorgänge ein *Relativitätsprinzip* befolgen. Man spricht allgemein von einem Relativitätsprinzip, wenn folgender Tatbestand vorliegt: Gegeben sei eine Klasse $\mathfrak{V}$ physikalischer Vorgänge und eine Klasse $\mathfrak{K}$ von Bezugssystemen. Befolgen die Vorgänge der Klasse $\mathfrak{V}$ in allen Bezugssystemen der Klasse $\mathfrak{K}$ dieselben Gesetze, so sagt man, für die Bezugssysteme der Klasse $\mathfrak{K}$ gelte ein Relativitätsprinzip hinsichtlich der Vorgänge von $\mathfrak{V}$.

Man kann ein Relativitätsprinzip auch als **Unmöglichkeitsprinzip** formulieren. Danach ist es unmöglich, die einzelnen Bezugssysteme der Klasse $\mathfrak{K}$ mittels der Gesetze, die die Vorgänge der Klasse $\mathfrak{V}$ beschreiben, voneinander zu unterscheiden. Dabei ist ausdrücklich zu betonen, daß „dieselben Gesetze" nicht bedeutet, daß eine physikalische Größe in allen Bezugssystemen denselben Wert hat, sondern daß die *Zusammenhänge*, die zwischen den physikalischen Größen bestehen, in allen Bezugssystemen dieselben sind; denn ein physikalisches Gesetz drückt einen Zusammenhang zwischen Größen aus. So hat der Impuls eines Körpers in zwei verschiedenen Bezugssystemen im allgemeinen verschiedene Werte. Das physikalische Gesetz der Erhaltung des Impulses lautet dagegen in beiden Bezugssystemen gleich. Es drückt die zeitliche Konstanz des Impulses aus, nämlich den Zusammenhang zwischen dem Wert des Impulses in einem Augenblick und dem Wert derselben Größe Impuls zu beliebigen anderen Zeiten.

Nach NEWTON befolgt die Mechanik also ein Relativitätsprinzip, für das $\mathfrak{V}$ die Klasse der *mechanischen* Vorgänge und $\mathfrak{K}$ die Klasse der *Inertialsysteme* sind. Man sieht zugleich, daß das allgemeinste oder maximale Relativitätsprinzip dasjenige ist, in dem $\mathfrak{B}$ die Klasse *aller physikalischen Vorgänge* und $\mathfrak{R}$ die Klasse *aller Bezugssysteme* ist. Tatsächlich hat EINSTEIN in seiner allgemeinen Relativitätstheorie eine Theorie geschaffen, die diesem maximalen Relativitätsprinzip genügt.

Galilei-Transformation

Wir geben noch die Formeln an, die nach der Newtonschen Mechanik den Übergang von einem Inertialsystem $\mathfrak{R}$ zu einem anderen $\mathfrak{R}'$ beschreiben. $\mathfrak{R}'$ bewege sich in bezug auf $\mathfrak{R}$ mit der konstanten Geschwindigkeit $\boldsymbol{V}$; dann bewegt sich $\mathfrak{R}$ in bezug auf $\mathfrak{R}'$ mit der Geschwindigkeit $-\boldsymbol{V}$. Ist $\boldsymbol{v}$ die Geschwindigkeit eines Körpers in bezug auf $\mathfrak{R}$ und $\boldsymbol{v}'$ die Geschwindigkeit desselben Körpers in bezug auf $\mathfrak{R}'$, so ist nach NEWTON

$$\boldsymbol{v}' = \boldsymbol{v} - \boldsymbol{V}. \tag{30.1}$$

Beachtet man, daß $\boldsymbol{v}' = d\boldsymbol{r}'/dt$ und $\boldsymbol{v} = d\boldsymbol{r}/dt$, läßt sich die letzte Gleichung auch schreiben

$$d\boldsymbol{r}' = d\boldsymbol{r} - \boldsymbol{V}dt.$$

Integriert man diese Gleichung, folgt, da $\boldsymbol{V}$ konstant ist,

$$\boldsymbol{r}' = \boldsymbol{r} - \boldsymbol{V}t, \tag{30.2}$$

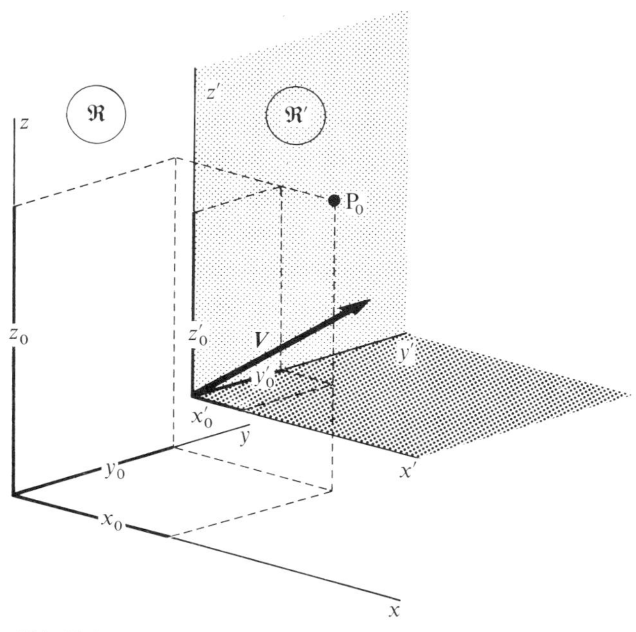

Abb. 30.1

Galilei-Transformation. Ein Punkt P_0 mit den Koordinaten x_0, y_0, z_0 in einem x, y, z-Koordinatensystem $\mathfrak{R}$ hat in einem x', y', z'-Koordinatensystem $\mathfrak{R}'$, das sich in bezug auf $\mathfrak{R}$ mit V bewegt, die Koordinaten $x'_0 = x_0 - V_x t$, $y'_0 = y_0 - V_y t$, $z'_0 = z_0 - V_z t$.

oder in Komponenten geschrieben,

$$x' = x - V_x t, \qquad y' = y - V_y t, \qquad z' = z - V_z t. \tag{30.3}$$

Diese Gleichungen zeigen, wie sich die Lagekoordinaten desselben Punktes im Inertialsystem $\mathfrak{R}'$ aus denen im Inertialsystem $\mathfrak{R}$ berechnen. Man sagt auch, sie beschreiben *Galilei-Transformationen*, nämlich Übergänge innerhalb der Newtonschen Mechanik von einem Inertialsystem in ein anderes Inertialsystem (Abb. 30.1).

Multipliziert man Gl. (30.1) mit der Masse M des Körpers, so folgt aus ihr die Formel

$$\boldsymbol{P}' = \boldsymbol{P} - M\boldsymbol{V}. \tag{30.4}$$

Sie gibt an, wie sich der Impuls $\boldsymbol{P}'$ eines Newtonschen Körpers in bezug auf $\mathfrak{R}'$ aus seinem Impuls $\boldsymbol{P}$ in bezug auf $\mathfrak{R}$ und seiner Masse berechnet. Für den Zusammenhang zwischen der Energie E' eines Newtonschen Körpers in bezug auf $\mathfrak{R}'$ und seiner Energie E in bezug auf $\mathfrak{R}$ erhält man nach (30.4) die Beziehung

$$E' = \frac{P'^2}{2M} + E_0 = \frac{P^2}{2M} + E_0 - \boldsymbol{P}\boldsymbol{V} + \frac{M}{2} V^2$$

oder

$$E' = E - \boldsymbol{P}\boldsymbol{V} + \frac{M}{2} V^2. \tag{30.5}$$

Die innere Energie eines Körpers hat in allen Bezugssystemen den gleichen Wert E_0; denn sie gibt in jedem Bezugssystem den Wert der Energie des Körpers an, wenn der Körper den Impuls Null hat.

§ 31 Nicht-inertiale Bezugssysteme

Newtons Unterscheidung zwischen „wahren“ Kräften und Trägheitskräften

Während es unmöglich ist, die absolute Geschwindigkeit eines Körpers, d.h. seine Geschwindigkeit in bezug auf den absoluten Raum festzustellen, ist es nach NEWTON jedoch wohl möglich, seine Beschleunigung gegenüber dem absoluten Raum festzustellen. Die gleiche Beschleunigung wie gegenüber dem absoluten Raum hat er nämlich gegenüber *jedem Inertialsystem*, weil sich ja Inertialsysteme gradlinig-gleichförmig gegeneinander bewegen.

Wir betrachten die Bewegungsgleichungen eines Körpers der Masse M, auf den im Inertialsystem $\mathfrak{R}$ die Kraft $\boldsymbol{F}$ wirkt. In einem Bezugssystem $\mathfrak{R}'$, das *nicht inertial* ist, sondern sich gegen $\mathfrak{R}$ mit der zeitlich veränderlichen Geschwindigkeit $\boldsymbol{V}(t)$ bewegt, ist die Impulsänderung dann gegeben durch

$$\frac{d\boldsymbol{P}'}{dt} = \frac{d\boldsymbol{P}}{dt} - M\frac{d\boldsymbol{V}}{dt} = \boldsymbol{F} - M\frac{d\boldsymbol{V}}{dt} = \boldsymbol{F} - M\boldsymbol{a}. \tag{31.1}$$

Dabei ist $\boldsymbol{a}$ die Beschleunigung des Bezugssystems $\mathfrak{R}$ in bezug auf $\mathfrak{R}'$. In dem nicht-inertialen Bezugssystem $\mathfrak{R}'$ tritt neben der Kraft $\boldsymbol{F}$, die auch im Inertialsystem auftritt, noch eine weitere „Kraft“ $M\boldsymbol{a}$ auf, die der Masse M des Körpers, auf den sie wirkt, proportional ist. NEWTON unterscheidet demgemäß zwei Arten von Kräften, einmal die „wahren“ Kräfte $\boldsymbol{F}$, die ihren Ursprung in anderen Körpern haben, und zum anderen die **Trägheitskräfte** $M\boldsymbol{a}$, die lediglich durch die Wahl eines nicht-inertialen Bezugssystems bedingt sind. Man erkennt sie daran, daß sie der *Masse des Körpers, auf den sie wirken,* proportional sind. Die Trägheitskräfte kommen nach NEWTON nur dadurch zustande, daß sich der Beobachter gegen den absoluten Raum beschleunigt bewegt. Der absolute Raum bestimmt, was gradlinig, und die absolute Zeit, was gleichförmig ist. Beide zusammen legen fest, was *kräftefrei* heißt. Insofern wirken beide auf die physikalischen Körper ein und bestimmen ihre Bewegung. Umgekehrt ist es für NEWTON eine völlig sinnlose Vorstellung, daß die Körper auf den Raum und die Zeit einwirken könnten. Hier gilt für ihn keineswegs ein actio-reactio-Prinzip.

Rotierende Bezugssysteme

Noch auffallender als bei der translativ beschleunigten Bewegung erscheint der Unterschied zwischen einem Inertialsystem und einem nicht-inertialen Bezugssystem bei der *gleichförmigen Rotation,* d.h. bei einer Bewegung, bei der sich die Beschleunigung von

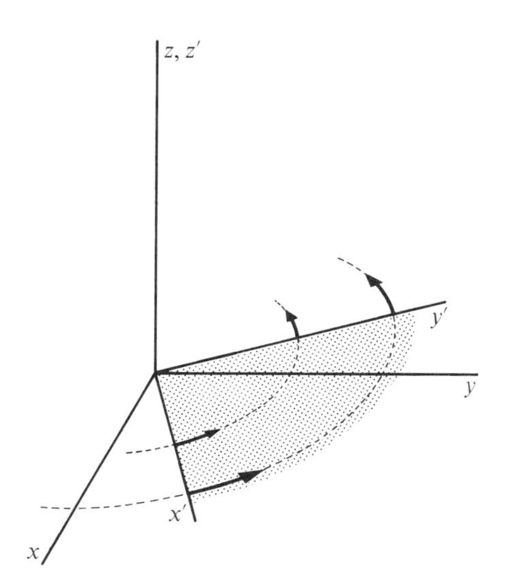

Abb. 31.1

Zwei gegeneinander rotierende Bezugssysteme $\mathfrak{R}$ und $\mathfrak{R}'$. Ist $\mathfrak{R}$ ein Inertialsystem, dann ist $\mathfrak{R}'$ kein Inertialsystem.

$\mathfrak{R}'$ gegen $\mathfrak{R}$ nur der Richtung, nicht dagegen dem Betrag nach ändert. Sind die Bezugssysteme $\mathfrak{R}$ und $\mathfrak{R}'$ am Ursprung zusammengeheftet und dreht sich $\mathfrak{R}'$ gegen $\mathfrak{R}$ mit der konstanten Winkelgeschwindigkeit $\boldsymbol{\Omega}$ (Abb. 31.1), so hat jeder in $\mathfrak{R}$ feste Punkt $\boldsymbol{r}$ in bezug auf $\mathfrak{R}'$ die Koordinate $\boldsymbol{r}'$ und die Geschwindigkeit

$$\boldsymbol{V}' = -\boldsymbol{\Omega} \times \boldsymbol{r}' . \tag{31.2}$$

Ein Punkt, der sich in bezug auf $\mathfrak{R}$ mit der Geschwindigkeit $\boldsymbol{v}$ bewegt, hat in bezug auf $\mathfrak{R}'$ die Geschwindigkeit $\boldsymbol{v}'$, wobei nach NEWTON

$$\boldsymbol{v} = \boldsymbol{v}' + (\boldsymbol{\Omega} \times \boldsymbol{r}'). \tag{31.3}$$

Diese Gleichung schreiben wir in der symbolischen Form

$$\frac{d}{dt}\boldsymbol{r} = \left(\frac{d}{dt} + \boldsymbol{\Omega} \times\right)\boldsymbol{r}' \tag{31.4}$$

und lesen sie in der folgenden Weise: Die Anwendung der Operation oder des *Operators* $\frac{d}{dt}$ auf $\boldsymbol{r}$ ist äquivalent der Anwendung des Operators $\left(\frac{d}{dt} + \boldsymbol{\Omega} \times\right)$ auf $\boldsymbol{r}'$. Diese Regel gilt für die Differentiation nach der Zeit nicht nur von $\boldsymbol{r}$ und $\boldsymbol{r}'$, sondern von beliebigen Vektoren in den gegeneinander mit $\boldsymbol{\Omega}$ rotierenden Bezugssystemen $\mathfrak{R}$ und $\mathfrak{R}'$.

Als Anwendung dieser Regel bilden wir die Zeitableitung des Vektors $\frac{d\boldsymbol{r}}{dt}$. Wir erhalten so

$$\begin{aligned}\frac{d^2}{dt^2}\boldsymbol{r} &= \frac{d}{dt}\left[\frac{d}{dt}\boldsymbol{r}\right] = \left(\frac{d}{dt} + \boldsymbol{\Omega} \times\right)\left[\left(\frac{d}{dt} + \boldsymbol{\Omega} \times\right)\boldsymbol{r}'\right] \\ &= \frac{d^2\boldsymbol{r}'}{dt^2} + 2\boldsymbol{\Omega} \times \frac{d\boldsymbol{r}'}{dt} + \boldsymbol{\Omega} \times (\boldsymbol{\Omega} \times \boldsymbol{r}').\end{aligned} \tag{31.5}$$

Beachtet man, daß $d^2\boldsymbol{r}/dt^2 = \boldsymbol{a}$ die Beschleunigung des bewegten Punktes in bezug auf $\mathfrak{R}$ ist und $d^2\boldsymbol{r}'/dt^2$ die Beschleunigung $\boldsymbol{a}'$ desselben Punktes in bezug auf $\mathfrak{R}'$, so läßt sich (31.5) umgestellt schreiben

$$\boldsymbol{a}' = \boldsymbol{a} - 2(\boldsymbol{\Omega} \times \boldsymbol{v}') - \boldsymbol{\Omega} \times (\boldsymbol{\Omega} \times \boldsymbol{r}'). \tag{31.6}$$

Die Gl. (31.6) läßt sich so lesen, daß die Beschleunigung $\boldsymbol{a}'$ im Bezugssystem $\mathfrak{R}'$ neben der Beschleunigung $\boldsymbol{a}$ noch zwei weitere Anteile enthält, von denen der eine nur von der Lage $\boldsymbol{r}'$ und der andere nur von der Geschwindigkeit $\boldsymbol{v}'$ in bezug auf $\mathfrak{R}'$ abhängen, beide jedoch nicht von individuellen Eigenschaften des Körpers. Die beiden Anteile heißen die **Zentrifugalbeschleunigung**

$$\boldsymbol{a}'_{\text{Zentrifug}} = -\boldsymbol{\Omega} \times (\boldsymbol{\Omega} \times \boldsymbol{r}') = \Omega^2\boldsymbol{r}' - (\boldsymbol{\Omega}\boldsymbol{r}')\boldsymbol{\Omega} = \Omega^2\boldsymbol{r}'_{\perp} \tag{31.7}$$

und die **Coriolis-Beschleunigung** (GASPARD GUSTAVE CORIOLIS, 1792—1843)

$$\boldsymbol{a}'_{\text{Cor}} = -2(\boldsymbol{\Omega} \times \boldsymbol{v}'). \tag{31.8}$$

In (31.7) bezeichnet $\boldsymbol{r}'_{\perp}$ die zu $\boldsymbol{\Omega}$ senkrechte Komponente von $\boldsymbol{r}'$. Beide Beschleunigungen treten nur im rotierenden, nicht-inertialen Bezugssystem $\mathfrak{R}'$ auf, und die Coriolis-Beschleunigung auch nur dann, wenn $\boldsymbol{v}' \neq 0$ ist, d.h. wenn der Körper sich in bezug auf $\mathfrak{R}'$ bewegt. Da die Zentrifugalbeschleunigung unabhängig ist von der Geschwindigkeit $\boldsymbol{v}'$, dominiert sie als Trägheitsbeschleunigung in $\mathfrak{R}'$ immer dann, wenn $|\boldsymbol{v}'|$ klein ist. Umgekehrt dominiert die Coriolis-Beschleunigung bei großen Geschwindigkeiten $|\boldsymbol{v}'|$.

Die Coriolis-Beschleunigung steht, wie (31.8) zeigt, stets senkrecht auf der momentanen Geschwindigkeit $\boldsymbol{v}'$. Sie bewirkt damit keine Energieänderung des bewegten Körpers, wie uns das auch von der Bewegung eines elektrisch geladenen Teilchens im Magnetfeld (§ 21) bekannt ist.

Die Tatsache, daß in einem rotierenden Bezugssystem ein zur Geschwindigkeit senkrechter Beschleunigungsanteil auftritt, hat wie beim Magnetfeld (§ 21) zur Folge, daß das Feld, mit dem der Körper wechselwirkt, nämlich das Trägheitsfeld, vom zweiten Typ ist. Wie im Magnetfeld muß man in solchen Bezugssystemen daher zwischen den Größen *Kraft* und *Masse mal Beschleunigung* unterscheiden. Historisch hat man diesen Unterschied zwischen der Größe Kraft und der Größe Masse mal Beschleunigung nicht gemacht. Man hat jede Größe, die sich ergibt durch Multiplikation einer Beschleunigung mit der Masse des Körpers, der die Beschleunigung erfährt, als Kraft bezeichnet. Demgemäß spricht man auch von der *Zentrifugalkraft* und der *Coriolis-Kraft*. Man braucht, um diese Kräfte zu erhalten, nur die Gln. (31.7) und (31.8) mit der Masse M des bewegten Körpers zu multiplizieren. Diese Kräfte sind, da sie der Masse M des Körpers proportional sind, auf den sie wirken, Trägheitskräfte. Da Trägheitskräfte im Newtonschen Sinn nur in nicht-inertialen Bezugssystemen auftreten, *gibt es Zentrifugal- und Coriolis-Kräfte nur in rotierenden Bezugssystemen.*

Wir betrachten zwei besonders einfache Bewegungen, nämlich einmal einen Körper 1, der in bezug auf das Inertialsystem $\mathfrak{R}$ ruht, und zum zweiten einen Körper 2, der in bezug auf das rotierende System $\mathfrak{R}'$ ruht. Für den Körper 1 sind dann Geschwindigkeit und Beschleunigung nach den Formeln (31.3) und (31.6) gegeben durch

(31.9) in bezug auf $\mathfrak{R}$: $\boldsymbol{v}_1 = 0, \quad \boldsymbol{a}_1 = 0,$

in bezug auf $\mathfrak{R}'$: $\boldsymbol{v}'_1 = -\boldsymbol{\Omega} \times \boldsymbol{r}'_1, \quad \boldsymbol{a}'_1 = -\Omega^2 \boldsymbol{r}'_1.$

Entsprechend gilt für den in bezug auf $\mathfrak{R}'$ ruhenden Körper 2

(31.10) in bezug auf $\mathfrak{R}$: $\boldsymbol{v}_2 = \boldsymbol{\Omega} \times \boldsymbol{r}_2, \quad \boldsymbol{a}_2 = -\Omega^2 \boldsymbol{r}_2,$

in bezug auf $\mathfrak{R}'$: $\boldsymbol{v}'_2 = 0, \quad \boldsymbol{a}'_2 = 0.$

Die durch (31.9) und (31.10) beschriebenen Bewegungen sind in den mathematischen Formeln völlig symmetrisch, nicht jedoch in ihrer physikalischen Interpretation nach NEWTON (Abb. 31.2 und 31.3). Auf den Körper 1 wirken keine Kräfte. Die in $\mathfrak{R}'$ erscheinende Kraft ist eine Trägheitskraft und keine „wahre" Kraft. Für den Beobachter in $\mathfrak{R}'$ bewegt sich der Körper 1 auf einem Kreis. Er beobachtet also eine **Zentripetalbeschleunigung**. Sie kommt für ihn zustande nach (31.6) als Summe von nach außen gerichteter Zentrifugalbeschleunigung und nach innen gerichteter Coriolis-Beschleunigung vom doppelten Betrag. Diese Beschleunigungen treten nur für den Beobachter im rotierenden Bezugssystem $\mathfrak{R}'$ auf. Nur für den Beobachter im rotierenden Bezugssystem bewegt sich ja der Körper 1 auf einem Kreis.

Auf den Körper 2 hingegen wirkt eine zum Zentrum hin gerichtete „wahre" Kraft, die *Zentripetalkraft* $-M\Omega^2 \boldsymbol{r}$. Im inertialen Bezugssystem $\mathfrak{R}$ ist sie die einzige Kraft, die auf den Körper 2 wirkt. Im nicht-inertialen Bezugssystem $\mathfrak{R}'$ wirkt auf den Körper außerdem noch eine Trägheitskraft, nämlich die vom Zentrum weg gerichtete Zentrifugalkraft; sie kompensiert gerade die Zentripetalkraft, so daß der Körper 2 in $\mathfrak{R}'$ insgesamt die Kraft Null erfährt. Der Körper 2 bleibt in bezug auf $\mathfrak{R}'$ also deshalb in Ruhe, weil zwei Kräfte von gleichem Betrag, aber entgegengesetzter Richtung auf ihn

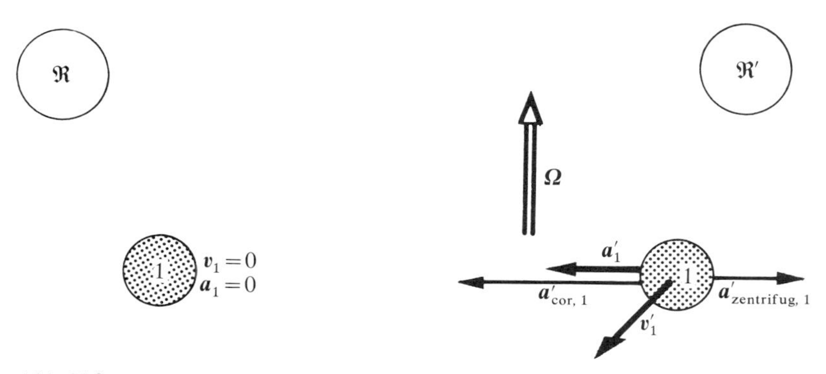

Abb. 31.2

Ein Körper 1 ruhe in einem Inertialsystem 𝔑. Es ist $\boldsymbol{v}_1 = 0$ und $\boldsymbol{a}_1 = 0$ (linkes Bild). Im mit $\boldsymbol{\Omega}$ rotierenden Bezugssystem 𝔑′ (rechtes Bild) hat derselbe Körper die Geschwindigkeit $\boldsymbol{v}'_1 = -\boldsymbol{\Omega} \times \boldsymbol{r}'_1$. Auf ihn wirken die Trägheitsbeschleunigungen $\boldsymbol{a}'_{\text{zentrifug},1} = -\boldsymbol{\Omega} \times (\boldsymbol{\Omega} \times \boldsymbol{r}'_1)$ und $\boldsymbol{a}'_{\text{cor},1} = -2(\boldsymbol{\Omega} \times \boldsymbol{v}'_1) = -2\boldsymbol{a}'_{\text{zentrifug},1}$. Es resultiert $\boldsymbol{a}'_1 = \boldsymbol{a}'_{\text{zentrifug},1} + \boldsymbol{a}'_{\text{cor},1} = -\boldsymbol{a}'_{\text{zentrifug},1}$.

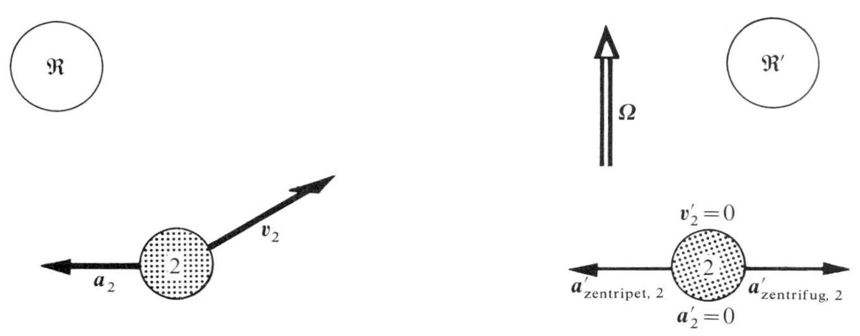

Abb. 31.3

Ein Körper 2 habe in einem Inertialsystem 𝔑 (linkes Bild) die Geschwindigkeit $\boldsymbol{v}_2 = \boldsymbol{\Omega} \times \boldsymbol{r}_2$. Bei $\boldsymbol{\Omega} = \text{const.}$ nennt man seine Beschleunigung $\boldsymbol{a}_2 = d\boldsymbol{v}_2/dt = \boldsymbol{\Omega} \times d\boldsymbol{r}_2/dt = \boldsymbol{\Omega} \times (\boldsymbol{\Omega} \times \boldsymbol{r}_2)$ auch die Zentripetalbeschleunigung $\boldsymbol{a}_{\text{zentripet},2}$. Im mit $\boldsymbol{\Omega}$ gegenüber 𝔑 rotierenden Bezugssystem 𝔑′ (rechtes Bild) ruht der Körper; es ist $\boldsymbol{v}'_2 = 0$. Als Trägheitsbeschleunigung wirkt auf den in 𝔑′ ruhenden Körper nur $\boldsymbol{a}'_{\text{zentrifug},2} = -\boldsymbol{\Omega} \times (\boldsymbol{\Omega} \times \boldsymbol{r}'_2)$. Die Beschleunigungsfreiheit des Körpers in 𝔑′ kommt dadurch zustande, daß Zentripetalbeschleunigung und Zentrifugalbeschleunigung sich gegenseitig aufheben.

wirken. Der Körper 1 hingegen ruht in bezug auf 𝔑 deshalb, weil überhaupt keine Kraft auf ihn wirkt. Der Grund für diese physikalische Unsymmetrie der beiden Fälle ist nach Newton die verschiedene Relation, in der die Bezugssysteme 𝔑 und 𝔑′ zum absoluten Raum stehen.

Ein Beispiel für die Formeln (31.10) bildet der Satellit SYNCOM, der sich in einer in der Äquatorebene verlaufenden Kreisbahn mit der Umlaufszeit von einem Tag um die Erde bewegt. In einem mit der rotierenden Erde fest verbundenen Bezugssystem 𝔑′ befindet er sich also in Ruhe. Für einen Erdbewohner scheint er demgemäß an einer bestimmten Stelle des Himmels festzustehen. In bezug auf ein relativ zum Fixsternhimmel festes Bezugssystem 𝔑 rotiert er jedoch einmal pro Tag um die Erde. Da er im inertialen Bezugssystem 𝔑 die Beschleunigung $\boldsymbol{a} = -\Omega^2 \boldsymbol{r}$ erfährt, muß eine „wahre“ Kraft auf ihn wirken, die von einem anderen Körper herrührt. Diese Kraft ist natürlich die Gravitationsanziehung durch die Erde, d.h. die Kraft

$$F = -G \frac{M_{\text{Erde}} M}{r^2} \frac{\boldsymbol{r}}{r}. \tag{31.11}$$

Die Tatsache, daß im rotierenden Bezugssystem $\mathfrak{R}'$ der Satellit ruht, er also keine Beschleunigung und nach NEWTON daher auch keine Kraft erfährt, läßt sich auch so ausdrücken, daß in $\mathfrak{R}'$ die durch die Gravitationsanziehung (31.11) bewirkte Beschleunigung und die Zentrifugalbeschleunigung (31.7) entgegengesetzt gleich sind. Für ihre Beträge gilt also

$$G \frac{M_{\text{Erde}}}{r^2} = \Omega^2 r,$$

oder

$$G M_{\text{Erde}} = \Omega^2 r^3 = 4\pi^2 \frac{r^3}{T^2}. \tag{31.12}$$

Die letzte Gleichung drückt das *3. Keplersche Gesetz* aus, wonach sich die Quadrate der Umlaufzeiten T verhalten wie Kuben der großen Halbachsen, d.h. wie die dritten Potenzen der Radien bei kreisförmigen Bahnen (s. § 20 und § 44).

Résumé der Newtonschen Auffassung

Zusammenfassend skizzieren wir noch einmal die wichtigsten Gesichtspunkte der Newtonschen Überlegungen. In Inertialsystemen, also in Systemen, die sich gegenüber dem absoluten Raum Newtons mit konstanter Geschwindigkeit bewegen, treten nur „wahre" Kräfte auf, d.h. Kräfte, die ihre Ursache in der Existenz anderer Körper haben. Für sie gilt das 3. Newtonsche Gesetz. In Nicht-Inertialsystemen gibt es daneben noch weitere Kräfte, nämlich die Trägheitskräfte. Sie haben ihren Ursprung nicht in der Existenz anderer Körper, sondern in der nicht gradlinig-gleichförmigen Bewegung des Bezugssystems gegen den absoluten Raum. Die Trägheitskräfte haben die wichtige Eigenschaft, stets der Masse des Körpers proportional zu sein, auf den sie wirken.

Historische Notiz zum Begriff des absoluten Raumes

Wie sehr NEWTON die Notwendigkeit empfand nachzuweisen, daß trotz der kinematischen Symmetrie zwischen gegeneinander rotierenden Bezugssystemen Inertialsysteme und Nicht-Inertialsysteme physikalisch nicht gleichberechtigt sind, um so für die Sinnvollheit seines Begriffs des absoluten Raumes zu plädieren, beweist seine ausführliche Diskussion des berühmten **Eimer-Experiments** (Abb. 31.4). Ein mit Wasser gefüllter Eimer wird an einer verdrillten Schnur aufgehängt und durch einen Stoß in drehende Bewegung versetzt, die dann durch die verdrehte Schnur unterstützt wird. Zunächst dreht sich nur der Eimer, während das Wasser in Ruhe bleibt und eine flache Oberfläche zeigt. Langsam setzt sich dann auch das Wasser in rotierende Bewegung, so daß im Endzustand Eimer und Wasser sich mit derselben Winkelgeschwindigkeit drehen, ihre Relativgeschwindigkeit also Null ist. In diesem Zustand zeigt die Wasseroberfläche eine parabolische Wölbung. Diese Wölbung behält das Wasser auch dann bei, wenn der Eimer plötzlich angehalten wird, das Wasser sich aber weiterdreht, Wasser und Eimer also eine von Null verschiedene Relativgeschwindigkeit haben. Dieser Versuch, der einem unbefangenem Beobachter trivial erscheint, zeigt, wie NEWTON betont, daß die Wölbung der Wasseroberfläche, d.h. das Auftreten von Zentrifugalkräften (in einem Bezugssystem, das sich mit dem Wasser dreht!) nicht von der Relativbewegung von Wasser und Eimer, oder allgemeiner gesagt, vom Wasser und anderen Körpern abhängt. Der Eimer spielt dabei nur die Rolle der anderen Körper, die es noch gibt, und da er räumlich dem Wasser am nächsten ist, sollte man von ihm vielleicht noch den größten Einfluß auf die Bewegung des Wassers erwarten. Worauf es NEWTON ankommt, ist, daß die Wölbung der Wasseroberfläche nichts zu tun hat mit der Relativbewegung des Wassers zu *irgendwelchen Körpern*. Daß die Wasseroberfläche sich aber wölbt, zeigt, daß das Wasser sich gegen irgendetwas dreht. Die Frage, was dieses „etwas" denn sei, beantwortet NEWTON mit dem Hinweis auf seinen absoluten Raum: Die Wasseroberfläche wölbt sich deshalb, weil sich das Wasser relativ zum absoluten Raum dreht. Hier also manifestiert nach NEWTON der absolute Raum seine physikalische Realität.

NEWTONS Antwort erschien so einleuchtend, daß sich fast zwei Jahrhunderte lang keine Stimme des Zweifels erhob, jedenfalls nicht von Physikern und Mathematikern, die die Newtonsche Mechanik zu ihrer vollen Größe ausbauten. Widerspruch kam allerdings schon zu NEWTONS Lebzeiten von dem irischen Philosophen BERKELEY, dem Bischof von Dublin (GEORGE BERKELEY, 1685—1753). BERKELEY bestand darauf, daß die Lage von Körpern und damit auch ihre Bewegung grundsätzlich nur relativ zu anderen materiellen Körpern gemeint sein kann. Die Nichtbeobachtbarkeit des absoluten Raums zeige, daß weder er noch die absolute Bewegung sinnvolle Begriffe seien. Er gab NEWTONS Eimer-Experiment auch gleich eine andere, höchst modern anmutende Interpretation. Aus der experimentellen Tatsache, daß die Bewegung des Eimers ohne Einfluß auf die Gestalt der Wasseroberfläche ist, könne man nicht wie NEWTON schließen, daß die Relativbewegung des Wassers zu *allen* Körpern ohne Einfluß auf die Verformung der Wasseroberfläche sei. Man müsse vielmehr nach Körpern suchen, gegen die sich das Wasser gerade dann dreht, wenn sich seine Oberfläche wölbt. BERKELEY bemerkt, daß die Fixsterne solche Körper bilden, denn die Wölbung der Wasseroberfläche trete genau dann auf, wenn sich das Wasser gegen die Fixsterne dreht. Zentrifugalkräfte könnten daher nur durch die Rotation relativ zu den Fixsternen bedingt sein. Dabei ist es gleichgültig, ob das Wasser sich gegenüber den Fixsternen dreht oder ob die Fixsterne sich gegenüber dem Wasser drehen; in beiden Fällen, die in Wahrheit gar nicht zu unterscheiden sind, zeigt die Wasseroberfläche dieselbe Wölbung. Wir sind heute überzeugt, daß BERKELEY mit seiner Argumentation, die erst 150 Jahre später in ERNST MACH (1838—1916) einen neuen Verfechter fand, Recht hatte, aber seine Stimme verhallte ungehört angesichts der großen Erfolge der Newtonschen Mechanik. Die Zeit war noch lange nicht reif für den Schritt, den schließlich EINSTEIN mit seiner allgemeinen Relativitätstheorie tat.

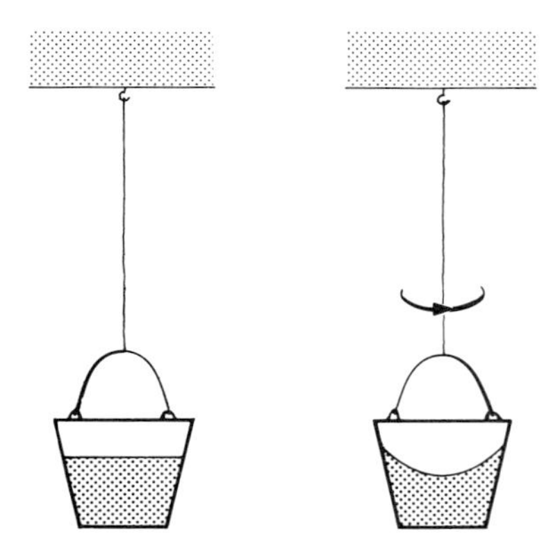

Abb. 31.4

Zwei Eimer mit Wasser hängen an einer Schnur. Die Schnur des rechten Eimers werde verdrillt und losgelassen; das Wasser im rechten Eimer rotiert und seine Oberfläche wölbt sich.

Das Bezugssystem, in dem der linke Eimer ruht, ist ein Inertialsystem. Nach NEWTONS Auffassung ist es gegenüber dem absoluten Raum nicht beschleunigt. Das Bezugssystem, in dem das Wasser des rechten Eimers ruht, ist dagegen kein Inertialsystem. Es treten Trägheitskräfte auf, die die Wasseroberfläche wölben. Nach NEWTONS Auffassung rotiert das Wasser des rechten Eimers gegenüber dem absoluten Raum. Nach Auffassung von BERKELEY, MACH und EINSTEIN ruht im linken Eimer das Wasser relativ zum Fixsternhimmel und im rechten rotiert es dagegen.

Die dynamische Auffassung inertialer und nicht-inertialer Bezugssysteme

Nachdem wir die durch die fundamentale Rolle des scheinbar so einleuchtenden Begriffs des absoluten Raums gekennzeichnete Newtonsche Auffassung auseinandergesetzt haben, stellt sich die Frage, wie inertiale und nicht-inertiale Bezugssysteme dynamisch aufzufassen sind. Wir sagten schon, daß der Unterschied zwischen diesen Bezugssystemen dynamisch mit Hilfe des Austausches von Impuls (sowie von Energie und Drehimpuls) getroffen wird. Tatsächlich lassen die Newtonschen Axiome diese Auslegung zu, wenn man darin nur den Begriff der Kraft durch den des Impulses bzw. der Impulsänderung pro Zeitintervall ersetzt. So macht das erste Axiom die fast trivial klingende Feststellung, daß ein Körper, der keine Kraft, d.h. keine Impulsänderung erfährt, seinen Impuls beibehält. Das zweite Axiom trivialisiert in ähnlicher Weise, wenn die Kraft identisch wird mit einem pro Zeitintervall dt übertragenen Impulsbetrag $d\boldsymbol{P}$. Das dritte Axiom schließlich läßt sich so lesen, daß ein Impulsaustausch, bei dem außer zwei Körpern kein weiteres System beteiligt ist, die Summe der ausgetauschten Impulsbeträge stets Null ist. Wichtig ist dabei die Voraussetzung, daß außer den beiden Körpern kein weiteres System am Impulsaustausch beteiligt ist. Wenn diese Voraussetzung zutrifft, nennen wir das Bezugssystem, in dem der Vorgang des Impulsaustausches zwischen den beiden Körpern beschrieben wird, inertial. In einem derartigen Bezugssystem behält infolgedessen ein Körper, der mit keinem anderen Körper Impuls austauscht, seinen Impuls bei. Die Aussage des ersten Axioms wird also auch nur in Inertialsystemen realisiert.

Ein nicht-inertiales Bezugssystem liegt entsprechend dann vor, wenn ein Körper seinen Impuls ändert, obwohl er keinen Impuls mit anderen *Körpern* austauscht. Der Körper muß den Impuls dann mit einem physikalischen System austauschen, das zwar selbst kein Körper ist, aber ebenso wie ein Körper Impuls aufzunehmen imstande ist. Wir nennen dieses System das *Trägheitsfeld*. Immer dann, wenn Newton von Trägheitskräften spricht, liegt nach Auffassung der Dynamik *Impulsaustausch mit dem Trägheitsfeld* vor. Obwohl es danach so aussieht, als wäre die dynamische Auffassung nur eine andere Redeweise, ist sie doch mehr als das. Das äußert sich z.B. darin, daß die kinematische Symmetrie der durch die Gln. (31.9) und (31.10) beschriebenen Situationen in der dynamischen Auffassung auch ein dynamisches Symmetrie-Pendant findet. Bei der durch (31.9) beschriebenen Bewegung tauscht der Körper nämlich Impuls mit dem in $\mathfrak{R}'$ spürbaren Trägheitsfeld aus, während er in (31.10) mit einem anderen System anstelle des Trägheitsfeldes Impuls austauscht. Im Fall von SYNCOM ist dieses andere System das Gravitationsfeld der Erde. In der allgemeinen Relativitätstheorie wird, wie wir noch sehen werden, diese Symmetrie sogar vollkommen, da nach Einstein Gravitationsfeld und Trägheitsfeld dasselbe physikalische System sind.

Newtons Eimer-Versuch zeigt nach dynamischer Auffassung, daß im Bezugssystem, in dem das Wasser des linken Eimers der Abb. 31.4 ruht, das Wasser nur mit dem Gravitationsfeld der Erde Impuls austauscht, nicht dagegen mit dem Trägheitsfeld, während im Bezugssystem, in dem das Wasser des rechten Eimers ruht, es sowohl mit dem Gravitationsfeld der Erde als auch mit dem Trägheitsfeld im Impulsaustausch steht. BERKELEYS Interpretation des Experiments läßt sich dynamisch so formulieren, daß das Trägheitsfeld in denjenigen Bezugssystemen am Impulsaustausch teilnimmt, in denen die Fixsterne sich nicht geradlinig-gleichförmig bewegen.

Ein unmittelbar erkennbarer Vorteil der dynamischen Auffassung gegenüber der Newtonschen besteht ferner darin, daß nach ihr alle inertialen Bezugssysteme gleichwertig sind und keines unter ihnen ausgezeichnet ist wie bei Newton der absolute Raum. Sie ist deshalb den Newtonschen Axiomen und der durch diese gegebenen Beschreibung physikalischer Vorgänge viel besser angepaßt als NEWTONS eigene Auffassung; denn diese Axiome haben ja die Konsequenz, daß Inertialsysteme durch Vorgänge, die durch den Austausch von Impuls charakterisiert sind wie z.B. die Vorgänge der Mechanik, nicht unterschieden werden können. Die Axiome sagen also gerade, daß alle Inertialsysteme gleichwertig sind. Wir betonen noch einmal, daß die Feststellung, Inertialsysteme ließen sich nicht unterscheiden, nicht bedeutet, daß die physikalischen Größen in ihnen dieselben Werte hätten, sondern daß die Gesetze in ihnen die gleichen sind. So hat ein Körper, der in einem Inertialsystem ruht, dessen Geschwindigkeit und Impuls also die Werte Null haben, in dazu geradlinig-gleichförmig bewegten Bezugssystemen keineswegs die Geschwindigkeit und den Impuls Null, aber er befolgt in allen diesen Bezugssystemen dasselbe Gesetz, nämlich daß sein Impuls sich nicht ändert, oder anders ausgedrückt, daß seine Impuls*änderung* $d\boldsymbol{P}/dt=0$ und damit wegen $\boldsymbol{P}=M\boldsymbol{v}$ die Größe $M\,d\boldsymbol{v}/dt=0$, d.h. seine Beschleunigung $d\boldsymbol{v}/dt=d^2\boldsymbol{r}/dt^2$ Null ist. Das gilt unabhängig davon, ob der Körper allein vorhanden ist oder ob es noch weitere Systeme gibt, mit denen er nur keinen Impuls austauscht.

Als Beispiel betrachten wir einen Körper, der eine elektrische Ladung q trägt. Im Bezugssystem $\mathfrak{R}$, in dem der Körper ruht, herrsche ein Magnetfeld $\boldsymbol{B}$. Da der Körper ruht, d.h. $\boldsymbol{v}=0$ ist, ist nach (21.16) seine Beschleunigung $d\boldsymbol{v}/dt=0$. Diese Feststellung muß auch in jedem gegenüber $\mathfrak{R}$ geradlinig-gleichförmig bewegten Bezugssystem $\mathfrak{R}'$ zutreffen, in dem sich der Körper in $\mathfrak{R}'$ mit einer konstanten Geschwindigkeit $\boldsymbol{v}'\neq 0$ bewegt. Auf den ersten Blick scheint das der Gl. (21.16) zu widersprechen. Das ist aber nicht so, denn beim Übergang von $\mathfrak{R}$ nach $\mathfrak{R}'$ ändert nicht nur $\boldsymbol{B}$ seinen Wert in $\boldsymbol{B}'$, sondern das elektrische Feld $\boldsymbol{E}$, das in $\mathfrak{R}$ den Wert Null hatte, erhält nun einen Wert $\boldsymbol{E}'\neq 0$. Tatsächlich lautet Gl. (21.16) vollständig

$$M\,\frac{d^2\boldsymbol{r}}{dt^2}=q\,[\boldsymbol{E}+(\boldsymbol{v}\times\boldsymbol{B})]\,.$$

Bei der Herleitung von (21.16) haben wir diese vollständige Gleichung deshalb nicht erhalten, weil wir das Vektorpotential $\boldsymbol{A}$ bzw. das Vektorfeld $\boldsymbol{a}=-q\boldsymbol{A}$ als zeitunabhängig angenommen haben. Die Äquivalenz der Inertialsysteme $\mathfrak{R}$ und $\mathfrak{R}'$ erzwingt somit, daß beim Übergang von $\mathfrak{R}$, in dem $\boldsymbol{B}\neq 0$, aber $\boldsymbol{E}=0$, in das Inertialsystem $\mathfrak{R}'$ sich elektrische und magnetische Feldstärke so ändern, daß in $\mathfrak{R}'$ gilt

$$\boldsymbol{E}'-(\boldsymbol{V}\times\boldsymbol{B}')=0,$$

wobei $\boldsymbol{V}$ die in $\mathfrak{R}$ gemessene Geschwindigkeit ist, mit der sich $\mathfrak{R}'$ bewegt. Beim Übergang von einem Inertialsystem $\mathfrak{R}$ in ein anderes $\mathfrak{R}'$ erfahren also Magnetfeld und elektrisches Feld Änderungen. Diese sind nicht unabhängig voneinander: Ist in $\mathfrak{R}$ die elektrische Feldstärke $\boldsymbol{E}=0$, so „entsteht" beim Übergang nach $\mathfrak{R}'$ ein elektrisches Feld $\boldsymbol{E}'\neq 0$. Das ist das *Induktionsgesetz* der Elektrodynamik.

Das Foucault-Pendel

Wenn wir als Beobachter auf der Erde ein Bezugssystem verwenden, dessen Koordinatenachsen die Kanten unsereres Zimmers sind, befinden wir uns infolge der Drehung der Erde um ihre Achse in einem rotierenden und daher nicht-inertialen Bezugssystem.

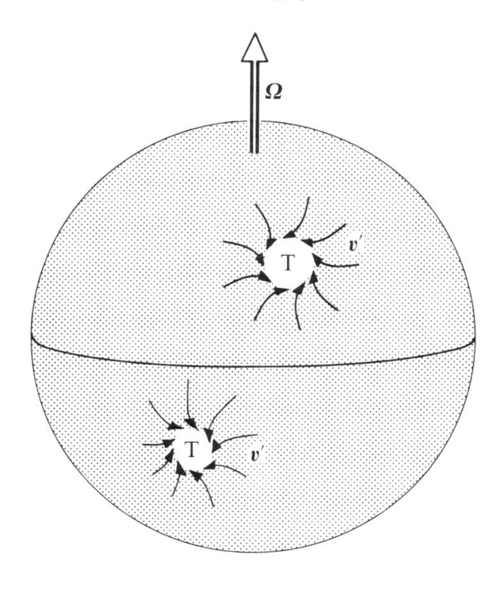

Abb. 31.5

Luft, die auf der rotierenden Erde Tiefdruckgebieten T zufließt. Die Coriolisbeschleunigung (31.8) $\boldsymbol{a}'_{\mathrm{cor}} = -2(\boldsymbol{\Omega} \times \boldsymbol{v}')$ bewirkt unabhängig von der Windrichtung auf der nördlichen Halbkugel eine Rechtsabweichung der Winde, auf der südlichen Halbkugel eine Linksabweichung. Die *Zyklone* (Abb. 31.6) laufen um das Tief auf der nördlichen Halbkugel entgegen dem Uhrzeigersinn herum, auf der südlichen Halbkugel dagegen im Uhrzeigersinn.

Das macht sich bemerkbar im Auftreten von Coriolis-Beschleunigungen, d.h. von Beschleunigungen, die nach (31.8) senkrecht stehen auf der momentanen Geschwindigkeit $\boldsymbol{v}'$, mit der sich ein Körper im rotierenden Bezugssystem der Erde bewegt.

Die bedeutendste Auswirkung der durch die Erddrehung bedingten Coriolis-Beschleunigung in den Phänomenen unseres Alltags besteht wohl in ihrem Effekt auf die Luftbewegung, insbesondere in der Ausbildung der **Zyklone.** Die Coriolis-Beschleunigung hat nämlich zur Folge, daß lokale Druckunterschiede in der Atmosphäre sich nicht so ausgleichen können, daß die Luft auf kürzestem Wege vom Gebiet höheren Drucks (*Hoch*) zum Gebiet tieferen Drucks (*Tief*) strömt, sondern daß die Strömung stets eine zu dieser Richtung senkrechte Komponente erhält und damit um das Tief wie die Katze um den heißen Brei herumläuft (Abb. 31.5). Das führt zu Zyklonen genannten wirbelförmigen Strömungsformen (Abb. 31.6).

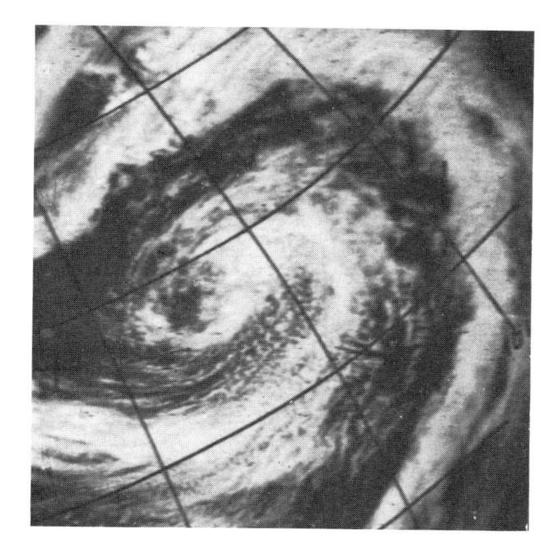

Abb. 31.6

Zyklon auf der nördlichen Halbkugel. Den Umlauf entgegen dem Uhrzeigersinn erklärt Abb. 31.5. Aufnahme mit sichtbarem Licht von einem Wettersatelliten.

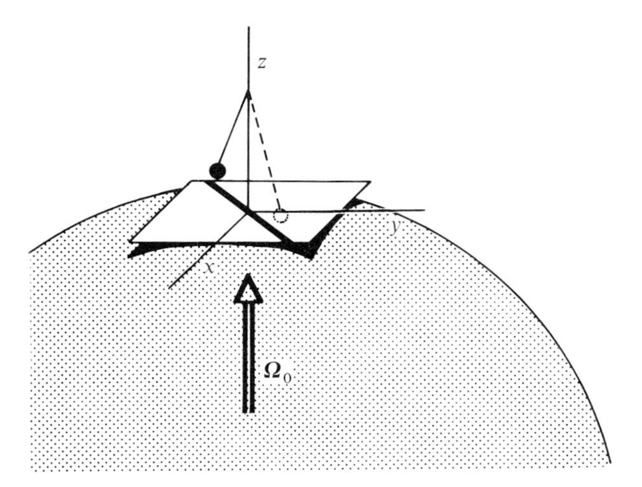

Abb. 31.7
Foucault-Pendel am Nordpol der Erde. In bezug auf ein in der rotierenden Erde verankertes Koordinatensystem dreht sich die Schwingungsebene des Pendels in 24 h einmal herum. Eingezeichnet ist eine momentane Schnittgerade mit der Tangentialebene der Erde am Nordpol.

Daß ein an der Oberfläche der Erde fest verankertes Koordinatensystem kein Inertialsystem ist, wird durch **Foucaults Pendelversuch** (LÉON FOUCAULT, 1819—1868) demonstriert. Ein frei drehbar aufgehängtes Pendel zeigt, wenn es schwingt, eine langsame Drehung seiner Schwingungsebene. Zweckmäßig wählt man ein Pendel, das aus einem dünnen Faden möglichst großer Länge und einer Kugel großer Masse besteht, die am Ende des Fadens angebracht ist. Die große Länge bewirkt nach (20.70) eine große Schwingungsdauer und damit eine kleine Geschwindigkeit bei der Schwingung. Diese zusammen mit der großen Masse der Kugel machen Störungen durch bewegte Luft und durch Reibung wirkungslos, so daß die Drehung der Pendelebene, die in unseren Breiten etwa 11° pro Stunde beträgt, gut sichtbar wird.

Abb. 31.7 macht die Wirkungsweise des Foucault-Pendels unmittelbar klar im Fall, daß der Aufhängepunkt des Pendels in die Drehachse der Erde fällt, das Pendel also am Nord- oder Südpol steht. Da das Pendel seine Schwingungsebene im Inertialsystem beibehält, dreht sich diese in bezug auf ein mit der rotierenden Erde fest verbundenes Koordinatensystem mit einer Winkelgeschwindigkeit, deren Betrag gegeben ist durch $\Omega_0 = 2\pi/\text{Tag}$.

Schwieriger ist das **Drehverhalten der Pendelebene** einzusehen, wenn der Aufhängepunkt sich nicht über dem Nord- oder Südpol der Erde befindet, sondern über einem beliebigen Punkt auf der Erdoberfläche der geographischen Breite ψ (Abb. 31.8). Auch jetzt versucht das Pendel seine Schwingungsebene im Inertialsystem beizubehalten. Das gelingt ihm aber nicht völlig, denn die Aufhängung des Pendels und die Anziehung durch die Erde bewirken, daß die Lage kleinster potentieller Energie immer auf der Verbindungslinie Aufhängepunkt—Erdmittelpunkt liegt. Infolgedessen muß die Schwingungsebene in jedem Augenblick durch den Erdmittelpunkt hindurchgehen. Da sich das Pendel frei um seinen Aufhängepunkt bewegen kann, erfüllt es diese Bedingung so, daß es dabei seine Schwingungsebene im Inertialsystem möglichst wenig verändert.

Um die allgemeine Problemstellung sichtbar zu machen, betrachten wir nicht den Fall der rotierenden Erde, auf der die Aufhängung des Pendels an einem Ort befestigt ist, sondern die Erde als *ruhend*. Das Pendel werde auf einem Wagen auf der Erdoberfläche herumgefahren. Den Weg, den der Aufhängepunkt dabei beschreibt, nennen wir kurz den Weg des Pendels.

Das Pendel werde zunächst längs einem Breitenkreis bewegt. Da auch jetzt die Schwingungsebene stets durch den Erdmittelpunkt hindurchgehen muß, dreht sie sich in jedem Augenblick um eine Achse, die den

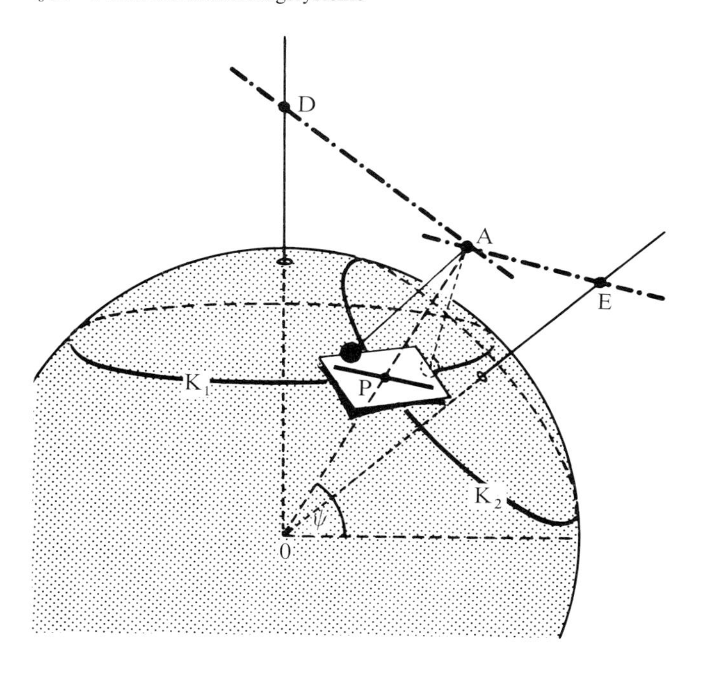

Abb. 31.8

Die Schwingungsebene eines Foucault-Pendels, das über dem Ort P auf der Erde im Punkt A aufgehängt ist, dreht sich, wenn P auf einem Breitenkreis K_1 auf der Erdkugel herumgeführt wird, um die momentane Achse $\overline{AD}$. D liegt dabei auf der Nord-Süd-Achse der Erde. Wird P auf einem anderen Kreis K_2 herumgeführt, dreht sich die Schwingungsebene um die momentane Achse $\overline{AE}$. Die beiden Winkel PAD und PAE sind rechte Winkel. Die momentanen Achsen $\overline{AD}$ bzw. $\overline{AE}$ stellen bei den genannten Bewegungen des Pendels auf der Erde gleichzeitig auch die Achsen dar, um die sich die Tangentialebene an die Erde am Ort P des Pendels dreht.

Aufhängepunkt mit der Nord-Süd-Achse der Erde verbindet und auf dem Erdradius senkrecht steht (Abb. 31.8). Die Nord-Süd-Achse spielt hier nur die Rolle der Geraden, die senkrecht durch den Mittelpunkt des Breitenkreises geht, der den Weg des Pendels darstellt. Da die Erde ruht, hat die Nord-Süd-Achse nichts mit einer Drehung der Erde zu tun. Ganz analog ist der Fall, daß der Weg des Pendels ein „Breitenkreis" um eine nicht in der Nord-Süd-Richtung liegende Achse ist. Auch dieser Fall ist in Abb. 31.8 dargestellt.

Entscheidend ist nun, daß auf jedem Weg des Pendels die Tangentialebene an die Kugeloberfläche sich um die gleiche Achse dreht wie die Schwingungsebene des Pendels. Dadurch ergibt sich für die Richtungsänderung der Schwingungsebene des Foucault-Pendels die folgende Konstruktion: Jeder Weg des Pendels definiert einen Streifen sukzessiver Tangentialebenen, den wir den zum Weg gehörenden *Tangentialstreifen* (Abb. 31.9a) nennen. Die Schwingungsebene des Pendels definiert an jedem Punkt des Weges eine Schnittgerade mit dem Tangentialstreifen. Wird nun der Tangentialstreifen von der Kugeloberfläche abgelöst und flach ausgestreckt oder, wie man mathematisch sagt, *in die Ebene abgewickelt*, so erscheinen die Schnittgeraden alle parallel (Abb. 31.9b). Diese Parallelität rührt daher, daß sich Schwingungsebene und Tangentialebene beim Fortschreiten längs dem Weg des Pendels in jedem Punkt um dieselbe Achse drehen (Abb. 31.8). Nachdem man weiß, daß die Schnittgeraden in dem abgewickelten Tangentialstreifen alle parallel sind, braucht man sie nur in den abgewickelten Tangentialstreifen einzuzeichnen und anschließend den Tangentialstreifen auf die Kugel zurückzubringen. Die in der Ebene als Parallelen eingezeichneten Schnittgeraden zeigen auf der Kugel dann die Schwingungsrichtungen des Pendels an.

Diese Schwingungsrichtungen sind auf der Kugel auseinander hervorgegangen durch, wie man in der Mathematik sagt, *infinitesimale Parallelverschiebungen auf der Kugel.* Weil das Foucault-Pendel das Bestreben hat, seine Schwingungsrichtung im Raum möglichst beizubehalten, stellt es eine Anordnung dar, die auf der Erdoberfläche eine infinitesimale Parallelverschiebung ausführt. Das Foucault-Pendel zeigt dabei gleichzeitig, daß es den Begriff des Fernparallelismus auf der Kugel nicht gibt. Verschiebt man nämlich das Foucault-Pendel

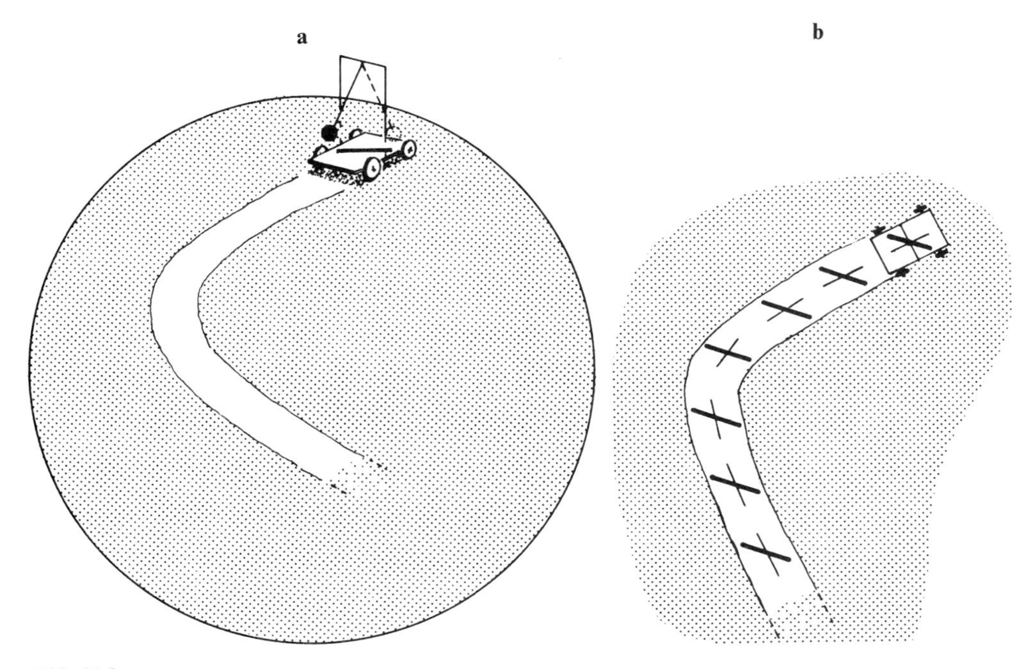

Abb. 31.9

Ein Pendel werde auf einem Wagen längs irgendeinem Weg auf einer Kugel herumgefahren (Teilbild a). Der Weg definiert einen Tangentialstreifen an die Kugel. Die Schwingungsebene des Pendels und die Wagenfläche als Tangentialebene an die Kugel drehen sich in jedem Augenblick um die gleiche Achse. Das hat zur Folge, daß in dem in die Ebene abgewickelten Tangentialstreifen die Richtungen der Schwingungsebene in jedem Punkt des Weges parallel erscheinen (Teilbild b). Um die Schwingungsrichtung auf der Kugel in Teilbild a zu erhalten, ist der Streifen mit den in Teilbild b eingetragenen Schwingungsspuren auf die Kugel in Teilbild a zurückzubringen.

von einem Punkt auf der Kugel ausgehend längs zwei verschiedenen Wegen zu einem anderen Punkt, so wird seine Schwingungsrichtung im allgemeinen dort nicht die gleiche sein. Gleichbedeutend damit ist, daß nach Durchlaufen eines geschlossenen Weges die Schwingungsebene im allgemeinen nicht in ihre Anfangsrichtung zurückkehrt. Ein Beispiel dafür bietet die volle Durchlaufung eines Breitenkreises (Abb. 31.10a). Man sagt auch, daß der Begriff des Parallel-Seins auf einer gekrümmten Fläche oder in einem Raum „nicht-integrabel", d.h. wegabhängig ist.

Die Bedingung, daß an jedem Punkt des Weges das Pendel eine definierte Schwingungsebene hat, verlangt, daß die Bewegung längs dem Weg hinreichend langsam erfolgt. Im übrigen ist die Zeitabhängigkeit, mit der die Bewegung des Pendels auf der Kugeloberfläche erfolgt, völlig gleichgültig.

In Abb. 31.10a ist der praktisch allein interessierende Fall angegeben, daß das Foucault-Pendel an einem Ort beliebiger geographischer Breite ψ montiert ist und sich sein Aufhängepunkt bezüglich der rotierenden Erde nicht bewegt. Für einen Beobachter im Inertialsystem heißt das, daß der Weg des Pendels ein *Breitenkreis* ist. Die Abwicklung des Tangentialstreifens nimmt man am besten so vor, daß man den Tangentialstreifen zu einem Kegel erweitert, wie in Abb. 31.10a gezeigt. Dieser Kegel wird dadurch in eine Ebene abgewickelt, daß man ihn längs einer Mantellinie aufschneidet (Abb. 31.10b). Man entnimmt dieser Figur, daß sich die Schwingungsebene des Pendels am Tag nicht wie für das Pendel am Nordpol um 2π, sondern nur um $2\pi \sin \psi$ dreht. Die Drehung der Schwingungsebene des Foucault-Pendels hat also nicht die gleiche Periodendauer wie die Drehung der Erde selber.

Formal wird das Verhalten des an einem Ort der rotierenden Erde fest montierten Foucault-Pendels recht übersichtlich, wenn man den Vektor der Winkelgeschwindigkeit $\boldsymbol{\Omega}_0$, mit der sich die Erde um ihre Achse dreht, nach Abb. 31.10a in die Komponenten $\boldsymbol{\Omega}_1$ und $\boldsymbol{\Omega}_2$ zerlegt. Abb. 31.11 zeigt, daß $\boldsymbol{\Omega}_1$ die Winkelgeschwindigkeit ist, mit der sich die Tangentialebene um die z-Achse dreht. Das ist allerdings nicht die volle Drehbewegung, die die Tangentialebene ausführt, denn sie dreht sich gleichzeitig mit der Winkelgeschwindigkeit $\boldsymbol{\Omega}_2$ um eine Mantellinie des Tangentialkegels der Abb. 31.10a. Die Schwingungsebene führt dagegen allein eine Drehung

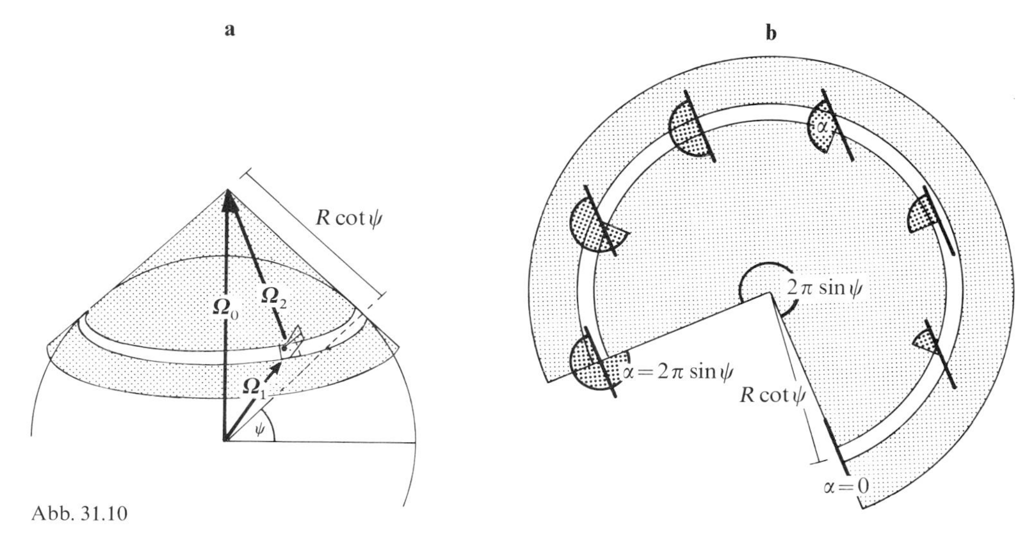

Abb. 31.10

Das allgemeine Verfahren der Abb. 31.9 angewandt auf das Foucault-Pendel, das auf der rotierenden Erde an einem Ort fest montiert ist. Sein Weg definiert nun als Tangentialstreifen einen Streifen um einen Breitenkreis (Teilbild a). Der Streifen ist Teil eines ganzen Tangentialkegels an den Breitenkreis. In Teilbild b ist der Tangentialkegel nach Aufschneiden längs einer Mantellinie in die Ebene abgewickelt. Die Schwingungsrichtungen sind im Abstand von 4 Stunden dargestellt. Der Winkel α zwischen der Schwingungsrichtung in einem Punkt und der zugehörigen Mantellinie ist der Winkel zwischen Schwingungsrichtung und Nordrichtung, den ein Beobachter auf der Erde mißt.

mit der Winkelgeschwindigkeit $\boldsymbol{\Omega}_2$ aus. Ein Beobachter im x, y, z-Koordinatensystem der Abb. 31.11 bemerkt daher von der mit der Winkelgeschwindigkeit $\boldsymbol{\Omega}_2$ erfolgenden Drehung der Pendelebene nichts. Da die Pendelebene die Drehung mit $\boldsymbol{\Omega}_1$ nicht mitmacht, registriert er lediglich, daß in bezug auf sein Bezugssystem die Pendelebene sich mit $-\boldsymbol{\Omega}_1$ um die z-Achse dreht. Er beobachtet, daß die Schwingungsebene des Foucault-Pendels sich relativ zum Erdboden dreht mit dem Betrag der Winkelgeschwindigkeit

$$|\boldsymbol{\Omega}_1| = |\boldsymbol{\Omega}_0| \sin\psi = \frac{2\pi}{\text{Tag}} \sin\psi = \frac{1}{240} \sin\psi \, \frac{\text{Winkelgrad}}{\text{sec}}. \tag{31.13}$$

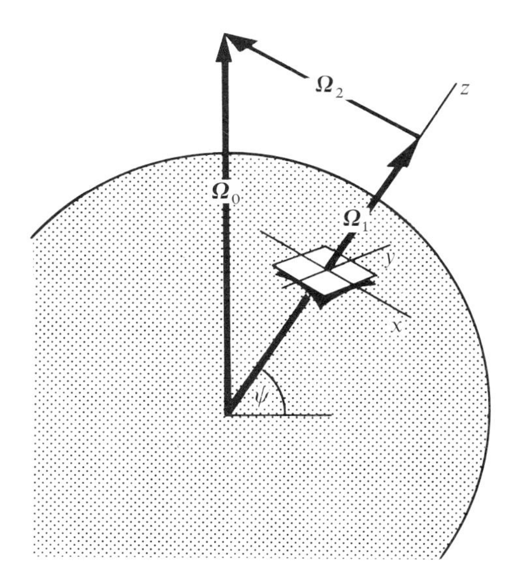

Abb. 31.11

$\boldsymbol{\Omega}_1$ ist die Komponente der Winkelgeschwindigkeit in Richtung der z-Achse eines Koordinatensystems, das mit der rotierenden Erde fest verbunden ist und dessen x-y-Ebene Tangentialebene an die Erdoberfläche ist. $|\boldsymbol{\Omega}_1| = |\boldsymbol{\Omega}_0| \sin\psi$ ist die Winkelgeschwindigkeit, mit der sich die Tangentialebene, d.h. die x- und y-Achse um die z-Achse drehen.

Kreiselkompaß

Ein Weg auf der Oberfläche der als nicht-rotierend angenommenen Erdkugel definiert einen Tangentialstreifen. Der Tangentialstreifen setzt sich aus einer kontinuierlichen Folge von Tangentialebenen zusammen. Jede dieser Tangentialebenen geht dabei aus der infinitesimal benachbarten durch Drehung um eine Achse hervor. Im Beispiel der Abb. 31.10a, in der der Weg ein Breitenkreis ist, ist diese Achse eine Mantellinie des Tangentialkegels, und $\boldsymbol{\Omega}_2$ gibt die Winkelgeschwindigkeit an, mit der die Drehung der Tangentialebene bei einer Bewegung längs dem Breitenkreis erfolgt.

Ein Kreisel werde so gelagert, daß seine Achse sich frei nur in der Tangentialebene bewegen kann. Dann ist er nicht kardanisch aufgehängt und erfährt infolgedessen bei der Bewegung längs einem Weg Drehmomente, die **Präzessionsbewegungen** zur Folge haben, welche sich wegen der Bindung der Achse an die Tangentialebene in einem Hin- und Herschwingen der Achse äußern. Nur wenn die Kreiselachse in die Richtung der momentanen Drehachse der Tangentialebene zeigt, tritt kein Drehmoment auf, da sich dann ja die Tangentialebene um die Kreiselachse dreht (Abb. 31.12). Im Falle der Bewegung längs einem Breitenkreis wirkt also kein Drehmoment auf den Kreisel, wenn seine Drehachse in Richtung einer Mantellinie des Tangentialkegels zeigt.

Lassen wir die Erde rotieren, so ändert sich für eine Bewegung längs einem Breitenkreis nichts außer der Winkelgeschwindigkeit, mit der der Kreisel um die Erdachse läuft. Seine Drehachse präzediert also nur dann nicht, wenn sie nach Norden zeigt.

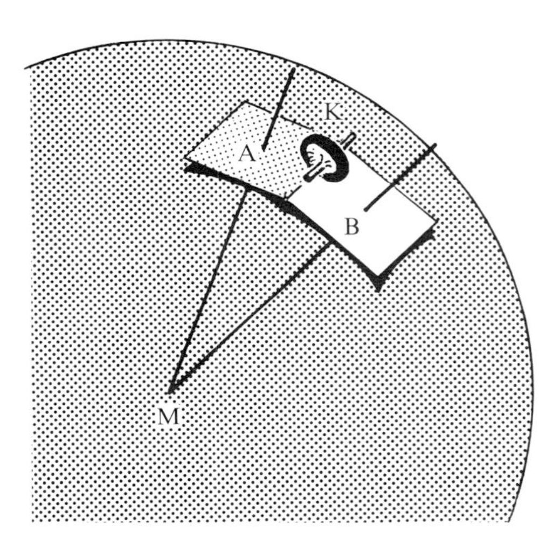

Abb. 31.12

Zwei benachbarte Tangentialebenen als Teile des Tangentialstreifens, längs dem ein Kreisel auf der als ruhend gedachten Erde bewegt werde. Der Kreisel ist so gelagert, daß seine Achse sich nur in dem Tangentialstreifen bewegen kann. Zeigt die Kreiselachse in Richtung der Schnittgraden der Tangentialebenen, steht sie also senkrecht auf AMB, wobei AM und BM die Normalenrichtungen infinitesimal benachbarter Tangentialebenen angeben, wirkt auf den Kreisel bei Bewegung längs dem Tangentialstreifen kein Drehmoment. Ist speziell der Tangentialstreifen ein Breitenkreis auf der Erde, zeigt die Kreiselachse nach Norden.

Die Funktion $E(\boldsymbol{P}, \boldsymbol{r})$ im rotierenden Bezugssystem

Die Bewegungsgleichungen (19.3) eines Systems „Körper + Feld" in einem beliebigen Bezugssystem sind immer dann bekannt, wenn wir die Funktion $E(\boldsymbol{P}, \boldsymbol{r})$ des Systems in dem Bezugssystem kennen. Die Frage nach der Beschreibung der Bewegung eines Körpers in bezug auf ein rotierendes Koordinatensystem ist also gleichbedeutend mit der Frage, wie die Funktion $E(\boldsymbol{P}, \boldsymbol{r})$ in einem rotierenden Bezugssystem aussieht. Wir nehmen dazu an, daß die Wechselwirkung desselben Körpers mit dem Feld in einem Inertialsystem durch eine potentielle Energie $E_{\text{pot}}(\boldsymbol{r})$ beschrieben wird, das Feld im Inertialsystem also vom ersten Typ ist. Es sei also

$$\text{(31.14)} \qquad \text{im Inertialsystem } \mathfrak{R}: \qquad E(\boldsymbol{P}, \boldsymbol{r}) = \frac{P^2}{2M} + E_{\text{pot}}(\boldsymbol{r}) + \mathfrak{E}_0 .$$

Wie lautet dann die **Funktion $\boldsymbol{E(P', r')}$** desselben physikalischen Gebildes in einem Bezugssystem $\mathfrak{R}'$, das denselben Ursprung hat wie $\mathfrak{R}$ und sich in bezug auf $\mathfrak{R}$ mit der konstanten Winkelgeschwindigkeit $\boldsymbol{\Omega}$ dreht? Wir geben hier sofort das Resultat an und zeigen seine Richtigkeit dadurch, daß wir die Gln. (31.3) und (31.6) daraus herleiten. Die gesuchte Funktion ist

(31.15) im rotierenden Bezugssystem $\mathfrak{R}'$:

$$E(\boldsymbol{P}', \boldsymbol{r}') = \frac{1}{2M} [\boldsymbol{P}' - M(\boldsymbol{\Omega} \times \boldsymbol{r}')]^2 + E_{\text{pot}}(\boldsymbol{r}') - \frac{M}{2} (\boldsymbol{\Omega} \times \boldsymbol{r}')^2 + \mathfrak{E}_0 .$$

Die gestrichenen Variablen kennzeichnen die Größen im rotierenden Bezugssystem $\mathfrak{R}'$.

Zunächst folgt aus (31.15)

$$\text{(31.16)} \qquad \boldsymbol{v}' = \frac{\partial E}{\partial \boldsymbol{P}'} = \frac{1}{M} [\boldsymbol{P}' - M(\boldsymbol{\Omega} \times \boldsymbol{r}')] = \frac{\boldsymbol{P}'}{M} - (\boldsymbol{\Omega} \times \boldsymbol{r}') .$$

Die Gleichung zeigt, daß die Geschwindigkeit $\boldsymbol{v}'$ nicht nur vom Impuls $\boldsymbol{P}'$ des Körpers abhängt, sondern auch von seiner Lage $\boldsymbol{r}'$. *In einem rotierenden Bezugssystem ist also das Trägheitsfeld ein Feld vom zweiten Typ.* Der Vergleich von (31.16) mit (31.3) zeigt, daß wenn (31.16) mit (31.3) identisch sein soll, $\boldsymbol{P}'/M = \boldsymbol{v}$ und damit $\boldsymbol{P}' = \boldsymbol{P}$ sein muß. Das ist überraschend, denn man würde erwarten, daß der Impuls beim Übergang von $\mathfrak{R}$ nach $\mathfrak{R}'$ transformiert, d.h. in seinem Wert geändert wird, so wie ja auch die Geschwindigkeit $\boldsymbol{v}$ in $\boldsymbol{v}'$ geändert wird. Die Wahl der Größen in $\mathfrak{R}'$ wird aber gerade so vorgenommen, daß der Impuls $\boldsymbol{P}$ sich beim Übergang von $\mathfrak{R}$ nach $\mathfrak{R}'$ nicht ändert. Das hat den Vorteil, daß der Impuls in $\mathfrak{R}$ und in $\mathfrak{R}'$ dieselbe Bilanz beim Austausch erfüllt, seine Erhaltung in $\mathfrak{R}'$ also auf triviale Weise aus der in $\mathfrak{R}$ folgt.

Für die Kraft erhält man aus (31.15)

$$F'_x = -\frac{\partial E(\boldsymbol{P}', \boldsymbol{r}')}{\partial x'} = \frac{1}{M} [\boldsymbol{P}' - M(\boldsymbol{\Omega} \times \boldsymbol{r}')] \frac{\partial}{\partial x'} [M(\boldsymbol{\Omega} \times \boldsymbol{r}')] - \frac{\partial E_{\text{pot}}}{\partial x'} + \frac{M}{2} \frac{\partial}{\partial x'} (\boldsymbol{\Omega} \times \boldsymbol{r}')^2$$

$$= M \boldsymbol{v}' \frac{\partial}{\partial x'} (\boldsymbol{\Omega} \times \boldsymbol{r}') - \frac{\partial E_{\text{pot}}}{\partial x'} + \frac{M}{2} \frac{\partial}{\partial x'} [\Omega^2 r'^2 - (\boldsymbol{\Omega}\, \boldsymbol{r}')^2] .$$

Beim letzten Schritt haben wir Gl. (31.16) benutzt. Weiteres Ausrechnen der einzelnen Glieder dieser Gleichung liefert

$$F'_x = -M(\boldsymbol{\Omega} \times \boldsymbol{v}')_x - \frac{\partial E_{\text{pot}}}{\partial x'} - M[\boldsymbol{\Omega} \times (\boldsymbol{\Omega} \times \boldsymbol{r}')]_x .$$

Da für die y'- und z'-Komponenten entsprechende Beziehungen resultieren, lautet das Ergebnis in vektorieller Form

(31.17) $$\boldsymbol{F}' = -\frac{\partial E_{\text{pot}}}{\partial \boldsymbol{r}'} - M(\boldsymbol{\Omega} \times \boldsymbol{v}') - M\boldsymbol{\Omega} \times (\boldsymbol{\Omega} \times \boldsymbol{r}').$$

Bildet man nun nach (31.16)

(31.18) $$\boldsymbol{a}' = \frac{d\boldsymbol{v}'}{dt} = \frac{1}{M}\,\frac{d\boldsymbol{P}'}{dt} - \left(\boldsymbol{\Omega} \times \frac{d\boldsymbol{r}'}{dt}\right) = \frac{1}{M}\,\frac{d\boldsymbol{P}'}{dt} - (\boldsymbol{\Omega} \times \boldsymbol{v}'),$$

so erhält man mit der Bewegungsgleichung $d\boldsymbol{P}'/dt = \boldsymbol{F}'$ nach (31.17)

(31.19) $$\boldsymbol{a}' = -\frac{1}{M}\,\frac{\partial E_{\text{pot}}}{\partial r'} - 2(\boldsymbol{\Omega} \times \boldsymbol{v}') - \boldsymbol{\Omega} \times (\boldsymbol{\Omega} \times \boldsymbol{r}') = \boldsymbol{a} - 2(\boldsymbol{\Omega} \times \boldsymbol{v}') - \boldsymbol{\Omega} \times (\boldsymbol{\Omega} \times \boldsymbol{r}').$$

Diese Gleichung ist identisch mit (31.6). Damit ist gleichzeitig bewiesen, daß die Funktion (31.15) das Problem richtig beschreibt.

Larmor-Theorem

Es ist physikalisch interessant, daß die Transformation auf ein rotierendes Bezugssystem mathematisch sich ganz ähnlich auswirkt wie ein homogenes Magnetfeld auf einen elektrisch geladenen Körper. Nach (21.7), (21.14) und (21.20) hat nämlich die Funktion $E(\boldsymbol{P}, \boldsymbol{r})$ eines Körpers der Masse M und der elektrischen Ladung q in einem homogenen magnetischen Feld $\boldsymbol{B}$ die Gestalt

(31.20) $$E(\boldsymbol{P}, \boldsymbol{r}) = \frac{1}{2M}\left[\boldsymbol{P} - \frac{q}{2}(\boldsymbol{B} \times \boldsymbol{r})\right]^2 + \mathfrak{E}_0.$$

Wechselwirkt der Körper überdies noch mit einem elektrischen Feld, so gibt es außerdem eine potentielle Energie $E_{\text{pot}}(\boldsymbol{r}) = q\,V(\boldsymbol{r})$, die additiv zu (31.20) hinzutritt. Insgesamt ist also für einen geladenen Körper in einem homogenen $\boldsymbol{B}$-Feld und einem elektrischen Feld

(31.21) $$E(\boldsymbol{P}, \boldsymbol{r}) = \frac{1}{2M}\left[\boldsymbol{P} - \frac{q}{2}(\boldsymbol{B} \times \boldsymbol{r})\right]^2 + E_{\text{pot}}(\boldsymbol{r}) + \mathfrak{E}_0.$$

Wichtig ist, daß diese Formel, wie auch die Formel (31.20), in bezug auf ein Inertialsystem gilt. Man erkennt sofort die formale Ähnlichkeit des ersten Gliedes von (31.21) mit (31.15).

Beschreibt man deshalb dasselbe Problem in einem Bezugssystem, das mit der Winkelgeschwindigkeit $-\boldsymbol{\Omega}$ gegenüber dem Inertialsystem rotiert, so geht nach (31.15) die Funktion (31.21) über in

(31.22) $$E(\boldsymbol{P}', \boldsymbol{r}') = \frac{1}{2M}\left[\boldsymbol{P}' + \left(M\boldsymbol{\Omega} - \frac{q}{2}\boldsymbol{B}\right) \times \boldsymbol{r}'\right]^2 + E_{\text{pot}}(\boldsymbol{r}') - \frac{M}{2}(\boldsymbol{\Omega} \times \boldsymbol{r}')^2 + \mathfrak{E}_0.$$

Gibt man nun der Winkelgeschwindigkeit $\boldsymbol{\Omega}$ den Wert

(31.23) $$\boldsymbol{\Omega}_L = \frac{q\boldsymbol{B}}{2M},$$

so nimmt (31.22) die einfache Form an

$$E(\boldsymbol{P}', \boldsymbol{r}') = \frac{P'^2}{2M} + E_{\text{pot}}(\boldsymbol{r}') - \frac{q^2}{8M}(\boldsymbol{B} \times \boldsymbol{r}')^2 + \mathfrak{E}_0 \tag{31.24}$$

$$= \frac{P'^2}{2M} + E_{\text{pot}}(\boldsymbol{r}') - \frac{q^2}{8M}[B^2 r'^2 - (\boldsymbol{B}\boldsymbol{r}')^2] + \mathfrak{E}_0 .$$

Hierin tritt das Magnetfeld $\boldsymbol{B}$, vom vorletzten Glied abgesehen, das in vielen Anwendungen klein ist gegen $E_{\text{pot}}(\boldsymbol{r}')$ und dann vernachlässigbar ist, gar nicht mehr auf. Die Wirkung eines homogenen Magnetfeldes auf einen geladenen Körper läßt sich, wenn der $\boldsymbol{B}$ noch enthaltende Term vernachlässigbar ist, also dadurch kompensieren, daß man die Bewegung des Körpers in einem Bezugssystem betrachtet, das sich mit der **Larmorfrequenz** (31.23) dreht. Diese Drehfrequenz hängt, wie (31.23) zeigt, nur von der Ladung q und der Masse M des Körpers ab sowie von der Feldstärke $\boldsymbol{B}$, nicht dagegen von dem sich in $E_{\text{pot}}(\boldsymbol{r})$ äußernden elektrischen Feld oder von den Anfangsbedingungen und damit von der Geschwindigkeit und von den Bahnen, die der Körper beschreibt. Wir haben somit das (JOSEPH LARMOR, 1857—1942)

Larmor-Theorem: Die Wirkung eines homogenen Magnetfeldes $\boldsymbol{B}$ auf einen Körper der Masse M und der Ladung q reduziert sich auf einen additiven Beitrag $-(q^2/8M)(\boldsymbol{B} \times \boldsymbol{r})^2$ zur potentiellen Energie, wenn die Beschreibung in einem Bezugssystem erfolgt, das sich mit der Larmorfrequenz $\Omega_L = qB/2M$ um eine in $\boldsymbol{B}$-Richtung weisende Achse gegenüber einem Inertialsystem dreht.

Wie wir schon sagten, läßt sich der allein noch von $\boldsymbol{B}$ abhängige Beitrag zur potentiellen Energie in vielen Fällen vernachlässigen, nämlich immer dann, wenn die vom elektrischen Feld herrührende potentielle Energie $E_{\text{pot}}(\boldsymbol{r}')$ dominiert. Das bedeutet, daß dann das $\boldsymbol{B}$-Feld nur eine kleine Störung der im übrigen von $E_{\text{pot}}(\boldsymbol{r}')$, etwa einem elektrischen Feld, festgelegten Bahn bewirkt.

Atom im Magnetfeld. Zeeman-Effekt

Ein Beispiel für das Larmor-Theorem bildet die Bewegung eines Elektrons ($q_{\text{Elektron}} = -e$) im Coulomb-Feld des Protons (H-Atom). Wird das Atom einem homogenen Magnetfeld $\boldsymbol{B}$ ausgesetzt, ist für praktisch erreichbare Magnetfeldstärken der Term $(q^2/8M)$ $(\boldsymbol{B} \times \boldsymbol{r})^2$ gegenüber der mittleren potentiellen Energie des Elektrons vernachlässigbar. Nach Aussage des Larmor-Theorems bewegt sich also das Elektron in bezug auf ein mit der Frequenz $\Omega_L = eB/2M$ rotierendes Bezugssystem $\mathfrak{R}'$ so, als wäre gar kein $\boldsymbol{B}$-Feld vorhanden. Also sind alle Größen, die bei Abwesenheit eines $\boldsymbol{B}$-Feldes im inertialen Bezugssystem konstant sind, nun im rotierenden Bezugssystem $\mathfrak{R}'$ konstant. Das trifft zu für den Gesamtdrehimpuls $\boldsymbol{J}$ oder, wenn man die Kopplung zwischen Spin $\boldsymbol{S}$ und dem Bahndrehimpuls $\boldsymbol{L}$ außer acht lassen darf, sowohl für $\boldsymbol{S}$ als auch für $\boldsymbol{L}$.

Wir vernachlässigen für den Augenblick den Spin $\boldsymbol{S}$ des Elektrons, tun also so, als ob der Bahndrehimpuls $\boldsymbol{L}$ sein Gesamtdrehimpuls wäre. Das magnetische Moment des Atoms ist dann allein durch die Bewegung des Elektrons bestimmt und hat den Wert (μ_0 — magnetische Feldkonstante)

$$\boldsymbol{m}_{\text{L}} = -\mu_0 \frac{e}{2M} \boldsymbol{L} . \tag{31.25}$$

Es präzediert ebenso wie $\boldsymbol{L}$ mit der Larmorfrequenz

(31.26) $$\Omega_L = \frac{eB}{2M} = \frac{|\boldsymbol{m}_L|\,|\boldsymbol{H}|}{|\boldsymbol{L}|}$$

um die Richtung des $\boldsymbol{B}$-Feldes ($\boldsymbol{B} = \mu_0 \boldsymbol{H}$). Entscheidend bei dieser Schlußweise ist die Parallelität oder Antiparallelität von $\boldsymbol{m}_L$ und $\boldsymbol{L}$. Sie hat die Konstanz von $\boldsymbol{m}_L$ im rotierenden Bezugssystem und damit die Präzession im Inertialsystem zur Folge. Das gleiche Resultat gilt also in allen Fällen, in denen das magnetische Moment parallel oder antiparallel zum *Gesamt*drehimpuls ist, denn der Gesamtdrehimpuls ist im mit Ω_L rotierenden Bezugssystem konstant. Für Teilchen, für die der Gesamtdrehimpuls nur aus ihrem Spin $\boldsymbol{S}$ besteht, ist ihr magnetisches Moment $\boldsymbol{m}_S$ parallel oder antiparallel zu $\boldsymbol{S}$. Damit gilt auch für diese Teilchen

(31.27) $$\Omega_L = \frac{|\boldsymbol{m}_S|\,|\boldsymbol{H}|}{|\boldsymbol{S}|}.$$

Diese Gleichung ist identisch mit (27.36).

Das Elektron hat einen Spin, nämlich, wie in § 25 bemerkt, den *Spin* 1/2. Mit diesem Spin ist ein magnetisches Moment verknüpft

(31.28) $$\boldsymbol{m}_S = -\mu_0 g \frac{e}{2M} \boldsymbol{S},$$

wobei $g = 2$ (**g-Faktor des Elektrons**). Da der g-Faktor des Elektrons von Eins verschieden ist, haben (31.25) und (31.28) zur Folge, daß das gesamte magnetische Moment des Atoms, verursacht durch Bahn- und Spinmoment des Elektrons,

(31.29) $$\boldsymbol{m} = \boldsymbol{m}_L + \boldsymbol{m}_S = -\mu_0 \frac{e}{2M}(\boldsymbol{L} + g\boldsymbol{S}) = -\mu_0 \frac{e}{2M}\boldsymbol{J} - \mu_0 (g-1)\frac{e}{2M}\boldsymbol{S}$$

im allgemeinen nicht parallel oder antiparallel zu $\boldsymbol{J}$ ist. Das hat wiederum zur Folge, daß $\boldsymbol{m}$ im rotierenden Bezugssystem nicht konstant ist, wenn $\boldsymbol{L}$ und $\boldsymbol{S}$ nicht für sich konstant sind. Im Inertialsystem präzediert zwar $\boldsymbol{J}$ noch um die Richtung des $\boldsymbol{B}$-Feldes; $\boldsymbol{m}$ hingegen präzediert um $\boldsymbol{J}$ mit einer Präzessionsfrequenz, die durch die Kopplung zwischen $\boldsymbol{L}$ und $\boldsymbol{S}$ bestimmt ist. Um die Richtung des $\boldsymbol{B}$-Feldes führt $\boldsymbol{m}$ eine komplizierte Nutationsbewegung aus (**anomaler Zeeman-Effekt**, P. ZEEMAN, 1865—1943).

Die beiden wichtigsten Fälle, in denen $\boldsymbol{L}$ und $\boldsymbol{S}$ im rotierenden Bezugssystem für sich konstant sind, sind einmal die Zustände mit $\boldsymbol{L} = 0$ (**normaler Zeeman-Effekt**) und zum anderen Zustände in einem $\boldsymbol{B}$-Feld, das so stark ist, daß die Kopplungsenergie zwischen $\boldsymbol{m}_L$ und $\boldsymbol{m}_S$ gegenüber der Orientierungsenergie $\boldsymbol{m}_L \boldsymbol{H}$ und $\boldsymbol{m}_S \boldsymbol{H}$ der magnetischen Momente im Magnetfeld vernachlässigbar ist (**Paschen-Back-Effekt**).

§ 32 Trägheitsfeld und Äquivalenzprinzip

Beschleunigungsfelder

Trägheitskräfte äußern sich, wie wir gesehen haben, darin, daß sie stets der Masse des Körpers proportional sind, auf den sie wirken. Je größer die Masse eines Körpers ist, um so größer ist auch die auf ihn wirkende Kraft, und zwar gerade so, daß die resultierende Beschleunigung nicht von der Masse, ja überhaupt von keiner inneren Eigenschaft des Körpers abhängt. Das ist auch nicht verwunderlich, denn Trägheitskräfte erzeugt man ja dadurch, daß man sich in ein beschleunigt bewegtes Bezugssystem begibt. Kein Wunder also, wenn dann relativ zu diesem alle Körper unabhängig von ihren individuellen Besonderheiten dieselbe Beschleunigung erfahren. Natürlich können wir das auch so beschreiben, daß alle Körper Kräfte erfahren, die jeweils ihrer Masse proportional sind, aber es ist klar, daß diese Beschreibung etwas verschleiernd wirkt, denn das eigentliche physikalische Phänomen ist ja gerade, daß die **Beschleunigung** für alle Körper die gleiche ist.

Nun sagen wir immer dann, wenn Körper ihren Impuls und ihre kinetische Energie ändern, daß sie mit einem **Feld** wechselwirken. Das Feld ist dabei als physikalisches System zu verstehen, das Energie und Impuls aufnehmen kann, wie wir es in Kap. IV erklärt haben. Seine mathematische Darstellung findet das Feld z.B. in der Kraft, die es auf einen Körper an jeder Stelle $\boldsymbol{r}$ ausübt. Diese Kraft ist der Größe proportional, mit der Körper und Feld aneinander gekoppelt sind. Beim elektromagnetischen Feld ist das die elektrische Ladung, die der Körper trägt.

Da nun die Trägheitskräfte ebenfalls Energie- und Impulsänderungen von Körpern bewirken, sind auch sie Manifestationen eines Feldes, eben des **Trägheitsfeldes.** Und da sie stets der Masse des Körpers proportional sind, spielt die Masse, und da schließlich Masse nichts ist als ein Synonym für Energie, also die Energie die Rolle der Größe, die Körper und Trägheitsfeld aneinander koppelt. So wie Körper und elektromagnetisches Feld durch die elektrische Ladung, so sind Körper und Trägheitsfeld durch die Energie miteinander gekoppelt. Diese Kopplung bestimmt die Wechselwirkung zwischen Körper und Feld. Der Unterschied zwischen der Kopplung von Körpern ans elektromagnetische Feld einerseits und ans Trägheitsfeld andererseits ist nur der, daß nicht jeder Körper elektrische Ladung trägt und infolgedessen nicht jeder Körper mit dem elektromagnetischen Feld wechselwirkt, daß aber jeder Körper Energie hat, und daß infolgedessen jeder Körper an das Trägheitsfeld gekoppelt ist. Ja, das gilt nicht nur für Körper, sondern für jedes physikalische System, denn jedes physikalische System hat Energie und ist demnach an das Trägheitsfeld gekoppelt. In der Newtonschen Näherung besteht die Energie fast nur aus innerer Energie, also Masse. Die Kopplung an das Trägheitsfeld erfolgt also in dieser Näherung über die Masse eines Körpers. Tatsächlich aber erfolgt die **Kopplung an das Trägheitsfeld über die Energie** und nicht nur über die innere Energie. Das Trägheitsfeld ist also allgegenwärtig und universell.

Die Kopplung der Körper an das Trägheitsfeld erkennen wir daran, daß die Kraft, die das Trägheitsfeld an irgendeiner Stelle $\boldsymbol{r}$ auf einen Körper ausübt, immer der Masse des Körpers proportional ist. Infolgedessen erfahren an einer Stelle $\boldsymbol{r}$ alle Körper unabhängig von ihrer Masse dieselbe Beschleunigung. Statt von der Kraft $\boldsymbol{F}(\boldsymbol{P}, \boldsymbol{r})$ zu sprechen, die ein Körper mit dem Impuls $\boldsymbol{P}$ vom Trägheitsfeld erfährt, ist es daher zweckmäßiger, die Beschleunigung $\boldsymbol{a}(\boldsymbol{v}, \boldsymbol{r})$ anzugeben, die ein Körper, der die Geschwindigkeit $\boldsymbol{v}$ hat, an der Stelle $\boldsymbol{r}$ erfährt. Diese Beschleunigung ist nämlich für alle Körper dieselbe und damit allein dem Trägheitsfeld zugeordnet. Hängt die Beschleunigung $\boldsymbol{a}(\boldsymbol{v}, \boldsymbol{r})$ nicht von der momentanen Geschwindigkeit $\boldsymbol{v}$ des Körpers ab, sondern nur von $\boldsymbol{r}$, so sprechen wir von einem *Beschleunigungsfeld.* Im Sinne unserer Unterscheidung zwischen mathematischen und physikalischen Feldern (§ 17) ist das Beschleunigungsfeld ein mathematisches Feld, es ist eine mathematische Darstellung des physikalischen Trägheitsfeldes. Und diese Darstellung wird sich, wie wir gesehen haben, bei Wechsel des Bezugssystems im allgemeinen ändern. Wir sagen stattdessen auch, daß sich durch Wechsel des Bezugssystems im allgemeinen der **Zustand des Trägheitsfeldes** ändert. So hat der Übergang von einem inertialen Bezugssystem zu einem nicht-inertialen das Auftreten eines Beschleunigungsfeldes zur Folge. Das drücken wir auch so aus, daß sich bei dem Übergang der Zustand des Trägheitsfeldes so ändert, daß das Beschleunigungsfeld, das im Intertialsystem identisch Null ist, nun von Null verschieden ist. Nur bei Übergängen zwischen Bezugssystemen, die sich mit konstanter Geschwindigkeit gegeneinander bewegen, bleiben die Beschleunigungsfelder ungeändert. Hinsichtlich der Wechselwirkung mit dem Trägheitsfeld sind diese Bezugssysteme also äquivalent. Ein Inertialsystem schließlich ist, wie wir schon sagten, ein Bezugssystem, in dem das aus der Wechselwirkung mit dem Trägheitsfeld resultierende Beschleunigungsfeld identisch Null ist.

Wenn übrigens unsere häufige Verwendung des Wortes Beschleunigungsfeld den Eindruck erwecken sollte, als hinge die vom Trägheitsfeld bewirkte Beschleunigung $\boldsymbol{a}(\boldsymbol{v}, \boldsymbol{r})$ gewöhnlich nur von $\boldsymbol{r}$ und nicht von $\boldsymbol{v}$ ab, so ist das nicht ganz richtig. Auch das Trägheitsfeld kann in der Terminologie des Kap. IV in seiner statischen Näherung vom ersten und vom zweiten Typ sein. Die in einem rotierenden Bezugssystem (§31) auftretende Beschleunigung (31.6) ist hierfür ein deutliches Beispiel. Immer dann, wenn ein Bezugssystem eine Drehbewegung gegen ein Inertialsystem ausführt, ist die Beschleunigung nicht nur von $\boldsymbol{r}$, sondern auch von $\boldsymbol{v}$ abhängig, das Trägheitsfeld also vom zweiten Typ.

Äquivalenzprinzip

Nach den bisherigen Betrachtungen und den Gewohnheiten der Newtonschen Mechanik ist man vielleicht versucht zu schließen, daß Beschleunigungsfelder nur durch Bewegungen zustande kommen. Das wäre identisch mit der Ansicht, daß Trägheitskräfte, im Gegensatz zu den „wahren" Kräften NEWTONS, nicht von anderen Körpern, sondern nur von der Wahl des Bezugssystems herrühren. Daß dieser Schluß indessen nicht richtig ist, wissen wir eigentlich seit GALILEIS Untersuchungen über den freien Fall. Denn GALILEIS Entdeckung, daß alle Körper gleich schnell fallen und die beobachteten Unterschiede im Fallverhalten nur vom Luftwiderstand herrühren, besagt ja gerade, daß auch das *Gravitationsfeld der Erde ein Beschleunigungsfeld* ist. Alle Körper erfahren in ihm unterschiedslos die gleiche Beschleunigung oder anders gewendet, sie erfahren eine Kraft, die jeweils der Masse des fallenden Körpers proportional ist. Gravitationskräfte haben daher dieselbe physikalische Eigenschaft wie Trägheitskräfte, nämlich der Masse des Körpers proportional zu sein, auf den sie wirken. Physikalisch gleichwertig ist es zu sagen, **Gravitationsfelder sind Beschleunigungsfelder.**

Nun erhebt sich die Frage, ob durch Bewegung erzeugte Beschleunigungsfelder und Beschleunigungsfelder, die durch die Gravitationswirkung anderer Körper zustande kommen, in ihrer physikalischen Auswirkung unterschieden werden können oder nicht. Nach NEWTONS Auffassung vom absoluten Raum müßten sie eigentlich verschieden sein. Allerdings sind sie es nicht hinsichtlich der *Bewegung von Körpern*, denn beide Arten von Feldern haben ja gerade die Eigenschaft, die Beschleunigung, die ein beliebiger Körper an einem Ort $\boldsymbol{r}$ erfährt, eindeutig festzulegen, und das tun beide in derselben Weise, nämlich, daß die Beschleunigung unabhängig von der Masse des Körpers ist. Wenn es also überhaupt eine Unterscheidung zwischen beiden Sorten von Feldern gibt, so nur die, daß andere physikalische Vorgänge, etwa optische oder elektrische, in beiden Arten von Feldern verschieden ablaufen. Wenn das der Fall wäre, könnte man die in der Natur auftretenden Beschleunigungsfelder mit Hilfe dieser Vorgänge unterscheiden, denn diese Vorgänge würden dann in einem Beschleunigungsfeld, das von einer Bewegung herrührt, und einem „gleichstarken" Gravitationsfeld verschieden ablaufen. NEWTONS Theorie des absoluten Raumes ließ einen solchen Unterschied erwarten.

Anders sieht die Sache jedoch vom dynamischen Standpunkt aus. Wenn es physikalisch verschiedene Arten von Beschleunigungsfeldern gäbe, so müßte es nicht nur ein einziges Trägheitsfeld geben, sondern mehrere, die nur in der einen Eigenschaft übereinstimmen, über die Energie an die Körper gekoppelt zu sein. Vom Standpunkt einer konsequenten Dynamik ist ein grundsätzlicher Unterschied in den Beschleunigungsfeldern, wie er durch NEWTONS Konzept des absoluten Raumes nahegelegt wird, nicht zu erwarten. Denn was nach der Dynamik bei der Bewegung von Belang ist, ist nur der Transport physikalischer Größen wie Energie, Impuls, Drehimpuls. Und da ein Körper nichts ist als eine spezielle Kombination dieser Größen, ist anzunehmen, daß die im mechanischen Verhalten der Körper zu Tage tretende Äquivalenz von Beschleunigungsfeldern, die durch Bewegung des Bezugssystems zustande kommen, und Gravitationsfeldern für alle physikalischen Größen und damit für alle physikalischen Vorgänge zutrifft. Diese Annahme ist das von EINSTEIN 1912 formulierte

Äquivalenzprinzip: Ein Beschleunigungsfeld, das als Folge eines bewegten Bezugssystems auftritt, und ein lokal gleiches Gravitationsfeld lassen sich durch den Ablauf physikalischer Vorgänge nicht unterscheiden. In beiden Feldern resultiert bei gleichen Anfangsbedingungen, unabhängig vom betrachteten physikalischen Objekt, quantitativ immer derselbe Ablauf.

Anders formuliert lautet dieselbe Aussage: Es gibt nur ein einziges universelles Trägheitsfeld. Gravitationsfelder und Beschleunigungsfelder, die als Folge bewegter Bezugssysteme auftreten, sind nur verschiedene Äußerungen, d.h. verschiedene Zustände des Trägheitsfeldes.

Die von der Newtonschen Theorie nahegelegte grundsätzliche Verschiedenheit von Beschleunigungsfeldern, die durch die beschleunigte Bewegung gegen den absoluten Raum zustande kommen, und Beschleunigungsfeldern, die bei der Gravitationswechselwirkung von Massen auftreten, ist, wenn das Einsteinsche Äquivalenzprinzip zutrifft, physikalisch gegenstandslos.

Das Einsteinsche Äquivalenzprinzip hat nun sofort einige überraschende Konsequenzen. Dazu betrachten wir zwei Beobachter B_1 und B_2, von denen sich der erste in einem Kasten befinde, der gegenüber einem Inertialsystem mit der Beschleunigung $-\boldsymbol{a}$ bewegt werde, so daß B_1 ein Beschleunigungsfeld spürt, das jedem frei beweglichen Körper in bezug auf B_1 die Beschleunigung $\boldsymbol{a}$ erteilt. Der andere, der sich in einem gleichen Kasten aufhält, befinde sich in einem Gravitationsfeld einer großen Masse, das in bezug auf B_2 jedem frei beweglichen Körper die Beschleunigung $\boldsymbol{a}$ erteilt (Abb. 32.1). Nach Aussage des Äquivalenzprinzips verlaufen dann für die beiden Beobachter *alle* physikalischen Experimente, die sie mit gleichen Anfangsbedingungen anstellen, gleichartig ab. Keiner von beiden kann allein auf Grund seiner Experimente sagen, ob er nun derjenige ist, der beschleunigt bewegt wird, oder derjenige, der sich im Gravitationsfeld befindet. Unter den Experimenten, die B_1 und B_2 anstellen, greifen wir zwei heraus, nämlich einmal die Ausbreitung von Licht senkrecht zum Beschleunigungsfeld $\boldsymbol{a}$, das beide feststellen, und zum zweiten die Ausbreitung von Licht in Richtung des Beschleunigungsfeldes. Beide Experimente liefern zwei berühmte *Einstein-Effekte*, nämlich die Lichtablenkung durch ein Gravitationsfeld und die Rotverschiebung bzw. Violettverschiebung in einem Gravitationsfeld.

Wenn beide Experimente das gleiche Resultat ergeben, zeigt das außer der Äquivalenz vom Beschleunigungs- und Gravitationsfeld, daß die Kopplung an das universelle Trägheitsfeld tatsächlich über die Energie und nicht nur über die innere Energie erfolgt, da die innere Energie von Photonen Null ist.

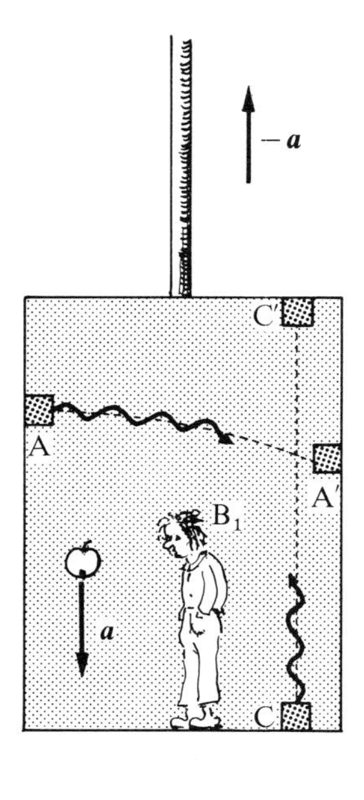

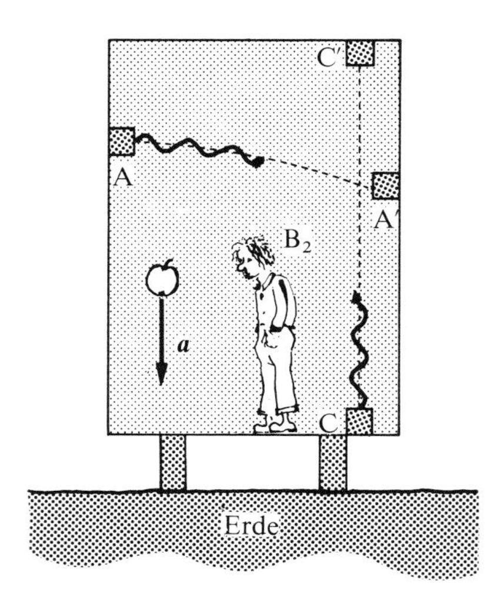

Abb. 32.1

Zur Äquivalenz von Beschleunigungsfeld und Gravitationsfeld. Der Kasten links befinde sich nicht in einem Gravitationsfeld. Er werde mit $-\boldsymbol{a}$ beschleunigt. Ein Beobachter B_1 mißt einmal die vertikale Ablenkung von Licht, das bei A horizontal ausgesandt wird. Er mißt ferner den Frequenzunterschied von Licht, das von C nach C′ läuft. Der Kasten rechts sei unbeschleunigt in einem Gravitationsfeld, in dem der fallende Apfel gegenüber dem Beobachter B_2 die gleiche Beschleunigung $\boldsymbol{a}$ zeigt wie der Apfel gegenüber dem Beobachter B_1 im linken Kasten. Der Beobachter B_2 macht dann nach Aussage des Äquivalenzprinzips die gleichen Beobachtungen hinsichtlich der Lichtausbreitung wie der Beobachter B_1. Die Beobachter können gemäß dem Äquivalenzprinzip auf keine Weise und mit keinem physikalischen Experiment die Felder in ihrem Kasten unterscheiden. (Die Messung des Frequenzunterschieds des von C nach C′ im Gravitationsfeld der Erde laufenden Lichts stellt das am Ende dieses Paragraphen beschriebene Experiment von POUND und REBKA dar.)

Lichtablenkung im Gravitationsfeld

Der Beobachter B_1 betrachtet die Lichtausbreitung quer zur Richtung seiner Beschleunigung. Ein im Punkt A der Abb. 32.1 gestarteter Lichtblitz braucht, um die Strecke x zurückzulegen, die Zeit $t=x/c$. Während dieser Zeit bewegt sich der Kasten, in dem sich B_1 befindet, infolge der Beschleunigung $-\boldsymbol{a}$ aber um die Strecke $a t^2/2 = a x^2/2c^2$ weiter, so daß der Lichtblitz nach Ablauf der Zeit t bei A′ ankommt. In bezug auf B_1 erfährt also ein mit horizontaler Tangente startender Lichtblitz in Richtung auf das Beschleunigungsfeld $\boldsymbol{a}$ eine Umlenkung um den Winkel

(32.1) $$\alpha \approx \tan\alpha = \frac{a x}{c^2}.$$

Dieser Winkel muß, wenn unsere Herleitung richtig sein soll, sehr klein bleiben; denn die Formel $s = a t^2/2$ für den Zusammenhang zwischen zurückgelegtem Weg und der dazu gebrauchten Zeit ist nur richtig, solange die Geschwindigkeit $v=at \ll c$ ist. Also muß $ax/c \ll c$ oder $ax/c^2 \ll 1$ sein.

Denselben Effekt muß nun nach dem Äquivalenzprinzip auch der Beobachter B_2 feststellen. Wenn das Äquivalenzprinzip richtig ist, muß Licht in einem Gravitationsfeld also eine Ablenkung in Richtung des Feldes erfahren, die für kleine Winkel durch die Formel (32.1) beschrieben wird. Um einen Begriff von der Größenordnung des Effektes unter normalen (z.B. irdischen) Bedingungen zu bekommen, setzen wir in (32.1) für a die Erdbeschleunigung $g=9{,}81$ m/sec^2 ein und fragen nach der Laufstrecke x des Lichtes, bei der man eine Winkelablenkung von einer Bogensekunde ($=1/3600$ Winkelgrad) bekäme. Man findet so $x \approx 10^{10}$ m $=10^7$ km, eine Strecke, die irdische Maße (innerhalb derer das Gravitationsfeld der Erde als homogen betrachtet werden kann) um viele Größenordungen übertrifft. Die Kleinheit des Effekts macht es schwierig, ihn experimentell nachzuweisen. Eine Möglichkeit des Nachweises besteht darin, daß man die scheinbare Änderung der relativen Position von Fixsternen feststellt, wenn das Licht eines Sterns auf seinem Weg zur Erde an einem Körper mit hinreichend großer Masse vorübergeht (Abb. 32.2). Die Sonne erweist sich dafür gerade als ausreichend.

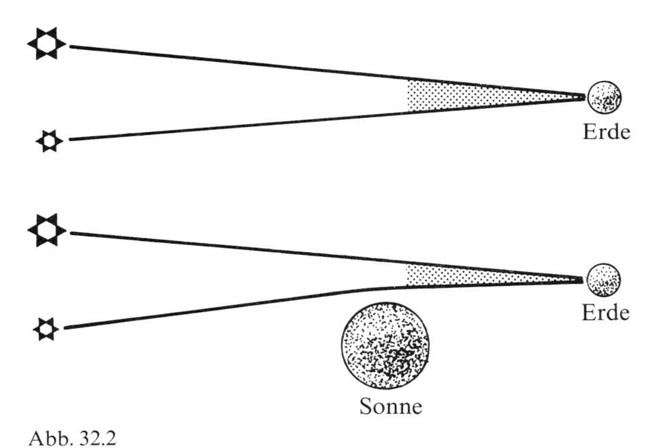

Abb. 32.2

Prinzip der Beobachtung der Ablenkung des Lichts im Gravitationsfeld der Sonne. Bevor einer der Fixsterne von der Sonne verdeckt wird, erscheinen die Fixsterne dem Beobachter auf der Erde unter kleinerem Winkel als wenn das Licht kein Gravitationsfeld durchläuft. (Nicht maßstäblich.)

Allerdings läßt sich die durch die Sonne bewirkte Lichtablenkung (von 1,75 Winkelsekunden für einen am Rand der Sonne vorbeigehenden Lichtstrahl) nur nachweisen, wenn die Strahlung der Sonne selbst durch eine Sonnenfinsternis ausgeschaltet wird, denn nur dann sind die Sterne sichtbar. Neuerdings benutzt man statt der sichtbaren Strahlung von Fixsternen die Radiostrahlung von *Quasaren;* das sind strahlende Objekte, die vermutlich Milliarden Lichtjahre von uns entfernt sind. Das hat einmal den Vorteil, daß man nicht mehr auf Sonnenfinsternisse angewiesen ist, denn die Radiostrahlung der Quasare bleibt auch neben der Radiostrahlung der Sonne nachweisbar. Zum zweiten ist die Ablenkung der Radiostrahlung durch die Sonne mit außerordentlicher Genauigkeit nachweisbar. Durch interferometrisches Zusammenwirken verschiedener Radioteleskope, die weit voneinander entfernt aufgestellt sind, lassen sich Winkelauflösungen bis zu 10^{-4} Winkelsekunden erzielen; das ist etwa das

Tausendfache der Winkelauflösung der besten optischen Teleskope und entspricht einem Winkel, unter dem ein Objekt von 1 cm Höhe in einer Entfernung von 10000 km erscheint (vgl. auch § 47).

Rotverschiebung im Gravitationsfeld

Der Beobachter B_1 betrachte die Lichtausbreitung in Richtung seiner Beschleunigung. Das vom Boden des Kastens bei C ausgehende Licht braucht bis zu seiner Ankunft im Punkt C′, der sich in der Höhe Δz über dem Punkt A befindet, die Zeit $t=\Delta z/c$ plus Korrekturen höherer Ordnung in $\Delta z/c$, die wir vernachlässigen können. In dieser Zeit hat der Punkt C′ die Geschwindigkeit $v=at=a\Delta z/c$ erreicht, so daß bei Eintreffen in C′ das Licht eine Rotverschiebung infolge des Doppler-Effektes zeigt.

Damit die Formeln richtig sind, muß wieder $v \ll c$, d.h. $a\Delta z/c^2 \ll 1$ sein. Ist ω die Frequenz des bei C emittierten Lichts, so hat das bei C′ absorbierte Licht nach (11.45) die Frequenz

$$\omega' \approx \omega\left(1-\frac{v}{c}\right)=\omega\left(1-\frac{a\Delta z}{c^2}\right). \tag{32.2}$$

Die relative Frequenzverschiebung beträgt somit

$$\frac{\Delta\omega}{\omega}=\frac{\omega-\omega'}{\omega}\approx\frac{a\Delta z}{c^2}. \tag{32.3}$$

Das Äquivalenzprinzip verlangt wieder, daß auch Licht, das sich in einem Gravitationsfeld bewegt, eine Frequenzerniedrigung zeigt, wenn es der Gravitationswirkung entgegengerichtet ist. Eine Frequenzerniedrigung im sichtbaren Teil des Spektrums elektromagnetischer Wellen äußert sich als eine Verschiebung zum roten Ende des sichtbaren Spektrums. Man spricht deshalb auch einfach von einer **Rotverschiebung.** Wenn sich das Licht dagegen in Richtung der Gravitationsbeschleunigung ausbreitet, muß es eine Frequenzerhöhung zeigen, d.h. eine **Violettverschiebung.** In Raumbereichen, in denen das Gravitationsfeld als homogen betrachtet werden kann, wird dieser Effekt durch die Formel (32.3) beschrieben.

Da jeder Stern um sich herum ein Gravitationsfeld besitzt, muß das von seiner Oberfläche emittierte Licht eine Rotverschiebung der Spektrallinien zeigen, die nichts mit einer Bewegung des Sterns relativ zur Erde zu tun hat. Diese Verschiebung ist um so größer, je größer die Masse des Sterns und je kleiner sein Radius ist. Besonders günstig zum Nachweis des Effekts wäre daher Licht, das von *weißen Zwergen*, Sternen von ungefähr Sonnenmasse, aber einem Radius, der etwa hundertmal kleiner ist als der der Sonne, ausgesendet wird. Allerdings ist die Beobachtung durch Verbreiterung der Spektrallinien infolge der Oberflächentemperatur des Sterns und durch das gleichzeitig empfangene Licht anderer Sterne, wie von Begleitern der weißen Zwerge, gestört. Der Nachweis ist auf diese Weise daher erst vor einigen Jahren gelungen. Mit Hilfe des Mößbauer-Effekts (§ 12) läßt sich die Rot- und Violettverschiebung aber sogar auf der Erde nachweisen.

Pound und Rebka beobachteten 1960 die **Frequenzverschiebung im Gravititationsfeld der Erde** an Photonen, die eine Höhendifferenz $\Delta z = 22$ m durchlaufen (Abb. 32.1, rechtes Bild). Die nach (32.3) erwartete Frequenzverschiebung beträgt

$$\frac{\Delta\omega}{\omega}=\frac{g\cdot 22\,\mathrm{m}}{c^2}=2\cdot 10^{-15}.$$

Diese äußerst geringe Frequenzverschiebung läßt sich mit Hilfe des Mößbauer-Effekts nachweisen. POUND und REBKA verwandten die $14{,}4 \cdot 10^4$ eV-Photonen, die von einem angeregten $^{57}_{26}$Fe-Kern ausgesandt werden. Um das frequenzverschobene Photon wieder durch einen $^{57}_{26}$Fe-Kern zu absorbieren, nutzt man den Doppler-Effekt aus, bewegt also Quelle und Absorber nach (32.2) so mit einer Geschwindigkeit v relativ zueinander, daß

$$\frac{v}{c} = \frac{\Delta\omega}{\omega}.$$

POUND und REBKA montierten die Fe-Quelle auf eine in Ausbreitungsrichtung der Photonen vibrierende Unterlage. Da bei einer Schwingung die v-Werte über ein ganzes Intervall variieren, wird v aus demjenigen Wert der Phase der schwingenden Unterlage bestimmt, bei dem maximale Absorption auftritt. Die Gl. (32.3) wurde mit einem relativen Fehler bestätigt, der kleiner war als 10^{-1}.

§ 33 Dynamische Beschreibung von Energietransporten in Beschleunigungsfeldern

Die Bewegung von Körpern in Feldern ist dynamisch gekennzeichnet durch den Austausch von Energie und Impuls zwischen Körper und Feld. Der Erhaltungssatz der Energie hat dabei, wenn das Feld statisch und vom ersten Typ ist, die Form

$$E = E_{\mathrm{kin}}(\boldsymbol{P}) + E_{\mathrm{pot}}(\boldsymbol{r}) + E_0 = \mathrm{const.} \tag{33.1}$$

Wir hatten in Kap. IV gesagt, daß wir die Energie E_{pot} zum Feld zählen. Gl. (33.1) ist dann als Bedingung für den Energieaustausch zwischen Körper und Feld aufzufassen. Das setzt natürlich voraus, daß das System „Körper“ klar vom System „Feld“ zu trennen ist. In (33.1) manifestiert sich diese Trennung darin, daß die kinetische Energie nur vom Impuls $\boldsymbol{P}$ und die potentielle Energie nur von der Lage $\boldsymbol{r}$ abhängt. Das aber ist, wie wir nun sehen werden, in Gravitationsfeldern nur näherungsweise richtig und, wie alle Näherungsangaben des Newtonschen Grenzfalles, dadurch bedingt, daß überall dort, wo die Gesamtenergie eines Körpers im Spiel ist, diese in der Newtonschen Mechanik durch ihren Löwenanteil, nämlich die innere Energie E_0 des Körpers, ersetzt wird.

Energiebilanz in Beschleunigungsfeldern

In einem Beschleunigungsfeld hat die potentielle Energie in der Newtonschen Näherung die Eigenschaft, proportional der Masse M und damit proportional der inneren Energie E_0 des Körpers zu sein: $E_{\mathrm{pot}}(\boldsymbol{r}) = M\Phi(\boldsymbol{r}) = E_0\,\Phi(\boldsymbol{r})/c^2$. Die Kraft $\boldsymbol{F} = -\nabla E_{\mathrm{pot}}$ ist dann ebenfalls proportional M bzw. E_0, wie es für ein Beschleunigungsfeld in Newtonscher Näherung sein muß. Da aber die innere Energie E_0 nichts anderes ist als die Energie E für $\boldsymbol{P}=0$, liegt die Vermutung nahe, daß die Verschiebungsenergie bei konstantem Impuls $\boldsymbol{P}$ streng genommen nicht proportional E_0, sondern proportional $E(\boldsymbol{P})$ des Körpers ist. Für $\boldsymbol{P}=0$ ist natürlich $E=E_0$, aber daß man auch, wenn $\boldsymbol{P} \neq 0$ ist, gewöhnlich mit E_0 auskommt, liegt daran, daß für kleine Impulsbeträge, d.h. für $cP \ll E_0$, in guter Näherung $E(\boldsymbol{P}) \approx E_0$ gesetzt werden kann. Die eigentlich vorhandene Abhängigkeit der Verschiebungsenergie vom Impuls $\boldsymbol{P}$ ist dann so schwach, daß sie nicht spürbar ist. Die Verschiebungsenergie erscheint dann proportional E_0.

Die Vermutung, daß E_0 eigentlich durch E ersetzt werden muß, wird zur Notwendigkeit, wenn man das Einsteinsche Äquivalenzprinzip als verbindlich ansieht. Danach ist nämlich ein Beschleunigungsfeld dem Übergang auf ein ungleichförmig bewegtes Bezugssystem äquivalent. Bei einem solchen Übergang hängen aber Energie- und Impulsänderungen nur von den Werten der Gesamtenergie und des Impulses des betrachteten Transportvorgangs ab, nicht aber von dessen individuellen Besonderheiten und damit auch nicht von E_0.

In einem Beschleunigungsfeld, d.h. in einem Gravitationsfeld ist also die Verschiebungsenergie und damit die potentielle Energie nicht allein von $\boldsymbol{r}$ abhängig, sondern auch von $\boldsymbol{P}$, und zwar ist

$$E_{\text{pot}}(\boldsymbol{P}, \boldsymbol{r}) = \frac{\sqrt{c^2 P^2 + E_0^2}}{c^2} \Phi(\boldsymbol{r}). \tag{33.2}$$

Die lineare Abhängigkeit von der Teilchenenergie $\sqrt{c^2 P^2 + E_0^2}$ begründen wir wieder damit, daß die Verschiebung zweier Körper die doppelte Energie kostet wie die Verschiebung eines Körpers. Das Feld $\Phi(\boldsymbol{r})$ hängt von $\boldsymbol{P}$ nicht mehr ab, es charakterisiert daher das Beschleunigungsfeld. $\Phi(\boldsymbol{r})$ heißt auch das **Potential des Beschleunigungsfeldes** oder das **Gravitationspotential.** Für $cP \ll E_0$ geht (33.2) unmittelbar über in

$$E_{\text{pot}} \approx \frac{E_0}{c^2} \Phi(\boldsymbol{r}) = M \Phi(\boldsymbol{r}),$$

d.h. in den aus der Newtonschen Mechanik geläufigen, allein von $\boldsymbol{r}$ abhängigen Ausdruck. Er zeigt, daß $\Phi(\boldsymbol{r})$ dieselbe Funktion ist, die auch im Newtonschen Grenzfall auftritt.

Setzen wir (33.2) in (33.1) ein und beachten wir, daß $E_{\text{kin}} + E_0 = \sqrt{c^2 P^2 + E_0^2}$ ist, so erhalten wir als Ausdruck der **Energieerhaltung** bei der Bewegung eines Körpers der inneren Energie E_0 im Gravitationsfeld

$$\sqrt{c^2 P^2 + E_0^2} \left(1 + \frac{\Phi(\boldsymbol{r})}{c^2}\right) = \text{const.} \tag{33.3}$$

Ein Körper mit der inneren Energie E_0, der sich in einem Gravitationsfeld mit dem Potential $\Phi(\boldsymbol{r})$ vom Ort $\boldsymbol{r}$ zum Ort $\boldsymbol{r}'$ bewegt und dabei seinen Impuls von $\boldsymbol{P}$ auf den Wert $\boldsymbol{P}'$ ändert, genügt also der Gleichung

$$\sqrt{c^2 P^2 + E_0^2} \left(1 + \frac{\Phi(\boldsymbol{r})}{c^2}\right) = \sqrt{c^2 P'^2 + E_0^2} \left(1 + \frac{\Phi(\boldsymbol{r}')}{c^2}\right). \tag{33.4}$$

Diese Gleichung besagt, daß das Potential $\Phi(\boldsymbol{r})$ eine in ihrem *Absolutwert* bestimmte physikalische Größe ist, während die Newtonsche Mechanik nicht erlaubt, $\Phi(\boldsymbol{r})$ selbst zu bestimmen, sondern nur Differenzen $\Phi(\boldsymbol{r}) - \Phi(\boldsymbol{r}')$. Allerdings müssen, wenn (33.4) richtig sein soll, die Werte des Potentials bestimmten Einschränkungen unterliegen. So darf Φ sicher niemals den Wert $-c^2$ unterschreiten, da sonst die Wurzel in (33.4) negativ werden müßte. Tatsächlich ist auch (33.4) nach EINSTEIN nur eine Näherung, die nach EINSTEINS allgemeiner Theorie nur zutrifft, wenn

$$\frac{|\Phi(\boldsymbol{r})|}{c^2} \ll 1. \tag{33.5}$$

Ein unmittelbar einzusehendes Kriterium dafür, wann diese Bedingung erfüllt ist, läßt sich nicht angeben; insbesondere gibt die Newtonsche Mechanik, die nie den Absolutwert, sondern nur Differenzen von $\Phi(\boldsymbol{r})$ für physikalisch relevant erklärt, gar keinen Anhaltspunkt.

Der Newtonsche Grenzfall

Wir wenden Gl. (33.4) an auf einen Körper mit von Null verschiedener innerer Energie E_0, der sich außerdem langsam bewegt, so daß $v \ll c$ oder, was dasselbe ist, $E \approx E_0$ ist. Wir erhalten so

$$(33.6) \qquad (E_0 + E_{\mathrm{kin}})\left(1 + \frac{\Phi}{c^2}\right) = (E_0 + E'_{\mathrm{kin}})\left(1 + \frac{\Phi'}{c^2}\right).$$

Vernachlässigt man hierin die Glieder der Form $E_{\mathrm{kin}}\Phi/c^2$, die von zweiter Ordnung klein sind, so geht die letzte Beziehung über in

$$(33.7) \qquad E_{\mathrm{kin}} - E'_{\mathrm{kin}} + \frac{E_0}{c^2}(\Phi - \Phi') = \Delta E_{\mathrm{kin}} + \frac{E_0}{c^2}\Delta\Phi = \Delta[E_{\mathrm{kin}} + M\Phi(\boldsymbol{r})] = 0.$$

Das ist nichts anderes als die bekannte Aussage, daß bei einer Bewegung die Summe aus kinetischer und potentieller Energie konstant bleibt.

Extrem relativistischer Grenzfall

Was besagt die Energieerhaltung (33.4) für den Fall extrem schneller Bewegungen in einem zeitlich konstanten Gravitationsfeld, d.h. für Bewegungen, bei denen die innere Energie E_0 vernachlässigbar ist gegen cP, also $E = cP$ ist? Die mit einer Bewegung vom Ort $\boldsymbol{r}$ zum Ort $\boldsymbol{r}'$ verbundene Energieänderung $\Delta E = E - E'$ ergibt sich nach (33.4) aus

$$(33.8) \qquad E' = E\,\frac{1 + \dfrac{\Phi}{c^2}}{1 + \dfrac{\Phi'}{c^2}} \approx E\left(1 + \frac{\Phi}{c^2}\right)\left(1 - \frac{\Phi'}{c^2}\right) \approx E\left[1 + \frac{1}{c^2}(\Phi - \Phi')\right]$$

zu

$$(33.9) \qquad \frac{\Delta E}{E} = -\frac{1}{c^2}[\Phi(\boldsymbol{r}) - \Phi(\boldsymbol{r}')] = -\frac{\Delta\Phi}{c^2}.$$

Für Photonen ist nach (11.40) $E = \hbar\omega$ bzw. $E' = \hbar\omega'$, so daß die Gl. (33.9), auf Licht angewandt, das sich im Gravitationsfeld von $\boldsymbol{r}$ nach $\boldsymbol{r}'$ bewegt, eine relative Frequenzänderung liefert

$$(33.10) \qquad \frac{\Delta\omega}{\omega} = \frac{\omega - \omega'}{\omega} = -\frac{\Phi(\boldsymbol{r}) - \Phi(\boldsymbol{r}')}{c^2}.$$

Ist Φ das Potential eines *homogenen Gravitationsfelds*, d.h. $\Phi = az + \text{const.}$, so lautet (33.10)

$$\frac{\Delta\omega}{\omega} = \frac{\omega - \omega'}{\omega} = \frac{a\Delta z}{c^2}, \qquad \Delta z = z' - z. \tag{33.11}$$

Diese Gleichung ist identisch mit Gl. (32.3), die die Rotverschiebung des Lichts im Gravitationsfeld beschreibt. Die Übereinstimmung zwischen dem kinematisch erhaltenen Resultat des § 32 und dem Ergebnis der dynamischen Betrachtungen im vorliegenden Paragraphen zeigt, daß die Ansätze miteinander verträglich sind und daher wohl den Ausgangspunkt einer exakteren Theorie bilden können.

§ 34 Zeitablauf gleicher physikalischer Vorgänge an verschiedenen Stellen im Gravitationsfeld

Die durch die Formeln (33.10) und (33.11) beschriebene Rot- bzw. Violettverschiebung im Gravitationsfeld läuft hinaus auf eine physikalisch sehr tiefgehende Aussage über den zeitlichen Ablauf physikalisch gleicher Vorgänge an verschiedenen Stellen eines Gravitationsfeldes.

Uhren im Gravitationsfeld

Da die Gln. (33.10) und (33.11) nicht nur für sichtbares Licht gelten, sondern für beliebige elektromagnetische Strahlung, können wir statt Licht auch Strahlung mit einer Frequenz betrachten, die sich durch gewohnte Schwingungserzeuger, wie z.B. einen Sender, herstellen läßt. Der Sender als schwingendes System stellt gleichzeitig eine Uhr dar, d.h. ein Instrument zur Zeitmessung. Wir betrachten zwei Exemplare S_1 und S_2 eines Senders, die völlig gleich gebaut sind und daher mit derselben Frequenz ω schwingen. Bedeutet diese Aussage nun, daß diese Uhren immer synchron schwingen, d.h. daß S_2 stets n Schwingungen macht, wenn S_1 n Schwingungen macht und umgekehrt, gleichgültig in welcher relativen Lage sich die beiden Uhren befinden? Die überraschende, durch Gl. (33.10) gegebene Antwort heißt: Nein! Die beiden **gleichen Uhren** schwingen, weil sie ja gleich sein sollen, sicher synchron, wenn sie sich am gleichen Ort befinden. Synchron heißt dabei, daß wenn der eine Sender n Schwingungen macht, der andere Sender auch n Schwingungen macht. Wir bringen nun einen der beiden Sender, etwa S_2, an einen Ort höheren Potentials, so daß $\Phi_1 < \Phi_2$. (Im Erdfeld befindet sich dann S_2 höher über der Erdoberfläche als S_1.) Das Problem ist nun: Wieviel von S_1 kommende Schwingungen zählt S_2 an seinem Ort, während er selbst n Schwingungen macht? Umgekehrt können wir auch fragen, wieviel an seinem Ort ankommende Schwingungen S_1 zählt, während er selber n Schwingungen ausführt. Die Antwort gibt (33.10): Wenn S_2 n Schwingungen macht, so beobachtet S_2, wie (33.10) sagt, von S_1 kommend nur

$$n' = n\left(1 - \frac{\Delta\Phi}{c^2}\right), \qquad \Delta\Phi = \Phi_2 - \Phi_1 > 0 \tag{34.1}$$

Schwingungen. Gemessen mit seiner eigenen Uhr S_2 stellt der bei S_2 befindliche Beobachter also fest, daß die Uhr S_1 langsamer geht als seine Uhr S_2.

Ein am Ort von S_1 befindlicher Beobachter stellt, da die bei ihm ankommende Strahlung von S_2 nach (33.10) eine Verschiebung zu höheren Frequenzen zeigt, seinerseits fest, daß die Uhr S_2

$$n'' = n\left(1 + \frac{\Delta\Phi}{c^2}\right) \tag{34.2}$$

Schwingungen macht, wenn seine Uhr S_1 n Schwingungen macht. Für ihn geht S_2 schneller als seine eigene, d.h. die an seinem Ort befindliche Uhr S_1. *Beide Beobachter sagen also dasselbe, nämlich daß* S_2 *schneller geht als* S_1. Bringt man beide Uhren jedoch wieder an denselben Ort, gleichgültig an welchen (z.B. S_1 an den Ort von S_2 oder auch S_2 an den Ort von S_1), so laufen die beiden Uhren S_1 und S_2, von der Zeitdifferenz abgesehen, die durch das Nicht-Synchronlaufen zustande gekommen ist, wieder synchron.

Man wird vielleicht einwenden, daß dieses Verhalten der Uhren an ihrer besonderen Struktur liegt, elektromagnetische Schwinger zu sein. Man kann jedoch die Betrachtungen mit *jedem physikalischen Schwingungsvorgang* wiederholen, wenn man ihn als Uhr benutzt und mit ihm einen Sender steuert, der seinerseits elektromagnetische Strahlung aussendet. Man erhält dann für beliebige Uhren dieselben Resultate wie oben. Im Prinzip kann man auch das menschliche Herz als Uhr betrachten. Das Leben eines Menschen wird dann durch die gesamte Zahl der Schläge gemessen, die sein Herz macht. Zwei *gleiche* Menschen wären nach der obigen Definition gleicher Vorgänge dann dadurch definiert, daß, wenn sie sich am selben Ort befinden, ihre Herzen synchron, d.h. im gleichen Takt schlagen. Außerdem machen ihre Herzen, gleichgültig an welcher Stelle sich die beiden Menschen befinden, von ihrer Geburt bis zu ihrem Tod dieselbe Gesamtzahl von Schlägen. Bringt man die beiden gleichen Menschen aber an Orte verschiedenen Gravitationspotentials, so schlagen ihre Herzen nicht mehr synchron. Das Herz desjenigen, der sich am Ort tieferen Gravitationspotentials befindet, schlägt langsamer als das des anderen, der sich am Ort höheren Potentials aufhält. Der erste altert damit langsamer als der zweite und legt seine Lebensspanne langsamer zurück; er stirbt später als der zweite.

Betrachten wir ein *Zwillingspaar*, d.h. zwei Menschen, die am selben Ort und zur selben Zeit geboren werden und die somit gemeinsam ihr Leben beginnen. Der Einfachheit halber wollen wir sie auch noch im oben erklärten Sinn als gleich annehmen, so daß sich bei jedem der beiden Brüder die Pubertät, das erste graue Haar und andere Alterserscheinungen jeweils nach genau gleich vielen Herzschlägen einstellen, die seit Beginn ihres Lebens stattgefunden haben. Werden dann die beiden Zwillingsbrüder räumlich getrennt und an Orte verschiedenen Gravitationspotentials Φ gebracht, leben sie z.B. in zwei verschiedenen Stockwerken eines Hochhauses, so hört der Synchronismus ihres Lebensablaufs auf. Derjenige, der sich an der Stelle höheren Wertes von Φ, also in der oberen Etage befindet, durchmißt seinen Lebensweg schneller als der andere am Ort tieferen Potentials Φ (Abb. 34.1). Er kommt früher in die Pubertät als sein unten wohnender Bruder, und er wird auch früher sterben, d.h. die Gesamtzahl der Herzschläge seines Lebens schneller hinter sich gebracht haben. Auf unserer Erde ist dieser Effekt allerdings so gering, daß er bei Lebensvorgängen unmöglich zu beobachten ist. Bei einem Höhenunterschied von 10 m zwischen den Etagen der beiden Zwillingsbrüder beträgt er nach (34.1) $\Delta\Phi/c^2 = g \cdot 10\,\mathrm{m}/c^2 = 98{,}1/(3 \cdot 10^8)^2 \approx 10^{-15}$. Wenn die beiden Brüder also 10^{15} sec $\approx$ 30 Millionen Jahre lebten, betrüge die Differenz ihrer Lebensdauern erst eine Sekunde.

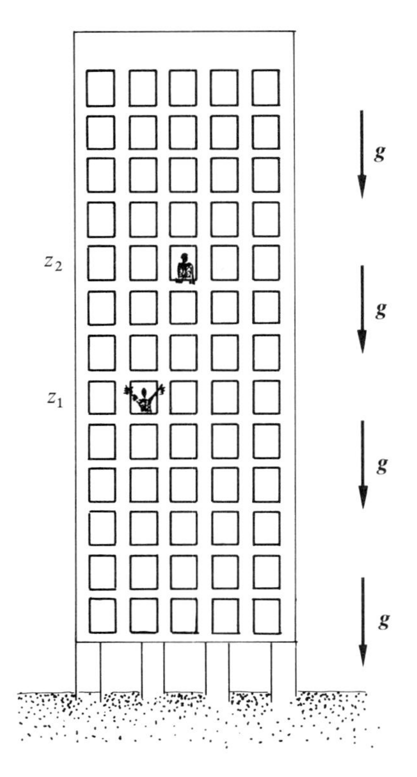

Abb. 34.1

Zwei Brüder wohnen auf verschiedenem Gravitationspotential $\Phi(z)$. Im homogenen Gravitationsfeld beträgt ihr Potentialunterschied $\Phi(z_2)-\Phi(z_1)=g(z_2-z_1)$. Während der obere (bei z_2) n Herzschläge macht, schlägt das Herz des unteren bei z_1 nur $n[1-g(z_2-z_1)/c^2]$ mal. Der untere Bruder altert also langsamer. Allgemein: Am Orte höheren Potentials gehen alle Uhren schneller.

Die Voraussetzung, daß die inneren Prozesse bei beiden Menschen gleich sind, ihre Herzen im Laufe ihres Lebens also die gleiche Gesamtzahl von Schlägen machen, führt dazu, daß das Altern von der gegenseitigen räumlichen Lage der beiden abhängt. Altern ist kein absoluter Prozeß, der mit einem absoluten Zeitablauf verglichen werden könnte, sondern ein relativer Prozeß. Das Altern einer Person oder eines Objektes ist nur vergleichbar mit anderen in der Natur vorkommenden Alterungsprozessen. Es gibt eben **keine absolute Zeit,** sondern nur **Zeitvergleiche.** Diese sind, und das ist das Überraschende, abhängig von der gegenseitigen geometrischen Lage der verglichenen Objekte bzw. Vorgänge, genauer vom Unterschied des Gravitations- oder Beschleunigungspotentials Φ.

Uhren bei beschleunigten Bewegungen. Zwillingsparadoxon

Die letzte Bemerkung birgt eine neue Überraschung. Da nämlich Beschleunigungsfelder außer an die Gravitation auch an ungleichförmige Bewegungen geknüpft sind, hängt der Zeitablauf von Vorgängen an verschiedenen Orten vom **Bewegungszustand des Beobachters** ab. Zwei an *verschiedenen* Orten gleichen Gravitationspotentials relativ zueinander ruhende, synchron gehende Uhren können für einen Beobachter dadurch aus ihrem Synchronismus gebracht werden, daß dieser Beobachter sich relativ zu ihnen beschleunigt bewegt. Infolge seiner ungleichförmigen Bewegung registriert er nämlich ein Beschleunigungsfeld, dessen Feldstärke zwar an den beiden Orten gleich ist, dessen *Potential* aber verschieden ist und deshalb ein Aufhören des Synchronismus zur Folge hat.

Auf diesem Effekt beruht das viel diskutierte **Zwillingsparadoxon.** Von einem Zwillingspaar möge sich der eine mit einem Raumschiff auf Reisen begeben, während der andere zu Hause bleibt. Nach einer gewissen Zeit möge der Reisende umkehren und wieder seinem Heimat-Sonnensystem zustreben. Bei der Rückkehr stellt sich heraus, daß sein zu Hause gebliebener Zwillingsbruder älter ist als er selbst. Der Altersunterschied ist dabei um so größer, je größer die Entfernung von der Heimat war, in der sich der Reisende zur Umkehr entschlossen hat. Das ist in groben Zügen das Resultat, das durch das Äquivalenzprinzip erzwungen wird. Wir wollen die Schlußweise im Detail betrachten.

Kinematisch gesehen befinden sich die beiden Zwillingsbrüder in einer völlig äquivalenten Situation. Jeder sieht den anderen sich zunächst von ihm wegbewegen, dann umkehren und zurückkommen. Wären die relativistischen Effekte kinematischer Natur, könnte es gar kein Zwillingsparadoxon geben: Jeder der beiden Zwillingsbrüder würde vom anderen behaupten, er sei jünger geblieben — was beim Wiedersehen ganz sicher zum Widerspruch führte.

Dynamisch befinden sich die Zwillinge jedoch nicht in gleicher Lage. Alle Geschwindigkeitsänderungen werden nämlich durch die Rakete des Zwillingsbruders 2 erzeugt, während der zu Hause bleibende Bruder 1 dazu nichts beiträgt. Das hat zur Folge, daß das Bezugssystem von 1 während der ganzen Reise von 2 inertial bleibt. Das Bezugssystem des reisenden Bruders 2 ist dagegen nur so lange inertial, wie sich beide Brüder mit konstanter Relativgeschwindigkeit gegeneinander bewegen. Bei jeder durch die Tätigkeit der Rakete bewirkten Beschleunigung tritt im Bezugssystem des reisenden Bruders 2 dagegen ein homogenes Gravitationsfeld (Beschleunigungsfeld) auf. Dieses Gravitationsfeld sieht nur der reisende Zwillungsbruder 2, nicht aber der zu Hause bleibende Bruder 1. Die Situation ist also anders als in Abb. 34.1, wo beide Brüder das gleiche Gravitationsfeld sehen.

Nun hat in einem Inertialsystem zwar die Feldstärke $\boldsymbol{a}$ des Gravitationsfeldes (Beschleunigungsfeldes) den Wert Null, aber das bedeutet nur, daß das Gravitationspotential $\Phi(\boldsymbol{r})$ einen konstanten, von $\boldsymbol{r}$ unabhängigen Wert hat. Φ braucht keineswegs Null zu sein und ist es im allgemeinen auch nicht. Wie wir schon in § 33 gesehen haben, ist in der Einsteinschen Theorie das Gravitationspotential $\Phi(\boldsymbol{r})$ seinem Absolutwert nach festgelegt und nicht, wie in der Newtonschen Theorie, in jedem Einzelfall beliebig normierbar. Das hat zur Folge, daß das Gravitationspotential in Inertialsystemen, die sich relativ zueinander mit konstanter Geschwindigkeit bewegen, zwar jeweils einen räumlich konstanten, aber unterschiedlichen Wert hat. Wie wir zeigen wollen, gilt nämlich: $\mathfrak{R}^{(1)}$ sei ein Bezugssystem, das unverändert inertial bleibe. Ein Bezugssystem $\mathfrak{R}^{(2)}$, das bis zur Zeit t_0 mit $\mathfrak{R}^{(1)}$ koinzidiere, werde im Zeitintervall zwischen t_0 und $t_0+\Delta t$ gegen $\mathfrak{R}^{(1)}$ auf die konstante Geschwindigkeit $\boldsymbol{v}$ gebracht. Für die Zeitspanne Δt ist $\mathfrak{R}^{(2)}$ somit nicht-inertial. Das in $\mathfrak{R}^{(2)}$ während dieser Zeit herrschende homogene Gravitationsfeld $\boldsymbol{a}$ sei zeitlich konstant. Nach der Zeitspanne Δt, das heißt, nachdem $\mathfrak{R}^{(2)}$ ebenfalls wieder inertial ist, hat das (räumlich konstante) Gravitationspotential Φ_2 in $\mathfrak{R}^{(2)}$ dann einen um $v^2/2$ kleineren Wert $\Phi_2=\Phi_1-v^2/2$. Wird $\mathfrak{R}^{(2)}$ wieder so abgebremst, daß es am Ende des Bremsvorgangs in bezug auf $\mathfrak{R}^{(1)}$ ruht, nimmt der Wert von Φ_2 wieder zu bis zum Wert Φ_1.

Zum Beweis verwenden wir die Gl. (33.4). Wir betrachten dazu einen Körper mit der inneren Energie E_0, der in $\mathfrak{R}^{(1)}$, das ja während des ganzen Vorgangs inertial bleibt, ruht. In $\mathfrak{R}^{(2)}$, das bis zur Zeit t_0 mit $\mathfrak{R}^{(1)}$ zusammenfällt, erfahre der Körper ab t_0 für

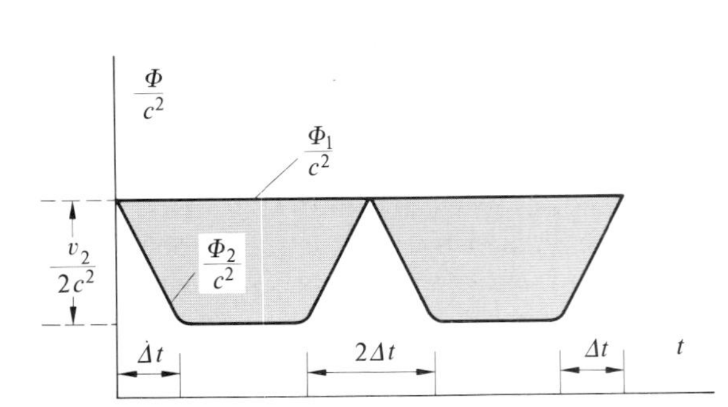

Abb. 34.2

Gravitationspotentiale beim Zwillingsparadoxon in Abhängigkeit von der Zeit in der Skala des Zwillings 1. Die obere Kurve gibt das Gravitationspotential des Zwillings 1 an, die untere Kurve das des reisenden Zwillings 2. Ab $t_0=0$ entfernt sich Zwilling 2 von Zwilling 1, und zwar während der Zeitspanne Δt beschleunigt. Die beschleunigte Umkehrphase dauert bei gleichem Betrag der Beschleunigung $2\Delta t$, und das Abbremsen bei der Ankunft wieder Δt. Die von beiden Kurven umschlossene Fläche gibt den Alterungsunterschied beider Zwillinge nach der Rückkehr von 2 an.

die Zeitspanne Δt die konstante Beschleunigung $\boldsymbol{a}$. Da wegen $v \ll c$ die Newtonsche Näherung zutrifft, gilt nach (33.4)

$$\left(E_0+\frac{E_0}{2}\,\frac{v^2}{c^2}\right)\left(1+\frac{\Phi(t_0+\Delta t)}{c^2}\right)=E_0\left(1+\frac{\Phi(t_0)}{c^2}\right).$$

Nun ist aber $\Phi(t_0)=\Phi_1$ und $\Phi(t_0+\Delta t)=\Phi_2$, so daß, wie behauptet, $\Phi_2=\Phi_1-v^2/2$. Der Beweis zeigt ferner, daß bei einer Abbremsung, die $\mathfrak{R}^{(2)}$ wieder auf die Relativgeschwindigkeit Null gegenüber $\mathfrak{R}^{(1)}$ bringt, das Gravitationspotential um den gleichen Betrag $v^2/2$ wieder angehoben wird. $\mathfrak{R}^{(1)}$ selbst ist während der ganzen Zeit inertial geblieben.

Während der Reise des Zwillingsbruders 2 findet der Satz zweimal Anwendung: Einmal von der Abreise bis zum Umkehrpunkt und zum zweiten vom Umkehrpunkt bis zum Wiedereintreffen beim Bruder 1. Das ist in Abb. 34.2 dargestellt. Nun bestimmen aber die Werte Φ_1 und Φ_2 des Gravitationspotentials, wie schnell die Herzen der Zwillingsbrüder 1 bzw. 2 schlagen. Die von den Kurven Φ_1/c^2 bzw. Φ_2/c^2 und der t-Achse begrenzten Flächenstücke sind ein unmittelbares Maß für die Anzahl der Herzschläge des Bruders 1 bzw. 2 in der Zeitskala t des Bruders 1. Die in Abb. 34.2 von den beiden Kurven Φ_1/c^2 und Φ_2/c^2 berandete Fläche gibt also den durch die Reise bewirkten Unterschied im Alter der beiden Zwillingsbrüder an. Wie man sieht, ist dieser Unterschied um so größer, je weiter die Reise von 2 geht. Ist $2l$ die gesamte Länge der Reisestrecke, ist also bei Vernachlässigung der Beschleunigungsstrecken $2l=vt$, so ist nach (34.1)

$$t_1-t_2=t_1\,\frac{v^2}{2c^2}=\frac{l\,v}{c^2}.$$

Um diesen Zeitbetrag ist der reisende Zwillingsbruder 2 nach Durchlaufen der Reisestrecke $2l$ jünger als der zu Hause gebliebene 1.

Wir wollen noch ein verwandtes Problem betrachten (Abb. 34.3). Wieder sei ein Zwillingspaar gegeben, von denen einer im Zentrum und der zweite auf dem Rand eines Karussells sitzt, so daß sich der **zweite Zwilling im Kreis um den ersten bewegt.** Der Kreis habe den Radius r, die Geschwindigkeit des zweiten Zwillings den konstanten Betrag v. Wir nehmen an, daß sich das Karussell gegenüber einem Inertialsystem dreht, der erste Zwilling also in bezug auf das Inertialsystem ruht. Beschreibt man das Karussell mit den beiden Brüdern in einem Bezugssystem, das sich mit dem Karussell dreht, so ruhen in diesem beide Brüder im Abstand r voneinander. Ist $\boldsymbol{\Omega}$ die Winkelgeschwindigkeit der Drehung, so daß $\boldsymbol{v}=\boldsymbol{\Omega}\times\boldsymbol{r}$, so herrscht im rotierenden Bezugssystem ein Gravita-

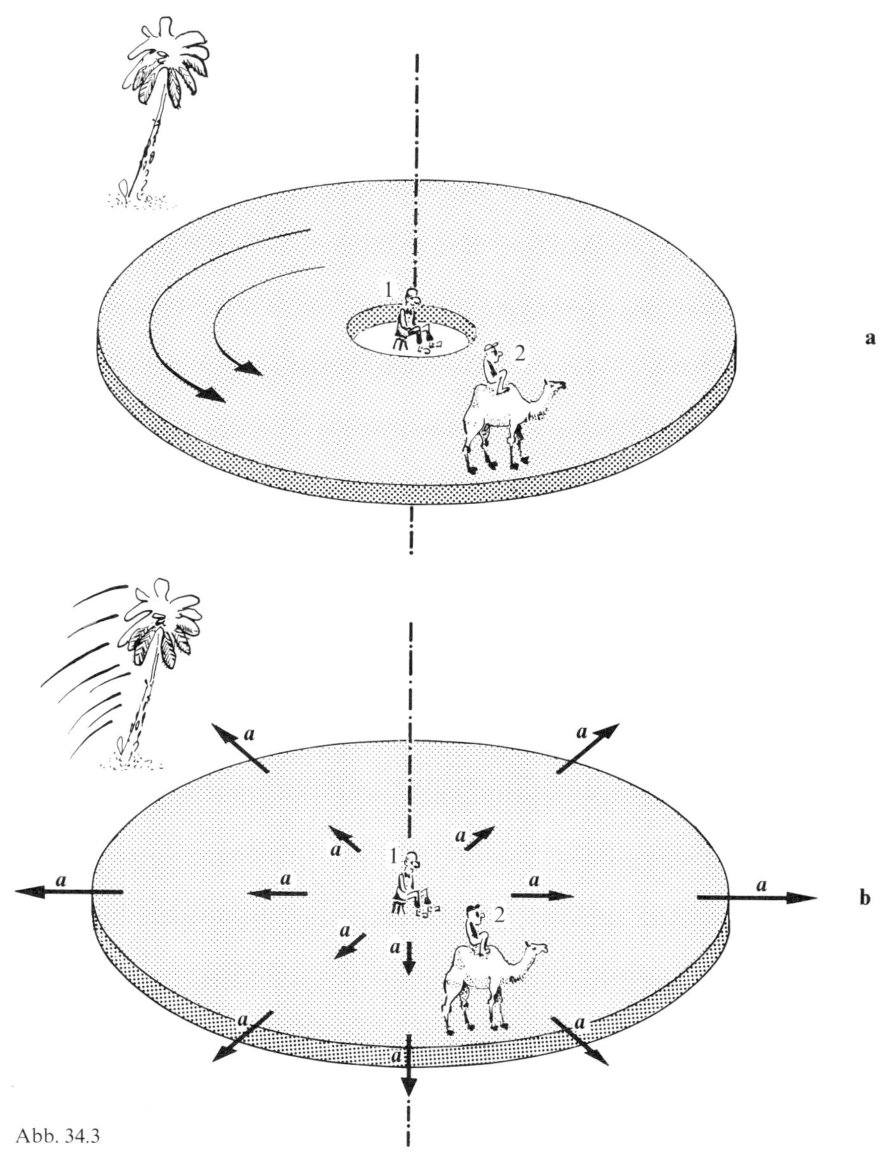

Abb. 34.3

Zwillingsparadoxon bei rotativer Beschleunigung. In einem Inertialsystem reist der eine Bruder auf einer Kreisbahn mit der Winkelgeschwindigkeit $\boldsymbol{\Omega}$ um den daheim gebliebenen zweiten (Teilbild a, das Kamel steht auf einer rotierenden Karussellscheibe). Im mitrotierenden Koordinatensystem (Teilbild b) ruhen die Brüder relativ zueinander, spüren dafür aber ein Beschleunigungsfeld, das Zentrifugalfeld $\boldsymbol{a}(\boldsymbol{r})$ mit dem Potential $\Phi(r) = -\Omega^2 r^2/2$. Da die Beschleunigungsrichtung nach außen zeigt, befindet sich der zu Hause gebliebene Zwilling an einem Orte größeren Potentials als sein reisender Bruder. Der reisende Zwilling altert also langsamer.

tionsfeld, nämlich **ein Zentrifugalfeld,** das nach (31.15) das Potential hat

(34.3) $$\Phi(r) = -\tfrac{1}{2}(\boldsymbol{\Omega} \times \boldsymbol{r})^2 = -\frac{\Omega^2 r^2}{2}.$$

Der Bruder 2 auf dem Rand des Karussells befindet sich also an der Stelle tieferen Potentials gegenüber seinem Bruder 1, so daß er langsamer altert. Ist n_1 die Anzahl der von einem bestimmten Augenblick an gezählten Herzschläge des Bruders 1, und n_2 entsprechend die Anzahl der vom selben Augenblick an gezählten Herzschläge des Bruders 2, so ist, da das Zentrifugalfeld von 1 nach 2 gerichtet ist,

$$n_1 = n_2 \left(1 - \frac{\Phi(r) - \Phi(0)}{c^2}\right) = n_2 \left(1 + \frac{\Omega^2 r^2}{2c^2}\right) = n_2 \left(1 + \frac{1}{2} \frac{v^2}{c^2}\right). \tag{34.4}$$

Diese Formel gibt den quantitativen Zusammenhang an zwischen dem Altern der beiden Brüder. Auffallend an (34.4) ist, daß sich der letzte Gleichungsschritt, d.h. das Schlußresultat allein unter Verwendung der Geschwindigkeit v formulieren läßt, mit der sich 2 relativ zum Inertialsystem bewegt, und daß es keinen Hinweis mehr auf das Beschleunigungsfeld enthält. Gl. (34.4) besagt somit, daß es nicht auf den Abstand r ankommt, in dem sich 2 um 1 bewegt, sondern allein auf die Geschwindigkeit v.

Der beschriebene Vorgang läßt sich realisieren, wenn man die Zwillingsbrüder ersetzt durch **Elementarteilchen mit endlicher Lebensdauer,** etwa Myonen, die in Elektronen und Antineutrinos zerfallen, und das Karussell durch einen Zirkularbeschleuniger. Experimentiert man dann nicht mit einem oder zwei solcher Teilchen, sondern mit sehr vielen, so ist die mittlere Lebensdauer der Teilchen eine wohldefinierte Größe, die der Gesamtzahl der Herzschläge eines Menschen vergleichbar ist. Haben also Myonen, die in einem Inertialsystem ruhen, die mittlere Lebensdauer τ_0, so müssen Myonen, die in einem Zirkularbeschleuniger mit dem Geschwindigkeitsbetrag v umlaufen und demgemäß weniger schnell altern, eine Lebensdauer τ haben, die größer ist als τ_0. Der quantitative Zusammenhang zwischen τ und τ_0 ist nach (34.4) gegeben durch

$$\tau = \tau_0 \left(1 + \frac{1}{2} \frac{v^2}{c^2}\right). \tag{34.5}$$

Dieses Resultat läßt sich experimentell prüfen. Das Experiment zeigt dabei, daß die Formel (34.5) recht gut stimmt, solange die Geschwindigkeit v des Teilchens nicht zu nahe an die Grenzgeschwindigkeit c kommt. Daß dann allerdings Abweichungen von den bisherigen Formeln zu erwarten sind, ist nicht überraschend, denn bislang haben wir ja der Tatsache noch nicht Rechnung getragen, daß es eine endliche Grenzgeschwindigkeit des Energietransports gibt.

Eine andere experimentelle Prüfung von (34.4) erlaubt die in Abb. 34.4 dargestellte Anordnung eines **Mößbauer-Experiments auf einer Drehscheibe,** die sich mit $\boldsymbol{\Omega}$ dreht. Die Quelle 2 wird auf den Rand der Drehscheibe montiert, während der Absorber 1 im Zentrum sitzt. Die von der Quelle 2 ausgesandte Strahlung der Frequenz ω registriert der Absorber mit der verringerten, rotverschobenen Frequenz ω', verringert nämlich

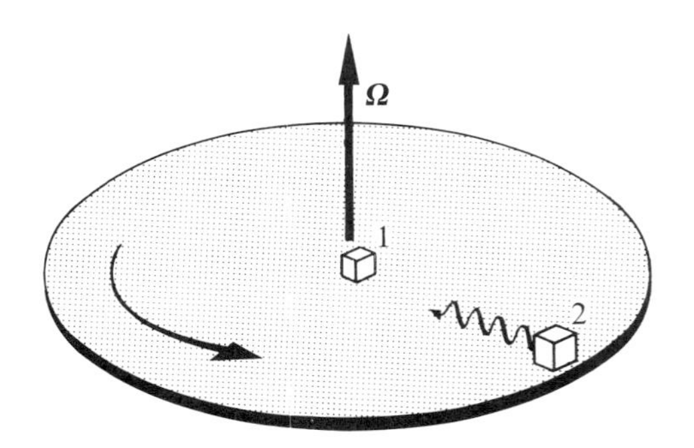

Abb. 34.4

Nachweis der durch Gl. (34.4) beschriebenen Frequenzänderung im Beschleunigungsfeld. Quelle 2 und Absorber 1 eines Mößbauer-Experiments sind auf einer mit $\boldsymbol{\Omega}$ rotierenden Scheibe montiert. Der Absorber registriert dabei die durch (34.6) beschriebene Rotverschiebung.

gegenüber einer gleichen Quelle an seinem eigenen Ort. Somit ist nach (34.4)

$$\omega' = \frac{\omega}{1 + \frac{1}{2}\frac{v^2}{c^2}} \approx \omega\left(1 - \frac{1}{2}\frac{v^2}{c^2}\right). \tag{34.6}$$

Der Mößbauer-Effekt (§ 12) ist hierbei nur notwendig, um die erforderliche Meßgenauigkeit zur Bestimmung von $\omega - \omega'$ zu erreichen. Natürlich lassen Quelle und Absorber sich auch vertauschen; dann registriert der Absorber eine Frequenzerhöhung, d.h. eine Violettverschiebung.

Die hier diskutierten Ergebnisse des Einsteinschen Äquivalenzprinzips mögen zwar unserem Zeitempfinden und dem, was wir den gesunden Menschenverstand nennen, ins Gesicht schlagen, aber es besteht kein Zweifel, daß sie die Natur richtig beschreiben.

Bei den bisherigen Überlegungen haben wir noch nicht berücksichtigt, daß es für den Transport von Energie eine endliche Grenzgeschwindigkeit gibt. Den Auswirkungen davon wollen wir uns jetzt zuwenden.

§ 35 Grenzgeschwindigkeit und Relativitätsprinzip

Für die quantitative Formulierung der Erfahrung, daß der Energietransport an eine endliche Grenzgeschwindigkeit gebunden ist, gibt es die folgende Alternative: Entweder ist die Grenzgeschwindigkeit c durch die Werte anderer physikalischer Größen bestimmt, oder sie ist als fester Zahlwert gegeben. Im zweiten Fall spielt c die Rolle einer universellen Naturkonstante. EINSTEIN folgend wollen wir hier die Grenzgeschwindigkeit als eine Naturkonstante ansehen — obwohl nicht zu übersehen ist, daß der andere Weg physikalisch befriedigender wäre.

Da nach der dynamischen Auffassung der Physik jeder physikalische Bewegungsvorgang Transport von Energie (und noch weiterer Größen) ist, ist es ganz gleichgültig, ob die Energie mechanischen, elektrischen oder noch anderen „Ursprungs“ ist. Demgemäß gibt es auch kein mechanisches, elektrisches oder sonstwie eingeschränktes Relativitätsprinzip, sondern nur ein allgemeines, gültig für alle Vorgänge und für alle Bezugssysteme.

Das Relativitätsprinzip (§ 30) hat zur Folge, daß wenn die *Grenzgeschwindigkeit des Energietransports durch einen Wert c gekennzeichnet ist, dieser in allen Bezugssystemen derselbe sein muß.* Das **Gesetz über die Grenzgeschwindigkeit** lautet dann nämlich in einem willkürlich herausgegriffenen Bezugssystem: *Die Grenzgeschwindigkeit c beträgt 299 793 km/sec.* Die Besonderheit dieses Gesetzes liegt darin, daß es nicht physikalische Größen miteinander verknüpft, sondern den Wert einer Größe festlegt. Da das Relativitätsprinzip aber verlangt, daß die physikalischen Gesetze in allen Bezugssystemen dieselben sind, muß dieses Gesetz in allen Bezugssystemen gleich lauten und damit die Grenzgeschwindigkeit *in allen Bezugssystemen denselben Wert c* haben. Das gilt nicht nur für gleichförmig, sondern für beliebig gegeneinander bewegte Bezugssysteme. Allerdings ist, wie wir in § 34 gesehen haben, darauf zu achten, daß in einem Bezugssystem, in dem Beschleunigungsfelder auftreten, die Grenzgeschwindigkeit stets so gemeint ist, daß ein Vorgang, der mit der Grenzgeschwindigkeit abläuft, wie z.B. die Lichtausbreitung, mit *einer Uhr am selben Ort zu messen ist, an dem sich der Vorgang abspielt* (und nicht mit einer Uhr an einem anderen Ort!).

Das Gemeinte wird unmittelbar klar, wenn wir noch einmal auf die Überlegungen des §34 zurückgreifen. Betrachten wir dazu den Vorgang der Lichtausbreitung am Ort des Senders S_2. Wenn das Licht eine bestimmte Strecke l (bei S_2) zurücklegt, mache S_2 n Schwingungen. l dividiert durch die Zahl n der Schwingungen, deren einzelne als Zeiteinheit fungieren möge, gibt dann die Geschwindigkeit c. Ein bei S_1 am Ort tieferen Beschleunigungspotentials befindlicher Beobachter registriert aber, wenn das bei S_2 sich ausbreitende Licht die Strecke l zurücklegt, an seiner Uhr nur $n(1-\Delta\Phi/c^2)$ Schwingungen, da seine Uhr S_1 langsamer geht als S_2. Dividiert er also die Strecke l durch die Anzahl der Schwingungen, die seine Uhr gemacht hat, so erhielte er als Grenzgeschwindigkeit wegen (33.5)

$$c' = \frac{c}{1-\dfrac{\Delta\Phi}{c^2}} \approx c\left(1+\frac{\Delta\Phi}{c^2}\right) = c + \frac{\Delta\Phi}{c},$$

das heißt eine Geschwindigkeit, die größer ist als c. Umgekehrt würde ein bei S_2 befindlicher Beobachter, der mit seiner Uhr S_2 eine Lichtausbreitung mißt, die am Ort S_1 stattfindet, eine Geschwindigkeit messen, die kleiner ist als c.

Die Betrachtung zeigt, daß man in Bezugssystemen, die relativ zueinander ruhen, in denen aber Beschleunigungsfelder existieren, für ein und denselben, an einem bestimmten Ort stattfindenden Vorgang ganz verschiedene Geschwindigkeiten mißt, je nachdem, wo sich die Uhr befindet, mit der man die Messung vornimmt. Die Angabe einer bestimmten Grenzgeschwindigkeit hat daher nur Sinn, wenn man auch den Ort angibt, an dem sich die zur Messung der Geschwindigkeit benutzte Uhr befindet. Will man diesen Schwierigkeiten entgehen, bleibt nur die Möglichkeit, die Uhr stets an denselben Ort zu bringen, an dem auch der Vorgang stattfindet. Tut man das, mißt man als Grenzgeschwindigkeit des Energie-Impuls-Transports nach Aussage des Einsteinschen Relativitätsprinzips immer denselben Wert c.

Diese komplizierten Vorsichtsmaßregeln werden offensichtlich überflüssig, wenn man Bezugssysteme hat, in denen keine Beschleunigungsfelder auftreten. Das sind aber gerade die Inertialsysteme. Ihnen wenden wir uns nun zu.

§ 36 Transformation von Energie, Impuls und Geschwindigkeit beim Übergang zwischen Inertialsystemen

Energie, Impuls und Geschwindigkeit eines Teilchens haben in bezug auf das Bezugssystem $\mathfrak{R}$ die Werte $E, \boldsymbol{P}, \boldsymbol{v}$; in bezug auf $\mathfrak{R}'$, das sich gegen $\mathfrak{R}$ mit der konstanten Geschwindigkeit $-\boldsymbol{V}$ bewegt, haben sie die Werte $E', \boldsymbol{P}', \boldsymbol{v}'$. Zwischen den Werten in $\mathfrak{R}$ und denen in $\mathfrak{R}'$ bestehen dann nach den Regeln der Dynamik die folgenden Beziehungen:

$$E' = \frac{1}{\sqrt{1-\dfrac{V^2}{c^2}}}(E+\boldsymbol{P}\boldsymbol{V}) = \frac{E}{\sqrt{1-\dfrac{V^2}{c^2}}}\left(1+\frac{\boldsymbol{v}\boldsymbol{V}}{c^2}\right) \tag{36.1}$$

(36.2) a) $$P'_\parallel = \frac{1}{\sqrt{1-\dfrac{V^2}{c^2}}}\left(P_\parallel \pm \frac{E}{c^2}V\right)$$ zu $\boldsymbol{V}$ parallele Komponente von $\boldsymbol{P}$ bzw. $\boldsymbol{P}'$,

b) $\boldsymbol{P}'_\perp = \boldsymbol{P}_\perp$ zu $\boldsymbol{V}$ senkrechte Komponenten von $\boldsymbol{P}$ bzw. $\boldsymbol{P}'$,

(36.3) a) $v'_{\|} = \dfrac{v_{\|} \pm V}{1 + \dfrac{\boldsymbol{v}\boldsymbol{V}}{c^2}}$ zu $\boldsymbol{V}$ parallele Komponente von $\boldsymbol{v}$ bzw. $\boldsymbol{v}'$,

b) $\boldsymbol{v}'_{\perp} = \sqrt{1 - \dfrac{V^2}{c^2}} \dfrac{\boldsymbol{v}_{\perp}}{1 + \dfrac{\boldsymbol{v}\boldsymbol{V}}{c^2}}$ zu $\boldsymbol{V}$ senkrechte Komponenten von $\boldsymbol{v}$ bzw. $\boldsymbol{v}'$.

Von diesen Gleichungen ist (36.2 b) unmittelbar klar, da die Erhaltung des Impulses für jede Komponente getrennt gilt. Die zur Relativgeschwindigkeit $\boldsymbol{V}$ von $\mathfrak{R}'$ gegen $\mathfrak{R}$ senkrechten Komponenten des Impulses werden daher durch den Übergang von $\mathfrak{R}$ nach $\mathfrak{R}'$ gar nicht betroffen. Da zwischen Impuls, Energie und Geschwindigkeit eines Teilchens im leeren Raum, d.h. in einem Inertialsystem nach (5.1) allgemein die Relation

(36.4) $$\boldsymbol{P} = \frac{E}{c^2}\boldsymbol{v} \quad \text{bzw.} \quad \boldsymbol{P}' = \frac{E'}{c^2}\boldsymbol{v}'$$

besteht, läßt sich (36.2 b) auch in der Form schreiben

(36.5) $$\frac{E'}{c^2}\boldsymbol{v}'_{\perp} = \frac{E}{c^2}\boldsymbol{v}_{\perp} \quad \text{oder} \quad \boldsymbol{v}'_{\perp} = \frac{E}{E'}\boldsymbol{v}_{\perp}.$$

Setzt man hierin die zweite Teilgleichung von (36.1) ein, so folgt unmittelbar Gl. (36.3 b). Es bleiben also nur noch (36.1), (36.2 a) und (36.3 a) zu beweisen.

Dazu bemerken wir zunächst, daß in (36.1), (36.2 a) und (36.3 a) nur die zu $\boldsymbol{V}$ parallele Komponente $P_{\|}$ von $\boldsymbol{P}$ vorkommt (denn es ist $\boldsymbol{P}\boldsymbol{V} = \pm P_{\|} V$), so daß die Gleichungen eine Beziehung zwischen den Größen E, $P_{\|}$ und E', $P'_{\|}$ darstellen. Diese Beziehung muß linear sein, d.h. es muß gelten (wobei wir der Zweckmäßigkeit halber statt $P_{\|}$ die Größe $cP_{\|}$, die auch die Dimension einer Energie hat, als Variable benutzen)

(36.6) $$E' = \alpha E + \beta(cP_{\|}),$$
$$cP'_{\|} = \gamma E + \delta(cP_{\|}).$$

Darin sind die Koeffizienten $\alpha, \beta, \gamma, \delta$ Funktionen von V. Die Linearität zwischen $E, cP_{\|}$ und $E', cP'_{\|}$ folgt einfach daraus, daß eine Verdopplung von Energie und Impuls im Bezugssystem $\mathfrak{R}$, etwa dadurch, daß man statt einem Teilchen zwei Teilchen gleichen Impulses und gleicher Energie betrachtet, auch eine Verdopplung im Bezugssystem $\mathfrak{R}'$ bedeutet.

Nun gilt aber für ein Teilchen mit der inneren Energie E_0 nach (6.10) die Beziehung $E^2 - c^2P^2 = E_0^2$, und da E_0 als innere Energie unabhängig ist vom Bezugssystem, muß diese Beziehung in $\mathfrak{R}$ und in $\mathfrak{R}'$ gelten. Es muß also sein

(36.7) $$E^2 - c^2(P_{\|}^2 + \boldsymbol{P}_{\perp}^2) = E'^2 - c^2(P_{\|}'^2 + \boldsymbol{P}_{\perp}'^2),$$

oder, wenn wir (36.2 b) beachten,

(36.8) $$E^2 - c^2P_{\|}^2 = E'^2 - c^2P_{\|}'^2.$$

Setzen wir in die rechte Seite dieser Gleichung die Ausdrücke (36.6) für E' und $cP'_{\|}$ ein, so resultiert

$$E^2 - c^2 P_{\|}^2 = (\alpha^2 - \gamma^2) E^2 - (\delta^2 - \beta^2) c^2 P_{\|}^2 + 2(\alpha\beta - \gamma\delta) E c P_{\|}.$$

Hieraus erhalten wir durch Vergleich der linken und rechten Seite die Bedingungen

$$\alpha^2 - \gamma^2 = 1, \qquad \delta^2 - \beta^2 = 1, \qquad \alpha\beta - \gamma\delta = 0. \tag{36.9}$$

Das sind drei Gleichungen für die vier unbekannten Koeffizienten α, β, γ, δ. Wir können also die vier Koeffizienten auf einen, z. B. α, reduzieren. Man berechnet so aus (36.9)

$$\beta = \gamma = \sqrt{\alpha^2 - 1}, \qquad \delta = \alpha. \tag{36.10}$$

Hiermit gehen die Gln. (36.6) über in

$$E' = \alpha\left(E + \frac{\sqrt{\alpha^2 - 1}}{\alpha} c P_{\|}\right), \tag{36.11}$$

$$c P'_{\|} = \alpha\left(c P_{\|} + \frac{\sqrt{\alpha^2 - 1}}{\alpha} E\right).$$

Der Koeffizient α ist eine Funktion der Geschwindigkeit $\boldsymbol{V}$, mit der sich das Bezugssystem $\mathfrak{R}$ gegenüber $\mathfrak{R}'$ bewegt. Diese Funktion erhalten wir durch folgende Überlegung: Die Gln. (36.11) geben ja an, wie sich die Energie E und die zu $\boldsymbol{V}$ parallele Komponente $P_{\|}$ des Impulses eines beliebigen Teilchens ändern, wenn man vom Bezugssystem $\mathfrak{R}$ zum Bezugssystem $\mathfrak{R}'$ übergeht. Betrachten wir ein Teilchen, das in $\mathfrak{R}$ ruht, so daß $E = E_0$, $P_{\|} = 0$. Dann liefert (36.11) für die Energie dieses Teilchens im Bezugssystem $\mathfrak{R}'$, in dem sich das Teilchen also mit der Geschwindigkeit $\boldsymbol{V}$ bewegt,

$$E' = \alpha E_0.$$

Nun besteht aber zwischen der Energie E' und der Geschwindigkeit $\boldsymbol{V}$ eines Teilchens mit der inneren Energie E_0 nach (6.12) die Beziehung

$$E' = \frac{E_0}{\sqrt{1 - \frac{V^2}{c^2}}}.$$

Somit ist

$$\alpha = \frac{1}{\sqrt{1 - \frac{V^2}{c^2}}} \quad \text{oder} \quad \frac{\sqrt{\alpha^2 - 1}}{\alpha} = \pm\frac{V}{c}. \tag{36.12}$$

Mit diesem Wert für α sind die Gln. (36.11) identisch mit (36.1) und (36.2a).

Um schließlich noch die Gl. (36.3a) zu erhalten, greifen wir auf die Beziehung (36.4) zurück, die für die zu $\boldsymbol{V}$ parallele Komponente lautet

$$P_{\|} = \frac{E}{c^2} v_{\|} \quad \text{und} \quad P'_{\|} = \frac{E'}{c^2} v'_{\|}.$$

Setzt man in die zweite dieser Gln. (36.11) ein, so folgt unter Berücksichtigung von (36.12)

$$(36.13)\qquad \frac{v'_{\|}}{c}=\frac{cP'_{\|}}{E'}=\frac{cP_{\|}\pm\frac{V}{c}E}{E\pm\frac{V}{c}(cP_{\|})}=\frac{\frac{cP_{\|}}{E}\pm\frac{V}{c}}{1\pm\frac{V}{c}\frac{cP_{\|}}{E}}$$

$$=\frac{\frac{v_{\|}}{c}\pm\frac{V}{c}}{1\pm\frac{v_{\|}V}{c^2}}.$$

Das ist aber bereits Gl. (36.3a). Es ist klar, daß das Pluszeichen dann gilt, wenn $\boldsymbol{v}_{\|}$ (bzw. $\boldsymbol{P}_{\|}$) und $\boldsymbol{V}$ dieselbe Richtung haben und das Minuszeichen, wenn sie entgegengerichtet sind.

Die Beziehung (36.13) oder (36.3) heißt auch das **Einsteinsche Additionstheorem der Geschwindigkeiten**, denn es gibt an, wie sich die Geschwindigkeiten $\boldsymbol{v}$ und $\boldsymbol{V}$ „addieren“. In der Newtonschen Näherung $v/c \ll 1$ und $V/c \ll 1$ läßt sich in (36.13) im Nenner das Glied $v_{\|}V/c^2$ gegenüber der 1 vernachlässigen, so daß man aus (36.13) die vertraute Galileische Addition der Geschwindigkeiten

$$v'_{\|}=v_{\|}\pm V$$

erhält, wonach bei Wechsel des Bezugssystems die Geschwindigkeit des Körpers einfach additiv um die Geschwindigkeit des Bezugssystems vermehrt wird. Das gilt sogar als vektorielle Aussage, denn in derselben Näherung ist nach (36.3b) auch $\boldsymbol{v}'_{\perp}=\boldsymbol{v}_{\perp}$.

§ 37 Lorentz-Transformation

Die aus der Gl. (5.1) berechnete Transportgeschwindigkeit von Energie und Impuls

$$(37.1)\qquad \boldsymbol{v}=\frac{\boldsymbol{P}}{E/c^2}$$

transformiert sich beim **Übergang von einem Inertialsystem $\mathfrak{R}$ zu einem anderen $\mathfrak{R}'$**, das sich gegen $\mathfrak{R}$ mit der konstanten Geschwindigkeit $-\boldsymbol{V}$ bewegt, nach den Formeln (36.3), dem Einsteinschen Additionstheorem der Geschwindigkeiten. Nun ist bei einem makroskopischen Transportvorgang, wie der Bewegung eines Körpers,

$$(37.2)\qquad \boldsymbol{v}=\frac{d\boldsymbol{r}}{dt},$$

d.h. die dynamische Geschwindigkeit $\boldsymbol{v}$ ist gleich der kinematischen $d\boldsymbol{r}/dt$. Die Gln. (37.1) und (37.2) besagen, daß bei einem Wechsel des Bezugssystems der Quotient $d\boldsymbol{r}/dt$ sich genauso transformiert wie der Quotient $\boldsymbol{P}/(E/c^2)$. Da $\boldsymbol{P}$ und $d\boldsymbol{r}$ aber Vektoren sind und E/c^2 und dt Skalare, müssen sich $d\boldsymbol{r}$ wie $\boldsymbol{P}$ und $c^2\,dt$ wie E transformieren. Also müssen beim Übergang vom Bezugssystem $\mathfrak{R}$ auf das Bezugssystem $\mathfrak{R}'$ sich transformieren

$$dr_{\|} \text{ wie } P_{\|}, \qquad d\boldsymbol{r}_{\perp} \text{ wie } \boldsymbol{P}_{\perp}, \qquad c^2 dt \text{ wie } E. \tag{37.3}$$

Wir brauchen in den Formeln (36.1) und (36.2) daher jeweils nur $P_{\|}$ durch $dr_{\|}$, $\boldsymbol{P}_{\perp}$ durch $d\boldsymbol{r}_{\perp}$ und E durch $c^2 dt$ zu ersetzen bzw. die gestrichenen Größen $P'_{\|}$, $\boldsymbol{P}'_{\perp}$, E' durch $dr'_{\|}$, $d\boldsymbol{r}'_{\perp}$ und $c^2\,dt'$, um die gewünschten Transformationen zu erhalten:

$$dr'_{\|} = \frac{dr_{\|} \pm V dt}{\sqrt{1-\dfrac{V^2}{c^2}}}, \qquad d\boldsymbol{r}'_{\perp} = d\boldsymbol{r}_{\perp}, \tag{37.4}$$

$$dt' = \frac{dt + \dfrac{1}{c^2}\boldsymbol{V} d\boldsymbol{r}}{\sqrt{1-\dfrac{V^2}{c^2}}}.$$

Denken wir uns die Koordinaten in beiden Bezugssystemen $\mathfrak{R}$ und $\mathfrak{R}'$ so gewählt, daß $\boldsymbol{V}$ nur eine x-Komponente hat, so lauten die Gln. (37.4) in Koordinatenschreibweise

$$dx' = \frac{dx \pm V dt}{\sqrt{1-\dfrac{V^2}{c^2}}}, \qquad dy' = dy, \qquad dz' = dz, \tag{37.5}$$

$$dt' = \frac{dt \pm \dfrac{V}{c^2} dx}{\sqrt{1-\dfrac{V^2}{c^2}}}.$$

Natürlich gelten die Gln. (37.4) bzw. (37.5) nicht nur für Differentiale, sondern auch für endliche Koordinatendifferenzen. Denn wir brauchen in (37.2) nur gradlinig-gleichförmige Transportvorgänge zu betrachten, bei denen $\boldsymbol{v} = (\boldsymbol{r}_2 - \boldsymbol{r}_1)/(t_2 - t_1)$ ist, und dieselben Überlegungen wie oben mit dem Differenzvektor $(\boldsymbol{r}_2 - \boldsymbol{r}_1)$ und dem Skalar $(t_2 - t_1)$ statt mit $d\boldsymbol{r}$ und dt anzustellen, um dieselben Formeln für die endlichen Differenzen statt für die Differentiale zu erhalten:

$$x'_2 - x'_1 = \frac{(x_2 - x_1) \pm V(t_2 - t_1)}{\sqrt{1-\dfrac{V^2}{c^2}}}, \qquad y'_2 - y'_1 = y_2 - y_1, \qquad z'_2 - z'_2 = z_2 - z_1, \tag{37.6}$$

$$t'_2 - t'_1 = \frac{(t_2 - t_1) \pm \dfrac{V}{c^2}(x_2 - x_1)}{\sqrt{1-\dfrac{V^2}{c^2}}}.$$

Das Auffallende an den Formeln (37.4) bis (37.6) ist, daß die Zeit t bei Bezugssystemwechsel analog transformiert wird wie die Raumkoordinaten. In der Newtonschen Mechanik war das nicht so, denn in den Formeln (30.3) der Galilei-Transformationen ist selbstverständlich nicht daran gedacht, die Zeit t mitzutransformieren. Bei der Auffassung NEWTONS von Raum und Zeit ist das auch gar nicht möglich, denn t repräsentiert danach ja die „absolute Zeit“, die für jeden Beobachter, gleich wie er sich bewegt, dieselbe ist. Die Möglichkeit, die Zeit so aufzufassen, liegt daran, daß Gl. (37.1) in Newtonscher Näherung $\boldsymbol{v}=\boldsymbol{P}/(E_0/c^2)=\boldsymbol{P}/M$ lautet. Da E_0 bzw. M invariant, d.h. Bezugssystem-unabhängig sind, beim Übergang von $\mathfrak{R}$ nach $\mathfrak{R}'$ also nicht mittransformiert werden, transformieren sich $d\boldsymbol{r}$ wie $\boldsymbol{P}$ und dt wie E_0/c^2; dann ist dt ebenfalls invariant.

Die Erkenntnis, daß der **Zeitablauf abhängt vom Bewegungszustand des Beobachters,** also kein absoluter Begriff ist, bereitet unserer Anschauung erhebliche Schwierigkeiten. Es bedarf deshalb einer Reihe zusätzlicher Betrachtungen, um die weittragenden Folgen dieser Tatsache verständlich zu machen. Das soll in den beiden nächsten Paragraphen geschehen.

Die Formeln (37.4) bis (37.6) heißen Lorentz-Transformationen. Genauer sollte man sagen, sie sind *Darstellungen* der Lorentz-Transformation, denn sie geben an, wie sich die Raum- und Zeitkoordinaten x, y, z, t bei Lorentz-Transformationen, nämlich beim Übergang von einem Inertialsystem $\mathfrak{R}$ zu einem anderen Inertialsystem $\mathfrak{R}'$ verhalten. Entsprechend geben die Formeln (36.1) und (36.2) an, wie die Werte von Energie und Impuls sich bei Lorentz-Transformationen verhalten.

Da $c^2\,dt$ und $d\boldsymbol{r}$ sich genauso transformieren wie E und $\boldsymbol{P}$, muß, da $E^2-c^2P^2=E_0^2$ Bezugssystem-unabhängig, oder wie man sagt, **Lorentz-invariant** ist, auch der Ausdruck $c^4\,dt^2-c^2(d\boldsymbol{r})^2$ Lorentz-invariant sein. Analog zu (36.7) muß also gelten

$$c^2\,dt^2-dx^2-dy^2-dz^2=c^2\,dt'^2-dx'^2-dy'^2-dz'^2=\textit{Lorentz-Invariante}, \tag{37.7}$$

oder in endlichen Differenzen geschrieben,

$$\begin{aligned} &c^2(t_2-t_1)^2-(x_2-x_1)^2-(y_2-y_1)^2-(z_2-z_1)^2\\ &=c^2(t_2'-t_1')^2-(x_2'-x_1')^2-(y_2'-y_1')^2-(z_2'-z_1')^2\\ &=\textit{Lorentz-Invariante}. \end{aligned} \tag{37.8}$$

Der Leser sollte sich durch Einsetzen von (37.6) in die rechte Seite von (37.8) auch rechnerisch von der Richtigkeit dieser wichtigen Beziehung überzeugen.

§ 38 Relativität der Gleichzeitigkeit. Invariante und nicht-invariante Zeitordnung

So wie wir ein Koordinatentripel x, y, z einen *Punkt* (im Raum) nennen, bezeichnen wir ein Koordinatenquadrupel x, y, z, t, bestehend aus drei Raum- und einer Zeit-Koordinate, als ein **Ereignis.** Das entspricht völlig dem gewohnten Sprachgebrauch, denn ein Ereignis findet ja an einem Ort x, y, z zu einer bestimmten Zeit t statt. Die Formeln (37.5), (37.6) der Lorentz-Transformationen, die Raum- und Zeitkoordinaten miteinander transformieren, geben daher an, wie sich von einem Beobachter im Inertialsystem $\mathfrak{R}$ wahrgenommene Ereignisse für einen zweiten Beobachter in einem Inertialsystem $\mathfrak{R}'$ darstellen, das sich mit der Geschwindigkeit $-\boldsymbol{V}$ gegen $\mathfrak{R}$ bewegt.

Dazu betrachten wir zunächst zwei Ereignisse, die für den Beobachter in $\mathfrak{R}$ an verschiedenen Orten x_1, y_1, z_1 und x_2, y_2, z_2, aber zur selben Zeit $t_2 = t_1$, d.h. *gleichzeitig* stattfinden. Wie sieht der Beobachter in $\mathfrak{R}'$ diese selben beiden Ereignisse? Die Gln. (37.6) geben darauf die Antwort:

$$(38.1) \qquad x_2' - x_1' = \frac{x_2 - x_1}{\sqrt{1 - \frac{V^2}{c^2}}}, \qquad y_2' - y_1' = y_2 - y_1, \qquad z_2' - z_1' = z_2 - z_1,$$

$$t_2' - t_1' = \pm \frac{V}{c^2} \frac{x_2 - x_1}{\sqrt{1 - \frac{V^2}{c^2}}}.$$

Die auffallendste Überraschung ist die letzte Zeile: Der Beobachter in $\mathfrak{R}'$ registriert die beiden in $\mathfrak{R}$ gleichzeitigen Ereignisse **nicht als gleichzeitig,** denn es ist $t_2' \neq t_1'$. Sie würden ihm nur dann gleichzeitig erscheinen, wenn $x_2 = x_1$ wäre, d.h. wenn sie am selben Ort stattfänden (genauer, wenn sie an Orten mit derselben x-Koordinate stattfänden). Somit ist die **Gleichzeitigkeit** zweier räumlich an verschiedenen Stellen stattfindender Ereignisse *kein bewegungsinvarianter Begriff.*

Wenn die Feststellung der Gleichzeitigkeit zweier Ereignisse (an verschiedenen Orten) keine bewegungsinvariante Aussage ist, wird man erwarten, daß auch die **Zeitordnung** innerhalb einer Ereignisfolge nicht mehr unabhängig ist von der Bewegung des Beobachters. Allerdings darf das nicht so weit gehen, daß *kausal zusammenhängende* Ereignisfolgen in ihrer zeitlichen Reihenfolge gestört werden. Die Ereignisse des Wachsens und Reifens eines Apfels müssen dem Ereignis des Gegessenwerdens immer vorausgehen, gleichgültig von welchem Bezugssystem diese Ereignisse beschrieben werden.

Daß die Lorentz-Transformationen die Zeitordnung einer Folge von Ereignissen nicht ändert, die *am selben Ort* ($x_2 = x_1$, $y_2 = y_1$, $z_2 = z_1$) stattfinden, ist sofort aus den Gln. (37.6) abzulesen; denn die letzte Gleichung lautet dann

$$(38.2) \qquad t_2' - t_1' = \frac{t_2 - t_1}{\sqrt{1 - \frac{V^2}{c^2}}}.$$

Diese Gleichung besagt, daß zwar der zeitliche Abstand zweier Ereignisse für den Beobachter in $\mathfrak{R}'$ um den Faktor $1/\sqrt{1 - V^2/c^2}$ größer ist als für den Beobachter in $\mathfrak{R}$, daß aber die Zeitfolge für die beiden dieselbe ist, denn wenn $t_2 > t_1$, ist auch $t_2' > t_1'$.

Die letzte Gleichung in (37.6) zeigt, daß die zeitliche Reihenfolge von Ereignissen an verschiedenen Orten in $\mathfrak{R}'$ stets dann dieselbe ist wie in $\mathfrak{R}$, wenn für $t_2 - t_1 > 0$ bei *jeder* Geschwindigkeit V des Bezugssystems $\mathfrak{R}'$ gegen $\mathfrak{R}$ auch

$$(38.3) \qquad |t_2 - t_1| > \frac{V}{c^2} |x_2 - x_1|,$$

d.h. aber, wenn

$$c|t_2 - t_1| > |\boldsymbol{r}_2 - \boldsymbol{r}_1|; \tag{38.4}$$

denn dann ist für jede Geschwindigkeit $V \leqq c$ auch (38.3) erfüllt. Wir haben also das Resultat: *Ereignisse, die der Bedingung* (38.4) *genügen, besitzen eine bewegungsinvariante Zeitordnung.* Man nennt derartige Ereignispaare **zeitartig.**

Im Gegensatz dazu nennt man Ereignispaare **raumartig,** wenn

$$c|t_2 - t_1| < |\boldsymbol{r}_2 - \boldsymbol{r}_1|. \tag{38.5}$$

Ihre Zeitordnung ist nicht bewegungsinvariant, sie läßt sich durch die Wahl geeigneter Bezugssysteme $\mathfrak{R}'$ umkehren. Wir haben damit gleichzeitig die weitere Aussage, daß nur *zeitartige Ereignisse kausal miteinander in Verbindung stehen können.* Die Lorentz-Transformationen führen dementsprechend zeitartige Ereignispaare stets in zeitartige über und ebenso raumartige stets nur in raumartige.

Veranschaulichen wir uns diese Einsichten noch an einem Beispiel. Ein Raucher möge ein Zündholz anreißen und mit diesem seine Zigarre anzünden. Das Anreißen des Zündholzes und das in-Brand-Stecken der Zigarre sind ein kausal zusammenhängendes und daher zeitartiges Ereignispaar. Für jeden Beobachter spielen sich diese Ereignisse in derselben Reihenfolge ab, gleichgültig, wie er sich bewegt. Die beiden Ereignisse definieren daher eine bewegungsinvariante Zeitordnung.

Im nächsten Schritt betrachten wir zwei Raucher X und Y im Abstand d voneinander. Beide mögen wieder ihr Zündholz und mit diesem ihre Zigarre in Brand setzen, so daß es sich insgesamt um die folgenden vier Ereignisse handelt: X reißt sein Zündholz an = Ereignis $X1$, X setzt damit seine Zigarre in Brand = Ereignis $X2$, Y bringt sein Zündholz zum Brennen = Ereignis $Y1$, und Y setzt seine Zigarre in Brand = Ereignis $Y2$. Während die Ereignisse $X1$ und $X2$ bzw. $Y1$ und $Y2$ in jedem Bezugssystem in der Reihenfolge $X1 \to X2$ bzw. $Y1 \to Y2$ stattfinden, ist die Reihenfolge der Ereignisse $X1$ und $Y1$ nur dann bewegungsinvariant, wenn $X1$ und $Y1$ relativ zueinander zeitartig sind, d.h. wenn nach Gl. (38.4) in irgendeinem Bezugssystem der zeitliche Abstand $|t_{X1} - t_{Y1}|$, in dem X und Y ihre Zündhölzer in Brand setzen, größer ist als d/c. Dann läßt sich auch die Ereignisfolge $X1 \to Y1$ kausal auffassen, denn dann ist es möglich, von X nach Y ein Signal zu übermitteln (das ja höchstens mit der Grenzgeschwindigkeit sich ausbreiten kann), das Y die Kunde des Ereignisses $X1$ bringt; Y setzt sein Zündholz dann erst nach Eintreffen dieses Signals in Brand. Natürlich gibt es dann auch kein Bezugssystem, in dem $X1$ und $Y1$ gleichzeitig erfolgen. Setzen X und Y ihre Zündhölzer aber so in Brand, daß es ein Bezugssystem $\mathfrak{R}$ gibt, in dem $X1$ und $Y1$ gleichzeitige Ereignisse sind, d.h. in dem $t_{X1} - t_{Y1} = 0$, so sind $X1$ und $Y1$ relativ zueinander raumartig und ihre zeitliche Relation zueinander nicht bewegungsinvariant. In einem Bezugssystem $\mathfrak{R}'$, das sich gegen $\mathfrak{R}$ mit der Geschwindigkeit V in Richtung von X nach Y bewegt, erfolgen die beiden Ereignisse nicht mehr gleichzeitig, vielmehr ist nach (37.6) $t'_{X1} - t'_{Y1} = -Vd/c^2\sqrt{1 - V^2/c^2}$, so daß im Bezugssystem $\mathfrak{R}'$ Y sein Zündholz zuerst anreißt und X seines um die Zeitspanne $Vd/c^2\sqrt{1 - V^2/c^2}$ später. Wird das Bezugssystem $\mathfrak{R}'$ dagegen so gewählt, daß es sich mit der Geschwindigkeit V von Y nach X bewegt, so ist X derjenige, der sein Zündholz zuerst in Brand setzt und Y dann ihm im selben Zeitabstand wie oben nachfolgt. Durch seine Bewegung kann ein Beobachter $\mathfrak{R}'$ die Reihenfolge der Ereignisse $X1$ und $Y1$ also beliebig umkehren.

§ 39 Zeitdehnung und Gestaltsänderung durch Bewegung

Gl. (38.2) zeigt, daß zwei Ereignisse, die im Bezugssystem $\mathfrak{R}$ am selben Ort und dort im zeitlichen Abstand $t_2 - t_1$ stattfinden, im Bezugssystem $\mathfrak{R}'$ einen größeren zeitlichen Abstand $t'_2 - t'_1$ haben und dort trivialerweise nicht am selben Ort stattfinden, da sich $\mathfrak{R}$ ja gegen $\mathfrak{R}'$ bewegt. Durch Bewegung wird der zeitliche Abstand zweier Ereignisse also gedehnt. Man pflegt diesen Sachverhalt auch so auszudrücken, daß eine **bewegte Uhr** langsamer gehe als eine ruhende; denn bei der ruhenden Uhr finden die Ereignisse der aufeinander folgenden Zeigerstellungen am selben Ort statt, während eine bewegte Uhr einer Uhr äquivalent ist, die von einem bewegten Bezugssystem aus gesehen wird und deren aufeinander folgende Zeigerstellungen daher nicht am selben Ort stattfinden. Man merkt sich das Ergebnis dieser Betrachtung leicht in Form der Regel, daß *eine Uhr immer in ihrem eigenen Ruhsystem am schnellsten geht.*

Statt von Uhren können wir allgemein von schwingenden Systemen sprechen. Die Feststellung über durch Bewegung verursachte Zeitdehnung drückt sich dann in einer Frequenzabnahme aus: Zwei Systeme, die synchron, d.h. mit derselben Frequenz schwingen, wenn sie sich relativ zueinander in Ruhe befinden, schwingen nicht mehr synchron, sobald sie sich gegeneinander bewegen. Für jedes der beiden nimmt dabei die an der eigenen Schwingung gemessene Frequenz des andern ab, d.h. jedes registriert nach (38.2) vom anderen die Frequenz

$$\omega' = \omega \sqrt{1 - \frac{V^2}{c^2}}, \tag{39.1}$$

wenn V der (konstante) Betrag der Geschwindigkeit ist, mit der sich die beiden Systeme gegeneinander bewegen. Die oben formulierte Regel heißt dann: *Jedes schwingende System hat in seinem eigenen Ruhsystem die größte Frequenz.*

Elimination der Retardierung. Transversaler Doppler-Effekt

Es ist wichtig, sich klarzumachen, daß die hier gemeinte Frequenzänderung, die mit der Bewegung verbunden ist, nicht der gewohnte **Doppler-Effekt** ist, der natürlich bei der realen Beobachtung noch hinzukommt und der sich, je nachdem, ob die beiden schwingenden Systeme sich einander nähern oder voneinander entfernen, in einer zusätzlichen, der Geschwindigkeit V proportionalen Frequenzerhöhung bzw. Frequenzverminderung bemerkbar macht. Die Frequenzänderung (39.1) ist stets eine Verminderung, denn sie ist nicht der Geschwindigkeit V proportional, sondern hängt von V^2 ab. Der gewohnte Doppler-Effekt ist zunächst eine einfache Folge der **Retardierung,** d.h. der endlichen Ausbreitungsgeschwindigkeit des die Frequenz übermittelnden Vorgangs. Mit der fundamentalen Eigenschaft der Grenzgeschwindigkeit, in jedem Bezugssystem denselben Wert zu haben, hat er jedoch nichts zu tun und damit auch nichts mit der Lorentz-Transformation und der in ihr enthaltenen Zeitdehnung, die wiederum mit (39.1) identisch ist.

Natürlich hat die Existenz einer Grenzgeschwindigkeit zur Folge, daß jeder zur Übermittlung dienende Vorgang mindestens die Retardierung zeigt, die ein Vorgang hat, der sich mit der Grenzgeschwindigkeit ausbreitet, wie z.B. Licht. Aber diese Retardierung bedeutet nur eine Erschwernis des Messens, dagegen hat sie keine Zeitdehnung oder ähnliche Effekte zur Folge, denn sie läßt sich stets eliminieren. Man braucht dazu nur die Geschwindigkeit des Ausbreitungsvorgangs in Rechnung zu stellen, den man zur Signalübermittlung benutzt. *Am einfachsten denkt man, wenn man von einem Bezugssystem spricht, nicht an einen einzigen Beobachter, sondern an viele Beobachter, die alle relativ zueinander ruhen* und von denen jeder die Zeit mit seiner Uhr mißt, die vorher mit allen anderen Uhren synchronisiert wurde. Jeder dieser Beobachter registriert nur die an *seinem* Ort stattfindenden Ereignisse. Auf diese Weise wird die Retardierung von selbst eliminiert und mit ihr auch der physikalische Vorgang, den man dann zur Übermittlung der Meßresultate an eine Zentrale benutzt und der keineswegs notwendigerweise Licht sein muß, d.h. ein Vorgang, der sich mit der Grenzgeschwindigkeit ausbreitet — obwohl man aus Zweckmäßigkeit gern Licht oder einen anderen elektromagnetischen Vorgang benutzt.

Wir betonen ausdrücklich, daß in allen Feststellungen dieses Kapitels über Änderungen oder Verzerrungen zeitlicher oder räumlicher Abstände für verschiedene Beobachter die Retardierung des Übertragungsmittels stets eliminiert ist. Wenn wir also sagen: „Der Beobachter $\mathfrak{R}$ stellt fest oder sieht oder für ihn erscheint ...", so ist damit nicht die reale Erscheinung gemeint, sondern das Resultat von Messungen, bei denen der Effekt der Retardierung eliminiert ist. Das reale, optische, d.h. durch das spezielle Übertragungsmittel Licht vermittelte Bild, das ein einzelner Beobachter sieht, ist davon meist wesentlich verschieden, denn in dieses Bild geht auch noch die Retardierung des Lichts ein, das zur Übermittlung benutzt wird. Für die Physik wesentlich ist aber nicht das optische Bild, das ein Beobachter sieht, *sondern die von allem Überflüssigen befreite Datenreihe* über die Vorgänge, die er registriert. Zu diesem „Überflüssigen" gehört auch das spezielle Mittel, mit dem die Information über die Messungen von einer Stelle des Raums zu einer anderen übermittelt wird.

Die Formel (39.1) läuft auch unter dem Namen **transversaler Doppler-Effekt.** Gemeint ist das, was vom Doppler-Effekt des Lichts übrig bleibt, wenn die beiden schwingenden Systeme gerade aneinander vorbeikommen, ihre Verbindungslinie also senkrecht steht (daher *transversal*) auf der Richtung ihrer Geschwindigkeit und die Retardierung keine Rolle spielt. Obwohl sie sich in diesem Augenblick weder aufeinander zu noch voneinander weg bewegen, ist dieser Zustand nicht, wie man vielleicht meinen könnte, der Ruhe äquivalent, sondern es bleibt ein Effekt der Frequenzminderung, nämlich (39.1).

Auswirkungen des transversalen Doppler-Effekts

Das am Ende von § 34 beschriebene Experiment, in dem die Rotverschiebung einer γ-Strahlung gemessen wird, die von der auf dem Rand einer rotierenden Scheibe montierten Mößbauer-Quelle emittiert wird, kann als unmittelbare experimentelle Bestätigung des transversalen Doppler-Effekts angesehen werden. Das mag auf den ersten Blick nicht ganz problemlos erscheinen, da bei dem Experiment die Quelle sich nicht translativ, sondern rotativ bewegt. Tatsächlich beruhte die Herleitung der Gl. (34.6), die die Rotverschiebung beschreibt, ja auch auf dem Potential des Zentrifugalfeldes. Die Tatsache jedoch, daß (34.6) bis zur zweiten Ordnung in v/c mit (39.1) identisch ist, zeigt, daß die Beschreibung der Rotverschiebung als Folge des Zentrifugalpotentials (34.3) und die Beschreibung als transversaler Doppler-Effekt nur zwei verschiedene Betrachtungsweisen desselben Sachverhalts sind. Wir werden am Ende dieses Paragraphen noch einmal darauf zu sprechen kommen.

Der transversale Doppler-Effekt wirkt sich jedoch auch beim **longitudinalen Doppler-Effekt** des Lichts aus (Abb. 39.1). Vom longitudinalen Doppler-Effekt spricht man bei Beobachtung der Frequenzänderung *in* Richtung der Relativbewegung von Quelle und Beobachter oder entgegen dieser Richtung. Entscheidend für den Effekt ist im Gegensatz zum transversalen Doppler-Effekt das Mitwirken der Retardierung. Die bei longitudinaler Beobachtungsart auftretende Frequenzänderung ist für $v/c \ll 1$ durch (11.45) gegeben. Für beliebige Werte von v/c lautet sie

$$\omega'_{\text{long}} = \omega \sqrt{\frac{1 \pm \frac{v}{c}}{1 \mp \frac{v}{c}}}. \tag{39.2}$$

Diese Gleichung folgt unmittelbar aus (36.1) oder (36.2a), wenn man darin nach (11.40) $E = cP = \hbar\omega$ setzt. Schreibt man (39.2) in der Form

$$\omega'_{\text{long}} = \omega \sqrt{1 - \frac{v^2}{c^2}} \frac{1}{1 \mp \frac{v}{c}} = \omega'_{\text{trans}} \frac{1}{1 \mp \frac{v}{c}}, \tag{39.3}$$

so sieht man, daß sich ω'_{long} zusammensetzt aus zwei Faktoren. Der erste ist der transversale Doppler-Effekt (39.1), der zweite der Anteil der Retardierung. Entwickelt man beide Faktoren bis zur zweiten Ordnung in v/c, so erhält man

$$\begin{aligned} \omega'_{\text{long}} &\approx \omega \left[1 - \frac{1}{2} \frac{v^2}{c^2}\right] \left[1 \pm \frac{v}{c} + \frac{v^2}{c^2}\right] \\ &\approx \omega \left[1 \pm \frac{v}{c} + \frac{1}{2} \frac{v^2}{c^2}\right]. \end{aligned} \tag{39.4}$$

Für die beobachteten Frequenzverschiebungen gegenüber der Frequenz der von den ruhenden Ionen ausgesandten Frequenz ω ergibt sich also

$$\begin{aligned} \omega'_{\text{long},1} - \omega &= \frac{v}{c} + \frac{1}{2} \frac{v^2}{c^2}, \\ \omega - \omega'_{\text{long},2} &= \frac{v}{c} - \frac{1}{2} \frac{v^2}{c^2}. \end{aligned} \tag{39.5}$$

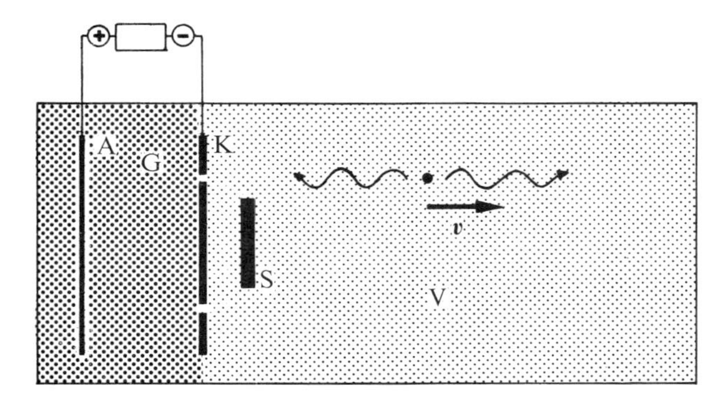

Abb. 39.1

Doppler-Effekt an Kanalstrahlen (Ives und Stilwell, 1938). Die H^+-Ionen einer Gasentladung G werden im elektrischen Feld zwischen K und A auf die Kathode K hin beschleunigt und treten durch feine Löcher (Kanäle) in K in das Vakuum V als *Kanalstrahlen* ein. Der evakuierte Raum V ist feldfrei, die Geschwindigkeit $\boldsymbol{v}$ der Ionen dort konstant. Die Ionen fangen auf ihrem Weg gelegentlich Elektronen ein und bilden ein angeregtes H-Atom, das dann Licht emittiert. Der springende Punkt ist, daß einmal die Frequenz $\omega'_{\text{long},1}$ des nach rechts, in Richtung von $\boldsymbol{v}$, emittierten Lichts gemessen wird und zum anderen die Frequenz $\omega'_{\text{long},2}$ des nach links, entgegen der Richtung von $\boldsymbol{v}$, emittierten und an einem Spiegel S reflektierten Lichts. Beide Frequenzen werden mit der Frequenz ω des von ruhenden H-Atomen ausgesandten Lichts verglichen. Das Ergebnis bestätigt Gl. (39.5).

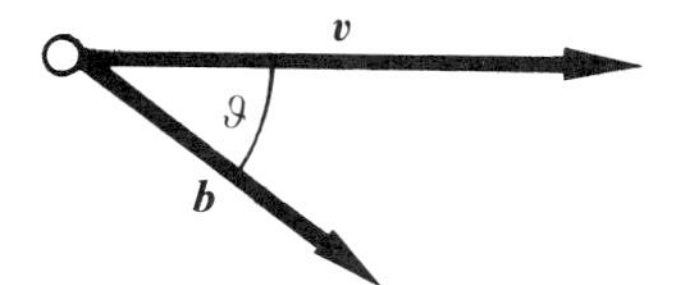

Abb. 39.2

Beobachtungsrichtung $\boldsymbol{b}$ und Geschwindigkeit $\boldsymbol{v}$ beim Doppler-Effekt. Die in der Richtung $\boldsymbol{b}$ beobachtete Frequenzverminderung ist durch Gl. (39.6) gegeben.

Die Übereinstimmung von (39.5) mit dem Experiment ist als Bestätigung des transversalen Doppler-Effekts, Gl. (39.1), und damit der relativistischen Zeitdilatation zu werten.

Die Formel (39.3) des longitudinalen Doppler-Effekts ist leicht auf beliebige Beobachtungsrichtungen, also den **allgemeinen Doppler-Effekt des Lichts** zu verallgemeinern. Dazu ist im Retardierungsfaktor v nur durch die Komponente der Geschwindigkeit in Richtung des Beobachters zu ersetzen. Ist $\boldsymbol{b}$ der Einheitsvektor in Richtung von der mit der Geschwindigkeit $\boldsymbol{v}$ bewegten Lichtquelle zum Beobachter (Abb. 39.2), so ist die vom Beobachter wahrgenommene Frequenz ω' gegeben durch

$$\omega' = \omega \sqrt{1-\frac{v^2}{c^2}}\,\frac{1}{1-\left(\frac{\boldsymbol{v}}{c}\boldsymbol{b}\right)} = \frac{\omega'_{\text{trans}}}{1-\left(\frac{\boldsymbol{v}}{c}\boldsymbol{b}\right)} = \frac{\omega'_{\text{trans}}}{1-\frac{v}{c}\cos\vartheta}. \tag{39.6}$$

Die Formel zeigt, daß der transversale Doppler-Effekt allein sich nur dadurch beobachten läßt, daß $\vartheta = \pi/2$ gehalten wird. Bei translativer Bewegung ist das nur möglich, wenn der Abstand zwischen Beobachter und Quelle unendlich groß ist. Aus Intensitätsgründen ist dann aber keine Beobachtung mehr möglich. Eine andere Möglichkeit, $\vartheta = \pi/2$ zu halten, bietet die rotative Bewegung des in Abb. 34.4 dargestellten Experiments.

Beim Doppler-Effekt frei bewegter, Licht emittierender Teilchen ist der Hauptbeitrag zur Frequenzverschiebung fast immer durch den Retardierungsfaktor bestimmt. So kann jede Frequenzerhöhung nur durch ihn zustandekommen, denn ω'_{trans} ist stets kleiner als ω. Bei einem Gas, das aus thermisch regellos bewegten Teilchen besteht, die ihrerseits Licht einer bestimmten Spektrallinie emittieren, bewirkt der Doppler-Effekt wegen der verschiedenen Geschwindigkeiten der Teilchen eine Verbreiterung der Spektrallinie (**Doppler-Verbreiterung**, Abb. 39.3). Diese Verbreiterung ist um so größer, je höher die Temperatur des Gases ist, denn um so größer sind im Mittel die Beträge der vorkommenden Geschwindigkeiten.

Der transversale Doppler-Effekt, der ja gleichbedeutend ist mit der vom Beobachter festgestellten relativistischen Zeitdehnung von Vorgängen im Bezugssystem des emittierenden Teilchens, wird dann allein, d.h. unabhängig vom Retardierungseffekt spürbar, wenn eine Größe beobachtet wird, die zwar von v^2, nicht aber von $\boldsymbol{v}$ abhängt, oder anders gewendet, die zwar von der Energie, nicht aber vom Impuls der emittierenden Teilchen abhängt. Eine solche Größe wird im Mößbauer-Experiment beobachtet.

Beim Mößbauer-Experiment (§ 12) handelt es sich um Atome, die in das Gitter eines Kristalls eingebaut sind und deren Kerne durch Übergang von einem höheren Energieniveau $E_0 + \Delta E_0$ in ein tieferes Energie-

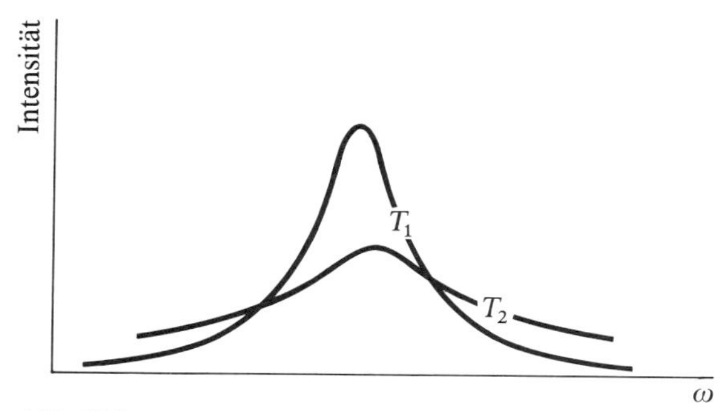

Abb. 39.3

Doppler-Verbreiterung einer Spektrallinie bei gasförmiger Lichtquelle bei zwei verschiedenen Temperaturen T_1 und $T_2 > T_1$. Mit wachsender Temperatur verschiebt sich das Maximum zu höheren Frequenzen, wie der aus (39.5) berechnete Frequenz-Mittelwert zeigt. Diese Verschiebung wird durch den in v/c quadratischen Anteil des Retardierungsfaktors bewirkt, der dem Betrag nach doppelt so groß ist wie der entgegengesetzt wirkende, nämlich frequenz-verkleinernde transversale Doppler-Effekt.

niveau E_0 Licht in Form von γ-Quanten emittieren. Die Bindung der Atome an ihre Gleichgewichtslagen im Gitter, an ihre *Gitterplätze*, um die sie schwingen, bewirkt nun, daß in einem bestimmten Bruchteil aller γ-Emissionen die γ-Quanten mit der Energie $\hbar\omega = \Delta E_0$ aus dem Kristall herauskommen, d.h. daß der emittierende Kern den bei der Emission auftretenden Rückstoßimpuls an das Gitter abgibt, ohne gleichzeitig auch Energie an das Gitter zu übertragen. In den übrigen Fällen gibt der emittierende Kern dagegen mit dem Impuls auch Energie an das Gitter ab oder nimmt Energie aus dem Gitter auf, so daß das emittierte γ-Quant dann mit einer Energie $\hbar\omega \neq \Delta E_0$ aus dem Kristall herauskommt. Das gesamte emittierte γ-Spektrum hat die in Abb. 39.4 gezeigte Form. Der springende (erst durch die Quantenmechanik zu beweisende) Punkt ist dabei, daß in der scharfen Mößbauer-Linie $\hbar\omega = \Delta E_0$ ein *endlicher* Bruchteil der emittierten Gesamtintensität enthalten ist. Bei maßstabsgerechter Zeichnung müßte diese Linie um viele Zehnerpotenzen höher gezeichnet werden als das Maximum des Untergrunds, denn die von der Linie bedeckte Fläche soll ja ein endlicher Bruchteil der gesamten von Untergrund und Linie bedeckten Fläche sein. In der Abb. 39.4 ist das dadurch angedeutet, daß die Mößbauer-Linie stark herausgezeichnet ist.

Wodurch ist das Verhältnis der integralen Intensität I_M der Mößbauer-Linie und der integralen Intensität I_U des gesamten Untergrundes bestimmt? Es leuchtet ein, daß dafür die Bindungsenergie verantwortlich ist, mit der der emittierende Kern an seine Gleichgewichtslage im Kristallgitter gebunden ist. Das Intensitätsverhältnis ist um so kleiner , je lockerer die Bindung ist. Da der an seine Gleichgewichtslage gebundene Kern angenähert als harmonischer Oszillator beschrieben werden kann, ist die Summe seiner kinetischen und potentiellen Energie gegeben durch

$$H = \frac{P^2}{2M} + \frac{k}{2} r^2 = \frac{M}{2} v^2 + \frac{k}{2} r^2 .$$

Seine Bindungsenergie nimmt demnach mit zunehmendem H ab. Nun ist aber nach der aus dem Virialsatz folgenden Gl. (23.80) $H = 2\overline{E_{\text{kin}}} = M\overline{v^2}$. Die Bindungsenergie nimmt also linear mit dem Mittelwert von v^2 ab. Das Intensitätsverhältnis I_M/I_U hängt somit ebenfalls vom Mittelwert von v^2 ab, und zwar ist es um so kleiner, je größer der Mittelwert von v^2 ist. Dieser Mittelwert ist seinerseits abhängig von der thermischen Anregung und damit von der Temperatur T des Kristalls, denn je höher die Temperatur ist, um so stärker schwingen die Atome und mit ihnen die Kerne um ihre Gleichgewichtslage. Bei hinreichend hoher Temperatur ist $\overline{v^2} \approx 3kT/M$, wobei k die *Boltzmann-Konstante* ist ($k = 1{,}38 \cdot 10^{-23}$ Joule/Grad). Bei tiefen Temperaturen ist diese Beziehung

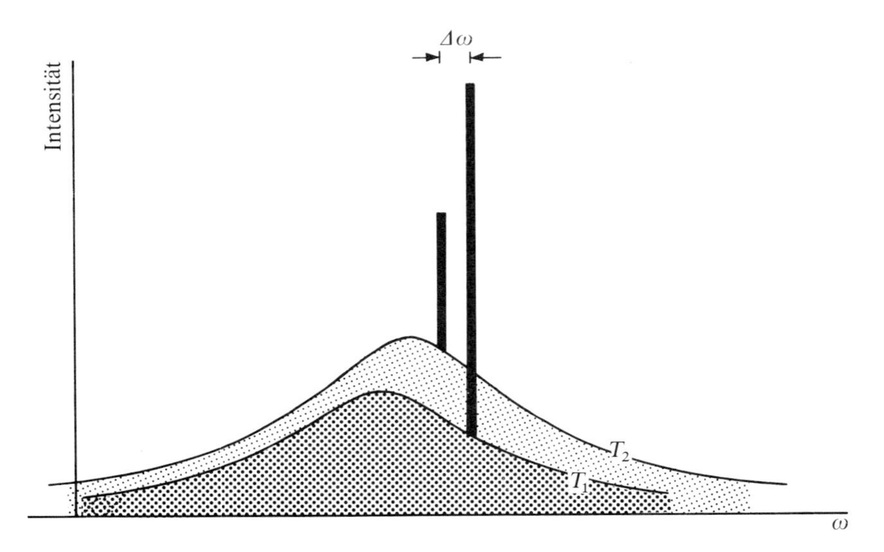

Abb. 39.4

Mößbauer-Linie und Untergrund bei zwei verschiedenen Temperaturen T_1 und $T_2 > T_1$. Die Temperaturerhöhung bewirkt einmal eine Verringerung der Intensität der Mößbauer-Linie und zum andern eine zu T proportionale Verschiebung $\Delta\omega$ zu kleineren Frequenzen. Anders als bei gasförmiger Strahlungsquelle bewirkt die Temperaturerhöhung dagegen keine Verbreiterung der Linie. Bei genügend hoher Temperatur geht der Untergrund in die Verteilung der Doppler-Verbreiterung der Abb. 39.3 über, während die Mößbauer-Linie im Untergrund verschwindet.

allerdings nicht richtig, denn nach der Quantenmechanik geht der Mittelwert von v^2 mit $T \to 0$ nicht gegen Null, sondern gegen einen endlichen, von Null verschiedenen Wert. Das hat zur Folge, daß auch bei $T=0$ ein Untergrund vorhanden ist.

In der Mößbauer-Linie manifestiert sich also ein Phänomen, das vom *Mittelwert von* v^2 abhängt. Das trifft nicht nur für die *Intensität* zu, sondern auch für die *Lage* der Linie auf der ω-Achse. Da nämlich auch der transversale Doppler-Effekt von v^2 abhängt und er immer eine Frequenzverminderung bewirkt, werden alle auftretenden Frequenzen nach kleineren Werten verschoben. Die Frage ist nur, wie sich das hier äußert. Bei thermischer Anregung kommen alle möglichen Werte von v^2 vor, so daß man bei klassischer Betrachtungsweise erwarten würde, daß der transversale Doppler-Effekt eine Verbreiterung der Mößbauer-Linie zu kleineren Frequenzen bewirkt. Die Quantenmechanik liefert aber auch hier wieder ein anderes Resultat. Sie sagt nämlich, daß die Linie sich nicht verbreitert, sondern verschiebt und zwar um den Betrag, den der transversale Doppler-Effekt erwarten läßt, wenn man in (39.1) V^2 durch den Mittelwert von v^2 ersetzt. Bei hohen Temperaturen T ist der Mittelwert wieder durch $\overline{v^2} \approx 3\,kT/M$ gegeben. (Eine Temperatur heißt dabei *hoch*, wenn sie in die Größenordnung einer für jeden Kristall typischen Temperatur, seiner sogenannten *Debye-Temperatur*, kommt.) Eine Erhöhung der Temperatur des Kristalls hat somit einen doppelten Effekt auf die Mößbauer-Linie. Einmal wird ihre Intensität verkleinert, und zum zweiten wird sie zu kleineren ω-Werten verschoben. Steigt die Temperatur noch weiter, verschwindet die Linie schließlich im Untergrund, der selbst dann die Form der die Doppler-Verbreiterung beschreibenden Kurve annimmt.

Eine Temperaturdifferenz zwischen der Quelle (T_1) und dem Absorber (T_2) eines Mößbauer-Experiments hat also eine Verschiebung der Linie zur Folge um den Betrag (für die vorkommenden Geschwindigkeiten ist stets $v/c \ll 1$)

$$\frac{\Delta\omega}{\omega} = \frac{\overline{v_1^2} - \overline{v_2^2}}{2c^2} \approx \frac{3k}{2Mc^2} \cdot (T_1 - T_2) \approx 2 \cdot 10^{-15} \cdot (T_1 - T_2)\frac{1}{\text{Grad}} \tag{39.7}$$

Eine Temperaturdifferenz von 1 K zwischen Quelle und Absorber bewirkt also etwa dieselbe Verschiebung der Mößbauer-Linie wie ein Höhenunterschied von 20 m im Gravitationsfeld an der Erdoberfläche. Beim Experiment von POUND und REBKA (§ 32) muß man daher auf den Einfluß der Temperatur achten.

Zeitdehnung infolge gradlinig-gleichförmiger Bewegung

Die durch die gradlinig-gleichförmige Bewegung verursachte Zeitdehnung ist sorgfältig zu unterscheiden von der in § 34 beschriebenen Zeitdehnung, die in einem Beschleunigungsfeld auftritt. Hier betrachten wir Inertialsysteme, d.h. Bezugssysteme, in denen keine Beschleunigungsfelder herrschen. Die Beobachter bewegen sich nur gradlinig-gleichförmig gegeneinander, und da bei einer solchen Bewegung jeder von beiden mit dem gleichen Recht sagt, der andere bewege sich ihm gegenüber, sind die Aussagen, die $\mathfrak{R}$ über $\mathfrak{R}'$ macht und die, die $\mathfrak{R}'$ über $\mathfrak{R}$ macht, vollständig symmetrisch. So stellt $\mathfrak{R}'$ bei einer Uhr, die gegenüber $\mathfrak{R}$ ruht, dieselbe Zeitdehnung fest, die $\mathfrak{R}$ feststellt bei einer Uhr, die in bezug auf $\mathfrak{R}'$ ruht. Beide behaupten, die Uhr des anderen ginge langsamer als die eigene. Das ist kein Widerspruch, sondern lediglich eine Folge der vollständigen **Symmetrie zwischen inertialen Beobachtern.**

Beim Asynchronismus zweier gleicher, relativ zueinander ruhender Uhren im Beschleunigungs- bzw. Gravitationsfeld (§ 34) herrscht dagegen keine Symmetrie in dem Sinne, daß die Aussage beider Beobachter über die Uhr des anderen gleich lauteten. Die Aussagen der beiden Beobachter sind vielmehr, daß ein und dieselbe Uhr die schneller gehende ist.

Als weiteres Beispiel betrachten wir zwei **gleiche Uhren,** die beide im Bezugssystem $\mathfrak{R}$ ruhen und sich an verschiedenen Orten x_1 und x_2 befinden. Die Uhren mögen in bezug auf $\mathfrak{R}$ synchron laufen. Für einen Beobachter in $\mathfrak{R}$ weisen die Zeiger der beiden Uhren also in jedem Augenblick auf dieselbe Zahl des Zifferblatts. Laufen die Uhren dann auch noch synchron in bezug auf einen Beobachter $\mathfrak{R}'$, der sich gegen $\mathfrak{R}$ bewegt?

a

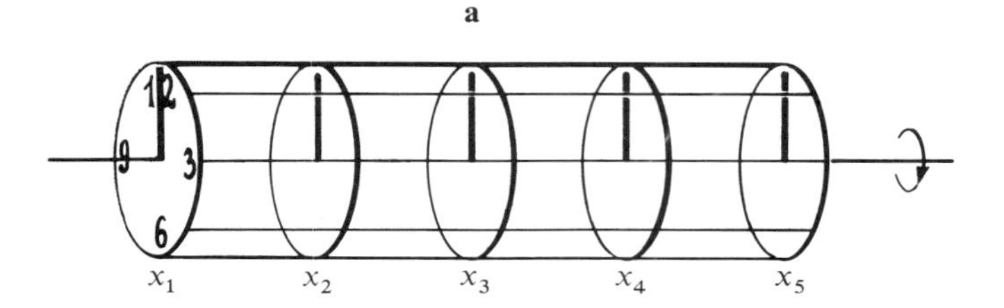

b

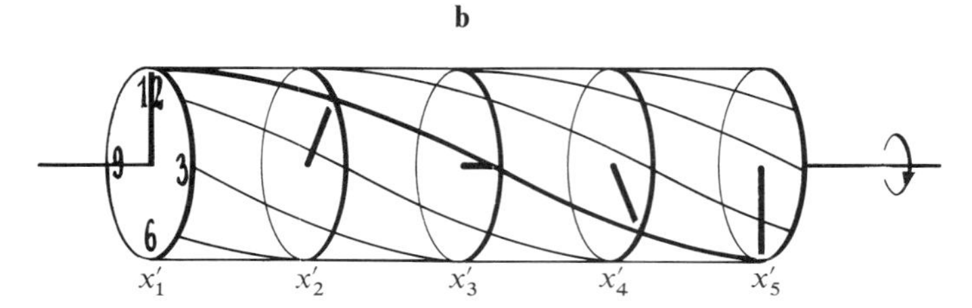

Abb. 39.5

(a) Eine längs der x-Achse aufgestellte Reihe von Uhren laufe für einen Beobachter $\mathfrak{R}$, der relativ zu den Uhren ruht, synchron in dem Sinn, daß die Uhren so gestellt sind, daß ihre Zeiger zur gleichen Zeit auf die gleiche Ziffer weisen. Verbindet er die Zeigerspitzen der Uhren zu für ihn gleichen Zeiten, so erhält er die Mantellinien eines Zylinders.

(b) Für einen gegen $\mathfrak{R}$ mit V von links nach rechts bewegten Beobachter $\mathfrak{R}'$ laufen die Uhren nicht mehr synchron, d.h. zu für ihn gleichen Zeiten zeigen die Zeiger nicht auf die gleiche Ziffer. Zeigerstellungen, die für $\mathfrak{R}$ gleichzeitig sind, sind für $\mathfrak{R}'$ nicht gleichzeitig, und umgekehrt. Die für $\mathfrak{R}'$ gleichzeitigen Zeigerstellungen weisen untereinander nach (37.6) eine Gangdifferenz $t'_{i+1}-t'_i=-V(x'_{i+1}-x'_i)/c^2$ auf. Verbindet $\mathfrak{R}'$ die Stellungen der Zeiger, die für ihn gleichzeitig sind, so erhält er Schraubenlinien. Das ist ein Beispiel dafür, daß geometrische Aussagen über bewegte Objekte, wie hier über Linien auf einem rotierenden Zylinder, nicht invariant sind gegen Bewegungen des Beobachters.

Die Antwort haben wir bereits im vorigen Paragraphen gegeben, denn wir haben ja bewiesen, daß Ereignisse, die für $\mathfrak{R}$ gleichzeitig sind, die aber an verschiedenen Orten stattfinden, wie die gleichen Zeigerstellungen der beiden Uhren, für $\mathfrak{R}'$ nicht gleichzeitig sind. Also laufen für $\mathfrak{R}'$ die beiden Uhren nicht synchron — allerdings nur in dem harmlosen Sinn, daß sie eine konstante Gangdifferenz aufweisen. Wie die letzte Gleichung in (37.6) nämlich zeigt, nennt $\mathfrak{R}'$ solche Zeigerstellungen gleichzeitig, die sich in $\mathfrak{R}$ um den Betrag $V(x_2-x_1)/c^2$ unterscheiden.

In unmittelbarem Zusammenhang mit diesem Beispiel steht das Beispiel eines **rotierenden Zylinders,** auf dessen Mantel wir uns parallele Linien aufgezeichnet denken (Abb. 39.5). Für einen Beobachter, der relativ zu dem rotierenden Zylinder ruht, d.h. der sich relativ zum Schwerpunktssystem nicht bewegt, lassen sich diese Linien als Gleichzeitigkeitslinien auffassen. Jeder Querschnitt des Zylinders stellt dann das Zifferblatt einer Uhr dar, und diese Uhren laufen alle synchron. Für einen Beobachter $\mathfrak{R}'$, der sich in bezug auf den Zylinderschwerpunkt in Achsrichtung bewegt, laufen aber, wie wir vorher gesehen haben, diese Uhren nicht mehr synchron, sondern differieren um einen Betrag, der ihrem gegenseitigen Abstand $|x_i-x_k|$ proportional ist. Die Gleichzeitigkeitslinien, die dem relativ zum Zylinder ruhenden Beobachter $\mathfrak{R}$ als Mantellinien erscheinen, sind für den bewegten Beobachter $\mathfrak{R}'$ also Schraubenlinien, die die Achse umwinden (Abb. 39.5b).

Einfluß der Gleichzeitigkeit auf die geometrische Gestalt

Das Beispiel des Zylinders zeigt deutlich, daß beim Übergang zwischen relativ zueinander bewegten Bezugssystemen nicht nur ungewohnte Veränderungen im Zeitmaß auftreten, sondern Hand in Hand damit und untrennbar verknüpft auch ebenso ungewohnte Effekte der **geometrischen Eigenschaften eines Körpers,** wie der Form der Linien auf dem Mantel des rotierenden Zylinders. Auf den ersten Blick besonders überraschend mag erscheinen, daß dabei auch die geometrischen Abmessungen eines Körpers geändert werden, der Körper also durch die Bewegung Gestaltsänderungen erfährt. Diese haben nichts mit dem Einwirken von Kräften zu tun, sondern sind lediglich durch das Phänomen der Bewegung bedingt.

Änderungen der Gestalt treten zwangsläufig deshalb auf, weil zur Erklärung einer geometrischen Abmessung, etwa der **Länge eines bewegten Stabes,** notwendig der Begriff der Gleichzeitigkeit gebraucht wird. Denn im Gegensatz zu einem *ruhenden* Körper, dessen Ausmessen ein rein räumliches Problem ist, geht in die Feststellung der geometrischen Maße eines *bewegten* Körpers die Zeit ein. Die Punkte des Körpers befinden sich nämlich in jedem Augenblick an einer anderen Stelle des Raumes. Was wir die Gestalt des bewegten Körpers nennen, ist die Punktkonfiguration in einem Zeit*moment,* d.h. aber die *gleichzeitige Lage* der Punkte des Körpers. So ist die Länge eines *bewegten* Stabes der Abstand zwischen seinem Anfangs- und seinem Endpunkt im *selben Zeitmoment.* Ein in bezug auf den Beobachter $\mathfrak{R}$ ruhender Stab habe die Länge $l=x_2-x_1$. Da der Stab ruht, ist l für alle Zeiten t_2 und t_1 dieselbe Zahl. Für einen gegenüber dem Stab in Stabrichtung bewegten Beobachter ist seine Länge aber gegeben durch $l'=x'_2-x'_1$ zur *für ihn selben* Zeit, d.h. für $t'_2=t'_1$. Nach Gl. (37.6) müssen also die Gleichungen erfüllt sein

$$l'=\frac{l\pm V(t_2-t_1)}{\sqrt{1-\frac{V^2}{c^2}}},\qquad t'_2-t'_1=\frac{(t_2-t_1)\pm\frac{V}{c}\,l}{\sqrt{1-\frac{V^2}{c^2}}}=0. \tag{39.8}$$

Aus der letzten Gleichung folgt

$$t_2-t_1=\mp\frac{V}{c^2}\,l.$$

Setzen wir das in die erste der Gln. (39.8) ein, so resultiert für die vom Beobachter im Bezugssystem $\mathfrak{R}'$ festgestellte Länge

$$l'=\frac{l-\frac{V^2}{c^2}\,l}{\sqrt{1-\frac{V^2}{c^2}}}=l\sqrt{1-\frac{V^2}{c^2}}. \tag{39.9}$$

Im Bezugssystem $\mathfrak{R}'$, in dem sich der Stab bewegt, hat er also eine kleinere Länge als im Bezugssystem $\mathfrak{R}$, in dem er ruht. Diese Verkürzung eines Körpers in Bewegungsrichtung läuft unter dem Namen **Lorentz-Kontraktion.** Man überzeugt sich anhand der Formel

(37.6) überdies, daß in den Richtungen senkrecht zur Bewegungsrichtung die geometrischen Abmessungen eines Körpers keine Änderung erfahren.

Die geometrische Gestalt eines Körpers, etwa die Länge eines Stabs, ist also keine Eigenschaft, die unabhängig ist vom Beobachter. Von „der" geometrischen Gestalt eines Körpers zu reden, ist ebenso falsch wie von „der" Geschwindigkeit des Körpers. Gestalt wie Geschwindigkeit haben nur Sinn in bezug auf ein Bezugssystem. Das Wort „Gestalt" darf korrekt also nur in der Verbindung auftreten „die geometrische Gestalt eines Körpers im Bezugssystem $\mathfrak{R}$". Überdies ist die geometrische Gestalt wohl zu unterscheiden von der Gestalt, die der Beobachter *optisch wahrnimmt*, der **visuellen Gestalt** des Körpers. Diese ist nämlich wesentlich mitbestimmt durch die Retardierung des Lichts, während die geometrische Gestalt definiert ist durch die gleichzeitige Lage der Punkte des Körpers unter Elimination der Retardierung. Die Retardierung des Lichts ist von besonders großem Einfluß, wenn die räumlichen (Gleichzeitigkeits-) Abstände sehr groß sind oder wenn Körpergeschwindigkeiten ins Spiel kommen, die der Lichtgeschwindigkeit nahekommen. So ist der Blick von der Erde in den Weltraum ein Blick in die Vergangenheit, denn einen fernen Fixstern oder Spiralnebel sehen wir nicht in seinem gegenwärtigen Zustand, sondern je nach seiner Entfernung in einem Zustand, in dem er vor Tausenden, Millionen oder gar Milliarden Jahren war. Infolgedessen sehen wir auch nicht die geometrischen Abstände dieser Objekte, nämlich ihre Abstände im selben Zeitmoment. Was wir in einer optischen „Momentaufnahme" wahrnehmen, ist niemals das 3-dimensionale Gebilde, das wir den Raum nennen, nämlich der Raum zu einem Zeit*punkt* $t = \text{const}$. Auf ihn schließen wir erst dadurch, daß wir die Retardierung der Lichtausbreitung eliminieren. Der Raum ist also kein Objekt unserer unmittelbaren Wahrnehmung oder Anschauung, sondern ein Gebilde, das aus der Wahrnehmung erst in Verbindung mit dem Begriff der Zeit resultiert.

Die Relativitätstheorie handelt nur von der geometrischen Gestalt, nicht von der visuellen. Ob wir nämlich die Welt mit Hilfe des Lichts oder mit Hilfe irgendwelcher anderer Signale ausmessen, ist für die fundamentalen Feststellungen, die die Relativitätstheorie über Raum und Zeit trifft, völlig gleichgültig. Zwei Beobachter, die sich zur selben Zeit am selben Ort befinden, nehmen stets dasselbe visuelle Bild der Welt wahr, gleichgültig wie schnell sie sich gegeneinander bewegen. Unterschiedlich sind für sie nur die Frequenz und Wellenlänge des Lichts und das *geometrische Ausmessen* des Gesehenen, nämlich Winkel und Abstände; denn dazu benutzt jeder seinen eigenen Gleichzeitigkeitsbegriff, und der ist bei beiden verschieden, wenn sie sich gegeneinander bewegen. Abb. 40.6 veranschaulicht das noch einmal in der 4-dimensionalen Raum-Zeit-Darstellung der Welt.

Die Tatsache, daß der Begriff der geometrischen Gestalt infolge des bewegungsabhängigen Gleichzeitigkeitsbegriffs bewegungsabhängig ist, erklärt auch einige sonst schwer verständliche Folgerungen der Aussage, daß die Grenzgeschwindigkeit in allen Bezugssystemen denselben Wert hat. Zunächst haben wir in § 35 festgestellt, daß die **Gleichheit der Grenzgeschwindigkeit in allen Bezugssystemen** eine Konsequenz des Relativitätsprinzips ist. Das Additionstheorem der Geschwindigkeit (36.3) bzw. (36.13) liefert natürlich dasselbe, denn setzen wir darin $v_{\parallel} = c$, so erhalten wir

$$v'_{\parallel} = \frac{c+V}{1+\dfrac{cV}{c^2}} = c\,.$$

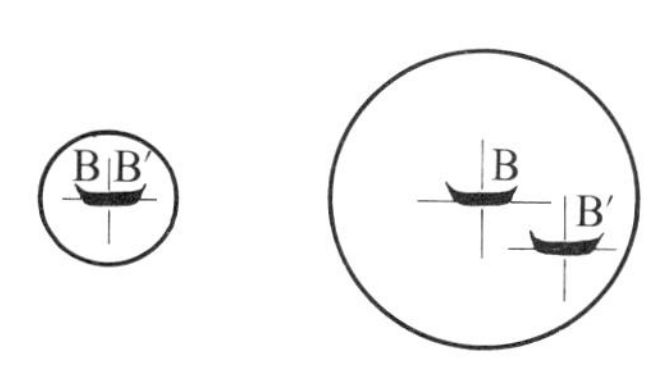

Abb. 39.6

Von zwei Booten B und B′ am selben Ort (linkes Bild) gehe eine Wasserwelle aus. Das Boot B ruhe im Wasser, während B′ sich gegen B und damit gegen das Wasser bewegt. Das rechte Bild zeigt, daß zu späteren Zeiten B im Mittelpunkt der Wellenausbreitung bleibt, B′ aber nicht. Für B′ breitet sich die Welle nicht in allen Richtungen mit dem gleichen Geschwindigkeitsbetrag aus; die momentanen Ausbreitungsflächen sind für B′ keine Kugelflächen mit B′ als Mittelpunkt.

Beim Licht ist *jeder* Beobachter in der Situation von B und *keiner* in der von B′. Im Bezugssystem jedes Beobachters ist nämlich als Folge des vom Bezugssystem abhängigen Gleichzeitigkeitsbegriffs die momentane Lage der Ausbreitungsfläche des Lichts eine Kugelfläche mit dem Beobachter als Mittelpunkt.

Die Überlagerung einer beliebigen Geschwindigkeit $\boldsymbol{V}$ mit der Grenzgeschwindigkeit liefert also wieder die Grenzgeschwindigkeit. Die Folge dieser Aussage ist, daß ein sich mit der Grenzgeschwindigkeit kugelförmig ausbreitender Vorgang, wie z.B. die **kugelförmige Ausbreitung eines Lichtblitzes,** in allen Bezugssystemen kugelförmig erfolgt, wobei der Beobachter, gleich wie er sich bewegt, im Mittelpunkt der konzentrischen Kugelfolgen bleibt, wenn er sich im Augenblick des Starts des Lichtblitzes am Ort dieses Vorgangs befand.

Diese formal so einfache Schlußfolgerung bereitet der Anschauung erhebliche Schwierigkeiten, denn aus unserer täglichen Erfahrung sind wir gewohnt, daß die geometrische Gestalt etwas Bewegungsinvariantes ist. Die sich auf einer Wasseroberfläche ausbreitenden Wellen bieten hierfür ein einfaches Beispiel. Abb. 39.6 gibt zwei zeitlich aufeinanderfolgende Momentbilder der kreisförmigen Ausbreitung einer Welle auf der Wasseroberfläche wieder, einmal beobachtet von einem Boot, das sich im Zentrum der Kreise befindet, von dem aus der Vorgang nach allen Richtungen also mit derselben Ausbreitungsgeschwindigkeit und daher kreisförmig erfolgt, zum zweiten von einem Boot, das sich gegen das erste bewegt, aber im Augenblick des Beginns des ganzen Vorgangs sich am selben Ort wie das erste Boot befand. Die Folge der Bewegung des zweiten Bootes ist, daß der Ausbreitungsvorgang in bezug auf das zweite Boot nicht in allen Richtungen mit derselben Geschwindigkeit erfolgt und daher der Beobachter auch nicht im Mittelpunkt des Ausbreitungsvorgangs bleibt.

Beim Licht ist es nun so, daß immer der erste Fall vorliegt, gleichgültig wie sich der Beobachter bewegt, denn das Licht breitet sich ja in bezug auf jeden Beobachter in allen Richtungen mit der Geschwindigkeit c aus. Der zweite Fall ist dagegen gar nicht realisierbar. Das empfinden wir als widersprüchlich, und es wäre widersprüchlich, wenn die Gestalt des Ausbreitungsvorgangs unabhängig wäre vom Bezugssystem, wie wir es bei Wasserwellen, d.h. bei einem Vorgang, der nicht mit der Grenzgeschwindigkeit abläuft, gewohnt sind. Die in der Abb. 39.6 die Kreise bildenden Punkte sind nun immer Momentbilder, d.h. also Punktmengen, die durch die Gleichzeitigkeit als zusammengehörig erklärt sind, nämlich als Orte der Wellenerregung zur *selben* Zeit. Hat aber jeder Beobachter einen anderen Gleichzeitigkeitsbegriff, so nennt er auch andere geometrische Punktanordnungen gleichzeitig. Bei einem Vorgang, der sich mit der Grenzgeschwindigkeit ausbreitet, geschieht diese Zusammenfassung von Punkten des Raums zu Gleichzeitigkeits-Gebilden gerade so, daß dabei für jeden Beobachter konzentrische Kugelfolgen resultieren, in deren Mittelpunkt er selbst steht.

Der Aufbau der Relativitätstheorie. Rückschau und Ausblick

Wir wollen uns den Aufbau der Relativitätstheorie, wie wir ihn hier vollzogen haben, noch einmal im Überblick vergegenwärtigen, vor allem um die logischen Zusammenhänge klar zu sehen. Das ist auch deshalb angebracht, weil wir hier nicht dem historischen Weg gefolgt sind, auf dem die Relativitätstheorie entstanden ist und dessen beide Hauptphasen als *spezielle* und *allgemeine* Relativitätstheorie in die Literatur eingegangen sind.

Nach einer Darlegung des in NEWTONs Aufbau der Mechanik fundamentalen Unterschieds zwischen inertialen und nicht-inertialen Bezugssystemen und der sich darin manifestierenden Mitwirkung des Trägheitsfeldes bei Vorgängen mit Impuls- und Energieaustausch haben wir als erstes neues Prinzip das Äquivalenzprinzip eingeführt. Danach haben alle Beschleunigungsfelder, gleichgültig ob sie ihren Ursprung in einem Bewegungsvorgang oder in einer gravitierenden Masse haben, die gleichen Wirkungen. Gleichbedeutend damit ist die Feststellung, daß der nicht-inertiale Charakter von Bezugssystemen und die Gravitation Äußerungen desselben physikalischen Systems sind, nämlich des Trägheitsfeldes. So unscheinbar das Äquivalenzprinzip auf den ersten Blick aussehen mag, so tiefgreifend sind seine Konsequenzen. Es verlangt die Existenz von Effekten wie die Lichtablenkung und Rotverschiebung im Gravitationsfeld. Seine Kombination mit der Energiebilanz (33.4) eines Transports im Gravitationsfeld und dem quantentheoretischen Zusammenhang (11.40) $E=\hbar\omega$ zwischen Energie E und Frequenz ω von Licht, allgemein von elektromagnetischer Strahlung, erzwingt die Aufgabe des Begriffs der Zeit als einer absoluten, d.h. vom Bezugssystem unabhängigen Größe. Das heißt, daß Uhren in einem Gravitationsfeld nicht synchronisierbar sind. Aber nicht nur im Gravitationsfeld erweist sich der uns so einleuchtend scheinende Begriff einer Zeit als unhaltbar, die unbeeinflußt durch das Geschehen in der Welt dahinfließt und in eben dieser Unbeeinflußbarkeit ihren transzendentalen Ursprung erkennen läßt: Auch gegenüber Bewegungen ist dieser Zeitbegriff nicht haltbar. Die Zwillingsparadoxa zeigen das in drastischer Weise. Sie demonstrieren sogar, daß das Synchronlaufen von Uhren nicht nur gestört wird, solange Beschleunigungen andauern, sondern auch dann, wenn irgendwann vorher einmal eine Beschleunigung stattgefunden hat. Schon am Beispiel der Abb. 34.3 ist das zu erkennen, in dem sich ein Körper 2 um den in einem Inertialsystem ruhenden Körper 1 dreht. Die Frequenz ω', die 1 beobachtet, hängt nämlich allein von der Geschwindigkeit v ab, die 2 in bezug auf das Inertialsystem von 1 hat, nicht dagegen von der Beschleunigung, die 2 im mit $\boldsymbol{\Omega}$ rotierenden Bezugssystem als Zentrifugalbeschleunigung $a(r)=v^2/r$ spürt. Bei konstantem v^2 geht die Beschleunigung mit wachsendem Abstand r gegen Null. Bewegt sich somit 2 mit demselben Geschwindigkeitsbetrag in unterschiedlichen Abständen, so ist die von 1 beobachtete Rotverschiebung (34.6) immer die gleiche. Nun ist aber eine Rotation mit $r\to\infty$ einer Translation äquivalent. Auch bei gleichförmig translativer Bewegung von 2 gegen 1 beobachtet 1 somit die Rotverschiebung (34.6). Dieses Resultat ist eigentlich nicht überraschend, denn alle Formeln, die die Beziehung des Zeitablaufs zwischen Uhren betreffen, zeigen, daß es dabei nicht auf die Beschleunigung $\boldsymbol{a}$ ankommt, sondern auf die Differenz des Beschleunigungspotentials $\Phi=\int \boldsymbol{a}\,d\boldsymbol{r}$ zwischen den Uhren. Haben also zwei Uhren relativ zueinander eine von Null verschiedene Geschwindigkeit $\boldsymbol{v}$, als deren Folge sie sich voneinander entfernen, so läßt sich das immer so beschreiben, daß es irgendwann einmal eine Beschleunigung $\boldsymbol{a}$ gab, die sie aus einer gemeinsamen Anfangslage und Anfangsgeschwindigkeit in den jetzigen Zustand unterschiedlicher Geschwindigkeit gebracht hat. Bei dieser Beschleunigung hat aber die Differenz des Potentials Φ

zwischen den Uhren einen von Null verschiedenen Wert erhalten. Ist nach einer gewissen Dauer die Beschleunigung $\boldsymbol{a}$ wieder Null, so bleibt die Φ-Differenz von da ab konstant. Zur Berechnung dieser Differenz wählen wir ein inertiales Bezugssystem so, daß die Uhr 1 in ihm ruht, die andere Uhr 2 jedoch dagegen gleichmäßig bis auf die Geschwindigkeit $\boldsymbol{v}$ beschleunigt wird. Im nicht-inertialen Bezugssystem der Uhr 2 herrscht eine Zeitlang ein konstantes Beschleunigungsfeld $\boldsymbol{a}$, das von 2 nach 1 gerichtet ist. Während dieser Zeitspanne Δt bewegt sich die Uhr 1 im Bezugssystem von 2 um die Strecke $a(\Delta t)^2/2$. Dabei wächst die Differenz des Beschleunigungspotentials zwischen den beiden Uhren vom Wert Null auf den Wert

$$\Delta\Phi = \int \boldsymbol{a}\frac{d\boldsymbol{r}}{dt}\,dt = \frac{a^2(\Delta t)^2}{2} = \frac{v^2}{2}.$$

Am Ende des Beschleunigungsprozesses hat die Uhr 1 somit einen um $v^2/2$ höheren Wert des Potentials Φ als die Uhr 2. Als Folge davon geht nach den uns bekannten Regeln die Uhr 1 schneller als die Uhr 2. Da während des ganzen Vorgangs jedoch die Uhr 1 im Inertialsystem ruhte, wollen wir lieber sagen, daß die in bezug auf die ruhende Uhr 1 bewegte Uhr 2 langsamer geht, und zwar so, daß die Frequenz ω_2 mit ω_1 zusammenhängt gemäß

(39.10)
$$\omega_2 = \omega_1\left(1 - \frac{1}{2}\frac{v^2}{c^2}\right).$$

Anders als im Fall eines zeitlich unveränderlichen Beschleunigungsfeldes $\boldsymbol{a}(\boldsymbol{r})$, in dem die Relation zwischen den Frequenzen zweier Uhren objektiv ist in dem Sinne, daß beide Uhren bzw. die mit ihnen verbundenen Beobachter übereinstimmende Feststellungen machen, ist nun die Situation symmetrisch. Da nämlich nach Ablauf des Beschleunigungsvorgangs beide Uhren wieder in Inertialsystemen ruhen, die sich nur mit der Geschwindigkeit $\boldsymbol{v}$ gegeneinander bewegen, läßt sich der Endzustand auch dadurch erreichen, daß die Uhr 2 in einem Inertialsystem ruhen bleibt und 1 eine Beschleunigung erfährt. Analog wie oben folgt dann, daß die Uhr 1 langsamer geht als die während des ganzen Vorgangs inertiale Uhr 2. Trotz ihrer scheinbaren Widersprüchlichkeit sind beide Aussagen richtig. Man muß sie nur so formulieren, daß für einen Beobachter, der relativ zur Uhr 1 ruht, die Uhr 2 langsamer läuft und daß umgekehrt für einen Beobachter, der relativ zur Uhr 2 ruht, die Uhr 1 langsamer läuft. Das muß schon deshalb so sein, weil ein Inertialsystem so gut ist wie jedes andere und weil deshalb jede Aussage über Beziehungen zwischen zwei Inertialsystemen ungeändert bleiben muß, wenn die beiden Inertialsysteme vertauscht werden. Gleichzeitig wird damit auch klar, daß der Gang von Uhren relativ zueinander nicht von ihrer Vorgeschichte abhängt, sondern allein von ihrem jeweiligen Zustand. Wenn Körper sich mit einer bestimmten Geschwindigkeit relativ zueinander bewegen, so ist es völlig gleichgültig, wie sie in diesen Zustand gekommen sind. Allein der momentane Zustand zählt, nicht aber, wie er hergestellt wurde. Ebenso zählt auch nur die momentane relative Lage von Körpern zueinander und nicht der Weg, auf dem die Lagekonstellation erreicht wurde. Diese Elimination der Vorgeschichte und die Betonung des Begriffs des Zustands, der damit einer der fundamentalen Begriffe in unserer ganzen Naturbeschreibung wird, gehört zu den wichtigsten Einsichten, die uns die physikalische Erforschung der Natur vermittelt hat.

Das Äquivalenzprinzip zusammen mit den beiden anderen genannten Voraussetzungen hat also die Konsequenz, daß auch bei gleichförmiger Translation ein Zeitdehnungseffekt auftreten muß, der, zumindest näherungsweise, durch (39.10) bzw. (34.4) beschrieben wird. Dieser Forderung genügt nun genau die durch die Lorentz-Transformation (§ 37) bewirkte Zeitdehnung (38.2), die bis zur zweiten Ordnung in v/c mit (34.4) übereinstimmt. In gleicher Näherung sind natürlich auch (39.1) und (39.10) identisch. Äquivalenzprinzip und Lorentz-Transformation widersprechen sich somit nicht, sie bedingen sich sogar gegenseitig.

Nun haben aber beide, nämlich Äquivalenzprinzip und Lorentz-Transformation zusammen die weitere Konsequenz, daß ein Gravitationsfeld nicht nur die Zeitstruktur, sondern auch die Raumstruktur beeinflußt. Um das einzusehen, betrachten wir ein inertiales Bezugssystem $\mathfrak{R}$, in dessen x-y-Ebene ein Kreis mit dem Radius r um den Koordinatenursprung gezeichnet sei. Da wir die räumliche Geometrie in einem Inertialsystem als euklidisch voraussetzen, besteht zwischen dem Umfang U des Kreises und seinem Radius r die Beziehung $U=2\pi r$. Das bedeutet, daß wenn ein in $\mathfrak{R}$ ruhender Maßstab n-mal angelegt werden muß, um den Radius r auszumessen, derselbe Maßstab $2\pi n$-mal angelegt werden muß, um den Umfang U auszumessen.

Wir denken uns nun denselben Kreis ausgemessen mit Hilfe eines Maßstabs, der in einem Bezugssystem $\mathfrak{R}'$ ruht, das sich mit der Winkelgeschwindigkeit $\boldsymbol{\Omega}$ um den Koordinatenursprung dreht. Da wir allerdings noch nicht wissen, wie das in $\mathfrak{R}'$ vorhandene Zentrifugalfeld möglicherweise auf die Raumstruktur wirkt, nehmen wir die Beschreibung vom Standpunkt eines Beobachters aus vor, der im Inertialsystem $\mathfrak{R}$ ruht, in dem die Raumstruktur euklidisch ist und auch der Synchronismus von Uhren und damit die Gleichzeitigkeit von Ereignissen erklärt ist, die an verschiedenen Orten des Raumes stattfinden. Vom Inertialsystem $\mathfrak{R}$ aus betrachtet, bewegt sich ein in $\mathfrak{R}'$ ruhender Maßstab, der in Radialrichtung angelegt wird, in jedem Augenblick senkrecht zu seiner Längsausdehnung. Für ihn gibt es deshalb keine Lorentz-Kontraktion, denn diese wirkt sich ja nur in Bewegungsrichtung aus. Ein in $\mathfrak{R}'$ ruhender Maßstab muß also, um den Radius des Kreises auszumessen, ebenso oft angelegt werden wie ein in $\mathfrak{R}$ ruhender Maßstab, also n-mal. Bei der Ausmessung des Kreisumfangs jedoch zeigt der in $\mathfrak{R}'$ ruhende Maßstab eine Verkürzung um den Faktor $\sqrt{1-v^2/c^2}$, und daher muß er $1/\sqrt{1-v^2/c^2}$-mal häufiger angelegt werden als ein in $\mathfrak{R}$ ruhender Maßstab, um die gleiche Strecke (in $\mathfrak{R}$!), nämlich den Kreisumfang U auszumessen. Das Verhältnis der Anzahl von Malen, die ein in $\mathfrak{R}'$ ruhender Maßstab angelegt werden muß, um den Umfang und den Radius auszumessen, ist also gegeben durch

$$\frac{2\pi n\Big/\sqrt{1-\dfrac{v^2}{c^2}}}{n}=\frac{2\pi}{\sqrt{1-\dfrac{v^2}{c^2}}}\approx 2\pi\left(1+\frac{v^2}{2c^2}\right)=2\pi\left(1+\frac{\Omega^2 r^2}{2c^2}\right)\quad \text{für}\quad \frac{\Omega r}{c}\ll 1.$$

Dieses Verhältnis muß aber, da es lediglich aus einer Anzahl von Meßschritten hervorgeht, für einen in $\mathfrak{R}'$ ruhenden Beobachter dasselbe sein wie für den in $\mathfrak{R}$ ruhenden Beobachter. Wir haben damit das Resultat: Für einen Beobachter, in dessen Bezugssystem ein Zentrifugalfeld mit dem Potential $\Phi(r)=-\Omega^2 r^2/2$ herrscht, gilt die euklidische Geometrie nicht mehr, wenn sie in einem Inertialsystem gilt: Zwischen dem Umfang U' eines Kreises und seinem Radius r besteht in $\mathfrak{R}'$ die Beziehung

$$U'=2\pi r\left(1+\frac{\Omega^2 r^2}{2c^2}\right)\quad \text{für}\quad \frac{\Omega r}{c}\ll 1. \tag{39.11}$$

Ein Gravitationsfeld hat also nicht nur eine Änderung der Zeitstruktur, sondern auch eine Änderung der Raumstruktur zur Folge. Es macht den Raum nicht-euklidisch.

Wir erwähnen noch, daß durch eine ähnliche Betrachtung sich zeigen läßt, daß in einem Zentrifugalfeld auch auf Kreisen $r = \text{const.}$ keine Synchronisierung von Uhren möglich ist, und daher auch keine Gleichzeitigkeit erklärt werden kann, obwohl $\Phi(r)$ auf einem Kreis überall denselben Wert hat. Man drückt das auch so aus, daß die Synchronisierung von Uhren in einem Gravitationsfeld kein „integrabler Prozeß" ist. Das bedeutet, daß sich zwar benachbarte Uhren synchronisieren lassen, daß aber die Fortsetzung dieser Synchronisierung von Nachbarschaft zu Nachbarschaft zu verschiedenen Resultaten führt je nach dem Weg, den man dabei zurücklegt.

Unsere Überlegungen zeigen, welche Aufgaben sich mit dem weiteren Ausbau der Theorie stellen. Die enge Verbindung, in die Raum und Zeit durch die Lorentz-Transformationen gebracht werden, wird durch das Äquivalenzprinzip nur noch konsequenter gemacht. Es ist daher zweckmäßig, Raum und Zeit zu einer geometrischen Einheit, der *4-dimensionalen Welt* zusammenzufassen und Bewegung wie Gravitation als metrische Struktur dieser Welt zu verstehen. Das werden wir in den folgenden Paragraphen auseinandersetzen.

§ 40 Raum-Zeit-Geometrie der Inertialsysteme

Beim Übergang von einem Inertialsystem zu einem anderen, gegenüber dem ersten bewegten, d. h. bei einer Lorentz-Transformation, werden, wie wir in den Formeln (37.6) gesehen haben, nicht nur die Raumkoordinaten x, y, z, sondern es wird auch die Zeit t transformiert. Raum und Zeit sind aufs engste miteinander verknüpft, und es scheint deshalb natürlich, die vier Größen x, y, z, t gleichermaßen als Koordinaten eines Bezugssystem anzusehen.

Im Prinzip ist die Benutzung der Lagekoordinaten x, y, z zusammen mit der Zeit t als Koordinaten bei der Darstellung von Bewegungsvorgängen nichts Neues. Be-

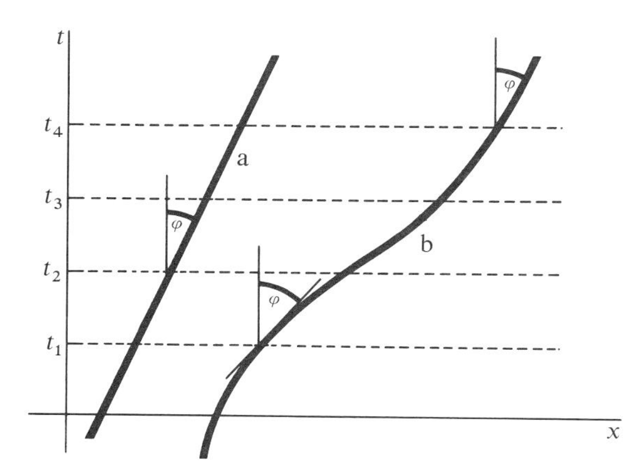

Abb. 40.1

Darstellung einer eindimensionalen Bewegung mit t als Ordinate und x als Abszisse. Die Geschwindigkeit ist durch $\tan \varphi$ gegeben, wobei φ den Winkel zwischen der Richtung der t-Koordinate und der Tangente an die x-t-Kurve bildet. Bei einer gleichförmigen Bewegung ist φ konstant (Kurve a), bei einer ungleichförmigen nicht (Kurve b).

schränken wir uns aus Gründen der zeichnerischen Einfachheit auf gradlinige Bewegungen entlang der x-Achse, so wird, wie Abb. 40.1 zeigt, jede Durchlaufung der x-Achse im Diagramm 40.1 durch eine Kurve dargestellt. Umgekehrt liefert jede in dieses Diagramm eingezeichnete Kurve, die monoton nach oben verläuft, die also jede Gerade $t=\text{const.}$ nur in einem Punkt schneidet, eine mögliche Durchlaufung der x-Achse. Eine gleichförmige Bewegung erscheint dabei als Gerade, und der Tangens des Winkels φ gegen die t-Achse ist gleich der Geschwindigkeit.

Die Welt der Ereignisse

Dieses zur Darstellung von Bewegungsvorgängen geeignete x-t-Koordinatensystem benutzen wir nun auch zur Beschreibung der Transformation von Raum und Zeit bei Lorentz-Transformationen. Zweckmäßigerweise wählen wir dazu als Ordinate nicht t, sondern ct (Abb. 40.2); dann haben alle Koordinaten dieselbe Dimension einer Länge. Die y- und z-Koordinaten unterdrücken wir wieder aus Gründen der zeichnerischen Einfachheit. Jede Bewegung eines Körpers, allgemein jede Bewegung eines geometrischen Punktes, wird in diesem x-ct-Diagramm durch eine Linie dargestellt.

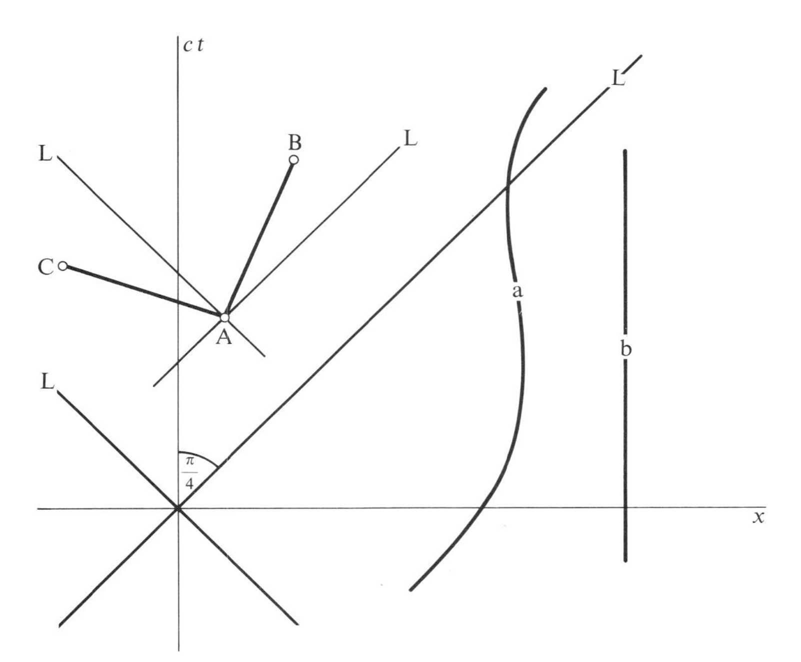

Abb. 40.2

Die Darstellung einer Bewegung im x-ct-Diagramm nennt man eine *Weltlinie* (Kurve a). Mißt man x und ct in gleichen Einheiten, sind die Weltlinien des Lichts (L) Geraden mit $\varphi=\pm\pi/4$. Da für jeden physikalischen Transport $\varphi \leqq \pi/4$, dürfen dessen Weltlinien nie flacher verlaufen als die Weltlinien des Lichts. Ruht insbesondere ein Körper im gezeigten Koordinatensystem, ist also $x=\text{const.}$, ist seine Weltlinie parallel zur ct-Achse (Kurve b).

Ein einzelner Punkt gibt ein Ereignis an. Zwei Ereignisse liegen *zeitartig* zueinander, wenn, wie für das Ereignispaar AB, der Winkel ihrer Verbindungslinie mit der ct-Achse kleiner ist als $\pi/4$. Ereignisse liegen *raumartig* zueinander, wenn, wie beim Ereignispaar AC, dieser Winkel größer ist als $\pi/4$.

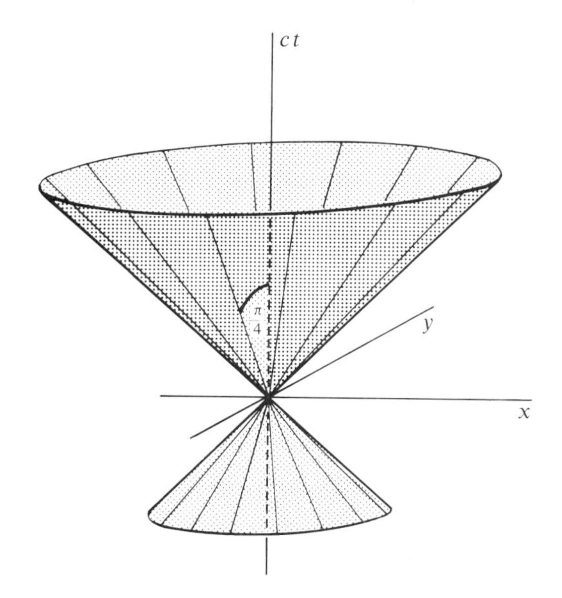

Abb. 40.3

Berücksichtigt man bei der Bewegung auch die y-Koordinate, sind die Weltlinien des Lichts Mantellinien eines Doppelkegels, des *Lichtkegels*. Die Weltlinien des Lichts in Abb. 40.2 sind die Schnittgeraden des Lichtkegels mit der x-ct-Ebene.

Man nennt sie die **Weltlinie** des Körpers. Die Bewegung eines Lichtblitzes, der vom Nullpunkt ausgehend sich in positiver und negativer Richtung ausbreitet, wird durch die Geraden $ct = \pm x$ dargestellt. Dieses Geradenpaar heißt auch der **Lichtkegel,** denn nimmt man die y-Achse hinzu, und betrachtet man ein sich in der x-y-Ebene ausbreitendes Lichtsignal, so liegen die Weltlinien der Lichtstrahlen auf einem Kegel um die ct-Achse (Abb. 40.3). Abb. 40.2 ist nur das Schnittgebilde, das die x-ct-Ebene aus Abb. 40.3 herausschneidet.

Da c die Grenzgeschwindigkeit ist, kann die Weltlinie eines Körpers, allgemein eines Energietransports, an keiner Stelle eine Steigung gegen die x-Achse haben, die kleiner ist als die des Lichtkegels.

Die Punkte der x-ct-Ebene sind die *Ereignisse*, denn zu jedem Punkt gehört ein bestimmter Wert von x und t. Zwei Ereignisse, d.h. zwei Punkte liegen *zeitartig* zueinander, wenn ihre Verbindungslinie eine größere Steigung gegen die x-Achse hat als der Lichtkegel, und sie liegen *raumartig* zueinander, wenn ihre Verbindungslinie flacher verläuft als der Lichtkegel. *Die Punkte einer Weltlinie liegen stets zeitartig zueinander.* Das ist nur eine andere Beschreibung der Eigenschaften einer Weltlinie, daß sie an jeder Stelle eine Steigung gegen die x-Achse haben muß, die größer ist als die Steigung des Lichtkegels.

Wie wird nun im Bild der Abb. 40.2 ein Bezugssystem $\mathfrak{R}'$ dargestellt, das sich gradlinig-gleichförmig (in x-Richtung) gegen das x-ct-System $\mathfrak{R}$ bewegt? Zunächst beschreibt der Koordinatenursprung von $\mathfrak{R}'$ (startend mit dem Ereignis $x' = ct' = 0$) eine Gerade, die so gegen die ct-Achse geneigt ist, daß der Neigungswinkel φ die Beziehung erfüllt $\tan\varphi = V/c$, wenn V die Geschwindigkeit von $\mathfrak{R}'$ gegen $\mathfrak{R}$ ist (Abb. 40.4a). Dabei haben wir noch angenommen, daß das Ereignis $x = ct = 0$ auch die Koordinaten $x' = ct' = 0$ hat. Die Weltlinie des Ursprungs von $\mathfrak{R}'$ ist nun die ct'-Achse. In jedem Raum-Zeit-Koordinatensystem sind nämlich die Weltlinien *ruhender* Körper Parallelen zur Zeit-Achse des Koordinatensystems, und in bezug auf $\mathfrak{R}'$ ruht selbstverständlich der Ursprungspunkt von $\mathfrak{R}'$. Wie liegt nun die x'-Achse? Die Antwort ist nicht trivial, denn die x'-Achse ist dadurch definiert, daß auf ihr $t' = \text{const.}$, d.h. $dt' = 0$ ist. Nach der letzten

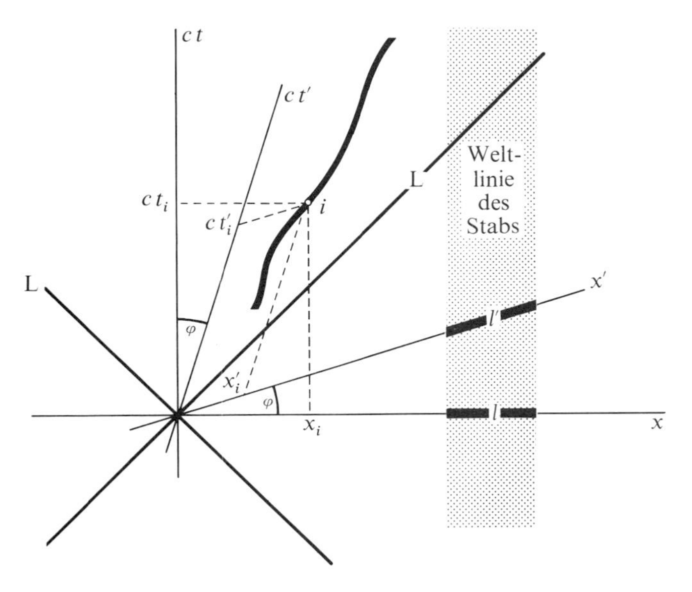

Abb. 40.4a

Die Koordinatenachsen eines mit $V=c\ \tan\varphi$ relativ zu einem x-ct-Koordinatensystem bewegten x'-ct'-Koordinatensystems sind so gedreht, daß sie gleiche Winkel mit dem Lichtkegel L bilden. Die Zerlegung eines Ereignisses (i) in Raum- und Zeitkoordinaten hängt also von der Geschwindigkeit des Beobachters ab. Ein in bezug auf den x-ct-Beobachter ruhender Stab definiert ein Bündel von Weltlinien parallel zur ct-Achse (getönter Streifen). In bezug auf den x'-ct'-Beobachter hat der Stab die Geschwindigkeit $-V$. Die Länge des Stabs ist für jeden Beobachter definiert als der für ihn gleichzeitige Abstand der Endpunkte des Stabs. Sie ist gleich der Länge des Stücks, das das Weltlinienbündel des Stabs aus der x- bzw. x'-Achse herausschneidet. Man beachte jedoch, daß keine euklidische Metrik herrscht, man also in der Figur erscheinende Längen nicht mit dem Metermaßstab abmessen darf.

Gl. (37.5) ist sie also durch die Gleichung bestimmt

$$dx=\frac{c}{V}\,d(c\,t),$$

oder integriert (unter Beachtung der Voraussetzung, daß sie durch $x=c\,t=0$ gehen soll)

$$x=\frac{c}{V}\,(c\,t).$$

Die x'-Achse ist also gegen die x-Achse um denselben Winkel φ geneigt, wie die $c\,t'$-Achse gegen die $c\,t$-Achse. Demgemäß halbiert der Lichtkegel wieder den Winkel, den die $c\,t'$- und x'-Achsen miteinander bilden. Je größer die Geschwindigkeit ist, mit der sich $\mathfrak{R}'$ gegen $\mathfrak{R}$ bewegt, um so mehr sind die $c\,t'$- und die x'-Achse gegen den Lichtkegel hin geneigt, ohne allerdings je mit ihm zusammenzufallen.

In der Raum-Zeit-Darstellung (Abb. 40.4a) erscheint die Lorentz-Transformation, d.h. der **Übergang vom Inertialsystem $\mathfrak{R}$ auf ein Inertialsystem $\mathfrak{R}'$** also als *Transformation von einem rechtwinkligen $(x, c\,t)$ auf ein schiefwinkliges Achsensystem $(x', c\,t')$*. Das bringt nun zwar einige mathematische Komplikationen mit sich, aber im Prinzip handelt

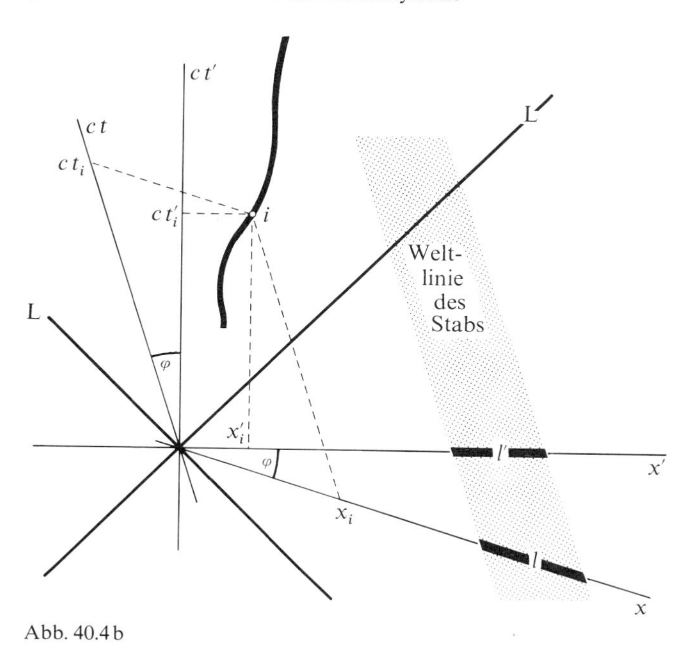

Abb. 40.4 b

Die gleiche Situation wie in Abb. 40.4a, jedoch ausgehend von dem x'-$c\,t'$-Koordinatensystem als „ruhend". Das x-$c\,t$-Koordinatensystem bewegt sich mit $-V$ dagegen. Wieder schließen die $c\,t$- und die x-Achse gleiche Winkel mit dem Lichtkegel L ein. Die Längen l' bzw. l sind wieder für einen Stab eingetragen, der in bezug auf das x-$c\,t$-Koordinatensystem ruht. Wieder beachte man, daß für Abstände keine euklidische Metrik gilt.

es sich doch nur um Transformationen von einem gradlinigen Achsensystem auf ein anderes. Wichtig für uns ist aber, daß nur Raum und Zeit *zusammen*, nämlich die *Welt der Ereignisse*, oder auch kurz die *Welt* genannt, das physikalische Phänomen der Bewegung, d.h. des Transports in seinen verwickelten Einzelheiten übersichtlich zu beschreiben gestattet. Die Zerspaltung der Welt in Raum und Zeit ist dagegen für jedes Bezugssystem eine andere, ja wir können sagen, daß ein *Bezugssystem jeweils durch eine Zerlegung der Welt in Raum und Zeit definiert* ist.

Der Lichtkegel bleibt bei allen Lorentz-Transformationen unangetastet liegen, entsprechend teilt er die Welt der Ereignisse in zwei Gebiete, in das Gebiet *innerhalb des Lichtkegels*, in dem (unter der Voraussetzung, daß das Ereignis $x=c\,t=0$ mit $x'=c\,t'=0$ identisch ist) stets die $c\,t'$-Achsen liegen, und das Gebiet *außerhalb des Lichtkegels*, in dem die x'-Achsen bleiben (Abb. 40.5). Die Punkte des ersten Gebietes liegen zum Koordinaten-Nullpunkt alle zeitartig, die des zweiten alle raumartig.

Natürlich ist es gleichgültig, welches der beiden Bezugssysteme $\mathfrak{R}$ oder $\mathfrak{R}'$ man als ruhend betrachtet. Das eine ist in nichts vor dem anderen ausgezeichnet, und daher ist es auch gleichgültig, ob man die x-$c\,t$-Achsen von $\mathfrak{R}$ oder die x'-$c\,t'$-Achsen von $\mathfrak{R}'$ als horizontal-vertikales Achsenkreuz einzeichnet. Tut man das mit den Achsen von $\mathfrak{R}'$, so erhält man die Abb. 40.4b, die dem Bild 40.4a völlig äquivalent ist. Worauf es bei den beiden Achsen eines Koordinatensystems x-$c\,t$ oder x'-$c\,t'$ ankommt, ist nicht das Aufeinander-Senkrechtstehen im gewohnten (euklidischen) Sinn, sondern die Relation der beiden Achsen zum Lichtkegel. Die Gleichheit der Winkel, die die beiden Koordinatenachsen mit dem Lichtkegel bilden, definiert nämlich in der Welt der Ereignisse

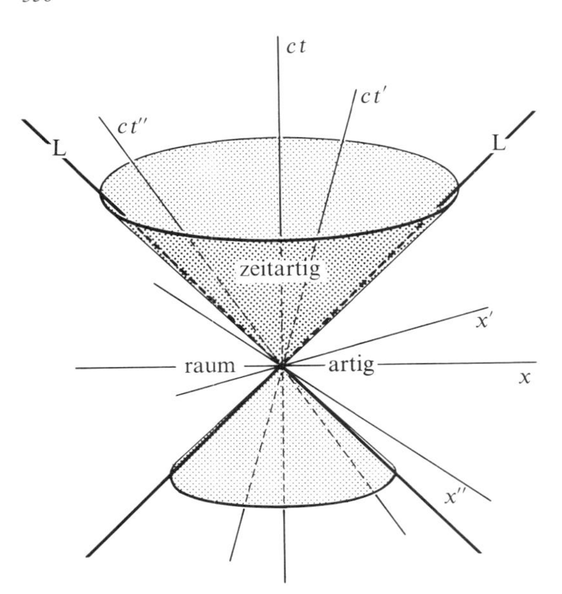

Abb. 40.5

Die Lorentz-Transformation verwandelt nie raumartige Ereignispaare in zeitartige oder umgekehrt. Macht man ein bestimmtes Ereignis zum Nullpunkt der Koordinatensysteme, so liegen die Zeitachsen stets innerhalb und die Raumachsen stets außerhalb des zum Nullpunkt gehörigen Lichtkegels.

den Begriff des Aufeinander-Senkrechtstehens. Zwei Richtungen heißen in der Welt senkrecht aufeinander, wenn die mit dem Lichtkegel gebildeten Winkel gleich sind.

Die Metrik der Raum-Zeit-Welt

Betrachten wir einen Stab, der in bezug auf das System $\mathfrak{R}$ ruht. Sein Anfangs- und sein Endpunkt beschreiben also Weltlinien, die zur ct-Achse parallel sind (Abb. 40.4). Die Länge des Stabs im Bezugssystem $\mathfrak{R}$ ist durch das Stück der x-Achse gegeben, das die beiden Weltlinien des Anfangs- und Endpunktes des Stabs aus der x-Achse herausschneiden. Im Bezugssystem $\mathfrak{R}'$ ist die Länge entsprechend gegeben durch das Stück der x'-Achse, das die beiden Weltlinien aus dieser Achse ausschneiden. Man sieht auf den ersten Blick, daß die Länge in $\mathfrak{R}'$ nicht dieselbe ist wie in $\mathfrak{R}$. An die euklidische Geometrie gewöhnt, würde man aber schließen, daß die Länge in $\mathfrak{R}'$ größer ist als in $\mathfrak{R}$, entgegen der Feststellung der Gl. (39.9), daß die Länge l' kleiner ist als l. Der Schluß unserer geometrischen Anschauung trifft deshalb nicht zu, weil in der Welt der Ereignisse eine andere Geometrie herrscht als wir sie gewohnt sind. Wir haben das bereits bei dem Begriff des Senkrechtstehens gesehen. Wir dürfen uns daher nicht wundern, wenn auch der Begriff des Abstands zweier Punkte eine Änderung gegenüber dem Gewohnten erfährt, wenn also in der x-ct-Ebene der Abstand zweier Punkte sich anders bestimmt als in der euklidischen Ebene. Der Begriff des Abstands ist an die *geometrische* Gestalt eines Körpers geknüpft; man verwechsle die geometrische jedoch nicht mit der visuellen Gestalt (Abb. 40.6).

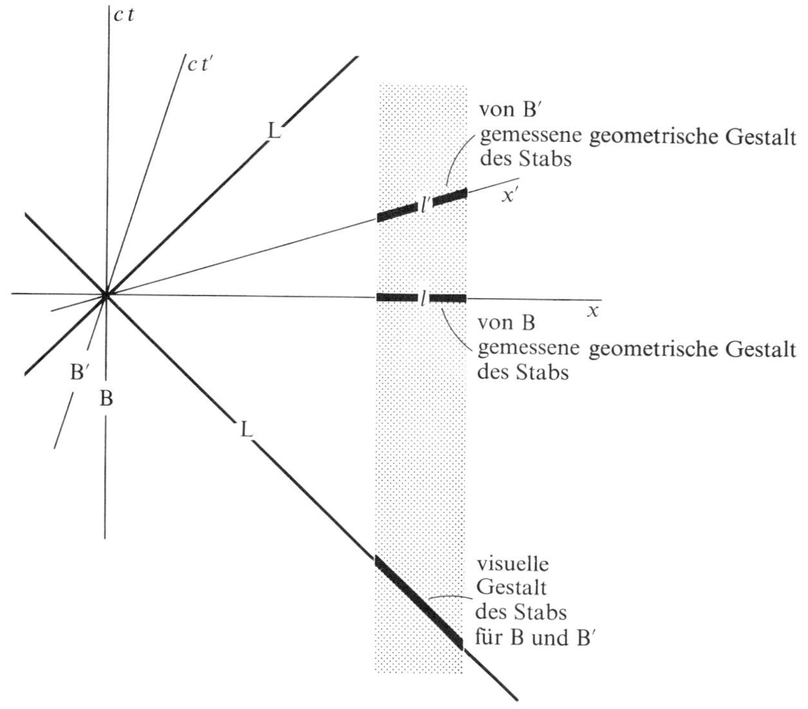

Abb. 40.6

Ein x-ct-Beobachter B und ein x'-ct'-Beobachter B' treffen sich bei $x=x'=0$, $t=t'=0$ und sehen einen Stab (Schnitt des getönten Streifens mit dem Lichtkegel L). Wie in § 39 ausgeführt, haben beide Beobachter die gleiche visuelle Wahrnehmung vom Stab, sie messen aber jeder eine verschiedene Länge des Stabs. Der x-ct-Beobachter mißt den Wert l und der x'-ct'-Beobachter den Wert l'. Der Stab hat für beide Beobachter zwar die gleiche visuelle Gestalt, aber eine unterschiedliche geometrische Gestalt.

Der Begriff des Abstands zweier Punkte ist nämlich nicht etwas absolut Gegebenes, sondern durch die Forderung bestimmt, daß er beim Übergang von einem Koordinatensystem zu einem gleichberechtigten anderen sich nicht ändert, genauer gesagt, sich im neuen Koordinatensystem in derselben Weise aus den Koordinaten der beiden Punkte berechnet wie im alten. Nun bleibt aber, wie Gl. (37.8) zeigt, beim Übergang vom x-ct-System zum x'-ct'-System der Ausdruck

$$s_{21}^2 = c^2(t_2-t_1)^2-(x_2-x_1)^2-(y_2-y_1)^2-(z_2-z_1)^2 \tag{40.1}$$

ungeändert, in unserer x-ct-Ebene ($y=z=0$) also

$$s_{21}^2 = c^2(t_2-t_1)^2-(x_2-x_1)^2 \tag{40.2}$$

und nicht, wie es in einer euklidischen Ebene wäre, der Ausdruck $c^2(t_2-t_1)^2+(x_2-x_1)^2$. s_{21}^2 läßt sich daher als Quadrat des raum-zeitlichen oder 4-dimensionalen *Abstands zwischen dem Ereignis* (x_2, ct_2) *und dem Ereignis* (x_1, ct_1) auffassen.

Das durch (40.2) erklärte Abstandsquadrat hat nun neben den geläufigen Eigenschaften, die wir mit dem Begriff des Abstands verbinden, auch einige recht ungewohnte.

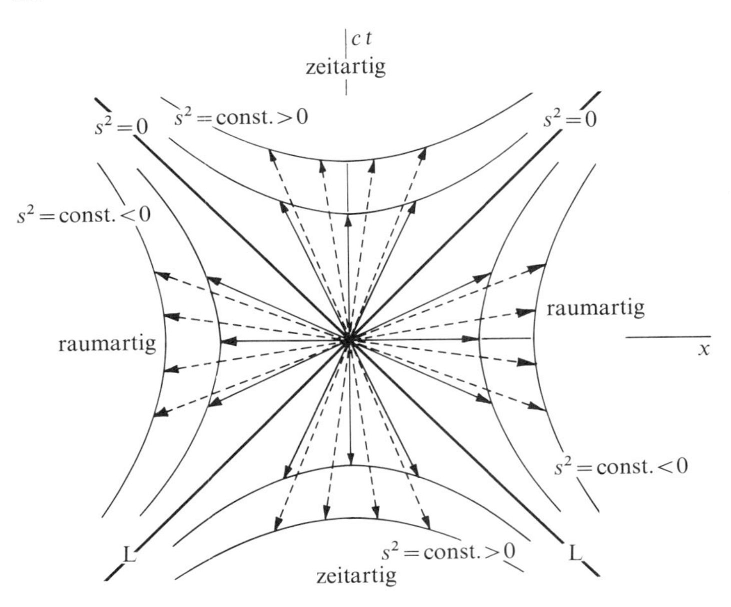

Abb. 40.7

Für alle Ereignisse, die in bezug auf das Ereignis $x=ct=0$ zeitartig sind, ist das Abstandsquadrat s^2 vom Ereignis $x=ct=0$ größer als Null ($s^2>0$), für alle Ereignisse im raumartigen Gebiet ist $s^2<0$ und für Ereignisse auf dem Lichtkegel $s^2=0$. Ereignisse gleichen raumzeitlichen Abstands s von $x=ct=0$ liegen nach (40.2) auf Hyperbelästen $s^2=(ct)^2-x^2=\text{const.}$ Die ausgezogenen Pfeile haben bis aufs Vorzeichen das gleiche Längenquadrat, die gestrichelten Pfeile das doppelte Längenquadrat der ausgezogenen Pfeile. Vgl. hierzu auch die Längen l, l' in Abb. 40.4a und b.

So wird s_{21}^2 nicht nur dann Null, wenn $t_2=t_1$, $x_2=x_1$, d.h. wenn die Ereignisse (x_2, ct_2) und (x_1, ct_1) zusammenfallen, sondern auch dann, wenn sie so zueinander liegen, daß ihre Verbindungslinie zum Lichtkegel parallel ist, denn dann ist ja $c(t_2-t_1)=(x_2-x_1)$. Das Quadrat des Abstands kann, wie (40.2) weiter zeigt, nicht nur positive, sondern auch negative Werte annehmen. Es ist positiv dann, wenn die beiden Ereignisse zeitartig, und negativ, wenn sie raumartig zueinander liegen, in Formeln

$$s_{21}^2>0 \quad \text{für zueinander } \textit{zeitartige} \text{ Ereignisse 1 und 2,}$$

$$s_{21}^2<0 \quad \text{für zueinander } \textit{raumartige} \text{ Ereignisse 1 und 2.}$$

Das alles mag im ersten Augenblick befremdlich wirken, aber dieser Eindruck legt sich schnell, wenn man merkt, daß sich mit diesem Begriff des Abstandes ebenso gut und sicher umgehen läßt wie mit dem der gewohnten euklidischen Geometrie.

Zeichnen wir uns schließlich noch in die Raum-Zeit-Welt die Kurven ein, die die Punkte zusammenfassen, die vom Ursprungspunkt $x=ct=0$ den gleichen Abstand haben, sozusagen die Analoga der konzentrischen Kreise um den Ursprungspunkt in einer euklidischen Ebene. Man erhält so, wenn man in Gl. (40.2) $x_1=ct_1=0$ setzt und x_2, ct_2 als variabel betrachtet, aus der Forderung $s^2=\text{const.}$ die Abb. 40.7. Die in ihr ausgezogenen Pfeile haben alle den gleichen Betrag des Längenquadrats, ebenso die gestrichelten Pfeile.

Man nennt das durch (40.1) oder, differentiell geschrieben, durch

(40.3) $$ds^2 = c^2\,dt^2 - dx^2 - dy^2 - dz^2$$

erklärte Entfernungsmaß, die **Metrik der Raum-Zeit-Welt,** oder die **Minkowski-Metrik** (H. MINKOWSKI, 1864—1909). Gl. (40.3) erlaubt es, jeder Weltlinie eine Bogenlänge zuzuschreiben, nämlich das längs der Weltlinie erstreckte Integral $\int ds$. Man erhält sie dadurch, daß man sich die Weltlinie in lauter infinitesimale Sehnenstücke zerlegt denkt, nach Gl. (40.3) die Länge dieser Stücke bestimmt und dann alles aufsummiert. Werden also zwei Weltpunkte a und b durch verschiedene Weltlinien miteinander verbunden (Abb. 40.8), so hat im allgemeinen jede dieser Kurven eine andere Länge. Man kann z.B. nach der **kürzesten oder längsten Weltlinie** fragen, die a und b miteinander verbinden. Zunächst hat die Bedingung, daß die a und b verbindenden Kurven Weltlinien sein sollen, zur Folge, daß alle diese Kurven innerhalb eines Gebietes liegen müssen, das von den durch a und b gehenden Lichtkegeln begrenzt wird

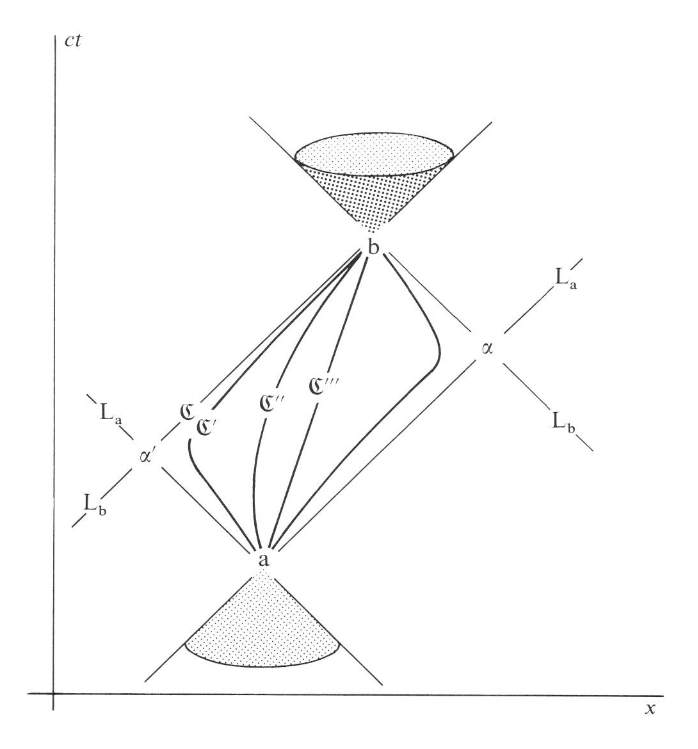

Abb. 40.8

Zwei zeitartig zueinander liegende Ereignisse a und b werden durch verschiedene Weltlinien $\mathfrak{C}$, $\mathfrak{C}'$, $\mathfrak{C}''$, ... verbunden. Jede dieser Weltlinien hat eine Bogenlänge $\int ds$, wobei im allgemeinen $\int_{\mathfrak{C}} ds \neq \int_{\mathfrak{C}'} ds \neq \int_{\mathfrak{C}''} ds$. Unter diesen Weltlinien hat die Verbindung $\mathfrak{C}$, die erst längs dem Lichtkegel L_a von a bis α', dann längs dem Lichtkegel L_b von α' nach b entlangführt, die kürzeste Bogenlänge, nämlich $\int_{\mathfrak{C}} ds = 0$ (vgl. Abb. 40.7). Das gleiche gilt natürlich für die längs den Lichtkegeln über α führende Weltlinie. Die in der euklidischen Metrik kürzeste Verbindung $\mathfrak{C}'''$ hat in der Raum-Zeit-Metrik die größte Bogenlänge unter allen Weltlinien.

Die Abbildung kann auch als Darstellung des Zwillingsparadoxons gelesen werden. Zwillinge, die sich an einem Ereignispunkt a trennen und auf verschiedenen Weltlinien zu einem anderen Punkt b gelangen, sind verschieden gealtert, weil unterschiedliche Bogenlänge der Weltlinien unterschiedliche Eigenzeit bedeutet.

(Abb. 40.8). Allerdings bedeutet das nicht, daß umgekehrt jede Kurve, die sich in dieses Gebiet einzeichnen läßt, eine Weltlinie wäre, denn eine Kurve ist ja nur dann eine Weltlinie, wenn sie nirgends eine Steigung hat, die kleiner ist als die des Lichtkegels. Nun sieht man, daß es ausgezeichnete Wege von a nach b gibt, z.B. von a ausgehend längs dem durch a gehenden Lichtkegel bis zum Punkt α, und dann von α längs dem durch b gehenden Lichtkegel bis nach b. Diese Verbindung von a nach b, die wir nach euklidischer Gewohnheit als die längste bezeichnen würden, ist nach der Metrik (40.3) die kürzeste. Denn auf jedem Lichtkegel ist $ds=0$, also hat auch diese Verbindung von a und b, die ja ganz auf Lichtkegeln verläuft, die Länge Null. Die a und b verbindende Gerade, die in der euklidischen Geometrie die kürzeste ist, ist in der mit der Minkowski-Metrik ausgestatteten Raum-Zeit-Welt dagegen die längste unter den a und b verbindenden Weltlinien.

Mit dieser etwas kurios anmutenden geometrischen Feststellung über die Länge von Weltlinien ist nun eine wichtige physikalische Aussage verbunden. Der Länge ds einer Weltlinie läßt sich nämlich, wenn man sie durch c dividiert, eine Zeit $\tau=\int ds/c$ zuordnen. Diese Zeit τ nennt man die **Eigenzeit** des die Weltlinie definierenden Körpers. Eine mit dem Körper fest verbundene, d.h. relativ zu ihm ruhende Uhr würde in jedem Punkt der Weltlinie die Zeit τ anzeigen.

Die Weltlinien von zwei Körpern, die von einem Weltpunkt a ausgehen, d.h. die am selben Ort gleichzeitig starten, mögen sich in einem zweiten Weltpunkt b schneiden. Die Körper treffen also an einem anderen Ort wieder zusammen. Ihre Uhren werden, wenn sie bei a dieselbe Zeit zeigten, beim Wiedertreffen in b im allgemeinen verschiedene Zeiten anzeigen. In ihrer Eigenzeit, d.h. mit der an jedem Körper befestigten Uhr gemessen, ist für die Körper also verschieden viel Zeit verstrichen, und zwar umso mehr, je genauer die Weltlinie mit der a und b verbindenden Graden zusammenfällt, und umso weniger, je besser die Weltlinie den „Lichtweg" a$\rightarrow\alpha\rightarrow$b approximiert. Nun repräsentiert, da wir uns in einem Inertialsystem befinden, die a und b verbindende Grade einen Körper, der sich gradlinig-gleichförmig, also mit konstanter Geschwindigkeit bewegt, d.h. einen Körper, der eine **Trägheitsbewegung** ausführt und demgemäß keine Kraft erfährt. Wir haben damit das wichtige Resultat: *Die Eigenzeit eines Körpers zwischen zwei Ereignissen ist dann maximal, wenn der Körper zwischen den beiden Ereignissen einer Trägheitsbewegung folgt, also keine Kraft erfährt.* Umgekehrt hat die Einwirkung einer Kraft auf einen Körper zwischen zwei Ereignissen zur Folge, daß der in der Eigenzeit des Körpers gemessene Ereignisabstand verkürzt wird.

Diese Betrachtungen lassen es plausibel erscheinen, daß die Größe ds^2, die Metrik der Welt, im mathematischen Ausbau der Relativitätstheorie eine fundamentale Rolle spielt.

§ 41 Wirkung eines Beschleunigungsfeldes auf die Raum-Zeit-Welt

Die Einwirkung eines Gravitationsfeldes auf die Struktur der Welt erläutern wir zunächst am Beispiel eines durch Bewegung erzeugten homogenen Beschleunigungs- oder Gravitationsfeldes. Wir betrachten dazu ein Bezugssystem $\mathfrak{R}$, d.h. eine Reihe relativ zueinander ruhender Körper, in bezug auf die sich ein Körper R* oder gar eine ganze

Reihe relativ zueinander ruhender Körper R_1^*, R_2^*, ... *beschleunigt* bewegen. Die in den Raum-Zeit-Koordinaten von $\mathfrak{R}$ dargestellten Weltlinien der Körper R_i^* sind dann keine Geraden, sondern komplizierte Kurven. Wir wollen weiter annehmen, daß die Körper R_i^* sich in bezug auf $\mathfrak{R}$ *gleichförmig beschleunigt*, d.h. wie im freien Fall bewegen, und zwar in Richtung positiver x-Werte (Abb. 41.1).

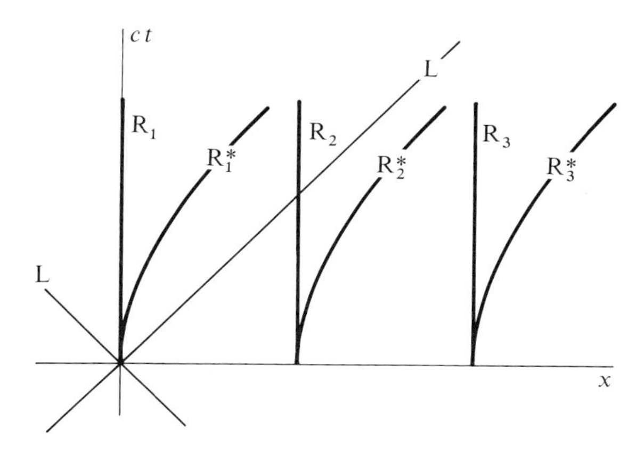

Abb. 41.1

Mehrere Körper R_1^*, R_2^*, ... bewegen sich beschleunigt in einem Inertialsystem. Ihre Weltlinien sind anfangs Parabeln; wenn ihre Geschwindigkeit sich der Grenzgeschwindigkeit c nähert, werden die Weltlinien parallel zum Lichtkegel. Eine Trägheitsbewegung (Körper R_1, R_2, ...) hat als Weltlinie im Inertialsystem eine Gerade.

Gleichförmig beschleunigte Bewegung im Inertialsystem

Zunächst bemerkt man, daß der Begriff der gleichförmigen Beschleunigung nicht mehr wie in der Newtonschen Mechanik erklärt werden kann, nämlich durch die Gleichung

$$\frac{d\boldsymbol{v}}{dt} = \boldsymbol{a} = \text{const.} \tag{41.1}$$

Denn aus dieser Gleichung würde durch Integration folgen $\boldsymbol{v} = \boldsymbol{a}\,t + \boldsymbol{v}_0$, und das bedeutete, daß $|\boldsymbol{v}|$ mit wachsender Zeit t über alle Grenzen wachsen würde — im Widerspruch zur Existenz einer Grenzgeschwindigkeit, die nie überschritten werden darf. Gl. (41.1) kann daher in Strenge gar keine Bewegung realer Körper beschreiben. Das bedeutet allerdings nicht, daß die Gl. (41.1) völlig unbrauchbar wäre, denn für kleine Geschwindigkeiten gibt sie die Bewegung ja gut wieder, und zwar um so besser, je kleiner die Geschwindigkeit ist. Wir können also Gl. (41.1) zur Definition der gleichförmig beschleunigten Bewegung dann benutzen, wenn wir uns auf kleine Geschwindigkeiten beschränken.

Nun läßt sich aber jede Geschwindigkeit durch einen einfachen Trick beliebig klein machen: Man wählt einfach in jedem Punkt der Weltlinie des bewegten Körpers als Bezugssystem nicht unser ursprüngliches Bezugssystem $\mathfrak{R}$, sondern dasjenige Bezugssystem $\mathfrak{R}'$, das sich gegen $\mathfrak{R}$ *gleichförmig* mit der momentanen Geschwindigkeit $\boldsymbol{v}$ des Körpers bewegt. In bezug auf $\mathfrak{R}'$ befindet sich dann der Körper momentan in Ruhe. Im nächsten Augenblick wird er, da er ja eine Beschleunigung erfährt, den Zustand der Ruhe verlassen und beginnen, sich auch in bezug auf $\mathfrak{R}'$ zu bewegen. Diese Bewegung wird dann im ersten Augenblick durch Gl. (41.1) beschrieben, wobei nur $\boldsymbol{v}$ und t durch $\boldsymbol{v}'$ und t', nämlich die Größen in bezug auf $\mathfrak{R}'$, zu ersetzen sind. Im nächsten Zeitelement muß man natürlich schon wieder ein neues Bezugssystem $\mathfrak{R}''$ wählen, in bezug auf das der Körper jetzt ruht, und so geht die Beschreibung von Zeitelement zu Zeitelement fort. Natürlich übersetzt man für die wirkliche Rechnung diese anschauliche Idee der Beschreibung einer gleichförmig-beschleunigten Bewegung in eine sachgemäßere und leichter zu handhabende mathematische Form. Wir wollen das hier nicht im einzelnen tun, sondern nur das Resultat angeben, das wir übrigens schon aus Gl. (20.19) kennen. Für die Geschwindigkeit eines in positiver x-Richtung beschleunigt bewegten Körpers erhält man, wenn für $t=0$ auch $v=0$ angenommen wird,

$$v=\frac{dx}{dt}=\frac{at}{\sqrt{1+\left(\frac{at}{c}\right)^2}}. \tag{41.2}$$

Integriert man diese Gleichung, so ergibt sich (20.21), nämlich

$$x(t)=\frac{c^2}{a}\left[\sqrt{1+\left(\frac{at}{c}\right)^2}-1\right]+x_0, \tag{41.3}$$

Dabei ist x_0 die Ortskoordinate des Körpers zur Zeit $t=0$. Offensichtlich gehen die Lösungen (41.2) und (41.3) für kurze Zeiten, d.h. für Zeiten t, die der Bedingung $at \ll c$ genügen, über in die vertrauten Formeln des Newtonschen Grenzfalles: $v=at$ und $x=at^2/2$.

Denken wir uns, wie wir schon oben sagten, eine ganze Reihe von Körpern R_1^*, R_2^*, ..., die alle zur Zeit $t=0$ ihre gleichmäßig beschleunigte Bewegung beginnen, so resultiert die in Abb. 41.1 gezeichnete Schar von Weltlinien. Für jeden Schnitt $t=\text{const.}$ bleibt dabei der Abstand der Körper R_1^*, R_2^*, ... derselbe, die Körper bleiben relativ zueinander in Ruhe.

Fragen wir nun, wie die Welt vom Standpunkt eines Beobachters beschrieben wird, der relativ zu den Körpern R_1^*, R_2^*, ... ruht. In seinem Bezugssystem $\mathfrak{R}^*$ bewegen sich dann alle in $\mathfrak{R}$ ruhenden Körper $R_1, R_2, \ldots$ beschleunigt in Richtung negativer x-Werte. Im Bezugssystem $\mathfrak{R}^*$ wird man der Welt somit schematisch ein Aussehen geben, wie es Abb. 41.2 zeigt. Dabei drängt sich sofort die Frage auf, ob die beiden durch Abb. 41.1 und Abb. 41.2 dargestellten Bilder der Welt nicht völlig symmetrisch sind. Denn kinematisch scheint es ja keinen Unterschied zu machen, ob sich $\mathfrak{R}^*$ gegen $\mathfrak{R}$ oder $\mathfrak{R}$ gegen $\mathfrak{R}^*$ bewegt. Tatsächlich ist diese Annahme nach EINSTEIN aber nicht richtig, denn da Raum und Zeit durch die Dynamik beeinflußt werden, ist eine Kinematik ohne Dynamik nicht mehr möglich.

Um diese Frage zu untersuchen, nehmen wir an, das Bezugssystem $\mathfrak{R}$ sei ein Inertialsystem. Dann ist $\mathfrak{R}^*$ natürlich kein Inertialsystem, denn es bewegt sich ja beschleunigt gegenüber $\mathfrak{R}$. Da in $\mathfrak{R}$ (als Inertialsystem) kein Beschleunigungsfeld herrscht, erfahren Körper in ihm keine Trägheitskräfte, ihre Weltlinien sind also Geraden, wenn keine anderen Kräfte, wie elektrische oder nukleare, auf sie einwirken. Nun sind aber

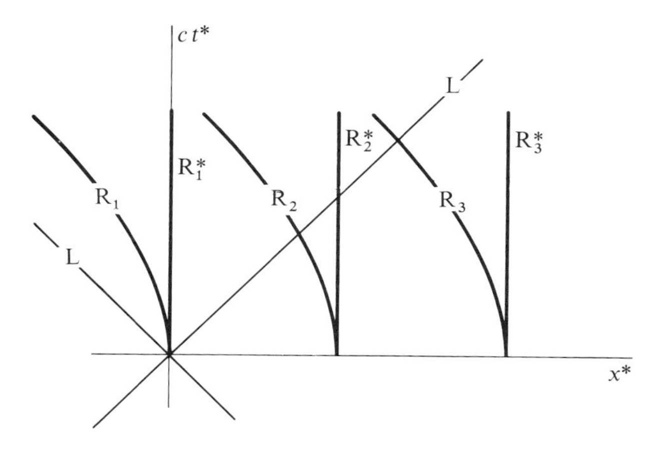

Abb. 41.2

Vermutete, jedoch falsche Darstellung der Bewegung der gleichen Körper wie in Abb. 41.1 im Bezugssystem eines Beobachters, der relativ zu den Körpern R_1^*, R_2^*, ... ruht. Die Darstellung ist deshalb falsch, weil die Raum-Zeit-Welt eines nicht-inertialen Bezugssystems eine andere Metrik besitzt als die eines inertialen Bezugssystems; denn Trägheitsbewegungen, wozu auch die Ausbreitung des Lichts zählt, werden in einem Nicht-Inertialsystem nicht durch Geraden dargestellt. Die Lichtkegel sind also nicht, wie hier gezeichnet, Kegel, deren Mantellinien Geraden sind. Sie haben vielmehr die in Abb. 41.3 angegebene Gestalt. Entsprechend müssen sich auch die Weltlinien der Körper R_1, R_2, ... ändern, die Trägheitsbewegungen ausführen.

die Weltlinien der Körper R_1^*, R_2^*, ... keine Geraden und daher müssen, wenn $\mathfrak{R}$ ein Inertialsystem ist, diese Körper andere Kräfte als Trägheitskräfte erfahren, z.B. dadurch, daß sie eine elektrische Ladung tragen und durch ein elektrisches Feld beeinflußt werden. Nehmen wir an, das elektrische Feld sei homogen, d.h. das Feld eines großen Plattenkondensators. Dann ist die auf jeden Körper wirkende Kraft $\boldsymbol{F}$ im Bezugssystem $\mathfrak{R}$ konstant. Der Körper befolgt in $\mathfrak{R}$ somit die Bewegungsgleichung

$$\frac{d\boldsymbol{P}}{dt} = \boldsymbol{F} = \text{const.} \tag{41.4}$$

Diese Gleichung läßt sich, da die rechte Seite ein konstanter Vektor ist, sofort integrieren. Man erhält so

$$\boldsymbol{P} = \boldsymbol{F}\, t + \boldsymbol{P}_0 . \tag{41.5}$$

Setzt man hierin für den Impuls die Gl. (5.14) ein mit $M = E_0/c^2$ und schreibt man $\boldsymbol{F} = M\,\boldsymbol{a}$, so lautet Gl. (41.5)

$$\frac{\boldsymbol{v}}{\sqrt{1-\frac{v^2}{c^2}}} = \boldsymbol{a}\, t + \frac{\boldsymbol{v}_0}{\sqrt{1-\frac{v_0^2}{c^2}}}; \tag{41.6}$$

darin ist $\boldsymbol{v}_0$ die Geschwindigkeit des Körpers zur Zeit $t=0$. Setzt man $\boldsymbol{v}_0 = 0$, so liefert Gl. (41.6), wenn man sie nach $\boldsymbol{v}$ auflöst, wie zu erwarten, die oben angegebene Formel

(41.2), die die Geschwindigkeit eines in bezug auf $\mathfrak{R}$ gleichförmig beschleunigten Körpers beschreibt.

Trägheitsbewegungen in beliebigen Bezugssystemen

Gehen wir nun in das Bezugssystem $\mathfrak{R}^*$, in dem die Körper R_1^*, R_2^*, ... ruhen und R_1, R_2, ... sich bewegen. Vom kinematischen Standpunkt scheinen, wie wir schon sagten, $\mathfrak{R}$ und $\mathfrak{R}^*$ völlig gleichberechtigt, denn abgesehen von der Richtung bewegen sich beide Bezugssysteme bzw. die sie repräsentierenden Beobachter, in gleicher Weise gegeneinander. Entsprechend ist man versucht, die obigen Betrachtungen über die gleichförmig beschleunigte Bewegung nun auf die Körper R_1, R_2, ... anzuwenden, die sich in bezug auf $\mathfrak{R}^*$ bewegen und lediglich in den Formeln (41.2) und (41.3) die Koordinaten x, ct durch x^*, ct^* und $\boldsymbol{v}$ durch $\boldsymbol{v}^* = -\boldsymbol{v}$ zu ersetzen. Das ist jedoch nicht richtig, da die **dynamische Verschiedenheit der Bezugssysteme $\mathfrak{R}$ und $\mathfrak{R}^*$** auch eine kinematische Verschiedenheit zur Folge hat, die vom Newtonschen Standpunkt völlig unverständlich erscheint. Der Grund für diese *Rückwirkung der Dynamik auf die Kinematik* liegt darin, daß sowohl der durch Uhren gemessene Zeitablauf als auch die räumlichen Maße durch die Existenz eines Beschleunigungsfeldes verändert werden.

Die dynamische Verschiedenheit der beiden Bezugssysteme $\mathfrak{R}$ und $\mathfrak{R}^*$ besteht darin, daß es in $\mathfrak{R}$ nur elektrische Kräfte, dagegen keine Gravitations- oder Trägheitskräfte gibt. Entsprechend wirken auch nur auf die geladenen Körper R_1^*, R_2^*, ... Kräfte, nicht aber auf die ungeladenen Körper R_1, R_2, ..., die infolgedessen in bezug auf $\mathfrak{R}$ ruhen bleiben. In $\mathfrak{R}^*$ hingegen treten sowohl elektrische wie Gravitationskräfte auf. In ihrer Wirkung auf die Körper R_1^*, R_2^*, ... halten sie sich gerade das Gleichgewicht, so daß diese sich nicht in Bewegung setzen. Die Körper R_1, R_2, ... aber erfahren keine elektrischen Kräfte, und daher folgen sie den Gravitationskräften und setzen sich in Bewegung.

Auf den ersten Blick scheint es, als läge hier eine ähnliche Situation vor wie in § 31, wo wir zwei in bezug aufeinander rotierende Bezugssysteme betrachteten. In dem einen Bezugssystem ($\mathfrak{R}$) ruhen Körper deshalb, weil keine Kräfte auf sie wirken, in dem anderen ($\mathfrak{R}^*$ hier, $\mathfrak{R}'$ in § 31), weil zwei Kräfte sich gerade das Gleichgewicht halten. Hier sind es die elektrische und die Gravitationskraft, in § 31 waren es die auf den Satelliten wirkende Anziehungskraft der Erde und die Zentrifugalkraft. Der entscheidende Unterschied in beiden Fällen ist aber, daß **elektrische Kraft und Gravitation physikalisch verschieden** sind, Gravitationskraft und Zentrifugalkraft dagegen nicht, denn beide sind Trägheitskräfte. Man sieht das vielleicht noch deutlicher, wenn man statt von Kräften von Energieformen spricht. Dann handelt es sich nämlich um die Behauptung, daß elektrische und Gravitationsenergie verschiedene Energieformen sind, Gravitationsenergie im Erdfeld und Gravitationsenergie im Zentrifugalfeld dagegen nicht. Der Beweis für diese Behauptung besteht in der Feststellung, daß ein Gleichgewicht zwischen elektrischen und Gravitationskräften einfach dadurch gestört werden kann, daß man die Ladungsverteilung auf dem Körper ändert, auf den die Kräfte wirken, oder den Körper durch einen anderen, d.h. mit einer anderen Ladung versehenen, ersetzt, daß es aber unmöglich ist, das Gleichgewicht zwischen Gravitation und Zentrifugalkraft dadurch zu stören, daß man an dem Körper irgendwelche Änderungen vornimmt oder den Körper durch einen anderen ersetzt.

Im Bezugssystem $\mathfrak{R}^*$ herrscht also ein homogenes Beschleunigungs- oder Gravitationsfeld in negativer x-Richtung. Dieses Gravitationsfeld hat die Wirkung, daß

Körper, auf die keine „richtigen", nämlich elektrische oder nukleare, sondern nur Trägheitskräfte wirken, wie die Körper R_1, R_2, ... alle dieselbe Beschleunigung erfahren, oder wie wir auch sagen, eine **Trägheitsbewegung** zeigen. Bei gleichen Anfangsbedingungen durchlaufen sie die gleiche Bahn in gleicher Weise. Trägheitsbewegungen erscheinen im Bezugssystem $\mathfrak{R}^*$ daher nicht als gerade Linien, sondern als gekrümmte Weltlinien. Die geraden Weltlinien der Körper R_1^*, R_2^*, ... stellen dagegen keine Trägheitsbewegungen dar; denn es wirken ja nicht allein Trägheitskräfte auf sie, sondern auch elektrische Kräfte, und das hat zur Folge, daß die resultierende Bewegung *keine Trägheitsbewegung* ist.

Das entscheidende Resultat dieser Betrachtungen ist, daß dieselbe Trägheitsbewegung in einem inertialen Bezugssystem als *grade* Weltlinie erscheint, in einem nicht-inertialen dagegen als *gekrümmte* Linie. Nun hat in der Raum-Zeit-Welt eines Inertialsystems die Gerade aber die Eigenschaft, die längste Verbindung zweier gegebener Punkte zu sein. EINSTEINS Idee war es nun, diese Extremaleigenschaft generell den Weltlinien von *Trägheitsbewegungen* zuzuschreiben, d.h. von Bewegungen, die allein unter dem Einfluß von Beschleunigungs- oder Gravitationsfeldern erfolgen. Die 4-dimensionale Bogenlänge $\int ds$ und damit die *Eigenzeit* $\tau = \int ds/c$ *zwischen zwei Ereignissen in der Welt ist also nach* EINSTEIN *stets dann maximal, wenn der die Weltlinie repräsentierende Körper einer reinen Trägheitsbewegung folgt.* Dann wechselwirkt er ausschließlich mit dem Trägheitsfeld und erfährt demgemäß nur Trägheitskräfte, dagegen keine Kräfte, die von einer inneren individuellen Größe des Körpers abhängen und damit zu Energieformen gehören, die von der Gravitationsenergie verschieden sind. Und diese Feststellung gilt unabhängig vom Bezugssystem! Wenn also die Körper R_1, R_2, ... in $\mathfrak{R}^*$ Bewegungen ausführen, die keine gradlinigen Weltlinien liefern, so müssen Raum und Zeit in diesem Bezugssystem eine derart „verzerrte" Metrik zeigen, daß die längste Verbindung zwischen zwei gegebenen Ereignissen keine grade, sondern eine gekrümmte Kurve ist.

Man nennt allgemein in der Geometrie Kurven mit einer extremalen Längeneigenschaft **geodätische Linien.** EINSTEINS Postulat läßt sich also auch so ausdrücken: *Die Weltlinien von Körpern, die Trägheitsbewegungen ausführen, d.h. allein mit dem Trägheitsfeld wechselwirken und demgemäß als Kräfte nur Trägheitskräfte erfahren, sind geodätische Linien.* Die Weltlinien der Körper R_1, R_2, ... sind also geodätische Linien, sowohl im Bezugssystem $\mathfrak{R}$ als auch im Bezugssystem $\mathfrak{R}^*$. Die Weltlinien der Körper R_1^*, R_2^*, ... sind dagegen keine geodätischen Linien, gleichgültig in welchem Bezugssystem sie betrachtet werden; denn diese Körper wechselwirken nicht nur mit dem Trägheitsfeld, sondern auch mit dem elektromagnetischen Feld.

Da nun im Bezugssystem $\mathfrak{R}^*$ die Weltlinien der Trägheitsbewegungen ausführenden Körper R_1, R_2, ... gekrümmt sind, sind im Bezugssystem $\mathfrak{R}^*$ die geodätischen Linien keine graden, sondern gekrümmte Linien. Da sich ferner $\mathfrak{R}^*$ von $\mathfrak{R}$ dadurch unterscheidet, daß in ihm ein Gravitationsfeld herrscht, haben wir die Regel: *Ein Gravitationsfeld verändert die Metrik der Raum-Zeit-Welt so, daß die geodätischen Linien keine graden, sondern gekrümmte Kurven sind.*

Die Metrik der Welt wird also durch die vorhandenen Gravitationsfelder bestimmt, und sie hat die Minkowskische Form (40.3) nur in Bezugssystemen, in denen keine Gravitationsfelder herrschen, also in Inertialsystemen. Gravitationsfelder beeinflussen somit die Metrik der 4-dimensionalen Welt und damit auch die Metrik von Raum und Zeit, in die die Welt durch ein Bezugssystem zerlegt wird. Somit äußern sich Gravitationsfelder in metrischen Veränderungen von Raum und Zeit, d.h. in Geometrie- und Zeitmaßen und damit in der Kinematik.

Die Weltlinien des Lichts in nicht-inertialen Bezugssystemen

Besonders deutlich tritt die Verschiedenheit der Bezugssysteme $\mathfrak{R}$ und $\mathfrak{R}^*$ hervor, wenn man die Bewegung des Lichts in ihnen betrachtet. Die Bewegung des Lichts ist in jedem Fall eine Trägheitsbewegung, und zwar eine solche, die mit der Grenzgeschwindigkeit erfolgt. Die Weltlinien einer Lichtausbreitung sind demgemäß stets geodätische Linien in der 4-dimensionalen Welt, die die besondere Eigenschaft haben, daß auf ihnen $ds=0$ ist. Diese Gleichung drückt nämlich gerade aus, daß der beschriebene Ausbreitungsvorgang mit der Grenzgeschwindigkeit erfolgt.

Wie sehen nun die **geodätischen Linien mit $ds=0$** in den beiden Bezugssystemen $\mathfrak{R}$ und $\mathfrak{R}^*$ aus? Im Inertialsystem $\mathfrak{R}$ sind es, wie wir wissen, Graden, die vom Startpunkt der Lichtausbreitung, z.B. vom Koordinatenursprung $x=ct=0$ ausgehen und insgesamt den Lichtkegel bilden. In $\mathfrak{R}^*$ sehen dieselben geodätischen Linien dagegen ganz anders aus. Um ihre Form wenigstens qualitativ zu bestimmen, erinnern wir zunächst an das in § 34 diskutierte Einsteinsche Relativitätspostulat, wonach die Lichtgeschwindigkeit als Grenzgeschwindigkeit des Energietransports überall und in jedem Bezugssystem denselben Wert c hat. Dabei ist allerdings die Bedingung einzuhalten, daß die Geschwindigkeit mit einer *lokalen* Uhr, d.h. mit einer Uhr jeweils am Ort der momentanen Lichtausbreitung zu messen ist.

Um das zu tun, denken wir uns die x-Achse mit Körpern ..., R^*_{-2}, R^*_{-1}, R^*_0, R^*_1, R^*_2, ... belegt und an jeden dieser Körper eine Uhr angeheftet. Die Uhren sollen selbstverständlich alle untereinander gleich sein. Nun herrscht aber im Bezugssystem $\mathfrak{R}^*$, das z.B. durch einen Beobachter definiert sei, der auf dem Körper R^*_0 sitzt, ein Gravitationsfeld, und das hat, wie wir in den §§ 32 bis 34 gesehen haben, eine Frequenzverschiebung zur Folge. Der mit R^*_0 verbundene Beobachter sieht die an den anderen Körpern R^*_i angehefteten Uhren weder untereinander, noch mit seiner eigenen synchron laufen, sondern stellt eine vom jeweiligen Abstand abhängige Frequenzänderung fest: Die von den in positiver x-Richtung stationierten Uhren R^*_1, R^*_2, ... herkommenden Signale zeigen, verglichen mit der Uhr bei R^*_0, eine Violettverschiebung, d.h. die die Signale aussendenden Uhren gehen für den Beobachter R^*_0 schneller als seine eigene, während die von den in negativer x-Richtung stationierten Uhren ..., R^*_{-2}, R^*_{-1} kommenden Signale eine Rotverschiebung zeigen. Diese Uhren gehen für R^*_0 also langsamer als seine Uhr und zwar umso langsamer, je weiter sie von ihm entfernt sind. Sammelt der Beobachter R^*_0 nun die von den einzelnen Körpern ..., R^*_{-2}, R^*_{-1}, R^*_1, R^*_2 ... kommenden Nachrichten über die Geschwindigkeit des Lichts, wenn es die Körper passiert, so erhält er von jedem der R^*_i die Mitteilung, daß bei ihm das Licht eine solche Geschwindigkeit hatte, daß es die Einheitsstrecke in, sagen wir, einer Periode der lokalen Uhr zurücklegte. Nun zeigt aber, wenn die Uhren bei R^*_1, R^*_2, ... n Perioden machen, seine Uhr nur n_1, n_2 ... Perioden, wobei $n>n_1>n_2$, ..., so daß unter Verwendung seiner Uhr das Licht bei R^*_1, R^*_2 ... die Geschwindigkeiten cn/n_1, cn/n_2, ... hat, die offensichtlich größer sind als c und zwar umso größer, je weiter der Körper R^*_i von R^*_0 entfernt ist. Entsprechend mißt er bei den Körpern R^*_{-1}, R^*_{-2}, ... eine immer kleiner werdende Lichtgeschwindigkeit. Trägt R^*_0 also die Weltlinien des sich ausbreitenden Lichts in sein Koordinatensystem x^*, ct^* der Welt ein, so erhält er die Abb. 41.3. Sie zeigt, daß in einem Bezugssystem, in dem ein Gravitationsfeld herrscht, die geodätischen Null-Linien, d.h. die geodätischen Linien mit $ds=0$, keineswegs mehr Geraden sind, sondern im allgemeinen gekrümmte Kurven. Nach wie vor spielen sie aber dieselbe Rolle wie im Inertialsystem: Die von einem Punkt, in Abb. 41.3 von $x^*=ct^*=0$, ausgehenden geodätischen Null-Linien definieren den **Lichtkegel.** In

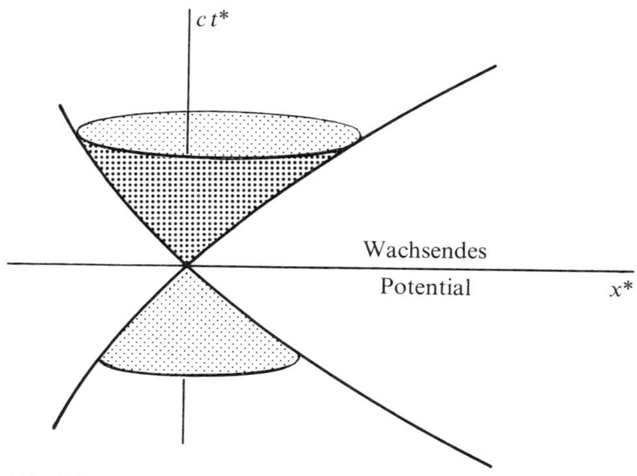

Abb. 41.3

Lichtkegel in einem Nicht-Inertialsystem, in dem das Gravitationspotential in x^*-Richtung wächst, das Beschleunigungsfeld also in negative x^*-Richtung weist. Ein Beobachter am Ort $x^*=0$ empfängt von Orten kleineren Potentials „rotverschobenes" Licht, denn die Uhren laufen an Orten kleineren Potentials langsamer als an Orten höheren Potentials (§ 34). Nach der *Uhr des Beobachters bei* $x^*=0$ läuft das Licht an Orten kleineren Potentials also langsamer als an seinem Ort $x^*=0$. Entsprechend mißt der Beobachter in *seiner eigenen* Zeit für die Orte höheren Potentials eine größere Lichtgeschwindigkeit als bei ihm selber. Die Steigung der Mantellinie des Lichtkegels wird also mit wachsendem Potential kleiner.

seinem Inneren liegen alle Punkte (Ereignisse), die von dem bei $x^*=ct^*=0$ stattfindenden Ereignis kausal beeinflußt werden können, in seinem Äußeren alle Punkte, die in keinem Kausalzusammenhang mit dem Ereignis $x^*=ct^*=0$ stehen.

Wir wollen die Diskussion der Einzelheiten hier abbrechen und nur noch einige Bemerkungen anfügen, die eine weitergehende Orientierung erleichtern sollen. Zunächst wird man erwarten nach § 39, daß neben der Verzerrung, die die Zeit beim Übergang von $\mathfrak{R}$ nach $\mathfrak{R}^*$ erfährt, auch der Raum eine Veränderung seiner inneren Maßverhältnisse zeigt. Das hat zur Folge, daß die Differenz der Koordinaten x^* zwischen zwei Punkten nicht einfach der metrische Abstand der beiden Punkte ist.

Obwohl die in Abb. 41.3 gezeichneten Linien nur qualitativ gewonnen wurden, lassen sie doch erkennen, daß bei Beschränkung auf die unmittelbare Nachbarschaft des Punktes $x^*=ct^*=0$ die Struktur der Raum-Zeit-Welt im Koordinatensystem $\mathfrak{R}^*$ praktisch genauso aussieht wie im Bezugssystem $\mathfrak{R}$. So halbiert bei $x^*=ct^*=0$ der Lichtkegel den Winkel zwischen der x^*- und $c t^*$-Achse genauso wie der Lichtkegel in $\mathfrak{R}$ den Winkel zwischen x- und $c t$-Achse. Beschränkt man sich also auf Ereignisse, die in der Umgebung von $x^*=c t^*=0$ liegen, so erscheinen $\mathfrak{R}^*$ und $\mathfrak{R}$ symmetrisch. Das ist z.B. der Fall, wenn man nur kurzzeitige Bewegungsvorgänge in homogenen Gravitationsfeldern betrachtet und dabei nicht über außergewöhnliche Meßgenauigkeit verfügt. Andererseits sind Gravitationsfelder in praxi stets nur angenähert homogen, so daß es im allgemeinen nicht möglich ist, die Besonderheiten homogener Gravitationsfelder durch Ausnutzung großer Entfernungen zu verifizieren.

Interessant ist schließlich noch eine Bemerkung über die von dem Beobachter R_0^* wahrgenommene Geschwindigkeitsänderung eines **Energietransports im homogenen Gravitationsfeld.** Wir sind gewöhnt, daß die Geschwindigkeit eines Körpers beim freien

Fall in einem Gravitationsfeld stets zunimmt. Das stimmt natürlich auch, aber doch nur in einem noch zu präzisierenden Sinn. Wenn nämlich der Beobachter R_0^* die Geschwindigkeit eines Energietransportes mit seiner *eigenen* Uhr mißt, so nimmt, wenn der Energietransport in Richtung der Beschleunigung erfolgt, die Geschwindigkeit des Transportes nicht notwendigerweise zu. Erfolgt der Transport z.B. mit der Grenzgeschwindigkeit, so nimmt sie, wie Abb. 41.3 zeigt, sogar ab. Handelt es sich dagegen um einen Transport mit von Null verschiedener innerer Energie, der überhaupt erst im Punkt $x^* = ct^* = 0$ (oder in der Nachbarschaft) beginnt, so nimmt dessen Geschwindigkeit zunächst einmal zu, und zwar linear mit t. Wird die kinetische Energie aber groß gegen die innere Energie, so gelten auch für diesen Transport analoge Überlegungen wie für das Licht, und daher nimmt seine Geschwindigkeit infolge der „Verzerrung" der Zeitmetrik in größeren Abständen wieder ab. Natürlich gelten diese Feststellungen nur für einen festen Beobachter R_0^*, der alle Geschwindigkeiten mit seiner eigenen Uhr mißt. Für Beobachter, die entlang der Transportstrecke verteilt sind und die Geschwindigkeit des Transports nur immer in dem Augenblick messen, in dem der Transport bei ihnen vorbeikommt, nimmt die Transportgeschwindigkeit natürlich nicht ab; sie steigt monoton an und approximiert die Grenzgeschwindigkeit.

Alle diese Betrachtungen scheinen dem Ungeübten verwirrend, wie denn überhaupt die durch ein Gravitationsfeld verursachten Verzerrungseffekte von Raum und Zeit unserer Anschauung nur schwer zugänglich sind. Eine besondere Schwierigkeit bietet dabei die Tatsache, daß in einem Beschleunigungs- oder Gravitationsfeld der gewohnte Begriff der Synchronisierung bei Zeitmessungen seinen Sinn verliert. Hierin liegt auch der Hauptunterschied zwischen den oben betrachteten Bezugssystemen $\mathfrak{R}$ und $\mathfrak{R}^*$.

§ 42 Gravitationsfelder, die eine Krümmung der Raum-Zeit-Welt bewirken

Bezugssysteme, in denen ein Beschleunigungs- oder Gravitationsfeld vorhanden ist, wie z.B. das Bezugssystem $\mathfrak{R}^*$ im letzten Paragraphen, dachten wir uns bisher durch beschleunigte Bewegung gegen ein Inertialsystem (in § 41 gegen das System $\mathfrak{R}$) erhalten. Wir konnten so zwar den wichtigen Einfluß eines Gravitationsfeldes auf die inneren Maßverhältnisse von Raum und Zeit untersuchen, aber die auf diese Weise erhaltenen Gravitationsfelder hatten doch etwas Künstliches an sich; man braucht nur in das Inertialsystem zurückzugehen, um den ganzen Spuk einer metrisch verzerrten Welt verschwinden zu lassen. Das Gravitationsfeld und mit ihm all seine metrischen Konsequenzen waren eben nur eine Frage des Bezugssystems, und solange es ein Inertialsystem gibt, würde man natürlich dieses und nicht eines der dagegen beschleunigten Bezugssysteme verwenden.

Der lokale Charakter der Inertialsysteme

Mit dieser Feststellung sieht man sich aber sofort der Frage gegenüber, ob es denn immer ein Inertialsystem gibt, oder anders gewendet, ob sich denn immer ein Bezugssystem finden läßt, in dem kein Gravitationsfeld vorhanden ist. Die Antwort auf diese Frage lautet zwar bejahend, aber doch mit einer wichtigen Einschränkung, nämlich daß ein **Bezugssystem nur lokal inertial** sein kann, nicht dagegen in der ganzen Welt. Machen wir uns das am Fall des Gravitationsfeldes der Erde klar.

Wir betrachten dazu ein auf der Erde befestigtes Bezugssystem, etwa das durch die Wände unseres Zimmers definierte räumliche Koordinatensystem und eine auf dem Tisch liegende Uhr. Dieses Bezugssystem ist offensichtlich nicht inertial, denn in ihm herrscht ein Beschleunigungsfeld, nämlich das Gravitationsfeld der Erde. Es manifestiert sich dadurch, daß Körper, die wir fallenlassen, sich in Bewegung setzen und daß alle Körper, die nicht fallen, eine (oftmals zwar schwer nachweisbare, aber stets vorhandene) Deformation an ihrer Auflagefläche zeigen. Und wenn unsere Uhr genau genug ginge, könnten wir das Gravitationsfeld auch dadurch nachweisen, daß die Uhr des einige Etagen tiefer wohnenden Nachbarn, von unserem Stockwerk aus betrachtet, langsamer geht als unsere Uhr, daß beide Uhren aber synchron laufen, sobald sie auf dieselbe Höhe über dem Erdboden gebracht werden. Um das Gravitationsfeld der Erde zu beseitigen oder, wie man auch sagt, wegzutransformieren, müßte man offenbar ein Bezugssystem wählen, das sich so gegen das unsere bewegt, daß in ihm die Körper, die uns aus der Hand fallen, nicht mehr fallen und daß das Langsamlaufen der Uhr unseres unten wohnenden Nachbarn durch den Doppler-Effekt der Bewegung gerade kompensiert wird. Jeder fallende Körper gibt ein solches Bezugssystem ab, denn alle anderen frei beweglichen Körper in seiner Umgebung fallen mit ihm und bewegen sich dabei relativ zu ihm nicht (oder, wenn sie ihren Fall früher oder später als der ausgezeichnete Körper begonnen haben, relativ zu ihm mit konstanter Geschwindigkeit).

Ein mit einem frei fallenden Körper verbundenes räumliches Koordinatensystem und eine an ihm angeheftete Uhr bilden also ein Inertialsystem, allerdings nur in der unmittelbaren Nachbarschaft des betrachteten Körpers. In der Nachbarschaft ist das Gravitationsfeld der Erde nämlich wegtransformiert. In größeren Entfernungen dagegen ist auch für den mit dem frei fallenden Körper verbundenen Beobachter das Gravitationsfeld der Erde noch spürbar, denn weiter entfernte Körper, die ebenfalls im Erdfeld frei fallen und die im Augenblick des Fallbeginns relativ zu unserem ausgezeichneten Körper ruhten, behalten ihren Abstand zu unserem Körper nicht bei, sondern verändern

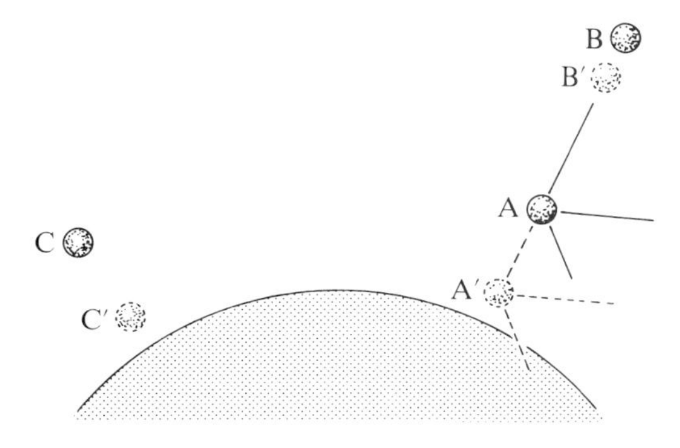

Abb. 42.1

Ein im Gravitationsfeld der Erde fallender Körper A definiert ein Bezugssystem, das nur lokal inertial ist. Ein weiter von der Erde entfernter Körper B bewegt sich in diesem Bezugssystem beschleunigt, und zwar um so stärker, je weiter er von A entfernt ist. Auch ein Körper C an einem Ort mit gleichem Abstand vom Erdmittelpunkt bewegt sich beschleunigt in diesem Bezugssystem. Die Zeichnung deutet die Lage der fallenden Körper A, B, C zu zwei verschiedenen Zeiten an und zeigt, wie sich ihre relativen Abstände ändern.

ihn relativ zu ihm (Abb. 42.1). Sie bewegen sich relativ zu ihm beschleunigt und verraten so, daß in weiter entfernten Raumbereichen doch noch ein Gravitationsfeld herrscht. Der Grund hierfür ist natürlich der, daß das Gravitationsfeld der Erde *nicht homogen*, sondern zentralsymmetrisch ist und höchstens in einem hinreichend kleinen Raumbereich als homogen betrachtet werden kann. Ein Gravitationsfeld, das an einer Stelle des Raumes eine Richtung hat und an einer anderen Stelle eine andere, läßt sich durch Bewegung eines Beobachters nur an einer der beiden Stellen, d.h. lokal wegtransformieren, niemals aber an beiden Stellen zugleich.

Es gibt überhaupt nur zwei Typen von Gravitationsfeldern, die sich durch Bewegungen des Beobachters im ganzen Raum wegtransformieren lassen, nämlich das der gradlinig beschleunigten Bewegung äquivalente **homogene Feld** und das der Rotationsbewegung äquivalente **Zentrifugalfeld.** Man sollte das letztere besser *Zentrifugal-Coriolis-Feld* nennen, denn neben dem Auftreten einer Zentrifugalbeschleunigung ist es auch durch die Existenz einer von der Geschwindigkeit abhängigen Coriolis-Beschleunigung gekennzeichnet. Alle anderen Gravitationsfelder, wie das Gravitationsfeld der Erde, allgemein der Sterne und der Galaxien, sind dagegen nicht als ganze, sondern nur lokal wegtransformierbar. Ist also ein solches Feld vorhanden — und es ist immer eines vorhanden — so gibt es kein Bezugssystem, das überall im Raum inertial wäre. Man kann zwar hoffen, mit wachsender Entfernung vom Zentrum eines derartigen Feldes, also von der Erde, der Sonne oder einer Galaxie immer größere Raumbereiche zu finden, in denen das Feld hinreichend homogen ist (Abb. 42.2), und damit auch ein

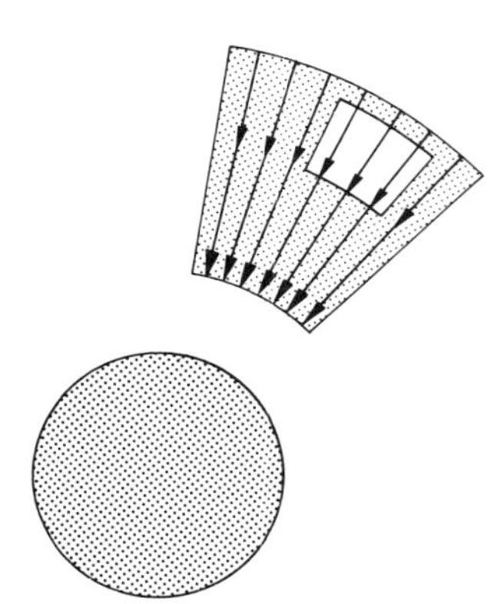

Abb. 42.2

Nur hinreichend kleine Raumbereiche des Gravitationsfeldes der Erde lassen sich als homogen ansehen. Je kleiner der Raumbereich ist und je weiter er vom Erdmittelpunkt entfernt ist, um so besser ist die Homogenität angenähert.

Bezugssystem, das in dem ganzen betrachteten Raumbereich inertial ist. Aber wie weit man auch geht, die Dimensionen dieses Raumbereichs müssen immer sehr klein sein gegen den Abstand vom Zentrum des Gravitationsfeldes. Das Inertialsystem ist eben ein lokaler Begriff und seine Anwendung auf zu große Raumbereiche daher stets fragwürdig. So ist auch nicht damit zu rechnen, daß er auf die Welt als ganze angewendet werden darf. Dagegen ist er, wie die obigen Betrachtungen zeigen, stets lokal anwendbar.

Die Krümmung der Raum-Zeit-Welt

Allgemein nennt man Bereiche der Raum-Zeit-Welt, in denen es nur lokale, dagegen keine ausgedehnten Inertialsysteme gibt, **Stellen mit von Null verschiedener Krümmung.**

Diese Bezeichnung hat folgenden Grund. Ein Inertialsystem hat, wie wir in § 40 gesehen haben, die Eigenschaft, daß die in ihm durch die Trägheitsbewegungen definierten geodätischen Weltlinien *Graden* sind (genauer sich in einem „ebenen" Raum als Geraden darstellen lassen). Die Behauptung, daß ein Inertialsystem nur lokal inertial ist, ist also gleichbedeutend mit der Feststellung, daß es unmöglich ist, ein Bezugssystem zu finden, in dem die geodätischen Weltlinien in ihrer ganzen Erstreckung als Graden dargestellt werden können. Das gelingt eben nur in hinreichend kleinen Gebieten der Welt. Es ist wie mit den geodätischen Linien auf einer gekrümmten Fläche, etwa auf einer Kugel, auf der die geodätischen Linien die Großkreise sind. Auch sie lassen sich nicht in ihrer ganzen Länge als Graden darstellen, sondern nur auf hinreichend kleinen Stücken der Kugel, wo sie durch die Tangenten ersetzt werden können. Daß sich die geodätischen Kurven auf der Kugel in einem ebenen Bild der Kugel nicht als Graden darstellen lassen, ist der Tatsache äquivalent, daß sich ein endliches Stück der Kugeloberfläche nicht unverzerrt in die Ebene übertragen läßt. Alle auf ebenes Papier aufgezeichneten Karten von Stücken der Erdoberfläche weisen Verzerrungen auf, und diese sind um so spürbarer, je größer das dargestellte Stück der Erdoberfläche ist. Ebenso wie sich also Flächen mit von Null verschiedener *Gaußscher Krümmung* nicht in die Ebene abwickeln lassen, gibt es auch für Stücke der Welt, in denen nur lokal wegtransformierbare Gravitationsfelder herrschen, kein inertiales Bezugssystem. Man sagt daher, daß diese Stücke der Welt eine von Null verschiedene Krümmung haben.

Den Begriff der Krümmung der Welt kann man nun benutzen, um die Gravitationsfelder in zwei Klassen einzuteilen, nämlich in **Gravitationsfelder mit der Krümmung Null und mit von Null verschiedener Krümmung.** So gehören das homogene Gravitationsfeld, das Zentrifugalfeld und natürlich das „Null-Feld" eines Inertialsystems alle in dieselbe Klasse, nämlich in die mit der Krümmung Null. Das Gravitationsfeld der Erde gehört dagegen in die Klasse der Felder mit von Null verschiedener Krümmung. Durch Bewegung eines Beobachters lassen sich die Felder der einen Klasse niemals in die der anderen transformieren. Ein Beobachter kann durch seine Bewegung zwar das Gravitationsfeld ändern, niemals aber kann er die Krümmung Null erzeugen, wenn in irgendeinem Bezugssystem die Krümmung ungleich Null ist. Umgekehrt gehen die Felder mit der Krümmung Null alle durch die Bewegungen eines Beobachters auseinander hervor.

Der „feldfreie" Fall eines Inertialsystems gehört in die Klasse der Gravitationsfelder mit der Krümmung Null. Dies zeigt deutlich, daß das im Inertialsystem *als Trägheit sich äußernde Verhalten der Körper, ihren Bewegungszustand beizubehalten, mit in die Erscheinungswelt der Gravitation gehört.* Denn dieses Verhalten drückt nur die Existenz eines besonderen Gravitationsfeldes der Klasse mit der Krümmung Null aus. Wir nennen dieses den Körper führende Feld zwar den „feldfreien Fall", aber das ist nur ein Name für einen Zustand, den wir durch die Wahl des Bezugssystems herbeiführen können, wenn es sich um Gravitationsfelder der Krümmung Null handelt.

Zusammenfassend können wir also sagen: Durch Wahl des Bezugssystems, d.h. durch Bewegung des Beobachters geschieht nichts, als daß die Gravitationsfelder in der Welt verändert werden. Bei diesen Veränderungen wird zwar auch die Krümmung an den einzelnen Stellen der Welt verändert, jedoch stets so, daß sie nie Null wird, wenn sie in einem Bezugssystem von Null verschieden ist, und umgekehrt stets Null bleibt, wenn sie in *einem* Bezugssystem Null ist. In der Eigenschaft der Krümmung, Null oder ungleich Null zu sein, drückt sich eine Eigenschaft der Welt aus, die durch Wahl des Bezugssystems nicht verändert werden kann. Die Eigenschaft der Welt, irgendwo eine von Null verschiedene Krümmung zu haben, muß also auf einem physikalischen

Grund beruhen, der nichts mit der Bewegung des Beobachters zu tun hat. Nach EINSTEIN hat er mit der Verteilung der Energie und des Impulses in der Welt zu tun.

Planetenbewegung als geodätische Weltlinie

Gehen wir schließlich noch kurz darauf ein, wie sich die Bewegung der Planeten um die Sonne in der Raum-Zeit-Welt darstellt. Wir wählen dazu ein Bezugssystem, in dem die Sonne ruht und das in hinreichender Entfernung von der Sonne inertial ist. In der Nachbarschaft der Sonne besitzt die Welt eine von Null verschiedene Krümmung, was zur Folge hat, daß in der Nähe der Sonne die geodätischen Linien keine Geraden sind. Das ist auch notwendig, denn wenn die Einsteinsche Auffassung von Raum und Zeit haltbar sein soll, müssen die Weltlinien der Planeten, die als Trägheitsbewegungen ja geodätische Linien in der 4-dimensionalen Welt sind, bei Projektion in den 3-dimensionalen Raum Kepler-Ellipsen liefern. In ein x-y-t-Diagramm (Abb. 42.3) eingezeichnet, müssen die in der Nähe der Sonne verlaufenden geodätischen Weltlinien also so beschaffen sein, daß sie bei Projektion in die x-y-Ebene Ellipsen liefern, für die der Punkt $x=y=0$, d.h. der Ort der Sonne, Brennpunkt ist. Die Weltlinien von Körpern, die weit von der Sonne entfernt vorbeilaufen, sind dagegen Graden.

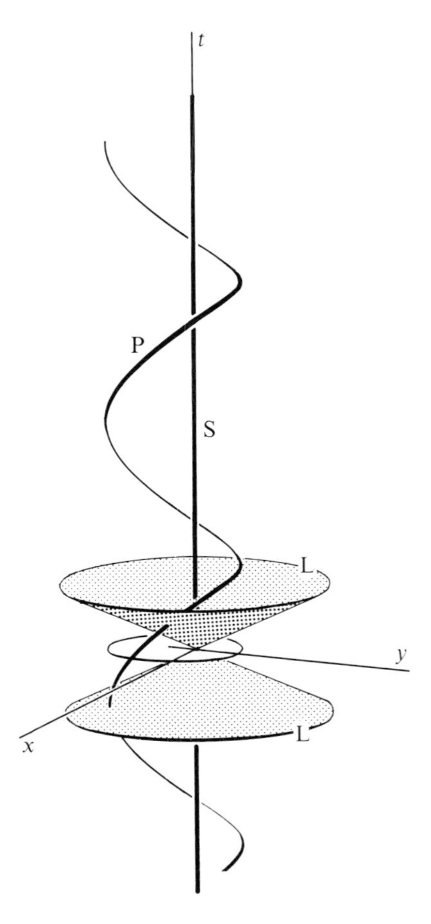

Abb. 42.3

Weltlinie P eines Planeten in einem Bezugssystem, in dem die Sonne ruht. Die Weltlinie S der Sonne fällt mit der t-Achse zusammen. Die Projektion der Weltlinie P in die x-y-Ebene ergibt eine Kepler-Ellipse. Bei maßstäblicher Darstellung wäre entweder der Lichtkegel L noch sehr viel flacher zu zeichnen oder die Weltlinie P sehr stark zu strecken (Steigungsverhältnis von P und L = Verhältnis von Lichtgeschwindigkeit zur Geschwindigkeit der Erde $=10^4$). Um den geodätischen Charakter der Weltlinie zu demonstrieren, ist das zweite vorzuziehen. Man sieht dann unmittelbar, daß die Weltlinie P des Planeten im Gravitationsfeld der Sonne nur eine leicht deformierte Grade ist. Bei Abwesenheit von Gravitationsfeldern sind die geodätischen Linien Graden.

Interessant ist noch die **Ausbreitung des Lichts.** In der Nähe der Sonne muß es ebenfalls eine Beeinflussung durch das Gravitationsfeld erfahren; denn durch das Gravitationsfeld der Sonne und die dadurch bedingte Krümmung der Welt werden alle geodätischen Linien beeinflußt, also auch die des Lichts. Die Beeinflussung der geodätischen Weltlinien des Lichts ist zwar die kleinstmögliche, da es sich beim Licht um einen Energietransport mit der maximal möglichen Geschwindigkeit handelt, aber in hinreichender Nähe der Sonne muß die Ablenkung des Lichts doch spürbar sein. Dieser Effekt ist identisch mit dem in §32 diskutierten Effekt der Lichtablenkung durch ein Gravitationsfeld.

§ 43 Zusammenhang zwischen Krümmung und Verteilung von Energie und Impuls in der Welt

Durch Wahl des Bezugssystems, d.h. durch ungleichförmige oder rotierende Bewegung eines Beobachters können zwar die Gravitationsfelder und mit ihnen die metrische Struktur von Raum und Zeit verändert werden, es ist aber nicht möglich, die Krümmung der Welt auf diese Weise beliebig zu verändern, sie z.B. Null zu machen, wo sie nicht Null ist, und umgekehrt sie ungleich Null zu machen, wo sie Null ist. Um also volle Freiheit zur Veränderung der Krümmung der Welt zu erhalten, bedarf es physikalischer Prozesse, die nicht auf der Bewegung eines Beobachters beruhen. EINSTEINS Antwort hierauf ist, daß die Verteilung von Energie und Impuls in der Welt die Krümmung bestimmt und daß man volle Freiheit in der Festlegung der Krümmung dann erhält, wenn man die Verteilung von Energie und Impuls verändert.

Diese Antwort geht über die bisherigen, hauptsächlich auf dem Äquivalenzprinzip und den Grundregeln der Dynamik beruhenden Folgerungen über die Struktur von Raum und Zeit hinaus. Es wäre nämlich durchaus denkbar, daß die Krümmung auch noch von anderen physikalischen Größen als von der Energie und dem Impuls abhängt. Was also spricht für die Richtigkeit von EINSTEINS Antwort? In erster Linie natürlich der Erfolg. Aber es gibt auch physikalische Argumente, die Energie und Impuls vor anderen Größen hervorheben. Die Gravitation ist nämlich die schwächste, aber (zusammen mit der elektromagnetischen) weitestreichende Wechselwirkung, die wir kennen. Die Folge davon ist, daß bei hinreichend großen, elektrisch neutralen Körpern und bei großen Entfernungen von allen Wechselwirkungen nur die Gravitation übrig bleibt. Makroskopische Körper lassen sich aber allein durch die Verteilung der inneren Energie (Masse) und des Impulses in ihrem Inneren beschreiben. Darauf beruhen viele Erfolge der klassischen Physik, insbesondere der kinetischen Theorie der Materie, und es ist anzunehmen, daß diese Beschreibung richtig ist, wenn es sich um „kondensierte" Gebilde handelt, bei denen viele Mikroteilchen so zusammenwirken, daß das ganze ein makroskopisches Medium bildet. So läßt sich der Drehimpuls eines makroskopischen Mediums aus der Verteilung von Energie und Impuls in seinem Inneren berechnen, und ähnliches gilt für alle physikalischen Größen, die zur Beschreibung der Zustände eines derartigen Mediums dienen. Da es sich dort, wo die Gravitation wirksam wird, stets um makroskopische Medien handelt, ist anzunehmen, daß auch Ursache und Wirkung der Gravitation allein oder zumindest vornehmlich durch Energie und Impuls bedingt sind.

Es bleibt die Frage nach der quantitativen mathematischen Form, in der Krümmung und Energieverteilung der Welt miteinander verknüpft sind. Diese Verknüpfung läuft unter dem Namen **Feldgleichungen.** Wir können diese Frage hier nicht im Detail behandeln, da das ohne kompliziertere mathematische Hilfsmittel nicht möglich ist, aber wir wollen versuchen, die Grundidee dieser Verknüpfung an der Newtonschen Theorie der Kopplung eines Gravitationsfeldes an die im Raum verteilten Massen zu verstehen.

Die Feldgleichungen des Newtonschen Gravitationsfeldes

Nach der Newtonschen Theorie sind die Massen die Quellen (mathematisch die *Divergenz*) des Vektorfeldes $\boldsymbol{a}(\boldsymbol{r})$ der Gravitationsbeschleunigung, so wie die elektrischen Ladungen die Quellen des elektrischen Feldes sind. Das Vektorfeld der Beschleunigung wiederum besitzt ein skalares Potential, das Gravitationspotential $\Phi(\boldsymbol{r})$, aus dem es durch Gradientenbildung hervorgeht. Der Zusammenhang zwischen der Verteilung der Massendichte $\rho(\boldsymbol{r})$, dem Gravitationsbeschleunigungsfeld $\boldsymbol{a}(\boldsymbol{r})$ und dem Gravitationspotential $\Phi(\boldsymbol{r})$ wird mathematisch beschrieben durch die Formeln

$$\nabla \boldsymbol{a}(\boldsymbol{r}) = 4\pi G \rho(\boldsymbol{r}), \qquad \boldsymbol{a}(\boldsymbol{r}) = -\nabla \Phi(\boldsymbol{r}) \tag{43.1}$$

oder, indem man die zweite Gleichung in die linke Seite der ersten einsetzt, durch die **Poisson-Gleichung**

$$\nabla^2 \Phi = \frac{\partial^2 \Phi}{\partial x^2} + \frac{\partial^2 \Phi}{\partial y^2} + \frac{\partial^2 \Phi}{\partial z^2} = -4\pi G \rho(\boldsymbol{r}). \tag{43.2}$$

Das ist eine Differentialgleichung für die Potentialfunktion $\Phi(\boldsymbol{r})$, wenn die Verteilung der Massendichte $\rho(\boldsymbol{r})$ vorgegeben ist. Mit der Randbedingung, daß Φ im Unendlichen gegen Null geht, besitzt sie die Lösung

$$\begin{aligned} \Phi(\boldsymbol{r}) &= 4\pi G \iiint \frac{\rho(\boldsymbol{r}')}{|\boldsymbol{r}-\boldsymbol{r}'|}\, dV' \\ &= 4\pi G \iiint \frac{\rho(x', y', z')}{\sqrt{(x-x')^2+(y-y')^2+(z-z')^2}}\, dx'\, dy'\, dz'. \end{aligned} \tag{43.3}$$

Die Konstante G ist dabei die universelle Gravitationskonstante (44.10).

Die Einsteinschen Feldgleichungen

Dieser Weg läßt sich nun, wenn auch nicht wörtlich, so doch sinngemäß nachbilden, wenn man die folgenden Korrespondenzen beachtet. Der skalaren Größe Massendichte $\rho(\boldsymbol{r})$ entspricht nun ein 10-komponentiges Feld, der sogenannte *Energie-Impuls-Tensor* T_{ik}; in ihm sind die Größen Energiedichte (1 Größe), Energiestromdichte (3 Größen) und Impulsstromdichte (6 Größen) zusammengefaßt. Dem Beschleunigungsfeld $\boldsymbol{a}(\boldsymbol{r})$ entspricht ein aus 40 Komponenten bestehendes Feld, genannt die *Komponenten des affinen Zusammenhangs der Welt* Γ^j_{ik}. Und dem skalaren Potential $\Phi(\boldsymbol{r})$ schließlich entspricht ein 10-komponentiges Feld, der sogenannte *metrische Fundamentaltensor* g_{ik}. Abgesehen von der gegenüber der Newtonschen Theorie erheblich gesteigerten Anzahl der Größen fällt dabei besonders ins Gewicht, daß bei Änderung des Bezugssystems alle diese Größen transformiert werden, während die Gln. (43.1) und (43.2) der Newtonschen Theorie nur in Inertialsystemen gelten; in all diesen Bezugssystemen haben ρ, $\boldsymbol{a}$ und Φ jeweils denselben Wert. Es ist sogar noch schlimmer, denn das der Beschleunigung entsprechende 40-komponentige Feld Γ^j_{ik} ist kein *Tensor;* es hat z.B. nicht die Eigenschaft, wenn es an einer Stelle der Welt in irgendeinem Bezugssystem Null ist, auch in allen Bezugssystemen dort Null zu sein, oder wenn es in einem von Null verschieden ist, in keinem Bezugssystem dort Null zu sein. Um nun die erste Gleichung in (43.1) nachzuahmen, muß man aus dem 40-komponentigen Feld Γ^j_{ik} durch divergenzartige Prozesse ein (Tensor-) Feld gewinnen, das „nur" 10 Komponenten hat; dieses Feld beschreibt die Krümmung der Welt. Das Analogon der ersten Gl. (43.1) läßt sich dann so auffassen, daß Energie und Impuls sozusagen die Quellen der Weltkrümmung darstellen, ähnlich wie in der Newtonschen Theorie die Massen die Quellen des Gravitationsfeldes bilden (oder die elektrischen Ladungen die Quellen des elektrischen Feldes). Wichtig ist, daß für diese Rolle als Quelle der Krümmung nur Energien in Betracht kommen, die von der Gravitationsenergie verschieden sind, denn die Gravitationsenergie selbst ist ja in der Metrik der Welt enthalten. Dementsprechend sind auch nur die Energien als in der Welt räumlich verteilt anzusehen, die auf Wechselwirkungen beruhen, die von der Gravitation verschieden sind. Dazu gehören die innere Energie und die kinetische Energie der Elementarteilchen und der aus ihnen zusammengesetzten Materie sowie die elektromagnetische Feldenergie.

Diese kurze Schilderung der durch die Einsteinschen Feldgleichungen hergestellten Verknüpfungen macht, bei aller Unzulänglichkeit, doch einige wichtige Folgerungen verständlich. Wie ein elektrisches Feld auch an Orten herrschen kann, an denen keine Ladungen sind, kann es auch an Weltstellen eine Krümmung geben, an denen keine Energie ist. Und wie zeitlich veränderliche Ladungsverteilungen elektromagnetische Wellen aussenden, senden auch zeitlich veränderliche Energieverteilungen Wellen aus, sogenannte Gravitationswellen, die sich ebenfalls mit der Grenzgeschwindigkeit c ausbreiten. Diese theoretisch seit über 50 Jahren bekannten Wellen scheinen nun auch nachgewiesen zu sein (§ 48).

Kosmologische Weltmodelle

Die Einsteinschen Feldgleichungen sind auch deshalb von großer Bedeutung, weil mit ihnen die wissenschaftliche Kosmologie begann. Wendet man nämlich die Feldgleichungen auf eine gleichförmig und isotrop mit Energie ausgefüllte Welt an, so geben sie zwei mögliche Lösungen, bekannt unter den Namen **geschlossenes und offenes kosmologisches Weltmodell.**

In der ersten dieser beiden Lösungen besitzt der 3-dimensionale Raum eine Geschlossenheitseigenschaft: Betrachtet man in ihm eine Schar konzentrischer Kugeln, so nimmt mit steigendem Radius die Oberfläche der einzelnen Kugeln zunächst zu, erreicht ein Maximum und nimmt dann wieder bis auf Null ab. Der Radius wächst dabei bis zu einem maximalen Wert, der gleichzeitig die maximale Entfernung angibt, die es in diesem Raum zwischen zwei Punkten gibt. Unter Reduktion der Dimensionszahl des Raumes von drei auf zwei läßt sich seine Struktur mit der einer Kugelfläche

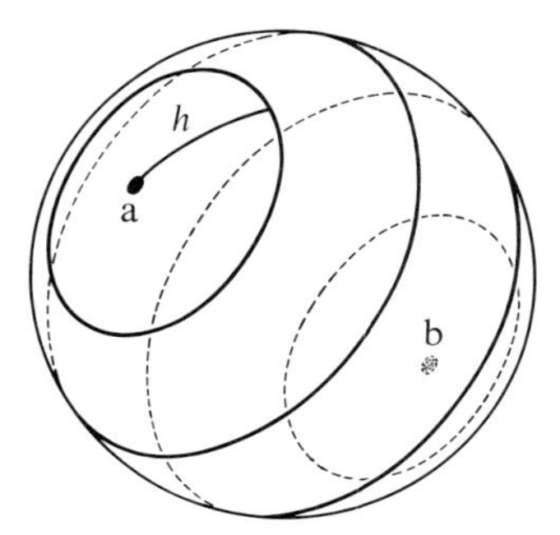

Abb. 43.1

Eine Kugeloberfläche ist ein 2-dimensionales geschlossenes Gebilde. Sie ist das 2-dimensionale Analogon zum 3-dimensionalen geschlossenen Raum. Ein 2-dimensionaler Bewohner der Kugeloberfläche findet, daß um einen Punkt a konzentrisch angeordnete Kreise die Eigenschaft haben, daß ihr Umfang mit wachsendem „Radius" *h* (das ist der auf der Kugeloberfläche gemessene Abstand eines Kreises von a) zunächst zunimmt, bei weiterem Anwachsen des Radius aber wieder abnimmt, bis der Umfang bei b die Länge Null hat. Der Radius des Kreises mit dem Umfang Null ist die maximale Entfernung, die zwei Punkte auf der Kugel, d.h. in der Welt des 2-dimensionalen Kugeloberflächenbewohners haben können.

vergleichen (Abb. 43.1). Die oben betrachtete Schar konzentrischer Kugeln im 3-dimensionalen Raum entspricht dann einer Schar konzentrischer Kreise auf der Kugeloberfläche um einen Punkt a. Mit wachsendem Radius (= Abstand vom Punkt a bis zum Kreis, gemessen auf der Kugel) nimmt der Umfang der Kreise zunächst zu, erreicht ein Maximum (nämlich dann, wenn der Kreis ein Großkreis ist) und nimmt dann wieder ab bis zum Umfang Null, der beim Punkt b, dem Gegenpol von a auf der Kugeloberfläche, erreicht wird. Die auf der Kugelfläche gemessene Entfernung von a nach b ist daher die größte Entfernung, die zwei Punkte auf der Kugeloberfläche überhaupt haben können. Wie die Kugelfläche ein 2-dimensionales geschlossenes Gebilde ist, ist auch der oben erwähnte Raum ein 3-dimensionales geschlossenes Gebilde, und wie die Kugelfläche endlich aber unbegrenzt ist, d.h. keinen Rand hat, so ist auch das Volumen des Raumes endlich, ohne daß es jedoch einen Rand gäbe. Der Raum besitzt schließlich, wie die Kugel, einen Krümmungsradius R; er ist eine charakteristische Länge des Raumes, die etwa dadurch erklärt werden kann, daß die größte Kugel, die es in ihm gibt, die Oberfläche $4\pi R^2$ hat (so wie der Krümmungsradius R einer Kugel dadurch erklärt werden kann, daß der größte Kreis, den es auf der Kugel gibt, den Umfang $2\pi R$ hat).

Im offenen Modell hat der Raum die gewohnte Eigenschaft, daß konzentrische Kugeln mit steigenden Radien auch immer größere Oberflächen haben. In diesem Raum gibt es dann natürlich auch keine maximale Entfernung.

Beide Modelle haben aber die wichtige Eigenschaft, daß ihre **innere Maßbestimmung zeitlich nicht konstant** sein kann. Beim geschlossenen Modell wächst der Radius R mit der Zeit t vom Wert Null bis zu einem Maximum R_0 und nimmt dann wieder auf Null ab. Diesen Wert nimmt er zur Zeit $t = \pi R_0/c$ an (Abb. 43.2). Das Wachsen des Radius offenbart sich darin, daß die Abstände aller Körper in diesem Raum sich vergrößern, d.h. daß alle Körper von einander wegzustreben scheinen mit einer Fluchtgeschwindigkeit v, die ihrem Abstand proportional ist: $v = Hd$. Dabei ist d der Abstand zweier Körper und H eine für den Zustand des Universums charakteristische, von t abhängige Größe von der Dimension einer reziproken Zeit, die *Hubble-Konstante* (EDWIN HUBBLE, 1889—1953). Für $t = 0$ ist $H = \infty$ und für $t = \pi R_0/2c$ ist $H = 0$.

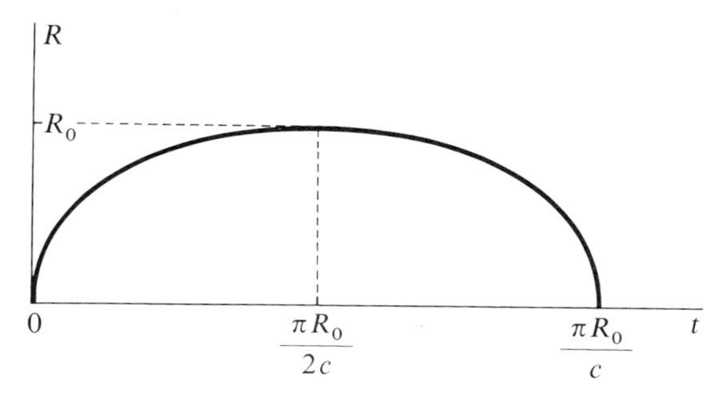

Abb. 43.2

Der Weltradius R ist zeitlich nicht konstant. Im geschlossenen Weltmodell ändert er sich bei nicht zu kleinen Werten von R in Form einer Zykloide. Bis zur Zeit $\pi R_0/2c$ seit seiner Entstehung expandiert das Weltall, danach kontrahiert es wieder.

Man kann sich die **Expansion des Raumes** veranschaulichen, wenn man sich die Kugel in Fig. 43.1 wie einen Luftballon aufgeblasen denkt (Abb. 43.3). In dem Zeitintervall $0<t<\pi R_0/2c$ zeigt das Universum also eine monotone Expansion, in der Phase $\pi R_0/2c<t<\pi R_0/c$ eine Kontraktion. Am Anfang der Welt ($t=0$) und an ihrem Ende ($t=\pi R_0/c$) hat der Raum das Volumen Null, die Energie also eine unendlich große Dichte. Nach dem geschlossenen kosmologischen Modell entsteht die Welt in einer katastrophalen Explosion, dem **Urknall**, und sie endet wieder in einer ebenso katastrophalen Implosion.

Auch beim offenen kosmologischen Modell sind, wie wir sagten, die inneren Maßverhältnisse des Raumes zeitlich nicht konstant. Es gibt zwei Möglichkeiten: Entweder expandiert der Raum monoton oder er kontrahiert, wobei die relative Fluchtgeschwindigkeit zwischen zwei Raumpunkten wieder ihrer Entfernung proportional ist, d.h. $v=Hd$ mit H als Hubble-Konstante, die bei Expansion für $t=0$ unendlich ist und mit wachsenden Werten von t monoton gegen Null strebt. Expandierendes und kontrahierendes Weltall schließen sich gegenseitig aus, denn es gibt keinen Übergang vom einen zum anderen.

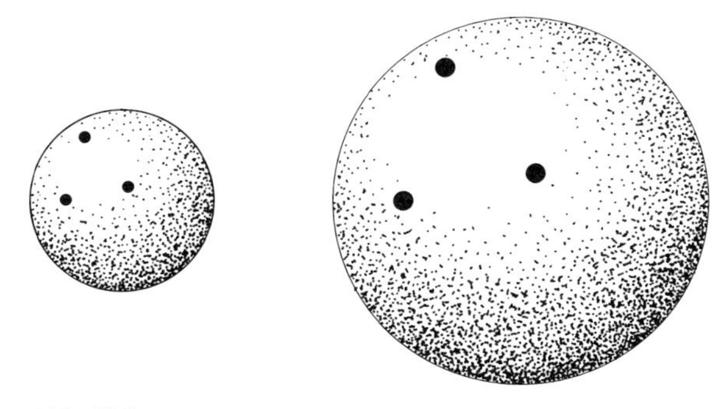

Abb. 43.3

Die Kugeloberfläche als 2-dimensionales Analogon des geschlossenen Weltalls. Der Expansion des Weltalls entspricht ein Aufblasen der Kugel wie eines Ballons. Der Abstand beliebiger Punkte auf der Kugeloberfläche vergrößert sich dabei.

Diese Aussagen der Theorien waren seinerzeit Voraussagen, die der Entdeckung der Rotverschiebung ferner Galaxien und damit der Expansion des Weltalls durch Hubble vorausgingen. Der beobachtete Wert der Hubble-Konstante, $H = 0{,}17 \cdot 10^{-17}\,\mathrm{sec}^{-1}$, läßt nach der Theorie einen Rückschluß zu auf das **Alter des Universums.** Es bestimmt sich so auf etwa $H^{-1} \approx 1{,}5 \cdot 10^{10}$ Jahre. Die Hubble-Konstante definiert außerdem, zusammen mit der Gravitationskonstante G und der Grenzgeschwindigkeit c, eine *kritische Energiedichte* $e_{\mathrm{krit}} = 3H^2c^2/8\pi G = 10^{-9}\,\mathrm{J/m^3}$ oder eine kritische Massendichte $\rho_{\mathrm{krit}} = 3H^2/8\pi G = 10^{-26}\,\mathrm{kg/m^3}$. Diese kritische Dichte bestimmt, ob unser Weltall vom Typ des geschlossenen oder des offenen kosmologischen Modells ist. Ist nämlich die mittlere Energiedichte in der Welt größer (kleiner) als die kritische Energiedichte bzw. die mittlere Massendichte größer (kleiner) als die kritische, so ist unsere Welt vom Typ des geschlossenen (offenen) kosmologischen Modells.

Wichtige Informationen über die mittlere Energiedichte der Welt liefert in neuester Zeit die **Röntgen-Astronomie.** Ein Ende 1978 auf einen Satelliten montiertes Röntgen-Teleskop von großem Winkelauflösungsvermögen hat eine aus allen Richtungen auf die Erde auffallende Röntgenstrahlung registriert. Diese Strahlung ist so isotrop, daß sie ihren Ursprung außerhalb unserer Galaxis haben muß. Für ihre Entstehung zieht man zwei Möglichkeiten in Betracht. Einmal könnte sie von zwischen den Galaxien verteilten Gasen einer Temperatur von 10^7 bis 10^8 K herrühren. Gase dieser Temperatur bilden Plasmen, die Röntgenstrahlung aussenden. Aus der Intensität der registrierten Strahlung läßt sich auf die Dichte des Plasmas schließen, womit sich wiederum der Wert der gesamten intergalaktischen Masse abschätzen läßt. Es ergibt sich für ihn ein größerer Wert als der für die kondensierten Teile der Welt, also alle Sterne zusammengenommen. Die mittlere Massendichte wäre danach größer als die kritische Massendichte. Es träfe das geschlossene kosmologische Weltmodell zu.

Die andere Möglichkeit wäre die, daß die diffuse Röntgenstrahlung aus zwar sehr vielen, aber doch lokalisierten Quellen herrührte. Als solche Quellen kommen in erster Linie optisch noch nicht entdeckte Quasare in Frage, die von uns am weitesten entfernten kosmischen Strahlungsquellen von ungeheurer Energieemission (vgl. das Ende von § 49). Einige Messungen des Röntgenteleskop-Satelliten lassen diese Möglichkeit durchaus zu, weisen also darauf hin, daß die diffuse Röntgenstrahlung doch nicht völlig isotrop ist. Dann wäre auch der Schluß auf die Existenz riesiger intergalaktischer Gasmassen und damit auf das geschlossene kosmologische Modell nicht zwingend.

Für weitere Resultate der Einsteinschen Theorie der Gravitation und ihren Vergleich mit beobachteten Fakten vergleiche die §§ 47—49 des Kapitels VII, Gravitation.

VII Gravitation

Die Gravitation manifestiert sich neben ihrer Wirkung als Schwere auf der Erde vor allem in den Bewegungen der Gestirne. Wir stellen daher eine kurze Übersicht über die Objekte voran, die wir als Gestirne beobachten. Besonders interessiert uns dabei ihre Verteilung im Weltraum. Die der Erde nächsten Himmelskörper sind die Sonne und die Planeten. Sie bilden zusammen unser Sonnensystem, dessen gesamte räumliche Ausdehung etwa 10^{10} km oder 10 Lichtstunden beträgt. Alle weiteren Entfernungen werden dann in Lichtjahren gemessen. Die für uns als *Fixsterne* sichtbaren Objekte befinden sich in Entfernungen von 3 bis 10^5 Lichtjahren. Sie bilden ein *galaktisches System*, unsere Milchstraße. Die Fixsterne sind, wie unsere Sonne, die auch zu ihnen zählt, Objekte mit erheblicher Emission von Strahlung. Deshalb können wir sie noch auf Entfernungen von der Größenordnung der Dimension unserer Milchstraße, d.h. auf 10^5 Lichtjahre, als Einzelobjekte erkennen. Die Fixsterne sind im Weltraum nicht gleichmäßig verteilt, sondern kommen in Zusammenballungen, als *Galaxien* vor, die jeweils 10^9 bis 10^{12} Sterne enthalten. Früher nannte man diese Gebilde auch Nebel, da sie dem beobachtenden Astronomen als diffuse Nebelflecke erscheinen. Diese Ausdrucksweise ist jedoch irritierend, da der Begriff des Nebels auch für fein verteilte Materie in unserer Galaxie, dem Milchstraßensystem, verwendet wird. Die uns nächsten Galaxien haben einen Abstand von einigen Millionen Lichtjahren, die fernsten bisher beobachteten sind einige Milliarden Lichtjahre von uns entfernt. Die Galaxien erscheinen, von den allernächsten abgesehen, selbst in den größten Teleskopen als nebelartige Gebilde, die oft spiralförmige Gestalt haben *(Spiralnebel)*. Wegen ihrer großen Entfernung sind die Fixsterne, aus denen die Galaxien bestehen, im allgemeinen nicht mehr als Einzelsterne zu erkennen. Die Verteilung der Galaxien im Weltraum ist wieder nicht gleichförmig, sie sind zu *Clustern* zusammengelagert, zu denen jeweils 10 bis 10^4 Galaxien gehören. Es kann sein, daß die Cluster ihrerseits wieder in *Super-Clustern* vereint sind; spätestens diese scheinen dann aber gleichmäßig im Raum verteilt zu sein.

§ 44 Newtons Gravitationstheorie

Die Theorie der Gravitation nahm ihren Ausgang von Newtons Erkenntnis, daß die Bewegung der Planeten um die Sonne von einem einzigen Gesetz beherrscht wird und daß, wenn die Sonne durch die Erde ersetzt wird, dasselbe Gesetz ebenso die Bewegung des Mondes um die Erde wie die eines geworfenen Körpers auf der Erde beherrscht.

Die Bewegung des Mondes als freier Fall

Die Erkenntnis, daß die Bewegung des Mondes um die Erde dieselbe Ursache hat wie der Fall eines Körpers an der Erdoberfläche, nämlich die Anziehung durch die Erde, gehörte zu den ersten quantitativen Stützen von **Newtons Idee der allgemeinen Massenanziehung.** Der Mond fällt danach, von der Erde angezogen, ständig auf die Erde zu, ebenso wie ein Projektil auf die Erde zu fällt, das mit tangentialer Anfangsgeschwindigkeit von einem Berg abgeschossen wird. Die NEWTONs Abhandlung „De mundi systemate" (1715) entnommene Abb. 44.1 a stellt eine anschauliche Demonstration dieser Behauptung dar. Je größer die Anfangsgeschwindigkeit ist, mit der das Projektil tangential fortgeschleudert wird, um so später trifft es auf die Erdoberfläche auf. Bei

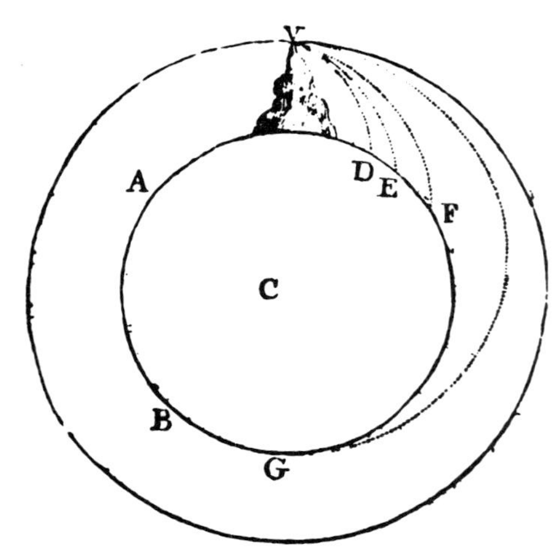

Abb. 44.1 a

Darstellung des freien Falls auf der Erde (AFB) aus Newtons „De mundi systemate" (1715). Von einer Bergspitze V wird ein Projektil mit unterschiedlichen Anfangsgeschwindigkeiten horizontal abgeschossen. Mit wachsender Anfangsgeschwindigkeit trifft es bei D, E, F, G auf die Erdoberfläche auf. Bei weiterer Steigerung der Anfangsgeschwindigkeit gibt es schließlich einen Wert für sie, bei dem der Körper auf einer Kreisbahn um den Erdmittelpunkt umläuft.

einer bestimmten Anfangsgeschwindigkeit trifft es gar nicht mehr auf, sondern kehrt an seinen Ausgangspunkt zurück; es vollführt eine Kreisbewegung um die Erde. So betrachtet ist die Kreisbewegung um die Erde ein ständiges Fallen auf den Erdmittelpunkt zu.

Infolge der Anziehung durch die Erde erfahren alle Körper, die sich in ihrer Nähe befinden, eine **Beschleunigung,** die auf die Erde hin gerichtet ist. In der Nähe der Erdoberfläche hat diese Beschleunigung den Betrag $g = 9{,}81\ \mathrm{m/sec^2}$. Da sich der Mond in größerem Abstand von der Erde befindet, ist die Beschleunigung, die er infolge der Attraktion durch die Erde erfährt, kleiner. Tatsächlich läßt sich die Beschleunigung, die er erfährt, leicht aus seinem Abstand r von der Erde und seiner Umlaufzeit T berechnen. Denn wird ein Körper mit dem konstanten Geschwindigkeitsbetrag v in einem Kreis vom Radius r bewegt (und wir dürfen die Mondbahn als nahezu kreisförmig ansehen), so erfährt er eine zum Zentrum hin gerichtete Beschleunigung, eine *Zentri-*

petalbeschleunigung $\boldsymbol{a}$, deren Betrag nach (20.36) gegeben ist durch

$$a=\frac{v^2}{r}=\Omega^2 r. \tag{44.1}$$

Für den Mond ist $\Omega=2\pi/(\text{siderischer Monat})=2\pi/(27{,}32\ \text{Tage})=2\pi/(27{,}32\cdot 8{,}64\cdot 10^4\ \text{sec})$ und sein Abstand vom Erdmittelpunkt $r=3{,}844\cdot 10^8$ m. Setzt man das in (44.1) ein, so resultiert

$$a_{\text{Mond}}=0{,}00272\,\frac{\text{m}}{\text{sec}^2}. \tag{44.2}$$

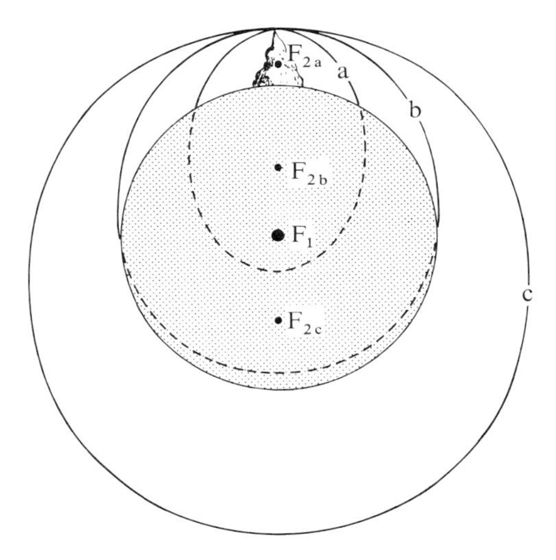

Abb. 44.1b

Die in Abb. 44.1a dargestellten Bahnen sind Stücke von Ellipsen mit dem Erdmittelpunkt als einem Brennpunkt F_1. Die Ergänzungen zu vollen Ellipsen sind gestrichelt eingezeichnet. Die Ellipsen lassen sich in der Umgebung ihres Scheitels durch Parabeln (Wurfparabeln) approximieren und zwar um so besser, je kleiner das Stück der Ellipse außerhalb der Erde ist.

Da g die Beschleunigung ist, die ein Körper erfährt, der sich in der Nähe der Erdoberfläche bewegt, d.h. dessen Entfernung vom Erdmittelpunkt gleich dem Erdradius $R=6{,}37\cdot 10^6$ m ist, wird man versuchen, die Zahlwerte der Beschleunigung g an der Erdoberfläche und die Beschleunigung (44.2), die der Mond erfährt, mit den Entfernungen R und r in Beziehung zu bringen. Dabei stellt man fest, daß die Werte von g und a_{Mond} sich umgekehrt verhalten wie die Quadrate von R und r, d.h.

$$\frac{g}{a_{\text{Mond}}}=3620=\frac{r^2}{R^2}. \tag{44.3}$$

Dieses Resultat besagt, daß die Erde auf einen in ihrer Umgebung befindlichen Körper eine Beschleunigung ausübt, die umgekehrt proportional ist zum Quadrat des Abstands, den der Körper vom Erdmittelpunkt hat. Wenn das Bild von der Anziehung der Körper durch die Erde richtig ist, muß die **Anziehungskraft der Erde** also umgekehrt proportional zum Quadrat des Abstands von ihrem Mittelpunkt abnehmen.

Dieses Resultat, das NEWTON wahrscheinlich schon sehr früh besaß, war allerdings nur Motivation und Anfang seiner Gravitationstheorie, die er, da er den Begriff der Kraft in Form der Anziehungskraft der Körper als vorherrschend ansah, noch in engen Zusammenhang brachte mit den dynamischen Prinzipien seiner Mechanik. Zur Bewältigung der dabei sich einstellenden mathematischen Probleme entwickelte er als formales Hilfsmittel gleichzeitig noch die Infinitesimalrechnung. Kein Wunder also, wenn die Publikation seiner Theorie erst etwa 20 Jahre nach der vermutlichen Entdeckung der grundlegenden Zusammenhänge erfolgte.

Die Keplerschen Gesetze

Entscheidend für den Erfolg von NEWTONS Konzept der gegenseitigen Anziehung der Himmelskörper als Ursache ihrer Bewegungen waren drei Gesetze, die JOHANNES KEPLER aus den sorgfältigen Messungen der Planetenbahnen durch TYCHO BRAHE in jahrelanger Rechenarbeit erschlossen hatte und die die Bewegung der Planeten quantitativ beschrieben. **Keplers Gesetze** lauten:

1. Die Bahnkurven der Planeten sind Ellipsen, in deren einem Brennpunkt die Sonne steht (Abb. 20.6a und 20.7).

2. Der von der Sonne zum Planet gerichtete Ortsvektor überstreicht in gleichen Zeiten gleiche Flächen (Abb. 20.6a).

3. Die Quadrate der Umlaufzeiten zweier Planeten verhalten sich wie die Kuben der großen Halbachsen ihrer Ellipsenbahnen.

Die Keplerschen Gesetze liefern eine *kinematische* Beschreibung der Planetenbewegung. Das erste Gesetz legt die geometrische Gestalt der Bahnkurve des einzelnen Planeten fest, das zweite die zeitliche Durchlaufung dieser Kurve. Der Planet bewegt sich in Sonnennähe, dem *Perihel*, schneller als im *Aphel*, dem von der Sonne entfernten Teil der Bahn. Das wurde in §20 erörtert.

Führt man ein Koordinatensystem so ein, daß die Sonne in seinem Nullpunkt liegt und bezeichnet $\boldsymbol{r}$ den Ortsvektor des Planeten, so besagt das 2. Keplersche Gesetz, daß der Betrag des Vektors $\boldsymbol{r} \times \boldsymbol{v}$ konstant ist. Da nach dem 1. Keplerschen Gesetz die Bahnkurve eine Ellipse ist und damit implizite gesagt ist, daß die Vektoren $\boldsymbol{r}$ und $\boldsymbol{v}$ stets in einer festen Ebene, nämlich der Ebene der Ellipse liegen, ist auch die Richtung des Vektors $\boldsymbol{r} \times \boldsymbol{v}$ im Raum fest. Dieser Vektor steht senkrecht auf $\boldsymbol{r}$ und $\boldsymbol{v}$ und daher auch senkrecht auf der Ebene, in der $\boldsymbol{r}$ und $\boldsymbol{v}$ liegen. Für die Planetenbewegung ist daher der Vektor $\boldsymbol{r} \times \boldsymbol{v}$ nach Betrag und Richtung konstant, als Formel ausgedrückt

$$\frac{d}{dt}(\boldsymbol{r} \times \boldsymbol{v}) = 0. \tag{44.4}$$

Multipliziert man diese Gleichung mit M, der Masse des Planeten, so besagt sie, daß der *Bahndrehimpuls* $\boldsymbol{L} = \boldsymbol{r} \times M\boldsymbol{v} = \boldsymbol{r} \times \boldsymbol{P}$ in bezug auf die Sonne als Koordinatenursprung bei der Bewegung konstant bleibt.

Das 3. Keplersche Gesetz bezieht sich nicht auf den einzelnen Planeten, sondern vergleicht die Bahnen verschiedener Planeten. So läßt sich, wenn man die Umlaufszeit T_1 und die große Halbachse a_1 eines Planeten kennt und ebenso die große Halbachse a_2

eines zweiten, die Umlaufszeit T_2 des zweiten Planeten berechnen, denn nach dem 3. Keplerschen Gesetz ist

$$\frac{T_2^2}{T_1^2}=\frac{a_2^3}{a_1^3}. \tag{44.5}$$

Kinematische Folgerungen aus den Keplerschen Gesetzen

Wie NEWTON zeigte, besagen die beiden ersten Keplerschen Gesetze, daß der Planet in jedem Augenblick, d.h. in jedem Punkt seiner Bahn eine Beschleunigung $\boldsymbol{a}$ erfährt, die zur Sonne gerichtet ist und deren Betrag dem Quadrat der Entfernung Planet-Sonne umgekehrt proportional ist, in Formeln

$$\boldsymbol{a}=\frac{d\boldsymbol{v}}{dt}=-\frac{\gamma}{r^2}\left(\frac{\boldsymbol{r}}{r}\right). \tag{44.6}$$

γ ist dabei eine Konstante der Dimension $\mathrm{m^3/sec^2}$. Der Vektor $\boldsymbol{r}/r$ ist der Einheitsvektor in Richtung des Ortsvektors $\boldsymbol{r}$ des Planeten. Das negative Vorzeichen in (44.6) drückt aus, daß die Richtung des Vektors $\boldsymbol{a}$ der des Einheitsvektors $\boldsymbol{r}/r$ oder, was dasselbe ist, des Vektors $\boldsymbol{r}$ entgegengesetzt und damit auf die Sonne zu gerichtet ist.

Das 3. Keplersche Gesetz liefert dann die weitere wichtige Aussage, daß die Konstante γ für alle Planeten dieselbe ist. Sie hängt daher von dem einzelnen Planet gar nicht ab und muß somit eine Eigenschaft der Sonne beschreiben. Diese Rolle des 3. Keplerschen Gesetzes läßt sich leicht einsehen, wenn man die Gl. (44.6) auf kreisförmige Planetenbahnen anwendet. Dann ist die Beschleunigung von der Form (44.1), und (44.6) läßt sich, wenn man noch zum Betrag übergeht, schreiben

$$\frac{v^2}{r}=\frac{\gamma}{r^2}. \tag{44.7}$$

Beachtet man, daß $v=2\pi r/T$ mit T als Umlaufszeit, so folgt

$$\frac{r^3}{T^2}=\frac{\gamma}{4\pi^2}. \tag{44.8}$$

Da bei einem Kreis Radius r und große Halbachse a dasselbe sind, sagt das 3. Keplersche Gesetz, auf kreisförmige Planetenbahnen angewandt, daß $r_1^3/T_1^2=r_2^3/T_2^2$, d.h. aber gerade, daß die Größe r^3/T^2 für alle kreisförmigen Planetenbahnen denselben Wert hat. Nach Gl. (44.8) hat daher auch die Konstante γ für alle Planetenbahnen denselben Wert. Sie ist somit kennzeichnend für die Sonne.

Newtons Gravitationsgesetz

Die Keplerschen Gesetze liefern, wenn auch in mathematisch strengerer Form, dasselbe, was die elementaren Betrachtungen über die Bewegung des Mondes schon als Abschätzung geliefert haben, nämlich daß die Planeten eine Beschleunigung erfahren, die nach Gl. (44.6) dem Quadrat des Abstands des Planeten von der Sonne umgekehrt proportional ist. NEWTON faßt das so auf, daß die Sonne die Planeten nach demselben Abstandsgesetz anzieht wie die Erde die in ihrer Nähe befindlichen Körper. Das Gesetz, nach dem die Sonne die Planeten anzieht, und das, nach dem die Erde den Mond oder an ihrer Oberfläche fallende Körper anzieht, unterschieden sich nur im Wert der Konstante γ. Dieses Resultat gab den Anstoß zu NEWTONS berühmter Verallgemeinerung, seinem

Gravitationsgesetz Zwei beliebige punktartige Körper der Massen M_1 und M_2 im Abstand r voneinander ziehen sich mit einer Kraft $\boldsymbol{F}$ an, die in Richtung ihrer Verbindungslinie weist und deren Betrag gegeben ist durch

$$|\boldsymbol{F}| = G\,\frac{M_1 M_2}{r^2}. \tag{44.9}$$

G ist eine Konstante, die *allgemeine Gravitationskonstante*. Sie hat den Wert

$$G = (6{,}673 \pm 0{,}003) \cdot 10^{-11}\,\frac{\mathrm{m}^3}{\mathrm{kg\,sec}^2}. \tag{44.10}$$

Um den Wert von G zu bestimmen, muß man im Gravitationsgesetz (44.9) die Anziehungskraft $\boldsymbol{F}$ zwischen zwei Körpern kennen, deren Massen M_1 und M_2 bekannt sind. Bei einem Körper an der Erdoberfläche kennt man zwar die Kraft $\boldsymbol{F}$, mit der er von der Erde angezogen wird und auch seinen Abstand r vom Erdmittelpunkt, aber nicht die Masse der Erde. Wenn auch ihr Volumen bekannt ist, so ist doch ihre mittlere Dichte nicht bekannt. Man ist daher zur experimentellen Bestimmung von G darauf angewiesen, die sehr schwache Gravitationskraft zwischen zwei Körpern bekannter Masse im Laboratorium zu messen.

Die erste **Messung von G** stammt von CAVENDISH aus dem Jahre 1798 (HENRY CAVENDISH, 1731—1810). Wir beschreiben in Abb. 44.2 eine Version des Cavendish-Experiments, die auch zur Demonstration geeignet ist. Zwei Körper gleicher Masse M_1 in der Größenordnung 100 g werden an einem dünnen Quarzfaden als *Torsionswaage* aufgehängt. Nun bringt man in die Position (a) zwei größere gleiche Körper 2 der Massen M_2, etwa der Größenordnung einiger kg. Haben die Körper eine kugelsymmetrische Dichteverteilung, sind sie im einfachsten Fall also Kugeln mit homogener Dichte, so wirkt, wie wir in § 45 zeigen werden, die Gravitation zwischen ihnen so, als ob sich die gesamten Massen der Körper in den Kugelmittelpunkten befänden. In (44.9) ist für r also der Abstand der Kugelmittelpunkte einzusetzen. In der Position (a) halten sich das Drehmoment, das die Gravitationskraft auf die Torsionswaage ausübt, und das Drehmoment, das der tordierte Quarzfaden bewirkt, die Waage.

Aus der Position (a) werden nun die Körper 2 in die Position (b) gebracht, die zu (a) bezüglich der Waage spiegelbildlich ist. Die Waage strebt jetzt eine neue Gleichgewichtslage an. Die Körper 1 laufen auf Grund der Gravitationskraft zwischen den Körpern 1 und 2 und der Torsion des Quarzfadens beschleunigt in Richtung der Körper 2 in deren neuer Position (b) los. Diese Beschleunigung läßt sich messen, indem man die Drehung der Waage in Abhängigkeit von der Zeit verfolgt. Dazu bringt man einen kleinen Spiegel Sp an der Waage an und verfolgt dessen Drehung durch die Richtungsänderung eines an dem Spiegel reflektierten Lichtstrahls von konstanter Einfallsrichtung. (Vgl. dazu auch das in § 7 erwähnte Problem der Messung des Impulses von Photonen. Zur Messung der dabei auf eine Torsionswaage (Abb. 7.7) ausgeübten schwachen Kräfte und dem Nachweis der entsprechend geringen Bewegung der Torsionswaage verwendet man die gleiche Lichtzeigeranordnung.) Aus der gemessenen Beschleunigung der Körper 1, dem Wert von M_2 und r läßt sich G berechnen.

Mathematisch und auch physikalisch präziser läßt sich das **Newtonsche Gravitationsgesetz** folgendermaßen formulieren. Bei der Gravitationswechselwirkung zweier

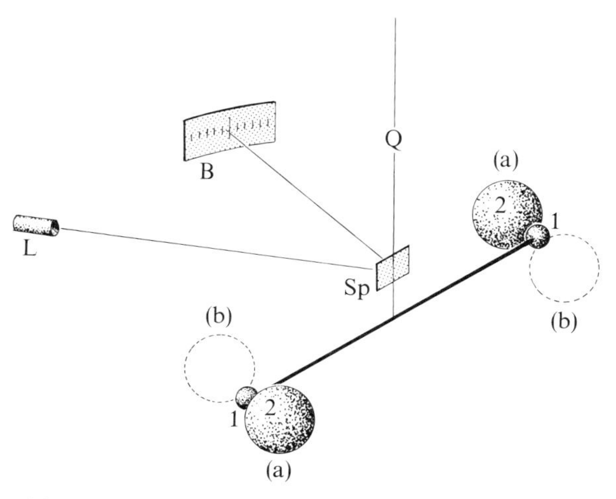

Abb. 44.2

Torsionswaage zur Messung der Gravitationskonstante G. Ein Waagebalken mit zwei Körpern 1 hängt an einem dünnen Quarzfaden Q. Werden die Körper 2 aus der Position (a) in die Position (b) gebracht, bewegen sich die Körper 1 beschleunigt auf die Körper 2 in der neuen Position (b) zu. Die beschleunigte Bewegung des Waagebalkens macht ein Lichtstrahl sichtbar, der von einer Lampe L ausgeht und an einem Spiegel Sp reflektiert wird, der am Torsionsfaden oder Waagebalken befestigt ist. Dreht sich der Waagebalken, zeigt das der Lichtstrahl durch Bewegung auf dem Schirm B an. Aus der Messung der Beschleunigung folgt bei bekannter Masse M_2 des Körpers 2 und bekanntem Abstand der Mittelpunkte der Körper 1 und 2 der Wert der Gravitationskonstante G.

punktartiger Körper, die die Massen M_1 und M_2 sowie die Ortsvektoren $\boldsymbol{r}_1$ und $\boldsymbol{r}_2$ haben (Abb. 18.1), erfahren der Körper 1 eine Kraft $\boldsymbol{F}_1$ und der Körper 2 eine Kraft $\boldsymbol{F}_2$, die gegeben sind durch

(44.11) $$\boldsymbol{F}_1 = -G\frac{M_1 M_2}{|\boldsymbol{r}_1-\boldsymbol{r}_2|^2}\,\frac{\boldsymbol{r}_1-\boldsymbol{r}_2}{|\boldsymbol{r}_1-\boldsymbol{r}_2|}, \qquad \boldsymbol{F}_2 = -G\frac{M_1 M_2}{|\boldsymbol{r}_2-\boldsymbol{r}_1|^2}\,\frac{\boldsymbol{r}_2-\boldsymbol{r}_1}{|\boldsymbol{r}_2-\boldsymbol{r}_1|}.$$

Der Vektor $\boldsymbol{r}_2-\boldsymbol{r}_1$ ist vom Körper 1 zum Körper 2 gerichtet, und seine Länge $|\boldsymbol{r}_2-\boldsymbol{r}_1|$ ist gleich dem Abstand der beiden Körper. Entsprechend ist $\boldsymbol{r}_1-\boldsymbol{r}_2$ der vom Körper 2 zum Körper 1 weisende Vektor, der natürlich dieselbe Länge hat wie der erste, denn es ist $|\boldsymbol{r}_1-\boldsymbol{r}_2| = |\boldsymbol{r}_2-\boldsymbol{r}_1|$. Nach Gl. (44.11) ist die auf den Körper 1 wirkende Kraft $\boldsymbol{F}_1$ entgegengesetzt gleich der auf den Körper 2 wirkenden Kraft $\boldsymbol{F}_2$.

2-Körper-Problem

Angewandt auf die Sonne (1) und einen Planeten (2) besagt das Newtonsche Gravitationsgesetz, daß Sonne und Planet sich gegenseitig mit der gleichen Kraft anziehen, genauer, daß die Sonne den Planet mit einer Kraft anzieht, die vom gleichen Betrag, aber entgegengesetzter Richtung ist wie die Kraft, mit der der Planet die Sonne anzieht. Nach NEWTON ist diese Aussage nur ein Spezialfall seines allgemeinen Prinzips der Gleichheit von actio und reactio (§ 29) oder in moderner Sprache, der **Erhaltung des**

Gesamtimpulses von Sonne und Planet. Da $\boldsymbol{F}=d\boldsymbol{P}/dt$ und da der Impuls eines Körpers in der Newtonschen Mechanik die Gestalt $\boldsymbol{P}=M\boldsymbol{v}$ hat, ist $\boldsymbol{F}=M\,d\boldsymbol{v}/dt=M\boldsymbol{a}$. Die auf einen Körper wirkende Kraft ist also gleich der Masse des Körpers multipliziert mit der Beschleunigung, die der Körper durch Einwirkung der Kraft erfährt. Nach dem Gravitationsgesetz ist nun die Kraft, die die Sonne (1) auf den Planet (2) ausübt, dem Betrage nach gleich der Kraft, die der Planet auf die Sonne ausübt, also ist

$$M_1\boldsymbol{a}_1+M_2\boldsymbol{a}_2=0. \tag{44.12}$$

Nach NEWTONS Gravitationsgesetz erfährt also nicht nur der Planet (2) eine Beschleunigung $\boldsymbol{a}_2$ infolge der Anziehung durch die Sonne, sondern auch die Sonne (1) eine Beschleunigung $\boldsymbol{a}_1$ infolge der Anziehung durch den Planet. Die Beschleunigungen $\boldsymbol{a}_1$ der Sonne und $\boldsymbol{a}_2$ des Planeten sind allerdings ihrem Betrage nach sehr verschieden, denn nach (44.12) ist $a_1/a_2=M_2/M_1$, d.h. die Beträge der Beschleunigungen verhalten sich umgekehrt wie die Massen von Sonne und Planet. Daß sich nach Aussage der Keplerschen Gesetze allein die Planeten zu bewegen scheinen, interpretiert NEWTON als eine Näherung, die ihren Grund darin hat, daß die Masse M_1 der Sonne sehr groß ist gegen die Masse M_2 eines Planeten. Dann ist natürlich a_1 sehr klein gegen a_2, so daß die Sonne praktisch keine Beschleunigung erfährt. In einem inertialen Bezugssystem, in dem sie zu Anfang ruhte, bleibt sie also ruhig liegen. Nur in dieser Näherung sind auch die Keplerschen Gesetze in ihrer ursprünglichen Form richtig.

NEWTONS Behauptung, daß die Gravitationsanziehung von Körpern ein wechselseitiges Phänomen ist, diese sich also stets umeinander bewegen, d.h. jeder in seiner Bewegung durch die anderen beeinflußt wird, zeigt sich am deutlichsten bei Körpern, die ungefähr gleiche Masse haben, wie bei einem aus zwei Fixsternen bestehenden Doppelsternsystem. Da der Gesamtimpuls der beiden Sterne in einem Inertialsystem konstant ist, bewegen sich die Sterne so, daß in einem Inertialsystem

$$\begin{aligned}\boldsymbol{P}_1+\boldsymbol{P}_2&=M_1\boldsymbol{v}_1+M_2\boldsymbol{v}_2\\&=\frac{d}{dt}(M_1\boldsymbol{r}_1+M_2\boldsymbol{r}_2)=(M_1+M_2)\frac{d}{dt}\left(\frac{M_1\boldsymbol{r}_1+M_2\boldsymbol{r}_2}{M_1+M_2}\right)=\text{const.}\end{aligned} \tag{44.13}$$

Nun ist die Größe

$$\frac{M_1\boldsymbol{r}_1+M_2\boldsymbol{r}_2}{M_1+M_2}=\boldsymbol{R} \tag{44.14}$$

nach (23.17) der *Ortsvektor des Schwerpunkts.* Gl. (44.13) drückt daher aus, daß die **Schwerpunktsgeschwindigkeit in einem Inertialsystem konstant** ist, d.h. der Schwerpunkt sich gradlinig-gleichförmig bewegt oder ruht. Die beiden Sterne bewegen sich also so, daß ihr Schwerpunkt ruht oder sich gradlinig-gleichförmig bewegt und jeder Stern den Schwerpunkt umläuft, und zwar, wie die Überlegungen zu Gl. (44.27) zeigen werden, auf einer Kepler-Ellipse (Abb. 23.2a). In bezug auf den Schwerpunkt, d.h. in einem Koordinatensystem, in dem $\boldsymbol{R}=0$ ist, haben die Ortsvektoren $\boldsymbol{r}_1$ und $\boldsymbol{r}_2$ der beiden Sterne nach (44.14) also in jedem Augenblick entgegengesetztes Vorzeichen, und ihre Beträge verhalten sich umgekehrt wie die Massen der Sterne. Das ist in Abb. 23.2a gezeigt. Es ist klar, daß beide Sterne dieselbe Umlaufszeit haben. Im Fall der Planetenbewegung um die Sonne oder auch der Bewegung des Mondes um die Erde ist $\boldsymbol{r}_1$ so klein, daß der Schwerpunkt noch im Innern der Sonne, bzw. beim Paar Erde-Mond im Innern der Erde liegt (Abb. 44.3). In diesem Fall kann man daher sagen, die Sonne ruhe und der Planet bewege sich um die Sonne, bzw. die Erde ruhe und der Mond bewege sich um sie. Die Keplerschen Gesetze gelten, wie wir schon sagten, wörtlich auch nur in dieser Näherung.

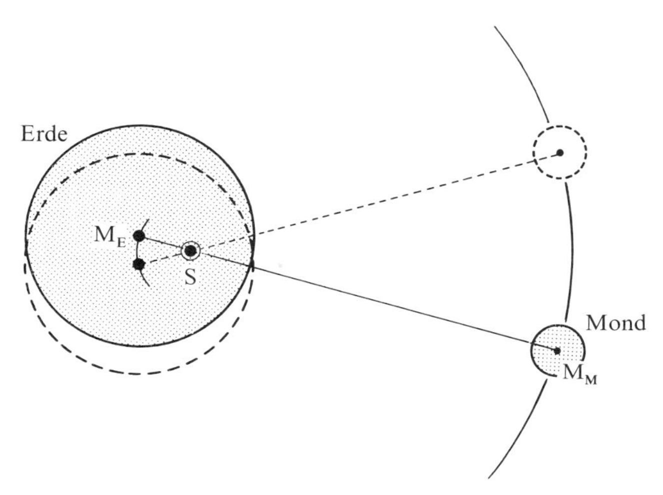

Abb. 44.3

Erde und Mond laufen angenähert auf Kreisbahnen um den gemeinsamen Schwerpunkt S. Nur in der Näherung, daß die Masse des Mondes vernachlässigbar klein ist gegenüber der Masse der Erde, braucht man nicht zwischen Schwerpunkt S und Mittelpunkt M_E der Erde zu unterscheiden. Die Figur zeigt die Stellung von Erde und Mond zu zwei verschiedenen Zeiten.

Die potentielle Energie der Gravitationswechselwirkung

Statt mit den Kräften zu operieren, wie wir es bisher taten, ist es oft einfacher und zweckmäßiger, die **Energie** zu benutzen. Die im Newtonschen Gravitationsgesetz festgestellte universelle Massenanziehung können wir nämlich auch so ausdrücken, daß zwei punktartige Körper mit den Massen M_1 und M_2 und den Ortskoordinaten $\boldsymbol{r}_1$ und $\boldsymbol{r}_2$ eine Wechselwirkung zeigen, die beschrieben wird durch die *potentielle Energie*

$$(44.15)\qquad E_{\text{pot}} = -G\frac{M_1 M_2}{|\boldsymbol{r}_1 - \boldsymbol{r}_2|} = -G\frac{M_1 M_2}{\sqrt{(x_1-x_2)^2+(y_1-y_2)^2+(z_1-z_2)^2}}\,.$$

Das negative Vorzeichen drückt aus, daß die Wechselwirkung eine Anziehung der Körper bewirkt, nämlich daß dem aus beiden Körpern bestehenden Gesamtsystem Energie entzogen, also die Energie des Systems vermindert wird, wenn die beiden Körper einander genähert werden.

Tatsächlich sind die Gln. (44.15) und (44.11) äquivalent, denn (44.11) läßt sich aus (44.15) durch Gradientenbildung gewinnen. Um das klarzumachen, betrachten wir folgenden Prozeß. Wir denken uns den Körper 2 festgehalten, d.h. $dx_2 = dy_2 = dz_2 = 0$, und den Körper 1 verschoben, d.h. $d\boldsymbol{r}_1 = \{dx_1, dy_1, dz_1\} \neq 0$. Der mit einer Verschiebung

$d\boldsymbol{r}_1$ des Körpers 1 verknüpfte Energieaufwand ist nach (44.15) dann gegeben durch

$$dE_{\text{pot}} = \frac{\partial E_{\text{pot}}}{\partial x_1} dx_1 + \frac{\partial E_{\text{pot}}}{\partial y_1} dy_1 + \frac{\partial E_{\text{pot}}}{\partial z_1} dz_1 \tag{44.16}$$

$$= -G \frac{M_1 M_2}{[(x_1 - x_2)^2 + (y_1 - y_2)^2 + (z_1 - z_2)^2]^{\frac{3}{2}}}$$

$$\cdot \{(x_1 - x_2)\, dx_1 + (y_1 - y_2)\, dy_1 + (z_1 - z_2)\, dz_1\}.$$

Die hier vor den Differentialen dx_1, dy_1, dz_1 stehenden Ausdrücke sind die Komponenten der bei der Verschiebung wirksam werdenden, d.h. auf den Körper 1 wirkenden Kraft. Diese Komponenten sind aber, wie man sieht, genau die Komponenten der Kraft $\boldsymbol{F}_1$ aus Gl. (44.11). Eine analoge Betrachtung, bei der nur der Körper 1 festgehalten und 2 verschoben wird, liefert die Komponenten der auf den Körper 2 wirkenden Kraft $\boldsymbol{F}_2$.

Für zwei sich allein unter dem Einfluß ihrer Gravitationswechselwirkung frei bewegende Körper lautet die **Energiebilanz**

$$E_{1,\text{kin}} + E_{2,\text{kin}} + E_{\text{pot}} + E_{1\,0} + E_{2\,0} = E = \text{const.} \tag{44.17}$$

oder, wenn man die Energieausdrücke der Newtonschen Mechanik einsetzt,

$$H = \frac{P_1^2}{2M_1} + \frac{P_2^2}{2M_2} - G\frac{M_1 M_2}{|\boldsymbol{r}_1 - \boldsymbol{r}_2|} = E - E_{1\,0} - E_{2\,0} = \text{const.} \tag{44.18}$$

$E_{1\,0}$ und $E_{2\,0}$ sind die inneren Energien der Körper 1 und 2. Da die beiden Körper außer ihrer Gravitationswechselwirkung keinem anderen Einfluß ausgesetzt sein sollen, ist außerdem ihr Gesamtimpuls $\boldsymbol{P} = \boldsymbol{P}_1 + \boldsymbol{P}_2$ konstant, wie es Gl. (44.13) ausdrückt. In einem Bezugssystem, in dem der Schwerpunkt ruht, ist $\boldsymbol{P} = 0$ und daher $\boldsymbol{P}_2 = -\boldsymbol{P}_1$. Setzt man das in (44.18) ein, so resultiert

$$H = \frac{P_2^2}{2\mu} - G\frac{\mu(M_1 + M_2)}{|\boldsymbol{r}_1 - \boldsymbol{r}_2|} = \text{const.} \tag{44.19}$$

Dabei ist

$$\mu = \frac{M_1 M_2}{M_1 + M_2} \tag{44.20}$$

die **reduzierte Masse** des 2-Körper-Problems (§ 23).

Ist $M_1 \gg M_2$, so läßt sich bei Wahl eines Bezugssystems, in dem der Körper 1 sich praktisch nicht bewegt, der Term $P_1^2/2M_1$, d.h. die kinetische Energie des Körpers 1, gegen die kinetische Energie des Körpers 2 vernachlässigen. Da dann ferner nach (44.20) $\mu \approx M_2$ wird, nehmen die Gln. (44.18) und (44.19) dieselbe Gestalt an, nämlich

$$H = \frac{P_2^2}{2M_2} - G\frac{M_1 M_2}{|\boldsymbol{r}_1 - \boldsymbol{r}_2|} = \text{const.} \tag{44.21}$$

Diese Form hat die Energiebilanz im Fall der Näherung, in der die Keplerschen Gesetze gelten, wenn also der Körper 2 sich um den in einem Inertialsystem ruhenden Körper 1 bewegt.

Gl. (44.21) hängt in Wirklichkeit gar nicht mehr von M_2, d.h. von der Masse des Körpers 2 ab (solange M_2 nur sehr klein ist gegen M_1). Denn da $\boldsymbol{P}_2 = M_2 \boldsymbol{v}_2$, läßt sich (44.21) auch schreiben

$$\frac{v_2^2}{2} - G\frac{M_1}{|\boldsymbol{r}_1 - \boldsymbol{r}_2|} = \frac{H}{M_2} = \text{const.} \tag{44.22}$$

In der Eliminierbarkeit der Masse M_2 drückt sich die Tatsache aus, daß jeder Körper 2, gleichgültig welche Masse er hat, solange diese nur sehr klein ist gegen M_1, im Gravitationsfeld des Körpers 1 bei gleichen Anfangsbedingungen stets dieselbe Bahn beschreibt — wie wir es von den Wurf- und Fallbewegungen der Körper auf der Erdoberfläche gewohnt sind. Der Körper 2 befindet sich, wie wir sagen, in einem **Beschleunigungsfeld,** denn die Beschleunigung, die er erfährt, ist *unabhängig von seiner Masse* M_2.

Der allgemeine Beweis dieser Behauptung ergibt sich unmittelbar aus der zweiten Gl. (44.11), denn diese läßt sich schreiben

$$\boldsymbol{a}_2 = \frac{\boldsymbol{F}_2}{M_2} = -G M_1 \frac{\boldsymbol{r}_2 - \boldsymbol{r}_1}{|\boldsymbol{r}_2 - \boldsymbol{r}_1|^3}. \tag{44.23}$$

Sie besagt, daß die Beschleunigung, die der Körper 2 erfährt, nur von M_1 und von den Ortsvektoren $\boldsymbol{r}_1$ und $\boldsymbol{r}_2$ abhängt. Bleibt $\boldsymbol{r}_1$ konstant, d.h. ist die Masse M_1 so groß gegen M_2, daß die Beschleunigung des Körpers 1 vernachlässigt werden und das zur Beschreibung benutzte Inertialsystem daher so gewählt werden kann, daß der Körper 1 ruht, so hängt die Beschleunigung $\boldsymbol{a}_2$, die der Körper 2 erfährt, nur von der Masse M_1, genauer vom Wert der Größe $GM_1 = \gamma_1$ und von seiner Lage $\boldsymbol{r}_2$ ab, nicht dagegen von seiner eigenen Masse oder sonstigen individuellen Besonderheiten. Gl. (44.23) ist dann auch identisch mit der aus den Keplerschen Gesetzen folgenden Gl. (44.6) mit der zusätzlichen Aussage, daß $\gamma = GM$ ist, d.h. daß die Konstante γ bis auf den Faktor G, die universelle Gravitationskonstante, mit der Masse des Körpers identisch ist, der das Gravitationsfeld „festhält".

Bestimmung der Masse von Himmelskörpern

Die Beobachtung der Bewegung von Körpern im Gravitationsfeld eines Körpers 1 mit sehr viel größerer Masse erlaubt es, aus den Bahndaten der bewegten Körper die Masse des Körpers 1 zu bestimmen. Wie Gl. (44.8) zeigt, bedarf es dazu nur der Kenntnis des Radius r einer Kreisbahn oder der großen Halbachse a einer Ellipsenbahn und der Umlaufszeit T eines umlaufenden Körpers. Aus den Daten der Erdbahn, $a = 1{,}49 \cdot 10^8$ km $= 1{,}49 \cdot 11^{11}$ m, $T = 1$ Jahr $= 3{,}16 \cdot 10^7$ sec, erhält man für die **Masse der Sonne**

$$\gamma_{\text{Sonne}} = G M_{\text{Sonne}} = 1{,}312 \cdot 10^{20} \frac{\text{m}^3}{\text{sec}^2}, \tag{44.24}$$

und mit (44.10)

$$M_{\text{Sonne}} = 1{,}989 \cdot 10^{30} \text{ kg}.$$

Für Planeten, die selbst Satelliten haben, liefert die Beobachtung der Umlaufszeit und der Bahnradien dieser Satelliten die γ-Werte bzw. die **Massen der Planeten.** Für die Erde ergibt sich aus den angegebenen Bahndaten des Mondes $\gamma = 3{,}85 \cdot 10^{14}$ m^3/sec^2. Allerdings sind wir bei der Erde in einer günstigeren Lage, da wir die von ihr auf einen

Körper ausgeübte Beschleunigung an ihrer Oberfläche direkt und wesentlich genauer messen können. Da nämlich der Körper vom Erdmittelpunkt den Abstand R (=Erdradius) hat, muß sein

$$\frac{\gamma_{\text{Erde}}}{R^2} = g = 9{,}81 \frac{\text{m}}{\sec^2}. \tag{44.25}$$

Daraus erhält man für die **Masse der Erde**

$$\gamma_{\text{Erde}} = G M_{\text{Erde}} = 3{,}98 \cdot 10^{14} \frac{\text{m}^3}{\sec^2}, \tag{44.26}$$

mit (44.10) also

$$M_{\text{Erde}} = 5{,}98 \cdot 10^{24}\,\text{kg}.$$

Wie steht es mit der Massenbestimmung bei einem **2-Körper-System,** dessen Partner vergleichbare Massen haben? Darauf gibt Gl. (44.19) eine Antwort. Vergleicht man nämlich das Mittelstück von (44.19) mit dem Mittelstück von (44.21), die den Fall beschreibt, daß der Körper mit der großen Masse M_1 praktisch ruht und der mit der kleinen M_2 eine Kepler-Bewegung um den ersten ausführt, so erkennt man, daß beide Gleichungen völlig gleich gebaut sind. Man braucht in (44.21) nur M_2 durch μ und M_1 durch $(M_1 + M_2)$ zu ersetzen, um (44.19) zu erhalten. Gl. (44.19) beschreibt daher eine fiktive Bewegung, bei der ein Körper der Masse μ, dessen Ortsvektor $\boldsymbol{r} = \boldsymbol{r}_2 - \boldsymbol{r}_1$ ist, eine Kepler-Bewegung um einen *festgehaltenen* Körper der Masse $(M_1 + M_2)$ ausführt. Für diese fiktive Bewegung gelten, da ihr Beschleunigungszentrum, nämlich der Körper mit der Masse $(M_1 + M_2)$, festgehalten wird, wieder die Keplerschen Gesetze und damit ihre Folgerungen; nur ist jetzt $\gamma = G(M_1 + M_2)$. Die fiktive Bewegung legt $\boldsymbol{r}(t)$ fest und bestimmt so auch die realen Bahnen $\boldsymbol{r}_1(t)$ und $\boldsymbol{r}_2(t)$, der beiden sich umeinander bewegenden Körper. Legt man nämlich den Koordinatenursprung in den Schwerpunkt, so ist der Ortsvektor des Schwerpunktes $\boldsymbol{R} = 0$. Gl. (44.14) liefert dann zusammen mit $\boldsymbol{r} = \boldsymbol{r}_2 - \boldsymbol{r}_1$

$$\boldsymbol{r}_1 = -\frac{M_2}{M_1 + M_2}\boldsymbol{r}, \qquad \boldsymbol{r}_2 = \frac{M_1}{M_1 + M_2}\boldsymbol{r}. \tag{44.27}$$

Mit $\boldsymbol{r}(t)$ sind also auch $\boldsymbol{r}_1(t)$ und $\boldsymbol{r}_2(t)$ bekannt. Da $\boldsymbol{r}(t)$ eine Kepler-Ellipse beschreibt, *beschreiben $\boldsymbol{r}_1(t)$ und $\boldsymbol{r}_2(t)$ ähnliche Ellipsen, die den Schwerpunkt als gemeinsamen Brennpunkt haben und symmetrisch zum Brennpunkt durchlaufen werden* (Abb. 23.2a). Aus der Beobachtung der Umlaufszeit und der Bahnexzentrizität eines Doppelsterns läßt sich daher nur die Summe der Massen $(M_1 + M_2)$ bestimmen. Erst die Festlegung der Lage des Schwerpunkts, d.h. des Punktes der Verbindungslinie beider Körper, der einen Brennpunkt beider Ellipsen darstellt, gestattet es, M_1 und M_2 getrennt zu erhalten.

Hyperbelbewegungen

Bisher haben wir nur Bewegungen betrachtet, bei denen der Abstand der gravitierenden Körper nicht beliebig groß werden kann. Das ist der Fall, wenn die Energie E in Gl. (44.17) kleiner ist als die Summe der inneren Energien $E_{1\,0} + E_{2\,0}$ der Körper, d.h. wenn die in den Gln. (44.17) bis (44.21) auftretende Größe $H = E - E_{1\,0} - E_{2\,0} = E_{1,\text{kin}} + E_{2,\text{kin}} + E_{\text{pot}}$ negativ ist. Neben diesen *gebundenen Zuständen* des 2-Körper-Problems gibt es auch

Bewegungen, bei denen die kinetische Energie der beiden Körper so groß ist, daß $H > 0$. Es handelt sich dann um einen *Stoßprozeß* zweier Körper mit der Wechselwirkung (44.15). NEWTON hat auch dieses Problem schon gelöst. In diesem Fall resultiert eine Hyperbelbewegung der beiden Körper um den gemeinsamen Schwerpunkt (Abb. 23.2 b). Der Grenzfall $H = 0$ schließlich liefert eine *Parabel*bewegung. Die geringste Störung macht daraus jedoch eine Hyperbel- oder Ellipsenbewegung.

§ 45 Ausbau der Newtonschen Gravitationstheorie

Das Newtonsche Gravitationsgesetz bezieht sich auf punktartige Körper, d.h. auf Körper, deren Ausdehnungen klein sind gegen die sonstigen in Betracht kommenden Entfernungen. Nun lassen sich die in Gravitationsproblemen vorkommenden Körper keineswegs immer als punktartig ansehen. So ist die Erde nicht punktartig, wenn man die Gravitationswechselwirkung zwischen ihr und einem Körper auf ihrer Oberfläche im Auge hat. In diesem Beispiel ist die Erde als aus vielen Teilen zusammengesetzt anzusehen, die ihrerseits die Voraussetzung der Punktartigkeit erfüllen. Diese Teile wechselwirken dann natürlich sowohl untereinander als auch mit dem Körper an der Erdoberfläche.

Um derartige Probleme behandeln zu können, bedarf es noch einer weiteren Annahme über die Gravitationswechselwirkung von mehr als zwei Körpern. NEWTON macht dazu die Annahme, daß bei Gravitationsproblemen, an denen **viele Körper** beteiligt sind, jeder punktartige Körper mit jedem anderen punktartigen nach Gl. (44.9) bzw. (44.15) wechselwirkt, als seien die übrigen Körper gar nicht vorhanden. Denken wir uns die Körper durchnumeriert, so setzt sich also die **gesamte Wechselwirkungsenergie** eines aus n Körpern bestehenden gravitierenden Systems additiv zusammen aus den Wechselwirkungen zwischen je zwei Körpern

$$E_W(\boldsymbol{r}_1, \boldsymbol{r}_2, \ldots, \boldsymbol{r}_n) = -G \sum_{i<k}\sum \frac{M_i M_k}{|\boldsymbol{r}_i - \boldsymbol{r}_k|} = -\frac{G}{2} \sum_{i \neq k}^{n}\sum^{n} \frac{M_i M_k}{|\boldsymbol{r}_i - \boldsymbol{r}_k|}. \tag{45.1}$$

Die Summen sind dabei folgendermaßen zu verstehen. In der ersten Doppelsumme ($i < k$) muß in jedem Glied der Summe der Wert des Index i kleiner sein als der des Index k. Der Index i läuft also von 1 bis $n-1$, k von 2 bis n. In der zweiten Doppelsumme ($i \neq k$) durchlaufen i und k unabhängig voneinander alle Werte von 1 bis n mit der einzigen Einschränkung, daß i niemals gleich k sein darf. Da bei festem i der Index k jeden Wert $\neq i$ annehmen kann, kommt der Beitrag jedes Körperpaares zweimal vor, so z.B. der Beitrag des Paares $1-2$ einmal, wenn $i = 1$ und $k = 2$, und zum zweiten, wenn $i = 2$ und $k = 1$ sind. Um diese doppelte Zählung der Körperpaare wieder rückgängig zu machen, steht vor der zweiten Doppelsumme der Faktor 1/2. Aus der Wechselwirkungsenergie (45.1) erhält man wie in (44.16) die auf einen Körper wirkende Kraft, wenn man die Änderung von (45.1) bei einem Prozeß betrachtet, bei dem die übrigen $n-1$ Körper festgehalten werden und der Körper verschoben wird.

Die Anwendungen der Gl. (45.1) sind nun sehr verschiedener Art. Wir führen hier vier besonders wichtige an: 1. Das zu einer gegebenen starren Massenverteilung gehörige Gravitationsfeld, 2. Die gesamte Gravitationswechselwirkungsenergie der gegebenen starren Massenverteilung, 3. Die Bewegungen von n punktartigen, über das Gravitationsfeld wechselwirkenden Körpern, das sogenannte n-Körper-Problem, 4. Das Verhalten eines elastischen Körpers in einem gegebenen Gravitationsfeld. Zunächst betrachten wir die ersten drei Probleme. Die unter 4. genannte Anwendung, die das Problem der Gezeiten enthält, ist in einem eigenen Paragraphen (§ 46) behandelt.

Gravitationsfeld einer gegebenen Massenverteilung

Wir betrachten eine zeitlich konstante, starre Massenverteilung, die beschrieben wird durch eine Funktion $\rho(\boldsymbol{r})$, die die **Massendichte** an jedem Ort $\boldsymbol{r}$ angibt. $\rho(\boldsymbol{r})\,dV$ ist dann die im Volumelement dV an der Stelle $\boldsymbol{r}$ enthaltene Masse: $dM=\rho\,dV$. Die Funktion $\rho(\boldsymbol{r})$ gibt nicht nur die Massenverteilung im Inneren eines Körpers an, sondern auch die Gestalt des Körpers, denn außerhalb des Körpers ist $\rho(\boldsymbol{r})=0$. Betrachten wir die Massenverteilung der Erde, so gibt die Funktion $\rho(\boldsymbol{r})$ im Inneren der Erde den Wert der Massendichte an jeder Stelle an. An der Erdoberfläche, genauer an der Grenze zwischen Erdreich und Luft erleidet $\rho(\boldsymbol{r})$ einen Sprung und geht dann mit wachsendem Abstand vom Erdmittelpunkt exponentiell gegen Null, da auch die Dichte der Luft exponentiell gegen Null geht. Vernachlässigte man die Lufthülle der Erde, so wäre $\rho(\boldsymbol{r})=0$ für alle Orte $\boldsymbol{r}$ außerhalb der festen Erde.

Zu einer Massenverteilung $\rho(\boldsymbol{r})$ gehört nun ein ganz bestimmtes Gravitationsfeld, das sich als Überlagerung aller Felder auffassen läßt, die zu den in den einzelnen Volumelementen dV enthaltenen Massen $dM=\rho\,dV$ gehören. Das resultierende **Feld der gesamten Massenverteilung** äußert sich dann im Energieaufwand, den die Verschiebung eines Probekörpers irgendwo im Raum erfordert. Im Sinn der Gl. (45.1) liegt somit folgendes Problem vor. Die punktartigen Körper sind einmal die in ihrer gegenseitigen Lage unveränderlichen Volumelemente dV mit den Massen dM, die wir uns als Körper mit den Nummern 2 bis n denken; zum anderen ein Probekörper der Masse M_1, dem wir die Nummer 1 geben. Das zu der Massenverteilung gehörige Feld beschreiben wir durch die Wechselwirkungsenergie des Probekörpers, d.h. des Körpers 1 mit allen übrigen Körpern 2 bis n, d.h. mit allen Volumelementen. Demgemäß schreiben wir Gl. (45.1) in der Form (Abb. 45.1)

$$E_W=-GM_1\sum_{k=2}^{n}\frac{M_k}{|\boldsymbol{r}_1-\boldsymbol{r}_k|}-G\sum_{i=2}^{n}\sum_{(k>i)}\frac{M_iM_k}{|\boldsymbol{r}_i-\boldsymbol{r}_k|}. \tag{45.2}$$

Wir haben hierin alle Glieder, die die Lagekoordinate $\boldsymbol{r}_1$ des Probekörpers enthalten, zur ersten Summe zusammengefaßt, während alle übrigen Glieder die zweite Summe (genauer Doppelsumme) bilden; sie enthalten die Lage des Probekörpers nicht mehr. Da nun die Lagen der Volumelemente als konstant vorausgesetzt sind, enthält die zweite Summe nur konstante Glieder. Sie ist also selbst eine Konstante und daher für die uns hier interessierende Frage nach dem zu der konstanten Massenverteilung gehörigen Gravitationsfeld uninteressant. Die *Änderungen* von E_W rühren ja nur von den Verschiebungen des Körpers 1 her. Wir denken uns also die Doppelsumme als Konstante zu E_W geschlagen, das wir dann mit E_{pot} bezeichnen, und schreiben dem-

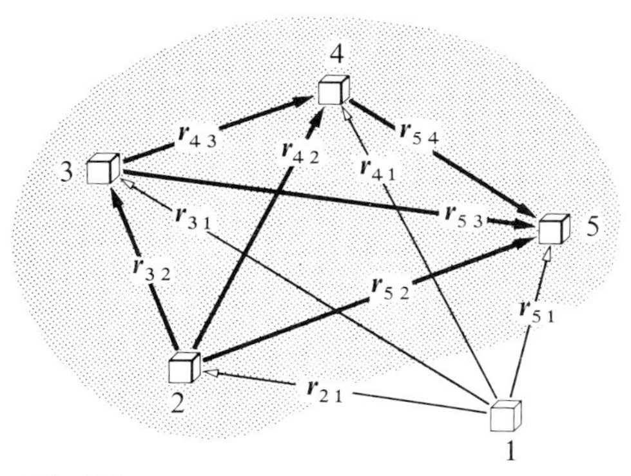

Abb. 45.1

Zur Berechnung des Gravitationsfeldes einer gegebenen Massenverteilung. Die Wechselwirkungsenergie von n Körpern wird in Gl. (45.2) aufgespalten in einen Summanden, der $\boldsymbol{r}_1$ enthält und einen Summanden, der $\boldsymbol{r}_1$ nicht enthält. Der $\boldsymbol{r}_1$ enthaltende Term stellt die potentielle Energie $E_{\text{pot}}(\boldsymbol{r}_1)$ des Körpers 1 im Gravitationsfeld der aus den übrigen Körpern gebildeten Massenverteilung dar. Die Figur zeigt den Fall n = 5. Zur Abkürzung ist $\boldsymbol{r}_i - \boldsymbol{r}_k = \boldsymbol{r}_{ik}$ genannt.

gemäß

$$E_{\text{pot}}(\boldsymbol{r}_1) = -M_1 G \sum_{k=2}^{n} \frac{M_k}{|\boldsymbol{r}_1 - \boldsymbol{r}_k|} = -M_1 G \iiint \frac{\rho(\boldsymbol{r}')\, dV'}{|\boldsymbol{r}_1 - \boldsymbol{r}'|}. \tag{45.3}$$

Im letzten Schritt haben wir dabei die Summe durch ein Integral ersetzt. M_k repräsentiert ja gerade die im Volumelement mit dem Index k enthaltene Masse $\rho\, dV$. Statt des Summationsindex k steht jetzt die Integrationsvariable $\boldsymbol{r}'$, die ebenfalls das einzelne Volumelement, nämlich durch seinen Ort $\boldsymbol{r}'$, kennzeichnet. Gl. (45.3) hat, wie man sieht, eine Gestalt, die wir von vornherein hätten erraten können: Die Wechselwirkungsenergie des Körpers 1 mit der gesamten Massenverteilung ist einfach gleich der Summe der Wechselwirkungsenergien des Körpers 1 mit allen punktartigen Teilen der Verteilung, d.h. die Summe der Wechselwirkungsenergien $-GM_1 M_k/|\boldsymbol{r}_1 - \boldsymbol{r}_k|$.

Das in Gl. (45.3) auftretende Integral

$$\Phi(\boldsymbol{r}) = -G \iiint \frac{\rho(\boldsymbol{r}')\, dV'}{|\boldsymbol{r} - \boldsymbol{r}'|} \tag{45.4}$$

heißt das zur Massenverteilung $\rho(\boldsymbol{r})$ gehörige **Gravitationspotential.** Es ist unabhängig von der Masse M_1 des Probekörpers und allein durch die Verteilung der übrigen Masse bestimmt. Die *Wechselwirkungsenergie eines Körpers der Masse M mit dem durch das Potential* (45.4) *beschriebenen Gravitationsfeld* ist dann gegeben durch

$$E_{\text{pot}}(\boldsymbol{r}) = M\, \Phi(\boldsymbol{r}). \tag{45.5}$$

Gravitationspotentiale einfacher Massenverteilungen

Als Anwendung von (Gl. 45.4) fragen wir nach dem Gravitationspotential einer Massenverteilung, die auf einer **Kugelschale** vom Radius r' und der infinitesimalen Dicke dr'

einen bestimmten Wert $\rho(r')$ hat und sonst überall im Raum Null ist (Abb. 45.2a). Wegen der Kugelsymmetrie des Problems hängt das Potential $\Phi(\boldsymbol{r})$ nur vom Abstand r vom Kugelmittelpunkt ab, nicht dagegen von der Richtung des Vektors $\boldsymbol{r}$, des Ortsvektors des *Aufpunkts*.

Ohne Beschränkung der Allgemeinheit können wir den Aufpunkt $\boldsymbol{r}$ auf die y-Achse legen, die in Abb. 45.2a nach rechts weist. Da $\boldsymbol{r}'$ jeden Punkt der Kugeloberfläche bezeichnen kann, ist nach dem Kosinus-Satz

$$|\boldsymbol{r}-\boldsymbol{r}'|=\sqrt{r^2+r'^2-2rr'\cos\vartheta'}\,; \tag{45.6}$$

ϑ' ist dabei der Winkel, den der Vektor $\boldsymbol{r}'$ mit dem Vektor $\boldsymbol{r}$, nach unserer Verabredung also mit der y-Achse bildet. Das Potential (45.4) lautet somit

$$\begin{aligned}\Phi&=-G\int\frac{\rho(\boldsymbol{r}')\,dV'}{|\boldsymbol{r}-\boldsymbol{r}'|}=-G\int_{r'}^{r'+dr'}\int_0^{\pi}\int_0^{2\pi}\frac{\rho(r')\,r'^2\sin\vartheta'\,dr'\,d\vartheta'\,d\varphi'}{\sqrt{r^2+r'^2-2rr'\cos\vartheta'}}\\&=-G\rho(r')\,r'^2\,dr'\int_0^{\pi}\frac{\sin\vartheta'\,d\vartheta'}{\sqrt{r^2+r'^2-2rr'\cos\vartheta'}}\cdot\int_0^{2\pi}d\varphi'\\&=-2\pi\,G\rho(r')\,r'^2\,dr'\int_0^{\pi}\frac{\sin\vartheta'\,d\vartheta'}{\sqrt{r^2+r'^2-2rr'\cos\vartheta'}}.\end{aligned} \tag{45.7}$$

Wegen $\sin\vartheta'\,d\vartheta'=-d(\cos\vartheta')$ läßt sich das letzte Integral auch schreiben

$$\int_0^{\pi}\frac{\sin\vartheta'\,d\vartheta'}{\sqrt{r^2+r'^2-2rr'\cos\vartheta'}}=\int_{\pi}^{0}\frac{d(\cos\vartheta')}{\sqrt{r^2+r'^2-2rr'\cos\vartheta'}}=\int_{-1}^{+1}\frac{du}{\sqrt{r^2+r'^2-2rr'u}}. \tag{45.8}$$

Dabei haben wir die Substitution $u=\cos\vartheta'$ vorgenommen. Nun ist der Nenner des Integranden zwar symmetrisch in r und r', aber da wegen $-1\leqq u\leqq+1$

$$r+r'\leqq\sqrt{r^2+r'^2-2rr'u}\leqq|r-r'|,$$

sind die beiden Fälle $r>r'$ und $r<r'$ zu unterscheiden. Wir finden so für das Integral (45.8)

$$\begin{aligned}r>r'{:}\quad&\frac{1}{r}\int_{-1}^{+1}\frac{du}{\sqrt{1+\left(\frac{r'}{r}\right)^2-2\left(\frac{r'}{r}\right)u}}=\frac{1}{r}\left\{-\frac{r}{r'}\sqrt{1+\left(\frac{r'}{r}\right)^2-2\left(\frac{r'}{r}\right)u}\right\}_{-1}^{+1}=\frac{2}{r},\\r<r'{:}\quad&\frac{1}{r'}\int_{-1}^{+1}\frac{du}{\sqrt{1+\left(\frac{r}{r'}\right)^2-2\left(\frac{r}{r'}\right)u}}=\frac{1}{r'}\left\{-\frac{r'}{r}\sqrt{1+\left(\frac{r}{r'}\right)^2-2\left(\frac{r}{r'}\right)u}\right\}_{-1}^{+1}=\frac{2}{r'}.\end{aligned} \tag{45.9}$$

Da schließlich $4\pi r'^2\rho(r')\,dr'$ die gesamte Masse dM der Kugelschale ist, erhält man $\Phi(r)$ durch Einsetzen des Resultates (45.9) in (45.7).

Das zu einer Massenverteilung in Form einer dünnen Kugelschale gehörige Potential ist also

$$\Phi(r)=\begin{cases}-\dfrac{G\,dM_{\text{Kugelschale}}}{r} & \text{für } r>r'\\[2ex]-\dfrac{G\,dM_{\text{Kugelschale}}}{r'}=\text{const. (da } r'=\text{const.)} & \text{für } r<r'.\end{cases} \tag{45.10}$$

In Punkten außerhalb der Kugelschale ist das Potential dasselbe, das auch ein punktartiger Körper derselben Masse hätte, der sich am Ort des Mittelpunktes der Kugelschale befindet. Innerhalb der Kugelschale dagegen ist es konstant (Abb. 45.2b). Unter Benutzung der Gl. (45.5) sowie der Tatsache, daß die Kraft gleich dem negativen Gra-

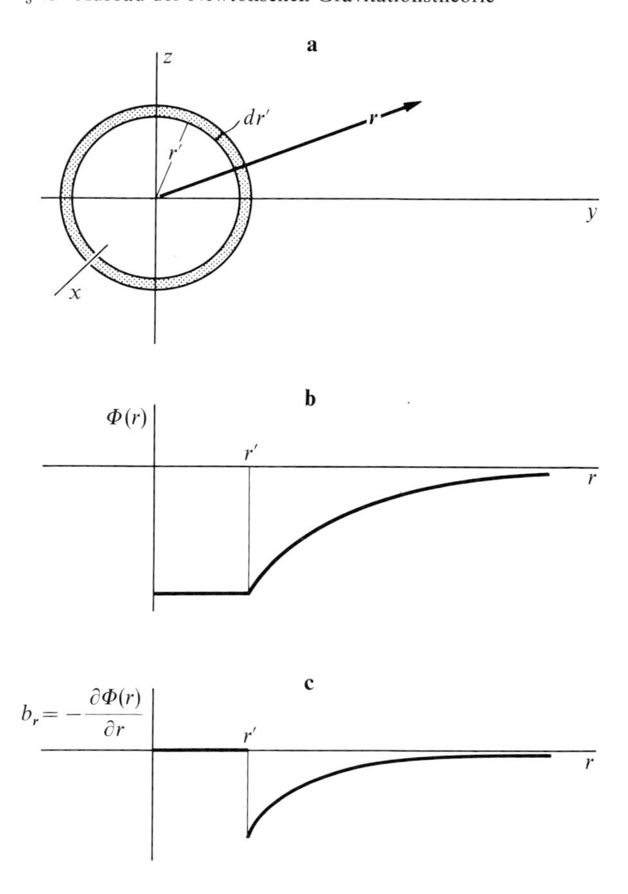

Abb. 45.2

(a) Kugelschale vom Radius r' und der infinitesimalen Dicke dr'. Die Kugelschale habe die Dichte $\rho(r')$.
(b) Das Potential der Kugelschale (a) hängt nur vom Abstand r des Aufpunkts vom Mittelpunkt der Kugelschale ab. Im Inneren der Kugelschale ist es konstant, außen nimmt es proportional $1/r$ ab.
(c) Die Beschleunigung, die ein Körper im Gravitationsfeld der Kugelschale erfährt, ist im Inneren der Kugelschale Null. Außen ist die Beschleunigung radial auf den Mittelpunkt der Kugelschale hin gerichtet. Sie nimmt proportional $1/r^2$ ab.

dienten von E_{pot}, bzw. die Beschleunigung gleich dem negativen Gradienten von Φ ist, heißt das in die Kraft- oder Beschleunigungswirkung des Gravitationsfeldes der Kugelschale auf einen Probekörper übersetzt: *Außerhalb der Kugelschale erfährt ein Körper dieselbe Beschleunigung, die er erfahren würde, wenn die gesamte Masse der Kugelschale im Kugelmittelpunkt konzentriert wäre, während er innerhalb der Kugelschale keine Beschleunigung erfährt, also gar keine Gravitationswirkung der Kugelschale verspürt* (Abb. 45.2c).

Mit Kenntnis des Gravitationsfeldes, das von einer gleichförmig mit Masse belegten Kugelschale erzeugt wird, läßt sich nun das **Gravitationsfeld einer beliebigen kugelsymmetrischen Massenverteilung** erhalten, ohne daß man wieder auf das Integral (45.4) zurückgreifen müßte. Man denkt sich dazu die kugelsymmetrische Massenverteilung in lauter konzentrische Kugelschalen zerlegt und überlagert die von den einzelnen Kugelschalen herrührenden Potentiale (45.10) oder, wenn man die Betrachtung in Kraft- oder Beschleunigungsfeldern vorzieht, die zu den einzelnen Kugelschalen gehörenden Kraft- oder Beschleunigungsfelder. Wir brauchen also nur die Potentiale (45.10) aufzusummieren. Ist R der Radius der Massenverteilung (Abb. 45.3 a), d.h. $\rho(r)=0$ für $r>R$, so ist für Aufpunkte $r>R$ nach (45.10)

$$\Phi(r)=-\frac{G}{r}\int_0^R dM=-\frac{GM_{\text{ges}}}{r} \quad \text{für } r>R. \tag{45.11}$$

Für die Bestimmung des Feldes $\Phi(r)$ in Punkten r, die im Inneren der Massenverteilung liegen, d.h. für $r<R$, ist die Sachlage etwas komplizierter. Bezüglich r wirken die Bereiche der Massenverteilung, deren Abstand vom Mittelpunkt kleiner ist als r, anders als die, deren Abstand größer ist als r. Erstere tragen nämlich so bei, als befände sich die ganze in einer Kugel vom Radius r(!) enthaltene Masse im Kugelmittelpunkt konzentriert:

$$\begin{aligned}\Phi(r)&=-\frac{G}{r}\int_0^r dM-G\int_r^R\frac{dM}{r'}\\&=-\frac{4\pi G}{r}\int_0^r\rho(r')r'^2\,dr'-4\pi G\int_r^R\rho(r')r'\,dr' \quad \text{für } r<R.\end{aligned} \tag{45.12}$$

Man beachte, daß der Betrag des Ortsvektors dort, wo er als Integrationsvariable auftritt, mit r' bezeichnet ist, um ihn von den Integrationsgrenzen zu unterscheiden.

Die Gln. (45.11) und (45.12) zeigen, daß eine beliebige kugelsymmetrische Massenverteilung *außerhalb* ihres Radius R dasselbe Gravitationsfeld besitzt, das die gleiche Gesamtmasse besäße, wenn sie punktartig am Ort des Kugelmittelpunkts konzentriert wäre. Das Feld *innerhalb* der Verteilung, d.h. in Abständen vom Kugelmittelpunkt, die kleiner sind als R, hängt dagegen von der Art der Verteilung, d.h. von der Dichtefunktion $\rho(r)$ ab.

Für eine **kugelsymmetrische homogene Massenverteilung,** d.h. für eine Dichtefunktion

$$\rho(r)=\rho_0=\text{const} \quad \text{für } r<R, \qquad \rho(r)=0 \quad \text{für } r>R, \tag{45.13}$$

erhalten wir aus (45.11) und (45.12) für das Potential (Abb. 45.3 b)

$$\Phi(r)=\begin{cases}-\dfrac{GM}{r} & \text{für } r>R,\\[2ex] -4\pi G\rho_0\left\{\dfrac{1}{r}\dfrac{r^3}{3}+\left(\dfrac{R^2}{2}-\dfrac{r^2}{2}\right)\right\}=-\dfrac{3}{2}\dfrac{GM}{R}\left(1-\dfrac{1}{3}\dfrac{r^2}{R^2}\right) & \text{für } r<R.\end{cases} \tag{45.14}$$

Die Beschleunigung oder die dazu proportionale Kraft, die ein Körper in diesem Feld erfährt — wobei wir ausdrücklich anmerken, daß die Kraft auch im Inneren der Massenverteilung vorhanden ist, wenn sie infolge von Reibung oder anderer Bewegungshemmungen vielleicht auch nicht zur Bewegung des Körpers, sondern nur zu einer Deformation der ihn hemmenden Umgebung führt — ist außen dieselbe wie im Kepler-Feld. Innen wächst der Betrag der Kraft bzw. der Beschleunigung dagegen linear mit dem Abstand (Abb. 45.3 c). *Durch die Beobachtung der Bewegung eines Körpers im Außenfeld*

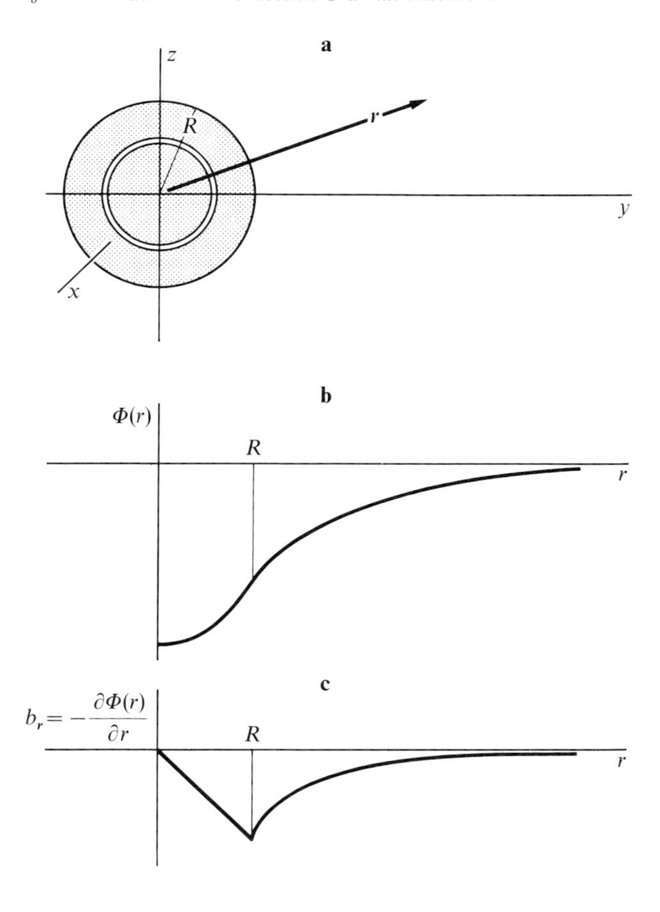

Abb. 45.3

(a) Kugel vom Radius R mit homogener Dichte $\rho(r) = \text{const}$. Die Kugel kann man sich zusammengesetzt denken aus lauter Kugelschalen der Abb. 45.2.
(b) Das Potential der Kugel (a) ist außerhalb der Kugel mit dem Potential der Abb. 45.2 identisch, wenn die Kugelschale der Abb. 45.2 und die Kugel der Abb. 45.3 gleiche Gesamtmasse haben. Innerhalb der Kugel ist der Potentialverlauf parabolisch.
(c) Die Beschleunigung, die ein Körper innerhalb der Kugel erfährt (wenn man in die Kugel einen dünnen Schacht bohrt), ist auf den Mittelpunkt der Kugel hin gerichtet. Da die Beschleunigung proportional r ist, führt ein beweglicher Körper im Innern der Kugel harmonische Schwingungen um den Mittelpunkt der Kugel aus.

einer kugelsymmetrischen Massenverteilung läßt sich also niemals die radiale Dichteverteilung $\rho(r)$ und damit auch nicht die räumliche Ausdehnung der Massenverteilung feststellen, denn alle kugelsymmetrischen Massenverteilungen derselben Gesamtmasse haben ja nach (45.11) dasselbe Außenfeld.

Natürlich ist nicht zu erwarten, daß das Außenfeld auch dann noch vom Kepler-Typ (45.11) ist, wenn die Massenverteilung nicht mehr kugelsymmetrisch ist. Das Feld hängt dann nicht mehr allein vom Abstand vom Schwerpunkt der Massenverteilung ab, sondern auch vom Winkel. **Nicht-kugelsymmetrische Massenverteilungen** treten in der Himmelsmechanik bei allen Problemen auf, wo die durch die Eigenrotation der Sterne

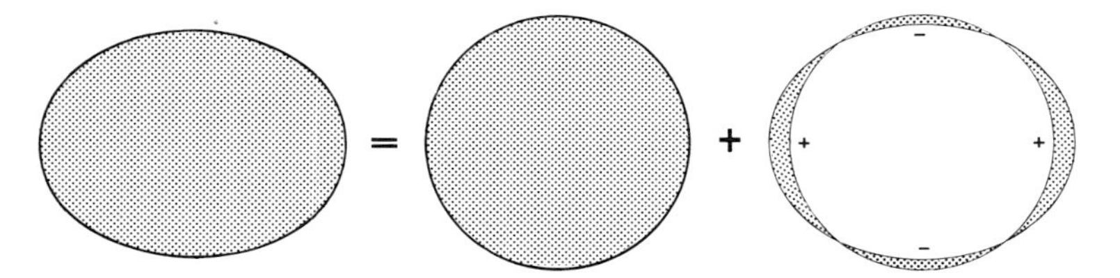

Abb. 45.4

Die Gestalt von Körpern, die durch Eigenrotation abgeplattet sind, wie die Erde, geht hervor aus einer Kugel durch eine positive, wulstartige Massenkorrektur am Äquator und eine negative Massenkorrektur gleichen Betrags an den Polen (Abplattung).

bedingten Abplattungen ins Spiel kommen. Das Gravitationsfeld einer derartigen Massenverteilung läßt sich dann, wie Abb. 45.4 zeigt, als Überlagerung einer kugelsymmetrischen und einer torusartigen Verteilung ansehen, von der die zweite wegen ihrer Kleinheit meist als Korrektur wirkt. Eine Massenverteilung, die eine Rotationsachse besitzt, hat ein Feld der Form

$$\Phi(\boldsymbol{r}) = -\frac{GM}{r} - \frac{Q}{r^3}\left(\frac{3}{2}\cos^2\vartheta - \frac{1}{2}\right) - + \cdots \tag{45.15}$$

Dabei ist M wieder die Gesamtmasse der Anordnung; der Koeffizient Q heißt das *Quadrupolmoment* der Massenverteilung; der Winkel ϑ ist der Winkel, den der Vektor $\boldsymbol{r}$ des Aufpunkts mit der Rotationsachse der

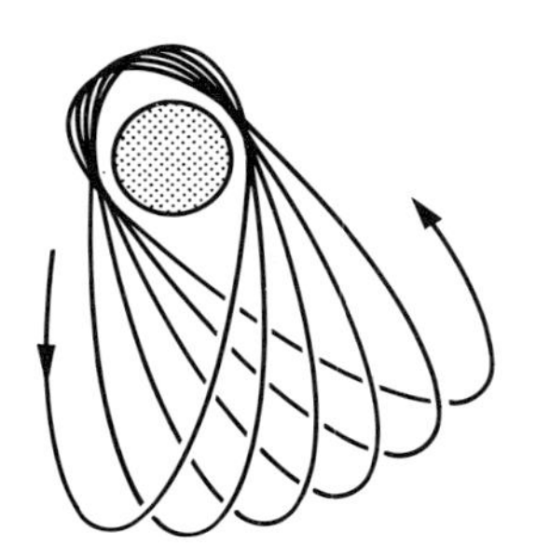

Abb. 45.5
Bahn eines Körpers in der Äquatorialebene des Gravitationsfeldes der abgeplatteten Massenverteilung der Abb. 45.4. Die Bahn ist keine Ellipse mehr, sondern infolge des Wulstes eine Rosette.

Massenverteilung bildet. Die Existenz eines Quadrupolterms im Potential hat zur Folge, daß die Bahnkurven eines im Außenfeld sich bewegenden Körpers keine Ellipsen mehr sind. Sie zeigen eine *Rosettenstruktur*, wie Abb. 45.5 es darstellt. Gleichzeitig ist die Bahn, falls sie nicht gerade in der Äquatorebene liegt, streng genommen gar keine ebene Kurve mehr, was man etwas unpräzise, aber doch sehr anschaulich auch so aus-

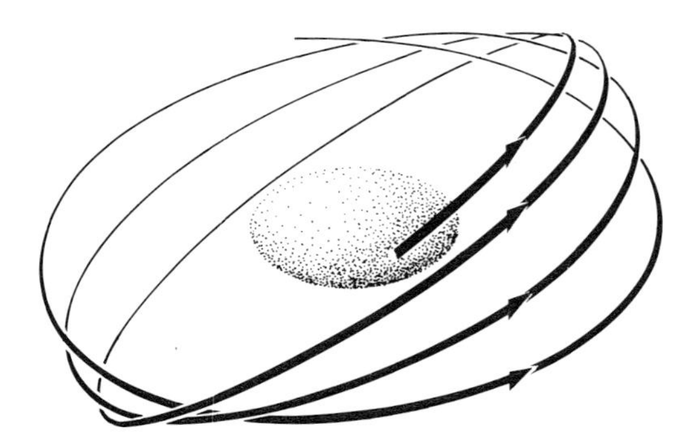

Abb. 45.6

Verläuft die Bahn eines Körpers im Gravitationsfeld der abgeplatteten Massenverteilung der Abb. 45.4 nicht in der Äquatorialebene, so präzediert die Bahnebene, genau genommen die Schmiegebene der Bahn, um die Nord-Süd-Achse.

drückt, daß die „Bahnebene" des umlaufenden Körpers um die Rotationsachse der Massenverteilung *präzediert* (Abb. 45.6). Dieser Effekt ist, weil die Erde infolge ihrer Eigenrotation abgeflacht ist, für die Bewegung künstlicher Satelliten um die Erde von Bedeutung. Er hat auch zur Folge, daß die Ebene der Mondbahn nicht exakt fest ist, sondern langsam präzediert.

Die Gravitationsenergie einer Massenverteilung

Wir denken uns eine zeitlich konstante Massenverteilung und fragen nach der gesamten Wechselwirkungsenergie dieser Anordnung. Beschreiben wir die Verteilung wieder durch Angabe einer Dichtefunktion $\rho(\boldsymbol{r})$, so daß die Volumelemente Träger der punktartigen Massen sind, so ist nach (45.1) die gesamte Wechselwirkungsenergie gegeben durch

$$(45.16)\qquad \begin{aligned} E_W &= -\frac{G}{2}\sum_{i \neq k}^{n}\sum^{n}\frac{M_i M_k}{|\boldsymbol{r}_i - \boldsymbol{r}_k|} \\ &= -\frac{G}{2}\iint \frac{\rho(\boldsymbol{r})\,\rho(\boldsymbol{r}')}{|\boldsymbol{r}-\boldsymbol{r}'|}\,dV\,dV' \\ &= \tfrac{1}{2}\int \rho(\boldsymbol{r})\left[-G\int \frac{\rho(\boldsymbol{r}')}{|\boldsymbol{r}-\boldsymbol{r}'|}\,dV'\right]dV \\ &= \tfrac{1}{2}\int \rho(\boldsymbol{r})\,\Phi(\boldsymbol{r})\,dV. \end{aligned}$$

Die Formel zeigt, daß die Wechselwirkungsenergie Null ist, wenn die Abstände $|\boldsymbol{r}_i - \boldsymbol{r}_k|$ zwischen den einzelnen punktartigen Massenteilen unendlich groß sind. Die gesamte Wechselwirkungsenergie ist daher die Energie, die man erhält, wenn man die infinitesimalen Teilmassen aus dem Unendlichen zu der betrachteten Verteilung zusammenführt. Die Wechselwirkungsenergie (45.16) nennt man auch die **Gravitationsenergie** der Massenverteilung.

Die **Gravitationsenergie einer homogenen kugelsymmetrischen Massenverteilung** (45.13) mit der Gesamtmasse M ist nach (45.14) und (45.16) also ($dV = 4\pi r^2\,dr$)

$$(45.17)\qquad E_W = -\frac{3\pi G M \rho_0}{R}\int_0^R \left(1 - \frac{1}{3}\frac{r^2}{R^2}\right) r^2\,dr = -\frac{3}{5}\frac{GM^2}{R}.$$

Wichtig an diesem Ausdruck ist vor allem die Abhängigkeit M^2/R, mit der Gesamtmasse M und Radius R der Anordnung auftreten. Das negative Vorzeichen in (45.17) besagt, daß die Energie E_W eine *Bindungsenergie* ist.

Gäbe es neben (45.17) keine anderen Energieformen, die mit kleiner werdendem R zunehmen, so besäße die Energie eines Systems gravitierender Körper kein Energieminimum, denn (45.17) besitzt kein Minimum, und daher gäbe es auch keinen Gleichgewichtszustand. Daß die Materie im Weltraum nicht mit steigender Beschleunigung kontrahiert, sondern in Form von Sternen existiert, zeigt, daß dort neben der Gravitation noch andere Wechselwirkungen eine fundamentale Rolle spielen müssen.

Das n-Körper-Problem

In den bisherigen Beispielen haben wir die einzelnen Massenpunkte der Massenverteilung als festgehalten betrachtet, so daß sie den Gravitationskräften, die sie gegen-

Daten des

	Mittlere Entfernung von der Sonne in km	Siderische Umlaufszeit in Erdjahren	Exzentrizität $e=\sqrt{1-b^2/a^2}$	Neigung der Bahnebene gegen Ebene der Erdbahn	Radius in Erdradien $=6371$ km	Gesamtmasse in Erdmassen $=5{,}975 \cdot 10^{24}$ kg
Sonne	—	—	—	—	109,0	$3{,}33 \cdot 10^5$
Merkur	$5{,}76 \cdot 10^7$	0,241	0,206	7,0°	0,39	0,054
Venus	$1{,}16 \cdot 10^8$	0,615	0,007	3,4°	0,97	0,814
Erde	$1{,}49 \cdot 10^8$	1,000	0,017	—	1,00	1,000
Mars	$2{,}26 \cdot 10^8$	1,881	0,093	1,9°	0,52	0,107
Jupiter	$7{,}7 \cdot 10^8$	11,86	0,048	1,3°	10,97	317,45
Saturn	$1{,}42 \cdot 10^9$	29,46	0,056	2,5°	9,03	95,06
Uranus	$2{,}86 \cdot 10^9$	84,01	0,047	0,8°	3,72	14,50
Neptun	$4{,}46 \cdot 10^9$	164,79	0,009	1,8°	3,50	17,60
Pluto	$5{,}86 \cdot 10^9$	248,43	0,249	17,3°	0,45(?)	0,18(?)

seitig aufeinander ausüben, nicht folgen konnten. Das ist bei ausgedehnten Körpern berechtigt, deren Teile durch andere, z.B. atomare Wechselwirkungen auf Distanz gehalten werden. Anders ist die Sachlage aber, wenn man Probleme betrachtet, in denen allein die Gravitation eine Rolle spielt. Dann bewegen sich alle Körper unter dem ausschließlichen Einfluß ihrer gegenseitigen Anziehung. Man spricht dann von einem n-Körper-Problem. Das für uns wichtigste Beispiel eines solchen Problems bildet unser **Sonnensystem.** In ihm werden die Bewegungen der Planeten, Planetoiden (kleine Planeten zwischen Mars und Jupiter) und Kometen nicht allein durch die Sonne bestimmt, obwohl natürlich ihr Einfluß dominiert, sondern auch durch ihre gegenseitige Anziehung.

Während das 2-Körper-Problem, wie wir in §44 und auch schon in §23 gesehen haben, relativ einfach zu lösen ist, bietet bereits das 3-Körper-Problem so große mathematische Schwierigkeiten, daß es keine allgemeine Lösung mehr gibt. Zunächst ist klar, daß drei Körper, die unter beliebigen Anfangsbedingungen ihre Bewegung beginnen, sich im allgemeinen nicht in einer Ebene bewegen werden, sondern räumlich außerordentlich komplizierte Bahnen beschreiben. Besonders problematisch aber wird die Sache, wenn die Bewegung der drei Körper zu einem simultanen Stoß aller drei Körper führt. Die Behandlung der Mehrkörperprobleme stützt sich in praxi demgemäß auf störungstheoretische Methoden, d.h. auf Approximationen, die den jeweiligen Bedingungen angepaßt sind. Die dabei entwickelten mathematischen Hilfsmittel, die an die Namen vieler großer Mathematiker wie Lagrange (1736—1813), Laplace (1749—1827), Gauss (1777—1855), Hamilton (1805—1865), Jacobi (1804—1851) und vieler anderer geknüpft sind, haben Newtons Himmelsmechanik zu einem bewundernswerten Kapitel naturwissenschaftlicher Präzision werden lassen. Mehrfach hat diese Himmelsmechanik Triumphe gefeiert, die ihre Leistungsfähigkeit auch für den Außenstehenden sichtbar und eindrucksvoll demonstriert haben. So gelang es 1801 dem jungen Gauss, die Bahn des Planetoiden Ceres, eines Himmelskörpers von 350 km Durchmesser, der kurz nach seiner Entdeckung im Januar 1801 in Sonnennähe verschwunden war, aus wenigen Daten zu berechnen und so noch im selben Jahr seine Wiederentdeckung zu ermöglichen. Besondere Berühmtheit erlangte die Entdeckung des Planeten Neptun durch Leverrier (1811—1877) und Adams (1819—1892). Unabhängig voneinander berechneten sie die Bahn des Neptun aus den Störungen, die der Uranus gegenüber

Planetensystems

Mittlere Dichte in g/cm³	Dauer der Eigenrotation d = Tage h = Stunden m = Minuten	Beschleunigung an der Oberfläche in g = 9,81 m/s²	Anzahl der Monde	Berechneter Einfluß auf Periheldrehung des Merkurs in Winkelsekunden/ Jahrhundert	der Erde in Winkelsekunden/ Jahrhundert
1,41	—	28,0	—	—	—
5,05	$58^{d}\,10^{h}$	0,36	0	—	$-13,75 \pm 2,3$
4,88	247^{d}	0,86	0	$277,86 \pm 0,3$	$45,49 \pm 0,3$
5,52	$23^{h}\,56^{m}$	1,00	1	$90,64 \pm 0,1$	—
4,24	$24^{h}\,37^{m}$	0,40	2	$2,54 \pm 0,0$	$97,69 \pm 0,1$
1,33	$9^{h}\,50^{m}$	2,65	12	$153,58 \pm 0,0$	$696,85 \pm 0,0$
0,71	$10^{h}\,15^{m}$	1,17	9	$7,30 \pm 0,0$	$18,74 \pm 0,0$
1,55	10^{h}	1,09	5	$0,14 \pm 0,0$	$0,18 \pm 0,0$
2,22	15^{h}	1,41	2	$0,04 \pm 0,0$	$7,68 \pm 0,0$
{2,2 / 7,7} (?)	6^{h}	0,16(?)	0	—	—
				$531,50 \pm 0,7$	$1152,88 \pm 2,7$
			beobachtet:	$574,10 \pm 0,4$	$1158,05 \pm 0,8$
			Differenz	$42,6 \pm 1,1$	$5,17 \pm 3,5$

der von der Theorie geforderten Bahn zeigte. Die Rechnungen waren so genau, daß der Neptun dann tatsächlich an der vorausgesagten Stelle des Himmels gefunden wurde.

Da die Bewegungen eines Planeten hauptsächlich durch das Gravitationsfeld der Sonne bestimmt wird, wirkt der Einfluß der übrigen Planeten nur als geringfügige **Störung der Ellipsenbahn.** Diese Störungen äußern sich hauptsächlich in *drei Effekten.* Einmal ist die Bahn des Planeten keine genaue Ellipse mehr, sondern eine *elliptische Rosette* (Abb. 45.5) oder, wie man auch häufig sagt, eine Ellipse, deren Hauptachse sich langsam dreht. Zum zweiten bleibt die *Bahn nicht genau in einer Ebene,* oder wieder ungenauer, aber anschaulich formuliert, die Bahnebene ändert mit der Zeit ihre Lage im Raum, so wie es Abb. 45.6 veranschaulicht. Und zum dritten erfährt die *Exzentrizität der Ellipse zeitliche Änderungen.* Diese Änderungen der Exzentrizität bewirken Änderungen im mittleren Abstand des Planeten von der Sonne und damit eine Variation der vom Planeten empfangenen Strahlungsenergie der Sonne, die zwar nur gering ist, aber trotzdem merkliche Effekte haben kann. Die in der Geschichte der Erde immer wieder auftretenden *Eiszeiten* haben vermutlich diese Ursache.

Um einen Begriff von der **Größenordnung der Störung einer Planetenbahn** durch die übrigen Planeten zu vermitteln, haben wir in der Tabelle die Periheldrehung des Merkur und der Erde, d.h. die Drehung der Hauptachsen der Bahnellipsen dieser beiden Planeten pro Jahrhundert infolge der Störung durch die anderen Planeten angegeben. Die Beiträge der einzelnen Planeten zu dieser Störung sind natürlich nur durch Berechnung zu erhalten, die Beobachtung liefert lediglich den Störeffekt aller Planeten zusammengenommen. Wie man sieht, ergibt sich zwischen Berechnung und Beobachtung eine Diskrepanz von etwa 43″ (Winkelsekunden) pro Jahrhundert für den Merkur und von etwa 5″ pro Jahrhundert für die Erde. Man wird sich auf den ersten Blick wundern, daß nicht auch für den Planeten Venus eine Diskrepanz resultiert, wo er doch der Sonne noch viel näher ist als die Erde. Der Grund liegt einfach in der außerordentlich kleinen Exzentrizität der Bahn der Venus (s. Tabelle), die fast ein Kreis ist. Dadurch ist eine

Periheldrehung nur sehr schwer beobachtbar. Trotz ihrer Kleinheit auch bei Merkur und Erde sind die Diskrepanzen jedoch zu groß, als daß sie auf Ungenauigkeiten der rechnerischen Approximation beruhen könnten. Seit LEVERRIER vermutete man daher als Ursache dieser Diskrepanz einen sonnennahen, kleinen Planeten. Alle Bemühungen aber, ihn zu finden, schlugen fehl. Man war hier, ohne daß man es erkannte, an eine **Grenze der Newtonschen Theorie der Gravitation** gestoßen. Bis dahin hatte sich diese Theorie in jedem Fall als zuverlässiges Fundament erwiesen. Stellte man Abweichungen von ihr fest, so postulierte man die Existenz eines bis dahin unbekannten Himmelskörpers als verantwortlich für diese Abweichungen und bestimmte ihn so, daß er die Abweichungen gerade erklärte (so wie man heute Elementarteilchen häufig dadurch feststellt, daß Erhaltungssätze verletzt scheinen). Dieses Verfahren hatte zu den größten Erfolgen der Himmelsmechanik geführt, und so ist es kein Wunder, daß man es immer wieder und daher auch im Fall des Merkur anwendete. Daß es hier nicht funktionierte, blieb zunächst ein Rätsel, das dann überraschend eine Lösung durch **Einsteins Theorie der Gravitation** fand, die allerdings keineswegs mit dem primären Ziel der Lösung des Problems der Periheldrehung des Merkurs aufgestellt worden war. In der Periheldrehung des Merkurs äußert sich danach die besondere Struktur von Raum und Zeit in der Nähe großer gravitierender Massen wie der Sonne (§47 und §42).

§ 46 Deformationswirkung von Gravitationsfeldern auf ausgedehnte Körper (Gezeiten)

Unsere Betrachtungen beschränkten sich bisher auf zwei Extremfälle. Einmal betrachteten wir eine vorgegebene starre Anordnung von Massenpunkten und fragten nach dem zu dieser Anordnung gehörenden Gravitationsfeld. Die Volumelemente der Anordnung müssen dann natürlich in ihren relativen Lagen festgehalten werden, und dazu bedarf es anderer Kräfte als der Gravitation. Wäre nämlich nur die Gravitation wirksam, so würden sich die einzelnen Volumelemente unter ihrer gegenseitigen Anziehung in Bewegung setzen. Bleiben sie aber in ihren Lagen fest, so ist das entweder einem Gleichgewicht zwischen Gravitation und einer anderen, der atomaren Wechselwirkung zu verdanken, oder die atomare Wechselwirkung bestimmt die Lage allein, d.h. sie ist so stark, daß demgegenüber die Gravitation vernachlässigt werden kann. Die Gestalt der das Gravitationsfeld bestimmenden Massenverteilung ist dann auch allein durch die atomare Wechselwirkung festgelegt. Das meinen wir, wenn wir von einem *starren* Körper oder von einer starren Massenverteilung sprechen.

Im anderen Fall, den wir betrachtet haben, dem Mehrkörperproblem der Himmelsmechanik, spielt umgekehrt nur die Gravitationswechselwirkung eine Rolle, denn die Körper, die sich unter ihrem gegenseitigen Einfluß bewegen, wurden dabei als frei beweglich vorausgesetzt. Jeder einzelne reagiert dann nur mit seiner *Bewegung* auf das von den anderen bestimmte Gravitationsfeld.

Nun gehen wir einen Schritt weiter und berücksichtigen, daß die sich unter ihrer gegenseitigen Gravitationswechselwirkung bewegenden Körper selbst ausgedehnt und verformbar sind. Um das Hauptproblem klar genug hervortreten zu lassen, greifen wir einen Körper heraus und betrachten ihn im Gravitationsfeld anderer Körper, d.h. in einem *vorgegebenen* Gravitationsfeld.

Deformation eines Körpers im inhomogenen Gravitationsfeld

Jede Deformation eines Körpers beruht darauf, daß seine einzelnen Teile unterschiedliche Kräfte erfahren. Die an den einzelnen Teilen, d.h. an den Volumelementen des Körpers angreifenden Kräfte würden den einzelnen Volumelementen bei freier Beweglichkeit unterschiedliche Beschleunigungen erteilen. Um den Zusammenhalt zu wahren, reagiert der Körper darauf mit inneren Spannungen und Deformationen; dabei kann auch ein Drehmoment auf den Körper als ganzen resultieren. Erfährt also ein Körper in einem gegebenen Gravitationsfeld eine Deformation durch eben dieses Feld, so kann das nur daran liegen, daß die einzelnen Teile des Körpers, d.h. seine Volumelemente, durch das Gravitationsfeld *verschiedene* Beschleunigungen erfahren. Das bedeutet aber, daß das Gravitationsfeld nicht homogen ist, denn in einem homogenen Feld erfährt ja jeder punktartige Körper und daher auch jeder Teil eines ausgedehnten Körpers dieselbe Beschleunigung. Wir haben somit das wichtige Resultat, daß ein *räumlich ausgedehnter Körper in einem inhomogenen Gravitationsfeld im allgemeinen ein Drehmoment erfährt und sich deformiert*, wobei innere Spannungen auftreten.

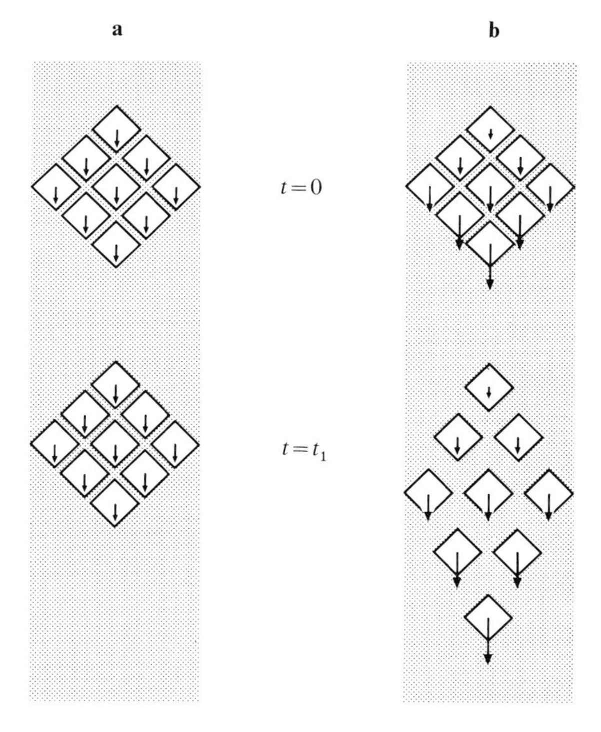

Abb. 46.1

Ein Körper werde in Stücke zerschnitten und (a) in ein homogenes und (b) in ein inhomogenes Gravitationsfeld gebracht. Zur Zeit $t=0$ werde der Körper losgelassen. Im homogenen Feld (a) erfahren alle Stücke gleiche Kräfte und werden gleich beschleunigt; der Körper behält seine anfängliche Gestalt auch zu irgendeiner späteren Zeit $t=t_1$ bei. Im inhomogenen Feld (b) wirken auf die einzelnen Stücke unterschiedliche Kräfte, sie werden unterschiedlich beschleunigt. Die Stücke des Körpers haben zur späteren Zeit $t=t_1$ ihre relative Lage zueinander gegenüber der Anfangslage bei $t=0$ geändert. Die Pfeile markieren die Beschleunigung jedes Stücks.

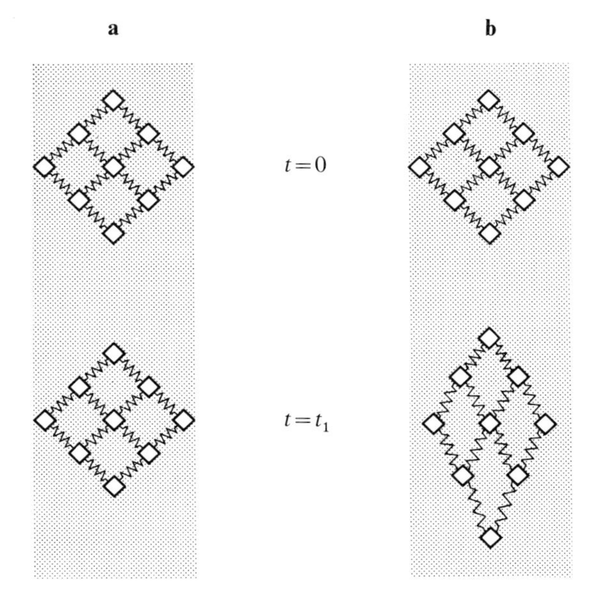

Abb. 46.2

Ein Körper werde in Stücke zerschnitten, die Stücke aber durch Federn zusammengehalten. Im homogenen Gravitationsfeld (a) erfahren alle Stücke gleiche Kräfte. Waren bei $t=0$ die Federn in ihrer Ruhelage, sind sie es auch zu einer beliebigen späteren Zeit $t=t_1$. Im inhomogenen Gravitationsfeld (b) greifen an den Stücken unterschiedliche Kräfte an. Waren bei $t=0$ die Federn in ihrer Ruhelage, sind sie es zur späteren Zeit $t=t_1$ nicht mehr. Der Körper wird verformt.

Man macht sich die Verhältnisse leicht in einem Gedankenexperiment klar. Dazu denken wir uns die den Körper zusammenhaltende atomare Wechselwirkung ausgeschaltet, z. B. dadurch, daß wir den Körper in Stücke zerschneiden und so die Adhäsion zwischen den Stücken unwirksam machen. Den so zerschnittenen Körper denken wir uns nun einmal in ein homogenes (Abb. 46.1 a) und zum anderen in ein inhomogenes Gravitationsfeld (Abb. 46.1 b) gebracht. Lassen wir den **zerschnittenen Körper im Gravitationsfeld** los, so beobachten wir Bewegungen, von denen zwei Momentaufnahmen in den Abb. 46.1 a und 46.1 b dargestellt sind. Die eine zeigt den Körper zum Zeitpunkt $t=0$ des Loslassens, die andere zu einem späteren Zeitpunkt. Im homogenen Feld bleibt die Anordnung der Stücke des Körpers und damit die Gestalt des ganzen Körpers unverändert, da alle Stücke dieselbe Beschleunigung erfahren und, da sie die gleichen Anfangsbedingungen hatten, auch dieselbe Bewegung ausführen. Im inhomogenen Feld dagegen erfahren die einzelnen Stücke verschiedene Beschleunigungen, und daher läuft die Anordnung auseinander. Um das Auseinanderlaufen zu verhindern und den Zusammenhalt des Körpers zu wahren, denken wir uns die einzelnen Stücke mit Federn aneinandergeheftet. Dann ist klar, daß im homogenen Feld die Federn bei der Bewegung unbeansprucht bleiben (Abb. 46.2 a), während im inhomogenen Feld die Federn in Richtung der Feldinhomogenität gedehnt werden, die Anordnung also eine Deformation erfährt (Abb. 46.2 b).

Jedes **zentralsymmetrische Gravitationsfeld** ist nun inhomogen, denn die Beschleunigung, die es auf einen Körper ausübt, ist in Richtung und Betrag von Ort zu Ort verschieden. Bei der Erde im Feld der Sonne erfolgt im Unterschied zum vorhergehenden

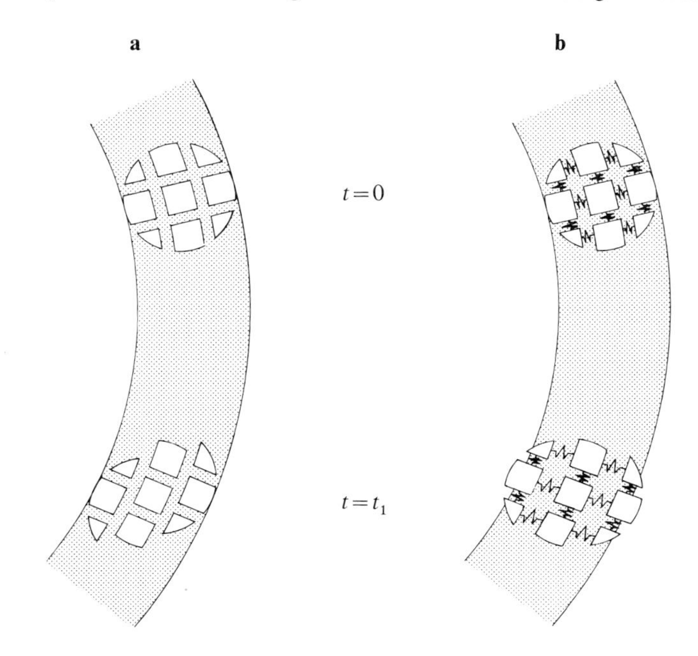

Abb. 46.3

Die Erde, in Stücke zerschnitten gedacht, auf ihrer Bahn um die Sonne.
(a) Die Stücke seien nicht miteinander verbunden. Jedes Stück befolgt das 3. Keplersche Gesetz $r^2/T^3 = \text{const}$. Einem kleineren Abstand r von der Sonne entspricht eine kleinere Umlaufzeit T. Die sonnennahen Stücke laufen also schneller als die sonnenferneren.
(b) Die Stücke seien durch Federn aneinander gehalten. Die sonnennahen Stücke werden über die Feder gebremst. Für einen auf der Erde mitbewegten Beobachter sind die Beträge von Gravitationskraft und Zentrifugalkraft auf diese Stücke nicht mehr gleich, sondern die Gravitationskraft überwiegt. Umgekehrt wird die Geschwindigkeit der sonnenfernen Stücke über die Federn erhöht. Für einen auf der Erde befindlichen Beobachter ist der Betrag der auf diese Stücke wirkenden Zentrifugalkraft größer als der der Gravitationskraft. Die Erde wird also *deformiert*, und zwar gestreckt in Richtung der Verbindung Sonne—Erde.

Beispiel die Bewegung in jedem Augenblick senkrecht zur Beschleunigungsrichtung, wobei diese sich von Ort zu Ort ändert. Wir denken uns die Erde in Stücke zerschnitten, die wir einmal frei im Feld der Sonne sich bewegen lassen und zum zweiten mit elastischen Federn verbinden. Die Gravitationswechselwirkung der Stücke der Erde untereinander lassen wir der Einfachheit halber außer Betracht; sie wirkt wie zusätzliche Federn. Die Abb. 46.3a und 46.3b zeigen den resultierenden Effekt. Da die einzelnen Stücke Keplerbewegungen um die Sonne ausführen, laufen diejenigen, die der Sonne näher sind, schneller als die, die weiter von ihr entfernt sind. Ohne gegenseitige Bindung hat das ein Auseinanderlaufen der Stücke zur Folge, was gleichzeitig ein Ende der Gestalt des Gesamtkörpers bedeutet. Bei Vorhandensein von Bindungen werden die Stücke, die bei freier Gravitationsbewegung schneller laufen würden als der Durchschnitt, d.h. die sonnennahen, zurückgehalten. Das bedeutet aber, daß ihre Geschwindigkeit kleiner wird und sie infolgedessen auf die Sonne zuzufallen trachten. Die Stücke, die bei freier Bewegung langsamer laufen würden als der Durchschnitt, d.h. die sonnenfernen, bewegen sich infolge der Bindungen dagegen schneller und suchen von der Sonne wegzustreben. Als Folge resultiert eine Verformung der Kugelgestalt, wie sie

Abb. 46.3 b zeigt, d.h. eine **Deformation in Richtung der Feldinhomogenität.** Die Kugel erfährt eine Streckung zum Gravitationszentrum hin und von ihm weg. Dieser Effekt ist die Ursache der auf der Erde beobachteten Gezeiten, auf die wir noch zu sprechen kommen.

Unser in den Abb. 46.3 a und 46.3 b dargestelltes Modell macht auch noch einen Grenzfall der Gezeitenwirkung klar. Ist nämlich die durch das zentralsymmetrische Gravitationsfeld bewirkte Deformation des Körpers zu groß, so brechen die Federn, und der Körper reißt in Stücke, die sich dann wieder wie in Abb. 46.3 a bewegen. Sie laufen mit verschiedenen Geschwindigkeiten und füllen langsam einen Ring um das Gravitationszentrum mit den Trümmern des Körpers aus. Es kann sein, daß der Saturnring auf ähnliche Weise, nämlich infolge zu großer Gezeitenwirkung auf einen zu nahe gekommenen Mond entstanden ist. Die Inhomogenität eines Zentralfeldes ist ja umso größer, je näher man an das Zentrum herankommt.

Drehmoment als Folge eines inhomogenen Gravitationsfeldes

Ein nicht-kugelförmiger Körper kann auch in einem zentralsymmetrischen Gravitationsfeld ein Drehmoment erfahren, also Drehimpuls aufnehmen oder abgeben. Dabei handelt es sich jedoch nur um einen Austausch zwischen Bahndrehimpuls und innerem Drehimpuls, denn sein Gesamtdrehimpuls in Bezug auf das Zentrum des Feldes bleibt nach der Regel 25.1 konstant. Das Drehmoment sieht man deutlich an einer Hantel als Beispiel eines **nicht-kugelförmigen Körpers im inhomogenen Gravitationsfeld** (Abb. 46.4).

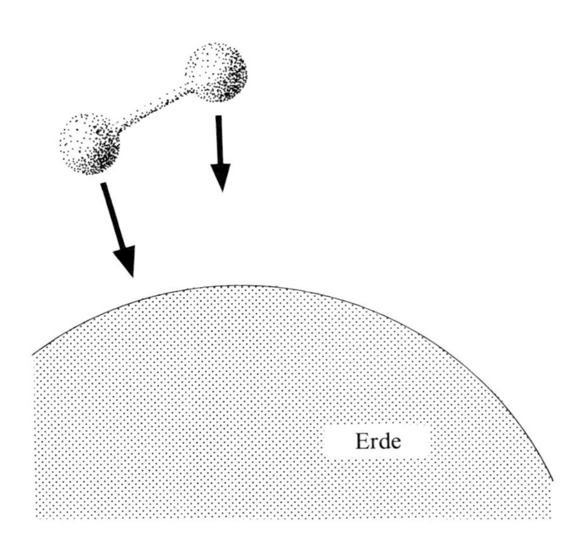

Abb. 46.4

Eine Hantel im inhomogenen Gravitationsfeld erfährt ein Drehmoment. Die Hantel nimmt inneren Drehimpuls auf, d.h. Drehimpuls in bezug auf ihren Schwerpunkt. Diesen Drehimpuls entnimmt sie dem Bahndrehimpuls ihres Schwerpunkts; denn ihr Gesamtdrehimpuls in bezug auf den Mittelpunkt der Erde, genauer den Schwerpunkt des Systems Erde—Hantel, bleibt erhalten.

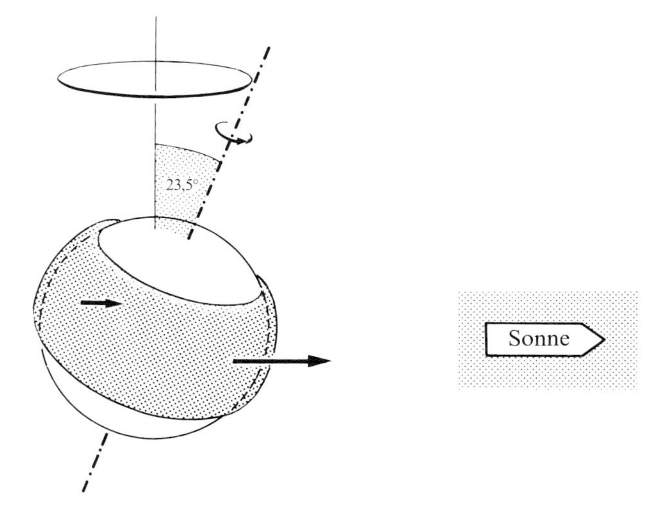

Abb. 46.5

Auf die Erde wirkt wegen ihres Wulstes um den Äquator im inhomogenen Gravitationsfeld von Sonne und Mond ein Drehmoment. Infolge dieses Drehmoments präzediert die Erde um die zu ihrer Bahn senkrechte Richtung.

Von Bedeutung ist dieser Effekt wieder für die Erde, und zwar deshalb, weil die Erde infolge ihrer Eigendrehung keine Kugel, sondern ein abgeplatteter Rotationskörper, ein sogenanntes *Geoid* ist. Am Äquator ist sie ringartig von einem Wulst umgeben, der, da die Erdachse nicht senkrecht auf der Erdbahn steht, nicht in der Ebene der Erdbahn liegt, sondern um einen Winkel von 23° 27′ gegen die Ebene der Erdbahn geneigt ist *(Schiefe der Ekliptik)*. Das hat das Auftreten eines Drehmoments zur Folge, das die Erdachse aufzurichten und senkrecht zur Erdbahnebene zu stellen trachtet. Wie Abb. 46.5 zeigt, erfährt nämlich infolge der Inhomogenität des Gravitationsfeldes der Sonne der Teil des Wulstes, der der Sonne zugewandt ist, eine größere Kraft als der der Sonne abgewandte Teil. Da die Erde aber ein Kreisel ist, folgt sie diesem Drehmoment nicht, sondern schlägt senkrecht dazu aus, so daß ihre Achse um eine Richtung präzediert, die senkrecht auf ihrer Bahnebene steht.

Mathematische Beschreibung der Inhomogenität eines Gravitationsfeldes

Alle hier diskutierten Einflüsse des Gravitationsfeldes der Sonne auf die Erde sind zwar vorhanden, spielen aber nur eine sekundäre Rolle gegenüber denselben Effekten, die der Mond bewirkt. Das scheint auf den ersten Blick überraschend, denn wir sind gewohnt, der Sonne die dominierenden Gravitationswirkungen auf die Erde zuzuschreiben. Das ist jedoch nur richtig, wenn es sich um Effekte handelt, die durch die Beschleunigung selbst bestimmt sind, nicht aber, wie die hier diskutierten Effekte, durch die **Inhomogenität des Beschleunigungsfeldes.** Es ist nämlich wichtig, daß die Deformation und das Drehmoment, das ein Körper erfährt, nicht durch die Stärke des Gravitationsfeldes bestimmt werden, sondern allein durch seine Inhomogenität, d.h. durch die *Änderung*, die die Beschleunigung auf einer bestimmten Strecke erfährt. Nun ist die Änderung der Beschleunigung $\boldsymbol{a}$ bei einer Verschiebung $d\boldsymbol{r}=\{dx, dy, dz\}$ gegeben durch

$$d\boldsymbol{a}=\frac{\partial \boldsymbol{a}}{\partial x}dx+\frac{\partial \boldsymbol{a}}{\partial y}dy+\frac{\partial \boldsymbol{a}}{\partial z}dz, \tag{46.1}$$

oder in Komponenten geschrieben

$$\begin{aligned} da_x&=\frac{\partial a_x}{\partial x}dx+\frac{\partial a_x}{\partial y}dy+\frac{\partial a_x}{\partial z}dz,\\ da_y&=\frac{\partial a_y}{\partial x}dx+\frac{\partial a_y}{\partial y}dy+\frac{\partial a_y}{\partial z}dz,\\ da_z&=\frac{\partial a_z}{\partial x}dx+\frac{\partial a_z}{\partial y}dy+\frac{\partial a_z}{\partial z}dz. \end{aligned} \tag{46.2}$$

Die für die Deformation maßgebenden Größen sind also die neun Ableitungen, die wir in Form einer Matrix zusammenfassen,

$$\begin{pmatrix} \frac{\partial a_x}{\partial x} & \frac{\partial a_x}{\partial y} & \frac{\partial a_x}{\partial z}\\ \frac{\partial a_y}{\partial x} & \frac{\partial a_y}{\partial y} & \frac{\partial a_y}{\partial z}\\ \frac{\partial a_z}{\partial x} & \frac{\partial a_z}{\partial y} & \frac{\partial a_z}{\partial z} \end{pmatrix} = \begin{pmatrix} -\frac{\partial^2 \Phi}{\partial x^2} & -\frac{\partial^2 \Phi}{\partial y\,\partial x} & -\frac{\partial^2 \Phi}{\partial z\,\partial x}\\ -\frac{\partial^2 \Phi}{\partial x\,\partial y} & -\frac{\partial^2 \Phi}{\partial y^2} & -\frac{\partial^2 \Phi}{\partial z\,\partial y}\\ -\frac{\partial^2 \Phi}{\partial x\,\partial z} & -\frac{\partial^2 \Phi}{\partial y\,\partial z} & -\frac{\partial^2 \Phi}{\partial z^2} \end{pmatrix}. \tag{46.3}$$

Im letzten Schritt haben wir benutzt, daß $\boldsymbol{a}=-\nabla\Phi$ ist, wenn Φ das Potential des Gravitationsfeldes bezeichnet. Die obige Feststellung, daß die Deformations- und Drehwirkung eines Gravitationsfeldes allein durch seine Inhomogenität bestimmt sind, können wir nach (46.3) auch so ausdrücken, daß sie allein durch die zweiten Ableitungen des Gravitationspotentials festgelegt sind, dagegen weder durch Φ selbst, noch durch $\boldsymbol{a}=-\nabla\Phi$. Wegen der Vertauschbarkeit der gemischten Ableitungen ($\partial^2\Phi/\partial x\,\partial y= \partial^2\Phi/\partial y\,\partial x, \ldots$) handelt es sich in (46.3) übrigens nicht, wie es auf den ersten Blick scheint, um neun, sondern nur um sechs verschiedene Ableitungen.

Bei einem **zentralsymmetrischen Gravitationsfeld** hängt, wenn wir den Koordinatenursprung in das Zentrum des Feldes legen, das Potential Φ nur vom Abstand r vom Zentrum ab, nicht dagegen von den Winkeln ϑ und φ. Von allen zweiten Ableitungen von Φ ist also nur $\partial^2\Phi/\partial r^2$ von Null verschieden. Ist das Potential von der Form $\Phi=-\gamma/r$, so ist

$$\frac{\partial^2 \Phi}{\partial r^2}=-\frac{2\gamma}{r^3}. \tag{46.4}$$

Diese Größe ist das Maß der Inhomogenität und damit auch das Maß für die Deformationswirkungen des Feldes. Man sieht, daß diese Wirkungen umgekehrt proportional zur *dritten* Potenz des Abstands sind, während die Beschleunigung selbst nur umgekehrt proportional zur *zweiten* Potenz ist.

Mit Gl. (46.4) läßt sich abschätzen, daß die **Deformationswirkung des Mondes auf die Erde** größer ist als die der Sonne, obwohl die vom Mond auf die Erde ausgeübte Beschleunigung vernachlässigbar klein ist gegen die von der Sonne bewirkte. Setzen wir nämlich in (46.4) für γ einmal den Wert der Sonne ein und entsprechend für r den Abstand Sonne—Erde und zum anderen den γ-Wert des Mondes und für r den Abstand Erde—Mond, so erhalten wir

$$(46.5)\qquad \frac{2\gamma_{\text{Sonne}}}{r_{E-S}^3} = \frac{2 \cdot 1{,}3 \cdot 10^{20}\ \text{m}^3/\text{sec}^2}{(1{,}49 \cdot 10^{11}\ \text{m})^3} \approx 0{,}8 \cdot 10^{-13}\ \frac{1}{\text{sec}^2},$$

$$\frac{2\gamma_{\text{Mond}}}{r_{E-M}^3} = \frac{2 \cdot 4{,}9 \cdot 10^{12}\ \text{m}^3/\text{sec}^2}{(3{,}8 \cdot 10^{8}\ \text{m})^3} \approx 1{,}8 \cdot 10^{-13}\ \frac{1}{\text{sec}^2}.$$

Wie man sieht, ist am Ort der Erde die Inhomogenität des Mondfeldes etwa doppelt so groß wie die des Feldes der Sonne. Infolgedessen ist für alle Deformationseffekte und Drehmomente, die die Erde erfährt, der Mond von größerem Einfluß als die Sonne. Noch stärker sind natürlich die Deformationseffekte, die die Erde auf den Mond ausübt, denn dafür ist in (46.4) bei gleichem Abstand r der γ-Wert der Erde einzusetzen, der etwa 80 mal größer ist als der des Mondes. Infolgedessen sind auch die von der Erde auf den Mond ausgeübten Gezeitenkräfte etwa 80 mal größer als die vom Mond auf die Erde ausgeübten.

Gezeiten-Effekte

Die Gravitationsdeformationen, die die Erde erfährt, rühren also in erster Linie vom Mond her und erst in zweiter von der Sonne. Sie werden vor allem in **Ebbe und Flut** spürbar, da sich das Wasser, das die Erdoberfläche bedeckt, weitgehend frei verschieben kann. Die Gezeitenwirkung des Mondes resultiert in zwei Flutbergen, einen auf der ihm zugewandten und einen auf der ihm abgewandten Seite der Erde. Daneben erzeugt die Sonne zwei kleinere Flutberge, einen auf der Sonnenseite und einen auf der Nachtseite der Erde (Abb. 46.6). Da der Mond sich um die Erde bewegt, laufen die von ihm verursachten Gezeitenberge relativ zu den von der Sonne bewirkten um. Fallen beide zusammen, so resultieren zwei große Flutberge, es gibt eine *Springflut*. Das Zusammenfallen der Gezeitenwirkung von Mond und Sonne trifft allerdings meist nur näherungsweise zu, da die Ebene der Mondbahn gegen die Erdbahnebene etwas geneigt ist und die Flutbergpaare von Mond und Sonne in verschiedenen Ebenen liegen.

Dieses einfache Bild der Gezeiten wird allerdings wesentlich korrigiert durch die Tatsache, daß die Erde sich noch um ihre eigene Achse dreht. Das hat erstens zur Folge, daß die Flutberge nicht genau in der Richtung der Verbindungslinie Mond—Erde bzw. Sonne—Erde weisen, sondern etwas dagegen zurückbleiben. Zum zweiten werden **Ebbe und Flut ein Schwingungsproblem,** denn die Ozeanbecken der Erde werden durch die von Mond und Sonne verursachten Deformationswirkungen im Takt der Erdrotation zu erzwungenen Schwingungen angeregt. Die beiden von Mond und Sonne herrührenden erzwingenden Kräfte haben dabei etwas verschiedene Frequenzen, da infolge des Mondumlaufs ein *Mondtag*, das ist die Zeitspanne von einem Mondaufgang bis zum nächsten, um etwa 50 min länger ist als ein *Sonnentag*, nämlich die Zeitspanne von einem Sonnenaufgang bis zum nächsten. Hinzu kommt schließlich noch die

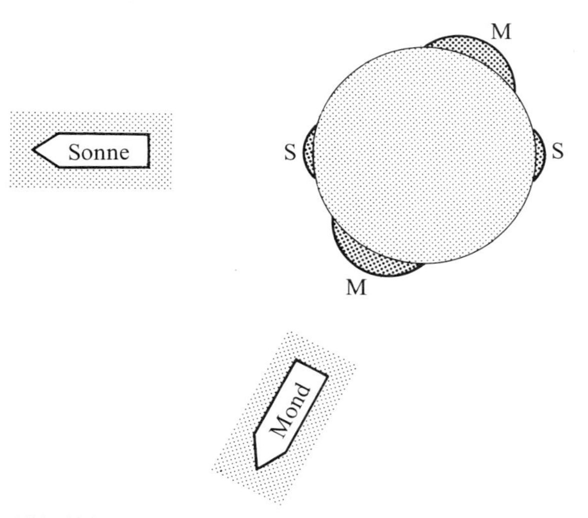

Abb. 46.6

Die Inhomogenität des Gravitationsfeldes von Mond und Sonne am Ort der Erde bewirkt die Flutberge M bzw. S. Obwohl die Masse des Mondes sehr viel kleiner ist als die der Sonne, ist die Inhomogenität des Mondfeldes am Ort der Erde stärker als die des Sonnenfeldes. Der Mond ist also für die Gezeiten auf der Erde von größerer Bedeutung als die Sonne.

komplizierte Struktur der Ozeanbecken mit ihren unterschiedlichen Tiefen und Küsten, die das Problem der Gezeiten in seinen Einzelheiten ungeheuer kompliziert werden läßt. Diese Komplikationen beruhen aber ausschließlich auf den Besonderheiten der Erde und ihrer Oberfläche, nicht dagegen auf der Theorie der Gravitation.

Ebbe und Flut sind nicht die einzigen Gezeiten der Erde. Auch die Atmosphäre zeigt Gezeiten, ja sogar der feste Erdkörper. Die **Gezeiten der Atmosphäre** sind durch Druckschwankungen nachweisbar, die sich aus den unregelmäßigen Schwankungen wegen ihrer 12-stündigen Periode ausfiltern lassen. Die Deformation, die die **feste Erde** durch die Gezeitenkräfte erfährt, ist schwer nachzuweisen. Sie bewirkt, daß sich die Erdoberfläche und mit ihr alle auf ihr befindlichen Gegenstände täglich zweimal um etwa 30 cm heben und wieder senken.

Daß die Erde bei ihrer Eigendrehung ständig in einer nahezu festen Richtung deformiert wird und die Wassermassen entsprechend sich auf ihr verschieben, kostet natürlich Energie. Diese Energie wird der Rotationsenergie der Erde entzogen. Dadurch verlangsamt sich die Drehung der Erde um ihre Achse. Dies ist allerdings ein außerordentlich kleiner Effekt, er beträgt nur zwei Millisekunden pro Jahrhundert. Wie paläontologische Messungen gezeigt haben, hatte die Erde im geologischen Zeitalter des Devon, d.h. vor $4 \cdot 10^8$ Jahren, eine Umlaufszeit, bei der etwa 400 Tage auf das Jahr kamen. Die Erde drehte sich also in 22 Stunden einmal um ihre Achse. Neuere Messungen der Periode der täglichen Erdrotation mit Hilfe von Atomuhren haben das bemerkenswerte Resultat ergeben, daß die **Schwankungen der Erdrotation** viel größer sind als ihre Verlangsamung durch die Gezeitenreibung. So gibt es eine mit der ungefähren Periode der Jahreszeiten auftretende Änderung der Winkelgeschwindigkeit der Rotation von der Größenordnung von zwei Millisekunden, die vermutlich durch Luftbewegungen verursacht wird. Außerdem gibt es irreguläre Schwankungen, die manchmal sehr plötzlich auftreten und Beträge bis zu einer Millisekunde pro Tag erreichen.

Die physikalischen Gründe für diese Unregelmäßigkeiten sind noch nicht ganz aufgeklärt. Wahrscheinlich handelt es sich um Beben, die mit Verschiebungen großer Erdmassen verbunden sind. Die durch die Gezeitenreibung verursachte Energiedissipation ist jedenfalls so klein, daß sie erst in Zeiträumen von Milliarden von Jahren wirksam wird.

Anders liegen die Dinge beim Mond. Seine Deformation durch die Erde ist so groß und seine Rotationsenergie wegen des kleinen Trägheitsmomentes so klein, daß die **Eigenrotation des Monds** längst gebremst ist. Er dreht sich infolgedessen so um die eigene Achse, daß er der Erde immer dieselbe Seite zeigt und somit relativ zu seiner durch die Erde bewirkten Deformation ruht. Er befindet sich im *Rotationsgleichgewicht*. Infolge der periodischen Deformationswirkung der Sonne führt er allerdings noch kleine Schwingungen um diese Gleichgewichtslage aus.

Schließlich ist auch das durch die nicht-kugelförmige Gestalt der Erde bedingte Drehmoment und die daraus resultierende **Präzessionsbewegung der Erdachse** mehr durch den Mond als durch die Sonne verursacht. Erschwert wird die Berechnung des Drehmoments allerdings dadurch, daß der Mond nicht feststeht, sondern sich um die Erde bewegt. Da die Präzession der Erdachse aber sehr langsam, nämlich mit einer Periode von 27000 Jahren gegenüber der Umlaufszeit des Mondes erfolgt, bedient man sich zur Berechnung des Einflusses des Mondes auf die Erde eines in der *Störungstheorie* häufig angewandten Tricks. Man ersetzt das häufige Nacheinander der Einwirkungen auf die Erde durch ihren zeitlichen Mittelwert, indem man sich die Masse des Mondes so über seine ganze Bahn verteilt denkt, daß die Massendichte an jeder Stelle umgekehrt proportional ist der Geschwindigkeit, die der Mond dort hat (Abb. 46.7). Man berechnet dann das zu einer derartigen ringförmig um die Erde angeordneten Massenverteilung gehörige Gravitationsfeld und das von diesem auf die Erde ausgeübte Drehmoment. Es leuchtet ein, daß die ringförmige Massenverteilung die Erde so zu richten versucht, daß ihr Äquator in die Ringebene fällt.

Die wirkliche Präzessionsbewegung der Erdachse kommt durch den eben geschilderten Einfluß des Mondes und den etwas schwächeren der Sonne zustande. Als Folge

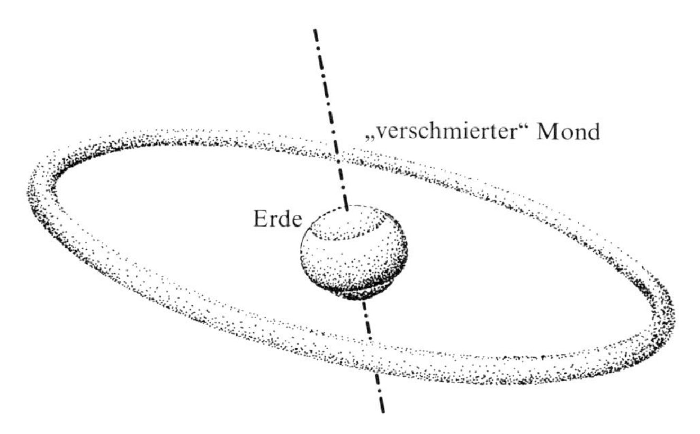

Abb. 46.7

Das in Abb. 46.5 gezeigte Drehmoment ist stärker durch den Mond als durch die Sonne verursacht, weil die Inhomogenität des Mondfeldes am Ort der Erde stärker ist als die des Sonnenfeldes. Da die Umlaufsfrequenz des Mondes um die Erde sehr groß ist gegenüber der Präzessionsfrequenz der Erdachse, darf man sich den Mond zur Berechnung seines Einflusses auf die Präzession der Erdachse über seine ganze Bahn „verschmiert" denken. Die Erdachse präzediert in 27000 Jahren um die zu ihrer Bahnebene senkrechte Richtung.

präzediert die Erdachse um eine Richtung, die senkrecht auf der Bahnebene der Erde steht. Dieser Präzession überlagern sich noch Irregularitäten, die dadurch zustande kommen, daß die Rotationsachse und die Figurenachse der Erde nicht fest aneinander gebunden sind, was vermutlich durch Vorgänge im flüssigen Kern und im festen Mantel der Erde bedingt ist.

§ 47 Einsteins Theorie der Gravitation

EINSTEINS Theorie der Gravitation erwuchs nicht aus dem Versagen der Newtonschen Theorie, sondern aus der Frage nach der Rolle der Bezugssysteme in der Physik. Im Kap. VI, Relativitätstheorie, haben wir das auseinandergesetzt und dabei auch die Einsteinsche Theorie der Gravitation in ihren Grundzügen dargestellt. Wir geben hier daher nur eine kurze Übersicht.

Gravitation als Raum-Zeit-Struktur

EINSTEINS Korrektur der Newtonschen Theorie bestand nicht, wie andere Versuche vorher, darin, daß er das Newtonsche Gravitationsgesetz (44.11), oder in seiner allgemeineren Formulierung (45.1), durch ein anderes, besseres ersetzte. Er änderte gleichzeitig die ganze Konzeption von Raum und Zeit und damit den gesamten Rahmen der Newtonschen Physik. Eine der Eigenschaften der Gravitationstheorie NEWTONS betrachtete er allerdings als so fundamental, daß er sie zu einem der Grundpfeiler seiner eigenen Überlegungen machte, nämlich daß ein Gravitationsfeld stets ein Beschleunigungsfeld ist und damit nichts als eine Äußerung des universellen Trägheitsfeldes (Äquivalenzprinzip, § 32). Die Beschleunigung, die ein Körper in einem gegebenen Gravitationsfeld erfährt, ist also unabhängig von der Masse, ja unabhängig von allen individuellen Eigenschaften des Körpers. In den Newtonschen Gravitationsgleichungen äußert sich das darin, daß die Kraft, die ein Körper erfährt, seiner eigenen Masse proportional ist. Natürlich muß dieser Tatbestand umformuliert und von der direkten Bezugnahme auf den Begriff der Beschleunigung losgelöst werden, da dieser ja bereits kinematische Begriffe und damit eine Festlegung von Raum und Zeit voraussetzt. Das läßt sich jedoch verhältnismäßig einfach machen, ja sogar unter gleichzeitiger Verallgemeinerung, denn die fragliche Eigenschaft des Gravitationsfelds läßt sich auch so ausdrücken: *Bei gleichen Anfangsbedingungen laufen in einem gegebenen Gravitationsfeld alle Energie und Impuls transportierenden, ja überhaupt alle durch dieselben physikalischen Variablen beschriebenen Vorgänge gleich ab.* Das gilt für jedes Bezugssystem, das zur Beschreibung benutzt wird. Wichtig ist hierbei die Voraussetzung *bei gleichen Anfangsbedingungen.* Sie läßt sich keinesfalls immer einhalten. So ist z.B. eine Anfangsbedingung, in der eine Transportgeschwindigkeit Null sein soll, für Licht niemals erfüllbar, da sich Licht immer mit der Grenzgeschwindigkeit bewegt. Das genannte Prinzip gilt übrigens auch für das Gravitationsfeld „Null“, d.h. für den leeren Raum, der hier seine untrennbare Verknüpfung mit den Gravitationsfeldern offenbart. Raum und Gravitationsfeld sind nach EINSTEIN eben nicht verschiedene Dinge, sondern dasselbe. Dabei muß man allerdings zusammen mit dem Raum stets auch die Zeit mit in Betracht ziehen, da Raum und Zeit nicht mehr, wie bei NEWTON, voneinander unabhängige Gegebenheiten sind, sondern aufs engste zusammengehören und vereint die 4-dimensionale *Welt* bilden.

Die innere Maßbestimmung, die Metrik der Welt wird nun nach EINSTEIN durch die Verteilung von Energie und Impuls in ihr festgelegt. Für den Zusammenhang zwischen der Metrik an jeder Weltstelle und der Verteilung von Energie und Impuls gibt er mathematische Beziehungen an, die unter dem Namen Feldgleichungen bekannt sind. Diese Feldgleichungen bilden das zweite Fundament der Einsteinschen Gravitationstheorie. Natürlich ist die Theorie so gebaut, daß die Newtonsche Gravitationstheorie als erste Näherung herauskommt. Es ist klar, daß die neue Theorie zumindest all das liefern muß, was die Newtonsche Theorie als richtig geliefert hat, und das waren seinerzeit, als EINSTEIN seine Theorie formulierte (1912—1916), alle Probleme, auf die die Newtonsche Theorie angewendet worden war. Niemals hatten sich nämlich Diskrepanzen ergeben, die man auf ein Versagen der Newtonschen Theorie zurückgeführt hätte. Die Periheldrehung des Merkur, bei der ein ungeklärter Restbetrag von 43″ pro Jahrhundert geblieben war, gab zwar ein Rätsel auf, aber man hatte dieses Rätsel nicht ernsthaft mit einem Versagen der Newtonschen Theorie in Zusammenhang gebracht.

Die Prüfung der Frage, ob EINSTEINS Theorie wirklich besser war als die NEWTONS, mußte natürlich dort erfolgen, wo beide Theorien unterschiedliche Aussagen machten. Das konnte allerdings nur sehr geringfügige Effekte betreffen, denn in allen bekannten Effekten der Himmelsmechanik hatte sich NEWTONS Theorie sehr gut bewährt. Tatsächlich hat sich dann aber in allen Fällen, in denen eine Prüfung möglich war, EINSTEINS Theorie als die zuverlässigere erwiesen, und es gibt bis heute kein Beispiel, aus dem man auf einen Widerspruch zwischen Beobachtung und EINSTEINS Theorie schließen könnte. Die Effekte, die dabei als Prüfung der Theorie gelten, sollen nun besprochen werden.

Lichtablenkung im Gravitationsfeld

Daß Licht, allgemein ein mit der Grenzgeschwindigkeit sich ausbreitender Energietransport in einem Gravitationsfeld abgelenkt wird, ist, wie wir schon in § 32 diskutiert haben, eine unmittelbare Folge des Äquivalenzprinzips. Auch größenordnungsmäßig ist die Ablenkung daraus zu erhalten. Eine genauere Aussage liefert jedoch erst die Kenntnis des zu einer gegebenen Energie- bzw. Massenverteilung gehörigen Gravitationsfelds. Dieses Feld ist mit Hilfe der Feldgleichungen zu erhalten. Sie liefern das Resultat, daß ein zu einem punktartigen Körper der Masse M, d.h. der Energie $E_0 = M c^2$ gehörendes zentralsymmetrisches Gravitationsfeld für Licht so wirkt wie ein brechendes Medium in einem euklidischen Raum, dessen Brechungsindex n vom Abstand r vom Symmetriezentrum abhängt gemäß

$$n(r) = \frac{\left(1 + \frac{r_0}{4r}\right)^3}{1 - \frac{r_0}{4r}} \approx 1 + \frac{r_0}{r} \qquad \text{für } \frac{r_0}{r} \ll 1 . \tag{47.1}$$

Dabei ist

(47.2) $$r_0 = \frac{2GM}{c^2} = \frac{2\gamma}{c^2}$$

eine charakteristische Länge, der **Schwarzschild-Radius** (CARL SCHWARZSCHILD, 1873—1916) des Felds oder der das Feld bestimmenden Energieverteilung (Masse). Für die Sonne beträgt er etwa 3 km. Ein zentralsymmetrisches Gravitationsfeld wirkt auf Licht also wie eine Art Linse, allerdings keine fokussierende Linse (Abb. 47.1). Angewendet

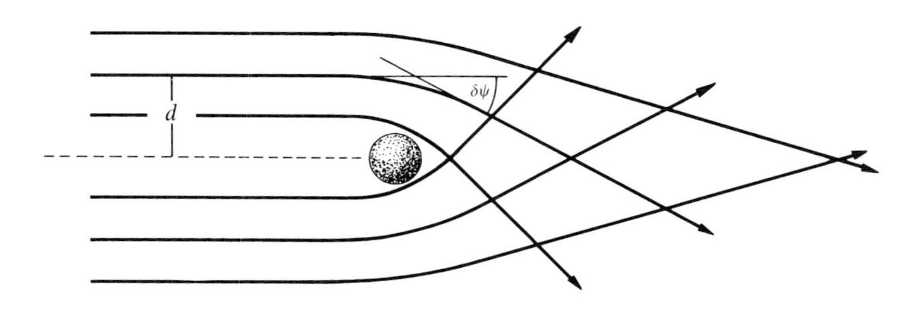

Abb. 47.1

Lichtablenkung im Gravitationsfeld. Lichtstrahlen mit dem „Stoßparameter" d werden im zentralsymmetrischen Gravitationsfeld um den durch (47.3) gegebenen Winkel $\delta\psi$ abgelenkt. Da $\delta\psi$ proportional zu $1/d$ ist, ist die Ablenkung um so stärker, je kleiner d ist. Licht wird also durch ein Gravitationsfeld nicht fokussiert.

auf einen Strahl mit dem „Stoßparameter" $d \gg r_0$, d.h. einen Strahl, dessen gradlinige Verlängerung im Abstand $d \gg r_0$ am Zentrum des Gravitationsfeldes vorbeiläuft (Abb. 47.1), ergibt sich ein Ablenkwinkel

(47.3) $$\delta\psi = \frac{2r_0}{d} = \frac{4GM}{dc^2}.$$

Für einen **Strahl im Feld der Sonne,** der gerade am Sonnenrand vorbeiläuft, für den d also gleich dem Sonnenradius ist, liefert (47.3) einen Ablenkwinkel von 1,75″ (Winkelsekunden). Er läßt sich, wie wir schon in § 32 auseinandergesetzt haben, als schwache Verschiebung sonnennah erscheinender Sterne bei einer Sonnenfinsternis oder sonnennah erscheinender Radiostrahler beobachten.

Nach der Newtonschen Mechanik beschreibt ein Teilchen, das sich mit Lichtgeschwindigkeit, d.h. mit $v=c$ bewegt, eine Hyperbel, deren Asymptotenrichtungen den Winkel $2GM/dv^2 = 2GM/dc^2$, d.h. die Hälfte von (47.3), miteinander bilden. Nun besteht Licht zwar nicht aus Newtonschen Teilchen, die sich mit der Geschwindigkeit c bewegen, ja die Newtonsche Mechanik ist für Vorgänge, die mit der Grenzgeschwindigkeit ablaufen, überhaupt unzutreffend. Um aber alle Zweifel, vor allem zu einer Zeit, als EINSTEINS Theorie noch neu und unverstanden, NEWTONS Theorie aber bewährt und vertraut war, zu beseitigen, mußte die Messung des Effektes so genau erfolgen, daß über den Faktor 2 entschieden werden konnte (vgl. dazu § 32). 1974 konnte der Wert (47.3) der Lichtablenkung der Radiostrahlung von Quasaren durch Interferometer mit einer Basislänge von 35 km auf 1 Prozent genau bestätigt werden. Noch genauer, nämlich auf etwa 0,2 Prozent genau, ergab er sich 1976 aus der Messung der Laufzeitverlängerung von Radiosignalen zu auf dem Mars postierten Funkstationen, sobald der Sonnenrand zwischen Erde und Mars stand und deswegen die Radiowellen abgelenkt wurden.

Die Betrachtungen, die hier für Licht angestellt werden, gelten auch für **Neutrinos;** denn auch diese Teilchen bewegen sich mit der Grenzgeschwindigkeit. Da sie außerdem von Materie nur ganz außerordentlich schwach absorbiert werden, sind Himmelskörper für sie praktisch durchsichtig und wirken sogar wie fokussierende Linsen. Für viele Fragen der Prüfung der Relativitätstheorie würden sich Neutrinos daher besser eignen als Licht. Allerdings bedingt der Vorteil ihrer großen Durchdringungsfähigkeit gleichzeitig den Nachteil ihres schwierigen Nachweises, da dazu ebenfalls die Absorption durch Materie benutzt werden muß.

Rot- und Violettverschiebung im Gravitationsfeld

Licht, das sich im Gravitationsfeld ausbreitet, zeigt eine vom Gravitationspotential Φ abhängige Frequenzänderung. Wie wir schon in §32 bis §34 gezeigt haben, ist das eine unmittelbare Folge des Äquivalenzprinzips. Der Effekt ist sowohl astronomisch wie terrestrisch nachgewiesen. Der astronomische Nachweis besteht in der Rotverschiebung von Licht, das von weißen Zwergen herrührt, und ebenso auch von Licht, das in der Sonnenkorona emittiert wird (BROUT, 1963). Der terrestrische Nachweis (§32) erfolgt mit Hilfe des Mößbauer-Effekts.

Eine weitere Prüfungsmöglichkeit des Effekts der Frequenzverschiebung im Gravitationsfeld eröffnen Satelliten, die die Erde in verschiedenen Entfernungen umkreisen und in die sehr genau (und am selben Ort synchron) gehende Uhren eingebaut sind. Das Experiment besteht darin, daß die Anzahl der Schwingungen, die die Uhr jedes Satelliten macht, von der Erde aus registriert wird. Eine Frequenzverschiebung äußert sich dann so, daß wenn die Uhr eines die Erde in der Entfernung r_1 umkreisenden Satelliten n_1 Schwingungen macht, die eines anderen in der Entfernung r_2 kreisenden Satelliten $n_2 \neq n_1$ Schwingungen macht.

Ein Satellit auf einer Kreisbahn bewegt sich mit der durch die Keplerschen Gesetze vorgeschriebenen Geschwindigkeit, die nach (20.37) und (20.24) gegeben ist durch $v^2 = \gamma_E/r$, wobei $\gamma_E = GM_{\text{Erde}}$. Die Geschwindigkeit ist umso größer, je kleiner der Bahnradius ist, d.h. je näher der Satellit der Erde ist. Nach den Formeln der Lorentz-Transformation hat diese Geschwindigkeit einen Zeitdilatationseffekt, den *transversalen Doppler-Effekt* (§39) zur Folge, der in jedem Fall frequenzvermindernd wirkt. Da sich der erdfeste Beobachter infolge der Eigendrehung der Erde mit einer Geschwindigkeit vom Betrag v_E bewegt (Abb. 47.2), wird diese Frequenzverminderung nach (39.1) beschrieben durch die Formel

$$\omega' = \omega \sqrt{1 - \frac{(v - v_E)^2}{c^2}} \approx \omega \left[1 - \frac{1}{2c^2}(v - v_E)^2\right] = \omega \left[1 - \frac{1}{2c^2}\left(\sqrt{\frac{\gamma_E}{r}} - v_E\right)^2\right]. \tag{47.4}$$

Dabei ist ω die Schwingungsfrequenz der Satellitenuhr, gemessen von einem mit dem Satelliten bewegten Beobachter, während ω' die Frequenz ist, die die Satellitenuhr für den erdfesten Beobachter hat. In (47.4) haben wir das Galileische Additionstheorem der Geschwindigkeit angewendet. Das ist wegen der Kleinheit der in Betracht kommenden Geschwindigkeiten gerechtfertigt. Aus demselben Grund ist auch die Näherung für

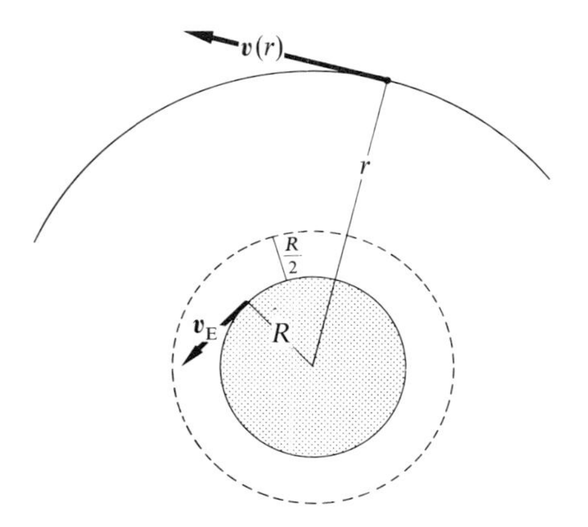

Abb. 47.2

Ein mit $\boldsymbol{v}_E$ bewegter Beobachter auf der Erde (Radius R) betrachtet elektromagnetische Strahlung, die von einem mit $\boldsymbol{v}$ bewegten Satelliten im Abstand r vom Erdmittelpunkt ausgesandt wird. Der Satellit befindet sich auf höherem Gravitationspotential als der Beobachter. Bei $r<3R/2$ konstatiert der Beobachter eine Rotverschiebung, bei $r>3R/2$ eine Violettverschiebung gegenüber der gleichen Strahlungsquelle auf der Oberfläche der Erde.

den Wurzelausdruck berechtigt. Gl. (47.4) zeigt, daß $\omega'<\omega$ ist, die Bewegung des Satelliten also stets eine Rotverschiebung verursacht.

Außer der eben behandelten Frequenzverschiebung, die durch die *Bewegung* des Satelliten zustande kommt und die immer eine Rotverschiebung ist, tritt noch eine Frequenzverschiebung auf, die durch das *Gravitationsfeld* verursacht wird, in dem sich der Satellit befindet. Diese Frequenzverschiebung ist, da der Satellit sich am Ort größeren Gravitationspotentials aufhält als der Beobachter, eine Violettverschiebung. Die Violettverschiebung ist umso größer, je weiter der Satellit von der Erde entfernt ist. Nach Gl. (33.10) gilt für Bewegungsvorgänge, die sich mit der Grenzgeschwindigkeit im Gravitationsfeld ausbreiten,

$$\omega\left(1+\frac{\Phi(r)}{c^2}\right)=\omega''\left(1+\frac{\Phi(R)}{c^2}\right). \tag{47.5}$$

Dabei ist ω die Frequenz gemessen an einer Stelle mit dem Abstand r vom Erdmittelpunkt und ω'' die Frequenz desselben Vorgangs, den ein Beobachter an der Erdoberfläche (R = Erdradius) feststellt. Beachtet man, daß $\Phi(r)=-\gamma_E/r$ ist, so erhält man aus (47.5)

$$\omega''\approx\omega\left[1+\frac{\gamma_E}{c^2}\left(\frac{1}{R}-\frac{1}{r}\right)\right]. \tag{47.6}$$

Kombiniert man die durch (47.4) und (47.6) beschriebenen Frequenzänderungen, so erhält man als tatsächlich an der Erdoberfläche beobachtete Frequenz ω^*

$$\omega^*\approx\omega\left[1-\frac{1}{2c^2}\left(\sqrt{\frac{\gamma_E}{r}}-v_E\right)^2\right]\left[1+\frac{\gamma_E}{c^2}\left(\frac{1}{R}-\frac{1}{r}\right)\right]. \tag{47.7}$$

Wegen $v_E/c\approx 10^{-6}$ und $\gamma_E/Rc^2\approx 10^{-9}$ erhalten wir für die beobachtete Frequenz

$$\omega^*\approx\omega\left\{1+\frac{\gamma_E}{Rc^2}\left[1-\frac{3}{2}\left(\frac{R}{r}\right)\right]\right\}. \tag{47.8}$$

Bei Abständen $r < 3R/2$ des Satelliten resultiert also eine Rotverschiebung, bei größeren Abständen eine Violettverschiebung. Die maximale Frequenzverschiebung ist, wie (47.8) zeigt, gegeben durch den Faktor $\gamma_E/Rc^2 \approx 10^{-9}$, d.h. eine Schwingung auf 10^9 Schwingungen. Diese Frequenzverschiebung würde ein unendlich weit entfernter Satellit zeigen.

Die durch den transversalen Doppler-Effekt und durch das Gravitationsfeld bewirkte Frequenzverschiebung ist 1976 exakt nach der Voraussage der Einsteinschen Theorie nachgewiesen worden. Eine Atomuhr, also ein Frequenznormal, bewegte sich in einem Flugzeug in der Höhe $h = 9$ km mit einer Geschwindigkeit $v - v_E = 500$ km/h. Der Gang dieser Uhr wurde nach $T = 15$ Stunden Flug mit dem Gang einer gleichen, aber auf der Erdoberfläche verbliebenen Uhr verglichen.

Der transversale Doppler-Effekt allein läßt ein Nachgehen der Uhr im Flugzeug um $\Delta T'$ erwarten. Wegen $\Delta T'/T = (\omega' - \omega)/\omega$ folgt aus (47.4) ein $\Delta T' = -(T/2)[(v - v_E)/c]^2 = -6 \cdot 10^{-9}$ s. Das Gravitationsfeld bewirkt in der Höhe $h = r - R \ll R$ gemäß (47.6) und (44.25) ein Vorgehen dieser Uhr wegen $\Delta T''/T = (\omega'' - \omega)/\omega$ um $\Delta T'' = T(gh/c^2) = +53 \cdot 10^{-9}$ s. Beobachtet wurde in völliger Übereinstimmung mit dieser Erwartung, daß die Uhr im Flugzeug nach der Landung um den Wert $\Delta T = \Delta T' + \Delta T'' = (53 - 6) \cdot 10^{-9}\,\text{s} = 47 \cdot 10^{-9}$ s vorging.

Periheldrehung des Merkur

Das von den Einsteinschen Feldgleichungen gelieferte zentralsymmetrische Gravitationsfeld eines punktartigen Körpers, das **Schwarzschild-Feld**, hat in der Umgebung der Weltlinie des Körpers eine Struktur von Raum und Zeit zur Folge, die als Trägheitsbewegung eines Körpers nicht genau eine Kepler-Ellipse ergibt (wie die Newtonsche Theorie), sondern eine *elliptische Rosette* (Abb. 45.5), deren Perihel sich pro Umlauf um den Winkel

$$\delta\varphi = 3\pi r_0 \frac{a}{b^2} = \frac{3\pi r_0}{a(1 - e^2)} \tag{47.9}$$

in Umlaufsrichtung verschiebt. Dabei ist r_0 wieder der Schwarzschild-Radius des Feldes; a und b bezeichnen große und kleine Halbachse der Ellipse, e ihre Exzentrizität, $e^2 = (a^2 - b^2)/a^2$. Setzt man für r_0 den Schwarzschild-Radius der Sonne ein und für a, b die Daten der Merkurbahn, so resultiert $\delta\varphi = 0{,}104''$. Das ist der Winkel pro Umlauf. Da der Merkur 420 Umläufe im Jahrhundert macht, resultiert pro Jahrhundert eine Verschiebung von 43,6″, d.h. gerade der Wert, der sich als Diskrepanz zwischen Newtonscher Theorie und Beobachtung beim Merkur ergeben hatte. Für die Erde erhält man nach (47.9) eine Verschiebung von 3,8″ pro Jahrhundert; auch dieser Wert steht mit der Beobachtung (Tabelle in § 45) nicht in Widerspruch. Die Übereinstimmung zwischen Theorie und Beobachtung ist beim Merkur sogar so eng, daß der Theorie leicht Schwierigkeiten entstehen könnten, wenn sich herausstellen sollte, daß auch noch andere Effekte, wie das Quadrupolmoment der Sonne infolge ihrer Rotationsabplattung, einen spürbaren Beitrag zur Periheldrehung liefern.

Laufzeitverzögerung elektromagnetischer Signale im Gravitationsfeld

Nach der Einsteinschen Theorie besteht, wie wir im Kap. VI, Relativitätstheorie, ausführlich auseinandergesetzt haben, ein wichtiger Effekt eines Gravitationsfeldes in seinem Einfluß auf die Zeit. Er wirkt sich z.B. so aus, daß, *mit einer ortsfesten Uhr ge-*

messen, die Geschwindigkeit eines mit der Grenzgeschwindigkeit sich ausbreitenden Signals kleiner (größer) ist als c, wenn das Signal in Gebiete kleineren (größeren) Gravitationspotentials gelangt (§35 und Abb. 41.3). Dieser Effekt läßt sich auf folgende Weise messen (SHAPIRO, 1968). Ein von der Erde ausgesandtes Radarsignal wird von einem Planeten, z.B. der Venus, reflektiert und nach seiner Rückkehr zur Erde empfangen. Die gesamte Laufzeit ist ein direktes Maß für den relativen Abstand zwischen Erde und Venus, wenn die Ausbreitungsgeschwindigkeit des Radarsignals für einen Beobachter auf der Erde konstant ist. Das ist nach der Relativitätstheorie aber nicht der Fall, wenn der Radarstrahl der Sonne sehr nahe kommt. Je näher er nämlich der Sonne kommt, umso länger läuft er in Gebieten tieferen Gravitationspotentials (tiefer gegenüber dem Potential am Ort der Erde), wo seine Ausbreitungsgeschwindigkeit kleiner ist als c (Abb. 47.3). Die Laufzeit eines von der Venus reflektierten Radarsignals muß also

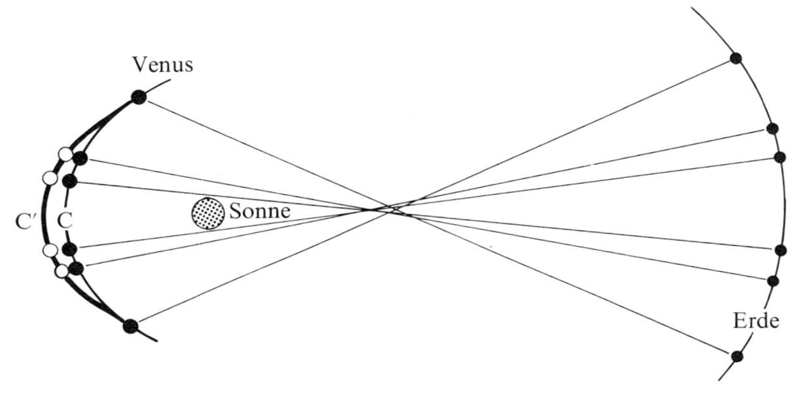

Abb. 47.3

Radarsignale, die von der Erde zur Venus und zurück gelangen, durchlaufen eine Zone tieferen Gravitationspotentials, wenn ihr Weg nahe an der Sonne vorbeiführt. Mit einer Uhr auf der Erde gemessen, laufen die Signale in Gebieten tieferen Gravitationspotentials als dem am Ort der Erde mit einer Geschwindigkeit, die kleiner ist als c. Berücksichtigt der Beobachter auf der Erde diesen Einfluß des Gravitationspotentials nicht, erhält er statt der wahren Bahn der Venus C die scheinbare Bahn C′ (SHAPIRO, 1968).

zunehmen, wenn sich die Venus, von der Erde aus gesehen, der Sonne nähert und hinter ihr verschwindet. Trägt man die Laufzeit einfach als Entfernung auf, so als bliebe die Ausbreitungsgeschwindigkeit konstant, so ergibt sich ein Diagramm wie Abb. 47.3. Die Messung liefert, in Übereinstimmung mit der Theorie, eine effektive Laufwegverlängerung des Radarsignals von etwa 60 km. Eine höhere Genauigkeit läßt sich erreichen, wenn statt eines Planeten eine die Sonne umkreisende Raumsonde benutzt wird, die bei Ankunft eines Radarsignals von der Erde ihrerseits ein Signal aussendet. Messungen dieser Art stehen mit der aus den Einsteinschen Feldgleichungen resultierenden Raum-Zeit-Struktur in der Umgebung der Sonne in Übereinstimmung.

Gravitationsfeld eines rotierenden Körpers

Da nach der Einsteinschen Theorie nicht nur die innere Energie eines Körpers, sondern *jede* Energie die Quelle eines Gravitationsfeldes mit von Null verschiedener Krümmung ist, liefert auch die Rotationsenergie eines Körpers, wie z.B. der Erde, einen Beitrag zum Gravitationsfeld (THIRRING, LENSE, 1926). Dieser Beitrag ist, gemessen an dem von der inneren Energie herrührenden, natürlich außerordentlich klein. Er enthält aber einen Anteil, der von der Winkelgeschwindigkeit $\boldsymbol{\Omega}$ der Rotation abhängt. Dieser Anteil ändert sein Vorzeichen, wenn die Richtung der Rotation umgedreht wird. Er wirkt daher auf einen Körper ähnlich wie eine Coriolis-Kraft, hat also die Eigenschaft, die Schwingungsebene eines im Gravitationsfeld schwingenden Foucault-Pendels zu drehen oder einen Kreisel zu einer Präzessionsbewegung zu veranlassen. Es ist geplant, diesen Effekt in seiner Wirkung auf einen in einem Satelliten um die Erde umlaufenden Kreisel nachzuweisen.

Ereignishorizont

Das zentralsymmetrische Gravitationsfeld einer kugelförmigen Massenverteilung der Gesamtmasse M wird außerhalb der Massenverteilung in Newtonscher Näherung beschrieben durch das Gravitationspotential $\Phi(r) = -GM/r$. Nach §34 hat das zur Folge, daß Uhren, die am selben Ort synchron gehen würden, nicht mehr synchron laufen, wenn sie sich in unterschiedlichen Abständen r vom Zentrum des Feldes befinden. Sie gehen umso langsamer, je tiefer das Gravitationspotential an ihrem Ort ist, d.h. je kleiner ihr Abstand vom Zentrum ist.

Nun breitet sich Licht, gemessen mit einer Uhr *am Ort der Ausbreitung*, überall mit der Grenzgeschwindigkeit c aus. Für einen Beobachter, der sich fern ($r = \infty$) vom Zentrum des Feldes befindet und der die Ausbreitung des Lichts an jeder Stelle r mit *seiner* Uhr (und nicht mit der Uhr an der Stelle r) mißt, hat das Licht an der Stelle r nach (34.1) die Geschwindigkeit

$$c^*(r) = c\left(1 - \frac{GM}{c^2 r}\right). \tag{47.10}$$

Für einen vom Zentrum des Feldes weit entfernten Beobachter würde ein Lichtstrahl, der auf das Zentrum zuläuft, sich immer mehr verlangsamen und die Stelle $r = GM/c^2$ nur asymptotisch, d.h. in unendlich langer Zeit erreichen. Denn eine an der Stelle $r = GM/c^2$ befindliche Uhr geht für einen weit außen befindlichen Beobachter so langsam, daß seine eigene Uhr beliebig viele Schwingungen macht, bevor die Uhr bei $r = GM/c^2$ auch nur eine einzige Schwingung vollführt. An Stellen mit $r < GM/c^2$ und damit auch an das Zentrum des Feldes selbst käme das Licht niemals.

Diese Betrachtungen sind allerdings einigen Zweifeln ausgesetzt, denn die Formel (34.1) und in ihrem Gefolge auch (47.10) stellen nur eine Näherung dar, der man sich unbesorgt nur anvertrauen kann, solange $\Delta\Phi/c^2 \ll 1$, auf unser Problem angewandt also, solange $r \gg GM/c^2$ ist. Damit erhebt sich das Problem, ob nach der Einsteinschen Theorie von außen kommendes Licht oder andere Teilchen, die von außen kommen, das Zentrum eines Gravitationsfeldes erreichen können, oder ob es nach ihr tatsächlich einen Grenzradius gibt, der für einen weit entfernten und relativ zum Zentrum ruhenden Beobachter die Rolle eines *Ereignishorizontes* spielt.

Nun liefert die Einsteinsche Theorie tatsächlich einen solchen Ereignishorizont, und zwar spielt der in (47.2) eingeführte Schwarzschild-Radius r_0 diese Rolle. Die von SCHWARZSCHILD erhaltene zentralsymmetrische Lösung der Einsteinschen Feldgleichungen stellt nämlich das relativistische Analogon des Newtonschen Potentials $\Phi(r) =$

$-GM/r$ dar. Sie beschreibt demgemäß die Raum-Zeit-Struktur *außerhalb* einer kugelsymmetrischen Energieverteilung der Gesamtenergie Mc^2 oder der Gesamtmasse M. Im Inneren der Energieverteilung sieht das Gravitationsfeld und damit die Raum-Zeit-Struktur wesentlich anders aus, wie ja auch in Newtonscher Näherung das Innenfeld einer kugelförmigen Energie- oder Massenverteilung ganz anders aussieht als das Außenfeld (Abb. 45.3). Ein *Ereignishorizont tritt deshalb nur auf, wenn der Radius der Energieverteilung kleiner ist als ihr Schwarzschild- oder Gravitations-Radius* r_0.

Nach der Einsteinschen Theorie wird nicht nur die Zeitstruktur durch das Gravitationsfeld beeinflußt, sondern auch die **Raumstruktur.** In unseren bisherigen Betrachtungen, die nur das Äquivalenzprinzip und die Newtonsche Näherung des Gravitationspotentials benutzen, ist die Beeinflussung der Raumstruktur nicht berücksichtigt. Tatsächlich sind die Strukturänderungen des 3-dimensionalen Raums in der Nähe von r_0 sehr erheblich. Man behält zwar aus Gründen mathematischer Zweckmäßigkeit den Parameter r als Raumkoordinate bei, aber die Differenz dr zwischen zwei Punkten r und $r+dr$ ist nun nicht mehr der euklidische Abstand der beiden Punkte. Der Abstand dl hängt mit dr vielmehr durch die Formel zusammen $dl^2 = dr^2/(1-r_0/r)$. Punktepaare mit einer festen Differenz dr haben also für verschiedene r-Werte nicht denselben Abstand voneinander, sondern ihr Abstand wird umso größer, je näher sie bei r_0 liegen; bei r_0 selbst wird er unendlich. Bei aller Komplikation ergibt sich aber das überraschend einfache Resultat, daß in den Koordinaten r und t die Lichtausbreitung durch eine Formel beschrieben wird, die sich von (47.10) nur darin unterscheidet, daß im zweiten Glied der Klammer ein Faktor 2 hinzutritt, die Klammer unter Berücksichtigung von (47.2) also lautet $(1-r_0/r)$. Die **Lichtausbreitung im Schwarzschild-Feld** genügt daher der Gleichung

$$\frac{dr}{dt} = \pm c\left(1-\frac{r_0}{r}\right), \tag{47.11}$$

oder integriert

$$ct = \pm r \pm r_0 \ln\left(\frac{r}{r_0}-1\right) + \text{const.} \tag{47.12}$$

Diese Gleichung bestimmt die **Weltlinien des Lichts,** d.h. die geodätischen Linien mit der Bogenlänge Null im Schwarzschild-Feld (Abb. 47.4). Die Zeitkoordinate t ist dabei durch die Uhr eines Beobachters definiert, der in großer Entfernung relativ zum Zentrum des Feldes ruht. Da bei großen Abständen vom Zentrum der logarithmische Term in (47.12) gegen den linearen vernachlässigt werden darf, resultieren aus (47.12) für große r die gewohnten Lichtkegel $ct = \pm r + \text{const.}$ eines Inertialsystems (§ 40).

Die zur ct-Achse parallele (gestrichelt gezeichnete) Grade $r = r_0$ ist die Weltlinie der Oberfläche eines kugelförmigen Raumbereichs mit dem Schwarzschild-Radius. Sie stellt für alle Weltlinien eine Asymptote dar. Ein Lichtblitz, der bei $r > r_0$ ausgesandt wird, erreicht die Oberfläche der Schwarzschild-Kugel nur asymptotisch. Und was für Lichtblitze gilt, trifft auch für Körper zu, denn deren Weltlinien müssen ja immer innerhalb von Lichtkegeln bleiben. Ein Beobachter, der relativ zum Zentrum eines Schwarzschild-Feldes ruht, kann also mit keinem Signal, weder mit Lichtblitzen noch mit Körpern, jemals in das Innere der Schwarzschild-Kugel eindringen, und er kann auch niemals ein Signal aus der Kugel erhalten. Für ihn ist die Oberfläche der Schwarzschild-Kugel ein Ereignishorizont.

Die Abb. 47.4 läßt weiter erkennen, daß die Welt für einen relativ zum Feld ruhenden Beobachter bei der Ersetzung von t durch $-t$ in sich übergeht. Man sagt, sie ist *invariant*

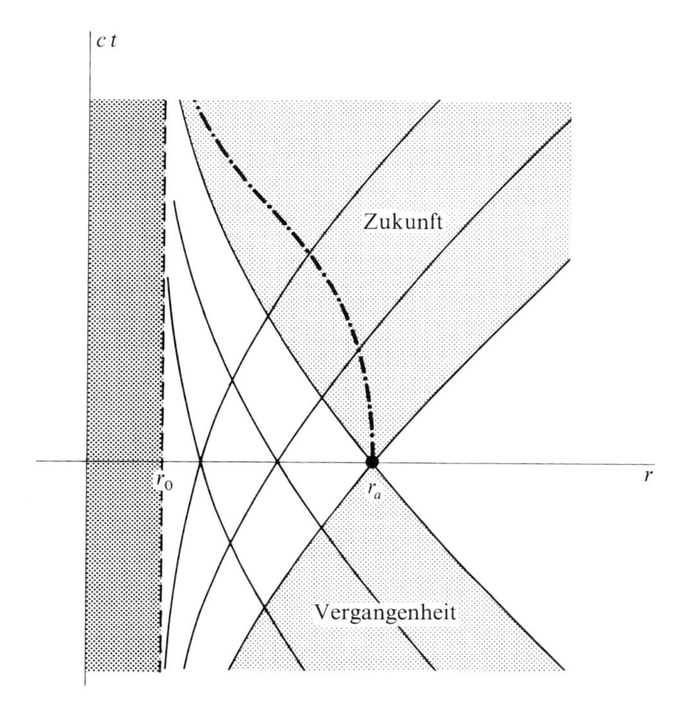

Abb. 47.4

Weltlinien der Lichtausbreitung, d.h. geodätische Linien der Länge Null, in einem zentralsymmetrischen Gravitationsfeld (Schwarzschild-Feld) für einen Beobachter, der fern vom Zentrum des Feldes ruht. Die Oberfläche der durch $r = r_0$ definierten Schwarzschild-Kugel, deren Weltlinie gestrichelt gezeichnet ist, stellt für diesen Beobachter einen Ereignishorizont dar: Kein Lichtsignal und kein bewegter Körper kann für ihn jemals ins Innere der Schwarzschild-Kugel eindringen, ebenso wie kein Signal aus der Kugel zu ihm gelangen kann. Die strichpunktierte Linie ist die Weltlinie eines frei von r_a auf das Zentrum des Schwarzschild-Feldes zu fallenden Körpers.

Anders als in Abb. 41.3, die die Lichtausbreitung in einem homogenen Gravitationsfeld darstellt, geht hier für große Abstände r die Raum-Zeit-Struktur in die eines Inertialsystems über; die Weltlinien des Lichts nähern sich den Graden $ct = \pm r + \text{const.}$ Die Abbildung macht ferner die Invarianz der Welt gegen Zeitumkehr deutlich; denn bei Umkehrung der t-Achse ($t \to -t$) geht die Abbildung in sich über.

gegen Zeitumkehr. Für einen solchen Beobachter gibt es daher zu jeder Bewegung auch die umgekehrt verlaufende.

Endliche und unendliche Zeitintervalle zwischen Ereignispaaren

Für einen vom Zentrum weit entfernten, ruhenden Beobachter trennt der Ereignishorizont, d.h. die Oberfläche der Schwarzschild-Kugel, die Welt in zwei Ereignisgebiete, in das Äußere und das Innere der Schwarzschild-Kugel. Diese beiden Gebiete haben für den Beobachter keine Verbindung miteinander. Das gilt für jeden relativ zum Gravitationsfeld ruhenden Beobachter, denn der unterscheidet sich von dem weit entfernten im wesentlichen nur dadurch, daß seine Uhr langsamer geht.

Bedeutet das nun, daß ein Körper, der sich radial auf das Zentrum des Feldes zu bewegt, die Stelle $r = r_0$ nie erreicht und somit nie in das Innere der Schwarzschild-

Kugel eindringen kann? Diese Frage wird von verschiedenen Beobachtern ganz verschieden beantwortet. Für einen Beobachter $\mathfrak{R}_1$, der relativ zum Zentrum des Feldes ruht, erreicht der Körper die Stelle $r=r_0$ nie, denn dazu braucht er für diesen Beobachter unendlich lange Zeit. Ganz anders erscheint die Bewegung des Körpers dagegen vom Standpunkt eines Beobachters $\mathfrak{R}_2$, der sich selbst auf das Zentrum des Feldes zu bewegt, etwa auf dem sich bewegenden Körper sitzt. Für einen solchen Beobachter kann der Körper die Stelle $r=r_0$ in endlicher Zeit erreichen und infolgedessen in das Innere der Schwarzschild-Kugel eindringen. Bei der Bewegung gerät die Uhr von $\mathfrak{R}_2$ nämlich in Gebiete immer kleineren Gravitationspotentials, und deshalb geht sie, verglichen mit der Uhr des im Feld ruhenden Beobachters $\mathfrak{R}_1$, im Verlauf der Bewegung immer langsamer. Zählt der Beobachter $\mathfrak{R}_2$ die Anzahl der Schwingungen, die seine Uhr macht, bis der Körper und damit er selbst die Stelle $r=r_0$ erreicht, so kann durchaus eine endliche Zahl resultieren.

Die Existenz eines Ereignishorizonts bewirkt somit, daß das Zeitintervall zwischen zwei Ereignissen, nämlich dem Beginn der Bewegung eines Körpers auf das Zentrum des Feldes zu und sein Eintreffen an der Stelle $r=r_0$, für einen Beobachter, nämlich $\mathfrak{R}_1$, *unendlich* groß ist, während es für einen zweiten Beobachter, nämlich $\mathfrak{R}_2$, nur eine *endliche* Länge hat. Anders als bei den gewohnten Äußerungen der Relativität, wo Zeitintervalle zwischen raum-zeitlichen Ereignispaaren für verschieden bewegte Beobachter zwar verschieden lang sein können, aber endliche Länge behalten, so daß jedes Ereignis, das für den einen Beobachter existiert, auch für den anderen vorhanden ist, hat die Relativität hier die viel radikalere Konsequenz, daß Ereignisse, die für den Beobachter $\mathfrak{R}_2$ vorhanden sind, nämlich Ereignisse mit $r<r_0$, für den Beobachter $\mathfrak{R}_1$ gar nicht existieren.

Die Existenz eines Ereignishorizonts deutet also an, daß die Raum-Zeit-Welt Gebiete enthält, die nur für bestimmte Beobachter vorhanden sind, für andere dagegen nicht. Aber auch für die Beobachter, für die das Ereignisgebiet „hinter“ dem Ereignishorizont existiert, äußert sich dieses Gebiet in besonderer Weise.

Der radiale freie Fall im Schwarzschild-Feld

Als Beispiel betrachten wir einen Körper, der im Schwarzschild-Feld frei auf das Zentrum des Feldes zu fällt. Dazu gehen wir aus von Gl. (33.4), in der wir nach (6.10) und (6.12) berücksichtigen, daß $\sqrt{c^2 P^2 + E_0^2} = E_0/\sqrt{1-v^2/c^2}$. Wir erhalten so

$$\frac{1}{1-\frac{v^2}{c^2}}\left(1+\frac{\Phi(r)}{c^2}\right)^2 = \frac{1}{1-\frac{v'^2}{c^2}}\left(1+\frac{\Phi(r')}{c^2}\right)^2. \tag{47.13}$$

Setzen wir hierin $\Phi(r) = -GM/r$, so erhalten wir unter Beachtung, daß (47.13) nur richtig ist, wenn $-\Phi/c^2 \ll 1$,

$$\frac{1-\frac{v^2}{c^2}}{1-\frac{v'^2}{c^2}} = \frac{1-\frac{2GM}{c^2 r}}{1-\frac{2GM}{c^2 r'}} = \frac{1-\frac{r_0}{r}}{1-\frac{r_0}{r'}}. \tag{47.14}$$

Wählen wir nun r' als den Ausgangspunkt r_a des freien Falls, so ist $v'=0$ und somit

$$\frac{v^2}{c^2}=1-\frac{1-\frac{r_0}{r}}{1-\frac{r_0}{r_a}}. \tag{47.15}$$

In dieser Gleichung haben wir allerdings zu beachten, daß v die Geschwindigkeit am Ort r ist, wie sie mit einer Uhr gemessen wird, die sich am Ort r befindet, und nicht mit der Uhr eines weit vom Zentrum entfernten Beobachters, die die oben verwendete Zeit t definiert. Für die Lichtausbreitung würde die Uhr am Ort r, die die Zeit t^* definiert, nach § 35 den Wert c liefern. Nach (47.11) muß also sein

$$v=\frac{dr}{dt^*}=\frac{1}{1-\frac{r_0}{r}}\,\frac{dr}{dt}. \tag{47.16}$$

Die Weltlinie eines Körpers, der an der Stelle $r=r_a$ seinen Fall auf das Zentrum des Schwarzschild-Feldes mit der Geschwindigkeit Null beginnt, genügt also der Differentialgleichung

$$\frac{dr}{d(ct^*)}=-\left[1-\frac{1-\frac{r_0}{r}}{1-\frac{r_0}{r_a}}\right]^{\frac{1}{2}} \tag{47.17}$$

oder der Differentialgleichung

$$\frac{dr}{d(ct)}=-\left(1-\frac{r_0}{r}\right)\left[1-\frac{1-\frac{r_0}{r}}{1-\frac{r_0}{r_a}}\right]^{\frac{1}{2}}. \tag{47.18}$$

Obwohl wir die Gleichungen hier nur in der Näherung $r \gg r_0$ gewonnen haben, sind (47.17) und (47.18) nach der Einsteinschen Theorie die exakten Gleichungen für den freien Fall im Schwarzschild-Feld für beliebige Werte von r. Gl. (47.17) beschreibt den freien Fall unter Benutzung der Zeit t^*, die eine Uhr am Ort r definiert, den der fallende Körper jeweils gerade passiert, während (17.18) die gleiche Bewegung unter Benutzung der Zeit t beschreibt, die die Uhr eines weit vom Zentrum entfernten ruhenden Beobachters definiert. Die in Abb. 47.4 eingezeichnete Weltlinie eines frei fallenden Körpers ist aus Gl. (47.18) gewonnen, denn Abb. 47.4 stellt die Welt dar unter Benutzung der Zeit t. Wie man sieht, nähert sich für den weit entfernten, ruhenden Beobachter die Geschwindigkeit des frei fallenden Körpers bei $r \approx r_0$ der Lichtgeschwindigkeit. Da für ihn aber auch das Licht bei $r \approx r_0$ beliebig langsam wird, bewegt sich der Körper umso langsamer, je näher er r_0 kommt. Aus (47.18) bestätigt man, daß die Zeit Δt, die für den weit entfernten ruhenden Beobachter verstreicht, wenn der Körper von $r=r_a$ bis $r=r_0$ fällt, unendlich groß ist.

Wie lang ist nun die Zeit, die beim selben Vorgang für einen Beobachter verstreicht, der auf dem fallenden Körper sitzt? Diese Zeitspanne läßt sich mit Hilfe von (47.17) berechnen. Wenn der Körper beim Fallen an einem Ort r vorbeikommt, gibt die Uhr an diesem Ort die Zeit t^* an. Am Ort r hat der Körper die Geschwindigkeit $v = dr/dt^*$. Die mit dem fallenden Körper fest verbundene Uhr, die die Zeit τ, die Eigenzeit des Körpers, definiert, zeigt gegenüber der Uhr am Ort r aber eine Verlangsamung infolge der Lorentz-Transformation. Nach (39.1) und unter Berücksichtigung der Tatsache, daß in einem Schwarzschild-Feld der räumliche Abstand dl mit dr zusammenhängt gemäß $dl = dr/\sqrt{1 - r_0/r}$, ist

$$d\tau = dt^* \frac{\sqrt{1 - \frac{v^2}{c^2}}}{\sqrt{1 - \frac{r_0}{r}}}$$

oder mit (47.15)

$$d\tau = \frac{dt^*}{\sqrt{1 - \frac{r_0}{r_a}}}. \tag{47.19}$$

Setzen wir hierhin (47.17) ein, so ergibt sich

$$\begin{aligned} d(c\,\tau) &= -\frac{1}{\sqrt{1 - \frac{r_0}{r_a}}} \frac{dr}{\left[1 - \frac{1 - \frac{r_0}{r}}{1 - \frac{r_0}{r_a}}\right]^{\frac{1}{2}}} \\ &= -\sqrt{\frac{r_a}{r_0}} \sqrt{\frac{r}{r_a - r}}\, dr. \end{aligned} \tag{47.20}$$

Integriert man diese Beziehung von r_a bis r_0, so resultiert für die Zeit $\Delta\tau$, die ein Beobachter mißt, der sich mit dem fallenden Körper bewegt,

$$\begin{aligned} \Delta(c\,\tau) &= \sqrt{\frac{r_a}{r_0}} \left[r_a \arctan \sqrt{\frac{r_a - r}{r}} - \sqrt{r(r_a - r)} \right]_{r_a}^{r_0} \\ &\approx r_a \left(\frac{\pi}{2} \sqrt{\frac{r_a}{r_0}} - 1 \right) \quad \text{für } r_a \gg r_0. \end{aligned} \tag{47.21}$$

Ein Beobachter, der mit dem Körper fällt, mißt also eine endliche Zeit bis die Stelle $r = r_0$ erreicht ist. Er setzt daher mit dem Körper den Fall ins Innere der Schwarzschild-Kugel fort. Tatsächlich läßt sich Gl. (47.20) sogar benutzen, um die Eigenfallzeit des Körpers bis zum Zentrum $r = 0$ des Feldes zu berechnen. In (47.20) kann r nämlich alle Werte zwischen $r = 0$ und $r = r_a$ annehmen, ohne daß ein Faktor imaginär wird. Für die Fallzeit, die der Körper im Bezugssystem eines mitfallenden Beobachters braucht, um von $r = r_a$ bis $r = 0$ zu gelangen, folgt somit aus (47.20) oder auch aus (47.21), wenn man als obere Grenze $r = 0$ setzt,

$$\Delta(c\,\tau)_{r=0} = \frac{\pi}{2} r_a \sqrt{\frac{r_a}{r_0}}. \tag{47.22}$$

Die Raum-Zeit-Welt eines frei fallenden Beobachters

Wie sieht die Raum-Zeit-Welt im Bezugssystem eines Beobachters $\mathfrak{R}_2$ aus, der im Schwarzschild-Feld frei auf das Zentrum zu fällt? Vereinfachend betrachten wir dazu einen Beobachter, für den $r_a = \infty$, der seinen Fall also im Unendlichen mit der Geschwindigkeit Null beginnt oder in einem Punkt mit endlichem r-Wert mit einer endlichen, von Null verschiedenen Geschwindigkeit. Für ihn ist nach (47.15) $v^2/c^2 = r_0/r$ und nach (47.20)

$$-d(c\,\tau) = \sqrt{\frac{r}{r_0}}\,dr = \frac{2}{3\sqrt{r_0}}\,dr^{\frac{3}{2}}, \tag{47.23}$$

oder anders geschrieben

$$d\left(\frac{2}{3}\,\frac{r^{\frac{3}{2}}}{\sqrt{r_0}} + c\,\tau\right) = 0. \tag{47.24}$$

Diese Schreibweise läßt erkennen, daß der in der Klammer stehende Ausdruck für den fallenden Beobachter konstant ist. Er bietet sich also als Ortskoordinate R im Bezugssystem des frei fallenden Beobachters neben der Zeitkoordinate τ an. Die Linien $r = \text{const.}$ im $c\,t$-r-System, d.h. die Parallelen zur $c\,t$-Achse, sind im $c\,\tau$-R-System des fallenden Beobachters nach (47.24) also gegeben durch

$$\frac{3}{2r_0}(R - c\,\tau) = \left(\frac{r}{r_0}\right)^{\frac{3}{2}} = \text{const.}, \tag{47.25}$$

d.h. durch Graden, die mit der R-Achse einen Winkel von 45° bilden. Die durch den Punkt $R = 2r_0/3$ gehende Grade ist die Weltlinie der Oberfläche der Schwarzschild-Kugel und die Grade durch $R = 0$ die Weltlinie des Feldzentrums (Abb. 47.5).

Wie sehen nun die **Weltlinien von Lichtsignalen** in der Raum-Zeit-Welt des fallenden Beobachters, d.h. im $c\,\tau$-R-System, aus? Sie genügen, wie wir hier nicht beweisen wollen, der Differentialgleichung

$$\frac{dR}{d(c\,\tau)} = \pm\left(\frac{3}{2}\,\frac{R - c\,\tau}{r_0}\right)^{\frac{1}{3}}. \tag{47.26}$$

In jedem Punkt einer durch (47.25) definierten Grade $r = \text{const.}$ zeigt das Schnittlinienpaar des durch den Punkt bestimmten Lichtkegels dieselben Steigungen, und es liegt symmetrisch in bezug auf die durch den Punkt gehende Grade $R = \text{const.}$ In Abb. 47.5 sind die Weltlinien von Lichtsignalen eingezeichnet. Außerhalb der Schwarzschild-Kugel zeigen die nach $R = \infty$ laufenden Weltlinien des Lichts eine offensichtliche strukturelle Ähnlichkeit mit den entsprechenden Weltlinien in Abb. 47.4. Wesentlich unterscheiden sich die Abb. 47.4 und Abb. 47.5 jedoch in den Weltlinien von Lichtsignalen, die sich auf das Zentrum des Feldes zu bewegen und vor allem in den Weltlinien, die im Inneren der Schwarzschild-Kugel verlaufen. Besonders interessant sind dabei zwei Feststellungen.

Erstens kann ein im Innern der Schwarzschild-Kugel ausgesandter Lichtblitz das Innere nicht verlassen und in das Außengebiet eindringen. Das Licht breitet sich für den fallenden Beobachter zwar auch für $r < r_0$ nach vorne und nach hinten mit derselben Geschwindigkeit aus, aber da das Zentrum des Feldes mit größerer Geschwin-

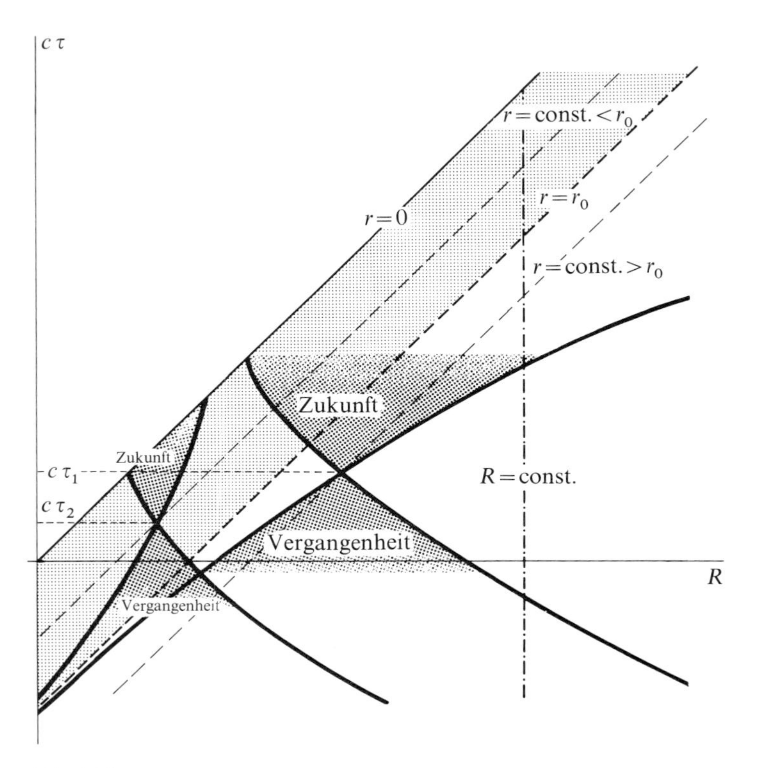

Abb. 47.5

Struktur der Raum-Zeit-Welt für einen Beobachter, der in einem zentralsymmetrischen Gravitationsfeld (Schwarzschild-Feld) auf das Zentrum zu fällt. Für ihn ist die Schwarzschild-Kugel $r=r_0$ ein schwarzes Loch. Körper und Lichtsignale, deren Weltlinien eingezeichnet sind, können zwar in ihr Inneres eindringen, aber nicht herauskommen. Jede ins Innere der Schwarzschild-Kugel eindringende Weltlinie endet im Zentrum $r=0$ des Schwarzschild-Feldes.

Die Abbildung zeigt, daß die Welt für den auf das Zentrum zu fallenden Beobachter nicht invariant ist gegen Zeitumkehr; denn bei der Transformation $\tau \to -\tau$ geht die Abbildung nicht in sich über.

Für ein Ereignis $\tau=\tau_1$, $r>r_0$ und ein zweites $\tau=\tau_2$, $r<r_0$ sind Zukunfts- und Vergangenheitskegel eingezeichnet. Sie machen die Verschiedenheit der Situation außerhalb und innerhalb der Schwarzschild-Kugel klar.

digkeit auf ihn zu eilt, endet auch das nach rückwärts ausgesandte Lichtsignal im Zentrum. Schließlich gilt das für Licht Gesagte auch für beliebige Körper, da alle durch einen Punkt, d.h. ein Ereignis im $c\tau$-R-Raum laufenden Weltlinien von Energietransporten ganz im Innern des Lichtkegels verlaufen müssen, der von diesem Punkt ausgeht, in die Zukunft wie in die Vergangenheit.

Zweitens kann es im Innern der Schwarzschild-Kugel keinen relativ zum Zentrum des Feldes ruhenden Körper geben. Denn Abb. 47.5 entnimmt man, daß im Innern der Schwarzschild-Kugel jede Grade $r=\text{const.}$ — und diese Graden entsprechen ja Weltlinien von Körpern, die relativ zum Zentrum des Feldes ruhen — ganz außerhalb der Lichtkegel verläuft, die von ihren Punkten ausgehen. Außerhalb der Schwarzschild-Kugel liegen die Graden $r=\text{const.}$ dagegen ganz innerhalb der Lichtkegel, die von ihren Punkten ausgehen. Demgemäß kann es außerhalb der Schwarzschild-Kugel durchaus Körper geben, die relativ zum Zentrum des Feldes ruhen.

Für einen in Richtung des Feldzentrums fallenden Beobachter ist die Stelle $r = r_0$ zwar kein richtiger Ereignishorizont, aber doch eine ungewöhnliche Grenze, sie ist sozusagen ein halber Ereignishorizont. Zwar können Körper für ihn die Stelle $r = r_0$ in endlicher Zeit erreichen und überschreiten, aber sobald sie das getan haben, bekommt er keine Kunde mehr von ihnen, sie sind für ihn verschwunden. Obwohl er selbst zwar Signale ins Innere der Schwarzschild-Kugel senden kann, erhält er von dort keine Signale, und wenn er selbst schließlich in die Schwarzschild-Kugel eingedrungen ist, erhält er nur noch Kunde von „rückwärts", nämlich von Ereignissen, deren r-Koordinate (nicht R!) größer ist als seine eigene.

Schließlich geht Abb. 47.5 bei einer Transformation $\tau \to -\tau$, d.h. bei Zeitumkehr, nicht in sich über. Für einen frei fallenden Beobachter ist die Raum-Zeit-Welt also nicht mehr gegen Zeitumkehr invariant, für ihn gibt es nicht mehr zu jeder Bewegung auch die umgekehrte. Das gilt für jeden Beobachter, für den Körper die Oberfläche der Schwarzschild-Kugel in endlicher Zeit erreichen und überschreiten können.

Schwarzes Loch. Gravitationskollaps

Ein Schwarzschild-Feld, das bis zu r-Werten gültig ist, die kleiner sind als r_0, wirkt wie ein *schwarzes Loch*. Keine Energie kann aus seinem Inneren in den Außenraum transportiert werden. Was immer sich in seinem Inneren abspielt, von außen ist nichts davon zu sehen. Alle Energietransporte, d.h. alle Körper oder Signale, die von außen auf das schwarze Loch zustreben, erreichen es, je nach dem Beobachter, entweder nie oder in endlicher Zeit. Im zweiten Fall gerät aber der Beobachter selbst irgendwann in das Innere des Lochs. Die im schwarzen Loch enthaltene Energie bzw. Materie macht sich außen nur durch ihr Gravitationsfeld, d.h. das Schwarzschild-Feld bemerkbar.

Gibt es nun diese von der Einsteinschen Gravitationstheorie behaupteten Objekte, und unter welchen Bedingungen könnten sie nach Aussage der Theorie existieren? Zunächst sagt die Theorie, daß *eine zeitlich unveränderliche Energie- bzw. Materieverteilung niemals ein schwarzes Loch erzeugen kann.* Das ist unmittelbar plausibel, denn wir haben ja gesehen, daß es im Schwarzschild-Feld für $r < r_0$ gar keine relativ zum Zentrum des Feldes ruhende Energie geben kann. Wenn das Gravitationsfeld im Innern der Energie- oder Materieverteilung auch vom Schwarzschild-Feld (das ja das Außenfeld ist) verschieden ist, so geht doch bei dem *geometrischen* Radius $r = r_g$ der Energie- oder Materieverteilung die in Abb. 47.5 dargestellte Raum-Zeit-Struktur stetig in die zum Innenfeld gehörige Raum-Zeit-Struktur über. Das hat zur Folge, daß auch für $r \lesssim r_g < r_0$ die Eigenschaft der Weltlinien, nicht parallel zur Weltlinie des Zentrums verlaufen zu können, erhalten bleibt. Jede zeitlich unveränderliche Materieverteilung, wie sie in Sternen vorliegt — wenigstens solange vorliegt, wie dem durch die gegenseitige Gravitationsanziehung der Teile des Sterns bewirkten Druck durch einen Innendruck des Sterns das Gleichgewicht gehalten wird — muß deshalb einen Radius r_g haben, der größer ist als der durch die Gesamtmasse des Sterns bestimmte Schwarzschild-Radius r_0. Das ist für alle uns bekannten Sterne der Fall. So ist für die Sonne $r_0 \approx 3$ km, während ihr Radius $r_g \approx 10^6$ km beträgt. Für einen weißen Zwerg von Sonnenmasse ist $r_g \approx 10^4$ km (d.h. von der Größenordnung des Erdradius), also immer noch sehr groß gegen r_0. Für einen Neutronenstern von Sonnenmasse, der, was seine Dichte angeht, als ein riesiger Atomkern (Massendichte $\approx 10^{15}$ g/cm^3) angesehen werden kann, ist $r_g/r_0 \approx 3$.

Nun liegt zwar, da r_0 proportional der Masse eines Sterns ist, während der Radius r_g nur mit der dritten Wurzel zunimmt, der Gedanke nahe, Sterne größerer Gesamtmasse als die Sonne heranzuziehen, aber das ist nicht möglich. Für Sterne, allgemein für Energie- oder Materieanhäufungen, deren Gesamtmasse größer ist als etwa zwei Sonnenmassen, gibt es nämlich keinen stabilen und damit stationären Endzustand. Beginnt ein Stern von weit mehr als Sonnenmasse zu kontrahieren, weil sein Vorrat an leichten Atomkernen erschöpft ist, deren Verschmelzung zu schweren Kernen im Inneren des Sterns die Quelle seiner Strahlungsenergie darstellt, die den Hauptanteil des Gegendrucks zum Gravitationsdruck verursacht, so wächst die bei der Kontraktion freigesetzte Gravitationsenergie und mit ihr der durch die Gravitationsanziehung bewirkte Druck so stark an, daß es keinen physikalischen Mechanismus mehr gibt, der einen ebenso stark steigenden Gegendruck aufbauen und so einer weiteren Kontraktion Einhalt gebieten könnte. (Bei kleinerer Gesamtmasse gibt es einen solchen stabilisierenden Mechanismus im *Fermi-Druck* der Elektronen und der Nukleonen, aus denen die Materie besteht). Es ist daher der Schluß unvermeidlich, daß Materieverteilungen, deren Gesamtmasse größer ist als einige Sonnenmassen, ihr Leben dadurch beenden, daß sie entweder durch Explosion in Fragmente kleinerer Masse zerlegt werden oder unter ihrer eigenen Gravitationswirkung kollabieren und nichts hinterlassen als ein schwarzes Loch, d.h. nichts als ihr Gravitationsfeld. Diese Idee läuft unter dem Schlagwort **Gravitationskollaps.**

Bei einer genügend großen Materieanhäufung führt eine Gravitationskontraktion also zu einem Kollaps, d.h. zu einem Vorgang, bei dem die Materie unaufhaltsam auf einen „Punkt" zusammenstürzt. Das Gravitationsfeld wird dabei schließlich so stark, daß alle Energie, auch die Strahlung, an dem Kollaps teilnimmt. Es entsteht ein schwarzes Loch. Auf den ersten Blick mag es scheinen, als wäre das notwendig mit extremen Dichten der Energie bzw. Materie verknüpft. Doch das ist nicht der Fall. Je größer nämlich die kollabierende Gesamtmasse ist, bei umso kleineren Dichten tritt schon die Bildung des schwarzen Lochs ein. Da nämlich die Gesamtmasse einer Massenverteilung sich durch r_0 ausdrücken läßt, hat man, wenn ϱ die mittlere Massendichte und r_g den Radius einer kugelförmigen Verteilung bezeichnen,

$$\frac{4\pi}{3}\,\varrho\, r_g^{\,3} = \frac{c^2}{2G}\, r_0\,. \tag{47.27}$$

Eine Massenverteilung, deren Radius $r_g = r_0$ ist, hat also eine Dichte $\varrho = 3c^2/8\pi G\, r_0^2$. Wählt man r_0 groß genug, so wird die Dichte ϱ beliebig klein. Setzt man z.B. $r_0 \approx 10^{13}$ m, d.h. gleich dem Radius unseres Sonnensystems, so erhält man eine Dichte von der Größenordnung 10^{-2} g/cm^3, also etwa die Dichte eines Gases unter den uns gewohnten Normalbedingungen. Gleichzeitig erhält man eine Gesamtmasse von etwa 10^{40} kg, d.h. eine Masse von etwa 10^{10} Sonnen oder einer Galaxie. Wenn eine Galaxie sich also auf ein Volumen von der Größe unseres Sonnensystems kontrahierte, würde sie unverzüglich weiter kollabieren und ein schwarzes Loch bilden, ohne daß dabei die Dichte der Materie am Rand des schwarzen Lochs ungewöhnliche Werte annähme.

Die Existenz schwarzer Löcher ist bis heute nicht nachgewiesen, wohl aber mehrfach postuliert worden. Selbst wenn man Einzelheiten der Voraussage bezweifelt, bleibt jedoch das mit der Diskussion der schwarzen Löcher aufgeworfene Problem des Endzustands der kosmischen Energie- bzw. Materieverteilungen bestehen. Unsere Einsichten über die Gesetze der Gravitation auf der einen Seite und der Materie und Strahlung auf der anderen führen unabweislich zu dem Schluß, daß es keinen stationären

Endzustand gibt. Zwar ist es danach denkbar, daß Materieansammlungen kleiner Masse, nämlich der Masse unserer Sonne oder noch kleinerer Masse in Zustände übergehen können, in denen sie erkalten und somit im Prinzip beliebig alt werden könnten — nämlich entweder in den Zustand wie er uns in den Planeten entgegentritt, in den Zustand des weißen Zwerges oder schließlich in den des Neutronensterns —, aber schon Anhäufungen dieser Gebilde sind nicht mehr stabil, sondern führen schließlich zum Gravitationskollaps. Wie immer man das Problem auch wendet, das Ende jeder Energieanhäufung ist schließlich der Kollaps, d.h. der Sturz in eine „Singularität" der Raum-Zeit-Welt, für die das Schwarzschild-Feld vermutlich ein sehr vereinfachtes Modell ist. Physikalisch bedeutet eine Singularität natürlich, daß der Endzustand zwar eine notwendige Folge unserer physikalischen Einsichten ist, sich selbst aber nicht mit den uns zur Verfügung stehenden Erkenntnissen beschreiben läßt.

Wie würde schließlich der Gravitationskollaps und die Entstehung eines schwarzen Lochs von verschiedenen Beobachtern wahrgenommen? Aus unseren Betrachtungen zum Schwarzschild-Feld schließen wir, daß der Vorgang des Kollaps bis zur Singularität nur von einem Beobachter wahrgenommen werden kann, der selbst am Kollaps teilnimmt. Für einen weit entfernten, relativ zum Feld ruhenden Beobachter böte die Existenz des Schwarzschild-Radius der Katastrophe in gewissem Sinn Einhalt. Für ihn ist der Schwarzschild-Radius ja ein Ereignishorizont, und daher registriert er den Kollaps so, daß der außerhalb der Schwarzschild-Kugel befindliche Teil der kollabierenden Massenverteilung endlos auf r_0 zustrebt, was euklidisch gemessen allerdings bedeutet „endlos in die Unendlichkeit". Für einen derartigen Beobachter wäre die kollabierende Materieverteilung immer in zwei klar unterschiedene Teile getrennt, nämlich in die für ihn vorhandene, sichtbare Materie außerhalb der Schwarzschild-Kugel und in die für ihn nur durch die Existenz des Schwarzschild-Feldes bemerkbare Materie innerhalb der Schwarzschild-Kugel. Diese Unterteilung ist für ihn permanent: Was außen ist, bleibt auch ewig außen, und was innen ist, ist ein für allemal verschwunden. Die Schwarzschild-Kugel ist für einen derartigen Beobachter immer oder nie vorhanden, denn sie kann sich nicht bilden und wachsen, da dazu Energie in ihr Inneres eindringen müßte. Die Katastrophe des Gravitationskollaps findet demnach nur für den statt, der daran teilnimmt. Eine Einteilung der Welt in Zuschauer und Akteure ist danach nicht mehr möglich. Ob diese Voraussagen sich bestätigen werden oder einer wesentlichen Korrektur bedürfen, wird die Zukunft zeigen.

§ 48 Gravitationswellen

Schon kurz nach Aufstellung seiner Feldgleichungen zeigte EINSTEIN, daß sie Lösungen besitzen, die die Form von Wellen haben, die sich mit der Grenzgeschwindigkeit ausbreiten. Im Gegensatz zur Newtonschen Theorie, wo ein Gravitationsfeld stets mit seinen „Quellen" verbunden, sozusagen an den Massen hängen bleibt, kann es sich nach EINSTEIN unter Umständen von den Quellen lösen und in den Raum abstrahlen, ebenso wie sich ein elektrisches Feld unter Umständen von seinen „Quellen", den elektrischen Ladungen, lösen und in den Raum abstrahlen kann. Überhaupt ist die

Analogie, wenn man sich auf schwache Gravitationsfelder beschränkt (für die die Feldgleichungen linear werden und auf die Wellengleichung führen) zwischen Gravitationswellen und elektromagnetischen Wellen außerordentlich eng. Man kann, wenn man die Eigenschaften des einen Phänomens kennt, unmittelbar die des anderen angeben. Der einzige wesentliche Unterschied beider Wellen besteht darin, daß die „Gravitationsladungen", d.h. die Massen bzw. Energien stets positiv sind, während elektrische Ladungen beiderlei Vorzeichen haben können. Das hat zur Folge, daß alle elektromagnetischen Strahlungsfelder, die von Ladungsverteilungen herrühren, die sowohl aus positiven als auch aus negativen Ladungen aufgebaut sind (wie der elektrische Dipol) keine Analoga im Fall des Gravitationsfelds besitzen. So zeigt die Gravitation keine Dipolstrahlung, sondern nur Quadrupol- und höhere Multipol-Strahlung.

Gravitationswellen breiten sich ähnlich aus wie elektromagnetische Wellen. In einer Umgebung von der Größenordnung einiger Wellenlängen um die Quelle, der **Nahzone,** hat das Feld im wesentlichen eine Form, die dem statischen Feld der momentanen Ladungs- und Stromverteilung ähnlich ist. Weit weg von der emittierenden Anordnung, der **Fernzone,** zeigt die Feldstärke eine $1/r$-Abhängigkeit (die Energie eine $1/r^2$-Abhängigkeit) und eine Winkelabhängigkeit, d.h. eine Charakteristik, die im wesentlichen durch das tiefste zeitlich veränderliche Multipolmoment der Anordnung bestimmt ist. Im Fall der Gravitationsstrahlung ist das in der Regel ein Quadrupolmoment (im Fall der elektromagnetischen Strahlung meist ein Dipolmoment). In genügend großer Entfernung läßt sich ein Stück der Wellenfront als *ebene Welle* ansehen, die sich mit der Grenzgeschwindigkeit ausbreitet. Die Welle ist transversal, und sie besitzt eine **Polarisation,** d.h. zwei Freiheitsgrade senkrecht zur Ausbreitungsrichtung. Die Polarisation ist der Polarisation elektromagnetischer Wellen vergleichbar, nur haben Polarisationsrichtungen, die sich um den Winkel π unterscheiden, nicht, wie im elektromagnetischen Fall, entgegengesetztes, sondern gleiches Vorzeichen (in der einschlägigen Terminologie: Die Polarisation ist nicht, wie bei der elektromagnetischen Welle ein Vektor, sondern ein symmetrischer Tensor zweiter Stufe).

Erzeugung

Jede **Strahlung,** ob elektromagnetische Wellen oder Gravitationswellen, wird dadurch erzeugt, daß sich *Momente* zeitlich ändern. Im elektromagnetischen Fall handelt es sich um die Momente einer Ladungsverteilung, im Fall der Gravitationsstrahlung um die **Momente einer Energieverteilung** (Massenverteilung). Nun sind die Momente einer Verteilung irgendeiner Größe im Raum ein mathematisches Mittel, um die Ausprägung räumlicher Symmetrien der Verteilung zu beschreiben. So hat eine kugelförmige Verteilung kein Moment, sie hat die höchstmögliche Symmetrie, denn sie ist gegen beliebige Drehungen und Spiegelungen an ihrem Zentrum invariant. Ihr Außenfeld ist demgemäß durch eine einzige Angabe, die Gesamtmasse bzw. Gesamtladung gekennzeichnet. Denkt man sich eine ursprünglich kugelsymmetrische Verteilung einer Größe, die nur ein Vorzeichen hat, wie die Energie oder die elektrische Ladung eines Vorzeichens, in Richtung der z-Achse gestreckt oder gestaucht, so erhält man eine Verteilung, die nicht mehr gegen beliebige räumliche Drehungen invariant ist, sondern nur noch gegen Drehungen um die z-Achse (Abb. 48.1). Um die x- oder y-Achse gestattet sie nur noch Drehungen um π und ganze Vielfache davon. Spiegelungen am Zentrum sind weiterhin erlaubt. Von einer Verteilung mit dieser Symmetrieeigenschaft sagt

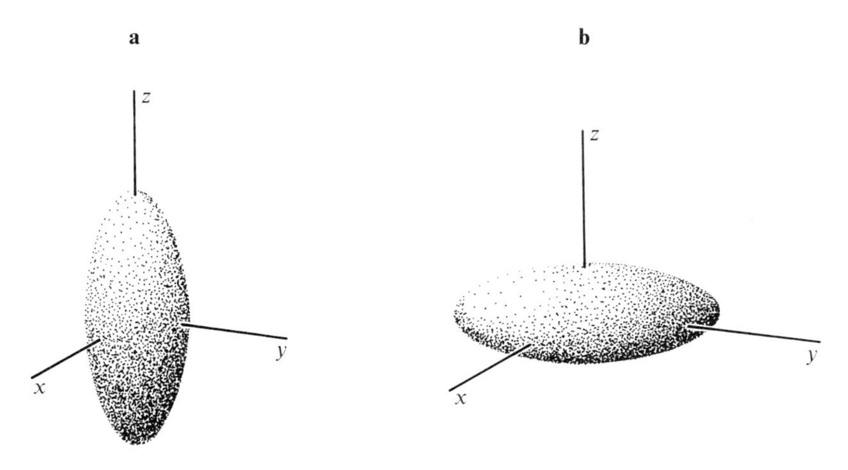

Abb. 48.1

Massenverteilung bzw. Verteilung gleichnamiger elektrischer Ladung, die aus einer kugelsymmetrischen Verteilung durch Streckung (a) bzw. Stauchung (b) in Richtung der z-Achse hervorgehen. Die Verteilungen haben ein Quadrupolmoment, das im Fall (a) positiv, im Fall (b) negativ ist.

man, sie habe ein **Quadrupolmoment.** Käme es allein auf die Stärke an, mit der die Quadrupolsymmetrie in der Verteilung ausgebildet ist, so genügte zu ihrer Angabe wieder nur eine einzige Zahl. Da wir aber an zeitlichen Änderungen des Quadrupolmoments interessiert sind, wozu nicht nur Änderungen in der Ausprägung der Quadrupolsymmetrie, d.h. im Betrag der Streckung oder Stauchung der Ladungsverteilung gehören, sondern auch Änderungen in ihrer räumlichen Lage, so braucht man zur Beschreibung mehr als eine Zahl (nämlich fünf). Wir wollen hier nicht näher darauf eingehen. Als Beispiel einer Massenverteilung, die ein Quadrupolmoment besitzt, erwähnen wir das aus zwei gleichen Körpern bestehende 2-Körper-System. Daß es alle Symmetrien hat, die für ein Quadrupolmoment charakteristisch sind, ist offensichtlich, denn die Verbindungslinie der beiden punktartigen Körper bildet eine Achse, um die jede Drehung das Gebilde invariant läßt, und jede dazu senkrechte Achse ist eine Achse, um die Drehungen um den Winkel π und seine ganzzahligen Vielfachen erlaubt sind.

Natürlich gibt es neben dem Quadrupolmoment auch noch weitere Momente, *höhere Multipol-Momente*, die zu tieferen Symmetrien gehören. Da sie aber meist eine untergeordnete Rolle spielen und ihre Behandlung außerdem einigen mathematischen Aufwand erfordert, wollen wir sie hier übergehen.

Wichtig ist, daß immer dann, wenn das Quadrupolmoment eines Körpers oder einer Massenverteilung eine zeitliche Änderung (im Betrag oder auch in seiner räumlichen Lage) erfährt, die Verteilung **Gravitationswellen** abstrahlt. Dabei muß sich das Quadrupolmoment allerdings stärker als mit dem Quadrat der Zeit t ändern. Bei der Abstrahlung liefert die die Wellen erzeugende Anordnung Energie an das Gravitationsfeld, das diese dann wegtransportiert. Für ein **2-Körper-System** mit den Massen M_1 und M_2, die sich im gegenseitigen Abstand r mit der Winkelgeschwindigkeit $\boldsymbol{\Omega}$ umeinander bewegen, ist diese Energieabgabe pro Zeiteinheit gegeben durch

$$\frac{dE}{dt} = -\frac{32G}{5c^5}\left(\frac{M_1 M_2}{M_1+M_2}\right)^2 r^4 \Omega^6. \tag{48.1}$$

Erfolgt das Umkreisen der beiden Körper allein als Folge ihrer Gravitationswechselwirkung, so ist nach den Keplerschen Gesetzen (für das 2-Körper-Problem)

$$\frac{4\pi^2}{T^2} r^3 = \Omega^2 r^3 = \gamma_1 + \gamma_2 = G(M_1 + M_2).$$

Bestimmt man hieraus Ω und setzt es in (48.1) ein, so resultiert

$$\frac{dE}{dt} = -\frac{32 G^4}{5 c^5} \frac{(M_1 M_2)^2 (M_1 + M_2)}{r^5}. \tag{48.2}$$

Für $M_1 \gg M_2$ vereinfacht sich diese Formel zu

$$\frac{dE}{dt} = -\frac{32 G^4}{5 c^5} \left(\frac{M_1}{r}\right)^3 \left(\frac{M_2}{r}\right)^2 = \frac{c^5}{5G} \left(\frac{r_{1\,0}}{r}\right)^3 \left(\frac{r_{2\,0}}{r}\right)^2, \tag{48.3}$$

und für $M_1 = M_2 = M$ zu

$$\frac{dE}{dt} = -\frac{64 G^4}{5 c^5} \left(\frac{M}{r}\right)^5 = \frac{2 c^5}{5G} \left(\frac{r_0}{r}\right)^5. \tag{48.4}$$

Dabei sind $r_{1\,0}$ und $r_{2\,0}$ bzw. r_0 die Schwarzschild-Radien (47.2) der Körper.

Setzt man in (48.3) die Werte für **Sonne und Erde** ein, so erhält man für die in Form von Gravitationswellen abgestrahlte Leistung

$$-\left(\frac{dE}{dt}\right)_{\text{Sonne-Erde}} = \frac{3^5 \cdot 10^{40}}{5 \cdot 7 \cdot 10^{-11}} \left(\frac{3}{1{,}5 \cdot 10^8}\right)^3 \left(\frac{1{,}5 \cdot 10^{-6}}{1{,}5 \cdot 10^8}\right)^2 \text{Watt} \approx 10\ \text{Watt},$$

d.h. einen völlig vernachlässigbaren Anteil der sonstigen Energieumsetzungen. Selbst bei einem **Doppelsternsystem,** bei dem zwei Sterne von Sonnenmasse sich in einem Abstand der Größenordnung Erde—Sonne umkreisen, erhielte man nach (48.4) erst eine Strahlungsleistung von 10^{13} Watt $= 10^7$ MW, die etwa einem Massenverlust von 1 Gramm pro Sekunde entspricht. Auch dieser Anteil ist vernachlässigbar angesichts der sonstigen bei einem derartigen Problem wichtigen Energieumsetzungen.

Anders liegen die Verhältnisse, wenn die Sterne einen sehr kleinen Abstand haben, was wiederum nur möglich ist, wenn sie selbst einen kleinen Durchmesser und damit eine sehr große Dichte besitzen. Stellt man die Existenz von *Neutronensternen* in Rechnung, die bei etwa einer halben Sonnenmasse einen Radius von nur 10 km haben, so ließen sich im Prinzip sehr kleine Abstände erreichen. Setzen wir versuchsweise für den Abstand einmal 100 km an bei einem Doppelstern mit $r_0 = 1$ km, so resultiert aus (48.4)

$$-\frac{dE}{dt} \approx 10^{52} \left(\frac{1}{10^2}\right)^5 \text{Watt} = 10^{42}\ \text{Watt} = 10^{-5} \frac{M_{\text{Sonne}}\, c^2}{\text{sec}}.$$

Ein solches Doppelsternsystem würde also so viel Energie als Gravitationsstrahlung abstrahlen, daß seine Rotation sofort gebremst würde und das Gebilde kollabierte. Bei Neutronensternen genügte also schon ein Stoß mit kleinem Stoßparameter, bei dem die beiden Sterne sich sehr nahe kommen, um so viel Energie als Gravitationsstrahlung abzugeben, daß es zu einem Kollaps käme.

Unsere Betrachtungen liefern schließlich noch eine Abschätzung der bei starker Gravitationsstrahlung zu erwartenden **Frequenzen.** Da nämlich eine emittierende Massenverteilung, einfach um bei den nach unseren heutigen Kenntnissen maximalen Dichten ein genügend großes Moment zu erzeugen, eine räumliche Ausdehnung von mindestens 10 bis 100 km haben muß, und da ferner als maximale Geschwindigkeit höchstens die Grenzgeschwindigkeit auftritt, sind die zu erwartenden Frequenzen höchstens von der Größenordnung $c/(10\text{—}100\,\text{km}) = 10^4\text{—}10^3$ Hz. Die Wellenlängen sind dabei von der Größenordnung der räumlichen Ausdehnung des emittierenden Systems, d.h. 10 bis 100 km.

Quellen und Nachweis

Ein Doppelsternsystem, bei dem ein Energieverlust durch Abstrahlung von Gravitationswellen aller Wahrscheinlichkeit nach nachgewiesen worden ist, ist ein 1974 entdeckter Pulsar im Sternbild des Adlers in einer Entfernung von $1{,}5 \cdot 10^4$ Lichtjahren von uns.

Pulsare, die 1967 entdeckt wurden, sind Quellen pulsartig emittierter Strahlung. Die Pulse werden in festen Zeitabständen wie von sehr genau gehenden Uhren ausgesendet. Der erwähnte Pulsar im Sternbild Adler hält allerdings seinen mittleren Zeitabstand zwischen den Pulsen von $T = 0{,}059$ s nicht fest ein. Der Zeitabstand schwillt im Laufe von 8 Stunden periodisch an und ab, und zwar um den Betrag $\Delta T = 10^{-3}\,T$. Zur Deutung dieser Periodizität ΔT nimmt man an, daß der Pulsar um einen Partner in 8 Stunden umläuft, mit ihm also einen Doppelstern bildet. Beide Sterne, den Pulsar und seinen Doppelsternpartner, stellt man sich als Neutronensterne vor, also als wenig ausgedehnte Gebilde mit der Dichte von Kernmaterie. Die Masse beider Neutronensterne beträgt jede etwas mehr als die der Sonne, wie man aus der der Periheldrehung des Merkurs (Abb. 45.5 und § 47) analogen Drehung des Periastrons des Doppelsterns schließt. Die Verschiebung des Zeitabstandes zwischen den Pulsen ist dann durch Doppler-Effekt hervorgerufen, da der strahlende Neutronenstern sich abwechselnd auf uns zu und von uns fort bewegt.

Die 8stündige Periode, also die Umlaufszeit der beiden Neutronensterne umeinander, hat sich seit der Entdeckung dieses Pulsars in jedem Jahr um 10^{-4} s verkürzt. Das bedeutet aber, daß das Doppelsternsystem Energie verloren hat, und zwar zusätzlich zu der als Radiostrahlung abgegebenen Energie. Berechnet man nun einerseits den von diesem 2-Körper-System abgegebenen Energiestrom in Form von Gravitationswellen und vergleicht ihn mit dem Energieverlust des Systems, so wie er sich in der Verkürzung der Umlaufszeit manifestiert, dann erhält man völlige Übereinstimmung. Die Existenz von Gravitationswellen, so wie sie aus den Einsteinschen Feldgleichungen folgt, erscheint damit nachgewiesen.

Seit Ende der 60er Jahre strebt man außerdem an, auf die Erde auftreffende Gravitationswellen im Laboratorium nachzuweisen, indem man versucht, wie stets beim Nachweis und Empfang von Wellen, ein schwingungsfähiges System, dessen Schwingungen der direkten Beobachtung zugänglich sind, durch die Wellen anregen zu lassen. Dazu eignet sich im Fall der Gravitationswellen im Prinzip jede Massenverteilung, d.h. jeder ausgedehnte Körper. Infolge der Inhomogenität des Wellenfeldes wird dieser nämlich im Takt der Frequenz der Welle eine Verzerrung und damit eine **erzwungene Deformationsschwingung** erfahren. Nötig für eine große Energieübertragung von der Welle auf den schwingenden Körper ist einmal, daß der Körper mit einer gut ausgeprägten *Eigenfrequenz*, also bei möglichst ungedämpfter Deformationsschwingung in *Resonanz* mit der Gravitationswelle schwingt. Um außerdem die Energieübertragung pro Einzelschwingung groß zu machen, also eine gute *Anpassung* des schwingenden Körpers an das Wellenfeld, d.h. eine starke Kopplung zwischen Körper und Feld zu erreichen, sollten die Lineardimensionen des Körpers möglichst von der Größenordnung der Wellenlänge der Strahlung sein. Mit den uns zur Verfügung stehenden Körpern sind diese Bedingungen kaum zu erfüllen, zumal als wesentliche praktische Bedingung hinzukommt, daß der Körper allen anderen zu Schwingungen führenden Einflüssen der Umwelt möglichst entzogen werden muß.

Die als Gravitationswellenempfänger verwendeten Körper sind Aluminiumzylinder, deren tiefste Eigenfrequenzen (der Longitudinalschwingung) zwischen 1000 und 1600 Hz liegen und Längsabmessungen von 1 m und 1,50 m haben; die Durchmesser betragen 90 cm und 60 cm. Die Zylinder werden möglichst störungsfrei im Vakuum aufgehängt und ihre mechanischen Schwingungen mit Hilfe von Piezokristallen abgegriffen. Zur Ausschaltung von zufälligen Schwingungsanregungen werden mehrere derartige Zylinder an verschiedenen Stellen der Erde aufgestellt und nur solche Anregungen als durch Gravitationswellen verursacht gezählt, die bei allen Zylindern simultan auftreten. Die Zylinder besitzen außerdem eine Empfängerrichtwirkung, d.h. eine Empfangscharakteristik mit einem Öffnungswinkel von etwa 60°. Ein derartiges System mehrerer weit voneinander aufgestellter Zylinder, ein sogenanntes „array“, bildet also ein **Teleskop für Gravitationssignale** aus dem Weltraum, das infolge der Drehung der Erde um ihre Achse einmal pro Tag eine Zone der Himmelskugel überstreicht.

Außer Zylinder verwendet man auch in einem rechten Winkel fest miteinander verbundene Rohre, deren durch Gravitationswellen angeregte Schwingungen optisch ausgemessen werden. Durch Interferometrie eines zwischen den freien Enden laufenden Laserwellenzugs wird der Abstand zwischen diesen Enden und damit die Amplitude dieser Schwingung optisch so genau vermessen, wie die Schwingungsamplitude des Aluminiumzylinders piezoelektrisch bestimmt wird.

Weder mit der einen noch der anderen Anordnung sind jedoch bis heute Gravitationswellen nachgewiesen worden.

§ 49 Kosmologie

Als Kosmologie bezeichnet man alle Fragen, die die Welt im Großen betreffen. Dabei interessieren vor allem die durchschnittlichen Phänomene, in denen die individuellen Besonderheiten und lokalen Zufälligkeiten in der Welt keine Rolle spielen. Es geht insbesondere um Struktureigenschaften der Welt, soweit sie Entfernungen betreffen, die in Milliarden von Lichtjahren gemessen werden und um Zeiten, für die eine Milliarde Jahre eine geeignete Einheit ist. Lange wurde die Kosmologie als zu spekulativ und daher als wissenschaftlich etwas unsolide empfunden. Diese Einstellung ist jedoch ein Vorurteil. Sie ist vermutlich nur ein Rudiment der alten Auffassung, daß die irdischen Geschehnisse nicht von derselben Art sind wie die kosmischen und daß sie vor allem die Vielfalt des Kosmos nicht erahnen lassen. Merkwürdigerweise könnte ein Grund für die Abneigung gegen die Kosmologie sogar der sein, daß sie klarer als viele andere Gebiete der Physik das Verfahren naturwissenschaftlichen Vorgehens demonstriert und Illusionen über die Zwangsläufigkeit bei der begrifflichen Fassung von Beobachtungen wenig Spielraum läßt. Dieses Verfahren läßt sich kurz so schildern: Auf der Basis vorhandenen Wissens werden Begriffe erfunden und Hypothesen gemacht, möglichst in quantitativer, mathematischer Form. Aus ihnen werden quantitative Voraussagen deduziert, die definit genug sind, um durch Beobachtungen widerlegt oder bestätigt werden zu können (s. §2). So geht die Physik zwar immer vor, aber das tritt oft nicht klar in Erscheinung. Die Möglichkeit des aktiven Handelns, des Experimentierens, vergrößert nicht nur die Mannigfaltigkeit der Beobachtungen ganz außerordentlich, sondern vermittelt außerdem das Gefühl, als ob die Begriffe und ihre mathematische Fassung, d.h. die Grundlagen der Hypothesen- und Theorienbildung aus dem Verhalten der Natur „ableitbar" wären. Die Beschränkung auf das bloße Beobachten, die unsere Lage in Bezug auf kosmische Phänomene kennzeichnet, läßt dieses Gefühl weniger leicht aufkommen und macht daher die erkenntnistheoretische Situation und den Anteil, den Phantasie und Willkür in unserem Vorgehen bei der Beschreibung der Natur haben, eigentlich viel klarer.

Kosmologische Postulate

Kosmologische Untersuchungen verlaufen meist nach folgendem Standardverfahren. Man macht bewußt Hypothesen, d.h. man stellt Postulate auf, und zwar so viele wie notwendig sind, um zu Aussagen zu kommen, die sich durch Beobachtung prüfen lassen. Als verbindlich betrachtet man dabei, daß unter den Postulaten all diejenigen Begriffe und Gesetze der Physik vorkommen, denen wir allgemeine Gültigkeit zuschreiben. Das sind einmal dynamische Größen wie Energie, Impuls, Drehimpuls, Entropie, elektrische Ladung und andere mehr, zum zweiten sind es Erhaltungssätze sowie fundamentale Verknüpfungen wie die Grundgleichungen der Mechanik, der Quantenmechanik oder die Maxwellschen Gleichungen. Das alles ist nichts als ein Ausdruck der Absicht, auch die Welt im Großen auf der Grundlage unserer hier auf der Erde erworbenen Kenntnis der Natur zu verstehen. Weiter kommt unter den Postulaten stets das *kosmologische Postulat* oder *Weltpostulat* vor, nämlich daß, von lokalen oder individuellen Besonderheiten abgesehen, alle Orte der Welt im Großen gleichartig und daher gleichberechtigt sind. Die Welt ist im Großen also homogen und isotrop. Wenn man so will, ist dieses Grundpostulat aller Kosmologie die Lehre aus der Erfahrung, daß der Durchbruch zum naturwissenschaftlich-rationalen Verstehen der Welt erfolgte, als der Mensch seinen Jahrtausende alten Glauben aufgab, er und seine Erde seien das Zentrum oder zumindest etwas Besonderes in der Welt.

Olbers' Paradoxon

Das historisch erste kosmologische Problem war das Olberssche Paradoxon. 1826 kam Olbers (H.W.M. Olbers, 1758—1840) in einer Untersuchung zu dem Schluß, daß der **Helligkeitsunterschied zwischen Tag und Nacht** ein nicht-triviales Problem ist, ja daß es ihn eigentlich nicht geben dürfe, sondern daß der Himmel immer dieselbe Helligkeit zeigen müsse. In seiner Untersuchung geht er dabei genau nach dem Verfahren der Kosmologie vor. Seine Überlegungen sind so klar und einfach, daß sie sich in wenigen Sätzen wiedergeben lassen.

Zunächst stützt Olbers sich auf das physikalische Gesetz, daß bei einer kugelförmigen Ausbreitung von Licht, das z.B. von einem Stern kommt, die Intensität (heute würden wir sagen, der Energiefluß oder die Energiestromdichte) umgekehrt proportional mit dem Quadrat des Abstands abnimmt. Zum anderen wendet er das Weltpostulat in Form zweier Annahmen an. Einmal nimmt er an, daß der Raum im Großen gleichmäßig mit Sternen erfüllt ist, so daß man, wenn man von der Erde aus in die Tiefen des Weltraums vordringen würde, im Durchschnitt immer dieselbe Sterndichte anträfe. Seine zweite Annahme war die, daß alle selbstleuchtenden Sterne etwa die gleiche Größe und die gleiche Oberflächenhelligkeit haben wie die in unserer näheren Umgebung von einigen hundert oder tausend Lichtjahren beobachteten Fixsterne, d.h. daß sie durchschnittlich von der Art unserer Sonne sind. Diese wenigen und einleuchtenden Annahmen haben nun die unerwartete Konsequenz, daß die Erde einem zeitlich konstanten und räumlich isotropen, d.h. von allen Richtungen mit gleicher Stärke einfallenden Lichtstrom ausgesetzt sein müßte.

Zunächst hat das Gesetz, daß die *Energiestromdichte* eines gleichmäßig nach allen Richtungen strahlenden Körpers mit $1/r^2$ abfällt, zur Folge, daß der Energiestrom, den die Erde von einem Stern erhält, nur von der Energiestromdichte an der Oberfläche des Sterns, d.h. von der *Flächenhelligkeit* des Sterns und von dem Raumwinkel Ω abhängt, unter dem der Stern von der Erde aus erscheint. Die gesamte von einem Stern pro Zeiteinheit emittierte Energie η ist nämlich gegeben durch

$$\eta = \text{Flächenhelligkeit} \cdot \text{gesamte Oberfläche}.$$

In der Entfernung r, in der sich die Erde befinden möge, hat die Strahlung des Sterns also die Energiestromdichte $\eta/4\pi r^2$. Die Oberfläche des Sterns ist aber proportional dem Raumwinkel Ω, unter dem der Stern von der Erde aus erscheint, multipliziert mit r^2. Also hat auch η dieselbe Proportionalität, so daß r^2 aus der Energiestromdichte $\eta/4\pi r^2$

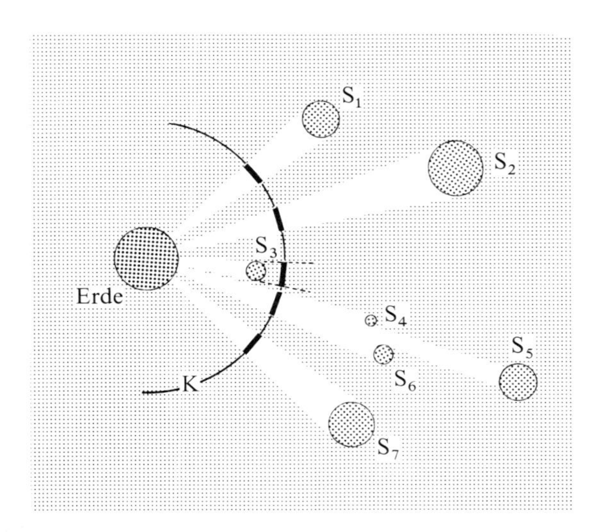

Abb. 49.1

Wenn Sterne gleiche Flächenhelligkeit haben, hängt der von einem Beobachter auf der Erde empfangene Energiestrom nur ab vom Raumwinkel, unter dem er die Sterne sieht. Sind die Raumwinkel gleich, unter denen er einen oder mehrere Sterne sieht, empfängt er aus diesen Raumwinkeln gleiche Energieströme unabhängig davon, wie weit die Sterne tatsächlich entfernt sind. Der Beobachter kann sich die Sterne daher auf ein Stück einer Kugelfläche K projiziert denken, das die gleiche Flächenhelligkeit hat wie die Sterne.

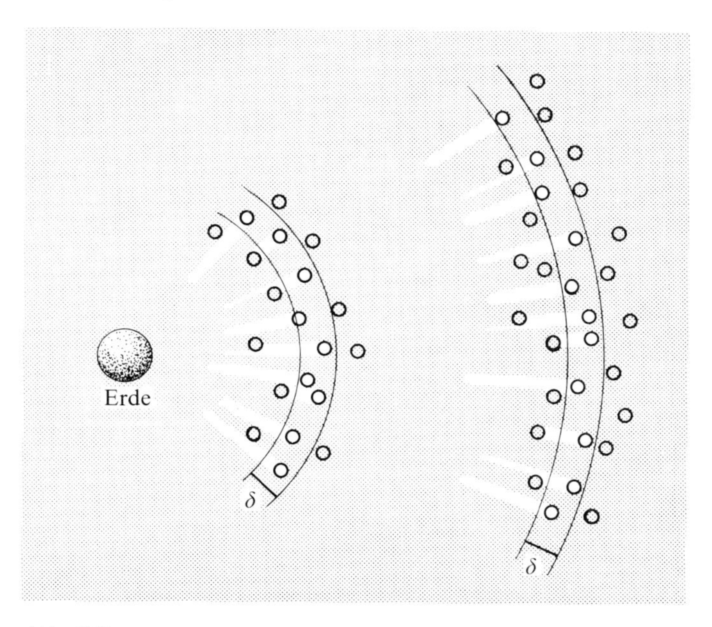

Abb. 49.2

Ist die Zahl der Sterne pro Volumen überall im Raum gleich, ferner ihre Flächenhelligkeit im Mittel dieselbe, empfängt ein Beobachter auf der Erde aus allen Kugelschalen der Dicke δ den gleichen Energiestrom. Die Zahl der Sterne in jeder Kugelschale ist nämlich proportional r^2, der Raumwinkel, unter dem ein einzelner Stern erscheint, aber proportional $1/r^2$. (In der 2-dimensionalen Zeichnung ist die Zahl der Sterne im Kreisring proportional r und der Winkel, unter dem ein Stern erscheint, proportional $1/r$.)

herausfällt und allein der Raumwinkel Ω und die Flächenhelligkeit als veränderlich übrig bleiben.

Von zwei Sternen S_1 und S_2, die verschieden weit von der Erde entfernt sind, in ihrem Größenverhältnis sich aber gerade so zueinander verhalten, daß sie von der Erde aus gesehen unter demselben Winkel erscheinen, erhält die Erde also gleichviel Strahlungsenergie, wenn beide dieselbe Oberflächenhelligkeit haben (Abb. 49.1). Ebenso ist, gleiche Flächenhelligkeit vorausgesetzt, die auf der Erde beobachtete Strahlung eines Sterns S_1 dieselbe wie die einer ganzen Reihe von Sternen S_4, S_5, S_6, wenn diese zusammengenommen unter demselben Raumwinkel erscheinen wie S_1 allein. Dabei zählen Stücke eines Sterns, die von einem anderen verdeckt werden, einfach nicht mit (Abb. 49.1). Die gesamte Strahlungsenergie, die die Erde empfängt, erhalten wir also so, daß wir alle Raumwinkel zusammenzählen, unter denen wir Sterne sehen. Das kommt auf dasselbe hinaus, als wenn wir uns alle Sterne auf eine Kugelfläche um die Erde projiziert denken. Als effektive Strahlungsquelle wirkt dann der Teil der Kugelfläche, der von den Projektionsbildern der Sterne bedeckt wird.

Das Postulat der gleichmäßigen Erfüllung des Raumes mit Sternen sorgt nun dafür, daß die Kugelfläche vollständig mit Projektionsbildern von Sternen bedeckt ist. Um das einzusehen, denken wir uns den ganzen Raum durch Kugelschalen der Dicke δ ausgeschöpft (Abb. 49.2). Da die Zahl n der Fixsterne pro Volumen im Durchschnitt konstant ist, sind in einer Kugelschale von hinreichend großem Radius r im Durchschnitt $4\pi n \delta r^2$ Sterne enthalten. Da die Sterne durchschnittlich dieselbe Größe haben, der Winkel $\Omega(r)$, unter dem ein einzelner Stern erscheint, also mit $1/r^2$ abnimmt, erscheinen die in einer Kugelschale enthaltenen Sterne zusammen unter einem Raumwinkel, der von r gar nicht abhängt. Jede Kugelschale liefert also im Durchschnitt den gleichen Betrag zum Raumwinkel, unter dem Sterne sichtbar sind. Da es unendlich viele Kugelschalen gibt und die Sterne im Raum isotrop, d.h. nach allen Richtungen gleichmäßig verteilt sind, wird die Kugelfläche, auf die wir die Sterne projiziert denken, sicher vollständig mit Sternprojektionen bedeckt, so daß die ganze Kugelfläche als effektive Strahlungsquelle wirkt und man keine einzelnen hellen Sterne auf dunklem Hintergrund sieht. Die auf der Erde eintreffende Strahlung müßte also isotrop sein und eine Energiedichte haben, die allein durch die mittlere Oberflächenhelligkeit und damit durch die mittlere Oberflächentemperatur der Sterne (5000—10000 K) bestimmt ist. Also müßte auf der Erde immer dieselbe Helligkeit und eine mittlere Temperatur von 5000—10000 K herrschen, was offenbar im Widerspruch zu unserer Erfahrung und eigenen Existenz steht.

Mindestens eine der Voraussetzungen muß also falsch sein, oder wir machen, ohne daß es uns bewußt wird, von Annahmen Gebrauch, die wir nicht explizite genannt haben, die aber für das Resultat verantwortlich sind. OLBERS selbst schloß aus seinem Ergebnis nicht auf die Falschheit seiner Voraussetzungen, sondern auf die Existenz von Dunkelwolken, die das von den fernen Sternen kommende Licht absorbieren. Dieser Schluß ist indessen nicht richtig, da die Dunkelwolken im Laufe der Zeit durch die Absorption aufgeheizt würden, bis sie selbst ebenso viel Energie wieder abstrahlen wie sie durch Absorption erhalten, so daß sie selbst zu Strahlungsquellen würden wie die Sterne.

Auch die Annahme einer gleichmäßigen Erfüllung des Weltraums mit Sternen ist nicht wörtlich richtig, denn die Fixsterne treten immer in Anhäufungen, als Galaxien, auf. Das tut der Olbersschen Überlegung jedoch keinen Abbruch, denn man braucht die Rolle, die die Sterne in ihr spielen, nur den Galaxien zu geben oder Clustern von Galaxien, kurzum jenen Gebilden, die gleichmäßig im Raum verteilt sind, um zum selben Resultat zu kommen.

Die Expansion des Weltalls

Tatsächlich ist nun, wie wir heute wissen, eine explizit nicht ausgesprochene und seinerzeit als selbstverständlich erachtete Annahme falsch, nämlich daß das Weltall zeitlich unveränderlich sei. Die fundamentale Entdeckung, daß das Weltall expandiert und seine inneren Maßverhältnisse ändert, greift entscheidend in die Olbersschen Überlegungen ein. Da diese Entdeckung der erste experimentelle Beitrag zur Kosmologie und daher von grundlegender Bedeutung ist, wollen wir uns ihr näher zuwenden.

Die Entdeckung, um die es sich handelt, ist ein genereller Zusammenhang zwischen **Entfernung einer Galaxie und Rotverschiebung** des von ihr emittierten Lichts (E. HUBBLE, 1929). Die Spektren der Galaxien zeigen nämlich eine Rotverschiebung, d.h. eine Verschiebung typischer Spektrallinien, wie z.B. der Linien des Wasserstoffs, zu kleineren Frequenzen bzw. größeren Wellenlängen gegenüber den entsprechenden Spektrallinien bei Messung auf der Erde. Diese Rotverschiebung ist umso größer, je kleiner und lichtschwächer die Galaxie erscheint. Die Helligkeit, mit der eine Galaxie erscheint, ist aber, wie Entfernungsmessungen mit anderen Mitteln bestätigt haben, im wesentlichen durch ihre Entfernung bestimmt, denn Galaxien eines Typs haben im Durchschnitt ungefähr dieselbe gesamte Lichtemission. Die Entfernung einer Galaxie zeigt nun eine direkte Proportionalität zum Betrag der Rotverschiebung, d.h. der relativen

Frequenzverminderung ihres Lichts. Ist ω die ausgesandte und ω' die auf der Erde empfangene Frequenz, so ist, wenn d die Entfernung der Galaxie bezeichnet,

$$\frac{\omega-\omega'}{\omega}=\frac{H}{c}\,d. \tag{49.1}$$

Für den Proportionalitätsfaktor H, die *Hubble-Konstante*, liefern die Messungen

$$H=0{,}17\cdot 10^{-17}\,\mathrm{sec}^{-1}=7\cdot 10^{-11}\,\mathrm{Jahre}^{-1}. \tag{49.2}$$

Interpretiert man (49.1) als Doppler-Effekt, d.h. $(\omega-\omega')/\omega\approx v/c$, wobei v die Fluchtgeschwindigkeit der Galaxie ist, so ist (49.1) gleichbedeutend mit der Beziehung

$$v=H\cdot d \tag{49.3}$$

zwischen **Fluchtgeschwindigkeit und Entfernung einer Galaxie.** Wendet man (49.3) auf zwei Galaxien in verschiedenen Entfernungen d_1 und d_2 an und subtrahiert man beide Gleichungen und dividiert sie durcheinander, so erhält man

$$H=\frac{v_2-v_1}{d_2-d_1}=\frac{\text{Zunahme der Fluchtgeschwindigkeit}}{\text{Abstand}} \tag{49.4}$$

$$=17\ \text{km/sec pro } 10^6 \text{ Lichtjahre Abstand}.$$

Die Hubble-Konstante ist eine Naturkonstante, sie hat einen für die ganze Welt charakteristischen Wert. Da nämlich nach dem Weltpostulat die Erde bzw. unsere Galaxie keine Sonderstellung einnimmt, sind die Gln (49.1) bis (49.3) als allgemein verbindlich zu betrachten. H gibt daher die Geschwindigkeit an, mit der die Abstände zwischen allen Galaxien sich vergrößern, d.h. mit der *die Welt expandiert.*

Denkt man den durch (49.3) beschriebenen Expansionsprozeß rückwärts in der Zeit verfolgt, so müßten alle Galaxien vor einer Zeit der Größenordnung $H^{-1}\approx 10^{10}$ Jahre den Abstand Null gehabt haben. Daher rührt die Vorstellung, daß die Welt vor etwa 10^{10} Jahren in einer gewaltigen Explosion, dem *Urknall*, ihren Anfang nahm. Die Zeit H^{-1} wäre demnach das ungefähre **Alter der Welt.** Demgemäß dürfte es kein Objekt geben, das älter ist als 15 Milliarden Jahre. Tatsächlich sind alle Objekte, deren Alter wir nachprüfen können, wie Gesteine und Mineralien, jünger.

Man wird vielleicht den Einwand erheben (dem man in der Tat immer wieder begegnet), das ganze Bild vom expandierenden Universum hänge nur daran, daß die Rotverschiebung ferner Galaxien als Doppler-Effekt gedeutet werde, daß es vielleicht aber eine ganz andere physikalische Erklärung für die Rotverschiebung geben könnte, die keine so „unangenehmen Folgen" hätte. Wir kennen aber neben dem Doppler-Effekt nur noch einen physikalischen Effekt, der eine Frequenzverschiebung verursacht, nämlich die Rotverschiebung in einem Gravitationsfeld. Nun ist zur Erklärung der galaktischen Rotverschiebung an individuelle Gravitationsfelder nicht zu denken; deren Stärke müßte linear von ihrem gegenseitigen Abstand abhängen, was völlig unbegreiflich wäre. Was aber die Gravitationswirkung der mittleren Energieverteilung der Welt betrifft, so ist sie, da sie die Raum-Zeit-Struktur der Welt als ganzes festlegt, wie die aus den Einsteinschen Feldgleichungen folgenden kosmologischen Modelle (§ 43) zeigen, mit dem Doppler-Effekt identisch.

Wollte man die galaktische Rotverschiebung also nicht als Doppler-Effekt akzeptieren, bliebe nur die Zuflucht zu einem neuen Effekt, der keine andere Funktion in der Physik hätte, als die galaktische Rotverschiebung zu erklären. Dieses Vorgehen liefe nicht nur unserem Begriff von naturwissenschaftlicher Methodik zuwider, man stünde überdies vor einem weiteren ernsten Problem, nämlich für ein zweites kosmisches Phänomen eine gesonderte Erklärung zu finden, für die 1965 entdeckte isotrope Weltraumstrahlung.

Die 3 K-Weltraumstrahlung

Die Endlichkeit der Lichtgeschwindigkeit bewirkt, daß das Bild des Kosmos, das wir von der Erde aus sehen, keine Gleichzeitigkeitsaufnahme ist, sondern ein Bild, das die **Geschichte der Welt** einschließt. Ein Objekt, das sich in einem Abstand von einer Million Lichtjahren von uns befindet, sehen wir nicht so, wie es heute ist, sondern wie es vor einer Million Jahren ausgesehen hat. Je ferner ein Objekt ist, in einem umso früheren Stadium seines Lebens erblicken wir es. Da nun das Alter der Welt etwa 10 Milliarden Jahre beträgt, müssen wir in einer Entfernung von etwa 10 Milliarden Lichtjahren den „Anfang der Welt“ erblicken.

Die Konsequenz dieser Einsicht ist, daß das von den fernen Sternen kommende Licht aus Zeiten stammt, in denen die Welt jünger und kleiner war als sie heute ist. Denn wenn wir die Zeit rückwärts verfolgen, zeigt die Welt ja eine Kontraktion, d.h. eine Verkleinerung ihres Volumens. Dann muß, rückwärts blickend, also auch die mittlere Energiedichte, d.h. aber auch die mittlere Dichte der Materie und der Strahlung größer werden und damit auch ihre Temperatur. Dann stellt sich aber sofort die Frage, ob wir, wenn wir bis an den Anfang der Welt zurückblicken, immer Sterne derselben Struktur sehen, wie wir sie in kleineren Entfernungen und damit in einem späteren Stadium der Welt beobachten, oder anders gewendet, ob die Materie von Anfang an in derselben inhomogenen Verteilung vorlag, wie wir sie heute beobachten, nämlich in der Form kondensierter Klumpen, der Sterne, die in große, fast leere Räume eingelagert sind. Die Frage ist sicherlich zu verneinen, denn die Sterne sind eine Folge des aus der Gravitation resultierenden Bestrebens der Materie, sich an Stellen, an denen sie schon dichter ist als in einer Umgebung, sich auf Kosten dieser Umgebung noch weiter zu verdichten, zu kondensieren. Diese **Kondensation,** der die galaktischen Cluster, die Galaxien, Sternhaufen und Sterne ihre Entstehung verdanken (vermutlich in dieser Reihenfolge), ist allerdings nur dann wirksam, wenn die Temperatur klein genug, die Materie also hinreichend *kalt* ist. Bei hoher Temperatur würde eine Verdichtung nämlich sofort zu noch höheren Temperaturen führen und damit einen so hohen Gegendruck erzeugen, daß der Verdichtungsprozeß rückgängig gemacht würde. Nun war aber am **Anfang der Welt** die Materie auf ein kleines Volumen zusammengedrückt, und daher waren ihre Dichte und ihre Temperatur so hoch, daß das Bestreben der Gravitation, lokale Verdichtungen, d.h. Sterne zu erzeugen, nicht wirksam werden konnte. Materie und Strahlung waren deshalb in diesem Stadium der Welt homogen im Raum verteilt. Sie standen außerdem im thermischen Gleichgewicht miteinander, was zur Folge hat, daß beide die gleiche Temperatur besaßen.

Im Anfangsstadium der Welt bildeten Materie und Strahlung in ihrer thermischen Verkopplung ein einziges System. In dem Maße, in dem die Welt expandierte, nahm die Dichte der Materie und der Strahlung ab. Gleichzeitig sank ihre Temperatur, jedoch so, daß, solange sie thermisch gekoppelt blieben, Materie und Strahlung den gleichen Wert der Temperatur hatten. Nach etwa $5 \cdot 10^5$ Jahren war die Dichte so klein geworden, daß die Materie für die Strahlung durchlässig wurde, einmal emittierte Photonen also nur noch selten von der Materie wieder absorbiert wurden. Das bedeutet, daß sich Materie und Strahlung entkoppelten und von da an ohne engen thermischen Kontakt unterschiedlich abkühlten, und zwar die Materie stärker als die Strahlung. Die Materie kondensierte, wie geschildert, und die Strahlung erreichte, wie GAMOW 1948 berechnete, bis heute 3 K. Es war ein großer Triumph der Vorstellung des expandierenden Weltalls, als diese Strahlung 1965 von PENZIAS und WILSON entdeckt wurde. Die Messung lieferte eine isotrope Strahlung von 2,7 K.

Verfeinerungen der Messungen seit dem Jahr 1977, und zwar insbesondere des Intensitätsunterschieds von Strahlung aus entgegengesetzten Himmelsrichtungen haben ergeben, daß die Strahlung schwach anisotrop ist. Aus dieser Anisotropie der 3 K-Strahlung folgt, daß wir, und das heißt mit uns unsere gesamte Galaxis und noch die zu demselben Cluster gehörenden benachbarten Galaxien, uns mit einer Geschwindigkeit von 600 km/s gegenüber der Strahlung bewegen.

Die 3 K-Strahlung ist das Bild des frühen Zustands der Welt, in dem die Strahlung sich von der Materie trennte. Die spätere Entwicklung der Welt manifestiert sich für uns in den Signalen, die wir von der Materie aus dem Weltraum erhalten. Dabei sind die ältesten Objekte die, die am weitesten von uns entfernt sind. Das sind die quasistellaren Radioquellen, die **Quasare,** wie sie abkürzend genannt werden. Inzwischen kennt man mehrere Hundert von ihnen. Die Strahlungsintensität dieser Objekte schwankt stark und mit einer Zeitkonstante von weniger als 1 Jahr. Daraus läßt sich folgern, daß der Durchmesser der Quasare kaum größer als 1 Lichtjahr sein kann. Erstaunlicherweise ist aber die Energieemission der Quasare durchschnittlich von der Größenordnung der einer ganzen Galaxie, was den Mechanismus der Emission rätselhaft macht.

Die Geschwindigkeit, mit der die Quasare sich von uns fortbewegen, reicht an die Lichtgeschwindigkeit heran. Die Entfernung der Quasare von uns beträgt bis zu 10^{10} Lichtjahren. Die Strahlung, die uns heute trifft, hat also die Quasare schon bald nach dem Beginn unserer Welt verlassen. Die Quasare auf der einen und vor allem die 3 K-Strahlung auf der anderen Seite lassen uns zurückblicken bis in die fernste Vergangenheit unseres Kosmos, nämlich bis zu dem Augenblick der Trennung von Materie und Strahlung. Die Geschichte der Welt davor bleibt Mutmaßung und Spekulation auf der Grundlage der jeweils neuesten physikalischen Einsichten.

Astrophysikalische Daten

Erde

Erdbeschleunigung (Meereshöhe, 45° Breite)	$g_{45°} = 9{,}8062 \frac{\text{m}}{\text{sec}^2}$
Erdbeschleunigung (Meereshöhe, Äquator)	$g_{\text{Äq}} = 9{,}7805 \frac{\text{m}}{\text{sec}^2}$
Erdradius am Äquator	$R_{\text{E, Äq}} = 6{,}378388 \cdot 10^6$ m
Erdradius am Pol	$R_{\text{E, Pol}} = 6{,}359912 \cdot 10^6$ m
Abplattung	$\frac{R_{\text{E, Äq}} - R_{\text{E, Pol}}}{R_{\text{E}}} = \frac{1}{297}$
Masse	$M_{\text{E}} = 5{,}973 \cdot 10^{24}$ kg
Mittlere Dichte	$\rho_{\text{E}} = 5{,}514 \frac{\text{g}}{\text{cm}^3}$
Mittlere Temperatur der Oberfläche	$T = 14{,}3°$ C

Umlaufszeit: 1 tropisches Jahr $= 3{,}15569259747 \cdot 10^7$ sec (zeitl. Abstand zwischen Durchgängen durch den Frühlingspunkt für das Jahr 1900). Das ist zugleich die Festlegung der Zeiteinheit *Sekunde* (Ephemeridensekunde).
Berücksichtigung der Präzession der Erdachse (= Verschiebung des Frühlingspunktes) in 25725 Jahren ergibt die Definition
1 siderisches Jahr $= 3{,}15573144 \cdot 10^7$ sec

Mond

Mittlerer Abstand Erde-Mond	$r_{\text{E-M}} = 3{,}84 \cdot 10^8 \text{ m} = 60{,}27\, R_{\text{E}}$
Maximaler Abstand Erde-Mond	$r_{\text{E-M, max}} = 4{,}0674 \cdot 10^8$ m
Minimaler Abstand Erde-Mond	$r_{\text{E-M, min}} = 3{,}5641 \cdot 10^8$ m

Exzentrizität der Mondbahn	$e = 0{,}055$
Mondradius	$R_M = 1{,}738 \cdot 10^6$ m $= 0{,}2725\ R_E$
Masse	$M_M = \frac{1}{81{,}33} M_E$
Mittlere Dichte	$\rho_M = 3{,}35$ g/cm³ $= 0{,}61\ \rho_E$
Siderische Umlaufszeit	$T_{sid} = 27{,}32166$ Tage
Synodische Umlaufszeit (Neumond—Neumond)	$T_{syn} = 29{,}5306$ Tage
Rotationszeit = Umlaufszeit	

Sonne

Mittlerer Abstand Erde-Sonne	$r_{E-S} = 149{,}5 \cdot 10^9$ m
Sonnenradius	$R_S = 6{,}9635 \cdot 10^8$ m
Volumen der Sonne	$V_S = 1{,}304 \cdot 10^6 \cdot$ Volumen der Erde
Mittlere Dichte	$\rho_S = 1{,}41$ g/cm³
Rotationszeit	$T_{rot} = 26$ Tage
Strahlungsleistung	$3{,}8 \cdot 10^{26}$ Watt; das entspricht $6 \cdot 10^4$ kW/m² an der Sonnenoberfläche
davon fällt auf die Flächeneinheit der Erde (Solarkonstante)	$1{,}35 \cdot 10^3 \frac{\text{Watt}}{\text{m}^2}$

Milchstraße

Durchmesser in der Hauptebene	75000 Lichtjahre
Größter dazu senkrechter Durchmesser	15000 Lichtjahre
Entfernung der Sonne vom Mittelpunkt	25000 Lichtjahre
Umlaufszeit der Sonne	$220 \cdot 10^6$ Jahre
Geschwindigkeit der Sonne	$2{,}7 \cdot 10^5$ m/sec
Gesamtmasse	10^{11} Sonnenmassen

Sachverzeichnis

Naturkonstanten

Grenzgeschwindigkeit für Energie-Impuls-Transporte (Lichtgeschwindigkeit im Vakuum)	$c = 2{,}9979245 \cdot 10^{8} \frac{\text{m}}{\text{sec}}$
Gravitationskonstante	$G = 6{,}672 \cdot 10^{-11} \frac{\text{m}^3}{\text{kg sec}^2}$
Hubble-Konstante	$H = 0{,}27 \cdot 10^{-17}\ \text{sec}^{-1}$
Plancksche Konstante	$\hbar = \frac{h}{2\pi} = 1{,}054589 \cdot 10^{-34}\ \text{Watt sec}^2$
Boltzmann-Konstante	$k = 1{,}38066 \cdot 10^{-23} \frac{\text{Watt sec}}{\text{K}}$
Elektrische Feldkonstante	$\varepsilon_0 = 8{,}85419 \cdot 10^{-12} \frac{\text{Amp sec}}{\text{Volt m}}$
Magnetische Feldkonstante	$\mu_0 = 4\pi \cdot 10^{-7} \frac{\text{Volt sec}}{\text{Amp m}}$ $= 1{,}2566 \cdot 10^{-6} \frac{\text{Volt sec}}{\text{Amp m}}$
Elementarladung	$e = 1{,}60210 \cdot 10^{-19}\ \text{Amp sec}$
$\frac{\text{Elementarladung } e}{\text{Masse des Elektrons } M_{el}}$	$\frac{e}{M_{el}} = 1{,}758796 \cdot 10^{11} \frac{\text{Amp sec}}{\text{kg}}$
Masse des Elektrons M_{el}	$M_{el} = 9{,}10908 \cdot 10^{-31}\ \text{kg}$ $= 5{,}48597 \cdot 10^{-4}\ \text{ME}$
Innere Energie des Elektrons	$E_{0,el} = M_{el} c^2 = 0{,}511006\ \text{MeV}$
Masse des Protons	$M_p = 1836{,}10\ M_{el}$ $= 1{,}67252 \cdot 10^{-27}\ \text{kg}$ $= 1{,}0072766\ \text{ME}$
Innere Energie des Protons	$E_{0,p} = M_p c^2 = 938{,}256\ \text{MeV}$
Masse des Neutrons	$M_n = 1838{,}63\ M_{el}$ $= 1{,}67482 \cdot 10^{-27}\ \text{kg}$ $= 1{,}0086654\ \text{ME}$
Innere Energie des Neutrons	$E_{0,n} = M_n c^2 = 939{,}550\ \text{MeV}$
Masse des H-Atoms	$M_{\text{H-Atom}} = 1{,}67343 \cdot 10^{-27}\ \text{kg}$ $= 1{,}007825\ \text{ME}$

Wichtige Einheiten

Energie

1 Wattsec = 1 Joule = 1 Nm (Newton · Meter) = $1\ \frac{\text{kg m}^2}{\text{sec}^2}$

$= 10^7$ erg $= 10^7\ \frac{\text{g cm}^2}{\text{sec}^2}$

1 eV $= 1{,}60210 \cdot 10^{-19}$ Watt sec

1 MeV $= 10^6$ eV

1 GeV (engl. BeV) $= 10^9$ eV

1 ME (atomare Masseneinheit) · c^2

$= \frac{1}{12}$ (Masse des ^{12}C-Kerns) · c^2

$= 1{,}492 \cdot 10^{-10}$ Watt sec

$= 931{,}478$ MeV

1 kK (Boltzmann-Konstante · 1 Grad Kelvin)

$= 1{,}3806 \cdot 10^{-23}$ Watt sec

$= 0{,}863 \cdot 10^{-4}$ eV

Umrechnungstabelle auch außerhalb der Physik gebräuchlicher Energieeinheiten

	Watt sec	eV	kp m	cal	kWh
1 Watt sec =	1	$6{,}25 \cdot 10^{18}$	0,102	0,239	$2{,}78 \cdot 10^{-7}$
1 eV =	$1{,}60 \cdot 10^{-19}$	1	$1{,}63 \cdot 10^{-20}$	$3{,}81 \cdot 10^{-20}$	$4{,}43 \cdot 10^{-26}$
1 kp m =	9,81	$6{,}13 \cdot 10^{19}$	1	2,34	$2{,}72 \cdot 10^{-6}$
1 cal =	4,18	$2{,}61 \cdot 10^{19}$	0,427	1	$1{,}16 \cdot 10^{-6}$
1 kWh =	$3{,}60 \cdot 10^6$	$2{,}25 \cdot 10^{25}$	$3{,}67 \cdot 10^5$	$8{,}60 \cdot 10^5$	1

Länge

1 Meter (m) $= 10^2$ Zentimeter (cm) $= 10^3$ Millimeter (mm)
$= 10^6$ Mikrometer (μm) $= 10^9$ Nanometer (nm)

In der Atom- und Kernphysik

1 Ångström (Å) $= 10^{-10}$ m
1 Fermi (f) $= 10^{-15}$ m

In der Astrophysik

1 Lichtjahr $= 9{,}46 \cdot 10^{15}$ m
1 Parsec $= 3{,}26$ Lichtjahre $= 3{,}08 \cdot 10^{16}$ m

Winkel

1 Radiant (rad) $= 57{,}296°$ (Winkelgrad)
1 Vollwinkel $= 2\pi \cdot \text{rad} = 360°$
1 voller Raumwinkel $= 4\pi \cdot$ Sterradiant (sr)
1 Winkelminute (1′) $= (\frac{1}{60})° = 2{,}91 \cdot 10^{-4}$ rad
1 Winkelsekunde (1″) $= (\frac{1}{3600})° = 4{,}85 \cdot 10^{-6}$ rad

Kraft

$$1 \text{ Newton (N)} = 1 \frac{\text{kg m}}{\text{sec}^2} = 10^5 \frac{\text{g cm}}{\text{sec}^2} = 10^5 \text{ dyn} = 0{,}102 \text{ kp}$$

$$1 \text{ Kilopond (kp)} = 9{,}81 \frac{\text{kg m}}{\text{sec}^2} = 9{,}81 \text{ N}$$

Springer Lehrbücher

Eine Auswahl

H. Haken, H. C. Wolf

Atom- und Quantenphysik

Eine Einführung in die experimentellen und theoretischen Grundlagen

2., überarbeitete und erweiterte Auflage. 1983.
247 Abbildungen. Etwa 400 Seiten
Gebunden DM 54,–. ISBN 3-540-11897-7

Inhaltsübersicht: Einleitung. – Masse und Größe des Atoms. – Die Isotopie.– Kernstruktur des Atoms. – Das Photon.– Das Elektron. – Einige Grundeigenschaften der Materiewellen. – Das Bohrsche Modell des Wasserstoff-Atoms. – Das mathematische Gerüst der Quantentheorie. – Quantenmechanik des Wasserstoff-Atoms. – Aufhebung der l-Entartung in den Spektren der Alkali-Atome. – Bahn- und Spin-Magnetismus, Feinstruktur. – Atome im Magnetfeld, Experimente und deren halbklassische Beschreibung. – Atome im Magnetfeld, quantenmechanische Behandlung. – Atome im elektrischen Feld. – Allgemeine Gesetzmäßigkeiten optischer Übergänge. – Mehrelektronenatome. – Röntgenspektren. – Aufbau des Periodensystems, Grundzustände der Elemente. – Hyperfeinstruktur.– Der Laser. – Moderne Methoden der optischen Spektroskopie. – Grundlagen der Quantentheorie der chemischen Bindung. – Mathematischer Anhang. – Literaturverzeichnis. – Sachverzeichnis.

H. Ibach, H. Lüth

Festkörperphysik

Eine Einführung in die Grundlagen

1981. 120 Abbildungen. IX, 238 Seiten
Gebunden DM 54,–. ISBN 3-540-10454-2

Das Lehrbuch behandelt in einer kurzen und systematischen Darstellung die wesentlichen Grundlagen der modernen Festkörperphysik in einer Form, bei der ein Mittelweg zwischen Experimentalphysik und theoretischer Physik angestrebt wird. Im Zentrum der Darstellung steht der periodische Festkörper in der Einteilchennäherung. Hierbei werden insbesondere chemische Bindung, Struktur, Gittereigenschaften und elektronische Eigenschaften bis hin zur quantitativen Beschreibung des p-n-Überganges behandelt. Dort, wo ein klassisches Bild möglich und vertretbar ist, wird dieses benutzt; andererseits wurde versucht, Begriffsbildungen, Modelle und Bezeichnungen, deren Kenntnis für das Verständnis gegenwärtiger Originalliteratur der theoretischen Physik unumgänglich ist, mit in dieses Buch aufzunehmen. In gesonderten sogenannten Tafeln hinter einzelnen Kapiteln werden jeweils ausgewählte Experimente der Festkörperphysik dargestellt. Die dort auch mit experimentellen Einzelheiten beschriebenen Experimente sollen zeigen, wie wichtige, für die theoretischen Modelle erforderliche Information in der Praxis gewonnen wird. Andererseits hat der Student hier Gelegenheit, sein bisher erarbeitetes Wissen zu überprüfen bzw. Anregungen für sein weiteres Selbststudium zu empfangen. Das Buch ist gedacht für Studenten der Physik, der Metallkunde und der Elektrotechnik mit Spezialfach Halbleitertechnologie.

H.-D. Försterling, H. Kuhn

Moleküle und Molekülanhäufungen

Eine Einführung in die physikalische Chemie

1983. 340 Abbildungen. XVI, 369 Seiten
Gebunden DM 49,–. ISBN 3-540-11541-2

Dieses Buch bietet eine elementare Einführung in die Denkweise und die Methoden der Physikalischen Chemie. Ausgehend von Postulaten der Quantentheorie wird ein Verständnis des Aufbaus und der Eigenschaften von Atomen und Molekülen vermittelt. Zwanglos ergibt sich daraus das makroskopische Verhalten von Molekülanhäufungen. Der Einstieg in die klassischen Gebiete der physikalischen Chemie, wie Thermodynamik und Elektrochemie, erfolgt also ausgehend vom kinetischen Bild und der statistischen Betrachtungsweise molekularer Vorgänge. Großer Wert wird auf das Durchdenken einfacher Modelle und die Untersuchung konkreter Beispiele gelegt.

Springer-Verlag
Berlin
Heidelberg
New York